有机反应

——多氮化物的反应及若干理论问题

ORGANIC REACTIONS

THE REACTIONS OF POLYNITROGEN COMPOUNDS AND SOME THEORETIC QUESTIONS

王乃兴 著

第六版

化学工业出版社

·北京·

内容简介

《有机反应：多氮化物的反应及若干理论问题》（第六版）主要论述了多氮化物的研究进展和相关有机反应，具体包括叠氮化物涉及的氮杂 Wittig 反应的机理和应用，多氮手性杂环化合物的不对称合成；三唑化合物以及苯并三唑，咪唑、吡唑、哌嗪、咪唑环番、四唑和四嗪衍生物，卟啉衍生物、吲哚生物碱等；对辅酶 NAD(P)H 与生物有机光化学的基本问题作了深入的描述，概述了酶催化的有机反应及手性合成；论述了相关含氮小环化合物的手性合成方法。书中对近年来开展的新型游离基反应作了深入的阐述，论述了 Wang 反应及其反应机理。对有机反应中的溶剂效应、载体固相反应、诸种相转移催化剂以及极性转换的作用等重要理论问题作了阐述。介绍了前线轨道理论，深入论述微扰分子轨道法的应用；还介绍了卡宾的新理论。

本书特别增加“含氮化合物 C—H 键空气氧交叉氧化偶联反应”“有机反应中的若干新试剂”“串级有机反应”等专章。在绪论中，增加了多氮化物之“生命科学方面”，论述了 DNA 和 RNA 的化学问题，阐述了其作为多氮化物“智能分子”的诸方面。书中对 2024 年包括 2025 年的文献也有引用，内容前沿，参考价值大。

本书许多论题曾是诺贝尔化学奖涉及过的内容，学术内容新，应用背景强，书中给出了大量参考文献的出处。本书共十三章，其中共有十一章在目录中就有“有机反应”或“反应”之词。本书第六版几乎涵盖了最新重要有机反应的各个方面，学者选读大有补益。

本书可供有机化学、材料化学、药物化学、精细化工和生物工程等相关专业的科研人员、教师、研究生、高年级本科生阅读和参考。

图书在版编目（CIP）数据

有机反应：多氮化物的反应及若干理论问题／王乃兴著．—6 版．—北京：化学工业出版社，2025．6．

ISBN 978-7-122-47952-5

Ⅰ．O622．6

中国国家版本馆 CIP 数据核字第 2025JR9703 号

责任编辑：成荣霞　　文字编辑：姚子丽　师明远

责任校对：边　涛　　装帧设计：王晓宇

出版发行：化学工业出版社

（北京市东城区青年湖南街 13 号　邮政编码 100011）

印　　装：北京建宏印刷有限公司

787mm×1092mm　1/16　印张 46¾　字数 1179 千字

2026 年 1 月北京第 6 版第 1 次印刷

购书咨询：010-64518888　　售后服务：010-64518899

网　　址：http://www.cip.com.cn

凡购买本书，如有缺损质量问题，本社销售中心负责调换。

定　　价：398.00 元

前言

人类需要不断地创造各种新物质，有机化学创造新物质的方法就是有机合成，有机合成是依靠多步骤的有机反应来实现的，所以，有机反应是化学科学的活的灵魂。人体内每时每刻都在进行着各种复杂而奇妙的有机反应；在植物的生物光化学有机反应中，在脱氢酶和其他生物催化剂的存在下，ATP 和辅酶 NADPH 将二氧化碳还原为糖，在光合作用中，通过一系列复杂的“Z”式多步反应途径，水被氧化且释放出氧气，辅酶 $NAD(P)^+$ 氧化态能够在这个光系统Ⅱ（PSⅡ）中充当末端电子受体。目前我们对这些生命科学中的有机反应的认知还面临着太多的问题。

作为有机反应方面的一部专著，本书第六版即将出版发行，笔者深感如释重负。追求卓越、不断吐故纳新和自我完善，使得这部学术著作具有一定的学术高度和普遍的可读性，特别对刚进入有机化学领域开展研究工作的青年人大有裨益。本书从含氮化合物这个侧面入手，主旨是通过含氮化合物来论述有机化学最关键的诸方面新内容，论述典型有机反应的新进展，特别对相关理论问题做了深入透彻的阐述，对反应机理的描述渗透在诸多章节中，涉及各方面较为宽广的有机化学理论和深入的有机合成知识，对初学者全面提升有机化学功底极有补益，为广大有机化学教师的教学工作提供了非常好的参考资料。笔者自 1977 年就在大学课堂上学习有机化学，同年得到一本有机化学人名反应的书，如获至宝，爱不释手，枕上、车上都在看，多次在研读相关有机反应机理时蹲在地上两个钟头迷在书中不知起来。经过多年一线化学教学工作，1987 年考入西安近代化学研究所有机合成部成为硕士研究生，在姚国伟教授指导下走上有机合成之路。1990 年又考入北京理工大学成为有机合成专业博士研究生，多年的摸爬滚打使自己得到了全面提高。由于当年考研、考博时招生数额极少，严酷的考试、艰辛的备考，也让自己掌握了大量的有机化学知识，致使酷爱有机化学，从硕士、博士、博士后到留美 5 年，从来没有脱离有机化学和有机合成这个方向。屈指算来，笔者在化学教学和有机合成研究方向已经行走了快 50 个年头！本书第六版中许多内容都是笔者从事过的研究工作，并且提升到了一定的理论高度。特别是 2000 年回国入选中国科学院百人计划，从以前的副研究员晋升研究员并担任博士生导师，几十年来，培养了一批能够独立从事科研工作的博士毕业生，自己也负责过多个国家级科研项目，并且很好地完成了一些企业的横向课题。主持完成了多手性药物奈必洛尔的合成并很好地进行了技术转让和产业化，连同手性辅酶模型分子的合成，荣获了北京市人民政府科学技术奖，相关内容在本书都有描述。

特别是从 2012 年开始，笔者领导课题组持续深入开展苯乙烯衍生物的双官能团化反应研究，集中在一个点上，十年磨一剑，该反应在 2018 年最早被德国教授评价为“是一步合成 γ-酮腈的好方法”，该系列新反应被称为 Wang 反应。本书第六版对此作了详细的描述。笔者曾应邀在北京、南京、陕西等高校专门作了 Wang 反应的学术报告。美国 Hofstra 大学教授最近专门撰写了一篇文章，向学术界详细介绍了 Wang 反应（Wang reaction，王反应）。Wang 反应的价值是可以很好地克服 $C(sp^3)$—H 键离解能较大的缺点，从而在温和条件下把烃类（苯乙烯）转化为高增值的精细化学品和药物中间体。早在 1900 年，Moses

Gomberg 就制备出了三苯基甲基自由基，现在人们称之为 Gomberg 游离基。Gomberg 游离基是对 Wang 反应机理的支持，我们提出苄基游离基中间体能够通过苯环的大 π 体系和自由基 p-π 共轭效应得以稳定，苄位如果有三个苯环，这种稳定化作用会成倍增加，能够得到三苯基甲基自由基中间体。

本书第六版删除了不少旧的内容。第六版把从 2021 年到现在发表在国外核心化学期刊上的不少多氮化物新试剂、新反应、新理论作了新的总结和评述，增补了“含氮化合物 C—H 键空气氧交叉氧化偶联反应”一章（第 7 章）；增补了“有机反应中的若干新试剂”一章（第 11 章），精细选择了一些含有氟原子和硫原子的新试剂，这些新试剂都是官能团化试剂，可直接进行氟甲基化、二氟甲基化和三氟甲基化等。官能团化试剂 DMSO-I_2 和 DMSO-TsCl 用于甲硫基化，$Na_2S_2O_4$-TBHP 用于甲酰化。作为含硫试剂，$Na_2S_2O_4$-TBHP（被称为 Wang 试剂）是一种用于芳香醇选择性氧化制醛的新试剂。第六版增补了“串级有机反应”一章（第 12 章），结合笔者研究组的工作，对串级有机反应的研究进展作了较为详尽的论述，对笔者研究组在串级有机反应方面的研究工作作了描述。第六版在第 1 章绪论的最前面，补充了多氮化物之“生命科学方面”。主要论述了 DNA 和 RNA 新的化学问题，阐述了其作为多氮化物“智慧分子”的各个方面。第六版增加了“多氮 Salen 配合物作为手性催化剂”一大节，并引用了 2024 年的文献。Salen 手性催化剂是通过模拟细胞色素 P450 氧化酶系的作用而人工合成的一种新型的仿生手性催化剂，由 Salen 配合物催化的手性环氧化反应获得了很高的产率和 *ee* 值。Salen 手性催化剂具有相当好的实际应用前景，非常容易合成且相对廉价，可大量制备，能够在工业方面得到实用。

笔者领导的研究组是“功能分子与手性化合物合成研究组”，几十年来对手性问题有所深思。地球自转会产生一种叫做“科氏力作用”的偏向力，手性分子是在地球上产生的，会受地球的地转偏向力影响，手性起源与不对称力场有关。在第六版新补充的“9.8.8 新型手性——向标手性”中，笔者阐述了生命实体为什么需要手性：①生命实体原本就是由手性分子形成的，手性分子首先具有专一的立体空间特性，蛋白质这样的大分子要保持其功能，必须具有合适的空间立体结构；②手性分子能够相互很好地紧密结合起来；③不对称是普遍的、自然的，所以构成生命实体的大大小小的分子也都会具有手性；④生命体系的需求，是手性产生的根本原因。生命体系需要具有复杂性和特殊性的手性结构，是自然需求之推动力使得生命体系自发地选择了手性。这是笔者个人的几点看法。

2024 年，Liu 的课题组在 *Science* 发表了卡宾的新理论（*Science*，2024，383：81），这是近年来在理论化学方面取得的可喜的新进展。论述了基态三线态卡宾，由于二阶姜-泰勒效应，H_2C∶显示出弯曲的分子构型，两个未成对的电子分别占据面内的 σ 轨道和面外的 π 轨道，即电子态为 $\sigma^1\pi^1$。面内的 σ 轨道由于其具有 s 轨道的成分，能量低于由 p 轨道形成的 π 轨道。由于 σ 轨道和 π 轨道的能级差小于电子的成对能，H_2C∶的 $\sigma^2\pi^0$ 单线态能量比其 $\sigma^1\pi^1$ 三线态能量高 13.6kcal/mol。到现在为止，化学家已合成了数百种单线态卡宾分子，其电子态均为 $\sigma^2\pi^0$。化学家能否将卡宾单线态的一对电子放进 π 轨道，即构建单线态 $\sigma^0\pi^2$ 电子态卡宾呢？理论计算曾显示 H_2C∶分子的 $\sigma^0\pi^2$ 单线态能量比其 $\sigma^1\pi^1$ 基态三线态能量高出 60.1kcal/mol，这样大的能量差很难得到 $\sigma^0\pi^2$ 单线态。Liu 的课题组通过“配位-固定”策略，利用 d^8 金属易形成平面四边形的特点，成功在面内固定了取代基的孤对电子，合成了首例 $\sigma^0\pi^2$ 电子态卡宾结构基元。本书第六版在 3.9.2 节作了补充。本书第六版精心选取了许多有价值的新内容，学术价值显著提升。

电子的运动支配着化学反应，在氧化还原反应中，电子可以在两种反应物之间得失，在大量的有机反应中，电子特别是电子对则是电子的转移，可以用电子对的推动法来理解反应过程。化学反应的本质就是电子转移。电子能够通过化学键将原子或分子连接在一起。在

20 世纪，Hückel 分子轨道理论和 Hückel 的 $4n+2$ 规则、Woodward-Hoffmann 的前线轨道理论、量子化学的发展、逆合成分析和各种大型仪器的发展，使化学取得了一系列突破性的成就。瞻望未来，化学与生命科学的高度融合，正如本书第六版在绪论开头增加的多氮化物在生命科学方面的内容等，将会有长足的进展。人工智能方面，本书在有关章节作了专门论述，目前进展较快。还有大数据方面也会在化学领域取得进展。全球变暖已经成为非常紧要的事件，随之而来，化学在解决新能源问题和应对气候变化等方面将会不断突破。病毒和肿瘤等严重问题，将成为化学加紧创制新型药物的驱动因素。

多氮化物普遍存在于生物活性分子、天然产物和药物中。FDA 批准的小分子药物 80% 以上至少含有一个氮原子。因此，快速高效地合成新的具有生物活性的含氮化合物，在医药研究和药物开发中至关重要。在本书第六版笔者补充了关于叠氮化物最新反应的几节。

2025 年，*Nature*（2025，*642*，92）报道了基于 C-N 原子替换的发散性骨架编辑，对杂环母核进行后期编辑，完成药物分子改造。这种被称为分子编辑的新方法可以删除或增加分子环内的氮原子。2025 年 7 月 17 日，*Science* 连续在同一期上发表了两篇文章，分别报道了各自在分子骨架编辑方面的突出成就。

2025 年 7 月 31 日，*Science* 在线发表了利用光催化剂和天冬氨酸脱羧酶的催化，实现手性氨基酸合成，具有极好的立体选择性，展示出了工程酶在合成复杂分子中的巨大潜力。

哈佛大学教授、20 世纪最伟大的化学家 R. B. Woodward 完成了维生素 B_{12} 的全合成后，又完成了奎宁等天然产物的全合成；还在高深的有机化学理论方面取得了很大成就，与其学生 Hoffmann 共同完成了前线轨道理论研究。哈佛大学教授 E. J. Corey 因在天然产物全合成方面取得杰出成就而荣获诺贝尔奖，哈佛大学的 D. Evan 也在天然产物全合成领域作出了有长远影响力的贡献。哈佛大学教授 Y. Kishi 于 1989 年报道了海葵毒素羧酸的全合成，又于 1994 年报道了海葵毒素的全合成。海葵毒素的结构十分复杂，有 64 个手性中心，可能的立体异构体是 271 个，合成难度非常大。

哈佛大学在有机化学方面的研究方向和研究领域具有极大的科学意义和深远的研究价值。这些值得我们深思。在科学史上，牛顿的力学理论，爱因斯坦的相对论，法拉第的电磁学理论，这些伟大的科学理论永放光辉。杂化轨道理论、前线轨道理论、休克尔芳香体系理论等，还有近年来的 Heck 反应、Suzuki 反应和 Negishi 反应等及其在有机反应方面的理论，都为有机化学开拓了新生面。

俯而读，仰而思。笔者从本书多次再版和发行知道，不少的青年确实是在努力学习发奋图强，希望大家共勉。开卷有益，书籍确实是人类进步的阶梯。希望年轻人不要人云亦云，要酷爱学习，喜欢读书，追求真理，应该在一个个精辟的相对真理之中去不断追求和接近绝对真理之长河。

本书第六版补充了不少重要内容，还对第五版中的许多误处作了更正。为了便于读者阅读，笔者在反应式中用大方括号形式等增加了许多反应的活性中间体。如“3.2 双氮手性杂环的合成”一节中所示。第六版经过一番努力，实现了全书的规范化。

一部学术著作能够出版发行到第六版，亦非易事！本书第六版具有独立的书号，实际上是通过不同阶段先后花了笔者整整二十三年时间完成的。笔者呕心沥血，寄希望于朝气蓬勃的青年人，坚信和盼望着后来人！也期盼有机化学能够不断地为人类进步带来真正的福音！

王驰

（中国科学院 2000 年“百人计划”入选者、罗马尼亚技术科学院院士）

第一版前言

本书对一些多氮化物的反应作了阐述，如一些多氮化物的缩合反应的历程，叠氮化物及其衍生物苯并氧化呋咱的主要反应，侧重介绍了一些多氮化物的重要反应；含氮化物与Fullerene[60]的化学反应涉及一些新方法，本书也作了介绍。多氮化物不仅涉及前景广阔的杂环化合物和一些新试剂、新反应、新方法，而且在生命科学领域占有重要位置。本书对NADH（NADPH）等生物活性分子及其模型分子的合成，NADPH与生物光化学等内容作了较为深入的描述，并概述了酶催化的有机反应。相信这些生物活性分子的有机反应会引起读者的兴趣。

研究有机化学中的一些理论问题，一直是化学科学的重要内容，涉及的范围很广。本书主要对有机反应中的溶剂效应，如溶剂对反应的定量理论，新的反应介质、离子液体、固相反应等作了说明；本书对有机反应中的相转移催化作用作了阐述，并对相转移催化的新进展如三相相转移催化、温控相转移催化、手性相转移催化剂等作了描述；本书对有机反应中的极性转换作用作了介绍，给出了一些新例证说明了其在有机反应中的应用。最后，运用前线轨道理论，对环加成反应的择向效应作了总结，介绍了微扰分子轨道法在有机反应中的应用。本书在各大节后均给出了主要参考文献，有利于读者进一步探讨。书中的主要内容是作者近几年来在国内外刊物上发表过的研究工作，较为新颖和前沿，本书作了修改和补充。

作者长期从事有机化学的研究工作，已在国内外核心期刊发表论文百余篇。本书结合作者多年来在国内和在美国的一些研究工作，主要筛选了作者在多氮化物的反应等方面的积累，整理出版本书，抛砖引玉，以期扩大读者的知识面，同时对有机理论的学习有所帮助，并在培养正确的思考方法上有所裨益。为便于读者阅读，作者对有关反应机理均加了箭头。由于水平有限，时间不多，书中难免有误，敬请多加指正为盼。在此，感谢国家自然科学基金（50272069）的资助。

王乃兴

2002年10月

第二版前言

承蒙读者厚爱，本书得以再版。

我敬劝翻阅此书的读者，不妨选读本书的几节或几章，您一定有所受益。

大家知道，化学是一门核心科学。由美国 Brown T. L. 等编著，Prentic. Hall. Inc 出版公司出版的《化学——中心科学》(Chemistry: The Central Science) 已出到第八版。北京大学徐光宪院士在《化学通报》2003 年第一期上撰文提出，21 世纪是信息科学、合成化学和生命科学共同繁荣的世纪；指出 21 世纪化学面临的一些难题，如化学反应的问题，结构与性质的定量关系，以及生命化学难题等。作者认为，在 20 世纪，化学已经为人类作出了不可替代的巨大贡献，如果说没有化学家解决化肥的问题，不知有多少人将会挨饿；如果没有化学家解决抗生素的问题，一个腮腺炎就会夺去一条生命。更不用说，化学为人们提高生活品位，乃至延年益寿作出的巨大贡献。合成纤维、合成塑料、合成橡胶曾极大地促进了生产力的蓬勃发展。

人类要生存和发展就要不断创造新物质。化学特别是合成化学是直接创造新物质的科学，所以徐光宪院士将合成化学与分离技术排在第一位。作者认为，有机合成化学与纯化学研究、精细化工、农林、材料、制药、生物化学和生命科学、医学、地学等诸多学科和领域都有着密不可分的渊源，希望有志于投身有机化学事业的年轻一代，酷爱这门神奇而又有活力的基础学科。

有机化学门类繁多，传统的教科书按照烃、卤代烃、醇、醚、醛、酮、羧酸、酯、糖类、萜类、甾族等等来分类，显然这些庞杂的化合物是不含氮的。关于化合物的命名，人们多从其结构特征和性质入手，还有一些属于音译等。作者 1987 年从事研究工作以来，从合成氮杂环硝基衍生物开始，到合成一些辅酶 NADH 模型分子和一些手性分子，在研究相关的多氮化物反应方面用去了一定的时间，有了一定的积累。本书选取了一些较为前沿的工作，内容上新颖一些，形式上面广一些，因此不像教科书那样系统和易读。作者选用多氮化物仅仅是一条主线，是把书中的主要内容串起来，并没有罗列大量的多氮化物的性质用途等，也没有涉及庞杂的杂环化合物，而只是给出了一些典型的反应，并对机理作了说明。在第二版的增补方面也只是增加了四唑、四嗪、生物碱合成、新的卟啉衍生物的合成等有特色的内容。

第二版的增补，首先是增加了全新的第 7 章“含氮化合物的手性合成有机反应”。手性合成代表了现代有机合成的前沿，作者目前也从事这方面的研究工作，由于本书涉及多氮化物，作者只能就含氮化合物在手性合成方面的相关内容给予概述。在新增的这一章最后，作者提出了一个观点，即手性只能靠引入和导入而来，只能由不对称中心转换而来，不能凭空产生。目前常用的四大类手性合成方法：天然手性源的手性合成，通过手性试剂的手性合成，通过手性助剂的手性合成，通过手性催化剂的手性合成。前两种靠引入，后两种靠导入。手性拆分常用结晶法，要用纯手性化合物来拆分，手性柱要有手性填料，酶法是因为酶本身有手性。对手性化合物认识的不断深入，表示人们已经进入了有机合成化学的一个新层次，向自然的本来面目逼近了一步。因为生命物质是有手性的，生命体对医药分子亦提出了手性的要求。

第二版增补了绪论部分，成为新的一章。系统地介绍了多氮化物在医药、功能材料、天然化合物方面的进展，重点介绍了其在医药方面如抗生素、抗病毒药物及抗高血压药物的进展。多氮化物在药物方面的内容极其丰富，可以说没有多氮化物，医药则所剩无几。当然并不是说因为含氮才会有疗效，而是从所含元素的角度来看，氮元素对太多的医药和生命物质实在是不可缺少的。进一步从有机化学的角度提出一些新理论来说明，为什么在一百多种元素中，氮对医药分子和生命物质必不可缺，这是一个新问题。Kern 等用 NMR 观察了 Cyclophilin A 在催化过程中氨基酸骨架氮原子的运动，结果发现在酶骨架中有 9 个氮原子当酶与底物发生作用时会发生变化。DNA 双螺旋结构中碱基配对时的物质载体是氮原子，生物体系中的超分子组装中氢键的形成少不了含有孤对电子的氮原子，这就说明了多个氮原子存在的重要性。许多多氮杂环衍生物有抗菌活性，其特殊杂环结构与功能的深层原因还需要大家进一步从理论上探讨，以便对分子设计有所启示。氮原子的一个显著特征就是其孤对电子可以作为电子的给予体。

第二版对原书的第 5 章（本书第 6 章）NADH（NADPH）等生物活性分子及酶催化有机反应，补充了不少新内容，主要是这方面发展太快了。第二版还增加了视觉光化学新的内容，因为生物光化学原本涉及光合作用、视觉光化学、游离基光化学等几个范畴。光合作用与 NADH 相关，视觉光化学也与 NADH 有关系，视觉光化学涉及物质的立体化学和能量变化，涉及细胞信号传输等更复杂的问题。作者认为，回答和解决生物光化学中的问题，最终还得依靠化学手段。

第二版在酶催化一节最后补充了酶催化的手性合成，并对原书第 6 章有机反应中的若干理论问题中的溶剂效应部分，补充了氟有机溶剂的专论，由于现代固相反应是利用载体进行相关的有机反应，这种新的反应方法使得反应中原料和副产物容易分离除去，是一门新的方法学，第二版做了专论。另外第二版增补了一些 C_{60} 含氮衍生物合成方面的新内容等。

徐光宪院士把合成化学与其他两门科学作为共同繁荣 21 世纪的科学，是非常精辟的。在长沙 2004 年 4 月中国化学会第 24 届年会上，唐有祺院士对合成化学也寄予厚望，他认为整理天然产物将对合成化学起到很重要的作用，在这方面，20 世纪最有影响的就是 R. B. Woodward，维生素 B_{12} 的合成正是其大手笔的写照，本书在绪论中作了介绍。哈佛大学的 Y. Kishi 于 1989 年在美国化学会志（J. Am. Chem. Soc.）发表了海葵毒素全合成的论文，美国 Chemical & Engineering News 给予了极高的评价。海葵毒素是一种结构十分复杂的天然产物，分子式 $C_{129}H_{223}N_3O_{54}$，有 64 个手性中心，可能的立体异构体是 2^{71} 个，立体专一地合成所需要的目标产物海葵毒素，其合成难度不言而喻。

有机化学制造新物质的方法就是有机合成。合成是要靠多步骤的有机反应来完成的，因此，有机反应是化学科学活的灵魂。有机反应中物质的组成、结构都在发生变化，有机反应又涉及能量的变化、设备条件、反应介质、环境保护等一系列问题，手性合成反应还要考虑到 *ee*%值的提高、手性保持、手性催化剂回收等新问题。特别是，有机反应中复杂的化学变化应该是可知的，一些活性中间体的捕获，一些反应机理的提出，一些结构学说的发展等理论问题应该层出不穷。人们对有机反应的研究进一步丰富了结构化学、物理化学和物理有机化学以及分析化学的内容。

有机反应到底是怎样进行的？我们的肉眼看不见微小的有机分子在反应中的变化过程，扫描电镜等延伸了人们的观察能力，但是人们对于处于活动状态的分子以及活生生的分子（如生物体系中鲜活的分子）运动规律的认知，还非常之肤浅。我们虽然在实验手段极其有限的条件下作了艰辛的探索，但科学实验的实践活动永远不会停止在原有的水平上，人的认识的深化永远没有穷尽。华裔科学家李远哲教授曾设计出交叉分子束的实验手段，对化学反应过程进行过深入的研究，于 1986 年荣获诺贝尔化学奖。然而，各种更新的实验手段还需要人们去设计，去创造。

作者认为，要提高主观见之于客观的理论和观点的正确性，就要站得高一些，就要靠不断学习和深入研究来提高自己。实验是化学研究的最基本的东西，应该通过实验来进一步研究反应、理解反应，分析和解决一些理论问题。

本书名为有机反应，是因为各章都涉及有机反应的命题。书名用小标题限制到了一个侧面上来。应该说明，作者并不是专门从事多氮化物研究的，本书是在通过研究多氮化物这个侧面，有特色地论述相关的有机反应的新进展、反应中结构的问题等。书中提到的 Wittig 反应，Diels-Alder 反应，维生素 B_{12} 等复杂天然产物合成，固氮，酶，酶催化，叶绿素和血红素，类胡萝卜素和维生素 A，生物碱，前线轨道理论，化学反应中的电子转移理论，相关化合物电子结构理论，Fullerene 烯 C_{60}，辅酶如 NADH(NADPH)，光合作用、冠醚和超分子化学、催化不对称合成等内容都涉及诺贝尔化学奖（见本书附录）。本书涉及的相关生物医学活性分子、生物碱分子以及光合作用与视觉光化学等内容，都比较新颖。另外作者在书中多次提到了有机反应中的能量问题，多处对所提出的反应过渡态中间体的稳定性，从能量角度加以分析，因为有机反应能够发生的原因之一就是能量最低原理。书中大量内容是作者所从事过的研究工作，但不仅限于个人的工作，书中引用论述别人的工作都给出了文献出处，读者如能细读，能够得到一些裨益。另外，结合作者给出的大量文献信息，读者可以找到具体实验操作步骤和方法，做进一步深入的专门的研究。2004 年 8 月，在兰州大学召开了第三届全国有机化学学术会，发表的论文涉及手性化合物内容的最多。可以看出，我国有机化学的国际水平在不断提高。

原书出版不到两年，现出第二版，虽增补了一些内容，但时间毕竟太少，能利用的时间也只有周末，特别是春节和“五·一”。由于著者水平有限，时间仓促，书中有误之处敬请读者指正。在此感谢国家 863 项目 2003AA323030 对我们科研工作的资助。

王璐

于北京中关村新科祥园

第三版前言

化学在人类文明史上已经发挥了和正在发挥着越来越重要的作用。由美国 Brown T. L. 等人编著，Prentic. Hall. Inc 出版公司出版的《化学——中心科学》（“Chemistry: The Central Science”）已经出版到第十版。自 20 世纪以来，合成化学已经为人类做出了巨大贡献，20 世纪被人们称为三大合成（合成纤维、合成塑料、合成橡胶）的化学合成极大地促进了生产力的蓬勃发展。有机化学工作者合成了许许多多的有机化合物，极大地丰富和满足着人类社会的各种需求。现在，抗生素、抗病毒药物、心脑血管药物、抗肿瘤药物、许多维生素等复杂化合物正为人类健康发挥着巨大的作用。人工合成的天然产物如奎宁、维生素 B_{12}、万古霉素、海葵毒素等一系列里程碑式的重要天然产物已经改变了化学世界。在我国，人工麝香、人工牛黄等仿生合成极大地满足了人们的需求。另外，各种人工合成的先进功能材料也为人类社会做出了巨大贡献。

有机化学比较零碎，传统的教科书按照烃、卤代物、醇、醚、醛、酮、羧酸、酯、糖类等来分类，这些庞杂的化合物是不含氮的。作者从 1987 年从事有机化学研究工作以来，从合成氮杂环、苯并氧化呋咱衍生物开始，到合成一些辅酶 NADH 模型分子和含多手性中心的复杂分子等，在研究相关的多氮化物反应方面用去了不少的时间。

本书第二版于 2004 年出版以后，作者就着手积累资料并开始补充。第三版把从 2004 年到现在主要发表在国外核心化学期刊上（如 J. Am. Chem. Soc.; Angew. Chem. Int. Ed. Engl.; J. Org. Chem.; Org. Lett.）的多氮化合物的新反应、新试剂、新方法、新理论作了系统深入的总结，特别是替换了第二版中一些较为陈旧的内容，删除了第二版的 1.4 节；4.10 节，5.5 节等较为陈旧的内容，并且增加了一些最新内容，都是近几年来研究成果的总结和评论。相信第三版的学术水平和参考价值更大。

第三版在第 3 章增补了“3.3 叠氮化物反应的新进展”一节，近几年来利用叠氮化物合成复杂杂环化合物和进行不对称合成的新方法层出不穷。钯催化的交叉偶联反应 2010 年荣获诺贝尔化学奖，引起了人们的极大兴趣，作者在第三版第 4 章补充了“4.13 钯催化的交叉偶联反应”一节。氮杂环卡宾近几年来在有机合成化学中非常活跃，作者在第 4 章“4.16 *N*-杂环卡宾（NHC）”作了专门论述。美国 Scripps 研究所的 Sharpless 教授报道了一价铜催化的端基炔和叠氮化物的环加成反应（Click 反应），最近作者也发表了这方面的评论文章（Coordin. Chem. Rev.，2012，256: 938～952）。Click 反应没有副产物，可以用来合成许多三唑衍生物包括手性三唑衍生物。作者在第三版第 7 章第 7.7 节利用较大的篇幅论述了“Click 反应和多氮手性化合物及手性催化剂”，并在第 7 章的 7.5 节和新增的 7.8 节，详细论述了有关手性的一些新问题。

多氮化物在国外也叫富氮化合物，涉及的研究领域很广。正如作者在第二版所说：如果没有多氮化物，医药则所剩无几。当然并不是说必须含氮才会有疗效，而是从所含元素的角度来看，氮元素对许多药物和生命物质实在是不可缺少的。多氮化物有几个特征，首先，多氮化物和叠氮化物、三唑、四唑等都不稳定，一些结构复杂的生物活性的多氮衍生物在体内也很容易被分解和代谢，从理论上讲，这些多氮衍生物位能较高，而分解产生的是能量较低的稳定的小分子，因此，多氮化物能够为生命体系提供一定的生物能。其次，生物活性的多氮衍生物在人体内往往容易成瘾。另外，多氮化物的一些官能团如氰基、硫氰基、异硫氰基、叠氮基、重氮基等在构建复杂化合物合成策略和方法中有着特殊的价值。

复杂手性化合物和天然产物的全合成是有机化学为民众健康服务的需要，有机化学制备新物质的方法就是有机合成。合成是要靠多步骤的有机反应来完成的，可以说，有机反应是化学科学的活的灵魂。

化学反应的本质是旧键的断裂和新键的生成。为什么旧键能够断裂新键能够生成？化学热力学从理论上做了很好的说明。但是在人工合成中，许多反应过程是由强的键生成弱的键，往往需要较为苛刻的反应条件。有人认为，这个世界上最伟大的有机化学反应就是大自然的光合作用。叶绿素的光合作用中，水分子中强的 H—O 键被断裂放出氧气，一种氧化能力较弱的 $NADP^+$ 辅酶的氧化态在多种酶的催化下，经过复杂的 Z 型多步过程，克服逆势，最终夺取水分子中的氧原子上的电子，把水氧化为氧气。这个 H_2O 被氧化的复杂机制发生在光合作用中光系统Ⅱ(PSⅡ)中。光合作用中光系统Ⅰ(PSⅠ) 生成具有手性还原能力的辅酶分子 NAD(P)H，而在光合作用的暗反应中 NAD(P)H 在诸种酶催化下把 CO_2 还原成为单糖。大自然创造出人工相形见绌的杰作。记得小时候在中学化学课堂上，化学权威张秦川老师把点燃的镁条插入盛有 CO_2 的广口瓶中，火花四绽，CO_2 仅仅被还原为细小的碳粒。大自然以何等的奥妙和智慧，魔术般地用 NAD(P)H 把 CO_2 最终还原成糖？为此，第三版仍保留了原来生物光化学的部分。

有机反应到底是怎样进行的？人们的肉眼看不见微小的有机分子在反应中的变化过程，特别是人们对于生物体系中鲜活的分子的运动规律的认知还非常不足。化学家发现一些信号分子可以在细胞之间进行信号转导。人类的认知过程永远没有穷尽。希望年轻一代在实验过程中研究反应、理解反应，把实践过程中的感性认识上升到理论的高度。

大家知道，矛盾的普遍性存在于矛盾的特殊性之中。有机反应具有广泛的普遍性，而本书通过多氮化物这个侧面，试图通过特殊性来揭示其普遍性中的一些问题。应该说明，作者并不是专门从事多氮化物研究的，作者领导的团队是从事功能分子与手性化合物合成的研究组。

本书中提到的 Wittig 反应、Diels-Alder 反应，维生素 B_{12} 等复杂天然产物合成，酶催化，叶绿素、血红素、类胡萝卜素和维生素 A、生物碱，前线轨道理论，化学反应中的电子转移理论，Fullerene 烯，辅酶如 NADH(NADPH)，光合作用、催化不对称合成等内容都涉及诺贝尔化学奖（见本书附录）。书中涉及的 Suzuki 反应、Negishi 反应、Heck 反应也于 2010 年获得诺贝尔化学奖。希望年轻一代能够从中汲取一些营养。另外作者在书中多次提到了有机反应中的能量问题，多处对所提出的反应过渡态、活性中间体的稳定性，从能量角度加以分析，能量最低原理也存在于一些有机反应中。书中一些内容是作者以前从事过的研究工作，书中引用论述别人的工作都给出了文献出处，结合作者给出的大量文献信息，读者还可以找到一些具体实验操作步骤和方法，做进一步深入和专门的研究。

读者可以看到，本书渗透和突出了许多物理有机化学方面的内容，在一些理论问题上下了一番工夫。

本书第二版出版已经 8 年，对浩如烟海的多氮化物有机反应进行评论和总结，是一项艰辛的工程。有利的一点是，作者受命兼职从 2009 年开始为中国科学院研究生院研究生讲述“有机反应”这门课程，几年来，为帮助研究生分析和解决有机反应中的理论问题并掌握一些重要的有机反应类型和新颖的有机人名反应，作者又做了辛勤的努力，也受到了学生普遍的好评，也悟出了一些应该增加的新内容。整理出版本书第三版能利用的时间也只能是周末和假日，由于水平有限，书中疏漏不足之处还敬请读者指正。在此感谢国家自然科学基金（21172227）和 973 子课题（NO. 2010CB732202）对我们研究组科研工作的资助。

作者 王彤

2013 年 5 月 2 日夜于中国科学院理化技术研究所

第四版前言

感谢读者厚爱，本书得以再版。

本书第三版出版以后，作者在研究工作中，积累了一些新的增补资料，特别是作者研究组近年来的研究取得了一些重要进展，对于提高本书（第四版）的价值具有很大意义。

首先，本书在第四版增补了新的第六章“游离基反应”，重点评述了作者研究组近年来在这方面取得的一些新的重要成果。

有机反应一般分为四大类型：氧化还原反应，离子反应，周环反应和自由基反应。离子反应历程比较常见，本书从第二章到第四章都有论述，作者在第四章第一节“有机合成中的氮杂 Wittig 反应”中，用箭头标注这类离子反应历程的地方就多达 60 个。长期以来，游离基反应被人们所忽视，本书前三版也没有对游离基反应展开过论述。一般来说光反应大多为游离基历程，通常光化学反应速率快，导致一些光反应难以控制，产物比较混杂，一些热反应的游离基历程也存在着收率不高等问题。人们对游离基反应往往产生误解，游离基反应的研究相对滞后。

近年来，游离基反应在有机合成新方法学研究中异军突起，一些游离基反应非常巧妙，反应条件温和，选择性好，收率高。通过一锅反应（one pot reaction）能够简洁地得到多官能团的复杂产物，而且反应物简单廉价，常见的金属盐也可以作为催化剂。新型游离基反应不仅为有机反应的发展做出了贡献，更为环境友好、原子经济性合成复杂化合物开拓了新生面。

作者领导的研究组从 2012 年就开始探索苯乙烯的高值转化反应，发现苯乙烯可以在催化条件下与脂肪醇、酮、腈类等一步反应得到双官能团化合物。苯乙烯与乙腈的转化反应无需任何金属催化剂，一步就得到可以用于药物中间体的双官能团化产物——酮腈类化合物。

苯乙烯与脂肪醇、酮、乙腈等的高值转化反应，从经典的离子反应历程角度看，似乎有些神奇，这些高值转化反应到底是通过什么机理进行的？以前我们提出可能的反应机理是游离基机理，最近，在机理研究方面，取得了重要的突破性进展，充分证实了苯乙烯与醇、酮、腈等的 C—H 键官能团化属于游离基历程。我们使用 TEMPO 作为捕获剂，成功地捕捉到了反应过程中生成的活性中间体游离基，捕获剂 TEMPO 和自由基形成了一种稳定的加合物，高分辨质谱检测到了加合物的存在。为了进一步验证游离基历程，利用非共轭体系的烯烃进行实验，发现非共轭烯烃不发生反应，因为非共轭体系不能有效地分散游离基的单电子；而苯环等共轭体系则能有效地分散相邻的游离基的单电子，该反应进一步支持了游离基反应的机理。我们还通过氘代乙腈（CD_3CN）的动力学实验，验证了 α—C(sp^3)—H 键的断裂是该类反应的速率决定步骤。另外，通过计算化学，从物理化学角度，通过能垒数据，进一步揭示了该反应的历程属于游离基机理。我们在苯乙烯与醇、酮、腈等的高值转化反应研究方面的论文，发表在一区国际刊物上。

大量文献报道了许多新颖的游离基反应，新型游离基反应已经成为一个具有很高科学水平和应用价值的合成化学里程碑。半个世纪前，高分子化学蓬勃发展，为人类提供了塑料、合成纤维、合成橡胶等不可缺少的物质，实际上这三大类材料合成的许多共聚反应过程本质属于游离基反应历程。今天诸多的社会需求，从各类药物到人们常用的化学日用品，从新材料到各个领域，都要依赖于有机合成反应的发展，而游离基反应可以缩短时间，而且具有很高的转化潜力。但是，作者认为，能够得到广泛应用并且具有普遍工业价值的游离基反应还有待于开发，大量报道的游离基反应需要较高的催化剂载量、高温、强酸以及强氧化剂等等，这些严重制约着游离基反应的工业应用，而且某些催化剂往往十分昂贵而不利于工业化。到目前为止，立体控制的游离基反应研究成果依然很少。作者认为，在工业化方面，与离子反应、氧化还原反应历程的其他有机反应相比，游离基反应还面临着一系列的问题需要解决。然而，游离基反应在应用开发方面才刚起步，新的路子会越走越宽广，作者相信：在有机合成化学中，游离基反应的未来必定具有广阔的前景。

其次，在第四版的第七章中，作者补充了花瓣状辅酶 NAD(P)H 模型分子及其荧光活性，基于第三版介绍的具有“盆状结构”的 NAD(P)H 模型分子，我们又设计和合成了具有三个吡啶酰胺结构的花瓣状 NAD(P)H 模型分子。花瓣状 NAD(P)H 模型分子没有封闭，这样既可以与金属离子进行有效的络合，而且在与脱氢酶的识别中会有很好的优势。花瓣状辅酶 NAD(P)H 模型分子具有非常强的荧光活性，在大量金属离子存在下，花瓣状 NAD(P)H 模型分子唯独对 Fe^{3+} 具有选择识别特性。作者还补充了 NAD(P)H 模型分子在脱氢酶催化下的还原反应，我们把辅酶 NAD(P)H 分子在和相关脱氢酶结合进行不对称还原反应研究，为 NAD(P)H 模型分子的研究开拓了一个新生面。在脱氢酶催化下辅酶 NAD(P)H 模型分子对复杂化合物的不对称还原反应，对理解光合作用中暗反应在脱氢酶催化等条件下，辅酶分子 NADPH 把 CO_2 还原为糖具有重要意义。把生物酶与辅酶 NADPH 分子运用到有机反应中进行深入研究，在化学生物学领域是一个亮点。

有机反应能不能控制？通过什么手段来控制反应，可控反应实际上与选择性反应具有异曲同工之妙，“控制”来得更为强烈一些。目前，区域控制，立体控制，催化剂控制等等已经取得了极大的成功。为此，作者在第四版第九章（9.6 节）补充了“可控反应”一节。在这部分内容中，介绍了作者在动力学控制反应方面的最新成果。当前合成化学有两个重要方面：一个是复杂化合物和天然产物全合成；另一个是有机合成方法学研究。目前有机合成方法学研究主要表现在以下几个方面：(1) 区域选择性，即一个反应底物有几个反应点，在特定的条件下，一个反应点发生主要反应，其他反应点发生次要反应或者不反应。(2) 立体选择性，就是利用手性有机小分子催化剂或者金属手性有机配合物进行立体控制，可以得到 *ee*%或 de%较高的立体专一产物。(3) 催化剂选择性，各种各色催化剂的大力开发，包括稀土催化剂的开发。许多反应，没有合适的催化剂就不会发生。就是同一反应物，不同的催化剂有时可以得到不同的产物。(4) 交叉偶联反应，本书第 4.13 有详细论述。(5) C—H 键活化，碳氢键活化反应通常发生在 C—H 键邻位没有氮原子和氧原子，或者没有苄基、烯丙基等略有活性的质子，一般指不活泼的碳氢键的反应。(6) C—H 键官能团化，发生反应的 C—H 键邻位有氮原子和氧原子等，或者苄基、烯丙基等，可以看出发生反应的这些 C—H 键本质上就具有一定的活性或其质子具有微弱的酸性，正因为发生反应的这些 C—H 键多少有些活性，因此把这类 C—H 键的反应叫做碳氢键官能团化。近年来，发展较快的是碳氢键官能团化反应。(7) 酶催化的仿生反应研究。(8) 元素有机化学在新反应中的应用，例如有机硼化合物，有机磷化合物，有机硅化合物等，大量过渡金属有机化合物直接作为反应物。

本书介绍了一些药物合成，为什么药物与多氮化物如此密切？向药物分子中引入氮原子，可以显著提高药物的水溶性和细胞渗透性，从而增强药物与生物靶标的相互作用，可以极大地提高药效。目前世界上约95%的药物分子都含有氮原子，如何高选择性地构筑含氮高效药物，是新药研发领域的重要课题。药物分子中氮原子上的孤对电子为重要药物靶标，为酶类提供了一个结合位点，这是一个关键的科学问题。关于药物的研究，还有两个重要科学问题：第一就是毒性：是药三分毒，我们就是要筛选毒性最低的化合物，一些药物虽然高效，但毒性太大，往往受到限制。例如有时R基中的甲基取代丙基，其毒性也会降低，通过实验优化筛选不同R基，减低药物分子的毒性，是非常重要的工作。有的多氮药物分子，缺少一个氮原子就不行。一个简单却又复杂的常识会说明毒性的问题，例如，乙醇可以少量饮用，而把乙醇分子中的乙基换成为甲基，变成甲醇，饮用后则因毒性而导致失明。仅仅因一个 CH_2 基团竟然会如此，说明生命体系是多么的精微。第二是生物利用度：一种药不能在胃里被胃酸分解掉，不能在胃液、血液中发生结构变化（如红霉素的内脂结构易于水解），再如神经系统药，要能够通过血、脑屏障，达到药物的靶点，充分发挥药物的疗效，极大地提高其生物利用度，这就需要研究。多氮化物作为药物，分子结构不能太不稳定，否则，到不了药物靶点，一些极不稳定的多氮化物中的氮就分解成为稳定的氮气，释放出一点稳定化能而失去药效。

本书在绪论部分也论述了一些多氮的天然产物化合物，如茶碱、喜树碱等。植物天然产物来源广泛，丰富多彩，满足了人类的各种需求，特别为新药发现提供了复杂而又稳定的药物分子的化学结构，供人们开发和筛选。生化教科书告诉我们，光合作用是叶绿素通过吸收二氧化碳和水分子，在光的作用下，生成葡萄糖，然后葡萄糖缩水得到淀粉。实际上我们在食用小麦淀粉时，还会有一定量的植物蛋白质（例如从小麦面中出来的面筋），蛋白质是由氨基酸生成的，植物吸收稳定的氮气分子，就能够把氮气分子转化成为氨基酸中的氮原子，茶树还能够把氮分子转化为生物碱，这些生化反应过程给人们提供了新思路。光合作用的产物并非单纯的葡萄糖，玉米的光合作用产物还有不少的油脂。果树的光合作用提供了维生素；橡胶树光合作用的产物提供了优质天然橡胶……，自然界是非常复杂的，各类天然产物包括海洋天然产物为我们提供了探索自然界的机遇。

作者把近几年来发表在国外核心化学期刊上的多氮化合物的新反应、新试剂、新方法、新理论作了全面系统的总结，特别是紧密结合作者领导的研究组的研究工作开展论述，对2016年的文献也有比较多的引用。第四版的学术水平较高，参考价值很大。

尽管作者做了很大的努力，缺陷还是在所难免，敬请读者指正。

作者 [signature]

2016 年 12 月

第五版前言

感谢读者厚爱，本书得以再版。

本书第四版出版发行后引起了关注，中国化学会的会刊《化学通讯》在 2017 年第五期第 74 页给广大化学家详细介绍了该书。2017 年 12 月德国 De Gruyter 出版社曾对该书表示关注，这些鼓励使作者开始了新内容的补充。

如果时间允许作者会考虑着手把第五版翻译成为英文。

我们知道有机反应有四大类型，即氧化还原反应、离子反应、周环反应和自由基反应，本书第五版对这四种反应类型都作了深入论述。有机反应浩如烟海，一部专著难以涵盖。然而，矛盾的普遍性规律存在和体现于其特殊性之中，本书主要通过多氮化合物这个特殊侧面来尽可能多地论述有机反应的新思路、新策略、新概念、新试剂、新方法，以便能够对基础研究者和应用开发者都有所启发。

有机化学教科书一般首先介绍烃和卤代物，然后是醇、醚、醛、酮、羧酸、酯以及糖类等，这些类别包含的大量化合物都不含氮。含氮化合物的一个显著特点就是氮原子孤对电子可以作为电子给体。本书对多氮化合物如三唑、四唑、咪唑、吡唑、哌嗪、四嗪等都有专门论述，这些化合物都不稳定，在生物体内很容易参与代谢，大都具有一定的生物医学活性，这些多氮化合物的相关衍生物都可以作为各种各样的药物分子。因此，研究多氮化合物及其衍生物具有重要意义和价值。含氮的氰基、异硫氰基、叠氮基、重氮基、偶氮基等在构建复杂化合物合成方法学研究中一直处于重要的科学位置。

古代三国时期“曹冲称象”的故事实际上可谓是阿基米德定理的感性认识：物体所受到的浮力等于该物体所排开的流体的重量。阿基米德发现浮力定理远在我国三国之后，但我们一直没有把“曹冲称象”往理论的层面上升。非常明确的是：感性认识一旦上升到了理论层面，就会产生质的飞跃。

感性认识产生飞跃能够上升到理性认识，理论已经深刻地揭示了事物的本来面目，已经把握了事物的本质，思维是认识问题的关键，理论之树长青。然而一个伟大的科学理论绝不会不费功夫就轻易地产生出来。英国哲学家培根在《新工具》开篇指出，科学研究旨在对观察到的自然现象进行思考、理解与诠释。培根强调了在思考和理解基础上的诠释，成功地诠释就是要提出学说，甚至提出假说，关键是要发展理性思维，在理论上有所突破。如果不去深入做理论研究，就很难取得真正突破。

作者在几十年来带领博士生从事有机化学研究的实践中，一直非常重视和强调理论研究，鼓励学生对反应机理这个理论问题产生兴趣。所发表的研究论文，都涉及反应机理，而且需要用实验或者量化计算来证明所提出的机理是可以接受的。举例：证实苯乙烯衍生物与溶剂类分子的双官能团化反应属于自由基（游离基）历程。我们选择了苯乙烯与乙腈的反应，使用 TEMPO 作为捕获剂，捕捉到了反应过程中新生成的活性中间体游离基，用高分辨质谱检测到了 TEMPO 和自由基加合物的存在；发现非共轭烯烃不发生反应，因为非共轭体系不能有效地分散和稳定关键中间体自由基上的单电子；还通过氘代乙腈（CD_3CN）的动力学实验，验证了 α-C(sp^3)—H 键的断裂是该类反应速率的决定步骤；通过计算化学，进一步揭示了该反应的历程属于自由基机理。我们 2013 年就发现 Wang 反应是通过自由基接力机制进行的：叔丁基过氧化氢产生的自由基像接力棒一样，把其产生的自由基单电子传递到溶剂分子 CH_3CN 甲基上的 C(sp^3)—H 键，促使其均裂产生新的自由基，新生的自由基与苯乙烯衍生物再发生自由基接力，自由基单电子被接力传递到反应物苯乙烯衍生物中的苯环邻位，苯环邻位的单电子能够被苯环大 π 体系所稳定。使其显示出持久的自由基稳定性和反应活性，不易被猝灭，自身难于偶联，能够积累到有效反应浓度，这是 Wang 反应能够成功的先决条件。有了这些理论基础，我们才能够在苯乙烯衍生物与稳定溶剂类分子的双官能团化反应方面进行一系列拓展，发表多篇文章，我们认为只有长时间高度凝练集中到某个"点"上，才能够取得真正意义上的突破。

本书新增加的"不对称［3＋2］环加成反应合成手性氮杂环化合物"中，立体定向合成含氮杂环化合物是目前有机化学的一个重要领域。在许多含氮杂环化合物的合成中，环加成反应提供了一个非常重要的策略。近年来，利用不同金属介导的手性有机催化剂进行不对称［3＋2］环加成反应，为构建立体化学复杂氮杂环化合物提供了新的方法。环加成反应涉及 1,3-偶极子与亲偶极子的反应，1,3-偶极子通常包含杂原子和四个 π-电子，它们分布在三个原子上，如叠氮化物、重氮烷、一氧化二氮、腈亚胺、腈叶立德、腈氧化物、偶氮亚胺、偶氮氧基化合物、偶氮甲亚胺叶立德，以及硝基、羰基氧化物、臭氧等。像腈叶立德 Ph-$C\equiv N^+—CH_2^-$ 这样的 1,3-偶极分子的 HOMO 为 －6.4eV，缺电子烯烃 $CH_2═CHCHO$ 的 LUMO 为＋0.6 eV，因此这些 1,3-偶极环加成反应的反应速率很高。例如 $[Co(NH_3)_6]^{3+}$，对称的 6 个配体 NH_3 分子，促使 Co(Ⅲ) 空轨道通过杂化产生六个能量均等的空 $3d^24sp^3$ 轨道，是一个对称的八面体场。但是由于不对称配体的作用，配合物中的金属离子原来的八面体场发生了完全扭曲和严重畸变。进攻试剂在非对称八面体场的微环境中显示出很强的立体选择性，这是手性配体促进催化不对称反应的关键所在。

本书增加的"有机反应和天然产物全合成以及人工智能问题"中讲到，有机反应好比是研究单层楼构建的方法和技巧，而全合成好比是一座几十层高楼的建筑，有机反应是天然产物全合成的先导和根本。无论多少步反应，首先要考虑每一步的反应试剂、反应条件、反应介质、环境保护等一系列问题，重要的是 *ee*%值的提高、手性保持、昂贵催化剂回收等问题。全合成需要采用尽可能短的合成路线和廉价原料，充分体现合成路线的艺术性和原子经济性原则，尽可能高产率、高纯度地得到每一步反应的产物。

第四次科技革命已经来临。这是继蒸汽机技术革命（第一次工业革命），电力技术革命（第二次工业革命），计算机及信息技术革命（第三次工业革命）以后的又一次科技革命。第四次科技革命研究已经渗透到了有机反应中。Cronin 教授在 *Nature* 发表文章（*Nature*，2018，559：377），认为机器人能够拥有人类化学家的"直觉"。他们开发了新的机器学习和算法控制的有机合成机器人，可以在完成一个实验后进行独立"思考"，决定下一步实验如何进行。机器人也可以独立自主地探索新有机反应。

本书还增加了"稀土催化有机反应"。稀土金属离子 4f 轨道不参与成键，呈现出高配位性。论述了稀土催化的插入反应、稀土催化的 σ-键复分解反应及稀土催化的环化与开环反应，稀土催化的重排反应、稀土催化的氧化还原反应，特别是稀土催化的偶联反应。王乃兴课题组最新发现在稀土催化剂 $Y(OTf)_3$ 催化下，以二叔丁基过氧化物作为自由基引发剂，氮杂芳烃与醚类化合物能够直接发生偶联反应，该反应属于 $C(sp^3)$—H 键的官能团化交叉脱氢偶联反应，具有原子经济性好，选择性强等优势。氮杂芳烃与醚还有硫醚均能得到 $C(sp^3)$—H 键的官能团化产物。除链醚以外，环醚也可以有效地发生 $C(sp^3)$—H 键的官能团化反应。

2019 新型冠状病毒（COVID-19）引起了全球的广泛关注，本书特别增加了新的一节“新冠病毒（COVID-19）与高效安全的疫苗以及抗病毒药物”，对人们普遍关注的问题作了论述，同时说明了药物的抗药性等相关问题。

本书论述的 Wittig 反应、Diels-Alder 反应、Grubbs 试剂和烯烃复分解反应（Grubbs 试剂见本书第五章新补充的内容）及书中涉及的 Suzuki 反应、Negishi 反应、Stille 反应、Heck 等人名反应以及维生素 B_{12} 等复杂天然产物合成、酶催化、叶绿素、血红素、类胡萝卜素和维生素 A、生物碱、前线轨道理论、化学反应中的电子转移理论、Fullerene 烯、辅酶如 NADH（NADPH）、光合作用、催化不对称合成等内容都涉及诺贝尔化学奖，读者可以参见本书附录。

总之，本书第五版增补了不少新内容，并对 2019 年和 2020 年的新文献也有比较多的引用。相信对年轻学者和化学、化工研究人员的参考和利用价值会更大。

著书立说、多次再版并不断完善一部有益于青年和学人的学术著作绝非易事！尽管笔者倾注了大量心血，缺陷仍然难免，在此敬请广大读者指正为盼。

2021 年 3 月 18 日于中国科学院理化技术研究所

目　录

第 2 章 叠氮衍生物的有机反应 76

第 13 章 有机反应中的若干理论问题 582

第 1 章

绪 论

近年来，随着生命科学的蓬勃发展，含氮和多氮化物引起了人们的极大兴趣。生物活性大分子蛋白质、酶和核酸都是和生命有关的含氮化物。目前，有许多合成药物是含氮和多氮化物，许多天然产物如生物碱、一些维生素和抗生素等也多为含氮和多氮化物。多氮化物在除草剂、杀虫剂、抗生素和抗病毒药物等方面的用途很广。多氮化物也在染料和感光材料、表面活性剂、催化剂等功能材料方面发挥着巨大的作用。

生命科学方面

本书专门论述了许许多多的多氮化合物，然而大自然才是多氮化合物最好的大师！大自然中的多氮化合物才是未来发挥人工智能的“智慧分子”。现在看来非常重要非常复杂的多氮化合物就在生命本体内！DNA 和 RNA 都是含多氮碱基的链状大分子，核酸中的多氮化合物碱基在生命体系中扮演着复杂和奇妙的活的角色。笔者认为：由多个多氮杂环配对组成的 DNA 和 RNA 及诸种酶，堪称是真正的智能大分子。DNA 和 RNA 是复杂的多氮有机分子，在所有活细胞的生物和化学机制中执行着至关重要的任务。尽管 DNA 和 RNA 是在近一个世纪前被发现的，但其许多化学和功能方面尚未被完全理解或被预测。对 DNA 和 RNA 这样的多氮化合物的认识有待于进一步深化。

2023 年 10 月 2 日，笔者看到 2023 年诺贝尔生理学或医学奖揭晓的消息倍感欣慰。匈牙利塞格德大学 Katalin Karikó 教授和美国宾夕法尼亚大学 Drew Weissman 教授因“核苷碱基修饰相关发现实现有效 COVID-19 mRNA 疫苗开发”获得了 2023 年诺贝尔生理学或医学奖。Katalin Karikó 教授，1955 年出生于匈牙利索尔诺克，1982 年获得塞格德大学博士学位，1985 年以后在匈牙利科学院、天普大学等机构进行博士后研究。1989 年被任命为宾夕法尼亚大学助理教授，自 2021 年以来，她一直担任塞格德大学的教授和宾夕法尼亚大学佩雷尔曼医学院的兼职教授。Drew Weissman 教授，1959 年出生于美国马萨诸塞州。他于 1987 年在波士顿大学获得医学博士学位。后来在美国国立卫生研究院进行博士后研究。1997 年，Weissman 在宾夕法尼亚大学佩雷尔曼医学院成立了他的研究小组，主攻疫苗研究。2020 年初，新冠在全球大流行，接种疫苗已经成为人们抵抗不断突变的新冠病毒的几乎唯一有效的方法。这两位诺贝尔奖获得者的发现，从根本上改变了我们对 mRNA 如何与免疫系统相互作用的理解，他们以创纪录的速度开发出对新冠病毒有效的 mRNA 疫苗。在我们的细胞中，DNA 编码的遗传信息被转移到 mRNA（信使 RNA）中，而 mRNA 是蛋白质生产的“蓝图”。在20世纪80年代，科学家发现了被称为“体外转录”的方法，无需细胞培养即可生产mRNA，此后开始了将mRNA技术用于疫苗和治疗的研究，但体外转录的mRNA被认为不稳定且难以递送，需要开发复杂的载体脂质系统来封装mRNA。此外体外产生的mRNA会引起炎症反应。这些困难并没有阻止匈牙利生物化学家Katalin Karikó，她一直致力于研究利用mRNA进行治疗的方法。20世纪90年代初，她还是宾夕法尼亚大学的助理教授，仍然想方设法坚持mRNA治疗的相关研究。Karikó的一位新同事是免疫学家Drew Weissman，他的研究领域与树突状细胞有关，树突状细胞在免疫监视和激活疫苗诱导的免疫反应中具有重要作用。两人开始了富有成效的合作，研究不同类型的RNA如何与免疫系统相互作用。Karikó和Weissman注意到树突状细胞将体外转录的mRNA识别为外来物质，这导致它们被激活并释放炎症信号分子。但源自哺乳动物细胞的mRNA却并没有引起同样的反应。Karikó和Weissman认为，这里存在着一些关键的因素能够区分不同类型的mRNA。我们知道，RNA包含四种碱基，即A、U、G、C，分别对应DNA中的A、T、G和C。Karikó和Weissman考虑到哺乳动物细胞RNA中的碱基经常被化学修饰，而体外转录的mRNA则没有，于是，他们猜测是否这些不同的修饰导致了不希望的炎症反应。为此，他们制造了不同的mRNA变体，每种变体的碱基都有独特的化学修饰，并将其递送给树突状细胞。出现的结果非常惊人：当mRNA中包含碱基修饰时，炎症反应几乎观测不到。可以说，这是我们理解细胞如何识别和响应不同类型mRNA的一个有规律的变化。Karikó和Weissman认为他们的发现对于将mRNA用于治疗来说具有深远的意义。这些开创性成果发表于2005年，这比COVID-19大流行早了15年。在接下来的进一步研究中，Karikó和Weissman发现，与未经修饰的mRNA相比，经碱基修饰产生的mRNA显著增加了蛋白质产量。这种效果产生的原因是一种调节蛋白质产生的酶的活性降低。碱基修饰既能减少炎症反应，又能增加蛋白质的产生，从而消除了mRNA临床应用道路上最大的障碍。2010年有几家公司开始致力于开发基于mRNA的治疗方法。针对寨卡病毒和中东呼吸综合征冠状病毒疫苗也陆续投入研发，而中东呼吸综合征冠状病毒与新冠病毒SARS-CoV-2密切相关。COVID-19在2020年初大爆发后，两种编码SARS-CoV-2表面蛋白的碱基修饰mRNA疫苗以创纪录的速度被开发出来，其保护效果约为95%，mRNA疫苗在2020年12月获得监管机构批准。这些疫苗挽救了数百万人的生命，并在更多人中预防了严重疾病，使社会逐步恢复到正常状态。在未来，这项技术还可能用于递送蛋白质药物以及治疗某些类型的癌症。

2023年诺贝尔生理学或医学奖，因“核苷碱基修饰相关发现实现有效COVID-19 mRNA疫苗开发”奖给Katalin Karikó教授和Drew Weissman教授，这是非常好的，他们的研究成果价值和意义是巨大的，会对人类今后抗病毒起到重大推动作用。

RNA将DNA编码的信息传递到需要的地方，其多样性和动态性确实令人惊叹。RNA通过自然生物途径进行加工和修饰，从而使遗传信息多样化。RNA修饰在几乎所有生物过程中都起着关键作用，RNA的失调与多种人类疾病和失调症有关。由于目前的技术局限和认识水平，我们对RNA修饰的了解不足。在新冠大流行期间，已知的RNA修饰已被用于许多疫苗的开发，帮助挽救生命。RNA修饰的应用范围也已经超出了健康领域，涉及提高农业生产力方面。

笔者多年从事有机合成化学研究。新冠对民众的伤害深深触动了笔者。自从2020年春季开始，利用周末和业余时间，笔者每次读几页，长时间潜心选读了R. F. Weaver主编刘进元等译的厚厚的《分子生物学》(*Molecular Biology*)，共1181页。同时也参阅了大量关于基因和新冠病毒研究方面的新的论文论著。深入思考了 RNA 和含多氮碱基方面的一些基础科学问题。参考了一些很有价值的文献，花了很长时间，写成这部分内容：① 从有机化学研究的角度，着手碱基配对的规则和 DNA 的双螺旋结构；② 对复杂的 RNA 聚合酶和基因突变的基础内容等都做了介绍；③ 论述了基因编辑技术的进展以及植物转基因等问题；④ 特别对核酸检测中的碱基配对等新问题做了说明。

笔者撰写这一部分基础内容，希望从事和准备从事生命科学的年轻人认识到有机化学是生命科学重要基础，笔者发现不少发表在 *Nature* 和 *Science* 上的生命科学方面的文章被撤稿，故而盼望年轻学者首先从有机化学方面打下坚实的生物学基础，从有机化学等方面先把问题真正搞清楚，一定要避免过分片面追求高档次的文章，如果浮躁冒进，似是而非，往往使得结果失真，到最后需要解决关键实际应用问题的时候一点都用不上啊！这次疫情告诉我们，生命科学是关乎无数人生命的大事！关乎人类社会的安定，研究的最终结果不是为了发文章而是要解决实实在在的问题，功高莫过于救命！我们把希望寄托在年轻人身上。

补充这部分内容，希望有机化学专业的人也应该了解生命中的多氮化合物，在有机化学的层面慎视生命科学，明白多氮化合物在自然界是多么的重要！

早在 1865 年，孟德尔（Gregor Mendel）就在他的豌豆试验中发现了孟德尔遗传规律。人们对细胞结构的认知，对细胞有丝分裂的研究，把生命科学推向一个里程碑阶段。

1869 年，Friedrich Miescher 在细胞核中发现了混合物，开始称其为核素（nuclein），其主要成分是脱氧核糖核酸（DNA）。到了 19 世纪末，科学家研究知道了脱氧核糖核酸（DNA）和核糖核酸（RNA）的详细结构，DNA 和 RNA 都是长链聚合物，构成长链的每一个链节是一个核苷酸，每一个核苷酸由一个糖基、一个磷酸基团和一个碱基构成。每个糖基上连有一个碱基，糖基彼此之间通过磷酸基团连接成为长链大分子。

现在人们已经知道脱氧核糖核酸（DNA）是遗传物质，那么龙生龙凤生凤的秘密究竟是什么呢？是谁第一个打开了龙生龙凤生凤的谜锁？秘密就在 DNA 和 RNA 的双螺旋结构上，其结构涉及碱基配对的最基本的遗传规则。发现这一极其重大奥秘的划时代的科学家就是 Watson 和 Crick，他们荣获 1962 年诺贝尔医学奖，后被人们称为诺贝尔奖中的诺贝尔奖！说明这一发现的意义和价值无与伦比。

1.1 碱基配对

Watson 和 Crick 发现，DNA 分子是由两条 DNA 链互相缠绕形成的一个双螺旋结构。1953 年，Watson 和 Crick 主要是根据 Rosalind Franklin 和 Maurice Wilkins 的 X 射线衍射数据和其他实验室的物理化学数据，划时代地建立了 DNA 的分子结构模型。该结构模型认为，双螺旋结构中每条链的碱基都位于螺旋内部，每一条链的碱基与另一条链上的碱基，通过氢键作用，以一种非常特殊的方式配对。

DNA 含有四种不同的碱基，我们可以认为这些碱基就是生命的基石。我们相信腺嘌呤和鸟嘌呤都是在多氮杂环嘌呤上衍生形成的，而胞嘧啶、胸腺嘧啶、尿嘧啶则是在简单的嘧啶环上衍生出来的。这几种不同的碱基都是多氮杂环芳香族化合物，由于碱基含有芳香环结构，因此具有紫外吸收的特性。

通常人们认为碱基是四种，这里还给出了尿嘧啶（在 RNA 中），作为第五种碱基。下面我们看这几种碱基：

腺嘌呤（adenine，简写为 A），又称 6-氨基嘌呤、维生素 B_4，其在体内主要以腺嘌呤核苷酸的形式存在。腺嘌呤的分子结构为：

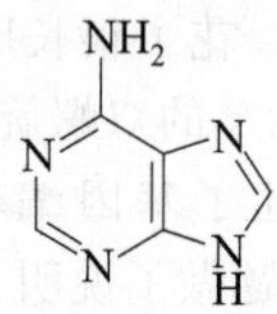

鸟嘌呤（guanine，简写为G），为白色至淡黄色晶体粉末，鸟嘌呤广泛存在于动、植物界。由具有共轭双键的稠合嘧啶-咪唑环系统组成，为组成核酸的重要碱基。鸟嘌呤的分子结构为：

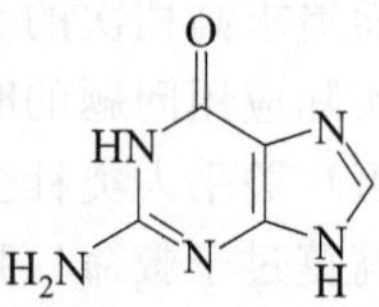

胞嘧啶（cytosine，简写为C），4-氨基-2-羰基嘧啶，是核酸（DNA和RNA）中的四种碱基之一。胞嘧啶的分子结构为：

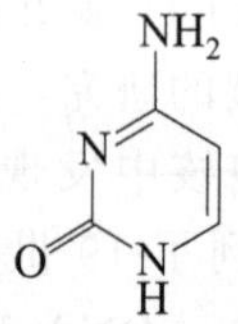

胸腺嘧啶（thymine，简写为T），是自胸腺中分离得到的一种嘧啶碱。强紫外线照射胸腺嘧啶可使DNA分子中同一条链两相邻的胸腺嘧啶碱基之间形成二聚体，影响了DNA的双螺旋结构，使其复制和转录功能均受到阻碍。胸腺嘧啶分子结构为：

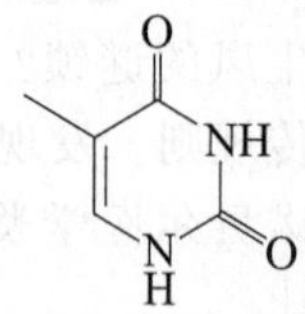

另外还有一个碱基，是尿嘧啶（uracil，简写为U），细灰白色结晶粉末。尿嘧啶是RNA特有的碱基，在RNA中，尿嘧啶（U）代替了胸腺嘧啶（T）与腺嘌呤（A）配对。将尿嘧啶（U）甲基化即得胸腺嘧啶（T）。尿嘧啶分子结构为：

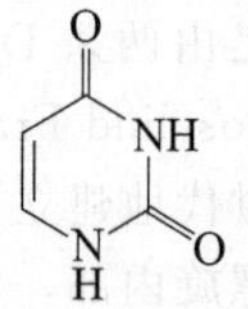

DNA碱基配对，A配T，G配C，在一条链上的碱基是A，在另一条链上的相应位置上一定是T，同样，如果在一条链上的碱基是G，在另一条链上的相应位置上一定是C。两条链是互补的，知道一条链的碱基序列，就可以推断出另外一条链上的碱基序列。碱基配对的互补关系为DNA的忠实复制提供了保证。DNA在复制时，双链裂开，然后以一个旧链为模板按照Watson和Crick的碱基配对原则，A配T，G配C，在酶的作用下合成新链，由于每个新生成的双螺旋分子中都保留了母本双螺旋中的一条链，所以称为半保留复制（图1-1）。

Watson和Crick的碱基配对原则的理论基础是配对碱基之间要能够形成稳定的多重氢

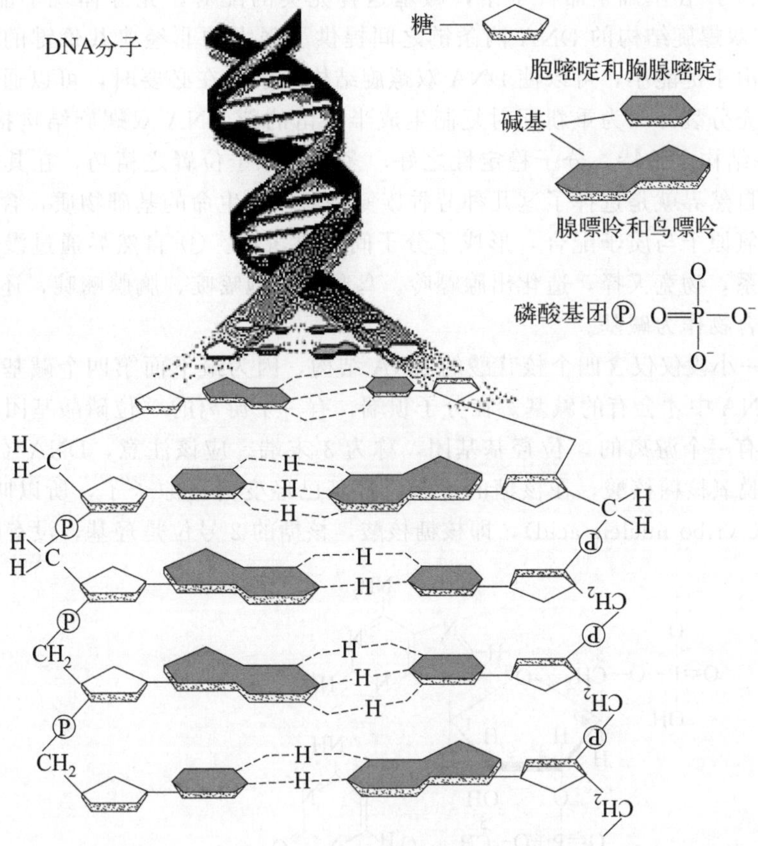

图 1-1　DNA 的复制

键。鸟嘌呤（G）配胞嘧啶（C），两个碱基之间形成了三重氢键，形成了最稳定能量最低的分子间的非经典共价键的结合作用，又如腺嘌呤（A）和胸腺嘧啶（T），两个碱基之间形成了双重氢键，形成了这两个碱基之间最佳最稳定的非经典共价键的结合作用。结构式中的 R 基代表核糖基团（图 1-2）。

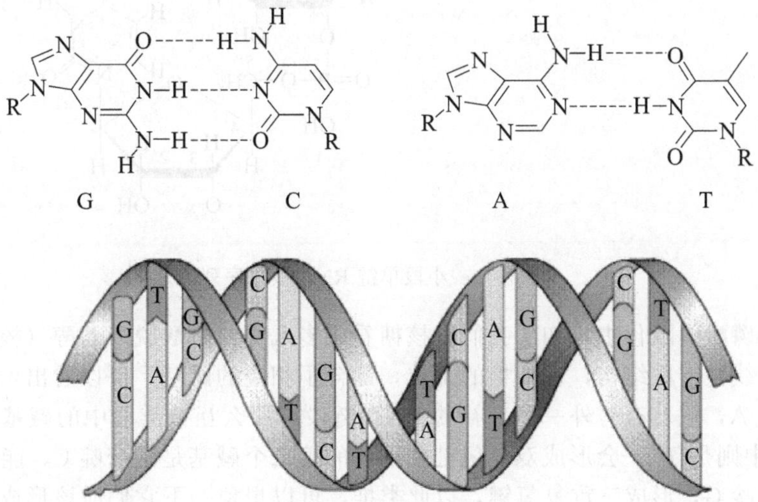

图 1-2　碱基配对

笔者认为：① 在基础生命科学中，碱基这种完美的配对，充分体现了能量最低原理。② 多重氢键在双螺旋结构的DNA两条链之间提供了强大的非经典共价键的结合力。这种非经典共价键由于键能小，可以使DNA双螺旋结构两条链在必要时，可以通过多重氢键的破裂，两条链充分裂开，为重新配对复制生成半保留的新DNA双螺旋结构提供必要条件。③ 这四种碱基结构之独特，分子稳定性之好，多个氮原子位置之精巧，在其相互配对中充分体现出来，自然界就是选择了这几种芳香族氮杂环作为生命的基础物质，含有独对电子的多个氮原子和氧原子与质子配合，形成了分子间多重氢键。④ 自然界通过漫长的进化过程诞生了生命体系，物竞天择，造化出腺嘌呤、鸟嘌呤、胞嘧啶、胸腺嘧啶，还有尿嘧啶这几种多氮杂环化合物作为碱基。

图1-3是一小段仅仅含四个核苷酸的RNA结构，因为最下面第四个碱基是尿嘧啶，尿嘧啶只是在RNA中才会有的碱基。在分子顶端，有一个游离的5′位磷酸基团，因此称为5′末端，在底部有一个游离的3′位羟基基团，称为3′末端。应该注意，DNA (deoxyribo nucleic acid) 是脱氧核糖核酸，在核糖的2号位羟基已经变为氢原子了，所以叫作脱氧核糖。图1-3是RNA (ribo nucleic acid)，即核糖核酸，核糖的2号位是羟基，没有脱氧。

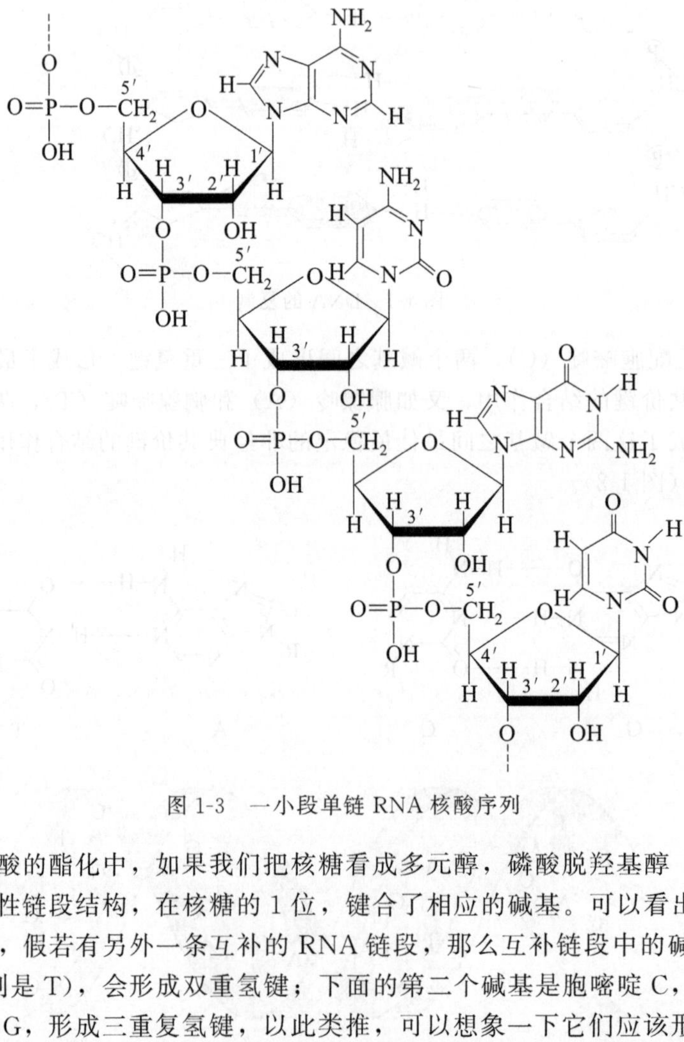

图1-3　一小段单链RNA核酸序列

在核糖与磷酸的酯化中，如果我们把核糖看成多元醇，磷酸脱羟基醇（核糖）脱氢，形成了磷酸酯的线性链段结构，在核糖的1位，键合了相应的碱基。可以看出，上式中第一个碱基是腺嘌呤A，假若有另外一条互补的RNA链段，那么互补链段中的碱基就会是尿嘧啶U（在DNA中则是T），会形成双重氢键；下面的第二个碱基是胞嘧啶C，能够与其配对的碱基会是鸟嘌呤G，形成三重复氢键，以此类推，可以想象一下它们应该形成的氢键情况。

我们可以看出，核苷酸和DNA（RNA）这样的多氮化合物是何等的精妙！其在生命过程中扮演了何等重要和精彩的角色！化学家向大自然学习的路子又有多么长远。一些碱基如鸟嘌呤等对紫外线有强烈的吸收。科学家们曾在陨星中发现嘧啶，最近发现嘧啶能吸收宇宙辐射，在太空环境下能够转变为尿嘧啶。人们相信在地球形成之初，生命的“基石”可能在太空中早已生成，它们降到地球上，有可能为生命起源创造了条件。

携带有遗传信息的 DNA 序列叫作基因（gene），也称为遗传因子，基因通过指导蛋白质的合成来表达自己所携带的遗传信息，从而控制生物个体的性状表现。基因有两个特点，一是能忠实地复制自己，二是能够突变，突变大多数会导致疾病。基因本质上是核苷酸序列，基因能够通过碱基配对复制出另外一条 DNA 或者 RNA 链，信使 RNA（mRNA）中的碱基序列是多肽链或蛋白质合成的蓝图。基因支撑生命的基本构造和性能，基因储存着生命的全部信息，如种族、血型、孕育、生长等。基因具有双重属性：一是它的物质性，也就是它的存在方式；二是它的信息性，这是基因的根本属性，基因存储着遗传的全部密码。

带有遗传信息的 DNA 片段是基因，组成简单生命最少要 265 到 350 个基因，也就是说至少要有 265 个碱基序列。人类有 30 亿个碱基对，如果你要简单地阅读人类碱基序列，每秒钟读 5 个碱基序列，每天读 8 小时，你需要 60 年才能够读完人类基因组。人类染色体含有基因之间连锁的大片区域。人类第 21 号染色体长臂和一小部分短臂的序列已经被测定，发现 24 个同源基因，在小鼠的第 10 号染色体与人类的第 21 号染色体，碱基排列顺序是一致的。

新冠病毒有 3 万个碱基，流感病毒只有 1.4 万个碱基。据报道某些细菌的基因里含有的碱基达到了百万个，真菌生物酵母含一千二百万个碱基，一些寄生生物含 6000 个碱基（就是 3000 个碱基对）。我们不能简单地说人类拥有 30 亿个碱基对就不可战胜，新冠病毒凭借着 3 万个碱基成了已知的“RNA 病毒之魔”，与流感 1.4 万个碱基相比，新冠病毒的碱基数多了很多，一般来说碱基数越多，病毒产生各种各样的特质就越多。作为微生物的病毒如果链条再长，也就不能维持病毒结构的稳定性了。应该说明，基因组里含碱基的多少，即基因组的大小，与生物的复杂程度并不成正比，人类的基因组与青蛙和小鼠大致接近，还不及某些植物的百分之一。基因只是遗传物质，只是大千生命科学的一个方面而已。

DNA 和 RNA 的双螺旋结构式众所周知。这个双螺旋结构的详细数据如图 1-4 所示。

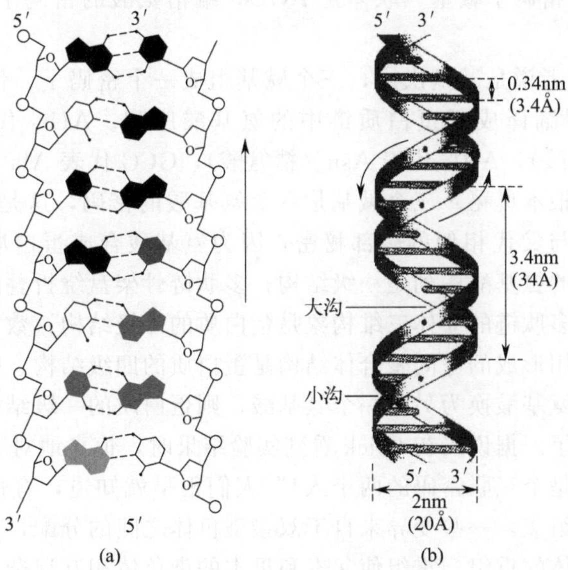

图 1-4　DNA 和 RNA 双螺旋结构的详细数据

1.2 关键的转录和翻译

双螺旋结构本质上代表着基因。我们可以认为基因代表碱基序列。所谓的基因表达就是基因产物（RNA、多肽或者蛋白质）生成的过程。基因指导多肽合成的过程有两个重要步骤：转录（transcription）和翻译（translation）。转录过程中，在RNA聚合酶催化下，DNA双链裂开，一条链作为模板链（template strand，或者叫转录链），依据碱基配对的原则，合成出与其互补的信使RNA，即mRNA（messenger RNA）。mRNA携带了全部的遗传信息和指令，能够将遗传信息和指令从基因（碱基序列）传送到细胞中的“蛋白质工厂”。在第二步翻译步骤中，mRNA基因的指令传递给细胞“蛋白质工厂”——核糖体。核糖体“阅读”mRNA上的遗传密码（不同的三个碱基序列），按照指令合成蛋白质。核糖体就像一个翻译机器，把mRNA上的不同三个碱基密码翻译成相应的氨基酸，各种氨基酸进一步合成蛋白质。可以看出：mRNA上的三个碱基（核苷酸）就代表了一个氨基酸。如果翻译的速度太慢，则合成蛋白的速度就会跟不上生物发育的速度。翻译过程利用GTP的能量来促使分子运动。基因表达需要消耗大量的能量来合成RNA和蛋白质。

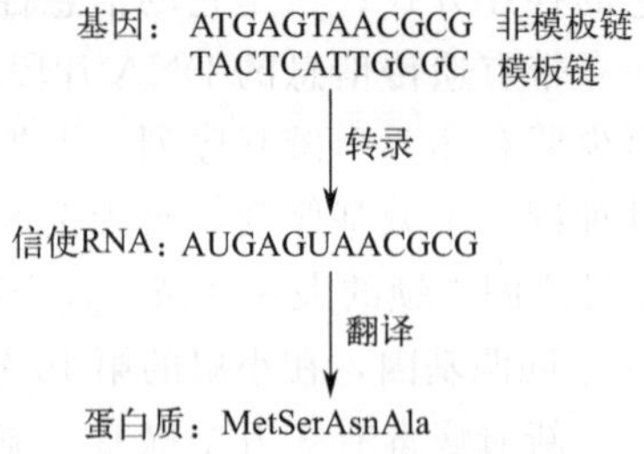

图 1-5 转录和翻译过程

转录和翻译这两个过程如图1-5所示。

转录和翻译过程中我们应该注意如下几个要点：

① 在RNA聚合酶作用下，DNA的模板链在转录为mRNA时，用U代替了T，因为在RNA中T被U代替了。因为RNA含有蛋白质前体多肽的信息，因而也叫多肽编码。

② 对照图1-5，我们可以看出，mRNA按照遗传密码顺序，翻译出了如下氨基酸序列链：甲硫氨酸（methionine）-丝氨酸（serine）-精氨酸（asparagine）-丙氨酸（alanine），可以简写为：Met-Ser-Asn-Ala。我们可以从mRNA中看到，编甲硫氨酸的密码子碱基三联体是AUG，代表丝氨酸的密码子碱基三联体是AGU，编精氨酸的密码子是AAC，编丙氨酸的密码子是GCG。

③ 基因序列，或者说是碱基次序，三个碱基组成一个密码子，代表着一个氨基酸。这就一下子把基因序列翻译成了蛋白质链中的氨基酸序列。AUG代表Met（甲硫氨酸），AGU代表Ser（丝氨酸），AAC代表Asn（精氨酸），GCG代表Ala（丙氨酸）。

这，就是遗传的根本奥秘。三个碱基是一个氨基酸的密码，这是一个多么重大的发现！人类以此明白了子代与父代相似的全部秘密，因为氨基酸合成蛋白质，蛋白质具有四级结构，组成蛋白质肽链的氨基酸序列是一级结构；多肽链骨架盘绕折叠所形成的有规律性的结构为二级结构；整个多肽链的立体三维构象是蛋白质的三级结构；数条具有独立的三级结构的多肽链通过非键作用形成的空间聚合体结构是蛋白质的四级结构。生命是以蛋白体的方式存在的，如果用一个氨基酸换为另外一个氨基酸，则蛋白质的一级结构就会发生变化。那么四级结构的差异就大了。据说当初Crick看到实验结果时，惊喜地对Barnett说：“我们是这个世界上唯一知道这是个三联密码的两个人！”人们很早就知道，有性繁殖的后代，具有与其亲本所不同的遗传组成，一些变异来自于双亲染色体之间的分配，而大多数的变异则来自减数分裂中同源染色体的重组。重组使父本和母本的染色体相互混杂，子代发生非亲本的染色体结合。这种变异对进化非常有意义。基因重组还有位点特异性重组和转座，与同源重组相比，位点特异性重组需要重组 DNA 片段之间具有更少的序列同源性。转座几乎不需要或很少需要重组 DNA 之间的序列同源性，转座是一种非位点特异性重组。插入序列是最简单的转座子，转座过程涉及目标 DNA 上再插入一小段序列。

人们发现，当两个相似但却并不完全相同的 DNA 序列相互作用时，就要发生基因转换，能够把一个 DNA 序列变成为另外一个。这方面的深入研究，产生了现代转基因技术。

这里有一个重要的问题：RNA 中四种碱基 A、U、G、C，每三个碱基是一个氨基酸的密码子，按照数学的排列组合，则会有 4 的 3 次方个组合数目，即 64 种。而事实上自然界只有 20 种能组成人体蛋白质的氨基酸，难道许多密码子不能使用吗？64 种密码子中，有 3 种密码子（UAG、UAA、UGA）是编码终止信号，就是说这三种密码子告诉我们核糖体停止工作了，不再召唤任何氨基酸了。还有一个密码子 AUG 是起始密码子，通常能够指令翻译过程开始。其余 60 种密码子都特异地对应着相应的氨基酸。这就说明，有许多氨基酸不止对应一种密码子，因此，遗传密码子具有简并性。

1.3 神奇的反密码子

我们知道，mRNA 是单链分子，密码子是 mRNA 分子中每相邻的三个碱基，代表着某一种氨基酸。

除密码子，还有一个反密码子。除 mRNA，还有一个转移 RNA（transfer RNA，tRNA）。tRNA 链经过折叠，看上去像三叶草的叶形，在这里，碱基配对不是简单直链形的，而是向左（形成 D 环）和向右（形成 T 环）分别各拐了一段，成为三叶草形。其上端是携带氨基酸的部位，下端有 3 个碱基。每个 tRNA 上的 3 个碱基可以与 mRNA 上的密码子互补配对，称为反密码子。携带特定氨基酸的 tRNA，凭借自己的反密码子，能够以互补配对来识别出 mRNA 上的密码子，然后 tRNA 把携带的特定氨基酸转移到多肽链的特定位置上，从而完成蛋白质按照 mRNA“蓝图”来进行合成（图 1-6）。

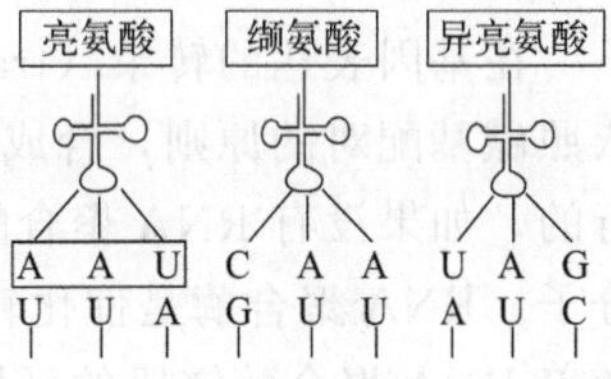

图 1-6 mRNA 与 tRNA 互补配对

这就是为什么三个碱基会指令和引导出一个相应的氨基酸。其实氨基酸早已经在 tRNA 中配备好了，只等通过反密码子来识别。mRNA 如果离开了 tRNA，完成蛋白质合成的蓝图是会落空的。遗传密码子不像电报密码那样是可以随机编排的。3 个碱基代表一个氨基酸的秘密在于反密码子。tRNA 具有复杂的三级结构。举一个可以帮助理解的例子，tRNA 就像一个搬运工，tRNA 能够通过有 3 个碱基的下端与蓝图 mRNA 的密码子对密码，依照碱基配对，对上密码以后，就会把其上端的特定的氨基酸“搬运”到待合成的肽链位点上去。

大多数抑制 tRNA 含有改变过的反密码子，它能够识别终止密码子。识别终止密码子的过程中三肽起到决定性的作用。例如，有一种蛋白叫作释放因子蛋白（RF），含三肽 Pro-Ala-Thr，第一个氨基酸（脯氨酸）可以与腺嘌呤环（A）上的氢作用［但不能与鸟嘌呤（G）的氨基作用］，而第三个氨基酸（苏氨酸）则可以与鸟嘌呤（G）上的氨基作用［通过空间翻转也可以与腺嘌呤环（A）上的氢作用］，这样，这个三肽允许释放因子蛋白（RF）结合 UAG（或者 UAA），这里的尿嘧啶（U）是上面抑制 tRNA 中三个碱基中的头一个，U 没有与三肽发生什么作用。从这里我们可以看出，这就是为什么当翻译到这种 UAG（或者 UAA）密码子的时候，翻译就会终止，不会继续进行了。翻译终止完全是因为这三个碱基 UAG（或者 UAA）通过分子间相互作用召唤来了释放因子蛋白（RF），该蛋白促使反应过程结束。因此，三个碱基代表一个氨基酸，或者三个特定碱基 UAG（或者 UAA）代表翻译终止，完全是由于碱基与相关功能蛋白大分子之间相互作用引起的。三碱基密码子（图 1-7）的秘密是建立在真正的科学原理之上的。不像电报密码那样是随机编码的。

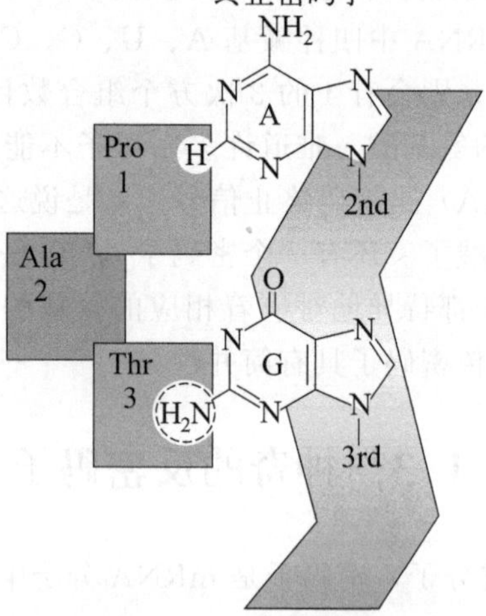

图 1-7　三碱基密码子

1.4　转录过程中复杂的 RNA 聚合酶

在基因表达的转录（transcription）过程中，DNA 的双链裂开后一条链会作为模板链，依照碱基配对的原则，合成出与模板链互补的 mRNA，这一切都是在 RNA 聚合酶催化下进行的，如果没有 RNA 聚合酶的作用，一切将无从发生。RNA 聚合酶是转录过程中的关键分子。RNA 聚合酶是催化转录的酶，首先 RNA 聚合酶的特异结合位点与 DNA 相互作用，随着 RNA 聚合酶链段的延伸相互作用得以持续，当 RNA 聚合酶到达终止位点，相互作用结束，释放出转录产物。早在 1960 年，人们就在动植物中发现了 RNA 聚合酶。而首先得到详细研究的是细菌的 RNA 聚合酶。到 1969 年，人们已经鉴定出了大肠杆菌 RNA 聚合酶的多肽。大肠杆菌的 RNA 聚合酶是由核心酶和 σ 因子组成的，核心酶是基本的转录机构，σ 因子是指导核心酶转录的一种特异基因。σ 因子启动 DNA 解链，能够对转录因子进行选择，能够促使转录进行。转录开始以后，σ 因子就与核心酶解离，留下核心酶以环抱的方式与 DNA 结合进行转录的延伸。大肠杆菌 σ 因子能够松弛核心酶与 DNA 之间的非特异性相互作用。RNA 核心聚合酶的 X 射线晶体学研究揭示了该酶的形状像蟹爪抓着 DNA，催化中心含有一个 Mg^{2+}，与 3 个 Asp 残基形成配位键。

当病毒感染细胞时，通常颠覆宿主的转录装置，占为己有。这种转录装置的根本变化是通过 RNA 聚合酶自身的变化来实现的，改变了宿主原来的聚合酶，重新编码了一种新的能够转录病毒 mRNA 的 RNA 聚合酶。RNA 聚合酶本质上是与 DNA 的特异位点能够紧密结合并相互作用的一种蛋白质。RNA 聚合酶的立体构象与 DNA 的大沟小沟的结合就像钥匙和锁的关系。DNA 与蛋白质的作用由什么决定的？① DNA 上的碱基与蛋白质的氨基酸残基之间有特异性的作用；② DNA 呈现某一种构型的能力，其构型取决于碱基序列，蛋白质也具有一定的立体构型。

DNA与蛋白质的作用还涉及阻遏蛋白，阻遏蛋白（repressor protein）是基于某种调节基因所产生的一种控制蛋白质，在原核生物中具有抑制特定基因（群）产生特征蛋白质的作用。由于它能识别特定的操纵基因（阻遏蛋白结合位点的碱基），使RNA聚合酶不能沿DNA向前移动，阻遏转录。

原核生物是指一类细胞核无核膜包裹，只存在核区裸露DNA的原始单细胞生物。它包括细菌、放线菌、支原体，结构简单，个体较真核细胞小。原核基因的表达过程非常复杂，首先RNA聚合酶以操纵子为单位，转录一个或者一组基因，在转录的同时，核糖体结合到mRNA上，翻译mRNA就会产生蛋白。真核生物是所有单细胞或多细胞（细胞具有以核膜为边界的细胞核）生物的总称，它包括所有动物、植物、真菌和其他具有由膜包裹着的复杂亚细胞结构的生物。真核生物与原核生物的根本性区别是真核生物的细胞内有以核膜为边界的细胞核，用真核来命名这一类细胞。许多真核细胞中还含有其他细胞器，如线粒体、叶绿体、高尔基体等。在真核生物中，发生转录和翻译的细胞部位是不同的，产生mRNA的转录发生在细胞核内，而对mRNA的翻译则发生在细胞质内，这就是说与原核生物不同，真核生物的转录和翻译不能够同时发生，转录和翻译之间存在一个间隙，许多真核生物的特有事件正是发生在这个间隙阶段。真核生物mRNA的合成是分步进行的，一些真核生物的转录有选择性剪接现象，这对基因的蛋白产物有深远的生物学意义。除过选择性剪接，真核细胞对其RNA还进行了一些转录后的修饰，可以对mRNA进行两类转录后的修饰，这就是加帽和多聚腺苷酸化。在加帽过程中，一个特殊的阻断核苷酸的“帽子”被加到mRNA前体的5′末端，而在多聚腺苷酸化过程中，一连串的腺嘌呤核苷酸（AMP）被加到mRNA前体3′的末端。对mRNA转录后的加帽修饰有什么作用呢？① 可以保护mRNA免受降解；② 能够加强mRNA的可译性；③ 把mRNA转运出细胞核；④ 对mRNA前体进行适度前接。腺嘌呤核苷酸（AMP）被加到mRNA的前体3′的末端能够帮助mRNA使其链段不易断裂，并促使翻译开始。

真核生物能够通过调整转录后加工和初级mRNA降解来调控模型基因的表达。真核生物中的核糖体RNA，经过加工才能够释放出rRNA。一个调控mRNA稳定性的例子是转铁素受体mRNA稳定性的调控，当细胞缺铁时，mRNA调控应答元件（UTR碱基等）增加转铁素受体浓度，传送较多的铁进入细胞。

基因表达的翻译过程，就是核糖体（核糖核蛋白体，一种细胞器）阅读mRNA信息，在这些信息的指导下合成蛋白质。在起始阶段，核糖体结合上mRNA，连接上对应的tRNA（运转RNA）。在翻译的延伸阶段，核糖体在延伸的多肽链上，一次加上一个氨基酸分子。在终止阶段，核糖体释放出mRNA和合成好的蛋白质。原核生物中的起始密码通常是AUG，也可以是GUG，个别情况下是UUG。铁蛋白mRNA的翻译受铁离子的影响，铁离子能够移除不利的抑制因子使反应继续进行。原核生物的mRNA寿命较短，这些生物中的翻译调控比较少，真核生物的mRNA寿命较长，因此，真核生物有更多的机会对反应过程进行调控，使其生命过程更加丰富多彩。

RNA聚合酶是复杂的、非常关键的一种酶。RNA聚合酶能够催化合成3种RNA：mRNA、tRNA和rRNA。

真核生物RNA聚合酶有3种，分别命名为RNA聚合酶Ⅰ、RNA聚合酶Ⅱ和RNA聚合酶Ⅲ，开始发现RNA聚合酶Ⅱ对鹅膏蕈素具有抗性。通过酵母RNA聚合酶Ⅱ的X射线晶体学研究，发现其有一个25 Å（$1\ \text{Å}=10^{-10}\ \text{m}$）的通道，该通道在酶的表面有一个90°的转弯，整个通道可以容纳DNA的双链，并显示了RNA聚合酶Ⅱ的10个基本亚基的位置，其中，一个可以握持DNA的裂口。研究发现RNA聚合酶Ⅲ转录的都是一些短小的基因。

RNA聚合酶Ⅱ有一个启动子复合体，它使得DNA双螺旋结构完全解链打开。RNA聚合酶Ⅱ还可以切除错误地插入的核苷酸碱基。RNA聚合酶Ⅱ除有10多个基本亚基外，还含有许许多多肽链。人们对3种RNA聚合酶（Ⅰ、Ⅱ、Ⅲ）的结构和功能并不完全清楚，而在活细胞中，基因的转录过程都是高水平的。人们认为还有一个活化子酶蛋白，活化子在活细胞中对转录过程进行有关调控。

我们可以看出，RNA聚合酶在整个基因表达过程、在整个生物蛋白质合成过程中起着非常关键的作用。但是许多的未知仍然存在。在开发抗新冠病毒疫苗和药物中，不少科学家就瞄准了RNA聚合酶。

多年前就发现，在原核生物中，肽酰转移酶的作用会被一种抗生素氯霉素所抑制，这就是抗生素抑制的发现。

在核糖体这个蛋白质合成工厂里，转运RNA（tRNA）非常重要，tRNA一端连着氨基酸，一端连着核糖体。tRNA是作为一个小的RNA被发现的，它独立于核糖体，能够把氨基酸运载到正在合成的肽链上去。核糖体的一个亚基——30S亚基，能够促使mRNA密码子和反密码子的解码和校对。但是阿奇霉素、链霉素和巴龙霉素都能够通过不同方式干扰30S亚基的解码和校对的促进作用，降低了翻译的精确度，这也是这几种抗生素的作用原理。

3种RNA中，mRNA是最关键的，有关tRNA的论述较多，什么是rRNA？rRNA是核糖体RNA，是细胞内含量最多的一类RNA，也是3种RNA（mRNA、tRNA、rRNA）中分子量最大的一种，它与蛋白质结合而形成核糖体，rRNA单独存在时不执行其功能，它与多种蛋白质结合成核糖体，核糖体是核糖核蛋白体，细胞中都有核糖体存在。mRNA是信使RNA，是携带蓝图下达指令的，tRNA是转移RNA，相当于基因表达合成蛋白质工厂中的搬运工；而rRNA则是基因表达蛋白质生物合成过程中的“装配机”。rRNA结构复杂，虽已知道其一级结构，但其二级和三级结构及其功能有待深入了解。

2022年7月加州大学旧金山分校开发了一种名为Retro-Cascorder的分子系统，能够实现将活细胞中基因组的转录按时间顺序记录下来。研究成果发表于*Nature*。我们知道生物体内的所有细胞都具有相同的基因组，但随表达时间的变化而变化。研究人员通过测量细胞内特定基因在不同时间点的变化程度，以跟踪细胞的行为和功能如何随时间而变化。研究人员通过基于原核生物逆转录酶的研究来实现这一点。人们设计了大肠杆菌工程细胞，使其在基因中包含逆转录酶，而这些基因可以在已知的某些化学物质存在下被激活。该方法能够准确记录这些基因的开启顺序，说明该方法可作为传感器用于监测人体肠道的内部环境。目前该系统一次可跟踪几个基因，研究人员希望未来可以监测几十个基因，且通过升级该系统使之适用于细菌以外的细胞类型。

1.5 组蛋白

组蛋白是真核生物体细胞染色体与原核细胞中的碱性蛋白质，和DNA共同组成核小体结构。它们是染色体的主要蛋白质组分，作为DNA缠绕的线轴形结构，在基因调控中发挥作用。真核生物体细胞染色质中的碱性蛋白质，是由于其含精氨酸和赖氨酸等碱性氨基酸特别多所致。

在真核基因转录过程中，DNA分子能够与组蛋白形成复合体，组蛋白能够以动态的方式与DNA及转录因子发生相互作用，来帮助调控基因表达。

组蛋白与带负电荷的双螺旋DNA结合成DNA-组蛋白复合物。组蛋白有五种类型，即H1、H2A、H2B、H3、H4，它们富含带正电荷的碱性氨基酸，能够同DNA中带负电荷的磷酸基团相互作用。组蛋白乙酰化发生在细胞质和细胞核中，组蛋白乙酰化是提高基因活性的另一种途径。RNA 聚合酶转移到核小体核心 DNA 时，会取代核小体核心，通过缠绕机制到达新位点，上游 DNA 围绕核心组蛋白缠绕，下游 DNA 松开，通过 DNA 缠绕和松开形成的一个环状结构开始催化实行转录。

最近，一些发达国家在建立生物学理论与数学研究机构，目标是在生命的各个层面建立对生物学的数学理解，探讨与环境、生物医学和生物技术等领域相关的研究挑战。采用新的数学方法分析复杂的生物数据，开发生物现象和原理中尚未发现的数学模型，能够为人类提供精准的研究成果。

最近，肿瘤的免疫疗法引起了人们的很大关注，这是一种帮助人体自身免疫系统对抗癌症的治疗方法。采用全新概念的癌症疫苗，用癌细胞杀死癌细胞。希望找到一种将癌细胞转变成癌症疫苗成分的新方法，用这种疫苗来训练免疫系统，诱导长期的肿瘤免疫，防止肿瘤发生。这个方向非常吸引人，可望给人类带来福音。

1.6 DNA 的损伤和基因突变及变异

一些化学试剂例如部分烷基化试剂，能够对碱基进行甲基化或者乙基化，但是并不影响碱基的正常配对，所以无害。但是一些烷基化试剂（由于烷基太大），还有一些其他试剂（如带有电子对或者电子对受体等），能够影响碱基配对，导致 DNA 复制停止，就会有很大的毒性。紫外线能量相对较低，至多造成对 DNA 的中等程度的损伤，而且能够被一种叫作 DNA 光复合酶的蛋白质所修复。γ 射线和 X 射线能量高，可以形成高反应活性的自由基来攻击 DNA 链，使得碱基改变或者 DNA 断裂。大多数受损的 DNA 链段能够通过被去除然后由正常的 DNA 链段所替换。

什么是基因突变呢？简单举一个例子：编码谷氨酸的密码子有两个，分别是 GAA 和 GAG，而编码缬氨酸的密码子共有 4 个，其中两个是 GUA 和 GUG，如果编码谷氨酸的密码子 GAG 一下子突变为 GTG，那么相应的 mRNA 就变为 GUG（在 RNA 中 T 会被 U 代替），而 GUG 代表着缬氨酸，谷氨酸就会突变为缬氨酸。碱基的突变造成了肽链一个位置被换成了错误的氨基酸导致蛋白质的结构发生变化，因而功能改变。

当然，也有一些基因突变没有影响到蛋白质，例如，密码子从 AAA 突变到 AAG，可能不会被发现，因为 AAA 和 AAG 都编码相同的氨基酸——赖氨酸，这种基因突变没有影响蛋白质改变的情况称为沉默突变。应该知道，这种情况是不多的。还有一种情况，突变导致变为性质相似的氨基酸，例如，亮氨酸变为异亮氨酸，可能对蛋白质的结构和功能影响不大，这也是不多的。

人类基因突变是导致人类疾病的一个重要因素，因为蛋白质的结构改变了，而蛋白质的功能完全依靠其复杂的立体空间结构。为什么会发生基因突变呢？这个问题非常复杂，笔者在这里讲一点自己的观点：① 极端的自然环境的原因，例如偶然的宇宙射线的作用，极强的紫外线的作用，偶尔接触到一些放射性物质如含某些重金属的石材，恶劣的水质，污染的环境和变化的气候，等等客观原因。② 某些非常之食物，例如一些霉变的食物，一些已经焦化的食物，在烹饪过程中一些肉食由于一下子骤然升到过高的温度，这些肉食本身的氨基酸序列瞬间发生了突变。古人云：病从口入，不得不防。还有就是过度的营养不良等等。新冠疫情期间，建议大家多补充牛奶、鸡蛋这些富含蛋白质的食物。③ 特别是人，在暴怒等极端情绪之下，可能会激发个别基因的突变。④ 基因突变个别情况下也许有一些并不是恶性的，而是与生命的进化过程相关。

紫外线（紫外线的影响比较普遍）、γ 射线和 X 射线因其具有一定的能量，能够攻击 DNA，使得碱基突变或者使得 DNA 断链，磷酸酯基团部分则最容易断链。

一些化学药品，例如烷基化试剂，能够改变碱基配对特征，因为对基因具有诱变性而有毒害作用。

DNA 修复是细胞对 DNA 受损伤后的一种反应，这种反应可能使 DNA 结构恢复原样，重新执行它原来的功能；但有时并非能够完全消除对 DNA 的损伤，只是使细胞能够耐受 DNA 的损伤而继续生存。假如细胞不具备修复功能，就无法对付经常发生的 DNA 损伤事件，细胞就不能生存。未能完全修复而存留下来的损伤也叫作人类细胞中 DNA 错配修复的疏漏，疏漏最终导致癌症。修复有重组修复、易错修复和免错修复等。

存在于细胞核中的主要遗传物质是 DNA，RNA 也有作为遗传物质的，不过不是遗传物质的主要载体，主要载体是 DNA。具有细胞结构的生物，它们的遗传物质基本上都是 DNA。RNA 可以作为无细胞结构的微生物的遗传物质，如病毒等。病毒的遗传物质大多是 RNA，比如新冠病毒的遗传物质就是 RNA。

人体由细胞构成，而细胞主要又是由细胞核和细胞质构成的，其中细胞核中有染色体。不同的物种，染色体的情况是不同的。人类有 23 对染色体，其中 22 对是常染色体，1 对是性染色体，分别是 X 染色体和 Y 染色体。女性的性染色体是 XX，男性的性染色体是 XY。

染色体主要是由脱氧核糖核酸（deoxyribonucleic acid，DNA）和蛋白质构成的。染色体的遗传物质就是 DNA。人体内的 DNA 有很多很多，不是所有的信息都能表达出来，能表达的是很少很少的，我们把最终表达或者说是有效的片段称为基因。

具有细胞结构的生物的遗传物质 DNA 有一个最好的助手就是 RNA（ribonucleic acid），主要是信使 RNA（mRNA），在细胞核内部，基因会通过转录，利用碱基互补原则合成一条 mRNA。

这里有一个非常重要的问题：由于 DNA 是双螺旋结构，足够稳定，在复制过程中，如果复制出现了错误，根据碱基互补原则，也常常容易通过修复把错误的碱基配对改正过来。而 mRNA 是单链，在复制的过程中就很容易出现错误，一旦出现错误，难以修复，那就很容易发生变异，不利于控制其性状。我们看到，新冠病毒正是这样。需要注意的是并不是所有 RNA 都是单链，tRNA 就是通过碱基配对形成的具有复杂的非螺旋结构的双链。

整个人类社会的发展史就是不断从必然王国走向自由王国的历史，是不断发展和进步的历史，在自然界就表现为不断的进化过程。达尔文指出了进化遵循适者生存的法则。人类的繁衍过程，既有遗传，也有变异。某些变异的过程也是基因不断适应自然，不断自我调整、自我改善、自我更新的一个复杂过程，这是一个正能量的进步的变化过程。

2003 年 3 月份发生的 SARS 病毒，到 2003 年 6 月就完全消声灭迹了，也有可能是 SARS 病毒变异为没有毒性的微生物了。2019 年起发生的席卷全球的新冠，病毒的变异从 α、β、γ、δ，一直到传染性极强而真正致病性变弱的奥密克戎病毒，与德尔塔病毒株相比，奥密克戎病毒中的 3 万多个碱基中，有 64 个碱基发生了变异！这 64 个碱基的变异，导致奥密克戎毒株的传染性极强，虽然其致病性有所下降。为什么多个碱基发生变化，传染性会增强？碱基变化导致 mRNA 中碱基改变，密码子发生变化，病毒外壳蛋白质的结构发生变化。病毒外壳蛋白简称 S 蛋白，也称为刺突蛋白（刺突糖蛋白），位于新冠病毒最外层，像一个个突起的“皇冠”，变异后的刺突蛋白更容易与人细胞融合，从而导致奥密克戎病毒传染性增强。

反转录能够改变原 DNA 序列。反转录病毒的复制过程是通过病毒的一个 RNA 分子中间体完成，当正常细胞感染了反转录病毒以后，病毒会利用它自身编码的反转录酶来完成RNA→DNA 的反应（转录过程是 DNA→RNA，所以 RNA→DNA 叫作反转录），病毒反转录酶先催化合成病毒基因组的一份 DNA 拷贝，然后，合成的病毒 DNA 拷贝就会插入到宿主的基因组中，接着，这种病毒 DNA 在宿主的 mRNA 聚合酶的催化作用下，重新转录出大量新的病毒 mRNA。这种 RNA→DNA 反转录，在一些真核生物中也有，反转录生成的一段 DNA 序列可以插到原基因组上基因链某一位置上，这一过程经常出现在某些病毒微粒中。某种反转录转座子，能够编码一种核酸内切酶，这种酶能够在 DNA 的靶位制造出一个单链裂痕，剪切掉某一小段基因。

研究和破译 DNA 上的化学修饰（目前在 DNA 甲基化的可逆修饰方面取得了一定进展），将对癌症治疗的突破和其他研究领域产生深远的影响。

1.7 基因组学和基因编辑

以往人们多考虑基因的活性，每次只考虑一个基因，随着 DNA 微阵列被用于同时测定几千个基因的表达，就产生了基因组学，这就是研究整个基因组的结构和功能的学科。

基因组学的概念最是 1986 年美国遗传学家 Thomas H. Roderick 提出的。基因组学是对生物体所有基因进行集体表征、定量研究及不同基因组比较研究的交叉学科。基因组学主要研究基因组的结构、功能、进化、定位和编辑以及它们对生物体的影响等。目前基因组学主要表现在两方面：① 以全基因组测序为目标的结构基因组学；② 以基因功能研究为目标的功能基因组学。基因组学的发展能够为一些疾病提供新的诊断和治疗方法。例如，对诊断为乳腺癌的女性，可以用“Oncotype DX”的基因组测试方法，来评估该病人乳腺癌复发的危险率以及化疗效果，这有助于医生进行个性化治疗。

每一个人的基因组都是独一无二的特殊存在，如果基因片段出现错误，人就会生病。那么人能不能去纠正基因片段出现的错误呢？

现在研究出了基因编辑的技术（CRISPR），主要依靠两种非常奇妙的酶：gRNA 和 Cas9。gRNA 酶就像 GPS 导航，在茫茫的基因组里导向并找到基因片段出错的地方。而 Cas9 是一种核酸内切酶，它就像剪刀，会沿着向导 gRNA 指出的路径抵达出错点，然后剪下错误的基因片段。基因编辑类似文章编辑。如果是有一段错误的文字放在了不适当的地方，就把它改正过来。如果只有一个字母拼写错了，就将这个字母改正过来。在基因编辑的技术中，科学家让向导 gRNA 带一段正确的 RNA 序列到生物体内，作为模板，当Cas9 酶把错误的基因片段剪除后，连在 Cas9 酶上面的逆转录酶会将带来的模板复制一份正确的 DNA 放回原位。

2020 年诺贝尔奖化学奖获得者卡彭蒂耶（E. Charpentier）发展了一种基因编辑技术，通过控制基因的表达，来恢复 γ-珠蛋白的表达，从而实现了恢复红细胞功能的目的。这种治疗方法，需要分离患者的造血干细胞，在体外通过电穿孔将基因编辑药物导入造血干细胞，然后再将造血干细胞植入患者体内，进行造血系统的重建。

Nature 曾报道，2020 年一名身患莱伯氏先天性黑蒙症的患者，成为通过直接注射接受 CRISPR 基因技术编辑药物试验的第一人。先天性黑蒙症是一种失明症，导致儿童先天性失明。人们通过在视网膜下注射含有基因编辑药物的腺相关病毒载体，将突变的基因内含子片段切除，或者使其形成倒位，从而恢复基因的正常表达。试验结果表明该疗法对部分患者有积极的效果。

2022 年 7 月 20 日，*Sci. Trans. Med.* 发表文章称，在体内使用基因编辑技术能够挽救遗传性听力损失，进一步研究发现可以将 RNA 编辑治疗策略用于半显性疾病和潜在的隐性疾病。

基因编辑技术在癌症治疗领域具有无限广阔的前景。现在，生命科学领域最热门的技术之一就是基因编辑，已经展现出巨大的应用前景。嵌合型抗原受体 T 细胞免疫疗法，是通过转基因技术将 T 细胞改造成针对特定肿瘤的一种新型的杀伤细胞治疗癌症的新方法，在白血病、淋巴瘤、骨髓瘤等血液癌症治疗中有良好的效果。需要分离患者的 T 细胞，在体外进行转基因，扩增至治疗需要的数量后再输回患者体内。体弱的幼儿和老年病人也可能没有足够的 T 细胞可供分离，但现在通过使用基因编辑技术，将 T 细胞中个体识别的基因剪掉，就可以实现通用型 CAR-T 细胞供应，扩大治疗人群。

相信在将来，“基因魔剪” Cas9 酶会像外科医生手中的手术刀一样，精准、快捷和有效地将错误的基因病灶清除掉。设计新的向导 gRNA，从海量的基因序列中找出错误的基因片段加以纠正，这需要人工智能来进行辅助。

美国哈佛大学研发出一种缩小碱基编辑器的方法，使得其可以被加载到单个病毒中，这对抗病毒研究具有重要意义，但是，碱基编辑器通过病毒实现体内传递，因其与相关病毒的负载能力有限，目前在实际应用方面还有待进一步研究（Davis J R. *Nature Biomed. Engineering*, 2022；DOI：org/10.1038/s41551-022-00911-4）。

基因技术也存在一些其他问题，例如伦理上的问题等。另外在一些医疗保险方面也会出现问题。也会人为地影响心理健康权益，给隐私权和不知情权等方面带来潜在的问题。然而，通过基因技术研究发展高效治疗药物是一个前途无限广阔的领域。研究发现，单核苷酸的多态性会导致很多由单个基因控制（甚至由多个基因控制）的遗传性状，这些多态性还可以预测对药物的反应。

一种生物体产生的所有 RNA 被称为转录组，对所有这些 RNA 的研究称为转录组学。同样，一种生物产生的所有蛋白质被称为蛋白质组，对于所有这些蛋白质的研究则称为蛋白质组学。蛋白质组学的研究首先需要在大范围内分离提纯蛋白质，目前二维电泳比较常用，另外也可以用蛋白酶将所有蛋白进行降解，再用质谱法测定那些生成的片段。

普通细胞和癌细胞之间的重大区别：普通细胞会死亡，而癌细胞不容易死亡。人类的癌细胞带有端粒酶，而普通细胞不带端粒酶（但生殖细胞带有端粒酶，可以保护细胞分裂到下一代的染色体末端）。人们已经知道，癌细胞能够修复每一次细胞分裂之后它们的端粒，但是普通细胞不能。癌细胞继续分裂不会使染色体退化，癌细胞的端粒酶会使其免于死亡；而普通细胞每次分裂后染色体都会变短，慢慢地正常细胞的分裂就会被阻止。人们知道了端粒酶对癌细胞的重要作用以后，开始想办法来关闭端粒酶基因，或者用一种药物直接阻碍端粒酶的作用，这种药物还应该对正常细胞无害。显然，这种“神药”前景无限广阔。

通过在分子生物学层面对基因和蛋白质组学的研究，人们已经对小分子药物在疾病治疗过程中的作用有了一定的认识，一些小分子药物能够与 DNA 和蛋白大分子形成靶点相互作用（图 1-8），阻断某些转录等过程。

结果显示，激活端粒酶能够使细胞中的端粒增长，细胞分裂的次数增多，寿命大大延长，不易表现出病变迹象。人类通过研究，能不能培养出不死的人类细胞？目前还只存在于科幻领域。

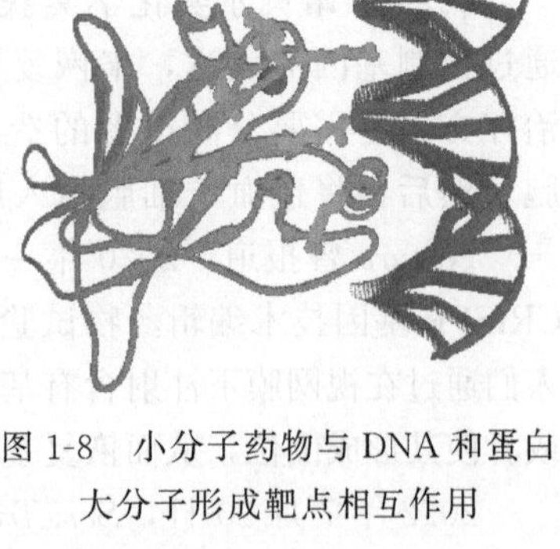

图 1-8　小分子药物与 DNA 和蛋白大分子形成靶点相互作用

脊椎动物的免疫系统，能够产生几百万种不同的抗体来应对形形色色的外源微生物。脊椎动物的免疫系统能够产生这样庞大数量的多样性抗体，存在如下几个方面的原因：① 免疫系统能够通过 2 个或者 3 个基因片段库分别组合出抗体的长链和短链基因，两条链相互之间也能够进行重新组合；② 免疫系统通过增加或缺失一些不准确的碱基序列，从而达到了改变抗体基因序列的目的；③ 免疫细胞分化过程中高概率的体细胞突变，能够导致序列稍微改变的新的抗体基因的产生。

1.8 转基因

基因突变会引发许多生命现象，例如玉米颗粒偶尔会出现杂色，这是基因在某个位点发生突变引起的。现在已经知道，玉米颗粒杂色是由于发生在 *C* 基因位点的突变引起的，因为 *C* 基因位点编码的基因，与颗粒表面的颜色相关。

2022 年 8 月 *Cell* 发表研究论文（*Cell*，2008；10.1016/j. cell. 2022. 06. 042），报道发现了 *Kallima* 蝴蝶叶型模仿的基因，这些蝴蝶完美地模仿了一片枯叶，巧妙地保护了自己。研究人员对这些蝴蝶的基因组进行了测序，并将其定位在一个名为 *cortex* 的基因上，该基因与蝴蝶翅膀不同的叶型图案相关。

当两个相似但不完全相同的 DNA 序列相互作用时，就有可能发生转换，即将一个 DNA 序列转变成另外一个。这种现象不仅在真菌中普遍存在，在线虫和哺乳动物中也存在。

转基因发展过程如下：

1953 年，沃森（Watson）和克里克（Crick）首次提出了 DNA 的双螺旋结构模型和半保留复制假说。

1966 年，美国科学家尼伦伯格（Nirenberg）等破译了全部遗传密码，宣告了分子生物学的诞生。DNA 限制性内切酶和 DNA 连接酶等工具酶的相继发现，为体外遗传操作提供了便利的工具。

1972 年，美国科学家波义尔（Boyer）和博格（Berg）等成功实现了将不同来源的两段 DNA 拼接在一起，标志着 DNA 重组技术的诞生。

1974 年，莫洛（Morrow）等率先在大肠杆菌中表达真核生物基因。

1978 年，又实现了人脑激素和人胰岛素基因在大肠杆菌中的表达。

1983 年，科学家首次完成了对植物（烟草）的遗传改造。

转基因技术 1982 年开始应用于医药领域，1989 年开始应用于食品工业领域。

20 世纪 90 年代初，市场上第一个转基因食品出现在美国，是一种保鲜番茄，是在英国研究成功的。

2015 年 11 月 19 日，名叫 AquAdvantage 的转基因三文鱼获得美国食品药品监督管理局（FDA）的批准进入市场。这是全球首例进入消费市场的转基因动物。

自然界中本身广泛存在着自发的转基因现象，譬如植物界的异花授粉、天然杂交等。人工转基因技术被称为“人类历史上应用最为迅速的重大技术之一”。现在较为常见的包括利用转基因技术改良农作物，生产疫苗、食品等。含有转基因作物成分的食品被称为转基因食品，联合国粮农组织认为：凡是通过安全评价上市的转基因食品，可以放心食用。但是，转基因食品的安全性，一直存在着激烈的争论，希望读者多加关注。

1.9 新冠病毒

病毒有 36 亿年的进化史。病毒是一类比细菌还小得多的结构最简单的微生物，离开了细胞但具有活性 DNA 或 RNA 片段并有蛋白质外壳，就是一段蛋白质包裹的基因。病毒在没有遇到宿主时，好像没有生命一样，但是一旦加入宿主细胞就像复活了一样。病毒有效地利用了宿主细胞的核酸、蛋白质、酶等物质，在宿主细胞中完成核酸复制和蛋白质合成。通过与宿主细胞表面的受体发生吸附侵入宿主细胞内，然后病毒外壳蛋白质被细胞内的酶所降解，病毒 RNA 或 DNA 完全释放出来，以病毒核酸为模板，进行复制、转录和外壳蛋白质的合成，大量子代病毒挤破细胞释放出来。

新型冠状病毒是单股正链 RNA 病毒。RNA 病毒的遗传物质是核糖核酸，有自我复制和逆转录两种复制方式，变异的速度比较快。可以感染人，以及猫科、犬类或猪、鼠等动物。这次的新冠病毒，自 2019 年开始爆发，席卷全球，对人类造成了前所未有的灾祸，到 2023 年并没有完全消失。

新冠病毒与在蝙蝠体内发现的 SARS-CoV 的基因组序列进行对比，鉴定出了 15018 个突变。

天花在有效的疫苗干预下，已经基本消失。常见的病毒如脊髓灰质炎病毒、埃博拉病毒、寨卡病毒，并没有灭绝。新冠病毒研究三年多，我们看到疫苗起到了一些作用，能够保护人群免予转为重症，一些人虽然携带病毒但是无症状。现有的疫苗并没有起到阻止疫情不传播。当年的天花只是在人身上传染，其他动物没有，这次的新冠在猫和狗身上都可以交叉感染。这些都是新冠病毒危害甚大的原因。

由于病毒是一段蛋白质包裹的 DNA 或者 RNA，一直以来抗病毒药物很少。病毒的种类非常多，可以说是形形色色，大多数的感冒就是由不同的病毒引起的。

1.10 核酸检测原理

为了应对病毒的快速传播，2022 年我们国家进行了广泛的核酸检测。

新冠病毒也可以通过免疫学检测的方法检测出来。面对新冠病毒的入侵，人体会进行“反抗”，产生特异性抗体 IgM 和 IgG（免疫球蛋白 M 和免疫球蛋白 G）。如果在受测者血液中检测出这两种特异性抗体，就可以说明受测者感染了新冠病毒。

目前对新冠病毒进行核酸检测的方法主要是 PCR 扩增的聚合酶链反应，又称核酸扩增。第一步是核酸提取，用咽拭子或鼻拭子采集标本，然后用专用试剂提取 DNA。所提取的 DNA 包括人体组织 DNA 和可能含病毒的 DNA，利用病毒核酸探针扩增 PCR 基因。假如样品中的 DNA 含有和探针一致的核苷酸序列，那么它就能扩增，不然不能扩增。

核酸是生命体必不可少的一种组成物质。它主要分为两种：脱氧核糖核酸和核糖核酸。

脱氧核糖核酸就是我们常说的 DNA，几乎是所有生物的遗传物质。但是许多冠状病毒的遗传物质则是 RNA，即核糖核酸。DNA 与 RNA 如图 1-9 所示。

如果我们把 DNA 再放大一些，你会发现它是由一片一片的核苷酸组成的，就好像一座城堡是由一块一块的砖头拼出来的一样。核苷酸一共有四种，分别叫做 A、T、C、G。而且它们有个规则：A 一定和 T 对着，C 一定和 G 对着。这叫做互补配对原则，核酸检测就是利用了这个原理。DNA 上的脱氧核苷酸序列如图 1-10 所示。

生物体中也存在极为少量的双链 RNA，RNA 一般是单链线形分子，一些小 RNA 都会通过碱基配对形成双链结构。RNA 病毒多数是单链，极少数为双链（如呼肠孤病毒）。

病毒核酸检测，就是对病毒的遗传物质 RNA 进行检测。

针对病毒 RNA 进行检测的技术，还可以分为三种：一是实时荧光 RT-PCR；二是病原

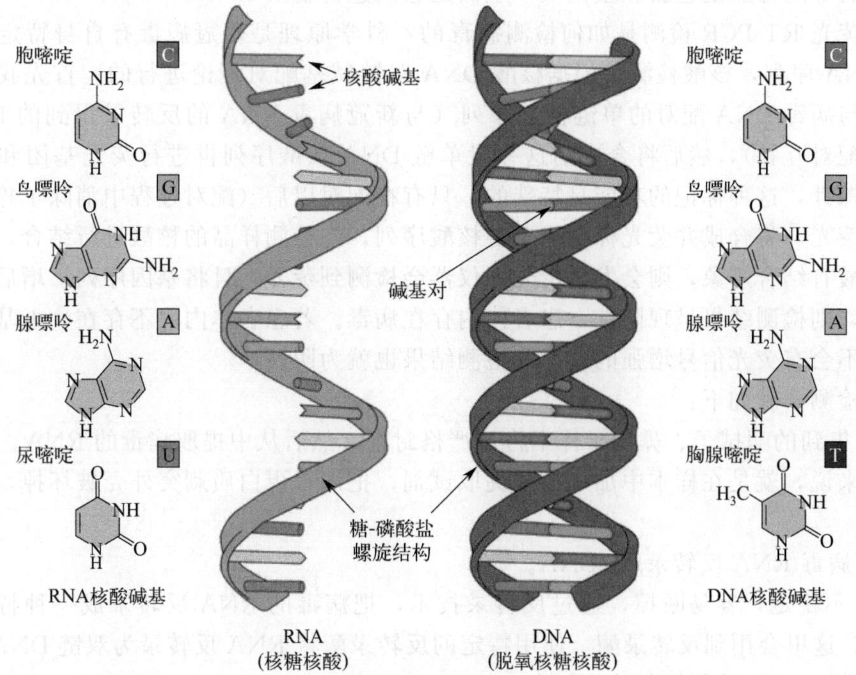

图 1-9 DNA 与 RNA

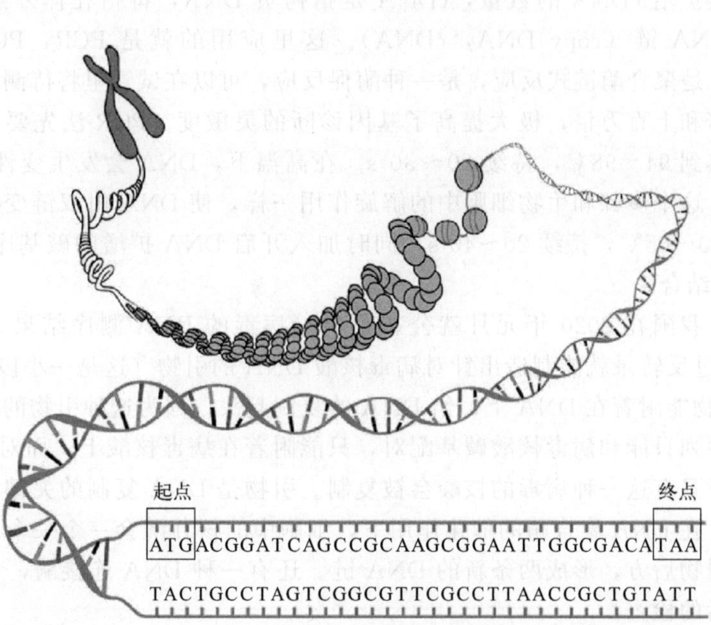

图 1-10 DNA 上的脱氧核苷酸序列

宏基因组测序（mNGS）；三是在血液中检出病毒特异性抗体 IgM 和 IgG（免疫球蛋白 M 和免疫球蛋白 G）。

PCR 是一种大量扩增特定 DNA（脱氧核糖核酸）序列的技术，该技术研发于 1985 年，现已广泛应用于生物学、医学、环境学、农学等研究领域。发明 PCR 的美国生物学家凯利·穆利斯（Kary Mullis，1944～2019）凭借这一成果获得了 1993 年的诺贝尔化学奖。

冠状病毒的外层是包膜和蛋白质，里面是它的遗传物质 RNA。

实时荧光 RT-PCR 检测是如何检测病毒的？科学原理是新冠病毒有自身特定的核酸序列或是 DNA 序列，核酸检测是根据核酸 DNA 双链碱基配对理论进行的。首先我们需要合成一段能与病毒 DNA 配对的单链核酸序列（与新冠病毒 RNA 的反转录得到的 DNA 能够通过碱基配对互补），然后将合成的这一段单链 DNA 核酸序列再进行荧光基团和猝灭基团标记作为探针，这种标记的功能是特殊的，只有在配对以后（配对过程中消除了猝灭基团），才会产生荧光。将合成并荧光标记的单链核酸序列，与待测样品的核酸进行结合，若其探针与待测核酸有结合迹象，则会发出荧光，仪器会检测到荧光，且将基因序列扩增后，荧光信号会增强，则检测结果呈现阳性，患者体内存在病毒。若患者体内并不存在病毒基因，则检测过程中不会有荧光信号增强的情况，检测结果也就为阴性。

核酸检测步骤如下：

① 采集到的咽拭子、鼻拭子样本将被严格封存，然后从中提取病毒的 RNA。

具体来说，就是在样本中加入核酸提取试剂，把病毒蛋白质刺突外壳破坏掉，让核酸释放出来。

② 把病毒 RNA 反转录成 cDNA。

RNA 不稳定，容易断掉，通过反转录技术，把病毒的 RNA 反转录成一种特异 DNA，即 cDNA。这里会用到反转录酶。使用特定的反转录酶将 RNA 反转录为双链 DNA。

③ 进行 cDNA 的扩增与检测。

简单说就是扩增 cDNA 的数量，cDNA 是指拷贝 DNA，特指在体外经过反转录后与 RNA 互补的 DNA 链（copy DNA，cDNA）。这里应用的就是 PCR，PCR（polymerase chain reaction）是聚合酶链式反应，是一种酶促反应，可以在试管里将待测的基因在短时间内扩增几十万倍和上百万倍，极大提高了基因诊断的灵敏度。PCR 法先要加热双链 DNA，把核酸样品加热到 94～98℃，持续 20～30 s。在高温下，DNA 会发生变性，双螺旋解开，变成两条单链。这个步骤和生物细胞中的解旋作用一样，使 DNA 由双链变为单链。再把样本温度降低到 50～65℃，持续 20～40 s，同时加入开启 DNA 扩增的碱基序列（引物），引物与单链 DNA 结合。

重要的是，我国在 2020 年元月就公布了新冠病毒的 RNA 测序结果。知道了病毒的 RNA 序列，通过反转录就能制造出针对病毒核酸 DNA 的引物（这是一小段病毒的 DNA 核苷酸序列），引物能附着在 DNA 上，给 DNA 的复制起头。因为这种引物的碱基序列是病毒核酸的，它的序列只能和病毒核酸碱基配对，只能附着在病毒核酸上，而对其他 DNA 视而不见。在扩增时只有这一种病毒的核酸会被复制。引物是 DNA 复制的关键，类似于旅游团中领头的导游。在 DNA 聚合酶的催化作用下，细胞中的核苷酸会一个一个按照碱基互补配对原则，接在引物后方，形成两条新的 DNA 链。还有一种 DNA 连接酶，它会修复新链上的缝隙，做最后的检查。

如果样本中没有病毒核酸，就不会产生复制；如果样本中有病毒核酸，经过四到七次复制后，病毒核酸就会越来越多，可以实时观察，这是因为我们还在样本中加入了一种荧光探针（引物）——病毒核酸的碱基序列端头附有的荧光基团。

特定的酶（耐热性 DNA 聚合酶）也发挥了很大作用，把样本温度再提高到 75～80℃，加入 DNA 聚合酶，这些核苷酸就好像积木一样，按照碱基互补配对原则，黏附在原来的 DNA 上引物的后方，形成新的 DNA 链条。由于冠状病毒的遗传物质并非 DNA，而是 RNA（核糖核酸），因此需要先将 RNA 反转录成 DNA 然后才能进行扩增。反转录就是

RNA→DNA，这种普遍采用的方法被称为“反转录 PCR”（RT-PCR）。

图 1-11 展示了 DNA 是如何通过 PCR 扩增的。

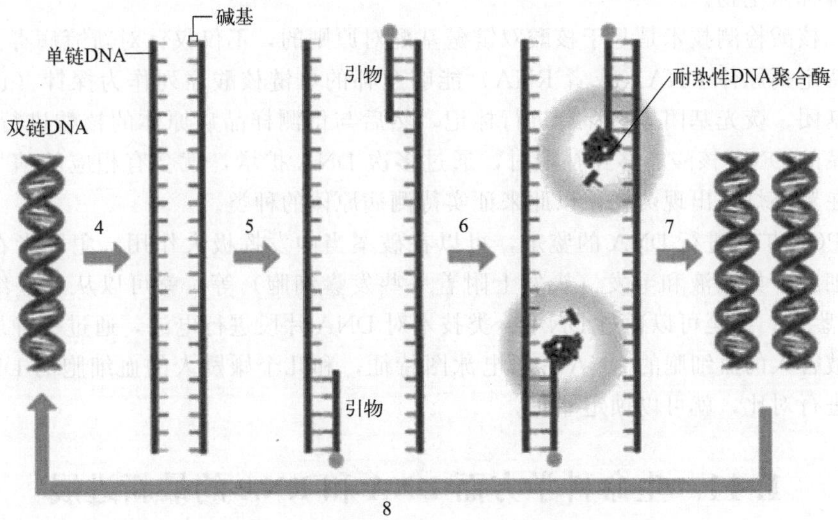

图 1-11 使用 PCR 扩增 DNA 的机制

所谓 RT-PCR，就是将 RNA 的反转录（RT，reverse transcription）和 cDNA 的扩增（PCR）相结合。

随后，就是 PCR 扩增的过程了。现在的 PCR 机器都是全自动的，只要把样本和引物、聚合酶、核苷酸统统放进去，按下电钮，机器就会自动升温降温循环，而且一台机器同时可以检测 96 管样本，如果一管样本里混合了 10 个人的核酸，一次就能检查 960 个人了。如果一次检测耗时 4 小时，一台机器一天就能检测 5760 人。

病毒检测中经常说的荧光探针是什么？这种荧光探针能够附着在制作出的针对病毒核酸 DNA 的引物上，在扩增时病毒的核酸与含荧光基团引物碱基配对得到复制。在紫外线照射下，荧光基团就能发光了，就像钱在验钞机的紫外灯下会发光一样。

把这种特殊荧光探针附着在能够与病毒核酸碱基配对的合成的 DNA 片段引物上，就在这一小段与病毒核酸碱基序列能配对的 DNA 引物上的两端，分别连着一个荧光基团和一个猝灭基团。平时，用紫外线照射探针，探针的荧光基团不能发光，因为猝灭基团会剥夺荧光基团的能量。可是，如果把探针去掉，在紫外线照射下，荧光基团就能发光了。猝灭基团和荧光基团分开，紫外线照射下荧光基团发光。常用的荧光物质是生物素，荧光物质还有罗丹明类以及异硫氰酸荧光素等，分子结构上具有共轭大 π 基团。

在 PCR 扩增的过程中，与病毒核酸碱基序列能配对的引物探针 DNA 上因为一头连着荧光基团另一头连着猝灭基团，猝灭基团会使荧光基团的荧光猝灭，此时看不到荧光。当引物探针 DNA 上的碱基与样品病毒核酸配对结合时，猝灭基团因为人为设计得太大会挡路，在复制过程就会把猝灭基团清除。这时，就剩下荧光基团连在与样品病毒核酸配对结合复制出的 DNA 双链上了，我们就能看到荧光。

这种方法不光能用来检测新冠病毒，它对于整个生物技术和医疗领域的意义非常重大。比如我们经常在影视剧里看到在犯罪现场提取了凶手的 DNA，就能锁定凶手，就是利用了这种技术。罪犯留下的基因序列就相当于核酸测定中合成的“DNA 引物”，与几个嫌疑人的 DNA 去配对，与“DNA 引物”能够相互配对发生作用的样品 DNA，必定来自罪犯。

以前，病人感染了某种病毒或者细菌，生命垂危，却因为不知道是什么细菌或者病毒耽误了治疗。现在可以取病人的样本，对每一种怀疑的细菌或病毒的核酸序列进行测试，确诊感染的是哪种微生物。

总之，核酸检测技术是基于核酸双链碱基配对原则的，不仅仅针对新冠病毒。必须先合成一段与特定病原体 DNA（或者 RNA）能够互补的单链核酸序列作为探针（也叫引物），并用猝灭基团、荧光基团等对探针进行标记，然后与待测样品病原体的核酸进行碱基配对。如果与样品的 DNA 核酸能够互补配对，通过多次 DNA 扩增，就会有相应的信号，荧光标记的就会在紫外灯下出现荧光，以此来证实待测病原体的种类。

通过 PCR 扩增进行 DNA 的鉴定，可以在破案当中发挥极大作用。犯罪者在现场留下他的一些细胞，如血液和毛发（头发上附着一些发囊细胞）等，就可以从这些细胞中提取 DNA 进行鉴定，甚至可以通过 DNA 分类技术对 DNA 片段进行电泳，通过一种最简单的方法，对照被害人的血细胞的 DNA 片段电泳图特征，和几个嫌疑人的血细胞的 DNA 片段电泳图特征进行对比，就可以锁定罪犯。

1.11 生命科学方面 DNA 和 RNA 的最新进展

针对已知流感病毒亚型的 mRNA 疫苗，由于不确定哪种流感病毒亚型会导致大流行，季节性流感疫苗对大流行性流感病毒株的保护作用成效甚微。大流行前能够研制出有效疫苗成为难题。宾夕法尼亚大学佩雷尔曼医学院研究人员最近开发的一种实验性 mRNA 疫苗，对其他致命性流感病毒株能够提供广泛保护，有望作为预防未来流感大流行的通用措施。研究成果 2022 年 11 月 13 日发表在 *Science* 期刊。

研究人员发展了一种核苷修饰的由脂质纳米递送的 mRNA 疫苗，编码均来自 20 种已知的甲型流感病毒亚型和乙型流感病毒系的血凝素抗原。研究人员采用来自所有已知的流感病毒亚型的免疫原进行接种，来引起广泛的保护。结果显示，这种疫苗在小鼠和雪貂体内引起了高水平的交叉反应和亚型特异性抗体的产生，疫苗接种对小鼠和雪貂在受到匹配和不匹配病毒株挑战时起到很好的保护作用，表明该 mRNA 疫苗能够通过同时诱导针对多种抗原的抗体，来提供对抗原可变的病毒的保护。

所有生物都要经历熵的增加，表现为遗传信息的损失。在酵母中，随着时间的推移，由于染色质修饰蛋白和 DNA 的断裂，导致细胞失去了它们的本来面目，这是酵母衰老的标志。2023 年 1 月 12 日，哈佛医学院 Sinclair 团队在 *Cell* 上发表的研究论文显示，使用一种表观基因组诱导变化的系统，发现表观遗传信息的紊乱导致小鼠衰老，而恢复表观基因组的完整性可以逆转衰老的迹象。

生命是基于细胞机制和存储在基因组和表观基因组中的信息之间复杂的相互作用存在的，生物好像是“硬件”和“软件”的集合体。衰老是由“硬件”故障引起的，还是由“软件”故障引起的，抑或是由两者共同造成的，目前尚不完全清楚。在 20 世纪 50 年代，曾提出衰老是由 DNA 损伤引起的突变导致遗传信息丢失引起的。与衰老最相关的 DNA 损伤类型是双链 DNA 断裂，以每个细胞每天 10～50 次的速度发生。近年来，提出了关于基因突变是否是衰老的首要驱动因素的问题。然而许多类型的老细胞缺乏突变，细胞为了保持最佳功能，必须保存表观遗传信息和保持低熵的状态。

RNA 甲基化的深入研究在对抗癌症等疾病的潜在疗法方面具有重要前景。RNA 甲基化是如何通过描述阅读蛋白来发挥作用的，这一过程可能在许多类型的癌症中起着关键作用。

DNA 甲基化（5-甲基胞嘧啶）对转座子活性和基因表达非常重要。研究 DNA 甲基化对表观遗传和高等生物功能的影响具有科学意义。

2022 年 9 月 20 日，*Genome Biology* 杂志发表了通过分析新获得的完全没有 DNA 甲基化的拟南芥突变体所获得的研究成果，表明 DNA 甲基化是组蛋白修饰的全基因组景观的基础，确定了 DNA 甲基化完全丧失对组蛋白修饰的影响。

研究表明 DNA 甲基化对植物发育的多个方面至关重要，包括核内复制、细胞死亡、开花、毛状体形态、脉管系统和分生组织发育以及根细胞命运等的确定。此外，DNA 甲基化对染色质的可及性有深远影响。

不久前英国和丹麦学者报道了使用质谱法替代常规使用的测序方法来测量 DNA 的修饰（*Nature Cell Biology*，2023，25：183）。与测序数据相比，该方法可以更加高效地提供简单、快速的读数，而且该方法还可以与其他已有方法相结合来高效分析表观基因组变化。

细胞特异性基因表达由细胞的表观基因组调控，这既包括与 DNA 结合的蛋白质的表达，也包括对 DNA 的直接化学修饰。DNA 甲基化是一种非常重要的表观遗传学调节方式，它可以关闭基因组中不应该表达的区域。在如肿瘤细胞等当中，DNA 的甲基化丢失是一种普遍的现象。研究人员发现，DNA 复制后 DNA 甲基化水平稳步升高，当细胞复制完成，DNA 的甲基化水平就逐渐降低。这项工作让科学家们见到了 DNA 甲基化程度的量化过程，为甲基化重建动力学研究开辟途径。研究人员还使用该方法研究了另一种标记——DNA 羟甲基化，这是一种比甲基化更进一步的基因组标记。研究结果证实了早期发现的一条 DNA 链（即模板链）总是比另一条复制链有更多的羟甲基化，这支持了根据年龄区分 DNA 链的理论。该方法有望建立不同细胞环境下的甲基化和羟甲基化动力学，包括衰老和癌症进化。

RNA 病毒的遗传信息复制似乎给了人们一些启发，它们是通过 RNA 指导的 RNA 聚合酶来复制基因组。原始地球上生命遗传信息的复制很可能也如此，德国 Richert 教授发表的文章（*Angew. Chem. Int. Ed.*，2022，61；e202203067）称，在无酶参与的情况下，他们在以 C 和 G 作为碱基的未活化的二核苷酸混合物稀水溶液中，复制了核苷酸长达 12 个的 RNA 序列。

在以前的研究工作中，核酸非酶合成只能使用含胞嘧啶（C）核苷酸的同聚体作为模板，形成寡聚鸟嘌呤（G）核酸链。但同聚体序列并不能代表生物基因。

实验结果表明，选用单核苷酸作为构建模块，反应效果不明显；选用二核苷酸 AG、CG、GG 和 UG 时，得到了延伸了 10 个碱基的产物序列。他们还分析了反应体系浓度对非酶复制的影响，结果表明反应产率与反应体系浓度正相关。

作为一种精确碱基编辑工具，碱基编辑器在基础研究和治疗应用方面显示出了很大潜力。据 2023 年 1 月 9 日 *Nature Biotechnology* 杂志发表的论文，我国科研人员开发出了一种名为腺嘌呤碱基颠换编辑器的新型 DNA 剪辑编辑器，将腺嘌呤碱基编辑器与次黄嘌呤切除蛋白 *N*-甲基嘌呤 DNA 糖基化酶融合后，用于哺乳动物细胞中 A 到 C 和 A 到 T 的颠换编辑，对 A 到 C 或 A 到 T 的颠换编辑活性高达 72%。应用该技术研究蛋白质进化、突变筛选及验证取得了进展。该研究对基础研究领域疾病模型的建立及基因治疗等都有着非常重要的意义。将来，有望在新一代基因编辑工具开发领域取得新的突破。

美国麻省总医院的研究人员 2023 年 1 月 2 日在 *Nature Biotechnology* 上发表文章称，开发出一种改进的基因编辑系统——归巢核酸内切酶辅助大片段序列集成 CAST 复合体，可以更准确地将大片段的 DNA 序列（如整个正常的替代基因）插入细胞中。该基因编辑系统有望快速修复遗传疾病的不同致病突变，直接插入一个完整的正常或“野生型”替代基因，作为遗传疾病的全面治疗方案。此外，可编程DNA的整合可以促进细胞工程研究，通过将大规模的基因序列植入到靶部位，可以为细胞提供新的功能。通过一个能够重新编程的引导RNA，大段的DNA能够定向插入到所需的基因组部位。

研究者使用蛋白质工程方法来解决这些问题，添加一种称为切痕归巢内切酶的酶，可以显著提高纯度，大段的DNA能够到达预期的插入点；进一步优化导致DNA插入在预期的基因组靶点上具有高整合效率，大大减少了不必要的脱靶位点的插入。

许多特效药物直接与DNA相互作用，用以治疗癌症等疾病，但人们一直很难理解它们如何起作用。研究人员最近提出了一种新的DNA测序法，可检测小分子药物与基因组的特定位置和相互作用，有望揭示基因组的一些奥秘。为此，研究人员创造了一种名为Chem-map的新DNA测序技术，能够以前所未有的精度原位绘制基因组相互作用。研究人员认为：了解药物在体内的作用方式对于创造更好、更有效的治疗方案至关重要；但是，当一种治疗药物进入具有30亿个碱基的癌细胞基因组时，就像进入了一个黑匣子。通过这种Chem-map新DNA测序技术，以及通过一种定向转座酶Tn5标记的策略，以前所未有的精度进行基因组相互作用的原位测绘。能够检测小分子药物与DNA基因组上的目标相互作用的位置，打开这个基因组的“黑匣子”。研究显示，在暴露于组蛋白脱乙酰酶（HDAC）抑制剂西达本胺的细胞上使用阿霉素的联合治疗，具有潜在的临床优势。Chem-map新DNA测序技术还被用来绘制DNA G-四链体上某些分子的结合位置G4s。G4s是四链二级结构，与基因调控有关，可能成为未来抗癌治疗的靶点。Chem-map可以精确地绘制出药物与基因组结合的位置，能为一些药物疗法如何与人类基因组相互作用提供新的认知，有助于开发更有效和更安全的新药物。

2022年起，猴痘病毒在全世界引发了普遍关注。最近的一项研究表明，猴痘病毒可通过密切接触和空气飞沫传播。2023年3月27日，*Cell Research*刊物发表了关于猴痘病毒复制复合物的冷冻电镜结构的研究论文，这项研究通过冷冻电镜解析了猴痘病毒聚合酶全酶和DNA结合状态的聚合酶全酶的三维结构，提供了猴痘病毒的DNA复制机制结构，为研究DNA复制、校对和碱基切除修复的耦合机制，进一步开发抗猴痘病毒的药物奠定了基础。猴痘病毒属于痘病毒科正痘病毒属，是一种具有约一万九千七百个碱基对的双链DNA分子的蛋白包膜DNA病毒，编码约181种蛋白质。猴痘病毒的生命周期完全发生在感染细胞的细胞质中，猴痘病毒通过DNA复制机制复制其DNA，该复制机制由催化亚基F8、B家族DNA聚合酶以及生成因子异二聚体A22及E4组成。E4是从DNA中去除尿嘧啶的尿嘧啶糖基化酶。猴痘病毒的突变频率低，因为猴痘病毒的DNA复制机制能够耦合DNA复制、校对以及碱基切除修复。研究人员认为：DNA复制机制是一个重要的药物靶点。

通过冷冻电镜解析出的猴痘病毒聚合酶全酶呈甲虫状，三个亚基（F8、A22、E4）呈环状排列。猴痘病毒的结构与牛痘病毒的E9蛋白的晶体结构具有某些相似之处。

2024年，Li等人发表了可以即插即用的DNA链置换反应动力学调节模块的文章，这一调控模块实现了序列信息的互不干扰而最大程度地减少了信号泄露；该模块能够快速地实现可逆调控，可以动态实时地激活和停用；是对当前DNA链置换技术工具箱的补充，提供了一种设计连续可调DNA杂交探针的新策略，为解决临床上重要的单碱基突变识别问题提供了新的思路。

笔者在参阅了大量关于基因研究方面的论文和论著的基础上，主要从有机化学研究的角度，对碱基配对的规则和DNA的双螺旋结构、复杂的RNA聚合酶和基因突变等做了介绍，论述了基因编辑技术的进展以及植物转基因等问题。特别对核酸检测中的碱基配对等新问题做了说明。本书论述的多氮化合物涉及DNA和RNA以及mRNA等生命科学中的大分子，许多研究表明，DNA和RNA分子具有精妙的三维结构，这种智能型的多氮化合物好像具有无限的学问！盼望从事生命科学研究的年轻学者能够重视有机化学基础，从有机化学方面打下坚实的生物学基础，应该先把基础问题弄清楚，使生命科学研究朝着关乎大众生命安全的大方向发展！

2025 年 5 月 22 日，*Nature Chem. Biology* 在线发表了能够以单碱基分辨率描绘 RNA 甲基的方法，揭示了相关着丝粒周顺式和反式调控机制，认为这种机制是通过转录标记和基因组标记之间的串扰实现的。

2025 年，Ritter 课题组通过发展新试剂使 DNA 偶联芳烃的 C—H 键官能化成为可能，同时保持 DNA 结构的完整性和复制能力。这种把 DNA 与有机反应结合起来的成果，是开拓性的，详见原始文献（*Nat Chem.*，2025，DOI：10.1038/54155-025-01844-6）。

参 考 文 献

[1] Weaver R F. 分子生物学. 刘进元，李骥，赵广荣，等译. 北京：清华大学出版社，2007：1-953.

[2] Bhattarai-Kline S，Lear S K，Fishman C B，et al. Recording gene expression order in DNA by CRISPR addition of retron barcodes. Nature，2022（doi. org/10. 1038/s41586-022-04994-6）.

[3] Davis J R，Wang X，Witte I P，et al. Efficient in vivo base editing via single adenoassociated viruses with size-optimized genomes encoding compact adenine base editors. Nature biomed. Engineering，2022（doi. org/10. 1038/s41551-022-00911-4）.

[4] Wang S，Teng D，Li X，et al. The evolution and diversification of oakleaf butterflies. *Cell*，2022，185：3138-3152.

[5] Wu L，Wang G A，Li F. Plug-and-play module for reversible and continuous control of DNA strand displacement kinetics. J. Am. Chem. Soc，2024，146：6516-6521.

医药研究方面

1.12 多氮化物作为抗生素

含氮抗生素青霉素自 1929 年由 Fleming 从青霉菌属的培养液中发现以来[1]，不知给多少人带来了福音。1948 年人们发现，能传染疾病的头芽孢菌属（*Cephalsprium acremonium*）能产生对革兰氏阳性、阴性菌有效的抗生素，并且命名为头孢菌素（cephalosporin），这种菌能产生数种抗生素，其中由牛津大学教授 Abraham 和 Newton[2-3] 等分离出来的头孢菌素 N 具有青霉素（penicillin）的骨架，也叫青霉素 N。现在临床上采用的是经化学改变得到的药物（有针剂和片剂），如头孢唑啉和头孢氨苄（见下式）等。

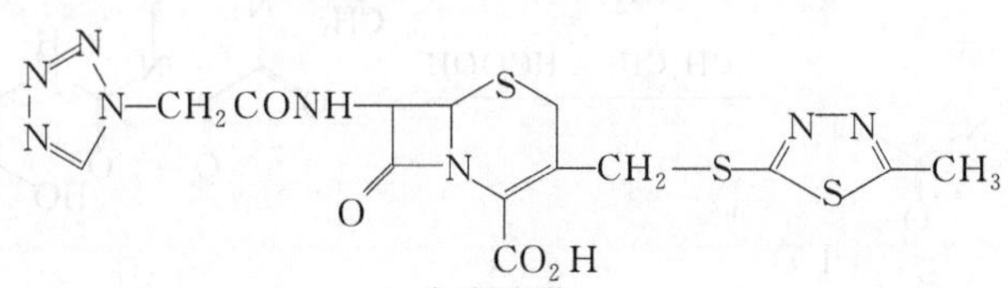

头孢唑啉

头孢氨苄（口服）

1966 年发现的博莱霉素（bleomycin）也是一种很好的抗肿瘤肽抗生素，由于取代在末端上的氨基种类不同而有几种博莱霉素：

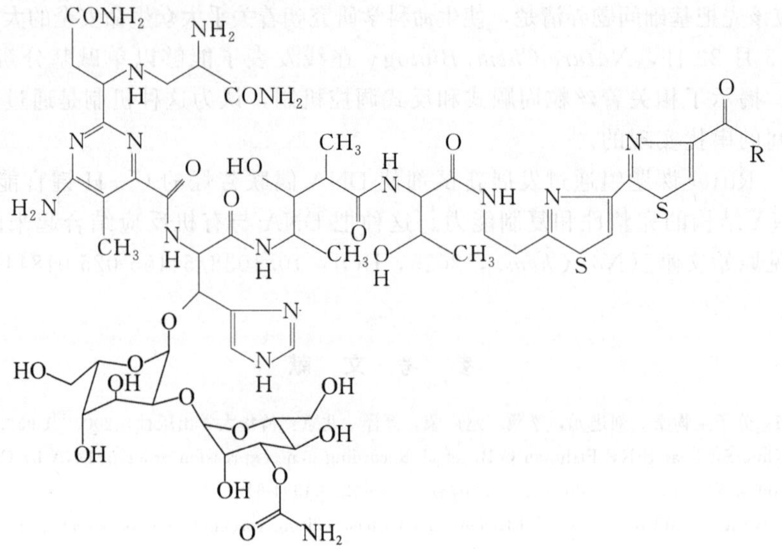

博莱霉素群

抗生素多为多氮化物，一般来说，氨基、脒基、胍基等对其活性强弱的影响很大。在合成多氮抗生素时，除了用化学方法之外，还可用发酵法和化学合成联合法等新方法。目前，在化学合成方法中，绿色化学和原子经济性合成方法以及手性合成等新技术，引起了人们的关注。

头孢拉宗（cefbuperazone）对大肠埃希菌、流感嗜血菌和肺炎球菌等所致的肺炎等有一定的疗效。头孢拉宗的分子结构为：

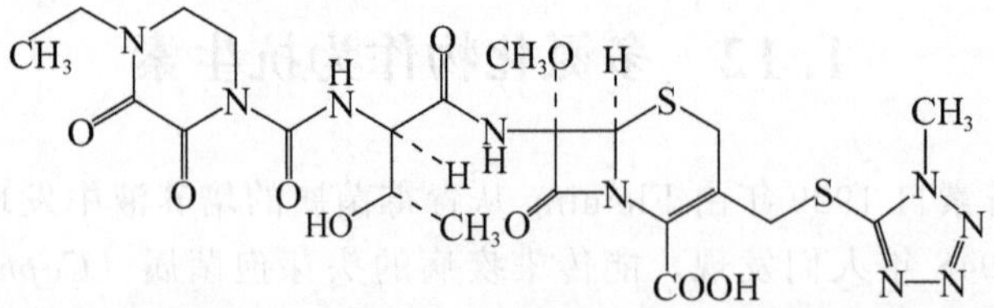

化学合成路线是由 4-乙基-2,3-二氧-哌嗪酰氯（Ⅰ）和 D-苏氨酸反应，得到化合物（Ⅱ），再和化合物（Ⅲ）反应得到化合物（Ⅳ），然后由甲氧基锂引入甲氧基，最后用三氟乙酸水解脱去酯基上的二苯甲基，反应过程为[4]：

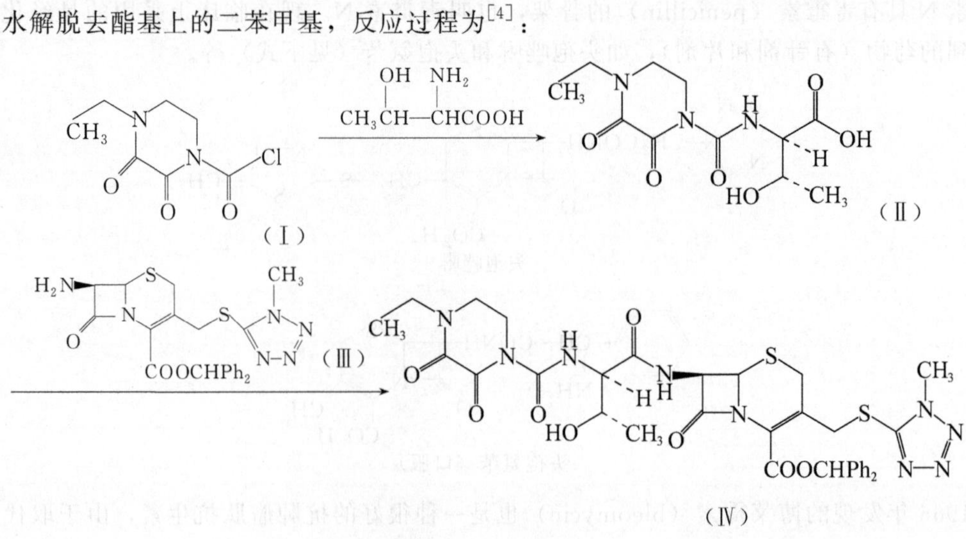

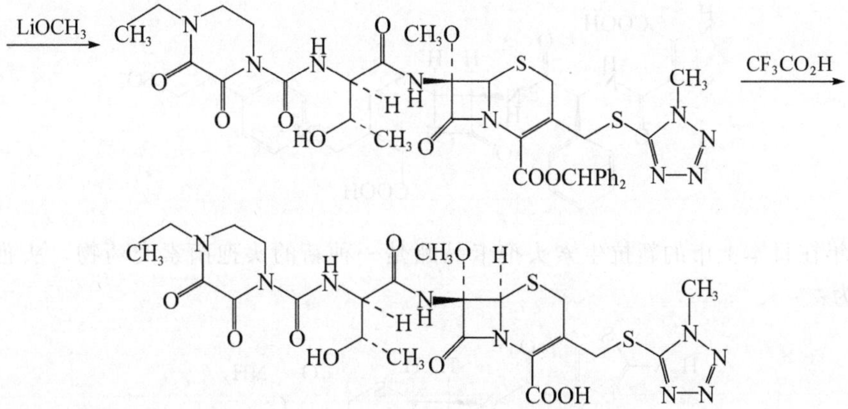

抗生素头孢咪唑（cefpimizole）对于肺炎球菌、消化链球菌属所致的肺炎和败血症等均有好的疗效。其化学结构式为：

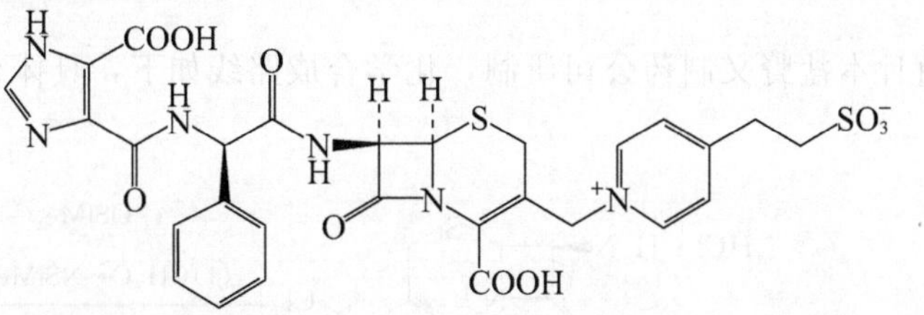

在化学合成上头孢咪唑采用半合成的方法。先用咪唑-4,5-二羧酸为起始原料，经过两步得到重要中间体化合物（Ⅲ）：

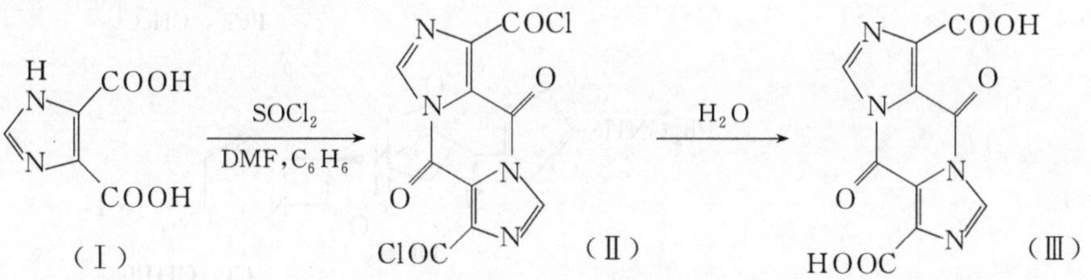

（Ⅰ）（Ⅱ）（Ⅲ）

然后用发酵得到的头孢来星（cephaloglycin）在碱性条件下与上述中间体（Ⅲ）缩合得到化学物（Ⅳ），化合物（Ⅳ）进一步反应得到头孢咪唑[5]。

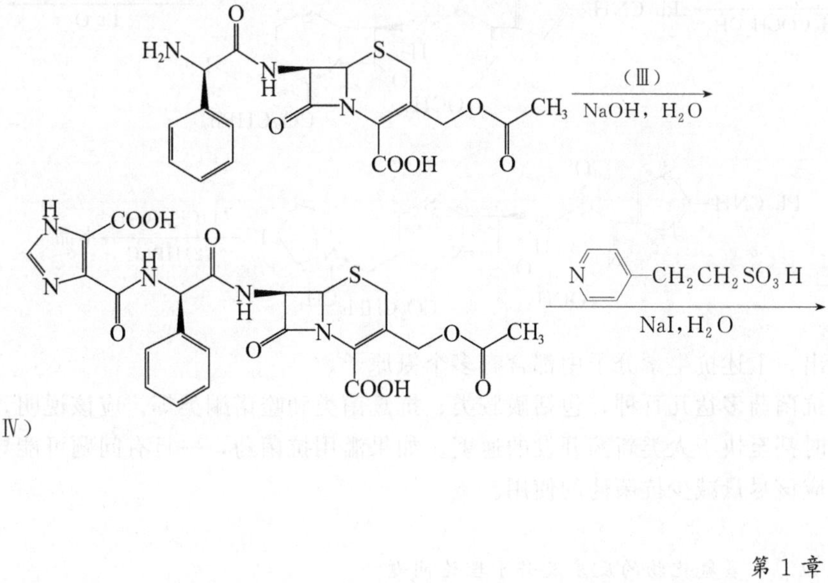

（Ⅳ）

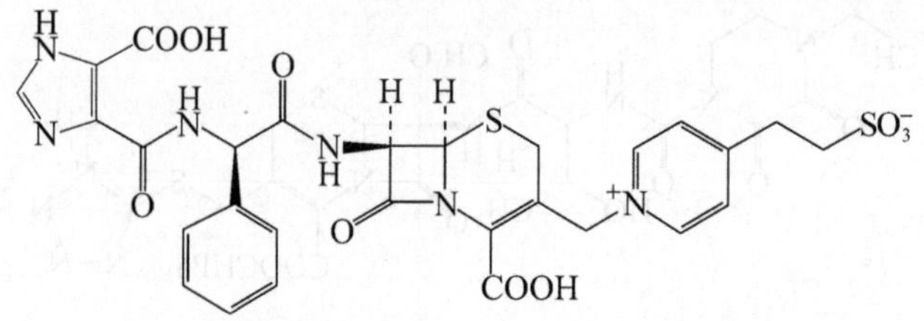

1997 年在日本上市的新抗生素头孢卡品酯是一种新的头孢菌素类药物，头孢卡品酯的化学结构为：

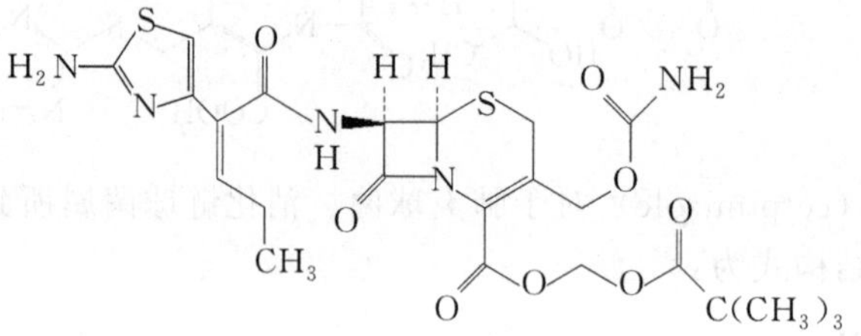

头孢卡品酯由日本盐野义制药公司研制，化学合成路线如下，具体合成方法可参阅文献[6-7]。

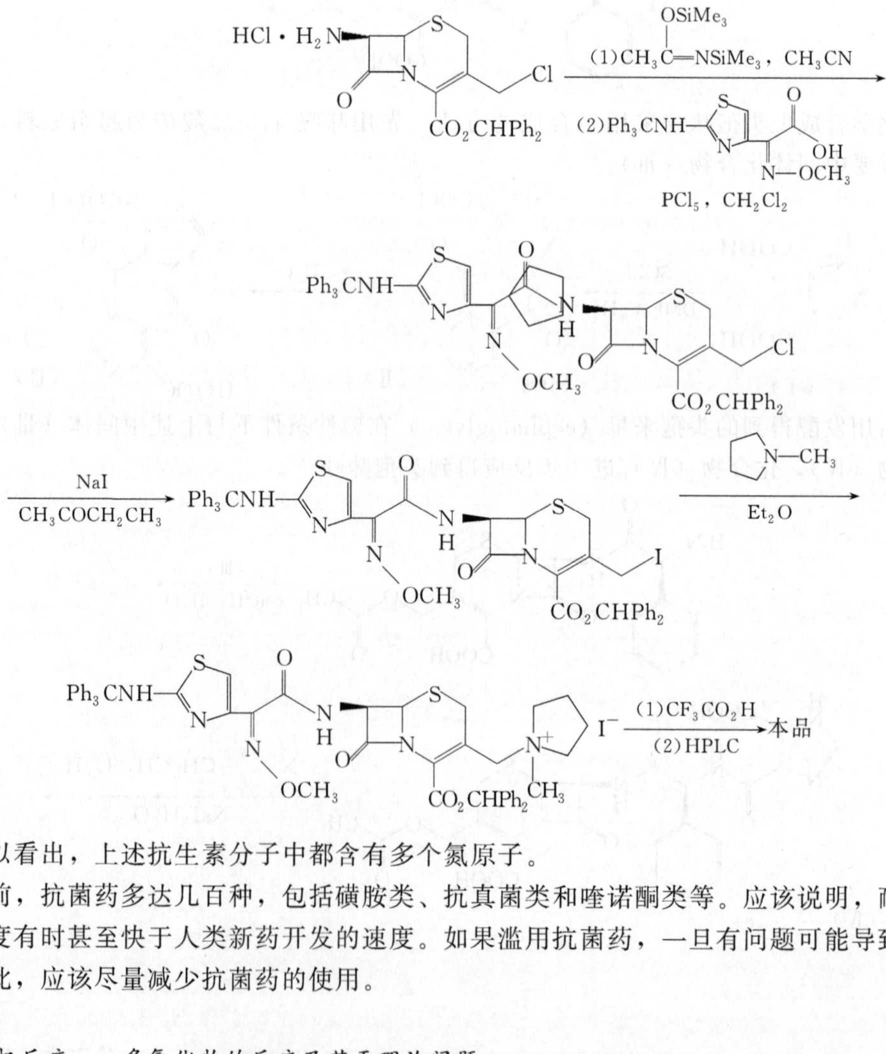

可以看出，上述抗生素分子中都含有多个氮原子。

目前，抗菌药多达几百种，包括磺胺类、抗真菌类和喹诺酮类等。应该说明，耐药性产生的速度有时甚至快于人类新药开发的速度。如果滥用抗菌药，一旦有问题可能导致无药可用。因此，应该尽量减少抗菌药的使用。

严格来说，抗生素并不完全等同于抗菌药物。

根据第 17 版的《新编药物学》对抗生素的定义，抗生素指由细菌、真菌或其他微生物在生活过程中所产生的具有抗病原体或其他活性的一类物质。

抗菌药物指对细菌、真菌、结核分枝杆菌、非结核分枝杆菌、支原体、衣原体、螺旋体、立克次体及部分原虫具有抑制或杀灭作用的一类药物。抗菌药物一部分来自于自然界中某种微生物（如青霉素、链霉素等），另一部分是人工合成的，比如磺胺类药、喹诺酮类等。

抗生素的英文是 antibiotics，其中的 biotics 意为生命，抗生素强调的是“生”。抗生素作用的对象包括病原体（细菌、真菌、结核分枝杆菌、非结核分枝杆菌、支原体、衣原体、螺旋体、立克次体及部分原虫等）以及肿瘤细胞等。

抗菌药的英文是 antibacterials，其中 bacterials 意为细菌，主要强调的是“菌”，包括真菌、细菌、分枝杆菌。

抗生素除了用于抗细菌感染治疗外，尚可用于抗真菌、抗肿瘤以及免疫抑制等方面。

抗菌药物主要用于抗细菌及真菌的感染治疗。

但从抗生素与抗细菌药物的作用对象上看，又有一些重叠之处。在临床上，抗生素和抗菌药物没有进行太多的区分。

但是有一点需要强调：抗生素、抗菌药物和抗病毒药物是完全不同的。

参 考 文 献

[1] Fleming A. Brit. J. Exp. Pathol., 1929, 10: 226.

[2] Abraham E P, Newton G G F. Biochem. J., 1961, 79: 377.

[3] Newton G G F, Abraham E P. Biochem. J., 1954, 58: 103.

[4] 周学良. 药物. 北京：化学工业出版社，2003: 48.

[5] Yasuda N, Iwagami H, Nakanishi E, et al. J. Antibiot., 1983, 36 (3): 242.

[6] Ishikura K, Satoh H, Narisada M, et al. J. Antibiot., 1994, 47 (4): 466.

[7] Hamashima Y, Ishikura K, Minami K, et al. US 4731361.

1.13 多氮化物作为降压药

高血压是一种常见病，近年来发病率一直呈上升趋势。它不仅是一种独立的疾病，而且是心脏病、脑卒中、肾衰竭等疾病的主要危险因素。目前心脑血管疾病死亡已占我国居民总死因的很大比例。研究高血压的病理及其治疗药物也受到了国内外学者的关注。

高血压病病因复杂，要求药物通过不同途径加以治疗。抗高血压药可以影响血压调节系统的任一环节使血压下降，因此按药物的作用部位分类，有作用于中枢的、离子通道的、肾素-血管紧张素系统的，还有作用于肾上腺素能受体的等。作用于不同靶点的抗高血压药，大多是多氮化物。

1.13.1 多氮化物作为中枢降压药

(1) 咪唑啉类　以可乐定（clonidine，又名可乐宁、氯压定）为代表，临床多用其盐酸盐。

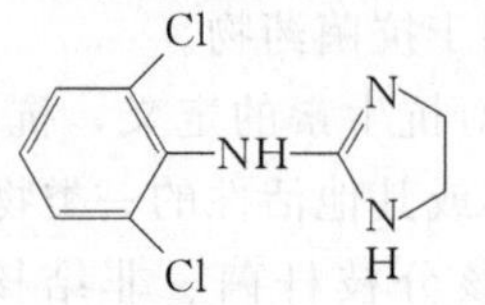

可乐定（clonidine）

它主要作用于中枢 α_2 受体，当与受体结合后，通过神经调节减少外周交感神经末梢去甲肾上腺素的释放而产生降压作用[1-2]。它以亚胺型和氨基型两种互变异构体形式存在，以亚胺型结构为主，图 1-12 所示为可乐定的互变异构。

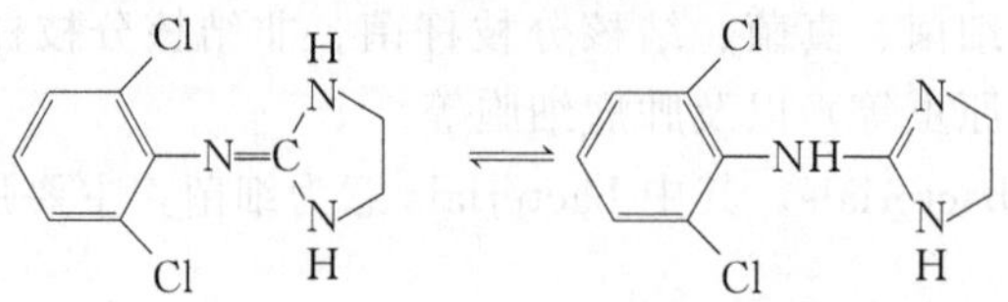

图 1-12　可乐定的互变异构

该药物除降压外，尚有镇静和减慢心率作用。不良反应多为口干、便秘、嗜睡等。继后开发了不产生镇静作用且副作用相对较轻的洛非西定（lofexidine）、利美尼定（tiamenidine）和莫索尼定（moxonidine）等[3-5]。除传统的 α_2 受体外，还有咪唑啉受体（IPRs，imidozoline-prefering receptors）的存在，并参与降压过程[6]。利美尼定和莫索尼定虽作用于中枢受体，但也通过与中枢咪唑啉受体的强大亲和性而产生显著的降压效应。

（2）甲基多巴类　甲基多巴（methyldopa，又名甲多巴、爱道美）是一种中等偏强的中枢降压药，适用于轻度、中度的原发性高血压，对严重高血压也有效。口服吸收后可通过血脑屏障，在脑内经脱羧酶催化脱羧，代谢为甲基多巴胺，再经酪氨酸羟化酶转化为 α-甲基-N-去甲肾上腺素（为有效的中枢 α 肾上腺素受体激动剂），从而产生降压作用[7-8]。

（3）胍类　胍法辛（guanfacine）为中枢 α_2 受体激动剂，降压作用较可乐定弱[9-10]。

1.13.2　作用于离子通道的多氮化物药物

（1）多氮化物作为钙拮抗剂药物（calcium antagonist，Ca-A）　钙离子是心肌和血管平滑肌兴奋-收缩偶联中的关键物质。钙拮抗剂抑制细胞外钙离子内流，使心肌和血管平滑肌细胞内缺乏足够的钙离子，导致心肌收缩力减弱，心率减慢，血输出量减少。同时，血管松弛，外周血管阻力降低，血压下降[11]。

钙拮抗剂按化学结构可分为 4 个大的亚类：二氢吡啶类、苯二氮䓬类、苯基烷氨类和苯并咪唑类。根据药代动力学及药效学特性的不同，每个亚类又可分为第一代、第二代和第三代药物[12]。

（2）多氮化物作为钾通道开放剂（potassium channel opener）　钾通道开放剂是指能选择性地作用于钾通道，增加细胞膜对钾离子的通透性，促使钾离子向细胞外流动的一类药物。该类药物在治疗高血压、缺血性心脏病和充血性心力衰竭中越来越受到重视，其临床疗效也得到了证实[13]。

与钙拮抗剂不同，钾通道开放剂的降压活性来自对血管平滑肌的直接舒张作用，降压活性比钙拮抗剂强。目前认为钾通道开放剂的降压机理是：作用于 ATP 敏感的钾通道，使细胞膜发生超极化，降低细胞内的钙离子浓度，而导致血管扩张，血压下降。

目前发现的钾通道开放剂根据其化学结构可分为七类：① 苯并吡喃类，如克罗卡林

(cromakalim)、比卡林（bimakali）等；② 吡啶类，如尼可地尔（nicorandil）等；③ 嘧啶类，如米诺地尔（minoxidil）；④ 胍/硫脲类，如吡那地尔（pinacidil）；⑤ 苯并噻二嗪类，如二氮嗪（diazoxide）；⑥ 硫代甲酰胺类，如 RP52891；⑦ 1,4-二氢吡啶类[14]。

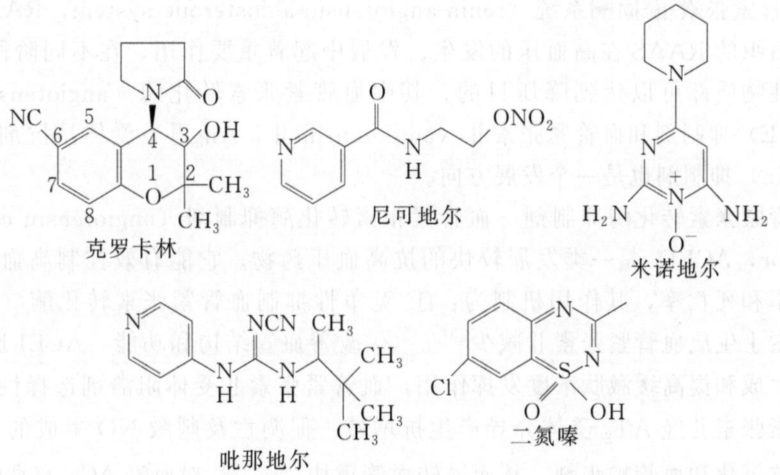

钾通道开放剂

其中克罗卡林（cromakalim）是第一个被称为钾通道开放剂的物质，环上的取代基和取代位置对生物活性的影响包括：C2 位上的偕二甲基在体内可防止被代谢降解，疏水性取代有利于活性增强，如甲基被 2,2-螺环丁基和 2,2-螺环戊基取代后[15]，血管舒张活性增强；甲基上的氢被氟原子代替后，疏水性增加，使得体内、体外的血管舒张活性均随氟原子数目的增多而增强[16]；C-4 位可为环或链状结构。环可以是 4～7 元饱和或不饱和内酰胺环、吡啶环、吡啶氮氧化物及其他杂环，这些环可直接或间接通过链桥（如 HN、O 等）与苯并吡喃环相连[17]；C-6 位应有吸电子基，如 CF_3、CN、NO_2、卤素等；苯环可用吡啶环[18] 或具拉电子能力的芳香杂环[19] 代替；如果 C-3 和 C-4 是手性碳，存在两对对映体，反式取代的降压作用强。克罗卡林是反式对映体的混合物，降压活性主要来自（−）-3*S*,4*R* 异构体（乙酰克罗卡林），其活性是（+）-3*R*,4*S* 异构体的 100～200 倍[20-21]。

此外，例如硫脲衍生物匹那地尔[14,22-23]、吡啶类化合物尼可地尔[24]、带有嘧啶核的米诺地尔[14] 和具有 1,2,4-苯并噻二嗪结构的二氮嗪[14] 等药物，人们也研究了其构效关系，并在此基础上通过对部分结构的改变而改进了药物性质。

1.13.3 多氮化物作为利尿降压药

利尿降压药的早期降压作用主要通过减少钠和体液潴留、降低血容量而使血压下降[25]。长期用药后，外周阻力降低，降压作用可能是由于小动脉壁钠含量降低，对血管收缩物质的反应性降低，直接抑制血管平滑肌的结果[26]。对低或正常血浆肾素活性者，降压效应较高[27]。

噻嗪类利尿剂是 20 世纪 50 年代后期引进的第一大类抗高血压药物，其降压作用温和、持久。噻嗪类利尿剂能减轻其他降压药物引起的水钠潴留，增加它们的降压效力。近期临床研究表明：小剂量噻嗪利尿剂比大剂量更能明显降低脑卒中和冠心病事件的发生和逆转左心室肥厚，且对糖、脂肪、电解质代谢无不良影响[28-29]。

此外，吲达帕胺作为非噻嗪类利尿药，兼有钙拮抗作用，降压温和，疗效显著，对心脏有保护作用，而不影响糖、脂代谢，为一长效理想降压药[30]。

1.13.4 影响 RAAS 系统的药物

肾素-血管紧张素-醛固酮系统（renin-angiotensin-aldosterone system，RAAS），尤其是血管和心肌组织的 RAAS 在高血压的发生、发展中起着重要作用，在不同阶段抑制或阻断某些生物活性物质都可以达到降压目的。其中血管紧张素转化酶（angiotensin converting enzyme，ACE）抑制剂和血管紧张素Ⅱ（angiotensin Ⅱ，AngⅡ）受体拮抗剂的发展较快，而肾素（renin）抑制剂也是一个发展方向。

（1）血管紧张素转化酶抑制剂　血管紧张素转化酶抑制剂（angiotensin converting enzyme inhibitor，ACEI）是一类发展较快的抗高血压药物。它能有效控制高血压危险因素，降低其患病率和死亡率，其作用机制为：① 竞争性抑制血管紧张素转化酶（ACE）活性，使血管紧张素Ⅰ生成血管紧张素Ⅱ减少[31]。② 改善血管结构和功能。ACEI 通过抑制血管紧张素Ⅱ的生成和提高缓激肽浓度发挥作用，血管紧张素Ⅱ受体阻滞剂选择性抑制 AT_1 受体，使血管紧张素Ⅱ经 AT_2 受体介导产生抗增殖、促凋亡及刺激 NO 生成的作用，而 NO 是内源性的抗氧化和血管扩张剂，从而逆转血管重构[32]。③ 对血管 ACE 有高度选择性和亲和力。通过抑制 ACE 阻断血管紧张素Ⅱ产生，打破高血压病理性结构和功能适应性改变的恶性循环，即高血压-血管肥厚、血管重塑、内皮功能障碍-血管阻力增加、血流减少、靶器官损害的恶性循环[33]。④ 改善胰岛素抵抗，增加胰岛素敏感性，改善脂、糖代谢[34]。

ACEI 最初用于临床的是替普罗肽（teprotide），是从蛇毒中分离而得到的九肽，为有效的抗高血压药，但口服无效。后随着对 ACEI 化学结构研究的深入和对酶解性质的了解，又发现了卡托普利（captopril），其抑制 ACE 活性较替普罗肽强，并可口服，适用于中、重度高血压及急、慢性充血心力衰竭的治疗，缺点是少数病人出现皮疹和味觉消失等。为克服这一缺点，又发现了伊那普利（enalapril），活性比卡托普利强，皮疹及味觉丧失发生率较低。近年来又发现了有较强 ACE 抑制活性的化合物，如赖诺普利（lisinopril）[35-36]、阿拉普利（alacepril）[37]、螺普利（spirapril）[38-39] 等。

Glu—Trp—Pro—Arg—Pro—Glu—Ile—Pro—Pro

替普罗肽

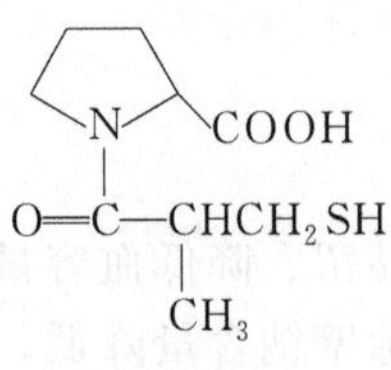

卡托普利

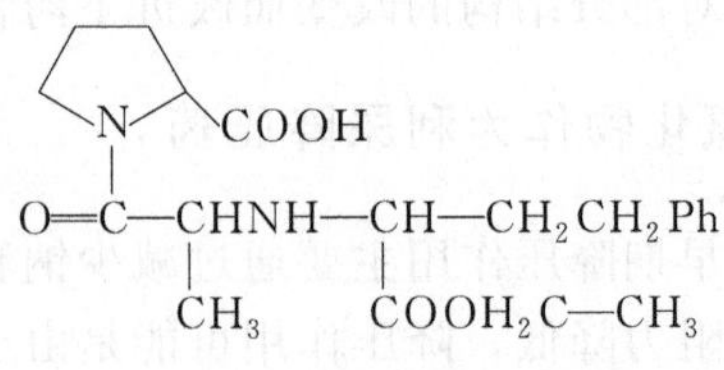

伊那普利

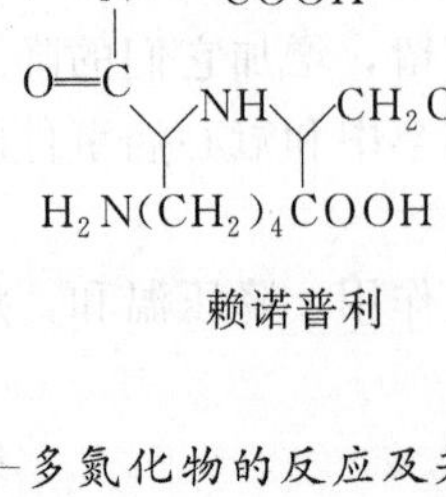

赖诺普利

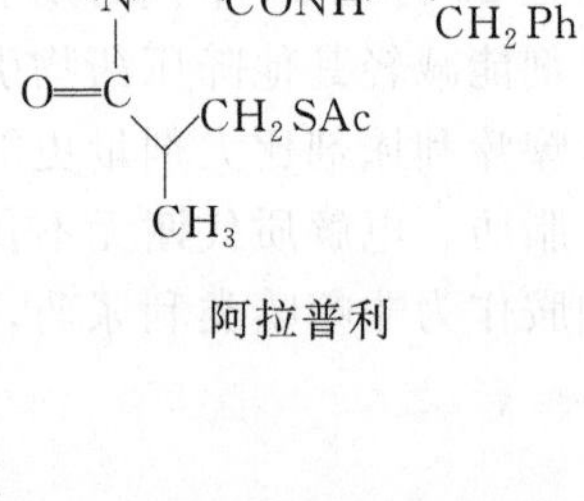

阿拉普利

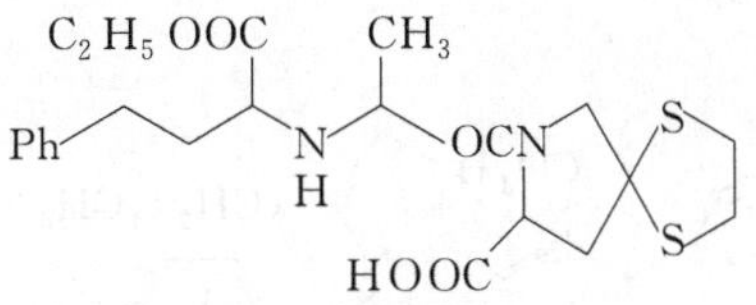

螺普利

血管紧张素转化酶抑制剂

ACEI 与其他降压药相比，具有以下特点：① 适用于各类高血压，在降压的同时，不伴有反射性心跳加快；② 长期应用，不易引起电解质紊乱和脂质代谢障碍；③ 可防治和逆转高血压患者血管壁的增厚和心肌细胞增生肥大，可发挥直接及间接的心脏保护作用。

（2）血管紧张素Ⅱ受体拮抗剂　肾素-血管紧张素系统是一个酶促连锁反应（cascade）系统。在调节血压、维持体液平衡中起到关键作用，AngⅡ可以调控升压反应、促使平滑肌细胞（SCM）收缩、促使醛固酮释放、调节体液等[40]。AngⅡ可以通过经典途径（ACE 途径）和非经典途径（糜酶途径）产生。经典途径是指：血管紧张素原在血管紧张素原酶作用下形成无活性的血管紧张素Ⅰ（AngⅠ），血管紧张素Ⅰ在血管紧张素转换酶（ACE）的作用下形成血管紧张素Ⅱ。非经典途径是指：血管紧张素原在非血管紧张素原酶（例如组织蛋白酶）作用下形成 AngⅠ，AngⅠ在胃促胰酶、胰蛋白酶作用下形成 AngⅡ。人类心脏中胃促胰酶特异性的选择性免疫反应证明：心脏和血管中约 80% 的 AngⅡ是通过非经典途径产生的[41]。

血管紧张素Ⅱ至少有两种已知的膜受体，即 AT_1 型和 AT_2 型受体[42]。但 AT_1 受体在血压控制方面起着极其重要的作用[43]，AT_2 型受体的功能目前尚不清楚[42]。血浆中的血管紧张素Ⅱ水平的增高可通过以下机制引起血压升高[42,44-46]：① 使动脉平滑肌直接而强烈地收缩；② 使肾上腺皮质产生皮质醇等；③ 直接对肾脏促钠尿排泄起作用而增加近端肾小管的钠再吸收。另外，血管紧张素Ⅱ可能增加心肌收缩力，影响左心室功能[44,47]。

在针对 RAAS 的抗高血压药物中，AngⅡ受体拮抗剂是作用最直接的药物。AngⅡ受体拮抗剂可以分为选择性 AT_1 和 AT_2 受体拮抗剂，目前应用于临床的只有 AT_1 受体拮抗剂，分为三类。

（1）二苯四咪唑 AT_1 受体拮抗剂　氯沙坦（losartan）是第一个口服高效，具有高选择性、竞争性和高特异性的 AT_1 受体拮抗剂。它作用时间长，用于高血压和充血性心力衰竭的治疗[48-50]。

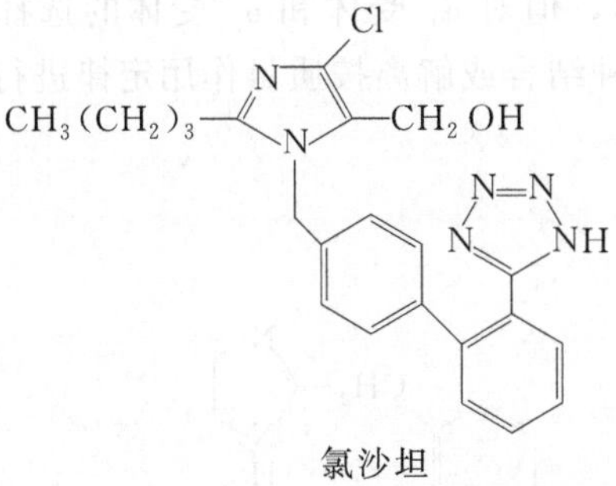

氯沙坦

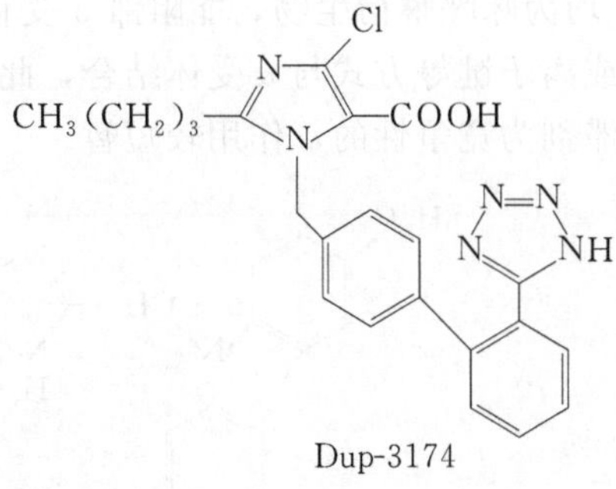

Dup-3174

氯沙坦及其代谢物 Dup-3174

（2）非二苯四咪唑 AT_1 受体拮抗剂　以依普沙坦（eprosartan）为代表。体外实验表明该药与 AT_1 的结合为竞争性拮抗[51-52]。它不仅可用于轻、中度高血压，且对严重高血压的治疗也有较好的作用[53-56]。

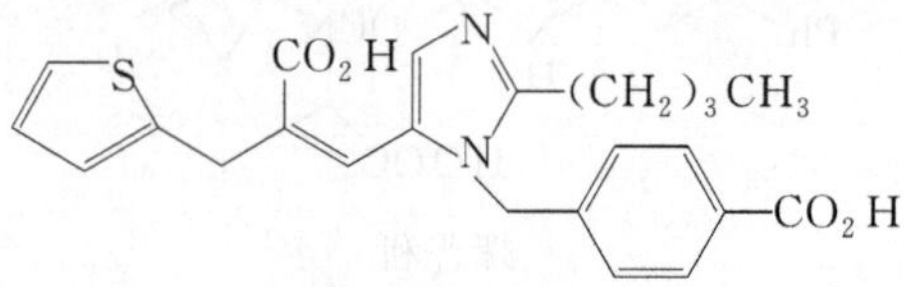

依普沙坦(eprosartan)

(3) 非杂环类 AT_1 受体拮抗剂　以缬沙坦（valsartan）为代表。该药为非前体药物，选择性地与 AT_1 受体结合，阻滞 AngⅡ与受体结合，从而起到降血压的作用[57-59]。

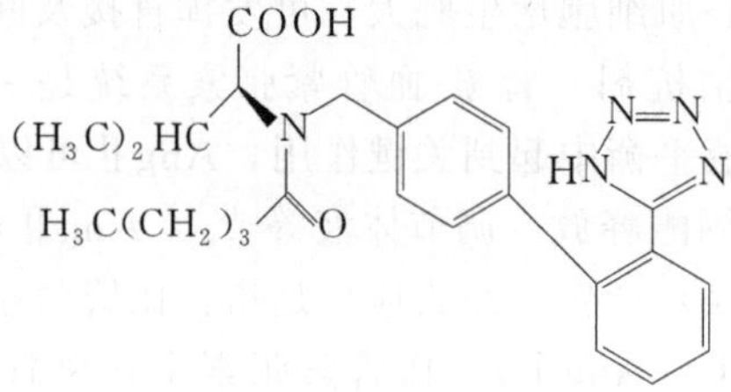

缬沙坦(valsartan)

AT_1 受体拮抗剂共同的药理特性包括：① 对 AT_1 受体高度的选择性，几乎不与 AT_2 受体结合；② 与血浆蛋白的结合力很高；③ 体外实验表明 AT_1 受体拮抗剂与 AT_1 受体结合力很强，即是不可克服的阻断。

另外，某些多氮化物可以作为肾素抑制剂起到抗高血压的作用。肾素抑制剂主要是通过阻滞肾素与血管紧张素原结合，使 AngⅠ产生减少，以致 AngⅡ产生也相应减少。因此，肾素抑制剂可有效地发挥抑制 RAAS、减少总外周血管阻力、减轻水钠潴留、降低动脉血压等作用[60-63]。

1.13.5 多氮化物作为 α 受体阻滞剂

肾上腺素 α 受体兴奋时，可使皮肤及黏膜的血管收缩，血压升高。当 α 受体阻滞剂选择性地阻滞了与血管收缩有关的 α 受体时，可导致血压下降。

α 受体阻滞剂可分为两类：短效的竞争性 α 受体阻滞剂和长效的非竞争性 α 受体阻滞剂。

(1) 短效类　该类药物主要有酚妥拉明（phentolamine）[64-65] 和妥拉咪唑（tolazoline）[66-68]，均为咪唑啉衍生物，能阻滞 α 受体，但对 α_1 受体和 α_2 受体的选择性较低。它们是以氢键或离子键等方式与 α 受体结合，此种结合或解离按质量作用定律进行。因此，这类 α 受体阻滞剂为竞争性的，作用较短暂。

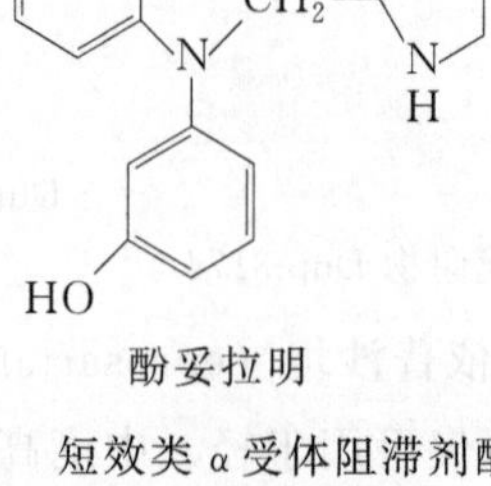

酚妥拉明

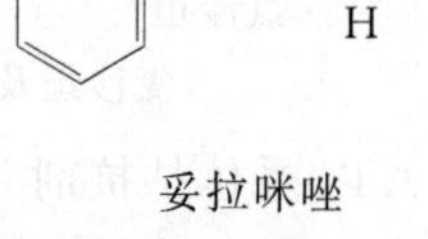

妥拉咪唑

短效类 α 受体阻滞剂酚妥拉明和妥拉咪唑

（2）长效类　以酚苄明（phenoxybenzamine）为代表的长效α受体阻滞剂是一种β-氯乙胺类衍生物[69]，其化学结构如下：

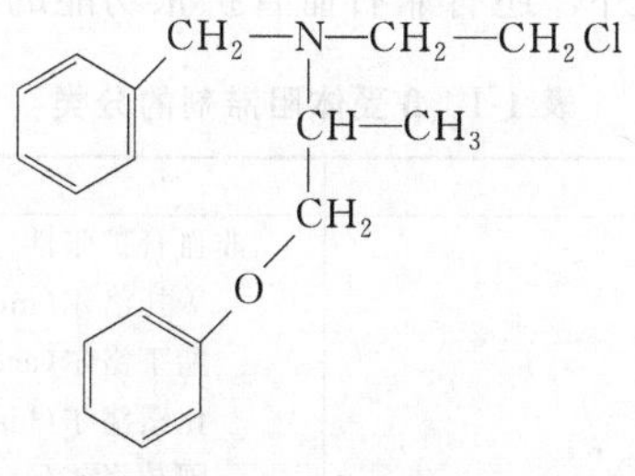

酚苄明（phenoxybenzamine）

在生理pH条件下，易发生分子内环化而成为具有高度反应性的三元环状亚乙基亚铵离子，进而与α受体中的亲核基团如巯基、羟基、氨基等发生烷基化反应，生成稳定的共价键化合物，不能被肾上腺素逆转，所以作用较持久，是一种非竞争性α受体阻滞剂[69-70]。

1.13.6　β受体阻滞剂

β肾上腺素受体阻滞剂是心脏、周围血管、呼吸道组织的β受体抑制剂，现已广泛用于治疗心血管疾病，且应用范围有所增大，临床上颇受重视。

什么是β肾上腺素受体阻滞剂呢？我们知道，人在生气或受激时，肾上腺能够分泌出激素肾上腺素，并能很快结合在其受体上，通过信号转导途径，使血管收缩，血压升高。β肾上腺素受体阻滞剂如洛尔类药物实际上是肾上腺素的类似物，能有效地阻断肾上腺素与肾上腺素受体的结合，因而这类药物被叫做β受体阻滞剂。

激素肾上腺素是一种激素或信号分子，其分子具有手性中心。我们知道不同立体构型的手性化合物与受体的作用方式、程度等是完全不同的。

科学家已经弄清像肾上腺素这样的激素所具有的强大效果：提高血压、让心跳加速。人们认为，细胞表面可能存在某些激素受体，当今被称作“G蛋白偶联受体”。2012年诺贝尔化学奖获得者Lefkowitz和Kobilka就是在这一领域发现了β肾上腺素受体被激素激活并向细胞发送信号——获得了β肾上腺素受体图像。大约一千个基因编码这类受体，适用于光、气味以及肾上腺素、组胺、多巴胺、复合胺等。大约近一半的药物通过G蛋白偶联受体起作用。

（1）概况　β受体阻滞剂是心血管疾病中应用最广泛、最活跃的一类药物。该类药物可竞争性地与β受体结合而产生拮抗神经递质或β激动剂的效应，主要包括对心脏兴奋的抑制作用和对血管平滑肌的舒张作用等；可使心率减慢、心收缩力减弱，心输出量减少，心肌耗氧量下降，还能延缓心房和房室间的传导。临床上主要用于治疗心律失常，降低血压和缓解心绞痛等，是一类应用广泛的心血管药物。

β受体阻滞剂绝大多数都具有β受体激动剂异丙肾上腺素分子的基本骨架。按其化学结构可分为苯乙醇胺类（phenylethanolamines）和芳氧丙醇胺类（aryloxypropanolamines）两种类型。

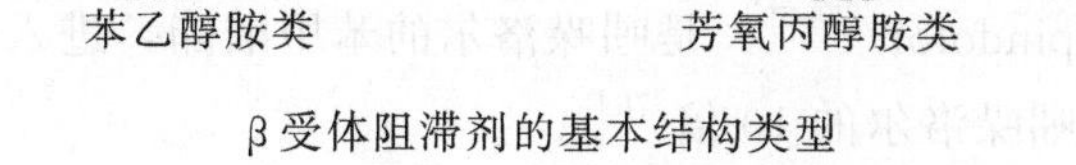

苯乙醇胺类　芳氧丙醇胺类

β受体阻滞剂的基本结构类型

(2) β受体阻滞剂的分类

① 按β受体阻滞剂的作用分类。根据β受体阻滞剂的作用分类，可分为选择性β受体阻滞剂和非选择性β受体阻滞剂。此外，还有兼有血管扩张功能的β受体阻滞剂（具体见表1-1）。

表1-1　β受体阻滞剂的分类

非选择性($\beta_1+\beta_2$)	选择性(β_1)
非血管扩张性	非血管扩张性
普萘洛尔(propranolol)	美托洛尔(metoprolol)
噻吗洛尔(timolol)	醋丁洛尔(acebutolol)
纳多洛尔(nadolol)	比索洛尔(bisoprolol)
氧烯洛尔(oxpronolol)	阿替洛尔(atenolol)
阿普洛尔(alpronolol)	倍他洛尔(botaxolol)
索他洛尔(sotalol)	血管扩张性
血管扩张性	塞利洛尔(celiprolol)
拉贝洛尔(labetalol)	奈必洛尔(nebivolol)
迪列洛尔(dilevalol)	
吲哚洛尔(pindolol)	
卡维地洛(卡维洛尔)(carvedilol)	
布新洛尔(bucindolol)	

② 按β受体阻滞剂的发展分类[71]。根据β受体阻滞剂的发展阶段分类，β受体阻滞剂可分为三代。第一代药物如普萘洛尔（propranolol）、噻吗洛尔（timolol），对β_1或β_2呈非选择性，无扩张血管作用。第二代药物，对β_1选择性强，对β_2作用显著减弱，如阿替洛尔（atenolol）、比索洛尔（bisoprolol）等。其中比索洛尔的β_1受体选择性最强，对β_1和β_2的受体选择性之比为20∶1；阿替洛尔的选择性之比为7.5∶1[72]。第三代药物，是近年发展起来的，除具有β受体阻滞剂的作用外，还兼有有益的辅助心血管作用（主要是扩张血管作用），如拉贝洛尔（labetalol）、赛利洛尔（celiprolol）等。

③ 按作用时间分类。根据β受体阻滞剂的作用时间，可分为：短效的β受体阻滞剂和长效的β受体阻滞剂。

a. 短效类。短效的β受体阻滞剂是在分子中引入代谢时易变的基团，主要是为了克服β受体阻滞剂抑制心脏功能、诱发哮喘等副作用。艾司洛尔（esmolol）是其中之一。由于其分子中含甲酯结构，在体内易被血清脂酶代谢水解而失活，因此作用迅速而短暂，其半衰期仅9min，适用于心律失常的紧急状态的治疗，一旦发现不良反应，停药后可立即消失[73-75]。

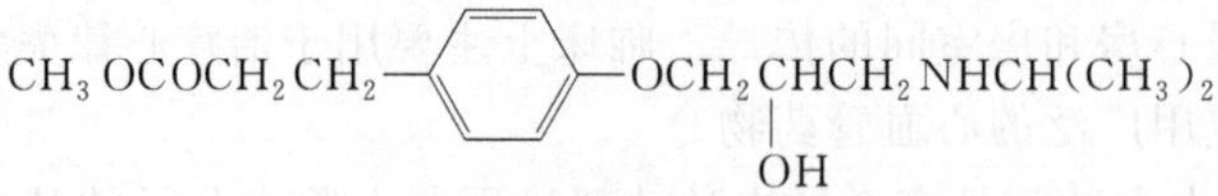

艾司洛尔

b. 长效类。为了适应高血压病患者需长期服药的特点，研究开发了一类具有长效作用的β受体阻滞剂，主要有纳多洛尔（nadolol）[76]、塞利洛尔（celiprolol）[77]、塞他洛尔（cetanolol）等。上述药物的长效作用，一般认为与其水溶性有关，因水溶性药的血浆半衰期较长。波吲洛尔（bopindolol）[78-79]是吲哚洛尔的苯甲酸酯，进入体内后逐渐水解释放吲哚洛尔而生效，作用为吲哚洛尔的10倍[78]。

纳多洛尔

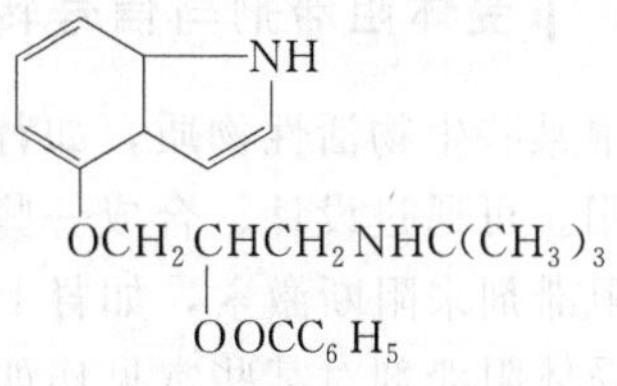

波吲洛尔

长效类β受体阻滞剂

(3) 构效关系[80]

① β受体阻滞剂的基本结构要求与β受体激动剂异丙肾上腺素相似。因二者作用于同一受体，显然，苯乙醇胺类阻滞剂苯环与氨基间的原子数与异丙肾上腺素完全一致。芳氧丙醇胺类β受体阻滞剂虽然其侧链较苯乙醇胺类多一个亚甲氧基，但分子模型研究表明，在芳氧丙醇胺类的最低能量构象中，芳环、羟基和氨基可与苯乙醇胺类阻滞剂完全重叠，因此亦符合与β受体结合的空间要求。

② β受体阻滞剂对芳环部分的要求不甚严格，可以是苯环、萘环、芳杂环和稠环等。环的大小、环上取代基的数目和位置与β受体阻滞活性的关系较为复杂，一般认为，苯环上2,6-或2,3,6-取代的化合物活性最低，这可能是由于上述取代基的立体位阻影响侧链的自由旋转，难以形成符合β受体所需的构象。邻位单取代的化合物仍具有较好的β受体阻滞活性。芳环和环上取代基的位置与β受体阻滞作用的选择性存在一定关系。在芳氧丙醇胺类中，芳环为萘基或结构上类似于萘的邻位取代苯基化合物，如普萘洛尔、噻吗洛尔、吲哚洛尔、氧烯洛尔等对β_1、β_2受体的选择性较低，为非特异性β受体阻滞剂。苯环对位取代的化合物，通常对β_1受体有较好的选择性，如阿替洛尔、倍他洛尔、比索洛尔等。此外，芳环及环上取代基的不同，常常影响分子的脂溶性，从而影响其代谢方式。脂溶性较高的阻滞剂主要在肝脏代谢，如普萘洛尔。水溶性较高时，主要经肾脏代谢排泄。因此，在临床应用时，需考虑患者的耐受性[81]。

③ β受体阻滞剂的侧链部分与受体的结合部位和β激动剂的结合部位相同，它们的立体选择性是一致的。研究表明：在苯乙醇胺类中，同醇羟基相连的*β*-碳原子为*R*-构型，具较强的β受体阻滞作用。其对映体*S*-构型的活性则大为下降，甚至消失。在芳氧丙醇胺类中，由于氧原子的插入，使连于手性碳原子上的取代基先后次序的排列发生了改变，其*S*-构型在立体结构上与苯乙醇胺类的*R*-构型相当，所以，具*S*-构型的芳氧丙醇胺类阻滞剂的作用大于其对映体，如左旋的*S*-构型普萘洛尔，抗异丙肾上腺素所引起的心动过速的强度为其右旋体*R*-构型的100倍以上。

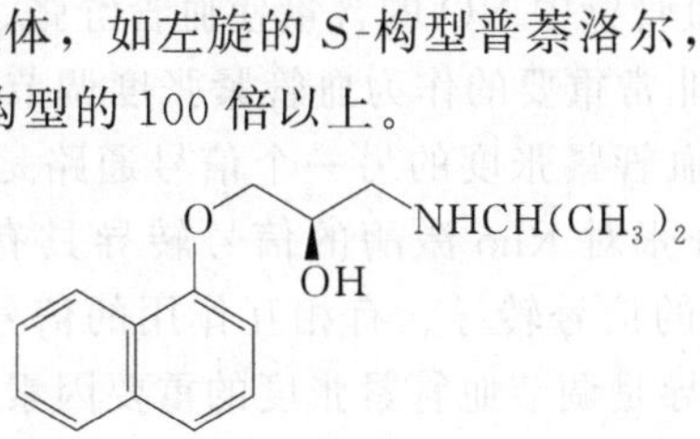

R-构型

S-构型

④ 侧链氨基上取代基对β阻滞活性的影响大体上与β激动剂相似。其中，以异丙基或叔丁基取代效果较好，烷基碳原子太少或*N*,*N*-双取代，常使活性下降。

1.13.7 β受体阻滞剂与信号转导理论

生命体中某些生物活性物质，如肾上腺素类分子，对生物体生理过程具有信号转导和调控的重要作用。可通过设计、合成一些结构与肾上腺素类分子骨架相似的新的生物医学活性分子β受体阻滞剂来阻断激素，如肾上腺素类与其受体的结合，使其信号转导过程终止，从而使这些β受体阻滞剂对某些常见病如高血压具有较好的疗效。奈必洛尔（nebivolol）是一种新的高效手性β-肾上腺素受体阻滞剂，抗高血压效果显著。为获取新的小分子探针，我们对含四个手性中心的（S,R,R,R）-奈必洛尔进行结构改造，给奈必洛尔分子中的色满环结构C-6位引入羟基，用羟基取代原来分子结构中的氟原子。由于奈必洛尔分子中的色满环属于香豆素类结构，香豆素的C-6和C-7位引入羟基后即有强烈的蓝色荧光。香豆素的荧光性质具有容易辨认、灵敏度高的特点，有很强的实用性。结构改造后的奈必洛尔荧光探针小分子，是信号转导研究中一个很新的工具药探针分子。

生命科学中的信号转导是现代医学和药理学研究的一个重要课题，近年来，国际上有关信号转导方面的文献急剧增加，细胞间和细胞内信号转导的理论研究不断深入。目前国际上这方面的研究趋势越来越多地集中在分子水平上对信号转导过程进行描述，科学家对许多关键信号转导蛋白的结构与功能作了深入的研究；对大量不同的信号转导蛋白的独特细胞功能特性、信号转导蛋白的超分子组织和不同信号转导途径之间的相互影响等作了详尽的描述。目前，从分子层面上来揭示信号转导和调控的基本原理及其在生命过程中的功能，研究分子在细胞内及细胞表面的分布与运动等引起了人们的极大兴趣，德国Gerhard Krauss教授的专著《信号转导和调控的生物化学》（英文2003年版）就是这方面的代表作之一。另外有美国科学家Finkel，T. 和Gutkind，J. S. 合著，由John Wiley出版社出版的*Signal Transduction and Human Disease*（《信号转导与人类疾病》，英文2003年版）也是关于信号转导研究方面的权威论著，有兴趣的读者可以查阅。

自2007年以来，国内以细胞信号转导过程为对象、以小分子探针为主要工具、以化学和生物医学等多学科合作的方式，在揭示信号转导中的过程和机理方面开展过一些研究。

醋丁洛尔和萘必洛尔的药理机制已经有过许多报道，但奈必洛尔和细胞间信号转导通路的研究才刚开始。在动脉粥样硬化病变的早期，内皮NO合酶（eNOS）表达可以通过降低转录和增加mRNA进行下调，但是在动脉粥样硬化病变过程中，内皮NO合酶（eNOS）表达的总体水平却是升高的，其病理学有待研究。洛尔类药物在动脉粥样硬化的斑块中，是否通过增加蛋白激素B（Akt）的活性，增加了血管壁中NO的含量使血管舒张、血压降低，目前还不得而知。NO是人们不久前发现的一种非常重要的作为血管紧张度调节剂的信号分子。NO的一个靶点与有氧呼吸的酶相关。影响血管紧张度的另一个信号通路是Rho激酶，NO依赖性的蛋白激酶G（PKG）介导的血管舒张对Rho激酶的信号转导具有重要作用，另外还有胱冬蛋白酶的信号转导、鸟苷酸环化酶的信号转导、有相互作用的信号转导。NO与一些氧化还原酶（如NADPH）作用的信号转导是调节血管紧张度的重要因素，人体内催化辅酶NADPH的氧化还原酶与信号分子NO具有非常复杂的信号转导通路。一些酶可以促使一些氧化剂如过氧化物和活性含氮物质的产生，实际上过氧化物和活性含氮物质都具有信号转导的功能。NO是容易被过氧化物破坏的，体内的抗氧化剂能够降低细胞内的过氧化物水平，从而为降低动脉硬化提供保护作用，信号转导提高的内皮NO合酶（eNOS）的活性导致了更高的NO含量。增加NO的生物利用度，或者通过保持高的相关活性酶的水平，是提高洛尔类药物和其他心脑血管药物的作用的重要途径。

激素能够特异地结合在其受体上，并相应地启动信号转导途径，如肾上腺素就是这样一种激素，这种激素也属于胞外信号分子。肾上腺素与β-肾上腺素能受体结合，G蛋白这种立体选择性很强的跨膜的鸟嘌呤核苷酸蛋白的偶联的作用，通过一系列直接和间接的信号转导过程，激活系统的效应机制，通过血管紧张素的作用使得人体血压升高，特别是在人情绪激动时，促使肾上腺素分泌，通过神经突触的脉冲信号转导过程，使人体血压在短时间内很快升高。醋丁洛尔作为降高血压药物，属于人们普遍关注的β受体阻滞剂。醋丁洛尔以较其天然生理对应物肾上腺素高出3倍的亲和力结合在肾上腺素能受体上，这就使其有效地阻断了肾上腺素与肾上腺素能受体结合，从而使信号转导过程终止。

在（*R*)-(－)-肾上腺素分子中，侧链上的羟基向受体方向伸展，铵分子的铵离子、侧链上的羟基与环上羟基都有可能与受体上相应的基团或原子产生相互作用，可能有三个作用点，故亲和力更强，作用更大。但（*S*)-(＋)-肾上腺素侧链上的羟基向受体相反方向伸展，与受体的距离较远，因而与受体间的作用只能通过铵离子与苯环上的羟基相互作用，结合程度不及（*R*)-(－)-构型，表现弱活性。下面是肾上腺素与其受体作用的示意图：

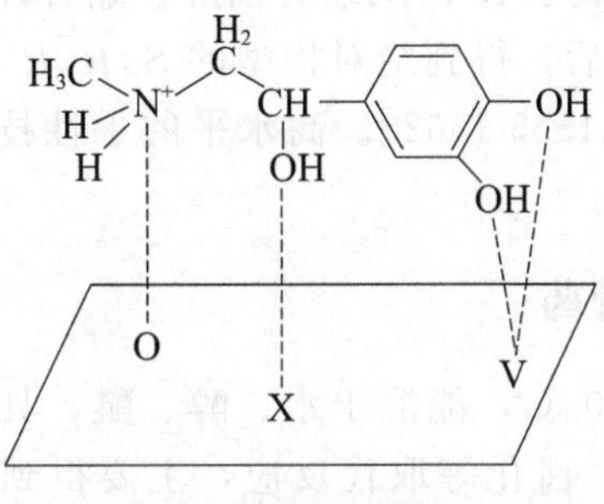

(*R*)-(－)-肾上腺素与受体作用示意图

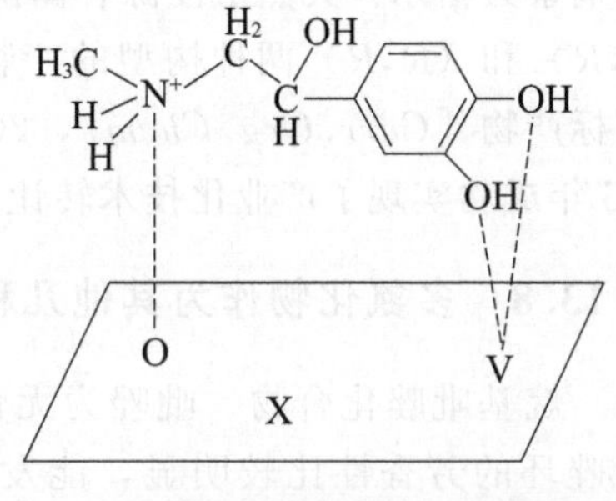

(*S*)-(＋)-肾上腺素与受体作用示意图

β受体阻滞剂与肾上腺素分子在结构上非常相似，人们以肾上腺素分子的先导结构模型，合成了上述一系列β受体阻滞剂分子，绝大多数都具有肾上腺素分子的基本骨架。如奈必洛尔：

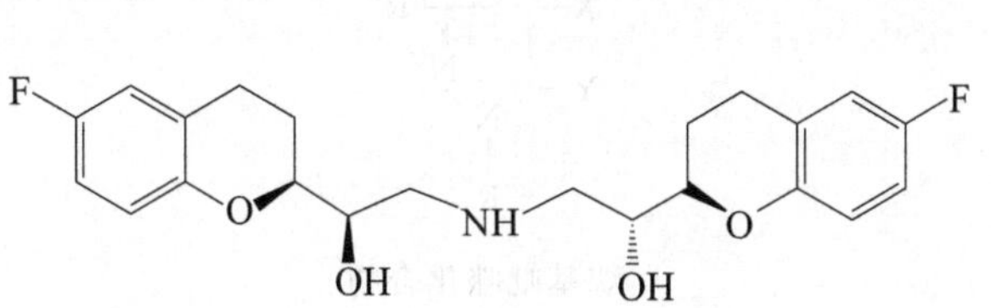

醋丁洛尔：

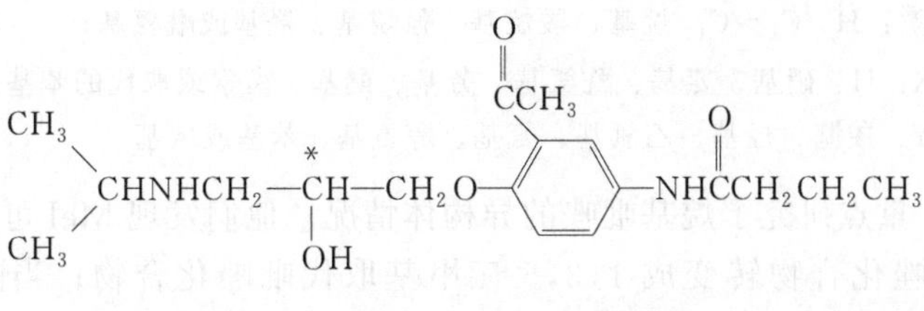

β受体阻滞剂分子与肾上腺素能受体之间也是通过氨基、羟基和芳环亲和点发生相互作用的。

β受体阻滞剂类化合物多为洛尔类药物，其化学结构通式如下：

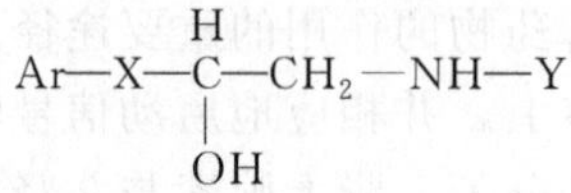

式中，Y 大多为异丙基［$—CH(CH_3)_2$］或叔丁基［$—C(CH_3)]_3$；X 大多是$—OCH_2—$，但也可由 Ar 直接与 CH_2 相连，Ar 是带有取代基的环系，大多是苯环，但也可包括并环或杂环。在苯环的邻位及间位也可有各种取代基。

β受体阻滞剂洛尔类化合物分子按其化学结构可分为苯乙醇胺类（phenylethanolamines）和芳氧丙醇胺类（aryloxypropanolamines）两种类型。

洛尔类小分子是一种典型的β-肾上腺素能受体阻滞剂，主要用于治疗高血压和心律不齐。醋丁洛尔对异丙基肾上腺素诱导的心动过速的阻滞作用（β_1 活性）较强。

奈必洛尔（nebivolol）的分子结构中含有四个手性中心，能强有力地阻断肾上腺素与其受体的结合。采用天然产物作为手性源，通过立体控制手段，合成含四个手性中心且具有强的荧光探针工具药小分子奈必洛尔（nebivolol），是我们很感兴趣的研究内容。

笔者采用天然手性源的新合成方法等，合成了含四个手性中心的生物医学活性分子β受体阻滞剂奈必洛尔：天然手性源甘露醇得到的手性合成子 *R*-丙酮缩甘油醛，缩合环化后得到（*S*,*R*）和（*R*,*R*）两种构型的产物，相互匹配以后，得到绝对构型的 *S*,*R*,*R*,*R*-立体专一目标产物［*Curr. Org. Chem.*，2013，17（14）：1555-1562］。高水平的手性技术已经于 2015 年成功实现了产业化技术转让。

1.13.8 多氮化物作为其他几种重要的心血管药

（1）烷基吡唑化合物　吡唑为无色固体，熔点 70 ℃，能溶于水、醇、醚，具有弱碱性。吡唑环的芳香性比较明显，能发生硝化、磺化、卤化等取代反应，主要得到 4-取代产物。要获得 3 或 5 位取代产物，一般不从吡唑环上取代，而通过酮酯的 Claisen 酯缩合反应得到。

烷基吡唑化合物早期的研究主要侧重于理论性研究，以后则侧重于应用性的研究。

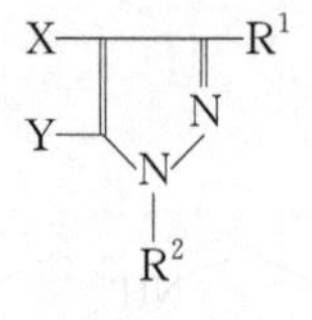

烷基吡唑化合物

R^1：H、羧基、苯基；

R^2：H、$C_1 \sim C_{12}$ 烷基、羧烷基、氰烷基、羟基或酰氨基；

X：H、硝基、氨基、酰氨基、芳基、醚基、卤素或取代的苯基；

Y：羧基、羟基、乙氧基、氨基、醇氨基、苯基或羰基

Auwers 等[82] 重点研究了烷基吡唑的异构体情况。他们发现 MeI 可以将 1,3-位和 3,5-位的二甲基取代吡唑化合物转变成 1,3,5-三甲基取代吡唑化合物；当酮酸酯烯酸钠盐与 $MeNHNH_2$ 反应时，只生成一种 1,3-二甲基吡唑化合物，当与 $PhNHNH_2$ 反应时，却生成 1,3-和 1,5-二取代的混合物；如果在这些化合物中加入 MeI 时，则会生成 1,3,5-三取代吡唑化合物。这些现象说明 MeI 造成了原子在吡唑环内的迁移。

吡唑环上的取代基多种多样，如烷基、羧基、硝基、氨基、酰氨基、芳基、醚基、氰基

等。对于二烷基氯代吡唑化合物，当两个烷基相邻时，吡唑化合物非常稳定，当两个烷基处于间位时，如 1,3-二烷基-5-氯吡唑化合物，就不够稳定，说明吡唑环的性能与烷基的位置有关。不同取代基形成的吡唑衍生物具有不同的性质和用途。

在医药方面，Kupieck 等[83] 合成了 5-甲基-3-吡唑羧酸，这种化合物具有降血脂的功能；Freitas Antonio 等[84] 合成了 24 种吡唑衍生物，考察了它们的药理活性，认为 5-氨基吡唑具有高效的抗炎症和过敏症特性。

Kunio Seki[85] 研究了 5-烷基吡唑-3-羧酸酯的衍生物，发现它们不仅具有有效的降血脂功能，而且无明显的副作用。他还系统地研究了这些烷基吡唑化合物烷基的链长、取代基、吡唑环对其降血脂功能药理性质的影响，发现：

① 5-烷基吡唑-3-羧酸 5 位烷基链长的变化明显影响其降血脂活性。高烷基化合物比低烷基化合物在降低甘油三酯（三酰甘油）和胆固醇方面更有效。当烷基链由 5 个碳增至 14 个碳时，烷基吡唑化合物的药效呈上升趋势。然而当烷基链大于 15 个碳时，5-烷基吡唑-3-羧酸的药效显著下降，烷基最佳链长为 $C_{11}\sim C_{14}$，且直链烷基比支链烷基好，其中正十三烷基的药效为最佳。

② 当 3 位上的—COOH 被—NH_2、—$CONH_2$ 或醇胺替代时，其降低甘油三酯和胆固醇的活性只有相应羧酸化合物的一半。把羧基换成其他基团会降低烷基吡唑化合物的药理活性。

③ 在吡唑环 N-1 位置上引入取代基通常会降低降血脂活性。

④ Kunio Seki 等研究了正十三烷基异噁唑-3-羧酸和其同分异构体 3-正十三烷基异噁唑-5-羧酸，并将它们的药性与 5-正十三烷基吡唑-3-羧酸的药性进行对比，发现异噁唑衍生物的降血脂活性大约是相应的吡唑衍生物的一半，说明吡唑环对药理活性有较大的影响。

吡唑啉酮衍生物是以烷基吡唑化合物为中间体的多环化合物，如吡唑并二氮杂庚酮衍生物：

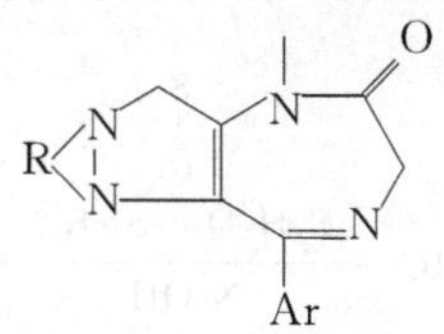

吡唑并二氮杂庚酮

吡唑并二氮杂庚酮衍生物具有抗高血压、抗心脏衰竭、抗焦虑等生物医学活性。DeWald 等[86] 发现，吡唑并二氮杂庚酮衍生物具有良好的镇静性能，1,3-二烷基吡唑并二氮杂庚酮的性能优于 2,3-二烷基衍生物。

（2）苯并咪唑类化合物　苯并咪唑衍生物一般为白色或黄色晶体，具有弱碱性，较易溶于弱碱中。其结构为：

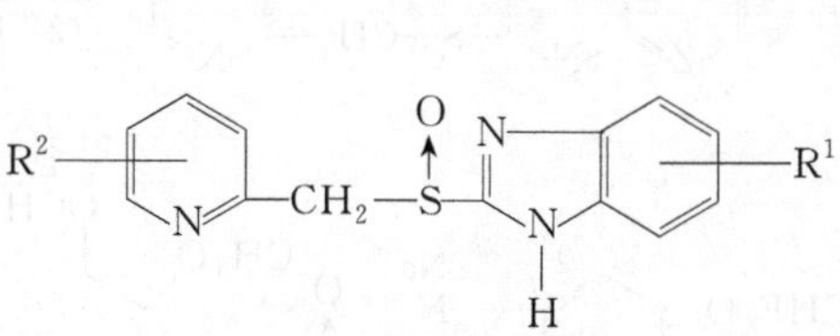

苯并咪唑衍生物

苯并咪唑衍生物的先导化合物奥美拉唑，是瑞典 Forte 等[87] 于 1978 年在抑酸药物的筛选中发现的，当时 Forte 等已发现了 H^+/K^+-ATP 酶，曾推测它的抑酸机理为抑制 $H^+/$

K^+-ATP 酶的活性。不久，苯并咪唑衍生物吡考拉唑（picoprazole）和奥美拉唑（omeprazole）[88] 被合成出来，1988 年批准上市后，一直位于世界畅销药物的前列。随后，许多公司对苯并咪唑环和吡啶环的结构修饰进行了研究，合成了许多新型的苯并咪唑衍生物。

苯并咪唑类化合物的合成一般采用先合成苯并咪唑衍生物和吡啶[89] 衍生物，再缩合得到产物。2-{[(4-甲氧基-2-吡啶基)甲基]亚硫酸基}苯并咪唑类化合物的合成，其合成路线有两条，反应如下所示：

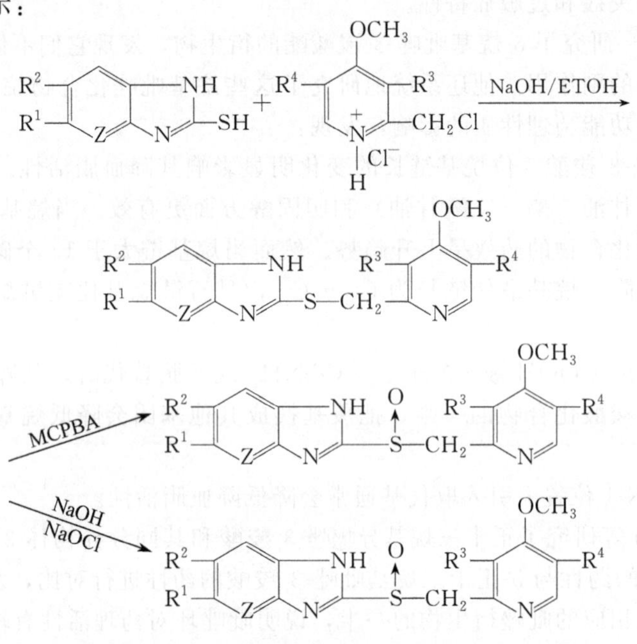

（式中：Z = N，CH，下同）

后来在合成奥美拉唑的基础上，又合成了泮托拉唑的中间体[90]，反应如下所示：

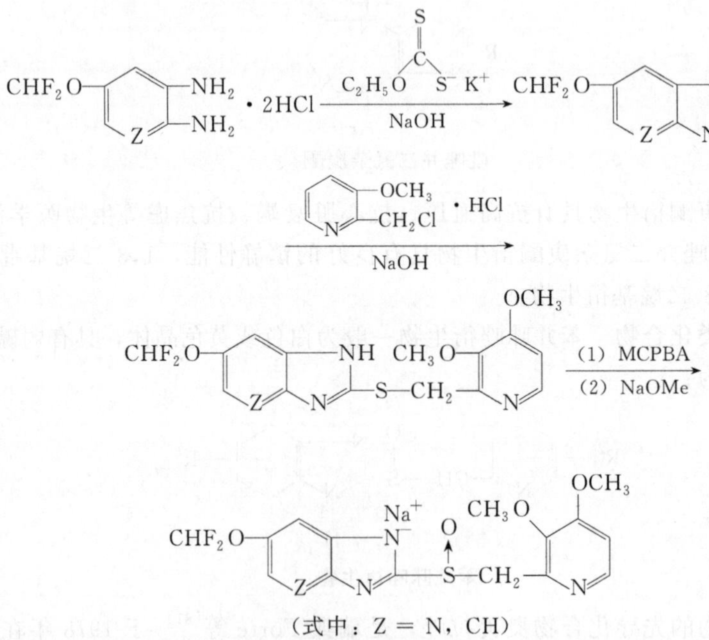

（式中：Z = N，CH）

这类化合物在消化系统药物中占有重要位置。

吲哚胍基衍生物对一些肠道疾病有治疗作用[91]。目前，已经上市或正在研究的这类衍生物有很多，它们大多数为黄色、白色的晶体，其结构如下：

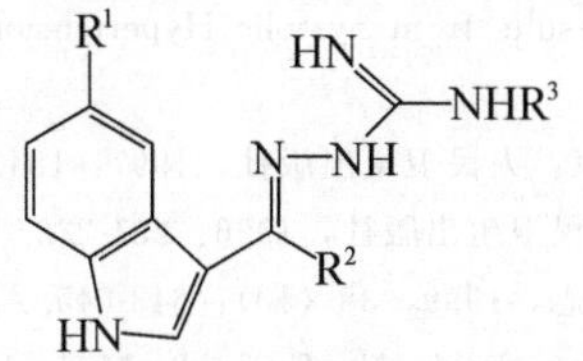

吲哚胍基化合物的合成一般是先合成吲哚衍生物和胍衍生物，再缩合得到产物：

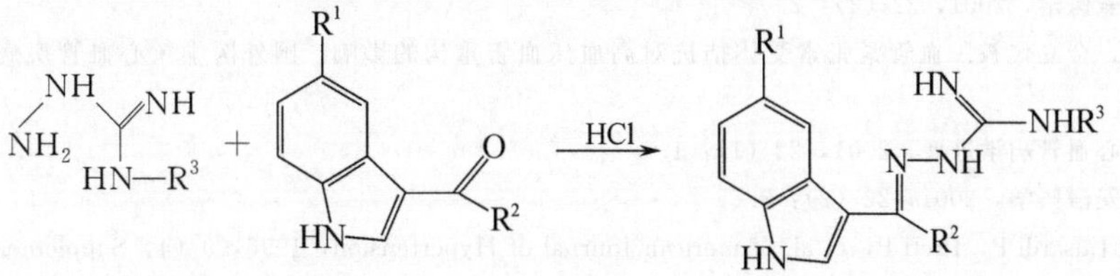

其中吲哚衍生物的合成方法技术经典、合成收率比较高。胍衍生物的官能团比较多，特别在缩合成最终产品时，反应不易进行。胍衍生物的合成一般采用硫脲为起始反应物，经加成、取代、缩合等反应而得到[92]。

多氮化物在抗高血压方面具有突出的意义，笔者在这方面也做了一些工作[93-94]。多氮化物在其他高效药物的研制和开发方面亦有着极其重要的学术意义和应用价值。

参考文献

[1] Alan F S. European Journal of Pharmacology，1985，109 (1)：111-116.

[2] Jeffrey A，Mireille S，Nicole B. European Journal of Pharmacology，1984，106 (3)：613-617.

[3] Dobson M Y，Sewell R D E，Spencer P S J. European Journal of Pharmaceutical Sciences，1996，4 (Supplement 1)：S54.

[4] Peter J B，Lionel F. The European Journal of Pharmacology，1982，82 (3~4)：155-160.

[5] Udvary E，Schäfer S G，Végh A，et al. European Journal of Pharmacology，1990，183 (5)：2063.

[6] Lehmann J，Elisabeth K B，Philippe V. Life Sciences，1989，45 (18)：1609-1615.

[7] Holtz P，Palm D. Life Sciences，1967，6 (17)：1847-1857.

[8] Day M D，Roach A G，Whiting R L. European Journal of Pharmacololgy，1973，21 (3)：271-280.

[9] Buccafusco J J，Marshall D C，Turner R M. Life Sciences，1984，35 (13)：1401-1408.

[10] Togashi H，Minami M，Bando Y，et al. Pharmacology Biochemistry and Behavior，1982，17 (3)：519-522.

[11] 谢美华. 中国医药工业杂志，1997，28 (2)：70-74.

[12] 田晓兵. 国外医学药学分册，1999 (3)：26.

[13] Andersson K E. Pharmacol. &Taxicol.，1992，70：244.

[14] Edwards G，Weston A H. Trends Pharmcol Sci.，1990，11 (10)：417-422.

[15] Sato H，Kogo H，Iahizawa T，et al. Bioorg. Med. Chem. Lett.，1993，13 (12)：2627.

[16] Sato H，Kogo H，Iahizawa T，et al. Bioorg. Med. Chem. Lett.，1995，5 (3)：233.

[17] Attwood M R，Jones P S，Kay P B，et al. Life Sci.，1991，48 (8)：803.

[18] Atwal K S，Noreland S，Mecullough J R，et al. Bioorg Med Chem. Lett.，1992，2 (1)：83.

[19] Sanfilippo P J，Menally J J，Press J B，et al. J. Med Chem.，1992，35 (23)：4425.

[20] Ashwood V A，Buckingham R E，Cassidy F，et al. J Med Chem.，1986，29：2194.

[21] Hof P R，Quasr U，Ccok N S，et al. Circ Res.，1988，62：679.

[22] Takemotu T，Eda M，Okada T，et al. J. Med. Chem.，1994，37 (1)：18.

[23] Eda M, Takemoto T, Ono S, et al. J. Med. Chem., 1994, 37 (13): 1983.
[24] Kajioka S, Nakashima M, Kitamura K, et al. Clin Sci, 1991, 81 (2): 129.
[25] SHEP cooperative research group: Prevention of stroke by antihypertensive drug treatment in the okder persons with isolated systolic heperension, Final results from Systolic Hypertension in the Elderly program (SHEP). JAMA, 1991, 265: 3255.
[26] 陈灏珠. 实用内科学. 第10版. 北京: 人民卫生出版社, 1997: 184.
[27] 陈灏珠. 内科学. 第4版. 北京: 人民卫生出版社, 1996: 231-232.
[28] 刘国仗, 王兵, 党爱民. 中华内科杂志, 1999, 38 (10): 643-645.
[29] Siscovick D S, Raghunathan T E, Psaty B M. N. Engl. J. Med, 1994, 330 (26): 1852.
[30] 顾复生. 中国实用内科杂志, 2000, 20 (1): 4-6.
[31] 诸俊. 安徽医学, 2001, 22 (2): 2.
[32] 潘华生译, 金立仁校. 血管紧张素受体拮抗对高血压血管重构的影响. 国外医学·心血管疾病分册, 2001, 28 (2): 109.
[33] 罗雪琚. 心血管病学进展, 2001, 22 (1): 1.
[34] 叶山东. 安徽医学, 2001, 22 (2): 3.
[35] Zoppi A, Lusardi P, Preti P, et al. American Journal of Hypertension, 1996, 9 (4, Supplement 1): 153A.
[36] Bonita F M, Anzalone C D. American Journal of Hypertension, 1995, 8 (5): 454-460.
[37] Murohara T, Tayama S, Tabuchi T, et al. The American Journal of Cardiology, 1996, 77 (14): 1159-1163.
[38] Kantola I, Terént A, Honkanen T, et al. American Journal of Hypertension, 1995, 8 (4, Part 2): 138A.
[39] Sirenko Y N, Radchenko G D, Reyko M N, et al. American Journal of Hypertension, 2002, 15 (4, Supplement 1): A40.
[40] Messerli F H, Weber M A, Brunner H R. Arch. Intern. Med, 1996, 156: 1957-1965.
[41] Urata H, Strobel F, Ganten D. J. Hypertens, 1994, 12: 17-22.
[42] Goodfriend T L, Elliott M E, Catt K J. N. Engl. J. Med, 1996, 334: 1649-1654.
[43] Gatt K J, Sandberg K, Balla T. Angiotension Ⅱ receptor and signal transduction mechanisms. In: Raizada M K, Philips M I, Sumners C. Eds. Cellular and molecular biology of the reninangiotensin system. Lomdon: CRC Press, 1993: 307-309.
[44] Garrison J C, Peach M J. Chapter 31. Renin and angiotensin, In: Gilman A G, editor. The pharmacological basis of therapeutica. New York: Mc Graw Hill Inc., 1992: 249-258.
[45] Kang P M, Landau A J, Eberhardt P T, et al. Am Heart J., 1994, 127: 1388-1401.
[46] Jackson E K, Garrison J C. Renin and angiotensin. In: Hardman J G, limbird L E, Molinoff P B et al. eds. Goodman Gilman's The Phartmacologial Basis of Therapeutics. 9th ed. New York: NY; Mc Garw Hill, 1996: 733-758.
[47] Timmermans P B, Wong P C, Chiu A T, et al. Pharmacol Rev., 1993, 45: 205-211.
[48] Mizuno K, Tani M, Hashimoto S, et al. Life Sciences, 1992, 51 (5): 367-374.
[49] Xu S H, Xie L D, Wu K G, et al. American Journal of Hypertension, 2000, 13 (4, Supplement 1): S246.
[50] Wong P C, Prince W A, Chiu A T, et al. J. Pharmacol Exp. Thex., 1990, 255 (1): 211-217.
[51] Edwards R M, Aiyar N, Ohistein E H, et al. J. Pharmacol EXP Ther., 1992, 260 (1): 175.
[52] Price D A, De Olivira J N, Fisher N D L, et al. Hypertension, 1997, 30: 240.
[53] Proticelli C, Eprosartan study Group. Am. J. Hypertens, 1997, 10 (4pt 2): 128.
[54] Gradman A H, Gray J, Maggiacomo F, et al. Clinical Therapeutics, 1999, 21 (3): 442-453.
[55] White W B, Anwar Y A, Sica D A, et al. American Journal of Hypertension, 1999, 12 (4, Supplement 1): 27.
[56] White W B, Anwar Y A, Mansoor G A, et al. American Journal of Hypertension, 2001, 14 (12): 1248-1255.
[57] Neutel J, Weber M, Pool J, et al. Clinical Therapeutics, 1997, 19 (3): 447-458.
[58] Ascioti C, Ferlaino G. American Journal of Hypertension, 1999, 12 (4, Supplement 1): 131.
[59] Pool J, Oparil S, Hedner T, et al. Clinical Therapeutics, 1998, 20 (6): 1106-1114.
[60] 黄震华, 徐济民. 中国新药与临床杂志, 1998, 17 (5): 171-172.
[61] Boyd S A, Fung A K L, Baker W R, et al. J. Med Chem., 1992, 35: 1735-1746.
[62] Fossa A A, Weinberg L J, Barber R L, et al. J. Cardiovase Pharmacol, 1992, 20: 75-82.
[63] 张奇志. 肾素抑制. 国外医学心血管疾病分册, 1997, 24 (1): 31.

[64] Geuld L，Reddy R. American Heart Journal，1976，12：397.
[65] Kaczing B G. Califania：Lange Medical Pub.，1982：484.
[66] Earl C Q，Prozialeck W C，Weiss B. Life Sciences，1984，35（5）：525-534.
[67] Ruffolo R R，Nichols A J，Patil P N，et al. European Journal of Pharmacology，1988，157（2-3）：235-239.
[68] Shams G，Venkataraman B V，Hamada A，et al. European Journal of Pharmacology，1991，199（3）：315-323.
[69] Alexis E T. Clinical Therapeutics，2002，24（6）：851-861.
[70] Abrams P H，Shah P J R，Stone R，et al. Br. J. Urol，1982，54：527-530.
[71] Bristow M R. Am. J. Cardiol.，1993，71（9）：12C.
[72] Schliep H J，Schulze E，Harting J，et al. European Journal of Pharmacology. 1986，123（2）：253-261.
[73] 刘泽培. 国外医药——合成药，生化药，制剂分册，1987，8（5）：290-292.
[74] Bekker A，Sorour K，Miller S. Journal of Clinical Anesthesia，2002，14（8）：589-591.
[75] Mitchell R G，Stoddard M F，Ori B Y，et al. American Heart Journal，2002，144（5）：E9.
[76] Merkel C，Sacerdoti D，Bolognesi M，et al. Journal of Hepatology，1998，28（Supplement 1）：76.
[77] Jacob S，Fogt D L，Dietze G J，et al. Life Sciences，1999，64（22）：2071-2079.
[78] Tanaka H，Takahashi S，Shigenobu K. General Pharmacology：The Vascular System，1993，24（2）：373-375.
[79] Nagatomo T，Ishiguro M，Ohnuki T，et al. Life Sciences，1998，62（17-18）：1597-1600.
[80] 李安良. 药物化学. 北京：高等教育出版社，1999：279-281.
[81] Gengo F M，Green J A. Beta-blockers，in：Applied pharmacokinetcs. Principles of Therapeutic Drug Monitoring. Spokane：Applied Therapeutics，1986：735-781.
[82] Auwers A V，Broche H. Ber.，1992，55B：3880.
[83] Kupieck F J. Med. Chem.，1993，74（3）：57.
[84] Freitas Antonio C C. Rev. Btas. Farm.，1993，74（3）：57.
[85] Kunio Seki. Derivatives of pyrazole for use in therapy. US 4 323 576，1982.
[86] DeWald H A. J. Med. Chem.，1973，16（12）：1346.
[87] Ganser A L，Forte J G. Biophys Acta，1973，304：169.
[88] Tellenius E，Berglindh T，Sachs G. Nature，1981，290（5802）：159.
[89] Ife R J，Brown T H. J. Med. Chem.，1995，38（14）：2748.
[90] 徐宝财. *N*-杂环类药物中间体合成工艺研究. 北京：北京理工大学，2003.
[91] Franke R，Buschauer A. Eur. J. Med. Chem.，1992，27（5）：443.
[92] Zhou H，Horowetz A. J. Clinical Pharmacology，2001，41（10）：1131.
[93] a）Yu A G，Wang N X，et al. Synlett.，2005，9：1465；b）Wang N X，Yu A G，et al. Synthesis，2007，8：1154-1159；c. Wang N X，Tang X L. Sci China B，2009，52（8）：1216.
[94] 刘薇. 抗高血压药物及中间体的合成研究. 北京：中国科学院理化技术研究所，2003.

1.14 多氮化物作为抗病毒药物

到目前为止，合成的抗病毒药物不是很多，而大多数属于多氮化物，如美国 FDA 批准使用的阿糖胞苷、阿糖腺苷、叠氮胸苷、双脱氧胞苷等。然而，这些抗病毒药物在某种意义上说只是病毒抑制剂，不能直接杀灭病毒。病毒侵入人体后，机体的免疫系统将对病毒感染产生免疫应答，若病毒繁殖的数量和引起组织的损伤程度超过阈值，即发生疾病。上述抗病毒药物的作用在于抑制病毒繁殖，使宿主的免疫系统抵御病毒侵袭，修复被破坏的组织或缓和病情不出现临床症状。

这些抗病毒药物主要如下：

叠氮胸苷是一种很好的抗病毒药。对逆转录病毒特别是艾滋病病毒有特效抗病毒活性。并可用于治疗白血病，为治疗艾滋病的首选药物[1-2]。

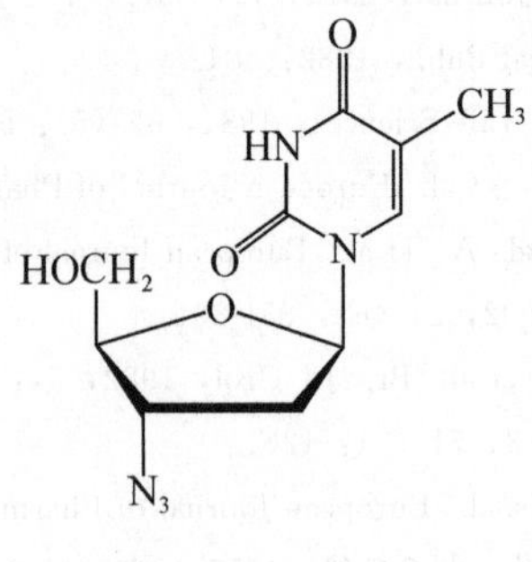

叠氮胸苷（zidovudine）

又如，阿糖腺苷（9-arabinofuranosyladenine），阿糖腺苷最早从海洋柳珊瑚 *Eunicella cavolini* 链霉菌属分离得到，是一种抗病毒剂，对单纯性疱疹等有较好的抗病毒活性[3-4]。

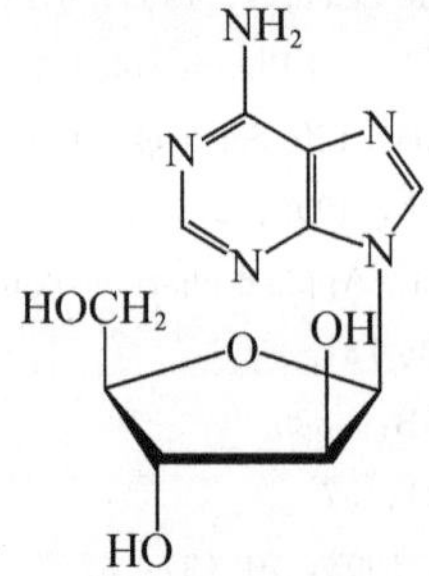

阿糖腺苷

引起“非典”的病原体是变种冠状病毒。病毒是一类比细菌还小得多的结构最简单的微生物，大的不超过 500 nm，小的只有 20～30 nm，约与最大的蛋白质分子相仿。它们没有细胞结构，主要由外部蛋白质和内部核酸所组成。核酸也只含一种，不是 DNA 就是 RNA。1971 年成立的国际病毒分类学委员会（ICTV）根据病毒基因组所含的核酸将病毒分为 DNA 病毒和 RNA 病毒两大类，并按照病毒的理化性质，如病毒体的形态、基因组的特征和复制方式，再分为科（families）、属（genera）和种（species）。病毒缺乏独立的代谢机构，没有细胞器，也没有完整的酶系统。因而只能在各种生物，包括脊椎动物、原虫、高等植物、藻类、真菌、细菌及支原体等宿主活细胞内寄生，将宿主细胞的核酸、蛋白质、酶等作为自身繁殖的必需物质。病毒的繁殖也是以在宿主细胞中复制核酸、合成蛋白质再装配在一起构成完整的病毒体（vrion）的方式进行。其繁殖过程可分成下列几个步骤：① 吸附，病毒和易感细胞随机接触，当病毒体表面成分与宿主细胞表面的受体发生特异性作用时就发生高亲和性吸附，此时细胞即被感染；② 侵入，病毒颗粒以胞饮方式或直接穿过细胞膜进入胞浆；③ 脱壳，病毒外壳被细胞内的酶所降解、消化，病毒 RNA 或 DNA 即被释放出来；④ 生物合成，以病毒核酸为模板，进行复制、转录和蛋白质（包括外壳）的合成，此阶段所需的原料及能源全部以掠夺方式取自宿主细胞，因而使宿主细胞受到损伤破坏；⑤ 成熟与释放，新合成的子代病毒核酸和蛋白质外壳在细胞的一定部位“装配”成子代病毒，大量子代病毒成熟后，挤破细胞，一起释放，称作裂解式释放，或随着病毒陆续成熟，以出芽方式逐个释放出细胞即完成一个复制周期。

“非典”病毒与流感病毒、艾滋病毒一样，其基因组只有一个单链 RNA（核糖核酸）分子，由不到 3 万个核苷酸（只有 A、U、C、G 四个不同组分）组成，这样的由 RNA 分子组成的基因组称为 RNA 基因组，其基因称 RNA 基因。据现在所作的预测，这个病毒只有 5 个真正编码蛋白质的 RNA 基因，大概只有人类基因数目的 1/7000。其中一个基因编码自我复制所需的独有的“以 RNA 为模板的 RNA 合成酶”（又称复制酶），位于病毒基因组上游，占整个基因组的 2/3。下游有 4 个依次排列的基因，根据它们的作用而分别称为 S（棘突）蛋白、E（衣壳）蛋白、M（膜）蛋白与 N（核骨架）蛋白的基因。除此之外，还有好多个只是根据预测，还不知是否真正存在的“预测不清楚的蛋白质”(PUP)。

一般来说，三唑基、脒基、胍基等有较强的抗病毒活性。许多效果很好的抗病毒药物，多为结构复杂的杂环多氮化物。

“非典”冠状病毒的主要蛋白酶是 M^{pro}，也叫 $3CL^{pro}$，这种蛋白酶控制着 SARS 冠状病毒的复制。这就是治疗 SARS 药物的靶点[5]。

到目前为止，世界各国批准生产上市的合成抗病毒药物仅有几十种，基本上是些多氮化物，如美国 FDA 批准使用的阿糖胞苷、阿糖腺苷、叠氮胸苷、双脱氧胞苷等。然而，这些抗病毒药物在某种意义上说只是病毒抑制剂，不能直接杀灭病毒。

1996 年在美国上市的抗病毒药物昔多呋韦（cidofovir）对治疗艾滋病的视网膜炎有一定的疗效。抗病毒药物昔多呋韦的化学结构如下：

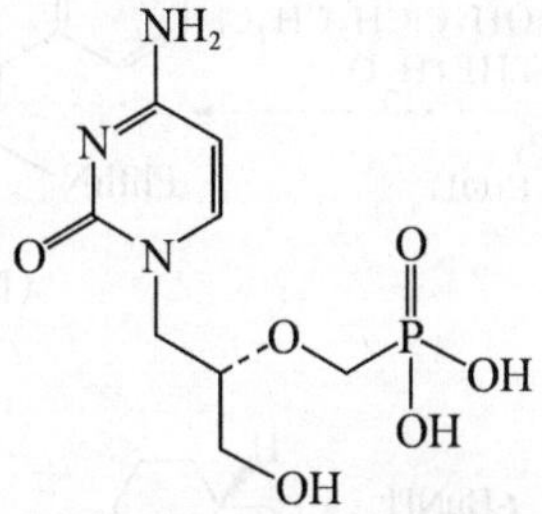

昔多呋韦化学合成中关键的一步是胞嘧啶与（R）-2,3-O -亚异丙基丙三醇衍生物的缩合反应：

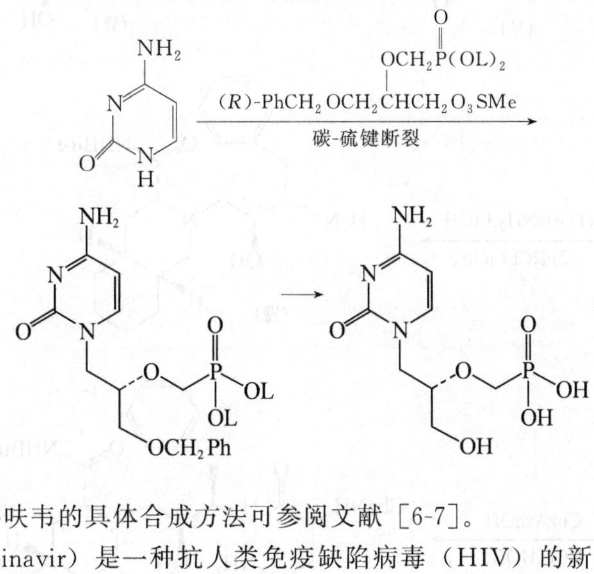

抗病毒新药昔多呋韦的具体合成方法可参阅文献［6-7］。

沙奎那韦（saquinavir）是一种抗人类免疫缺陷病毒（HIV）的新抗病毒药物，其化学结构如下：

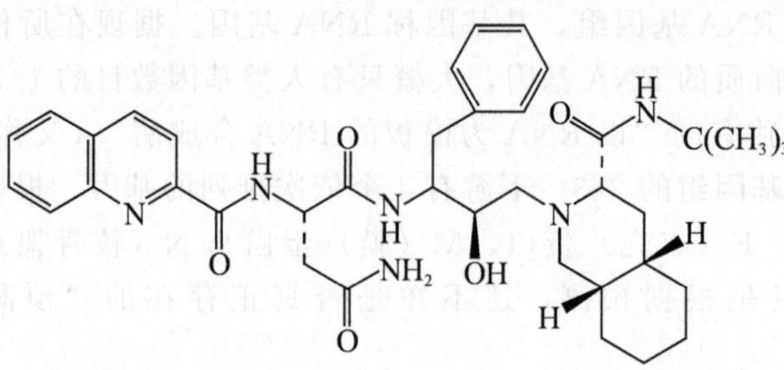

沙奎那韦的化学合成路线是以 N-邻苯二甲酰基-(S)-苯丙氨酰氯（Ⅰ）为起始原料，经过多步反应得到：

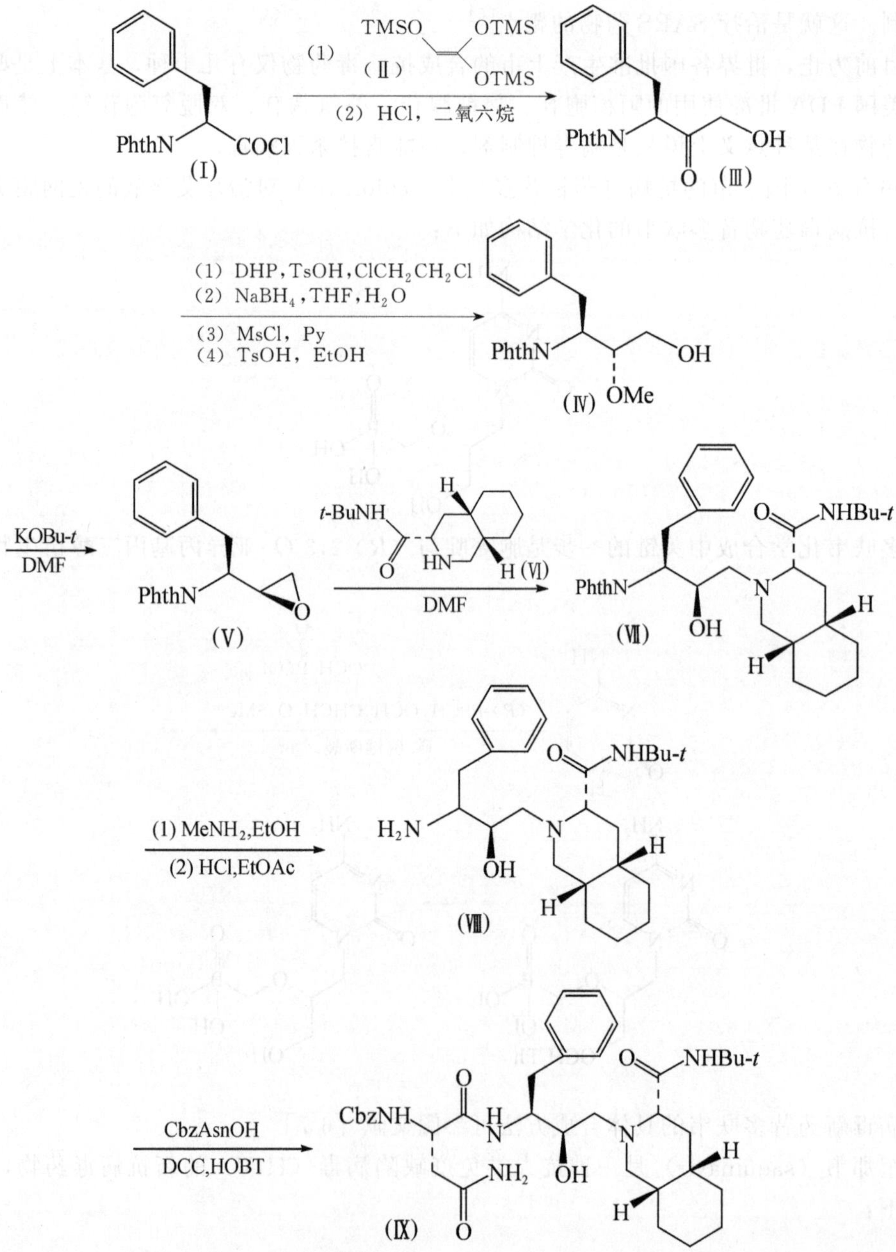

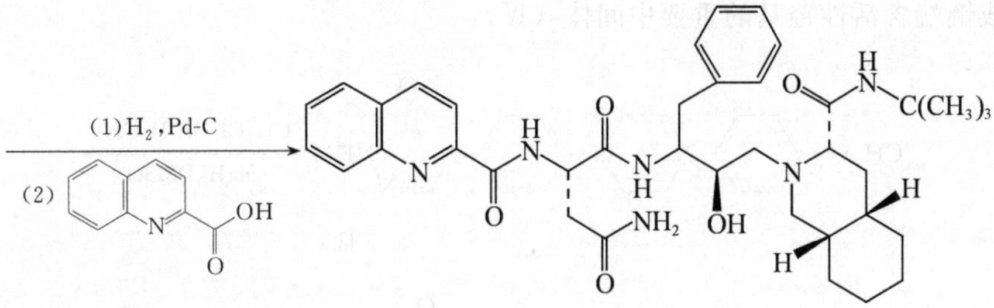

具体合成方法读者可参阅文献［7-9］。

沙康唑（saperconazole）是一种首次在比利时上市的抗真菌新药，沙康唑的化学结构为：

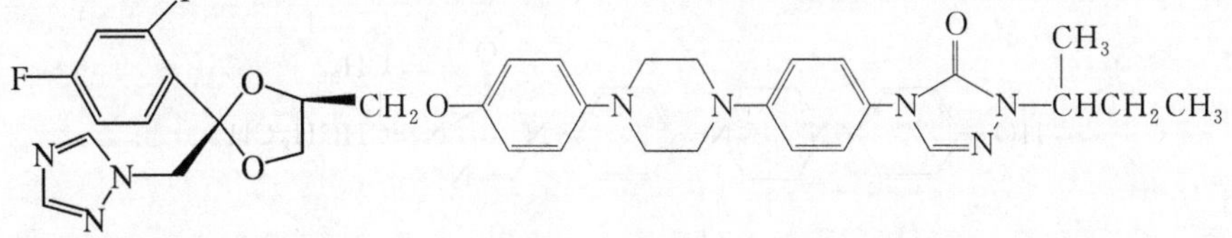

沙康唑的化学合成是采用片段法完成的，即先由三唑衍生物（Ⅰ）为原料经过多步反应得到重要中间体（Ⅱ）：

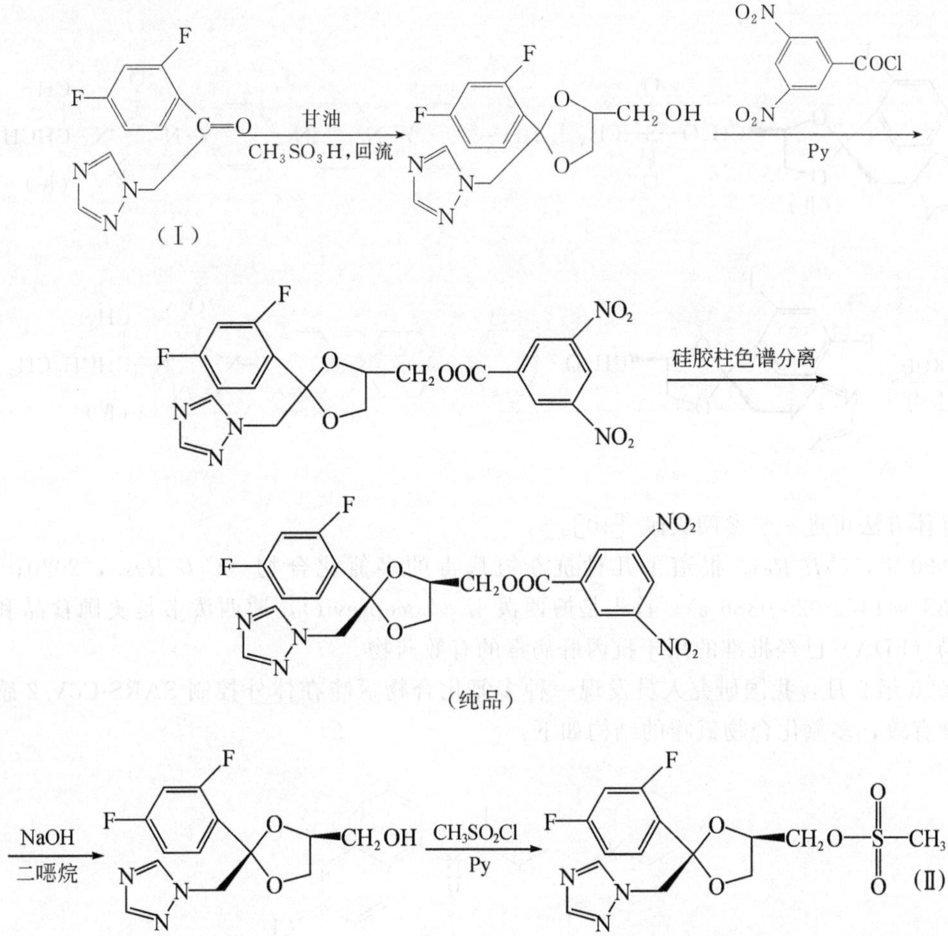

（Ⅰ）　（纯品）　（Ⅱ）

然后再由如下一个四连环化合物出发得到其衍生物，最后用氢溴酸脱去链端甲氧基上的甲基，生成链端含活性羟基的重要中间体（Ⅳ）：

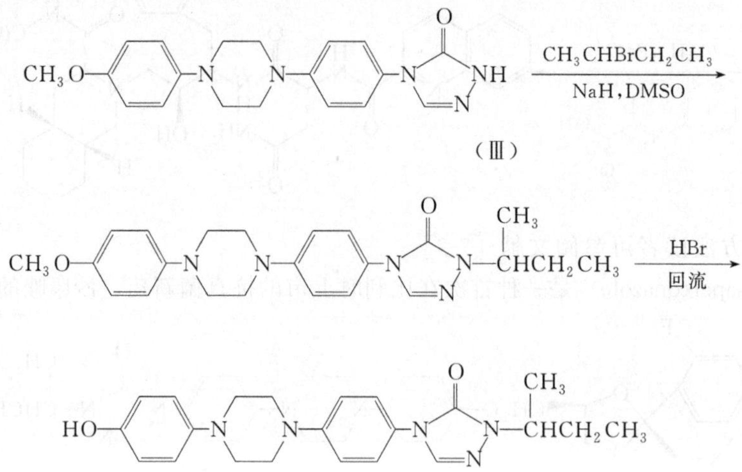

（Ⅳ）

当合成得到这些片段以后，在碱催化下缩合，得到抗真菌新药沙康唑：

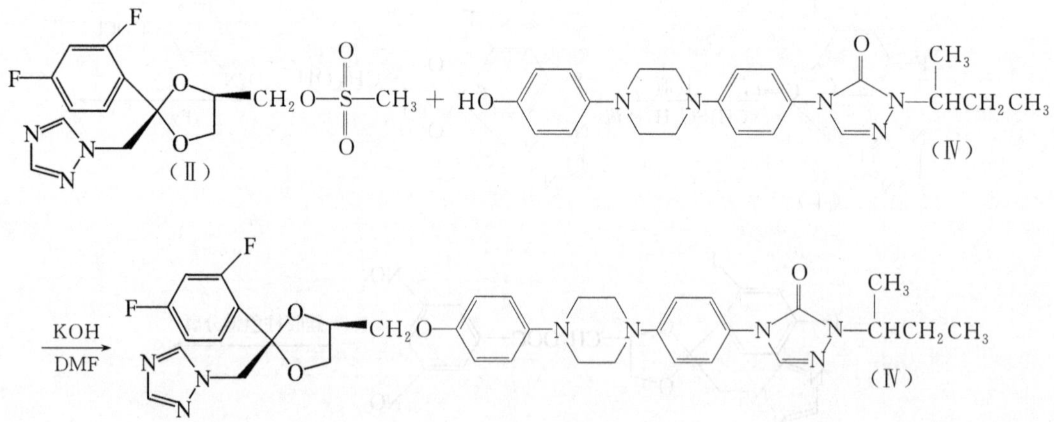

具体方法可进一步参阅文献［10］。

2020 年，*Cell Res.* 报道了几种抗新冠病毒的多氮化合物（*Cell Res.*，2020；DOI：10.1038/s41422-020-0356-z）。首先是博西泼韦（boceprevir），博西泼韦是美国食品和药品管理局（FDA）已经批准的用于抗丙肝病毒的有效药物。

2020 年 2 月，我国研究人员发现一种多氮化合物氯喹在体外控制 SARS-CoV-2 感染方面非常有效，多氮化合物氯喹的结构如下：

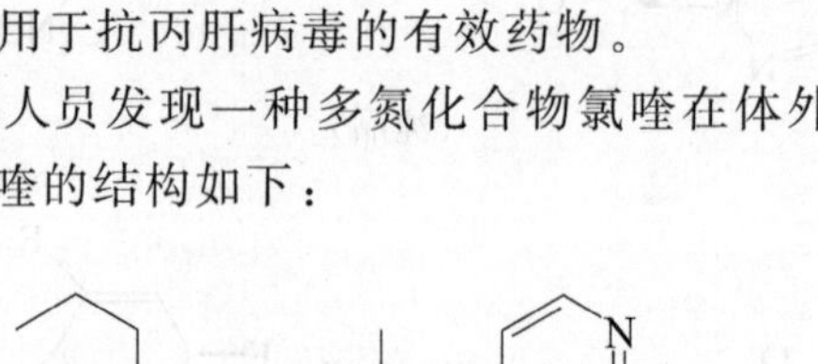

世界卫生组织很快将氯喹/羟氯喹列为潜在的治疗新冠肺炎药物，美国 FDA 发布氯

喹/羟氯喹的有限紧急使用授权，以治疗新冠病毒患者。在全球进行大规模实验发现，氯喹/羟氯喹会导致心律失常及增加新冠患者死亡率。随后，问题又出现了很大的转机：2020 年钟南山等在 *National Science Review* 上发表题为“Preliminary evidence from a multicenter prospective observational study of the safety and efficacy of chloroquine for the treatment of CO VID-19”的研究论文［*National Science Review*，2020，7（9）：1428］，该研究采用多中心前瞻性观察试验，招募了 18 岁以上确诊 SARS-CoV-2 感染的患者，合格的患者每天口服 500mg 氯喹，与非氯喹治疗的患者进行对照。该研究中总共 197 例患者完成了氯喹治疗，发现在氯喹组中获得不可检测的病毒 RNA 的中值时间短于非氯喹组，在氯喹组中未观察到严重的不良事件，半剂量治疗的患者不良事件发生率低于全剂量患者。

瑞德昔韦（remdesivir）被认为可以作为抗新冠病毒的多氮化合物药物，其含有一个多氮的杂环，结构如下：

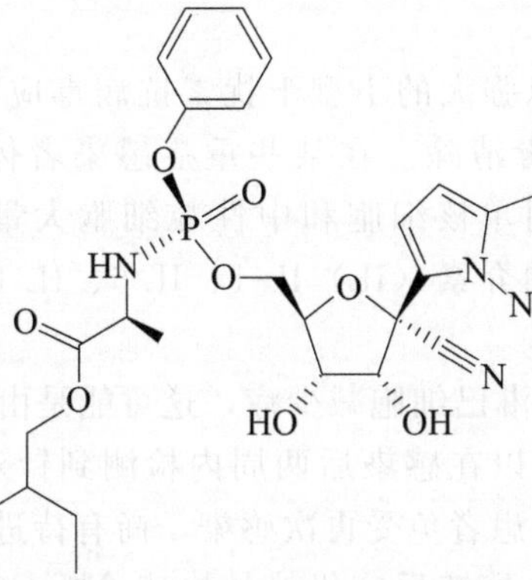

作者发现，一些结构新颖的新型多氮化合物，特别是手性多氮化合物，在这次抗新冠病毒药物研究中不断有新的报道。

参 考 文 献

［1］ Horowitz J P，Chua J，Noel M. J. Org. Chem.，1964，29：2076.

［2］ Fleet G W J，Son J C，Derome A E. Tetrahedron，1988，44：625.

［3］ Reist E J，Calkins D F，Fisher L V，et al. J. Org. Chem.，1968，33：1600.

［4］ Ranganathan R. Tetrahedron Lett.，1975：1185.

［5］ Anand K，Ziebuhr J，Wadhwani P，et al. Science，2003，5：13.

［6］ Holy A，Rosenberg I，et al. US 5142051.

［7］ 周学良. 药物. 北京：化学工业出版社，2003：156.

［8］ Parkes K E B，Bushnell D J，Crackett P H，et al. J. Org. Chem.，1994，59（13）：3656.

［9］ Sato T，Izawa K. USP 5994545，1999.

［10］ Heeres J，Backx L J J，et al. USP 4916134，1990.

1.15 2019 冠状病毒病（COVID-19）与高效安全疫苗以及抗病毒药物

笔者目睹了 2003 年 SARS 疫情时的情景，但是 SARS 疫情在 2003 年 6 月份以后就消声灭迹了！

然而，2019 冠状病毒病（COVID-19）很快引起了全球广泛关注，病原体被鉴定为 SARS-CoV-2。截至 2023 年 3 月 10 日的统计数据，全球累计新冠肺炎确诊病例超过六亿七千多万例，死亡人数达六百八十八万。

根据大量文献，SARS-CoV-2 属于冠状病毒科和 β 冠状病毒属，是已知感染人类的第七种冠状病毒。冠状病毒是有包膜的单链 RNA 病毒。人类冠状病毒包括与轻度季节性疾病有关的 229E、NL63、OC43 和 HKU1，以及与过去爆发的严重急性呼吸综合征（SARS）和中东呼吸综合征（MERS）有关的病毒。遗传分析表明，蝙蝠是冠状病毒的天然宿主，而其他动物是 SARS-CoV-2 出现时的潜在中间宿主。

SARS-CoV-2 的基因组大小为 30 kb，编码蛋白酶和 RNA 依赖 RNA 聚合酶（RdRp）以及几种结构蛋白。SARS-CoV-2 病毒体结合到 RNA 基因组的核衣壳（N）蛋白和由膜（M）和包膜（E）蛋白组成的包膜、包被三聚体刺突（S）蛋白上。S 蛋白与 2 型肺细胞和肠上皮细胞质膜上的 ACE2 后，S 蛋白被宿主膜丝氨酸蛋白酶 TMPRSS2 裂解，促进病毒进入。

轻度感染者免疫应答可能以强大的 Ⅰ 型干扰素抗病毒应答以及 CD4＋Th1 和 CD8＋T 细胞应答为特征，从而导致病毒清除。在某些重症感染者体内，抗病毒反应会延迟，随后炎症性细胞因子会增加，同时单核细胞和中性粒细胞大量流入肺，导致细胞因子风暴综合征。这些细胞因子，包括白介素（IL）IL-1、IL-6、IL-12 和肿瘤坏死因子 α，导致呼吸衰竭。

重症感染者的另一个标志是淋巴细胞减少症，这可能是由于淋巴细胞的直接感染或抗病毒反应对骨髓的抑制造成的。可以在感染后两周内检测到针对 SARS-CoV-2 的中和性 IgM 和 IgG 抗体；这些抗体能否保护患者免受再次感染，尚有待进一步研究。

呼吸道样本的逆转录酶-聚合酶链反应仍然是快速诊断 COVID-19 的最好的标准，常见的实验室检查结果包括淋巴细胞减少，包括 C 反应蛋白在内的炎症标志物增加以及包括 D-二聚体在内的凝血级联激活标志物增加。

目前研究的抗病毒药物包括病毒 RNA 依赖性和 RNA 聚合酶抑制剂（remdesivir）以及病毒蛋白质合成和成熟抑制剂（lopinavir/ritonavir）；正在研究的免疫调节剂包括干扰素-β 和 IL-6 受体阻滞剂（tocilizumab/sarilumab）。

2020 年 10 月 6 日，中国科学院武汉病毒所石正丽课题组在 *Nature Reviews Microbiology* 杂志发表了一篇综述新冠病毒特征的文章，在这里作以简要的引用介绍。

SARS-CoV-2 与在蝙蝠体内发现的 SARS-CoV 和 SARS 相关冠状病毒（SARSr-CoVs）一起归在 β 冠状病毒的亚属 Sarbecovirus 中。对全球检测到的 SARS-CoV-2 基因组序列进行了比对，共鉴定出 15018 个突变，包括 14824 个单核苷酸多态性（BIGD）。SARS-CoV-2 的另一个特殊基因组特征是在 S 蛋白的 S1 和 S2 亚基的连接处插入四个氨基酸残基（PRRA），可产生多碱性裂解位点（RRAR），被成对碱性氨基酸蛋白酶（Furin）及其他蛋白酶有效裂解。宿主蛋白酶包括跨膜蛋白酶丝氨酸蛋白酶 2（TMPRSS2）、组织蛋白酶 L 和 Furin，参与 S 蛋白的裂解并激活 SARS-CoV-2 的进入。单细胞 RNA 测序数据显示 TMPRSS2 在多个组织和身体部位高表达，并与 ACE2 在鼻上皮细胞、肺和支气管分支共表达，这解释了部分 SARS-CoV-2 的组织趋向性。SARS-CoV-2 的 S 蛋白的裂解构象可能不利于受体结合，但有助于免疫逃避。

蝙蝠是 β 冠状病毒的重要天然宿主，目前已知的与 SARS-CoV-2 最近的亲属是一种蝙蝠冠状病毒，名为 RaTG13，曾在中国云南省的一种中菊头蝠中检测到，其全长基因组序列与 SARS-CoV-2 有 96.2%相似。另一种最近在云南马来菊头蝠体内采集的相关冠状病毒 RmYN02，在整个基因组中与 SARS-CoV-2 有 93.3%的相似性。不同蝙蝠冠状病毒与 SARS-CoV-2 的高度相关性显示蝙蝠很可能是 SARS-CoV-2 的宿主。然而，基于目前的发现，SARS-CoV-2 与相关蝙蝠冠状病毒之间的差异可能代表超过 20 年的序列进化，提示这些蝙蝠冠状病毒只能被视为 SARS-CoV-2 可能的进化前体，而不能被视为 SARS-CoV-2 的直接来源。

除蝙蝠外，穿山甲是另一种可能与 SARS-CoV-2 有关的野生动物宿主。在 2017 年至 2019 年从东南亚走私到中国南方的马来亚穿山甲组织中发现了多种 SARS-CoV-2 相关病毒。不同研究组从广东海关截获的走私穿山甲中分离测序冠状病毒，发现病毒株序列一致性达 99.8%。并且它们与 SARS-CoV-2 序列相似性达 92.4%，它们的 RBD 与 SARS-CoV-2 高度相似，这些病毒 RBD 的一部分 RBM 与 SARS-CoV-2 仅有一个氨基酸的差异。受冠状病毒感染的穿山甲表现出临床症状和组织病理学变化，包括间质性肺炎和炎症细胞浸润，表明穿山甲不太可能是这些冠状病毒的宿主，可能是病毒在从自然宿主溢出后而被感染，总之，现有的数据也不足以解释穿山甲是 SARS-CoV-2 的中间宿主。目前也有研究报道猫、狗有感染 SARS-CoV-2 的现象，但尚不确定 SARS-CoV-2 从猫和狗传播给人的可能性。

目前在人类抵抗治疗 COVID-19 过程中，发展了以下几种重要方法：

（1）抑制病毒进入的药物治疗

SARS-CoV-2 以 ACE2 为受体，人蛋白酶为进入的激活剂，随后将病毒膜与细胞膜融合，实现入侵。目前发展的干扰侵入的药物有阿比朵尔（俄罗斯和中国批准用于治疗流感和其他呼吸道病毒感染的药物）、甲磺酸卡莫司（日本批准），还有氯喹和羟氯喹（被用于预防和治疗疟疾和自身免疫性疾病）。另一种可能的治疗策略是通过可溶性重组 hACE2，以及靶向 SARS-CoV-2 S 蛋白的特异性单克隆抗体或融合抑制剂阻断 S 蛋白与 ACE2 的结合。

（2）抑制病毒复制的药物治疗

复制抑制剂包括瑞德西韦（GS-5734）、法匹拉韦（T-705）、利巴韦林、洛匹那韦和利托那韦。美国药品与食品管理局已发布瑞德西韦的紧急使用授权，用于治疗住院的重症 COVID-19 患者。日本研发的抗病毒药物法匹拉韦（T-705）已获中国、俄罗斯和印度批准用于 COVID-19 的治疗。我国的一项临床研究显示，法匹拉韦显著降低了患者胸部症状，缩短了病毒清除的时间。

（3）免疫调节药物治疗

SARS-CoV-2 会引发强烈的免疫反应。因此，抑制过度炎症反应的免疫调节剂是 COVID-19 潜在的辅助治疗方法。有数据表明地塞米松使接受有创机械通气的 COVID-19 住院患者的死亡率降低了约三分之一，托珠单抗和 IL-6 受体阻滞剂是两种白细胞介素-6（IL-6）受体特异性抗体，通过减轻细胞因子风暴来治疗 COVID-19 重症患者。贝伐珠单抗是一种抗血管内皮生长因子（VEGF）药物，可能减少重症 COVID-19 患者的肺水肿。依库珠单抗是一种特异性单克隆抗体，可能成为治疗重症 COVID-19 的一种选择。在我国，吸入干扰素-α 已被纳入 COVID-19 的治疗指南。

（4）免疫球蛋白治疗

恢复期血浆治疗是 COVID-19 的另一种可能的辅助治疗方法。美国药品与食品管理局已经为新药物紧急研究申请中 COVID-19 恢复期血浆的使用提供了指导。但血浆治疗可能会引起抗体介导的感染增强、输血相关的急性肺损伤等。

(5) 疫苗接种

疫苗是全世界盼望已久的事，人类依靠疫苗消灭了天花病毒。一些疫苗确实在抗击 COVID-19 中起了一些作用。美国的 mRNA 疫苗在美国抗疫中发挥了关键作用。

新冠病毒，它到底来源于哪里？2023 年 2 月 16 日，*Cell* 在线发表了一篇研究论文，该研究强调了穿山甲作为冠状病毒宿主的重要性。2023 年 *Nature* 发表了一篇短文，提出有更多证据支持严重急性呼吸系统综合征 COVID-19 首先从动物传播给人类的假设。2020 年初从有关动物所在的排水沟、摊位和地面上采集的新冠病毒阳性拭子的基因数据显示，六个样本含有貉的 DNA，即使它们没有症状，也能感染 COVID-19 并将其传播给其他物种。病毒学家 Leo Poon 说："一种假设是，貉感染了严重急性呼吸系统综合征冠状病毒 2 型并传播了病毒"。但这并不是疫情起源的最终定论，因为这项研究没有证实这些动物是否真的被感染，这只是一家之言。*Nature* 于 2023 年 4 月初也曾报道（doi.org/10.1038/s41586-023-06043-2)，动物可能是一种病毒的中间宿主，这种病毒会扩散感染人类。但研究人员也表示，最新发现仍未能提供明确证据。

人类历史上多次出现烈性疫情，应对这类突然爆发的传染病疫情，人类早就掌握了古老但却非常有效的办法——隔离。隔离是人类对抗烈性传染病疫情最有效的措施之一。

病毒到底是什么时候在世界上开始出现的？地球是 45 亿年前形成的，原核生物出现在 35 亿年前，在此之前，地球原始大气中的 N_2 在雷电作用下生成 NH_3 分子等，在高温、强紫外线辐射下再形成含有碳化合物和生物大分子（如氨基酸、核酸碱基等）的前体。随着遗传密码（核酸）的出现，逐步产生具有自我繁殖能力的细胞。大约在 36 亿年前，第一个有生命的细胞产生。细菌应该先于病毒，因为细菌是单细胞的，它可以自已存活，而病毒是需要多细胞的寄生才能存活。病毒来自活细胞，不同病毒来自不同生命实体。病毒是脱离了细胞具有活性的 DNA 或 RNA 片段，获得了蛋白质外壳进化成为病毒。

再看看我们人类才是什么时候出现的？大约 450 万年前，人类才开始由猿逐步进化，先产生腊玛古猿，再经过 200 多万年的进化，才有了古人类。病毒有 36 亿年的进化史，人类仅从 450 万年前开始进化，按照达尔文适者生存的理论，从病毒的变异看，病毒的生存能力有多么强！

1.16 药物的抗药性等问题

笔者认为，药物的抗药性一直是一个严重的问题。变换了新药，不久又会出现新的抗药性问题。极小的细菌这个微生物是很难杀死的。

20 世纪 60 年代秦关中地区种植棉花，人们天天使用各种大量剧毒农药，来对付小小的棉铃虫，棉铃虫这种小虫子还不是微生物。奇怪的是，小小的棉铃虫是杀不灭的，各种各样的剧毒农药始终把小小棉铃虫奈何不了，小小棉铃虫一直存活到棉花结棉桃，绽开棉花，叶子干了，棉铃虫才没有了。棉铃虫小小生命无比顽强。

经常看到，有那么一些身体一直有病但一直健在的老人，他们天天在吃药，虽然换了药抗药性同样也出现，药物抑制了疾病却不能够根除疾病，这样的"和平共处"有时竟达几十年。

笔者认为，以毒攻毒是中药的理论之一。例如砒霜是古书中的杀手，一点点就会夺取人的生命，是剧毒的毒品！可是，现在人们用古老的砒霜（As_2O_3）攻克了白血病（但

As_2O_3 对胃的破坏也大)，中药乌头（含乌头碱和次乌头碱等）有毒，却可以很好地治疗肩周炎。大麻属于毒品，但在医疗上少量可作兴奋剂。中药集上千年人类的大智慧，辨证施治，具有哲学思维。中药虽在治疗急性病和抵抗微生物方面有局限性，但在对付慢性病和调理方面有一定的优势。中药“唱”的是“不要问我从哪里来”；西药“唱”的是“你从哪里来我的朋友”。西药重药理，需要研究药物作用靶点和药物代谢动力学，注重药物结构与疗效、药物的生物利用度等科学问题，常常是细而又细。但是，大量传统中药是验方，常常不问为什么。例如一个人中暑了，马上吃几块沙瓤西瓜，中暑的征兆也就消失了，中药的验方有实际应用价值。现代中药也开始提倡科学理论了。例如屠呦呦提取的青蒿素，能够精准地治疗疟疾，深入研究发现青蒿素里头的过氧链在起关键作用，提出过游离基治疗的机制。

没有大量文章发表和任何“帽子”的屠呦呦是我国目前唯一一位荣获诺贝尔生物医学奖的科学家，她的青蒿素实实在在，在非洲不知道拯救了多少宝贵的生命！屠呦呦确实值得大家学习。

2025 年 3 月，美国化学会志发表了论文，Nowick 教授把强力抗菌药物万古霉素和另外一种强力抗菌药物泰斯巴汀偶联起来，通过协同作用进一步增强抗菌活性。这种新策略为克服细菌耐药性开拓了新思路，也为开发新型抗生素提供了有力工具。

功能材料方面

1.17 合成染料类

德国化学家早在 1905 年因染料合成而获得了诺贝尔化学奖（见附录）。

合成染料大体上可以分为偶氮系和蒽醌系两大类，一些色调好、不褪色的高级染料往往是多氮化物。

一些多氮化物具有光致变色作用，有着特殊的用途，如螺环吡喃类：

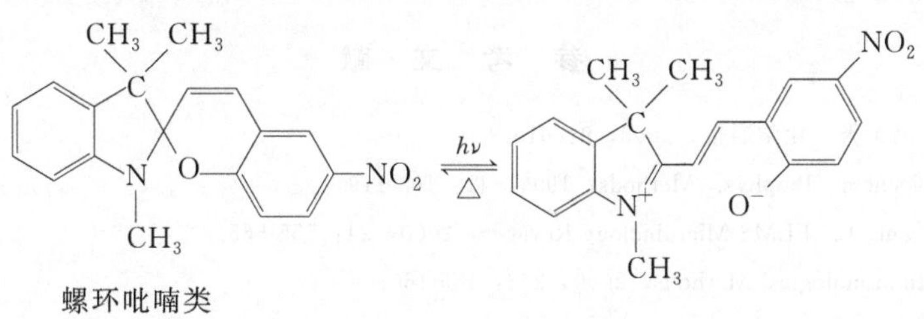

螺环吡喃类

螺嗯嗪化合物的光致变色反应是由激发态的单线态进行的，因而对光的响应速度较快。与螺环吡喃相比，螺嗯嗪具有较高的化学稳定性和光敏性，在有机光信息记录方面有着广阔的应用前景。螺嗯嗪分子结构中的吲哚啉和嗯嗪环中间的螺碳原子以 sp^3 形式杂化，其光致变色是通过以下过程实现的：

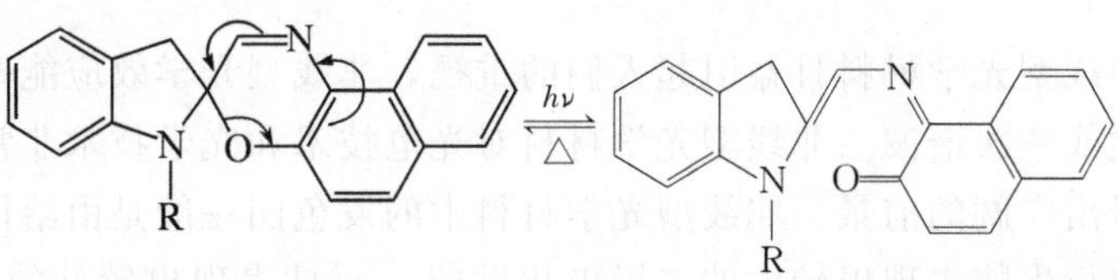

还有一些具有电致变色作用，最容易研究的示紫素类，如庚基示紫素：

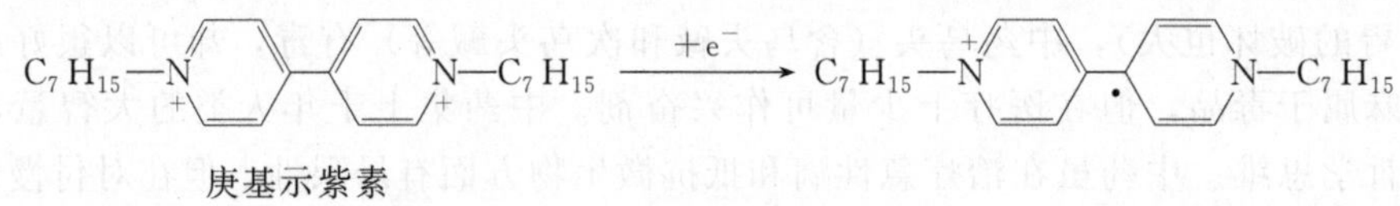

庚基示紫素

染料在生物化学中最早的应用是直接对切片进行着色，然后对切片进行观察[1]。随着生命科学的不断发展，以及计算机技术、激光技术、荧光光谱测定技术的不断进步，许多染料尤其是荧光染料在 DNA 测序[2]、细胞检测[3]、毒物分析[4]、临床医疗诊断等方面得到了广泛的应用[5]。

双苯并咪唑类荧光染料[6]，与DNA结合后自身的荧光量子效率提高400倍。其中A/T（腺嘌呤/胸腺嘧啶）含量高的DNA对荧光增强最显著，G/C（鸟嘌呤/胞嘧啶）含量高的DNA以及单链DNA对它的荧光增强依次减弱。

双苯并咪唑类荧光染料：

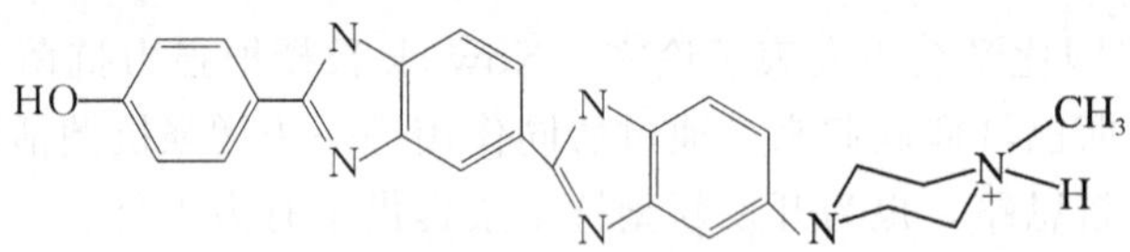

Wenceslao 等[7] 1997年合成了一种杂环为嘌呤环系的菁染料，并研究了其荧光特性，结果表明平面刚性结构强的染料发射的荧光强度大。其结构如下：

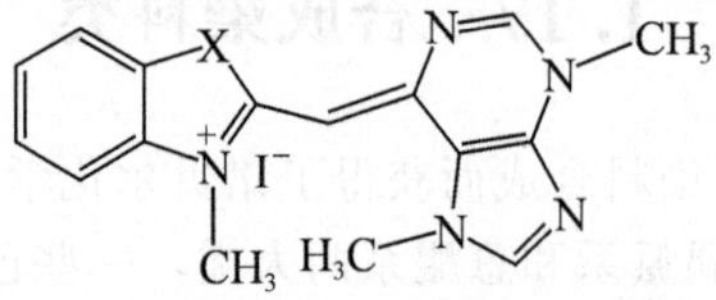

X = O，N，S，Se

参考文献

[1] 杨祥宇，宋健，冯荣秀．化学通报，2003，9：615.

[2] Dolnik V. J. Biochem. Biophys. Methods，1999，41：103-119.

[3] Rudolf A，Wolfgang L. FEMS Microbiology Reviews，2000，24：555-565.

[4] King M A. J. Immunological Methods，2000，243：155-160.

[5] King M A. J. Immunological Methods，2000，243：160-166.

[6] Shapiro H M J. Microbiological Methods，2000，42：3-16.

[7] Wenceslao M，Forrester A R. Tetrahedron，1997，53 (37)：12595.

1.18 新型非线型光学材料

一些多氮的非线型光学材料日益引起人们的重视，非线型光学效应能改变激光束的基本性能，如产生二次或三次谐波。非线型光学材料对光电技术和光学技术非常重要，在开发光子计算机方面展示出广阔的前景。非线型光学材料中的发色团一般是由给体-π桥-受体形成，多氮化物苯并噻唑衍生物表现出较大的二级极化性能，而且表现出较好的热和光的稳定性。一种具有二阶非线型光学性能的苯并噻唑衍生物的结构如下[1]：

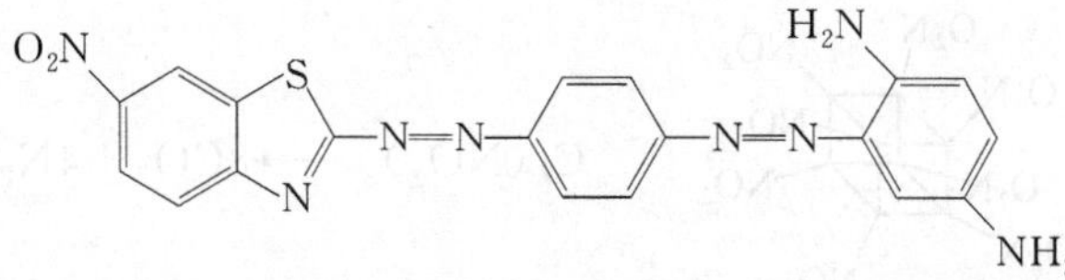

为了提高材料的非线型光学性能和偶氮染料发色团的稳定性能，通过对硝基苯基重氮氟硼酸盐的重氮偶合反应，孙建平等[2] 合成了侧链含偶氮非线型光学活性基团的聚酰亚胺材料（NLOPI），紫外-可见吸收光谱研究发现，在 330 nm 和 490 nm 处出现侧链偶氮苯发色团的特征吸收。X 射线衍射图谱中的宽阔非晶包和透射电镜（TEM）非晶衍射环表明，NLOPI 为非晶结构。差示扫描量热分析研究表明，NLOPI 的玻璃化转变温度高达 297 ℃。热质量损失分析表明，400 ℃时材料只有 5%的质量损失。实验结果表明，所合成的聚酰亚胺具有良好的取向稳定性和热稳定性能。

随着高速光通信、光信息处理等领域的飞速发展，非线型光学材料的研究进展很快。其中极化聚合物由于具有非线型系数大、响应时间快、损伤阈值高、介电常数低等优点而受到人们的关注。然而，通常情况下引入的生色团，在聚合物薄膜中任意排列分布，使得整个聚合物具有中心对称性。为了使聚合物薄膜产生较强的二阶光学效应，就要破坏这种中心对称性。应用高温电晕极化是一种有效的方法[3]。聚氨酯酰亚胺（PUI）作为一种新型的二阶非线型光学材料，具有溶解性和成膜性好以及玻璃化转变温度较高等优点[4]。

参 考 文 献

[1] Liu X J，Leng W N，Feng J K，et al. Chin. J. Chem.，2003，21：9.

[2] 孙建平，吴洪才，李宝铭，等. 西安交通大学学报，2003，37：6.

[3] Burland D M，Miller R D，Walsh C A. Chem. Rev.，1994. 94：31.

[4] 朱娜，隋部，印杰，等. 高等学校化学学报，2000，21：1771-1775.

1.19 新型含能材料

一些多氮含能材料也已引起了人们的极大兴趣，六硝基六氮杂异伍兹烷（hexanitro hexaazaisowurtzitane）是一笼形硝胺，它是迄今已知的能量最高的高能量密度材料，1987 年 A. T. Nielsen 首次合成了六硝基六氮杂异伍兹烷[1]，1998 年 A. T. Nielsen 又综述了世界含能材料领域在这方面的研究成果[2]。六硝基六氮杂异伍兹烷（HNIW，通常称 CL20），具有笼形多环硝胺结构，是一种高能量密度化合物，可用于固体火箭推进剂及发射药等，氧平衡、最大爆速、爆压、密度等材料参数都优于优质含能材料奥克托今。六硝基六氮杂异伍兹烷多氮含能材料的结构如下：

八硝基立方烷（ONC）是又一种先进的高能量密度材料，这是一种新型无氢含能材料，其爆炸分解后体积骤然膨胀 1150 倍，每摩尔放出 3469 kJ 的能量。其张力较大因而合成有一定的难度，这一含能材料分子已于 2000 年合成[3]。

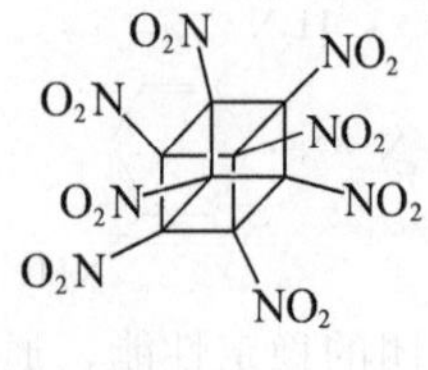

$$C_8(NO_2)_8 \longrightarrow 8CO_2 + 4N_2$$

ONC

最近，Hu 和 Lu 等[4] 在 *Science* 上发表了一篇关于全氮化合物离子——五唑阴离子（cyclo-N_5^-）的文章，报道了他们在室温下得到了这种化合物的白色固体盐 $(N_5)_6(H_3O)_3(NH_4)_4Cl$，这是全氮含能材料研究中的一个突破。该文章是我国含能材料领域的一篇里程碑式研究论文。他们将间氯过氧苯甲酸和甘氨酸亚铁分别作为切断试剂和助剂与底物 3,5-二甲基-4-羟基苯基五唑作用，通过氧化断裂，选择性地切断了 3,5-二甲基-4-羟基苯基五唑分子中的 C—N 键，后经硅胶柱分离，以 19% 的收率得到室温下稳定、含有 cyclo-N_5^- 离子的盐 $(N_5)_6(H_3O)_3(NH_4)_4Cl$。热分析实验结果显示，其分解温度高达 116.8 ℃，具有非常好的热稳定性。他们利用^{15}N NMR 核磁谱和单晶 X 衍射分析证实了该化合物的结构。

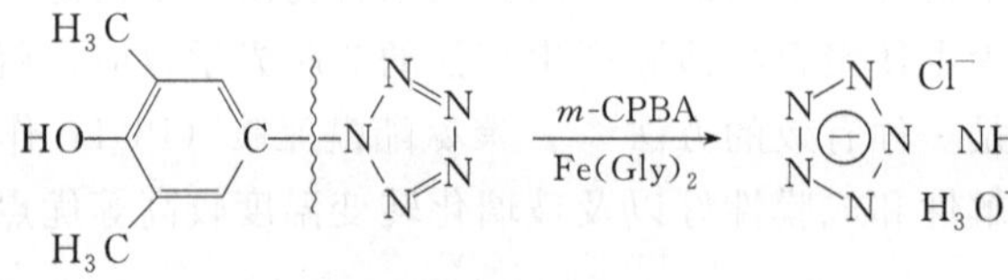

3,5-二甲基-4-羟基苯基五唑 C—N 键的选择性切断反应

参 考 文 献

［1］ Ou Y X，Xu Y J，Li L H. Modern Chemical Industry，1998，18（9）：9.

［2］ Nielsen A T. Tetrahedron，1998，54：11793.

［3］ Eaton P E，Gilardi R L，Zhang M X. Adv. Mater.，2000，12：1143.

［4］ Zhang C，Sun C G，Hu B C，et al. Science，2017，355，374-376.

1.20 电化学传感器

中性的杯吡咯大环多氮化物通过多个氢键作用对阴离子具有很强的识别能力，而阴离子又是生物酶活动和遗传信息传递所不可缺少的。因此，杯吡咯对阴离子、中性小分子的特定识别作用以及与生物小分子的相互作用研究是杯吡咯超分子化学研究的重要内容，正受到人们的广泛关注[1]。一些杯［n］吡咯（n>4）化合物的结构如下：

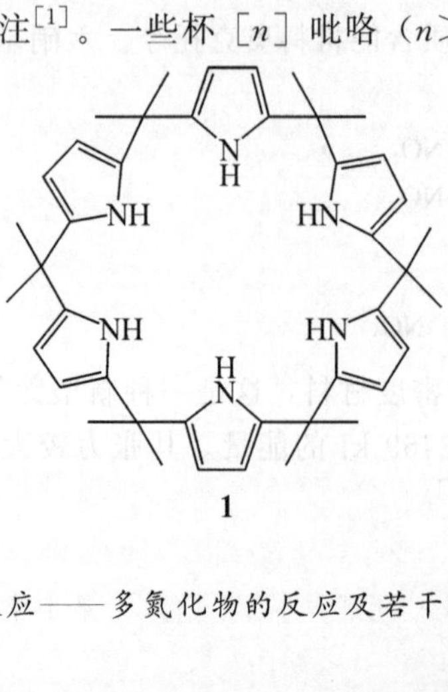

1

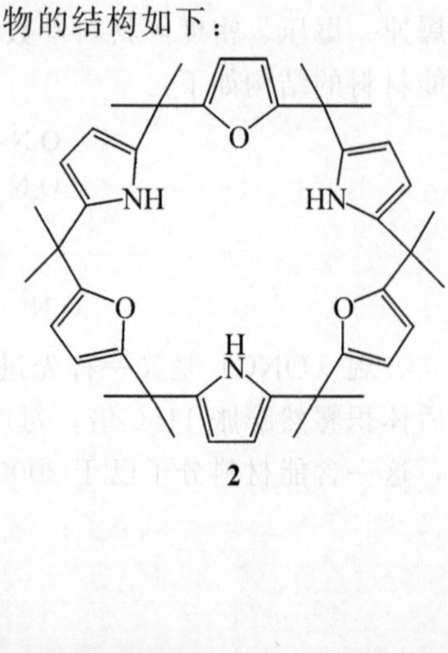

2

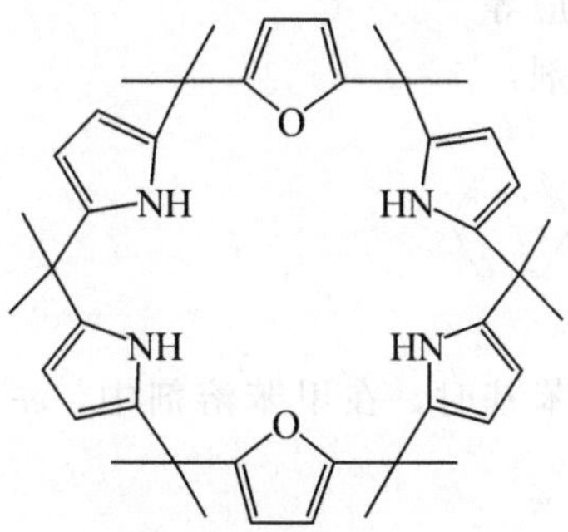

3

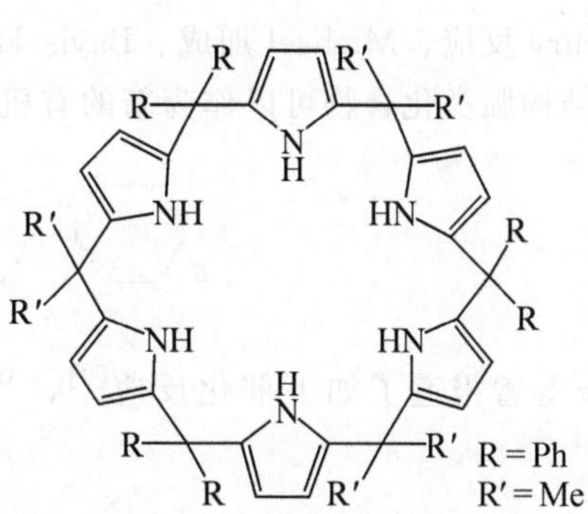

4

利用具有光活性的主体分子选择性地检测客体物质是超分子化学极具挑战性的研究方向，而对阴离子具有专一检测性的化学传感器又比较少。正当利用离子选择性电极检测这类传统的阴离子检测方法占主导地位时，具有特殊吸引力的基于阴离子诱导变化的荧光猝灭阴离子传感器引起了人们的重视[1]。

杯吡咯是一种无色、拥有多个 NH 氢键作用点的阴离子受体。杯吡咯的 meso 位和吡咯的 β 位都是易引入官能团的活性位点。Gale 等[2] 通过乙酰二茂铁、环己酮、吡咯反应直接合成如下化合物：

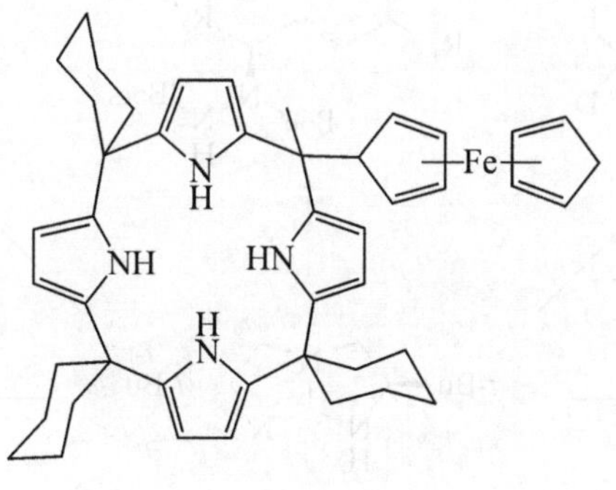

Gale 等[2] 研究了其与 F^-、Cl^-、$H_2PO_4^-$ 在氘代混合溶剂中的电化学性质，这种方法可以用来制造针对阴离子的具有氧化还原活性的电化学传感器[1]。

参 考 文 献

[1] 郭勇，邵士俊，何丽君，等. 化学进展，2003，15 (4)：319.
[2] Gale P A，Hursthouse M B，Light E. Tetrahedron Lett.，2001，42：6759.

1.21 多氮化物作为新催化剂

酶是一种高效催化剂，选择性强，所需条件温和，催化效果好，本书将在后面专门论述。近年来一些有机小分子作为催化剂也引起了人们的重视。胍类化合物作为催化剂在许多反应中优于无机碱。胍类化合物是一类强的有机碱，并能在较宽的 pH 范围内保持正电性。研究发现，利用胍类化合物作为催化剂可以高效催化很多反应，如 Strecker 反应、硅烷化反应、Henry 反应、Michael 加成、Bayis-Hillman 反应等[1]。

下述结构胍类化合物可以作为新的有机反应催化剂：

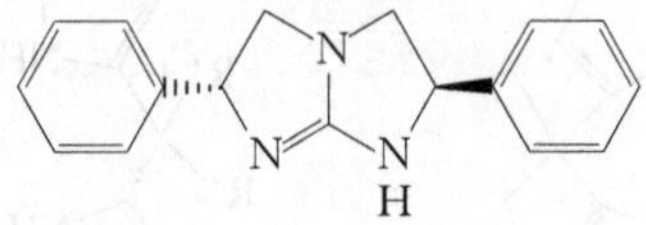

Corey 等曾报道了如下催化反应[2]，当 R 基是苯基时，在甲苯溶剂中，*ee* 值可以达到 86%。

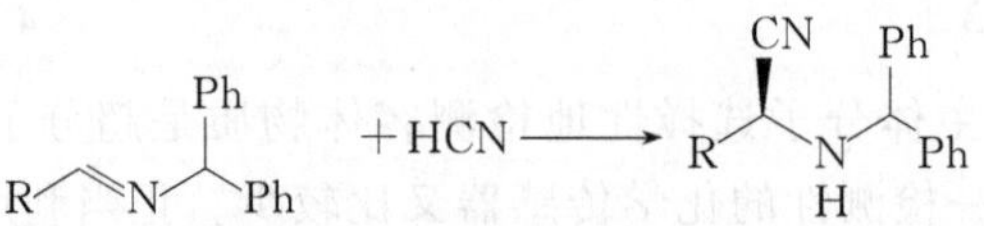

另外，在应用诸多的表面活性剂中，阳离子活性剂几乎全部是含氮化合物。

新加坡南洋理工大学陈俊丰教授曾报道利用手性双环胍作为手性催化剂，实现了 D-A 反应、Mannich 反应、Michael 反应、脱羧反应、异构化反应、氨基化反应、氘试剂交换反应、不对称质子化反应等不对称转化过程。有兴趣的读者可以参见有关文献［3-4］。

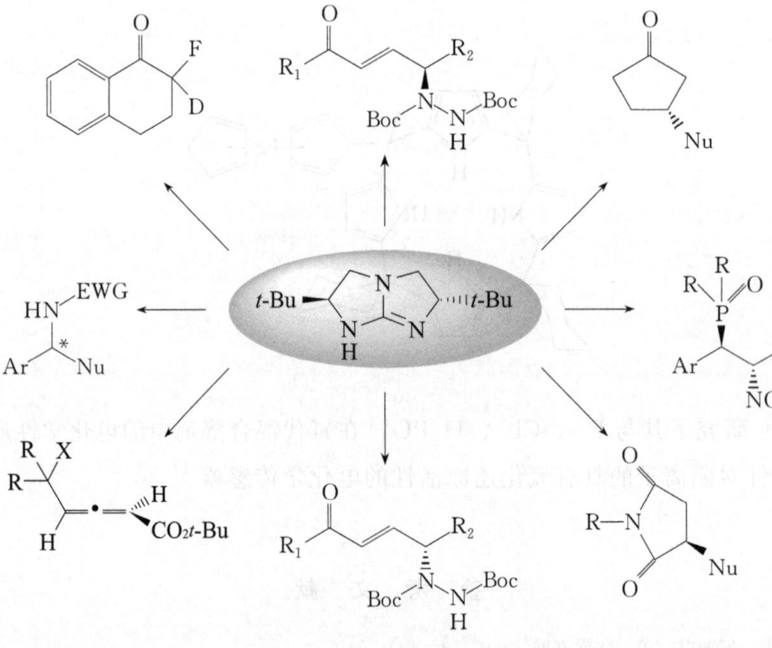

陈俊丰教授还利用手性胍盐实现了手性加成反应、烷基化反应、羟基化反应和氧化反应。其中氧化反应可以体现出手性胍盐相转移催化剂的作用（J. Am. Chem. Soc.，2015，137：10677）。最近，陈俊丰教授又利用手性胍盐作为相转移催化剂，解决了相转移催化中的一些问题（J. Am. Chem. Soc.，2016，138：9935）。

参 考 文 献

［1］曹玉娟，高海翔，鲁润华．化学通报，2003，4：262.

[2] Corey E J, Grogan M. J. Org. Lett., 1999, 1: 157.
[3] Shen J, Nguyen T T, Goh Y-P, et al. J. Am. Chem. Soc., 2006, 128: 13692.
[4] Leow D, Lin S, Chittimalla S K, et al. Angew. Chem. Int. Ed., 2008, 47: 5641.

天然化合物方面

1990 年美国化学家科里（E. J. Corey）因采用逆合成分析法来合成复杂天然产物而获得了诺贝尔化学奖，1965 年著名的美国化学家伍德沃德（R. B. Woodward）因合成天然产物维生素 B_{12} 获得了诺贝尔化学奖（见附录）。

1.22 概　述

大家知道，蛋白质是大分子含氮化合物，核苷和许多酶也是含氮化合物。Miecher 发现核酸，距今已有 100 多年的历史了。人们对于核酸的结构、生物合成途径、核酸分子参与酶的合成和分解，以及参与代谢酶的作用机理等方面的认识正在不断深入。在证实 DNA 是遗传物质后，人们肯定了核酸作为遗传物质在生物界的普遍意义。早在 20 世纪 50 年代，人们对 DNA 和 RNA 的化学成分和碱基配对就有了清楚的认知。脱氧核糖核酸大分子以有规律地交替出现的糖和磷酸构成其骨架，每一个糖连接一个含氮碱基，碱基有四种不同的类型，都是多氮化物，这四种碱基的配对方式为：腺嘌呤与胸腺嘧啶；鸟嘌呤与胞嘧啶。这说明两条相互缠绕的 DNA 链上碱基序列是彼此互补的。只要确定其中一条链的碱基序列，另一条链的碱基序列也就自然确定了。一条链怎样作为模板合成另一条具有互补碱基序列的链，也就不难设想了，从而人们揭示了 DNA 双螺旋结构的秘密。由磷酸、糖和碱基构成的单体称核苷酸。从海绵中分离出来的海绵尿核苷等核苷衍生物具有一定的抗病毒和抗肿瘤活性。从蛹虫草菌属（*Cordyceps militaris*）中分离出来的蛹虫草菌素能抑制 RNA 的合成，其脱氧核苷型结构如下：

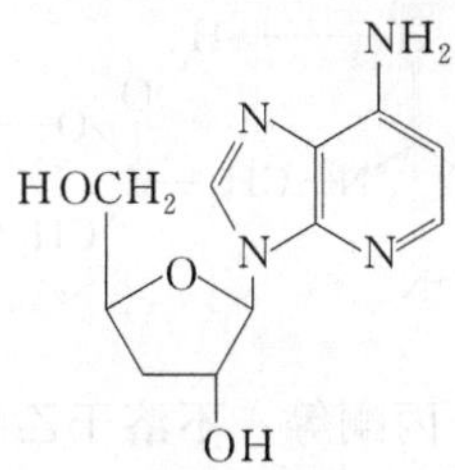

蛹虫草菌素

天然的和人工合成的核苷系抗生素数目很多，具有改变某些代谢酶活性的核苷和核苷酸也有不少。为此，人们在研究核苷生理活性时，设计和合成出新的核苷衍生物，把攻克癌症等作为一个目标，将会取得重大进展。古人曾梦想得到延年益寿的灵丹妙药，现在正在变为现实。多氮化物在这方面的前景无限广阔。

1.23 相关天然生物活性分子

1.23.1 生物碱

许多含氮天然化合物具有重要的生物活性，随着分离技术和鉴定方法的微量化和快速发展，使得含氮天然化合物的研究、开发和利用取得了很大的进展。生物碱是一类复杂的氮杂环碱性化合物，大多数具有显著的生理活性。如早年从金鸡纳树皮溶出的金鸡纳碱，还有胡椒碱、阿托品碱、白芥子碱等，都是各种药用植物的有效成分，而且是含量最高的主要成分，大多作为药物沿用至今。目前已知的生物碱有5000多种，大部分是五元氮杂环和六元氮杂环化合物，还有多氮杂环如吡啶、喹啉、嘌呤等。此外，还包括一些多元氮杂环的大环化合物。应该说，作为含氮天然化合物的生物碱是天然药物化学的重要内容[1]。

茶叶生物碱主要是嘌呤类生物碱，其结构如下：

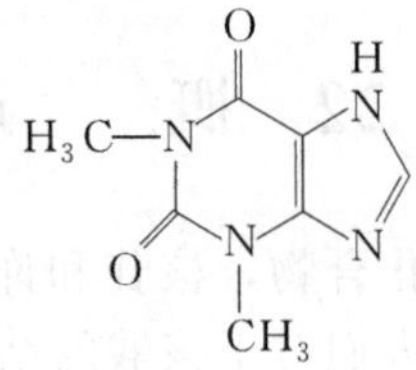

茶叶生物碱的生理功能较强，主要药理作用是能兴奋中枢神经，消除疲劳，排毒利尿，加速血液循环，促进新陈代谢。尿酸是人体内部清除自由基的抗氧化剂，被人们誉为“青春的灵丹”。茶叶中富含的嘌呤类生物碱，可在人体代谢过程中通过脱甲基的作用形成尿酸，而茶叶生物碱本身具有的利尿作用，又能加速尿酸的新陈代谢[2]。常山碱与异常山碱属于喹唑酮类生物碱，其紫外吸收峰位于250 nm、266 nm、302 nm处。常山碱与异常山碱是同分异构体，分子式均为$C_{16}H_{19}O_3N_3$，结构式分别为：

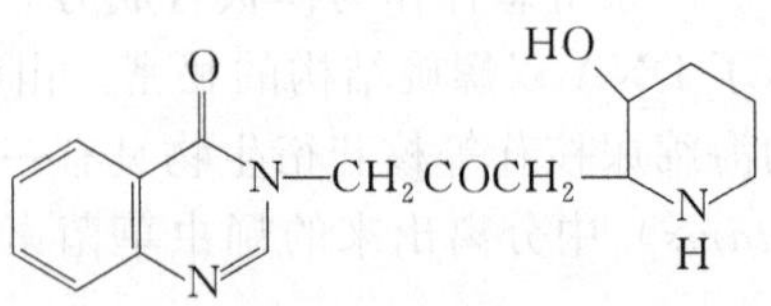

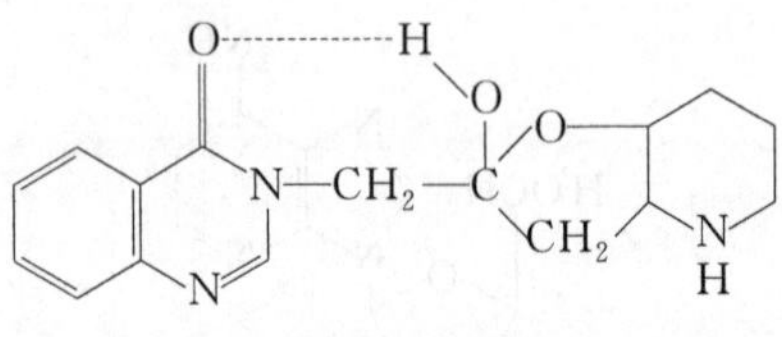

常山碱难溶于水和氯仿、乙醇、丙酮等，不溶于乙醚、苯或石油醚，仅溶于氯仿和甲醇的混合液，可用氯仿和甲醇的混合溶剂提取常山碱，再分离溶剂，用乙醇重结晶，得到纯品常山碱结晶。常山碱是常山抗疟物质的有效成分，它的抗疟作用为奎宁的100倍以上，异常山碱的抗疟作用与奎宁相当，对良性和恶性疟疾都有明显的疗效。但同时具有呕吐、恶心等毒副作用。常山碱具有抗疟作用的主要原因是分子中的羰基与六氢吡啶环上的羟基容易与疟原虫内微量金属形成螯合物[2]。

天然手性生物碱在不对称合成研究中具有重要意义。天然化合物奎宁、马钱子碱、番木鳖碱、烟碱等生物碱通过提取、提纯可作为手性试剂。天然手性生物碱，可以用来拆分某些外消旋体的羧酸衍生物。一个明显的优势是这些生物碱如马钱子碱、番木鳖碱、烟碱、麻黄碱等作为手性试剂，其价格相对低廉。吗啡碱可以把*dl*-乳酸（吗啡碱与*dl*-乳酸的摩尔比为1∶1）高收率地拆分得到*d*-(－)-乳酸；辛可宁碱可以把（±)-酒石酸拆分为具有手性的(＋)-酒石酸和（－)-酒石酸；马钱子碱可以把外消旋的α-苯乙醇进行有效的拆分，通常用邻苯二甲酸酐与外消旋的醇反应，先得到外消旋的半酯，由于含有游离的羧基，生物碱如马钱子碱等容易与之形成非对映异构体的盐，滤出的盐晶体用稀盐酸处理，就可以得到具有旋光性的半酯，最后碱性水解，即可获得光学纯度很好的 α-苯乙醇[3]。如（-）-鹰爪豆碱在手性拆分中给出了高纯度的产物：

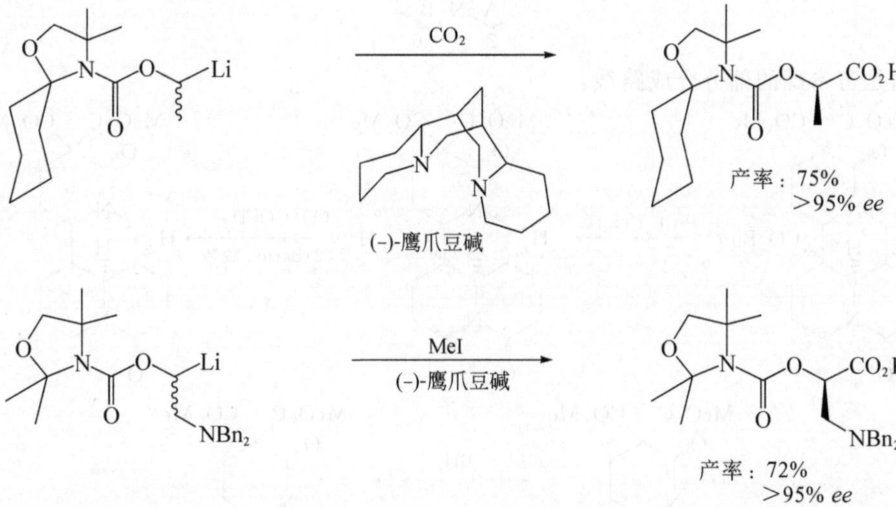

我国的草药有其独特的功效，几千年来长盛不衰，近几年来的研究显示其在抗肿瘤和抗人类免疫缺陷病毒（HIV）方面的效果显著。

喜树碱是从我国特有植物珙桐科喜树中发现的有抗癌活性的成分，喜树碱从喜树的枝、皮、根、根皮及果中均可分离得到。

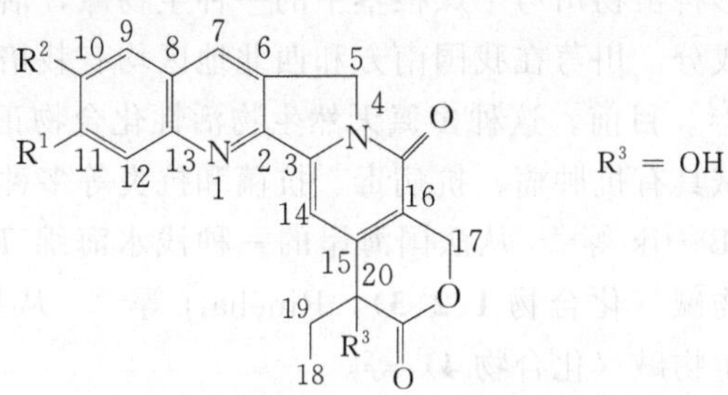

喜树碱	$R^1=R^2=H$
10-甲氧基喜树碱	$R^1=H$；$R^2=OCH_3$
11-羟基喜树碱	$R^1=OH$；$R^2=H$
11-甲氧基喜树碱	$R^1=OCH_3$；$R^2=H$

20-(S)-喜树碱是具有抗癌活性的一种喹啉生物碱，研究发现喜树碱具有广泛的抗肿瘤活性，对急、慢性白血病具有一定的疗效。喜树生于我国南方大部分地区，喜树全株含喜树碱，提取分离不很繁复。关于 20-(S)-喜树碱的全合成已有一些报道[4-5]。

苦参碱是一种多氮化合物，存在于豆科植物苦参的根中，具有清热燥湿、杀虫和利尿等功效，最近还发现其有抗肿瘤活性。目前苦参碱的全合成已经有一些报道[6]。苦参碱的结构如下：

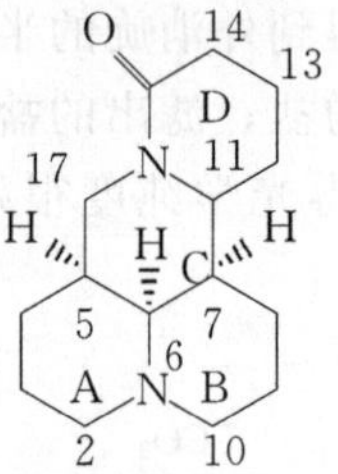

下面是苦参碱的部分合成路线：

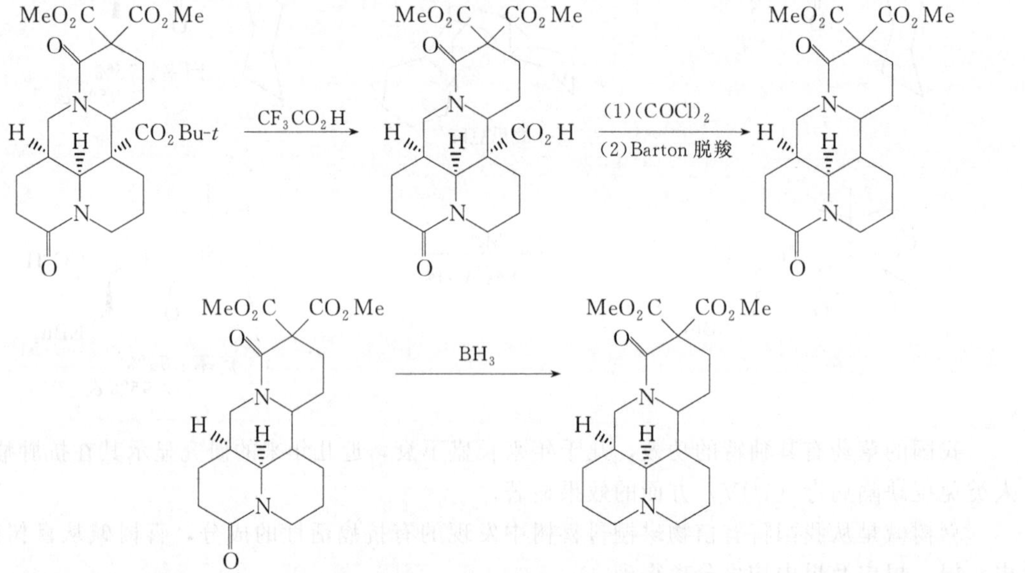

川芎嗪是存在于伞形科植物川芎干燥根茎中的一种生物碱，活血行气，祛风止痛，是中药川芎的主要活性化学成分，川芎在我国南方和西北地区均有栽培。目前多氮化物川芎嗪已可以提取分离成为单体[7]。目前，这种多氮天然生物活性化合物正在不断为人们所利用。

海洋双吲哚类生物碱具有抗肿瘤、抗病毒、抗菌和抗炎等多种生理活性，引起了人们浓厚的兴趣[8]。1987 年，Bartik 等[9] 从法国海岸的一种浅水海绵 *Topsentin genitrix* 中分离得到了三种双吲哚类生物碱（化合物 **1**、**2**、**3**），Rinehart 等[10] 从加勒比海一种深水海绵中分离得到了新双吲哚类生物碱（化合物 **4**）等。

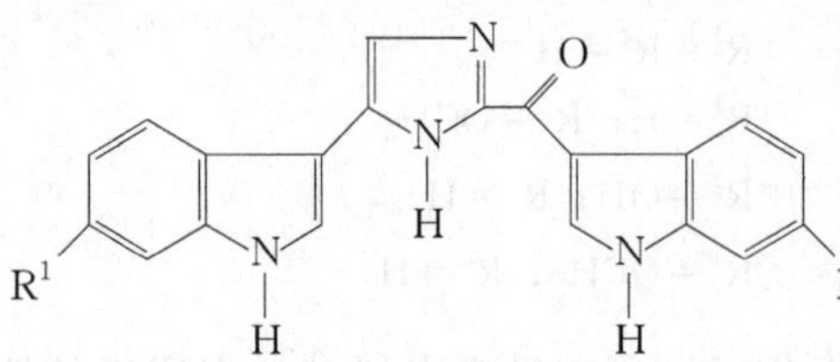

a. $R^1=H$，$R^2=OH$
b. $R^1=Br$，$R^2=OH$
c. $R^1=R^2=H$

1

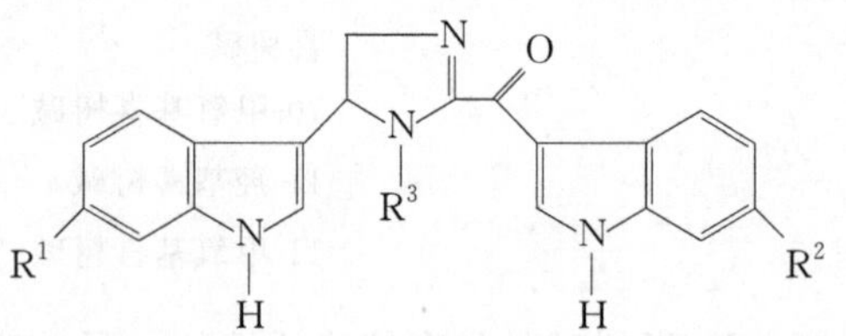

d. $R^1=Br$，$R^2=R^3=H$
e. $R^1=R^2=Br$，$R^3=CH_3$

2

化合物 **1** 和 **2** 在体外具有抗单纯疱疹病毒（HSV）等活性，化合物 **1** 在体内能抑制 P388 白血病细胞的生长。不论在体内还是体外，化合物 **1** 和 **2** 都有非常强的抗炎活性[11]。不久前，Mancini 从深水海绵中分离得到了新的双吲哚类生物碱（化合物 **3**），其多甲基化产物**4**具有很强的抗肿瘤活性[12]。

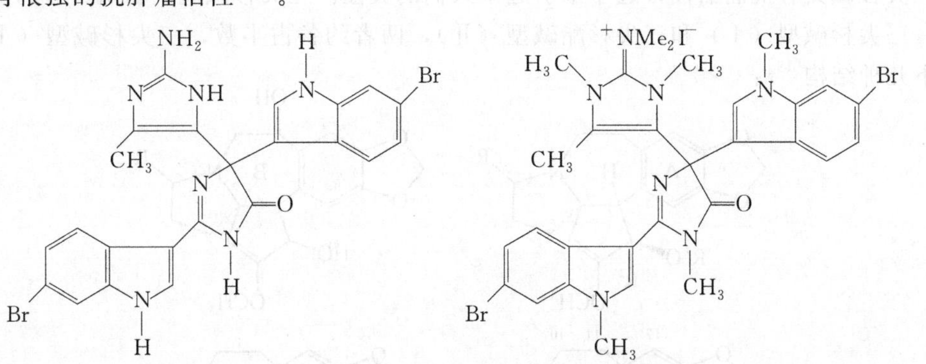

3　　**4**

生物碱是草药中种类较多分布较广的一类化学成分，现已分得各类型生物碱约一万多种，其中测定结构者近半数。它们大多具有显著的生物活性，如众所周知的阿片生物碱、麻黄生物碱、黄连生物碱、乌头生物碱、萝芙木生物碱等，以及喜树生物碱、苦参生物碱、长春花生物碱、三尖杉生物碱、美登木生物碱、青黛生物碱、海绵生物碱等。生物碱主要是来自植物的一类含氮有机化合物，具有似碱的性质（与酸成盐）和特殊而显著的生物作用，由于来自生物且具有弱碱性而得名。随着现代科学的发展，对生物碱的定义提出了新的问题，比如，目前已有相当数量的此类化合物表现不出似碱的性质，像酰胺型生物碱等。为此，人们对生物碱的定义赋予了生化内容，认为植物体内生物碱是氨基酸的次生代谢产物，为生物碱明确了来源。生物碱作为药物，还可以被看成是植物体内脱离正常代谢途径而产生的医疗珍品。已知生物碱的绝大多数得自高等植物，高等植物善于将无机氮转化为有机氮并多以氨基酸形式存在，大多数生物碱生物合成的起始物是氨基酸。生物碱在植物体内，具有刺激、抑制和保护植物生长等功效。植物在衰老、受损和死亡过程中，生物碱会发生显著的降解反应。咖啡碱在咖啡植物中的降解代谢如下[13]：

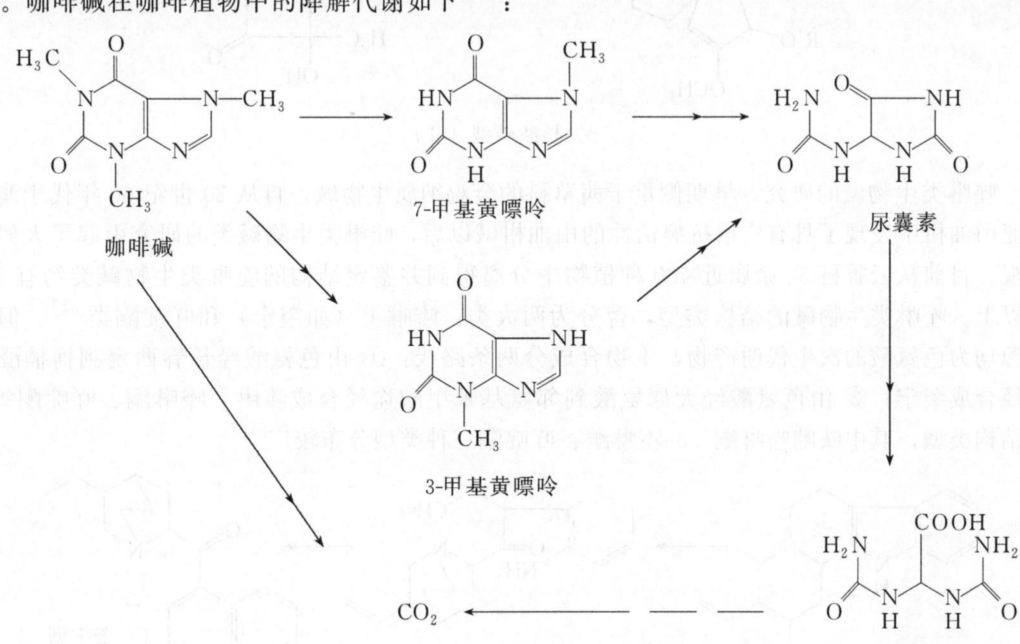

咖啡碱在咖啡植物内的部分代谢路线

三尖杉碱具有抗癌活性，近年来引起了人们的关注。三尖杉碱烷生物碱可分为两种结构类型：三尖杉碱型（Ⅰ）和三尖杉酯碱型（Ⅱ），两者约各占半数，三尖杉碱型（Ⅰ）主要有如下几种结构[13]：

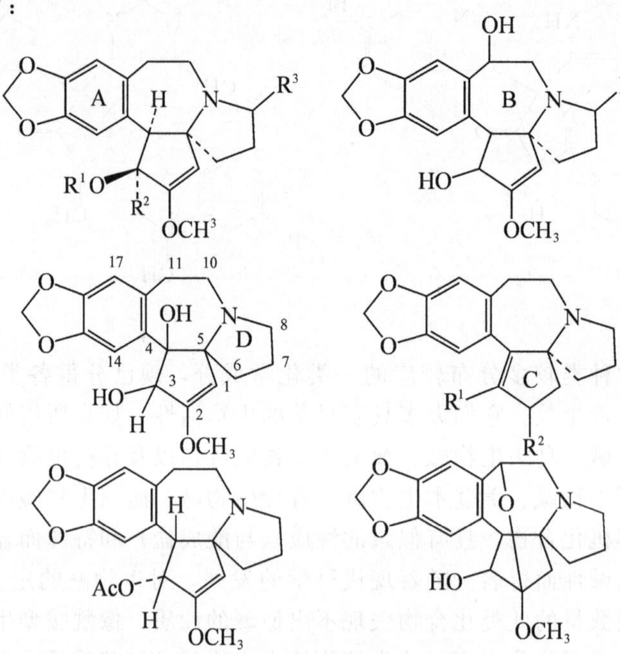

三尖杉碱型（Ⅰ）

三尖杉酯碱型（Ⅱ）的结构如下：

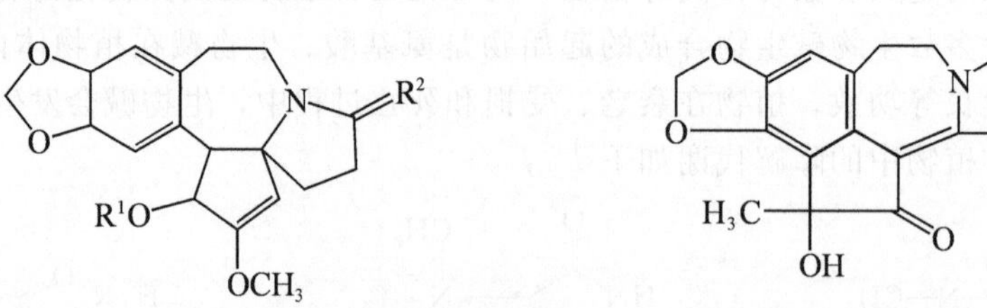

三尖杉酯碱型（Ⅱ）

喹啉类生物碱的研究，早期侧重于茜草科的金鸡纳属生物碱。自从 20 世纪 60 年代于澳大利亚山油柑中发现了具有广谱抗癌活性的山油柑碱以后，喹啉类生物碱类的研究引起了人们的重视。目前从云香科 50 余属近 400 种植物中分离得到并鉴定结构的喹啉类生物碱类约有 260 种以上。喹啉类生物碱的结构类型，曾分为两大类：喹啉类（如奎宁）和吖啶酮类[14]。但其生源均为色氨酸的次生代谢产物，生物合成分两条路线：① 由色氨酸经长春西定到柯楠醛的途径合成奎宁；② 由色氨酸经犬尿氨酸到邻氨基苯甲酸途径合成喹啉、喹啉酮、吖啶酮等 8 种结构类型，其中呋喃喹啉酮、α-喹啉酮、吖啶酮三种类型分布较广[13]。

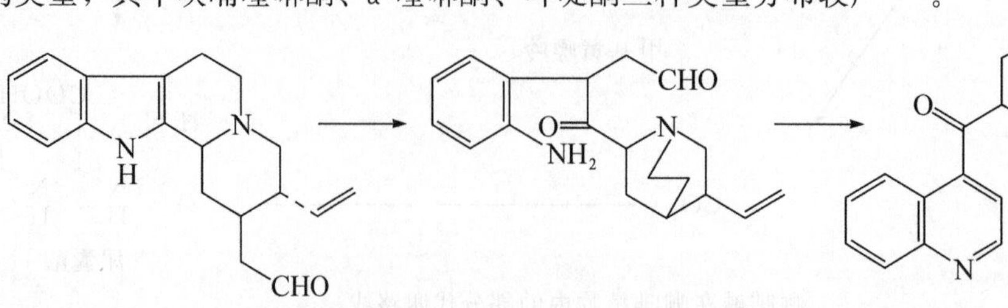

Ⅰ 奎宁型

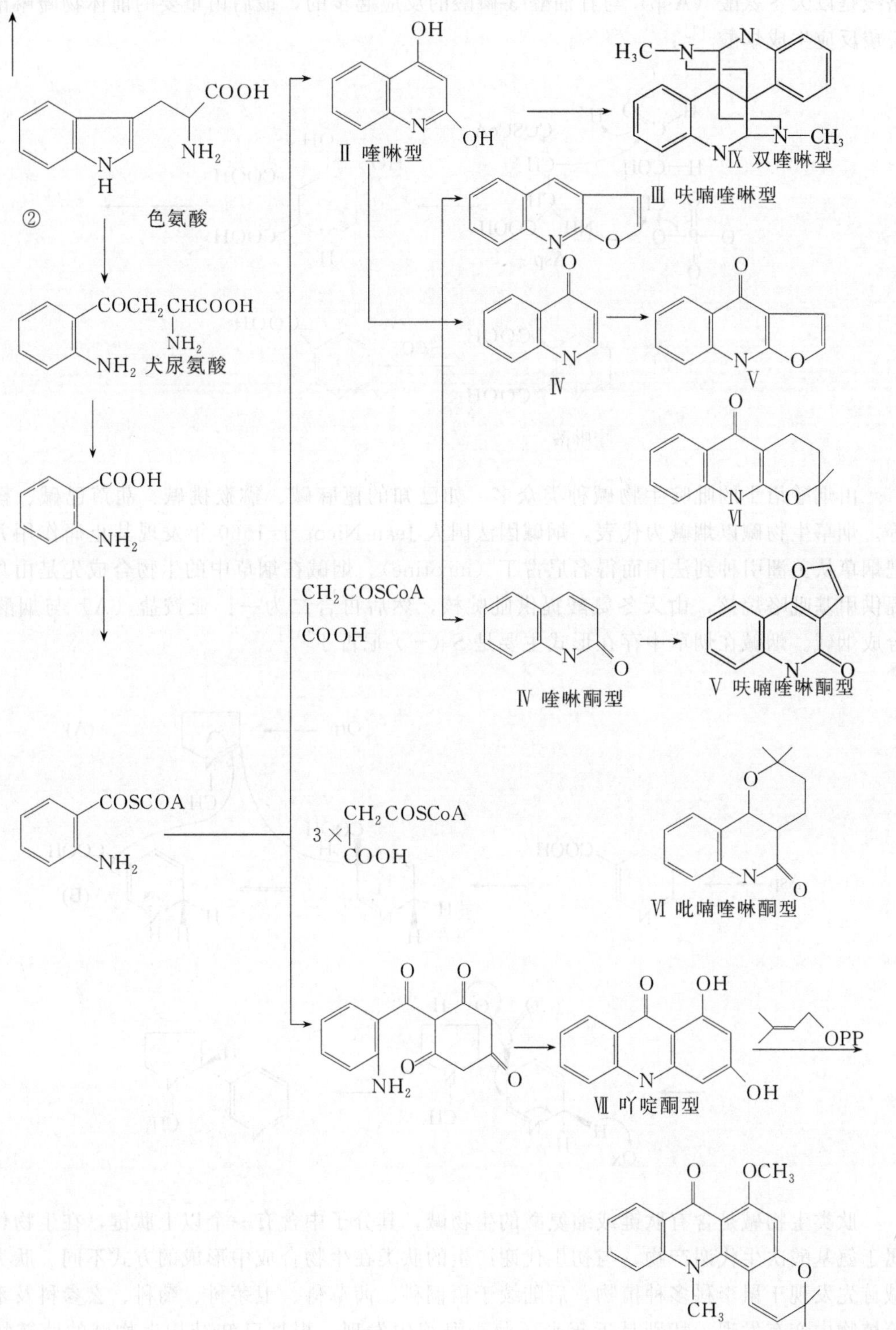
①
②
色氨酸
犬尿氨酸
COSCOA
$CH_2COSCoA$
COOH
3×
Ⅱ 喹啉型
Ⅸ 双喹啉型
Ⅲ 呋喃喹啉型
Ⅳ
Ⅴ
Ⅵ
Ⅳ 喹啉酮型
Ⅴ 呋喃喹啉酮型
Ⅵ 吡喃喹啉酮型
Ⅶ 吖啶酮型
OPP
Ⅷ 吡喃吖啶酮型
（山油柑碱）

吡啶类生物碱在植物体内大多是由烟酸以这样或那样的方式衍生得来，烟酸的生物合成路线是以天冬氨酸（Asp）与甘油醛-3-磷酸的反应起步的，最后由重要的前体物喹啉酸经过脱羧反应生成烟酸[13]：

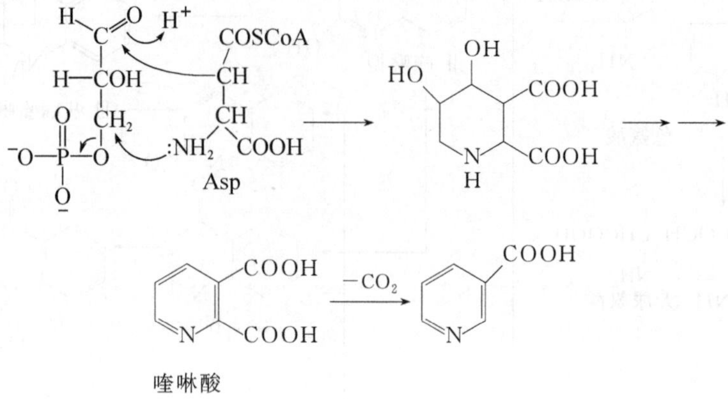

由烟酸衍生的吡啶生物碱种类众多，如已知的蓖麻碱、猕猴桃碱、葫芦巴碱、槟榔碱等。烟草生物碱以烟碱为代表，烟碱因法国人 Jean Nicot 于 1560 年发现其止痛作用并首先把烟草从美洲引种到法国而得名尼古丁（nicotine）。烟碱在烟草中的生物合成先是由鸟氨酸提供甲基吡咯烷核，由天冬氨酸提供吡啶核，然后再合二为一：亚铵盐（A）与烟酸（B）合成烟碱。烟碱在烟草中存在形式主要是 S-(－)-尼古丁[13]。

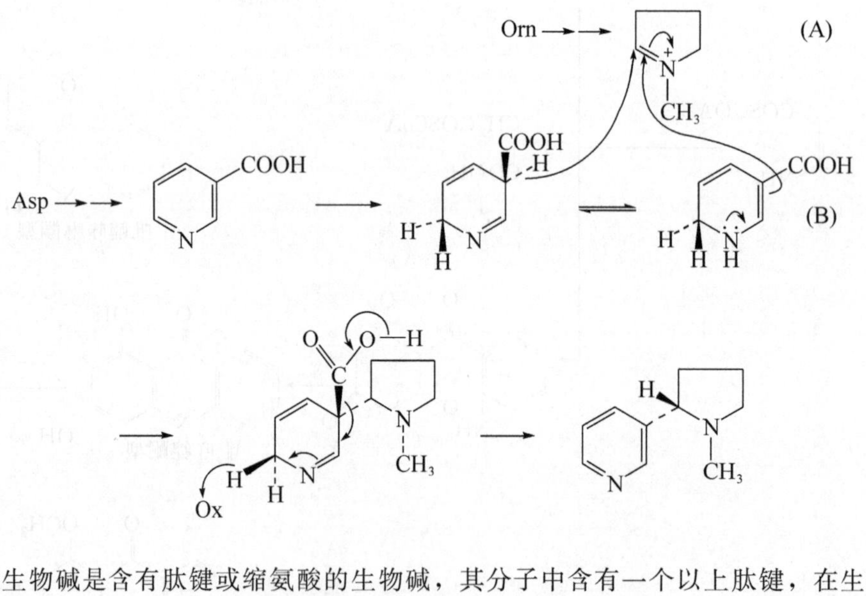

肽类生物碱是含有肽键或缩氨酸的生物碱，其分子中含有一个以上肽键，在生物代谢中属于氨基酸次生代谢产物，与初生代谢产生的肽类在生物合成中形成的方式不同。肽类生物碱首先发现于鼠李科多种植物，后陆续于梧桐科、茜草科、卫茅科、菊科、玄参科及禾本科等植物中亦有发现，特别是近年来还曾于海绵中发现。根据已知结构生物碱的肽链特征不同，可将其分为环肽与线肽两大类型，如王不留行环肽生物碱的结构为[13]：

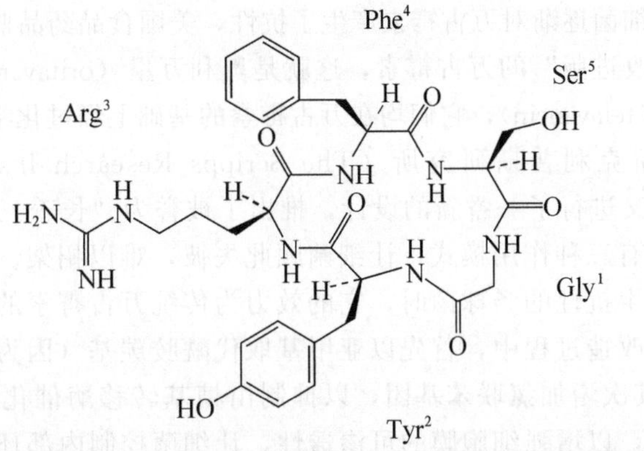

草药中富含许多具有生物医学活性的天然化合物。然而，目前主要还处于一种经验的阶段，缺乏科学所需要的数据，因而很难为西方国家普遍接受。草药在煎煮的过程中，其天然化合物相互发生的有机化学反应也是极为复杂的。中药处方中多有几味草药相伴的情况，经验称之为“相需相使、相伴相杀、相互克制”。研究这一非常复杂的反应体系，应该从简单的单种草药和两种草药煎煮过程的反应开始。

多味草药煎煮过程中是否有新的生物碱生成？原有的生物碱的结构是否发生了变化？回答这些复杂的问题，需要有核磁谱和其他手段来进一步提供证据。

1.23.2 几种多氮手性天然产物合成

一些结构复杂的环肽衍生物，分子中含有单个和多个的联芳或者联芳醚结构，合成这些多倍桥联的万古霉素类环肽衍生物是一项具有挑战性的研究工作[14]。

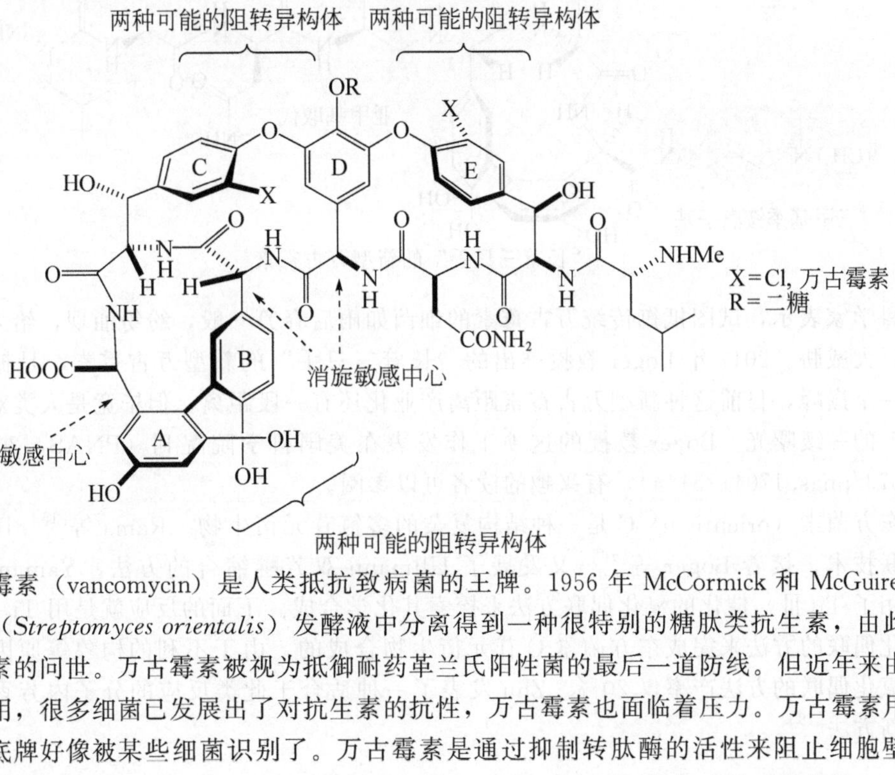

万古霉素（vancomycin）是人类抵抗致病菌的王牌。1956 年 McCormick 和 McGuire 从东方链霉菌（*Streptomyces orientalis*）发酵液中分离得到一种很特别的糖肽类抗生素，由此宣告了万古霉素的问世。万古霉素被视为抵御耐药革兰氏阳性菌的最后一道防线。但近年来由于抗生素的滥用，很多细菌已发展出了对抗生素的抗性，万古霉素也面临着压力。万古霉素用来对付细菌的底牌好像被某些细菌识别了。万古霉素是通过抑制转肽酶的活性来阻止细胞壁的合成，最终导致细菌死亡的。然而，一些细菌很狡猾，它们采取了一些相应的反制措施。

由于越来越多的细菌逐渐对万古霉素产生了抗性，美国食品药品监督管理局（FDA）近年来先后批准了三种“改进版”的万古霉素，这就是奥利万星（oritavancin）、达巴万星（dalbavancin）和替拉万星（telavancin），它们均在万古霉素的基础上经过化学结构改造而成。

2017 年，美国斯克利普斯研究所（The Scripps Research Institute，TSRI）的 Dale L. Boger 对万古霉素又进行了一番新的设计，推出了被誉为“长着三只手”的万古霉素。这种新型万古霉素，具有三种作用模式，让细菌顾此失彼，难以招架。实验证明，在用来对付那些已对万古霉素产生抗性的肠球菌时，它的效力为传统万古霉素的 1 万倍以上！

在对万古霉素的改造过程中，首先以亚甲基取代酰胺羰基（因为后者已被某些细菌摸透了，学会了躲避）；其次增加氯联苯基团，以抑制由糖基转移酶催化的细胞壁生物合成；最后增加三甲基季铵盐，以增强细胞膜的可渗透性，让细菌控制内部环境的能力大大降低。

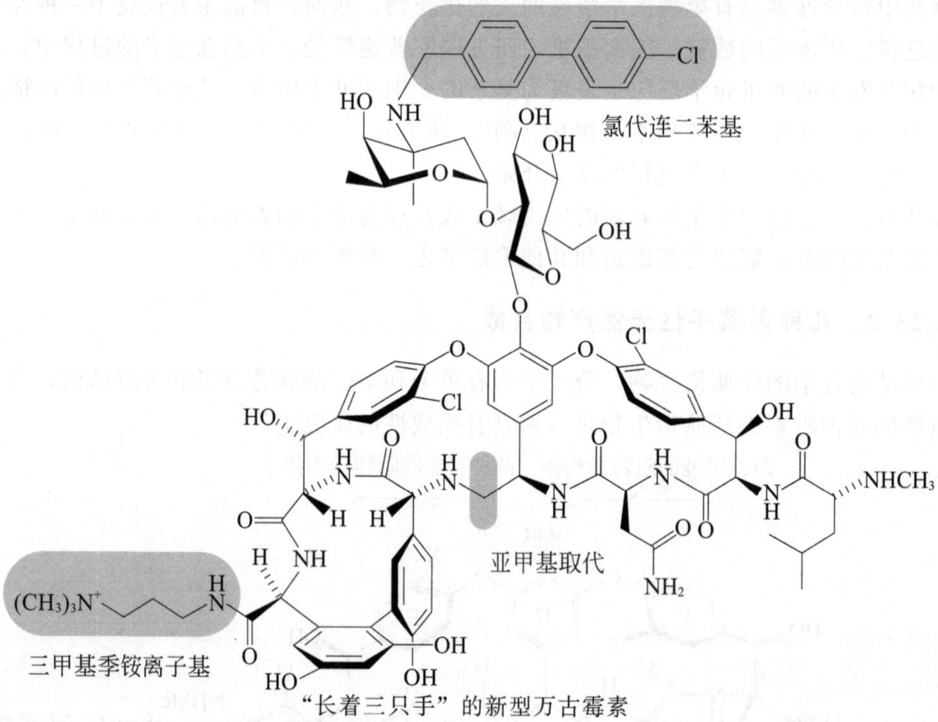

“长着三只手”的新型万古霉素

科学家表示，试图抵御传统万古霉素的细菌如雨后春笋一般，纷纷涌现，给人类健康造成了巨大威胁。2017 年 Boger 教授推出的“长着三只手”的新型万古霉素，是糖肽类抗生素的一个巅峰，目前这种新型万古霉素距离产业化还有一段距离，但毕竟是人类对付“超级细菌”的一缕曙光。Boger 教授的这项工作发表在美国科学院院刊（PNAS，2017；DOI：10. 1073/pnas. 1704125114），有兴趣的读者可以参阅。

东方菌素（orienticin）C 是一种结构复杂的多氮苷元衍生物。Rama 等[15] 用了溴代醌的偶联技术，接着 Boger 等[16] 又发展了 Ullmann 双芳醚缩合的方法，Yamamura 等[17] 则采用了 Ti(Ⅲ) 催化的氧化偶联方法来探索其化学合成。下面的反应就是用 Ti（Ⅲ）催化的氧化偶联的方法来完成东方菌素 C 苷元衍生物合成的，由于不利的构象等原因，Ti(Ⅲ) 催化氧化偶联的方法产率仅 20%。Zhu 发表了一种适合于此类反应的分子内芳香族亲核取代的新方法[18]。

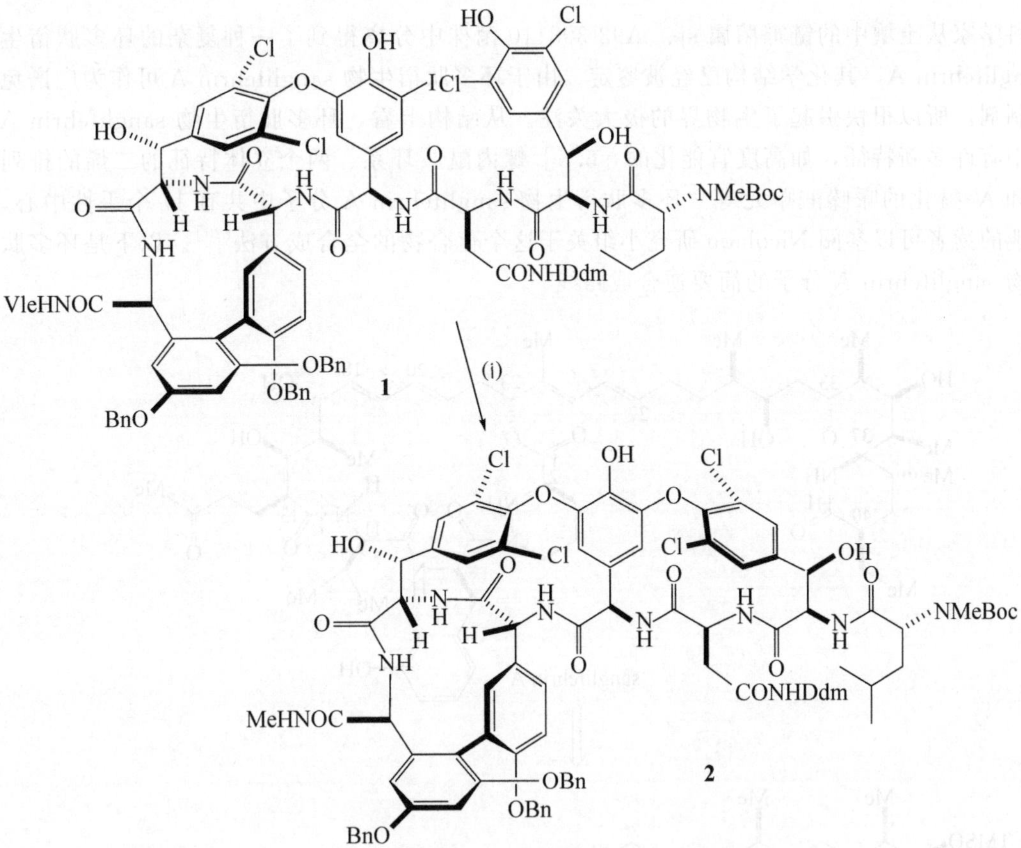

（ⅰ）$Ti(NO_3)_3 \cdot 3H_2O$，3 Å 分子筛，30∶1 CH_2Cl_2∶MeOH，r. t.；$CrCl_2$，0 ℃（20%）

在这类天然产物合成中，双芳醚偶联技术较为重要，如东方菌素（orienticin）C 的合成就涉及双芳醚偶联的方法。Nicolaou 等后又发展了铜催化的双芳醚偶联的新方法。反应物 **3** 就是用 Nicolaou 铜催化的双芳醚偶联获得的[19]。反应物 **3** 用 TBAF 脱去与氧连接的甲硅基，叠氮基用三乙基磷还原，乙酯基被皂化离去，最后，以高收率得到双环多氮产物。

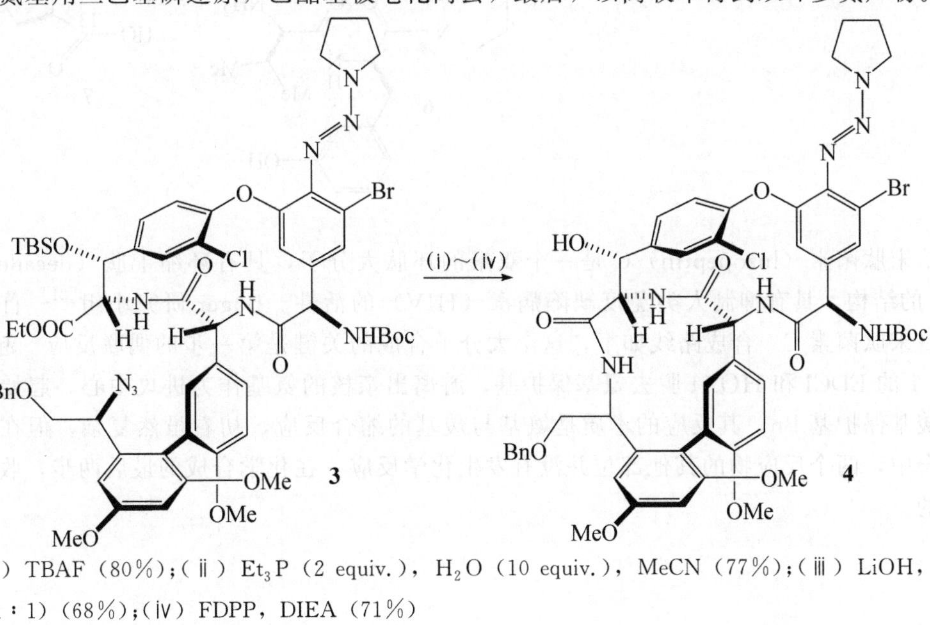

（ⅰ）TBAF（80%）；（ⅱ）Et_3P（2 equiv.），H_2O（10 equiv.），MeCN（77%）；（ⅲ）LiOH，THF/H_2O（1∶1）（68%）；（ⅳ）FDPP，DIEA（71%）

科学家从土壤中的链霉菌属 sp. A92-308110 菌株中分离得到了一种复杂的环多肽衍生物 sanglifehrin A，其化学结构已经被鉴定。由于环多肽衍生物 sanglifehrin A 可作为广谱免疫抑制剂，所以很快引起了生物界的极大关注。从结构上看，环多肽衍生物 sanglifehrin A 分子中有许多新特征，如高度官能化的［5.5］螺内酰胺环系、两个立体特征的二烯的排列结构和 *N*-酰化的哌嗪酸单元等。环多肽衍生物 sanglifehrin A 分子中共有 17 个手性中心，有兴趣的读者可以参阅 Nicolaou 研究小组关于这个化合物的全合成方法[20]。以下是环多肽衍生物 sanglifehrin A 分子的简要逆合成路线。

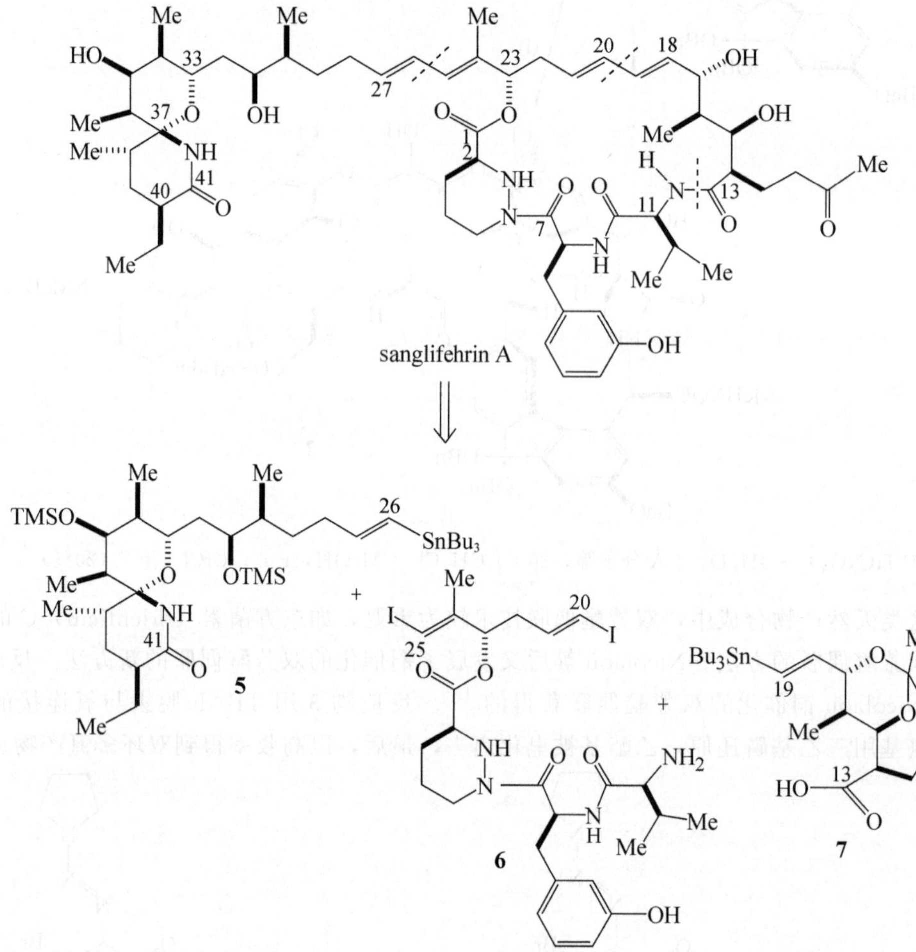

吕宋肽菌素（luzopeptin）C 是一个双聚的环肽大分子，具有环缩十肽（decadepsipeptide）的结构，具有抑制人类免疫缺陷病毒（HIV）的活性。Boger 研究小组[21] 首次全合成了吕宋肽菌素 C。合成路线如下，这个大分子合成的关键是第一步的偶联反应。起始物 **8** 用 1∶1 的 EDCI 和 HOAt 脱去氨基保护基，游离出亲核的氨基作为进攻中心，起始物 **9** 再脱去羧基保护基 Bn，其反应的本质是氨基与羧基的缩合反应，初看虽然复杂，但在第一步的缩合中，两个反应物的其他部位并没有发生化学反应。在化学合成的最后两步，收率也是很高的。

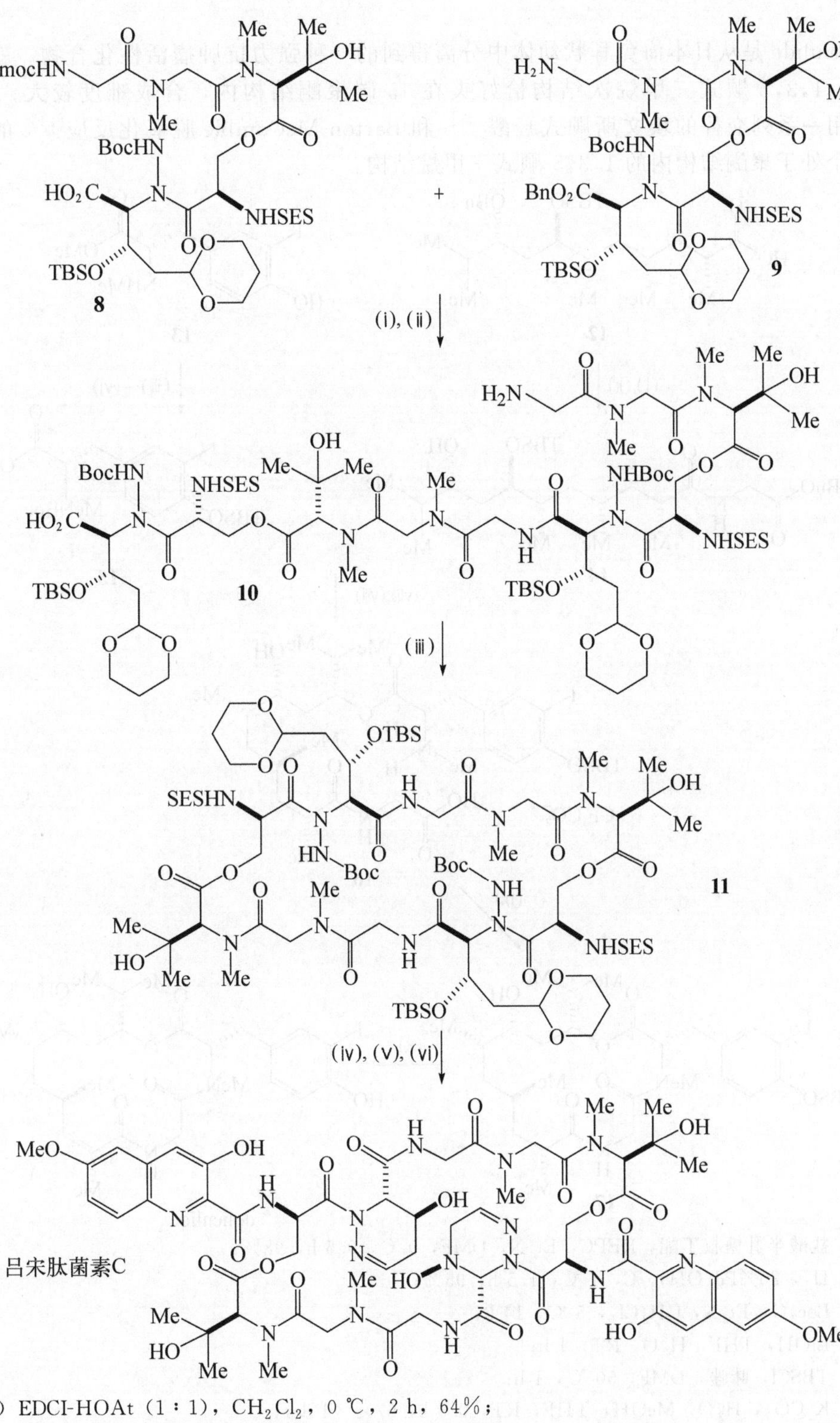

（ⅰ）EDCI-HOAt（1∶1），CH_2Cl_2，0 ℃，2 h，64%；

（ⅱ）25%aq. HCO_2NH_4，10%Pd/C，EtOH-H_2O，23 ℃，4 h，98%；

（ⅲ）EDCI-HOAt（1∶1.1），CH_2Cl_2，0 ℃，16 h，66%；

（ⅳ）TFA-CH_2Cl_2-苯甲醚（1∶1∶0.4），0 ℃，2 h然后0 ℃→23 ℃ 1 h，68%；

（ⅴ）HF，苯甲醚，0 ℃，1.5 h；

（ⅵ）EDCI-HOBt，$NaHCO_3$，3-羟基-6-甲氧基喹啉-2-羧酸，DMF，23 ℃，11 h，80%（2步）

doliculide是从日本海兔耳状幼体中分离得到的一种强力抗肿瘤活性化合物。就人工合成而言，1,3,5-顺式三甲烷次结构恰好夹在15-碳聚酮结构内，合成难度较大。Yamada等[22] 用一系列交替的埃文斯顺式羟醛[23] 和Barton-McCombie脱氧化反应[24] 的方法构建了这个处于聚酮结构内的1,3,5-顺式三甲烷结构。

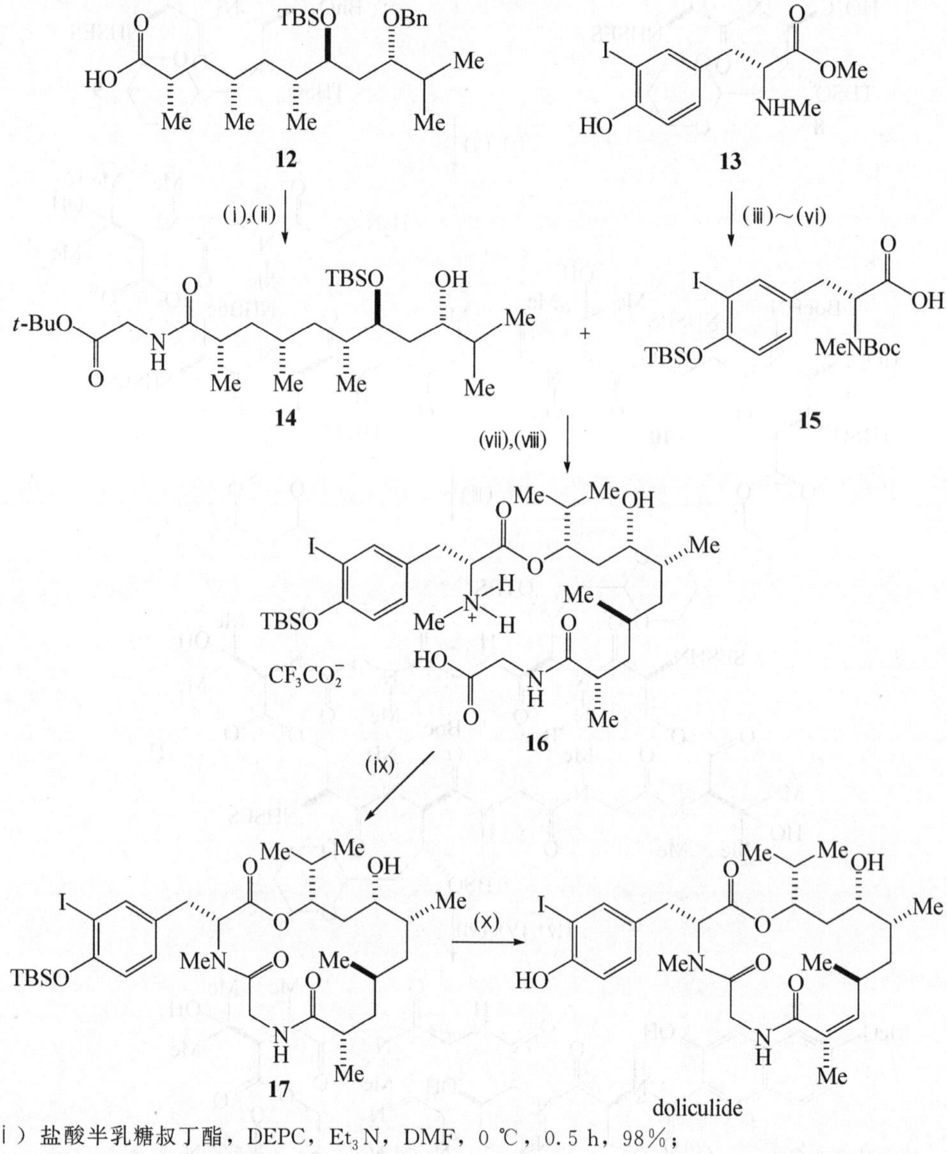

（ⅰ）盐酸半乳糖叔丁酯，DEPC，Et_3N，DMF，0 ℃，0.5 h，98%；

（ⅱ）H_2，20%$Pd(OH)_2/C$，4 ℃，1.5 h，95%；

（ⅲ）Boc_2O，Et_3N，CH_2Cl_2，5 ℃，14 h；

（ⅳ）LiOH，THF，H_2O，RT，1 h；

（ⅴ）TBSCl，咪唑，DMF，50 ℃，1 h；

（ⅵ）K_2CO_3，H_2O，MeOH，THF，RT，0.5 h，67%（4步）；

（ⅶ）DCC，DMAP，CH_2Cl_2，−20 ℃，2 h，94%；

（ⅷ）CF_3CO_2H，CH_2Cl_2，RT，3 h；

（ⅸ）BOP-Cl，Et_3N，CH_2Cl_2，0 ℃→25 ℃，19 h，74%；

（ⅹ）Bu_4NF，THF，0 ℃，5 min，99%

参 考 文 献

［1］ 王宪楷．天然药物化学．北京：人民卫生出版社，1988：49.
［2］ 刘成梅，游海．天然产物有效成分的分离与应用．北京：化学工业出版社，2003：151.
［3］ 叶秀林．立体化学．北京：北京大学出版社，1999：96.
［4］ Ciufolini M A. Tetrahedron，1997，53（32）：11049.
［5］ Fortunak J M，Kitteringham J，Mastrocola A R，et al. Tetrahedron Lett.，1996，37（32）：5683.
［6］ Boiteau L，Boivin J，Liard A，et al. Angew. Chem. Int. Ed.，1998，37（8）：1128.
［7］ 杨云，冯卫生．中药化学成分提取分离手册．北京：中国中医药出版社，1998：16.
［8］ 谷晓辉，姜标．有机化学，2000，20（2）：168.
［9］ Bartik K，Braekman J C，et al. Can. J. Chem.，1987，65：2118.
［10］ Tsujii S，Rinehart K L，et al. J. Org. Chem.，1998，53：5446.
［11］ McConnell O J，Saucy G，et al. US 5290777，1994.
［12］ Mancini I，Guella G，et al. Helv. ChimActa.，1996，79：2075.
［13］ 吴寿金，赵泰，泰永琪．现代中草药成分化学．北京：中国医药科技出版社，2002：805.
［14］ Williams D H. Nat. Prod. Rev.，1996，13：469.
［15］ Rama Rao A V，Gurjar M K，et al. Tetrahedron Lett.，1993，34：1657.
［16］ Boger D L，Patane M A，Zhou J. J. Am. Chem. Soc.，1994，116：8544.
［17］ Suzuki Y，Nishiyama S，Yamamura S. Tetrahedron Lett.，1990，31：4053.
［18］ Zhu J. Synlett，1997，133.
［19］ Nicolaou K C，Natarajan S，et al. Angew. Chem. Int. Ed. Engl.，1998，37：2708.
［20］ Nicolaou K C，Xu J，Murphy F，et al. Angew. Chem. Int. Ed. Engl.，1999，38：2447.
［21］ Boger D L，Ledeboer M W，Kume M. J. Am. Chem. Soc.，1999，121：1098.
［22］ Ishiwata H，Sone H，Kigoshi H，et al. J. Org. Chem.，1994，59：4712.
［23］ Evans D A，Bartroli J，Shih T L. J. Am. Chem. Soc.，1981，103：2127.
［24］ Barton D H R，McCombie S W. J. Chem. Soc.，Perkin Trans.，1975，1：1574.

第2章

叠氮衍生物的有机反应

2.1 叠氮化物的结构理论

自从1864年叠氮苯和叠氮酸[1] 发现以来，叠氮化物引起了化学界的极大兴趣，百余年来人们对叠氮化物的合成方法、结构测定及其应用作了广泛的研究[2]。1966年Lábbé[3] 对叠氮化物的合成、反应、应用作了综述。1988年Eric等[4] 对叠氮化物的制备方法、叠氮化物和氮烯的重要反应以及广泛应用作了系统的阐述。近年来，随着各方面的需要，人们相继合成了许多新的叠氮化物，有关专家学者对这方面的进展十分重视，对叠氮化物及其衍生物的结构与性能的研究日趋深入。

认识叠氮基和叠氮离子的结构特征是研究叠氮化物及其衍生物的重要方面。叠氮基是由三个氮原子组成的基团，在化学性质方面具有某些卤素特征，故又称“拟卤原子”，但由于叠氮基具有与饱和卤原子不同的不饱和电子构型，其最低π轨道没有填满电子，这也使其在光化学中占有显著位置[5]。

1944年，人们认为叠氮基具有 R—N═N≡N 这样的经典结构[6]，八隅体规则被人们接受后，叠氮基被认为是下列两种结构的共振体：

$$—N_a \overset{1.5}{=\!=} N_b^+ \overset{2.5}{=\!=} N_c^- \rightleftharpoons —N_a^- \overset{1.5}{\longrightarrow} N_b^+ \overset{2.5}{\equiv} N_c$$

（Ⅰ）式　　　　　　　　（Ⅱ）式

（Ⅰ）式和（Ⅱ）式的共振贡献相等，结果使两式中 $N_a—N_b$ 的键级同为1.5，$N_b—N_c$ 的键级均为2.5，这与从力常数计算值一致。在这两种共振结构中，N_a、N_b、N_c 相应的有效电荷分别为−0.5，+1，−0.5，两个结构式中心氮都是4价，非整数键级表明键的可观的离域作用，其简化模型[5] 由定域和离域分子轨道组成，σ键和π键如图2-1所示。

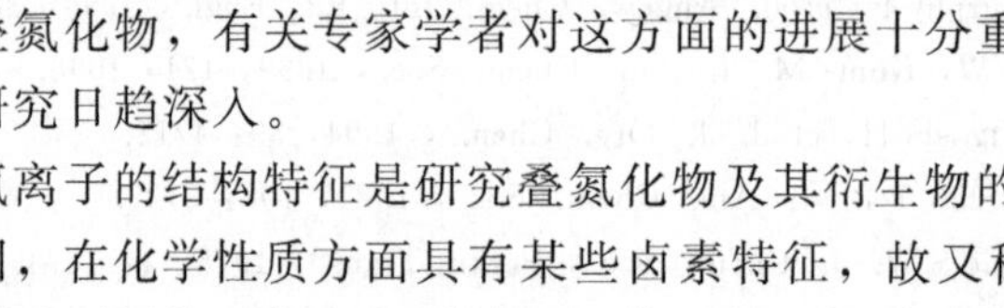

(a) N_3 的σ键　　　(b) N_3 的π键

图2-1　σ键和π键

用休克尔方法处理叠氮负离子（N_3^-）和共价叠氮基虽有意义却较为粗糙，用微扰理论处理叠氮物时，认为 $H—N_3$ 和 $R—N_3$ 等叠氮化物中的H原子或R基的扰动使叠氮负离子

N_3^- 由具有一个对称中心的线型对称结构 $D_{\infty h}$ 群降至只有一个对称面的线型结构的 C_s 群。Wagner[7] 精确地计算了叠氮离子 N_3^- 和叠氮酸 HN_3 的 π 电子有效电荷和键级，结果如下。

N_3^- 阴离子的分子图： $\overset{-0.8060}{N_a} \overset{1.3874}{\overline{\qquad\qquad}} \overset{+0.6121}{N_b} \overset{1.3874}{\overline{\qquad\qquad}} \overset{-0.8060}{N_c}$

H—N_3 的分子图： $\overset{-0.7332}{N_a} \overset{0.6121}{\overline{\qquad\qquad}} \overset{+0.8991}{N_b} \overset{1.5429}{\overline{\qquad\qquad}} \overset{-0.1659}{N_c}$（$N_a$ 上连 H）

可以看出，一个氢原子的扰动，使 N_3^- 的对称性大大降低，其共振结构发生如下变化：

$$—N_a{=}N_b^+{=}N_c^- \rightleftharpoons —N_a^-—N_b^+{\equiv}N_c$$

热力学数据及量子化学计算结果表明，R—N_a^-—N_b^+—N_c 中 N_a—N_b 键较弱，离解产生 R—$\ddot{N}$：［R—$\ddot{N}$：$\rightleftharpoons$R—$\dot{\ddot{N}}$·（氮宾）］和稳定的氮分子，电子自旋共振实验已证明氮宾（nitrenes）的基态为三线态的 R—$\dot{\ddot{N}}$·，其具有双自由基的某些性质[8]。

从 N_3^- 和 HN_3 的分子图可以看出，带正电荷的氢离子在 N_a 氮原子上的连接，使 N_b 和 N_c 原子上的 π 电子云密度大大降低，造成 N_a—N_b 之间的键能成倍减小。从阳离子正电场的强度来看，Pb^{2+} 和 Ag^+ 等重金属离子具有更强的吸引电子的能力，更容易造成 N_a—N_b 之间电荷密度下降和键能减小而分解产生 N_2，N_2 分子释放出的稳定化能则以热的形式进一步诱发爆炸，这就是某些起爆药的引爆机理。由于钠离子吸引电子的能力较弱，对 N_3^- 中 N_b 和 N_c 原子上电子云密度的影响甚小，对 N_3^- 的结构改变不大，不会造成因 N_3^- 中 N_a—N_b 键能减小而不断释放出 N_2，因而 NaN_3 较为稳定和安全。如果是烃基与 N_3^- 相连接，则由于烃基的不同而又情况各异。对于脂肪族烃基来说，R 基从某种意义上表现为斥电子的作用，故对叠氮负离子 N_3^- 的扰动不致明显造成 N_b 和 N_c 的电子云密度降低，也不致使 N_a—N_b 的键能大大减小，所以常温下十分稳定，200 ℃以下一般不易分解出 N_2 分子。Livingston 等[9] 认为，叠氮甲烷的结构应为：

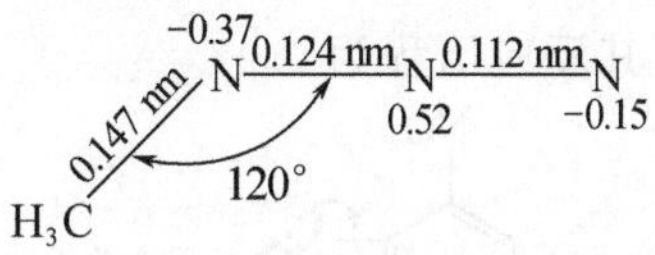

从键长来看，C—N 键基本上为单键，中间的氮氮键（0.124 nm）基本上具有双键的性质，而端部的氮氮键（0.112 nm）则介于双键和三键之间，较为接近三键特征，因此，叠氮甲烷及其他烷基叠氮物可以用共振结构式表示如下：

$$R—\ddot{\underset{..}{N}}^-—N^+{\equiv}N: \longleftrightarrow R—\ddot{N}{=}\overset{+}{\ddot{N}}{=}\overset{-}{\ddot{N}}: \longleftrightarrow R—\overset{+}{\ddot{N}}—\ddot{N}{=}\overset{-}{\ddot{N}}:$$

观察叠氮基的光谱，发现紫外光谱中 λ_{max} 290 nm 处有强吸收，脂肪族和芳香族叠氮化物红外光谱中 2080～2169 cm^{-1}（as）和 1177～1343 cm^{-1}（s）处有强吸收。在 2100 cm^{-1} 左右的红外吸收充分说明—N_3 基中含有三键的因素。

脂肪族叠氮化物由于—N_3 的引入，使键段柔顺性增加，与其他有机化合物的相容性增强，分子熔点降低；常温下多为液体，作为含能增塑剂和黏结剂较为理想。由于其相容性好，又具有一定的极性，能充分渗透到含能材料分子的间隙，具有良好的增塑性能。由于叠氮基是含能基团，某些高叠氮基含量的脂肪族硝基化合物，可以作为固体火箭的初级和次级增塑剂。一些不含硝基的多叠氮基脂肪族化合物，在某些条件下还可以作为较好的氮气发生剂和塑料的发泡剂。

然而芳香族烃基及其衍生基团与叠氮基相连形成的化合物，则往往由于相容性差、性能不稳定、成本高而难以实用。从结构上看，由于芳烃基的闭合共轭大π体系，其在某种程度上表现出微弱的吸电子作用，如苯胺由于 p-π 共轭吸电子作用使氨基的碱性减弱；苯酚则由于 p-π 共轭使酸性增强，甚至甲苯的甲基因苯环的作用也易为 $KMnO_4$ 所氧化。芳基微弱的吸电子作用虽不如氢原子那样强烈，但却在某种程度上造成 $Ar—N_a—N_b≡N_c$ 结构中 $N_a—N_b$ 键能的减小，在紫外光的作用下或加热到 150 ℃，即按下式分解：

$$Ar—N_a—N_b≡N_c \xrightarrow[\text{或 } h\nu]{\triangle} Ar—\ddot{N}: + N_2\uparrow$$

Clossen 和 Gray[10] 描述了在光解过程中作为 $\pi_y \rightarrow \pi_x^*$ 的电子跃迁情况。

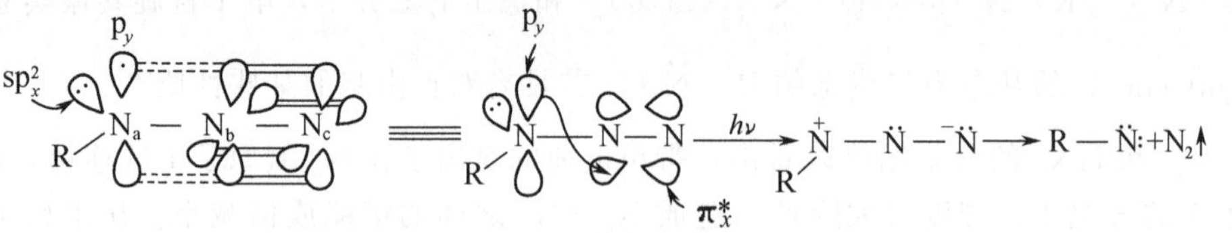

(A)（成键轨道）　(B)（反键轨道）　(C)　(D)

对叠氮苯的分子轨道计算表明，在 $\pi \rightarrow \pi_2^*$ 跃迁和 $n \rightarrow \pi_x^*$ 跃迁中，与基态相比，N_a 氮原子的 p_y 轨道是缺电子轨道。在 $\pi_y \rightarrow \pi_x^*$ 跃迁过程中，协同的电荷迁移会使分子过渡到一个高能态的瞬变体（C），可以看出，$\pi_y \rightarrow \pi_x^*$ 的跃迁是共平面的。

在应用方面，芳香族叠氮化物由于不稳定和成本较高而受到限制。直到 Koreff 和 Ilinski 于 1886 年发现了第一个苯并氧化呋咱化合物[11-12]，芳香族叠氮化物才找到了出路。

芳香族叠氮化物在光和热的作用下，易于发生分解反应，产生氮分子并生成活性中间体氮宾。芳香族邻硝基叠氮化合物在热解或光解的条件下，叠氮基离解产生氮分子和氮宾中间体，受氮宾电子结构的影响，硝基被激活，与之发生重排反应，生成一种氮氧五元杂环的偶极化合物——苯并氧化呋咱（benzofuroxans）。

本书作者早期第一次提出，其反应历程为：

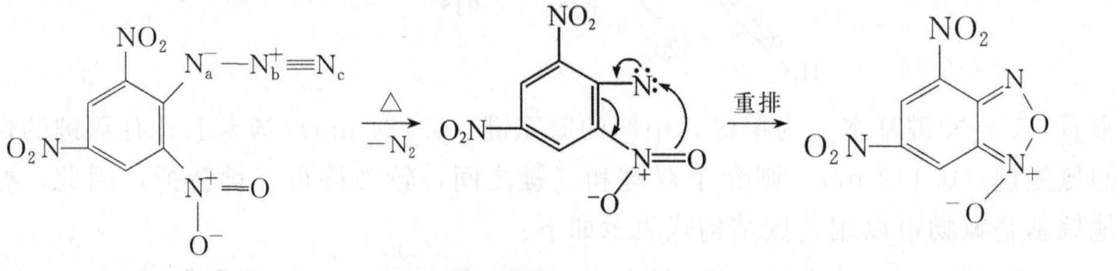

Reddy 等[13] 认为，该反应为一级反应，活化能为（92.8±4.1）kJ/mol，用邻硝基叠氮化物制取氧化呋咱的方法最早由 Zincke 等在 1899 年所采用[14]，Ghosh 和 Whitehouse 用此法曾制得多种取代的苯并氧化呋咱[15]。

利用叠氮基进行有机官能团转换引起了人们的兴趣[16]。在有机分子中引入氨基，往往采用先硝化引入硝基，再对硝基进行还原的方法。硝基还原为氨基一般产率不高，而且先硝化再还原对环境污染较大；而通过叠氮化钠取代有机化合物中的卤原子引入叠氮基，就可以很方便地通过合适的试剂将其还原为相应的胺类化合物[16]。

Rao 等[17] 报道了还原芳酰基叠氮化物得到相应酰胺的方法，芳酰基叠氮化物很容易采用芳酰基卤代物通过叠氮化反应得到，芳酰基卤代物可以由羧基与氯化亚砜或三氯氧磷来制备，所以这是一个由羧基化合物合成相应酰胺的好方法，产率高达95%：

$$4\text{-ClC}_6H_4CON_3 \xrightarrow[\text{MeOH},0\sim10\ ℃,5\ \text{min}]{NaBH_4/NiCl_2\cdot 6H_2O} 4\text{-ClC}_6H_4CONH_2$$

Iyengar 等[18] 报道了以 $NaBH_4/ZrCl_4$ 体系还原叠氮化物合成有机胺的方法，产率达到80%以上，反应如下：

$$RN_3 \xrightarrow[0\ ℃\sim\text{r.t.},15\ \text{min}\sim1\ \text{h},80\%]{ZrCl_4/NaBH_4\text{-THF},N_2} RNH_2$$

Pizzo 等[19] 报道了以 $NaBH_4/CoCl_2$ 体系还原叠氮化物得到相应胺的方法，在室温下反应10min，产率高达90%以上。反应如下：

$$RN_3 \xrightarrow[H_2O,\text{r.t.},10\ \text{min},90\%]{NaBH_4/CoCl_2\cdot 6H_2O} RNH_2$$

早在1988年，Maiti 等人[20] 报道了用碱土金属镁或钙的甲醇还原体系来还原叠氮化物制备胺的方法，这种方法条件温和、原料易得，叠氮化物分子中的碳碳双键不会被同时还原，但是底物的适用范围有限。

$$RN_3 \xrightarrow[0\ ℃,30\ \text{min},94\%]{\text{Mg(或 Ca)-MeOH}} RNH_2$$

分子筛应用到有机合成上对反应的选择性开拓了一个新生面，如有些有机反应，应用分子筛以后，就避免了分子之间的反应，而使分子内反应的选择性大大提高，这是由于分子筛阻断了分子之间的碰撞。

1999年，Lakshmi 等[21] 报道了以中等孔度分子筛 MCM-41 为载体，用甲基硅氨基的钯配合物作为催化剂，来还原有机叠氮化物以制备相应的胺。MCM-41 是一个具有中等孔度的分子筛，可以容纳较大的分子。这种方法钯催化剂可以循环使用，反应如下：

$$RN_3 \xrightarrow[\text{MeOH},\text{r.t.},1\sim3\ \text{h},85\%]{\text{MCM-41/Pd 催化剂}} RNH_2$$

有机叠氮化物在有机合成反应中的作用正在被人们认识和利用。

参考文献

[1] Grieess P P. Trans. Rry. Soc., 1864, 13: 377.
[2] Lieber E. Chem. Ind., 1966: 586.
[3] Lábbé G. Chem. Rev., 1966, 69: 345.
[4] Eric F V, Scriven K T. Chem. Rev., 1988, 88 (2): 298.
[5] Orville-Thomas W J. Chem. Rev., 1975, 57: 1179.
[6] Sandorfy C//Patai S ed. The Chemistry of the Carbon-Nitrogen Double Bond. London: Interscience, 1970.
[7] Wagner E L. J. Chem. Phys., 1952, 20: 837.
[8] Abramovitch R A, Davis B A. Chem. Rev., 1964, 64: 149.
[9] Livingston R L, Ramachandra Rao C N. J. Phys. Chem., 1960, 64: 756.
[10] Clossen W D, Gray H B. J. Am. Chem. Soc., 1963, 85: 290.
[11] Koreff R. Ber. Deut. Chem. Ges., 1886, 19: 176.
[12] Ilinski M V. Ber. Deut. Chem. Ges., 1886, 19: 349.
[13] Reddy G O, Mohan Murali B K, Chatter Jee A K. Propellants, Explosive, Pyrotechnics, 1983, 8: 29.
[14] Zincke T, Schwarz T. Ann. Chem., 1899, 28: 307.
[15] Ghosh P B, Whitehouse M W. J. Med. Chem., 1968, 11: 305.
[16] 王晓季，侯曼玲，陈立功，等. 化学通报，2004，6：418.

[17] Rao H S, Turnbull K, Reddy K S, et al. Synth. Commun., 1992, 22 (9): 1339.
[18] Iyengar D S, Chary K P, Ram S, et al. Synth. Commun., 2000, 30 (19): 3559.
[19] Pizzo F, Fringuelli F, Vaccaro L. Synth., 2000, 5: 646.
[20] Maiti S N, Spevak P, et al. Synth. Commun., 1988, 18 (11): 1201.
[21] Lakshmi K M, Sreenivasa C N, et al. Synth. Lett., 1999, 9: 1413.

2.2 苯并氧化呋咱的结构和反应

1886 年，Koreff 和 Ilinski 首次发现了第一个苯并氧化呋咱[1-2]，引起了人们的极大兴趣。这类化合物常表现出大范围的生物活性，其硝基衍生物有预防白血病、抗癌以及防辐射等功能[3-4]，此外，在工业上还常用于金属抛光剂、防腐剂、电池去极剂及照相乳胶感光促进剂[5]等。在含能材料领域，实验已经证明，一个氧化呋咱代替一个硝基，可以使密度提高 0.06～0.08 g/cm^3，而且能使含能材料的含氢量减少，氧平衡改善。

2.2.1 苯并氧化呋咱的结构

20 世纪 60 年代前，苯并氧化呋咱的结构一直存在着争议，到 20 世纪 60 年代时，问题已基本得到解决，苯并氧化呋咱的结构现在已基本清楚。苯并氧化呋咱（Ⅰ）、苯并二氧化呋咱（Ⅱ）及苯并三氧化呋咱（Ⅲ）的结构式可表示如下：

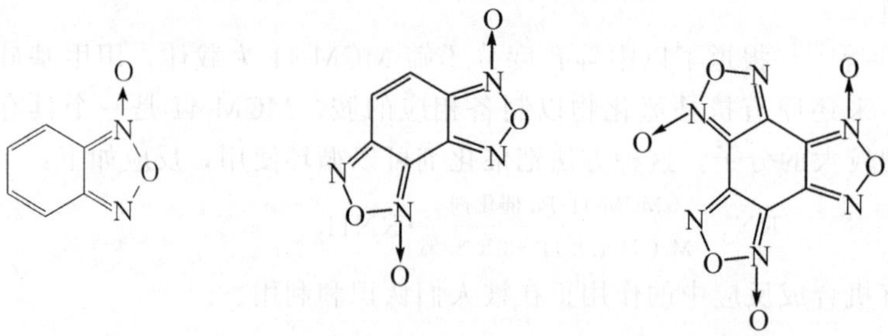

（Ⅰ）　（Ⅱ）　（Ⅲ）

苯并三氧化呋咱（Ⅲ）(BTF)，是一种性能极为优良的单质含能材料。

20 世纪 60 年代以前，因为分析手段的限制，对苯并氧化呋咱的结构曾有过多种描述，最早被认为是六元环过氧化物（Ⅳ）形式的结构；也有人将其描述为邻二亚硝基结构（Ⅴ）或桥式结构（Ⅵ）：

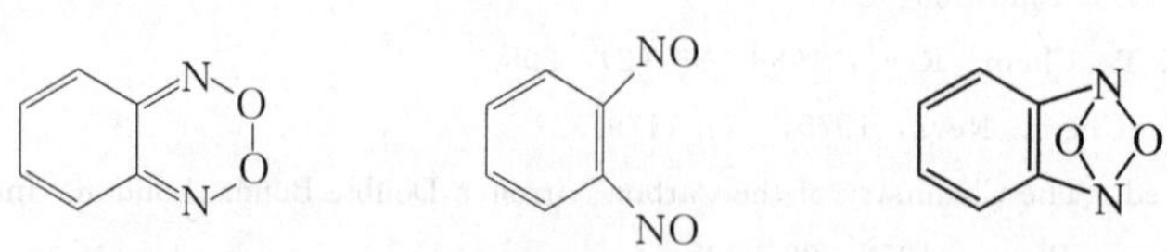

（Ⅳ）　（Ⅴ）　（Ⅵ）

过氧链具有氧化作用，但苯并氧化呋咱类化合物不具有氧化性能，为此，Perkin[6] 认为过氧链结构可能与邻二亚硝基结构存在平衡关系，但是苯并氧化呋咱类化合物并不表现出邻二亚硝基化合物常见的化学性质和光学性质。桥氧结构（Ⅵ）同样没有得到化学实验的证实[7]。1931 年 Hammick[8] 通过实验认为，苯并氧化呋咱应该是（Ⅰ）、（Ⅱ）或（Ⅲ）那样的结构，苯并氧化呋咱存在着互变异构现象❶：

❶ 中间过程和箭头为笔者所加。

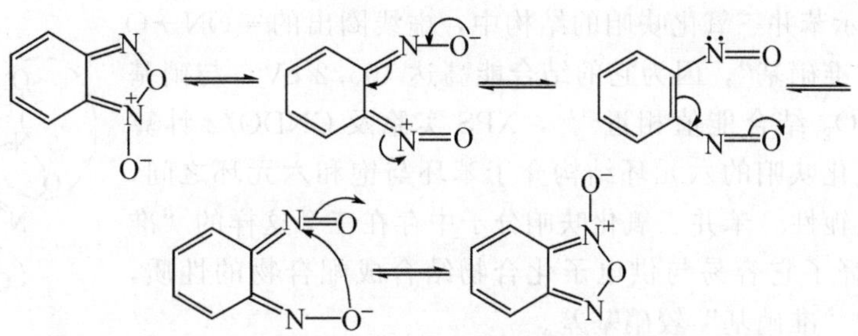

Chagkovsky Michael 等[9] 对这种互变异构体中取代基的影响作了说明。

1962 年，Hulme[10] 运用 X 射线衍射方法测定了苯并氧化呋咱的结构参数，证明了呋咱环与苯环共平面，环外氧原子总是在这个平面的 0.005 nm 之内，取代苯并氧化呋咱的键长如表 2-1[11] 所示。

表 2-1 取代苯并氧化呋咱的键长

取代位置				键长/Å					
4	5	6	7	*a*	*b*	*c*	*d*	*e*	*x*
—	Cl	—	—	1.40	1.46	1.36	1.50	1.23	1.11
—	I	—	—	1.44	1.33	1.40	1.33	1.38	1.24
—	Me	—	—	1.45	1.33	1.41	1.33	1.39	1.24
—	Cl	Cl	—	1.45	1.33	1.40	1.32	1.38	1.23
NO_2	—	NO_2	—	1.41	1.40	1.40	1.37	1.42	1.22
—	—	=N—S—N=		1.47	1.31	1.42	1.31	1.38	1.23
=NO—O—N=		=NO—O—N=		1.48	1.34	1.42	1.32	1.39	1.23

注：1 Å$=10^{-10}$ m。

苯并氧化呋咱结构理论的研究一直在深入，1990 年，王建祺等采用 XPS 谱对苯并氧化呋咱的结构进行了研究[12]，并首先采用 CNDO/2 的程序，对其作了量化计算。

苯并三氧化呋咱的结构，经实验证明为图 2-2，其量子化学计算结果见表 2-2[12]。

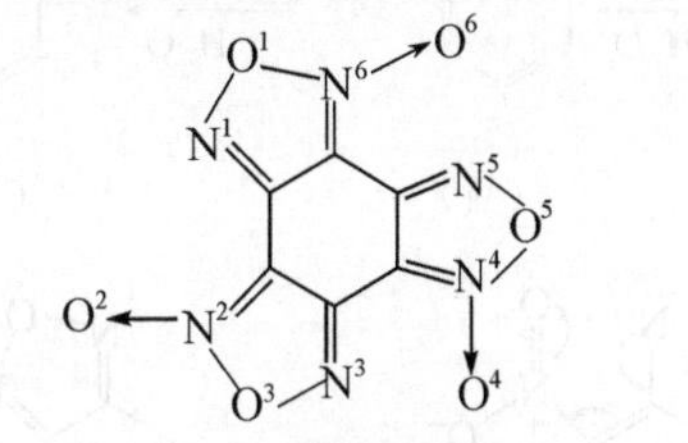

图 2-2 苯并三氧化呋咱

表 2-2 苯并三氧化呋咱的量子化学计算结果

原子类型	净电荷	键型	键级	结合能/eV	
				实验值	参考值
C1	+0.1667	C1—C6	1.142 4	287.7	287.5
C2	−0.0711	C1—N1	0.895 0	287.0	285.6
N1	−0.1078	C6—N6	0.854 8	401.4	401.3
N2	+0.3909	N6—O6	0.710 0	405.1	405.0
O1	−0.0796	O1—N6	0.437 1	535.2	535.0
O2	−0.2946	N1—O1	0.516 6	533.3	533.4

如图 2-3 所示苯并三氧化呋咱的结构中，虚线圈出的═ON→O基团可以看成“准硝基”，因为它的结合能高达 405.2 eV，与硝基化合物中的—NO_2 结合能值相近[13]，XPS 实验及 CNDO/2 计算均表明苯并三氧化呋咱的六元环结构介于苯环与饱和六元环之间，仍具有一定的共轭性。苯并三氧化呋咱分子中存在三个这样的“准硝基”，从而解释了它容易与供电子化合物结合成配合物的性质，但接受电子能力“准硝基”较硝基差。

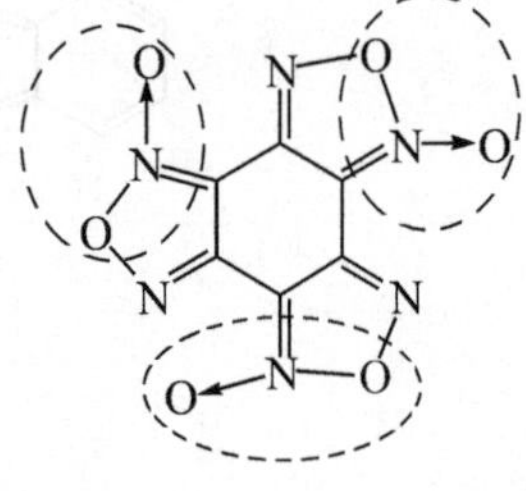

图 2-3　苯并三氧化呋咱结构

2.2.2　苯并氧化呋咱的合成方法

苯并氧化呋咱类化合物来源于合成，尽管近年来有关它们的应用研究得到了较快的发展，但合成仍沿用经典的方法。

合成苯并氧化呋咱类化合物最常用的方法是分解邻硝基叠氮苯及其衍生物，一般采用热解，热解常用冰醋酸、丙酸、甲苯作溶剂，热解温度在 120 ℃左右。用该法制备苯并氧化呋咱的重要环节是中间产物叠氮化合物的获得，目前制备叠氮化合物的主要手段是用叠氮基取代硝基氯代苯上的氯原子。

制备苯并氧化呋咱类化合物的另一重要方法是氧化邻硝基苯胺及其衍生物。此法最早由 Green 等[14] 在 1912 年发现，氧化剂用次氯酸的碱金属盐。1984 年，Chapman 等[15] 用 CCl_4 作溶剂研究了该反应的机理，认为最初是邻硝基苯胺氯化生成 *N*-氯-2-硝基苯胺（Ⅶ），再在碱作用下形成负离子（Ⅷ），后者失去 Cl^- 成为单线态的 2-硝基苯基氮宾（Ⅸ），最后环化生成苯并氧化呋咱产物（Ⅹ）。由于氯离子不易离去，因而 2-硝基氮宾的形成是速率控制步骤。

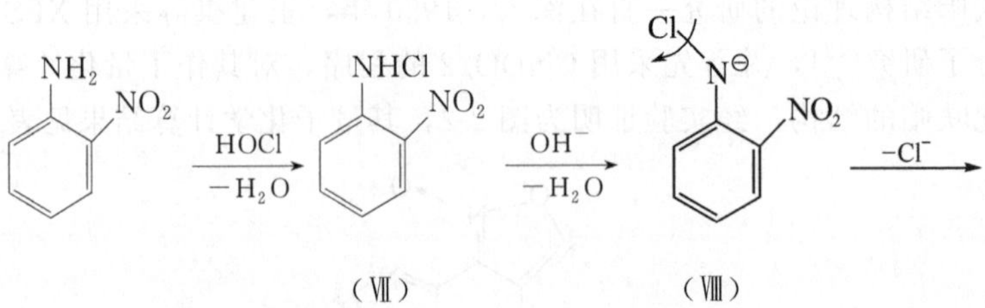

（Ⅶ）　（Ⅷ）

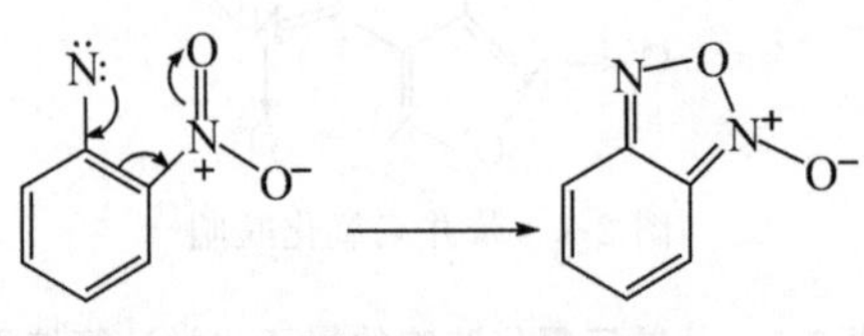

（Ⅸ）　（Ⅹ）

2-硝基苯甲酰胺在碱性介质中同次氯酸钠作用，首先通过 Hoffmann 降解反应生成 2-硝基苯胺，然后按照 Chapman[15] 历程形成苯并氧化呋咱。

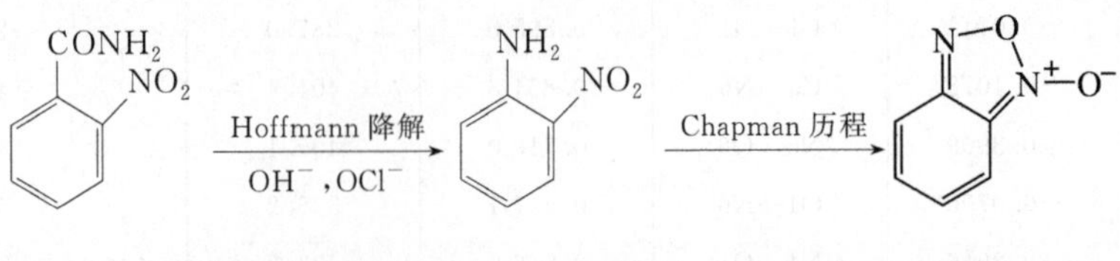

后来还出现了采用氧化邻醌二肟来制备苯并氧化呋咱等方法，但都有一定的局限性，至

今常用的方法仍是分解邻硝基叠氮苯及其衍生物。

2.2.3 苯并氧化呋咱的主要反应

从结构上看，苯并氧化呋咱类化合物可以分为碳环和杂环两个部分，故其反应可分为碳环上的反应和杂环上的反应两部分。

(1) 碳环上的反应　碳环上可以发生某些亲电取代反应，如硝化和卤化等，苯并氧化呋咱的4-、6-位较易发生硝化反应：

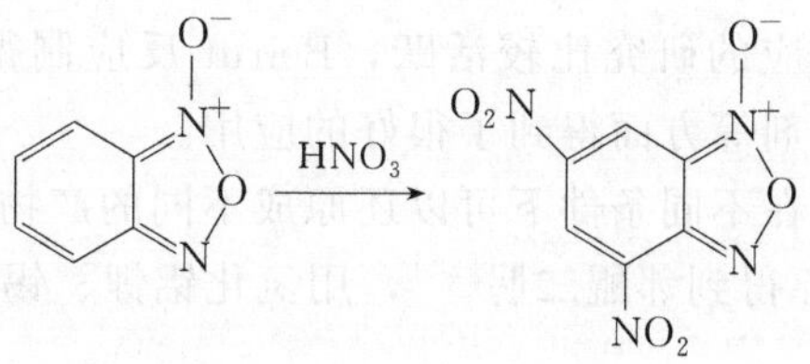

其他亲电取代反应则较难进行。

苯并氧化呋咱碳环上的亲核取代反应近年来研究较为活跃，硝基卤代苯并氧化呋咱的卤原子很活泼，可以被 RO^-、RR′NH—和 N_3 亲核试剂取代。

4,6-二硝基苯并氧化呋咱较易发生亲核取代反应，它与氢氧化钠等强碱作用时，氢氧根离子与其加成生成一具有爆炸性的络盐：

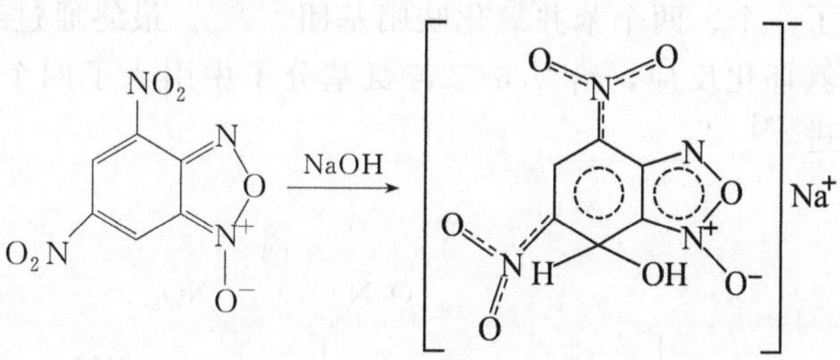

苯并氧化呋咱碳环上的取代基也可以发生转换反应，如5-羰基苯并氧化呋咱通过转换反应可以转变为5-氨基苯并氧化呋咱，并保持其手性光学性质[16]。

某些苯并氧化呋咱衍生物有变色现象，这是其在光或热的作用下发生异构化的结果。

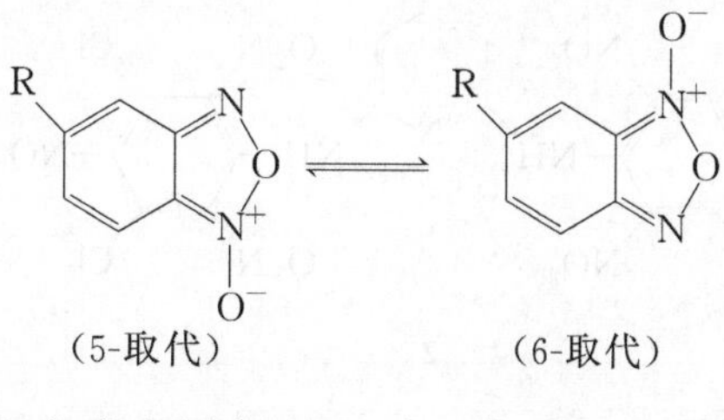

式中，R是供电子基（如卤素和甲氧基）时，有利于5-取代异构体生成，当R是吸电子基（如硝基和氰基等）时，则有利于6-取代异构体生成。

苯并氧化呋咱和5-甲基苯并氧化呋咱能被三氟过氧乙酸和过硫酸氧化成相应的邻二硝基化合物，而4-硝基苯并氧化呋咱和4,6-二硝基苯并氧化呋咱由于对硝化的钝化作用，氧化呋咱环不会被氧化为邻二硝基结构，5-氯苯并氧化呋咱和5-甲氧基苯并氧化呋咱则受到这些强氧化剂的破坏[17]。

(2) 杂环上的反应　苯并氧化呋咱的杂环可以发生 Beirut 反应，即苯并氧化呋咱与烯胺或烯醇负离子反应生成喹喔啉-1,4-二氧化物[18]。

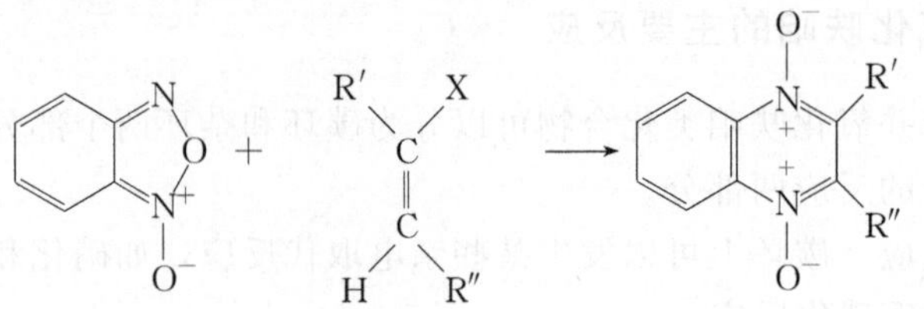

（$X = NR_2$，O^-）

目前，这类杂环转换反应的研究比较活跃，Beirut 反应制得的喹喔啉-1,4-二氧化物的衍生物在医药、农药和杀菌剂等方面得到了很好的应用。

苯并氧化呋咱类化合物在不同条件下可以还原成不同的产物。用亚磷酸三烷基酯还原得到苯并呋咱[19]；用羟胺还原得到邻醌二肟[20]，用氢化铝锂、锡和盐酸以及碱金属硫化物还原可得到邻二氨基化合物。

2.2.4 苯并氧化呋咱衍生物的合成新进展

吡啶杂环衍生的芳香族多硝基化合物稳定性好，如果用苯并氧化呋咱基团代替芳环上的硝基，可以增加含能材料的密度，使含氢量减少，其他性能也得到改进。另外，在含能材料中引入亚氨基，可以因分子间氢键的形成而增大晶格能。经深入的研究，给 2,6-二苦氨基吡啶分子中先后引入了一个、两个苯并氧化呋咱基团[21-22]。最终通过缩合反应、硝基化反应、叠氮化反应、脱氮环化反应，给 2,6-二苦氨基分子中引入了四个苯并氧化呋咱基团，使结构与性能得到改进[23]。

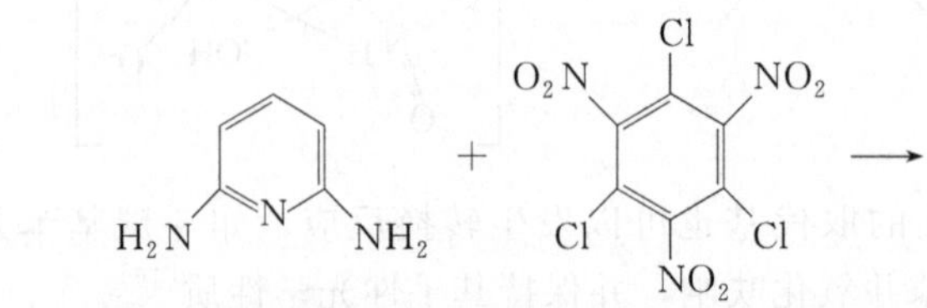

1

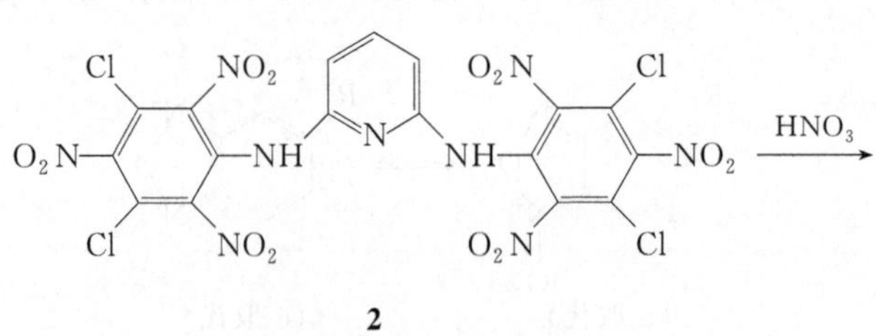

2

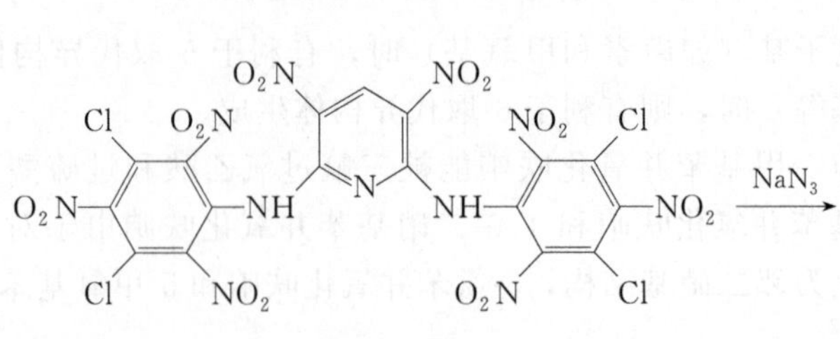

3

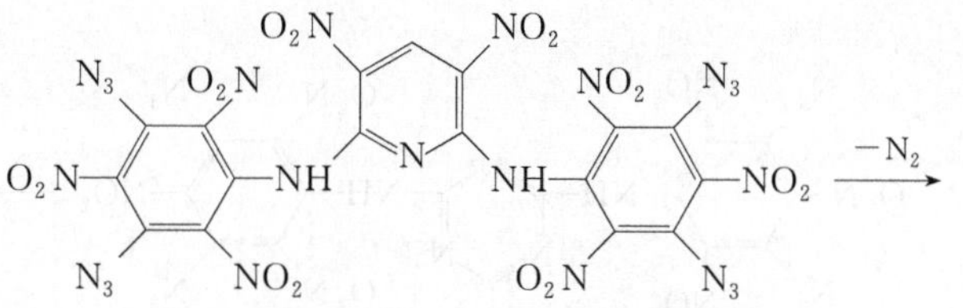

4

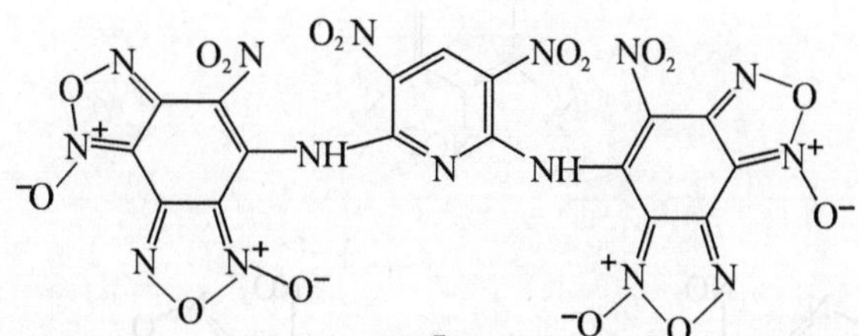

5

三嗪杂环环内有三个氮原子，把三嗪环系引入到含能材料分子内，会增加材料密度、提高其稳定性。选择三聚氰氯和3,5-二氯苯胺作为反应物，通过在苛刻条件下的亲核取代反应和硝化反应，然后引入叠氮基团，最后热解脱氮，合成了N,N',N''-三(2-硝基苯并二氧化呋咱)-三聚氰酰胺[24]。

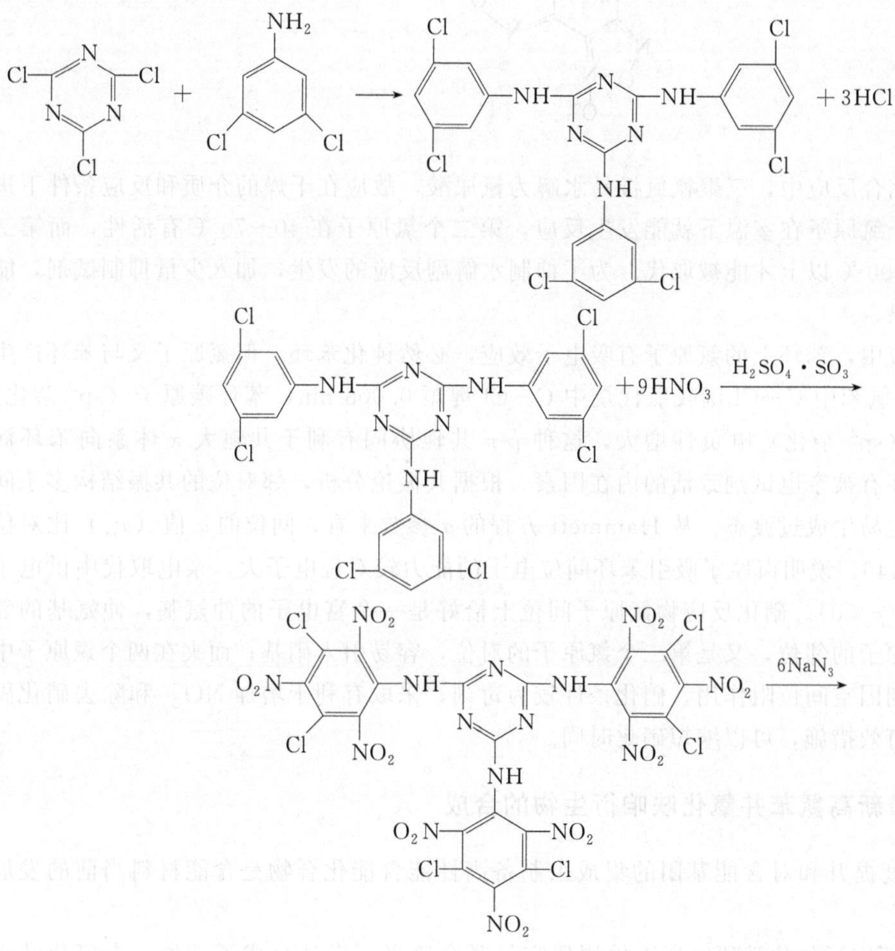

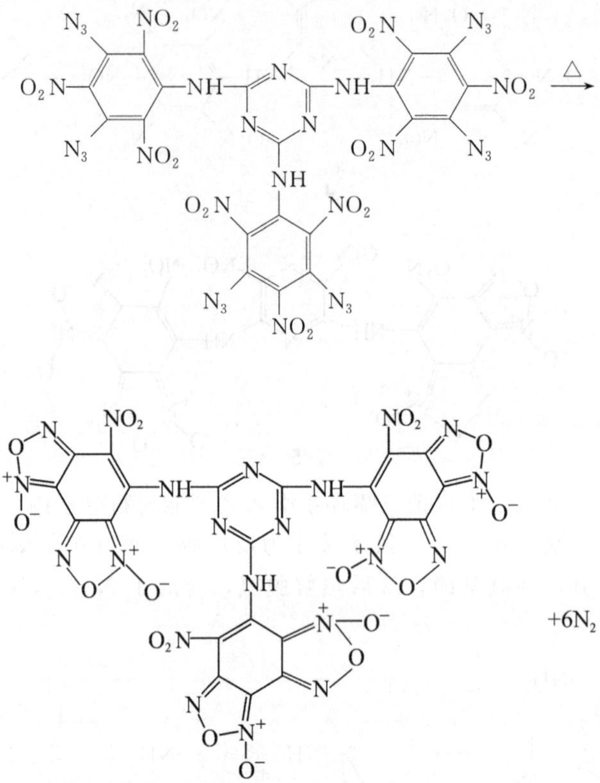

在第一步缩合反应中，三聚氰氯极易水解为氰尿酸，故应在干燥的介质和反应条件下进行。它的第一个氯原子在室温下就能发生反应，第二个氯原子在 40～70 ℃有活性，而第三个氯原子则在 100 ℃以上才能被取代。为了抑制水解副反应的发生，加入少量抑制试剂，能收到很好的效果。

在硝化反应中，苯环上的氯原子有吸电子效应，必然钝化苯环。但氯原子又与苯环产生 p-π 共轭效应，氯苯中 C—Cl 键较氯代烷中 C—Cl 键短 0.008 nm，苯环碳原子（sp^2 杂化）较烷基碳原子（sp^3 杂化）电负性增大，这种 p-π 共轭协同有利于共轭大 π 体系向苯环涡流，因而使苯环有被亲电试剂致活的内在因素。根据共振论分析，邻对位的共振结构多于间位，则前者稳定易生成过渡态。从 Hammett 方程的 σ 参数来看，间位的 σ 值（σ_m）比对位值（σ_p）大 0.146，说明卤原子吸引苯环间位电子的能力较对位电子大，亲电取代中供电子基对反应有利（$\rho<0$）。硝化反应物氯原子间位上恰好是一个富电子的仲氨基，仲氨基的邻位是第一个氯原子的邻位，又是第二个氯原子的对位，容易引入硝基；而夹在两个氯原子中间的那个位置则因空间位阻作用，硝化条件较为苛刻，采取有利于增加 NO_2^+ 和除去硝化副产物水分子的有效措施，可以缩短硝化时间。

2.2.5 最新高氮苯并氧化呋咱衍生物的合成

利用高密度提升和对含能基团的集成来制备高性能含能化合物是含能材料当前的发展方向。

2019 年，西安近代化学研究所王伯周研究员联合笔者，设计合成了一种三个氧化呋咱环直接偶联的无氢高密度含能化合物（BNTFO），合成方法简洁，易于纯化。BNTFO-Ⅰ和BNTFO-Ⅳ的结构首次通过单晶X射线衍射分析得到证实。

BNTFO-Ⅰ在296 K下的晶体密度计算值为1.983 g/cm^3（气体比重瓶测量的密度为1.98 g/cm^3），明显高于BNTFO-Ⅳ（1.94 g/cm^3），在迄今报道的基于唑类化合物中排名最高。值得注意的是，BNTFO-Ⅰ具有良好的计算爆轰性能，这使得它成为一种有前途的高性能含能材料。

BNTFO-Ⅰ和BNTFO-Ⅳ的合成路线如下：

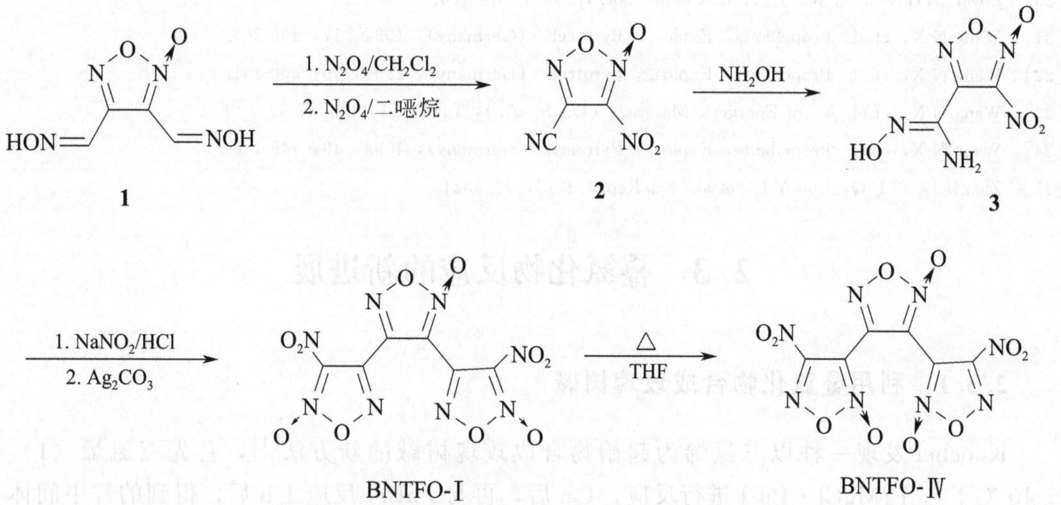

在合成得到目标化合物以后，成功培养得到了BNTFO-Ⅰ和BNTFO-Ⅳ的单晶，对单晶结构做了详细的分析。

笔者1992年开始，在*Wiley*旗下的专业刊物上先后在苯并氧化呋咱和其他含能化合物的合成等方面发表了10多篇文章。

本节介绍的工作，超越了苯并氧化呋咱，是三个氧化呋咱环直接偶联的无氢高密度含能氧化呋咱类新化合物。

本研究工作发表在*Nature*旗下的*Sci. Rep.*上，目标化合物具有很好的应用前景[25]。

参 考 文 献

[1] Koreff R. Ber. Dent. Chem. Ges.，1886，19：176.

[2] Ilinski M. Ber. Dent. Chem. Ges，1886，19：349.

[3] Kessel D，Belton J G. Cancer Res.，1975，35：3735.

[4] Haley T J，Flesher A M，Maris L. Nature，1962：195.

[5] Weiner E，Shirley J E. US 348139，1969.

[6] Perkin W H J. Chem. Soc.，1903，83：1217.

[7] Green A G，Rowe F M. J. Chem. Soc.，1913，103：897.

[8] Hammick D L，Edwardes W A M，Steiner E R. J. Chem. Soc.，1931：3308.

[9] Michael C，Horst G A. J. Heterocyclic Chem.，1991，28：1491.

[10] Hulme R. Chem. Ind.，1962：42.

[11] Gasco A，Boulton A. J. Adv. Heterocyclic Chem.，1981，29：251.

[12] 王建祺，廖支援，吴文辉，等. 中国科学（B辑），1990，9：907.
[13] Nakagak R，Forst D C，et al. J. Electron Spectroscopy and Rel. Phonom.，1981，22：289.
[14] Green A G，Rowe F M. J. Chem. Soc.，1912，101：2443.
[15] Chapman K J，Dyall L K，Frith L K. J. Chem.（Aust），1984，37：41.
[16] Boulton A J，et al. J. Chem. Soc.，C，1966：921.
[17] Boyer H J，Ellzey S E. J. Org. Chem.，1958，24：2038.
[18] 林树坤. 有机化学，1991，11：106.
[19] Boulton A J，Gray A C，Katritzky A R. J. Chem. Soc.，B，1967：909.
[20] Boyer J H，Schoen W. J. Am. Chem. Soc.，1956，78：423.
[21] Wang N X，et al. Propellants，Explos.，Pyrotech.（Germany），1992，17：265-266.
[22] Wang N X，et al. Propellants，Explos.，Pyrotech.（Germany），1994，19：300-301.
[23] Wang N X，et al. J. of Energetic Materials（U. S. A.），1993，11（1）：47-50.
[24] Wang N X，et al. Propellants，Explos.，Pyrotech.（Germany），1994，19：145-148.
[25] Zhai L J，Bi F Q，Luo Y F，et al. Sci. Rep.，2019，9：4321.

2.3 叠氮化物反应的新进展

2.3.1 利用叠氮化物合成玫瑰树碱

Knochel发现一种以三氮烯为起始物合成玫瑰树碱的新方法[1]，首先三氮烯（**1**）在-40 ℃下与$^{i}PrMgCl\cdot LiCl$进行反应，1 h后，再与$ZnBr_2$反应1 h后，得到的锌中间体再与7-溴-5,8-二甲基异喹啉通过Negishi交联偶合生成芳基三氮烯（**2**）（产率75%），然后，**2**在CH_2Cl_2中与NaN_3和$BF_3\cdot OEt_2/TFA$反应15 min得到芳基叠氮（**3**）（产率78%），最后**3**在均三甲苯中回流6 h得到玫瑰树碱（ellipticine，**4**），产率为57%。反应如下：

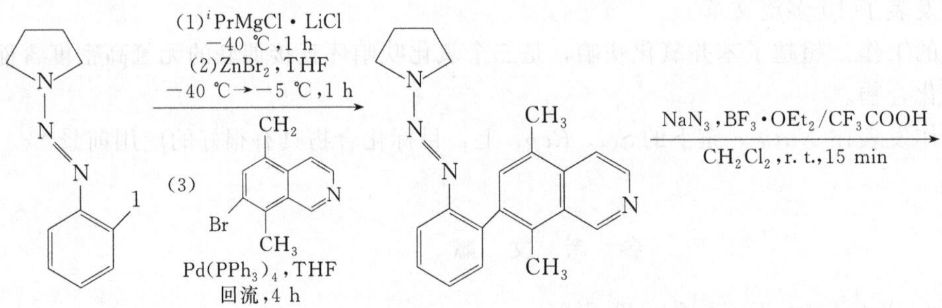

1　　**2**：75%

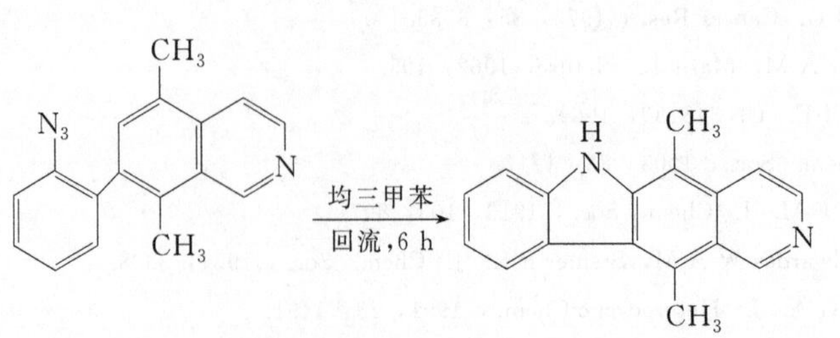

3：78%　　**4**：57%

2.3.2 利用叠氮化物合成氮杂螺环化合物

螺环化合物的有机合成方法较多，2010 年 Chiba 等人[2] 报道了一种比较好的方法，利用**5**（α-叠氮基-N-芳酰胺）在 DMF 溶剂中并在 $Cu(OAc)_2$ 催化下，与碱和 O_2 反应，在 80 ℃条件下生成氮杂螺环化合物，所用催化剂的量和碱的种类以及反应时间对产率有很大的影响，当催化剂量为 20%（摩尔分数）、碱为 K_3PO_4、反应时间为 4 h 时，产率最高，可达 77%。

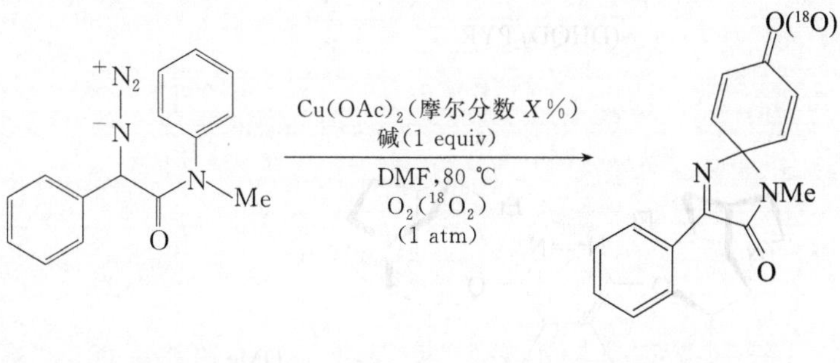

5　　　　**6**

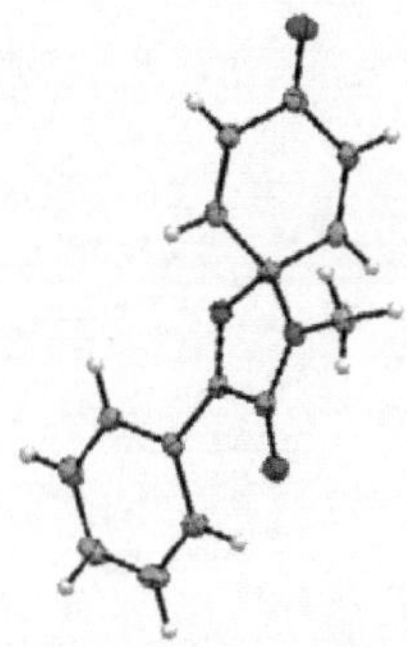

6 的 X 射线衍射结构

序号	X	碱	时间/h	**6** 的产率
1	20	K_2CO_3	3	69%
2	20	NaOMe	2	63%
3[a]	**20**	$\mathbf{K_3PO_4}$	**4**	**77%**
4[b]	100	K_3PO_4	4	0%(**7**:68%)

注：其中上角 a 表示以 $^{18}O_2$ 为氧气源，b 表示以脱气的 DMF 为溶剂，Ar 保护。可以看出 K_3PO_4 效果最佳。

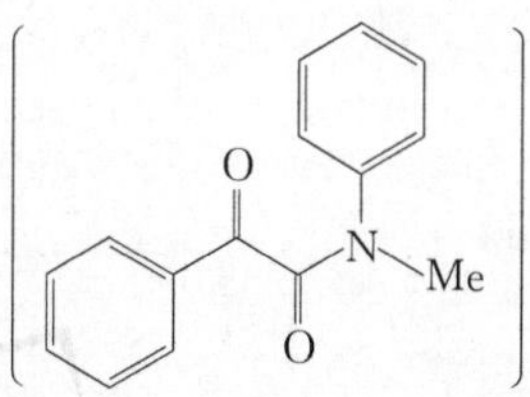

7

2.3.3 手性控制的叠氮基的不对称加成

在生物界中邻二胺类化合物有很重要的作用，早在 1913 年 Frankland 和 Smith[3] 就用邻二卤代物对邻二胺进行了人工合成，到现在为止已经有了许多合成方法，但产物都是外消旋体。最近，奥胡斯（Aarhus）大学的 Jørgensen 等[4] 用手性的金鸡纳碱作为手性催化剂合成了手性的邻二胺。叠氮基与不饱和硝基烃在手性的金鸡纳生物碱催化作用下进行不对称加成，生成手性的叠氮硝基化合物，然后在 Pd/C 催化下被 H_2 还原得到邻二胺：

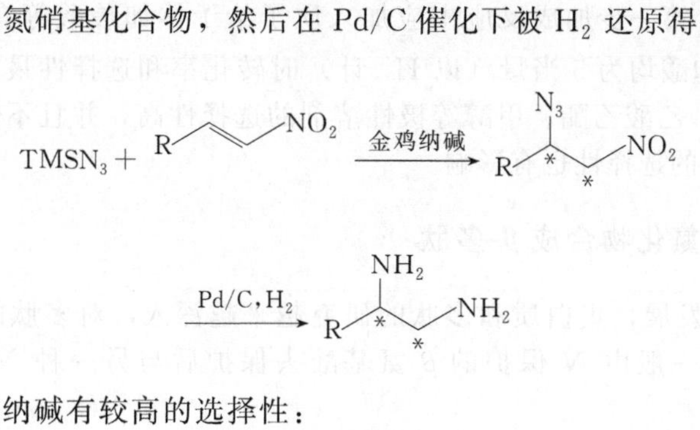

研究发现，以下金鸡纳碱有较高的选择性：

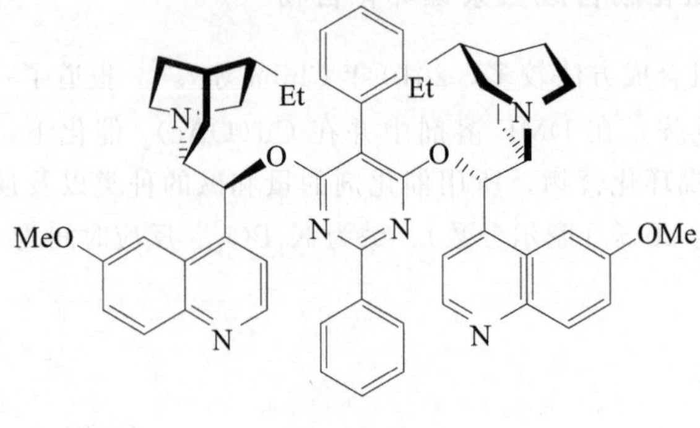

$(DHQD)_2PYR$

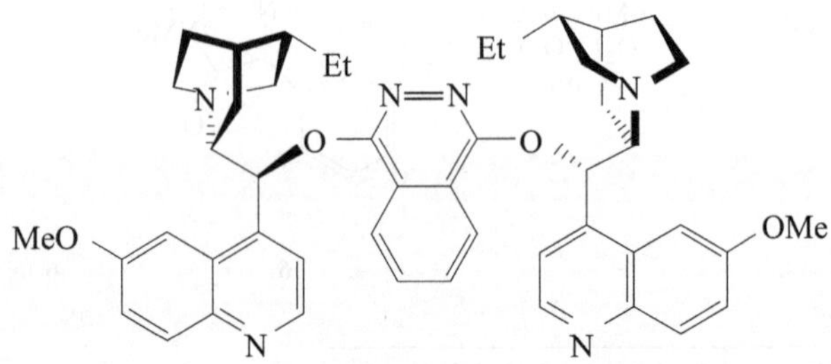

$(DHQD)_2PHAL$

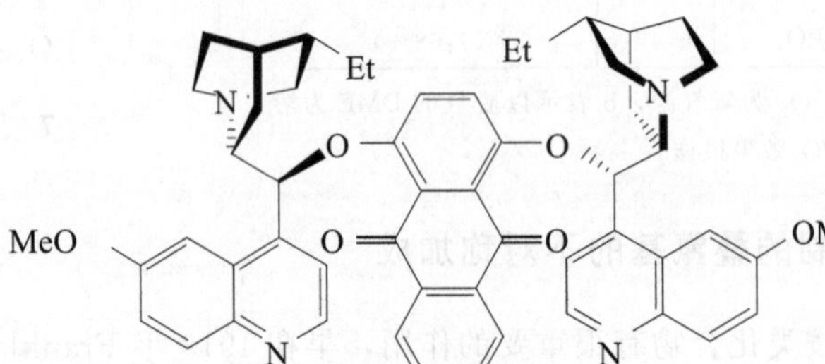

$(DHQD)_2AQN$

Jørgensen 认为，第一步加成反应中应加入质子给予体如羧酸等有机酸或无机酸 $KHSO_4$，同时 $TMSN_3$ 和酸均为 5 当量（以 H^+ 计）时转化率和选择性最佳；溶剂采用甲苯和 CH_2Cl_2 比采用丙酮、乙酸乙酯、甲醇等极性溶剂的选择性高，并且不饱和硝基化合物的取代基 R 的结构对产物的选择性也有影响。

2.3.4 通过叠氮化物合成 *β*-多肽

随着生命科学的发展，蛋白质和多肽的研究越来越深入，对多肽的合成要求也越来越高。传统的多肽合成一般由 *N*-保护的 *β*-氨基酸去保护后与另一种 *N*-保护的氨基酸缩合形成：

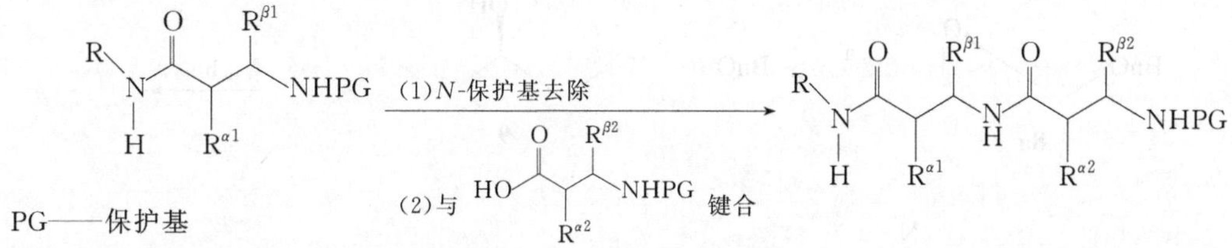

因为上面合成方法一般都要用到 β-氨基酸，而这种氨基酸一般不容易得到，但 β-叠氮酸就比较容易得到。2007 年 Nelson 等[5] 报道了用叠氮酸的成肽反应，首先叠氮基被还原成氨基，然后与另一个 β-叠氮酸反应得到二肽，二肽再与另一个 β-叠氮酸反应得到三肽，如此重复下去。

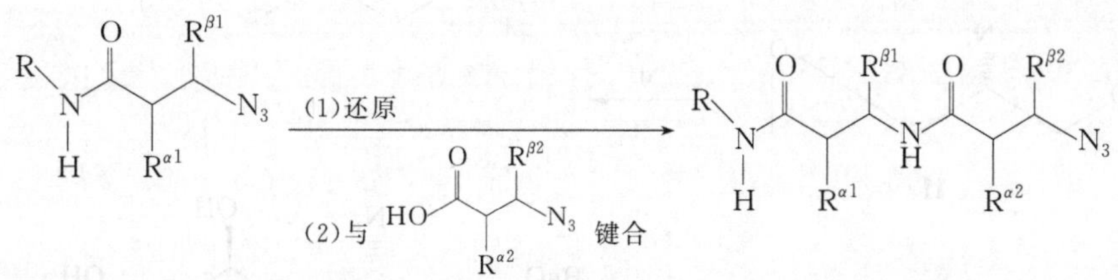

由于 β-叠氮酸比 β-氨基酸容易得到，也不用氨基去保护，这种方法为合成多肽提供了一条较经济的路线。

2.3.5 利用叠氮化反应合成（2*S*,4*R*）-4-羟基鸟氨酸衍生物

Pandey 等人以消旋苄基缩水甘油醚为原料通过 Jacobsen 水解动力学拆分（HKR）和选择性环氧开环、叠氮化等十二步反应，选择性合成了 4-羟基鸟氨酸[6]。

外消旋的 1,2-环氧化合物在手性催化试剂（*R*,*R*)-Salen Co(Ⅲ)·(OAc) 作用下水解动力学拆分选择性开环，其中手性（*S*)-环氧化合物 **8a** 不开环，而对应的异构体环氧化合物开环生成（*R*)-邻二醇 **8b**，简要过程如下：

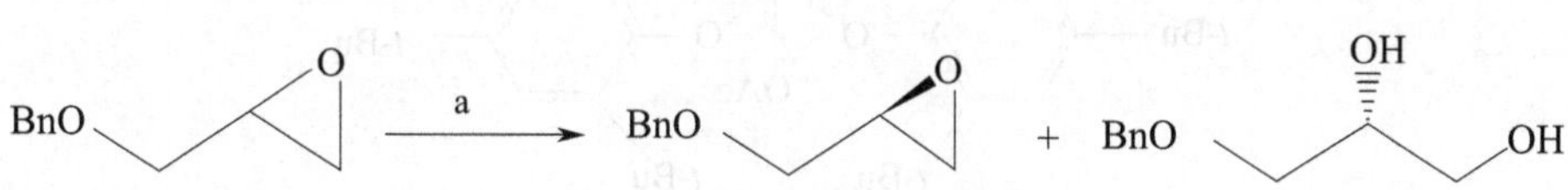

8　　**8a**　　**8b**

a. (*R*,*R*)-Salen Co(Ⅲ)·(OAc)(摩尔分数 0.5%)，蒸馏水(0.55 equiv)，0 ℃，14 h，(**8a** 产率 47%，**8b** 产率 43%)

因为它们的极性不同，很容易对它们进行纯化分离得到 **8a**，然后，**8a** 在碘化铜催化下与乙烯基溴化镁反应得到化合物 **9**（即 β-羟基烯烃），化合物 **9** 的羟基被转化为磺酸酯再经叠氮基取代生成 **10**（即 β-叠氮烯烃），化合物 **10** 的碳碳双键被环氧化生成化合物 **11**，化合物 **11** 在（*S*,*S*)-Salen Co(Ⅲ)·(OAc) 催化下进行手性选择性开环生成目标物 **11a** 和副产物 **11b**，进行分离纯化得到 **11a**：

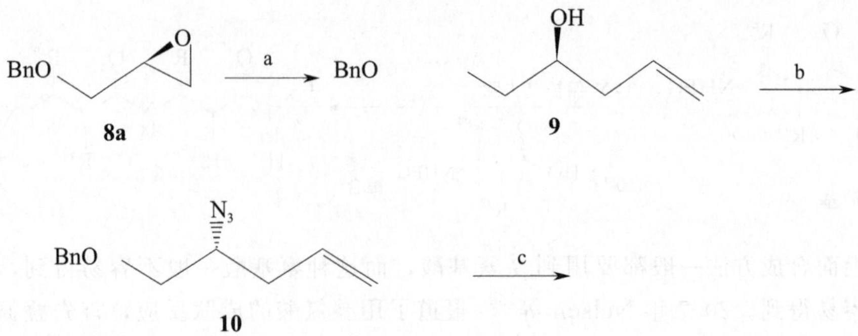

8a　9　10

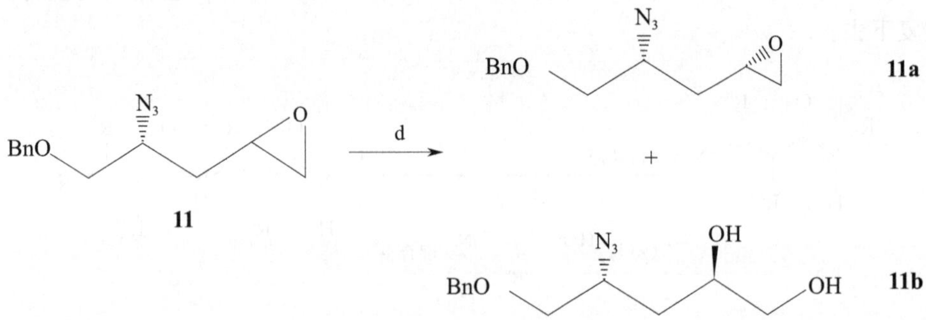

11　11a　11b

a. 乙烯基溴化镁，CuI，THF，-20 ℃，12 h，88%；b. (ⅰ)MsCl，Et_3N，DMAP，0 ℃～r. t.，1. 5 h；(ⅱ)NaN_3，DMF，70 ℃，9 h，91%；c. *m*-CPBA，CH_2Cl_2，0 ℃～r. t.，10 h，96%，ds，*syn*∶*anti*＝1∶1. 18；d. (*S*,*S*)-Salen Co(Ⅲ)·(OAc)(摩尔分数 0. 5%)，蒸馏水(0. 55 equiv)，THF，0 ℃，14 h（**11a** 产率 41%，**11b** 产率 40%）

其中 (*S*,*S*)-Salen Co(Ⅲ)·(OAc) 结构为：

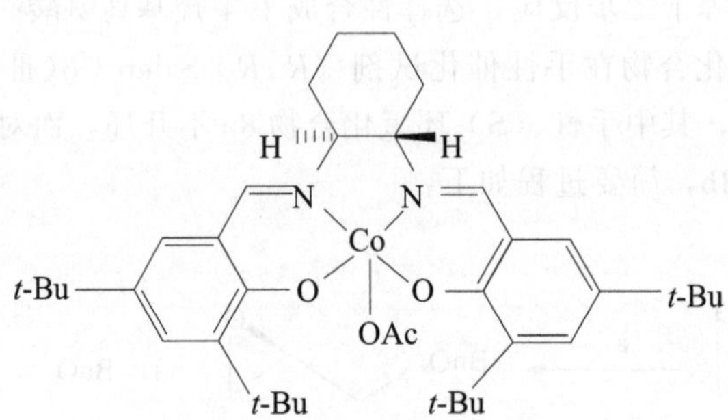

(*S*,*S*)-Salen Co(Ⅲ)·(OAc)

接下来，环氧化合物 **11a** 在 NaN_3 和 NH_4Cl 作用下开环生成二叠氮醇（即化合物 **12**），化合物 **12** 与 TBS-Cl 作用使羟基被保护起来得到化合物 **13**，化合物 **13** 先后进行叠氮还原和羟基氧化得到保护的鸟氨酸衍生物。反应如下：

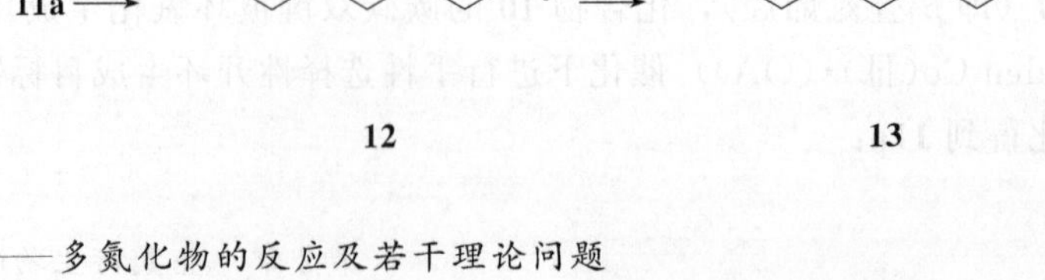

12　13

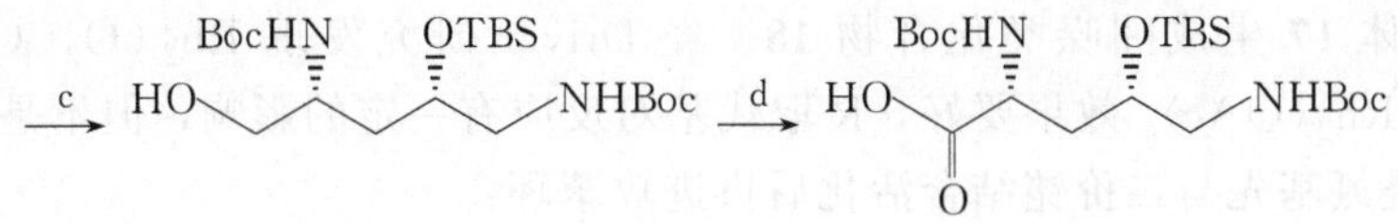

14　　　　　15

a. NaN_3，NH_4Cl，DMF，50 ℃，14 h，92%；b. TBS-Cl（TBS＝叔丁基二甲基甲硅烷基），咪唑，DMAP，CH_2Cl_2，0 ℃～r. t.，4 h，97%；c. 20% $Pd(OH)_2/C$，H_2，Boc_2O，EtOAc，12 h，86%；d. TEMPO，NaOCl，$NaClO_2$，CH_3CN，82%

2.3.6 羟基直接一步叠氮化反应

叠氮有机化合物在有机合成中有着重要作用，可以利用它来合成伯胺或含氮杂环等重要的有机化合物。现在合成烷基叠氮化物的方法也比较多，但都要好几步才能合成，一般的方法是把羟基先用对甲苯磺酰氯（或甲磺酰氯等）把羟基首先转变为磺酸酯类，由于磺酰基极易离去，用叠氮基取代就非常容易。2007 年 Rad 等人[7] 报道了一种非常简单的一步实现烷基叠氮化物合成方法，即 R—OH 在 NaN_3、Tslm（结构见下）、TBAI（四丁基碘化铵）、TEA（三乙胺）催化条件下直接生成烷基叠氮化物，而且醇的选择性大小为：伯醇＞仲醇＞叔醇。反应如下所示：

$$R—OH + NaN_3 \xrightarrow[\text{DMF，回流，5～12 h}]{\text{Tslm/TBAI/TEA}} R—N_3$$

R = 1°、2°或 3°烷基

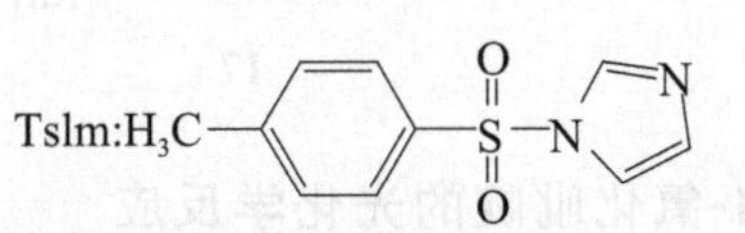

这就是羟基直接一步叠氮化反应的新方法。

2.3.7 叠氮基环化合成吲哚衍生物

通过 Rh(Ⅱ) 催化的 C—H 键活化与氮宾（nitrene）机理可以直接合成有价值的碳环类及含氮芳杂环类化合物，2007 年美国芝加哥 Illinois 大学的 Driver 教授和他的合作者报道了用乙烯叠氮合成吲哚衍生物的新方法[8]，收率大于 90%：

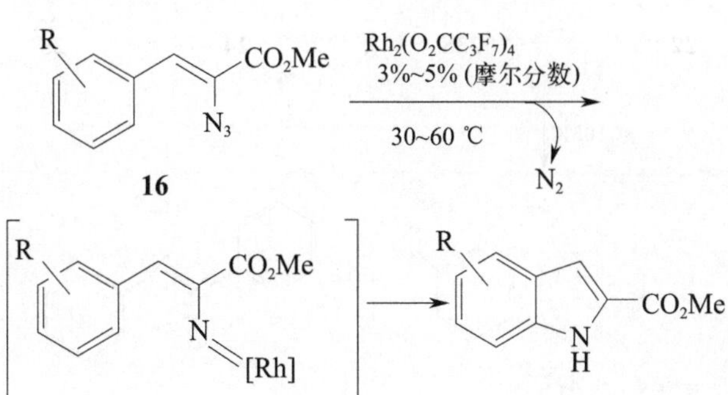

16　17　18

叠氮烯类化合物 **16** 在 30～60 ℃下且催化剂量为 3%～5%（摩尔分数）时，反应 30～

40 min 经中间体 **17** 生成吲哚类化合物 **18**。经 Driver 研究发现 $Rh_2(O_2CC_3F_7)_4$ 比 $Rh_2(O_2CCF_3)_4$ 和 $Rh_2(OAc)_4$ 效果要好，R 取代基对反应有一定的影响，但不是很大；一般认为催化机理是叠氮基先与二价铑结合活化后再进攻苯环：

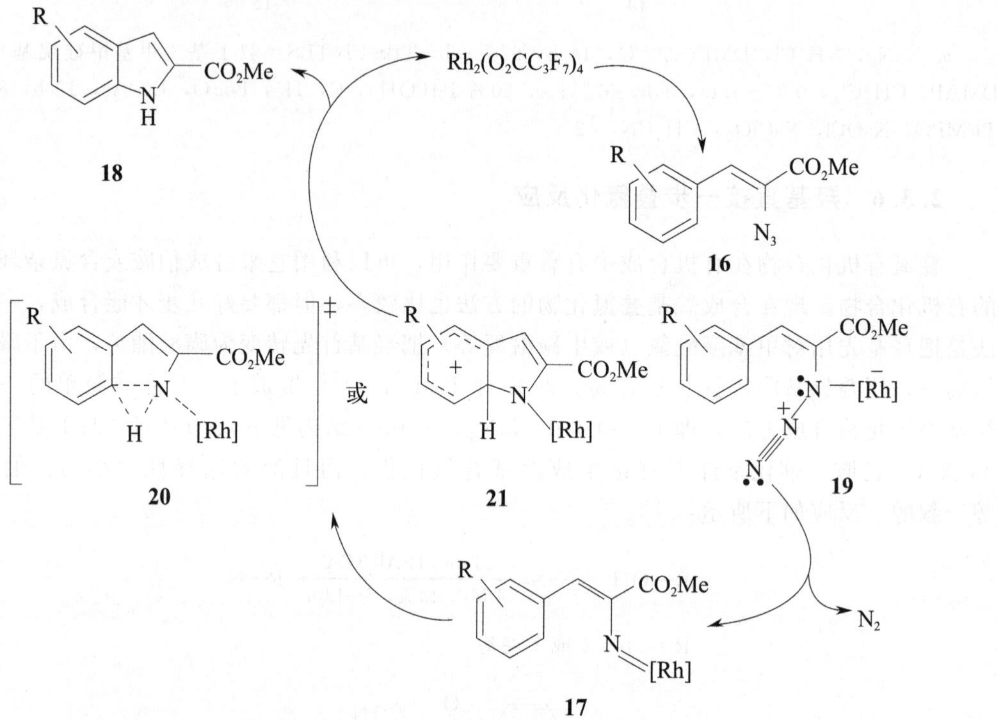

2.3.8 叠氮苯和 4-叠氮基-1-氧化吡啶的光化学反应

Poole 等[9] 于 2008 年报道了叠氮苯在光照条件下活化，失去一分子氮气生成一个单线态的氮宾，单线态的氮宾生成吖啶进而扩环生成氮杂七元环；单线态的氮宾也可以转化为三线态中间体 **23T** 再进行双分子偶联，最终得到偶氮苯：

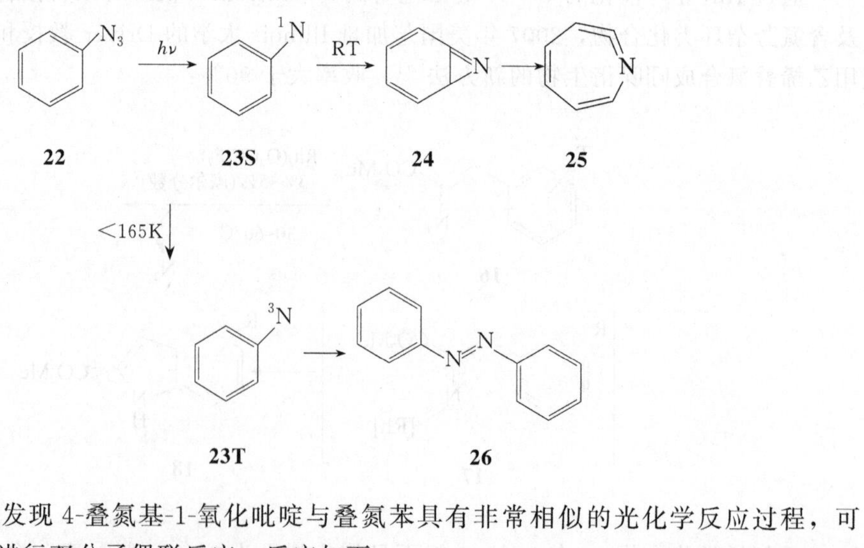

Poole 等[9] 还发现 4-叠氮基-1-氧化吡啶与叠氮苯具有非常相似的光化学反应过程，可以进行扩环反应或进行双分子偶联反应，反应如下：

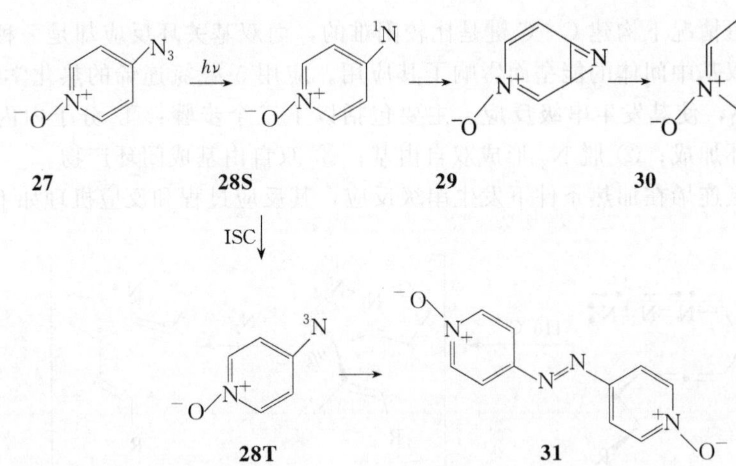

又如 1-氧化-3-叠氮吡啶也可以进行类似扩环和偶联反应，但生成的产物种类更多：

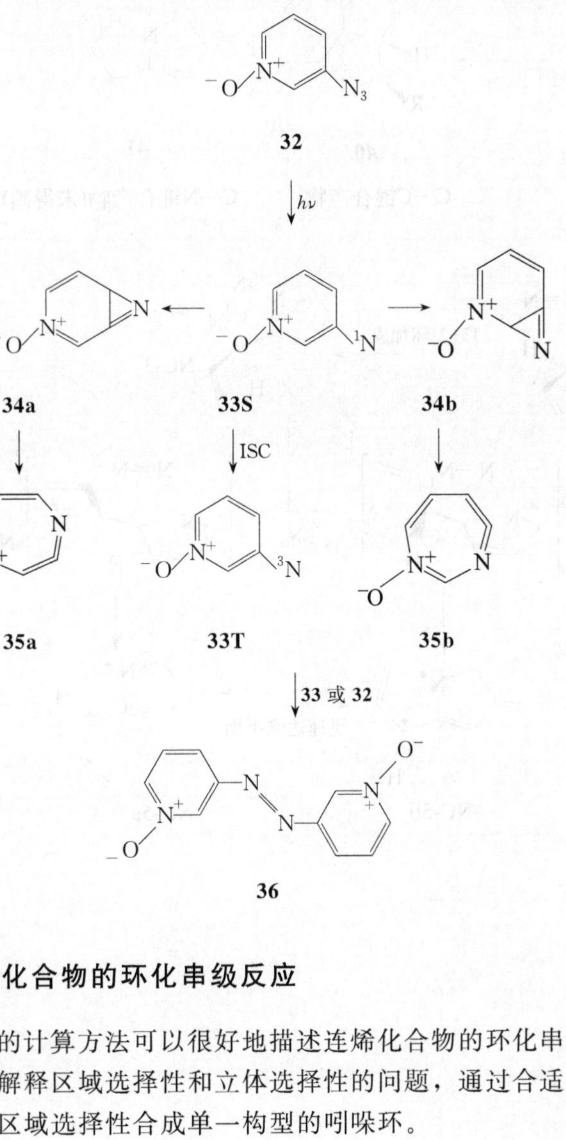

2.3.9 叠氮连烯化合物的环化串级反应

运用密度泛函理论的计算方法可以很好地描述连烯化合物的环化串级反应，通过计算还可以分析一些中间体并解释区域选择性和立体选择性的问题，通过合适的取代基替换，可以实现运用叠氮连烯通过区域选择性合成单一构型的吲哚环。

例如在大位阻情况下构建 C—C 键是比较困难的，而双基关环反应却是一种非常好的方法，但由于产生双基中间体的能垒而影响了其应用。应用 5-叠氮连烯的热化学性质[10]，在 110 ℃下缓缓加热，使其发生串级反应。主要包括以下三个步骤：① 分子内丙二烯和叠氮基发生 [3+2] 环加成；② 脱 N_2 形成双自由基；③ 双自由基成闭环产物。

非共轭的叠氮连烯在加热条件下发生串级反应，其反应过程和反应机理如下：

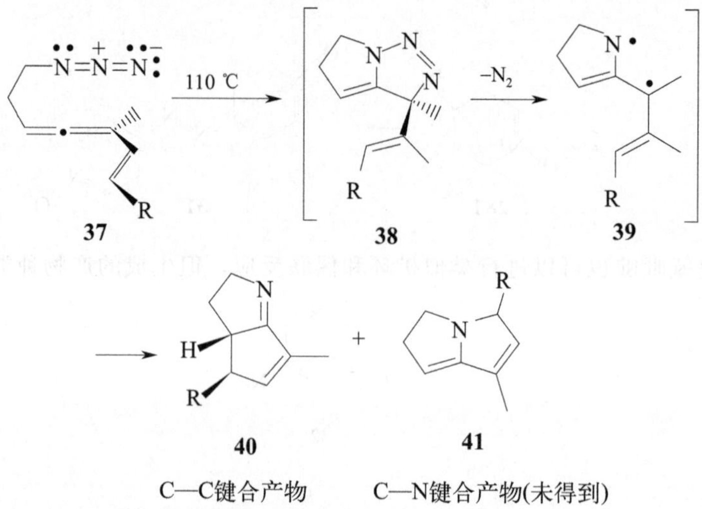

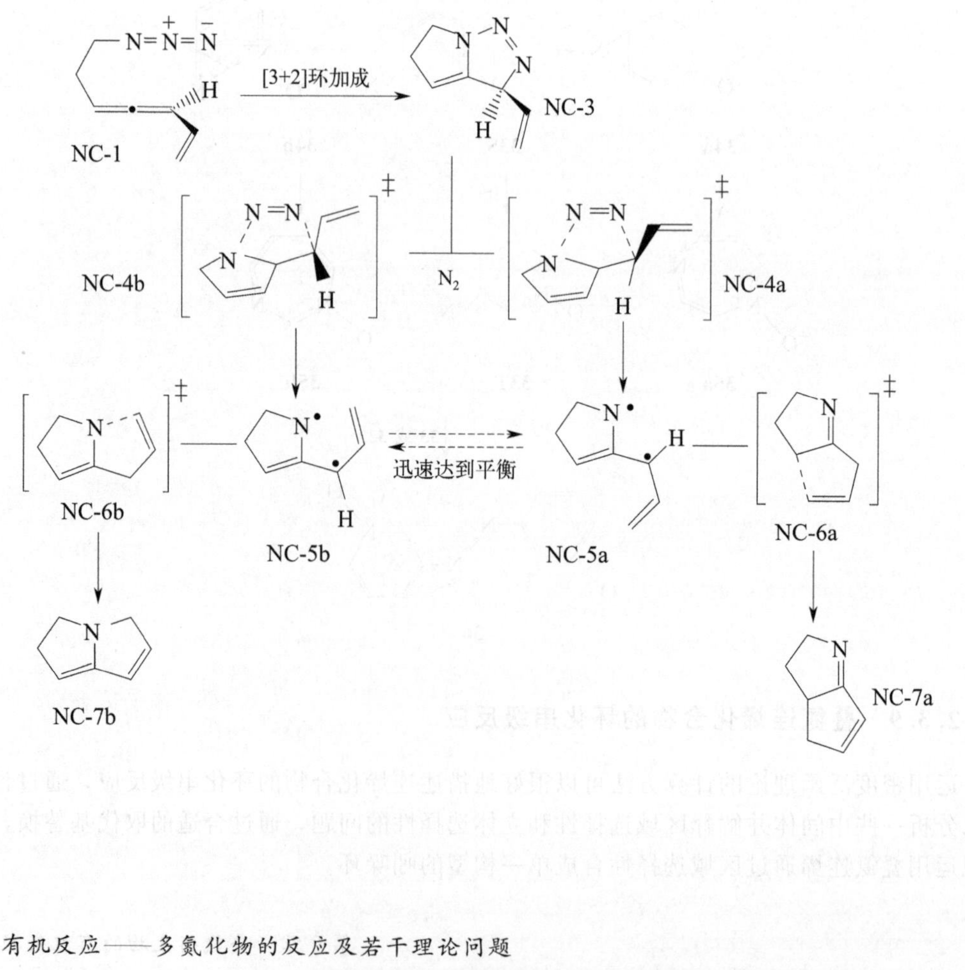

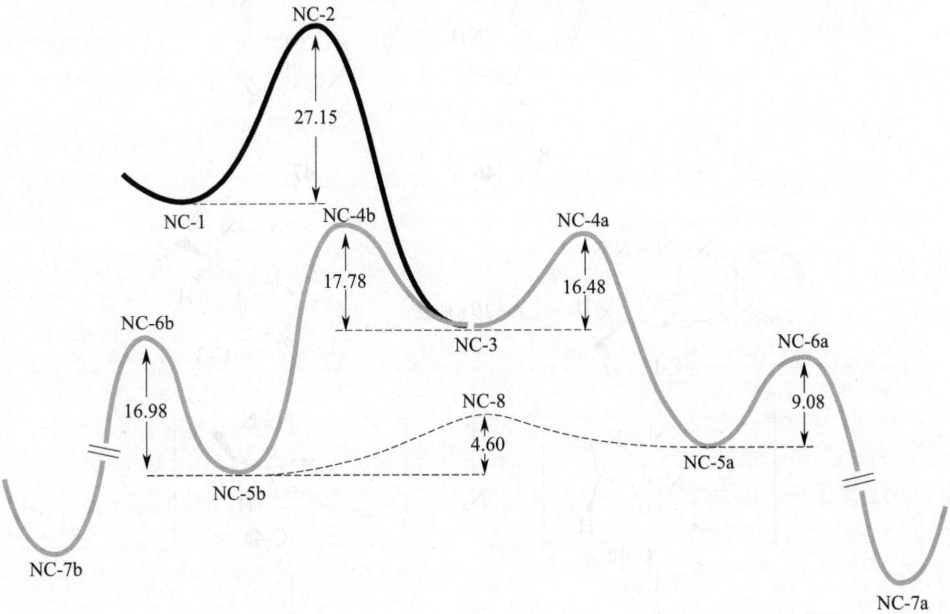

从上述反应机理图知道叠氮连烯即 NC-1 经过环合生成 NC-3，NC-3 再吸收能量异构化为 NC-4a 或 NC-4b，两种中间体进而转化为 NC-5a 和 NC-5b，从图中可以看出 NC-5b 与 NC-5a 迅速达到平衡（实际上 NC-5b 与 NC-5a 之间通过一个瞬态中间体 NC-8 转化）。NC-5b 与 NC-5a 的能垒仅为 4.6 单位能量，而且 NC-5b 比 NC-5a 势能低，故 NC-5b 比较稳定，容易生成，进一步 NC-5b 生成 NC-7b。

共轭的叠氮连烯在加热条件下发生串级反应生成两种异构体 **46** 和 **47**，这是因为关键的中间体 C-5a 和 C-5b 之间相互转化的能垒太高，如果要互相转化的话要克服 24.19 单位的能垒，这是比较高的，因此认为 C-5a 和 C-5b 之间不能互相转化，进一步导致后面生成两种异构体产物。其反应实例图和反应机理图如下：

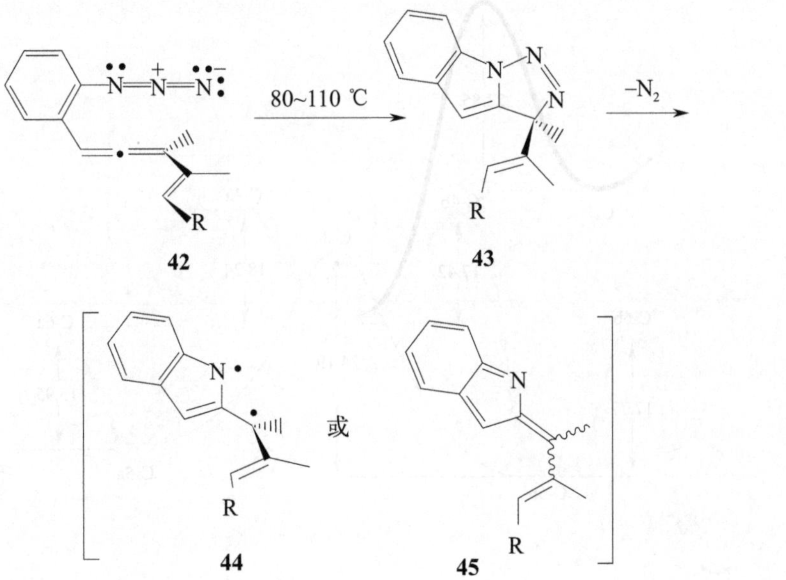

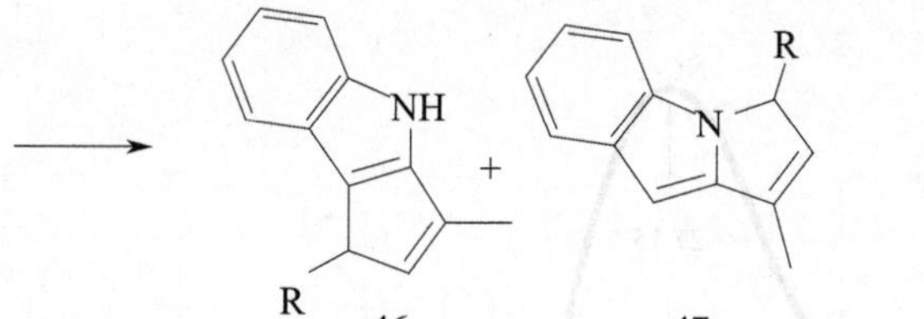
NH
R
R

46 **47**

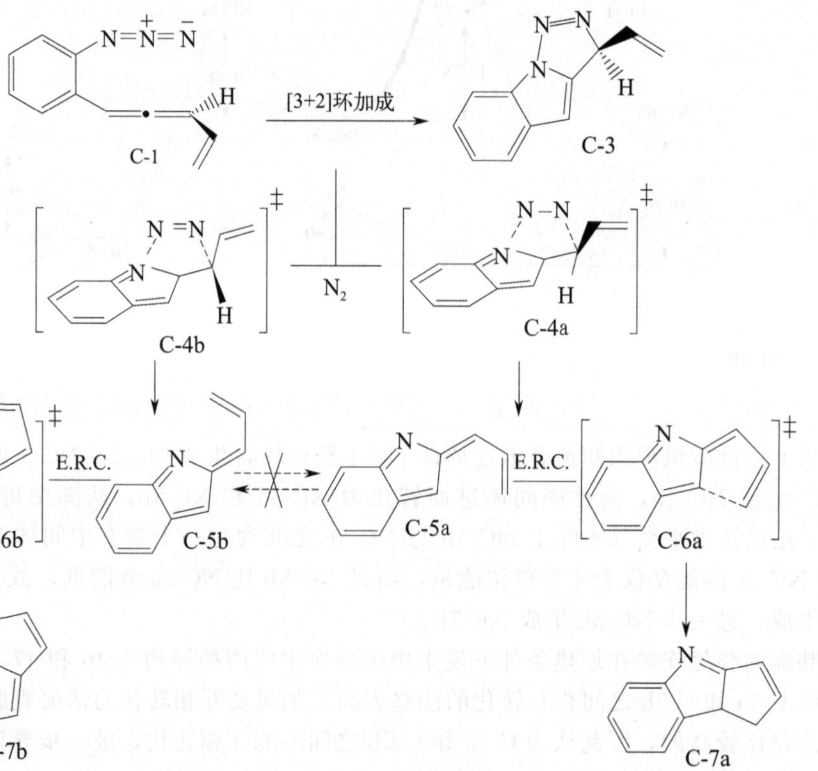
C-1
[3+2]环加成
C-3
H
‡
N_2
C-4b
C-4a
E.R.C.
C-6b
C-5b
C-5a
C-6a
C-7b
C-7a

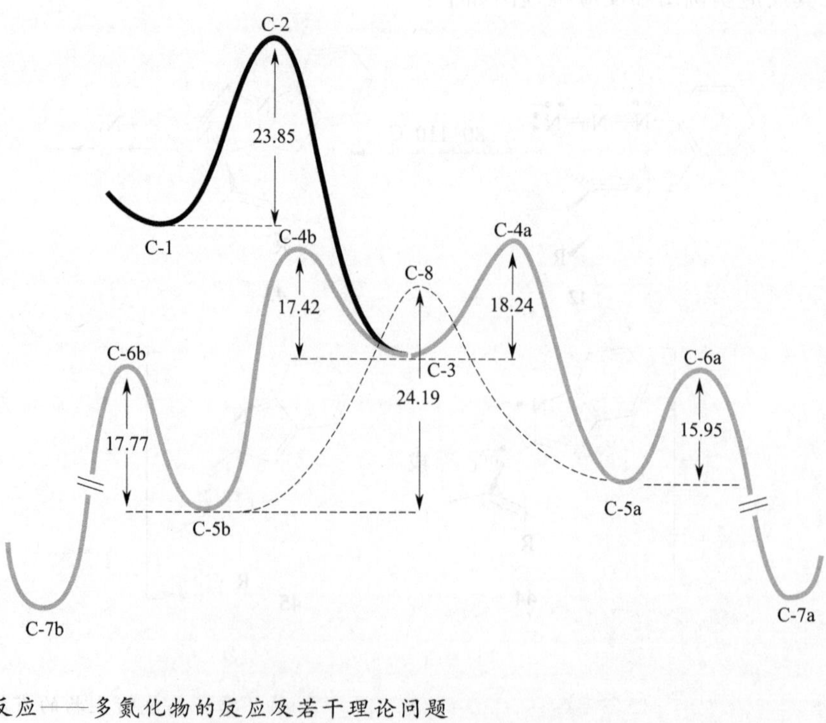
C-2
23.85
C-1
C-4b
C-8
C-4a
17.42
18.24
C-3
C-6b
C-6a
24.19
17.77
15.95
C-5b
C-5a
C-7b
C-7a

2.3.10 由叠氮化物合成腈的新方法

氰基在有机合成中是一个很重要的官能团，虽然合成腈类有很多好方法，但这些方法的实验条件一般都比较苛刻，Prabhu 和他的合作者发现了一种简便合成腈的方法[11]。在水或甲苯为溶剂的条件下，对甲氧基叠氮苄在 5%（摩尔分数）碘化亚铜和 70%叔丁基过氧化氢水溶液作用下，回流 1 h 后得到对甲氧基苯甲腈，产率为 90%以上，另外有副产物对甲氧基苯甲酸产生，但含量较低，容易与目标产物分离。反应式如下：

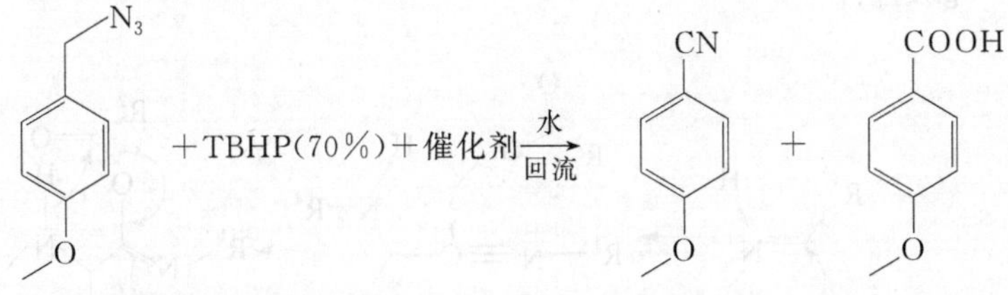

可以看出，这是利用叠氮基合成氰基的一种非常好的方法。

芳基腈由于其在天然产物、药物化学、染料等方面的应用而变得十分重要，因此其合成也备受化学家关注。在过去的几十年里人们开辟了几种合成芳基腈的方法。但是这些方法有的选择性较差，有的条件要求苛刻，不易应用于工业生产。近期，Jiao 等[12a] 发现了一种在室温下就可以将甲基芳烃转化为芳基腈的方法，这在芳基腈的合成中尚属新反应。其反应过程如下：

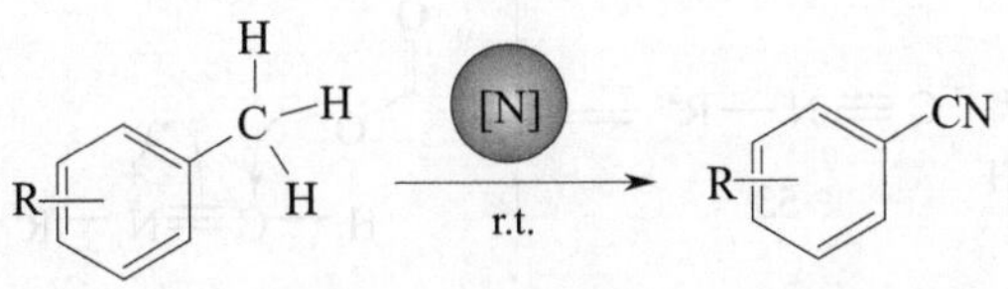

在该反应中，作者采用 $PhI(OAc)_2$ 作为氧化剂、叠氮酸钠作为氮源，并以铜盐作为催化剂，促进甲基芳烃中 C—H 键的裂解，发现在缺少 $PhI(OAc)_2$ 和叠氮酸钠当中任何一种时，反应均不能进行。

最近，Danishefsky 等[12b] 综述了由含氮的异腈化物经过较为复杂的反应，生成复杂胺类化合物的有机反应。例如 Passerini 反应和 Ugi 反应：

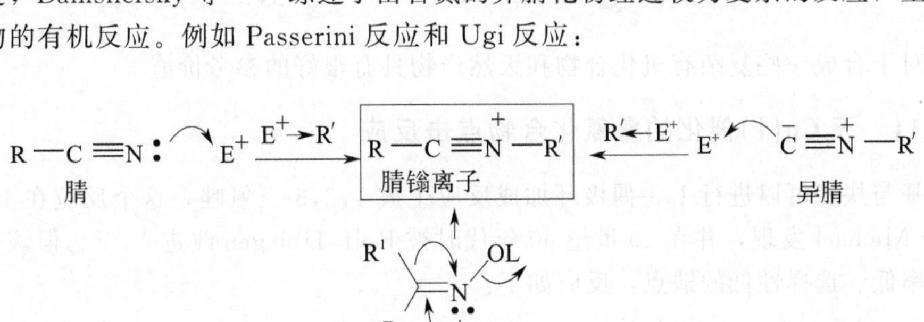

Passerini反应：

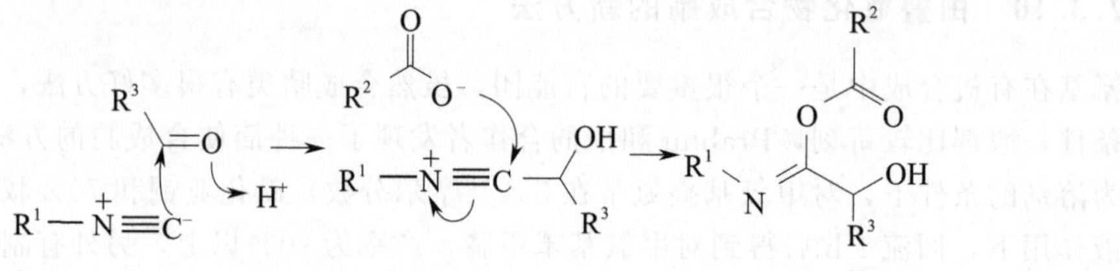

48

Ugi反应：

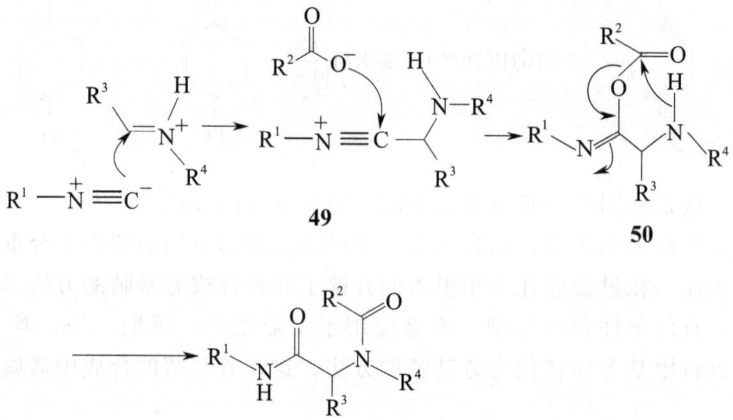

49 50 51

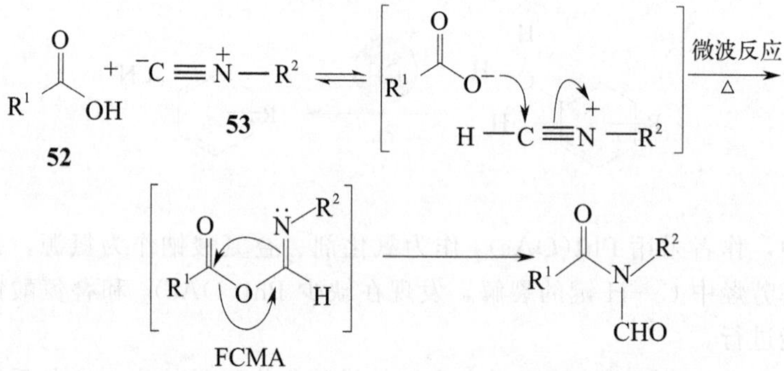

52 53 FCMA 54 55

这些反应对于合成一些复杂有机化合物和天然产物具有很好的参考价值。

2.3.11 无 Cu(Ⅰ)催化的叠氮化合物点击反应

叠氮基与炔烃可以进行 1,3-偶极环加成反应生成 1,2,3-三氮唑，这个反应在 19 世纪末被 Arthur Michael 发现，并在 20 世纪 60 年代时被 Rolf Huisgen 改进[13-14]。但该反应有速度慢、产率低、选择性低的缺点，反应如下：

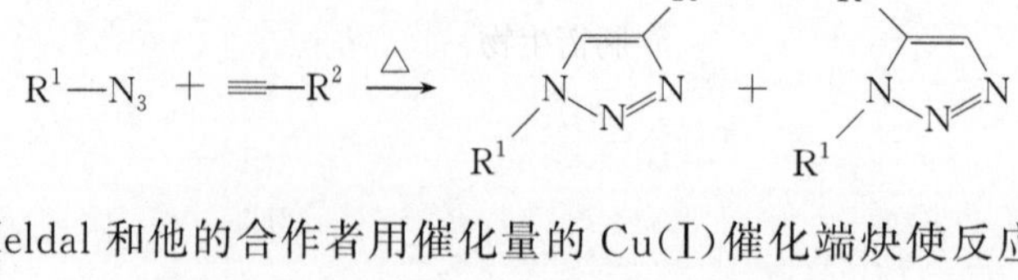

在 2002 年，Meldal 和他的合作者用催化量的 Cu(Ⅰ)催化端炔使反应能在室温下和有机

溶剂中进行，速度较快，产率较高，并且有较好的选择性[15]。这也称为 CuAAC 反应，紧接着 Sharpless 发现这个反应能在极性溶剂（比如叔丁基醇、乙醇和蒸馏水）中进行。这两个几乎同一时间的发现使 Huisgen 环化反应重新引起注意，并在有机化学、无机化学、高分子化学、生物化学方面广泛应用，被称为一个经典的“点击化学反应”（Click 化学反应）。

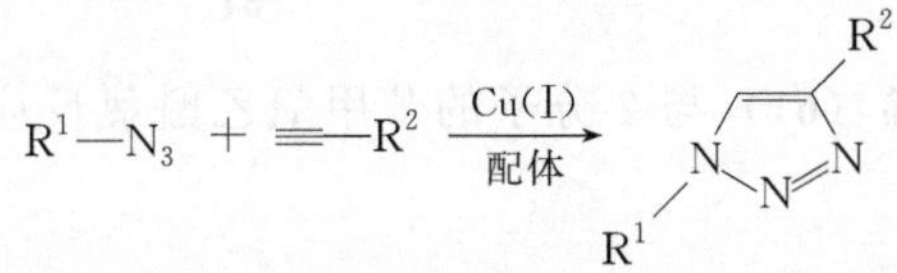

这个反应中的 Cu(Ⅰ)具有毒性，限制了它的使用，Bertozzi 和他的合作者通过研究发现了一种无铜催化的点击化学反应[16-17]。

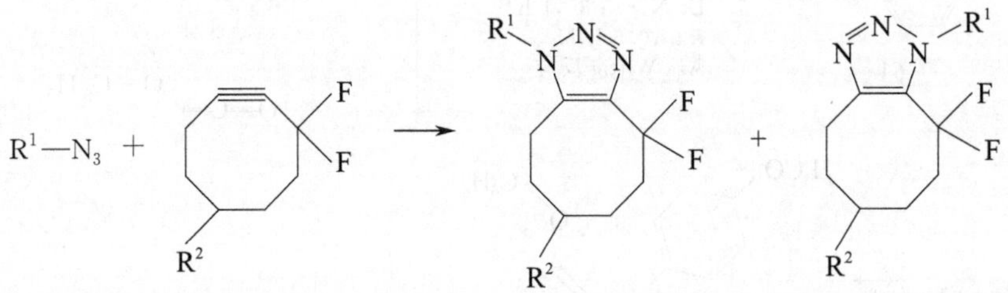

Bertozzi 团队发现，化合物 **56** 与多种小分子化合物（如 2-叠氮乙醇、叠氮苯等）反应，有很好的反应性能，但与 CuAAC 相比反应的动力学很差；通过研究发现化合物引入氟原子能加快反应并且产率也较高，并且两个氟原子的化合物 **58** 的反应性比化合物 **57** 的要好。

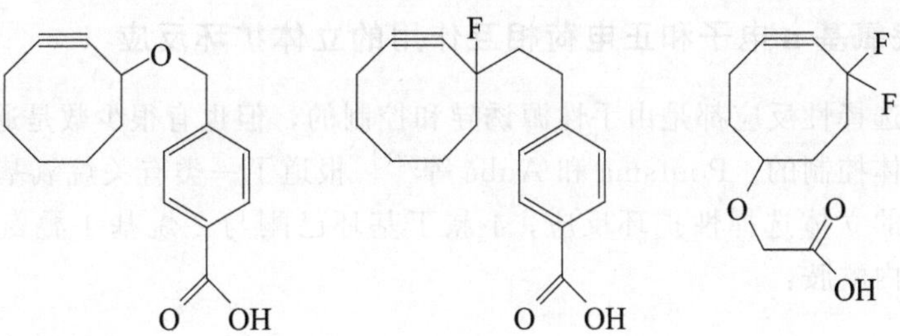

56 **57** **58**

关于无 Cu（Ⅰ）催化的叠氮化合物点击反应，还可以参阅 2008 年 Lutz 在 *Angew. Chem. Int. Ed.* 上的文章[18]。

2.3.12 用叠氮化物合成四元环的 *β*-内酰胺

Wang 等于 2008 年报道了一种合成 *β*-内酰胺的新方法[19]，由叠氮基经过氮杂 Wittig 反应和［2+2］环合等生成 4-亚甲基-*β*-内酰胺，总反应式如下：

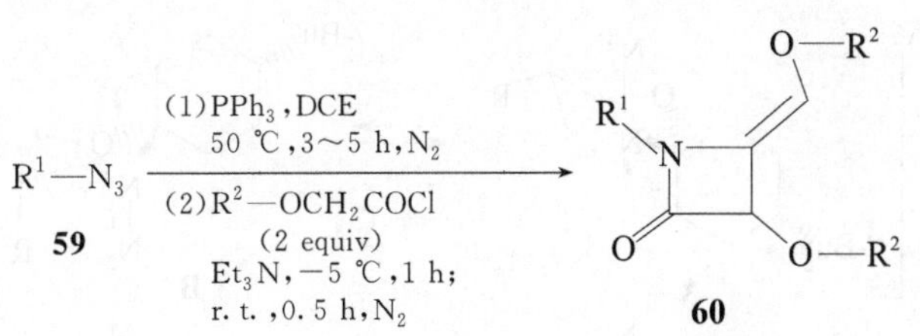

首先，4-甲氧基叠氮苯在 DCE(1,2-二氯丙烷) 中与三苯基膦进行 Staudinger-Meyer 反

应[20]，经 3～5 h 后得到三苯磷氮烯：

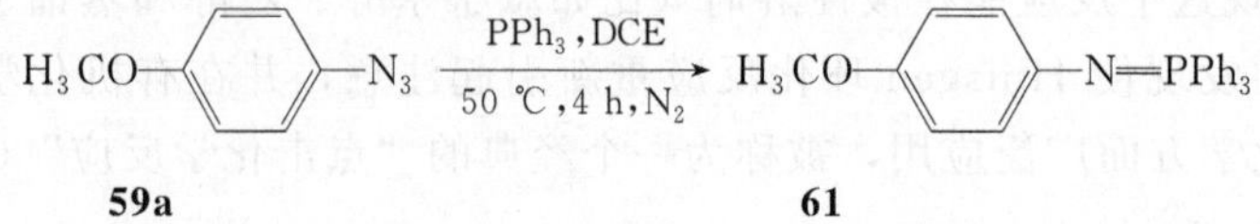

然后得到的三苯磷氮烯（**61**）与 2 分子的苯甲氧乙酰氯反应得到产物 4-苯氧亚甲基-β-内酰胺（**63**）：

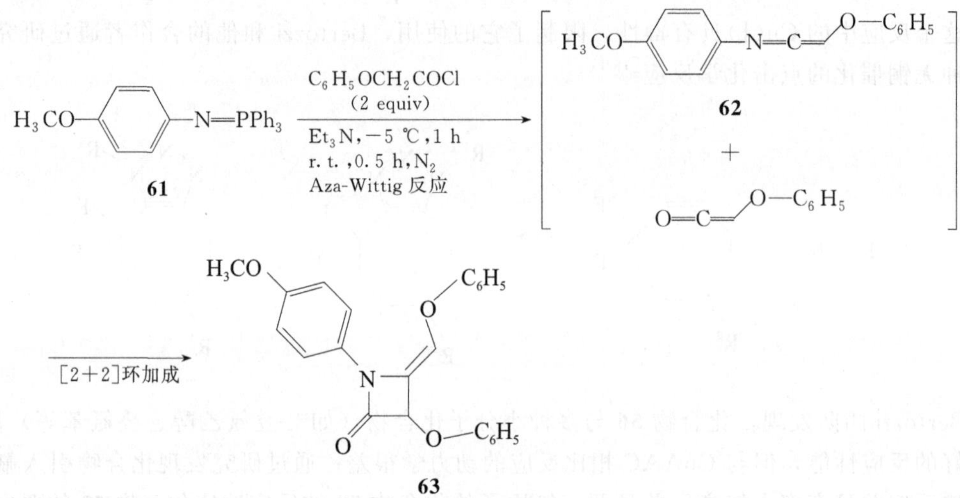

2.3.13 烷氧基 n 电子和正电荷相互作用的立体扩环反应

大多数立体选择性反应都是由手性源诱导和控制的，但也有很少数是通过反应过渡态的电子效应进行立体控制的。Poutsma 和 Aubé 等[21] 报道了一类有关烷氧基 n 电子和离去基正电荷相互作用的立体选择性扩环反应，4-叔丁基环己酮与 2-烷基-1-叠氮基丙醇在路易斯酸催化下扩环成内酰胺：

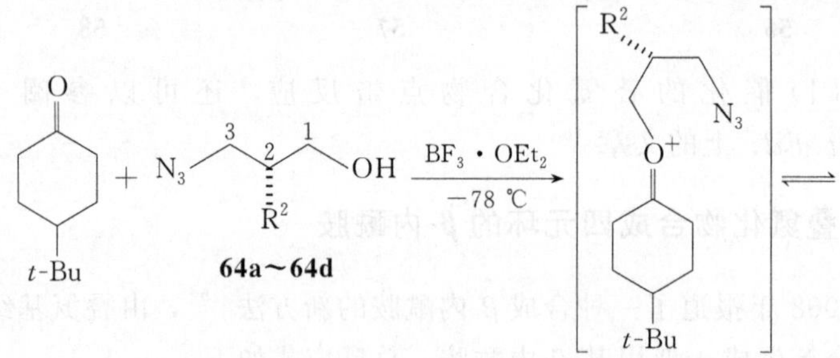

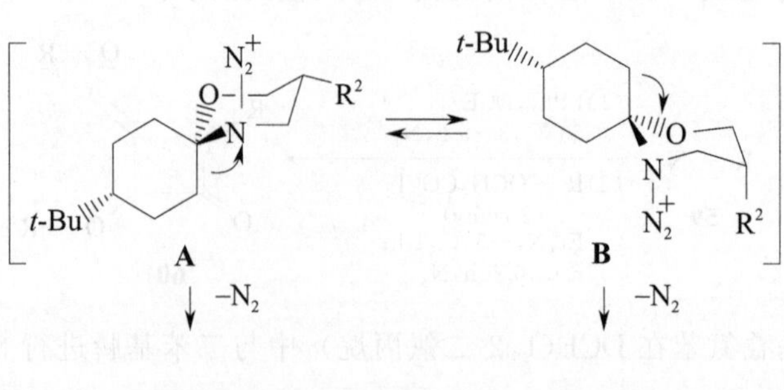

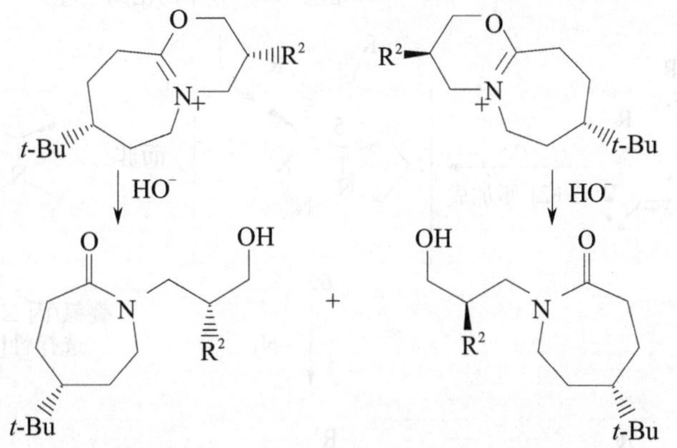

65a~65d　　　66a~66d

当 R^2 为不同基团时，**65** 和 **66** 的比例是不同的，如下所示：

化合物系列	R^2	化合物 **65** 与 **66** 的比例	产率/%
64a	Me	74∶26	98
64b	Ph	60∶40	98
64c	OMe	4∶96	98
64d	SMe	1.8∶98.2	90

由表可知当 R^2 为甲基或苯基时主要中间体构象为 **A**，当 R^2 为甲氧基或甲硫基时主要中间体构象为 **B**。经过研究发现构象 **A** 和 **B** 的比例由电子效应和空间效应共同决定：① 当 R^2＝甲基时，—CH_3 与—N_2^+ 之间的电子效应较小，空间位阻占主要地位，所以构象 A 能量低，较稳定且比例较大；② 当 R^2＝OMe 时，有 n 电子的甲氧基与有空电子轨道正电荷的—N_2^+ 有较强的电子效应，两个基团都处于直立键时过渡态能量低，即 B 的比例大，如下所示：

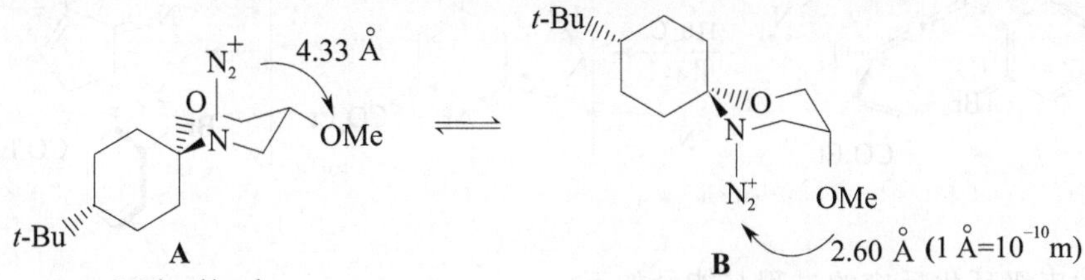

A　0.0 kcal/mol　　B　−3.8 kcal/mol (1 cal=4.2 J)

构象 A 的能量为 0.0 kcal/mol，构象 B 的能量为−3.8 kcal/mol，所以主要产物为 B。

在这里，Poutsma 和 Aubé 等[21] 第一次指出烷氧基 n 电子和正电荷相互作用的立体效应，比以前所报道的 π 电子和正电荷相互作用还要强。

2.3.14　叠氮化合物有机反应的区域选择性

Feldman 等报道了一种二氢吡咯桥环化合物的合成方法[22]，该反应具有很好的选择性。经研究发现具有化合物 **67** 结构的叠氮物在加热条件下进行［3＋2］环加成只生成瞬态中间体 **69**，因为区域选择性而不会生成 **70**，瞬态中间体 **69** 中与氮相连的碳原子上没有 H 原子，故不能发生消除反应生成三唑化合物，并且瞬态中间体 **69** 进一步反应只得到化合物 **68** 和化合物 **73**，因为环张力不会得到化合物 **72**。反应如下所示：

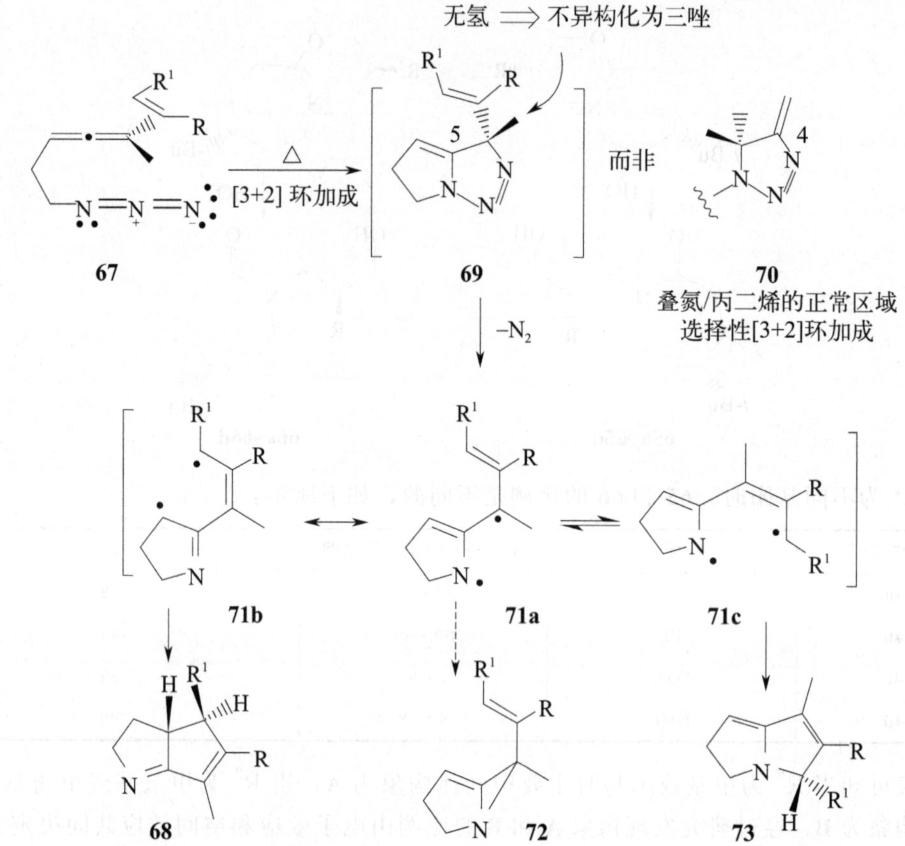

例如当化合物 **67** 上连二烯基的 H 原子被溴苯基取代时，可得到预测产物，反应如下：

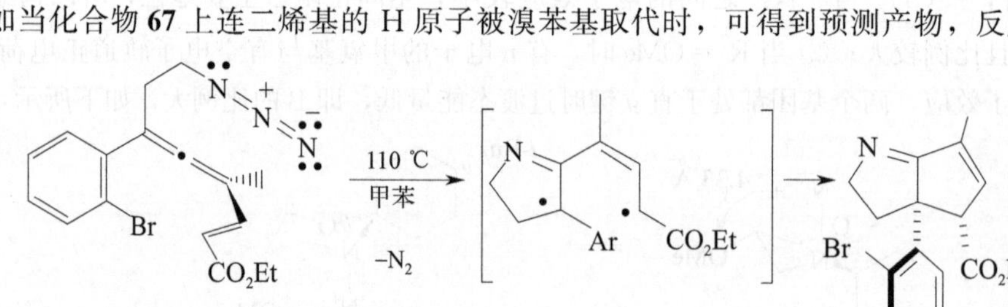

计算的串级环化反应的过程与能量如下：

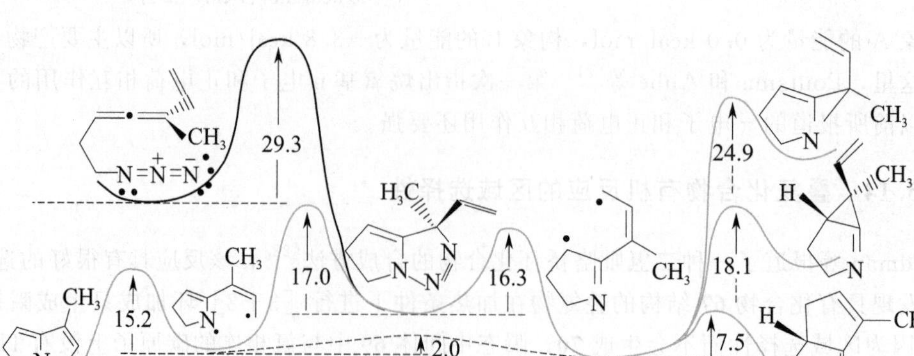

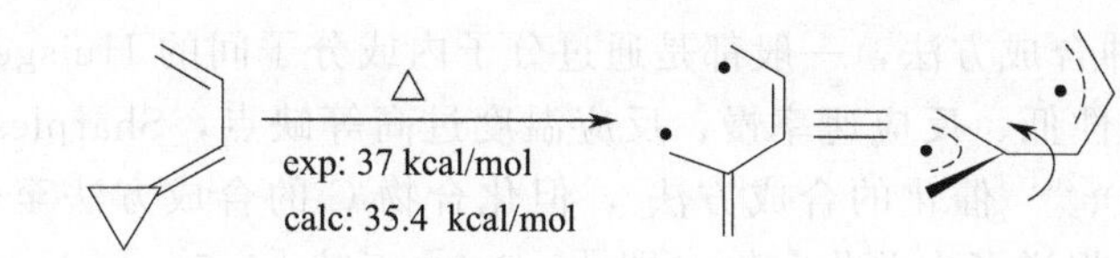

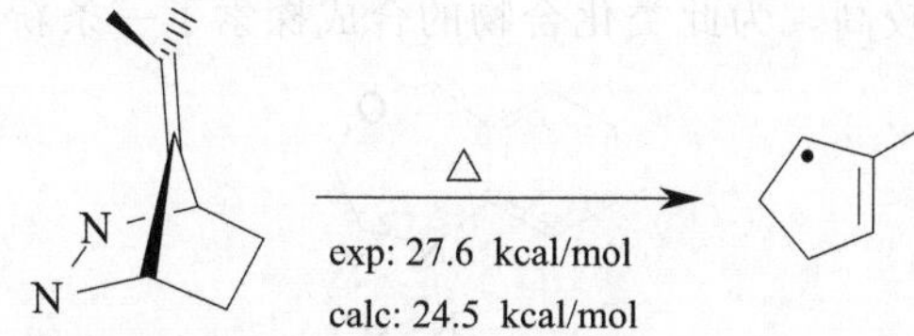

相对自由能单位为 kcal/mol（1 cal＝4.18 J）。

2.3.15　手性氮杂 Wittig 反应

手性合成的方法目前报道了很多，Marsden 等介绍了一种手性氮杂 Wittig 反应[23]，该反应操作简单，条件温和，产率较高，对映体过量达 84%。

化合物 2-烃基-2-(3-叠氮基丙基)-环己烷-1,3 二酮在手性膦硼烷作用下生成手性氮杂桥环化合物，反应如下：

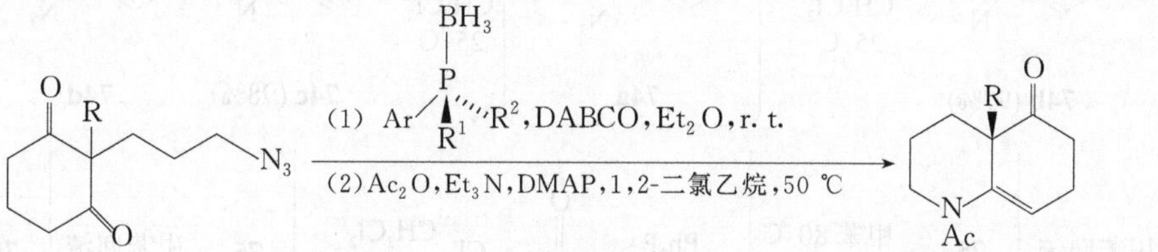

其中 DABCO 为三亚乙基二胺，立体控制的手性源为（－）-鹰爪豆碱衍生物，这里使芳基手性膦硼烷与正丁基锂作用，再把（－）-鹰爪豆碱键接到手性膦硼烷分子上［原手性膦硼烷分子中磷原子上的 H 原子被（－）-鹰爪豆碱取代］：

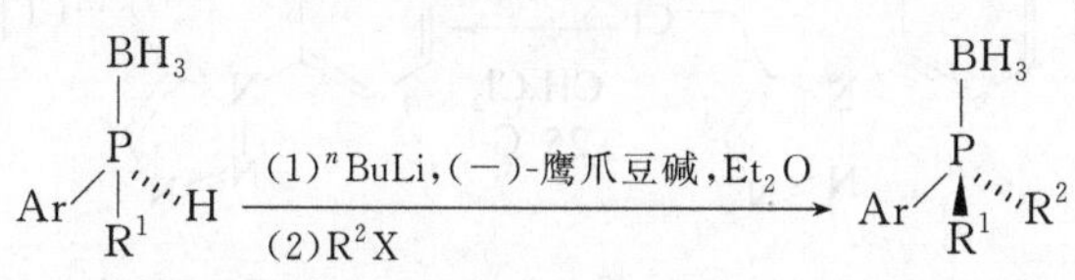

该反应是笔者看到的第一例不对称氮杂 Wittig 反应。

2.3.16　苯二氮杂䓬类化合物的合成

苯二氮杂䓬类化合物对中枢神经系统有重要的生理性作用，在临床上应用非常广泛的苯二氮杂䓬类化合物有地西泮、三唑仑等，下列化合物 **A** 和 **B** 也属于这类药物[24]：

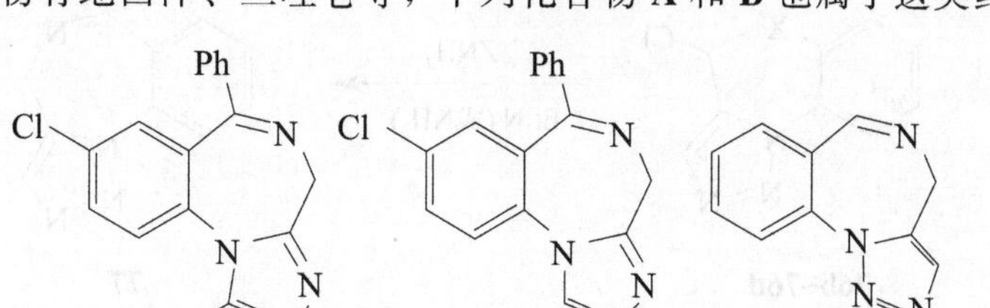

A　**B**　C

化合物 **A** 和 **B** 有很多种合成方法，一般都是通过分子内或分子间的 Huisgen 偶极环加成反应，但这类反应有选择性低、反应速率慢、反应温度过高等缺点，Sharpless 和其他人也报道过 Cu(Ⅰ)[25] 或 Ru(Ⅱ)[26] 催化的合成方法，但化合物 C 的合成方法至今还不是很多，2007 年 Alajarin 等[27] 报道了有关化合物 **C** 即 [1,2,3]-三唑-[1,5-*a*]-[1,4] 苯二氮杂䓬的合成，产率都比较高，为此类化合物的合成探索了一条新的路线。反应如下：

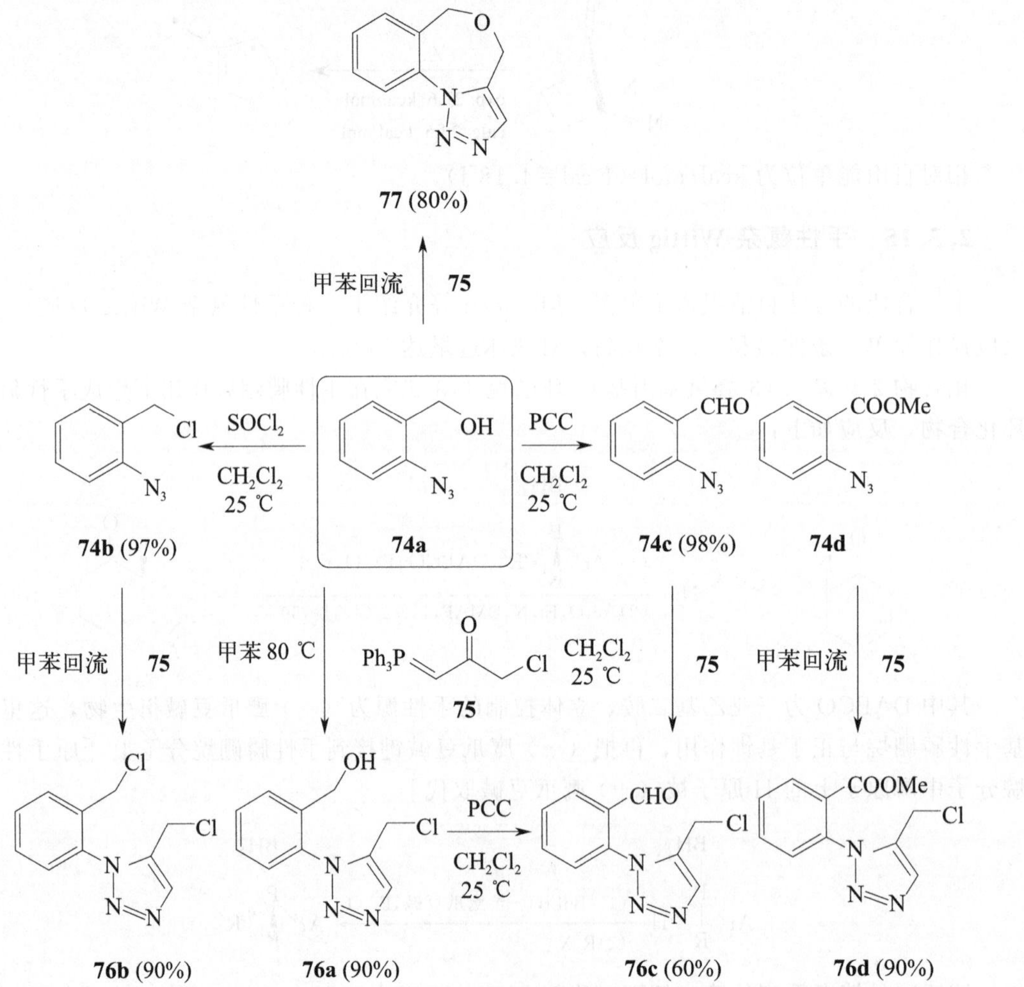

76b、**76a**、**76c**、**76d** 在叔胺中与 ZNH_2（Z＝烷基等取代基）生成化合物 C 的衍生物，不论苯环上的取代基 X 是 CH_2Cl、CH_2OH、CHO 还是 COOH，它们的最终产物是一样的，都为 [1,2,3]-三唑-[1,5-*a*]-[1,4] 苯二氮杂䓬（化合物 C）。

当 Z＝H 时，有以下反应：

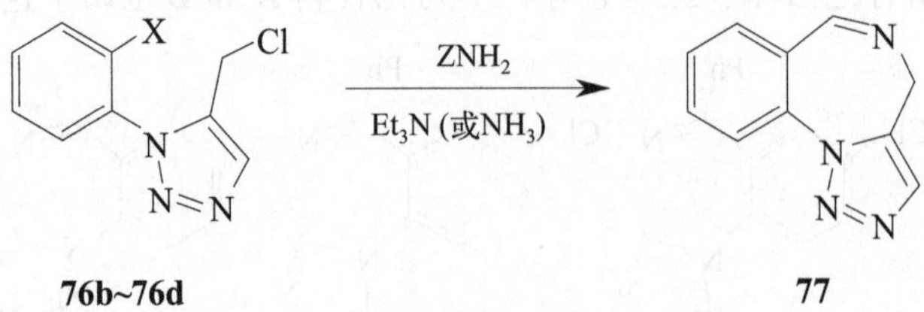

2.3.17 三唑与腈的有机反应及咪唑环番

2008年Gevorgyan和Fokin等人[28]报道了铑催化的1,2,3-三唑与腈的反应。首先，N-磺酰基三唑化合物**78**开环脱去一分子氮气并与铑催化剂偶联，生成中间体**i**，然后中间体**i**与腈衍生物环加成生成咪唑衍生物**79**，通过这个反应可以得到很多咪唑类衍生物，反应通式为：

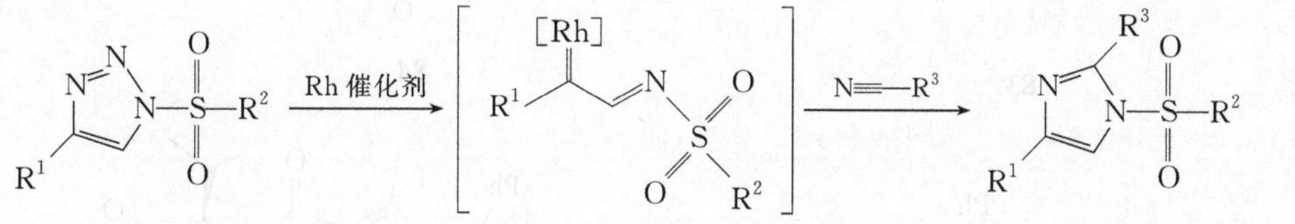

78　　**i**　　**79**

研究中采用的催化剂为$Rh_2(S\text{-}DOSP)_4$和$Rh_2(Oct)_4$，溶剂为三氯甲烷，反应温度为140 ℃，这时产率可达到82%。化合物**79**通过去磺酰基就可得到新的咪唑衍生物。当取代基R^1为Ph，R^2为对甲苯基时，反应如下：

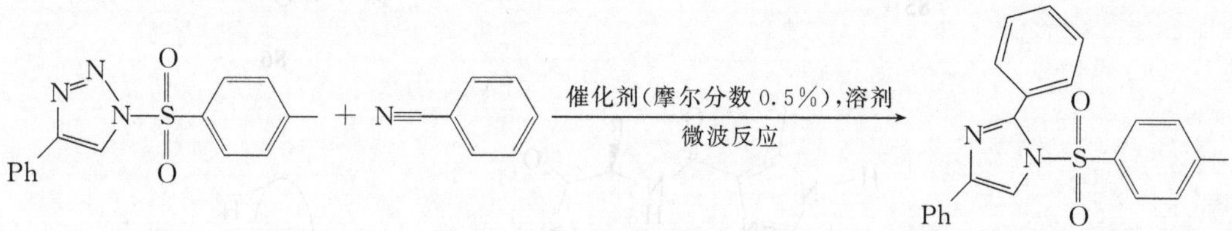

78a　　**79a**

这个反应的催化机理现在被认为有两条途径[28]：路径A，氰基的氮原子首先进攻与中间体的铑原子相连的α-碳原子，然后经过进一步转化得到咪唑衍生物；路径B，首先氰基与中间体进行［3+2］环加成，然后再转化成咪唑衍生物，具体如下所示。

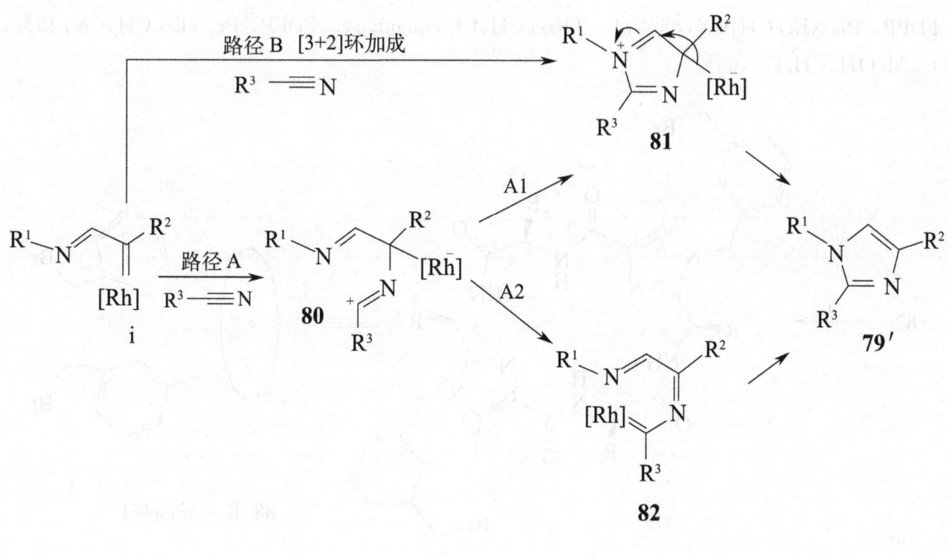

2007 年，德国化学家 Haberhauer[1] 报道了用咪唑衍生物合成 C_2 对称的环番，该反应对手性环番的合成具有学术参考价值。

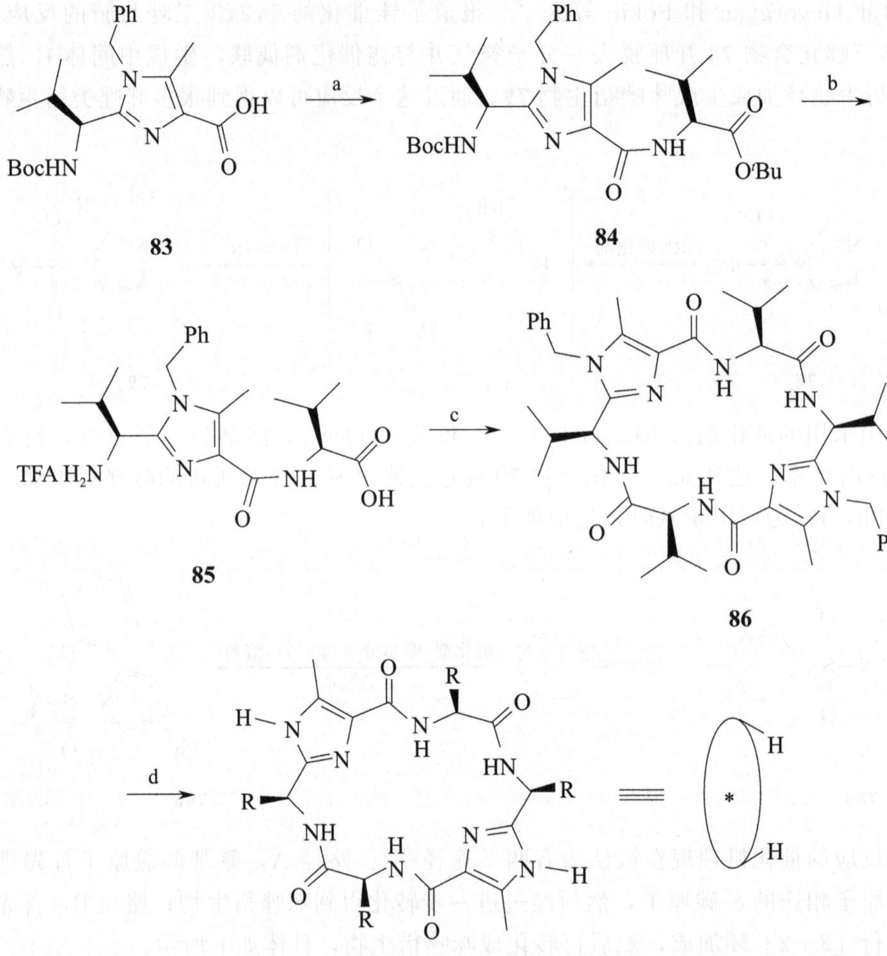

83 84 85 86

87a(R=异丙基)

a. FDPP, $^i Pr_2NEt$, CH_3CN, 89%; b. TFA, CH_2Cl_2, quant.; c. FDPP, $^i Pr_2NEt$, CH_3CN, 45%; d. H_2, $Pd(OH)_2$, $MeOH/CH_2Cl_2$, 95%

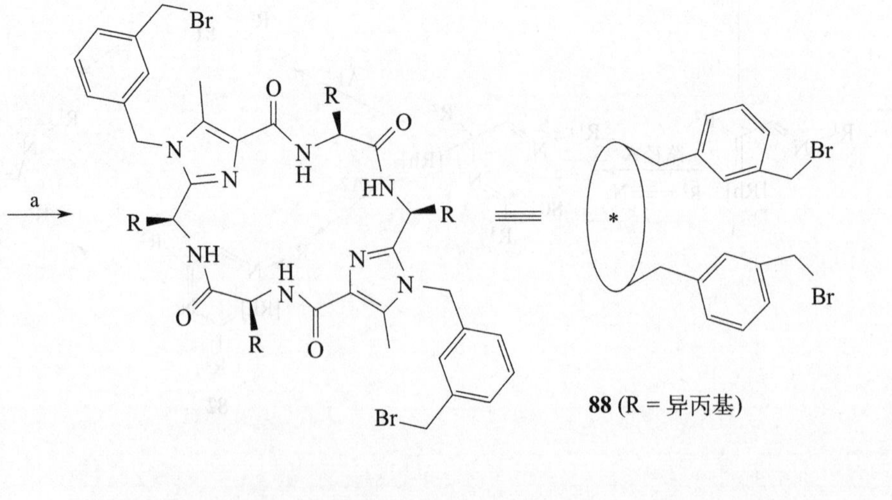

87

88 (R = 异丙基)

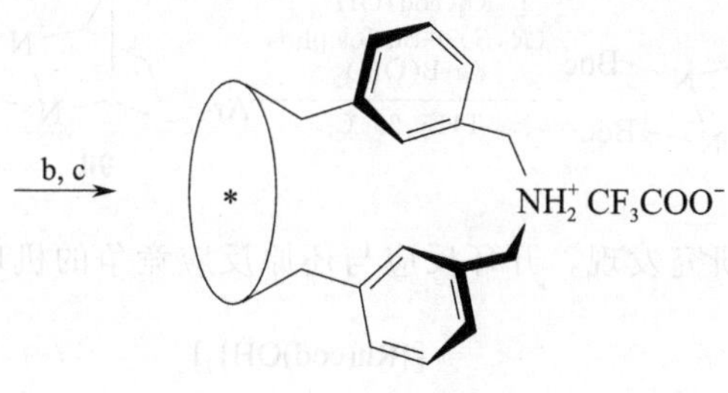

89

a. 1,3-双溴甲基苯，Cs_2CO_3，CH_3CN，△，56%；b. NH_3，K_2CO_3，CH_3CN，△；c. TFA，50%（两步）

2.3.18 多氮化物的不对称开环反应

近年来大家对不对称开环反应很感兴趣，虽然有关含氧杂环化合物的开环反应已经有很多，但是含氮杂环的开环反应报道较少，据有关文献介绍，二氮杂双环在手性铑双膦配体和苯硼酸的作用下生成手性胺：

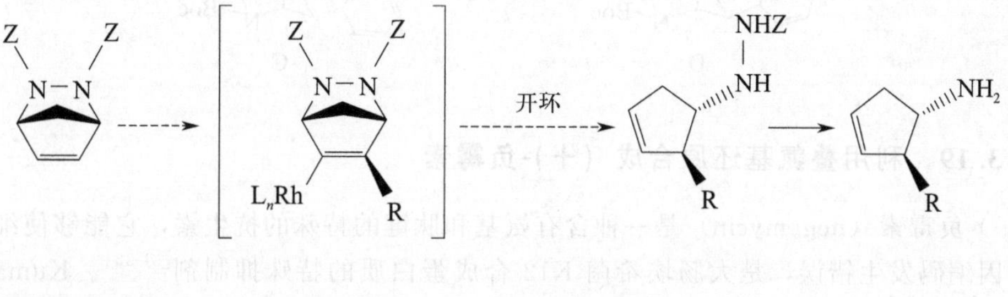

Z为吸电子基团。

Lautens 等人报道过一个开环生成手性胺的反应[29]：

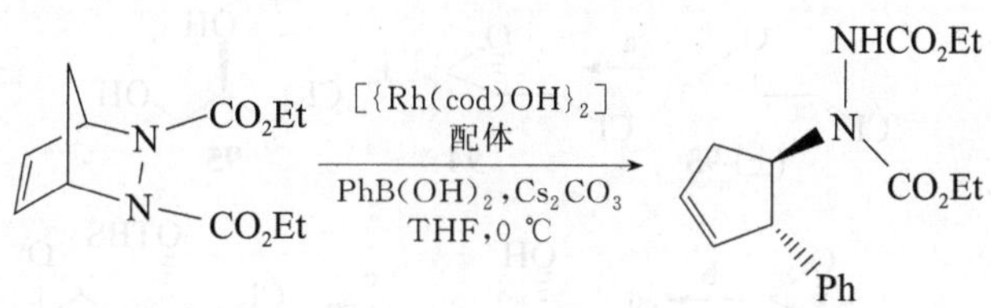

另一个反应过程为[29]：

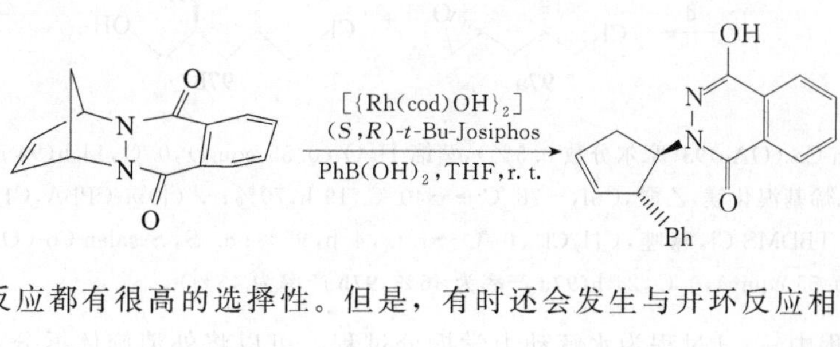

以上两个反应都有很高的选择性。但是，有时还会发生与开环反应相互竞争的还原反应[30]：

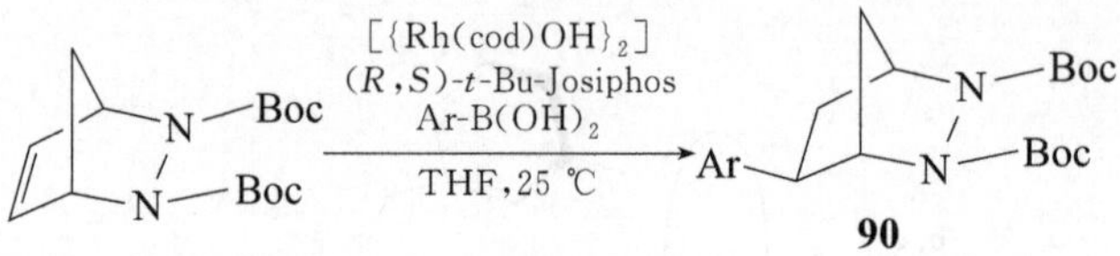

Lautens 等[30] 通过研究发现，开环反应与还原反应竞争的机理如下：

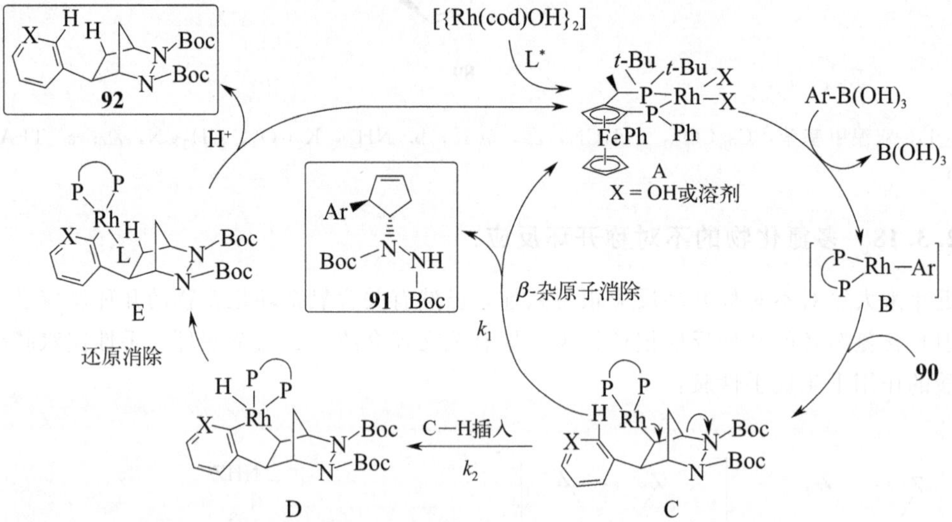

2.3.19 利用叠氮基还原合成 (+)-负霉素

(+)-负霉素（negamycin）是一种含有氨基和肽键的特殊的抗生素，它能够使细菌的核糖体基因编码发生错误，是大肠埃希菌 K12 合成蛋白质的特殊抑制剂[31-32]。Kumar 等[33]报道了以 Jacobsen 水解动力学拆分（HKR）为关键步骤，合成了具有对映选择性的 (+)-负霉素。该反应以商业化的外消旋的环氧氯丙烷为初始原料。其初始反应如下：

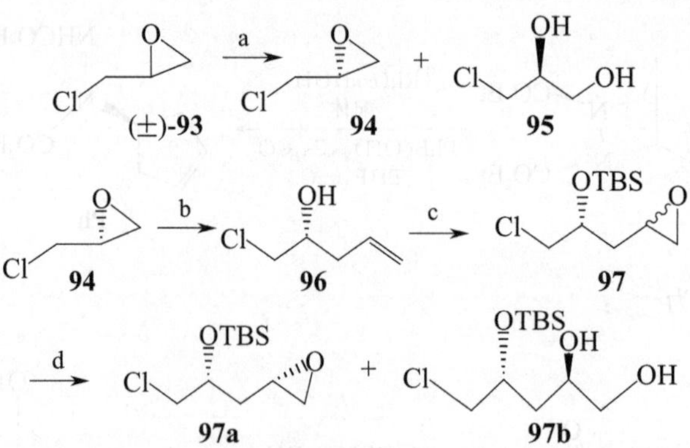

a. *S*,*S*-salen-Co-(OAc)**93**(摩尔分数 0.5%)，蒸馏 H_2O (0.55 equiv)，0 ℃，14 h(**94** 产率为 46%，**95** 产率为 45%)；b. 乙烯基溴化镁，乙醚，CuI，−78 ℃→−40 ℃，19 h，70%；c. (ⅰ)*m*-CPBA，CH_2Cl_2，0 ℃→r. t.，10 h，88%；(ⅱ) TBDMS-Cl，咪唑，CH_2Cl_2，0 ℃→r. t.，4 h，95%；d. *S*，*S*-salen-Co-(OAc)**93**(摩尔分数 0.5%)，蒸馏水(0.55 equiv)，0 ℃，24 h(**97a** 产率为 46%，**97b** 产率为 45%)

在上述过程中 a、d 过程为水解动力学拆分过程，可以将外消旋体拆分；b 过程为乙烯化过程，生成双键，c过程为环氧化过程，产生外消旋的环氧化物，其中产物**97b**会发生分子内的亲核取代过程，生成**97a**，使得**97a**过量。然后利用新生成的**97a**进行下面的合成：

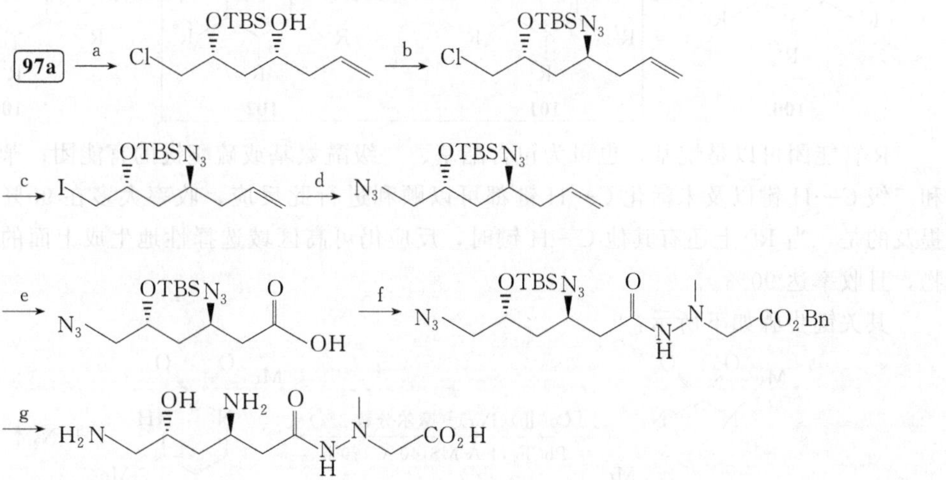

a. 乙烯基溴化镁，THF，CuI，－20 ℃，1 h，86%。b.（ⅰ）MsCl，Et_3N，DMAP，0 ℃→r. t.，1.5 h；（ⅱ）NaN_3，DMF，70 ℃，9 h，89%。c. NaI，2-丁酮，回流，6 h。d. NaN_3，DMF，70 ℃，4 h。e. $RuCl_3$（cat.），$NaIO_4$，$CH_3CN/CCl_4/H_2O$，r. t.，69%。f. $ClCO_2Et$，NEt_3，甲苯，－5 ℃；1-甲基肼基乙酸苄酯，65%。g. H_2，Pd-C，MeOH，H_2O，AcOH，r. t. 72%

97a首先经过烯化，然后用叠氮基取代羟基，反应完成后将叠氮基还原成氨基，得到目标产物（＋）-负霉素。该方法可以用于合成负霉素的多种异构体和其他具有生物活性的化合物。

最近，Gevorgyan等综述了三唑类衍生物转化为其他杂环系化合物的新反应[34]：

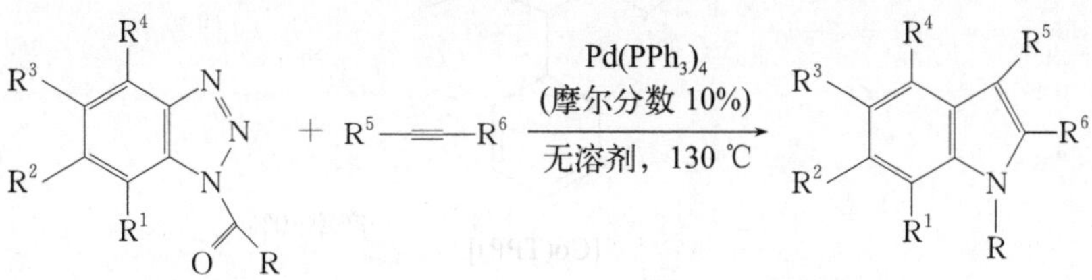

98a **99a**

该反应对构建复杂化合物和天然产物中的C—N键有参考价值。

2.3.20 通过叠氮化合物进行C—H键胺化反应

胺化合物的合成有多种方法，其中，通过金属催化的氮宾插入反应来进行C—H键的活化胺化，是引入含氮官能团的最有效的方法之一。Co(Ⅱ)配合物是一种稳定的金属自由基化合物，提供了一类C—H活化胺化的新方法。Zhang等[35]报道了一种基于Co(Ⅱ)和叠氮化物的分子内C—H胺化反应的方法：在Co(Ⅱ)配合物催化作用下，含有磺酰胺叠氮的单胺化合物进行分子内的C—H胺化反应，生成1,3-二胺类化合物。该反应可在中性非氧化条件下选择性地进行，操作简单，官能团耐受性高，底物适用性广，收率高（大于90%），并且具有较高的非对映选择性（90% *ee*），可广泛应用于1,3-二胺衍生物的合成。反应如下所示。

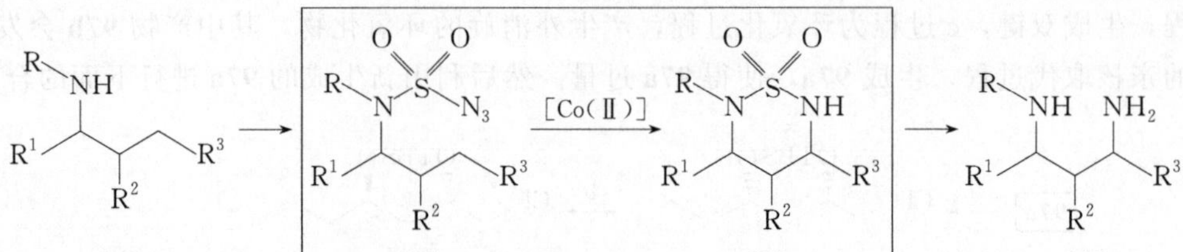

100 **101** **102** **103**

R 官能团可以是烷基，也可为包含酯基、一级酰氨基或硫醚键的官能团；苄基 C—H 键和三级 C—H 键以及未活化 C—H 键都可以顺利进行此反应，收率大多在 90%以上。值得提及的是，当 R^3 上还有其他 C—H 键时，反应仍可高区域选择性地生成上面的六元环化合物，且收率达 90%。

其关键步骤如下所示：

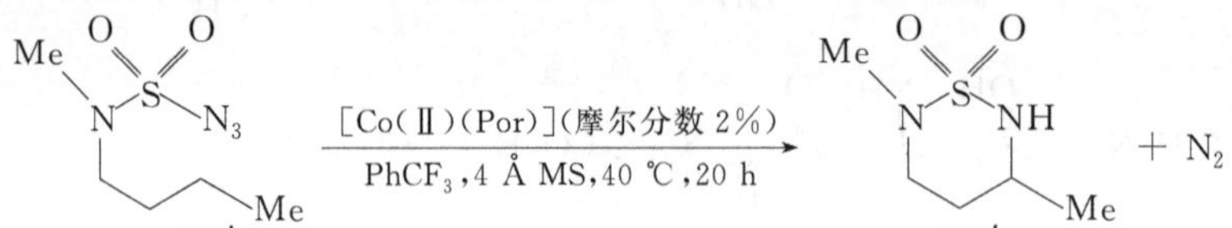

101′ **102′**

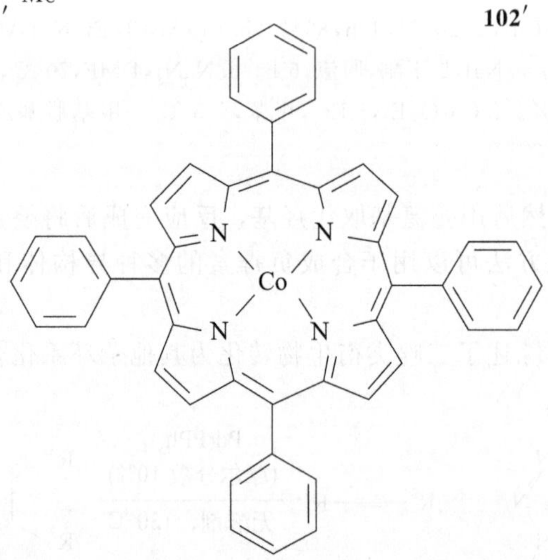

产率: 0%

[Co(TPP)]

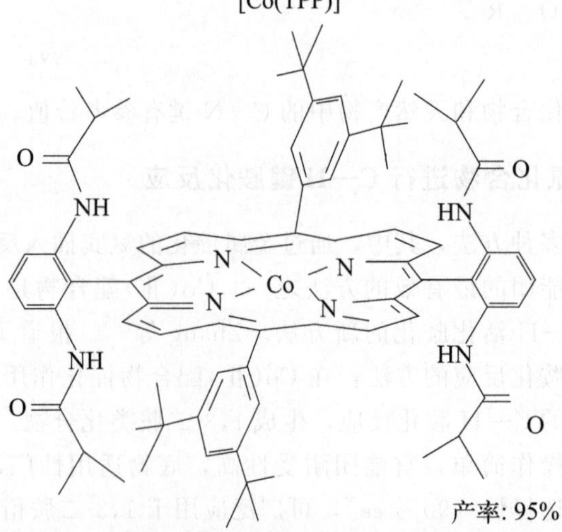

产率: 95%

[Co(P1)]

为研究该反应的非对映选择性，Zhang 设计并进行了如下反应：

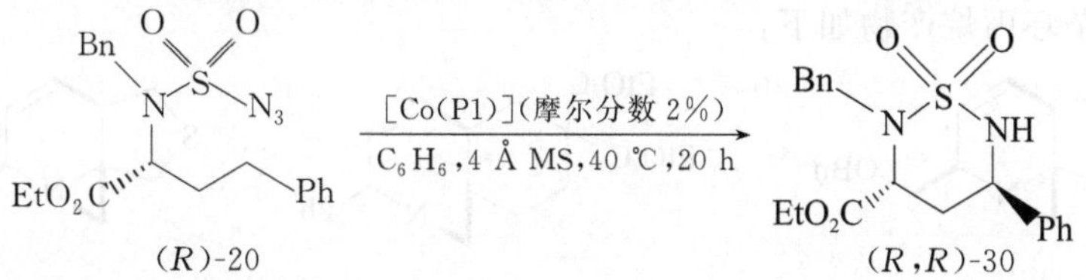

该反应的非对映选择性为 90%，但位阻较大的 C—H 进行此类反应非对映选择性显著下降。

该反应是通过自由基对 C—H 进行活化的，可由下面的实验得以证明：

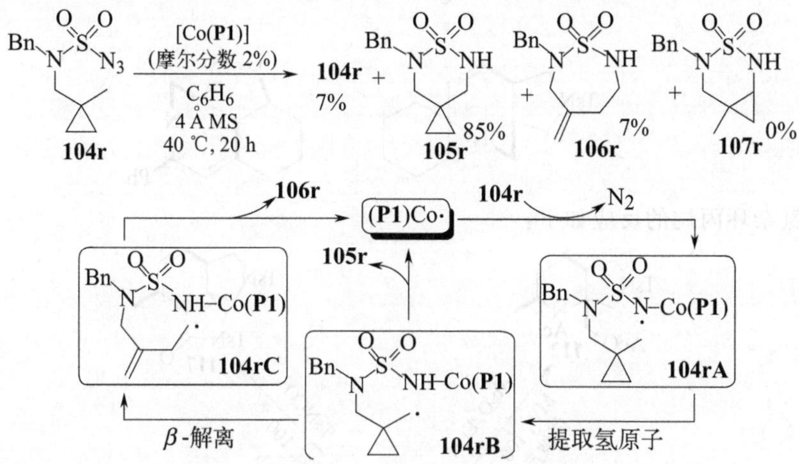

从反应结果来看，没有发现产物 **107r**，说明 C—H 键不是通过亲电夺氢得以活化的；产物 **106r** 和 **105r** 是由相同的碳自由基 **104rB** 得到；原料在钴（Ⅱ）配合物催化下失去氮分子得到氮宾自由基 **104rA**，进一步反应得 **104rB**。

2010 年，Bräse 等主编了一本《有机叠氮化物》的专门著作[36]，对利用叠氮化物进行有机合成作了论述，但书中所参考的文献近几年的较少，多为 2006 年以前的。

2.3.21 利用叠氮化物合成氮杂环丙烷衍生物

最近，Xu 和 Shen[37] 以二烯的烯基叠氮化合物 **108** 为起始物，通过热解，将烯基叠氮基原位转化为氮杂环丙烯中间体 **109**，再通过分子内［4＋2］环加成反应得到三环生物碱 **110**。作者使用了未经活化的烷基 2*H*-氮杂丙烯啶和普通二烯体，可以扩展该反应不同底物。由于分子内反应过程的动力学和熵变有利因素克服了底物惰性的不利因素，使得分子内［4＋2］环加成反应得以顺利发生。

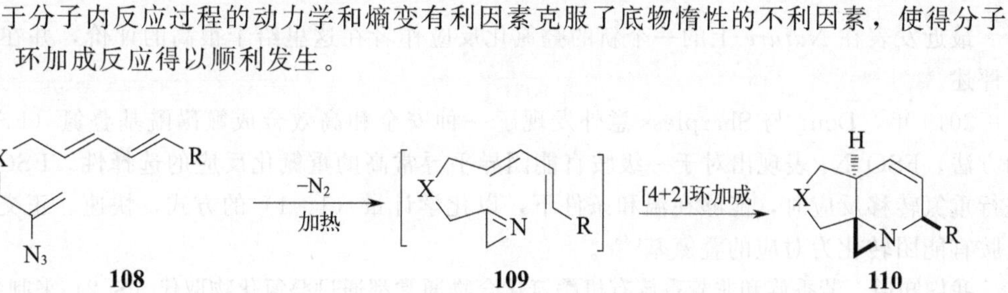

利用这个方法，还可以合成出一系列复杂的含氮杂环丙烷多环衍生物，并且具有较好的

立体选择性性，该反应在多环生物碱的合成中具有应用前景。

不同含氮杂环丙烷产物如下：

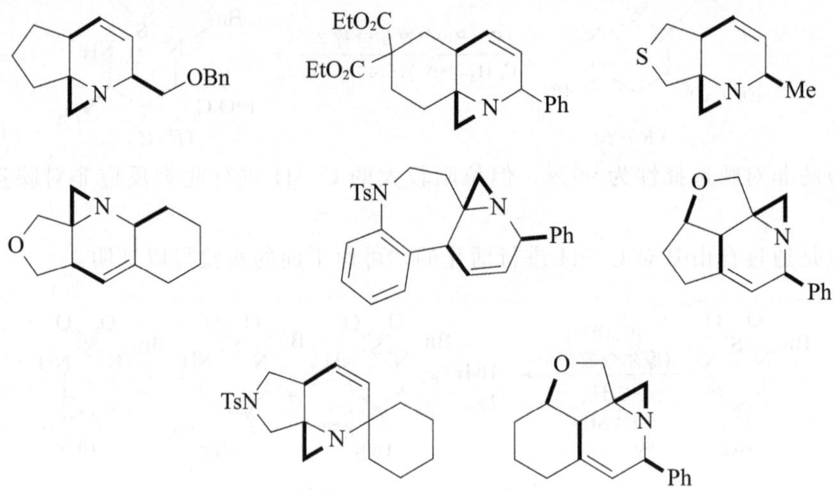

不同含氮杂环丙烷的反应如下：

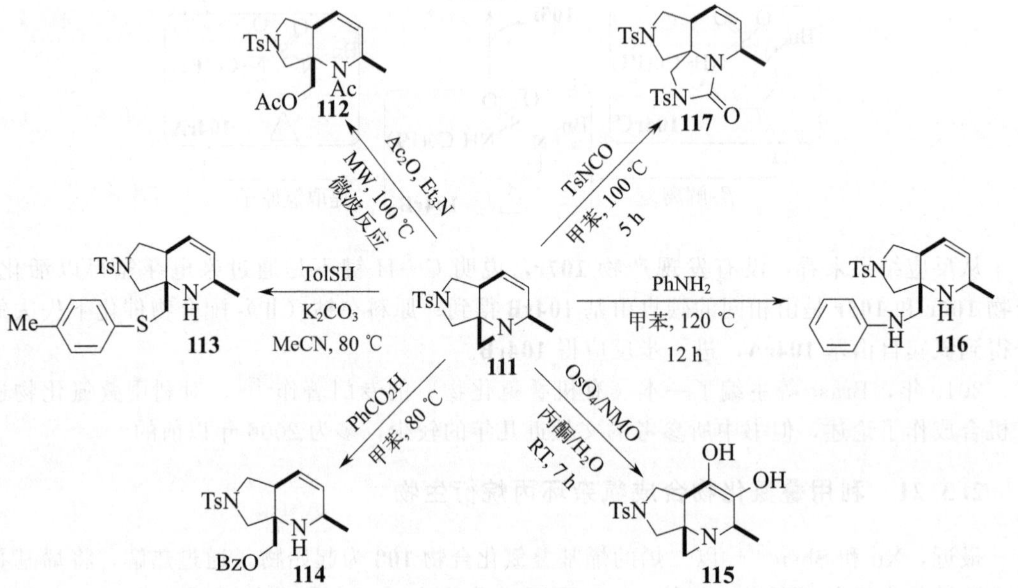

2.3.22 新试剂 FSO_2N_3 与一级胺有效叠氮化

最近发表在 *Nature* 上的一个新的叠氮化反应作者在这里给予很高的评价，并在后面作一评述。

2019 年，Dong 与 Sharpless 意外发现了一种安全和高效合成氟磺酰基叠氮（FSO_2N_3）的方法。FSO_2N_3 表现出对于一级胺官能团异乎寻常高的重氮化反应的选择性。FSO_2N_3 在进行重氮转移反应时，能够在温和条件下，以化学计量（1∶1）的方式，快速、正交地将一级胺官能团转化为对应的叠氮基[38]。

我们知道，芳香族和非芳香族有机叠氮化合物通常都通过叠氮化物取代（S_N2）来制备：

$$Ar(R)X + NaN_3 = Ar(R)N_3 + NaX$$

不久前又发现使用三氟甲磺酰基叠氮（$CF_3SO_2N_3$），可以从一级胺制备有机叠氮化合物：

$$RNH_2 + CF_3SO_2N_3 = RN_3$$

但反应需要过量的 TfN_3 且反应时间长；TfN_3 制备需要在酸性条件下使用过量的叠氮化钠，这带来了中毒和爆炸风险。

研究发现，氟磺酰基咪唑三氟甲磺酸盐 **118**，可实现一级胺和二级胺的氟磺酰化（*Angew Chem. Int. Ed.*，2018，57：2605），这个最初的发现与叠氮化无关。

新的叠氮化属于意外的发现。Dong 与 Sharpless 发现，在水和有机溶剂的两相体系下，水相中叠氮化钠可与氟磺酰基咪唑三氟甲磺酸盐 **118** 快速反应，在有机相中生成 FSO_2N_3。而该有机溶液中的 FSO_2N_3 无需纯化分离，就可直接用于一级胺类化合物的叠氮化。一般的胺类化合物的叠氮化在室温下 5min 即可完成。该反应的底物普适性高，对一级胺具有优异的选择性。用 96 孔板由 1224 个不同的一级胺制备了叠氮化合物库，发现这些叠氮化合物可以储存至少 6 个月，而没有明显的纯度下降。再用这些叠氮化合物进行高通量点击化学反应，获得了包含超过千种的 1,2,3-三氮唑化合物库。在 1224 个 CuAAC 反应中，656 个（54%）反应的转化率大于 90%，989 个（81%）反应的转化率大于 70%。

a

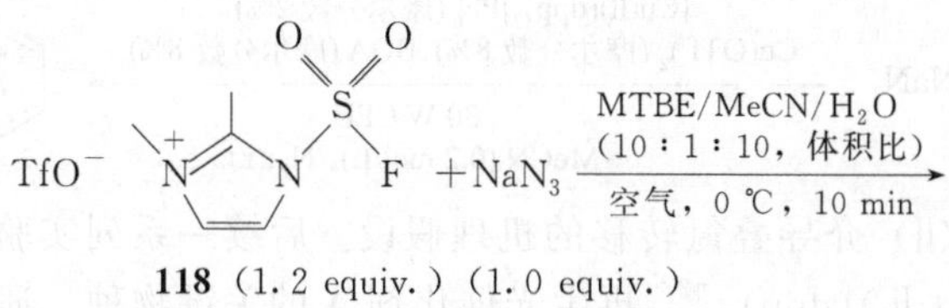

118（1.2 equiv.）（1.0 equiv.）　　氟磺酰叠氮物（接近 90% 收率）

b

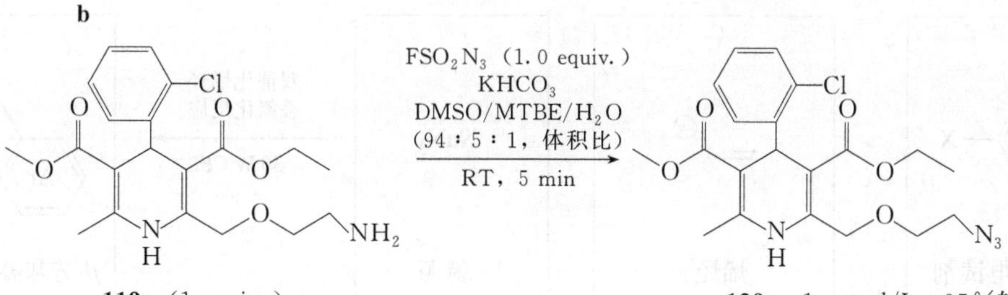

119a（1 equiv.）　　**120a**　1 mmol/L：95%转化率

10 mmol/L：>99%转化率

c

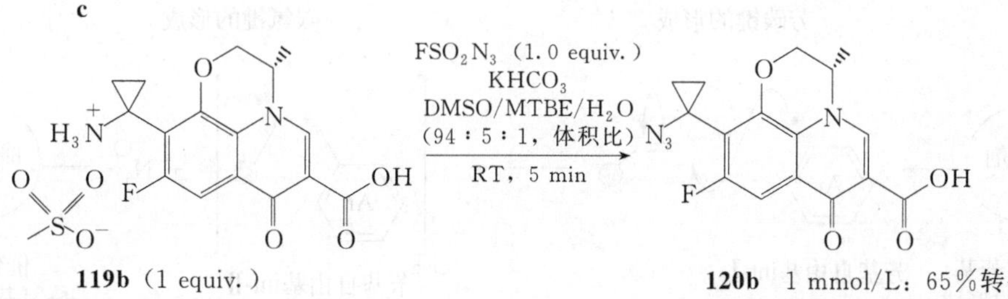

119b（1 equiv.）　　**120b**　1 mmol/L：65%转化率

10 mmol/L：>99%转化率

作者认为：在用 $CF_3SO_2N_3$ 从一级胺制备有机叠氮化合物的基础上发展的 FSO_2N_3 试剂，对一级胺类化合物的叠氮化，是快速、安全、高效地制备叠氮化合物的重大进步。这是近年来看到的很有价值的新反应之一。

FSO_2N_3 是怎么发现的？在研究氟磺酰基咪唑三氟甲磺酸盐 **118** 实现一级胺和二级胺的氟磺酰化时（与叠氮化无关），偶尔加入叠氮化钠到氟磺酰基咪唑三氟甲磺酸盐中，发现了

FSO_2N_3，又发现 FSO_2N_3 能够有效地把一级胺的氨基转化为叠氮基。

FSO_2N_3 试剂与一级胺按照常规思维是没有关系的，—NH_2 怎么会被 FSO_2N_3 直接叠氮化呢？Dong 与 Sharpless 大胆地进行了尝试，也就取得了有价值有意义的成就！

2.3.23 利用叠氮化物一步合成 *β*-芳基叠氮基骨架

在许多药物分子、天然产物中都有 *β*-芳基乙胺骨架，这种骨架结构在缓解疼痛等方面具有生理活性。

2022 年，剑桥大学 Gaunt 教授课题组利用光与过渡金属的双催化方法，实现了烯烃、芳基亲电试剂、叠氮基亲核试剂的多组分偶联反应，一步合成了 *β*-芳基叠氮化物。叠氮基负离子一方面是氮源，另一方面还可通过内球电子转移，作为催化循环的桥梁。这种构建 *β*-芳基乙胺叠氮基骨架的方法，底物范围广泛，一系列烯烃和芳基底物都适用。这种叠氮基负离子介导的烯烃功能化策略可望在合成化学方面获得广泛应用。

Gaunt 教授的相关成果发表在 *Nature* 上（*Nature*，2021，598：599），反应过程如下：

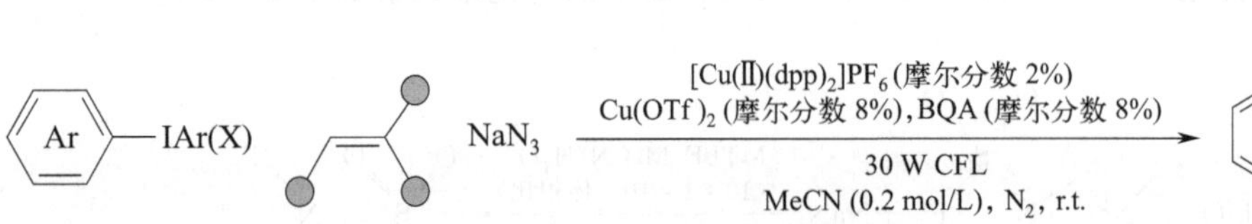

Gaunt 教授提出了关于 Cu(Ⅱ) 介导叠氮转移的机理假设。后续一系列实验表明，BQA · Cu(Ⅰ)-N_3 配合物是还原 $[Cu(Ⅱ)(dpp)_2]^{2+}$ 再生光催化剂 **A** 的关键物种。通过深入细致的研究工作，Gaunt 教授提出了一个可以接受的反应机理：

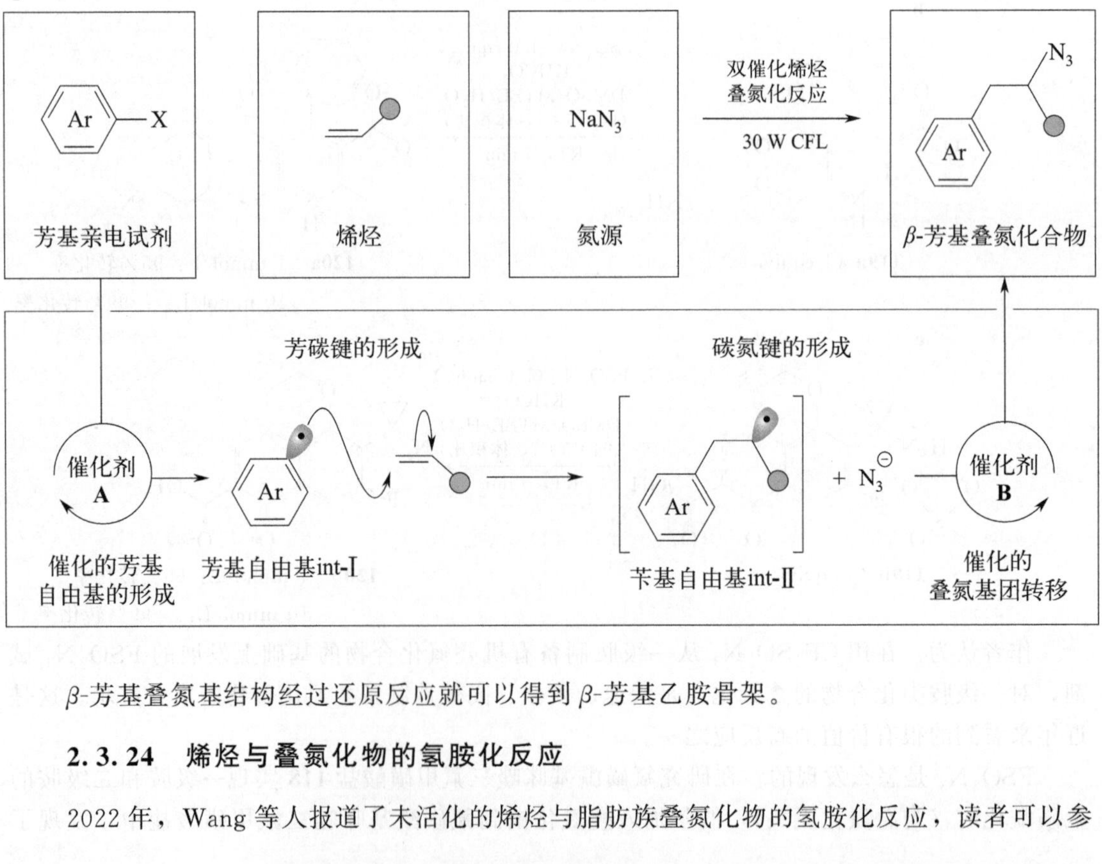

β-芳基叠氮基结构经过还原反应就可以得到 *β*-芳基乙胺骨架。

2.3.24 烯烃与叠氮化物的氢胺化反应

2022 年，Wang 等人报道了未活化的烯烃与脂肪族叠氮化物的氢胺化反应，读者可以参看文献（*J. Am. Chem. Soc.*，2022，144：16316）。其中一个典型的反应如下：

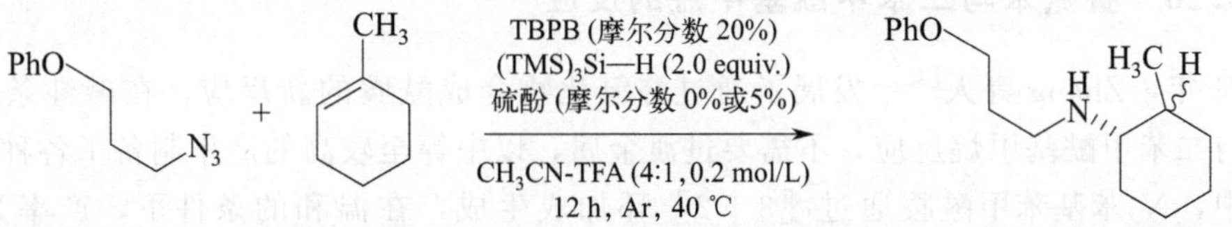

作者还提出了一个新颖的氨基游离基生成的机理，氨基游离基能够有效地进行未活化的烯烃的氢胺化。该反应具有广阔的底物范围和优异的非对映选择性。更重要的是，使用有机叠氮化物作为氨基自由基前体，向进一步发展其他的胺化反应迈出了可行的一步。

2.3.25 芳基叠氮化物与环丙醇的反应

2024 年，Yu 等[39] 发展了一种新的方法，采用光氧化还原和铜催化，通过芳基叠氮化物和环丙醇的反应，实现了 C—N 键的偶联。以 21%～70% 的产率制备了 β-氨基酮类化合物，研究了芳基叠氮化物与环丙醇的开环交叉偶联反应的细节，认为该反应涉及通过还原叠氮基产生的苯胺自由基中间体，Cu 催化使环丙醇的氧化还原打开成为可能。

该新的叠氮化物的有机反应如下：

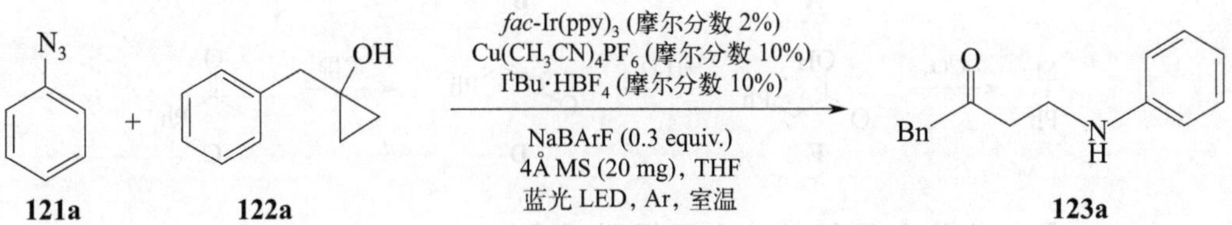

Yu 等还提出了可以接受的反应机理：

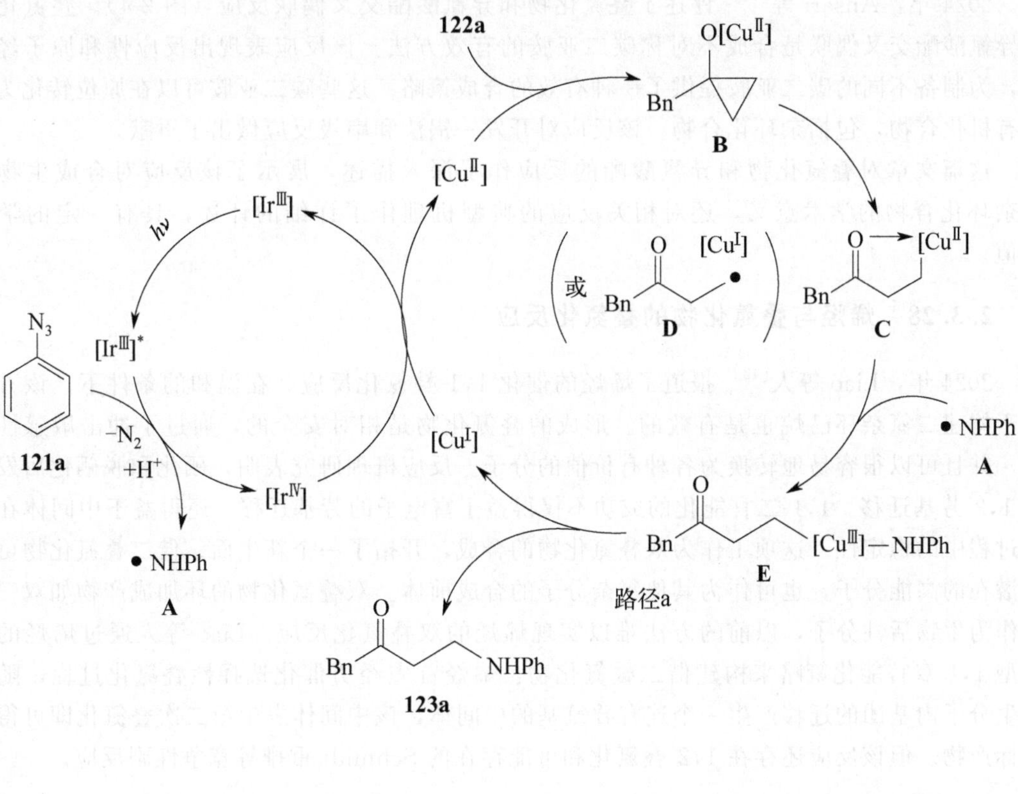

2.3.26 叠氮苯与二苯甲酰基甲烷的反应

2024 年，Zhang 等人[40] 发展了通过叠氮化物合成酰胺的新反应，在碱性条件下，由叠氮苯与二苯甲酰基甲烷反应，不需要过渡金属，以中等至较高的产率制备了各种酰胺。在该反应中，*N*-苯基苯甲酰胺通过［3＋2］环加成生成，在温和的条件下，产率为 35％～84％。反应如下：

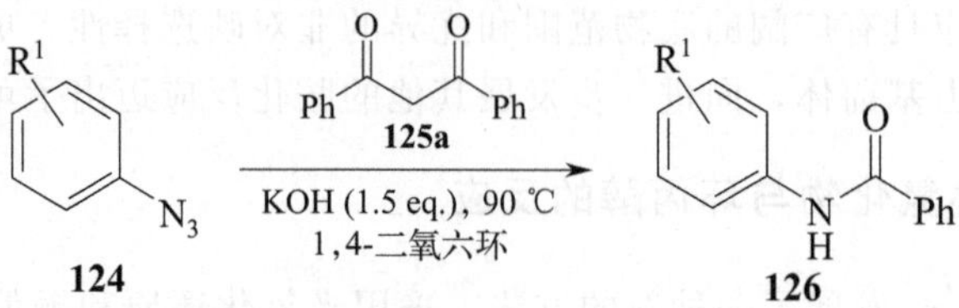

Zhang 等人提出了一个可以接受的反应机理：

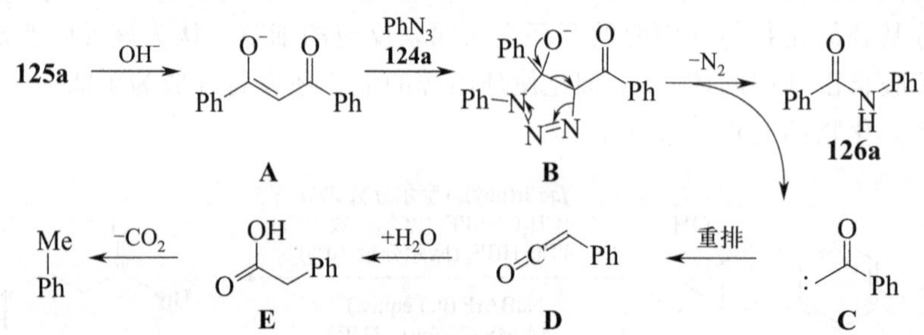

2.3.27 叠氮化物和异氰酸酯交叉偶联反应

2024 年，Ansari 等[41] 评述了叠氮化物和异氰酸酯交叉偶联反应（图 2-4）。叠氮化物和异氰酸酯交叉偶联是合成不对称碳二亚胺的有效方法。该反应表现出反应性和原子经济性，为制备不同的碳二亚胺提供了一种有效的合成策略。这些碳二亚胺可以在原位转化为各种有机化合物，包括杂环化合物。该反应对开发一锅法和串级反应做出了贡献。

这篇文章对叠氮化物和异氰酸酯的反应作了深入描述，展示了该反应对合成生物活性杂环化合物的学术意义，还对相关反应的典型机理作了详细的评述，具有一定的学术价值。

2.3.28 烯烃与叠氮化物的叠氮化反应

2024 年，Liao 等人[42] 报道了烯烃的催化 1,1-叠氮化反应。在温和的条件下，该方法对于构建二氮杂环己烷也是有效的。形成的叠氮化物是相对安全的，通过了冲击敏感性测试，并且可以很容易地转换为各种有价值的分子。反应机理研究表明，硒化和脱硒化后发生了 1,2-芳基迁移。1,1-二官能化的成功不仅得益于富电子的芳基迁移，还得益于中间体在迁移过程中的稳定性。这项工作为双叠氮化物的合成，开拓了一个新生面。偕二叠氮化物可作为潜在的高能分子，也可作为其他复杂分子的合成前体。双叠氮化物的环加成产物如双三唑可作为生物活性分子，以前的方法难以实现烯烃的双叠氮化反应。Liao 等人通过烯烃的迁移型 1,1-双官能化策略来构建偕二叠氮化物：烯烃首先经历催化选择性叠氮化过程，随后发生分子内基团的迁移产生一个连有叠氮基的中间体，该中间体发生第二次叠氮化即可得到目标产物。但该反应还存在 1,2-叠氮化和可能存在的 Schmidt 重排等竞争性副反应。

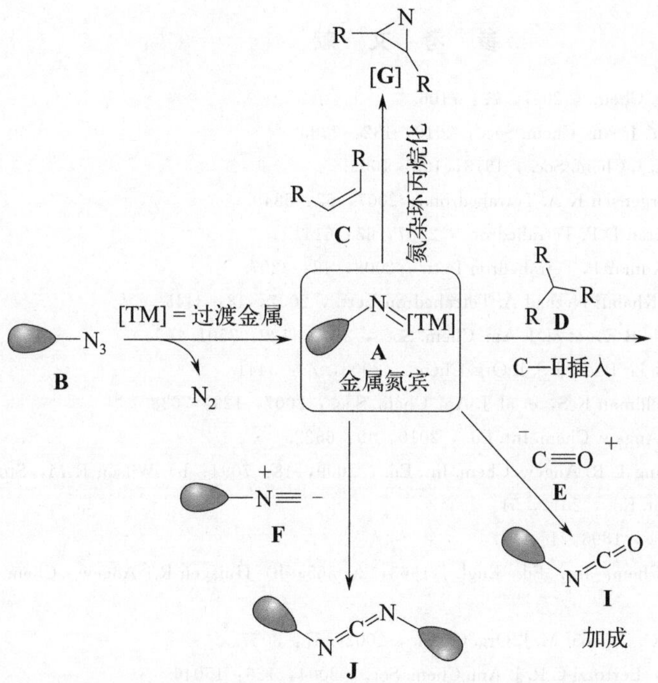

图 2-4　叠氮化物和异氰酸酯交叉偶联反应

Liao 等人报道的 1,1-偕二叠氮化反应如下：

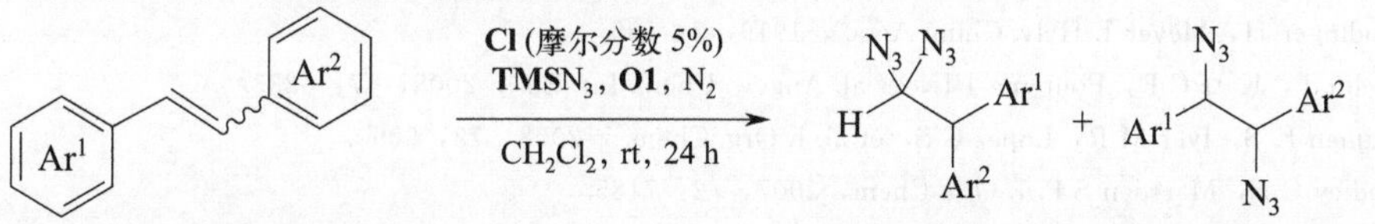

该反应式中采用的 **C1** 催化剂为：

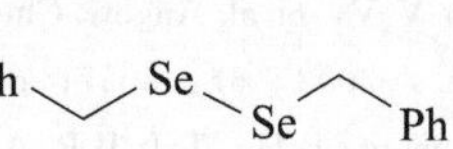

该反应式中采用的 **O1** 催化剂为：

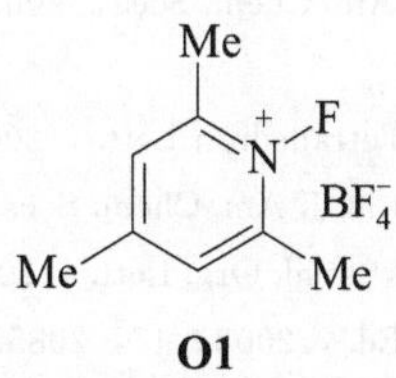

O1

硒氧化还原催化已成为烯烃官能化的有效方法。硒氧化还原催化已经成功实现了烯烃的烯丙位官能团化、直接烯基 C—H 键官能团化和 1,2-双官能团化反应。不同于其他的亲电催化剂，亲电硒催化剂对烯烃底物展现出独特的亲碳性，可以很容易从中间体中释放出来从而实现循环再生。这使硒催化剂为上述经历重排过程的 1,1-双叠氮化过程提供了可能。

Liao 等发现，所得的偕二叠氮产物能够顺利发生钯催化的 Suzuki-Miyaura 交叉偶联反应、腈的水解和二硫化物催化的亲电芳香卤化，而偕二叠氮亚甲基没有受到影响，这表明了偕二叠氮亚甲基官能团在这些反应中具有较好的耐受性。此外，由于叠氮基团的存在，产物可以通过点击化学高效地与芳基炔烃、烷基炔烃、丁炔二酸二甲酯、苯炔、含炔烃结构的抗肿瘤药埃罗替尼（erlotinib）发生双重［3+2］叠氮-炔烃环加成点击反应。研究表明，偕二 1,1-双叠氮化物分子具有良好的转化性能。

参 考 文 献

[1] Liu C Y，Knochel P. J. Org. Chem.，2007，72：7106.

[2] Chiba S，Zhang L，Lee J Y. J. Am. Chem. Soc.，2010，132：7266.

[3] Frankland E P，Smith H E. J. Chem. Soc.，1913，103：1003.

[4] Nielsen M，Zhuang W，Jørgensen K A. Tetrahedron.，2007，63：5849.

[5] Wang X，Nelson S G，Curran D P. Tetrahedron.，2007，63：6141.

[6] Pandey S K，Pandey M，Kumar P. Tetrahedron Lett.，2008，49：3297.

[7] Rad M N S，Behrouzb S，Khalafi-Nezhad A. Tetrahedron Lett.，2007，48：3445.

[8] Stokes B J，Dong H，Leslie B E，et al. J. Am. Chem. Soc.，2007，129：7501.

[9] Crabtree K N，Hostetler K J，Poole J S. J. Org. Chem.，2008，73：3441.

[10] Lopez C S，Faza O N，Feldman K S，et al. J. Am. Chem. Soc.，2007，129：7638.

[11] Lamani M，Prabhu K R. Angew. Chem. Int. Ed.，2010，49：6622.

[12] a) Jiao N，Zhou W，Zhang L R. Angew. Chem. Int. Ed.，2009，48：7094；b) Wilson R M，Stockdill J L，Wu X，et al. Angew. Chem. Int. Ed.，2012，51：2834.

[13] Michael A，Prakt J. Chem.，1893，48：94.

[14] a) Huisgen R. Angew. Chem. Int. Ed. Engl.，1963，2：565；b) Huisgen R. Angew. Chem. Int. Ed. Engl.，1963，2：633.

[15] Ornoe C W，Christensen C，Meldal M. J. Org. Chem.，2002，67：3057.

[16] Agard N J，Prescher J A，Bertozzi C R. J. Am. Chem. Soc.，2004，126：15046.

[17] Agard N J，Baskin J M，Prescher J A，et al. Chem. Biol.，2006，1：644.

[18] Lutz J F. Angew. Chem. Int. Ed.，2008，47：2182.

[19] Yang Y Y，Shou W G，Hong D，et al. J. Org. Chem.，2008，73：3574.

[20] Staudinger H，Meyer J. Helv. Chim. Acta.，1919，2：635.

[21] Ribelin T，Katz C E，Poutsma J L，et al. Angew. Chem. Int. Ed.，2008，47：6233.

[22] Feldman K S，Iyer M R，Lopez C S，et al. J. Org. Chem.，2008，73：5090.

[23] Headley C E，Marsden S P. J. Org. Chem，2007，72：7185.

[24] Hester J B Jr，Rudzik A D，Kamdar B V. J. Med. Chem.，1971，14：1078-1081.

[25] a) Rostovtsev V V，Green L G，Fokin V V，et al. Angew. Chem. Int. Ed.，2002，41：2596；b) Tornoe C W，Christensen C，Meldal M. J. Org. Chem.，2002，67：3057；c) Bock V D，Hiemstra H，van Maarseveen J H. Eur. J. Org. Chem.，2006：51；d. Lipshutz B H，Taft B R. Angew. Chem. Int. Ed.，2006，45：8235.

[26] a) Zhang L，Chen X，Xue P，et al. J. Am. Chem. Soc.，2005，127：15998；b) Majireck M M，Weinreb S M. J. Org. Chem.，2006，71：8680.

[27] Alajarin M，Cabrera J，Pastora A，et al. Tetrahedron Lett.，2007，48：3495.

[28] Horneff T，Chuprakov S，Chernyak N，et al. J. Am. Chem. Soc.，2008，130：14972.

[29] Menard F，Chapman T M，Dockendorff C，et al. Org. Lett.，2006，8：4569.

[30] Menard F，Lautens M. Angew. Chem. Int. Ed.，2008，47：2085.

[31] Mizuno S，Nitta K，Umezawa H J. Antibiot.，1970，23：589.

[32] Uehara Y，Kondo S，Umezawa H J，et al. Antibiot.，1972，25：685.

[33] Naidu S V，Kumar P. Tetrahedron Letters，2007，48：3793.

[34] Chattopadhyay B，Gevorgyan V. Angew. Chem. Int. Ed.，2012，51：862.

[35] Lu H J，Jiang H L，Zhang P X. Angew. Chem. Int. Ed.，2010，49：10192.

[36] Bräse S，Banert K. Organic Azides. John Wiley & Sons Ltd，2010.

[37] Xu H D，Shen M H. Angew. chem. Int. Ed.，2016，55 (8)：2540.

[38] Meng G，Guo T，Ma T，et al. Nature，2019，574：86-89.

[39] Lin W J，Wang Y Z，Yu W. Adv. Synth. Catal.，2024，366：1559.

[40] Yang Z，Xu Y，Liao X，et al. New J. Chem.，2024，48：3192-3198.

[41] Sawant D M，Gaurav Joshi G，Ansari A J. iScience，2024，27：109311.

[42] Qiu W，Liao L，Xu X，et al. Nat. Commun.，2024，15：3632.

第3章

多氮化物的有机反应

3.1 有机合成中的氮杂 Wittig 反应

Wittig 因发现著名的 Wittig 试剂荣获 1979 年诺贝尔化学奖（见附录）。

含氮磷双键的磷氮杂化合物亚氨基膦，在 100 年以前就通过叔膦化物和有机叠氮化物制备成功[1]。在 20 世纪 50 年代，Kirsanov 等通过五氯化磷和胺的反应，制备了这些膦氮类化合物[2]。到目前为止，各种类型的这些亚氨基膦已被制备出来，与之相关的机理和结构也得到了进一步的研究，亚氨基膦在合成化学中的应用研究也得到了发展。利用氮杂 Wittig 反应来合成杂环化合物的研究十分活跃[3]。

3.1.1 亚氨基膦的制备和应用

最简单的制备亚氨基膦化合物方法涉及有机叠氮化物和三价磷有机化合物之间的反应，反应通常在室温下进行，产物可以分离出来，但为了连续进行下一步的反应，可以不分离而直接向反应体系中加入新的反应物，从而发生一釜反应[4]。叠氮化物和三价磷有机化合物的反应如下，产物涉及一个磷氮双键（P═N），其共振结构为 $P^{+}—\bar{N}$，与叶立德（ylides）试剂非常类似，叶立德试剂与羰基化合物发生氮杂 Wittig 反应后生成C═N不饱和双键。

$$R'N_3 + R_3P \longrightarrow R_3P{=}NR' + N_2$$

Kirsanov 等[2] 是用有机膦的氯化物和胺反应：

$$R'NH_2 + R_3PCl_2 \longrightarrow R_3P{=}NR' + 2HCl$$

这个方法对稳定的脂肪胺和芳香胺类是很有用的，而对制备氮上连有乙烯基类的亚氨基膦却不实用，这是烯胺不够稳定的缘故。

一些制备亚氨基膦的新反应，如膦内镓盐同席夫碱和腈的反应也有报道[5]：

$$R'N{=}CHR + R_3\overset{+}{P}—\overset{-}{C}HR \longrightarrow R_3P{=}NR' + RCH{=}CHR$$

$$R'C{\equiv}N + R_3\overset{+}{P}—\overset{-}{C}HR \longrightarrow R_3P{=}N—CR'{=}CHR$$

作为一种氮杂叶立德试剂，亚氨基膦分子中氮原子具有强的亲核性而磷原子又具有可以利用的空的 3d 轨道，因此，制备亚氨基膦的衍生物是较为容易的。一个典型的用于杂环合成的反应是羰基化合物的亚胺化：

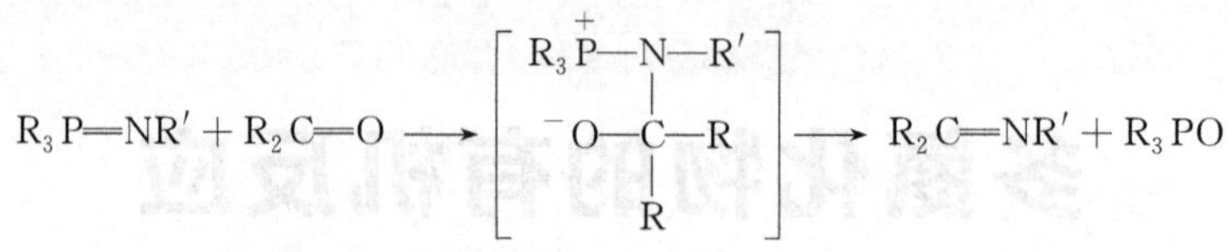

除了上述分子间亚胺化反应外，这种给分子中引入 C═N 双键的氮杂 Wittig 反应还可以在分子内发生，这在杂环合成中具有重要意义，已经引起了人们的极大兴趣。反应如下：

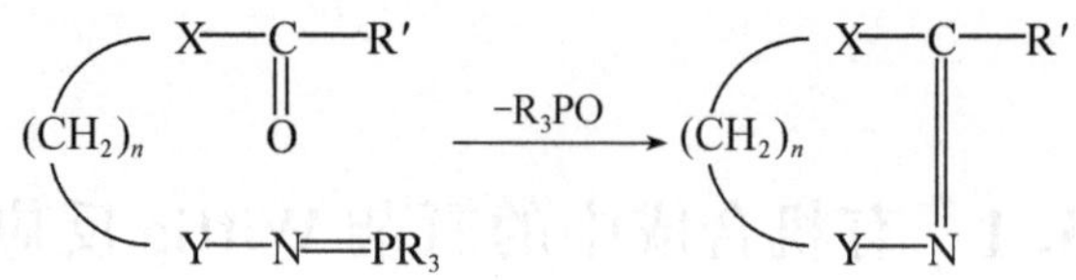

这种分子内氮杂 Wittig 反应的活性通常受三种因素的制约。第一个因素是链长，一般 5～7 元环的产物容易获得，而 3～4 元环的产物由于环张力的作用难以获得。第二个因素是羰基的活性，醛和酮的羰基活性大，容易反应；而酯、酰胺和亚酰胺的羰基活性则稍差一些。影响氮杂 Wittig 反应的第三个因素是氮原子和磷原子上连接的取代基的影响，烷基和芳基连在氮原子上，反应时活性强一些；吸电子的酰基和氰基连在氮原子上，反应时活性则差一些。连接在磷原子上的取代基对反应也有很大影响，如三丁基连在磷原子上，反应活性很高，但却并没有因此而提高其在杂环合成反应中的得率。

羰基化合物对亚氨基膦的 Wittig 亚胺化在制备含氮官能团的反应中，具有十分重要的意义。酮、二氧化碳、二硫化碳、异氰酸酯和异硫氰酸酯等均可以和亚氨基膦反应，甚至可以发生类似的分子内反应，这为制备各种杂原子分子提供了一条新的途径。

反应过程如下：

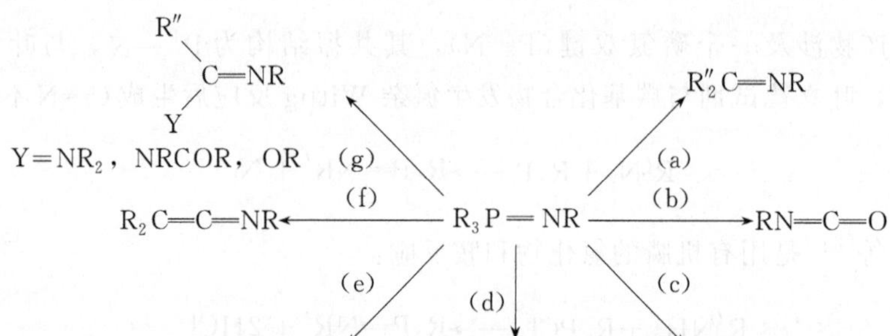

(a) R''_2CO；(b) CO_2；(c) CS_2；(d) SO_2；(e) R''_2NCO 或 $R''NCS$；

(f) $R''_2C{=}C{=}O$；(g) $R''COY$

亚氨基膦还可以同其他试剂发生一些有用的合成反应，如同羧酸反应可生成相应的亚胺化物：

$$R'_3P{=}NR + R''COOH \longrightarrow R''CONHR$$

这个反应可以通过 R'_3P 和 RN_3 反应，然后再加羧酸的一锅化反应来完成。

亚氨基膦同酰卤反应可以表示为：

$$R'_3P{=}NR + R''COX \longrightarrow R''C(X){=}NR$$

亚氨基膦同水和邻苯二甲酸酐的反应如下：

$$R'_3P{=}NR + H_2O \longrightarrow RNH_2$$

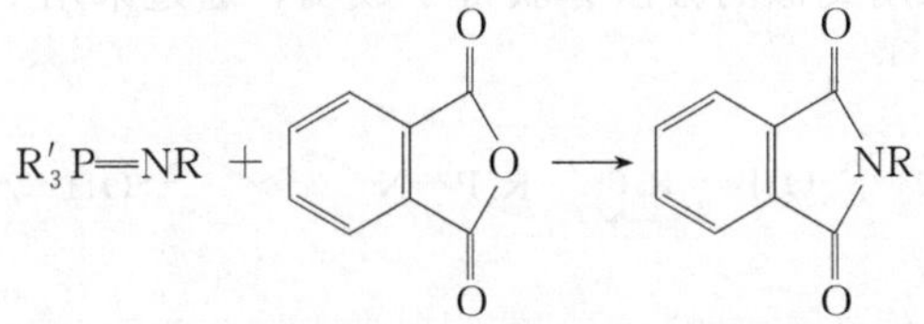

亚氨基膦同二酰氯反应生成相应的亚胺（$n=2$，3）和氮杂䓬衍生物（$n=4$），反应如下[6]：

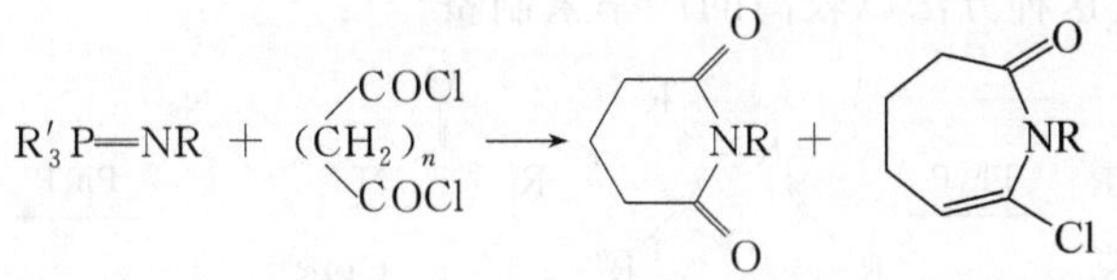

($n=3$)　　　　($n=4$)

Molina 等人通过串联氮杂 Wittig 反应，合成了一系列咔唑衍生物[7]。Benalil 等[8] 利用氮杂 Wittig 反应的方法，合成了六氢二氮杂䓬类衍生物。越来越多的氮杂环化合物正在通过氮杂 Wittig 反应的方法合成出来。

3.1.2　分子内氮杂 Wittig 反应在杂环合成中的应用

自从 Lambert 等[9] 在 1982 年通过氮杂 Wittig 反应合成了简单的 5～7 元环亚胺化合物以来，这种杂环合成方法就引起了人们的高度重视。

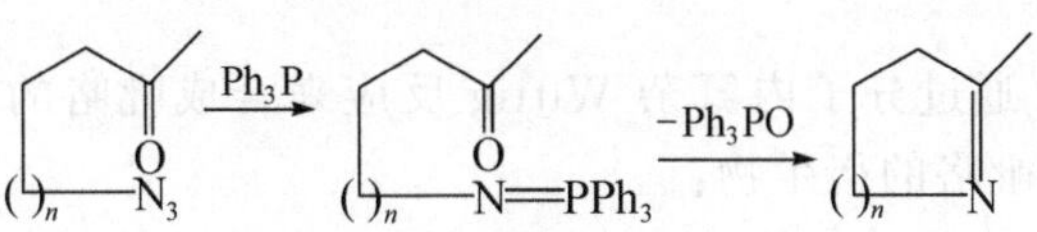

$n=1, 2, 3$

上述合成路线所采用的方法已成功地运用到具有一定张力的桥头亚胺类化合物的制备上[10]：

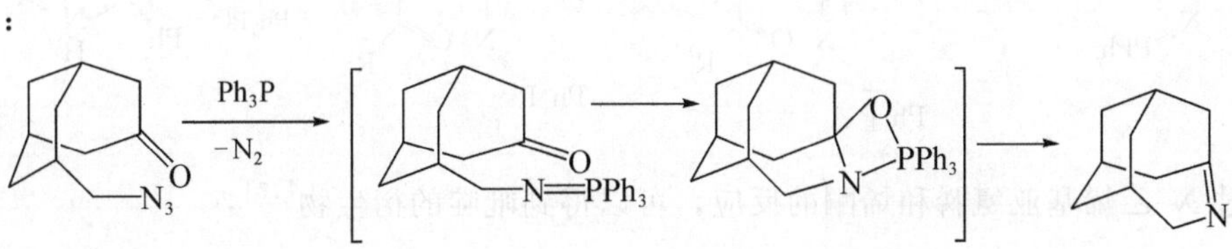

α-叠氮基酮同三苯基膦反应制备吡嗪也在很早就为人们所熟悉[11]：

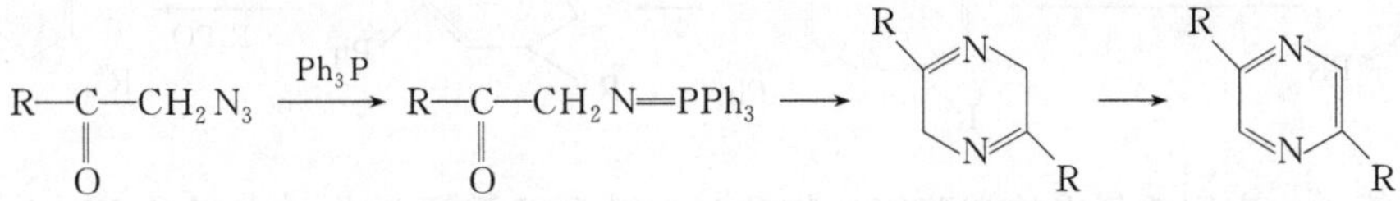

2-羟基叠氮化物同三价膦化物反应，是合成氮丙啶的一个重要途径[12]：

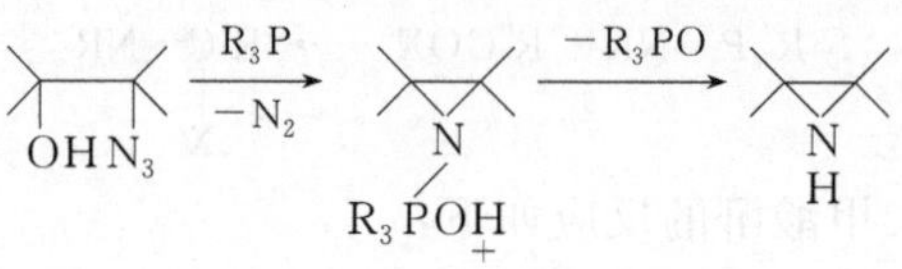

氮杂环丁烷的合成采用类似的方法亦获得了成功，通过采用 PPh_3-CBr_4 还可以制得 *N*-取代的氮杂环丁烷衍生物[13]：

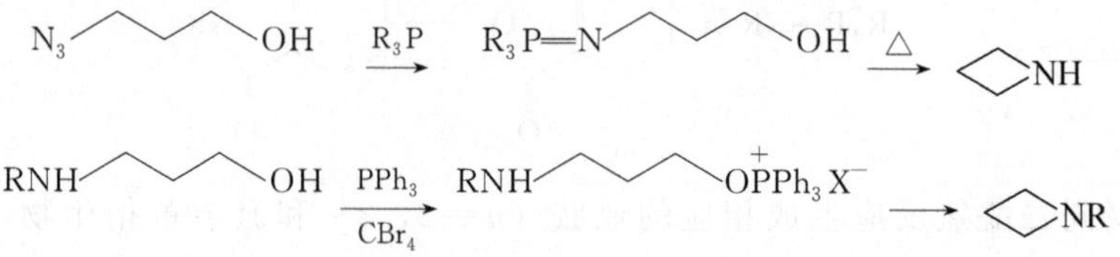

通过氮杂 Wittig 反应来合成五元和六元氮杂环化合物是一种非常有用的方法，噁唑、咪唑啉等都可以通过这种方法以较高的产率来制备[14]：

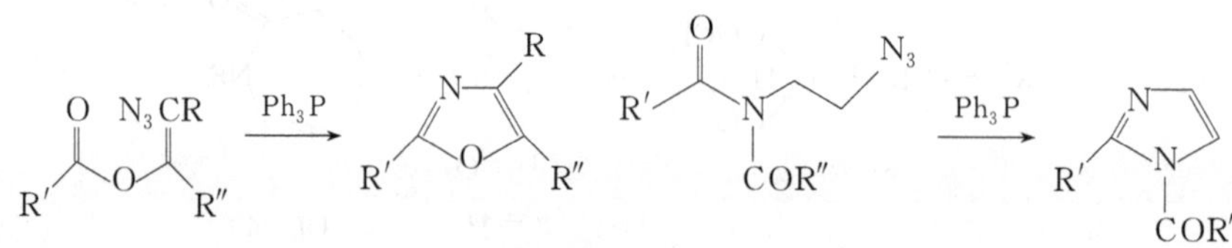

Zbiral 等[15] 用叠氮羰基化合物和三苯膦作用，先生成亚氨基膦，再同酰氯反应，生成噁唑化合物：

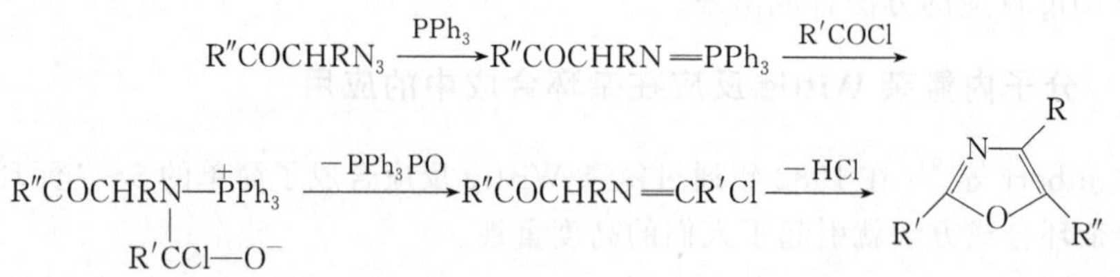

Nitta 等[16] 报道了通过分子内氮杂 Wittig 反应来合成吡咯的方法，如通过 *N*-乙烯基亚氨膦和 *α*-溴代酮制得吡咯的衍生物：

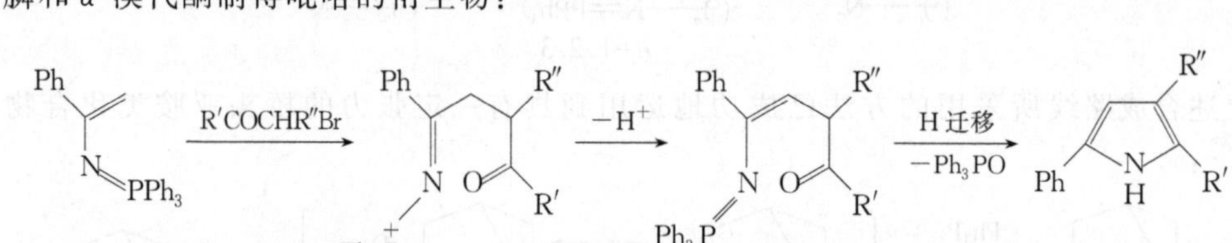

通过 *N*-乙烯基亚氨膦和烯酮的反应，可以得到吡啶的衍生物[17]：

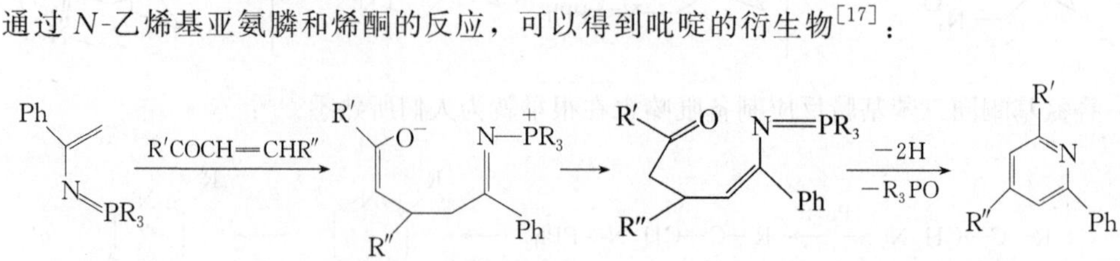

Rees 等[18] 应用叠氮肉桂酸酯衍生物和三亚磷酸乙酯通过分子内氮杂 Wittig 反应成功地合成了异喹啉衍生物：

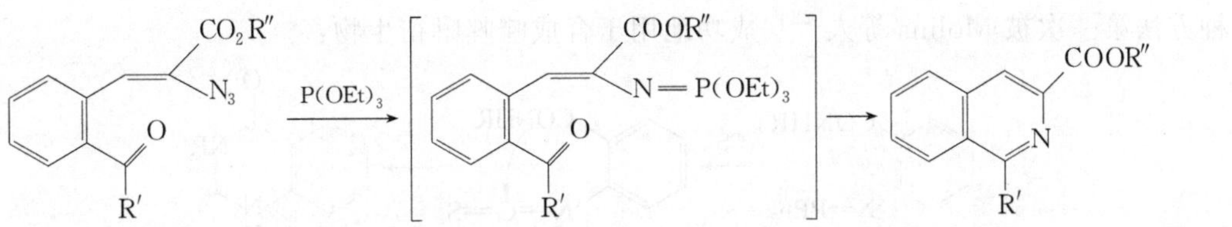

七元氮杂环化合物利用分子内氮杂 Wittig 反应最近也已合成出来[19]：

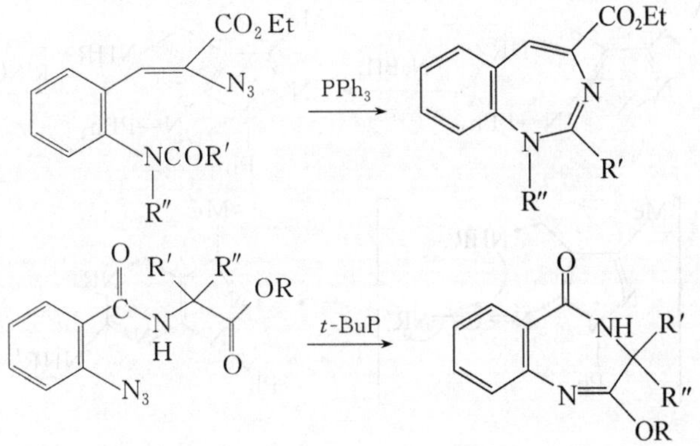

利用分子内氮杂 Wittig 反应，已经合成了一些噁唑和咪唑的衍生物[3]，例如：

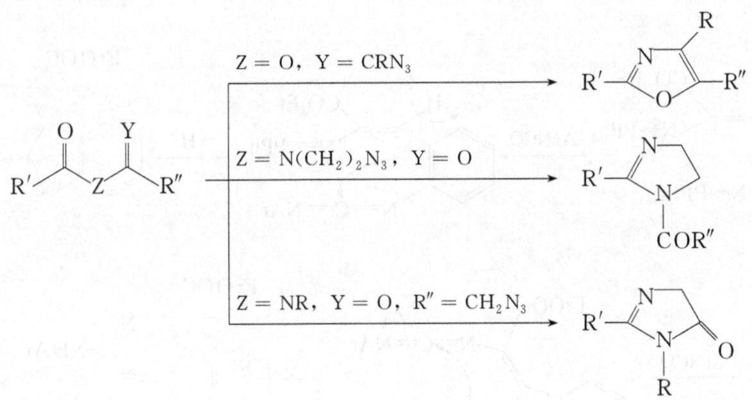

另外，许多异喹啉、喹唑啉的衍生物[20] 已通过分子内氮杂 Wittig 反应合成出来。

以上介绍的都是分子内氮杂 Wittig 反应在杂环合成中的应用，除此之外，亚氨基膦和羰基化合物之间还可以发生分子间氮杂 Wittig 反应，反应如下[21]：

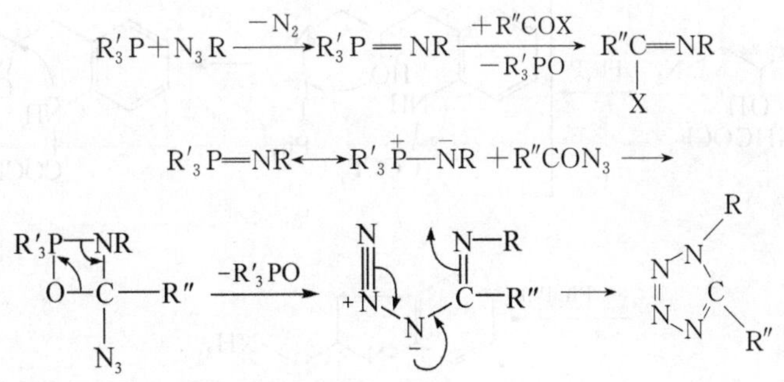

3.1.3 串联氮杂 Wittig 反应的杂环合成

通过串联氮杂 Wittig 反应来合成杂环化合物是一个在杂环化学中发展较快的领域，这种方法第一次被 Molina 等人[22] 成功地用于合成喹唑啉衍生物：

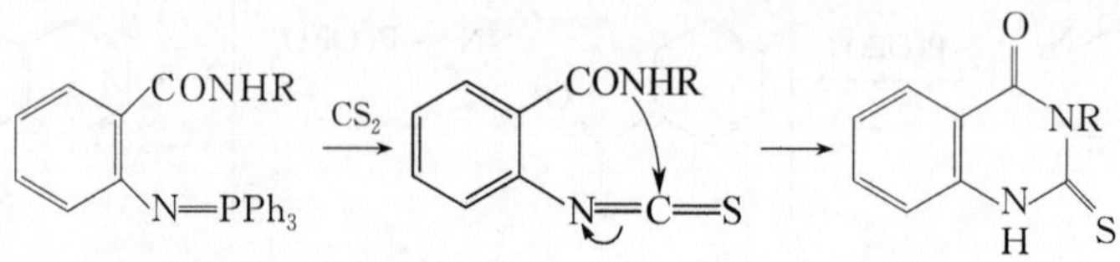

Molina 等[23] 用相同原理合成了嘧啶衍生物：

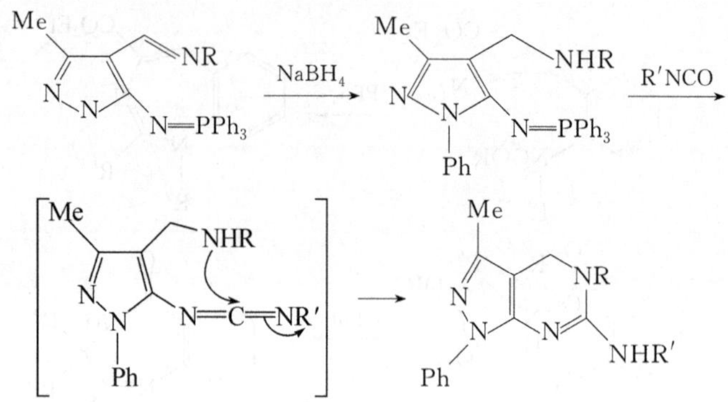

使用双亚氨基膦为原料的串联氮杂 Wittig 反应，为制备吲哚衍生物提供了一个简便的途径[24]：

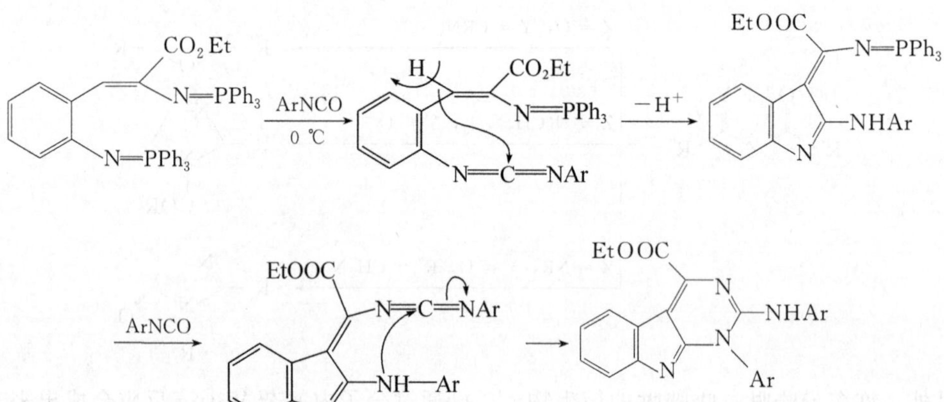

吲哚衍生物通过这个串联反应的制备过程如下[25]：

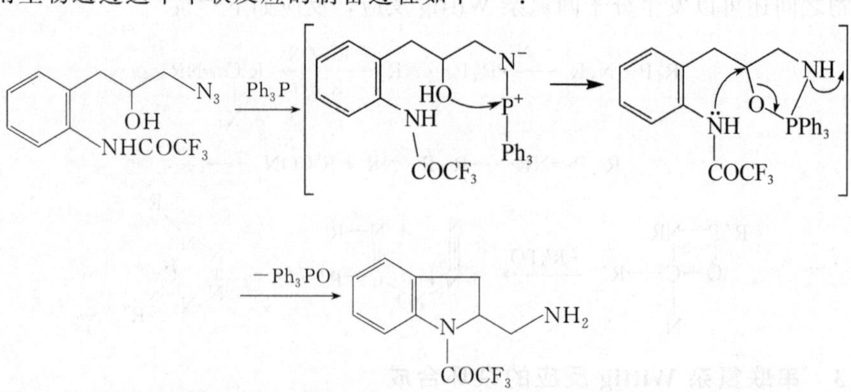

Molina 等[26] 通过串联的氮杂 Wittig 环化方法合成了骈联在吡唑杂环上的嘧啶衍

生物：

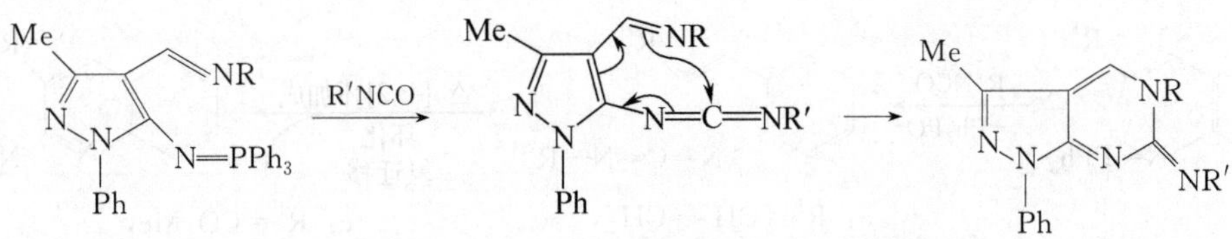

最近，Molina 等[27] 通过二叠氮化物和三苯膦的串联氮杂 Wittig 反应得到一个新的氮杂环化合物 1,3,5-苯并三氮杂䓬：

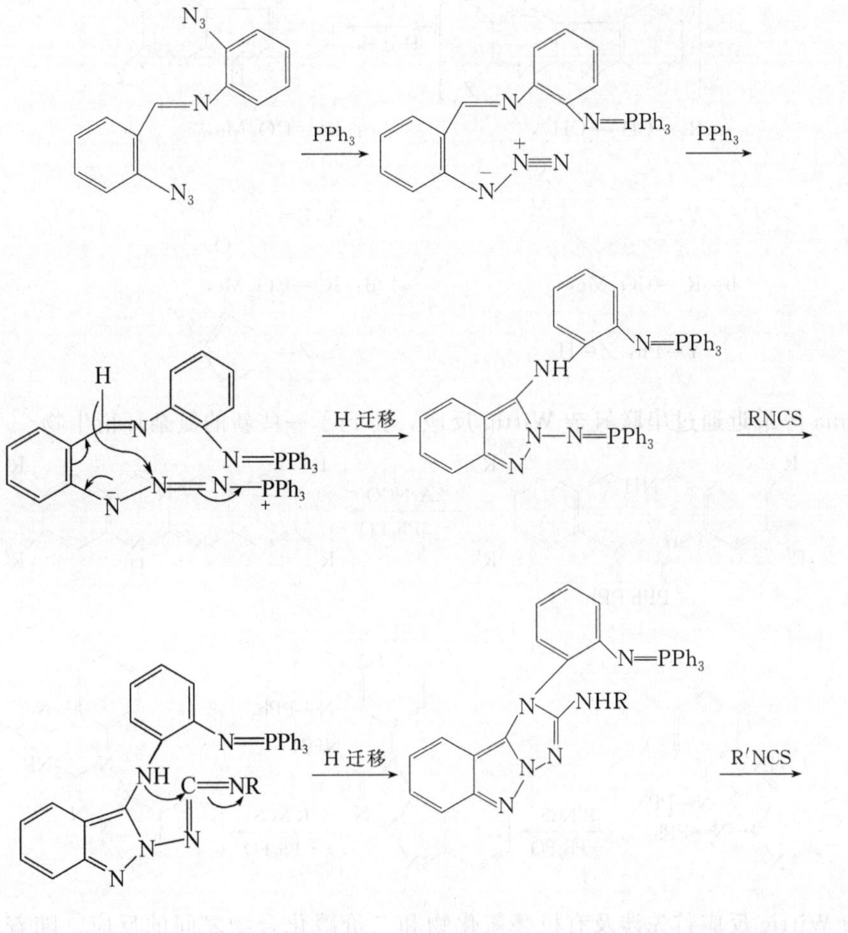

Molina 和 Saito 等[28-29] 最近通过串联氮杂 Wittig 反应合成了一些新的异喹啉和类似咔啉的衍生物：

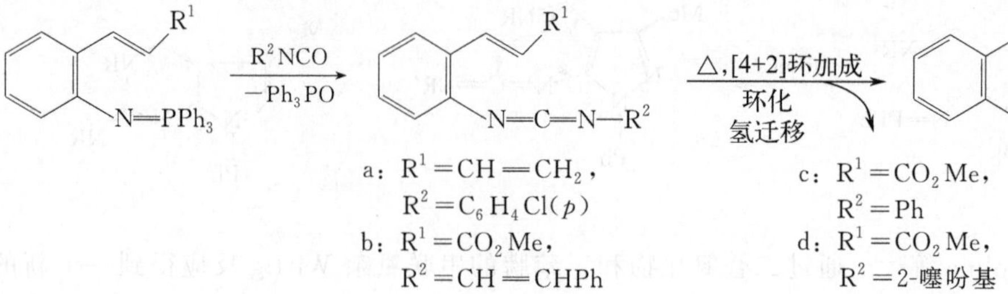

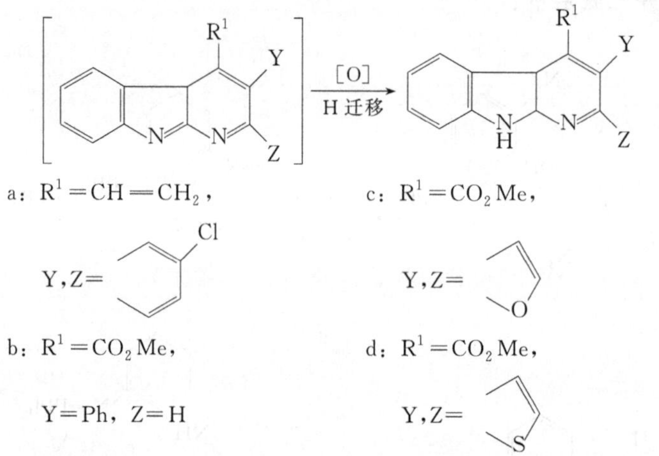

Molina 等最近通过串联氮杂 Wittig 反应，得到了一些新的氮杂环衍生物[30-31]：

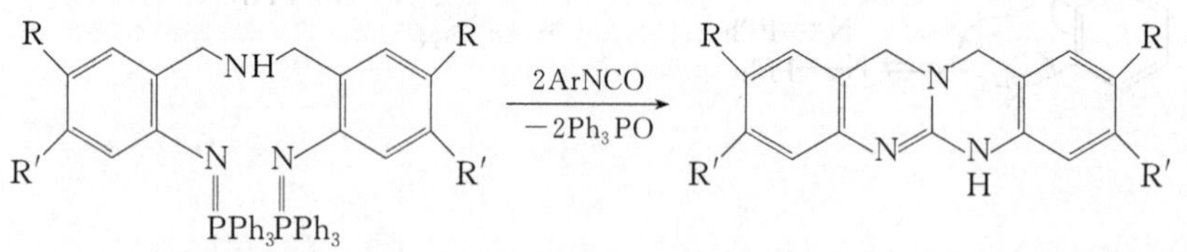

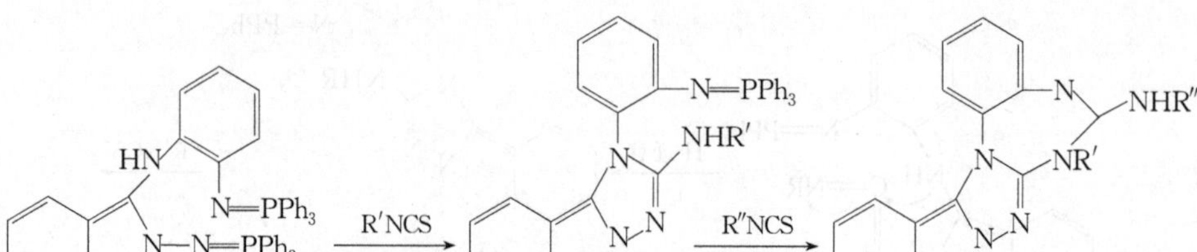

氮杂 Wittig 反应首先涉及有机叠氮化物和三价磷化合物之间的反应。随着杂环化学的迅速发展，有机叠氮化物在氮杂环合成中的作用已受到人们的重视，如某些三唑类衍生物[32] 和苯并氧化呋咱类杂环化合物的合成都涉及叠氮化物[33-34]。

3.1.4 氮杂 Wittig 反应的最新进展

通过氮杂 Wittig 反应，亚氨基膦和异氰酸酯作用得到羰二亚胺中间体，再通过电环化反应，一些喹啉和喹二氢吲哚衍生物已被合成[35]。Rzepa 等[35] 对这种环加成过渡态作了量化计算，认为环化过程与取代基、立体电子效应、熵因子、空间效应均有一定的关系。

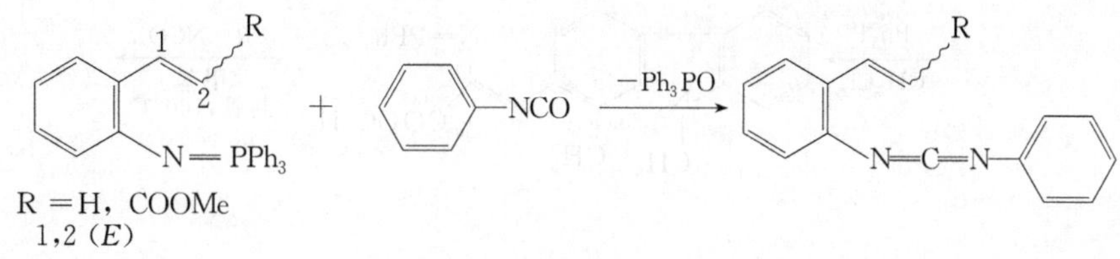

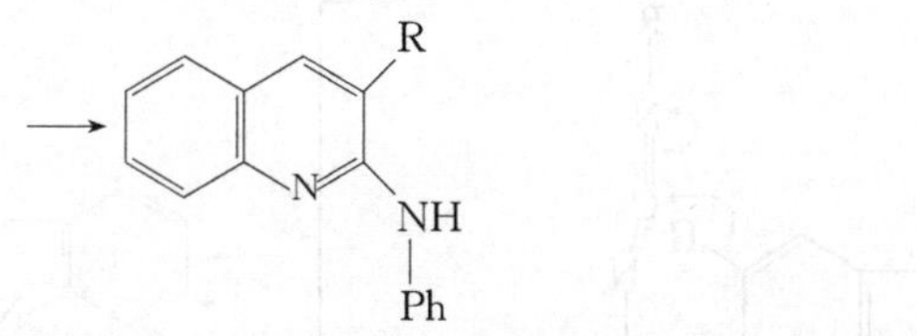

该反应被认为羰二亚胺通过一个 $\pi 2_s + \pi 4_s$ 的环加成过程，然后经过氢迁移和芳构化得到最终产物，如反应：

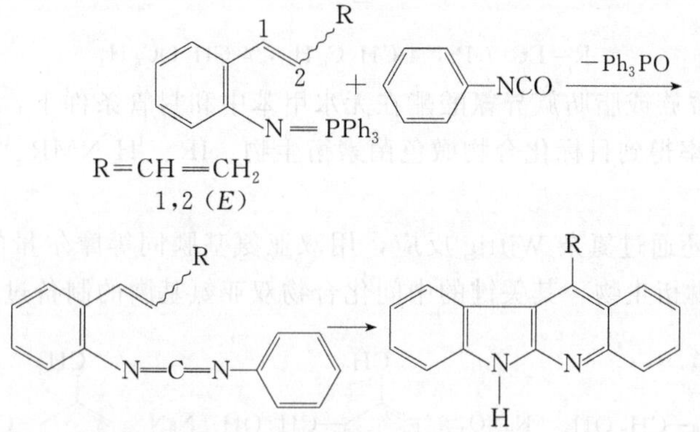

上式中羰二亚胺在环合过程经过如下环化过渡态：

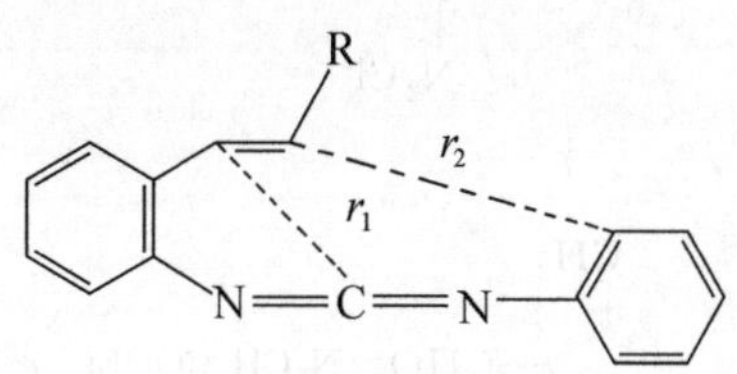

尽管这些体系（如 N═C═N ）有着较复杂的 π 轨道函数，Rzepa 等[35] 还是得出了较好的理论计算结果。

植物碱橄色菌素等具有较好的抗肿瘤活性，Molina 等[36] 通过氮杂 Wittig 反应，首次合成了活性更强的（1-位氨基取代）的橄色菌素。

用 1,9-二甲基-2-甲酰基咔唑和 α-叠氮基乙酸酯在乙醇钠作用下，于 −15 ℃缩合，以 67% 的产率得到 α-叠氮基-β[2-(1,9-二甲基)咔唑]丙烯酸乙酯，丙烯酸酯中的双键的立体化学被假定为热力学稳定的反式构型。该丙烯酸酯的衍生物和三苯膦在二氯甲烷中于室温下反应，以 95%的产率制得亚氨基膦衍生物，其 IR 光谱在 1698 cm^{-1} 处有强吸收，^1H NMR 谱在 δ 7.19 处给出一个双峰（$^4J_{P-H} = 6.4$ Hz），对应于 β-质子的信号。除了其他信号以外，两个甲基峰分别在 δ 2.79 （C—CH_3）和 δ 4.05（N—CH_3）处出现，反应如下：

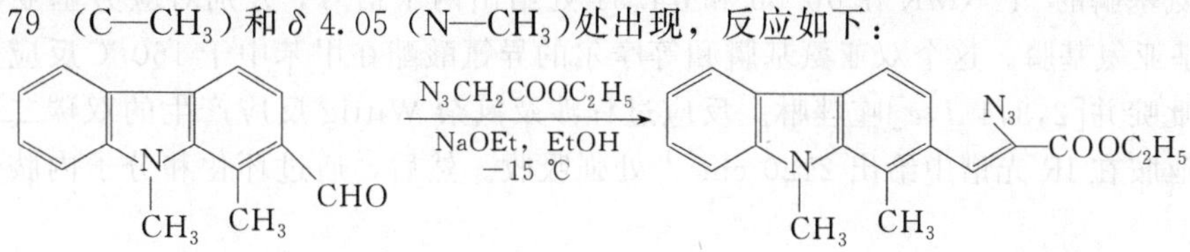

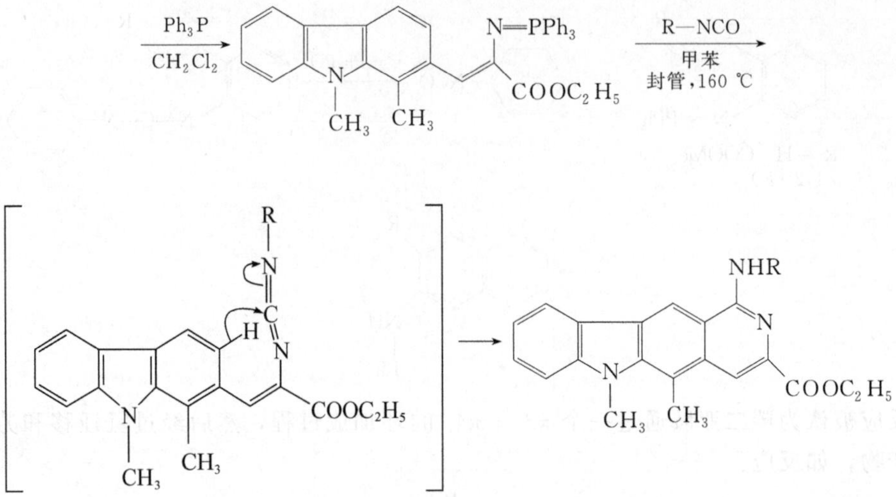

R=Et，i-Pr，4-$CH_3C_6H_4$，4-$CH_3OC_6H_4$

亚氨基膦同芳香族或脂肪族异氰酸酯在无水甲苯中和封管条件下，于 160 ℃反应 22 h，以 70%～75%的产率得到目标化合物橄色菌素衍生物。IR、^{1}H NMR、^{13}C NMR 均证实了其结构。

Molina 等[37] 还通过氮杂 Wittig 反应，用双亚氨基膦同等摩尔量的异氰酸酯反应，直接得到吡啶并喹唑啉衍生物，其关键的中间化合物双亚氨基膦的制备过程如下：

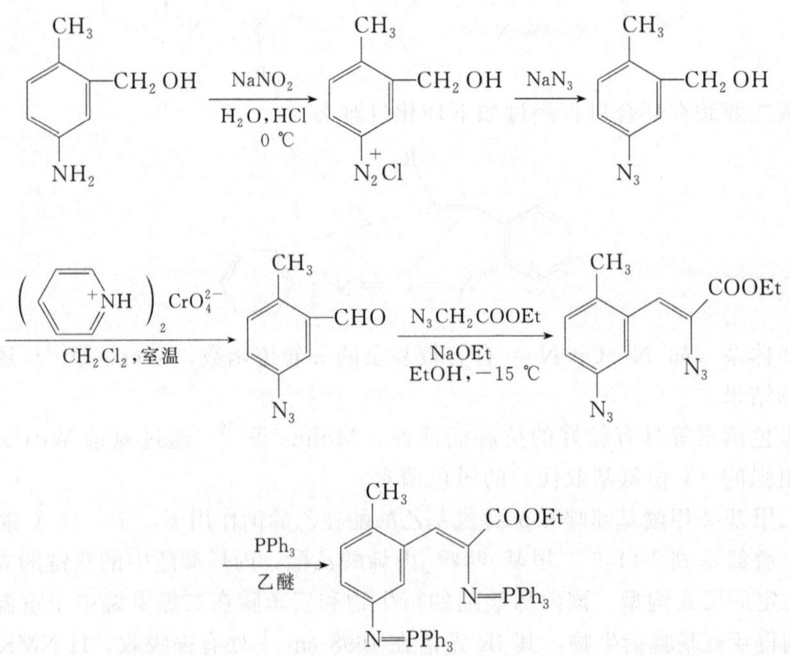

双亚氨基膦的^{31}P NMR 在 δ0.06 和 δ4.51 处给出两个信号，分别对应芳基亚氨基膦和 β-苯乙烯基亚氨基膦。这个双亚氨基膦和等摩尔的异氰酸酯在甲苯中于 160 ℃反应生成未见报道过的吡啶并[2,3,4-d,e]喹唑啉。反应过程涉及氮杂 Wittig 反应产生的双羰二亚胺，这个双羰二亚胺在 IR 光谱中给出 2120 cm^{-1} 处强吸收。然后，通过环化和分子内胺化过程得到产物：

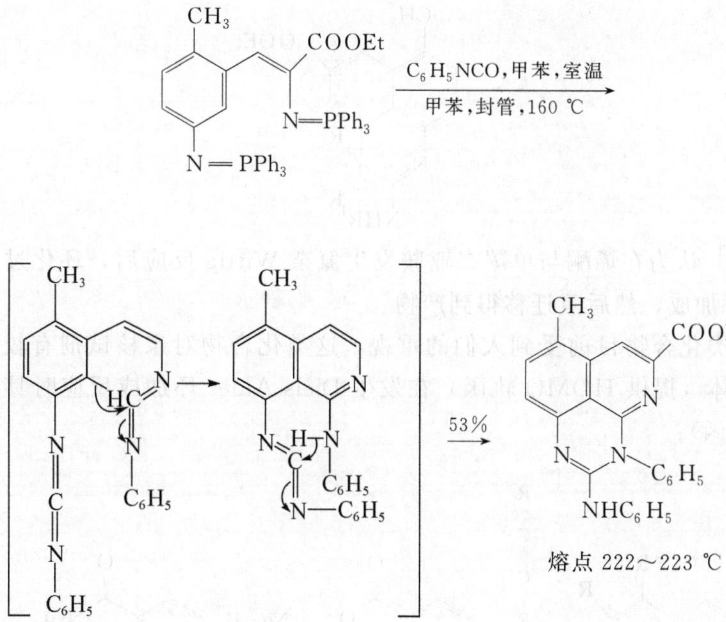

和双亚氨基膦作用的异氰酸酯，除了苯异氰酸酯和苯的对位甲基、甲氧基、氯等取代的苯异氰酸酯外，还有间位取代苯异氰酸酯。

1 mol 双亚氨基膦和 1 mol 异氰酸酯在二氯甲烷中于室温下反应，只得到单羰二亚胺：

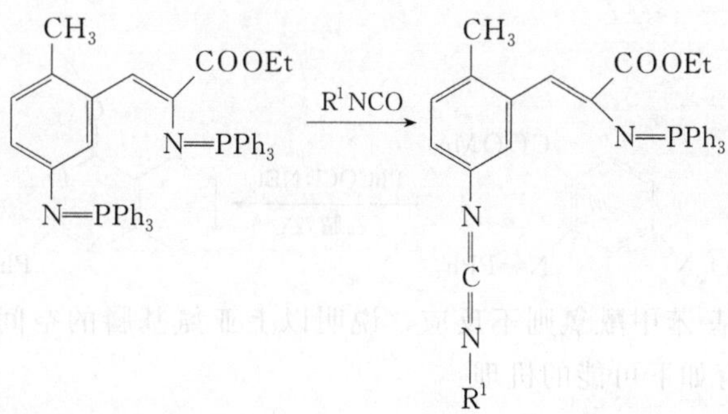

这个单羰二亚胺和烯酮在同样条件下（甲苯溶剂，室温下，然后在封管中加热到 160 ℃）反应，得到苯并 1,5-二氮杂萘：

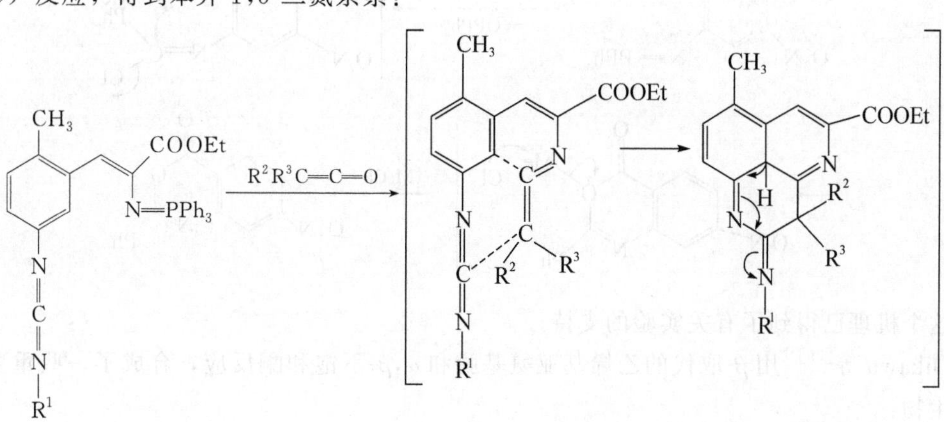

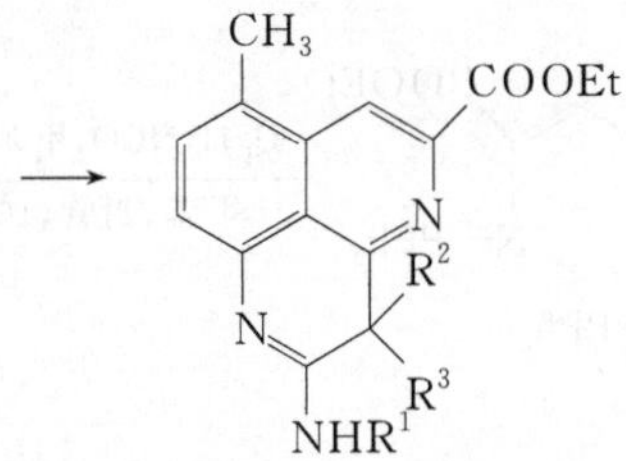

Molina 等[37] 认为在烯酮与单羰二亚胺发生氮杂 Wittig 反应后，环化过程经历了一个杂-Diels-Alder 环加成，然后氢迁移得到产物。

苯并噁嗪酮类化合物目前受到人们的重视，这类化合物对亲核试剂有较强的活性，对富电子的亲二烯体（提供 HOMO 轨函）在发生 Diels-Alder 环加成反应时具有好的反应性（提供 LUMO 轨函）：

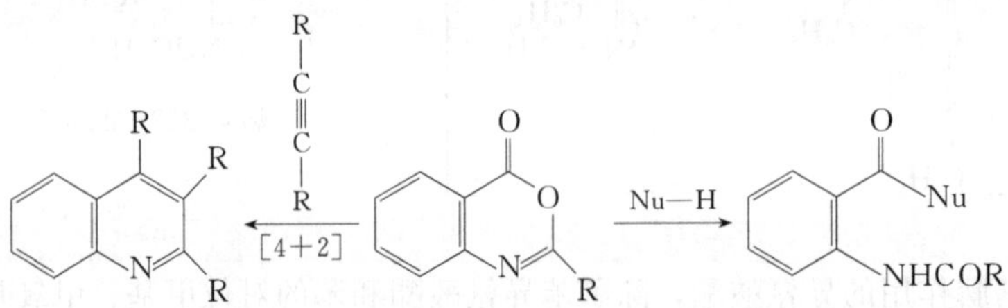

Wamhoff 等人[38] 通过合成子亚氨基膦和苯甲酰氯的氮杂 Wittig 反应，以较高的收率一步反应得到苯并噁嗪酮衍生物。反应在乙腈溶剂中进行，加入少量三乙胺作催化剂可提高产率：

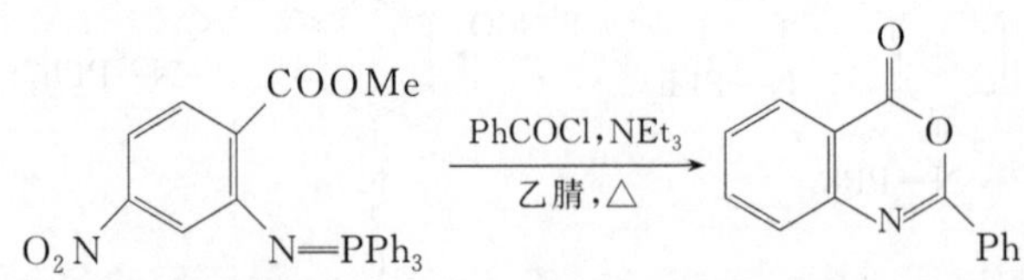

这里，若用 2-硝基-苯甲酰氯则不反应，说明以上亚氨基膦的空间位阻较大。Wamhoff 等[38] 认为该反应具有如下可能的机理：

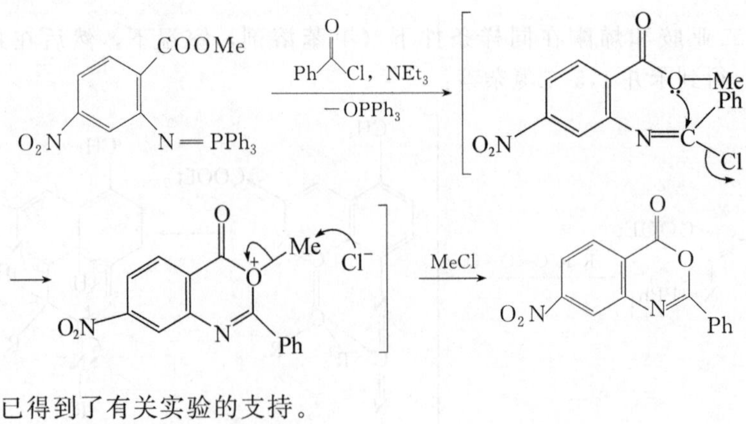

这个机理已得到了有关实验的支持。

Oikawa 等[39] 用 β-取代的乙烯基亚氨基膦和 α,β-不饱和酮反应，合成了一些重要的吡啶衍生物：

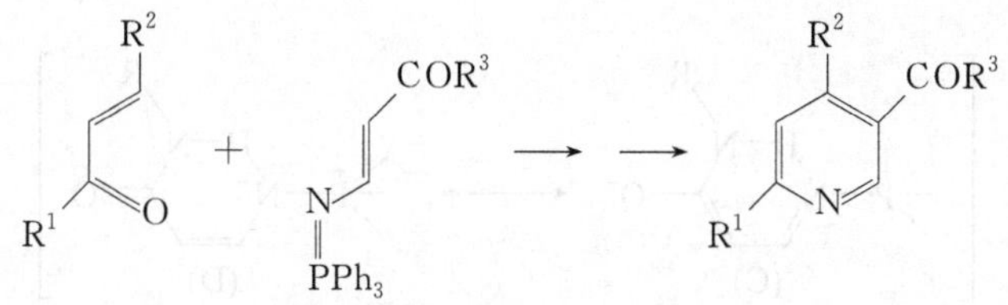

应该指出，类似的一些吡啶衍生物在生物体系中有着很重要的氧化-还原辅酶作用，反应原理如：

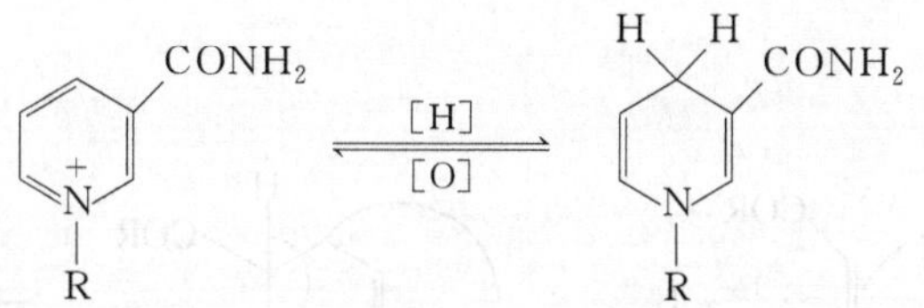

其还原态呈非平面构象，氧化态具芳香性。

Oikawa 等[39] 详细研究了乙烯基亚氨基膦衍生物的制备过程。当用三苯膦和相应的乙烯基叠氮化物作用时，首先得到一加合物。如当(*Z*)-*β*（甲氧基羰基）乙烯基叠氮化物和三苯膦在－78～－50 ℃在乙醚溶液中混合，溶液中有晶体析出，元素分析结果显示其为三苯膦和叠氮衍生物按 1∶1 摩尔比加合产物，在氯仿中－10 ℃下这个加合物慢慢放出氮气，生成(*E*)-[*β*-(甲氧基羰基)-乙烯基]亚氨基膦。^{1}H NMR 谱在各个不同温段（－30～30 ℃）追踪三苯膦和乙烯基叠氮衍生物形成的加合物，发现脱去氮气首先形成的是(*Z*)-[*β*-(甲氧基羰基)乙烯基]亚氨基膦，接着吸收能量异构化为（*E*）式构象（这里 R＝OCH_3）：

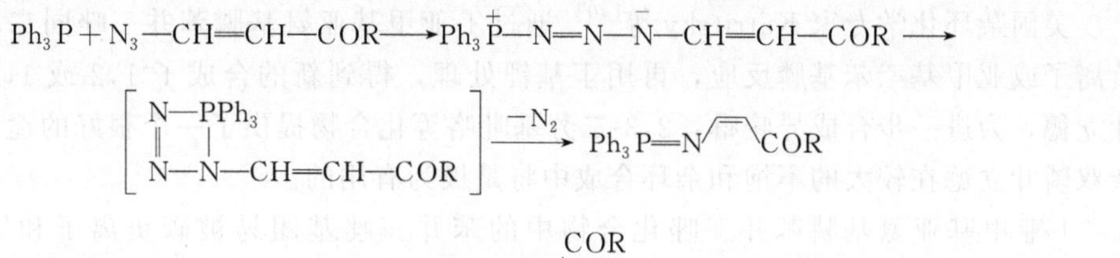

Oikawa 等[39] 认为，乙烯基亚氨基膦衍生物合成过程中除了热异构化反应外，还存在着分子内氢键的断裂。如(*Z*)-[*β*-(*N*-苄基氨基甲酰基)乙烯基]亚氨基膦在 ^{1}H NMR（$CDCl_3$）于 δ 10.1～9.7 处给出—NH—信号，当加入少量 DMSO 以后，—NH—信号移到 δ 7.2～6.7 处，向高场的位移说明了（C）和（D）（如下结构）中分子内氢键的断裂，从而由 *Z* 式转为 *E* 式（这里 R＝CH_2Ph）。

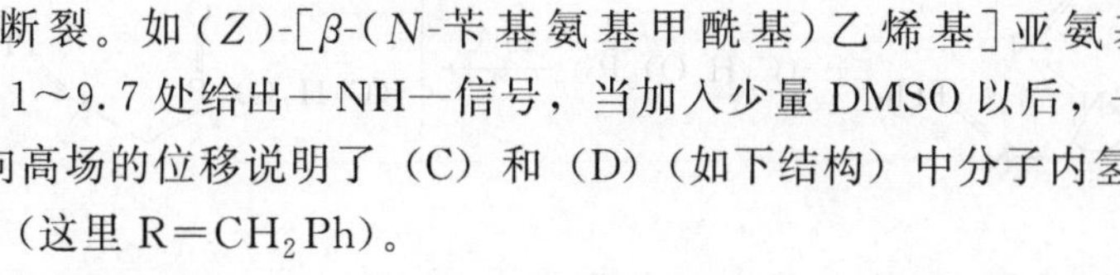

E 式

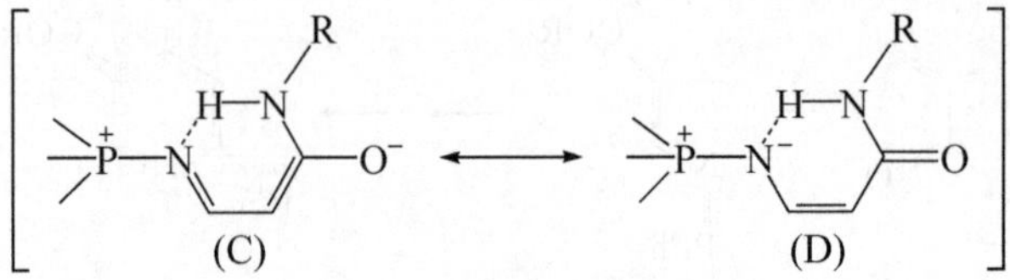

Z 式

乙烯基亚氨基膦衍生物分子结构中如果没有氢键作用，则 Z 式构象不稳定，会异构化为具有较低位能的 E 式构象。用乙烯基亚氨基膦衍生物和 α,β-不饱和酮合成吡啶类衍生物的机理被描述如下：

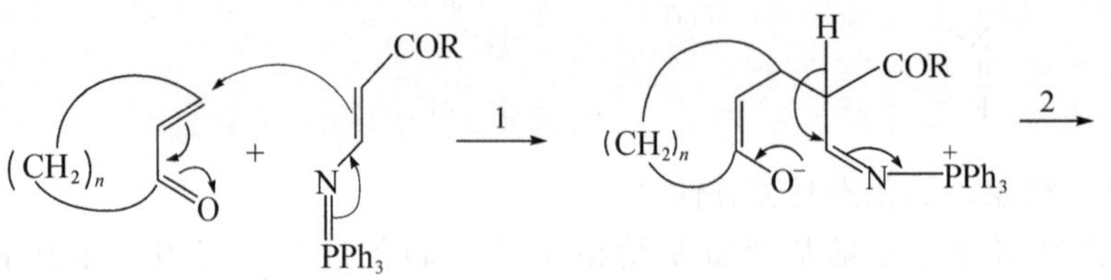

最后一步涉及脱氢芳构化过程，该反应条件是在 Pd/C 催化剂存在下在甲苯中回流 48 h。第一步类似 Michael 加成，第二步为一分子内质子迁移和酮化过程，第三步为氮杂 Wittig 反应。

美国杂环化学专家 Katritzky 等[40] 通过 1-亚甲基亚氨基膦苯并三唑同二乙基亚磷酸酯负离子或亚甲基三苯基膦反应，再用丁基锂处理，得到新的合成子 1,2-或 1,3-单氮杂双磷叶立德，为进一步合成异喹啉、2,3-二芳基吡咯等化合物提供了一个很好的途径。这种单氮杂双磷叶立德在较大的不饱和杂环合成中将是极为有用的。

1-亚甲基亚氨基膦苯并三唑化合物中的苯并三唑基团易被碳负离子和氮负离子所取代，二乙基亚磷酸酯负离子可以与之反应，反应产物用丁基锂处理则可以得到这种双 Ylides：

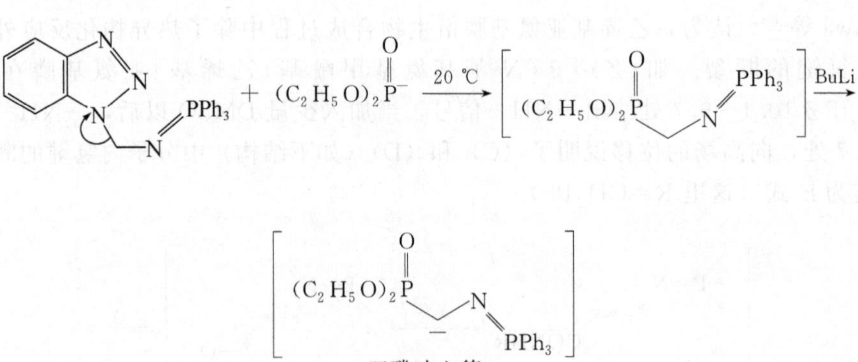

双磷叶立德

这个双磷叶立德同邻苯二甲醛作用以 55% 的得率得到异喹啉，可能通过如下过程：

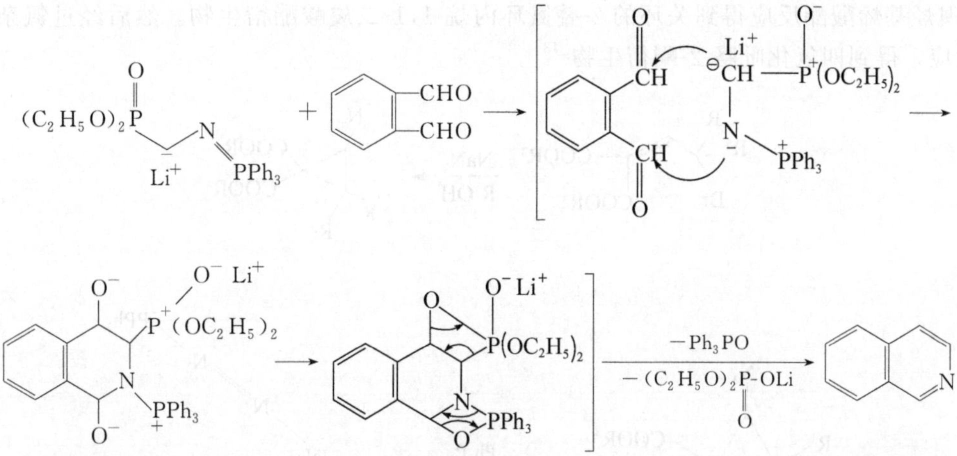

根据同样反应原理，用1-亚甲基亚氨基膦苯并三唑同亚甲基三苯基膦反应，再用丁基锂作用，得到另一种1,3-单氮杂双磷叶立德合成子：

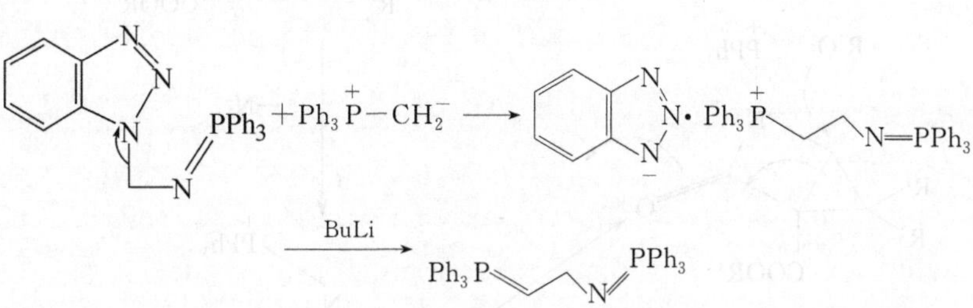

这个1,3-单氮杂双磷叶立德合成子与邻苯二甲醛和二芳基1,2-二酮反应，以上述类似历程，得到苯并杂䓬和2,3-二芳基吡咯。

López-Ortiz等[41] 报道了乙炔二羧酸二甲酯同N-酰基-(Z)-β-烯氨基二苯膦加成反应的立体选择性，一些加成产物的立体化学和构象已通过$^{n}J_{Px}$（$n=1\sim4$，$x=$C，H）数据和核间奥氏效应（NOE）所阐明。在对产物中磷偶合常数解析的基础上，加成过程被认为是烯胺中一个氢质子迁移到炔基三键上：

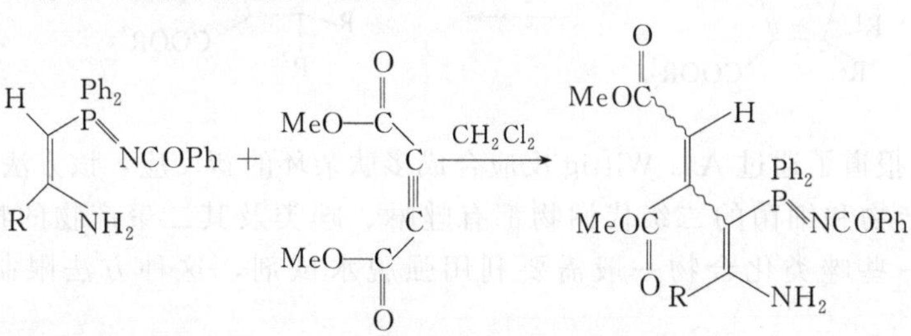

该反应与溶剂极性关系极大，为了抑制副反应，López-Ortiz等[41] 在不同温度下尝试了一系列溶剂，发现采用无水二氯甲烷在室温下反应36 h可以得到较纯的化合物。另外，溶剂在使用前还要用N,N-二甲基苯胺除去痕量的酸，痕量酸能够加速副反应发生。他们从各个方面对反应产物的立体构象、键长键角、相关能等进行了研究，NMR、X射线衍射和量化计算都取得了较好的结果。

氮杂Wittig反应的研究进展很快，其在杂环合成中发挥了重要作用[42]。

Kimpe等报道了一种新颖的简便的合成2-叠氮环丙烷羧酸酯的方法。首先，叠氮化钠和 2-溴烃基烯酸酯反应得到关环的 2-叠氮环丙烷-1,1-二羧酸酯衍生物。然后经过氮杂 Wittig 反应，得到四氢化吡咯-2-酮衍生物[43]。

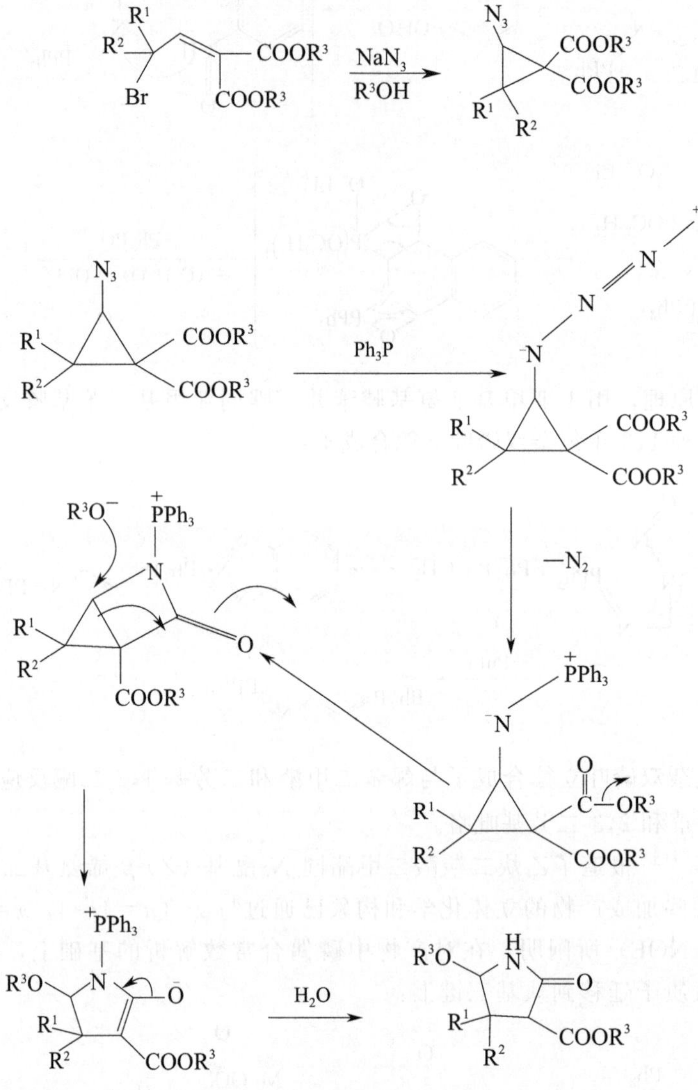

Arndt 最近报道了通过 Aza-Wittig 反应合成多肽杂环的新反应，该方法较为巧妙[44]。

许多天然产物和细菌的二级代谢物都有唑啉、唑类及其二聚产物的特征结构。到目前为止，合成一些唑类化合物一般需要利用强脱水试剂，这种方法限制了底物官能团的耐受性。

Arndt 等[44] 研究人员设计了一个分子内脱水反应，它可能是克服现在通常使用的方法局限性的关键。通过使用合适的叠氮化合物 **1** 来限制发生成环反应的位置，这个叠氮化合物 **1** 可以很容易地转化成磷亚胺盐 **2**，其中磷亚氨基可以和最接近的羰基发生 Aza-Wittig 反应，这个假定的过渡态 **3** 有利于内型结构和 P═N 和 C═O 键的反平行排列。以释放烷基磷氧为驱动力，经缩合反应得到具有立体选择性的产物 **4**，经过进一步的氧化得到杂环化合物 **5**。

反应过程如下所示：

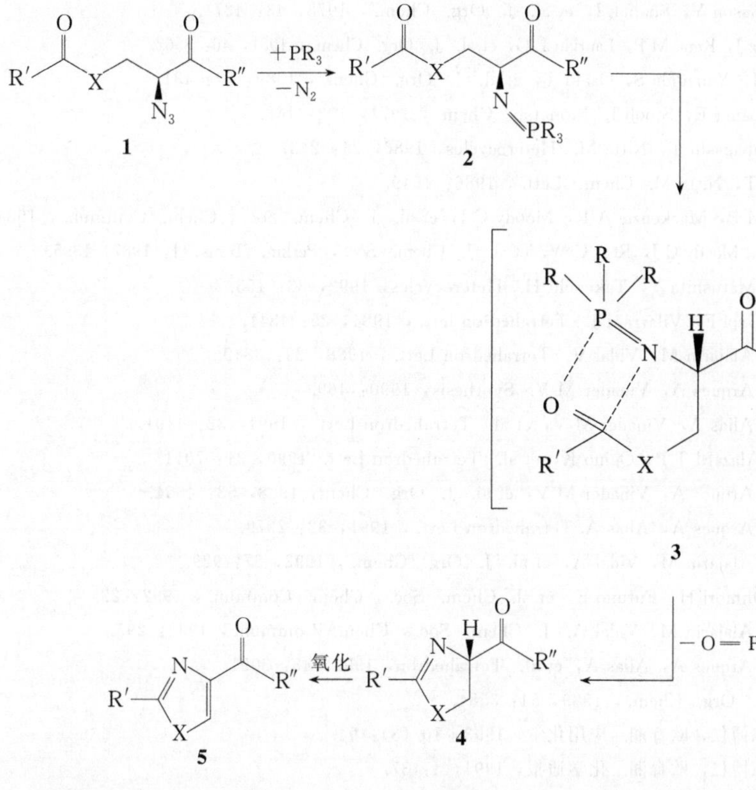

实验表明α-叠氮酸是多肽进行Aza-Wittig闭环反应最常见的结构单元。半胱氨酸、丝氨酸和苏氨酸的α-衍生物可以通过这个反应和叠氮硫酯形成对应的噻唑，和叠氮酯反应形成对应的噁唑类物质。

Arndt等[44] 证实，多肽酯和多肽硫酯可以在干净、温和、高选择性的情况下，通过Aza-Wittig闭环反应生成噁唑、噻唑和二聚产物。不仅反应过程不影响其他官能团，而且反应能够从简单的、线性的前体得到复杂的、不同的杂环结构。它的优点还在于结构单元和过渡态能够经历数次闭环反应，并且这种分子内的Aza-Wittig反应对水有很好的耐受性。目前，这种Aza-Wittig反应被广泛地运用于合成复杂的、有生物活性的分子。

参 考 文 献

[1] Staudinger H，Meyer J. Helv. Chim. Acta.，1912，2：635.

[2] Kirsanov A V，Nauk I A. Chem. Abstr.，1950，45：503.

[3] Eguchi S，Okano T. 有機合成化学協会誌（日），1993，51（3）：203.

[4] Golololov I N，Zhmurova I N，Kasukhin L F. Tetrahedron，1981，37：437.

[5] Maryanoff B E，Beitz A B. Chem. Rev.，1989，89：863.

[6] Aubert T，Farnier M，Guilarid R. Tetrahedron，1991，47：53.

[7] Molina P，Fresneda P M，Almendros P. Tetrahedron，1993，49（6）：1223.

[8] Benalil A，Guerin A，Carboni B，et al. J. Chem. Soc.，Perkin Trans. Ⅰ，1993，9：1061.

[9] Lambert P H，Vanltier M，Carrie R. J. Chem. Soc.，Chem Commun.，1982：1224.

[10] Sasaki T，Eguchi S，Okano T. J. Am. Chem. Soc，1983，105：5912.

[11] Zbiral E，Stroh J. Liebigs Ann. Chem.，1969，727：231.

[12] Ittah Y, Sasson Y, Shahak I, et al. J. Org. Chem., 1978, 43: 4271.
[13] Szmuszkovicz J, Kane M P, Laurian L G, et al. J. Org. Chem., 1981, 46: 3562.
[14] Takeuchi H, Yanagida S, Ozaki T, et al. J. Org. Chem., 1989, 54: 431.
[15] Zbiral E, Bauer E, Stoob J. Monatsh. Chem., 1971, 102: 168.
[16] Iino Y, Kobagashi T, Nitta M. Heterocycles, 1986, 24: 2437.
[17] Kobayashi T, Nitta M. Chem. Lett., 1986: 1549.
[18] Hickey D M B, Mackenzie A R, Moody C J, et al. J. Chem. Soc., Chem. Commun., 1984: 776.
[19] Kennedy M, Moody C J, Rees C W, et al. J. Chem. Soc., Perkin. Trans. Ⅰ, 1987: 1395.
[20] Eguchi S, Matushita Y, Takeuchi H. Heterocycles, 1992, 33: 153.
[21] Garcia J, Urpi F, Vilarrasa J. Tetrahedron lett., 1984, 25: 4841.
[22] Molina P, Alajarin M, Vidal V. Tetrahedron Lett., 1988, 29: 3849.
[23] Molina P, Arques A, Vinader M V. Synthesis, 1990: 469.
[24] Molina P, Alias A, Vinader M V, et al. Tetrahedron Lett., 1991, 32: 4401.
[25] Carite C, Alazard T P, Ogino K, et al. Tetrahedron Lett. 1990, 31: 7011.
[26] Molina P, Arques A, Vinader M V, et al. J. Org. Chem, 1988, 53: 4654.
[27] Molina P, Arques A, Alias A. Tetrahedron Lett., 1991, 32: 2979.
[28] Molina P, Alajarin M, Vidal A, et al. J. Org. Chem., 1992, 57: 929.
[29] Saito T, Ohmori H, Furuno E, et al. Chem. Soc., Chem. Commun., 1992: 22.
[30] Molina P, Alajarin M, Vidal A. J. Chem. Soc., Chem. Commun., 1992: 295.
[31] Molina P, Arques A, Alias A, et al. Tetrahedron, 1992, 48: 3091.
[32] Jordan D. J. Org. Chem., 1989, 54: 3584.
[33] 王乃兴,陈博仁,欧育湘. 应用化学,1993,10 (3):94.
[34] 王乃兴,陈博仁,欧育湘. 化学通报,1994,4:37.
[35] Rzepa H, Molina P, Alajarin M, et al. Tetrahedron, 1992, 48(36): 7425.
[36] Molina P, Fresneda P M, Almendros P. Tetrahedron, 1993, 49(6): 1223.
[37] Molina P, Alajarin M, Videl A. J. Org, Chem., 1992, 57: 6703.
[38] Wamhoff H, Herrmann S, Stölben S, et al. Tetrahedron, 1993, 49(3): 581.
[39] Oikawa T, Kanomata N, Tada M. J. Org, Chem., 1993, 58: 2046.
[40] Katritzky A, Jiang J, Greenhill J V. J. Org. Chem., 1993, 58: 1987.
[41] López-Ortiz F, Peláez-Arango E, Palacios F, et al. J. Org. Chem., 1994, 59: 1984.
[42] 王乃兴,等. 有机化学,1995,15 (3):225.
[43] Kimpe N D, Mangelinckx S. Synlett., 2006, 3: 369.
[44] Riedrich M, Harkal S, Arndt H D. Angew. Chem. Int. Ed., 2007, 46: 2701.

3.2 双氮手性杂环的合成

3.2.1 咪唑烷

Royer 对一些不对称合成在构建含氮杂环化合物中的应用做了总结,下面选择其中咪唑烷和咪唑啉酮的合成方法作以简要介绍[1a]。

20 世纪 80 年代,Mukaiyama[1b] 报道了第一个不对称合成噁唑烷的例子,之后又有了一些进展[2]。

实际上,手性二氨基化合物与醛的缩合产物能够制备噁唑烷,但缩合产物不稳定(正如缩醛胺一样),因此氢解过程应特别关注。下面列出了由 (*S*)-脯氨酸衍生物制得的二氨基化合物 **1** 来制备化合物 **2**~**5** 的合成路线。报道称这些 *N*-酰基咪唑烷对很多光学选择性的 1,2-和 1,4-格氏加成反应是很好的手性辅助剂[3]。

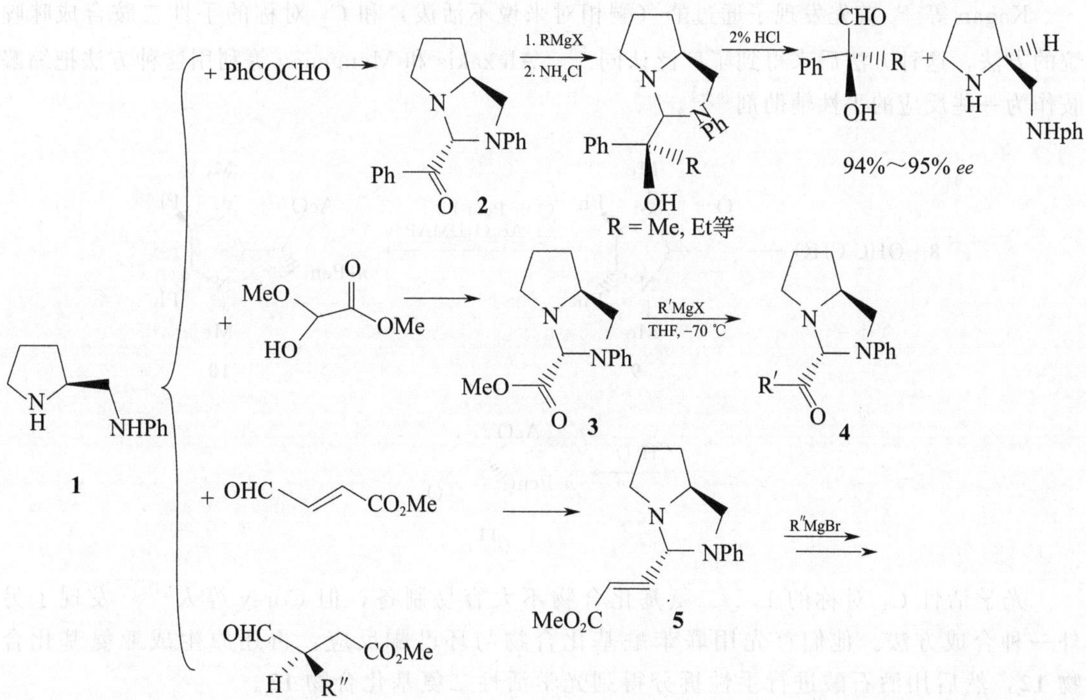

光学活性的 1,2-二氨基化合物不容易通过手性池得到，一个报道的替代杂环类化合物的最初方法如下[4]。首先，在金雀花碱的存在下用丁基锂对非手性咪唑烷 **6** 进行不对称去质子化，反应产物再与卤代烷反应通过开环和去保护可以合成很多类似光学活性的 2-烷基二氨基化合物 **7**。

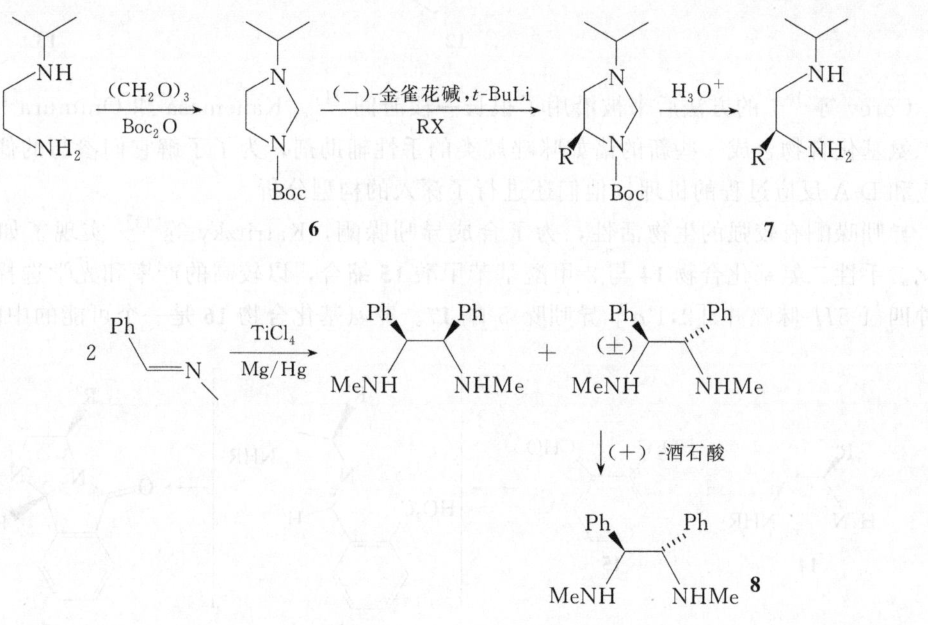

Normant 研究小组报道[5]，他们在外消旋体混合物中加入（+）酒石酸得到了大量的

(R,R)-N,N'-二甲基-1,2-二苯基乙二胺（DMPEDA）**8**。

Kagan 等[6] 首先发现了通过醛（酮相对来说不活泼）和 C_2 对称的手性二胺合成咪唑烷的方法，这种方法后来得到了广泛认同[7]。Alexakis 和 Mangeney 等利用这种方法把缩醛胺作为一些反应的手性辅助剂[8-9]。

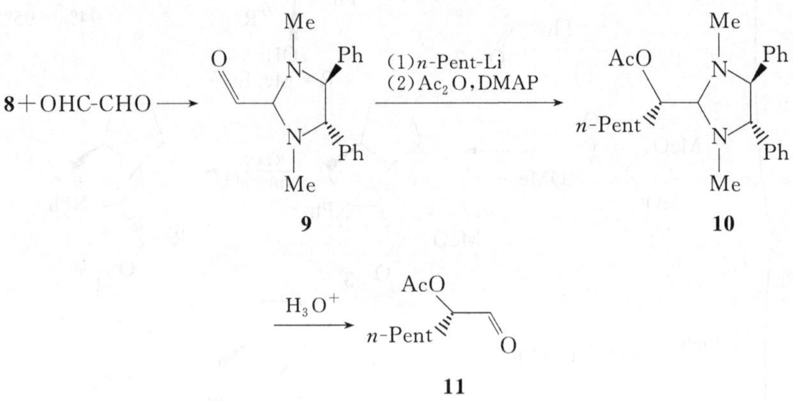

光学活性 C_2 对称的 1,2-二氨基化合物不太容易制备，但 Corey 等人[10] 发现了另外一种合成方法。他们首先用联苯酰基化合物与环己酮反应，再还原生成亚氨基化合物 **12**，然后用酒石酸进行手性拆分得到光学活性二氨基化合物 **13**。

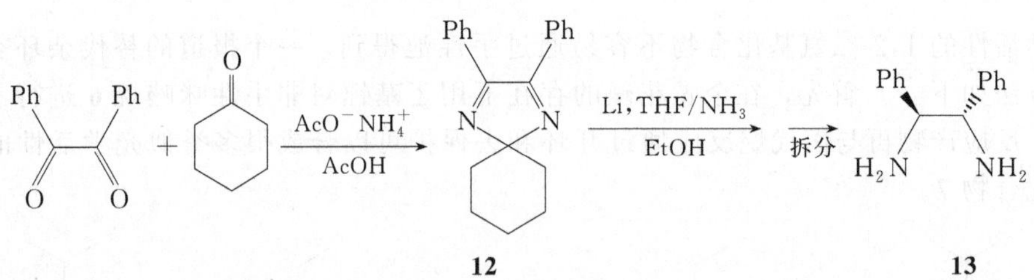

Corey 等[10] 的方法后来被沿用了很长一段时间[11]。Kanemasa 和 Onimura[12] 利用这些二氨基化合物合成一些新的诸如咪唑烷类的手性辅助剂，为了了解它们参与的偶极环加成反应和 D-A 反应过程的机理，他们还进行了深入的构型分析。

异吲哚酮有较强的生物活性，为了合成异吲哚酮，Katritzky 等[13] 实现了如下所示的转化。手性二氨基化合物 **14** 与 2-甲酰基苯甲酸 **15** 缩合，以较高的产率和光学选择性，得到各种四氢-5H-咪唑并［2,1-a］异吲哚-5-酮 **17**。亚氨基化合物 **16** 是一个可能的中间体。

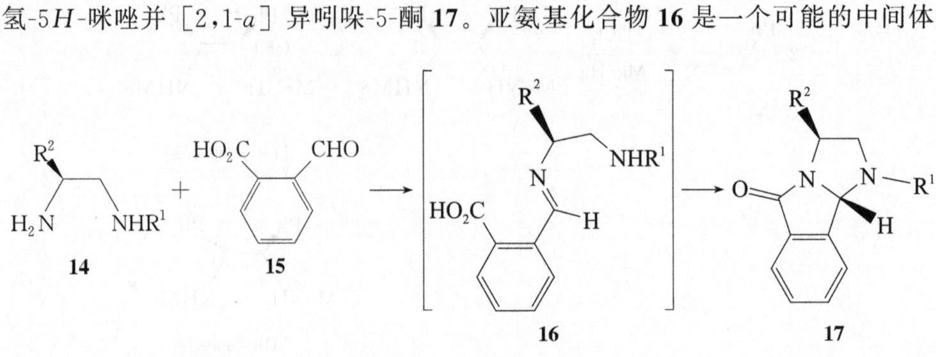

手性咪唑烷和咪唑啉酮杂环化合物，在许多不对称反应中是很有效的配体[14]。

3.2.2 咪唑啉酮

Seebach 等建立了著名的立体中心自组装学说，他们提出 4-咪唑啉酮的锂烯醇是某些不对称转化的基础[15]。无论是通过甘氨酸的盐 **18** 与醛缩合还是通过溴代乙酰溴间接合成，结果都只得到外消旋的咪唑啉酮 **19** 和 **20**。用杏仁酸拆分外消旋体可以得到光学活性的咪唑啉酮[16]。用这种方法也合成了很多其他的咪唑啉酮衍生物，这些研究开创了一个用不对称甘氨酸衍生物合成手性氨基酸的新途径[17]。

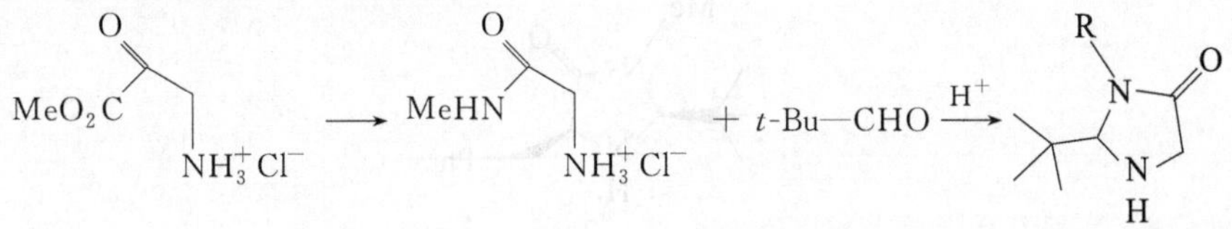

18 **19**（R=Me）

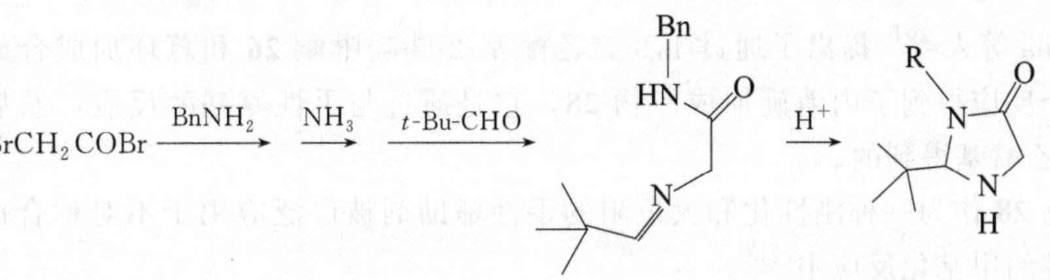

20（R=Bn）

除了甘氨酸，也可以用其他 α-氨基酸合成出多个手性中心的咪唑啉酮。用这种方法，Node 等人[18] 以咪唑啉酮 **21** 为起始原料合成出了（−）-加兰他敏［(−)-galanthamine］。

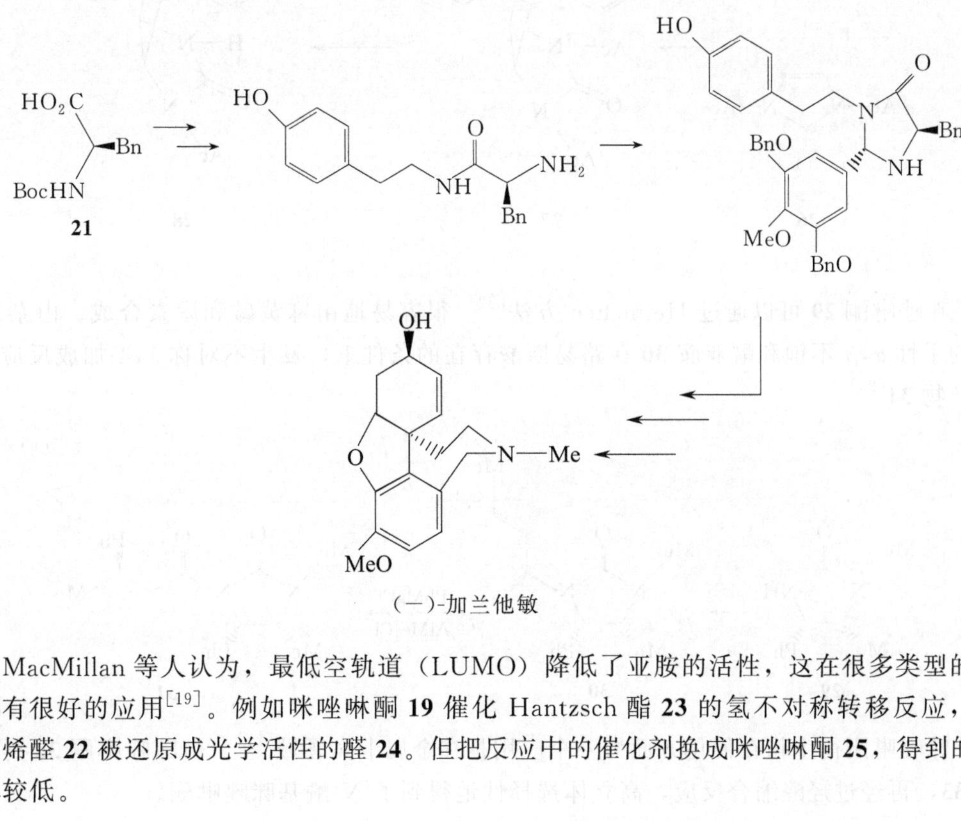

21

（−）-加兰他敏

MacMillan 等人认为，最低空轨道（LUMO）降低了亚胺的活性，这在很多类型的反应中都有很好的应用[19]。例如咪唑啉酮 **19** 催化 Hantzsch 酯 **23** 的氢不对称转移反应，反应中，烯醛 **22** 被还原成光学活性的醛 **24**。但把反应中的催化剂换成咪唑啉酮 **25**，得到的光学产率较低。

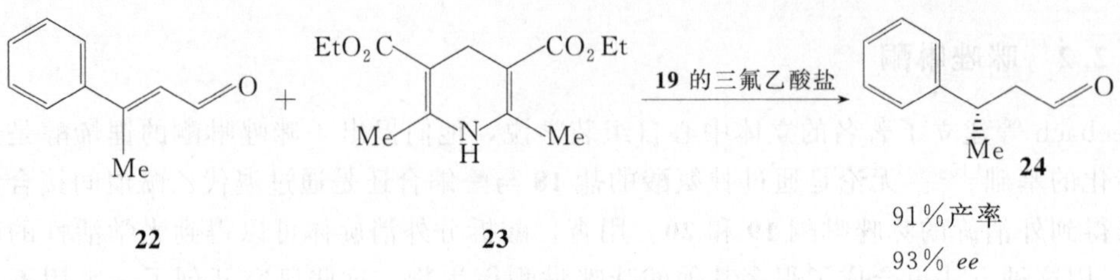

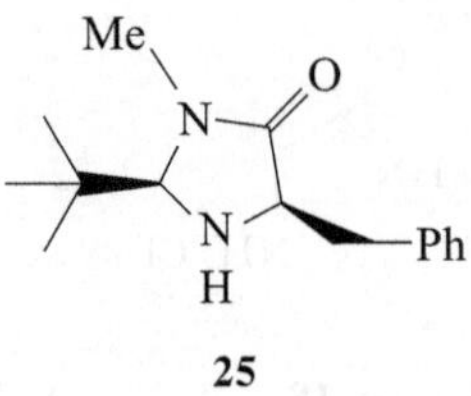

Kunieda 等人[20] 提出了通过 1,3-二乙酰基-2-咪唑啉酮 **26** 和蒽环加成合成 2-唑烷酮的方法。这个反应得到了内消旋加成产物 **28**，它是通过与手性氨基醇反应，然后选择性地脱去 *N* 上的乙酰基得到的。

化合物 **28** 作为一种刚性化和大位阻的手性辅助剂被广泛应用于不对称合成中，如 D-A 反应和烯醇的甲基化反应中[21]。

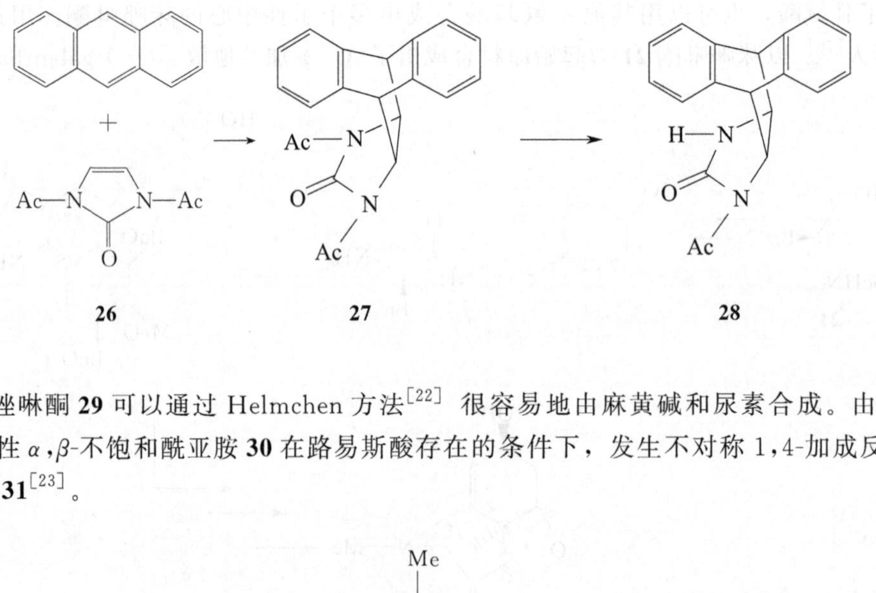

2-咪唑啉酮 **29** 可以通过 Helmchen 方法[22] 很容易地由麻黄碱和尿素合成。由杂环 **29** 得到的手性 α,β-不饱和酰亚胺 **30** 在路易斯酸存在的条件下，发生不对称 1,4-加成反应得到加成产物 **31**[23]。

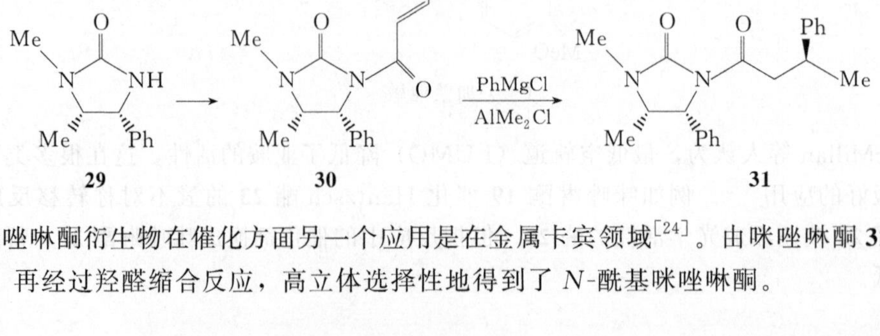

4-咪唑啉酮衍生物在催化方面另一个应用是在金属卡宾领域[24]。由咪唑啉酮 **32** 得到化合物 **33**，再经过羟醛缩合反应，高立体选择性地得到了 *N*-酰基咪唑啉酮。

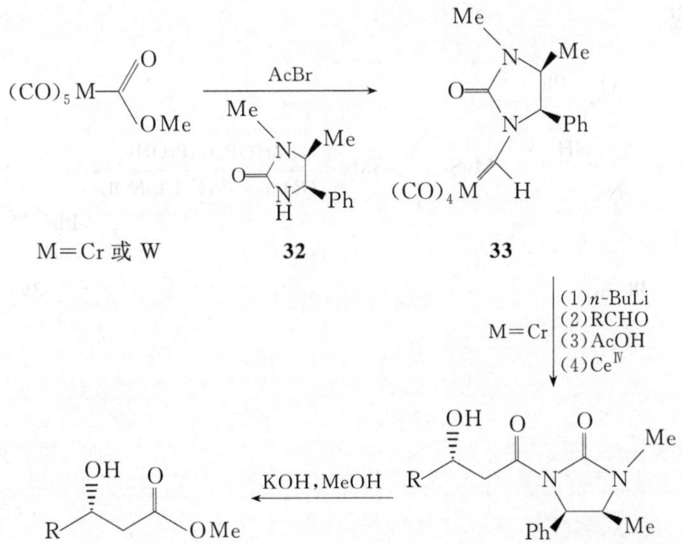

M=Cr 或 W　　32　　33

N-酰基咪唑啉酮

2-咪唑啉酮也可以由异氰酸苯酯通过环加成得到[25]。例如，Alper 报道的在二价钯催化下异氰酸酯与（S）-（+）-正丁基-2-苯基氮丙啶的加成反应。在这个过程中氮丙啶手性构型保持。该反应实际上是一个不对称［3+2］环加成反应。

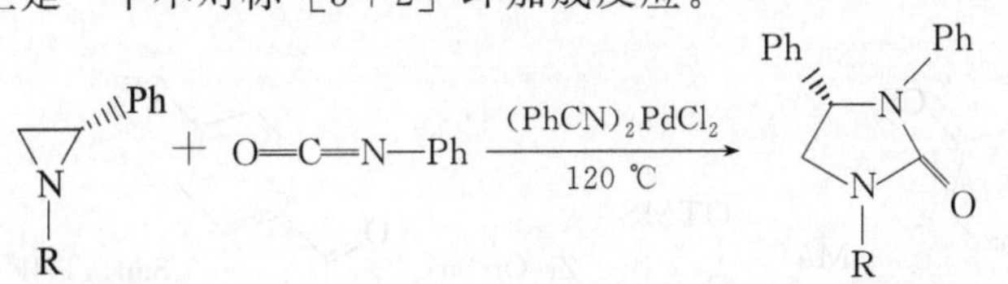

咪唑烷和咪唑啉酮作为手性辅助剂在不对称合成中起着重要的作用，这个领域也进展较快。它们作为手性配体在金属催化反应和不对称反应中的应用仍然是目前研究的热点之一。

3.2.3 吡唑烷和吡唑啉

3.2.3.1 吡唑烷

吡唑烷有非常强的生物活性[26]。手性吡唑烷能够通过 N—N 键的断裂合成光学活性的 1,3-二胺[27]。

吡唑烷可以用于对亲偶极体的偶极环加成反应。偶氮亚胺偶极化合物 **36** 是肼 **35** 与底物 **34** 反应的中间体，进一步反应得到吡唑烷 **37**[28]。

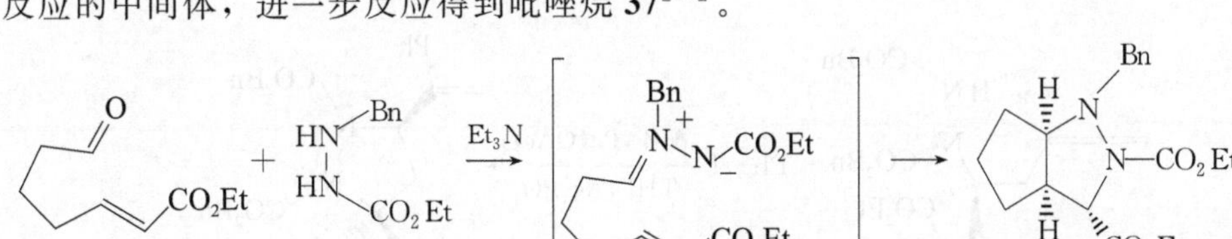

34　　35　　36　　37

Kobayashi 等[29] 报道了这种结构的不对称合成方法。他们利用一种手性锆催化剂完成了酰腙对手性底物的［3+2］环加成。用四溴-(R)-4-二萘酚（BINOL）作为手性配体，他们合成出了吡唑烷 **39**，它在 SmI_2 的作用下发生 N—N 键的断裂形成二胺构型的化合物 **40**。根据观察到的立体选择性，Kobayashi 等[29] 认为反应是一个协同反应而不是多步反应。

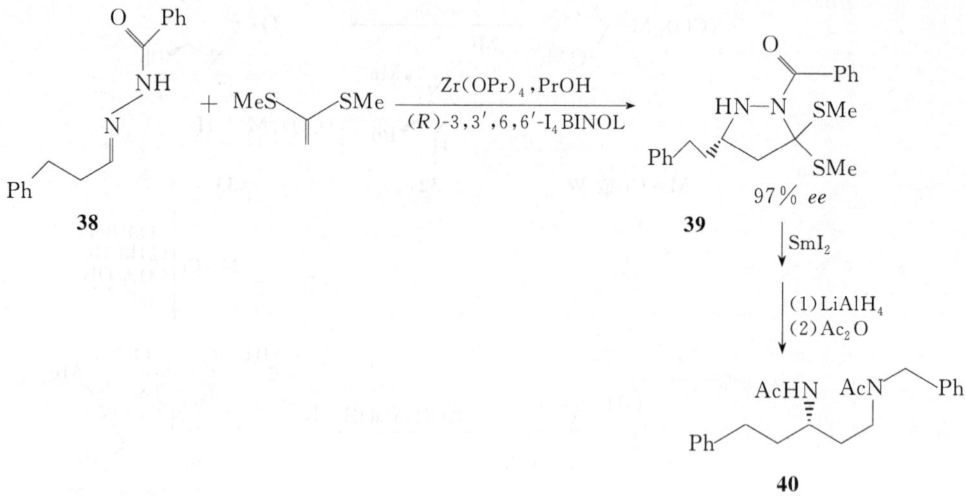

在一个手性锆催化的 Mannich 反应中[30]，酰腙也被用作亚胺的替代物。另外，一种 BINOL 的衍生物（3,3′-BrBINOL）也被用作手性配体。生成的酰肼在 SmI_2 作用下最终生成吡唑烷 **41**。

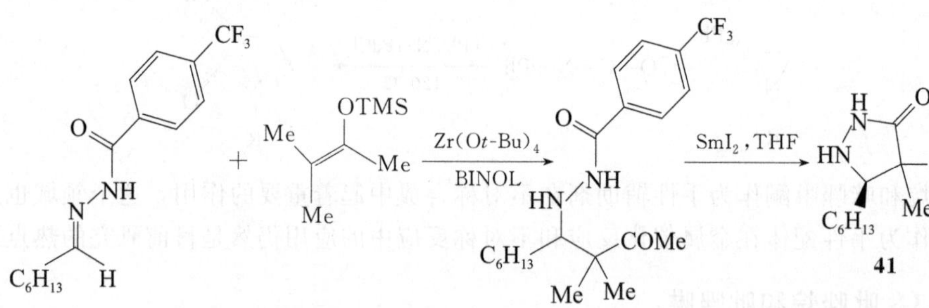

同时，有人报道了一种基于钯的手性催化剂，能够催化完成光学活性联烯肼和有机卤化物的环化反应，它包含一个双手性诱导过程。在尝试了很多种手性配体以后，发现用（*R*，*R*）-双噁唑配体（ligand）所得的结果最好[31]。

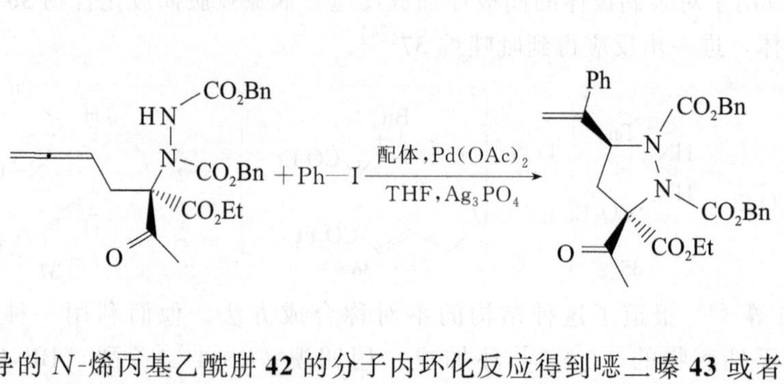

有机硒诱导的 *N*-烯丙基乙酰肼 **42** 的分子内环化反应得到噁二嗪 **43** 或者吡唑烷 **44**。结果表明，热力学控制得五元杂环，但动力学控制得到六元杂环异构体。有趣的是，底物**45a**、**45b** 环化只生成非对映异构体 **46a**、**46b**[32]。

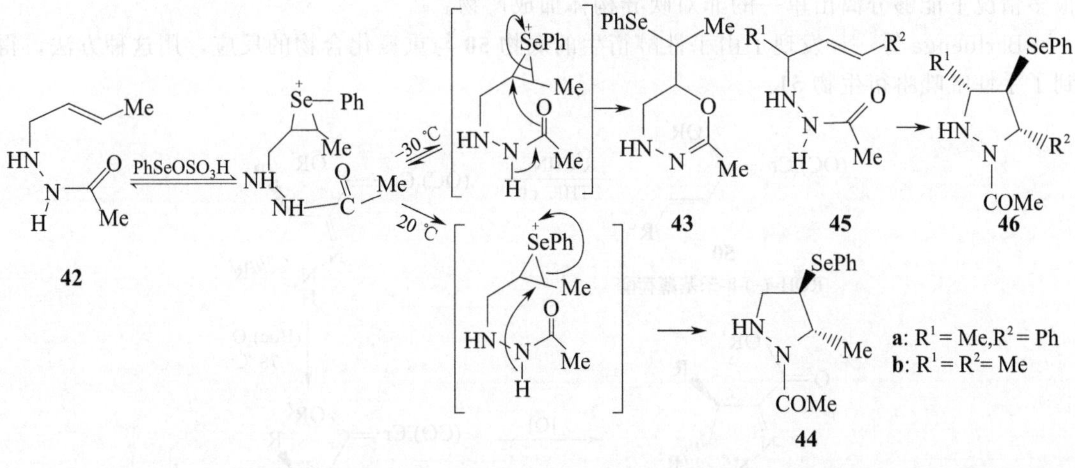

Husson 等[27,33] 由咔唑 **47** 经一系列过程合成出了吡唑烷 **48**。下面反应的关键一步包含一个环反转-环加成过程，各种亲偶极体（马来酸甲酯、延胡索酸甲酯和巴豆酸甲酯）都得到了成功的应用，成功地合成出了光学活性的 1,3-二胺。例如化合物 **49**，它是由马来酸二甲酯作为亲偶极体得到的。

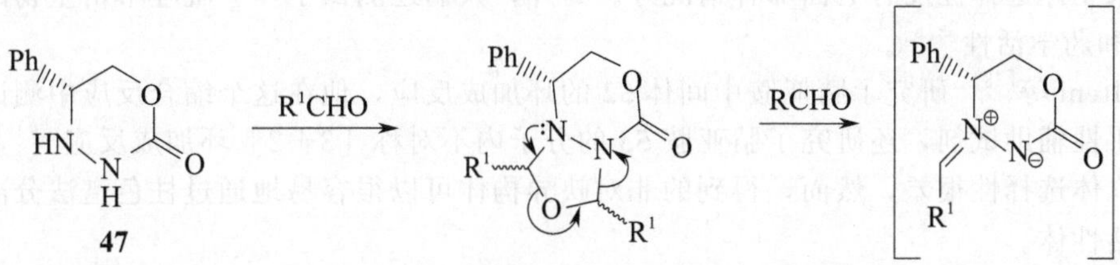

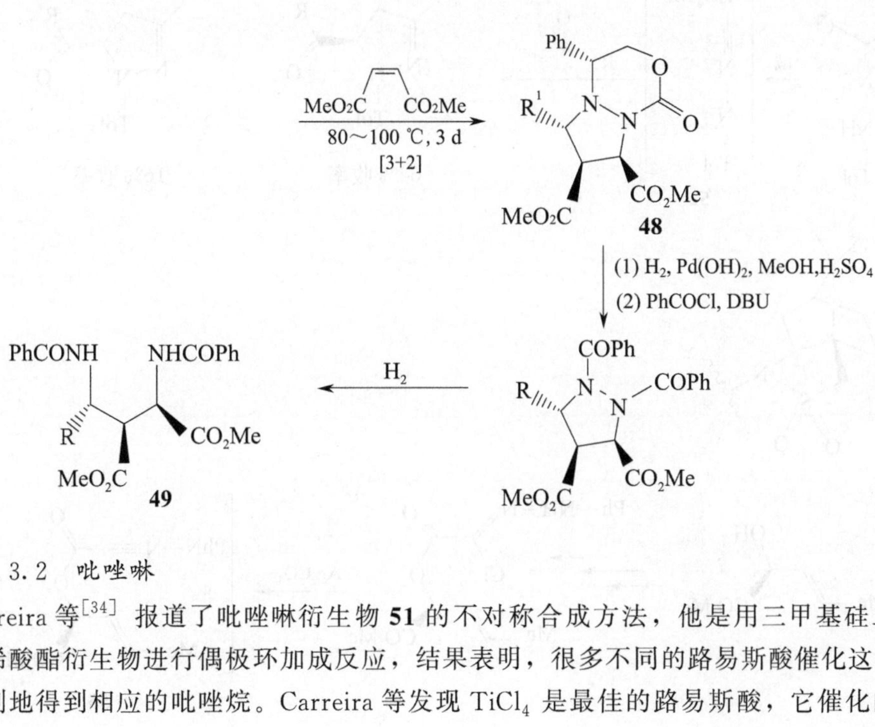

3.2.3.2　吡唑啉

Carreira 等[34] 报道了吡唑啉衍生物 **51** 的不对称合成方法，他是用三甲基硅二偶氮甲烷和丙烯酸酯衍生物进行偶极环加成反应，结果表明，很多不同的路易斯酸催化这些吡唑啉都能顺利地得到相应的吡唑烷。Carreira 等发现 $TiCl_4$ 是最佳的路易斯酸，它催化的反应在很多情况下能够分离出单一的非对映异构体加成产物。

Barluenga 等[35] 发现了由手性醇衍生的底物 **50** 与重氮化合物的反应，用这种方法，得到了手性吡唑啉衍生物 **51**。

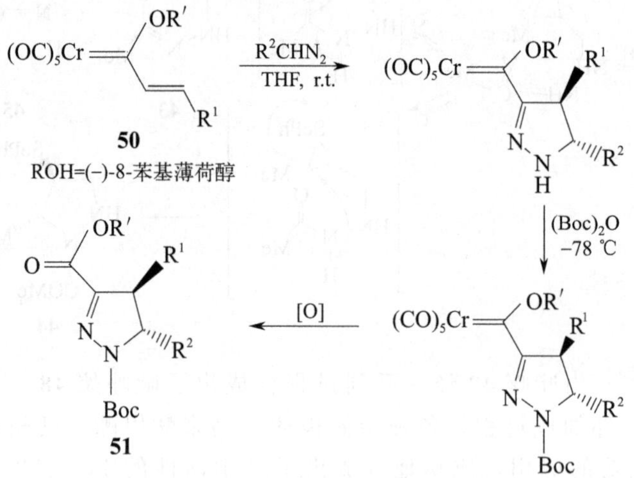

Barluenga 等[36] 还报道了一个反应，在这个反应中他用金属卡宾复合物与腈氧化物反应，结果立体选择性没有上面那种情况好。另外，人们还测试了一些吡唑啉衍生物的应用特性[37a] 和药学活性[37b]。

Molteni 等[38] 研究了腈亚胺中间体 **52** 的环加成反应，他在这个缩合反应中测试了很多不同的手性辅助试剂，还研究了腈亚胺 **53** 的分子内不对称［3+2］环加成反应[39]，但这个反应的立体选择性很差，然而，得到的非对映异构体可以很容易地通过柱色谱法分离得到纯的光学活性体。

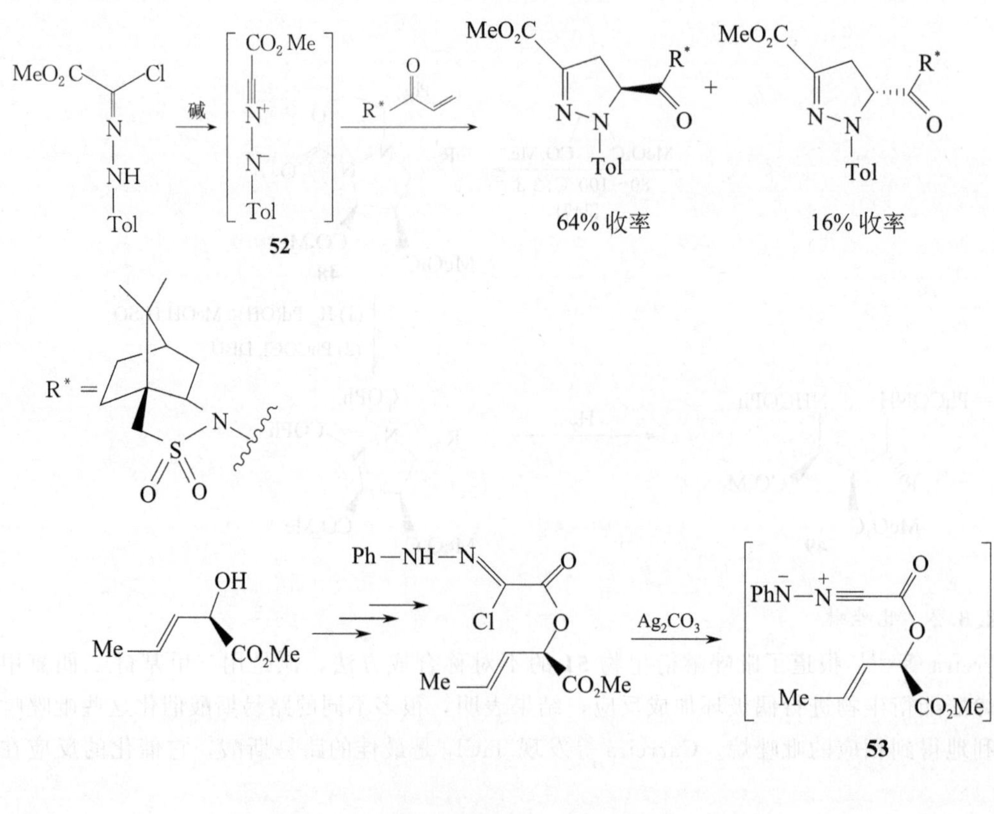

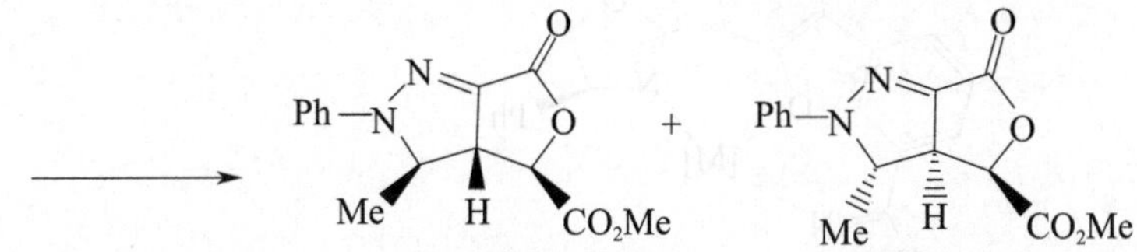

44% 收率　　22% 收率

Stanovnik 和 Svete 等[40] 报道过亲偶极体可以作为这种环加成的底物。下面是用偶氮甲烷作为偶极体参与反应的例子。

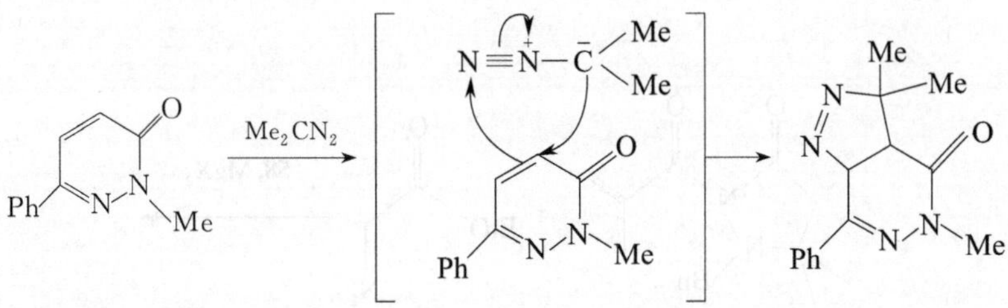

Genet 和 Greck 等[41] 报道了另一个合成吡唑啉衍生物 **55** 的分子内环加成反应。首先得到衍生物 **54**，然后脱保护并且在三氟乙酸存在条件下环化。

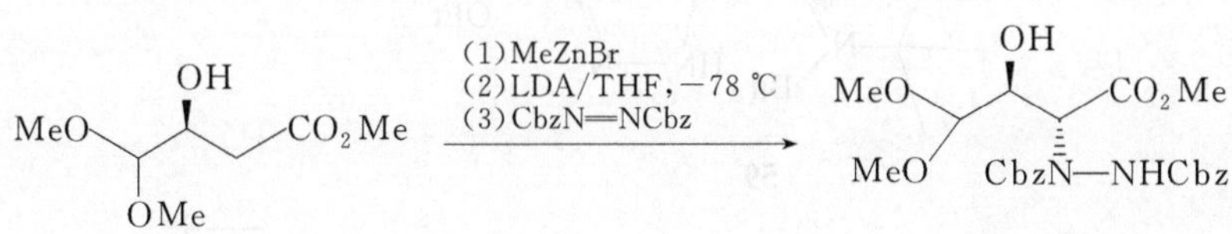

54

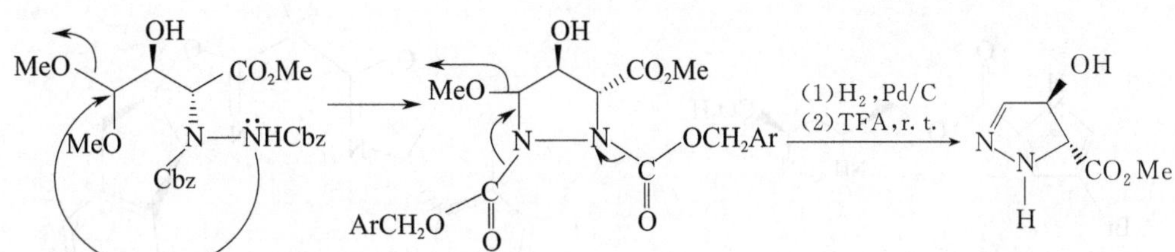

55

Kanemasa 等[42] 在研究一个重氮烷的路易斯酸催化环加成反应的过程中发现了协同手性控制作用。后来又筛选了很多催化剂，最终发现配合物 **56** 对生成吡唑啉衍生物 **57** 的环加成反应最有效，产率高和光学选择性好。

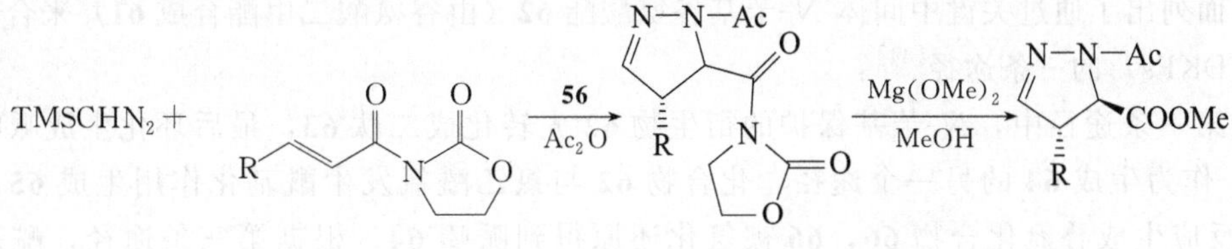

57

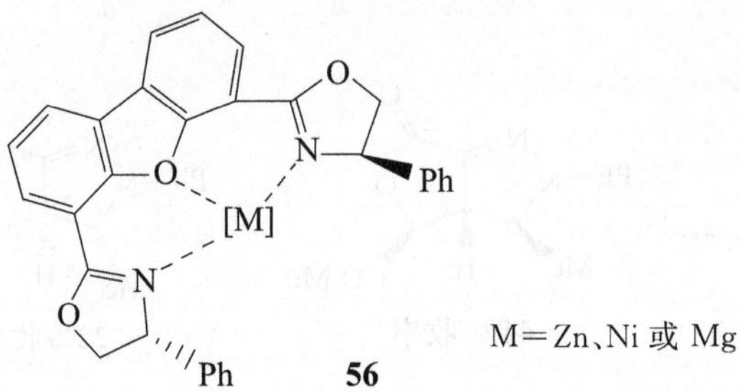

56

不饱和吡唑烷酮酰亚胺虽然没有一般的亲偶极体活泼，但它对有关重氮乙酸酯的环加成反应来说，还是很好的底物[43]。生成的吡唑啉 **59** 有一个手性中心，Sibi 等人利用这个反应合成出了化合物 **60**。目前，手性双噁唑配体 **58** 被广泛用于不对称催化体系中。

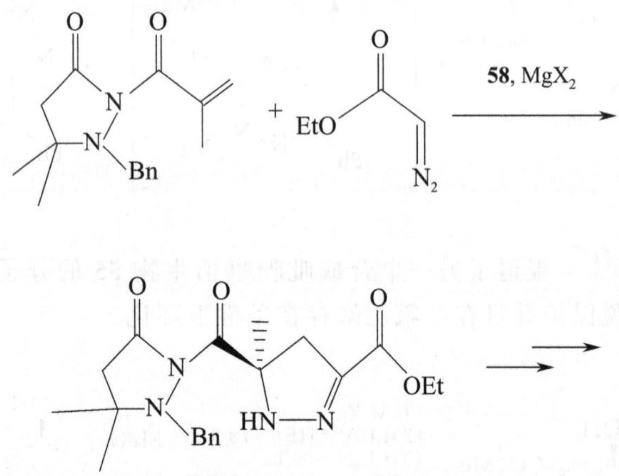
59

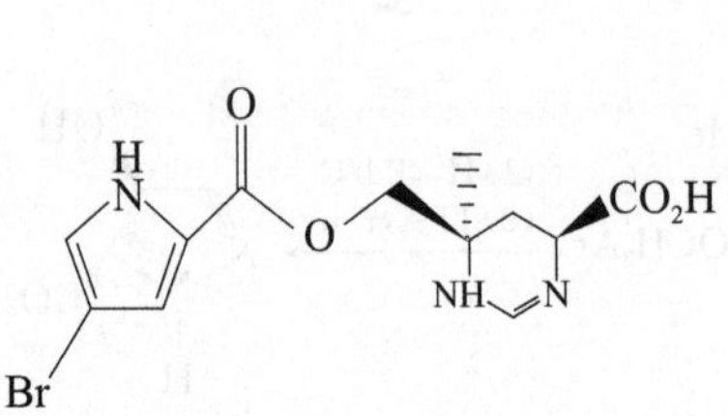
60

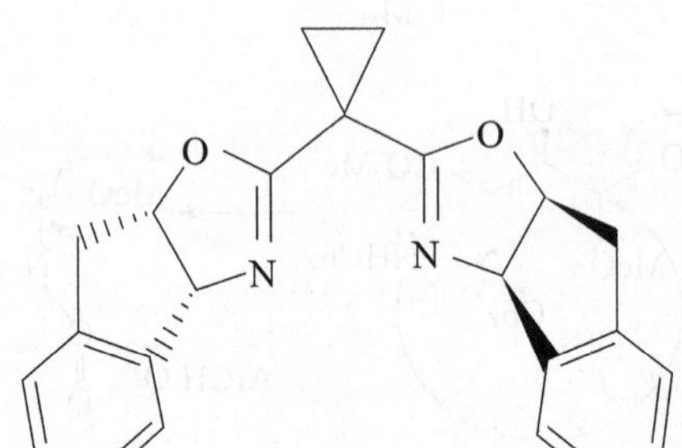
58

3.2.4 手性哌嗪环的形成

下面列出了通过关键中间体 *N*-苄基谷氨酸酯 **62**（由谷氨酸二甲酯合成 **61**）来合成哌嗪二酮（DKPs）的三条途径[44]：

在第一条途径中，*N*-苄基保护的衍生物 **62** 先转化成二肽 **63**，最后环化生成哌嗪衍生物 **64**。作为生成 **64** 的另一个途径，化合物 **62** 与氯乙酰氯发生酰基化作用生成 **65**，它与 NaN_3 反应生成叠氮化合物 **66**，**66** 被氢化还原得到哌嗪 **64**。根据第三条途径，酰基氯衍生物 **65** 可以和不同的一级氨发生反应，一锅煮地生成了环化产物 **67**。

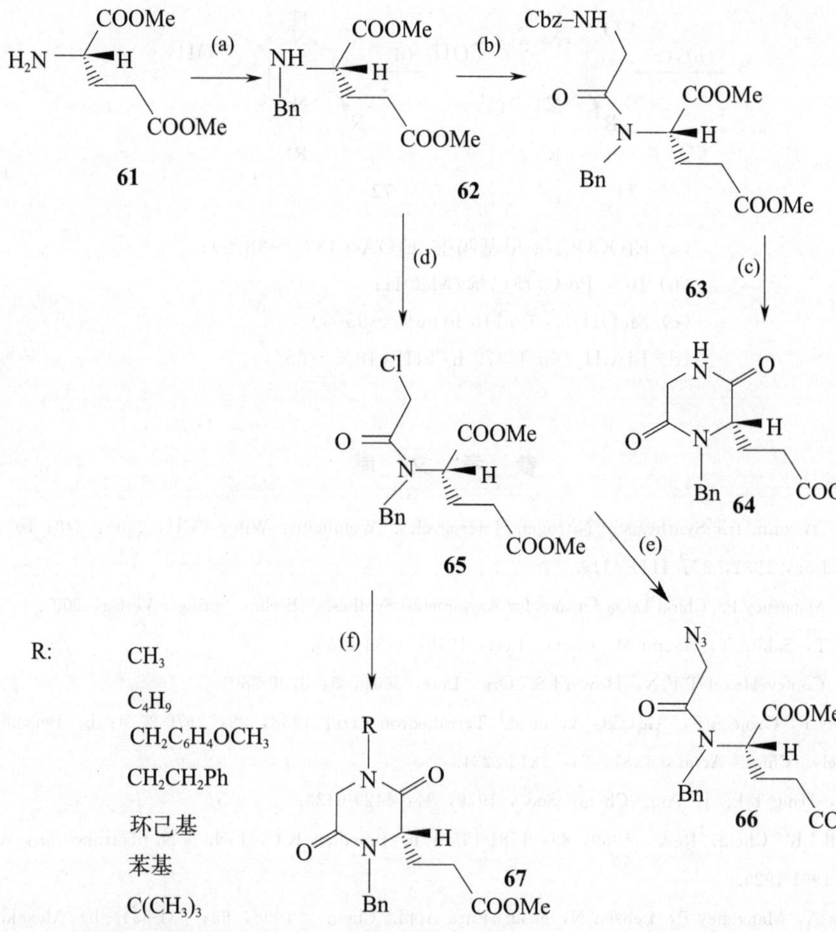

(a) ⅰ. C_6H_5CHO/NEt_3/戊烷/Na_2SO_4/r.t. (91%);

ⅱ. $NaBH_4/MeOH/0$ ℃ (93%);

(b) Cbz-甘氨酸/DCC/THF/CH_2Cl_2/r.t.;

(c) H_2/Pd-C/MeOH/r.t. (84%);

(d) $ClCH_2COCl/NaHCO_3/CH_2Cl_2$/r.t. (73%);

(e) NaN_3/丙酮/rfx (99%)

一系列 (2*R*, 5*S*)-和 (2*S*, 5*S*)-2-羟甲基-5-烷基哌嗪衍生物可以通过纯光学活性的丝氨酸制得[45]。商用氨基酸先转化为相关的 *N*-苯氧基羰基衍生物 **68**，**68** 再与 (*S*)-或 (*R*)-丝氨酸甲酯的盐酸盐通过混合酯缩合的方法生成二肽 **70**。在苯甲氧基羰基脱去之后，在干燥的甲醇中加热 (65 ℃) 110 h 就会生成 DKPs。DKPs **71** 在 THF 中回流条件下用过量 $LiAlH_4$ 还原生成哌嗪 **72**。

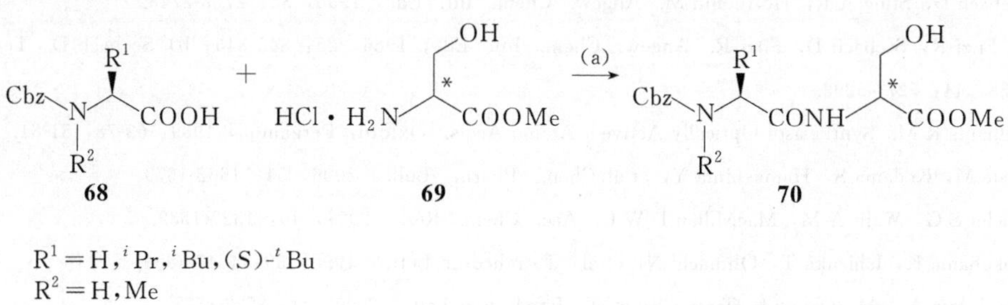

$R^1 = H, {}^iPr, {}^iBu, (S)\text{-}{}^tBu$
$R^2 = H, Me$

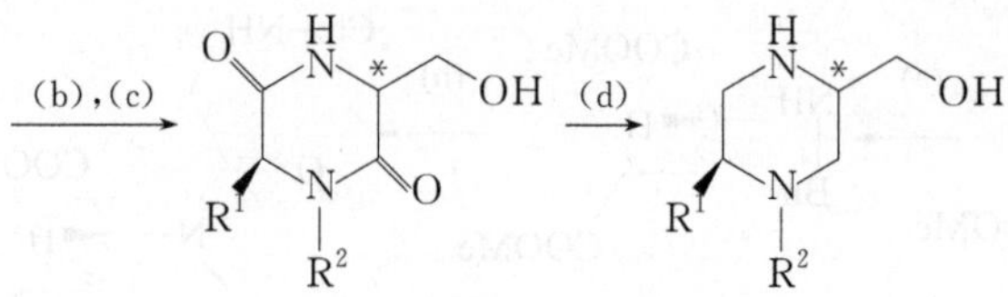

71　　　72

(a) EtOCOCl/4-甲基吗啉/EtOAc(43%～88%)；

(b) 10% Pd-C/环己烯/MeOH；

(c) MeOH/65 ℃/110 h(36%～93%)；

(d) $LiAlH_4$/65 ℃/72 h/THF(48%～85%)

参 考 文 献

[1] a) Royer J. Asymmetric Synthesis of Nitrogen Heterocycles. Weinheim: Wiley-VCH, 2009: 248; b) Mukaiyama T. Tetrahedron, 1981, 37: 4111-4119.

[2] Lemaire M, Mangeney P. Chiral Diaza Ligands for Asymmetric Synthesis. Berlin: Springer Verlag, 2005.

[3] Mukaiyama T, Sakito Y, Asami M. Chem. Lett, 1978: 1253-1256.

[4] Coldham I, Copley Haxel T F N, Howard S. Org. Lett, 2001, 3: 3799-3801.

[5] a) Mangeney P, Grojean F, Alexakis A, et al. Tetrahedron Lett, 1988, 29: 2675-2576; b) Betschart C, Seebach D. Helv. Chim. Acta., 1987, 70: 2215-2231.

[6] Kagan H B, Dang T P. J. Am. Chem. Soc., 1972, 94: 6429-6433.

[7] a) Whitesell J K. Chem. Rev., 1989, 89: 1581-1590; b) Bowmick K C, Joshi N N. Tetrahedron: Asymmetry, 2006, 17: 1901-1929.

[8] a) Alexakis A, Mangeney P, Lensen N, et al. Pure Appl. Chem., 1996, 68; 531-534. b) Alexakis A, Mageney P. Advanced Asymmetric Synthesis. London: Chap-man & Hall, 1996: 93-110.

[9] a) Alexakis A, Tranchier J P, Lensen N, et al. J. Am. Chem. Soc., 1995, 117: 10767-10768; b) Frey L F, Tillyer R D, Caille A S, et al. J. Org. Chem., 1998, 63: 3120-3124.

[10] Corey E J, Imwinkelried R, Pikul S, et al. J. Am. Chem. Soc., 1989, 111: 5493-5495.

[11] a) Yoshida S, Sugihara Y, Nakayama J. Tetrahedron Lett., 2007, 48: 8116-8119; b) Kull T, Peters R. Adv. Synth. Catal., 2007, 349: 1647-1652; c) Somfai P, Panknin O. Synlett., 2007, 8: 1190-202.

[12] Kanemasa S, Onimura K. Tetrahedron, 1992, 48: 8631-8644.

[13] Katritzky A R, He H Y, Verma A K. Tetrahedron: Asymmetry, 2002, 13: 933-938.

[14] a) Halland N, Hazell R G, Jorgensen K A. J. Org. Chem., 2002, 67: 8331-8338; b) Braga A L, Vargas F, Silveira C C, et al. Tetrahedron Lett., 2002, 43: 2335-2337.

[15] Seebach D, Sting A R, Hoffmann M. Angew. Chem. Int. Ed., 1996, 35: 2708-2748.

[16] a) Fitzi R, Seebach D, Fitzi R. Angew. Chem. Int. Ed., 1986, 25: 345-346; b) Seebach D. Tetrahedron, 1988, 44: 5277-5292.

[17] Williams R M. Synthesisof Optically Active α-Amino Acids. Oxford: Pergamon, 1989: 63-78, 81-84.

[18] Node M, Kodama S, Hamashima Y, et al. Chem. Pharm. Bull., 2006, 54: 1662-1679.

[19] Ouelet S G, Walji A M, MacMillan D W C. Acc. Chem. Res., 2007, 40: 1327-1339.

[20] Yokohama K, Ishizuka T, Ohmachi N, et al. Tetrahedron Lett., 1998, 39: 4847-4850.

[21] Abdel-Aziz A A M, Okuno J, Tanaka S, et al. Tetrahedron Lett., 2000, 41: 8533-8537.

[22] Roder H, Helmchen G, Peters E M, et al. Chem. Int. Ed., 1984, 23: 898-899.

[23] Bongini A, Cardillo G, Mingardi A, et al. Tetrahedron: Asymmetry, 1996, 7: 1457-1466.
[24] Wulff W D. Organometallics, 1998, 17: 3116-3114.
[25] Baeg J O, Bensimon C, Alper H. J. Am. Chem. Soc., 1995, 117: 4700-4701.
[26] Ahn J H, Shin M S, Jun M A, et al. Bioorg. Med. Chem. Lett., 2007, 17: 2622-2628.
[27] Chauveau A, Martens T, Bonin M, et al. Synthesis, 2002: 1885-1890.
[28] Gallos J K, Koumbis A E, Apostolakis N E. J. Chem. Soc. Perkin Trans. Ⅰ, 1997: 2457-2459.
[29] a) Kobayashi S, Shimizu H, Yamashita Y, et al. J. Am. Chem. Soc., 2002, 124: 13678-13679; b) Yamashita Y, Kobayashi S. J. Am. Chem. Soc., 2004, 126: 11279-11282.
[30] Kobayashi S, Hasegawa Y, Ishitani H. Chem. Lett., 1998: 1131-1132.
[31] Yang Q, Jiang X, Ma S. Chem. Eur. J., 2007, 13: 9310-9316.
[32] Tiecco M, Testaferri L, Marini F. Tetrahedron, 1996, 36: 11841-11848.
[33] a) Roussi F, Bonin M, Chiaroni A, et al. Tetrahedron Lett., 1999, 40: 3727-3730; b) Roussi F, Chauvau A, Bonin M, et al. Synthesis, 2000: 1170-1179.
[34] Guerra F M, Mish M R, Carreira E M. Org. Lett., 2000, 2: 4265-4267.
[35] Barluenga J, Fernandez-Mari F, Viado A L, et al. Chem. Eur., 1999, 5: 883-896.
[36] Barluenga J, Fernandez-Mari F, Aguilar E, et al. Tetrahedron Lett., 1998, 39: 4887-4890.
[37] a) De Silva A P, Gunaratne H Q N, Gunnlaugsson T, et al. Chem. Commun., 1996: 1967-1968; b) Johson M, Younglove B, Lee L, LeBlanc R, et al. Bioorg. Med. Chem. Lett., 2007, 17: 5897-5901.
[38] Garanti L, Molteni G, Pilati T. Tetrahedron: Asymmetry, 2002, 13: 1285-1289.
[39] a) Broggini G, Garanti L, Molteni G, et al. Tetrahedron: Asymmetry, 1999, 10: 487-492; b) Broggini G, Garanti L, Molteni G, et al. Tetrahedron: Asymmetry, 1999, 10: 2203-2212; c) Broggini G, Garanti L, Molteni G, et al. Synth. Commun., 2001, 31: 2649-2656.
[40] Stanovnik B, Jelen B, Turk C, et al. J. Heterocycl. Chem., 1998, 35: 1187-1204.
[41] Poupardin O, Greck C, Genet J P. Tetrahedron Lett., 2000, 41: 8795-8797.
[42] Kanemasa S, Kanai T. J. Am. Chem. Soc., 2000, 122: 10710-10711.
[43] Sibi M P, Stanley L M, Soeta T. Org. Lett., 2007, 9: 1553-1556.
[44] Weigl M, Wünsch B. Tetrahedron, 2002, 58: 1173-1183.
[45] Falorni M, Satta M, Conti S, et al. Tetrahedron: Asymmetry, 1993, 4: 2389-2398.

3.3 三唑合成中的含氮化合物

本节对三唑类多氮化合物的主要合成反应作了一些介绍，通过采用箭头和增加中间过程，对反应历程作了描述。

三唑类化合物的研究仅有百余年的历史，但随着杂环化学的迅速发展，三唑系化合物及其衍生物的合成研究受到有机合成、药物合成、含能材料等方面专家的日趋重视。

三唑的衍生物，如3-氨基-1,2,4-三唑（代号AT），是十分有实用价值的商用试剂，商品名称叫杀草强。3-氨基-1,2,4-三唑及其许多衍生物都具有杀虫、除草、抗菌、促进和调节农作物生长的功效，在农业和医药等领域，得到了广泛的实际应用。

1979年，Taylor等[1]对1,5-双偶极环加成反应合成三唑作了综述，就三唑类化合物的合成方法来看，通过1,5-环加成反应得到三唑类衍生物的反应虽然很多，但从反应物结构来看，主要涉及重氮甲烷衍生物和有机叠氮化物这两大类。

对于重氮甲烷衍生物，这种1,5-双偶极环加成反应过程可描述如下：

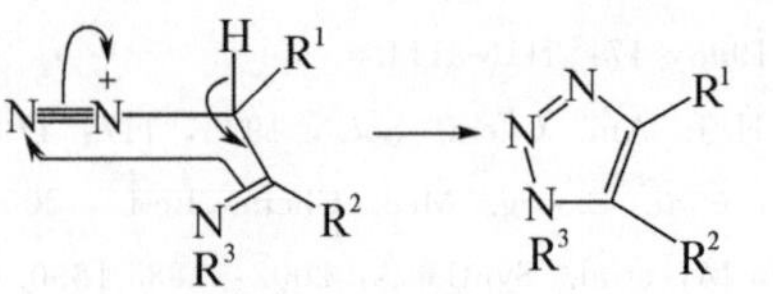

对于叠氮衍生物，这种1,5-双偶极环加成反应可以给出如下过程：

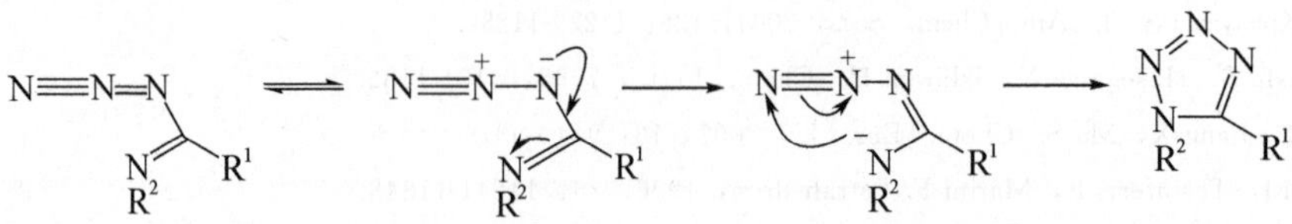

Taylor 等的综述和近十几年来关于三唑类化合物的有关文献虽然给出了三唑衍生物的合成路线和方法，但大都罗列了许多反应式，很少有人按反应对其进行分门别类的总结，特别是这些杂环化合物的合成不可能按文献方程式所示的以一步完成那样简单，为了便于阅读和理解这方面的内容，笔者在文献检索的基础上，对三唑化合物的合成按主要反应类型作了介绍，给出了中间过程和可能的机理。限于篇幅，将省去过多的文字叙述。

3.3.1 叠氮基与重键的作用

Jordan[2] 报道，利用叠氮衍生物合成三唑类化合物内容较为广泛。这些有机叠氮衍生物中叠氮基一般直接与双键相连，双键上往往连接着吸电子基团；另一种情况是叠氮基通过一个碳原子与三键相连，反应过程中常涉及一个含有积累双键的中间体，叠氮基与不饱和重键作用生成1,2,3-三唑衍生物。

3.3.1.1 叠氮基与双键作用[2-3]

(1)

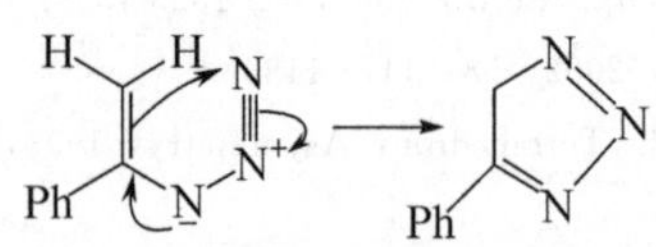

(2)

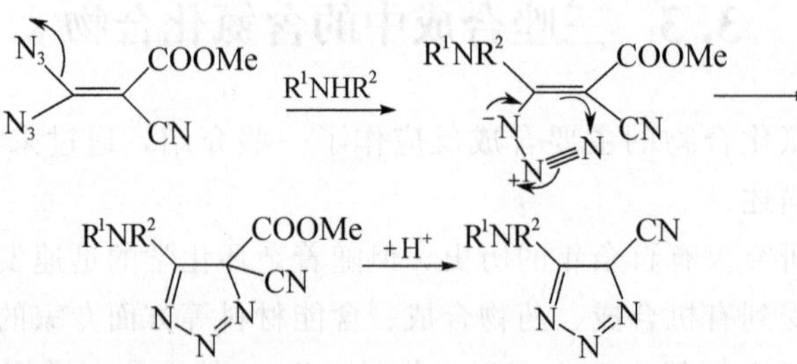

3.3.1.2 叠氮基与三键环化[4-5]

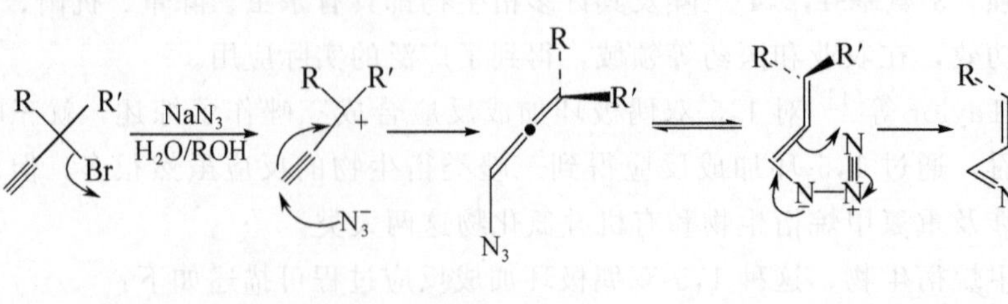

在叠氮基取代离去基团的过程中，主要通过 S_N1 历程进行，即离去基团先离去，形成

碳正离子中间体，叠氮基进攻三键的端部，从而生成积累双键，可能的机理如下：

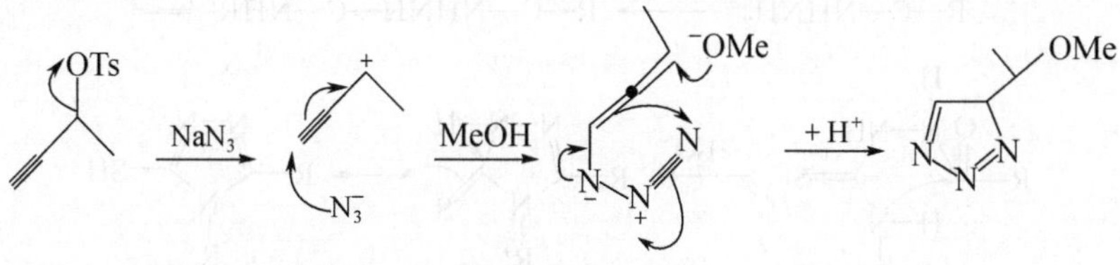

3.3.2　氨基缩合和氨基与异硫氰酸酯加成

氨基与醛基缩合，可以得到三唑类衍生物。氨基与异硫氰酸酯的加成作用用以合成唑类的研究也比较活跃，这种加成反应的本质是 C═S 键打开，分别接上去不同的基团，其反应过程分别如下。

3.3.2.1　氨基缩合[6-7]

(1)

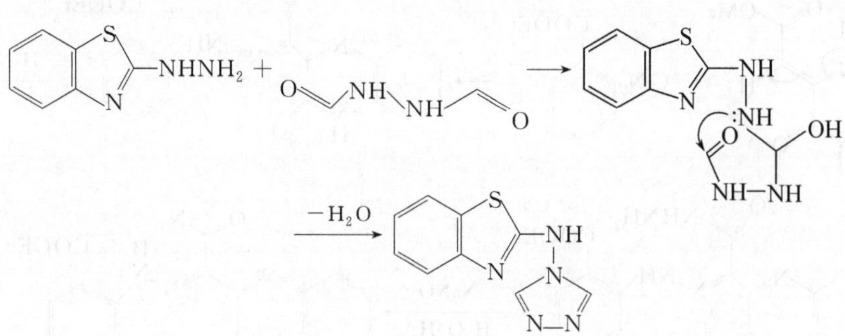

(2)

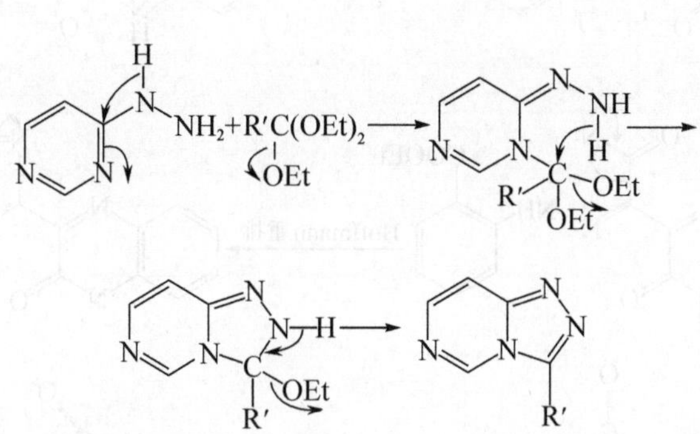

3.3.2.2　氨基与异硫氰酸酯加成

在这类反应中，氨基作为亲核试剂首先进攻异硫氰酸酯基中的碳原子，反应如下[8-9]：

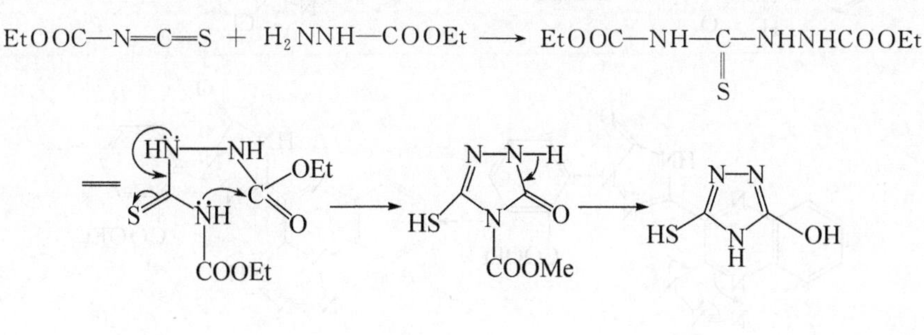

又如：

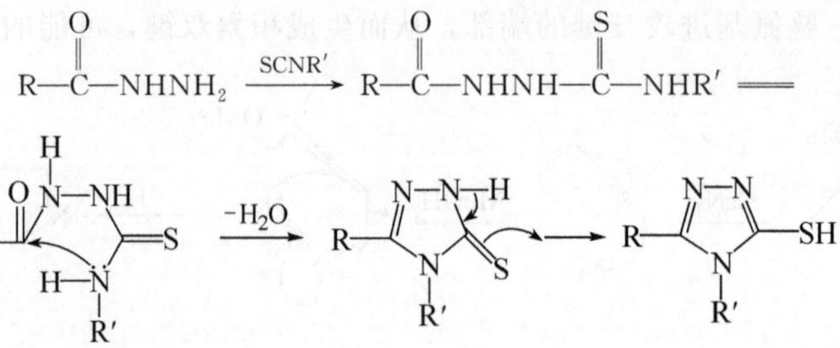

3.3.3 Hoffmann 重排反应[10a]

Hoffmann 重排反应是一个构型保持的协同反应过程，在总体上虽然如此，但在历程上还是经过一个短暂的生成酰氮烯（nitrene）的中间过程。通过这种 Hoffmann 重排，也可以得到某些三唑类衍生物。现举例如下：

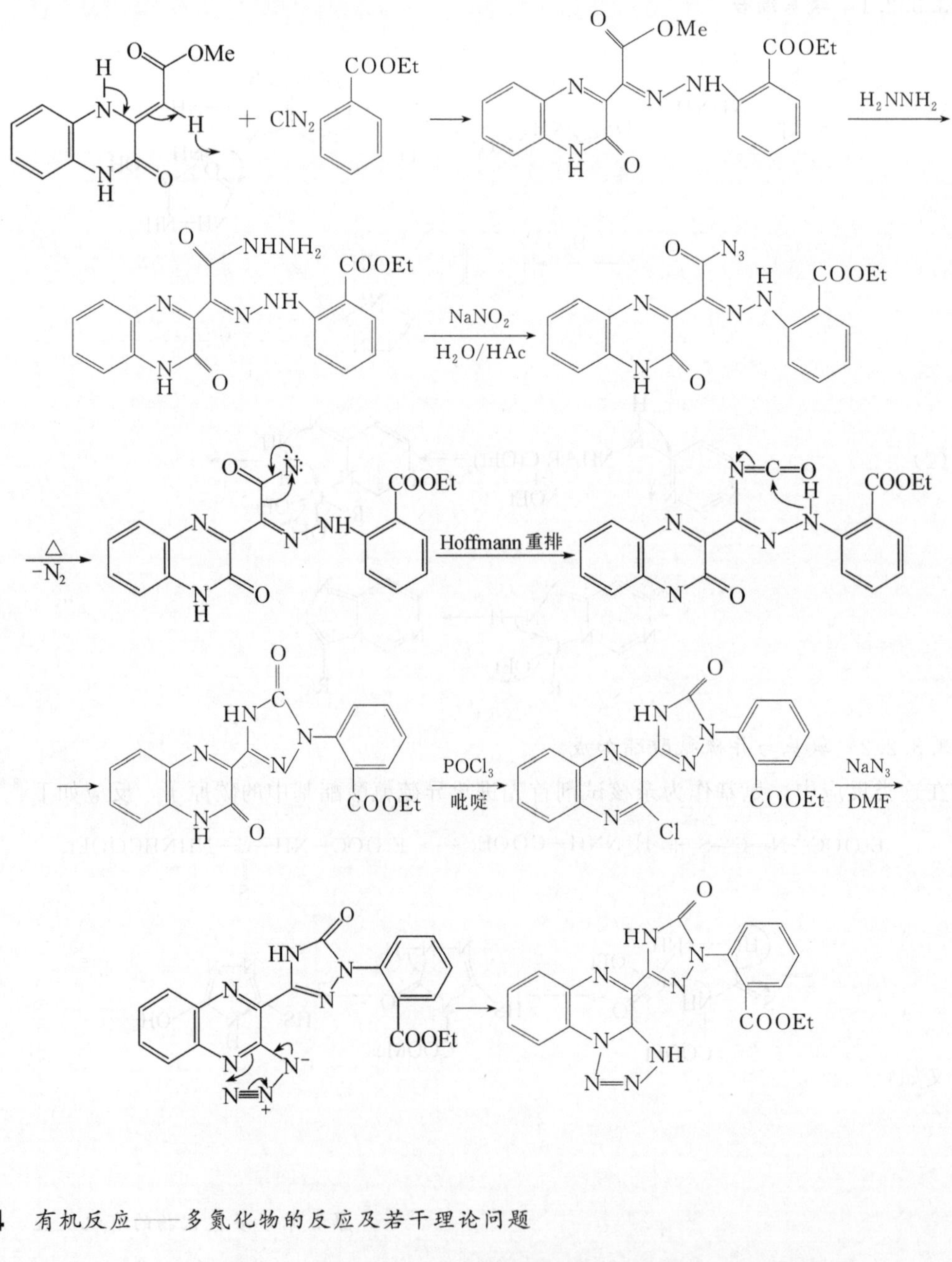

这里顺便介绍最近报道的一个 N-苄基铵盐的 Sommelet-Hauser 不对称重排反应。

Hoffmann 重排和 Stevens 重排都是常用的重排反应。Stevens 重排广泛地用于 α-氨基酸衍生物的不对称合成，而 Sommelet-Hauser 重排反应由于与［1,2］-Stevens 重排存在竞争反应而运用较少。Tayama 等人发现了稳定的羰基铵盐叶立德的 Sommelet-Hauser 重排[10b]，按照 Tayama 的反应条件，在这个 Sommelet-Hauser 重排反应中，没有观察到［1,2］-Stevens 重排反应。

［1,2］-Stevens 重排反应和 Sommelet-Hauser 重排反应的竞争：

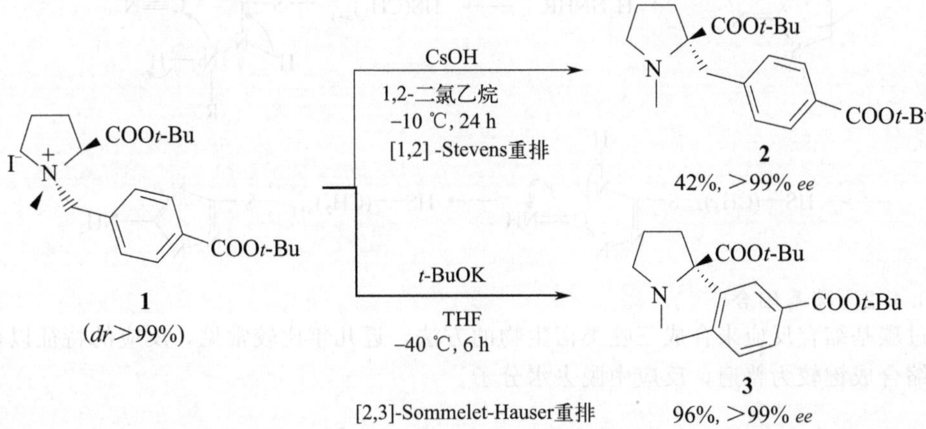

如图所示，将反应条件改为低温（-40 ℃）、t-BuOK 作为碱、在 THF 溶剂中反应 6 h，得到的 Sommelet-Hauser 重排反应的产物产率高达 96%，ee 值超过 99%。

实验中，研究人员证实了 Sommelet-Hauser 重排反应同样适用于邻位和对位取代的苄基溴化铵盐类化合物。得到的产物有较高的产率和立体选择性。

研究发现 N-苄基铵盐叶立德只经历了 Sommelet-Hauser 不对称重排（［2，3］烯类重排反应）。从 N-苄基脯氨酸和 N-苄基甘氨酸（－）-苯基薄荷酯得到的铵盐的重排能够得到具有非常高的立体选择性的产物。这种方法是一种能够有效地得到光学活性的 α-芳基氨基酸衍生物的方法，并且能够扩大 Sommelet-Hauser 重排反应的运用范围。

3.3.4 其他反应类型

三唑类衍生物的合成，方法灵活、内容丰富，除了上述几种主要反应类型外，还有以下几种反应。

3.3.4.1 氰基加成[11-13]

(1)

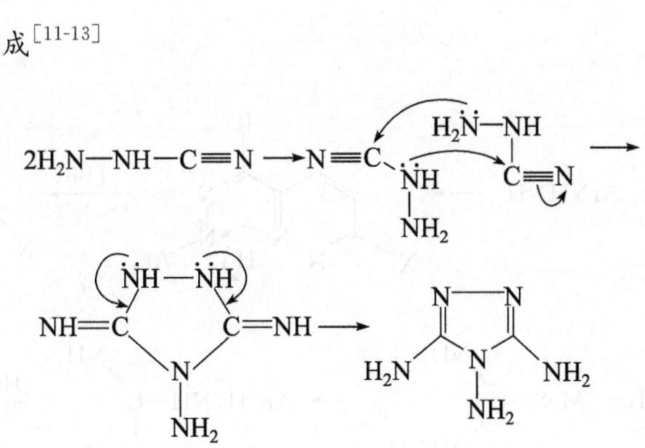

(2) 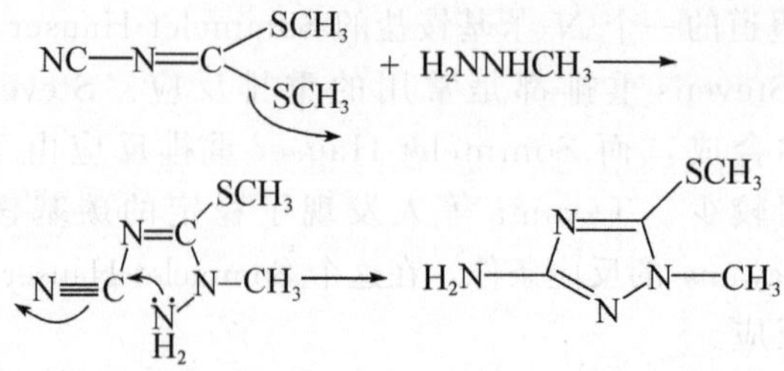

(3) 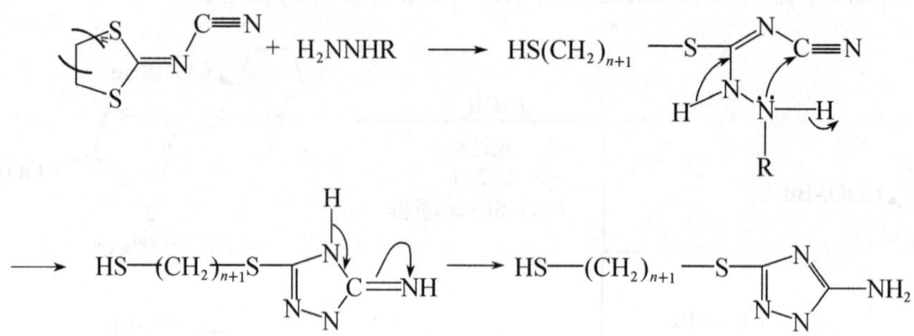

3.3.4.2 羰基缩合[14-16]

通过羰基缩合反应来合成三唑类衍生物的方法，近几年比较常见，反应的特征以羰基与氨基的缩合成键较为普遍，反应中脱去水分子。

(1) 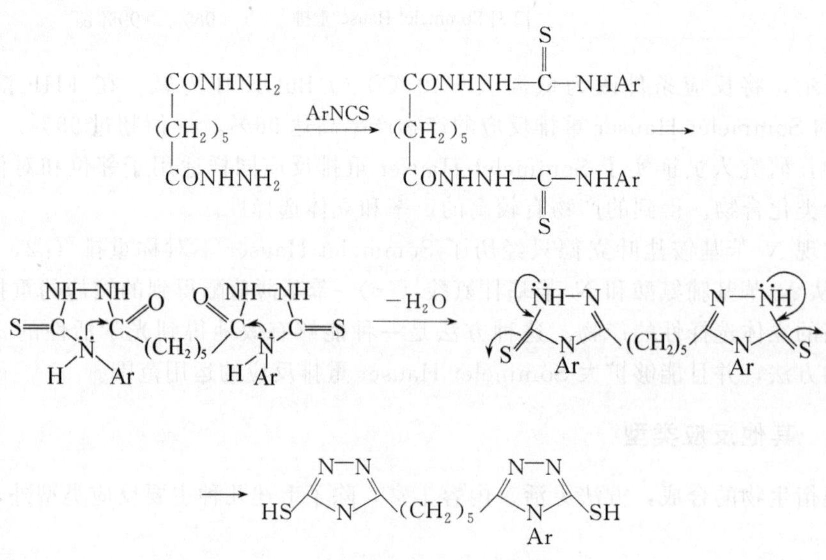

(2)

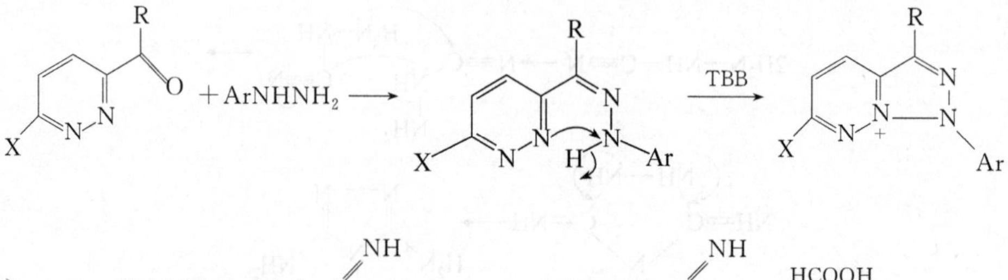

(3) 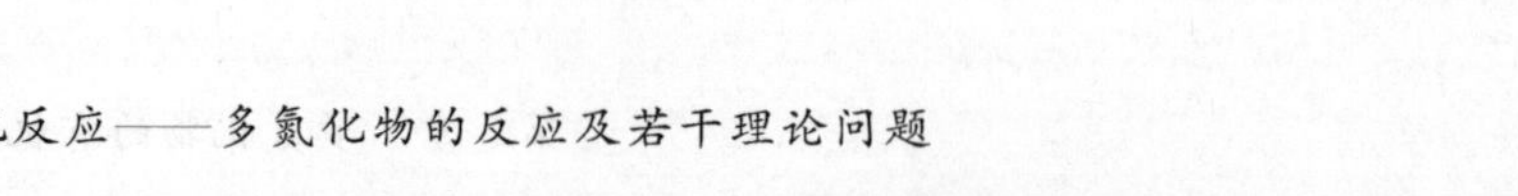

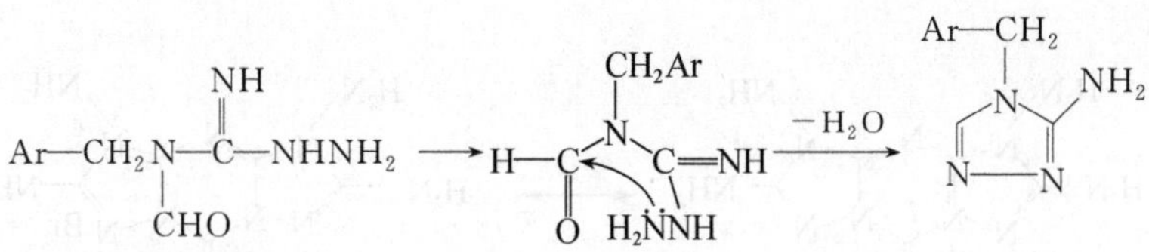

3.3.4.3 1,5-双偶极环化

如前所述，Taylor 等[1] 对 1,5-双偶极加成反应已作了综述，这类反应已经报道过很多，本书仅举一个例子[17]。

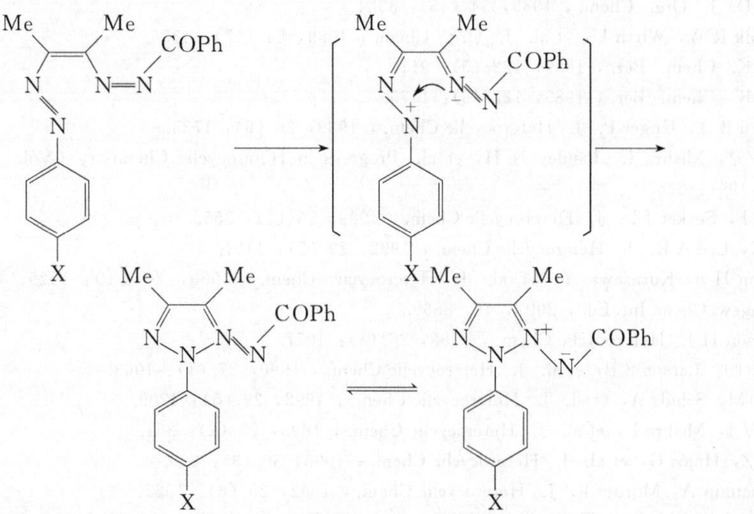

3.3.5 融合的双三唑合成

2006 年，由 Chapman 小组发现了一种简便的方法，用来合成融合的双三唑[18]。该方法使用的是 3,4,5-三氨基-1,2,4-三唑和溴化氰，一锅法反应得到了融合的双三唑体系的衍生物。反应产物已经过 X 射线单晶衍射分析确定。

该反应利用溴化氰在两个邻近的三唑之间插入碳键，关环形成了三环季铵盐。其相应的机理可以表示为：

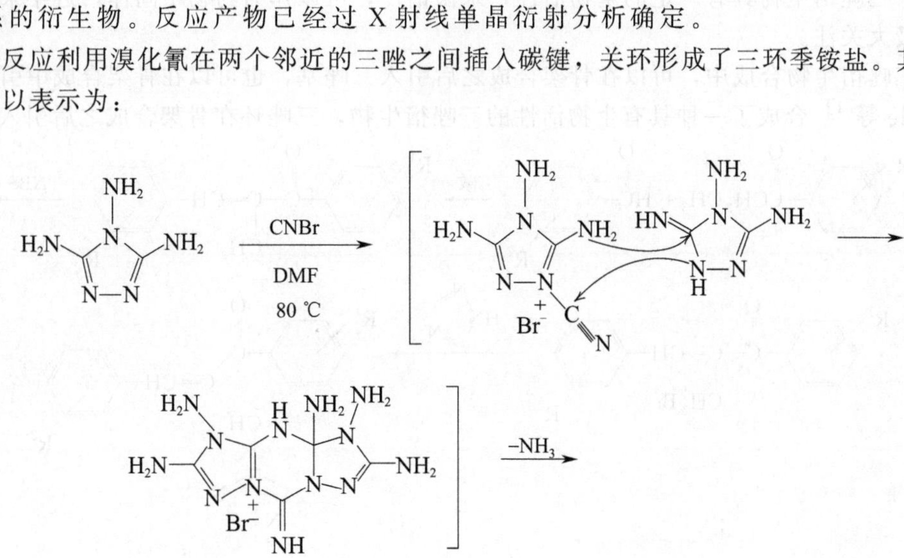

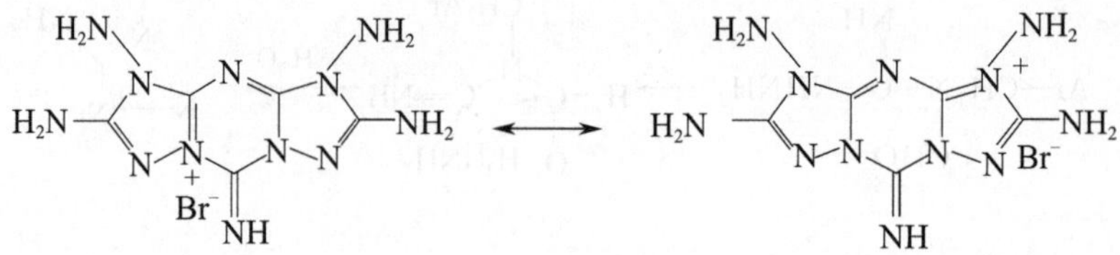

参 考 文 献

[1] Taylor E C, Turch I J. Chem. Reviews, 1979, 79 (2): 181.

[2] Jordan D. J. Org. Chem., 1989, 54 (15): 3584.

[3] Saalfrank R W, Wirth U, et al. J. Org. Chem., 1989, 54 (17): 4356.

[4] Banert K. Chem. Ber., 1989, 122 (5): 911.

[5] Banert K. Chem. Ber., 1989, 122 (6): 1175.

[6] Dreikorn B A, Unger P. J. Heterocyclic Chem., 1989, 26 (6): 1735.

[7] Ram V J, Mishra L, Pandey N H, et al. Progress in Heterocyclic Chemistry (Vol. 3). OxFord: Pergamon Press, 1991: 225.

[8] Kurzer F, Secker J L. J. Heterocyclic Chem., 1989, 26 (1): 355.

[9] Sung K, Lee A R. J. Heterocyclic Chem., 1992, 29 (5): 1101.

[10] a) Kim H S, Kurasawa Y, et al. J. Heterocyclic Chem., 1989, 26 (4): 1129; b) Tayama E, Kimura H. Angew. Chem. Int. Ed., 2007, 46: 8869.

[11] Emilsson H J. Heterocyclic Chem., 1989, 26 (4): 1077.

[12] Michael J, Larson S B, et al. J. Heterocyclic Chem., 1990, 27 (1): 1063.

[13] Pätzel M, Schulz A, et al. J. Heterocyclic Chem., 1992, 29 (5): 1209.

[14] Ram V J, Mishra L, et al. J. Heterocyclic Chem., 1990, 27 (2): 351.

[15] Riedl Z, Hajós G, et al. J. Heterocyclic Chem., 1993, 30 (3): 819.

[16] Er-Rhaimin A, Mornet R. J. Heterocyclic Chem., 1992, 29 (6): 1562.

[17] Hadjiantoniou-Maroulis C P, Akrivos P D, et al. J. Heterocyclic Chem., 1993, 30: 1121.

[18] Chapman R D, Fronabarger J W. Tetrahedron Lett., 2006, 47: 7707.

3.4 三唑衍生物的合成

由于三唑衍生物具有一定的生物活性，杀菌谱广，可以作为药物中间体，近年来引起了人们的极大关注。

在三唑衍生物合成中，可以在骨架合成之后引入三唑基，也可以在骨架合成中引入三唑基。Seele 等[1] 合成了一种具有生物活性的三唑衍生物，三唑环在骨架合成之后引入：

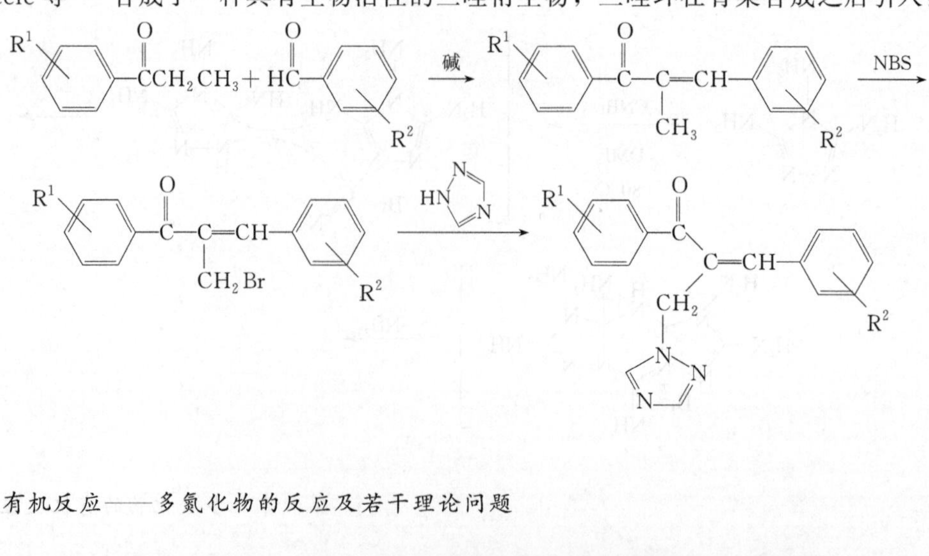

史延平和杨扬等[2] 采用另外一种路线合成了上述化合物，在引入三唑基以后再完成骨架的合成：

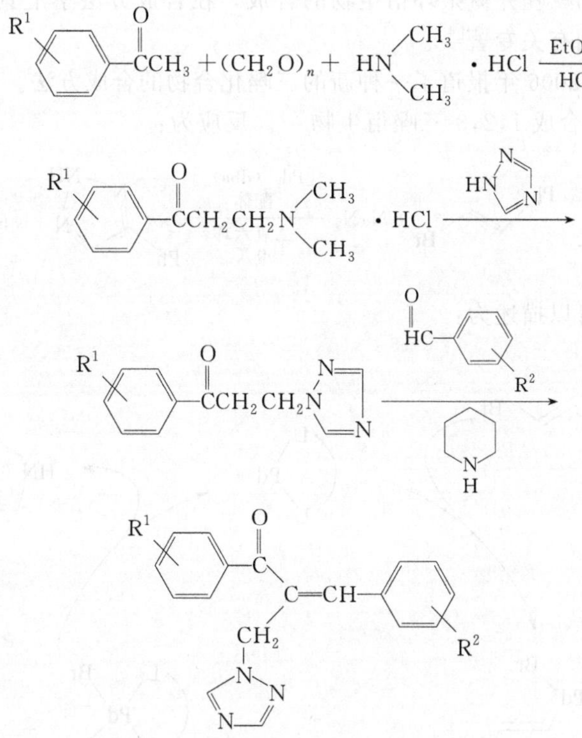

由于受体的空间立体化学特征，不同的三唑衍生物立体异构体的生物活性具有很大的差别。因此，三唑衍生物的立体选择性合成和手性中心的引入，已成为三唑衍生物合成的一个新趋势。

日本住友公司曾报道了采用手性配体邻氨基醇类和四氢铝锂（或硼氢化钠）进行不对称还原，合成高活性的三唑衍生物的方法[3]：

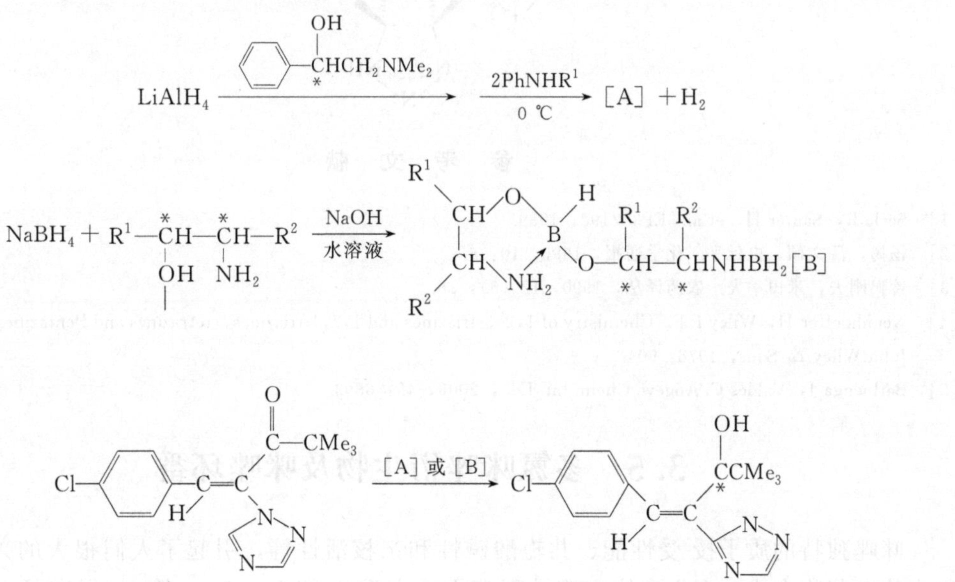

改性以后的四氢铝锂［A］与硼氢化钠［B］的还原反应光学收率极高，产物的构型可以通过配体的构型来加以控制，这方面的合成研究具有广阔的应用前景。

另外，各种类型的三唑并氮杂环衍生物的合成，在合成方法学上具有较大的学术意义，有兴趣的读者可以参阅有关专著[4]。

Barluenga 小组在 2006 年报道了一种新的三唑化合物的合成方法。该方法通过叠氮化钠和溴代烯烃用 Pd 催化合成 1,2,3-三唑衍生物[5]。反应为：

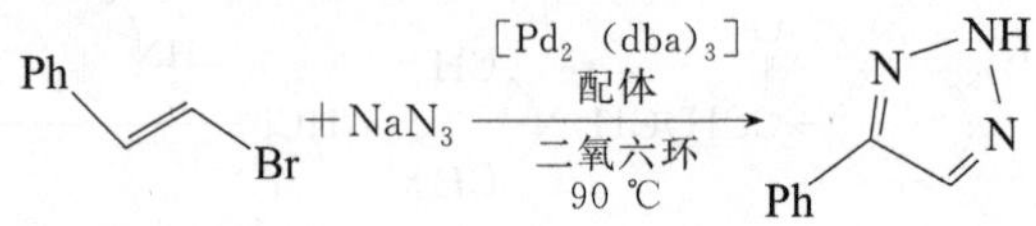

具体的反应机理可以描述为：

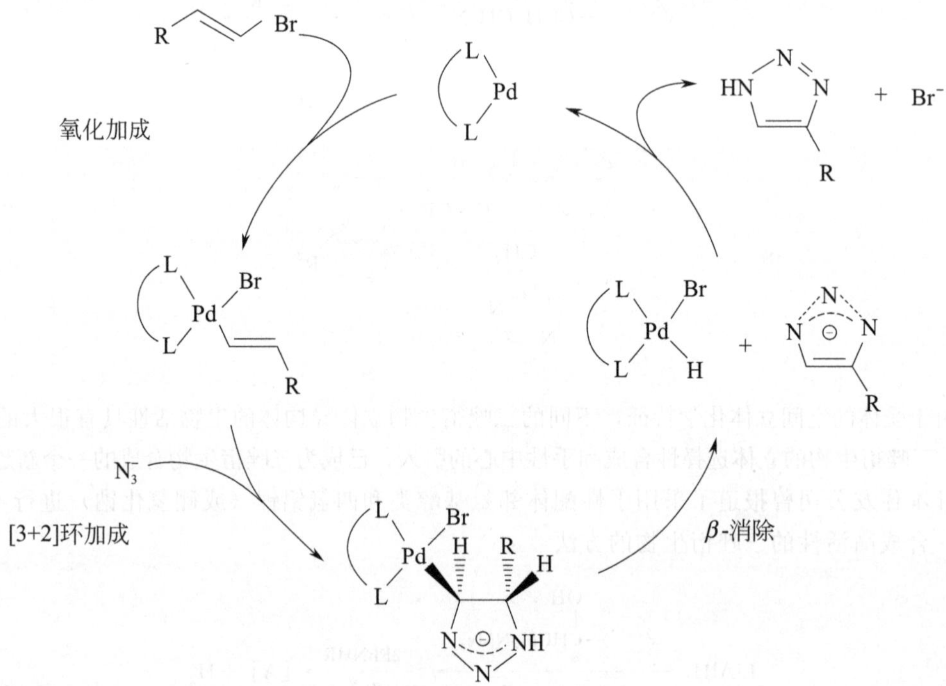

参 考 文 献

［1］ Seele R，Sauter H，et al. EP337198，1989.

［2］ 杨扬，吕文硕，史延平. 化学通报，1996，10：6.

［3］ 铃鸭刚夫，米田幸夫. 农药译丛，1990，12（6）：18.

［4］ Neunhoeffer H，Wiley P F. Chemistry of 1,2,3-triazines and 1,2,4-triazines，tetrazines and Pentazines. New York：John Wiley & Sons，1978：904.

［5］ Barluenga J，Valdés C. Angew. Chem. Int. Ed.，2006，45：6893.

3.5 多氮咪唑衍生物及咪唑环番

咪唑独特的质子授-受性能、共轭酸碱性和亲核活性等，引起了人们很大的兴趣。咪唑衍生物在药物合成、多齿配体和酶模型等方面有重要意义。Yuan 等[1] 报道了由 1,3,5-三

(溴甲基)-2,4,6-三甲苯制备 1,3,5-三(N-咪唑甲基)-2,4,6-三甲基苯，然后，1,3,5-三(N-咪唑甲基)-2,4,6-三甲基苯再与 1,3,5-三(溴甲基)-2,4,6-三甲苯反应，进而合成三维桥连的离子型咪唑环番：

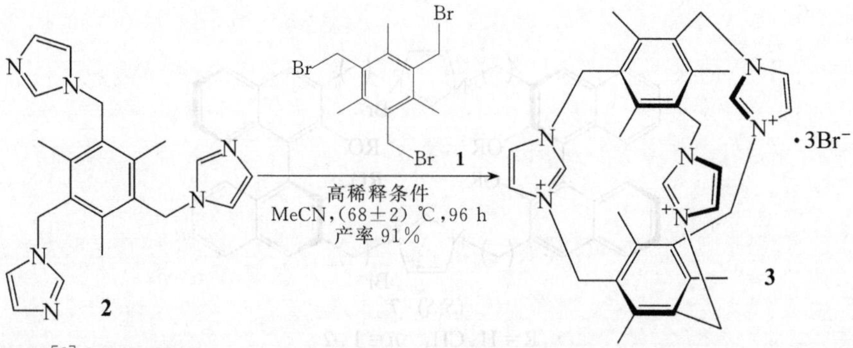

谢如刚等[2] 由化合物 1,3,5-三(溴甲苯)-2,4,6-三甲苯出发，合成了一系列含多个咪唑基的双核金属酶模型配体：

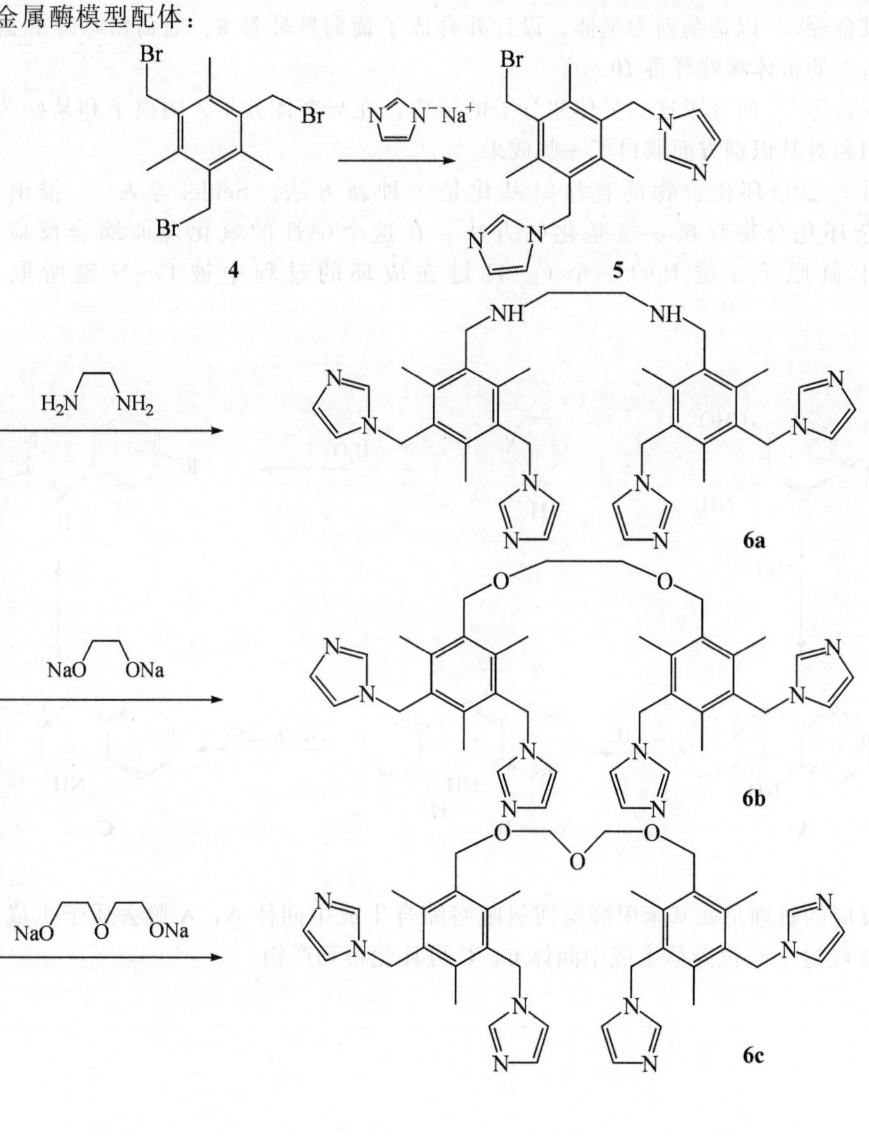

谢如刚等[2] 还通过醚保护酚羟基、3,3-位引入功能基[3,4]、卤代[5]、咪唑基化和成环反应，合成了手性联二萘酚咪唑鎓盐环番（cyclophane）（结构式如下），其手性识别有待于进一步研究。

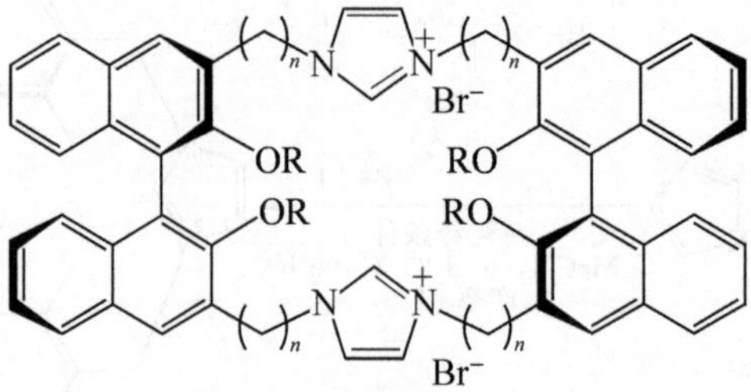

(*S*,*S*)-**7**

R = H, CH_3 n = 1, 2

周成合等[6] 以葡萄糖为基体，设计并合成了葡萄糖环番 **8**、葡萄糖咪唑鎓盐环番 **9** 和葡萄糖衍生的甾体咪唑环番 **10**。

周成合等[6] 研究了这些受体超分子的结构，在与客体分子、阴离子和某些药物分子的相互作用和对其识别方面取得了一些成果。

另外，氮杂环化合物的直接氨基化是一种新方法。Seidel 等人[7] 报道了在室温下将氮杂环化合物直接 α-氨基化的方法。在这个中性的氧化还原缩合反应中，四氢吡咯环上氮原子 α-位上的一个 C—H 键在成环的过程中被 C—N 键所取代。反应如下：

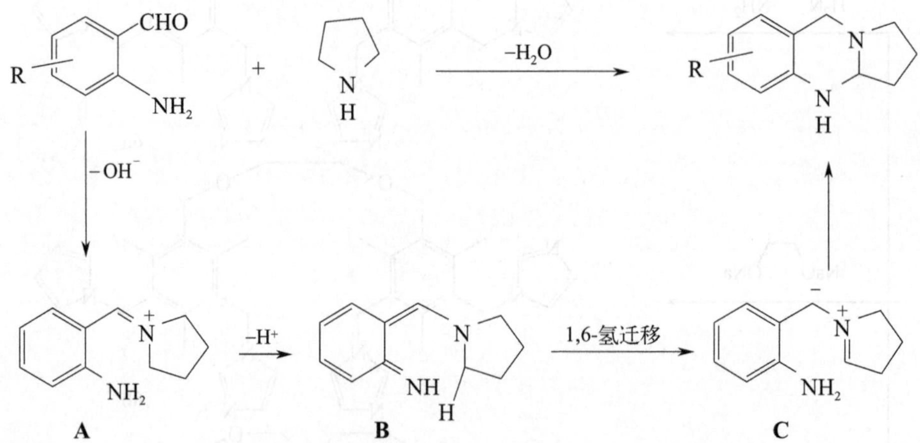

该反应的机理是氨基苯甲醛与四氢吡咯缩合生成中间体 **A**，**A** 脱去质子生成中间体 **B**，中间体 **B** 经过 1,6-氢迁移生成中间体 **C**，**C** 再环化得到产物。

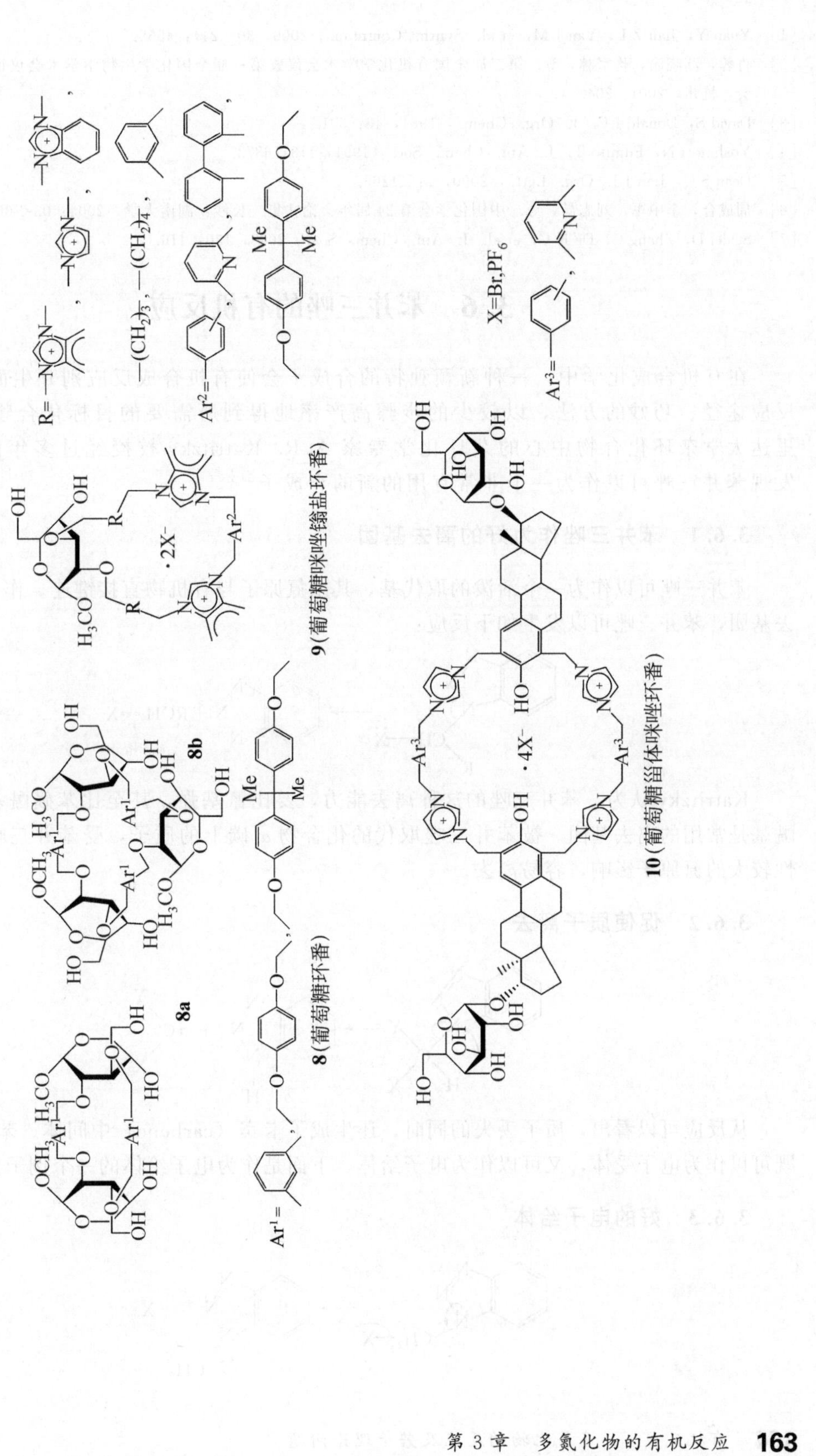

8a

8b

8(葡萄糖环番)

9(葡萄糖咪唑鎓盐环番)

10(葡萄糖甾体咪唑环番)

X=Br,PF_6

参 考 文 献

[1] Yuan Y, Jian Z L, Yan J M, et al. Synth. Commun., 2000, 30 (24): 4555.
[2] 肖蓉，苏晓渝，蒋宗林，等. 第二届全国有机化学学术会议暨第一届全国化学生物学学术会议论文集. 中国化学会，杭州，2001: 204.
[3] David S, Donald J C. J. Org. Chem., 1981, 46: 391.
[4] Yoshinori N, Fumito T. J. Am. Chem. Soc., 1991, 113: 6872.
[5] Dean S C, Jian J J. Org. Lett., 2000, 2: 11265.
[6] 周成合，李中军，刘志昌，等. 中国化学会第24届年会论文集. 长沙：湖南大学，2004: 03-0-005.
[7] Seidel D, Zhang C, De K C, et al. J. Am. Chem. Soc., 2008, 130: 416.

3.6 苯并三唑的有机反应

在有机合成化学中，一种新颖独特的合成子会使有机合成反应别开生面，以崭新的反应途径、巧妙的方法，以较少的步骤高产率地得到所需要的目标化合物。美国佛罗里达大学杂环化合物中心的杂环化学专家 A. R. Katritzky 教授经过多年的实验探讨，发现苯并三唑可以作为一个非常有用的新的合成子[1]。

3.6.1 苯并三唑作为好的离去基团

苯并三唑可以作为一个活泼的取代基，其以氮原子与有机物直接键连。作为一个好的离去基团，苯并三唑可以发生如下反应：

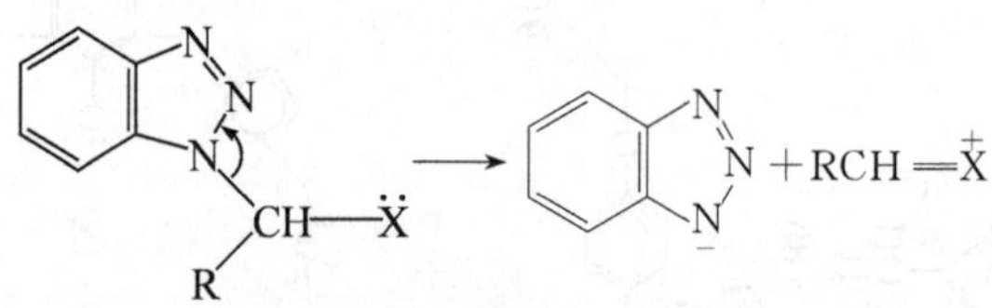

Katritzky 认为，苯并三唑的这种离去能力，要比氰基强，甚至比苯磺酰基强，而苯磺酰基是常用的离去基团。被苯并三唑取代的化合物 α-碳上的质子，受苯并三唑结构中电负性较大的氮原子影响，容易离去。

3.6.2 促使质子离去

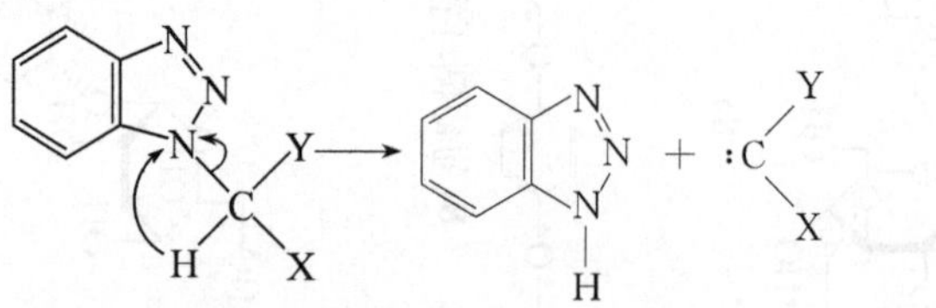

从反应可以看出，质子丢失的同时，还生成了卡宾（carbene）中间体。苯并三唑分子，既可以作为电子受体，又可以作为电子给体，下面是作为电子给体的一个例子。

3.6.3 好的电子给体

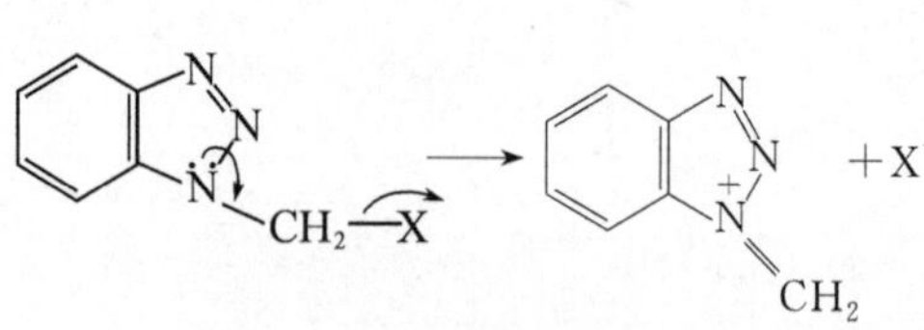

作为电子给体，苯并三唑可以发生类 Mannich 反应：

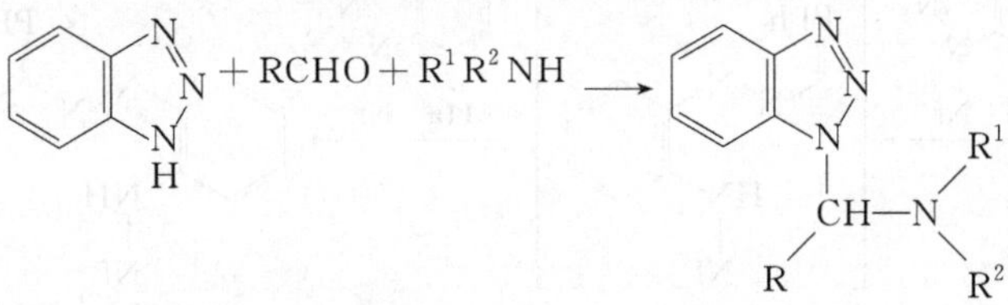

这种类 Mannich 反应的产物，若苯并三唑作为离去基团带着一对电子离去以后，则生成离子型化合物：

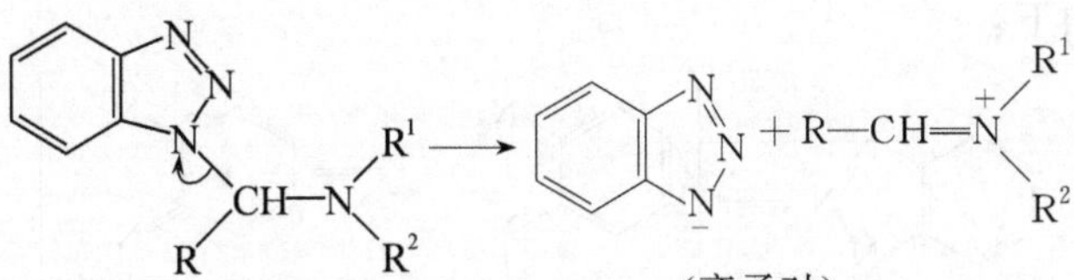

（离子对）

这种离子型化合物可以发生如下四类反应。

（1）与亲核试剂作用

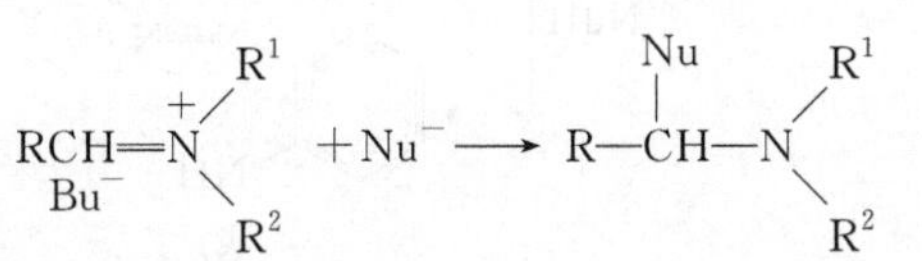

Bu^- 代表苯并三唑负离子。

（2）Diels-Alder 环加成反应

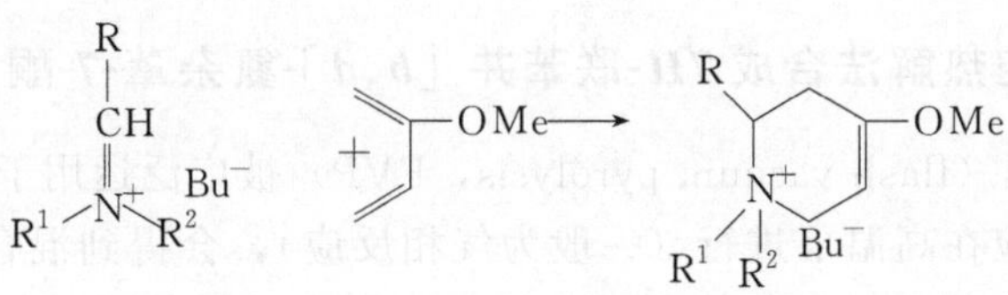

（3）［2+2］环加成反应

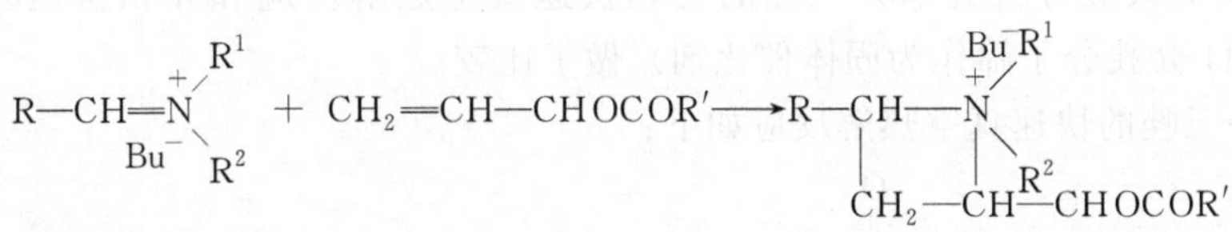

（4）生成烯胺

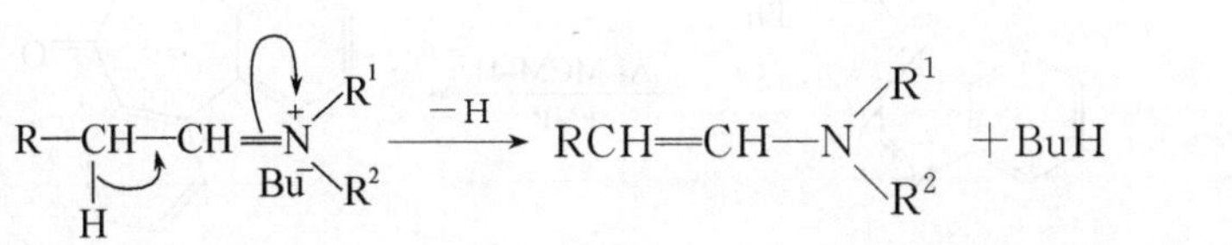

作为一个新的合成子，苯并三唑既可作为给体，又可作为电子受体，活性高，容易分离和回收，而且苯并三唑基团容易开裂离去。苯并三唑容易制取，价格低廉。三唑类化合物已受到人们的重视[2]，苯并三唑作为合成子可望得到广泛的实际应用。

3.6.4 苯并三唑与 Wittig 试剂的开环反应

Ziegler 等人[3] 报道了苯并三唑与 Wittig 试剂的开环反应，其反应如下：

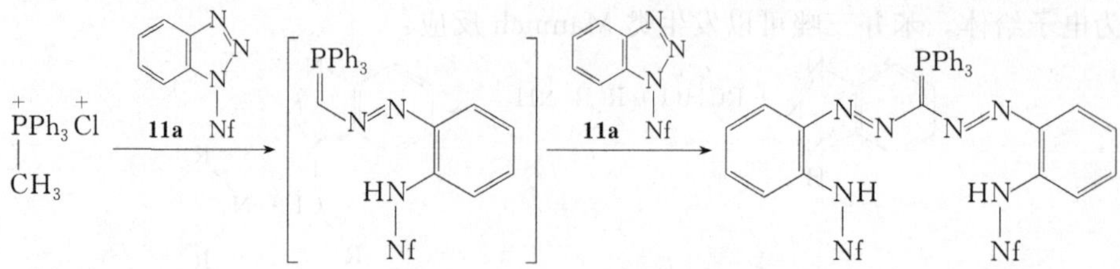

该反应在室温下半个小时几乎完成，与以前制备类似化合物的反应相比更加方便。Ziegler 等认为该反应发生时，苯并三唑化合物是通过其中间体与 Wittig 试剂发生反应的，其中间体 **11b** 的结构如下：

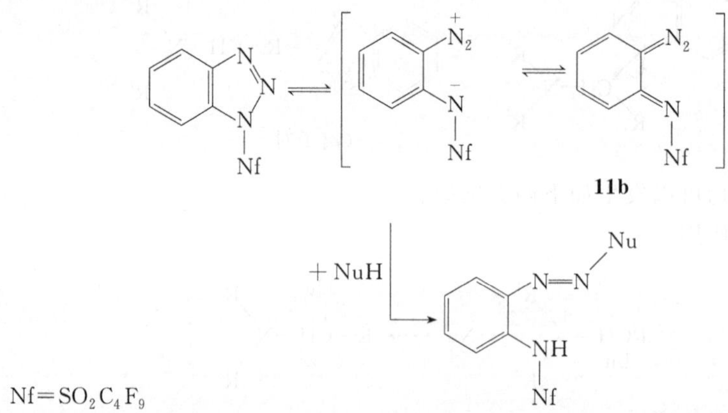

由其中间体的结构可以看出，上述 Wittig 试剂与苯并三唑中间体发生的是亲核加成反应，每分子 Wittig 试剂与两分子的苯并三唑化合物发生加成，生成开环化合物。

3.6.5 快速真空热解法合成 7*H*-联苯并［*b*,*d*］-氮杂䓬-7-酮

快速真空热解过程（flash vacuum pyrolysis，FVP）被广泛运用于研究杂环化合物的热性质。通常，FVP 反应在高温下进行（一般为气相反应），会得到混合产物。Moyano 等报道了使用 MCM-41 催化剂通过异相快速真空热解一锅合成法合成 7*H*-联苯并［*b*,*d*］-氮杂䓬-7-酮[4]。研究人员对乙酰苯并三唑的均相快速真空热解反应和异相快速真空热解反应（加入 MCM-41 介孔分子筛作为固体催化剂）做了比较。

乙酰苯并三唑的快速真空热解反应如下：

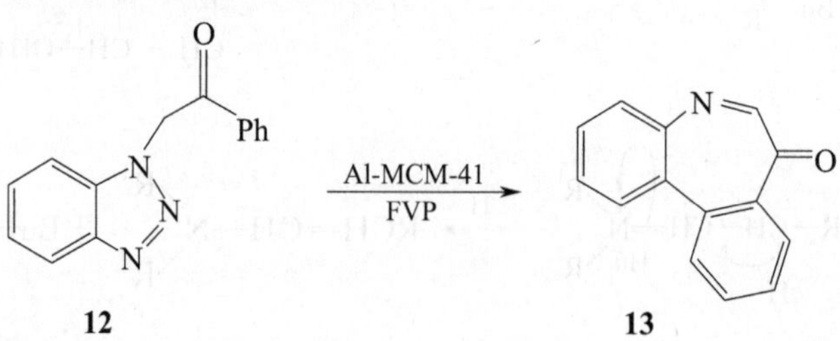

研究表明，在乙酰苯并三唑类化合物 **12** 的热反应中，介孔分子筛 MCM-41 是一种非常好的固体催化剂，能够显著地提高产物 **13** 的产率，并且与均相反应相比，选择性有了较大的提高。Moyano 等认为 Al-MCM-41 材料的催化活性与它具有大的表面积、有序的介孔结构有关，这样的结构能够给有机反应提供活性位点。气体分子在不同的位点进行有效的相互作用能够降低反应过程的活化能。

Moyano 等发现，使用 Al-MCM-41 介孔分子筛作为催化剂的异相快速真空热解实验对

于合成联苯并氮杂䓬酮 **13** 是一种创新的方式，比传统方法有更大的发展潜力。

参 考 文 献

[1] Katritzky A R. J. Heterocyclic Chem，1994，31：569.

[2] 王乃兴，等. 化学通报，1994，11：6.

[3] Micó X Á，Bombarelli R G，Subramanian L R，et al. Tetrahedron Letters，. 2006，47：7845.

[4] Moyano E L，Lucero P L，Eimer G A，et al. Org. Lett.，2007，9(11)：2179-2181.

3.7 多氮试剂——DBU

研究发现，DBU（1,8-二氮杂双环[5.4.0]-7-十一烯）在合成 α-重氮酮和 α-重氮酯的反应中具有很好的催化作用。在 DBU 的作用下，α-溴丙二酸酯衍生物可以和某些活性双键不饱和化合物发生加成反应。

Rao 等[1] 在进行有关多环类手性化合物全合成的研究过程中，发现 DBU（1,8-二氮杂双环[5.4.0]-7-十一烯）在某些重氮化反应中有着独特的作用。在 DBU 的催化下，用苯磺酰叠氮化物对有关化合物的活性部位进行重氮化，条件温和，产率很高。

DBU 的结构为：

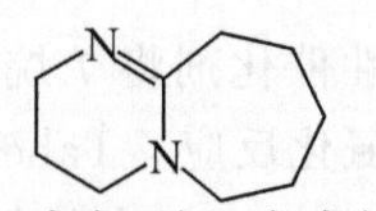

在 Rao 等进行的某种合成研究中，有如下几步中间过程：

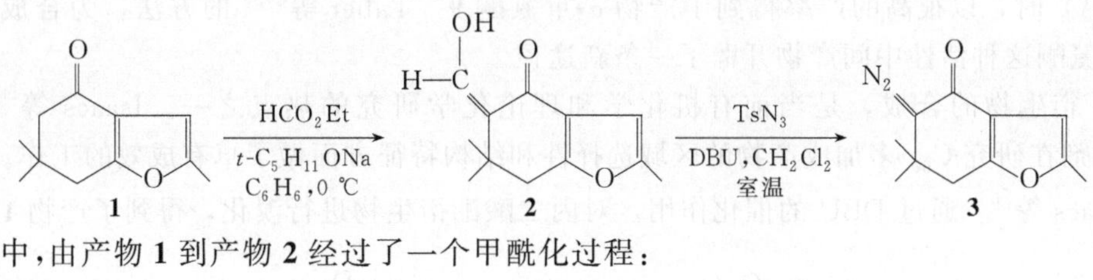

其中，由产物 **1** 到产物 **2** 经过了一个甲酰化过程：

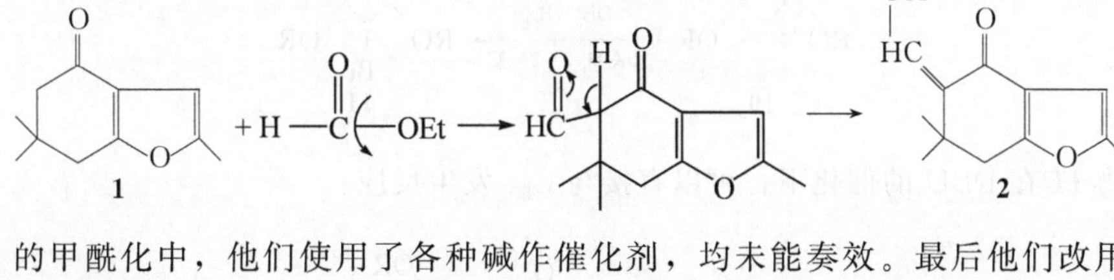

在 **1** 的甲酰化中，他们使用了各种碱作催化剂，均未能奏效。最后他们改用叔戊醇钠和苯成功地得到了化合物 **2**，产率达 94%。他们用 Regitz 等[2] 的方法，用对甲苯磺酰叠氮化物和三乙胺同化合物 **2** 作用，但是未能得到化合物 **3**，考虑到化合物 **2** 的反应部位的位阻效应，他们用乙醇钾和相转移催化的方法[3]，仍然没有成功；用二异丙基乙胺作碱性催化剂也不行。而当他们改用 1,4-二氮杂双环［2.2.2］辛烷作催化剂时，得到了产物 **3**，产率为 56%。受到启发后，他们采用 DBU 作催化剂并用二氯甲烷作溶剂，反应在室温下于 15 min 内就完成了，产率高达 95%。

Taber 等[4] 把甲酰化改为苯甲酰化，然后用 DBU 和对硝基苯磺酰叠氮化物进行重氮化，成功地得到了目标产物 α-重氮酯 **6**：

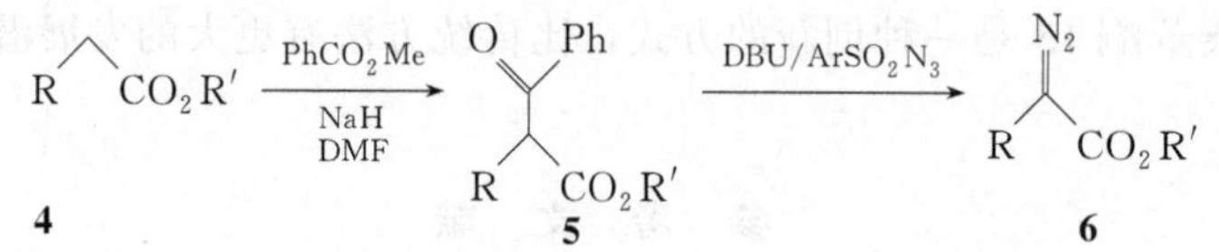

4　5　6

Taber 等[4]开始用过量的 NaH 和苯磺酰叠氮化物与经过苯甲酰化的酯作用，效果不好。最后改用 DBU 作催化剂，用对硝基苯磺酰叠氮化物与化合物 **5** 进行反应，并分别用不同的 R 和 R′进行了实验。发现，当 R = 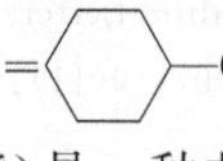—C_6H_{11} 和 R′= Me 时，产率高达 97%，最低的产率也在 80%以上。产物 **6**（α-重氮酯）是一种非常有价值的有机合成中间体。

重氮烷烃类化合物是很难制备和纯化的。Taber 等[5] 报道了一种区域选择性地合成 α-重氮酮的方法，对这种重氮酮进行烷基化，即可以得到相应的重氮烷烃类化合物。他们通过选择性地脱去苯甲酰将重氮基引入到二酮衍生物 **8** 上，从而得到了不对称 α-重氮酮 **9**。

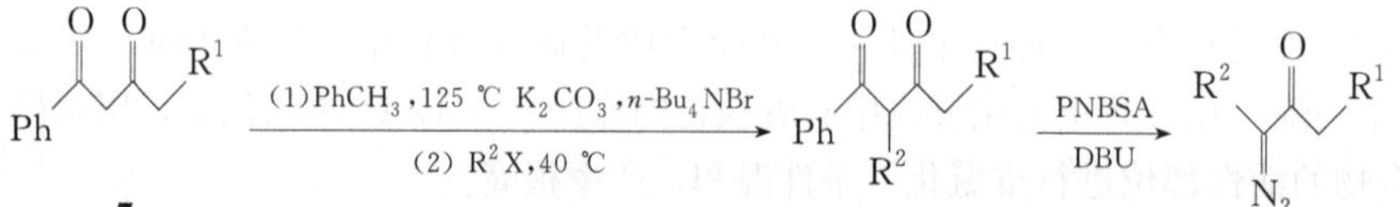

7　8　9

用碳酸钾和正四丁基溴化铵作碱性催化剂将 **7** 烷基化得到 α-取代的二酮烷基化产物 **8**。化合物 **8** 的脱苯甲酰基过程伴随着重氮化反应。Taber 等人[5] 先用以往容易成功的 NaH 和甲基磺酰叠氮化物进行尝试，结果不理想，但当他们使用 DBU 和对硝基苯磺酰叠氮化物（PNBSA）时，以很高的产率得到了产物 α-重氮酮 **9**。Taber 等[5] 的方法，为合成多用途的 α-重氮酮这种活性中间产物开辟了一条新途径。

C_{60} 衍生物的合成，是当前有机化学和理论化学研究的热点之一。Isaacs 等[6] 应用 DBU 试剂在研究 C_{60} 多加成产物的区域选择性和结构特征方面做了卓有成效的工作。

Isaacs 等[6] 通过 DBU 的催化作用，对丙二酸酯衍生物进行溴化，得到了产物 **11**。

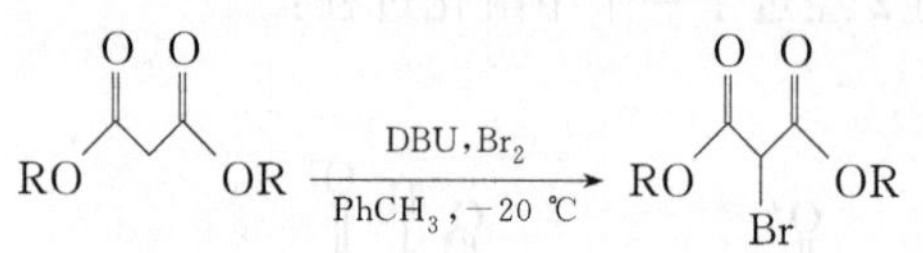

10　11

化合物 **11** 在 DBU 的催化下，可以直接与 C_{60} 发生反应：

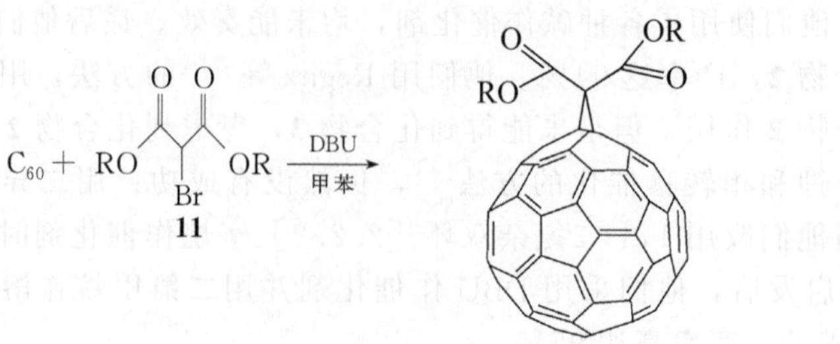

12

这种反应很可能是通过加成-消除过程发生的，有一个手性离子中间体生成：

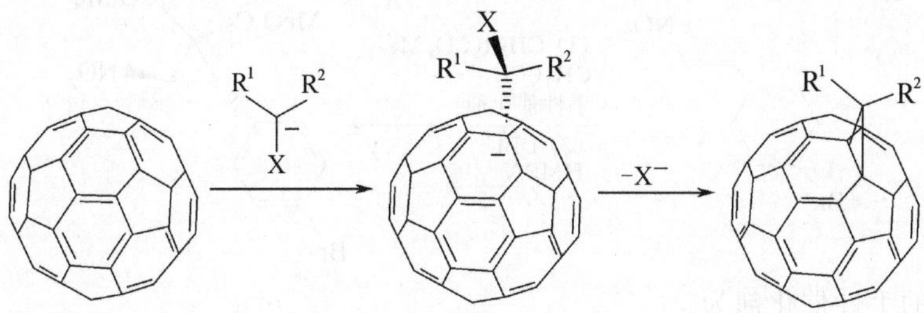

DBU 作为碱，首先夺取化合物 **11** 中 α-碳上的活泼氢，得到碳负离子，与 C_{60} 发生亲核加成，紧接着亲核试剂中 α-碳上的溴离子脱去，而得到 C_{60} 的加成产物。

反应历程也可能是消除-加成历程，即在 DBU 的作用下，α-溴丙二酸酯衍生物消去溴化氢，得到卡宾（carbene）活性中间体，再与 C_{60} 发生加成反应。其反应机理有待进一步探索。

特别有意义的是，丙二酸酯衍生物 **10** 中的 R 基可以是：

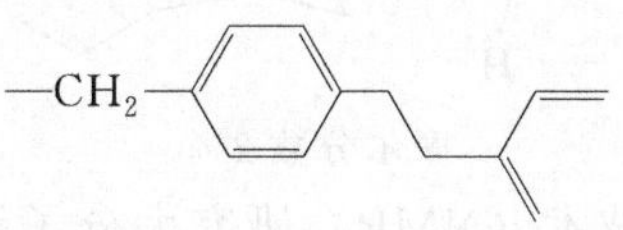

这样，当化合物 **11** 在 DBU 的作用下与 C_{60} 发生加成反应后，两个 R 基的端头各有一个取代的 1,3-丁二烯基，可以与亲二烯的 C_{60} 分子中的两个六元环之间的双键发生 Diels-Alder 环加成反应。Isaacs 等[6] 在甲苯中于 80 ℃加热化合物 **12**，反应 83 h，用硅胶柱色谱法得到了如下结构的三加成 C_{60} 衍生物 **13**：

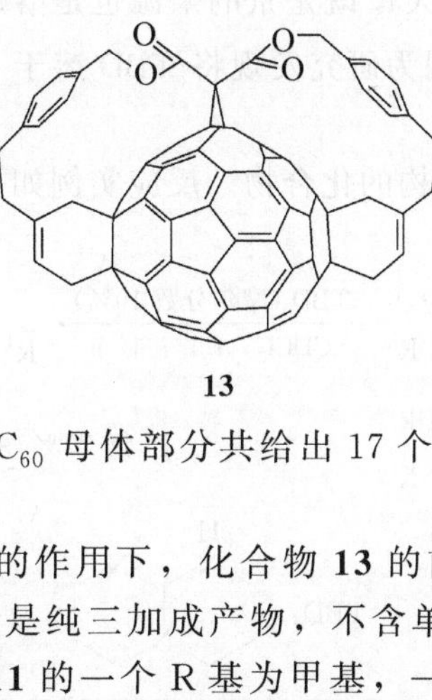

13

化合物 **13** 的 ^{13}C NMR 谱在 C_{60} 母体部分共给出 17 个共振信号，这个三加成 C_{60} 衍生物具有 C_{2v} 对称结构。

特别有意义的是，在 DBU 的作用下，化合物 **13** 的前体 **11** 具有 3 个反应点，在与 C_{60} 的两步加成反应后，得到的是纯三加成产物，不含单加成和二加成的混合物，为研究结构带来方便。如果化合物 **11** 的一个 R 基为甲基，一个 R 基含有 1,3-丁二烯基，则连续加成后，会得到纯的二加成 C_{60} 衍生物。

DBU 作为一种结构独特的有机碱，具有独特的碱性催化性能。它使反应条件温和，产率提高。

2006 年 Connon 小组，报道了他们利用 DBU 作为催化剂，通过手性分子立体控制，高立体选择性地合成了硝基环丙烷的衍生物[7]。该衍生物是由硝基烯烃衍生物和氯代二甲基丙二酸，在 DBU 和六甲基磷酰三胺存在的条件下合成的。反应如下：

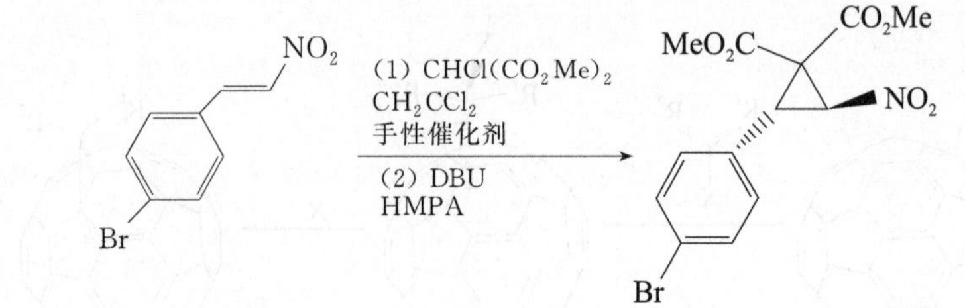

反应所用的手性催化剂为：

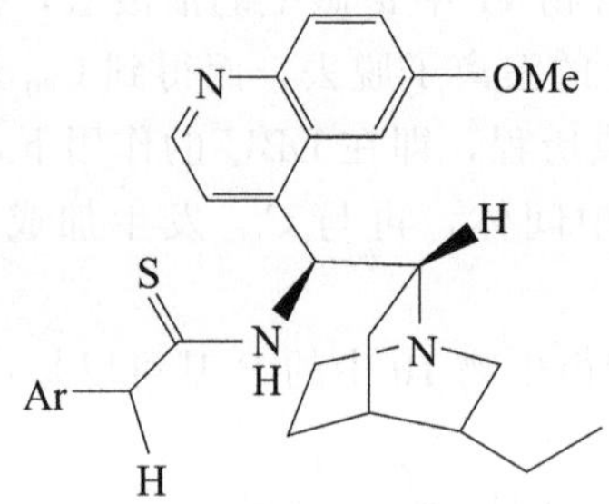

摩尔分数 2%

氘标记的化合物是核磁共振技术（NMR）研究大分子结构、化学和生物等反应机理的重要手段。同位素交换是一种非常有价值的方法，因为它是在反应完成后再进行氘代的。许多已经报道的酸性化合物的 H/D 交换不适合于具有敏感官能团的化合物。相对于质子性溶剂 MeOD 和 H_2O，氘代反应在非质子性溶剂 $CDCl_3$ 中比较慢，$CDCl_3$ 是弱的亲核试剂，因此适合于敏感化合物的氘代。TBD 催化剂可以催化敏感酸性化合物在室温下在 $CDCl_3$ 中进行的氘代反应。在这个反应中 $CDCl_3$ 既是氘的来源也是溶剂。其反应机理可能是 TBD 中的活泼 H 先和 $CDCl_3$ 进行氘代，因为研究发现将 TBD 溶于 $CDCl_3$ 后，用 ^1H NMR 检测未观察到 N—H 信号。

TBD 是一个具有三氮双环结构的化合物。反应实例如下[8]：

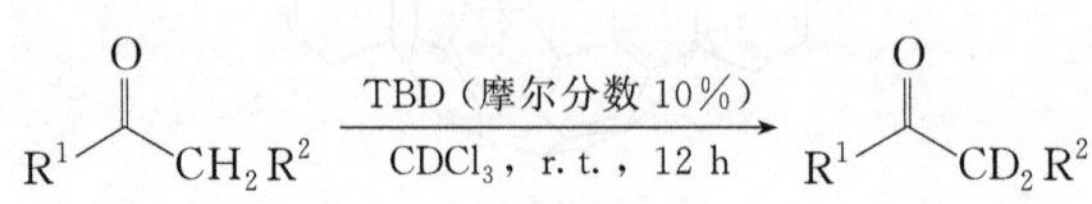

R^1 = Ar，HetAr，Alk　　　　氘 77%～97%掺入

R^2 = H，Alk，OR，X

TBD：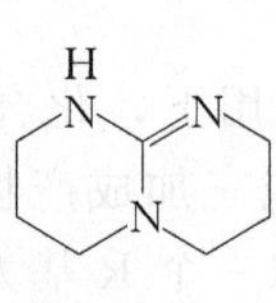

可以看出，TBD 也是一种很有用的多氮试剂。

参考文献

[1] Rao Y K，Nagarajan M. J. Org. Chem.，1989，54(24)：5678.

[2] Regitz M. Angew. Chem.，Int. Ed. Engl.，1967，6：733.

[3] Ledon H. Synthesis，1974(5)：347.

[4] Taber D，You K，Song Y. J. Org. Chem.，1995，60(4)：1093.

[5] Taber D F, Gleave D M, Herr R J, et al. J. Org. Chem., 1995, 60(7): 2283.
[6] Isaacs L, Haldimann R F, Diederich F. Angew. Chem., Int. Ed. Engl., 1994, 33: 2339.
[7] McCooey S H, McCabe T, Connon S J. J. Org. Chem., 2006, 71: 7494.
[8] Sabot C, Kumar K A, Antheaume C, et al. J. Org. Chem., 2007, 72: 5001.

3.8 氮宾（nitrene）及其单线态与三线态

氮宾（nitrene）是一个具有共价氮原子的不带电的活性中间体，氮原子的价电子层中有6个电子，为一缺电子物种。氮宾可以用通式R—N：表示，式中的R代表烷基、芳基、酰基、磺酰基、卤素等。这个以氮原子为活性中心的中间体近年来引起了人们的极大兴趣。

3.8.1 氮宾的结构

氮宾的获得通常涉及有机叠氮化物的热解或光解，这与热解或光解产生卡宾十分类似；在结构上与卡宾类似的是，初生态的氮宾是处于激发态的单线态（$^1A_2$），在与体系和环境的碰撞过程中失去一部分能量成为基态的三线态（$^3A_2$）。

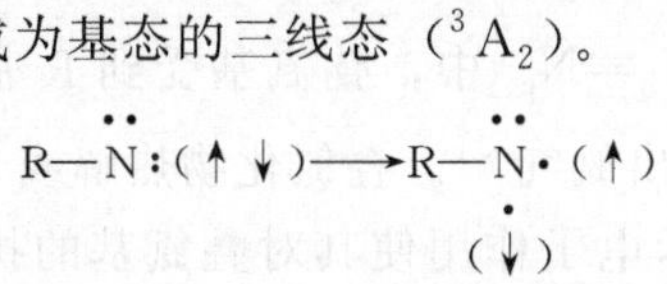

单线态氮宾（$^1A_2$）　三线态氮宾（$^3A_2$）

单线态氮宾转变为三线态氮宾的过程与实验条件密切相关。在室温液相体系中，单线态氮宾在转变为三线态氮宾时，会发生扩环的竞争反应生成氮杂环庚四烯（**2**）；在气相体系中，应用紫外光光解叠氮化物产生的单线态氮宾会发生缩环的竞争反应生成氰基环戊二烯（**3**）。因此，单线态氮宾并不能完全转变为三线态氮宾，而要受到单线态氮宾能焓的控制和两种竞争反应的制约。只有在冷冻条件和惰气介质中，这两种竞争反应的影响才会消除。有人曾将此过程描述为[1-2]：

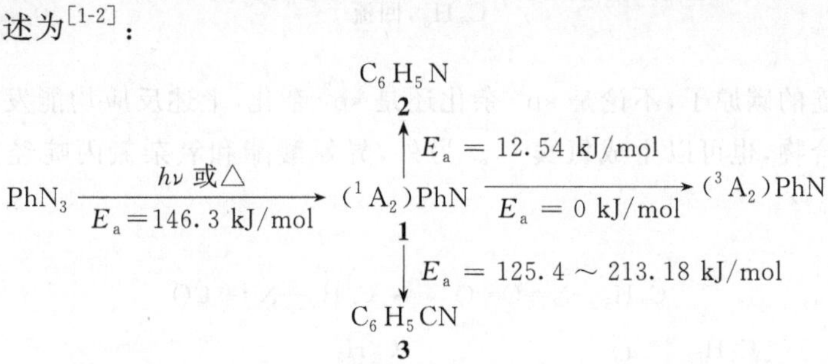

McDonald等[3-4]阐述了产生三线态氮宾的特殊方法，这种方法采用适当能量的光，通过光致分解，使氮宾负离子自由基去掉一个电子：

$$PhN^{\overset{-}{\cdot}} \xrightarrow{h\nu} PhN + e^-$$

虽然这种方法的实际应用价值目前还不是很大，但却避免了以往在三线态氮宾的生成过程中所伴随的竞争反应。

用电子流分解叠氮化物会有氮宾负离子自由基生成，如分解叠氮苯时即产生$m/z=91$的质谱信号：

$$PhN_3 + e^- \longrightarrow PhN^{\overset{-}{\cdot}} + N_2$$

$$m/z=91$$

氮宾负离子自由基($\mathrm{PhN}^{\overset{-}{\cdot}}$)的电子亲和能为(1554.54±15.88) kJ/mol，生成焓 $\Delta H^{\ominus}_{\mathrm{f},298}=$ (262.92±17.97) kJ/mol。$\mathrm{PhN}^{\overset{-}{\cdot}}$ 的化学性能主要有三点，一是在 S_N2 取代反应中表现出较差的亲核性能；二是对不同的羰基化合物反应性能不同，活性次序一般为 $RCHO > R_2CO > RCO_2R'$；三是在加成反应中有较好的区域选择性。

McDonald 等[3] 通过氮宾负离子自由基 $\mathrm{PhN}^{\overset{-}{\cdot}}$ 电子光分解的实验测定，获得了基态三线态氮宾（$^3A_2$）和激发态单线态氮宾（$^1A_2$）的电子亲和能，分别为(137.73±1.05) kJ/mol 和(214.39±1.923) kJ/mol；获得的生成焓分别为(400.86±17.97) kJ/mol 和(477.36±17.97) kJ/mol，三线态和单线态能量间隔即分裂能为(76.62±2.88) kJ/mol。

上述研究成果，使氮宾的结构理论取得了新的进展。

3.8.2 氮宾的生成

在叠氮化物分子 $R{-}N_a{-}N_b{\equiv}N_c$ 中，叠氮基受到 R 基的扰动，对称性降低，易于从 $N_a{-}N_b$ 处断裂，生成氮宾并放出氮气[5]。叠氮化物热解或光解都可以产生氮宾。对于脂肪族叠氮化物来说，由于 R 基的斥电子作用使其对叠氮基的扰动不很显著，故分解温度一般较高一些；芳香族叠氮化物由于芳基的电子效应，对叠氮基的微扰作用较为显著，因而加热到 120～150 ℃时，即分解生成氮宾[6]。用电子流分解叠氮化物生成 $\mathrm{PhN}^{\overset{-}{\cdot}}$，再用 540 nm 左右的紫外光分离这个负离子的电子，即得到三线态氮宾。

用四乙酸铅氧化伯氨基，可以得到氮宾：

$$(C_6H_5)_3CNH_2 \xrightarrow[C_6H_6,\text{回流}]{Pb(OAc)_4} (C_6H_5)C{-}\ddot{N}:$$

与伯氨基相连的碳原子，不论是 sp^2 杂化还是 sp^3 杂化，上述反应均能发生。用亚磷酸三乙酯还原硝基化合物，也可以生成氮宾[7]。另外，异氰酸酯和氧杂氮丙啶经光解也可以生成相应的氮宾：

$$C_6H_5{-}N{=}C{=}O \xrightarrow{h\nu} C_6H_5{-}\ddot{N}:+CO$$

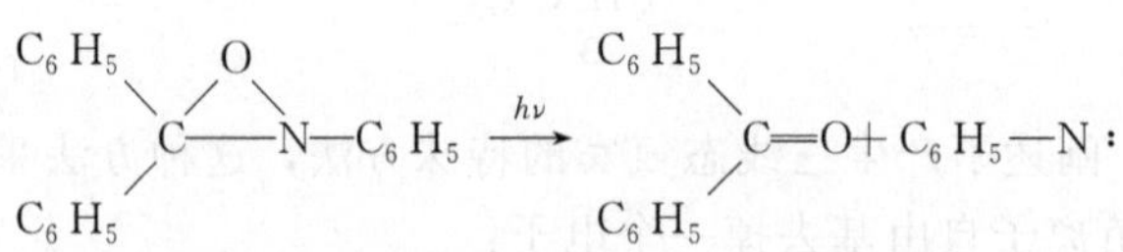

Armstrong 等[8] 报道了通过单质碳对亚硝基苯的脱氧作用，可以得到苯基氮宾，这是一个新颖简便的方法：

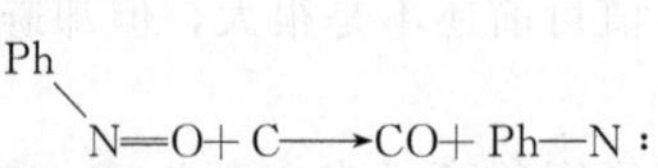

在碳单质对亚硝基苯脱氧的过程中，可能首先生成一个三元环和一个内鎓离子中间体，这两种结构之间存在着一个互变过程。三元环中间体将重排为一个苄基异氰酸酯，其荷电的前体可以光解生成氮宾，而内鎓离子中间体更易分解得到氮宾：

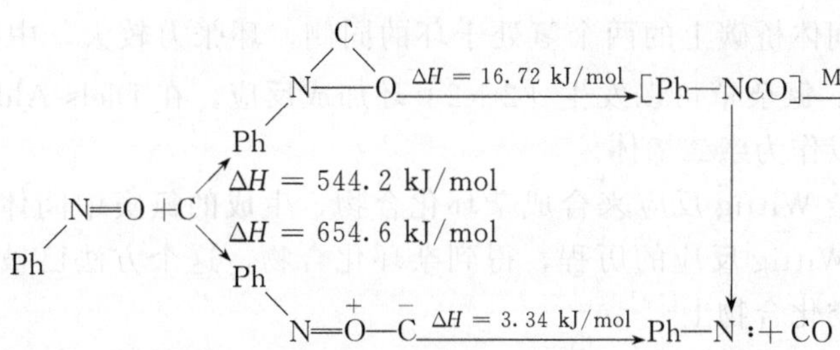

这个碳原子脱氧的放热过程热力学计算结果支持了上述机理。

初生态单线态氮宾转变为三线态氮宾后，还可以进一步通过双聚和夺氢反应生成偶氮苯和苯胺[8]：

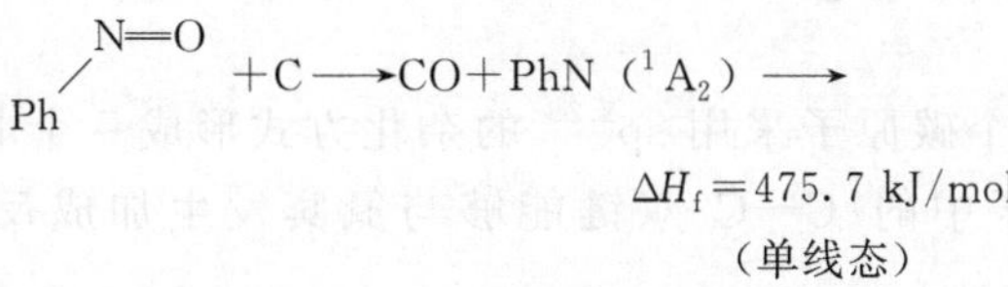

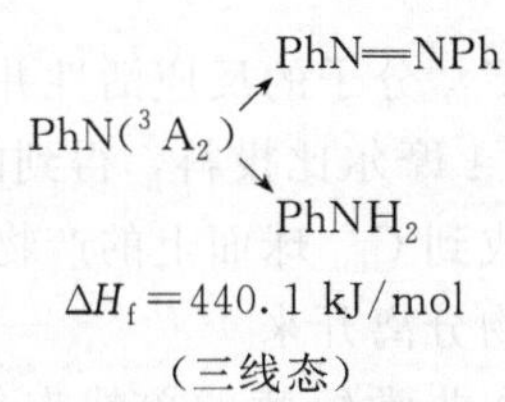

3.8.3 氮宾的反应

氮宾可以发生插入反应：

$$R-\ddot{N}: + H-\overset{|}{\underset{|}{C}}- \longrightarrow R-\underset{H}{N}-\overset{|}{\underset{|}{C}}-$$

氮宾还可以发生偶联反应：

$$2RN: \longrightarrow R-N=N-R$$

氮宾可以发生一系列重排反应，如 Hoffmann 重排、Curtius 重排、Lossen 重排等几种常见的重排反应，其过程都涉及酰基氮宾中间体。

邻硝基叠氮苯热解脱氮生成的氮宾衍生物中间体，通过分子内重排环化可以生成氮氧五元杂环的苯并氧化呋咱类衍生物[6]。

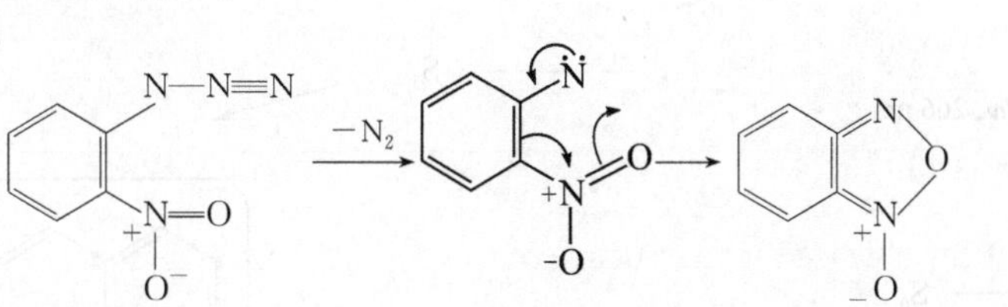

加成是氮宾常见的一类反应，如与C=C双键和C≡C三键的反应等。氮宾能与苯环进行加成反应，生成氮杂䓬衍生物：

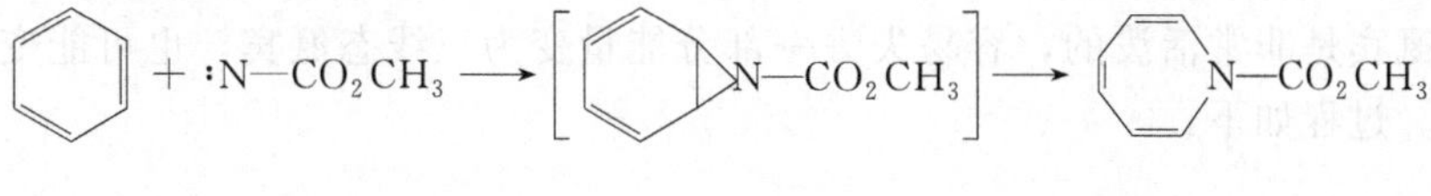

具有吖啶结构的中间体桥碳上的两个氢处于环的同侧，环张力较大，中间体 99%以上转变为氮杂䓬衍生物[9]。氮杂䓬可以发生［2+2］环加成反应，在 Diels-Alder 反应中，既可以作为二烯体，又可以作为亲二烯体。

叠氮化合物通过氮杂 Wittig 反应来合成杂环化合物，生成的氮宾中间体与三苯膦作用生成亚胺基膦，再依照 Wittig 反应的历程，得到杂环化合物，这个方法已被运用到合成具有一定张力的桥头亚胺类化合物上[10]。

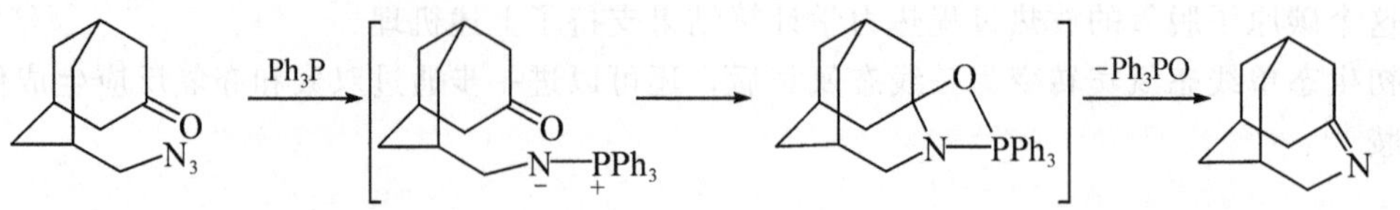

C_{60} 分子中 60 个碳原子采用 $sp^{2.28}$ 的杂化方式形成一个非平面共轭体系，其芳香性不够充分，C_{60} 分子中的 C═C 双键能够与氮宾发生加成反应，得到几种氮杂 C_{60} 衍生物[11]。

实验证明，具有高度对称性的 C_{60} 分子的反应活性并不是很大，但其与氮宾的加成反应却相对容易一些，而且反应物按 1∶1 摩尔比投料，得到的产物除了按 1∶1 加成的主要产物以外，还有两个或三个氮宾分子加成到 C_{60} 球面上的产物，而二加成或三加成产物在某些条件下，可以在色谱柱上与单加成产物分离开来。

2007 年，Hadad 等报道了一个非常短暂的单线态氮宾的研究结果[12]。他们将溶于乙腈的 *β*-叠氮萘在室温下用 226 nm 的飞秒脉冲紫外光照射，分别在 350 nm 和 420 nm 处产生最大瞬态吸收峰，吸收 350 nm 波段光的 *β*-叠氮萘比吸收 420 nm 波段光的 *β*-叠氮萘衰变快，吸收 420 nm 波段光的 *β*-叠氮萘的寿命为 1.8 ps。用溶于甲醇的 1-氯-2-叠氮萘做了相似的实验，吸收 350 nm 波段光形成单线态的 *β*-叠氮萘，吸收 420 nm 波段光形成单线态的 2-氮宾萘，单线态的 2-氮宾萘是所有单线态氮宾中寿命最短的。用 RI-CC2 标准理论计算表明，初级激发跃迁（芳基 $\pi\rightarrow\pi^*$ 跃迁）到 *β*-叠氮萘的 S_2 态，和 S_0 态几何结构相似。然后，S_2 态 2-叠氮萘又可以跃迁（叠氮基平面内 $\pi\rightarrow\pi^*$ 跃迁）到 S_1 态。在 S_1 态中，N—N 键附近的电子云密度逐渐降低，最终转变为单线态氮宾，同时逸出氮气[12]。

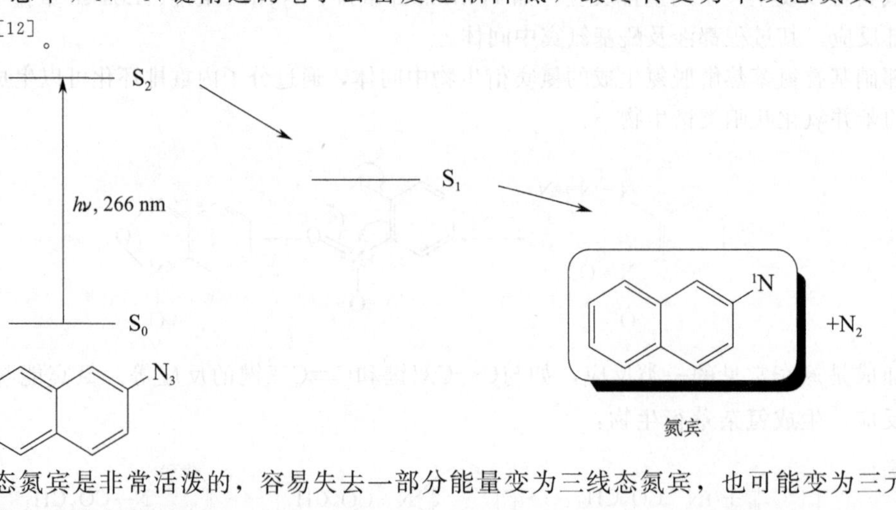

单线态氮宾是非常活泼的，容易失去一部分能量变为三线态氮宾，也可能变为三元环的不稳定结构。过程如下：

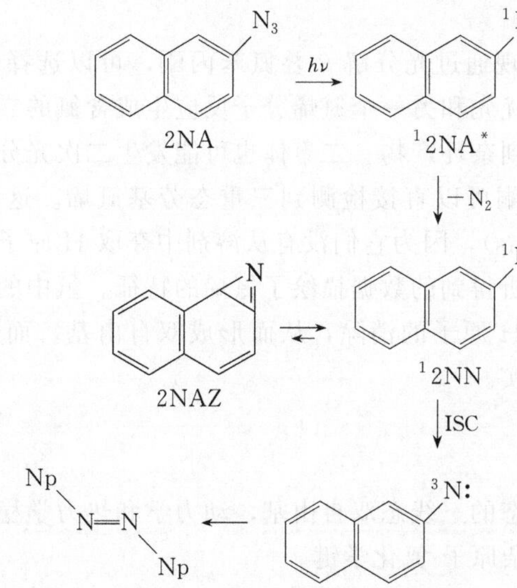

Np＝2-萘基

最近 Warmuth 等人[13] 报道了苯基氮宾重排中间产物的光化学和热反应，以叠氮苯的反应为例进行了研究，其反应如下：

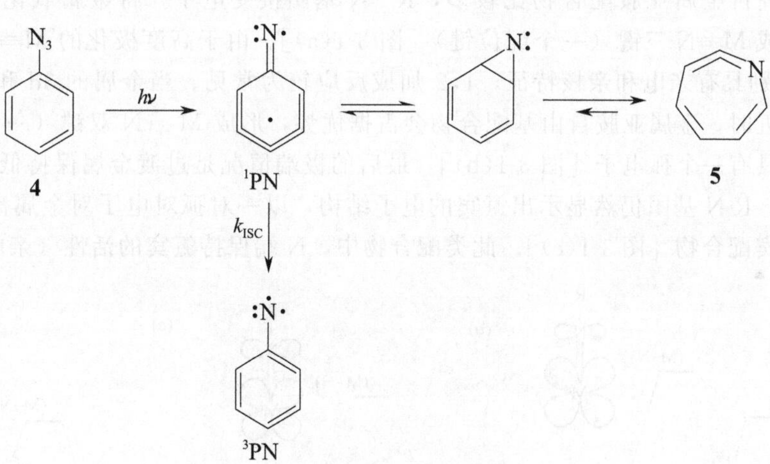

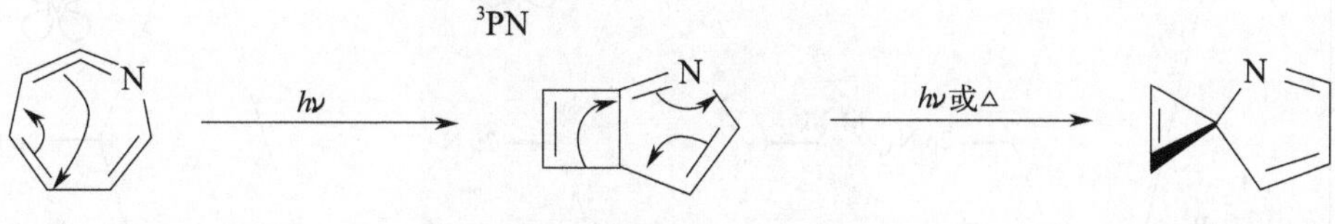

叠氮苯在光照的条件下生成了单线态的苯基氮宾，然后经过重排生成了化合物 **5**。化合物 **5** 在光照的条件下电环化生成化合物 **6**。**6** 在光照或者加热条件下发生重排生成化合物 **7**。其中，**6** 和 **7** 都因为有较大的环张力而不能稳定存在，会发生其他的反应。此外，被包裹的三线态苯基氮宾的寿命得到延长，且不容易发生二聚，三线态的苯基氮宾以缓慢的速度分解，其速控步骤可能是三线态到单线态的系间窜跃。Warmuth 等人认为，反应产物不同是因为照射条件不一样，反应物所处的条件也不同。

最近，研究人员把对磁性有机物的研究注意力集中到三重态氮烯中间体，由于它们的高自旋态的电子交换行为可以作为稳定的研究模型。因此，三重态氮烯中间体的性质备受关注。

Gudmundsdóttir 等[14] 发现通过光分解 β-叠氮苯丙酮，可以选择性地得到三重态的芳基氮烯中间体，这个中间体会优先和另一个氮烯分子反应生成含氮的二聚产物。这个二聚产物会发生互变异构并且环化得到杂环产物。二聚体也可能发生二次光分解，得到苯丙酮自由基。激光闪光分解 β-叠氮苯丙酮可以直接检测到三重态芳基氮烯。这证明了氮烯是能够较长时间存在的中间体（$\tau=27$ ms），因为它们没有从溶剂中夺取 H 原子或者选择性地和自由基反应。电子自旋谐振光谱分析得到的数据描绘了氮烯的特征。氩中的基质分离进一步证实了氮烯经历了专一的分子内 β-H 原子的消除，从而形成双自由基，而形成双自由基的该过程可以由同位素标记进一步证实。

3.8.4 活泼的铜氮宾

氮宾（nitrene）通常为基态的三线态双自由基，动力学和热力学稳定性极低，常作为反应中间体来构建 C—N 键以及杂原子-氮化学键。

2019 年，Betley 教授等在三线态铜氮宾化合物的分离表征中实现了突破，并对铜氮宾的催化性能进行了研究，相关成果发表于 *Science*。

第三周期过渡金属和氮原子轨道能级差别较大，末端 M 具有多种成键方式。前过渡金属元素形成高价金属亚胺配合物比较多，R—N 基团接受电子，将金属氧化为较高的氧化态，同时形成 M≡N 三键（一个配位键）［图 3-1(a)］。由于高度极化的 M≡N 化学键，M 端和 N 端分别具有亲电和亲核特征，1,2-加成反应较为常见。当金属的 3d 和 N 的 2p 原子轨道能量接近时，金属亚胺自由基配合物会占据优势，形成 M ═N 双键（一个配位键），N 原子上仍然具有一个孤电子［图 3-1(b)］。最后的极端情况是过渡金属保持低氧化态，仅作为路易斯酸，R-N 基团仍然显示出氮宾的电子结构，以一对孤对电子对金属离子进行配位，形成金属氮宾配合物［图 3-1(c)］。此类配合物中，N 端保持氮宾的活性（亲电为主），N 原

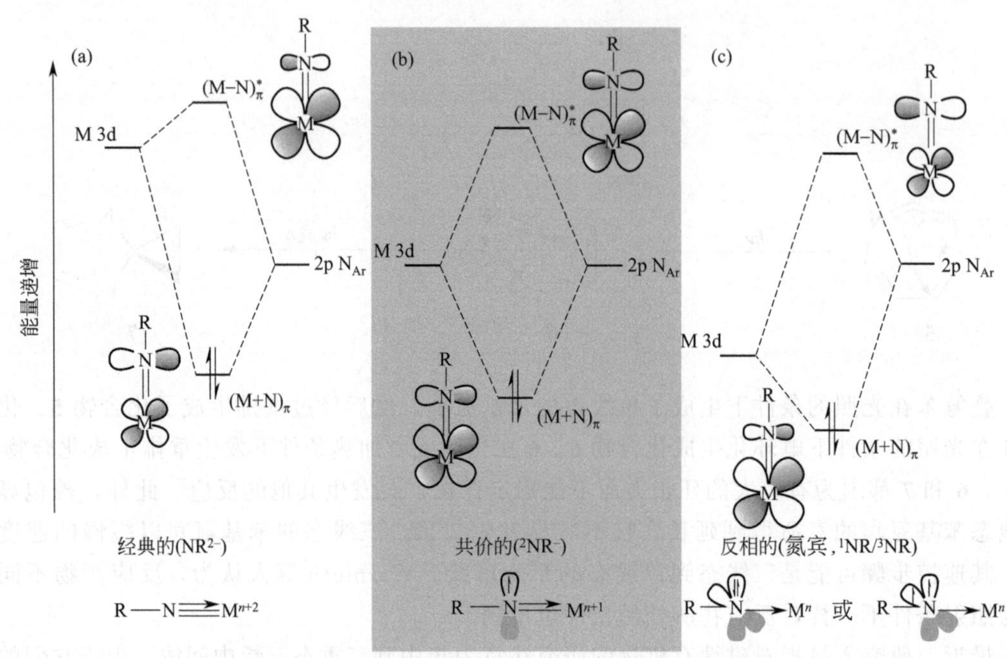

图 3-1 金属氮宾化合物 M(NR) 的不同成键模式

子中心的电子组态可以为单线态或三线态。

为防止氮宾的二聚或解离，Betley 教授等制备了大位阻的亚铜配合物（Cu-N_2）**8**［图 3-2(a)］。配合物 **8** 的晶体结构中存在非常短的 N≡N 键［1.085(4) Å］［图 3-2(b)］，红外光谱显示了很弱的过渡金属-N_2 配体与 π 反馈键的作用。**8** 和 3,5-二甲氧基苯基叠氮化合物在室温下反应 12 h，形成二聚体化合物 **9**。Betley 教授等推测 **9** 的形成经历了芳基叠氮对位碳自由基的二聚反应。Betley 教授等选用对叔丁氧基及叔丁基取代的芳基叠氮化合物和 **8** 进行反应，成功地合成了化合物 **10**。

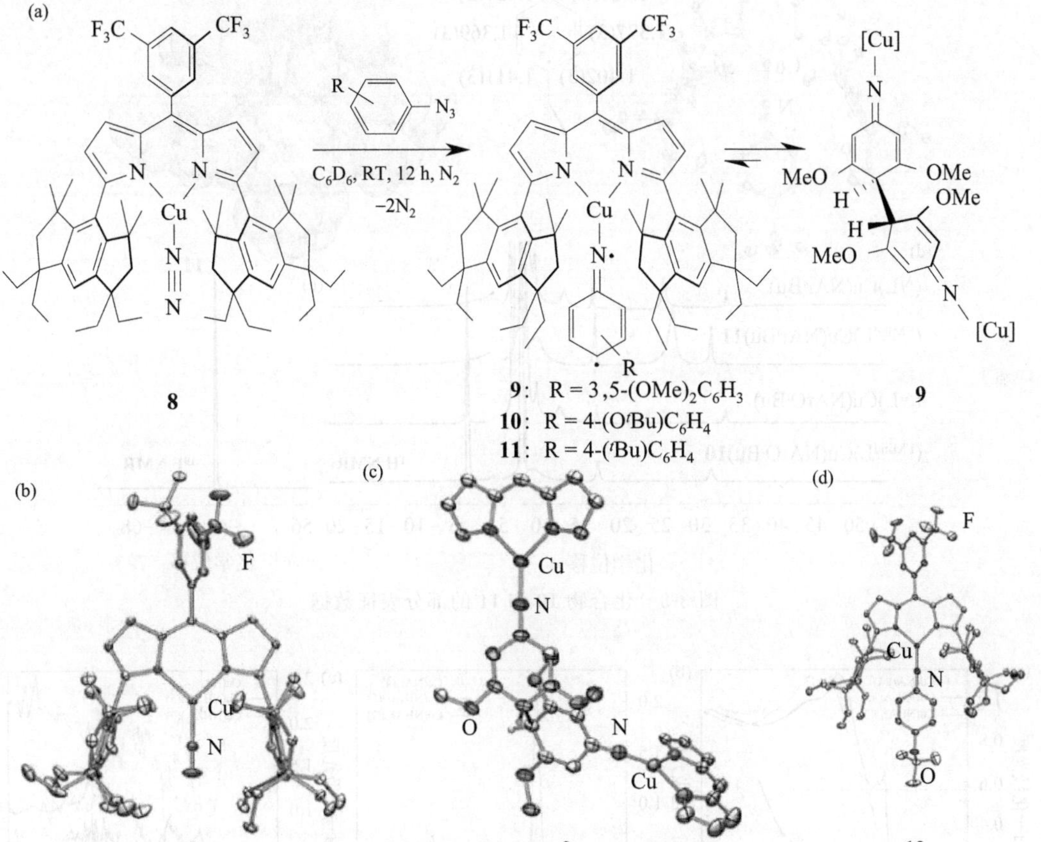

图 3-2　末端亚铜氮宾化合物的制备

通过化合物 **11** 的模型结构可以清晰地看到大位阻的取代基有效地保护了 Cu(NR) 基团［图 3-3(c)］。顺磁共振信号均显示 **10** 和 **11** 为三线态双自由基。另外，从单晶衍射数据可以看出芳基的去芳香化作用，形成单双键交替的环已二烯结构［图 3-3(b)］。Cu-N-C 键角接近平角，然 Cu-NR 键长很短，数据表明铜的氧化态在化合物 **10** 和化合物 **11** 中很可能为+1。

由于化合物 **10** 和 **11** 的顺磁性质，Cu 和 N 之间的成键模式有三种可能性：① Cu(Ⅰ)(NR)，N 为三线电子态；② Cu(Ⅱ)(NR)；③ Cu(Ⅲ)(NR)。Betley 教授等采用了多核 X 射线吸收光谱，对化合物 **11** 的 Cu-K 缘［见图 3-4(a)］、Cu-L 缘［图 3-4(b)］以及 N-K 缘［图 3-4(c)］进行 XAS 检测，结合含时密度泛函理论计算，数据均支持铜的氧化态为+1。

理论计算指出化合物 **11** 的基态三线态为多种组态。其中占主导地位的是铜（Ⅰ）氮宾电子结构（图 3-5），N 原子周围具有两个孤电子，分别占据 $2p_x$ 和 $2p_y$ 轨道，$2p_x$ 的孤电子部分离域到 N 相连的芳香环上。另外一个占据 25% 的是铜（Ⅱ）亚胺自由基电子结构

(CFG 2)，Cu 中心电子转移至 N 中心，导致 Cu 的 $3d_{xy}$ 和 N 的 $2p_x$ 轨道半充满。其他电子结构的占比均小于 3%。数据表明化合物 **10** 和 **11** 的最佳电子结构为三线态铜（Ⅰ）氮宾配合物。

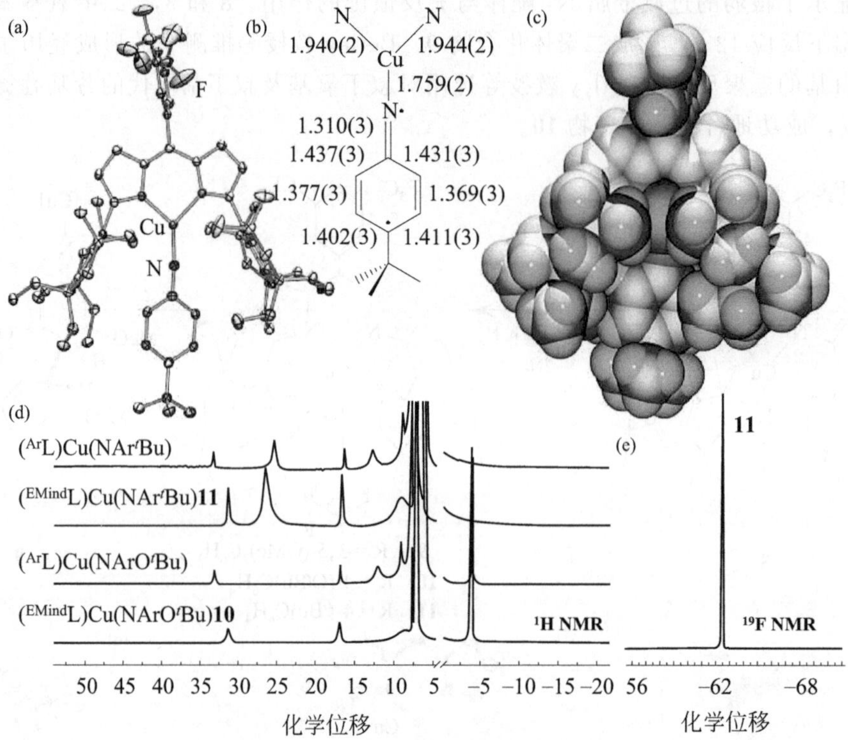

图 3-3 化合物 **10** 和 **11** 的部分表征数据

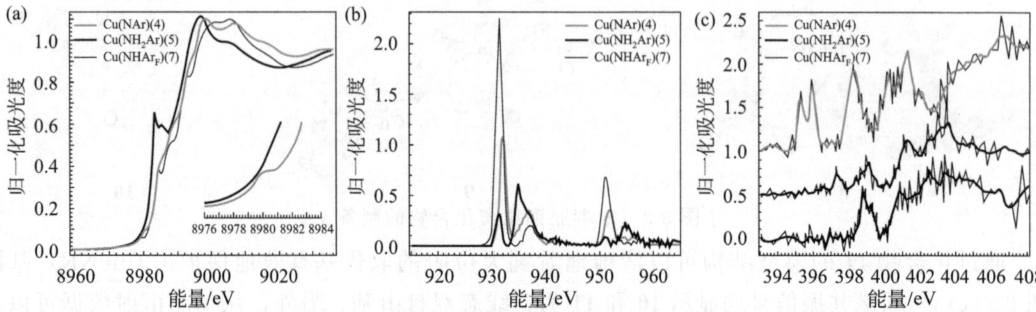

图 3-4 X 射线吸收谱图

Betley 教授等随后对这类铜氮宾配合物的氮宾转移反应作了研究。化合物 **11** 和 Me_3P 发生反应，可以完全转化为（^{EMind}L）Cu(PMe_3)和 $Me_3P{=}N(C_6H_4{}^tBu)$。化合物 **10** 和 **11** 也可以和有机异氰（^{t}BuNC）发生反应，两分子氮宾发生二聚反应形成 RN═NR（图 3-6）。化合物 **11** 不能在温和条件下活化甲苯苄位 C—H 键，作者相信缺电子的氮宾基团亲电性会增强，可以完成 C—H 键活化。研究表明，降低 Cu 周围的空间位阻和选用缺电子的氮宾，C—H 键的胺化反应可以顺利进行（图 3-6，甲苯、环己烯和环己烷的反应）。其中和环己烯的反应可以在催化量（10%）的 Cu 催化剂下进行。类似的氮宾转移反应也可以在氮杂环丙烷化反应中得到应用（图 3-6，苯乙烯的反应）。

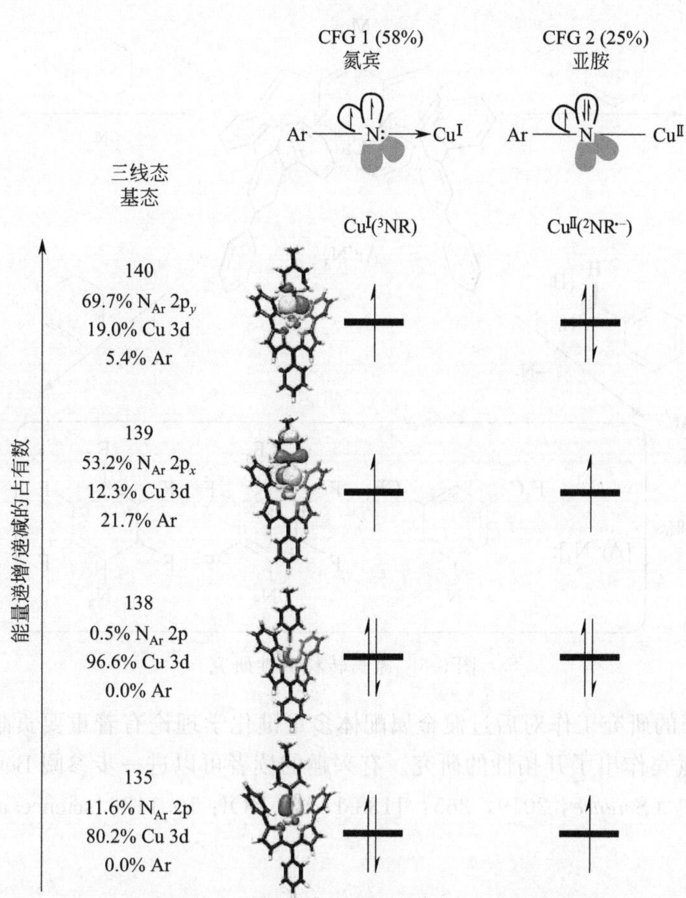

图 3-5　化合物 **11** 的基态多组态轨道分布

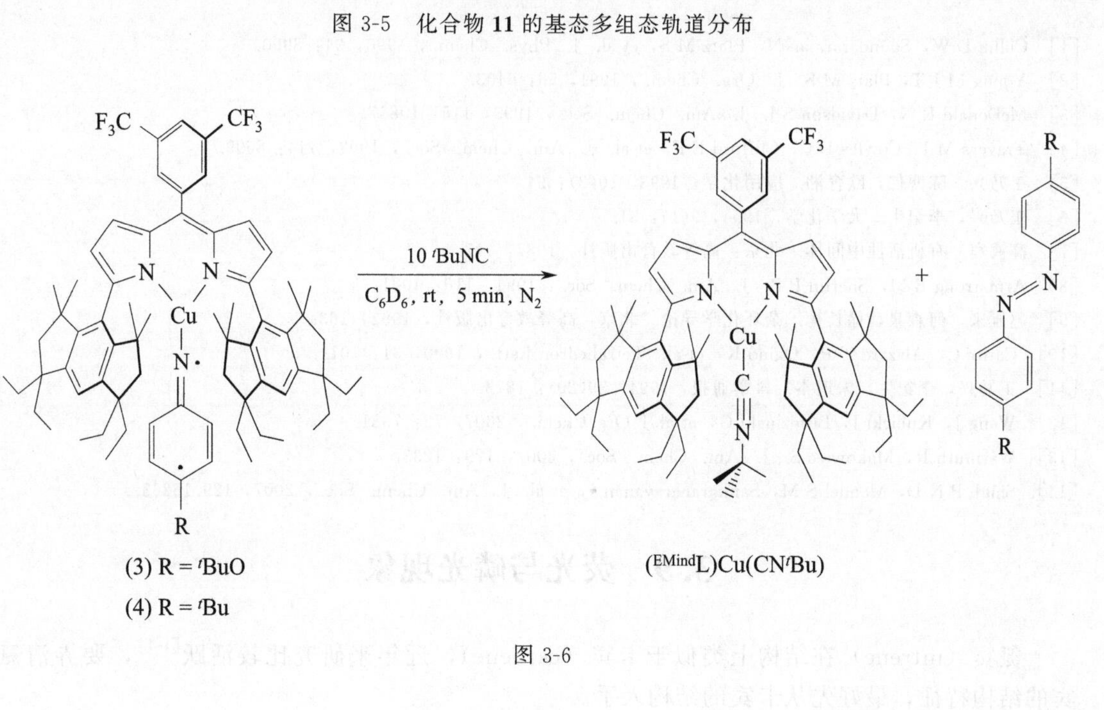

图 3-6

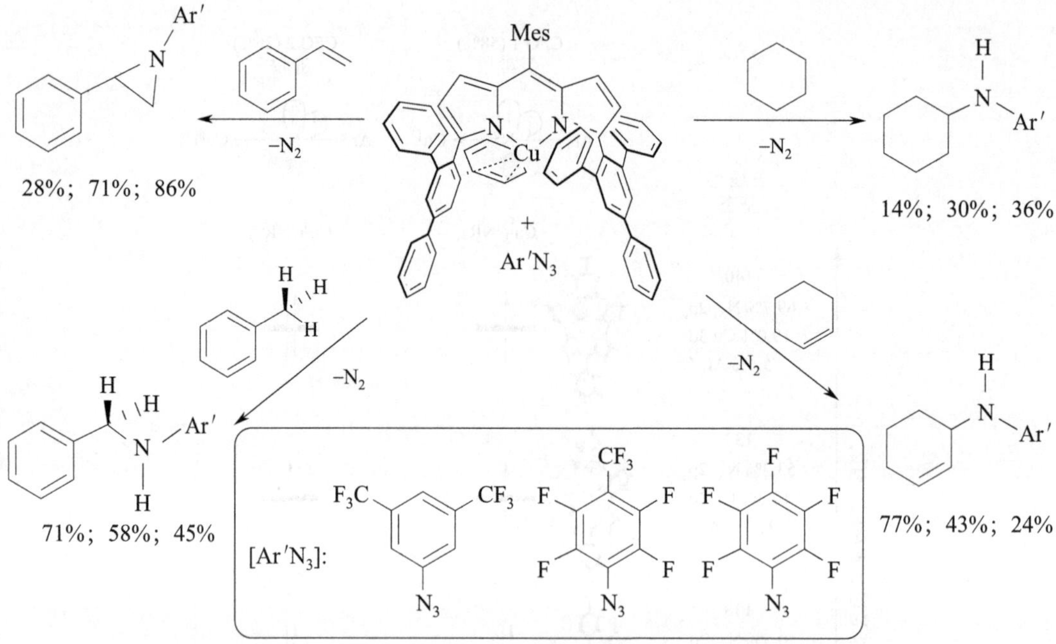

图 3-6 氮宾转移活性研究

Betley 教授等的研究工作对后过渡金属配体多重键化学理论有着重要贡献，丰富了氮宾化学，对活泼的铜氮宾作出了开拓性的研究。有兴趣的读者可以进一步参阅 Betley 教授等在 *Science* 上的研究论文（*Science*，2019，365：1138-1143；DOI：10.1126/science.aax4423）。

参 考 文 献

[1] Cullin D W，Soundararajan N，Platz M S，et al. J. Phys. Chem.，1990，94：8990.

[2] Young M J T，Platz M S. J. Org. Chem.，1991，56：6403.

[3] McDonald R N，Davidson S J. J. Am. Chem. Soc.，1993，115：10857.

[4] Travers M J，Cowles D C，Clifford E P，et al. J. Am. Chem. Soc.，1992，114：8699.

[5] 王乃兴，陈博仁，欧育湘. 应用化学，1993，10(3)：94.

[6] 王乃兴，李纪生. 大学化学，1994，9(1)：31.

[7] 高鸿宾. 有机活性中间体. 北京：高等教育出版社，1987：117.

[8] Armstrong B M，Sherlin P B. J. Am. Chem. Soc.，1994，116：4021.

[9] 赵雁来，何森泉，徐长德. 杂环化学导论. 北京：高等教育出版社，1992：163.

[10] Carite C，Alazard T P，Ogino K，et al. Tetrahedron Lett.，1990，31：7011.

[11] 王乃兴，李纪生，朱道本. 科学通报，1994，39(20)：1873.

[12] Wang J，Kubicki J，Burdzinski G，et al. J. Org. Chem.，2007，72：7581.

[13] Warmuth R，Makowiec S. J. Am. Chem. Soc.，2007，129：1233.

[14] Singh P N D，Mandel S M，Sankaranarayanan J，et al. J. Am. Chem. Soc.，2007，129. 16263.

3.9 荧光与磷光现象

氮宾（nitrene）在结构上类似于卡宾（carbene），近年来研究比较活跃[1-4]，要弄清氮宾的结构特征，最好先从卡宾的结构入手。

3.9.1 结构特征

单线态卡宾常写作$^1CH_2$，为电子多重态为 1 的卡宾，单线态卡宾中心碳原子为 sp^2 杂化，在三个 sp^2 杂化轨道中有两个分别与两个氢原子相连，第三个杂化轨道上有一对孤对电子，未杂化轨道以空轨道形式存在，其结构如下：

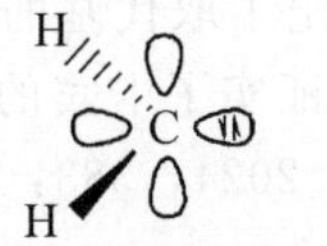

H—C—H 键角102°

单线态卡宾是重氮甲烷类化合物光解或热解得到的初生态物种。与卡宾类似，单线态氮宾是光解或热解有机叠氮化物得到的初生态活性中间体，氮原子的价电子层中含有五个电子，为一缺电子物种。

三线态卡宾记作$^3CH_2$，为多旋自由度为 3 的卡宾。三线态卡宾中心碳原子为 sp 杂化，两个 sp 杂化轨道和两个氢原子成键，两个自旋相同的电子分别占据两个未杂化 p 轨道，三线态卡宾的 H—C—H 键角为 136°～137°。由于三线态中两个电子分占两个等价轨道并且自旋平行，符合 Hund 规则，所以三线态比单线态稳定。通常初生态的单线态与容器壁碰撞失去约 33.4 kJ/mol 的能量成为能量较低的三线态卡宾。

同样，初生态的氮宾处于激发态的单线态（$^1A_2$），在与体系和环境的碰撞过程中丢失一部分能量成为基态的三线态（$^3A_2$）。

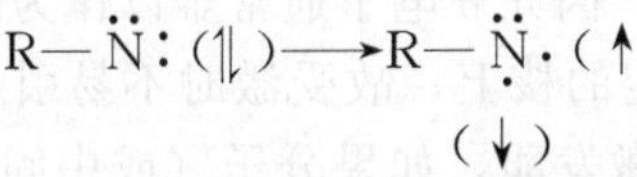

$^1A_2$ 氮宾　　$^3A_2$ 氮宾

McDonald 等[5] 认为，单线态氮宾转变为三线态氮宾的过程与实验条件密切相关，在室温液相体系和紫外光照的气相体系中，单线态氮宾并不能完全转变为三线态氮宾，同时存在着一些竞争反应，只有在冷冻和惰性气体条件下，单线态氮宾才可以全部转变为三线态氮宾。

Armstrong 等人[6] 报道了PhN̈∶(单线态)的 $\Delta H_f=475.68$ kJ/mol，PhṆ̈·（三线态）的 $\Delta H_f=440.19$ kJ/mol，可见三线态 PhN 要比单线态 PhN 稳定。

2024 年，Liu 等人在 *Science* 上发表了关于卡宾的理论文章（*Science*，2024，383：81），对卡宾的结构作了进一步的阐述。H_2C∶为什么如此活泼？从电子结构看，在基态三线态下，由于二阶姜-泰勒效应，H_2C∶显示出弯曲的分子构型，两个未成对的电子分别占据在面内的 σ 轨道和面外的 π 轨道，即电子态为 $\sigma^1\pi^1$。面内的 σ 轨道由于具有 s 轨道的成分，能量低于由 p 轨道形成的 π 轨道。由于 σ 轨道和 π 轨道的能级差小于电子的成对能，H_2C∶的 $\sigma^2\pi^0$ 单线态能量比其 $\sigma^1\pi^1$ 三线态能量高 13.6 kcal/mol。1988 年，Bertrand 利用 π 电子取代基，大幅提高了卡宾 π 轨道能量，此时 σ 和 π 轨道的能级差远大于电子的成对能，$\sigma^2\pi^0$ 电子态磷基硅基卡宾被分离出来进行了结构表征。1991 年，Arduengo 报道了首例氮杂环卡宾（NHC）。到现在为止，化学家已合成了数百种单线态卡宾分子，其电子态均为 $\sigma^2\pi^0$。

单线态的最高占据轨道（HOMO）为卡宾碳面外的孤对电子所占轨道，这个支持了 π^2 电子态学说。单线态的最低未占据轨道（LUMO）主要显示为卡宾碳面内的 sp^2 杂化型轨道，也支持了 σ^0 电子态学说。

化学家能否将卡宾单线态的一对电子放进 π 轨道，即构建单线态 $\sigma^0\pi^2$ 电子态卡宾呢？理论计算曾显示 H_2C: 分子的 $\sigma^0\pi^2$ 单线态能量比其 $\sigma^1\pi^1$ 基态三线态能量高出 60.1 kcal/mol，这样大的能量差很难得到 $\sigma^0\pi^2$ 单线态。想要稳定位能较高的 $\sigma^0\pi^2$ 电子态卡宾，需要取代基面内推电子，面外拉电子。Liu 的课题组通过“配位-固定”策略，利用 d^8 金属易形成平面四边形的特点，成功在面内固定了取代基的孤对电子，合成了首例 $\sigma^0\pi^2$ 电子态卡宾结构基元。通过实验和理论计算，都证实了卡宾的 $\sigma^0\pi^2$ 电子态。2024 年，Liu 的课题组在 *Science* 上发表了这项成果（*Science*，2024，383：81）。这是近年来在理论化学方面取得的一个可喜的新进展。

3.9.2 荧光与磷光

Szent-Györgyi[7] 曾对单线态和三线态的荧光和磷光现象作了阐述。这里介绍一些基本理论。

如果一个光子和一个物种（如分子、活性中间体等）相遇，但没有碰到一个能够吸收光子能量的电子，那么这个光子将穿过分子（或中间体）而不对其产生任何扰动。如果它碰到了能够吸收光子能量的电子，那么这个电子将吸收光子，并被光子激发到较高的能级。一种物质能够传递 E^*（激发能），它则能够接受光子。光的吸收告诉人们一个分子能够接受什么样的能量。许多含有共轭大 π 电子体系的化合物通常具有荧光活性。

不含共轭双键的分子，σ 电子受光激发时，容易使核在其平衡位置附近振动消耗激发能，则激发能以热的形式耗散掉，因此 σ 电子通常难以作为能量的传递电子。而 π 电子则不同，π 电子没有被束缚于某个固定的核上，故受激时不易引起核的振动。当然，分子中的 π 键若太弱易破裂，也不适于传递激发能。如果分子（或中间体）没有极弱的键的部位存在，也不耗散它的激发能，那么，这个分子（或中间体）就会以光子的形式把自己的激发能 E^* 辐射出来。这是因为分子等保持激发能 E^* 的时间极短，仅为 $10^{-9} \sim 10^{-8}$s。这时，分子等能够产生荧光。由此可见，荧光的存在说明分子能在短时间内保持激发能而使其不会以热的形式全部耗散，这样的分子（或中间体）也就具有传递能量的条件。

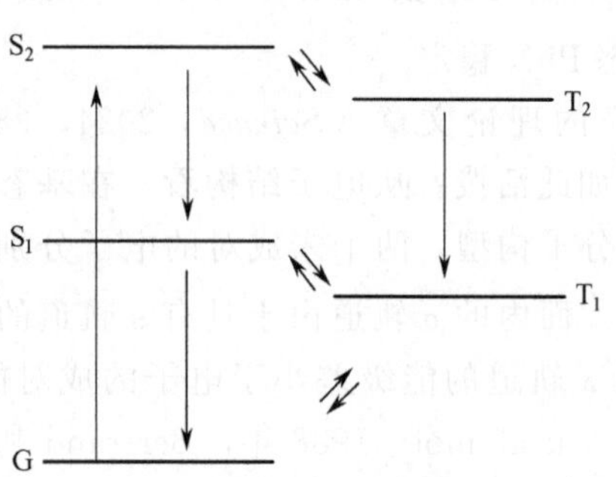

图 3-7 电子激发能级

G—基态；S_1—最低的单线态激发能级；S_2—较高的单线态能级；T_1—最低的三线态能级

T_2—较高的三线态能级

电子被光子（或其他能）激发到一个较高的能级，接着又回到原来的能级，由于在光谱中只出现一条谱线，故这种激发称为“单线态激发”，如氮宾 R—N̈∶单线态发生跃迁，被激发的那个电子其自旋已改变了原来的符号（即与原方向相反），那么，这个电子就不能够再回到它原来的单线态能级而和它最初的配对电子结合，因为这时结合则两个电子的自旋平行，这时，这个电子便进入三线态能级，三线态能级比单线态能级要低一些，因这个过程要消耗一部分能量。如果这两个能级之间差值很小，那么热运动就可以使电子从三线态跃迁到能量较高的单线态（如图 3-7 中 $T_1 \rightarrow S_1$ 跃迁）。

这里处于激发态的一个分子可以通过许多途径恢复到基态，它把俘获的能量以热的形式散逸掉一部分，并且以辐射光子的形式向外释放出多余的能量，这时发射的光即叫荧光。产生荧光的分子有两个特征，第一个特征是该分子具有能吸收激发光的共轭不饱和结构，第二个特征是该分子有一定程度的荧光效率。

处于三线态的电子通常由于热碰撞之故最终都会消耗掉自己多余的能量，因而不发光。电子从三线态能级直接回到单线态而发射光子的概率较小。而相应的这种三线态到基态的跃迁过程称为磷光过程（$T_1 \rightarrow G$），而单线态到单线态的跃迁过程则称为荧光过程（$S_2 \rightarrow S_1$）。相反的跃迁，即吸收光子后从基态到激发三线态的直接跃迁也是很少见的，这种吸收叫做三线态吸收。分子由亚稳的三线态回到基态，以光的形式放出能量，这种微弱的光叫磷光。

电子由单线态跃迁到三线态以后，伴随出现两方面的变异：一是三线态的寿命大大延长，一般说来约增大一百万倍；二是由于三线态含有“不配对”的自旋平行的两个单电子，单电子具有顺磁性，在许多方面与自由基类似，如氮宾（$S_1 \rightarrow T_1$）：

$$\underset{S_1}{\mathrm{R\ddot{N}:}} \longrightarrow \underset{T_1}{\mathrm{R\ddot{N}\cdot}}$$

电子自旋共振实验已证明三线态氮宾 $\mathrm{R\dot{N}\cdot}$ 具有双自由基的某些性质[8]。

要深入研究三线态电子，就应使其稳定下来，尽可能防止它们发生钝化性的热碰撞。如将其密封在熔融硼酸中并进行冷却，这样可使处于三线态能级的电子数增加，也可使因较多的三线态电子跃迁到基态（$T_1 \rightarrow G$）而发射磷光增强。磷光仪能够交替地截获从光源到发磷光物质和发磷光物质到观察者的光线。观察者所看到的磷光是一种延续时间不小于 10^{-3} s 的激发态所产生的跃迁，而荧光的延续时间仅为 10^{-8} s 左右。应该指出，在停止激发后能延续很短时间的发光称为荧光发射（约 10^{-8} s），延续时间较长的后续发光叫磷光发射（约 10^{-3} s），在有了能研究和测定百分之一秒到任意大数值的后续发光仪之后，荧光和磷光的概念就不可能严格地从量的方面加以区分，所以现在已不坚持从后续发光过程持续的时间长短来区分荧光和磷光现象了。

三线态还有一个特征，就是从单线态到三线态的跃迁（$S \rightarrow T$）可以因顺磁性分子（如氧）或者原子序数较大的重原子（如碘）的存在而大大增加，由于顺磁性氧分子等在其周围产生磁扰动的诱导作用，易使单线态变为电子平行自旋顺磁性的三线态。这一极为重要的特征在进行 C_{60} 衍生物的合成实验中已经多次被证实。

① 对硝基叠氮苯和 C_{60} 反应，溶剂需要蒸馏，要在氮气保护下进行反应以提高产率。

这说明反应活性中间体是单线态氮宾，反应时间虽长，而速率控制步骤是叠氮化物的脱氮，一旦脱氮生成单线态氮宾，则其与 C_{60} 的键接在极短的时间即完成。氮气保护为排除氧分子，氧分子的存在会使单线态氮宾变为三线态氮宾的过程加快。

② 二甘肽甲酯与 C_{60} 的反应[9]，如果不用氮气保护，则反应根本不会发生。

$$NH_2CH_2CONHCH_2COOCH_3 \xrightarrow[OH^-]{OBr^-}$$

$$\mathrm{:NCH_2CONHCH_2COOCH_3} \xrightarrow[N_2]{C_{60}}$$

$$C_{60} \langle NCH_2CONHCH_2COOCH_3$$

二甘肽甲酯中的氨基发生 α-氢消除生成氮宾的过程较叠氮化物分解慢，若有顺磁性氧分子存在，则活性较强的单线态氮宾受磁微扰作用变为顺磁性三线态氮宾（$S \rightarrow T$）的过程增加，C_{60} 的活性又不是很大，所以不用氮气保护反应难以发生。

关于荧光和磷光的问题，最近发现一种有机化合物在机械力的刺激下，能够在室温下同时发射荧光和磷光。力致发光是以前人们知之甚少的现象，是一种非常重要而又独特的发光形式，一般指固体材料受到研磨、摩擦或者振动等外力作用时，以光的形式对外释放出能量。武汉大学李振课题组将力致发光和聚集诱导发光两种独特的现象相结合，发展了力致发光（*Angew. Chem. Int. Ed*，2017，56：880）。他们发现一种具有聚集诱导发光效应的有机化合物 DPP-BO（一种三连苯的硼的衍生物），该有机化合物的结构如下：

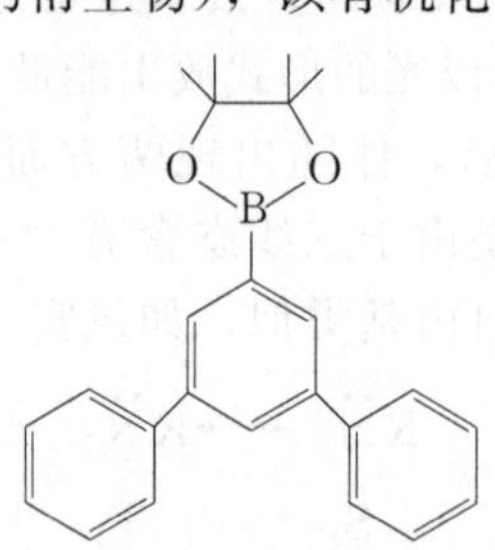

该有机物在机械力的刺激下，能够在室温下同时发射荧光和磷光。这是第一例具有力致发光特性的化合物。我们常见的有机化合物的发光方式是电致发光和光致发光，系间窜越在其过程中非常关键。DPP-BO 有机化合物的力致发光特性提供了系间窜越的新途径，这对研究荧光与磷光现象和其他发光过程具有重要的意义。

参 考 文 献

[1] 王乃兴，等．科学通报，1994，39（20）：1873.

[2] 王乃兴，等．化学通报，1995，6：23.

[3] Wang N X，et al. Chin Science Bulletin，1994，39（24）：2039.

[4] Tsuda M，Ishida T，Nogami T，et al. Tetrahedron Letters，1993，34(43)：6911.

[5] McDonald R N，Daridson S. J. Am. Chem. Soc.，1993，115：10857.

[6] Armstrong B M，Shevlin P B. J. Am. Chem，Soc.，1994，116：4071.

[7] Szent-Györgyi A. Bioenergetics. New York：Academic Press Inc.，1957：14.

[8] Abramovitch R A，Davis B A. Chem，Rev.，1964，64：149.

[9] Wang N X，Li Jisheng，Zhu D. Tetrahedron Lett.，1995，36：431.

3.10 重氮化物的结构和反应

根据 Vincent 等[1] 提出的非经验分子轨道法的计算结果，甲烷重氮离子的稳定结构是具有 C_{3v} 对称性的开链结构：

$$H_3C—\overset{+}{N}≡N$$

这时 C—N 键长是 0.1513 nm，稳定化能为 216.72 kJ/mol，高于 Schneider 等曾报道的 159.6 kJ/mol[2]，这充分说明分子中存在一个较强的 C—N 键。甲烷重氮离子桥联结构为：

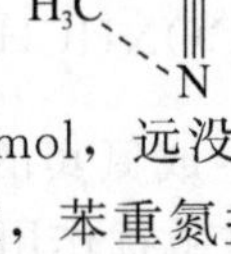

这种桥联结构的稳定化能仅为 117.6 kJ/mol，远没有开链结构稳定。

苯重氮离子也是开链状结构最为稳定，苯重氮盐晶体的分析结果也支持了这一点[3]。而苯重氮离子中的 C—N 键较甲烷重氮离子中的 C—N 键要强，这是由于苯与重氮离子的共轭作用的结果。苯重氮离子中对称的桥联结构要比开链的苯重氮离子稳定化能低约 142.8 kJ/mol。在苯重氮离子的结构中，除了开链结构和对称的桥联结构以外，还存在着一个不对称桥联结构。不对称桥联结构不具有稳定化能，实际上仍然是分别以苯阳离子和 N_2 的形式存在。在溶液中，苯阳离子被溶剂化而得以稳定。Zollinger 等[4] 提出如下机理：

$$Ar—N_2^+ \rightleftharpoons Ar^+N_2 \rightleftharpoons Ar^+\cdots N_2 \rightleftharpoons 产物$$

$Ar—N_2^+$ 是开链状结构，Ar^+N_2 是对称桥联结构，$Ar^+\cdots N_2$ 是由于溶剂化作用得以稳定的不对称桥联结构。

重氮甲烷中的 C—N 键可以看成是碳烯和氮分子反应生成的。碳烯的两个电子填充在 σ 轨道上，而重氮甲烷是 4π 电子体系，因而这是把两个电子激发到碳烯空的 2p 轨道后才进一步形成 C—N 键的。氮分子的电荷转移到碳烯 σ 空轨道时给出了 0.741 的电荷，同时，从碳烯的 $2p_y(\pi)$ 轨道转移到氮分子又反馈出 0.620 的电荷，这就意味着氮分子的 σ 轨道向碳烯的电荷给予较碳烯的 $2p_y(\pi)$ 轨道反馈给氮分子的电荷略多一些。分 σ 型和 π 型两部分求出原子轨道价键布居数[5]，σ 型原子轨道价键布居数为 0.329，π 型原子轨道价键布居数为 0.123（约为 σ 型的三分之一），这就说明，在重氮甲烷中的 C—N 键形成过程中，氮分子的 σ 轨道向碳烯的电荷给予起了重要作用，碳烯的 $2p_y(\pi)$ 轨道电荷反馈减少了由于电荷给予所产生的碳烯碳原子上电荷密度的增大。而这种反馈一产生，N^1 周围的电子密度就会增大，加之相互极化的作用，N^1 周围的电子密度就向 N^2 转移，引起 N^2 原子上电子密度增加的正极化；同时，N^2 原子周围电子密度通过 p_x 轨道转移到 N^1 引起反极化，这个过程如图 3-8 所示。

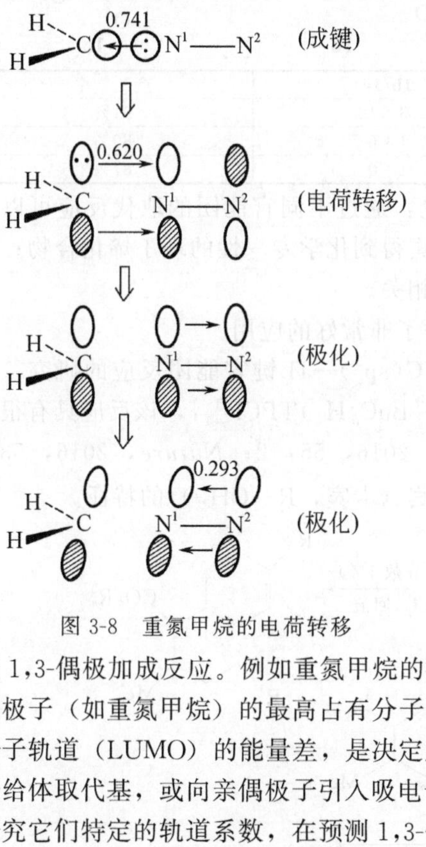

图 3-8　重氮甲烷的电荷转移

正是由于这些电子转移的结果，重氮甲烷分子中的 C、N^1、N^2 基本呈电中性，通常情况下不主要以偶极体的形式存在，如：

$$^-CH_2N^+\equiv N$$

重氮甲烷能够作为 1,3-偶极子与不饱和化合物发生 1,3-偶极加成反应。例如重氮甲烷的衍生物能够与取代苯乙烯和 C_{60} 等发生加成反应。1,3-偶极子（如重氮甲烷）的最高占有分子轨道（HOMO）和亲偶极子（如烯烃）的最低不占有分子轨道（LUMO）的能量差，是决定反应性的一个重要因素。因此，当向 1,3-偶极子引入电子给体取代基，或向亲偶极子引入吸电子取代基时，反应性会大大增强。选择不同的取代基，研究它们特定的轨道系数，在预测 1,3-偶极加成反应的范围选择性上会有帮助。

与常温下呈气态的重氮甲烷 CH_2N_2 不同，有人用液态的三甲基硅重氮甲烷 $TMSCHN_2$ 代替 CH_2N_2，由于硅原子与碳原子可以形成 d-p π 配键，三甲基硅重氮甲烷较 CH_2N_2 稳定，在有机合成反应中得到了很好的应用[6-7]。

金属催化的重氮化物的扩环反应为合成环丁烯类化合物提供了有效的新的方法。四元环是一类在天然产物中具有生物活性的重要的结构单元，同时也是利用开环反应合成结构更为复杂的目标产物不可缺少的中间体。关于合成环丁烷和环丁烯的衍生物的方法已经有几种，但是高取代的四元环天然产物的合成，如 Sceptrin 二盐酸化合物等抗菌药物及其衍生物的合成，对于合成化学家仍然是一个挑战。环丙基卡宾可以通过热力学降解重氮化合物得到，再经历重排反应得到环丁烯。但缺陷是高温降解条件苛刻。而过渡金属作为催化剂可以经历金属卡宾的中间体实现环丙烷类化合物中 C—H 键的插入及双偶极环加成反应。

Tang 小组通过使用环丙烷类化合物作为前驱体利用过渡金属催化高选择性地合成了四元环[8]。他们发现过渡金属催化可以提高由金属环丙基卡宾向环丁烯转变的选择性。进而报道了通过过渡金属铑、铜(Ⅰ)、银卡宾实现具有区域和立体选择性的扩环反应。

扩环反应的历程是，通过环丙烷 C—C 键的 1,2-迁移实现环丁烯的构筑。利用 2-环丙烷-2-重氮乙酸乙酯类衍生物 **1a** 分别在铑、铜(Ⅰ)、银催化剂条件下，室温下反应 5 min，通过产物分离提纯发现在铑催化下产物是两种不同迁移形成的环状化合物 **1b** 和 **1c**，而在铜、银的催化下则会得到化学专一性的环丁烯衍生物 **1b**。反应如下：

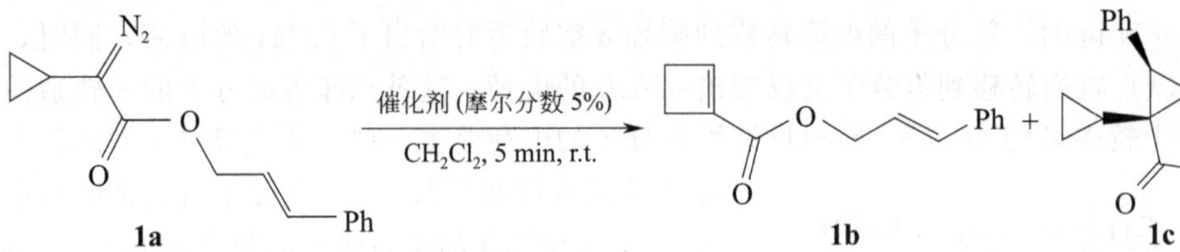

序　号	催 化 剂	1b/1c	产　率
1	$[Rh_2(OAc)_4]$	3∶1	91%
2	$[Cu(CH_3CN)_4]PF_6$	1∶0	89%
3	AgOTf	1∶0	87%

Tang 小组通过一系列的对比实验得出了以下结论：通过不同官能团的取代反应可以得到不同功能的环丁烯衍生物；通过亚铜、银的金属卡宾得到化学专一性的环丁烯化合物；区域选择性不仅与过渡金属有关，而且也与配体的种类相关。

最近重氮化物在 $C(sp^3)$—H 键官能团研究中取得了非常好的应用。

Davies 课题组最近报道了 Rh 催化的重氮化物与 $C(sp^3)$—H 键官能团反应的研究。使用三芳基环丙基羧酸 Rh 催化剂 **1**{$Rh_2[(R)\text{-}3,5\text{-di}(p\text{-}^tBuC_6H_4)TPCP]_4$}，该反应具有很好的区域和对映选择性（*Angew. Chem. Int. Ed*，2016，55：2；*Nature*，2016，533：230）。说明这种重氮化合物比较活泼，具有一定的碳宾（卡宾，R—CH∶）的特征。

(a)

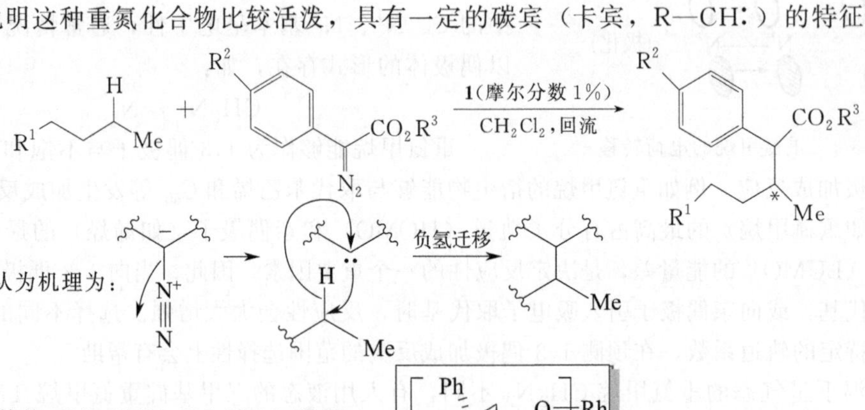

笔者认为机理为：

R^1＝烷基，TMS，$(CH_2)_2Hal$，$(CH_2)_2TMS$，CH_2Br，$CH_2OC(O)^tBu$，$CH_2C(O)O^tBu$

R^2＝Cl，Br，CF_3，^tBu

R^3＝Me，CH_2CF_3，CH_2CCl_3，CH_2CBr_3

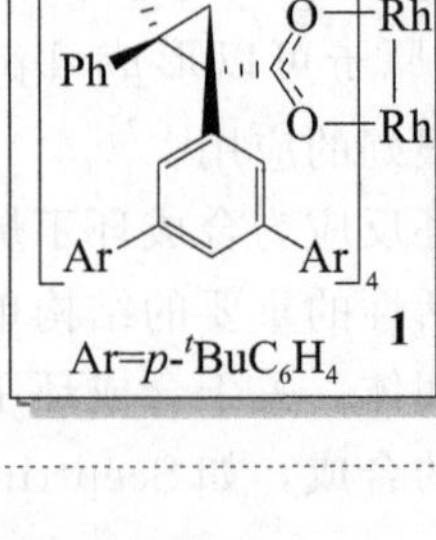

16 例
产率高达 99%
rr 值高达 34∶1；55∶1 *dr*
99% *ee*

(b)

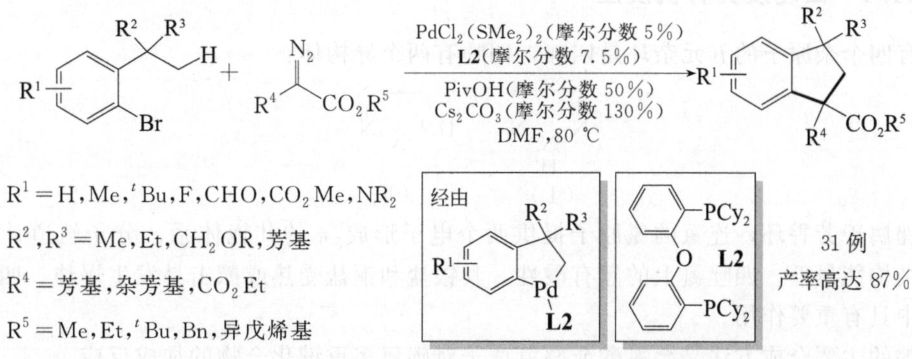

作者对上述（b）反应提出了一个可以接受的历程，Pd 催化循环机理如下。

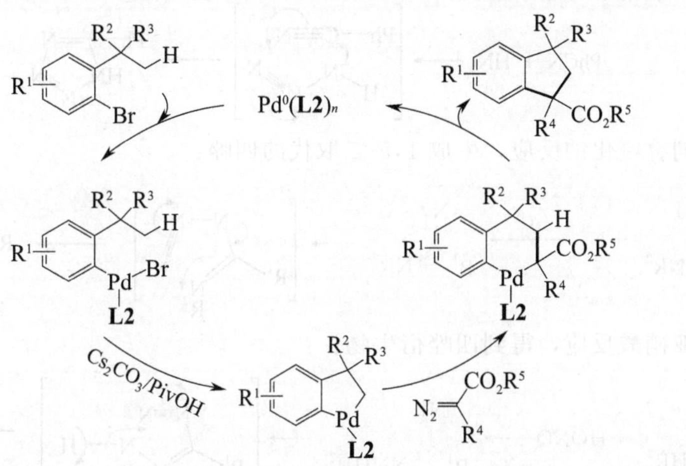

参考文献

[1] Vincent M A, Radom L. J. Am. Chem. Soc., 1978, 100: 3306.

[2] Schneider F W, Rabinovitch B S. J. Am. Chem. Soc, 1962, 84: 4215.

[3] Romming C. Acta. Chem. Scand., 1963, 17: 1444.

[4] Szele I, Zollinger H. J. Am. Chem. Soc., 1978, 100: 2811.

[5] 大木道则，金岗佑一，吉田善一. 有机含氮化合物概述. 安守忠，译. 北京：科学出版社，1983：14.

[6] Aoyama T. Chem. Pharm. Bull., 1981, 29 (11): 3249.

[7] 詹家荣，等. 化学通报，2004，7：536.

[8] Tang W P, Xu H D, Shu D X, et al. Angew. Chem. Int. Ed., 2008, 47: 8933-8936.

3.11 四唑和四嗪的有机反应

前面已经对咪唑衍生物、三唑衍生物、吡啶衍生物、三嗪衍生物等涉及的反应作了论述。应该说明，本书旨在对新颖而有特色的多氮化物的有机反应作以阐述，不可能罗列出大量的氮杂环化合物的物理和化学性质、制备等来一一说明。美国佛罗里达大学 Katritzky 教授主编的《杂环化学进展》，文献量很大，感兴趣的读者可以参阅。国内有关杂环化学方面的书，仅笔者读过和收藏的就有四部[1-4]，读者可以进一步参阅。下面仅就报道较少的四氮杂环作以论述。

3.11.1 四唑及其有机反应[3-4]

含有四个杂原子的五元杂环是四唑，四唑有两个异构体：

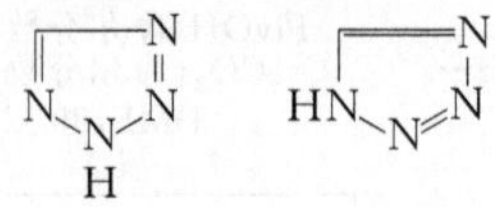

（Ⅰ）　　（Ⅱ）

四唑属于芳香环，连氢的氮原子提供两个电子形成$^6_5\pi$的共轭体系，分子轨道计算结果显示Ⅱ结构能量低。四唑氮上的氢有酸性，其银盐和铜盐受热或撞击易发生爆炸。四唑在药物合成中具有重要作用。

四唑的主要合成方法是叠氮酸或叠氮离子对碳氮多重键化合物的加成反应。

如苯基氰和叠氮化氢在DMF中加热反应，产生5-苯基四唑：

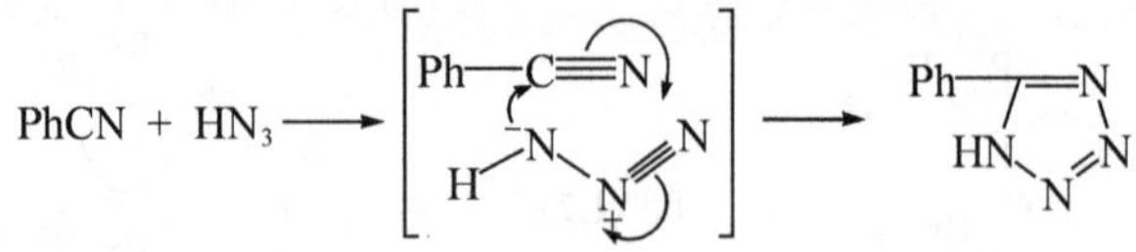

亚氨基氯同叠氮化钠反应，生成1,5-二取代的四唑：

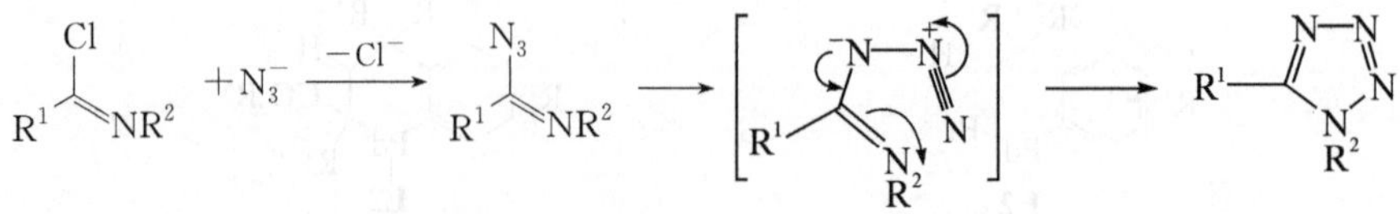

氨基腙与亚硝酸反应，得到四唑衍生物：

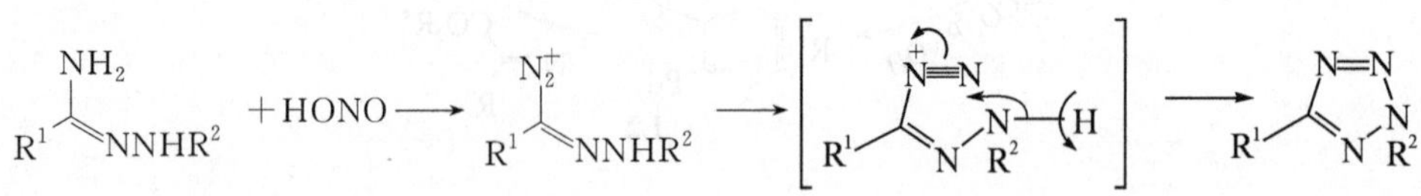

酰肼与重氮盐反应，也可以得到四唑衍生物：

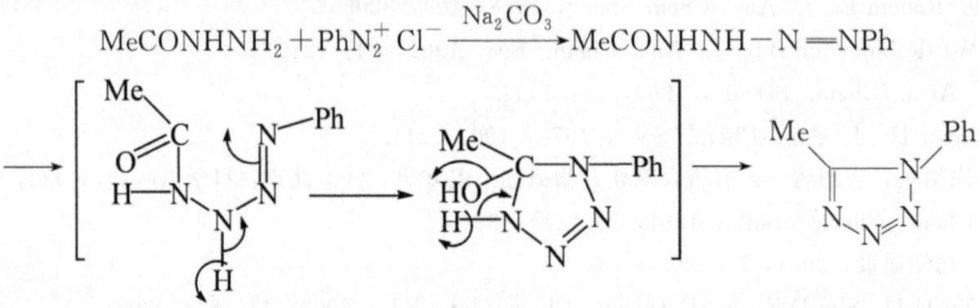

四唑的有机反应：

(1) 取代反应　5-氯-1-取代四唑可以与苯酚发生取代反应，生成的酚醚经钯催化氢化，苯酚被还原为苯，四唑变为四唑羰基衍生物。这是一种使苯酚脱氧的有用的方法[5a]。

(2) 开环反应　酸和碱都容易使四唑发生开环反应：

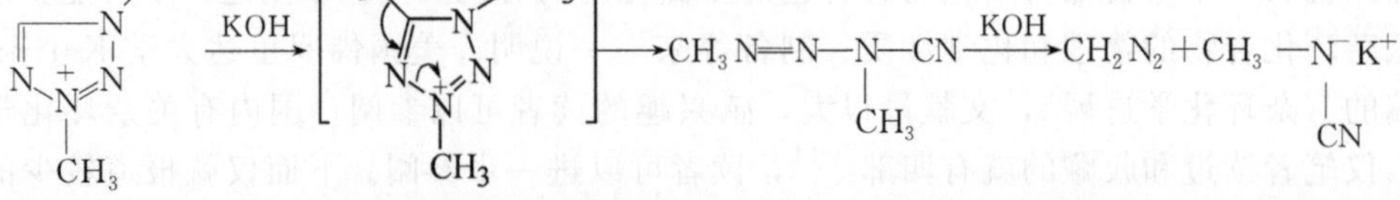

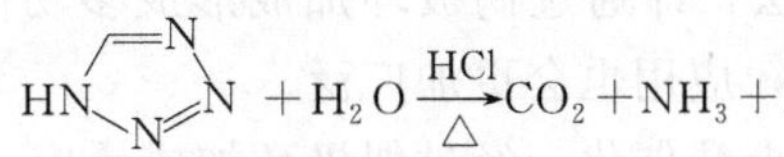

还原剂氢化锂铝可以使 1,5-二取代四唑开环生成胺：

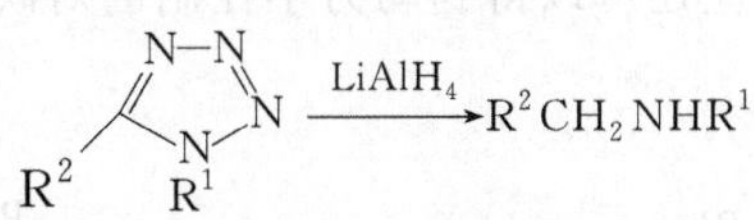

(3) 排氮反应　实际上，四唑存在环链互变异构体：

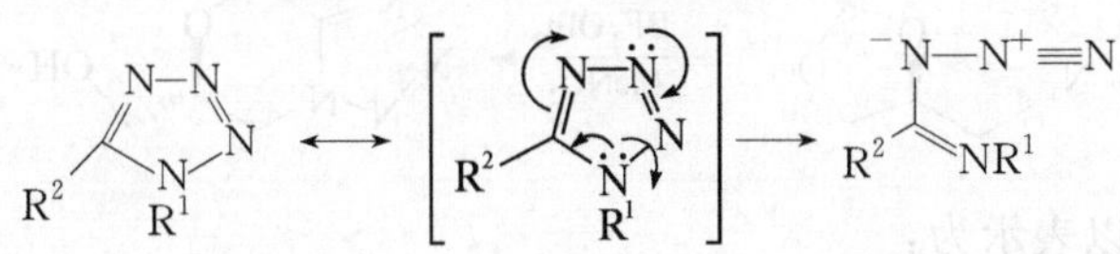

在热解和光解后，主要是链式结构，链式结构脱氮生成氮宾中间体，再环化为咪唑衍生物：

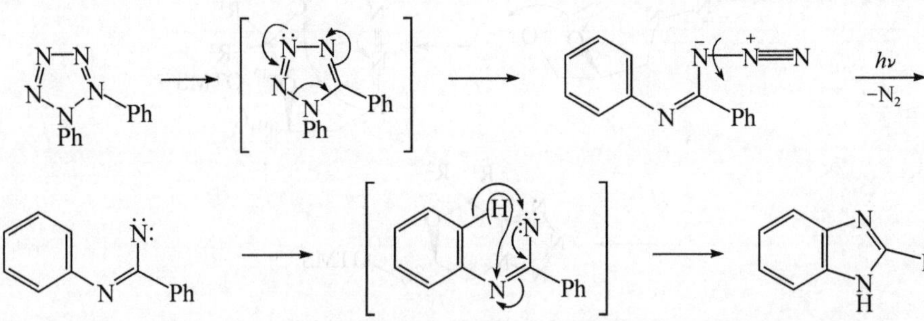

加热 5-重氮盐四唑，能生成氮气和游离的碳，可供能俘获单原子碳的试剂使用：

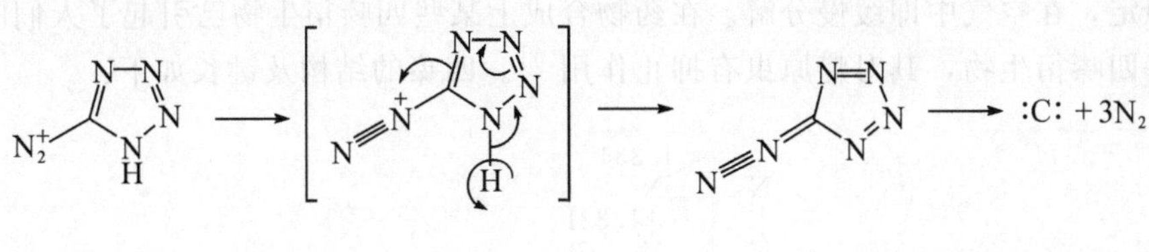

(4) 烷基化和酰基化反应　四唑的氮原子上可以发生烷基化和酰基化反应，但是各个氮原子上都有反应，因而产物复杂。

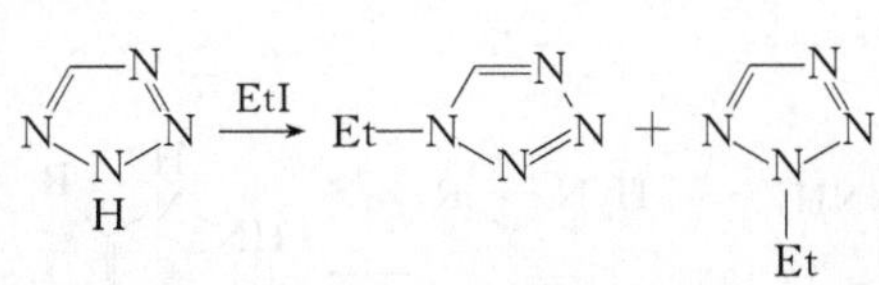

四唑有一种重要的衍生物，是氮杂环庚烷并四唑，这是一种强心剂：

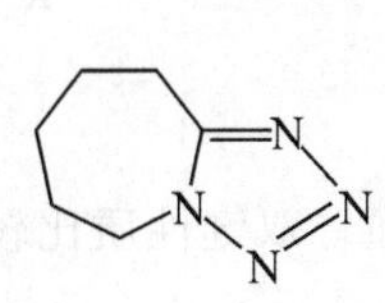

3.11.2　双环四唑衍生物的合成

四唑衍生物由于其特殊的性质及独特的结构，在药物化学中发挥着重要的作用。Hanessian小组发现了一种新的方法，即通过偶极环加成形成多功能的双环四唑[5b]。该方法使得四唑衍生物的合成更为容易，应用也会更加广泛。

在0 ℃条件下，经由路易斯酸催化，经过偶极环加成反应，可以得到一系列的不同功能新颖的氧杂二环四唑。这类反应还可以得到动力学控制的对映体过量产物。

该反应为：

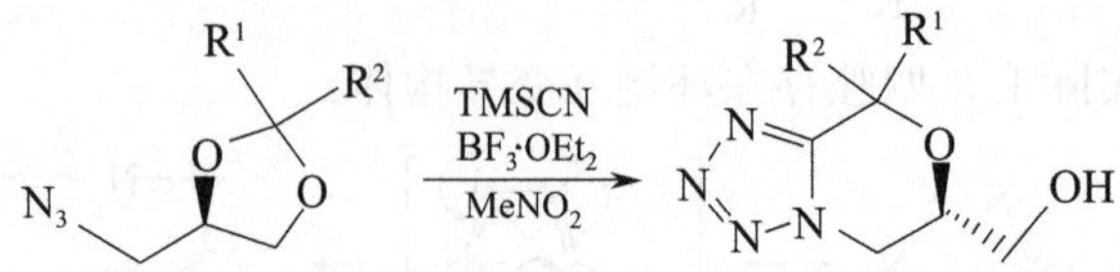

该反应的机理可以表示为：

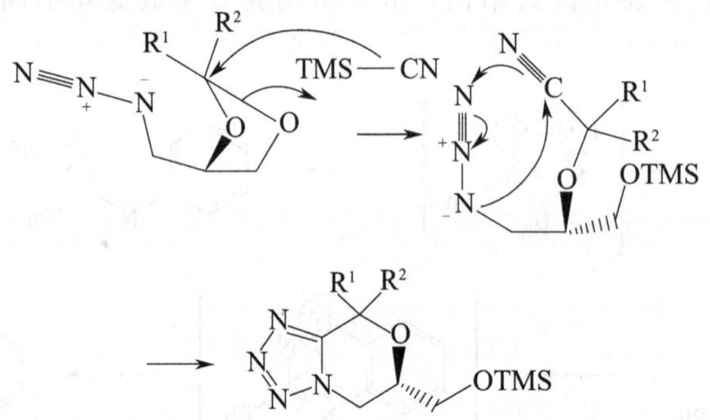

3.11.3 四嗪及其反应[3-4]

四嗪不够稳定，在空气中即缓慢分解。在药物合成上某些四嗪衍生物已引起了人们的注意，如某些氨基四嗪衍生物，其对疟原虫有抑止作用[6]。四嗪的结构及键长如下：

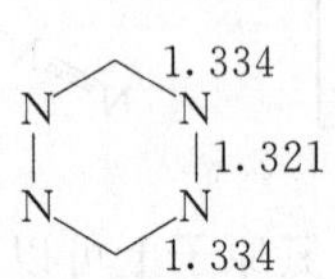

四嗪衍生物有好几种合成方法，如氰和肼在乙醇中回流，可以得到二氢四嗪，进而用硝酸氧化脱氢得到四嗪衍生物。

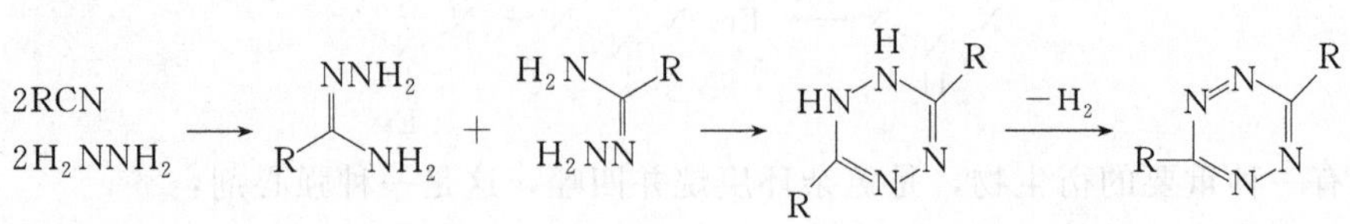

四嗪的有机反应：

(1) 还原反应　四嗪的芳香性不强，双键性质比较明显，如用硫化氢、锌和稀盐酸就可以将四嗪还原为二氢四嗪：

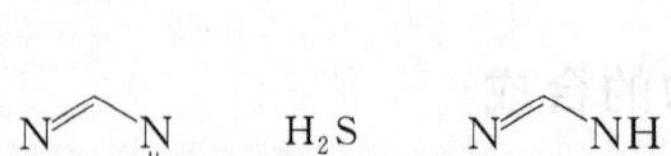

（2）加成反应 四嗪有比较明显的双键性质，可以与重氮甲烷发生环加成反应。1 mol 四嗪与 3 mol 重氮甲烷分别在三个双键上加成，反应如下：

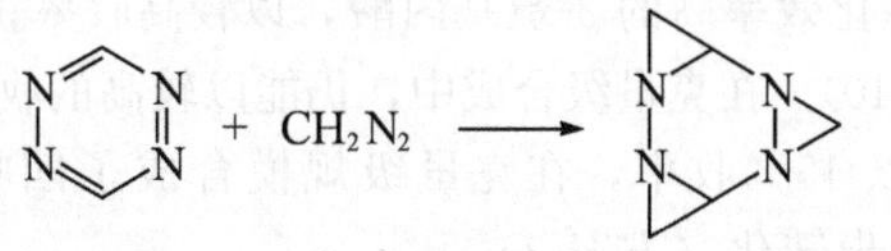

四嗪的重要衍生物是四嗪二酮，为环二脲结构，可以用联氨基双甲酸乙酯与肼的反应来合成：

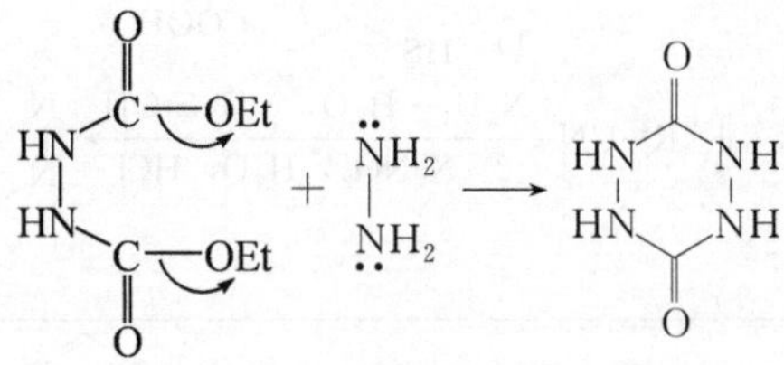

四嗪二酮亦有环二脲的性质，如四嗪二酮容易与醛发生反应：

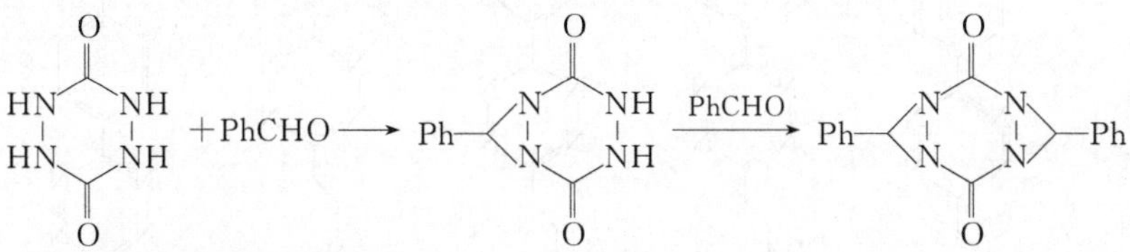

3.11.4 手性四嗪化合物的合成

四嗪类衍生物作为药物原料化合物，可以作为核医学分子影像探针进行有关肿瘤靶向性 PET、SPECT 分子影像检测；可以作为一个储存荧光并定向释放荧光的载体，用于某些体外分子荧光的检测等。

现有的四嗪类衍生物制备方法通常采用无水肼加热的苛刻条件，无水肼是禁售的高危化学品。2018 年，Wu 等报道了一种简洁的四嗪类衍生物制备方法[7]，见图 3-9。

方案1

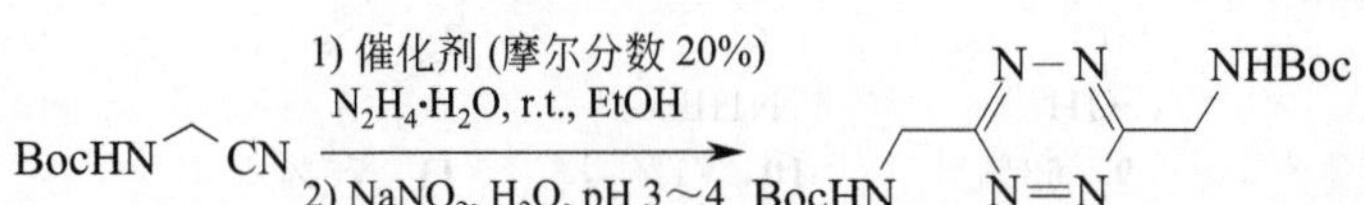

1

条目	催化剂	收率/%
1	L-半胱氨酸	69
2	1,3-丙二硫醇	49
3	2-氨基乙基硫醇	46
4	3-巯基丙酸	77
5	巯基乙酸	70
6	*N*-乙酰基–L-半胱氨酸	71
7	半胱甘肽	66
8	3-巯基丙酸	75 (克量级规模)

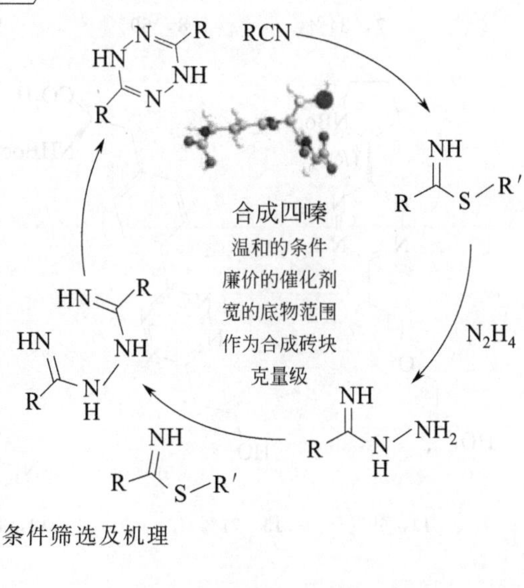

图 3-9 四嗪合成的条件筛选及机理

Wu 等发现谷胱甘肽在内的一系列硫醇化合物作为有机催化剂，可以在温和反应条件下实现对烷基氰的活化，完成对四嗪化合物的有效制备（图 3-9）。经过对一系列硫醇催化剂的筛选，最终选用价格低廉、催化效率高的 3-巯基丙酸，以较高收率获得了 14 种含各种不同官能团的不对称四嗪化合物（图 3-10）。在克量级合成中，仍能以较高的收率获得对应的四嗪化合物。

在上述基础上，作者以 45%收率，在克量级规模合成了四嗪甲基磷酸酯 **15**，并研究了四嗪甲基磷酸酯 **15** 的进一步转化（方案 3）。

方案 2

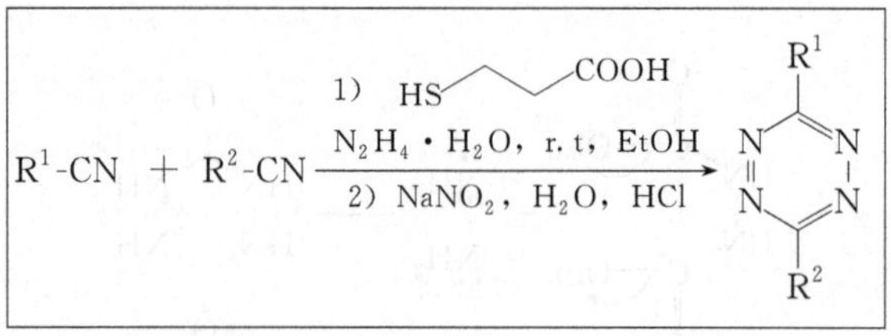

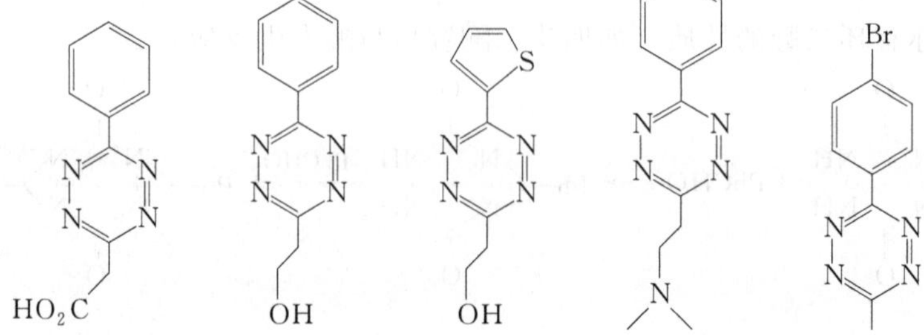

2，67%　**3**，66%　**4**，62%　**5**，41%　**6**，49%

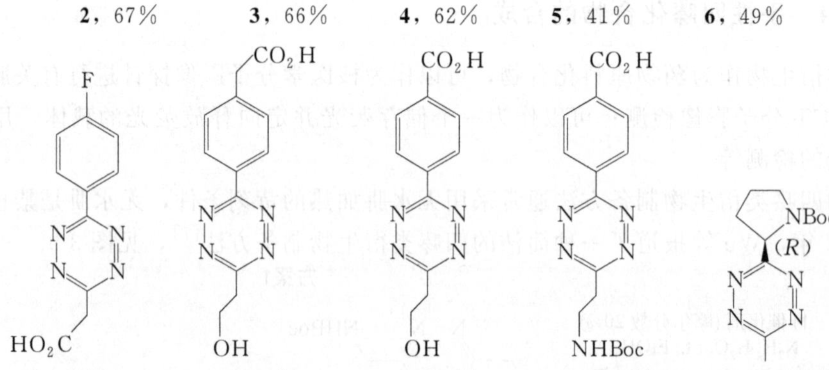

7，34%　**8**，69%　**9**，63%　**10**，71%　**11**，75%

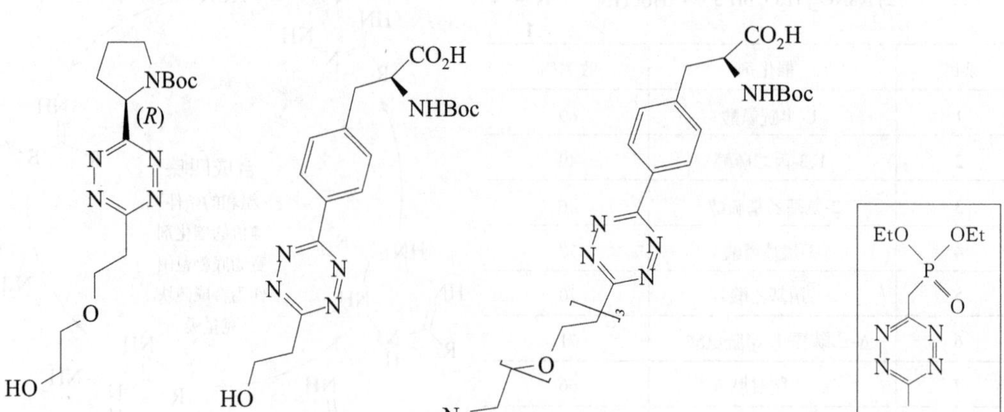

12，69%　**13**，71%　**14**，49%　**15**，49%　45%（克量级规模）

方案 3

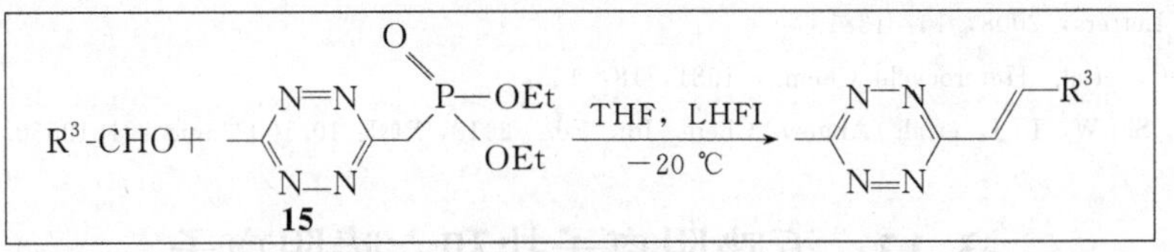

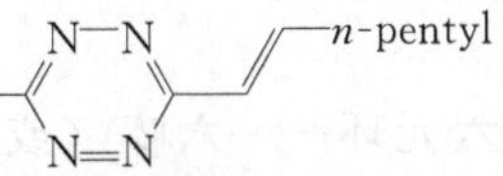

17，1.1 eq
1 h，89%

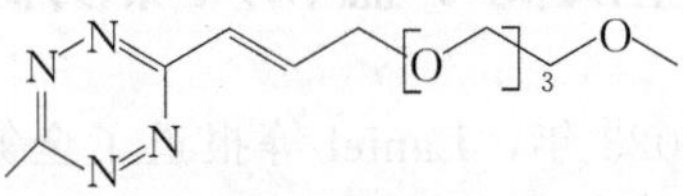

18，1.1 eq
2 h，92%

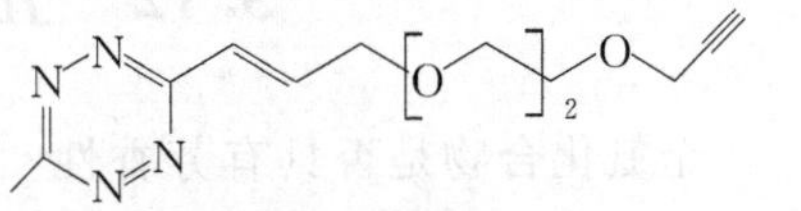

19，1.1 eq
2 h，90%

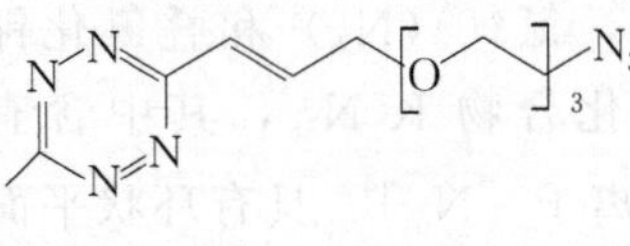

20，1.3 eq
1.5 h，90%

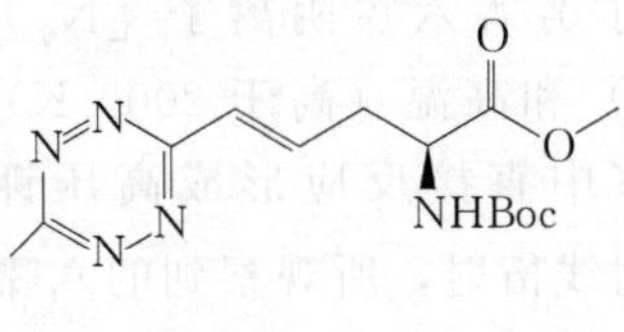

21，1.1 eq
50 min，92%

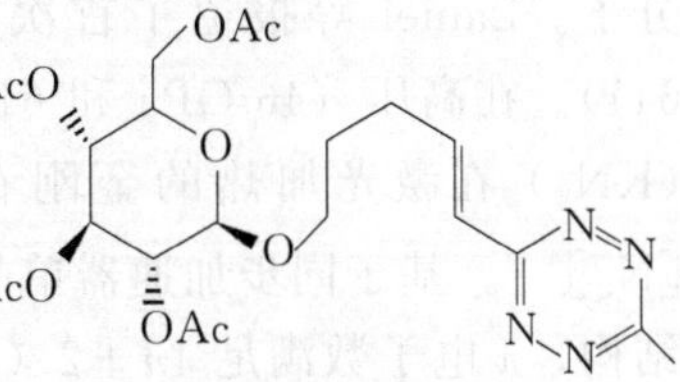

22，1.1 eq
2 h，92%
94%（克量级规模）

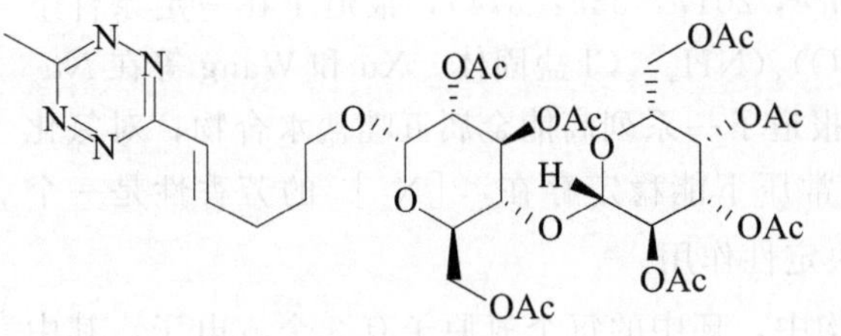

23，1.3 eq
1 h，91%

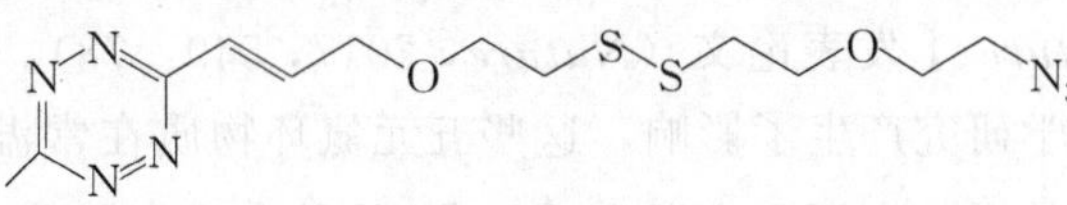

24，1.3 eq
1 h，93%

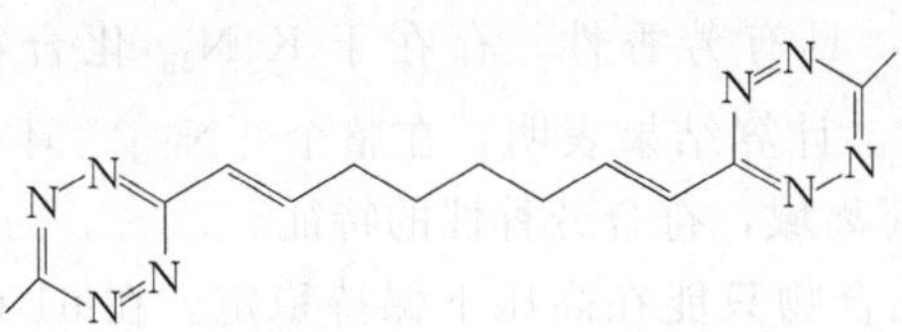

25，2.2 eq
5 h，87%

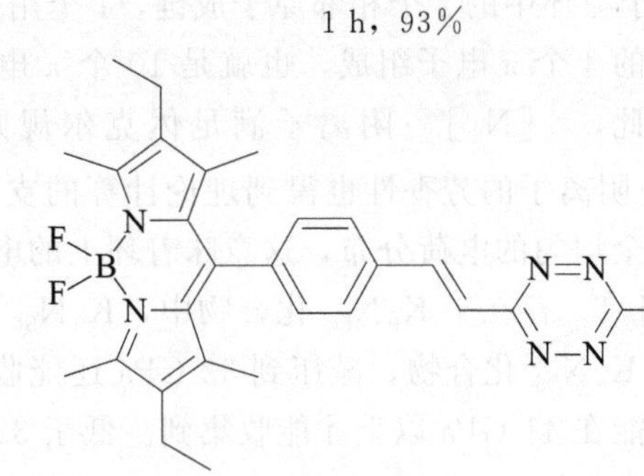

26，1.8 eq
15 h，93%

图 4-10 巯基丙酸催化四嗪化合物合成（方案 2）及化合物 **15** 的进一步转化（方案 3）

该反应为四嗪衍生物的合成提供了一个新方法，有助于推动四嗪类化合物的进一步应用[7]。

参 考 文 献

[1] 袁开基，夏鹏．有机杂环化学．北京：人民卫生出版社，1984：107-341.

[2] 花文廷．杂环化学．北京：北京大学出版社，1990：293-282.

[3] 赵雁来，何森泉，徐长德．杂环化学导论．北京：高等教育出版社，1992：109-252.

[4] 基尔克雷斯特．杂环化学．张自义，管作武，陈新，译．兰州：兰州大学出版社，1992：127-298.

[5] a) Musliner W J, Gates J W. Org. Synth., 1971, 51: 82; b) Hanessian S, Simard D, Deschenes-Simard B. Organic Letters, 2008, 10: 1381.
[6] Potman A C, et al. Heterocyclic Chem., 1981, 18: 123.
[7] Mao W Y, Shi W, Li J, et al. Angew. Chem. Int. Ed., 2018, DOI: 10.1002/anie.201812550.

3.12 五唑阴离子盐和六嗪阴离子

全氮化合物是否具有芳香性？2023 年，Laniel 等报道了全氮六元环——六嗪（或称六氮苯）的合成。理论计算结果表明，中性的六嗪环很不稳定，很容易降解并转化为三个 N_2 分子。Laniel 等报道了首次合成了芳香六嗪阴离子 $[N_6]^{4-}$（*Nat. Chem.*，2023，15：641）。在高压（46 GPa 和 61 GPa）和高温（高于 2000 K）下，氮气（N_2）和叠氮化钾（KN_3）在激光加热的金刚石砧室中直接反应形成高压钾氮化合物 K_9N_{56}，其中含有 $[N_6]^{4-}$。基于同步加速器单晶 X 射线衍射，所观察到的六嗪阴离子 $[N_6]^{4-}$ 具有环状平面结构，π 电子数满足 $4n+2$（10π 体系），符合休克尔规则，具有芳香性。最初芳香性被认为是碳环所独有的，后来已证明由碳杂环和非碳环组成的许多体系都具有芳香性。2017 年，Zhang 和 Sun 等在 *Science* 上发表论文（*Science*，2017，355：374），报道了在一定条件下稳定的五唑阴离子 $[N_5]^-$ 物种——$(N_5)_6(H_3O)_3(NH_4)_4Cl$ 盐固体。Xu 和 Wang 等在 *Nature* 上发表论文（*Nature*，2017，549：78），报道了一系列高能金属五唑盐水合物，对氮化学研究产生了影响，这些五元氮环物质在常温常压下能稳定存在，$[N_5]^-$ 的芳香性是一个关键。高压和高温在 $[N_5]^-$ 物种合成中起着决定性作用。

Laniel 等认为在 $[N_6]^{4-}$ 阴离子的共振结构中，环中的每个氮原子有 3 个 p 电子，其中 2 个用于与环中的 2 个相邻原子成键，1 个用于 π 体系；π 体系由这 6 个 π 电子加上 K^+ 阳离子提供的 4 个 π 电子组成，也就是 10 个 π 电子，满足 $4n+2$（$n=2$），达到离域电子的要求。因此，$[N_6]^{4-}$ 阴离子满足休克尔规则，具有芳香性。存在于 K_9N_{56} 化合物中的 $[N_6]^{4-}$ 阴离子的芳香性也得到理论计算的支持。计算结果表明，在整个 $[N_6]^{4-}$ 环上具有几乎完全均匀的电荷分布，这意味着环上的电荷离域，符合芳香性的特征。

$[N_6]^{4-}$ 存在于 K_9N_{56} 化合物中，K_9N_{56} 化合物只能在高压下保持稳定。在 61 GPa 下合成的 K_9N_{56} 化合物，减压到 32 GPa 还能收集到粉末 X 射线衍射数据，单晶 X 射线衍射数据只能在 41 GPa 以上才能收集到。低于 32 GPa，K_9N_{56} 化合物就会分解。

本书作者认为，芳香全氮六元环六嗪的合成尽管采用了极端手段，所得的 $[N_6]^{4-}$ 存在于 K_9N_{56} 化合物中，而且非常不稳定，但是，这项研究成果为芳香全氮六元环化合物的存在作了有价值的探索。

2024 年，He 和 Zhang 等在 *J. Phys. Chem. Lett.* 上报道了将环状 N_5 和线性 N_3 作为构建单元，设计了具有棒棒糖结构的 N_8 分子，能克服较小的势垒进行不同角度的折叠，并且基于分子间相互作用，组装成常温常压条件下稳定的全氮晶体（J. Phys. Chem. Lett.，2024，15：1507）。由于氮 L 壳层的电子具有离域性，在 N_8 分子内形成了 π 电子和孤对 σ 电子构成的双离域系统，He 和 Zhang 等以此 N_8 分子作为基本单元，预测了六种稳定的 N_8 晶体。N_8 分子之间的 $N_3\cdots N_3$（2.86 Å）、$N_5\cdots N_5$（2.97 Å）和 $N_3\cdots N_5$（2.99 Å）相互作用首尾衔接，在三维空间内形成了相互贯通的网状离域电子通道。这种三维网状离域电子结构，不仅赋予了全氮晶体的稳定性，还使它们具有远高于 TNT、HMX、CL-20 等传统有机含能材料的电子热导率，有助于安全性提升。

He 和 Zhang 等还通过等温等压条件下的分子动力学模拟热稳定性，预测全氮晶体还具有高达 1.91 g/cm^3 的密度，并通过他们自主研制的 HASEM 软件计算了六种 N_8 晶体的爆压、爆速、爆热、爆容、爆温参数。

笔者认为，虽然热稳定性属于动力学模拟结果，一些参数也是通过软件计算，但是这项工作对 N_8 分子的合成和结构以及性能，做了有意义的探索。

3.13 相关天然吲哚生物碱的合成反应[1] 及吲哚合成

早在 1947 年，英国化学家 Robinson 就因从事生物碱的研究获得诺贝尔化学奖（见附录）。

生物碱的研究进展非常快，目前已成为天然产物化学中的重要内容，在此不能罗列出诸多生物碱的合成过程，而吲哚生物碱是一个很有特色的方面，笔者选择了几个著名的涉及吲哚生物碱合成的人名反应，从有机反应的角度作以论述。本节最后，对有关吲哚合成的有机反应问题作以概述。

3.13.1 Suzuki 反应合成吲哚生物碱

笔者研究过相关的 Suzuki 反应，并在国际刊物上发表了对这个反应机理的观点[2]。Suzuki 反应是钯催化的有机硼试剂和芳基或乙烯基卤化物等偶联的反应。在本节，先来探讨一下通过 Suzuki 反应来合成吲哚生物碱（这个反应 2010 年曾获得诺贝尔化学奖，见附录）。

1-氯-β-2,9-二氮芴同 5-甲酰基呋喃-二硼酸通过钯催化的 Suzuki 反应，在呋喃环和二氮芴中的吡啶环之间形成一个 C—C 键，然后醛基被硼氢化钠还原，得到吲哚生物碱衍生物：

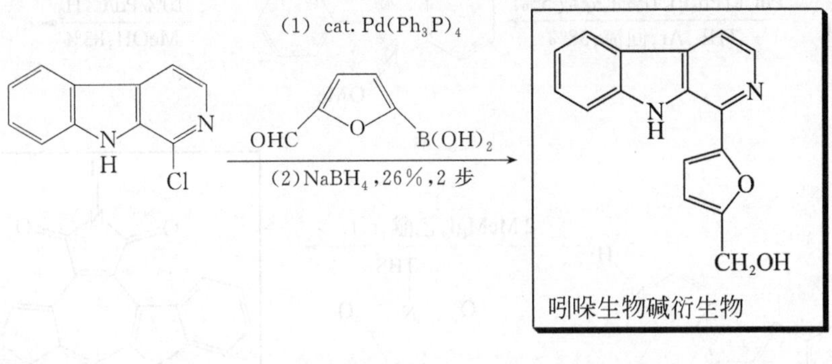

咪唑生物碱衍生物也可以通过类似的 Suzuki 反应合成得到[3]，两个氮原子中间的碘较为活泼，反应如下：

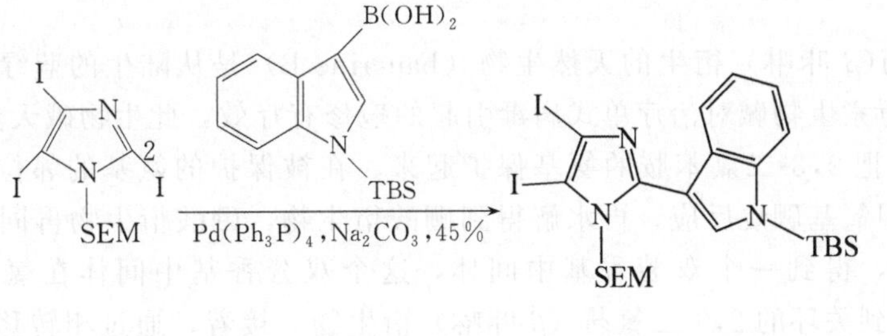

Tobinaga 等通过 4-碘吲哚和吲哚硼盐（**a**）采用 Suzuki 反应，得到了一种吲哚生物碱衍生物（arcyriacyanin A）[4]。反应过程是 4-氨基-1-甲苯磺酰基吲哚通过重氮化和碘化先得到 4-碘-1-甲苯磺酰基吲哚，然后在甲醇的氢氧化钠溶液中回流脱去甲苯磺酰基，通过 Suzuki 反应将 4-碘-吲哚和吲哚硼盐（**a**）偶联得到产物双吲哚衍生物，双吲哚衍生物在乙醚中与甲基碘化镁作用，得到双吲哚镁盐，双吲哚镁盐和叔丁基二甲基硅基保护的 3,4-二溴马来酰亚胺在甲苯中回流，得到目标化合物吲哚生物碱衍生物（arcyriacyanin A）：

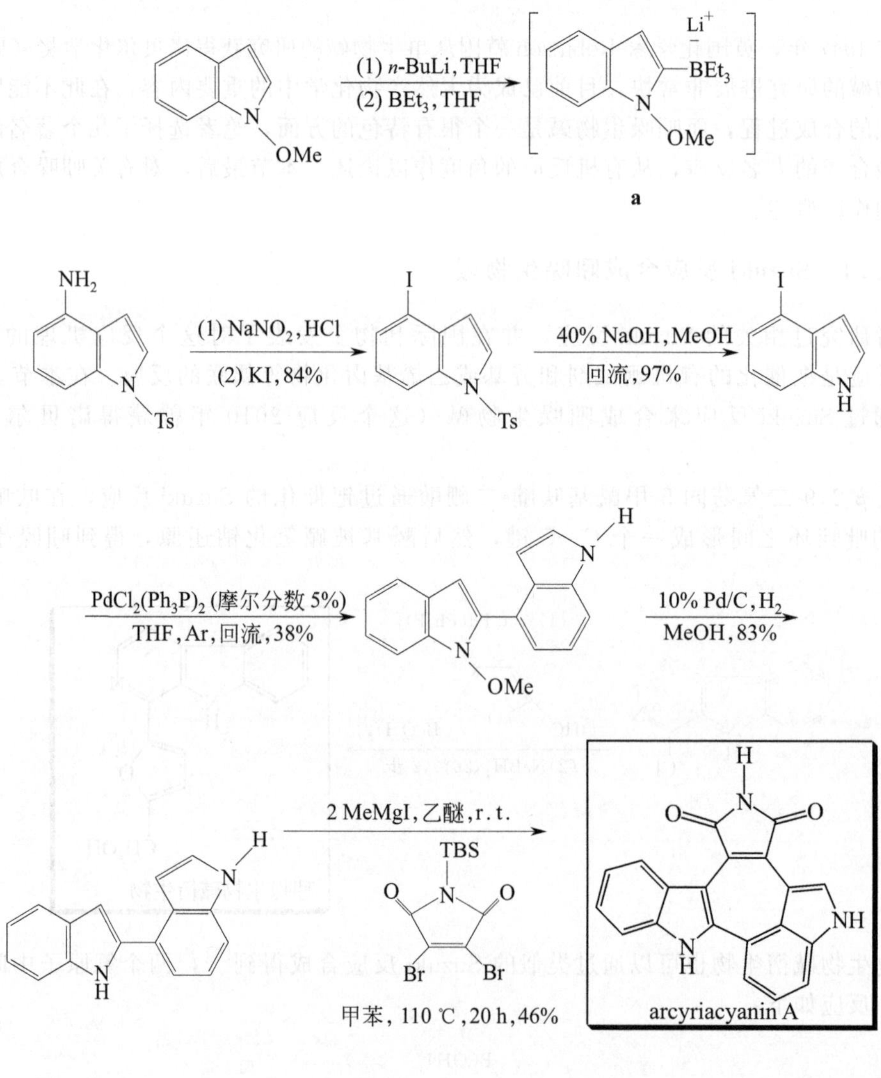

2,9-二氮芴(β-咔啉）衍生的天然生物（bauerine B）是从陆生的蓝绿藻类中分离出来的。这种细胞毒素生物碱对治疗单式病毒引起的疱疹有疗效，此生物碱天然产物（bauerine B）的合成是先把 2,3-二氯苯胺的氨基保护起来，在被保护的氨基的邻位选择性地锂离子化，然后与三甲氧基硼烷反应，再水解得到硼酸衍生物，硼酸衍生物再同 3-氟-4-碘吡啶发生 Suzuki 反应，得到一个双芳香基中间体，这个双芳香基中间体在氯化吡啶鎓中，于 250℃反应，得到关环的 2,9-二氮芴（β-咔啉）衍生物，接着，通过相转移催化条件用碘甲

烷完成 *N*-甲基化，即得到目标产物（bauerine B）[5]。

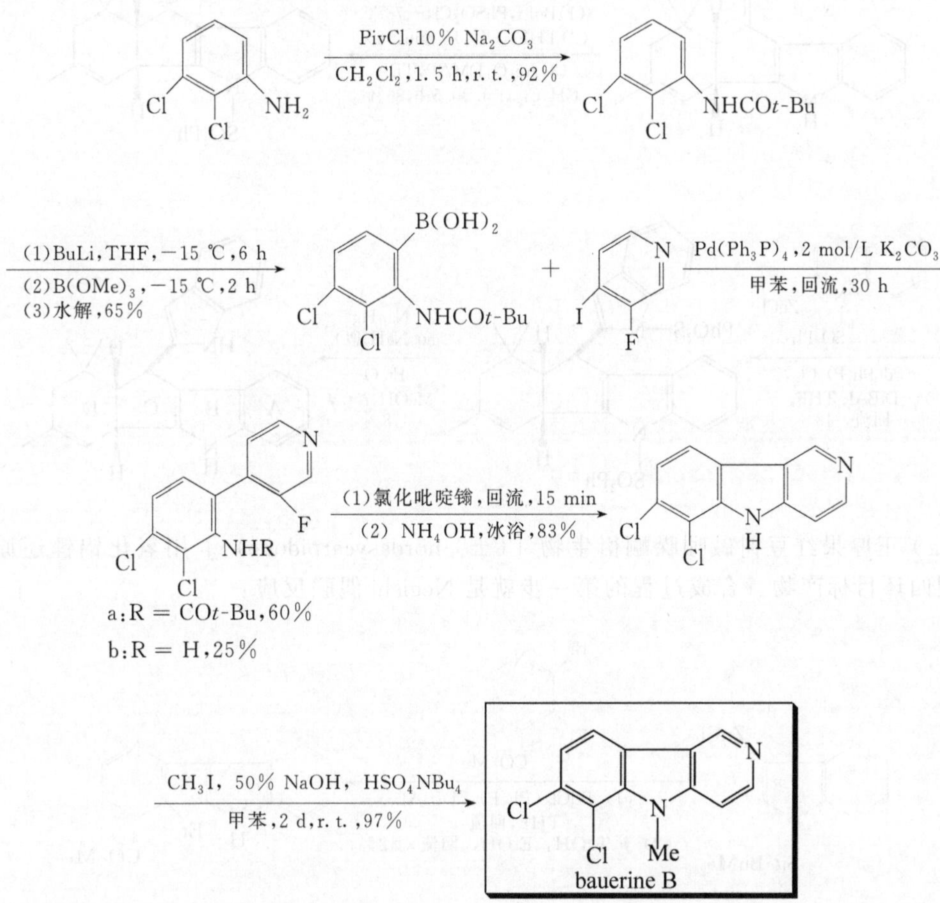

3.13.2 Negishi反应合成吲哚生物碱

Negishi反应[1] 是钯催化下用有机锌试剂和芳基或乙烯基卤化物等进行偶联的反应。一些官能团如酯基、氨基、氰基和羰基能够稳定有机锌试剂，因为有机锌试剂通常需要用有机锂试剂和Grignard试剂与氯化锌来转换，一些活性官能团就会受到限制，这也是与可普遍使用的Suzuki反应相比，Negishi反应的应用有限的原因（Negishi反应获2010年诺贝尔化学奖，见附录）。

下面探讨用Negishi反应合成一种新的吲哚生物碱衍生物（yuehchukene）的例子[6]。可以看出，中间体双吲哚衍生物是用吲哚锌试剂通过Negishi反应偶联合成的，在偶联中，离去基团是乙酸酯基。最后，还原脱去苯磺酰基保护基团，得到目标化合物：

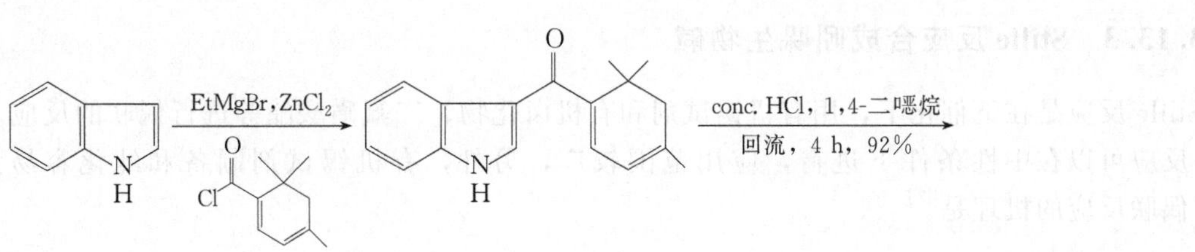

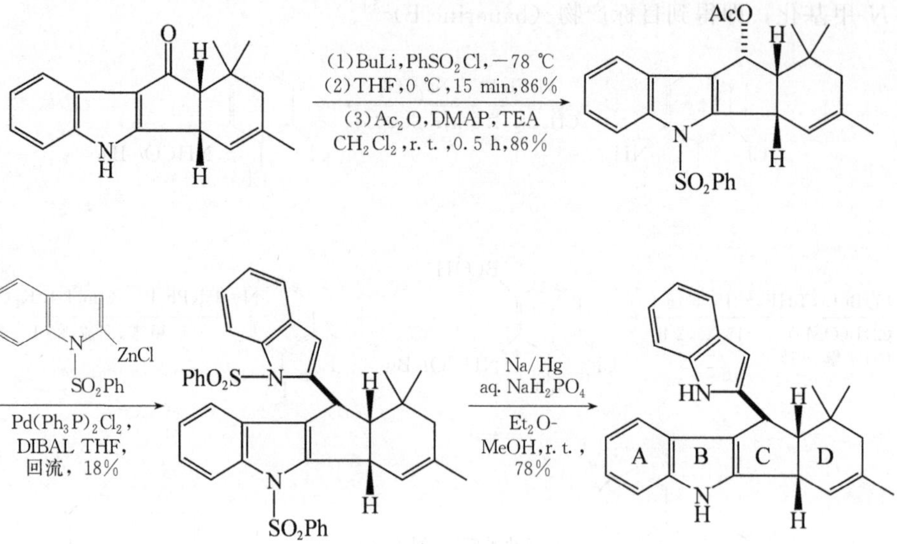

(±)-正厚果红豆树碱吲哚酮衍生物［(±)-nordasycarpidone）］用氢化铝锂还原，可以得到四环目标产物。合成过程的第一步就是 Negishi 偶联反应：

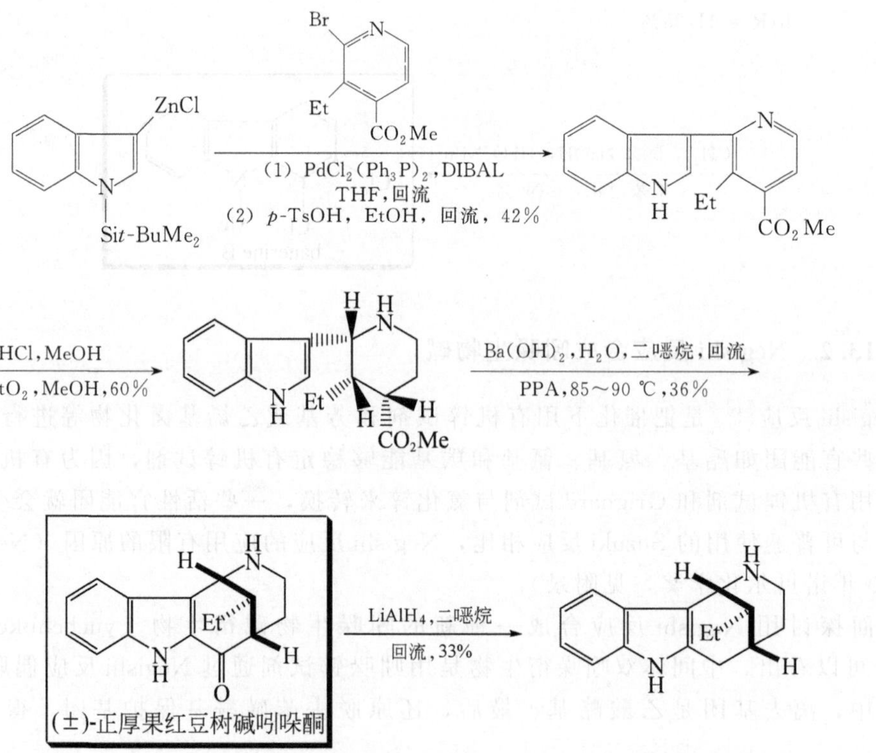

3.13.3 Stille 反应合成吲哚生物碱

Stille 反应是在钯催化下，用有机锡试剂和有机卤化物、三氟磺酸酯等进行偶联的反应。Stille 反应可以在中性条件下进行，应用范围较广，另外，有机锡试剂制备和纯化容易。Stille 偶联反应的机理是[7]：

$$R{-}X + R^1{-}Sn(R^2)_3 \xrightarrow{Pd(0)} R{-}R^1 + X{-}Sn(R^2)_3$$

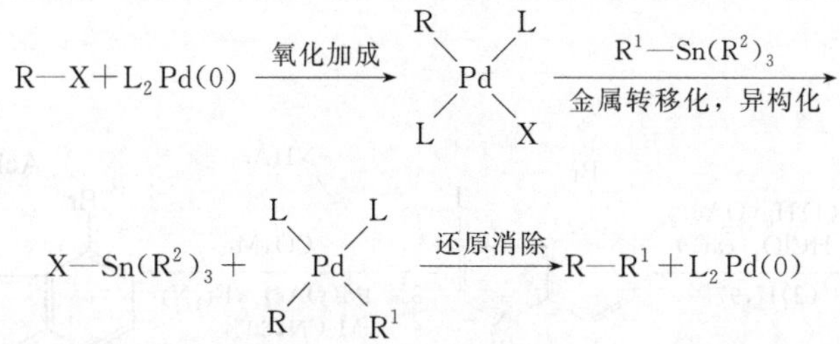

下面是用钯锡催化体系通过 Stille 反应来合成吲哚生物碱衍生物(hippadine) 的例子[8]。第一步是通过钯锡催化体系的 Stille 偶联形成分子内的 C—C 单键，然后用 2,3-二氯-5,6-二氰基-1,4 苯醌（DDQ）进行氧化，得到目标产物。

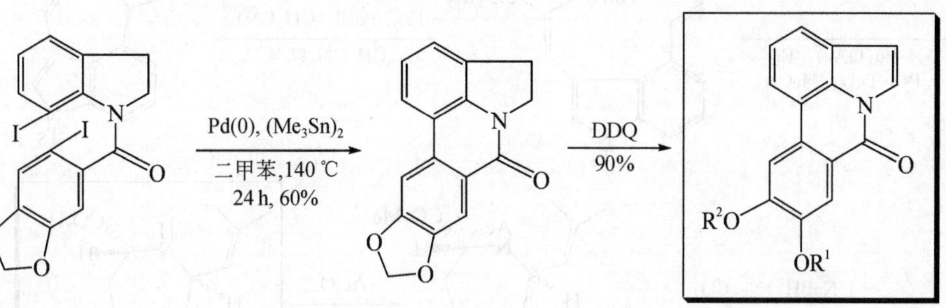

吲哚生物碱衍生物（hippadine）也可以通过另外一种方法合成[9]，第二步就是通过 Stille 偶联形成分子间的 C—C 单键：

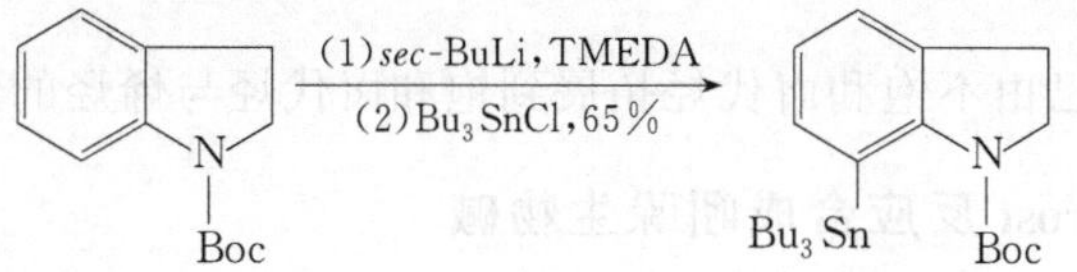

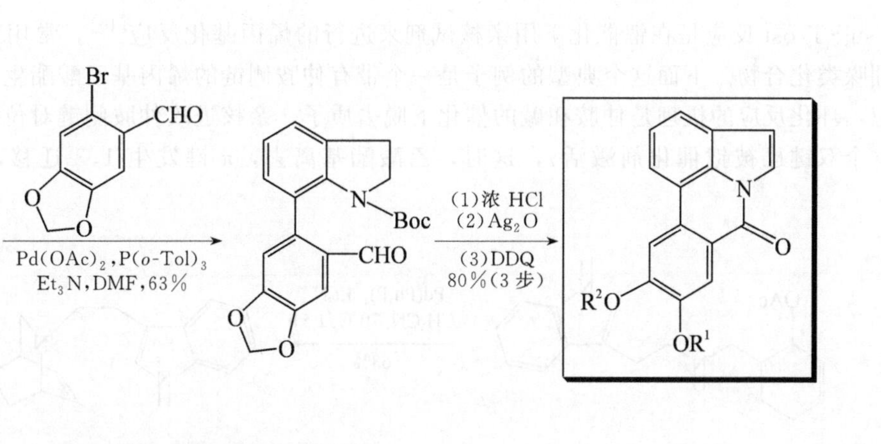

3.13.4 Heck 反应合成吲哚生物碱

Heck 反应是钯催化下有机不饱和卤化物或三氟磺酸酯与烯烃进行偶联的反应（Heck 反应获 2010 年诺贝尔化学奖，见附录）。下面是通过 Heck 偶联反应合成吲哚生物碱衍生物（clavicipitic acid）的例子，第二步就是一个化学选择性的 Heck 偶联反应，生成 Z 式中间体；第三步用 2-甲基 3-丁烯-2-醇再进行一次 Heck 偶联反应，然后再经过几步反应，得到目标产物：

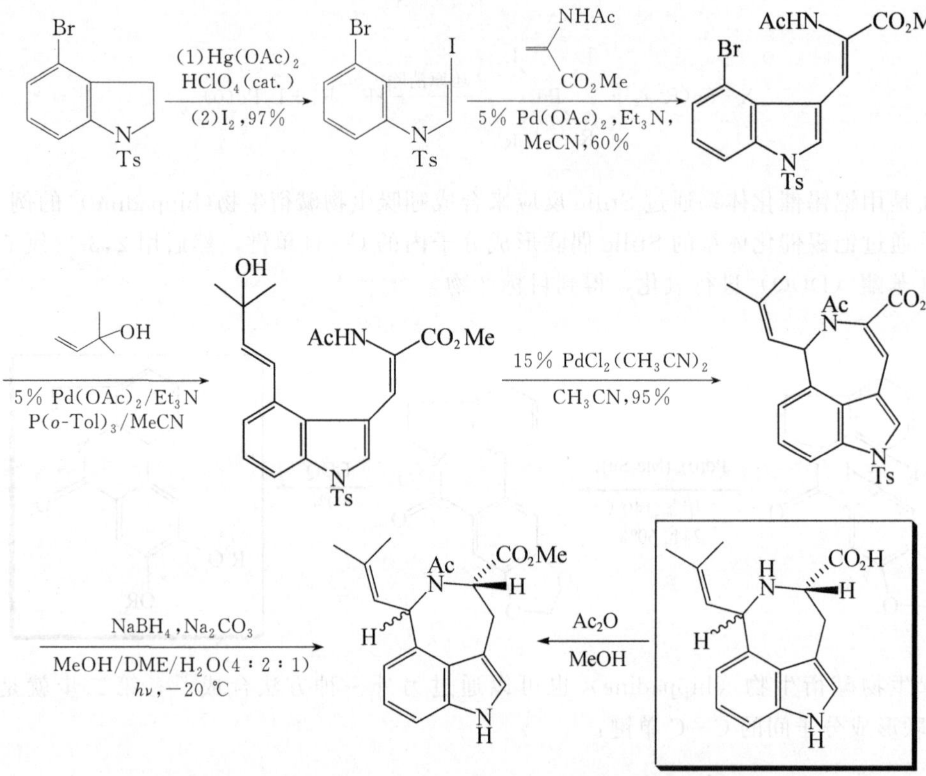

最近，Heck 反应已由不饱和卤代烃拓展到饱和卤代烃与烯烃的偶联反应上了。

3.13.5 Tsuji-Trost 反应合成吲哚生物碱

Tsuji-Trost 反应是在钯催化下用亲核试剂来进行的烯丙基化反应[10]，常用来合成杂环类和吲哚类化合物。下面这个典型的例子是一个带有仲胺侧链的烯丙基乙酸酯生成异奎宁环的反应，环化反应的机理是仲胺在碱的催化下脱去质子，亲核进攻仲胺侧链对位的双键碳原子（这个双键已被钯催化剂激活），这时，乙酸酯基离去，π 键发生 1,3-迁移，得到目标产物。

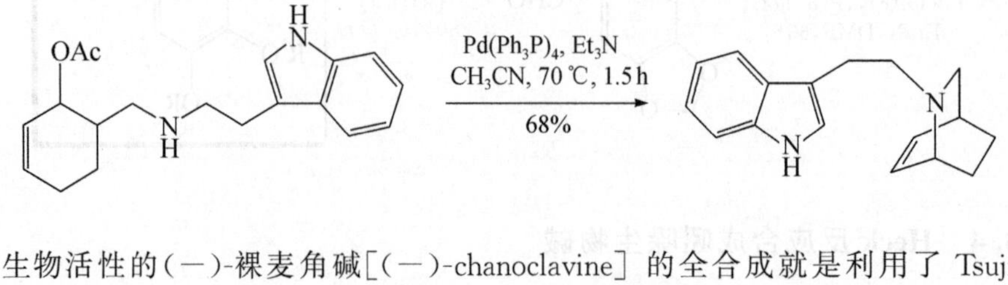

具有生物活性的(－)-裸麦角碱[(－)-chanoclavine] 的全合成就是利用了 Tsuji-Trost 反应[11]。第一步是碱催化的缩合反应，得到一个 α,β-不饱和酯然后还原，再用 1-二甲氨基 2-硝基乙烯经过还原引入一个硝基乙基支链，硝基 α-位上的碳原子能够与烯丙基不饱和碳发生亲核

反应，乙酸酯基离去，双键迁移，得到一个重要中间体，再经过六步反应，得到目标产物(—)-裸麦角碱[(—)-chanoclavine]：

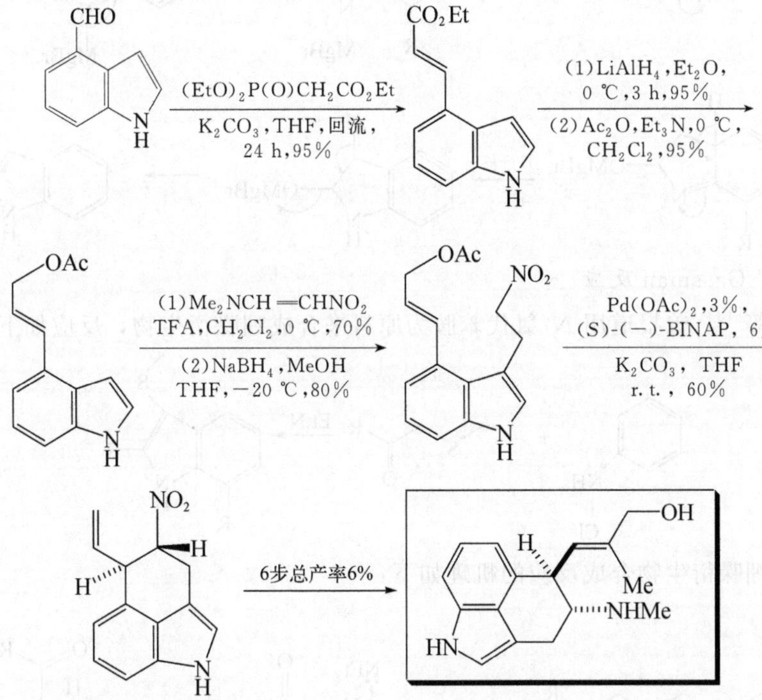

3.13.6 吲哚骨架的合成

3.13.6.1 Bartoli 反应[7]

Bartoli 等曾报道用邻硝基苯和乙烯基格氏试剂来合成吲哚衍生物[2]，反应如下：

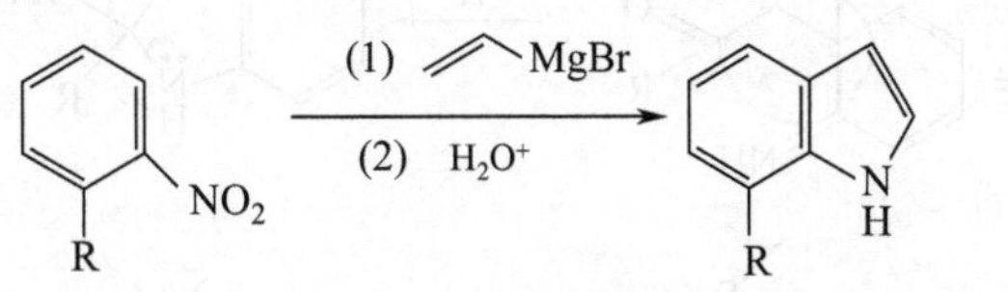

Bartoli 反应合成吲哚的机理如下：

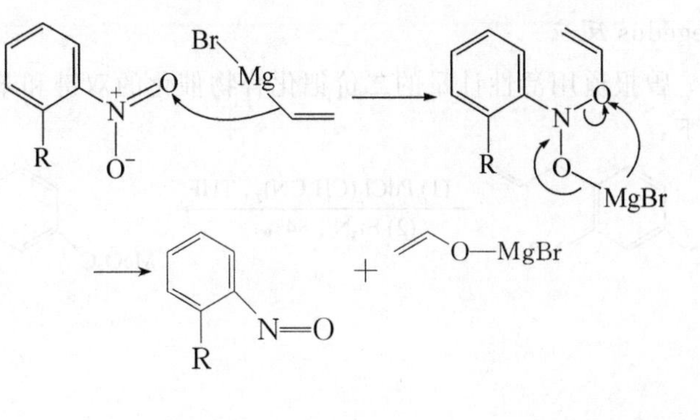

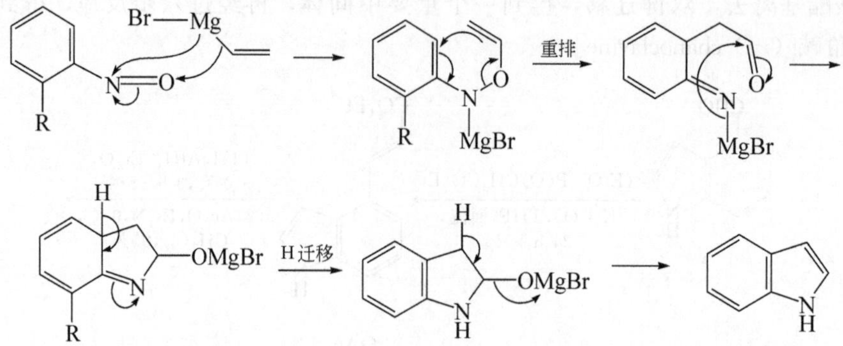

3.13.6.2　Gassman 反应

Gassman 等[13] 曾报道用 *N*-氯代苯胺为原料来合成吲哚衍生物，反应如下：

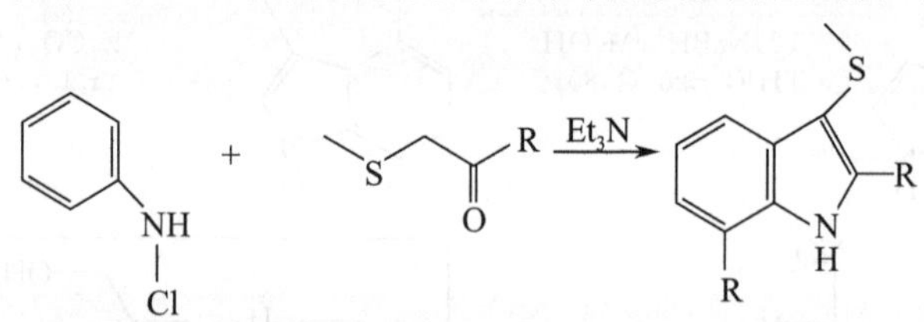

Gassman 吲哚衍生物合成反应的机理如下：

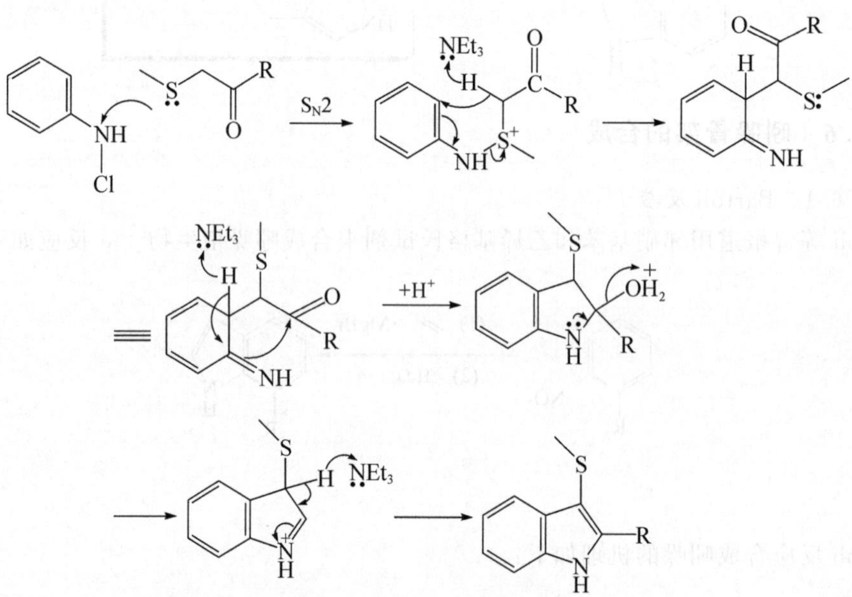

3.13.6.3　Hegedus 反应

Hegedus 等[14] 曾报道用活性计量的二价钯化合物催化的双键和苯胺氧化法来合成吲哚衍生物，其反应如下：

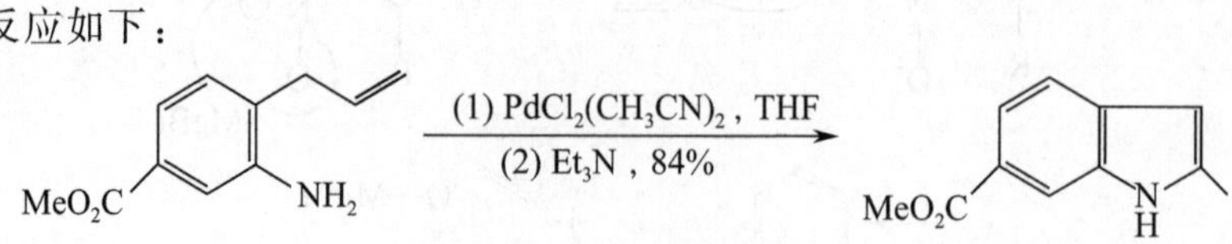

Hegedus 反应合成吲哚衍生物的机理与 Wacker 氧化反应[15] 的机理有一些类似之处：

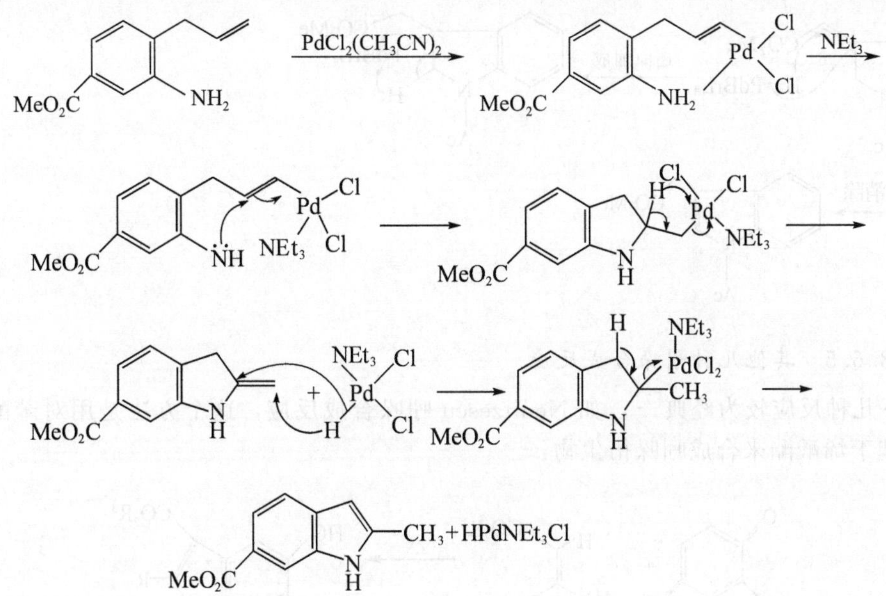

3.13.6.4 Mori-Ben 吲哚合成反应

Mori-Ben 反应[16] 是利用钯催化下有机卤化物或三氟磺酸酯与烯烃进行偶联的 Heck 反应[17-18]。用邻卤代苯胺和侧链烯烃进行环化的吲哚衍生物的合成反应如下：

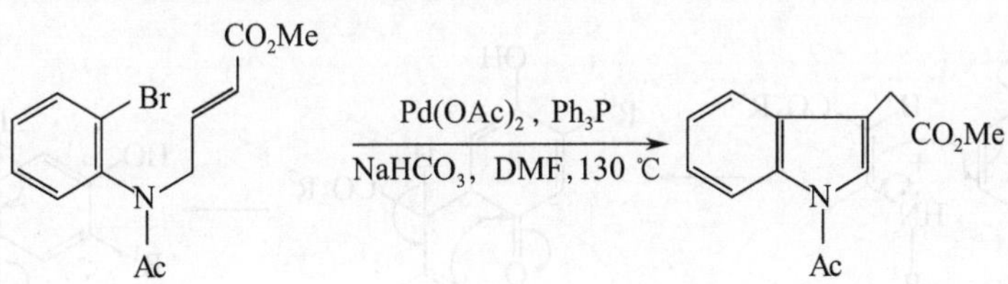

其反应机理如下。

(1) $Pd(OAc)_2$ 被还原为 Pd(0)：

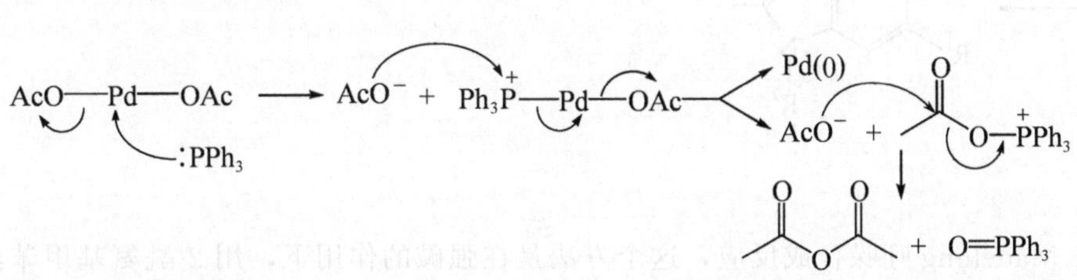

(2) Mori-Ben 反应机理：

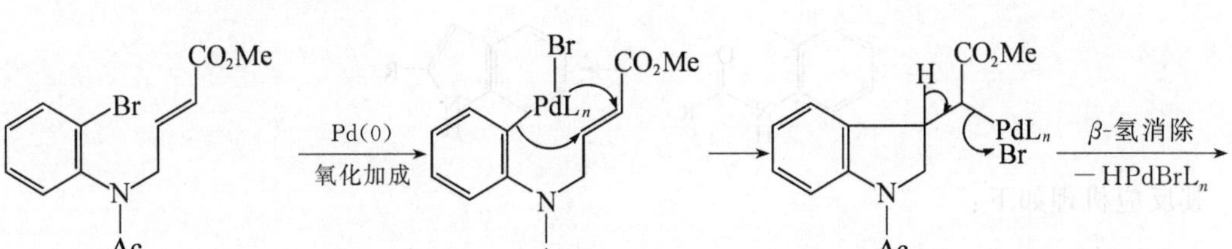

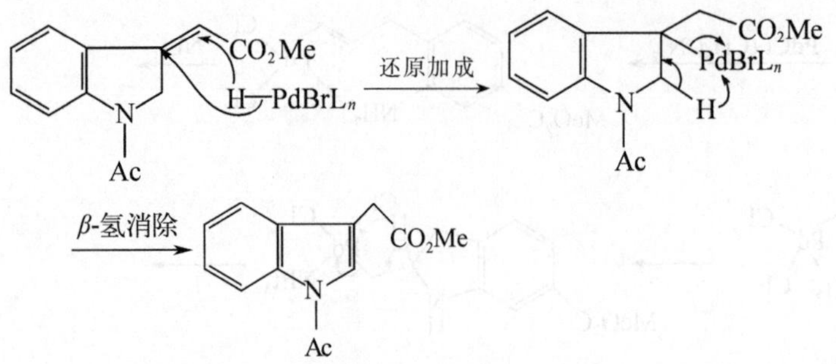

3.13.6.5 其他几种吲哚合成反应

以下几种反应较为经典[7]，如 Nenitzescu 吲哚合成反应，这个方法是用对苯醌衍生物和 β-氨基丁烯酸酯来合成吲哚衍生物：

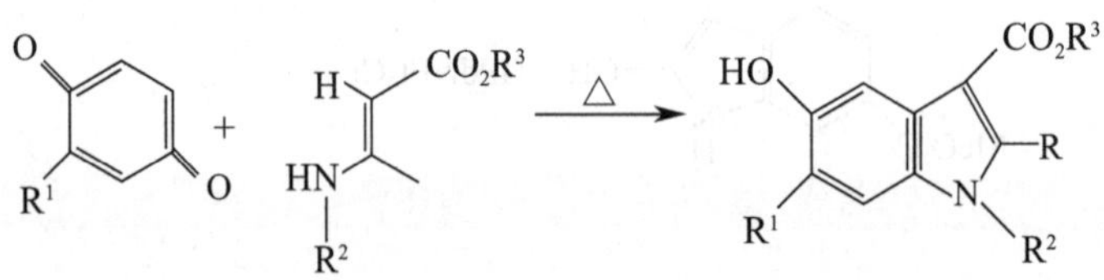

其反应机理如下：

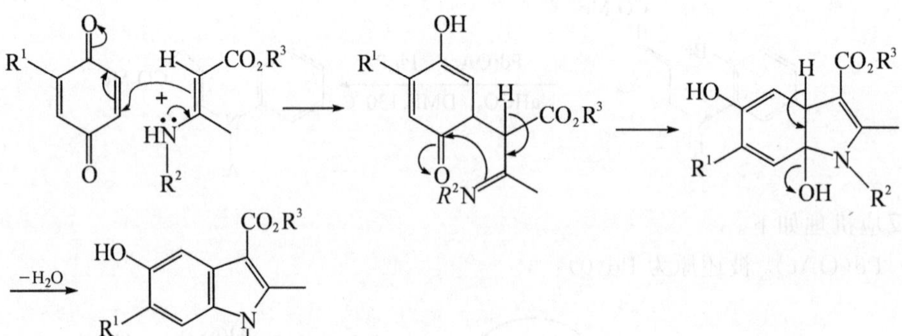

还有 Madelung 吲哚合成反应，这个方法是在强碱的作用下，用 2-酰氨基甲苯经过环化反应得到吲哚衍生物：

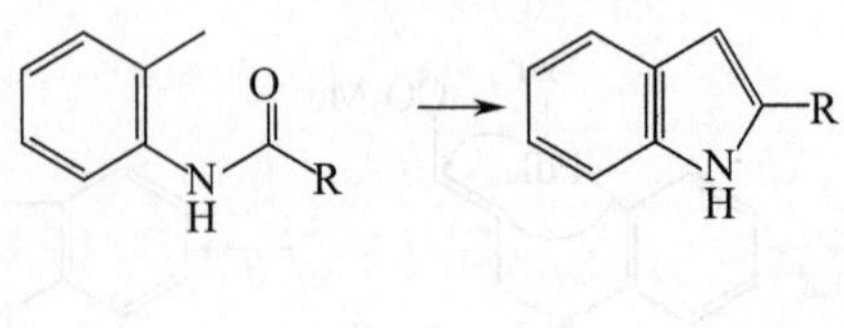

其反应机理如下：

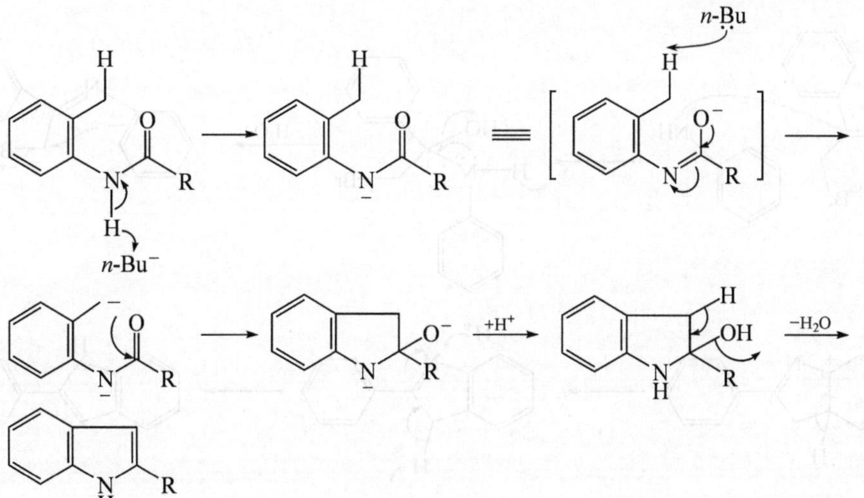

还有 Stolle 吲哚合成反应，这个方法是在酸催化条件下，用苯胺和 α-氯代酰氯合成吲哚衍生物，

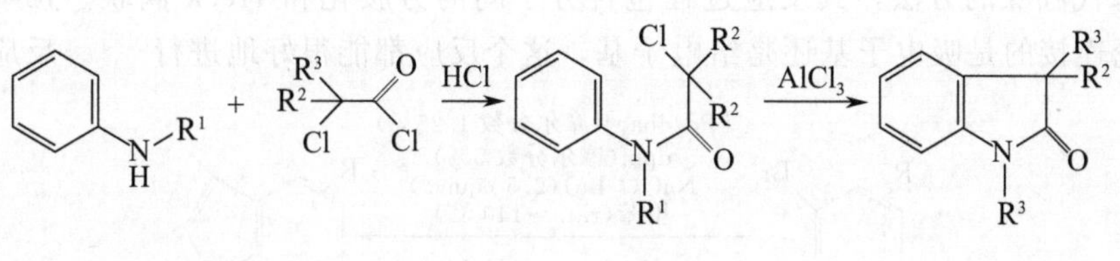

其反应机理如下：

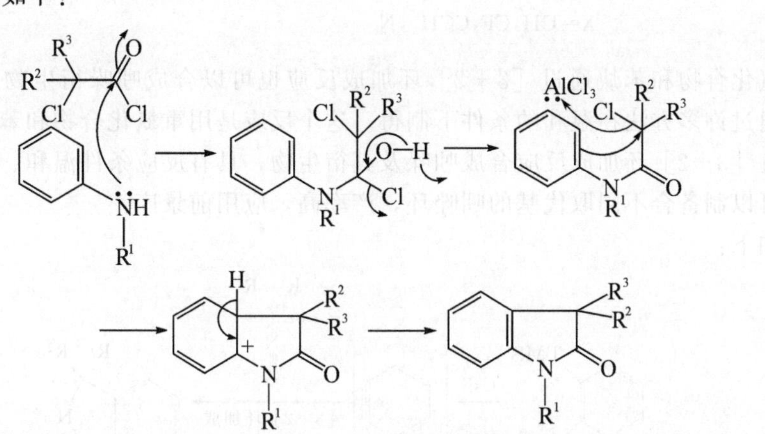

Bischler-Möhlau 吲哚合成反应早期，是用 2-溴-1-苯乙酮和苯胺在加热条件下得到吲哚衍生物：

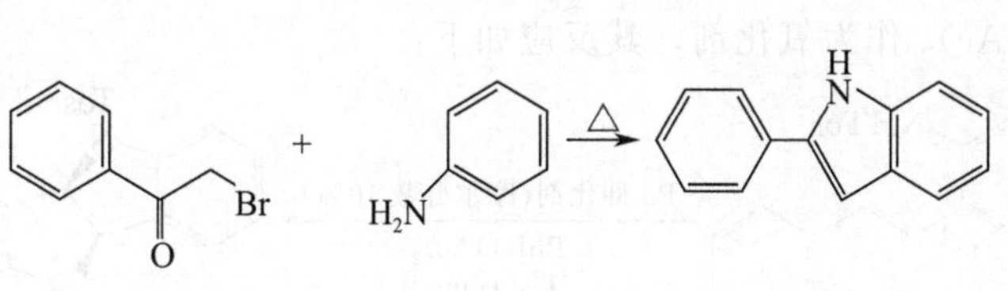

其机理为：

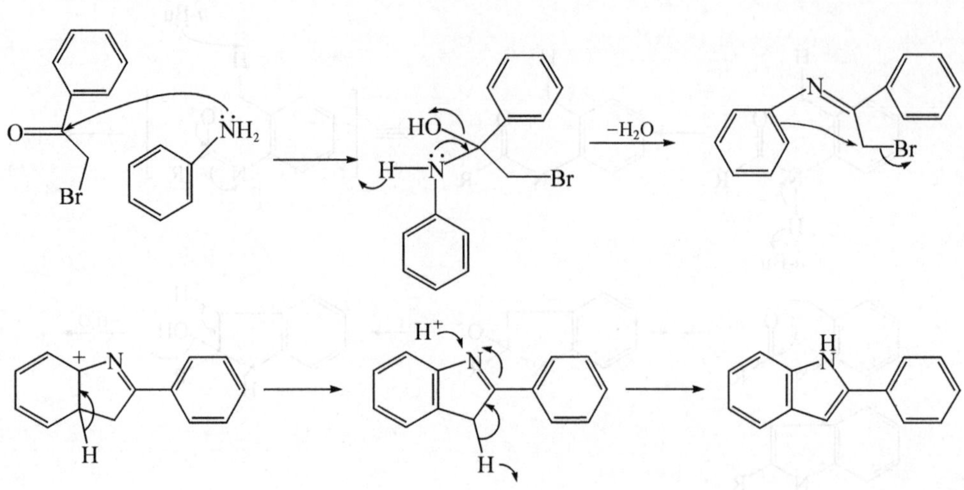

吲哚环存在于许多重要的天然产物和合成药物中，3-取代的吲哚环在中枢神经系统（CNS）药物中具有重要作用。Jørgensen 介绍了一种用邻位 2-卤代芳环和烯丙基胺在钯催化下得到 3-取代吲哚的方法，其反应过程包含分子间的芳胺化和 Heck 偶联。Jørgensen 发现苯环上无论连接的是吸电子基还是给电子基，这个反应都能很好地进行[19]。反应如下：

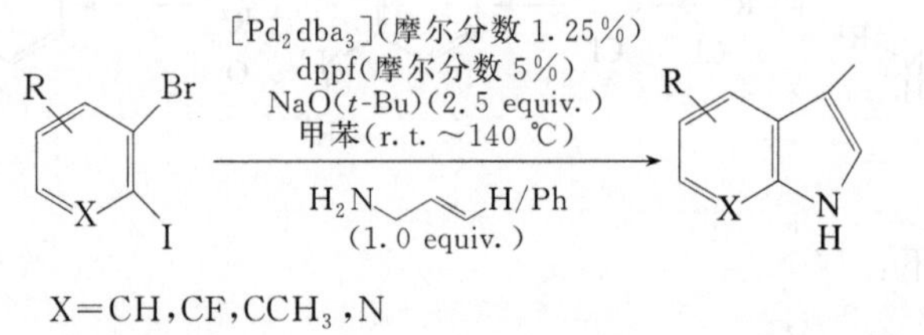

用重氮化合物和苯炔通过［3+2］环加成反应也可以合成吲哚衍生物。苯炔反应活性高，可以通过许多方法在温和的条件下制得。这个反应是用重氮化合物和苯炔在接近室温的条件下通过［3+2］环加成反应合成吲哚及其衍生物，具有反应条件温和、官能团耐受性好等特点，可以制备合不同取代基的吲唑环，产率高，应用前景广。

反应如下：

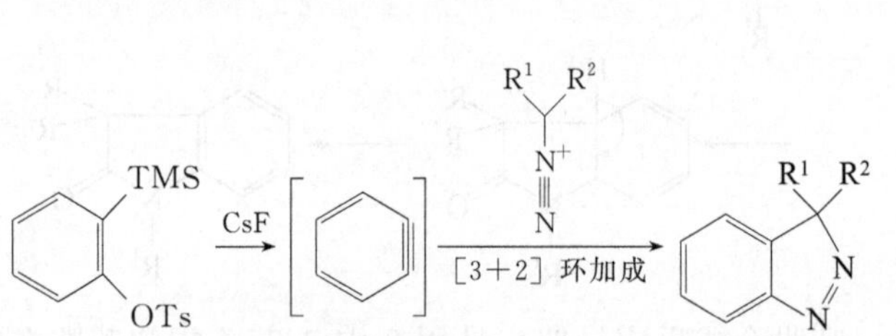

Muñiz[20] 报道了一种利用钯催化构建碳氮键的新方法，该方法使用简单的含氮基团作为氮源，以 $PhI(OAc)_2$ 作为氧化剂，其反应如下：

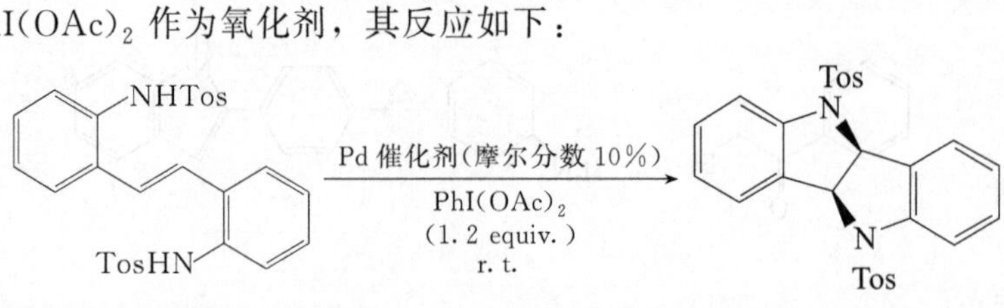

在该反应中，首先是底物上一个氮原子的孤对电子和双键的 π 电子与 Pd(Ⅱ) 形成配合

物 **A**，然后反式的另一个氮原子进攻烯烃，环化生成新的配合物 **B**。然后，氧化剂 $PhI(OAc)_2$ 氧化 **B** 生成四价钯的中间体 **C**，最后 **C** 发生还原脱钯，生成了新的碳氮键，完成催化循环。其机理如下：

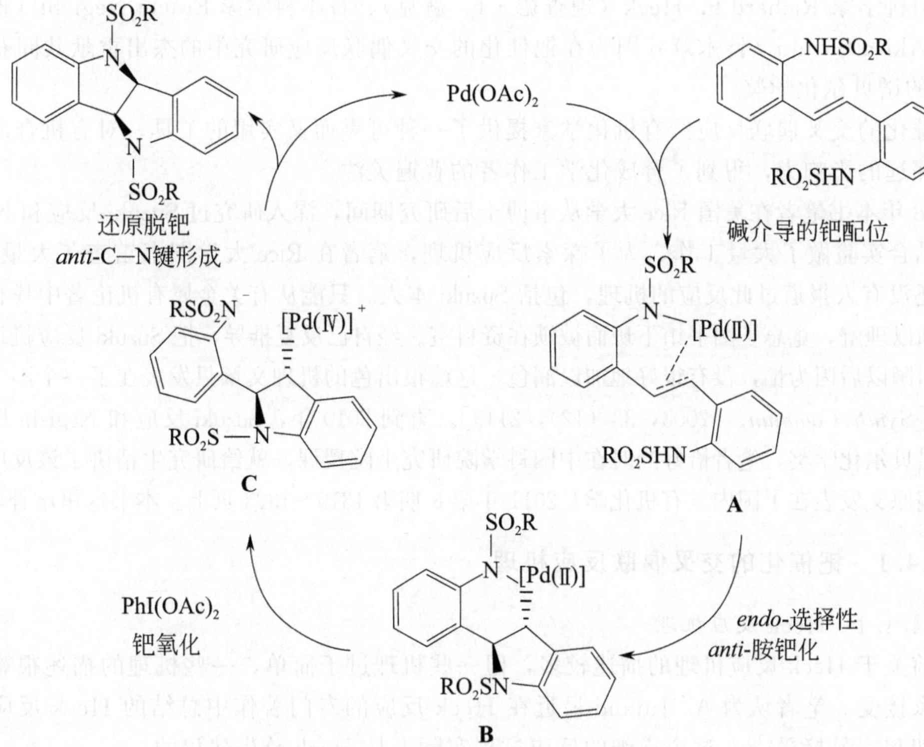

参 考 文 献

[1] Pelletier S. Alkaloids：Chemical & Biological Perspectives：Vol. 14. Oxford：Elsevier Science Ltd，1999：438.

[2] Wang N X. Synthetic Commun.，2003，33（12）：2119.

[3] Kawsaki I，Yamashita M，Ohta S. J. Chem. Soc.，Chem. Commun.，1994，18：2085.

[4] Murase M，Watanabe K，Kurihara T，et al. Chem. Pharm. Bull.，1998，46：889.

[5] Rocca P，Marsais F，Godard A，et al. Synth. Commun.，1995，25：2901.

[6] Cheng K F，Cheung M K. J. Chem. Soc，Perkin Trans.，1996，1：1213.

[7] Jie Jack Li. 有机人名反应及机理. 荣国斌，译. 上海：华东理工大学出版社，2003.

[8] Grigg R，Teasdale A，et al. Tetrahedron Lett.，1991，32：3859.

[9] Iwao M，Takehara H. Heterocycles，1994，38：1717.

[10] Tsuji J，Takahashi H. Tetrahedron Lett.，1965：4387.

[11] Kardos N，Genet J P. Tetrahedron：Asymmetry，1994，5：1525.

[12] Bartoli G，Leardini R，et al. J. Chem. Soc.，Perkin Trans.，1978，1：892.

[13] Gassman P G，et al. J. Am. Chem. Soc.，1974，96：5495.

[14] Hegedus L S，Allen G F，et al. J. Am. Chem. Soc.，1976，98：2674.

[15] Tsuji J. Synthesis，1984：369.

[16] Mori M，Chiba K，Ben Y. Tetrahedron Lett.，1977，12：1037.

[17] Heck R F，et al. J. Am. Chem. Soc.，1968，90：5518.

[18] Reddy P R，Balraju V，et al. Tetrahedron Lett.，2003，44：353.

[19] Jensen T，Pedersen H，Bang-Andersen B，et al. Angew. Chem. Int. Ed.，2008，47：888.

[20] Muñiz K. J. Am. Chem. Soc.，2007，129：14542.

3.14 钯催化的交叉偶联反应

美国科学家 Richard F. Heck（理查德·F. 赫克）、日本科学家 Ei-ichi Negishi（根岸英一）和 Akira Suzuki（铃木章）因为在钯催化的交叉偶联反应研究中的杰出贡献共同获得了2010年的诺贝尔化学奖。

钯催化的交叉偶联反应给有机化学家提供了一种可靠而又实用的工具，对有机合成具有长久和深远的影响力，得到了合成化学工作者的普遍关注。

1998年本书笔者在美国 Rice 大学从事博士后研究期间，深入研究过 Suzuki 反应和 Negishi 反应，结合实验做了大量工作，为了探索反应机理，笔者在 Rice 大学图书馆查了大量资料，但当时还没有人报道过此反应的机理，包括 Suzuki 本人。只能从有关金属有机论著中找相关的内容来加以理解，竟忘了图书馆下班而被锁在资料室。经自己反复推导，把 Suzuki 反应机理写了出来，回国以后因为忙，没有很好地加以润色，这篇很出色的机理文章只发表在了一个不太大的刊物上［*Synth. Commun.*，2003，33（12），2119］。直到2010年，Suzuki 反应和 Negishi 反应都获得了诺贝尔化学奖，笔者恰好当时在中国科学院研究生院授课，就给研究生精讲了该反应，后又把讲稿原文发表在了国内《有机化学》2011年第8期第1319～1323页上。本书这里增补较多。

3.14.1 钯催化的交叉偶联反应机理

3.14.1.1 Heck 反应机理

目前关于 Heck 反应机理的描述较多，但一些机理过于简单，一些机理的描述很难让有机化学家接受。笔者认为 A. Jutand 最近在 Heck 反应的专门著作中总结的 Heck 反应机理最为贴切和容易接受[1]。这个详细的反应过程实际上是 Heck 首先建议的。

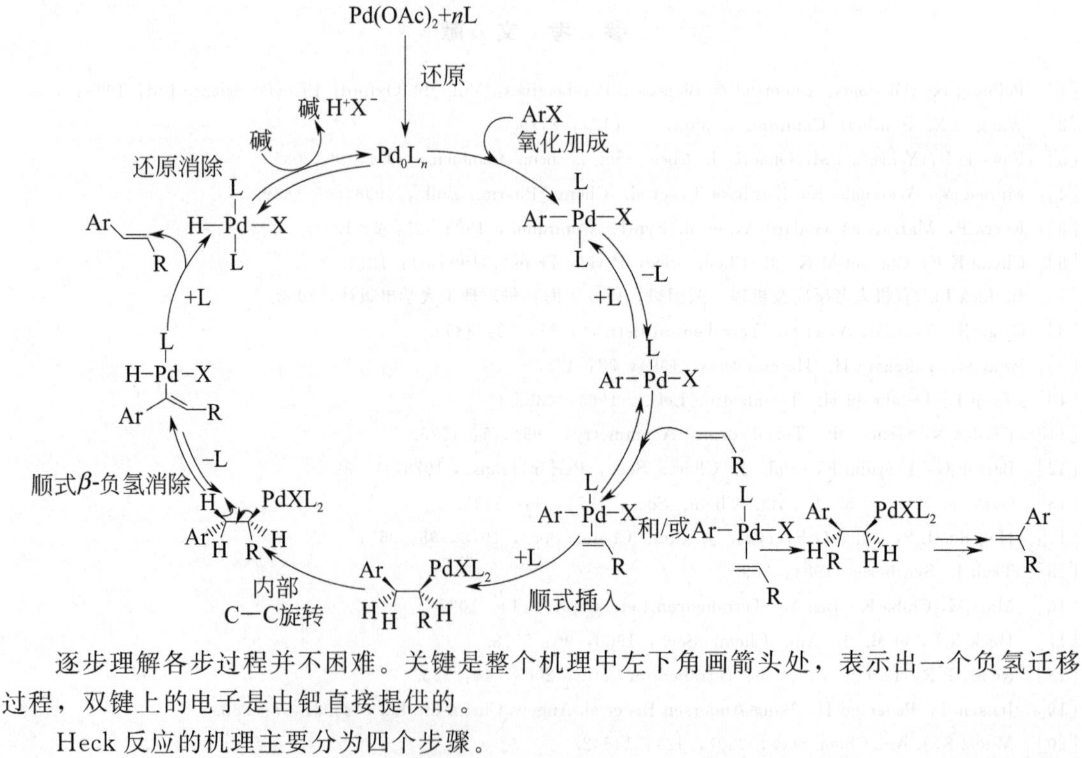

逐步理解各步过程并不困难。关键是整个机理中左下角画箭头处，表示出一个负氢迁移过程，双键上的电子是由钯直接提供的。

Heck 反应的机理主要分为四个步骤。

(1) 氧化加成　上述反应过程中催化循环的第一步是芳基卤和 Pd(0) 的氧化加成。Titton 报道的芳基卤和 $Pd^0(PPh_3)_4$ 的作用支持了氧化加成步骤的机理。Titton 还报道了芳基卤活性次序：ArI>ArBr≫ArCl。

(2) 烯烃插入　氧化加成给出反式的 σ 芳基 Pd(Ⅱ) 卤化物 $ArPdXL_2$，脱去一个 L 配体后与烯烃配位，再经过烯的顺式插入，得到 σ 烷基 Pd(Ⅱ) 卤化物[2-3]，读者可以参照上述催化循环机理图。

(3) β-负氢消除　上述催化循环机理图中的 σ 烷基 Pd(Ⅱ) 卤化物有一个 C—C 键内旋转，结果使得 β-氢原子（与 sp^3 碳原子相连）和 Pd 原子处于顺式位置，接着产生了顺式的 β-负氢消除。这个顺式的 β-负氢消除反应是一个可逆的过程。

(4) 还原消除　钯催化的偶联反应产物（与芳基直接相连的烯烃衍生物）产生以后，H—Pd(Ⅱ) 的卤化物再经过一个可逆还原消除过程产生具有催化活性的 Pd(0) 的配合物。碱性的辅助催化剂通过淬灭产生的卤化氢，促使还原消除过程向 Pd(0) 配合物催化剂方向移动。

Heck 不仅发现了这个钯催化的偶联反应，而且对其机理做出了详细的阐述。Heck 提出的氧化加成、烯烃插入、β-负氢消除、还原消除这四个主要步骤在实验中都得到了证实。β-负氢消除是一个重要过程，钯提供了一对电子形成了双键。最近认为 β-负氢通过一个顺式消除过程消除。实际上 Heck 反应只是偶联反应的一种。

机理中涉及一些不同的 Pd(0) 和 Pd(Ⅱ) 的中间体，这些中间体的结构和活性依赖于实验条件，钯催化剂可以是 Pd(0) 的配合物，如 $Pd(PPh_3)_4$，也可以是 $Pd(OAc)_2$ 等。当 $Pd(OAc)_2$ 作为催化剂时，需要加入 1,3-二（二苯基膦基）丙基（dppp），首先形成 $Pd(OAc)_2(dppp)$，再得到离子形配合物 $Pd^0(dppp)(OAc)^-$[4]，$Pd^0(dppp)(OAc)^-$ 分解得到 Pd(0) 配合物 Pd(dppp)。

3.14.1.2　Suzuki 反应机理

根据笔者以前的研究，利用苯硼酸和 2,2′-二溴-5,5′-二噻吩通过催化量的金属钯配合物 $Pd(PPh_3)_4$ 进行的交叉偶联反应如下[5]：

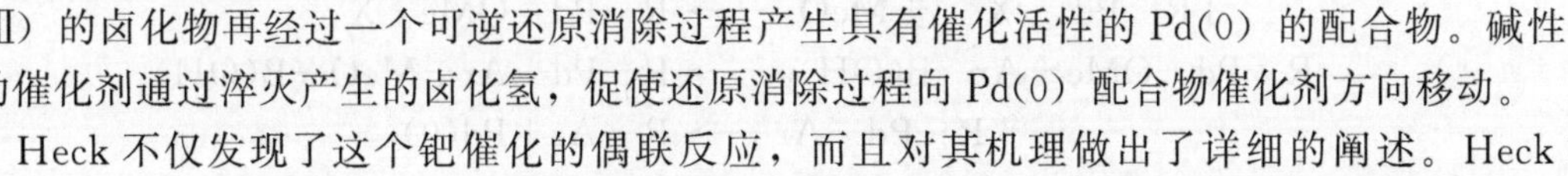

当时采用的反应条件还是无氧无水操作，产物熔点是 145℃，产率为 51%。笔者在以前文献的基础上[6-8]，提出了一个离子型的反应机理，该论文于 2003 年发表[5]。该反应可能的机理由三个主要步骤组成：① 氧化加成；② 硼试剂参与的反应；③ 还原消除。

(1) 氧化加成　反应过程中，Pd(0) 被加到有机卤化物中间，有机卤化物中的碳原子通过极性转换由原来荷正电变为荷负电，钯原子被氧化为 Pd(Ⅱ)：

$$Ar—X \longrightarrow [Ar^+ \ X^-]$$

$$Pd(PPh_3)_4 \longrightarrow [Pd(0) + PPh_3]$$

$$[Ar^+ \ X^-] + Pd(0) \longrightarrow [Ar^- \ Pd^{2+} \ X^-]$$

氧化加成的过程是速率决定步骤，反应中，有机卤化物的活性按如下次序递减：Ar—I>Ar—Br≫Ar—Cl。

(2) 硼试剂参与的反应　接着，硼试剂中的 C—B 键异裂，碳原子荷负电，形成的芳基负离子与钯正离子结合为 Ar—Pd—Ar′，而游离出来的卤离子（X^-）与硼正离子配位得到 $X—B(OH)_2$。

$[Ar^- \ Pd^{2+} \ X^-] + Ar'B(OH)_2 \longrightarrow Ar—Pd—Ar' + X—B(OH)_2$

(3) 还原消除　最后是还原消除过程，钯有机物分解，形成新的C—C键，金属钯游离出来，再与PPh_3络合，再生出活性钯催化剂$Pd(PPh_3)_4$，完成了催化过程。

$$Ar—Pd—Ar' \longrightarrow Ar—Ar' + Pd(0)$$
$$Pd(0) + 4PPh_3 \longrightarrow Pd(PPh_3)_4$$

笔者在研究苯硼酸和2,2′-二溴-5,5′-二噻吩通过$Pd(PPh_3)_4$催化进行交叉偶联反应，发现该反应采用弱碱$Ba(OH)_2$作为辅助催化剂比其他强碱反应快、收率高，甚至用碳酸钾代替$Ba(OH)_2$也往往引起副产物增加。笔者采用了甲醇和甲苯（1∶1）的混合溶剂。就溶剂效应而言，甲醇溶剂对反应有利。在反应过程中的氧化加成阶段，甲醇产生的烷氧基负离子MeO^-能够置换配位在钯上的卤负离子，容易得到Ar—Pd—OR中间体：

$$[R^- \ Pd^{2+} \ X^-] + MeO^- \longrightarrow R—Pd—OMe + X^-$$
$$R—Pd—OMe + Ar—B(OH)_2 \longrightarrow R—Pd—Ar + MeO—B(OH)_2$$
$$R—Pd—Ar \longrightarrow R—Ar + Pd(0)$$
$$Pd(0) + 4PPh_3 \longrightarrow Pd(PPh_3)_4$$

R—Pd—OMe被认为是一个重要的中间体，曾被分离得到过[9-10]。

3.14.1.3　Negishi反应机理

采用一锅法，利用溴锌苯和2,5-二溴噻吩通过催化量的金属钯配合物$Pd(PPh_3)_4$进行的交叉偶联反应[5]如下：

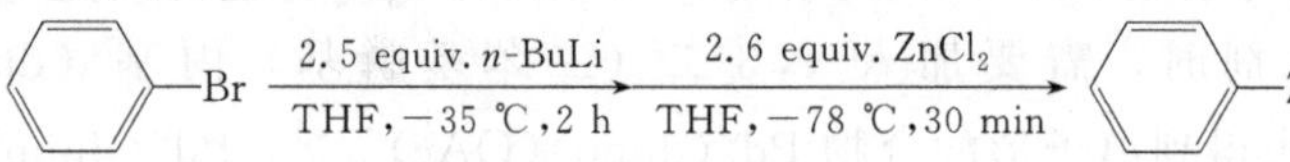

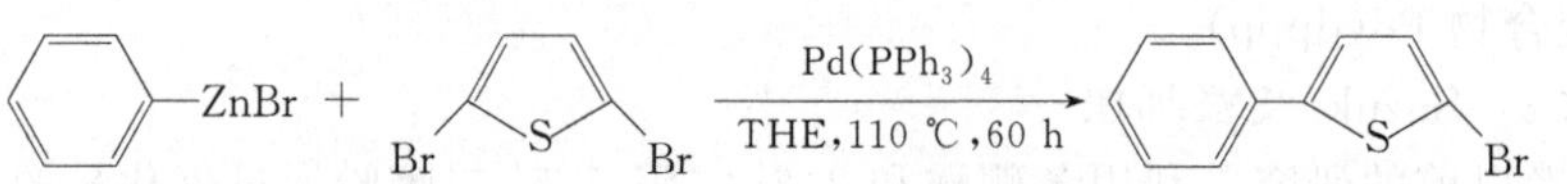

与Suzuki反应相比，利用Negishi反应合成目标化合物，产率没有Suzuki反应高[5,11]。

Negishi反应的机理与Suzuki反应非常类似，也是通过氧化加成、有机锌试剂（亲核试剂）参与的反应和还原消除三个主要步骤进行的，下面用离子反应历程作以描述。

(1) 氧化加成

$$Ar—X \longrightarrow [Ar^+ \ X^-]$$
$$Pd(PPh_3)_4 \longrightarrow [Pd(0) + PPh_3]$$
$$[Ar^+ \ X^-] + Pd(0) \longrightarrow [Ar^- \ Pd^{2+} \ X^-]$$

(2) 有机锌试剂参与的反应

$$[Ar^- \ Pd^{2+} \ X^-] + Ar'ZnX' \longrightarrow Ar—Pd—Ar' + XZnX'$$

(3) 还原消除

$$Ar—Pd—Ar' \longrightarrow Ar—Ar' + Pd(0)$$
$$Pd(0) + 4PPh_3 \longrightarrow Pd(PPh_3)_4$$

Pd(0)游离出来，再与PPh_3配合再生出催化剂$Pd(PPh_3)_4$，完成了催化循环。

另外需要说明的是，交叉偶联反应有许多种，一些虽然没有获得诺贝尔化学奖，但应用价值还是比较高的，例如Sonogashira反应。Sonogashira反应是钯配合物催化的卤代芳烃或者卤代烯烃与末端炔烃的交叉偶联反应，它是合成芳炔、烯炔和炔酮等化合物的有效方法。其反应如下：

$$R^1—X + H—\!\!\equiv\!\!—R \xrightarrow[\text{碱}]{\text{cat. Pd(Ⅱ)/Cu(Ⅰ)}} R—\!\!\equiv\!\!—R^1$$

R=芳基，乙烯基，杂芳基，酰基；R^1=烷基，芳基；X=I，Br，Cl，OTf

Sonogashira 反应的本质是 $PdCl_2$ 与 CuI 复合催化剂能更有效地催化末端炔烃与碘代芳烃、溴代芳烃或者烯烃的交叉偶联反应。2007 年发表在 *Chem. Rev.* 上的 Sonogashira 反应机理，说明了铜盐作为助催化剂的过程，是一种容易接受的机理[12]：

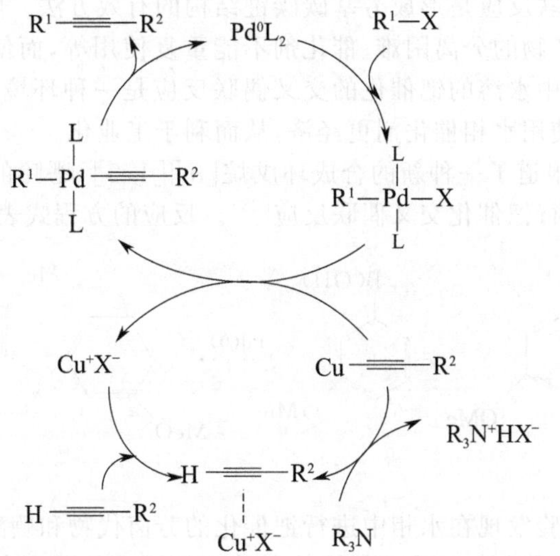

铜盐作为助催化剂的反应一些文献也作了报道[13]。近年来 Sonogashira 反应的应用[14-16] 报道较多，读者可以参考相关文献。

3.14.2 新进展

Heck 反应、Negishi 反应和 Suzuki 反应，代表了钯催化的交叉偶联反应的最高成就，反应非常新颖独特，确实在有机合成方法学的最前沿取得了重大突破。这些原创性的成就卓有建树，这些新方法首先在有机合成领域得到了后人的普遍应用，对发展有机合成的策略和技巧产生了长久和深远的影响。人类健康对特效新药的发展不断提出新的更高的要求，天然产物作为先导药，在这方面寄托了人们的无限期望[17]。近年来，海洋天然产物的生物医学活性引起了人们的高度重视。海绵、珊瑚以及海洋微生物次生代谢的天然产物，结构新颖而活性显著，已经成为人们挖掘具有自主知识产权的创新先导抗肿瘤等新药的战略新领域。人工全合成这类复杂的化合物和天然产物对人类来说是一种艰难的挑战，Heck 反应、Negishi 反应和 Suzuki 反应的新方法无疑在这方面会发挥出巨大的作用。

近年来，围绕 Heck 反应、Negishi 反应和 Suzuki 反应，化学家发展了一些新的反应方法和条件，如 Ni 代替 Pd 进行催化的交叉偶联反应。Iyer 等报道了 Cu 催化（CuI 催化剂）的 Heck 反应，相对 Pd 和 Ni 催化剂更为经济[18]。Darcela 等报道了 Fe 催化的 Suzuki 反应，产率较高[19]。Bach 等在 *Tetrahedron* 上的一篇文章中，对 Suzuki 反应和 Negishi 反应作了一些介绍[20]。相信以后还会有一些新的关于催化的交叉偶联反应的研究论文不断发表出来。

Heck 不仅开创了著名的 Heck 反应，而且他提出的有机化学反应机理也非常透彻和精到，可见他深厚的有机化学功底和对该方法的深刻理解。

有几篇关于钯催化的交叉偶联反应的代表性综述文章：一篇是 Suzuki 等人 1995 年发表在 *Chem. Rev.* 上的综述[21]，有兴趣的读者可以参阅；另外 3 篇对相关钯催化的交叉偶联反应最新进展作了详细综述[22-24]。希望读者特别是青年学者能够继续深入学习和掌握这一研究领域。Suzuki 和 Negishi 还分别发表了他们的诺贝尔化学奖获奖演说[25-26]。有一篇关于非对映选择性的 Negishi 反应的论文，该方法为此类反应的立体控制开拓了又一个新生面[27]。

3.14.2.1 水相中的 Suzuki 反应

环戊烷［d］［1,2］嘧嗪的结构在天然产物中很少被发现。合成环戊烷［d］［1,2］嘧嗪的方法在以前很少报道过，这是由于环戊烷［d］［1,2］嘧嗪结构的不稳定性。钯催化苯基卤化物和硼酸衍生物的交叉偶联反应是形成芳基碳碳键结构的有效方法。但是传统的均相催化体系存在诸多不足，如反应产物的分离困难、催化剂不能重复使用等，而使用负载钯催化剂可以较好地解决上述问题。其中水溶的钯催化的交叉偶联反应是一种环境友好的合成方法，该方法可以简化产品的分离，使用水相催化剂更经济，从而利于工业化。

2006 年，Cho 小组报道了一种新的合成环戊烷［d］［1,2］嘧嗪的方法。该方法利用水作为溶剂溶解氢化磷，进行钯催化交叉偶联反应[28]。反应的方程式表示为：

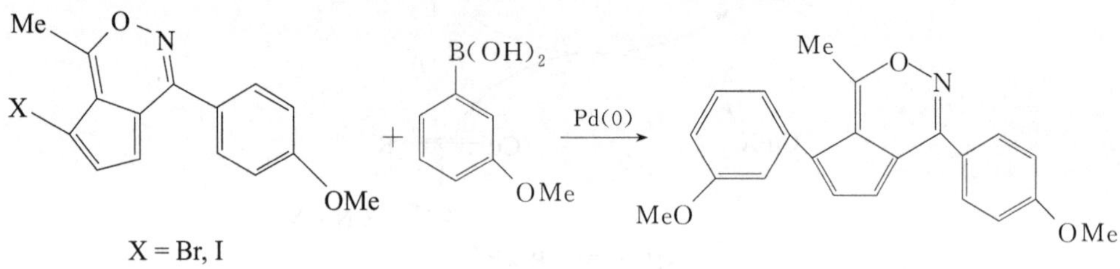

该小组经过多种对比试验发现在水相中进行钯催化的芳卤代物和硼酸衍生物的交叉偶联反应合成环戊烷［d］［1,2］嘧嗪，在酸或碱性的条件下均可，使反应条件更为简化，并且均可以得到较高的产率。

3.14.2.2 铁催化的 Negishi 反应

2009 年，Nakamura 小组报道了铁催化的烃基卤化物和烯烃双键之间的交叉偶联反应[29]。Nakamura 小组的进展是对 Negishi 反应进行了铁催化。一取代或二取代卤化物可以在铁催化下高产率地实现交叉偶联反应。使用具有取代基组合配体可以实现高官能团兼容性。该反应的方程式是：

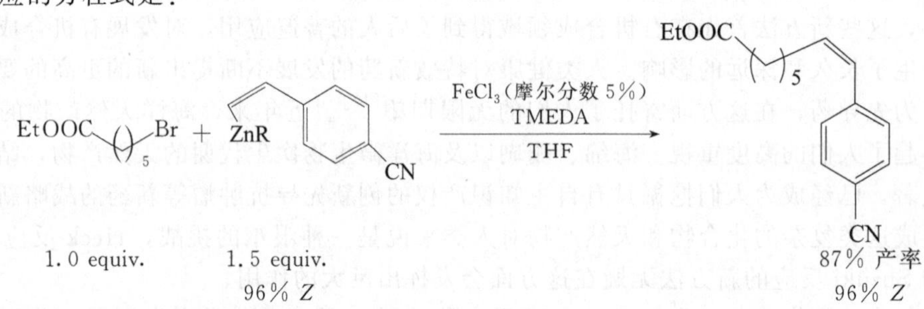

3.14.2.3 脎作为配合基的 Heck 反应

2006 年，Mino 等报道了用脎作为配合基、$PdCl_2(MeCN)_2$ 作为催化剂进行 Heck 交叉偶合反应，得到了较高产率的产物[30]。反应式表示如下：

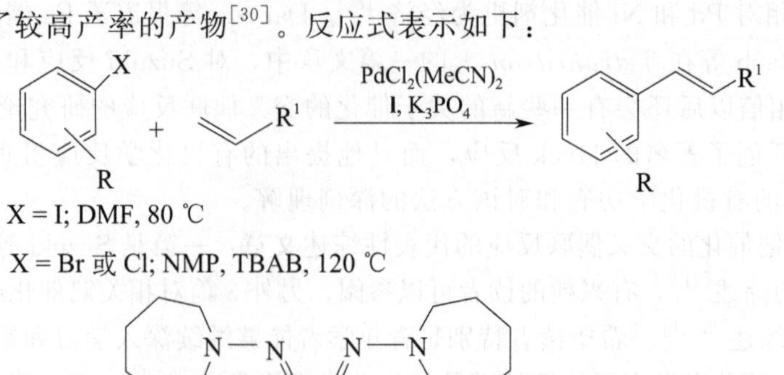

3.14.2.4　酯代替芳基卤的 Suzuki 反应

Suzuki 反应采用的亲电试剂主要是芳基卤代物及类卤代物。最近 Newman 和 Houk 等（*J. Am. Chem. Soc.*，2017，139：1311-1318。）为了扩宽亲电试剂的范围，用羧酸衍生物作为亲电试剂，在过渡金属参与下，成功地进行了 Suzuki 偶联反应。

作者采用羧酸酯 **2** 和苯硼酸 **3** 作为底物，用 Pd 催化获得了成功。经条件优化发现，在使用 Pd(IPr)(cinnamyl)Cl 作催化剂、K_3PO_4 作碱、水作添加剂、THF 作溶剂、于 100 ℃条件下反应 16 h，反应效果最好。反应过程和条件优化见下图。

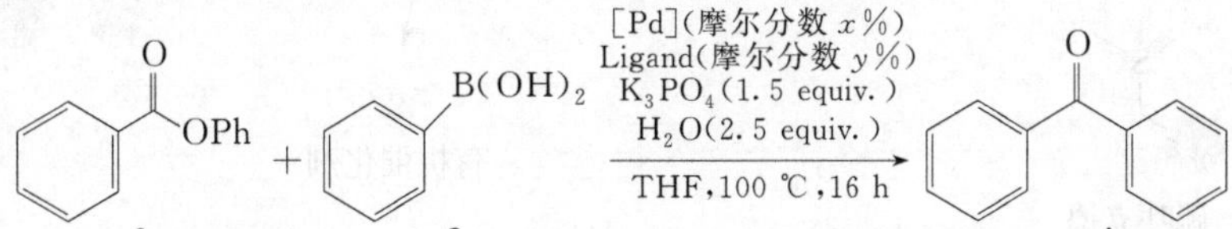

2　　**3**　　**4**

序号	Pd 源	x	配体	y	收率/%
1	$Pd(OAc)_2$	5	PPh_3	10	<5
2	$Pd(OAc)_2$	5	$P\textit{t}Bu_3$	10	<5
3	$Pd(OAc)_2$	5	P(o-tol)$_3$	10	<5
4	$Pd(OAc)_2$	5	dppf	10	<5
5	$Pd(OAc)_2$	5	SPhos	10	<5
6	$Pd(OAc)_2$	5	BINAP	10	<5
7	$Pd(OAc)_2$	5	IPr · HCl	10	11
8	$Pd_2(dba)_3$	5	IPr · HCl	10	16
9	[Pd(allyl)Cl]$_2$	5	IPr · HCl	10	19
10	[Pd(cinnamyl)Cl]$_2$	5	IPr · HCl	10	21
11	[Pd(cinnamyl)Cl]$_2$	5	IPr · HCl	5	59
12	—	—	IPr · HCl	5	<5
13	Pd(IPr)(cinnamyl)Cl	5	—	—	95
14	Pd(IPr)(cinnamyl)Cl	3	—	—	94
15	Pd(IPr)(cinnamyl)Cl	3	—	—	91

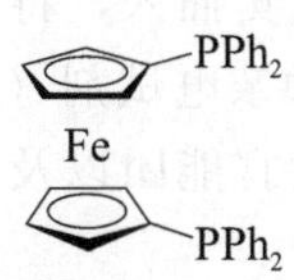

dppf

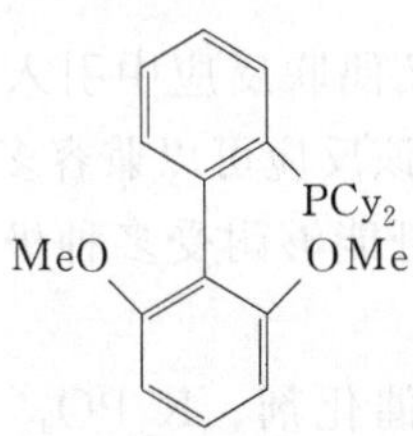

SPhos

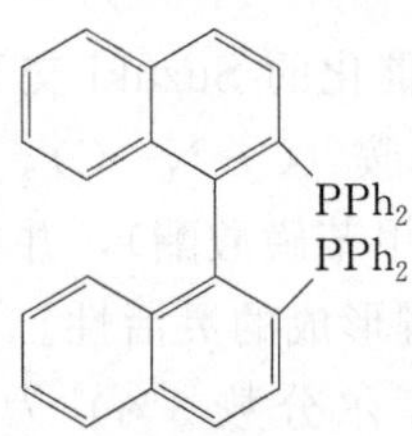

BINAP

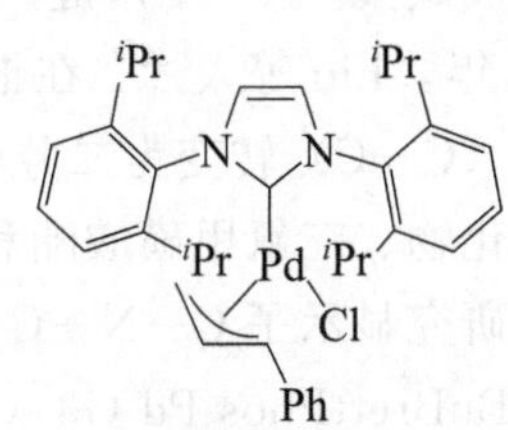

Pd(IPr)(cinnamyl)Cl

3.14.2.5　非过渡金属催化的 Suzuki 反应

Suzuki 反应即有机硼试剂和有机亲电试剂的偶联，是目前人们构建碳-碳键的好方法，过渡金属催化剂在这类反应中扮演了关键角色。

2018 年，Huang 等提出了有别于过渡金属催化的偶联过程，实现了非过渡金属催化或者无过渡金属催化机制下的 Suzuki 反应。他们认为新催化机制的引入，能够提供与传统的过渡金属催化过程不同的反应机制。Huang 等发展了新型有机硫醚类催化剂，实现了由非过渡金属催化的 Suzuki 反应[31]，见下图。

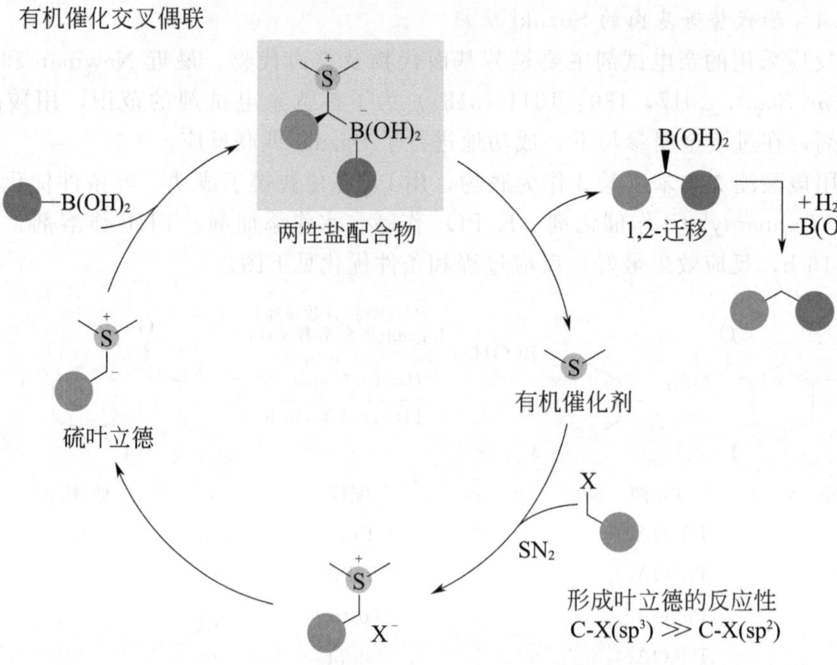

有机小分子催化的 Suzuki 偶联反应

受到有机硼化合物 1,2-迁移反应以及硫叶立德化学的启发，利用有机化学中亲核取代反应对于烷基亲电试剂和芳基亲电试剂的分辨能力，推测有一个同时含有正负电荷的中间体存在，提出可以接受的有机小分子催化机理，并以苄基卤代烃和芳基苯硼酸作为模型反应，进行了一系列研究，优化了催化剂结构，实现了非过渡金属催化的 Suzuki 反应。新催化体系对烷基亲电试剂选择性要高于芳基亲电试剂。传统偶联反应中最为活泼的芳基碳-碘键、芳基碳-溴键在新催化体系下不受影响。机理研究验证了预想的催化机制，为交叉偶联反应提供了新方法。

3.14.2.6　引入氮原子的 Suzuki 反应

过渡金属催化的交叉偶联反应已成为有机合成的重要手段之一，Suzuki 偶联反应被广泛用于形成碳-碳（C—C）键。

2024 年，Liu 等人[32] 在钯催化的 Suzuki 交叉偶联反应中引入氮宾插入，将原来的联芳基产物（C—C）转变为二芳基胺（C—N—C）。该反应可以兼容多种亲电试剂（如芳基氯化物、溴化物、三氟甲磺酸酯和甲苯磺酸酯），并且能够耐受多种极性官能团以及相关的杂环。机理研究显示了 C—N—C 键形成的灵活性。

在 *t*-BuBrettPhos Pd G3（摩尔分数 3%）为催化剂、K_3PO_4（4.0 equiv.）为碱、2-MeTHF（0.2 mol/L）为溶剂的条件下，于 80 ℃反应 12 h，能以 96%的产率获得所需的胺化偶联目标产物：

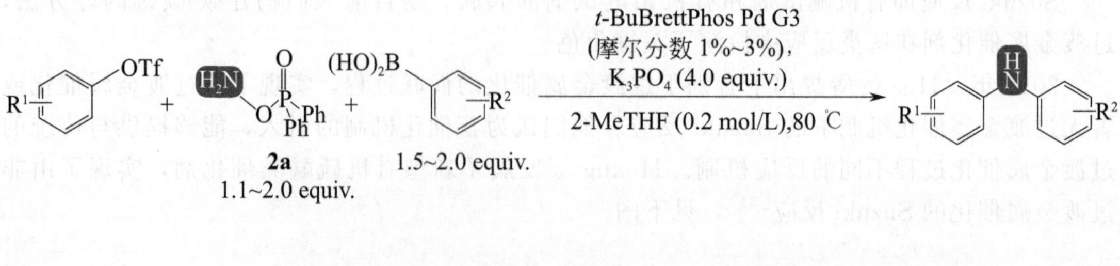

作者还进行了合成应用方面的拓展，并且提出了两种可能的反应机理。

第一种可能的反应机理是：芳基亲电试剂在形成初始 C—N 键过程中涉及芳基偶联体的 1,2-迁移，并获得氨基复合物 LPd(NHAr)$OPOPh_2$，再与硼酸进行转金属化、还原消除，得到所需产物。详细反应机理如下：

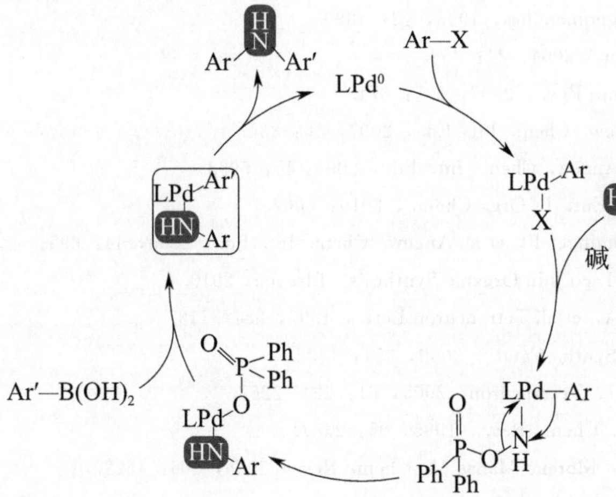

第二种反应机理是：芳基钯（Ⅱ）、硼酸和 DPPH 形成配合物，其中金属的路易斯（Lewis）酸性增加了氮原子的亲电性并促进了芳基的 1,2-迁移。详细反应机理如下：

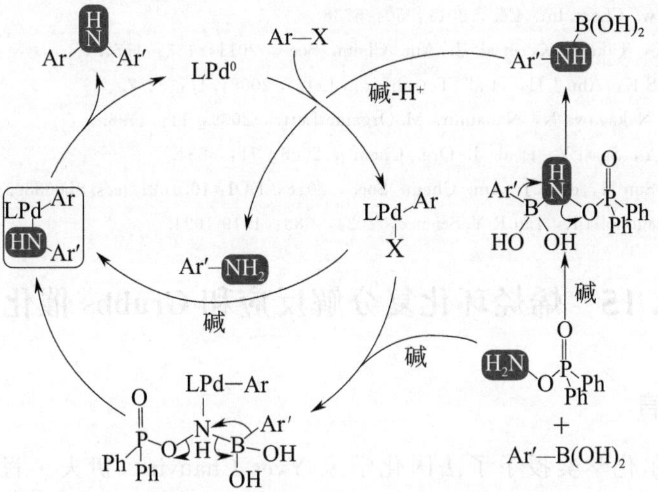

Liu 等人以原子插入、分子编辑的方法，利用大位阻膦配体络合的钯催化剂和胺化试剂组合，成功地在 Suzuki 偶联反应中引入氮宾插入过程，将产物从 C—C 连接的联芳基变成 C—N—C 连接的二芳基胺偶联产物。该反应可以兼容多种亲电试剂，官能团兼容性好，能够在天然产物和药物分子的合成中得到应用。

参 考 文 献

[1] Jutand A//Oestreich M Ed. The Mizoroki-Heck Reaction. United Kingdom: Wiley, 1999: 1-5.

[2] Dieck H A, Heck R F. J. Am. Chem., 1974, 96: 1133.

[3] Ziegler C B, Heck R F. J. Org. Chem., 1978, 43: 2941.

[4] Kozuch S, Shaik S, Jutand A, et al. Chem. Eur. J., 2004, 10: 3072.

[5] Wang N X. Synthetic Commun., 2003, 33 (12): 2119.
[6] Anderson C B, Burreson B J, Michalowski J T. J. Org. Chem., 1976, 41: 1990.
[7] Zask A, Helquist P. J. Org. Chem., 1978, 43: 1619.
[8] Aliprantis A O, Canary J W. J. Am. Chem. Soc., 1994, 116: 6985.
[9] Yoshida T, Okano T, Otsuka S. J. Chem. Soc., Dalton Trans., 1976, 993: 17.
[10] Grushin V V, Alper H. Orgnometallics, 1993, 12: 1890.
[11] Wang N X. Chin. Org. Chem., 2004, 24: 350.
[12] Chinchilla R, Nájera C. Chem. Rev., 2007, 107: 874.
[13] Doucet H, Hierso J C. Angew. Chem. Int. Ed., 2007, 46: 834.
[14] Gelman D, Buchwald S L. Angew. Chem. Int. Ed., 2003, 42: 5993.
[15] Saha D, Dey R, Ranu B C. Eur. J. Org. Chem., 2010: 6067.
[16] Karpov A S, Merkul E, Rominger F, et al. Angew. Chem. Int. Ed., 2005, 44: 6951.
[17] Harmata M. Strategies and Tactics in Organic Synthesis. Elsevier, 2010.
[18] Iyer S, Ramesh C, Sarkar A, et al. Tetrahedron Lett., 1997, 38: 8113.
[19] Bźziera D, Darcela C. Adv. Synth. Catal., 2009, 351: 1732.
[20] Schröter S, Stock C, Bach T. Tetrahedron, 2005, 61: 2245-2267.
[21] Norio Miyaura N, Suzuki A. Chem. Rev., 1995, 95: 2457.
[22] Roglans A, Pla-Quintana A, Moreno-Mañas M. Chem. Rev., 2006, 106: 4622.
[23] Martin R, Buchwald S L. Acc. Chem. Res., 2008, 41: 1461.
[24] Denmark S E, Regens C S. Acc. Chem. Res., 2008, 41: 1486.
[25] Suzuki A. Angew. Chem. Int. Ed., 2011, 50: 6723.
[26] Negishi E. Angew. Chem. Int. Ed., 2011, 50: 6738.
[27] Seel S, Thaler T, Takatsu K, et al. J. Am. Chem. Soc., 2011, 133: 4774.
[28] Cho S Y, Kang S K, Ahn J H, et al. Tetrahedron Lett., 2006, 47: 5237.
[29] Hatakeyama T, Nakagawa N, Nakamura M. Organic Lett., 2009, 11: 4496.
[30] Mino T, Shirae Y, Sasai Y, et al. J. Org. Chem., 2006, 71: 6834.
[31] He Z, Song F, Sun H, et al. J. Am. Chem. Soc., 2018, DOI: 10.1021/jacs.8b00380.
[32] Onnuch P, Ramagonolla K, Liu R Y. Science, 2024, 383: 1019-1024.

3.15 烯烃环化复分解反应和 Grubbs 催化剂

3.15.1 引言

2005 年诺贝尔化学奖授予了法国化学家 Yves Chauvin（伊夫·肖万）、美国化学家 Robert H. Grubbs（罗伯特·H. 格拉布）和 Richard R. Schroek（理查德·R. 施罗克），以表彰他们在烯烃复分解反应研究领域作出的杰出贡献。瑞典皇家科学院对于烯烃复分解反应作出如下评价：这一反应已经成为化学工业，尤其是制药及先进聚合物材料工业中一种有效的常规手段。经过多年的发展，金属卡宾催化的烯烃复分解反应已经成为构建碳-碳双键的重要方法。这里应该指出：Grubbs 对烯烃环化复分解反应的贡献是根本性的，而法国人 Chauvin 只是在反应机理方面做出了贡献。

烯烃环化复分解反应（ring-closing metathesis，RCM）始于 Grubbs 试剂，Grubbs 试剂的应用减少了目标产物的合成步骤，减少了资源的消耗和浪费；Grubbs 试剂能够在空气中稳定存在，可以在常温和常压下有效实施催化，是化学家向绿色化学迈进的里程碑。Grubbs 试剂的发现是有机化学合成领域中了不起的成就。早期的齐格勒-拉塔催化剂对 Grubbs 试剂的发展具有前期基础作用。

Grubbs 发展了一系列钌的多磷配合物，在大环关环反应中得到了很好的应用。1992 年，Grubbs 等人发现金属钌的卡宾化合物也能作为催化剂[1]，此后，Grubbs 又对钌催化剂作了改进，这种"Grubbs 催化剂"成为第一种被普遍使用的烯烃复分解催化剂。Grubbs 试剂在有机合成反应方面取得了重大突破，在有机合成领域得到了后人的普遍应用，对发展有机合成的策略和技巧产生了长久和深远的影响。

3.15.2 Grubbs 催化剂的发展

最初的 Grubbs 催化剂（也叫第一代 Grubbs 催化剂）主要有以下几种，下图左一就是 Grubbs 等人发现的金属钌的卡宾化合物：

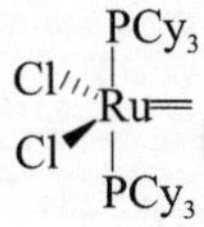

[171368-36-8]

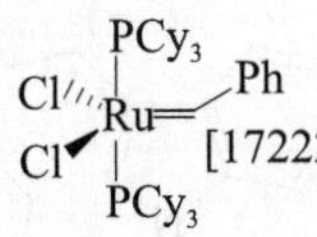

[172222-30-9]

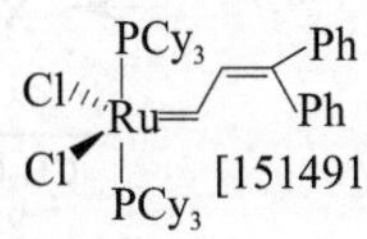

[151491-95-1]

后来又开发了第二代 Grubbs 催化剂，如下 2G 和 2H：

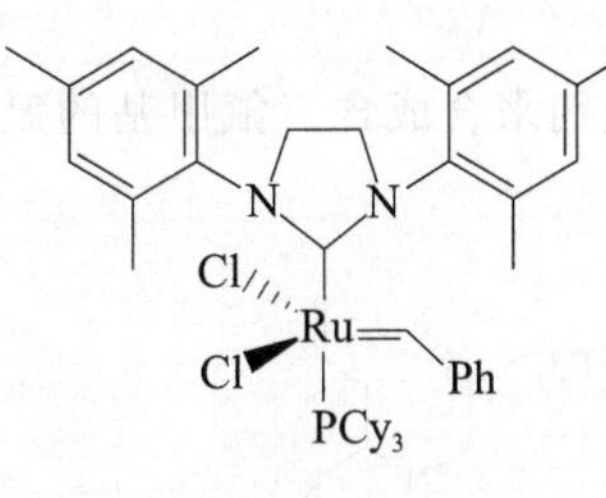

2G

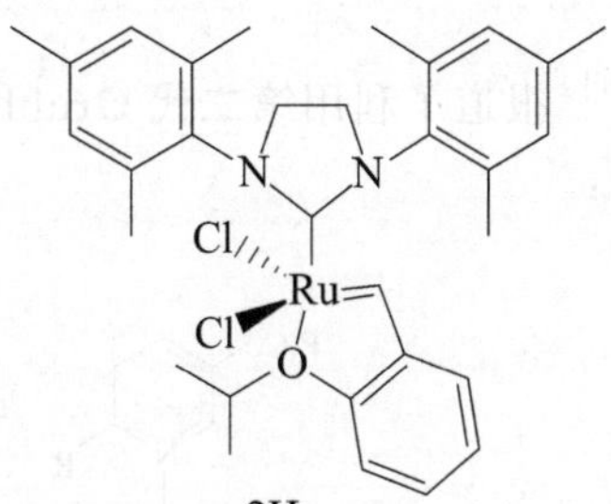

2H

现在又有了更为稳定的、新的 Hoveyda-Grubbs 催化剂：

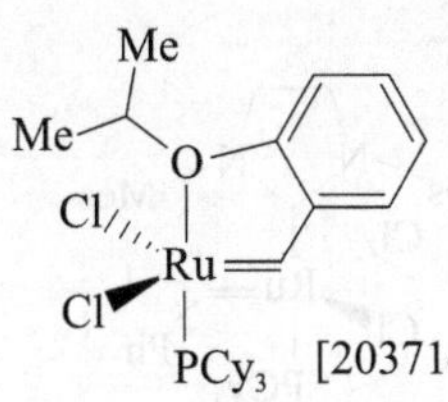

[203714-71-0]

3.15.3 Grubbs 催化剂催化的烯烃复分解反应

Grubbs 催化剂在关环置换反应（ring-closing metathesis，RCM）中起到了极好的催化作用。Yee 等用 Grubbs 催化剂环化合成了一个生物活性分子，下面的环化反应还是使用了第一代 Grubbs 催化剂[2]：

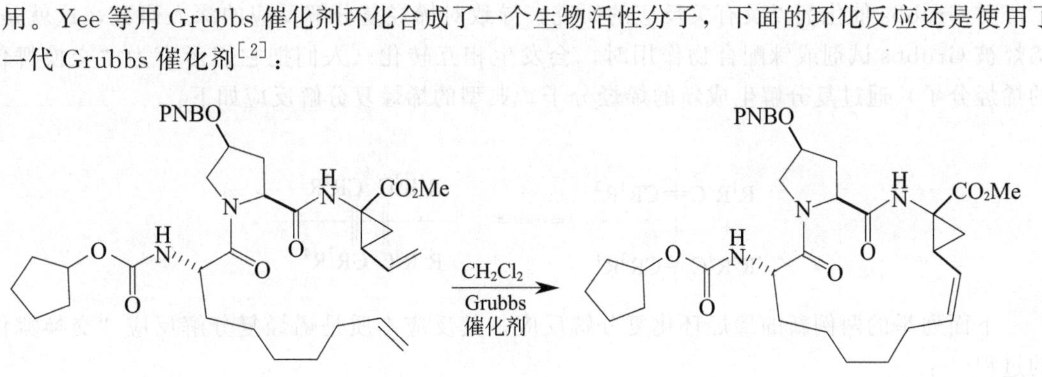

美国 Martin 教授等[3] 利用第一代 Grubbs 催化剂合成了相关的生物碱化合物，在下述反应的最后一步，成功地得到了环化产物：

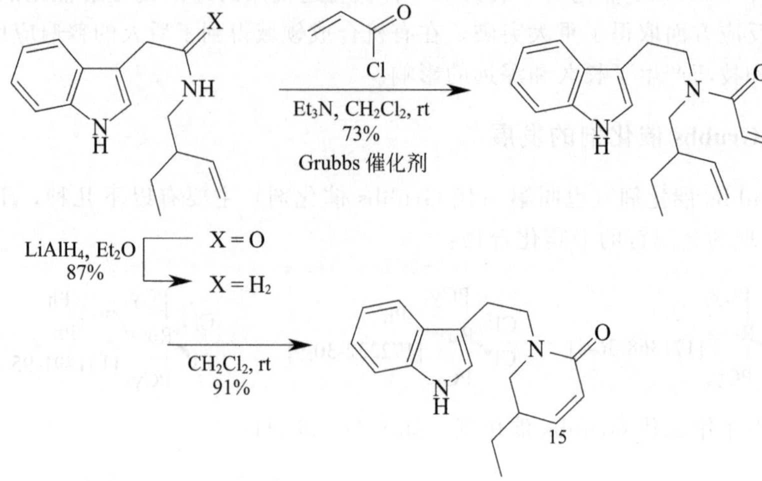

Matteis 等[4] 报道了利用第二代 Grubbs 催化剂来合成含三氟甲基的氮杂环化合物，其逆合成过程如下：

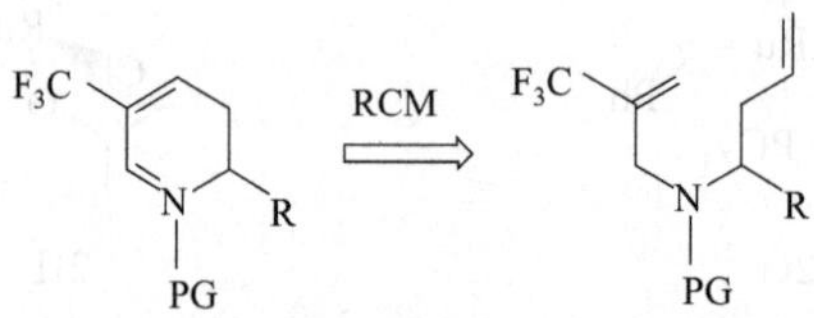

上述环化反应所用的第二代 Grubbs 催化剂的结构如下图：

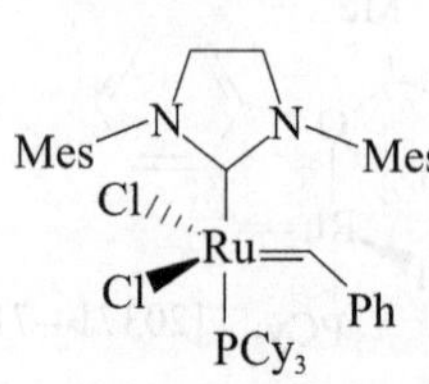

第二代 Grubbs 催化剂

关环置换反应的显著特征是在环化反应过程中脱去了不饱和键上的碳原子。这个催化反应的机理已有一些描述，详细反应过程尚需进一步研究。

对 Grubbs 催化剂以及有关反应的研究，导致对烯烃复分解反应的深入研究，这就是当烯烃被 Grubbs 试剂或铼配合物作用时，会发生相互转化（人们把它们形容为“交换舞伴”的烯烃分子）通过复分解生成新的烯烃分子。典型的烯烃复分解反应如下：

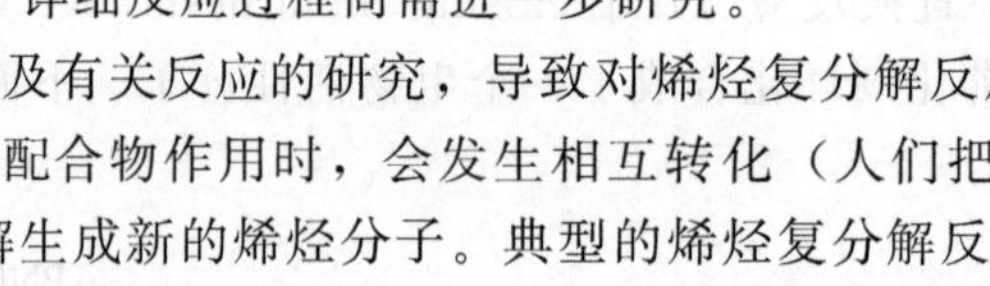

下面列举的两例新的烯烃环化复分解反应，其反应本质是烯烃复分解反应“交换舞伴”的过程[5]：

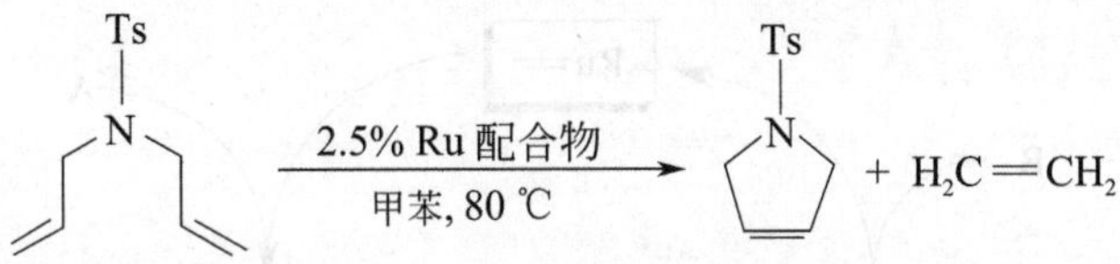

Grubbs 催化剂在不对称环化反应中，也得到了很好的应用。下述手性二烯，用 0.2 mol 的 Grubbs 催化剂作用，以 69%的产率得到了环化产物[6]：

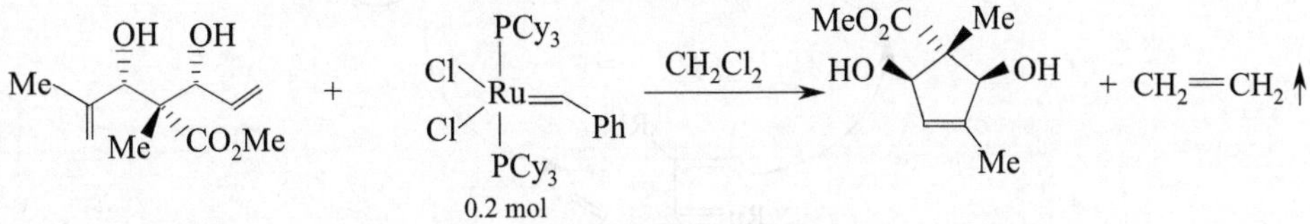

烯烃环化复分解反应还可以使环戊单烯烃生成环二烯：

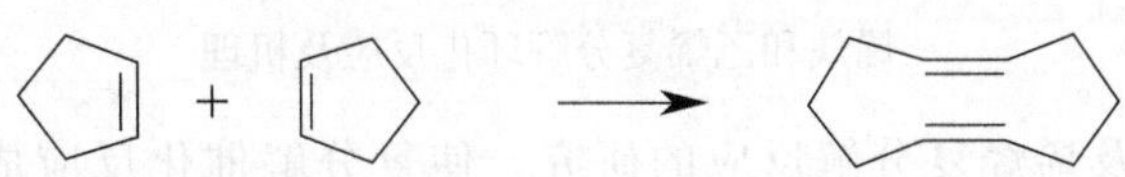

环烯和开链烯烃还可以生成开环的二烯烃：

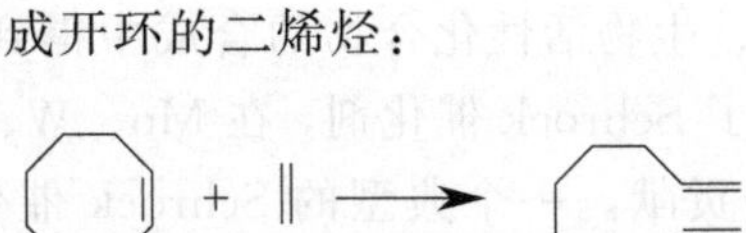

在实际应用中，可以利用 Grubbs 催化剂来合成天然产物喹啉衍生物，其逆合成过程如下图所示：

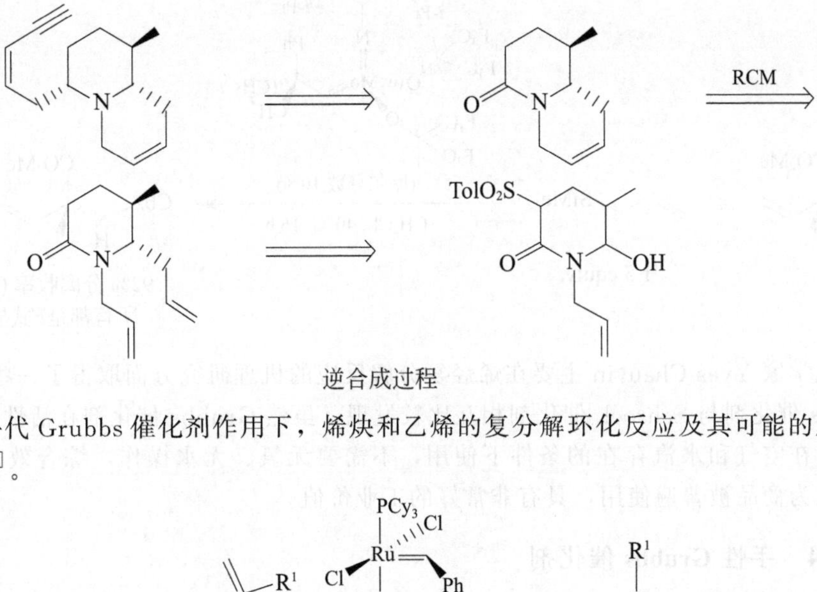

逆合成过程

在第一代 Grubbs 催化剂作用下，烯炔和乙烯的复分解环化反应及其可能的反应机理描述如下图[7]。

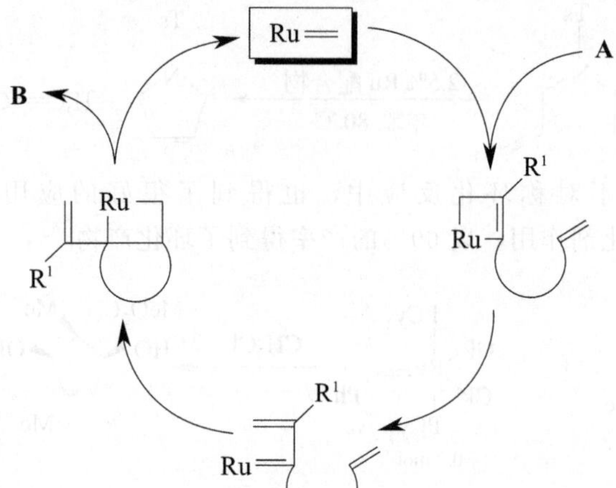

烯炔和乙烯复分解环化反应及机理

Grubbs 催化剂以及烯烃复分解反应的研究，使复分解催化反应成为一种重要的有机合成新方法，在药物、天然产物、生物活性化合物的合成中得到广泛应用。Grubbs 的工作是如此出色，他和 Schrock 发展了 Schrock 催化剂，在 Mo、W、Re 金属配合物以及相关配体的设计与合成方面作出了突出贡献。一个典型的 Schrock 催化剂催化复分解反应（RCM）如下[8]：

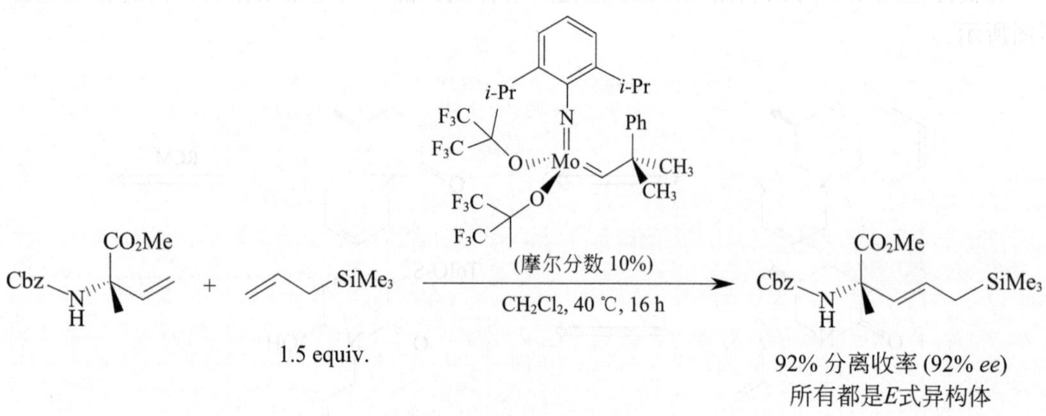

法国化学家 Yves Chauvin 主要在烯烃复分解反应的机理研究方面取得了一些成就。

Grubbs 催化剂与 Schrock 催化剂相互比较发现，虽然 Grubbs 催化剂在活性方面有所降低，但可以在空气和水汽存在的条件下使用，不需要无氧、无水操作，综合效果是非常好的，已经成为商品被普遍使用，具有非常好的工业价值。

3.15.4 手性 Grubbs 催化剂

立体控制地合成复杂手性化合物，是当前有机合成化学的热点。Hoveyda 和 Schrock 等最近发展了一种 Mo 配位的手性 RCM 催化剂，这是一种结构复杂、非常新颖的，能够用于烯烃复分解反应的手性配合物，可以用于对映选择性地合成一些手性天然产物分子[9]，下面列举一例典型不对称烯烃复分解反应：

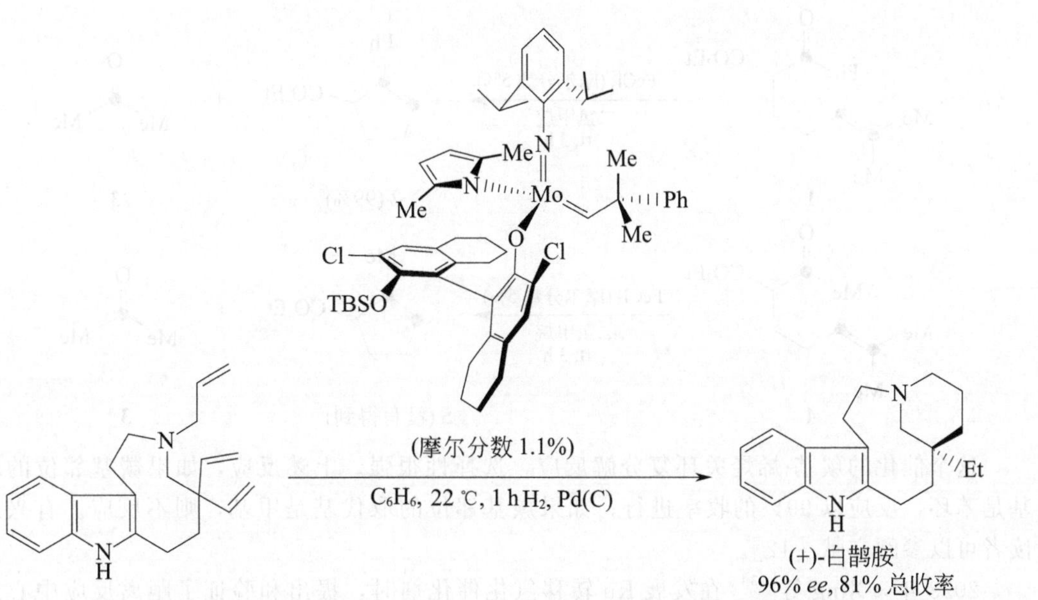

Hoveyda 和 Schrock 等发展的这种催化剂被认为是烯烃复分解反应领域中的新突破，这种新颖的 Mo 配合物作为手性催化剂可以进行 Z 式开环交叉复分解反应，特别是取代基是较大的烷氧基和小的酰亚氨基时也不会受到影响。现在，该反应已经被普遍叫作对映选择性的 ROCM（ring-opening cross-metathesis）反应[10]。

最近，Hoveyda 综述了 RCM 的进展[11]，详细地对新的不对称烯烃复分解反应作了评述，对催化剂的潜能提出了一些在活性方面的要求，综述了不对称烯烃复分解反应在天然产物全合成方面的应用。

Grubbs 试剂的发现是有机合成化学领域里程碑式的成就，是化学史上继 Woodward 之后在有机合成方面又一重大贡献，对有机合成产生了长久和深远的影响。鉴于此，作者在这里介绍一下 Grubbs 本人。

Robert H. Grubbs，1942 年生于美国肯塔基州，1963 年和 1965 年分别获佛罗里达大学化学学士和硕士学位，1968 年获哥伦比亚大学化学博士学位。他于 1968 年至 1969 年在斯坦福大学从事博士后工作，1969 年至 1978 年在密歇根州立大学担任助理教授、副教授，1978 年起至今在加州理工学院担任化学系教授。目前 Grubbs 教授的主要研究方向有：① 金属有机合成化学及其机理方面，主要涉及烯烃复分解催化反应 Ru 催化剂的设计和合成，新的配体化合物的合成，以及新的过渡金属配合物的合成等；② 有机合成化学方面，主要研究 Ru 卡宾催化的关环复分解催化反应和交叉复分解催化反应在高活性和选择性（包括立体选择性）地合成新型功能型有机分子方面的应用；③ 高分子化学方面，通过调变 Ru 卡宾催化剂的结构，利用开环复分解聚合反应可控合成具有特定结构和功能的高分子聚合物材料，同时对这些合成高分子材料的性能和应用进行探索。

3.15.5 羰基-烯烃关环复分解反应

2019 年，Schindler 等报道了 Lewis 酸超亲电体[Fe(Ⅲ)二聚体]催化的脂肪酮羰基-烯烃复分解关环反应，运用羰基-烯烃复分解关环反应，选择性制备了一系列环己戊烯化合物[12]。这项新进展把烯烃复分解反应拓展到羰基，实现了羰基-烯烃关环复分解反应。

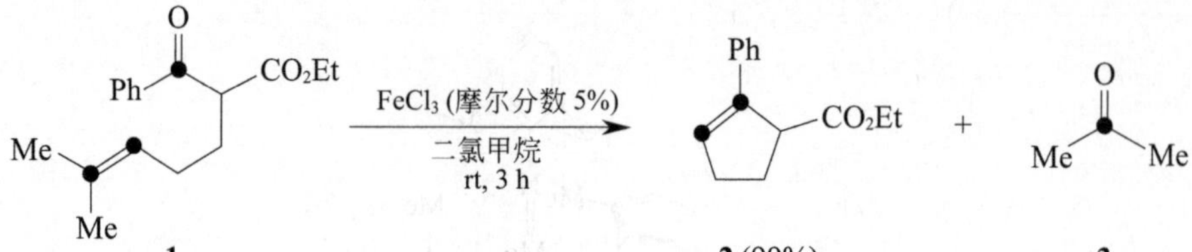

1　　2 (99%)　　3

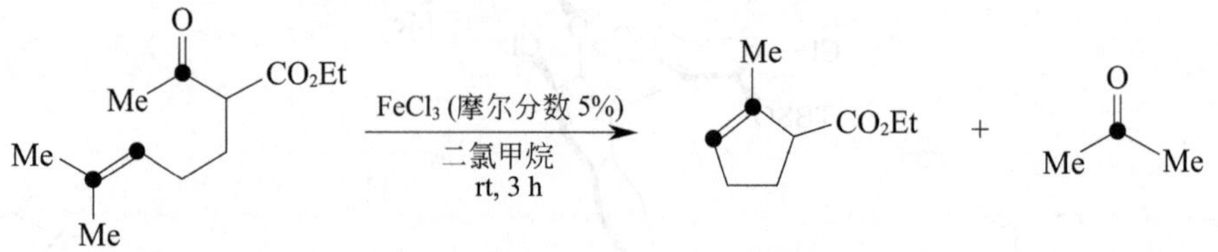

4　　5 (没有得到)　　3

这个催化的羰基-烯烃关环复分解反应，选择性很强。上述反应，如果羰基邻位的取代基是苯环，反应以 99%的收率进行；如果羰基邻位的取代基是甲基，则不反应。有兴趣的读者可以参阅文献［12］。

2023 年，Xing 等[13] 在发展 Ru 转移氢化催化剂时，提出和验证了距离反应中心最近的环内手性元素诱导八面体钌中心的手性，能够提高反应的对映选择性。他们进一步探索发展手性 Ru 烯烃复分解催化剂（在 Grubbs 催化剂的基础上，构建了不同螺旋特征的碳手性中心，它们决定 Ru 中心的绝对构型），然后用其研究控制烯烃复分解反应的立体选择性。

与以前报道的 Grubbs 催化剂相比，这类催化剂具有好的空气及水稳定性。进一步的研究表明，右手螺旋的催化剂可有效地进行开环-交叉偶联去对称，不仅可以实现高 Z/E 选择性，最高 Z/E 比达到 99∶1，也可同时实现高的对映选择性，最高 *ee* 值达到 99%。

作者发现左手螺旋的 Ru 催化剂，可以实现三烯化合物的去对称关环，生成一系列的五元杂环和六元杂环手性化合物，其中包含季碳手性中心的杂环化合物，最高 *ee* 值也达到了 99%。

这项成果成功发展了一系列兼具高 Z 选择性和高对映选择性的手性 Grubbs 催化剂，实现了开环-交叉复分解去对称，以及关环复分解去对称合成杂环化合物。这是到 2023 年，化学家看到的 Grubbs 烯烃复分解催化剂实现高效关环去对称反应的重要新进展。

参 考 文 献

［1］ Nguyen S T，Johnsson L K，Grubbs R H，et al. J. Am. Chem. Soc.，1992，114（10）：3974-3975.

［2］ Yee N K，Farina V，Houpis J N，et al. J. Org. Chem.，2006，71（19）：7133.

［3］ Deiters A，Pettersson M，Martin S F. J. Org. Chem. Soc.，2006，71（17）：6547.

［4］ Matteis V D，van Delft F L，Jakobi H，et al. J. Org. Chem.，2006，71（20）：7527.

［5］ Grubbs R H，Miller S J，Fu G C. Acc. Chem. Res.，1995，28：446；Kirkland T A，Lynn D M，Grubbs R H. J. Org. Chem.，1998，63：9904.

［6］ Sunazuka T，Hirese T，Shirahata T，et al. J. Am. Chem. Soc.，2000，122：2122.

［7］ a）Mori M，Sakakibara N，Kinoshita A . J. Org. Chem.，1998，63（18）：6082-6083；b）Grubbs R H. Handbook of Metathesis，Wiley-VCH，Weinheim，2003；c）Trnka T M，Grubbs R H. Acc. Chem. Res.，2001，34（1）：18-29.

［8］ Brümmer O，Rückert A，Blechert S. Chem. Eur. J.，1997，3：441-446.

［9］ Sattely E S，Meek S J，Malcolmson S J，et al. J. Am. Chem. Soc.，2009，131：943-953.

［10］ Córdova A，Rios R. Angew. Chem. Int. Ed.，2009，48：8827-8831.

［11］ Hoveyda A H，Malcolmson S T，Simon J，et al. Angew. Chem. Int. Ed.，2010，49：34-44.

[12] Albright H, Riehl P S, McAtee C C, et al. J. Am. Chem. Soc., 2019, 141: 1690.
[13] Li S P, Feng S J, Zhou Y L, et al. J. Am. Chem. Soc., 2023, 145: 22745-22752.

3.16 卟啉衍生物的合成反应

卟啉（porphyrin）是一种非常重要的多氮化合物，每年发表的关于卟啉方面的研究论文非常多。英国科学出版社的《卟啉手册》已经出版了 20 卷，这部手册涉及卟啉研究方面的信息量非常大。

科学家之所以对卟啉如此关注，主要是卟啉的骨架结构广泛存在于自然界。在生命科学领域，人们很熟悉的重要天然化合物叶绿素和血红素，其骨架就是原卟啉结构，叶绿素是镁螯合酶给其中插入了镁离子，而血红素是铁螯合酶给原卟啉环内插入了亚铁离子。当然，叶绿素分 a 类和 b 类，叶绿素 a 还要键接植醇链等，血红素的卟啉结构是通过咪唑环链键接到蛋白分子上去的。

另外，维生素 B_{12}、细胞色素 P-450 和某些酶结构中都含有卟啉环结构。

1930 年的诺贝尔化学奖就颁给了从事叶绿素和血红素研究的化学家（见附录）。

3.16.1 卟啉衍生物的生物合成

动植物体内可以合成原卟啉环，生物合成的前体是 δ-氨基乙酰丙酸（δ-aminolevulinic acid，δ-ALA），合成 δ-氨基乙酰丙酸的起始物是谷氨酸。在植物和蓝细菌中，谷氨酸在有 $tRNA^{GLU}$ 参与的反应中生成 ALA，尽管在动物和植物中 ALA 的合成不一样，但从 ALA 生物合成原卟啉的步骤是相同的。哺乳动物体内生物合成卟啉，进而合成出血红素，δ-氨基乙酰丙酸（δ-aminolevulinic acid，δ-ALA）不断循环在体内合成胆色素原吡咯（PBG），在酶催化下，经过下列步骤，通过与植物合成原卟啉一样的路线，得到原卟啉环[1]：

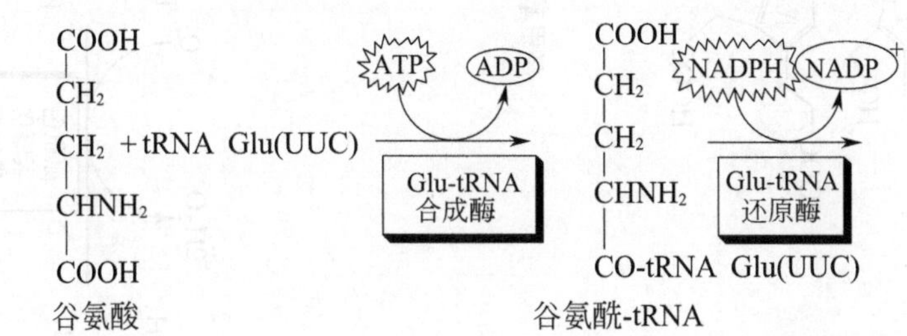

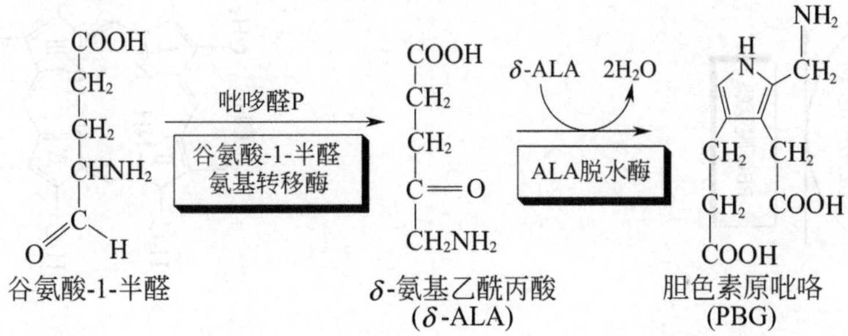

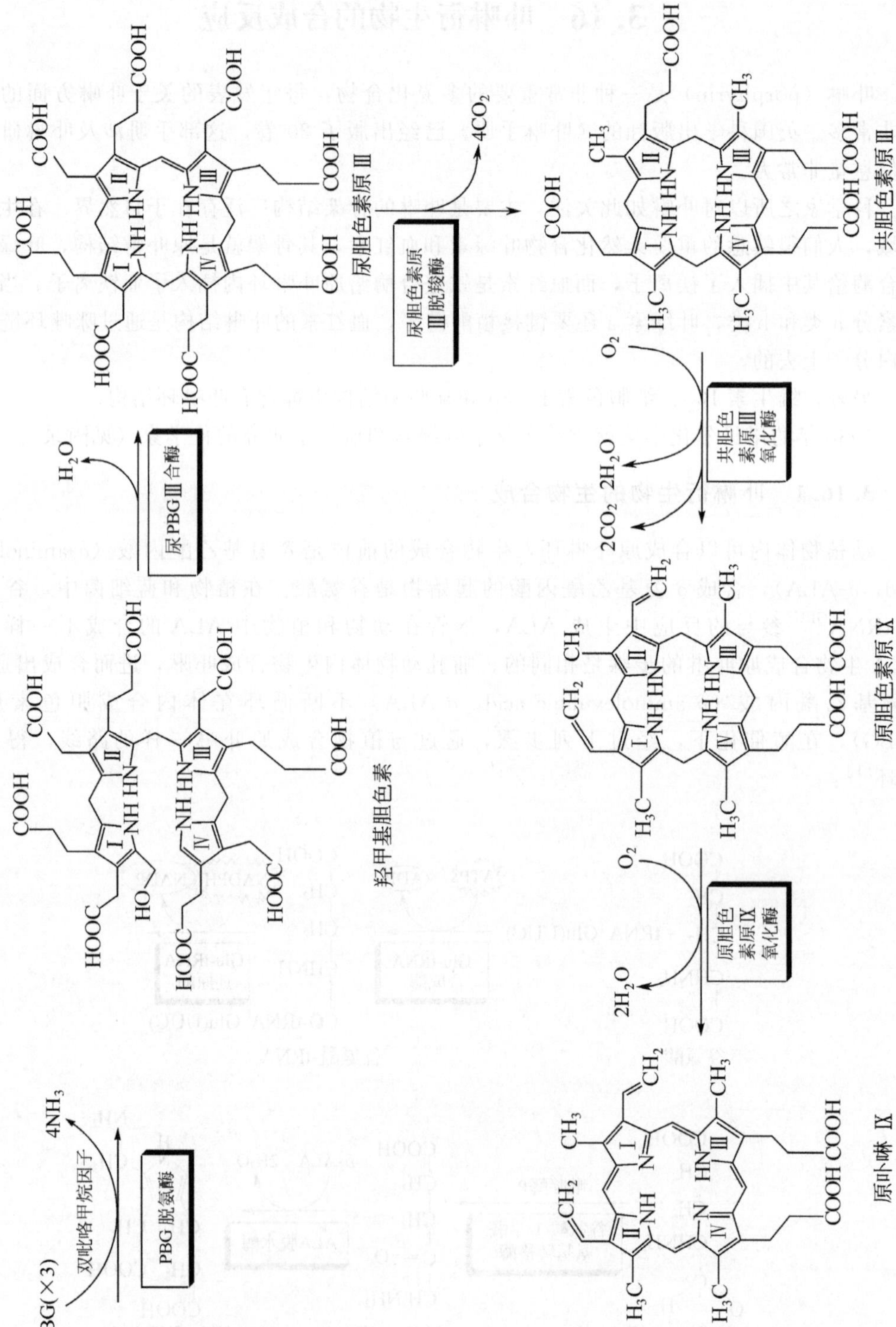
PBG(×3)
双吡咯甲烷因子
PBG脱氨酶
$4NH_3$
羟甲基胆色素
尿PBGⅢ合酶
H_2O
尿胆色素原Ⅲ
尿胆色素原Ⅲ脱羧酶
$4CO_2$
共胆色素原Ⅲ
O_2
共胆色素原Ⅲ氧化酶
$2CO_2$ $2H_2O$
原胆色素原Ⅸ
O_2
原胆色素原Ⅸ氧化酶
$2H_2O$
原卟啉Ⅸ

可以看出，生物合成是在酶催化下于非常温和的条件下进行的。

3.16.2 卟啉衍生物的化学合成

笔者等曾合成了带有活性基团如羧基的卟啉衍生物[2]，合成方法是用不同取代的苯甲醛和吡咯进行缩合反应。为了得到卟啉衍生的单羧酸，作者严格控制对甲酸甲酯苯甲醛和甲基苯甲醛的比例（3∶1），以正丙酸作溶剂，先让两种不同取代的苯甲醛在正丙酸中回流 8 min，然后加吡咯，在正丙酸溶剂中再回流 40 min，回流和搅拌条件下加入乙二醇，然后让反应液冷却，置于冰箱（2～4 ℃）过夜，析出非常漂亮的深蓝色晶体，过滤，在布氏漏斗中用 1∶1 的甲醇和水冲洗，在 38 ℃真空干燥箱中干燥，即得目标产物。产物结构如下：

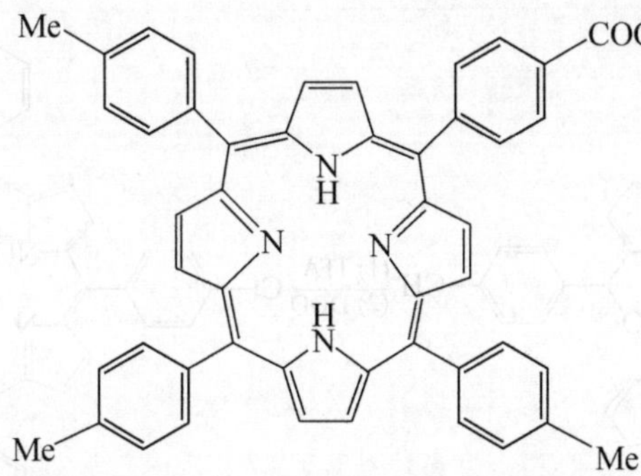

实验证明，在取代的苯甲醛回流搅拌条件下迅速加入吡咯，有利于很快缩合成共轭体系的稳定的产物分子，且产率高。

在^{1}H NMR（核磁共振氢谱）的表征上，卟啉环有一个显著的结构特征，即卟啉环内与氮原子相连的氢在很高场 δ-2.8 给出一个单峰信号，这是由于环内质子受到强烈的屏蔽作用的结果。在外加磁场的作用下，环内与氮原子相连的氢的感生微磁场与外加磁场刚好相反，因而在更高的场强下才能给出信号[2-3]。

顺便提及，Kehl 和 Missouri 所编著的 *Chemistry and Biology of Hydroxamic Acid* 一书[4]，封面上的反应机理如下：

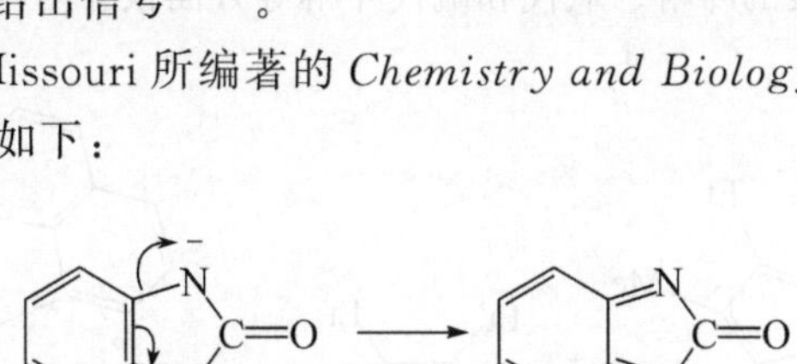

以上机理有一个箭头标反了。笔者认为，正确的应为：

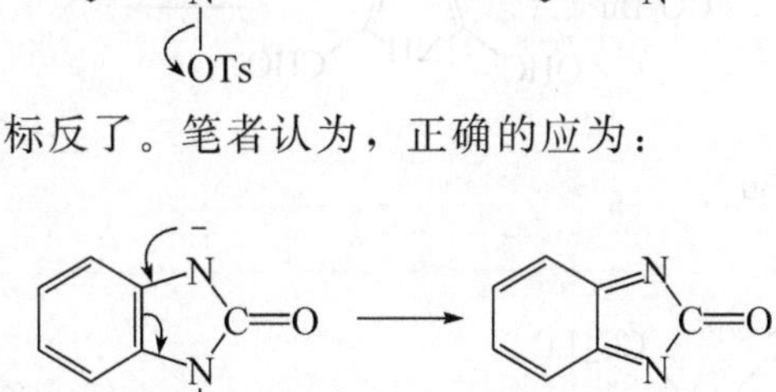

李和平[5] 报道了一些卟啉合成的方法，如双吡咯合成法，不同于以往的苯甲醛类和吡咯的合成方法。双吡咯合成法是将两分子吡咯烷缩合成卟啉的方法，也叫［2＋2］合成法，亦称 MacDonald 法。其合成反应如下：

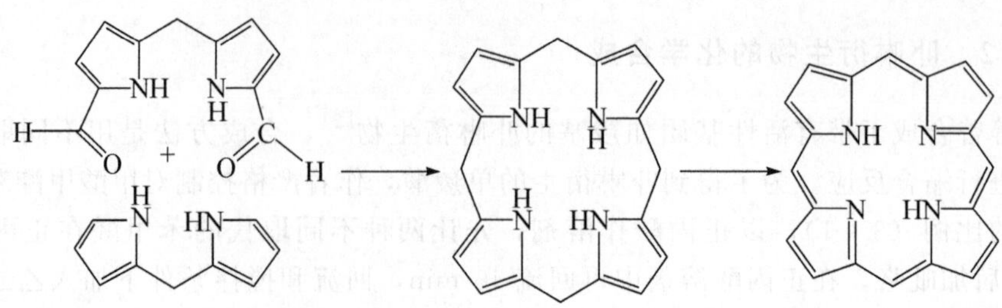

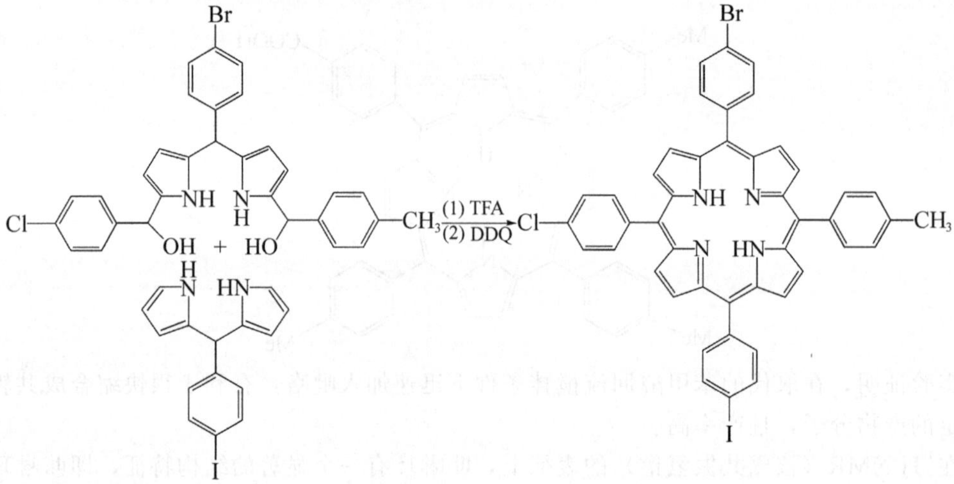

还有三吡咯合成法，即由三分子吡咯烷和一分子二甲酰基吡咯缩合形成卟啉，亦称为［3＋1］法。这种方法在合成拓展的卟啉、氧代和硫代卟啉等方面很有用，其反应如下[5]：

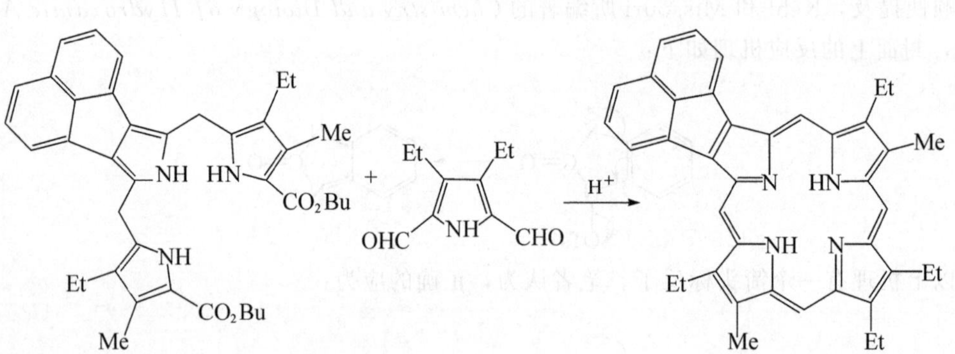

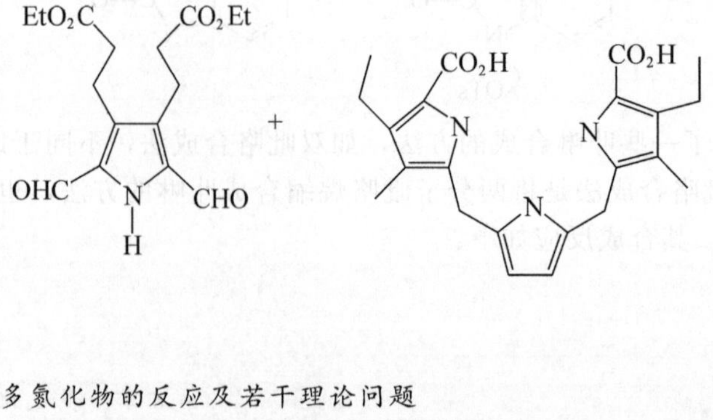

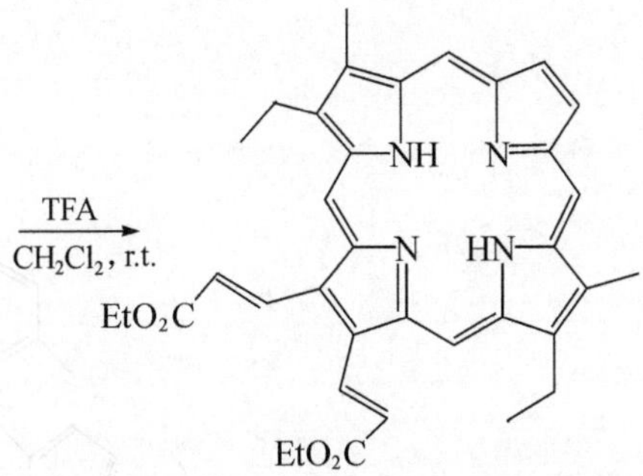

还有线型四吡咯合成法，这种合成方法在合成不对称卟啉和各种取代的卟啉衍生物方面很有用：

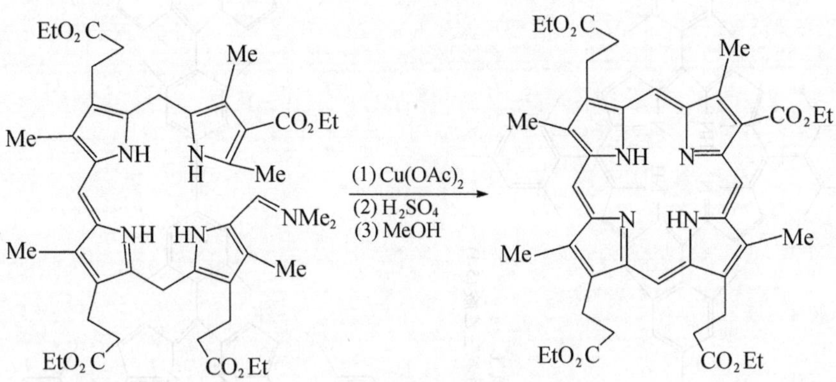

3.16.3　聚卟啉的合成反应

从已发表的许多卟啉合成方面的研究论文看，化学家在这方面的创新层出不穷，合成了许多不同种类的双卟啉和多聚卟啉。

如以银盐作为氧化剂、2,5-二叔丁基苯作为助溶剂、氯仿和 DMF 作为溶剂，合成得到了中位三芳基取代的双卟啉化合物[5]：

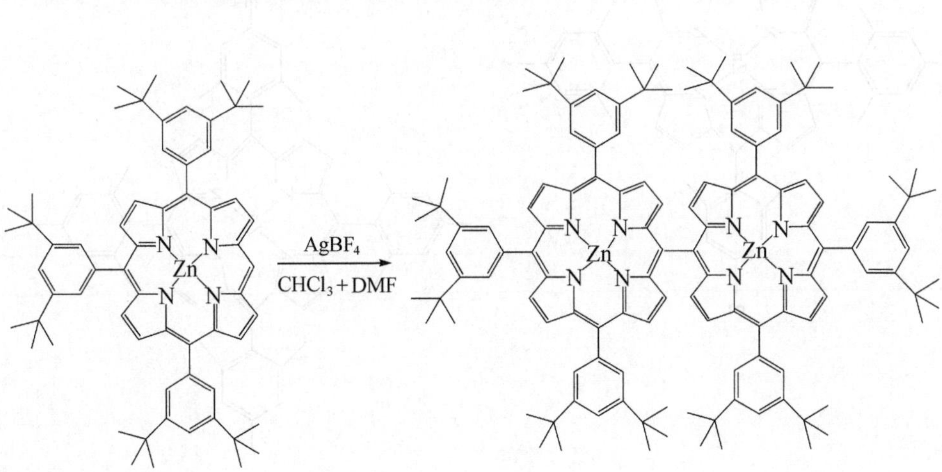

多聚卟啉在合成中分离纯化较为困难，具有一定的挑战性。目前，已经通过金属钯（Pd^0）作催化剂，合成了以炔基键连的三聚卟啉衍生物[5]：

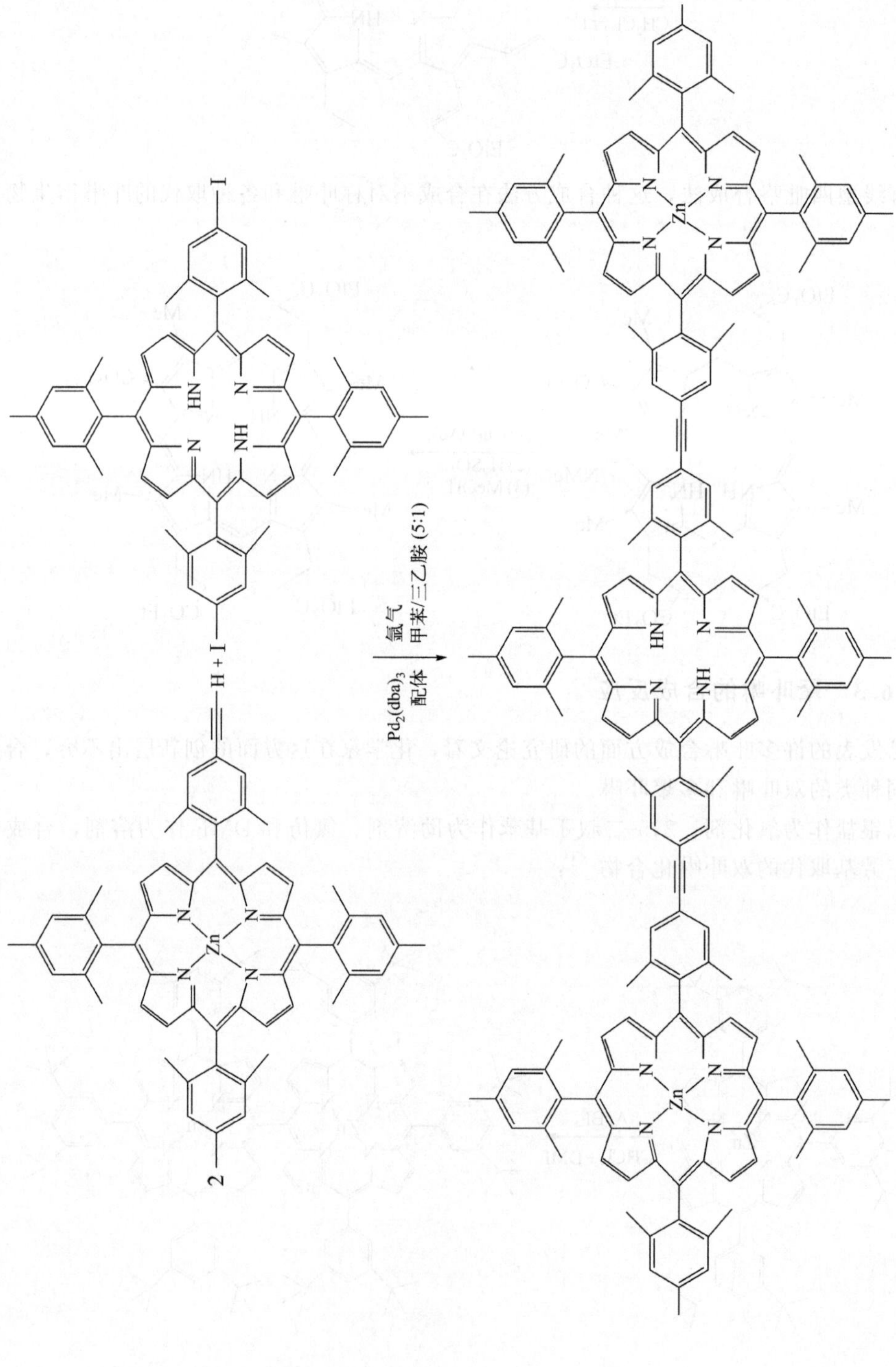
Pd$_2$(dba)$_3$
配体
氩气
甲苯/三乙胺 (5:1)

金志平和彭孝军等[6] 对多聚卟啉在分子器件方面的应用作了很好的专论。由双卟啉四酮合成的准一维和全共轭的四卟啉衍生物[7]，由于主链周围键接有许多叔丁基，所以在大多数有机溶剂中有较好的溶解性。该四卟啉衍生物的结构如下：

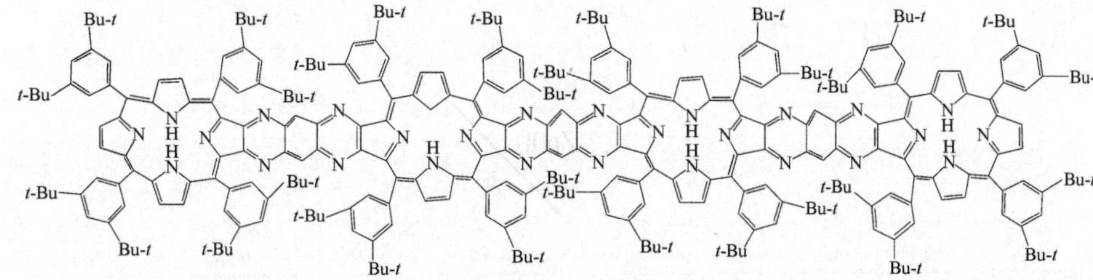

这个四卟啉衍生物超分子，在组装成为有机绝缘导线方面有应用前景。

Lindsey 等[8] 在线形和十字形多聚卟啉衍生物方面做了大量的工作。Gust 等设计合成了一种很有特色的电子转移（D-A）卟啉衍生的大分子，其结构如下：

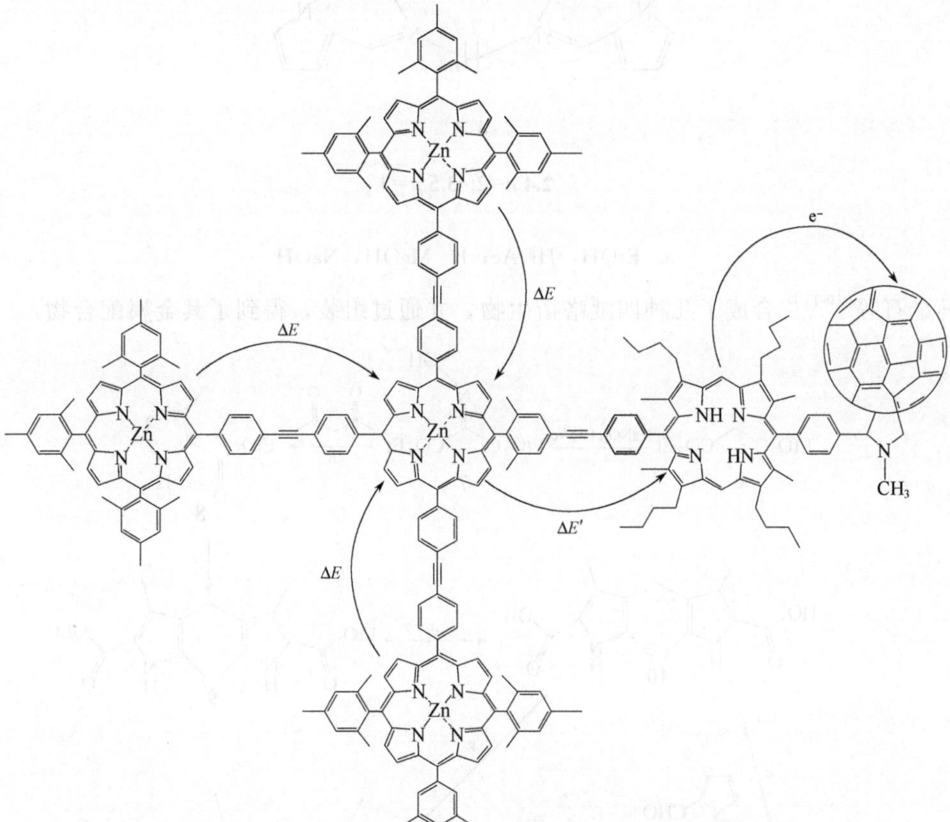

这个电子转移多卟啉超分子在光能转换器等方面有重要学术意义。

另外，多氮化物还有酞菁类，酞菁在染料方面具有重要价值。这方面的研究进展很快，有兴趣的读者可以参阅有关酞菁合成方面的专著[9]。

马金石、杨兰英等[10-11] 合成了几种中位 3,3′-连接的四吡咯多氮化物，并研究了它们与 Zn(Ⅱ)、Co(Ⅱ)、Ni(Ⅱ) 配位化合形成的自组装体系。这些超分子配合物有可能在某些功能材料方面获得应用。首先，他们合成了含两个希夫碱单元的 2-(吡咯-甲烯胺) 配体，再用其与醋酸锌作用得到这种金属配合物：

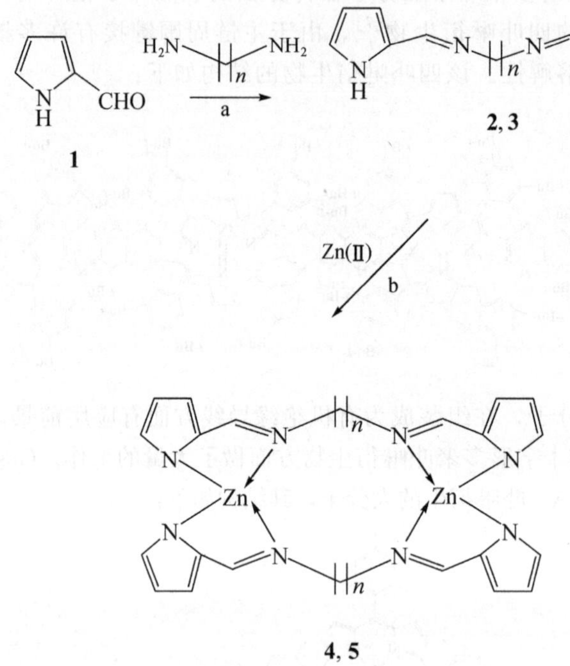

2,4 n=2; **3,5** n=4

a. EtOH，HOAc；b. MeOH，NaOH

马金石等[10-11] 合成了几种四吡咯衍生物，并通过组装，得到了其金属配合物：

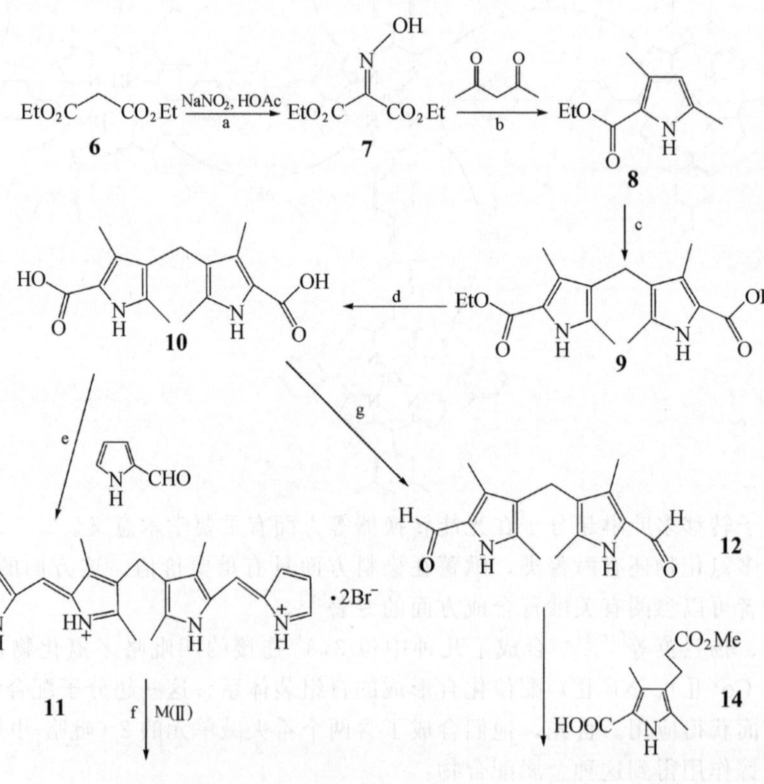

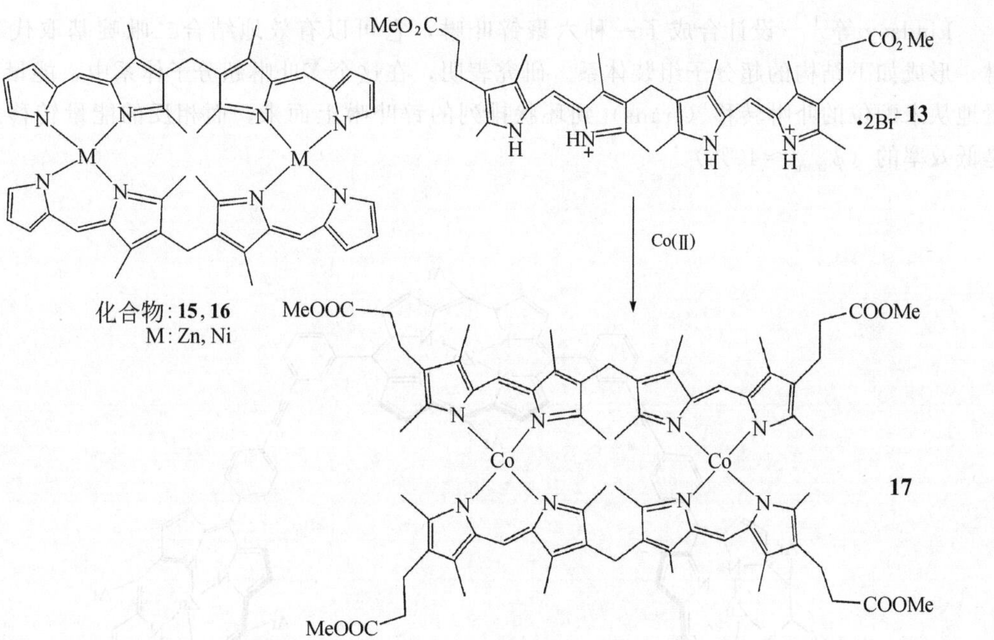

a. <5 ℃；b. 60～80 ℃；c. 对甲醛，HCl/HOAc，r. t.；d. NaOH/加热，H^+；e. TFA，HBr/HOAc，N_2；f. Zn$(OAc)_2$或 Ni$(OAc)_2$，NaOAc，MeOH；g. DMF-苯甲酰氯

X 射线晶体结构分析证明，这些超分子金属配合物具有双核双螺旋结构。

1987 年诺贝尔化学奖授予了 C. J. Pedersen、D. J. Cram 和 J. M. Lehn 三位科学家，Pedersen 对冠醚的研究作出了贡献[12]，而 Cram 和 Lehn[13-14] 发展了主-客体化学进而对超分子化学作出了贡献。从此，超分子这种以非共价键弱相互作用键合起来的复杂有序并有特定功能的分子集合体，得到了长足的进展。在 1992 年，国际上有了专门的超分子科学刊物，叫做《超分子化学》(*Supramolecular Chemistry*)。"超分子化学"已经成为与生命科学、材料科学、有机化学等诸多学科相互交叉的边缘学科。国内已有这方面的专著[15]。

Sessler 和 Harriman 等[16] 通过鸟嘌呤和胞嘧啶之间的三重氢键的相互作用，将三个卟啉衍生物分子组装成为一个超分子体系。研究发现，其中的锌卟啉在激发态时有较高的能量，通过荧光光谱可以观察到能量由锌卟啉向自由卟啉单元的快速转移。锌卟啉结构如下：

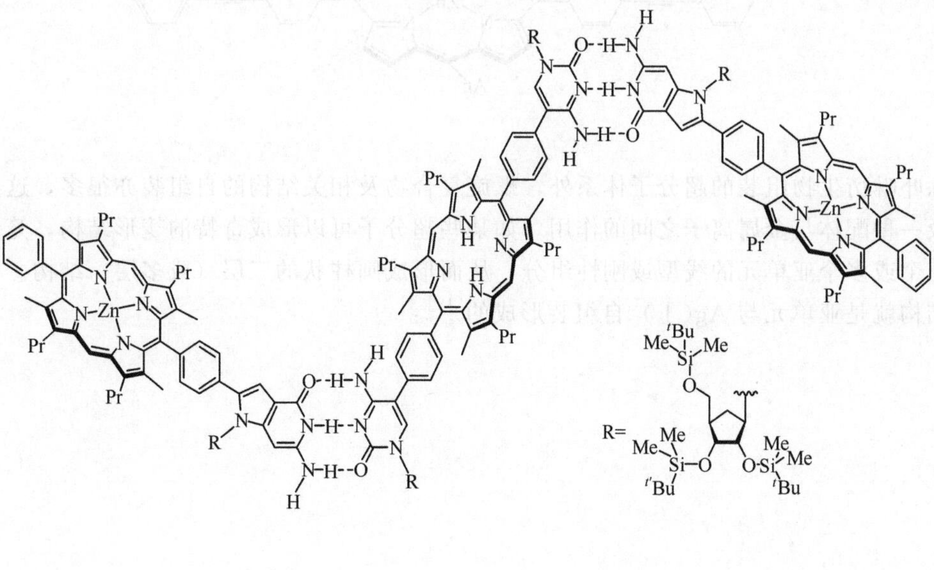

Lindsey 等[17] 设计合成了一种六聚锌卟啉，它可以有效地结合二吡啶基取代自由卟啉，形成如下结构的超分子组装体系。研究表明，在这个多卟啉超分子体系中，能量可以定量地从未配位的卟啉转移（trans）到环状排列的锌卟啉上面来，而相反的能量转移过程则是低效率的（$\phi_{trans} \approx 40\%$）。

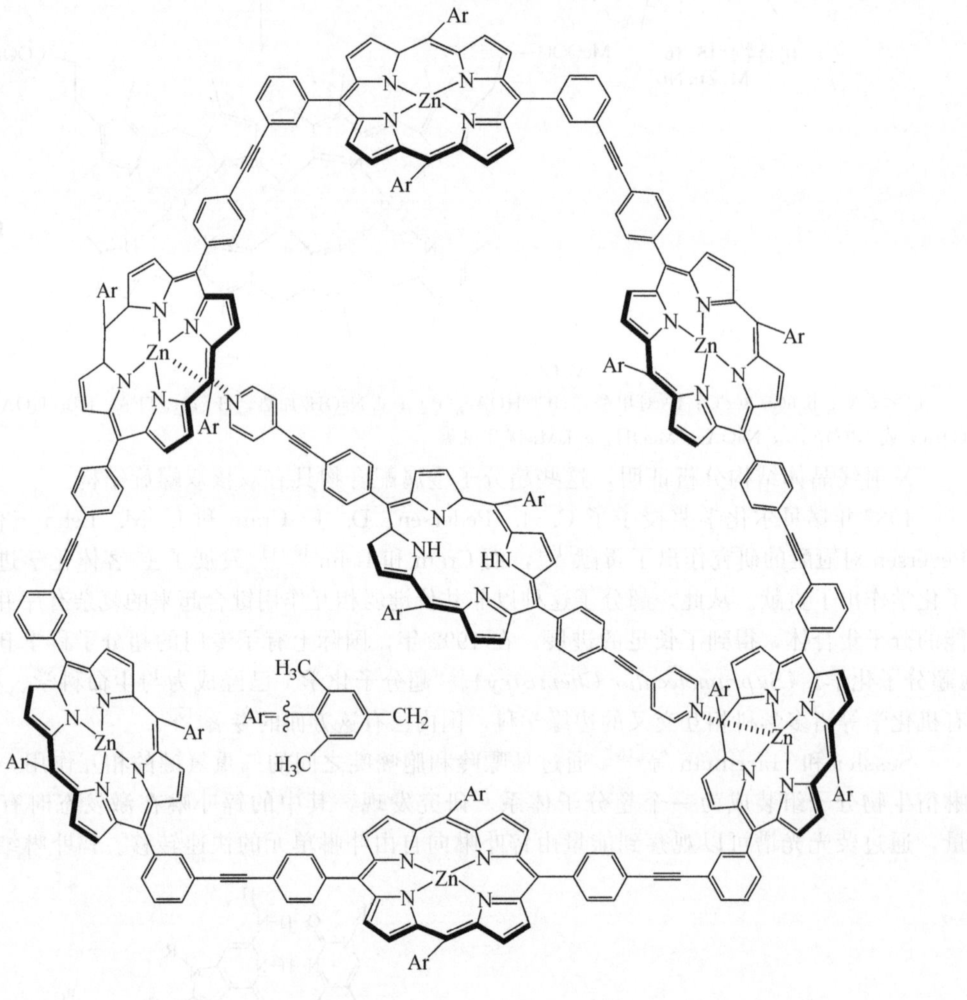

除卟啉衍生物组装的超分子体系外，螺旋复合物及相关结构的自组装亦很多，这些自组装涉及一种配体与金属离子之间的作用。如某些超分子可以形成奇特的笼形结构，笼形结构通过三个或多个亚单元的线型或刚性组分，从而形成圆柱状的三层（或多层）结构。以下超分子结构就是亚单元与 Ag(Ⅰ) 自组装形成的[18]：

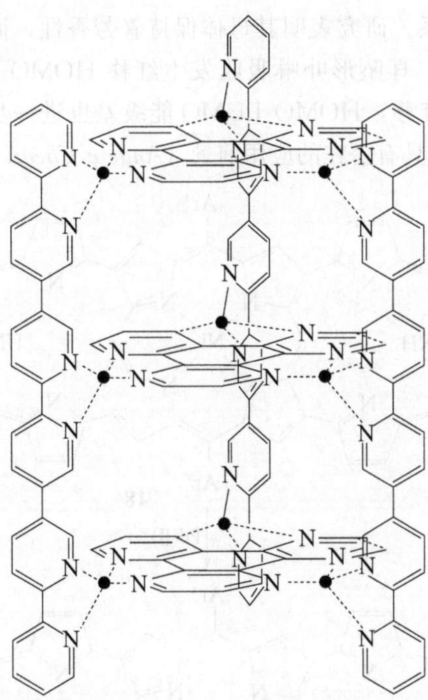

将不对称中心引入到超分子体系中，具有一定的学术意义。超分子的不对称结构依赖于组分的手性特征，如具有桥头结构的手性组分通过四个氢键组装成的环形和链状的超分子，原则上能够保持其手性特征[18-19]：

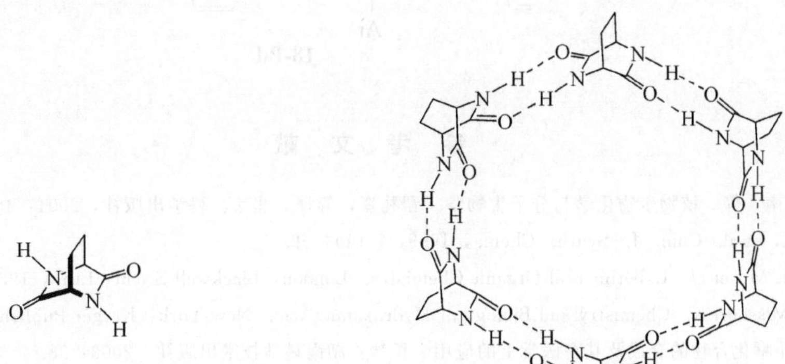

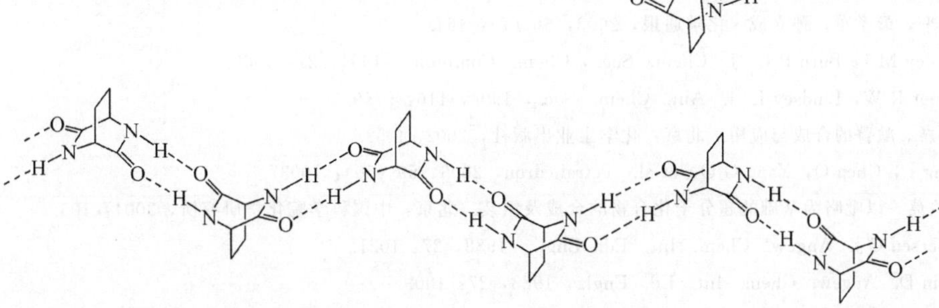

3.16.4 耳坠形卟啉化合物的合成

卟啉具有 18π 电子共轭结构，具有独特的空腔结构可以利用。宋建新课题组通过三吡咯二硼化合物与 β,β-卟啉二溴化合物的 Suzuki 反应，合成了 β,β-三吡咯桥连的耳坠形卟啉化合物。这类化合物分子可以同时配位 3 个金属离子。单晶 X 射线衍射结构分析表明，此类卟啉化合物具有弧形或螺旋的共轭 π 体系。研究表明其母体保持着芳香性，而外围的“耳坠”部分表现出反芳香性。与单体卟啉相比，耳坠形卟啉吸收发生红移 HOMO-LUMO 能级间隔降低。金属配位后，耳坠形卟啉进一步红移，HOMO-LUMO 能级差也进一步降低。由于其有近红外吸收特性，在肿瘤光动力治疗方面具有潜在的应用前景（*Angew. Chem. Int. Ed.*，2016，55：6438）。

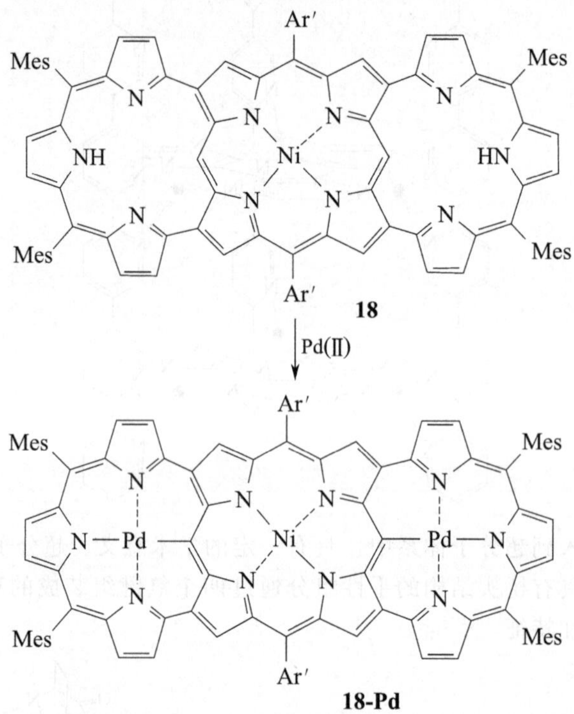

参 考 文 献

[1] B. B. 布坎南，等．植物生物化学与分子生物学．翟礼嘉，等译．北京：科学出版社，2004：462.

[2] Wang N X，et al. Chin. J. Synth. Chem.，1999，7 (1)：52.

[3] Harwood L M，et al. Experimental Organic Chemistry. London：Blackwell Science Lth.，1989：684.

[4] Kehl H，Missouri K. Chemistry and Biology of Hydroxamic Acid. New York：Karger Publisher Co.，1982.

[5] 李和平．卟啉化合物的合成及其在医学上的应用．长沙：湖南科学技术出版社，2003：38.

[6] 金志平，彭孝军，孙立成．化学通报，2003，66 (7)：464.

[7] Crossley M J，Burn P L. J. Chem. Soc.，Chem. Commun.，1991，21：1569.

[8] Wagner R W，Lindsey J. J. Am. Chem. Soc.，1994，116：9759.

[9] 沈永嘉．酞菁的合成与应用．北京：化学工业出版社，2002：9-52.

[10] Yang L，Chen Q，Yang G O，et al. Tetrahedron，2003，59 (50)：10037.

[11] 杨兰英．以吡咯为基础的超分子化合物的合成及组装．北京：中国科学院化学研究所，2004：105.

[12] Pedersen C J. Angew. Chem. Int. Ed. Engl.，1988，27：1021.

[13] Cram D. Angew. Chem. Int. Ed. Engl.，1988，27：1009.

[14] Lehn J M. Angew. Chem. Int. Ed. Engl.，1988，27：89.

[15] 刘育，尤长城，张恒益．超分子化学——合成受体的分子识别与组装．天津：南开大学出版社，2001：430.

[16] Sessler J L，Wang B，Harriman A. J. Am. Chem. Soc.，1995，117：704.

[17] Ambroise A，Li J，Yu L，et al. Org. Lett.，2000，2：2563.

[18] Lehn J M. 超分子化学——概念和展望．沈兴海，译．北京：北京大学出版社，2002：164.

[19] Brienne J，Gabard J，Leclercq M，et al. Tetrahedron Lett.，1994，35：8157.

3.17 生物圈和植物中的氮素[1]

早在1918年，德国化学家Haber就因发明固氮法而获得诺贝尔化学奖（见附录）。

在有机体中，氮是含量第四位的元素。虽然氮在地壳中的含量低于0.1%，但它以氮气的形式在大气层中占约80%。绝大部分矿物氮存在于火山岩中，但是火山岩的风化却不是无机氮进入有机体的重要途径。各种氧化态的氮都会在无机化合物和有机化合物中出现，有机体不能吸收游离态的氮，只能吸收化合态的氮。化合态的氮首先来源于大自然的化学反应，如在雷电的作用下氨态氮的生成，还有人们施用的无机肥料和有机肥料，也是有机体的摄氮途径。然而，在自然生态系统中，可以为有机体所用的氮的主要来源是生物固氮反应，这一过程把大气中和溶解状态下的氮气转化为NH_3。固氮作用只有原核生物才能完成。固氮作用产生的NH_3通过同化作用转变为氨基酸，氨基酸再通过生化过程合成各类蛋白质和其他含氮化合物，氨基酸还可以经硝化细菌的作用转化成硝态氮。

无机氮转化为有机代谢物的过程中，最重要的一步是谷氨酰胺合成酶催化的反应。氨基酸的合成对氮的需求量最大，因为它是合成蛋白质和其他化合物的重要前体。

氮元素是构成核苷酸、辅酶、一些辅助因子和一些常见代谢产物的基本元素，也是叶绿素的主要成分。一些激素类化合物也由含氮化合物前体衍生而来。生物碱是多氮化合物中非常重要的天然产物。

在植物中，由根吸收的硝酸盐还原后，在根中进行同化作用，其大致过程为$NO_3^- \rightarrow NH_4^+ \rightarrow$谷氨酸胺，或者直接把硝酸盐运送到茎。$NO_3^-$也可贮存于根或茎细胞的液泡中。生长于$NO_3^-$环境下的豆科植物，可以利用$NO_3^-$作为氮源。要全面了解植物氮的同化过程，需要对基因和基因表达、蛋白结构和活性、根发育及根的生理等有更多的了解。氮通常是影响植物生长和结果的重要因素。广泛使用氮肥是提高农作物产量的一种主要手段，而生物固氮是人们长期感兴趣的理论问题，随着人们对农产品需求的增加，深入了解植物获取氮的机制就变得极其重要[1]。

生物固氮过程消耗ATP和还原能，其本质是将氮气还原为胺盐。由固氮酶催化的生物固氮只发生在原核生物中，其过程如下：

$$N_2 + 8H^+ + 8e^- + 16MgATP \longrightarrow 2NH_3 + H_2 + 16MgADP + 16Pi$$

式中，Pi代表无机磷酸盐。H_2的放出是固氮反应的一个重要方面，甚至在缺乏N_2时，只要有MgATP和还原剂存在仍可放出。对N_2还原极具抑制作用的CO并不阻碍H_2的放出，因此这两种底物（N_2和H^+）在催化部位上的结合作用应当不同。固氮酶相对来说是非特异性的，可还原几种不饱和的小分子，如将乙炔还原为乙烯。

许多真菌系统树中的成员以及某些产甲烷古菌都具有固氮特性，不同类群的固氮菌可以和植物在共生体中建立共生关系。在这些共生体中，细菌固定的氮与植物固定的碳发生了交换。

固氮反应是一种独特的生物化学反应，它需要消耗高能化合物。由于固氮酶和一些为它提供还原底物的蛋白质对氧敏感，所以许多固氮菌都是厌氧的。由于发酵和厌氧呼吸利用还原化合物的效率远低于有氧呼吸，因而厌氧菌必须消耗大量的底物以产生足够的ATP来实现氮的固定。一些非丝状蓝细菌将固氮反应与光合作用在时序上隔离开，光照条件下进行光合反应，而在黑暗的条件下进行固氮反应[1]。

氮生成氨的生物还原反应由两种酶催化：固氮酶和固氮酶还原酶。这两个酶一起被称为固氮酶。固氮酶是由一个“铁蛋白”（α-二聚体）和一个“钼铁蛋白”（$\alpha_2\beta_2$-四聚体）所组成，钼铁蛋白含有供 N_2 结合的部位，铁蛋白中含有一类铁蛋白 Fe_4S_4 原子簇负责桥联两个亚基。钼铁蛋白（图 3-10）结合有两个 FeMo-co（M 簇）和一个由 4 个独特的［Fe_8S_8］组成的中心（P 簇）。两 FeMo-co 相距 7 nm，与它们各自作为活性位点相符。另一方面，P 簇与 FeMo-co 中心相当靠近（1.9 nm），表明它们在 N_2 的固定中很可能协同作用。FeMo 中心被认为是催化活性中心[2]。

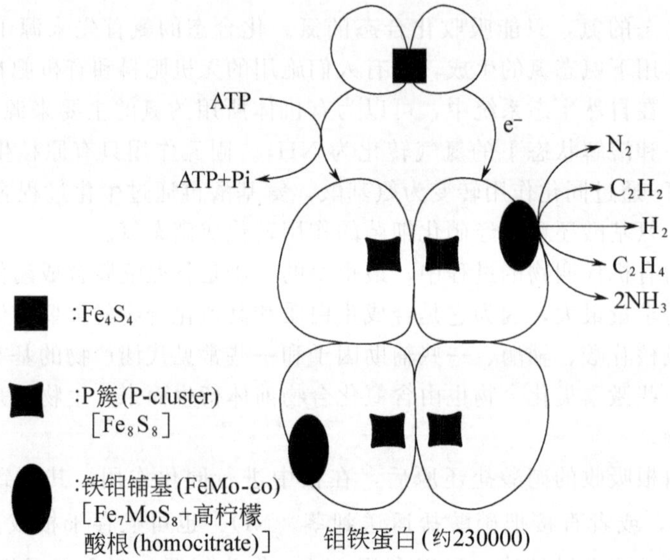

(a)

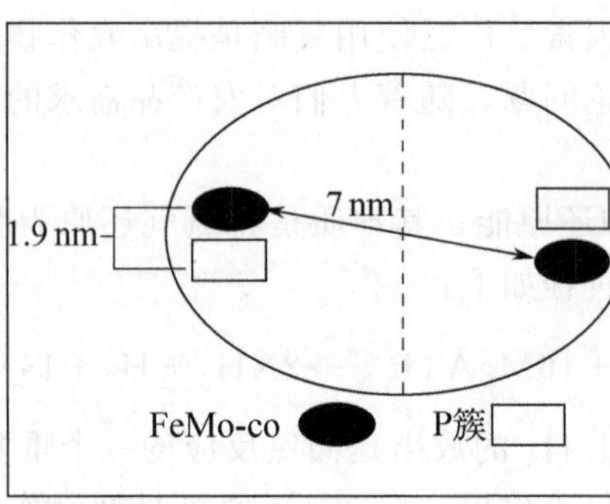

(b)

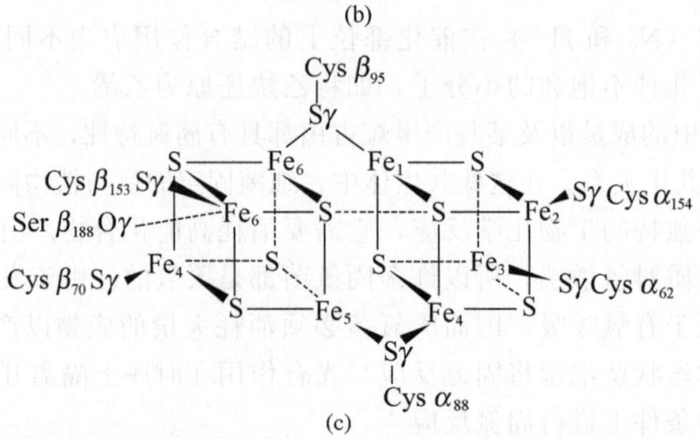

(c)

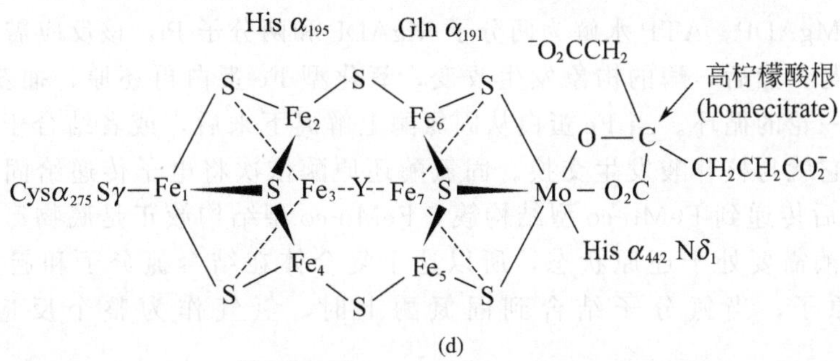

图 3-10 钼铁蛋白及其组成结构

图 3-10(c)、图 3-10(d) 分别给出了晶体结构分析所确定的 P 簇和 M 簇的结构[2]。P 原子簇的结构［图 3-10(c)］包括两个立方烷结构的 Fe_4S_4 簇，被两个-S-桥桥联。其中一个为通常的 Fe_4S_4 簇，它的 Fe 都与蛋白侧链上的 Cys 残基通过巯基 S 配位；另一个 Fe_4S_4 簇则与通常情况不同，其上的非桥联 Fe 原子中的一个与蛋白侧链上的 Cys/Ser（S/O）配位，这个铁原子是五配位的，有些特殊。P 原子簇结构的显著而有趣的特征是存在两个二硫桥，将两个 Fe_4S_4 簇联系起来，这两个桥在 N_2 的固定中很可能是相当活泼的部位。图 3-10(d) 是 FeMo-co（M 簇）的结构。这个组成为 Fe_7MoS_8 的辅基可视为两半部分，并由 2 个 S^{2-} 和 1 个尚不清楚的配体（图中用 Y 代表）桥联起来。辅基的 $MoFe_3S_3$ 部分的形状可视为缺了一个 $\mu^{3-}S^{2-}$ 硫代立方体残体，其中的钼为 6 配位，参与配位的有 3 个 $\mu^{3-}S^{2-}$（3 个 Fe 桥连），1 个α-His-442N，及 2 个来自高柠檬酸的羧基氧；另半部分也是一个类似的硫代立方体残体，即 Fe_4S_3，也是缺了1 个 $\mu^{3-}S^{2-}$。第二半部分含有一个不属于整个核（core）的配体，即 α-Cys-275，与处于外端的 Fe 原子结合。两个硫代立方体残体通过 3 个桥连接起来，其中的两个-S-桥很明确，但中间的那个 Fe-Y-Fe 桥中的 Y 尚不能确定[2]。

不管是 M 原子簇还是 P 原子簇均处于非溶剂暴露的环境，由此看来所发生的一系列化学事件诸如底物的结合、电子的传递以及产物的释放等，都必须密切地协调配合[2]。

固氮酶的模型是两个 MgATP 分子与 Fe 蛋白结合，引起蛋白质构象及原子簇氧化还原电位发生变化，促进了与 FeMo 蛋白的结合作用并向其转移电子。在电子传递的同时，发生 MgATP 水解生成 MgADP 的反应，引起 Fe 蛋白的离解从而阻碍了电子的反传递。这种分子开关机理可说明两种功能：第一，仅当复合物形成时 MgATP 才发生水解，这样就避免了无效益的电子损失；第二，此机理允许电子向 FeMo 蛋白单向流动，必须积累到 8 个电子，以便还原底物分子。接着，MgADP 发生解离，Fe 蛋白被还原并结合另外两个 MgATP 分子。重复此过程用来运送第二个电子，需要如此操作 8 次才完成 8 个电子的传送。分子、原子水平上的 N_2 还原的机理仍需进一步确定。曾经认为，N_2 的还原过程按断裂 N≡N 键后生成以 Mo═NNHZ 及 Mo═NH 为特征的不对称结合方式进行，但后来的晶体结构数据使人们认识到，配位饱和的八面体 Mo 部位可能不结合 N_2，底物分子的结合可能发生在原子簇内部。另外，由于 P 簇和 M 簇都不向溶剂暴露，底物的进入、电子的传递以及产物的释放都是按前面描述过的门控机制，通过一系列的结构变化来调节的[2]。

钼型固氮酶可以还原含多个键的化合物，包括氮分子和乙炔（乙炔可还原为乙烯），这个反应可广泛用于体内或体外实验中固氮酶活性的测定。固氮酶还原酶含有一个 Fe_4S_4

簇，它由两个单体蛋白共同维系，位于酶的表面。还原型固氮酶还原酶可以结合两分子的 MgATP 或 MgADP。ATP 水解为两分子 MgADP 和两分子 Pi，该反应需要固氮酶和 Fe 蛋白的同时参与。然后，酶的构象发生改变，氧化型 Fe 蛋白再还原，捕获两个 MgATP 分子，继续下一轮的循环。当 Fe 蛋白从固氮酶上解离下来后，或者结合于完整的固氮酶复合物上时，它就与核苷酸发生交换。固氮酶还原酶依次将电子传递给固氮酶，电子首先在 P 簇，然后传递到 FeMo-co 型结构簇，FeMo-co 型结构簇正是底物氮分子的结合位点。因为固氮酶需要处于还原状态，所以这个复合体在结合氮分子和起始还原之前就需要 4 个氢原子，当氮分子结合到固氮酶上时，氢气作为整个反应的负产物释放出来[1]。

目前有三种主要的固氮共生关系。第一种类型是属于革兰氏阴性菌的一类细菌（即根瘤菌）与许多豆科宿主植物建立的共生关系，并且至少可以与一种非豆科植物进行共生。第二种类型是属于革兰氏阳性菌的放线菌属成员与不同种群的双子叶植物间建立的共生。第三种类型是由蓝细菌和不同的植物间建立的共生关系。由于固氮酶对氧敏感，根瘤的信号途径和发育途径为固氮酶营造了一个微厌氧还原环境，从而保证了需氧的 ATP 的合成[1]。

豆血红蛋白是含一个血红素的蛋白质单体，主要在受感染的根瘤细胞中转录，并大量产生。由于豆血红蛋白只能和一个氧原子结合，没有复杂的协调作用，因而它的活性模式更类似于肌球蛋白，而不像动物的血红蛋白。豆血红蛋白也可以作为调节氧浓度变化的缓冲分子。

尽管光合作用的产物以糖的形式进入根瘤，但类菌体固氮并不需要分解单糖或二糖。在细菌利用这些碳源物之前，这些碳源物首先转化为有机酸。这一转化反应可能与发酵途径而不是氧化途径相关。磷酸烯酸或丙酮酸经丙酮酸羧化酶催化转化为草酰乙酸，草酰乙酸还原为苹果酸的过程中产生辅酶Ⅰ的氧化态 NAD^+。

在根瘤中，二羧酸既用于分解代谢，也用于合成代谢。一些有机酸可作为类菌体的能量来源。二羧酸另一个重要的作用是为氮的转运物如天冬酸氨和谷氨酸提供碳骨架。这些转运物从根瘤中输出，将氮运送到植物的其他部位。植物的谷氨酰胺合成酶和辅酶 NADH 依赖的谷氨酸合成酶以及氨同化成有机化合物的起始过程有关[1]。

实际上，硝酸盐自身不能直接进入有机化合物中，它必须经过一个两步反应过程，硝酸盐还原酶将硝酸盐还原为亚硝酸盐，然后亚硝酸盐还原酶再将亚硝酸盐还原为铵。在这个过程中，氮的氧化态从＋5 变为－3。在硝酸盐还原为亚硝酸盐的反应中，NADH 或 NADPH 作为还原物，同时消耗质子。硝酸还原酶是一种复杂的金属酶，可以形成同源二聚体和同源四聚体。硝酸还原酶有NAD(P)H 和硝酸盐的结合位点。

在硝酸盐转化为铵盐的过程中，硝酸还原酶的调控占有重要的地位，而在酶的催化下，NADPH 完成了对铁氧还蛋白的还原[1]。

自然界的氮素循环是各种元素循环的中心。氮是生物体构成中的主要元素，微生物在氮素循环中起着关键的作用。

在自然界中，氮的存在形式主要有铵盐（包括氨）、亚硝酸盐、硝酸盐、有机含氮物和大气中的游离氮 5 种。其中 3 种无机结合氮是生态系统中绿色植物的主要氮素营养源，而这 3 种无机结合氮在自然界中存量极少；存量极其丰富的游离氮只有少数原核生物才能加以固定和利用；生物圈内含量较为丰富的有机氮也只有经微生物的分解，才能重新转变为绿色植物和其他自养生物可利用的氮源。其过程如下所示：

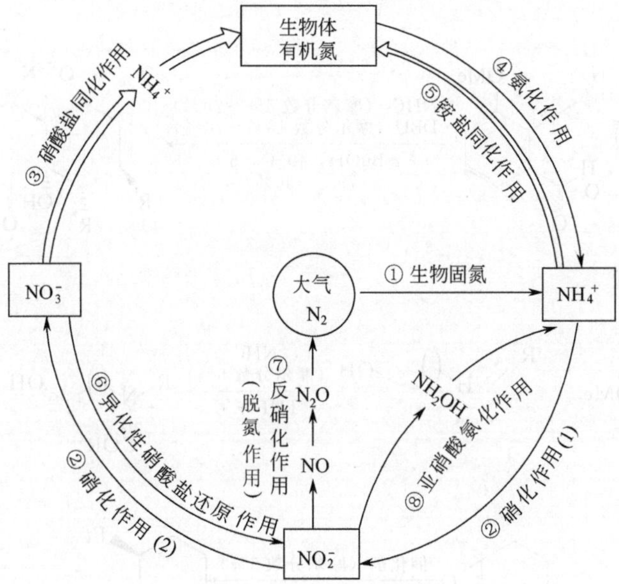

可以看出，在自然界氮素循环的主要反应系统中，大多是微生物所专有的，而为微生物和绿色植物所共有的较少[3]。

参考文献

[1] B.B．布坎南，等．植物生物化学与分子生物学．翟礼嘉，等译．北京：科学出版社，2004：637-669.

[2] 杨频，高飞．生物无机化学原理．北京：科学出版社，2002：252.

[3] 褚志义．生物合成药物学．北京：化学工业出版社，2000：79.

3.18 *N*-杂环卡宾（NHC）

3.18.1 *N*-杂环卡宾作为有机催化剂

目前，*N*-杂环卡宾（NHC）是亲核卡宾中研究得最多的一类，它们被认为是金属催化很好的配体，在作配体时，它是强的 σ 电子给体（σ donor)，弱的 π 电子受体（π acceptor)，现在人们对它作为有机催化剂越来越感兴趣。无金属参与的催化反应因为更经济和环保而引起了人们的广泛关注。

N-杂环卡宾有四大优势：① 强的布朗斯特（Brønsted）碱；② 好的 σ 电子给体；③ 中等程度的 π 电子受体；④ 可调谐的立体环境（*Chem*. *Soc*. *Rev*.，2013，42：4906)。不同类型的 *N*-杂环卡宾结构如下：

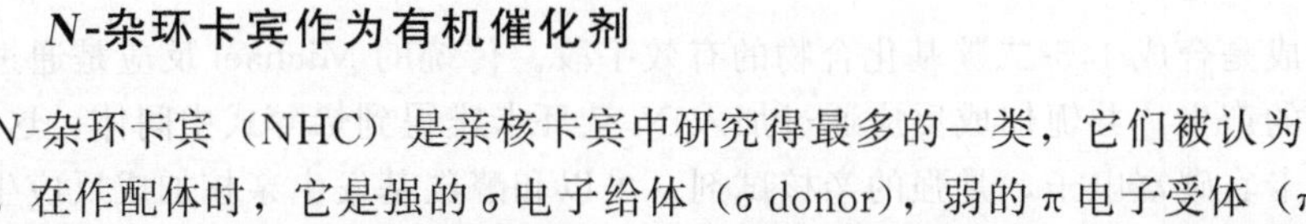

N-杂环卡宾目前已经用于催化许多有机反应[1]。

（1）缩合反应　如安息香缩合，特别是分子内的安息香缩合；Setter反应；烯醇盐的制备等：

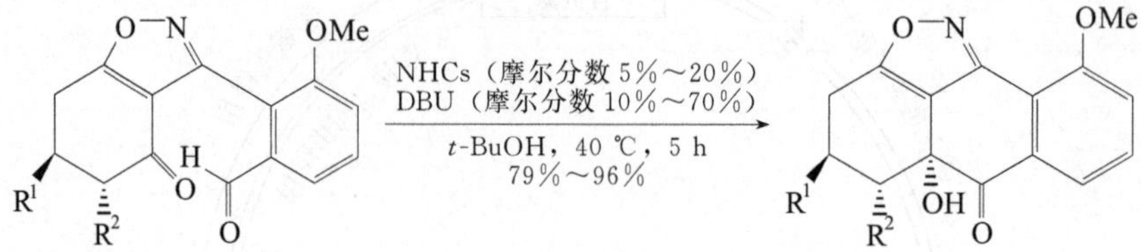

（2）酯酰化反应

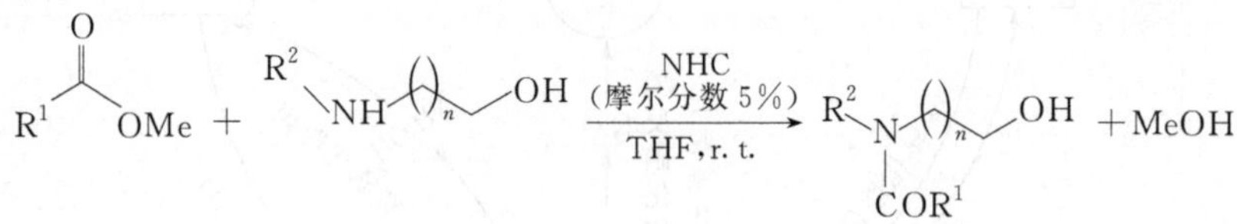

（3）开环反应

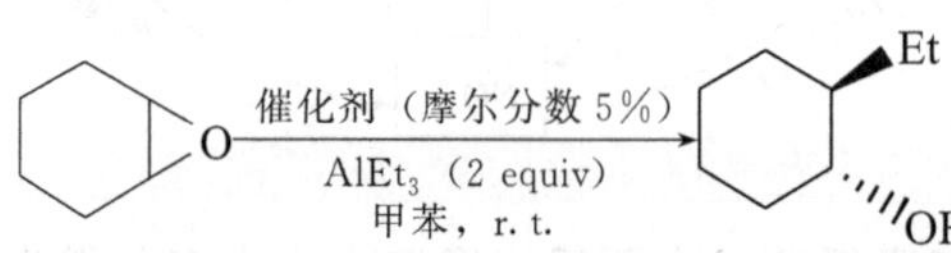

（4）1,2-加成反应

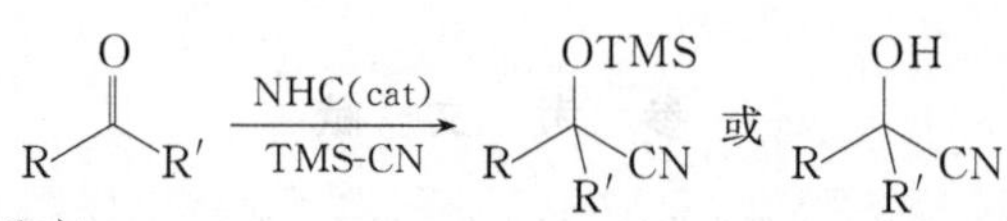

（5）Miscellaneous反应

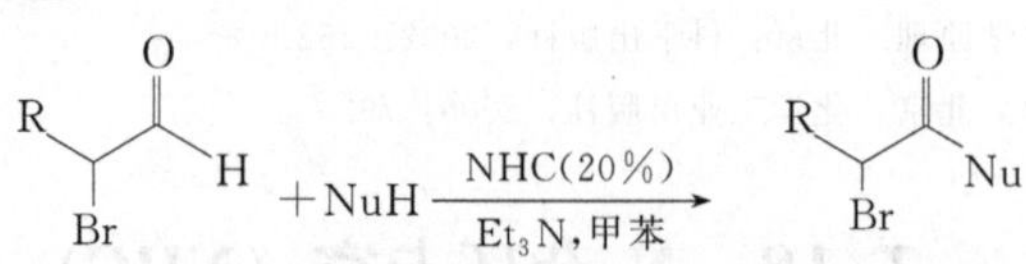

3.18.2　*N*-杂环卡宾（NHC）催化的分子内环化反应

共轭加成是合成1,5-二羰基化合物的有效手段。传统的Michael反应是通过化学计量比来控制烯醇的产生，共轭加成反应通过加入*N*-杂环卡宾得到烯醇式中间体，这是因为*N*-杂环卡宾中的卡宾碳富电子，是强的亲核试剂，可以和醛羰基发生亲核加成反应生成烯醇使整个反应进行下去。因此*N*-杂环卡宾可以高选择性地催化分子内的Michael环化反应。反应实例如下[2]：

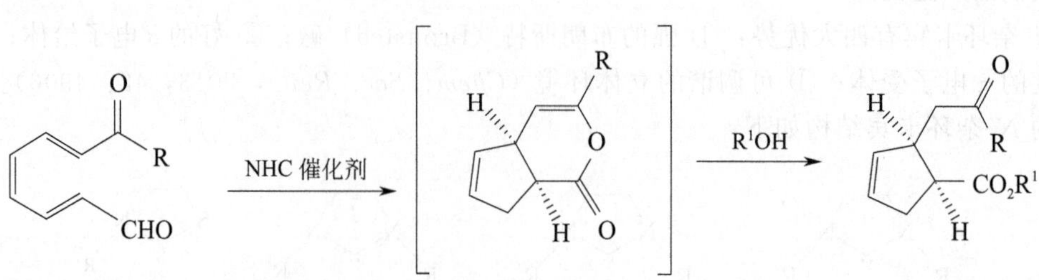

1　　　　2

其反应机理主要包括以下几个步骤：

① NHC 和 α,β-不饱和醛的醛羰基发生亲核加成反应，生成含烯醇结构的中间体；

② 羟基 β 位的质子化；

③ 烯醇羰基化发生 Michael 加成，同时又产生一个新的烯醇结构；

④ 羟基亲核进攻，三唑杂化离去，酰化成环；

⑤ 加入亲核试剂内酯开环生成产物（**2**）。

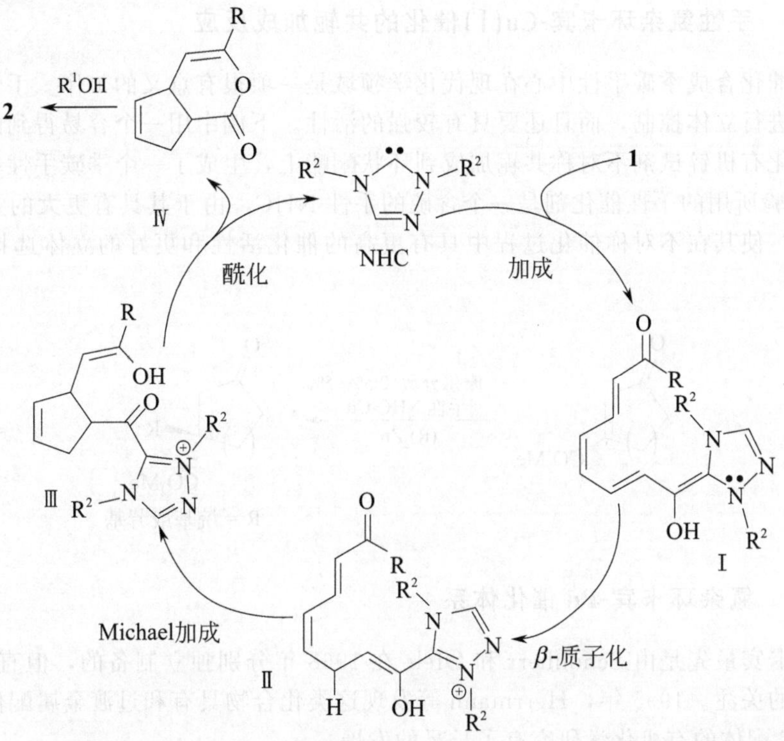

3.18.3 *N*-杂环卡宾（NHC）催化剂[Ni(NHC){P(OPh)$_3$}]高选择性催化烯烃和醛的偶联反应

这是一个镍催化的（α-烯烃，醛和三氟甲磺酸硅烷）的三组分偶联反应，催化剂配体的选择决定了产物是烯丙醇的衍生物（A）还是 3-丁烯醇的衍生物（H）。以 $EtOPPh_2$ 或 PPh_3 为配体，可得到 H/A 为 95∶5 的产物。通过改变催化剂的配体，以［Ni(NHC)-{P(OPh)$_3$}］为催化剂，大大提高了产物中烯丙醇衍生物的比例。NHC 是强的 σ 电子给体，而 $(OPh)_3P$ 是强的 π 电子受体，由于在催化过程中吸电子的膦 $(OPh)_3P$ 使得 NHC 的供电子能力减弱，从而加速还原消除[3]。NHC 的空间位阻较大，占据金属中心周围较大的空间，使得还原消除的两个基团的夹角变小，增加了轨道的重叠性，也有利于还原消除的进行。这个方法可以更加广泛地应用到其他金属催化的反应中，例如 Heck 反应等。反应实例如下：

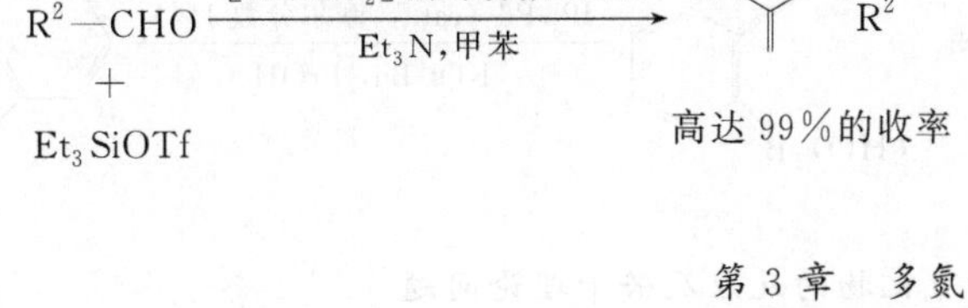

NHC 的结构为：

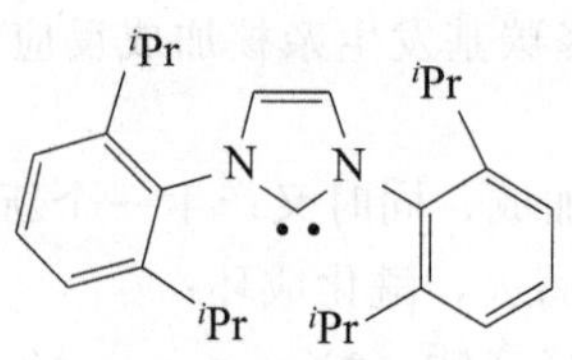

3.18.4 手性氮杂环卡宾-Cu(Ⅰ)催化的共轭加成反应

不对称催化合成季碳手性中心在现代化学领域是一项很有意义的工作。手性催化剂不仅应该有效地进行立体控制，而且还要具有较强的活性。下例中用一个容易得到的手性氮杂环卡宾，来催化有机锌试剂不对称共轭加成到环状酮酯上，生成了一个季碳手性中心，可达到95% *ee*。实验所用的手性催化剂是一个含硫的手性 NHC，由于其具有更大的空间位阻和强供电子能力，使其在不对称催化过程中具有更高的催化活性和更好的立体选择性[4]。反应实例如下：

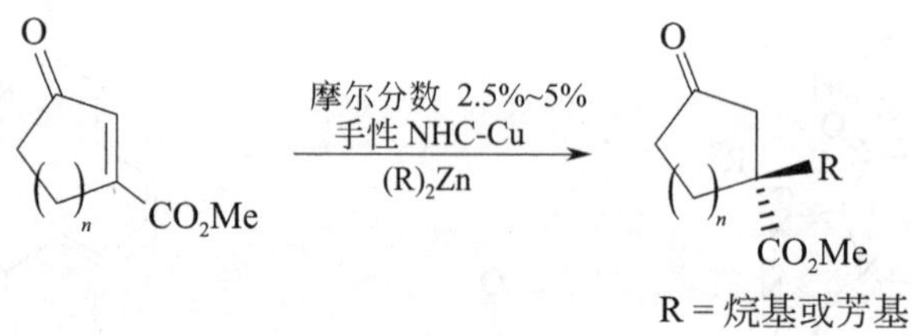

3.18.5 氮杂环卡宾-Pd 催化体系

氮杂环卡宾最先是由 Schonherr 和 Ofele 在 1968 年分别独立制备的，但直到 1991 年才得到化学界的关注。1995 年，Herrmann 等发现这类化合物具有和过渡金属配位的能力，从此关于 NHC 配体的有机化学研究有了长足的发展。

Pd 催化合成 C—C 键和 C—N 键是一种常用的合成方法，但在最近 15 年，氮杂环卡宾-Pd 催化体系作为钯催化偶联反应受到普遍关注。氮杂环卡宾-Pd 催化体系在钯催化偶联反应中主要有以下三个方面的优势：

① 氮杂环卡宾（NHC）是强 σ 电子供体，有利于催化循环中氧化加成反应的进行；

② 氮杂环卡宾具有大的空间位阻和拓扑结构（topology structure），有利于还原消除的进行；

③ 氮杂环卡宾-Pd 催化体系催化活性强，即使在低配比（配体/Pd）和较高的温度下也能稳定存在，即催化剂稳定性好、不易失活，从而使整个催化循环能够持续进行。

氮杂环卡宾-Pd 催化体系的应用非常广泛。

下面介绍氮杂环卡宾-Pd 催化体系在均相催化中的一些新的重要应用。

① 氮杂环卡宾-Pd 催化体系在偶联反应中的应用，例如 Still 反应、Suzuki 反应、Negishi 反应等：

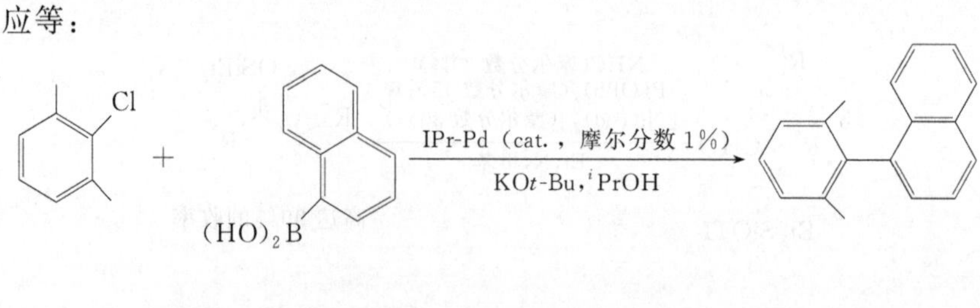

② 在 Tsuji-Trost 反应中的应用：

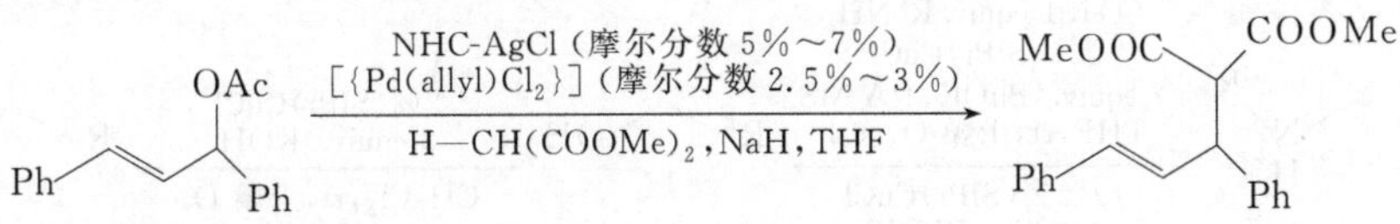

③ 在 Heck 反应中的应用：

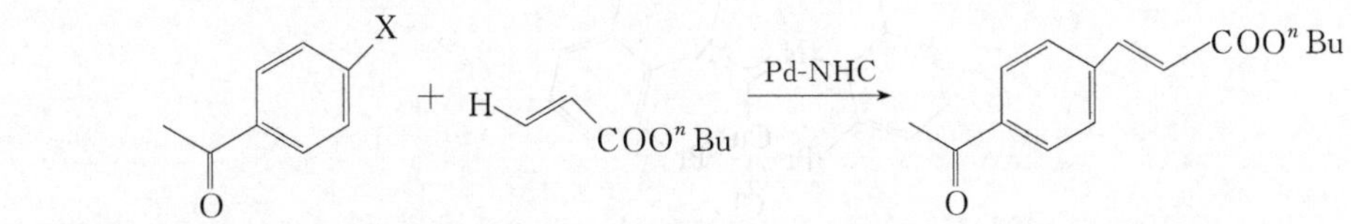

氮杂环卡宾-Pd 催化体系具有非常广阔的应用前景：① 钯介导的反应；② 氮杂环卡宾和磷配体一样也是中性的双电子配体，以往认为其和磷配体具有相似的行为，但最近研究表明，氮杂环卡宾有其自身的反应模式，这就为新反应的发展提供了可能[5]。

3.18.6 氮杂环卡宾催化羧酸转化为吡喃酮

氮杂环卡宾（*N*-heterocyclic carbene，NHC）能够促使醛的极性发生反转，在有机合成中受到了重视。但醛基的不稳定性及制备困难带来了不利。羧酸化学性质稳定，价廉易得，但是羧酸的不利因素是在反应中具有一定的惰性。最近，姚昌盛课题组以 α,β-不饱和羧酸作为起始反应物，先与肽合成偶联试剂发生原位反应形成高反应活性的酯，经氮杂环卡宾催化转化为 α,β-不饱和酰基唑离子，再与 β-羰基酮（酯）发生形式上的［3+3］反应，构建了吡喃酮，为吡喃酮杂环化合物的合成提供了新途径（*Chemistry-An Asian Journal*，2016，11：678）。具体反应如下：

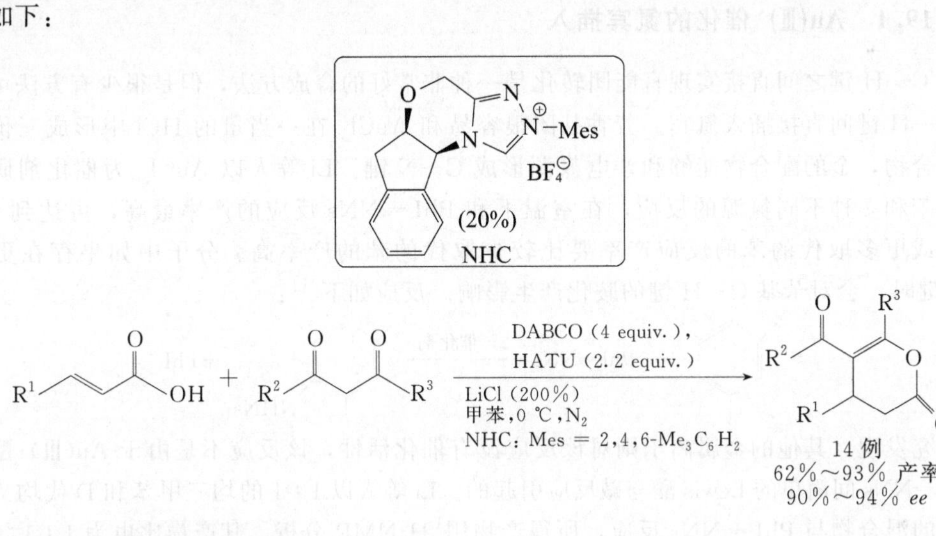

3.18.7 铜-氮杂环卡宾

Jiang 等将铜-氮杂环卡宾类催化剂运用到氧气参与下的醇到醛的高效可控的氧化反应，成功地实现了有铜-氮杂环卡宾参与的亚胺到胺的还原反应(*Org. Lett.*,2015,17:5990)。在分步反应的基础上,研究了该反应的一锅法反应(one pot reaction),实现了铜-氮杂环卡宾类催化下的醇和胺通过氧化-胺化-还原构建二级胺的新方法。铜-氮杂环卡宾较钯-氮杂环卡宾更为廉价，该反应是二级胺类化合物合成的一个新方法。具体反应如下：

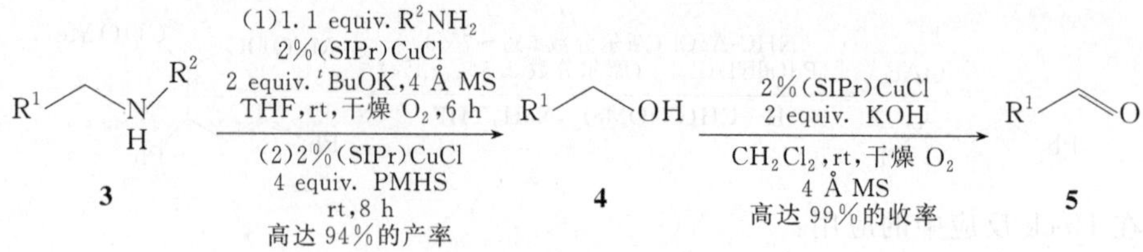

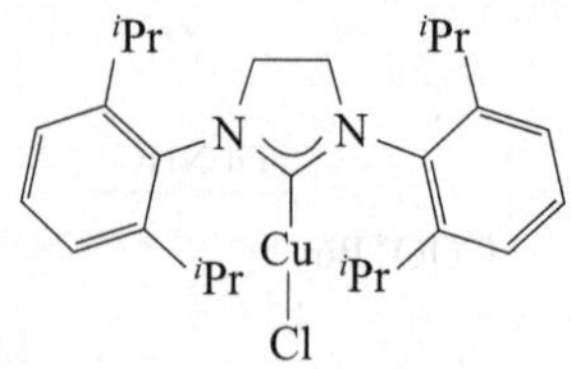

参 考 文 献

[1] Marion N, Díez-González S, Nolan S P. Angew. Chem. Int. Ed., 2007, 46: 2988.

[2] Phillips E M, Wadamoto M, Chan A, et al. Angew. Chem. Int. Ed., 2007, 46: 3107.

[3] Ho C Y, Jamison T F. Angew. Chem. Int. Ed., 2007, 46: 782.

[4] Brown M K, May T L, Baxter C A, et al. Angew. Chem. Int. Ed., 2007, 46: 1097.

[5] Kantchev E A B, O'Brien C J, Organ M G. Angew. Chem. Int. Ed., 2007, 46: 2768.

3.19 催化的氮宾插入和Brønsted酸催化的串级反应

3.19.1 Au(Ⅲ) 催化的氮宾插入

在 C—H 键之间直接实现官能团转化是一种非常好的合成方法，但是很少有方法可以在芳香 C—H 键间直接插入氮宾。芳香基团很容易和 $AuCl_3$ 在一当量的 HCl 中形成三价金的芳基配合物，金的配合物能够和亲电氮源形成 C—N 键。Li 等人以 $AuCl_3$ 为催化剂研究了均三甲苯和多种不同氮源的反应，在室温下和 PhI ═NNs 反应的产率最高，可达到 90%；三取代或更多取代的苯的反应产率要比较少取代的苯的产率高。分子中如果存在更弱的 C—H 键时，会对苄基 C—H 键的胺化产生影响。反应如下[1]：

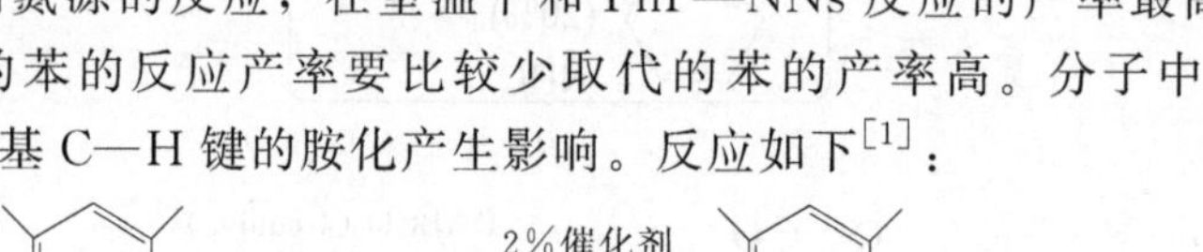

研究发现，其他的金属离子则对该反应没有催化活性，该反应不是由于 Au(Ⅲ) 配合物和 PhI ═NNs 间简单的 Lewis 酸与碱反应引起的。Li 等人以 1∶1 的均三甲苯和 D 代均三甲苯(D_{12}) 的混合物与 PhI ═NNs 反应，所得产物用[1]H NMR 分析，其产物比也为 1∶1。

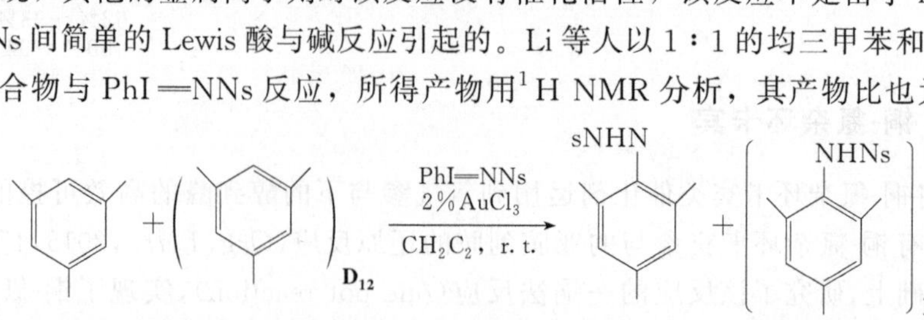

用1,3,5-三异丙基苯和化学计量的 $AuCl_3$ 在 CCl_4 中反应一段时间后，加入 D_2O 使反应停止，并用^{1}H NMR 分析产物，发现既有芳基氘代产物也有苄基氘代产物。

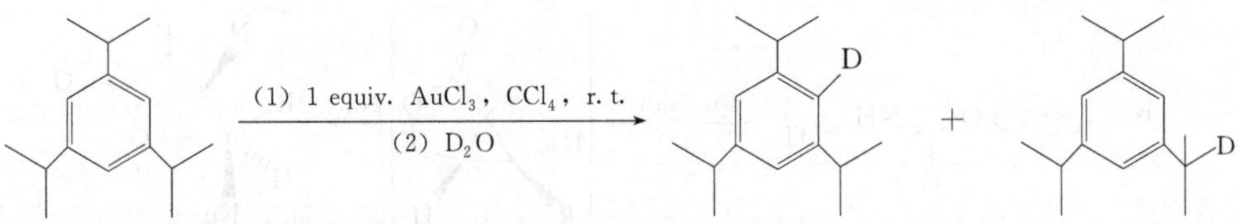

其催化循环的可能机理为[1]：

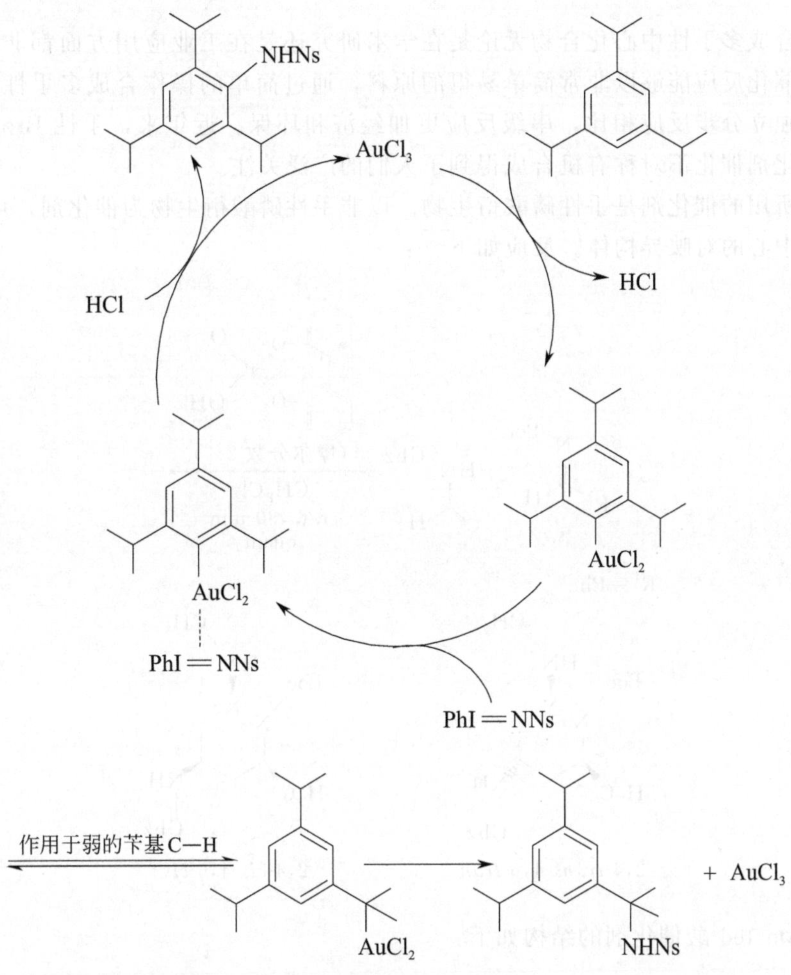

3.19.2 Cu(Ⅱ) 催化的 *N*-对甲苯磺酰氨基甲酸酯的分子内反应

Cu(Ⅱ) 催化分子内的氮宾加成到烯烃上形成氮杂环丙烷。氨基甲酸酯的作用是将氮宾和烯烃连接起来，然后亲核试剂 (Nu) RSH、R_2NH、N_3^- 或 ROH 进攻氮杂环丙烷的碳原子并开环。在这个反应中，通过控制烯烃双键上的取代基和亲核试剂的种类，可得到含两个手性中心的产物。这个反应具有区域选择性和立体专一性。反式烯烃更易进行这个反应，同时当烯烃上连接有供电子基团时，反应的产率更高，这是由于供电子基团使烯烃双键更加富电子，能较快地和氨基甲酸酯产生的缺电子的氮宾反应。反应过程如下[2]：

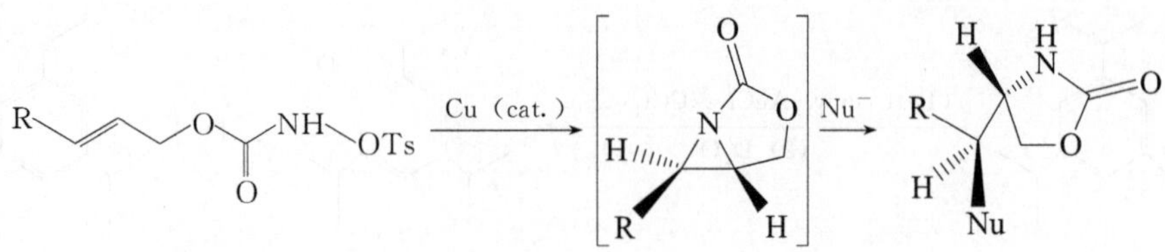

3.19.3 手性 Brønsted 酸催化的串级反应

有效地合成多手性中心化合物无论是在学术研究还是在工业应用方面都非常引人瞩目，不对称串级催化反应能够以非常简单易得的原料，通过简单的操作合成多手性中心化合物。与一系列的独立分步反应相比，串级反应更加经济和环保。近年来，手性 Brønsted 酸作为一种绿色催化剂催化不对称有机合成得到了人们的广泛关注。

实验中所用的催化剂是手性磷酸衍生物。以非手性磷酸衍生物为催化剂，可以得到两种含三个手性中心的对映异构体。反应如下[3]：

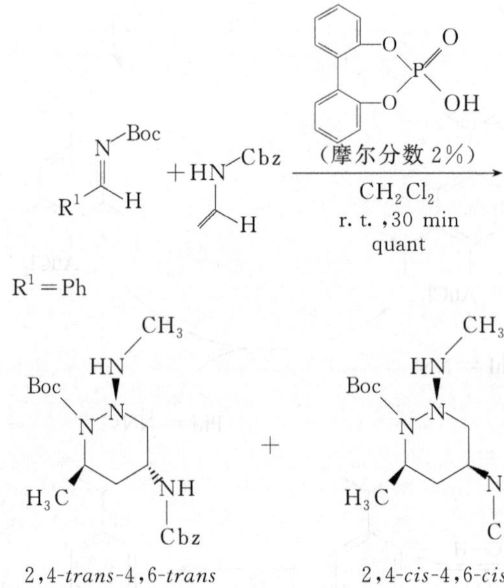

手性 Brønsted 酸催化剂的结构如下：

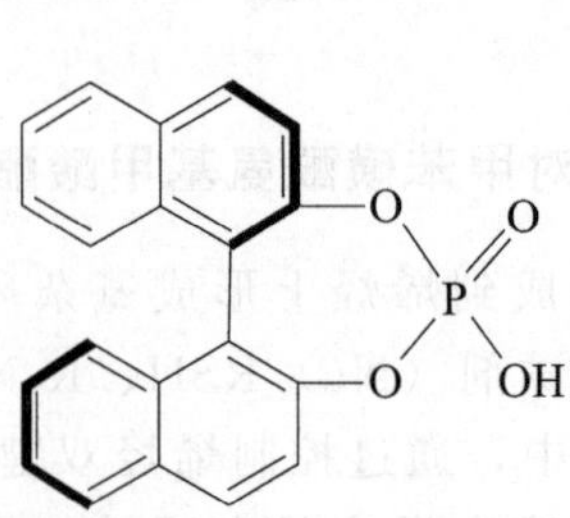

可以看出手性磷酸配体和经典的 BINAP 配体结构上有相似的部分，都有一个连萘的结

构，由于空间位阻和环的扭曲，使得两个连萘环不能共平面。

反应过程为：

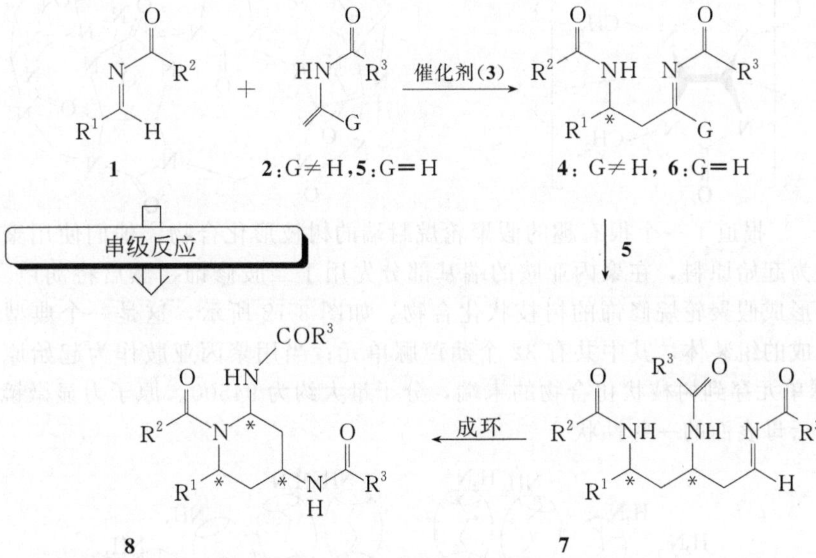

反应式中催化剂（3）为手性 Brønsted 酸催化剂。

参 考 文 献

［1］ Li Z G，Capretto D A，Rahaman R O，et al. J. Am. Chem. Soc.，2007，129：12058.

［2］ Liu R，Herron S R，Fleming S A. J. Org. Chem.，2007，72：5587.

［3］ Terada M，Machioka K，Sorimachi K. J. Am. Chem. Soc.，2007，129：10336.

3.20 葫芦［6］脲多氮化物

德国化学家 Behrend 等曾等通过尿素、乙二醛和甲醛之间的简单反应制备了葫芦［6］脲这种大环化合物[1]（图 3-11）。

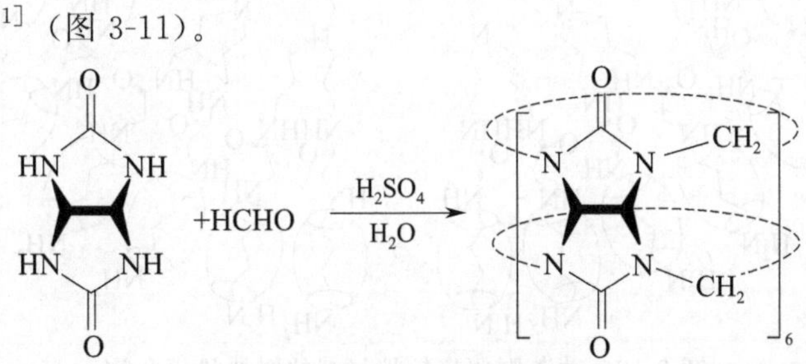

图 3-11 葫芦［6］脲的制备过程

这个反应的本质是六分子环二脲的缩合反应。甘脲与过量甲醛在酸性条件下缩合产生一种非晶形的沉淀，不溶于通常的溶剂。用热浓硫酸对该产物作进一步处理后，该固体溶解，然后用冷水稀释所得的溶液并回流，在冷却前即生成一种晶状固体，后经其酸式硫酸钙配合物晶体的 X 射线衍射分析证实了上述结构[2-3]。

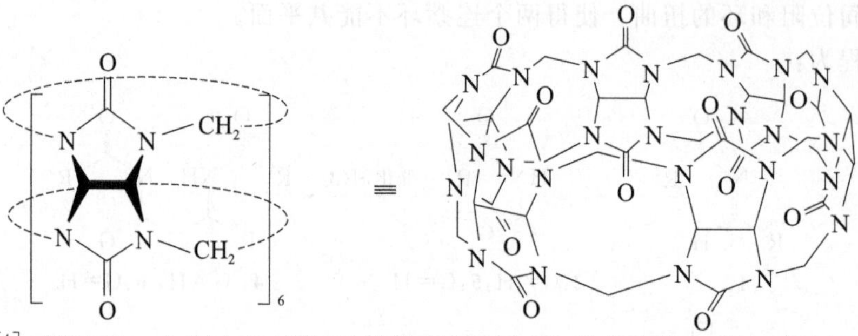

Kim 等[4] 报道了一个很有趣的假聚轮烷封端的树枝形化合物。他们使用聚丙亚胺树枝状化合物作为起始原料，在聚丙亚胺的端基部分先用丁二胺修饰，然后将葫芦［6］脲穿到丁二胺部分形成假聚轮烷修饰的树枝状化合物。如图 3-12 所示，这是一个典型的聚丙亚胺与葫芦脲形成的组装体，其中共有 32 个葫芦脲单元；当用聚丙亚胺作为起始原料时，共有 64 个葫芦脲单元穿到树枝状化合物的末端，分子量大约为 94500。原子力显微镜研究表明了该化合物在云母表面的一些性状[5]。

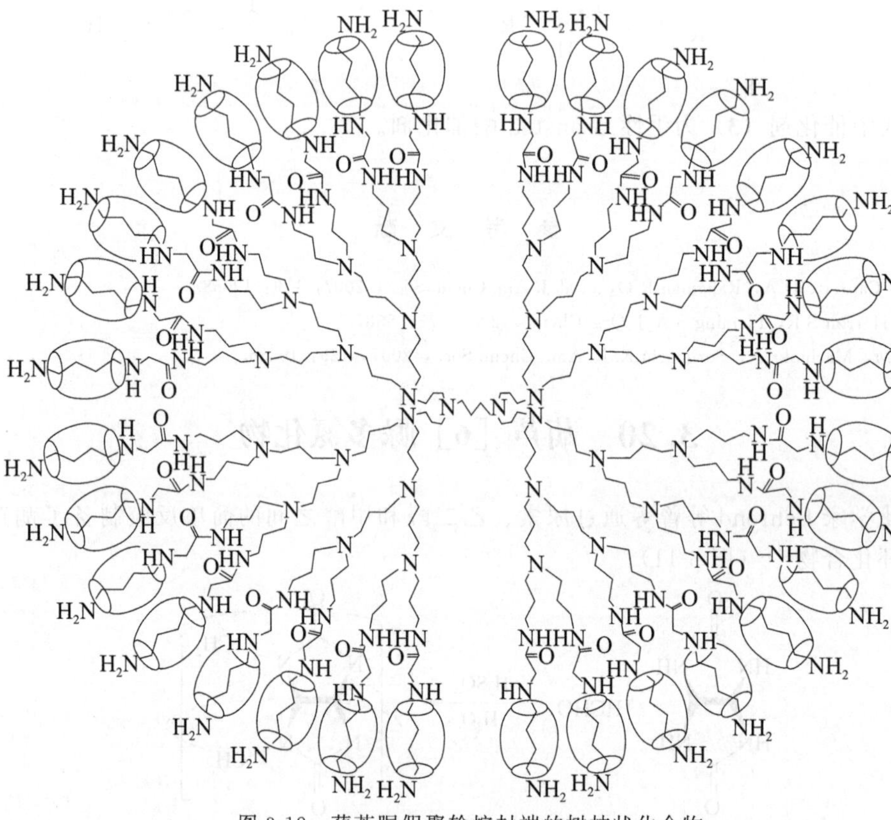

图 3-12　葫芦脲假聚轮烷封端的树枝状化合物

参 考 文 献

［1］ Behrend R，Meyer E，Rusche F. Liebigs. Ann. Chem.，1905，339：1.

［2］ Freeman W A，Mock W L，Shih N Y. J. Am. Chem. Soc.，1981，103：7367.

［3］ Day A，Arnold A P，Blanch R J，et al. J. Org. Chem.，2001，66：8094.

［4］ Lee J W，Ko Y H，Park S H，et al. Angew. Chem. Int. Ed.，2001，40：746.

［5］ 刘育，张衡益，李莉，等. 纳米超分子化学——从合成受体到功能组装体. 北京：化学工业出版社，2004：148.

第4章 含氮化物与富勒烯（C_{60}）的有机反应

4.1 C_{60} 的有机反应

自20世纪后15年起，国际科学界掀起了一个研究热潮，这就是 C_{60} 的研究，科学界把 C_{60} 的发现誉为20世纪的重大发现之一，发现 C_{60} 的三位科学家因此荣获1996年诺贝尔化学奖。

自1990年 C_{60} 常规量制备成功以后[1]，许许多多 C_{60} 的有机衍生物被不断合成出来，C_{60} 及其衍生物将是21世纪具有应用前景的材料。

Popov 等报道过 C_{60} 三维多聚产物，C_{60} 室温下溶于 CS_2 在 6～7 GPa 下多聚为超硬材料，硬度指标超过金刚石。CS_2 被认为在 C_{60} 多聚中发挥了催化剂的作用。这是 C_{60} 在实用方面鲜有的报道之一（*Carbon*，2014，76：250）。

4.1.1 加成反应——C_{60} 的主要反应方式

C_{60} 是一种结构对称的足球状分子，60个碳原子均采用 $sp^{2.28}$ 的杂化方式成键[2]，未杂化的p轨道成分则形成一个非平面的共轭离域大π体系，与休克尔体系相比，这种非平面的π电子结构芳香性较弱，因而具有一定的反应活性。最近也有学者认为就 C_{60} 的整体结构而言，其具有一定的反方向性（antiaromatic）特征。到目前为止，常规有机化学反应中的一些主要反应，在 C_{60} 衍生物的合成中都得到成功应用。C_{60} 化学反应的主要方式是加成反应。C_{60} 不像苯分子，不能直接进行取代反应，而加成反应比苯容易发生。与卤素的加成最早获得成功，分别获得 $C_{60}F_{36}$[3]、$C_{60}Cl_{24}$[4] 以及 $C_{60}Br_8$ 和 $C_{60}Br_{24}$[5] 等衍生物。Prato 和 Wudl 等[6-8] 在 C_{60} 的加成反应方面做了大量工作，取得了很大进展。他们用重氮化物与 C_{60} 反应，得到一系列 C_{60} 衍生物，其反应本质是这些重氮化物脱氮生成的卡宾与 C_{60} 的加成。最近，Skiebe 等[9] 采用类似方法，用重氮氨基化合物与 C_{60} 反应，得到了 C_{60} 的氨基酸类衍生物。Prato 等[7] 报道了 C_{60} 与叠氮化物的反应，用FAB-MS得到［$C_{60}N^+$］碎片峰，认为连在氮原子上的基团全部丢失。用对硝基叠氮苄与 C_{60} 反应，FD-MS得到产物的分子离子峰，并提出叠氮化物与 C_{60} 的反应为氮宾加成机理[10]，Yan 等[11] 也说明了叠氮化物与 C_{60} 反应中的活性中间体氮宾的问题。Khan 等[12] 通过 C_{60} 的 Diels-Alder 反应，合成了一种球链系结构的环加成产物。在这个加成产物分子中，C_{60} 通过刚性多环链与其他官能团相连，因而涉及 C_{60} 与其他官能团之间如能量和电子转移等长距离分子过程。Prato

等[13] 还报道了 C_{60} 与三亚甲基甲烷（TMM）的［3+2］环加成反应和 C_{60} 与异苯并呋喃的［4+2］环加成反应。Krusic 等[14] 研究了 C_{60} 与苄基自由基的加成反应，并根据 ESR 谱提出了自由基加成方式。Maggini 等[15] 用 $CH_3NHCH_2CO_2H$ 和甲醛缩合，得到的 $CH_3N—(CH_2OH)CH_2CO_2H$，经脱羧和质子化脱羟基后，得到具有 1,3-偶极结构的中间体 $CH_2^+N(CH_3)CH_2^-$，再与 C_{60} 发生 1,3-偶极加成，得到与 C_{60} 骈接的五元氮杂环结构 C_{60} 衍生物。Mirkin 等[16] 用 $CH_3NHCH_2CO_2H$ 和苯甲醛的硫醇衍生物缩合，采用 Maggini 等[15] 的方法，得到了一种新的 C_{60} 衍生物。Bestmann 等[17] 用 $Ph_3PCR_1R_2$ 与 C_{60} 加成，得到一个 6,6-加成的三元环亚甲基 C_{60} 衍生物。Merlic 等[18] 将甲基甲氧基亚甲基五羰基合铬 $CH_3(OCH_3)—CHCr(CO)_5$ 热解得到活性中间体：$C(COCH_3)CH_3$，再与 C_{60} 加成得到单加成 C_{60} 衍生物。Anderson 等[19] 用 3-溴戊二炔双三甲基硅烷衍生物［$Me_3SiC≡C—CH(Br)—C≡CSiMe_3$］在甲苯溶剂中与 1,8-二氮杂双环［5.4.0]-7-十一烯（DBU）作用，通过消除 HBr 得到活性中间体，再与 C_{60} 在室温下得到加成产物。Beer 等发现 8-甲氧基庚富烯有显著的给电子特性，而 C_{60} 有较高的电子亲和势（$E_A=2.6\sim2.8$ eV），他们用 8-甲氧基庚富烯和 C_{60} 在甲苯中于室温下，通过［8+2］环加成反应得到了相应 C_{60} 衍生物。总之，加成反应在 C_{60} 衍生物的合成中占有重要位置[20]。

4.1.2 其他几种有机反应类型

有机化学反应类型按反应历程主要分为：氧化-还原反应、离子反应、周环反应、游离基反应这四大反应类型。而 C_{60} 参与的这四个反应类型都有许多报道。

4.1.2.1 氧化-还原反应

Creegan 等[21] 用被氧饱和的 C_{60} 苯溶液，通过光氧化反应得到 C_{60} 氧化物后，运用 ^{13}C NMR 获得的信息，确定了 $C_{60}O$ 为一个含三元环的 C_{60} 环氧化物。Chiang 等[22-23] 在氮气保护下于 65 ℃用发烟硫酸和 C_{60} 反应，得到 C_{60} 的硫酸酯衍生物，然后水解，得到了多元富勒醇 $C_{60}(OH)_x$（$x=10\sim12$）。从 C_{60} 分子中碳原子的电荷密度看，这些都属于氧化反应。C_{60} 分子具有较大的电子亲和势（2.6～2.8 eV）[24]，易于发生还原反应。自 Haufler 等[25] 用 Li-NH_3(L)-t-BuOH 对 C_{60} 还原得到 C_{60} 的多氢化物 $C_{60}H_{36}$ 以后，C_{60} 的还原反应研究十分活跃。C_{60} 的甲苯溶液在无氧条件下与碱金属作用生成 C_{60} 负离子，通过这种极性转换的方式，C_{60} 负离子与一些活泼卤代物发生亲核取代得到相关衍生物。通过电化学方式，C_{60} 可以经过多步还原，得到 C_{60} 多价离子[26-27]。Meier 等[28] 在氮气保护下，在甲苯中于回流温度下，用过量 Zn 粉和盐酸与 C_{60} 作用，得到了 $C_{60}H_2$ 和 $C_{60}H_4$。

4.1.2.2 离子反应

Komatsu 等[29] 用三甲基硅基乙炔锂在 C_{60} 的甲苯溶液中回流，首先得到黑色悬浮状 C_{60} 炔化物的锂盐，再用过量的三氟乙酸处理，色谱柱分离，得到了单加成产物 **3** 和二加成产物 **4**：

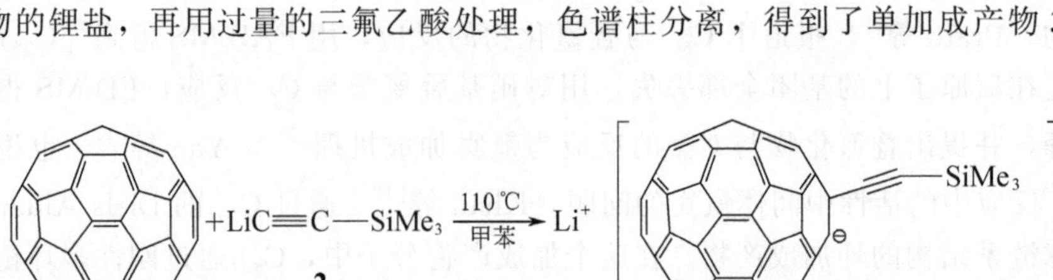

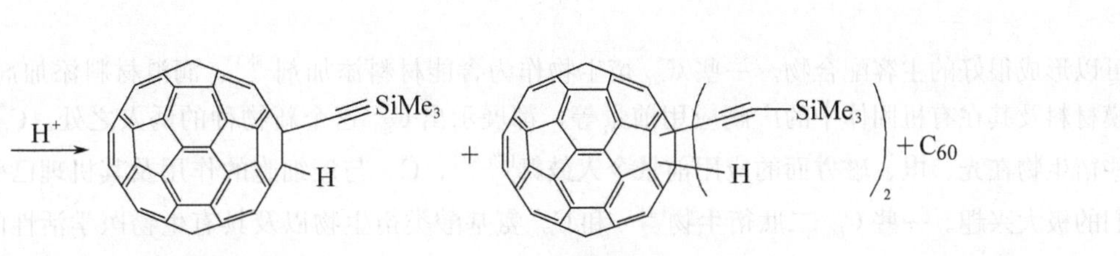

3 (45%)　　4 (16%)　　(15%)

深棕色的产物**3**和**4**分别以45%和16%的产率得到，未反应的C_{60}以15%的收率回收。单加成产物**3**的^1H NMR（$\delta\times10^{-6}$）谱在7.01和0.45处给出两组信号，分别对应C_{60}—H和三甲基硅基上的质子。^{13}C NMR（$\delta\times10^{-6}$）谱给出**3**中C_{60}部分sp^2碳原子共28个峰，可能有两个信号因重叠而埋没。C_{60}球体上两个连接基团和氢原子的sp^3碳在62.06和55.04处给出信号，两个乙炔碳在107.50和88.48处给出信号，三甲基硅基碳原子在0.06出峰处，这种不对称的加成产物具有Cs型结构。这个反应是C_{60}直接发生亲电偶极加成的典型例子。这个反应实质上经过了一个离子反应历程。

4.1.2.3　周环反应

C_{60}分子中的LUMO轨道与二烯烃的HOMO轨道组合，得到许多周环反应产物。Averdung等[30]用氨基三嗪**5**和四乙酸铅作用，得到一个活性中间体1,8-脱氢萘**6**，1,8-脱氢萘和苯作用生成含有二烯烃结构的二氢荧蒽（dihydrofluoranthene）**7**，二氢荧蒽同C_{60}发生Diels-Alder反应得到C_{60}环加成产物**8**。

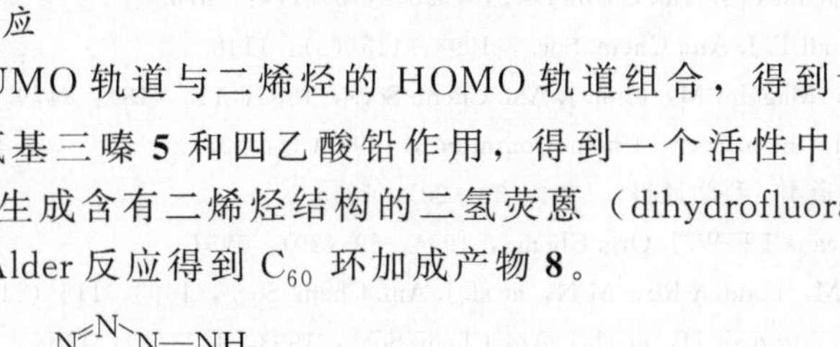

5　　6

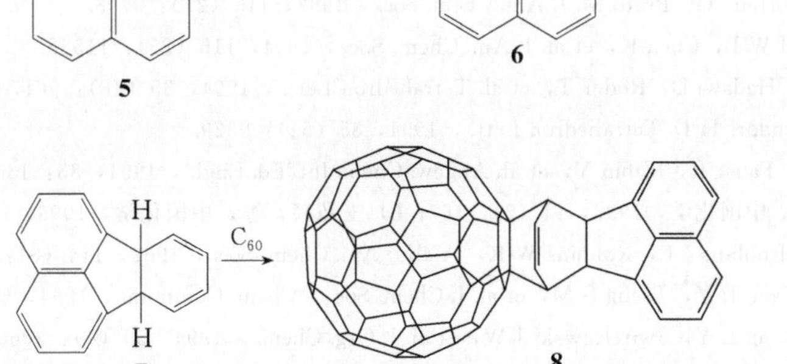

7　　8

Linssen等[31]用酞菁镍和C_{60}通过Diels-Alder环加成反应合成了一个C_{60}酞菁衍生物的大分子。他们用10倍过量的C_{60}与酞菁镍在甲苯溶剂中回流4d，用薄层色谱跟踪，用甲苯和已烷展开薄层板（$R_f=0.3$），环加成产物用硅胶色谱柱（甲苯洗脱）分离得到，产率高达75%。FD-MS给出了加成产物的分子离子峰m/z 1972，^{13}C NMR谱共给出芳香区sp^2碳原子47个共振信号。

4.1.2.4　自由基反应

Krusic等[32]首先研究了C_{60}与自由基的加成反应。实际上，卡宾、氮宾等活性中间体与C_{60}的加成，可以看做双自由基与C_{60}的加成。各种重氮化物N_2═CHAr、N_2═CRR′、N_2═CRAr等与C_{60}的反应是一种合成5,6-加成衍生物（fulleroid）和6,6-加成衍生物（methanofullerene）的很好的方法[33-35]。反应的本质是这些重氮化物热脱氮形成具有双自由基的活性中间体卡宾。C_{60}与硝基自由基·NO_2反应生成C_{60}硝基化合物就是自由基反应的典型例证。

Rosen等[36]报道了He原子可以穿过C_{60}球面进入笼腔之内。Wudl等[37]认为C_{60}笼腔也可以形成很好的主客配合物。一些 C_{60} 衍生物作为含能材料添加剂[38]、润滑材料添加剂以及 LB 膜材料及其在有机固体中的广阔应用前景等，都展示出 C_{60} 这个新物种的诱人之处。C_{60} 及其某些衍生物在光、电、磁方面的应用前景令人鼓舞[39-40]，C_{60} 与癌细胞的作用及其机理已引起了人们的极大兴趣。一些 C_{60} 二肽衍生物[41] 和 C_{60} 氨基酸类衍生物以及具有生物医学活性的水溶性 C_{60} 衍生物已经引起了人们的高度重视。C_{60} 多氢化物的分解放氢也已引起了人们的重视[42]。

参考文献

[1] Kraetschmer W，Lamb L D，Fostiropoulos K，et al. Nature，1990，347：354.
[2] Haddon R C，Brus L E，Raghavachari K. Chem. Phys. Lett.，1986，125 (5-6)：459.
[3] Kinaz K，Fischer J E，Selig H，et al. J. Am. Chem. Soc.，1993，115 (14)：6060.
[4] Olah G A，Bucsi I，Lambert C，et al. J. Am. Chem. Soc.，1991，113 (24)：9385.
[5] Tebbe F N，Harlow R L，Chase D B，et al. Science，1992，256 (5058)：822.
[6] Prato M，Suzuki T，Wudl F. J. Am. Chem. Soc.，1993，115 (17)：7876.
[7] Prato M，Li Q C，Wudl F. J. Am. Chem. Soc.，1993，115 (3)：1148.
[8] Prato M，Lucchini V，Maggini M，et al. J. Am. Chem. Soc.，1993，115 (18)：8479.
[9] Skiebe A，Hirsch A. J. Chem. Soc.，Chem. Commun.，1994 (3)：335.
[10] 王乃兴，李纪生，朱道本. 科学通报，1994，39 (20)：1873.
[11] Yan M，Cai S X，Keana J F W. J. Org. Chem.，1994，59 (20)：5951.
[12] Khan S I，Oliver A M，Poddon-Row M N，et al. J. Am. Chem. Soc.，1993，115 (11)：4919.
[13] Prato M，Suzuki T，Forudian H，et al. J. Am. Chem. Soc.，1993，115 (4)：1594.
[14] Krusic P J，Wasserman E，Keizer P N，et al. Science，1991，254：1183.
[15] Maggini M，Scorrano G，Prato M. J. Am. Chem. Soc.，1993，115 (21)：9798.
[16] Shi X，Caldwell W B，Chen K，et al. J. Am. Chem. Soc.，1994，116 (25)：11598.
[17] Bestmann H J，Hadawi D，Röder T，et al. Tetrahedron Lett.，1994，35 (48)：9017.
[18] Merlic C A，Bendorf H D. Tetrahedron Lett.，1994，35 (51)：9529.
[19] Anderson H L，Faust R，Rubin Y，et al. Angew. Chem. Int. Ed. Engl.，1994，33：1366.
[20] a) 王乃兴，等. 中国化学，1996，14 (2)：167；b) 王乃兴，等，中国化学，1996，14 (4)：367.
[21] Creegan K M，Robbins J L，Robbins W K，et al. J. Am. Chem. Soc.，1992，114 (3)：1103.
[22] Chiang L Y，Wang L Y，Tseng S M，et al. J. Chem. Soc.，Chem. Commun.，1994，(23)：2675.
[23] Chiang L Y，Wang L Y，Swirclzewski J W，et al. J. Org. Chem.，1994，59 (4)：3960.
[24] Kroto H W，Allaf A W，Balm S P. Chem. Rev.，1991，91 (6)：1213.
[25] Haufler R E，Smalley R E. J. Phys. Chem.，1990，94：8634.
[26] Xie Q，Perez-Cordero E，Echegoyen L. J. Am. Chem. Soc.，1992，114 (10)：3978.
[27] Khaled M M，Carlin R T，Trulove P C，et al. J. Am. Chem. Soc.，1994，116 (8)：3465.
[28] Meier M S，Corbin P S，Vance V K，et al. Tetrahedron Lett.，1994，35 (32)：5789.
[29] Komatsu K，Murata Y，Takomoto N，et al. J. Org. Chem.，1994，59：6106.
[30] Averdung J，Mattay J. Tetrahderon Lett.，1994，35 (36)：6661.
[31] Linssen T G，Durr K，Hanack M，et al. J. Chem. Soc.，Chem. Commun.，1995 (1)：103.
[32] Krusic P J. Wasserman E，Keizer P N，et al. Science，1991，254：1183.
[33] Suzuki T，Li Q，Khemani K C，et al. J. Am. Chem. Soc.，1992，114 (18)：7300.
[34] Prato M，Suzuki T，Wudl F. J. Am. Chem. Soc.，1993，115 (17)：7876.
[35] Smith Ⅲ A B，Strongin R M，Brard L，et al. J. Am. Chem. Soc.，1993，115 (13)：5829.
[36] Rosen A，Wästberg B. J. Am. Chem. Soc.，1988，110 (26)：8701.
[37] Hummelon J C，Prato M，Wudl F. J. Am. Chem. Soc.，1995，117 (26)：7003.
[38] 王乃兴，李纪生. 科学通报，1995，40 (15)：1381.
[39] 王乃兴，李纪生. 科技导报，1995 (9)：5.

[40] Wang N X. Tetrahedron, 2002, 58: 2377.
[41] Wang N, Li J, Zhu D, et al. Tetrahedron Lett., 1995, 36 (3): 431.
[42] Bettinger H F, Rabuck A D, Scuseria G E, et al. Chem. Phys. Lett., 2002, 360: 509.

4.2 C_{60} 与含氮化合物的反应

4.2.1 与叠氮化物的反应

Prato 等[1] 用连有给电子基的叠氮化物与 C_{60} 反应，得到氮杂 C_{60} 衍生物，其 FAB-MS(快原子轰击质谱)只给出$[C_{60}N]^+$和 C_{60}^+ 离子峰，据认为是连接在氮原子上的基团全部丢失了。当用连有吸电子基的对硝基叠氮苄与 C_{60} 反应，产物经硅胶柱色谱分离后，经 FD-MS（场解吸质谱，样品碎裂程度小）方法，得到了较强的分子离子峰 m/z 871 $[M+1]^+$，还获得了二加成和三加成产物的信息[2]。

2,4,6-三硝基氯苯分子中的氯原子具有一定的活性，容易被叠氮基取代生成相应的叠氮化物。采用一锅反应（one pot reaction）的方法，将叠氮化钠溶于水和甲醇（2∶1）的混合液中，加入 C_{60} 的氯苯溶液，氮气保护下 130 ℃反应 12 h，反应混合物浓缩后用硅胶色谱柱分离，用环己烷和甲苯（1∶1）洗脱，得少量未反应 C_{60}，再用四氢呋喃和无水甲醇（1∶2）洗脱，得苦基氮杂 C_{60} 衍生物，得率 26%[3]。

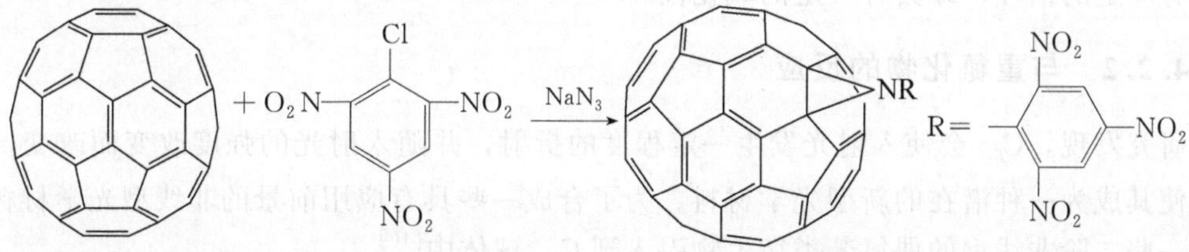

有机叠氮化合物与 C_{60} 的化学反应较易发生，但反应是通过什么历程进行的？有人[4]曾认为叠氮化合物与 C_{60} 分子中一个双键（一般在五元环和六元环之间）通过 1,3-偶极加成，在 C_{60} 球体表面形成一个五元环加成中间产物，然后脱氮得到含氮三元环结构的最终产物，这是加成-消除历程。研究认为 C_{60} 与叠氮化物的加成是通过氮宾中间体进行的。

首先，叠氮化物与 C_{60} 的反应在 120～130 ℃左右进行，这个温度正是大多有机叠氮化合物分解放出氮气时的温度[5]；其次，叠氮化物的结构特征说明其容易分解产生活性中间体氮宾。叠氮化物的共振结构如下，其主要共振结构应为（Ⅱ）：

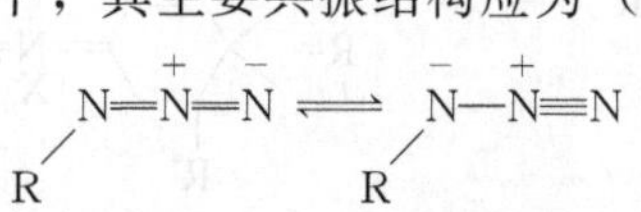

（Ⅰ）　　（Ⅱ）

如前所述，Wagner[6] 对叠氮离子和叠氮化氢的量化计算结果如下：

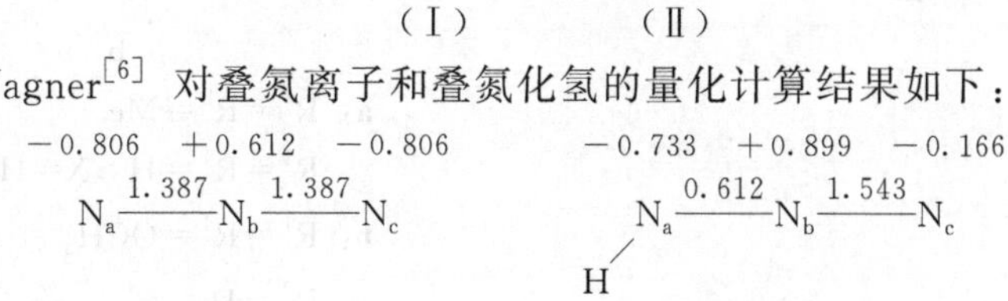

N_3^- 的分子图　　$H—N_3$ 的分子图

可以看出，即使一个氢原子的扰动，也会使叠氮离子对称性大大降低。量化计算结果表明，在叠氮化物 $R—N_a—N_b—N_c$ 中，$N_a—N_b$ 键较弱，较易离解产生 R—N：且放出稳定的氮分子[7]，活性中间体氮宾与 C_{60} 加成得到 C_{60} 氮杂衍生物。另外，有机叠氮化合物单体的质谱分析常常得到 $M-28$ 这个脱除氮分子后的氮宾碎片离子峰，说明上述结构（Ⅱ）为主要共振体。另外，有机叠氮化合物与 C_{60} 的反应需要氮气保护，假如为 1,3-偶极加成，则氮气保护没有必要。

初生态的氮宾处于激发态的单线态（$^1A_2$），在与体系和环境的碰撞过程中丢失一部分能量会变为基态的三线态（$^3A_2$）。

$$\underset{^1A_2}{\mathrm{R{-}\ddot{N}\!:(\downarrow\!\uparrow)}} \longrightarrow \underset{^3A_2}{\mathrm{R{-}\dot{\underset{\cdot}{N}}\cdot\;(\uparrow)\;(\downarrow)}}$$

单线态氮宾能量高，是与 C_{60} 直接加成的活性中间体，基态的三线态氮宾能量低，是一个顺磁性的物种，而氧分子具有一定的顺磁性，如果反应在有氧分子存在（无氮气保护）下进行，则活性较高的单线态氮宾受氧分子顺磁性微扰作用，转变为顺磁性三线态氮宾（S→T）的过程将会增加，这样，能量较低的三线态氮宾和活性不是很高的 C_{60} 将会使加成反应产率大大降低。实际上，整个反应过程中，速率控制步骤是叠氮化物的脱氮过程。

氮宾机理进一步得到有关文献的支持[8-9]，这方面尚需要进一步研究。

针对单线态能量高、三线态能量低（三线态活性似乎不高）这一传统认知，最近 Scrutton 等在 JACS 发表论文（*J. Am. Chem. Soc.*，2015，137：7474），他们认为三线态的氧分子 $^3O_2$ 也具有一定的活性，即具有一定的氧化性。

4.2.2　与重氮化物的反应

研究发现，C_{60} 会使入射光发生一定程度的折射，并随入射光的强度改变而改变，这有可能使其成为一种潜在的新型光学材料。为了合成一些具有应用前景的非线型光学材料，设法把一些二阶非线型的偶氮苯类衍生物引入到 C_{60} 球体中[10]：

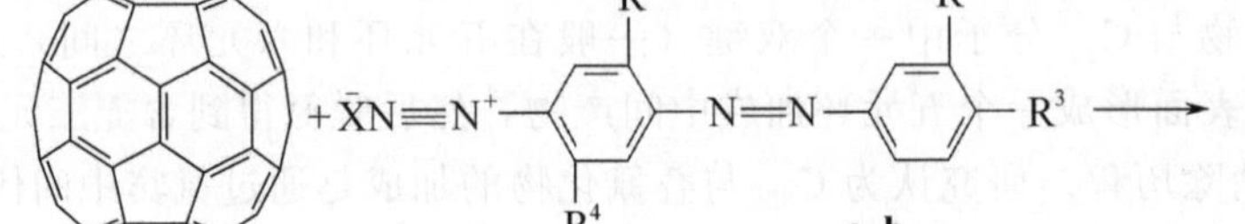

a, b

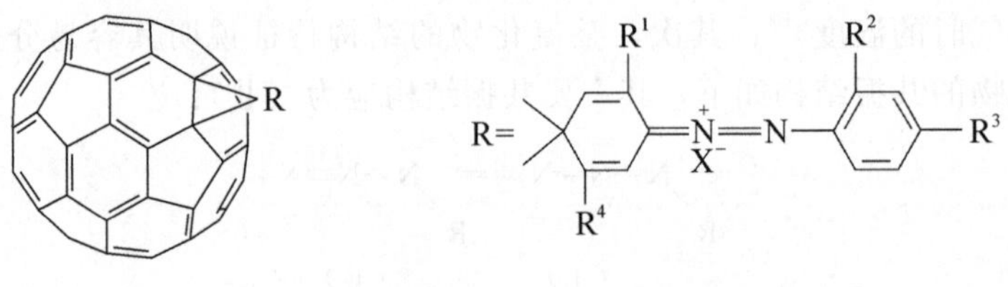

b

a：$R^1=R^2=Me$

$R^3=R^4=H$　$X=HSO_4^-$

b：$R^1=R^4=OCH_3$

$R^2=H$

$R^3=NO_2$

$X=Cl^-$

研究认为[10]，反应是通过一个卡宾中间体进行的：

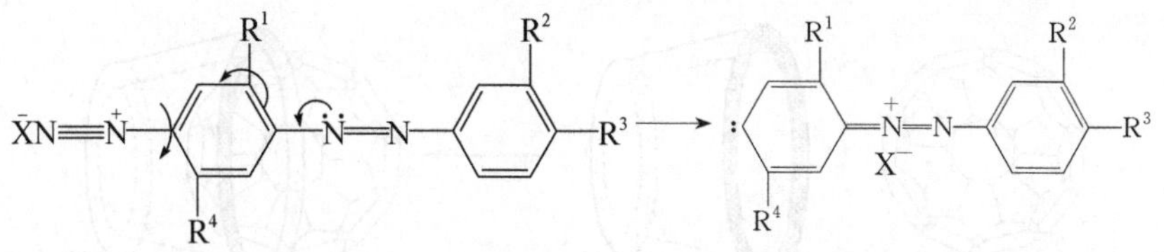

4.2.3 与生物活性含氮化物的反应

对人类免疫缺陷病毒酶的抑制，是抗病毒疗法的一个研究热点。人类免疫缺陷病毒酶的活性部位可以被粗略地描述成一个无底的圆筒形，这个圆筒周围全部嵌接氨基酸的疏水部分。Friedman 等[11] 假设 C_{60} 分子的半径与所描述的圆筒形人类免疫缺陷病毒酶活性部位半径相同，由于 C_{60}（及其衍生物中 C_{60} 部分）主要是疏水性的，因而 C_{60} 衍生物和人类免疫缺陷病毒酶活性部位表面存在着一种强的疏水相互作用。这种疏水作用破坏了氨基酸疏水一端与“圆筒”周围的活性分子的键接作用，阻断了人类免疫缺陷病毒酶的活性中心，因而使得这种 C_{60} 衍生物具有抑制人类免疫缺陷病毒酶的生物活性。Friedman 等[12] 通过 DOCK3 程序模拟了 C_{60} 和人类免疫缺陷病毒酶配合物的模型，由于配合物的形成，这个去溶剂化的表面几乎全部呈疏水性。另外，动力学分析支持了计算模型，进行实验的 C_{60} 衍生物对人类免疫缺陷病毒酶的抑制作用与设想的一致。

为了寻找更为有效的人类免疫缺陷病毒酶的抑制剂，Sijbesma 等[13] 合成了具有水溶性及生物活性的二氨基二酸二苯基 C_{60} 衍生物。Skiebe 等[14] 通过重氮化物热脱氮生成的卡宾与 C_{60} 加成的方法，得到了 C_{60} 氨基酸类衍生物。

通过采用相转移催化的方法，在碱性条件下，通过溴催化，使二甘肽反应物中伯氨基上的氢原子通过 α-消除生成活性中间体氮宾，再与 C_{60} 加成，得到了一种 C_{60} 衍生的二肽[15]。

笔者在同样反应条件下，用甘氨酸乙酯直接与 C_{60} 反应，得到了 C_{60} 甘氨酸乙酯衍生物，反应通过氮宾活性中间体进行[16]：

$$H_2NCH_2CO_2C_2H_5 \xrightarrow{OBr^-} BrHNCH_2CO_2C_2H_5 \xrightarrow[-HBr]{OH^-} [\,:NCH_2CO_2C_2H_5\,]$$

为证实上述反应过程中生成了氮宾活性中间体，用四乙酸铅代替碱、溴水作消除剂，得到了同样的结果；尝试用 MeONa 和溴作消除剂，也得到了预期的结果

在制备 C_{60} 衍生物时，往往得到一加成、二加成和多加成的混合产物，这就造成了分离、纯化方面的困难。

C_{60} 与 γ-环糊精能够形成相对稳定的配合物，C_{60} 的一部分球面被保护起来，而另一部分球面仍然裸露[17]。这就为选择性有控制地合成单加成 C_{60} 衍生物提供了必要条件。γ-环糊精 C_{60} 配合物能溶于水，各种氨基酸和肽类化合物也溶于水，可以探索在水的均相体系中通过适当方法合成 C_{60} 氨基酸类和肽类衍生物的方法，这就克服了 C_{60} 不溶于水，水溶性试剂与 C_{60} 反应涉及两相介质，需要采用相转移催化剂，从而给分离增加困难的弊端。

C_{60} 与 γ-环糊精形成的配合物如图 4-1 所示。

4.2.4 与多氮化物的光化学反应

笔者通过研究发现，C_{60} 与二级胺进行热反应需要 5d 时间，产率仅 15%，而光化学反

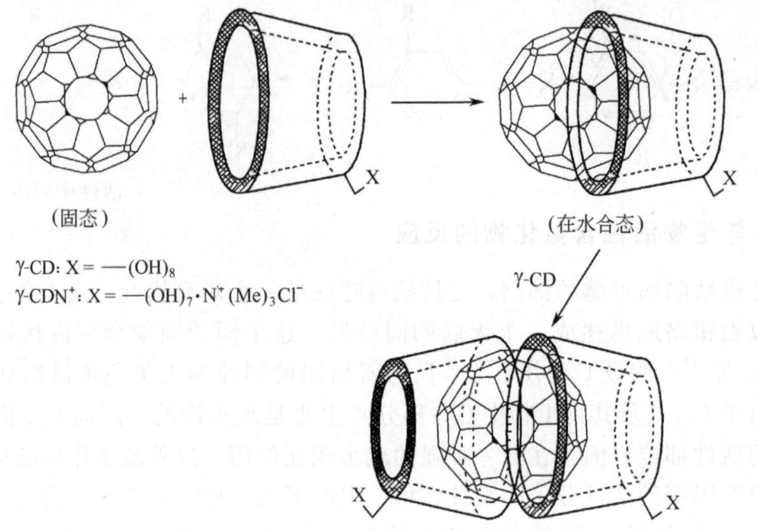

图 4-1　C_{60} 与 γ-环糊精形成的配合物

应仅需要 70 min，产率远远高出热反应。笔者采用 450 W 的氙灯，以铬酸钾水溶液作为滤光剂除去 505 nm 以下的光，C_{60} 和 N,N'-二甲基乙二胺在支臂光化学反应器中，以甲苯作为溶剂，在 N_2 保护下，光反应 70 min，通过色谱柱分离，得到了纯化产物[18]。

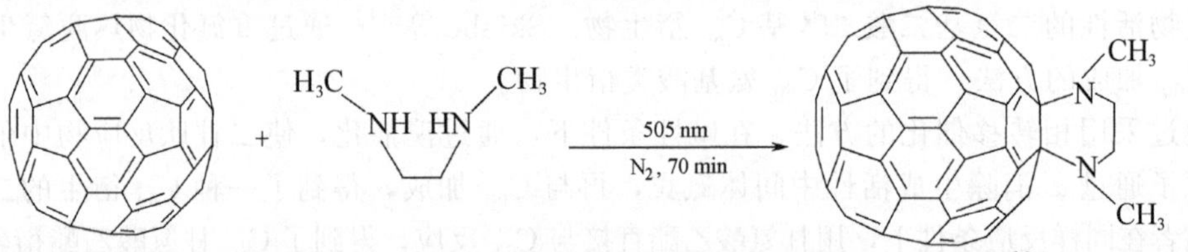

加成产物是一个 6,6-加成的 C_{2v} 对称的结构，这种结构的 C_{60} 衍生物^{13}C NMR 谱在 C_{60} 芳香区一般给出 16 个共振信号，还有一个^{13}C NMR 共振信号来自和衍生基团相连的两个桥头碳原子，这样共有 17 个共振信号[18]，其中 13 个较强的共振信号每一个代表着 4 个碳原子，其余 4 个较弱的共振信号（包括脂肪区 sp^3 桥头碳原子）每个代表 2 个碳原子[19-26]。这样，C_{60} 骨架上的 60 个碳原子都得到了表征。其数据如下：^{13}C NMR(75.5MHz, CS_2-$CDCl_3$, TMS), δ 151.37(4C), 148.02(2C), 146.39(4C), 146.06(4C), 145.67(4C), 145.56(4C), 145.18(4C), 144.67(4C), 142.92(2C), 142.74(2C), 142.58(4C), 142.26(4C), 141.45(4C), 141.32(4C), 138.75(4C), 136.99(4C), 80.25(2C), 48.33 (—CH_2—), 44.08 (—CH_3)。笔者亲自测得的上述光反应产物的^{13}C NMR 谱如图 4-2 所示。

应该说明的是，上述产物不稳定，室温下几周时间内即发生重排，一部分产物析出了 C_{60}，脱下来的有机分子小片段与一部分单加成产物生成了二加成产物。

通过采用相同的光化学反应方法，C_{60} 可以容易地与哌嗪化合物发生光化学反应[18]：

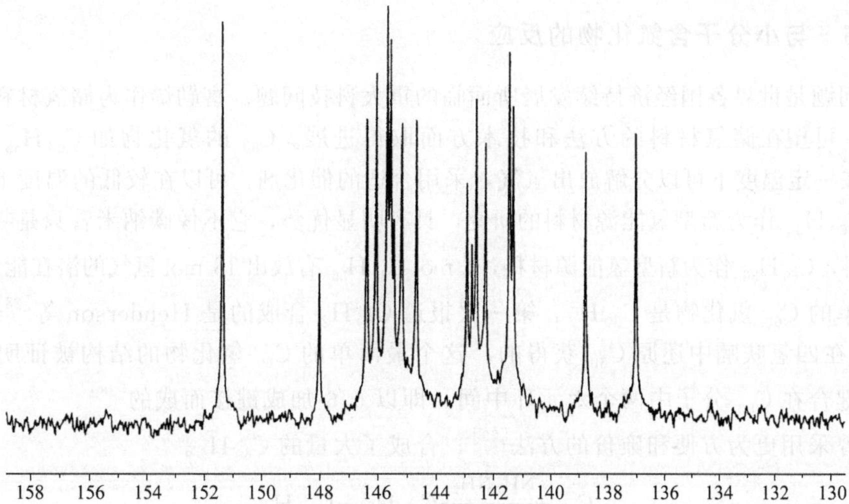

图 4-2 芳香区部分[13]C NMR 谱

值得指出的是，C_{60} 与哌嗪反应产物的[1]H NMR 谱不是一个简单的一级谱，而是一个具有 AA′A″A‴BB′B″B‴体系的复杂谱。幸运的是，由于近乎对称和结构相对简单一些，这个谱系易于识别，看上去类似于由两个扭曲并有进一步裂分的双重峰构成的一个 AB 型氢谱[18]。^{1}HNMR (300MH$_2$，CS_2-$CDCl_3$，TMS)：δ 4.56（m，H_a，4H），3.62（m，H_b，4H）（图 4-3）。

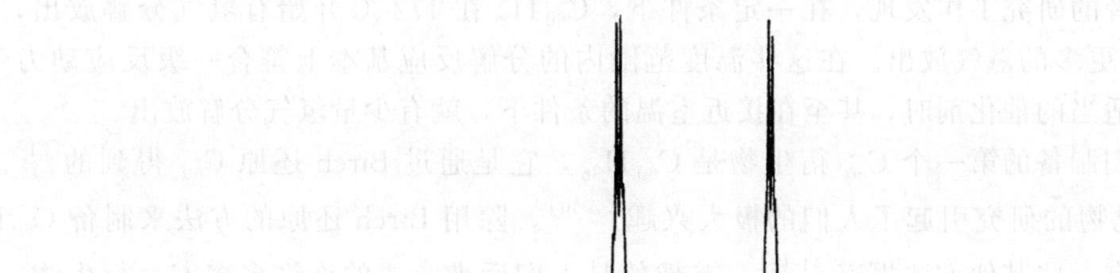

图 4-3 C_{60} 与哌嗪反应产物的氢谱

笔者曾尝试用 *N*,*N*′-二甲基-1,6-己二胺代替 *N*,*N*′-二甲基乙二胺与 C_{60} 进行光化学反应，结果反应得不到任何产物，这是由于如果反应能够进行，则产物对 C_{60} 衍生物来说是一个极为不稳定的十元环加成物。笔者也试用哌啶和二乙基胺来与 C_{60} 进行光化学反应，反应同样不进行[18]。

笔者的研究认为，C_{60} 与二级胺 *N*,*N*′-二甲基乙二胺的光化学反应，是通过光诱导的单电子转移的机理进行的[18]：

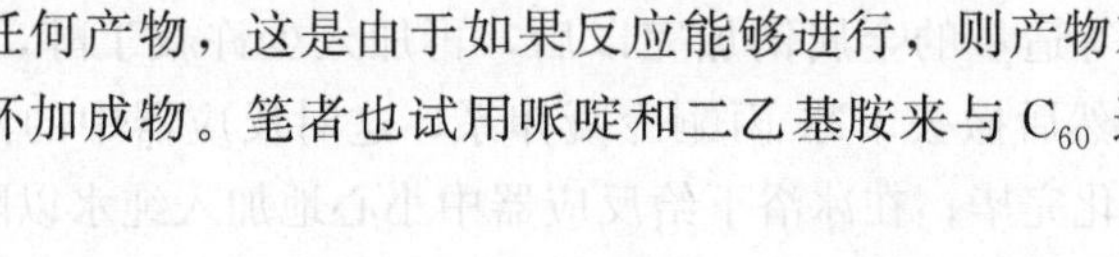

4.2.5 与小分子含氮化物的反应

能源问题是世界各国经济持续发展所面临的重大科技问题。富勒烯作为储氢材料已经有了一些基础，可望在储氢材料的方法和技术方面取得进展。C_{60} 的氢化物如 $C_{60}H_{36}$、$C_{60}H_{18}$、$C_{60}H_2$ 等在一定温度下可以分解放出氢气，采用合适的催化剂，可以在较低的温度下分解释放出氢气。$C_{60}H_{36}$ 作为新型氢能源材料的研究，具有明显优势，它不像碳纳米管只是靠吸附来作为储氢材料，$C_{60}H_{36}$ 作为新型氢能源材料，1 mol $C_{60}H_{36}$ 有放出 18 mol 氢气的潜在能力[27]。

最简单的 C_{60} 氢化物是 $C_{60}H_2$，第一次报道 $C_{60}H_2$ 合成的是 Henderson 等[28]，他们是采用 BH_3 在四氢呋喃中还原 C_{60} 获得的。这个最简单的 C_{60} 氢化物的结构被证明是两个氢原子邻连键合在 C_{60} 分子中两个六元环中间，即以 6,6-加成键接而成的[28]。

笔者曾采用更为方便和廉价的方法[29]，合成了大量的 $C_{60}H_2$。

$$C_{60} \xrightarrow{NH_2NH_2} C_{60}H_2 + C_{60}H_4$$

合成路线是把 C_{60} 溶解于无水苯中，将少量的无水肼溶于新蒸馏出的甲醇中，在氮气保护和搅拌下，把肼的甲醇溶液慢慢加入反应体系中，于室温下反应 72 h，反应混合物充分水洗，用无水硫酸镁干燥，溶剂进一步浓缩，用制备型高效液相色谱分离（甲苯：己烷＝70：30），得到纯 $C_{60}H_2$。产物的氢谱以氘代苯作溶剂在 δ 5.9 处给出一个单峰；用氘代氯仿和二硫化碳（1：1）作溶剂，^1H NMR 谱在 δ 7.008 处给出一个单峰；用氘代二氯苯作溶剂，在 δ 6.53 处给出一个单峰。这些结果与已经报道的有关 $C_{60}H_2$ 的研究完全一致[30]。

笔者的研究工作发现，在一定条件下，$C_{60}H_2$ 在 172 ℃开始有氢气分解放出，加热到 196℃有更多的氢气放出。在这些温度范围内的分解反应基本上符合一级反应动力学方程。当使用适当的催化剂时，甚至在接近室温的条件下，就有少量氢气分解放出。

人们制备的第一个 C_{60} 衍生物是 $C_{60}H_{36}$，它是通过 Birch 还原 C_{60} 得到的[31]。从此，C_{60} 氢化物的研究引起了人们的极大兴趣[32-40]。除用 Birch 还原的方法来制备 $C_{60}H_{36}$ 外，相继还有一些其他方法报道[41-42]。有趣的是人们后来合成的许许多多 C_{60} 衍生物，它们的结构已经被完全弄清楚了，可是最初合成的 $C_{60}H_{36}$ 的结构至今仍是一个谜。这是因为 $C_{60}H_{36}$ 有许许多多同分异构体，人们得到的产物是一个复杂的各种结构 $C_{60}H_{36}$ 的混合物。

根据量化计算的结果和参考分子模型结构，人们提出了 $C_{60}H_{36}$ 的几种主要同分异构体的形式为对称的 T、Th、D_{3d} 和 S_6 结构[43-48]，如图 4-4 所示。

用 Birch 还原 C_{60} 制备 $C_{60}H_{36}$ 的方法：在一个干燥的反应器中加入 C_{60}，然后套上 Birch 冷凝器，冷凝器用干冰加少量丙酮作冷凝剂，先通氮气除氧 45 min，然后慢慢将氨气导入反应器；氨气在受冷后液化，这时将金属钠切成大米粒状，用己烷洗干净，小心地加入反应体系，这时反应混合物变蓝；等适量的金属钠加完以后，再加入少许叔丁醇，在干冰-丙酮作冷凝剂的条件下反应 7～8 h；然后撤去干冰-丙酮冷凝体系，这时反应器中的液氨会一点一点地挥发出来，直到液氨全部汽化完毕；在冰浴下给反应器中小心地加入纯水以除去过量的金属钠，水加完后再加入甲苯萃取，反复水洗，有机相用无水硫酸镁干燥，除去溶剂，得淡黄色 $C_{60}H_{36}$。

笔者发现，在一定条件下，$C_{60}H_{36}$ 在 199 ℃下便开始热分解并放出少量氢气，当使用合适的催化剂，则能够在较低的温度下放出氢气。在加热的条件下，$C_{60}H_{36}$ 可以还原蒽为 9,10-二氢蒽，$C_{60}H_{36}$ 可以还原 C_{60} 本身为 $C_{60}H_2$ 和 $C_{60}H_4$。$C_{60}H_{36}$ 还可以还原银氨溶液，发生银镜反应，这时 $C_{60}H_{36}$ 变为 $C_{60}H_{18}$[27]。在其他相关条件下，$C_{60}H_{36}$ 和 $C_{60}H_2$ 以及其

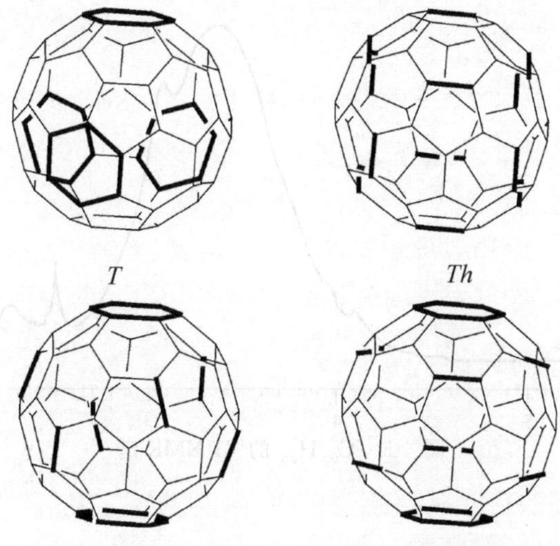

图 4-4 $C_{60}H_{36}$ 的几种主要同分异构体形式

他 C_{60} 氢化物亦能发生一定的分解反应。

笔者研究发现：① $C_{60}H_{36}$ 是同分异构体的混合物，具有明显的热不稳定性；② $C_{60}H_{36}$ 具有一定的还原性，甚至赶上了醛类化合物；③ $C_{60}H_{36}$ 对可见光非常敏感，刚制备出来的 $C_{60}H_{36}$ 甲苯溶液是透明清亮的，放在灯光下一会儿溶液就会变浑浊，生成非常复杂的混合物。

$C_{60}H_{36}$ 是人们合成的 C_{60} 的第一个氢化物，它首先由 Birch 还原的方法得到，由于其含氢量较高［4.8%(质量分数)］，研究其简捷实用的制备方法有着重要的意义。

传统的 Birch 还原过程需要液氨和低温，即用碱金属（主要是锂）的液氨溶液在低温下还原 C_{60} 得到 $C_{60}H_{36}$，这种制备方法条件苛刻，产率低，成本高，操作非常不方便，反应时间较长。笔者研究出的新方法是在室温下采用廉价的脂肪胺化合物进行反应，这种方法已经为大量制备廉价的 $C_{60}H_{36}$ 开辟了一条新途径[49]。具体的反应是分别采用乙二胺、1,3-丙二胺、1,2-丙二胺、正丙胺和二乙三胺等为反应介质，以叔丁醇为质子源，在锂、钠、钾的作用下制备 $C_{60}H_{36}$。

$$C_{60} \xrightarrow[\text{叔丁醇 } N_2, 15\ ^\circ C]{\text{碱金属,脂肪胺}} C_{60}H_{36}$$

如采用乙二胺（$H_2NCH_2CH_2NH_2$）和少量叔丁醇及碱金属的反应体系还原 C_{60}，2 h 即可高收率地得到还原产物 $C_{60}H_{36}$。还原产物 $C_{60}H_{36}$ 经由核磁氢谱和质谱等手段检定，与原 Birch 还原的老方法合成的 $C_{60}H_{36}$ 的结构完全一致[31,41,50-51]。我们获得的 $C_{60}H_{36}$ 的 ^1H NMR 谱如图 4-5 所示。

从 $C_{60}H_{36}$ 的 ^1H NMR 谱可见其化学位移从 2.60 到 4.40 有一宽的信号峰，其上有两个峰在 $\delta=3.10$ 和 $\delta=3.40$ 处。这一不寻常的宽峰可能是由于 $C_{60}H_{36}$ 的很多异构体所引起的。

$C_{60}H_{36}$ 的基质辅助激光解吸电离飞行时间（MALDI-TOF）质谱图如图 4-6 所示。

产物的基质辅助激光解吸电离飞行时间质谱（MALDI-TOF MS）给出了 $C_{60}H_{35}^+$($m/z=755.4$)的离子峰。

$C_{60}H_{36}$ 的红外光谱［FT-IR（KBr）］数据如下：3026 cm^{-1}，2913 cm^{-1}，2847 cm^{-1}，1644 cm^{-1}，1492 cm^{-1}，1453 cm^{-1}，1260 cm^{-1}，1097 cm^{-1}，1024 cm^{-1}，803 cm^{-1}，

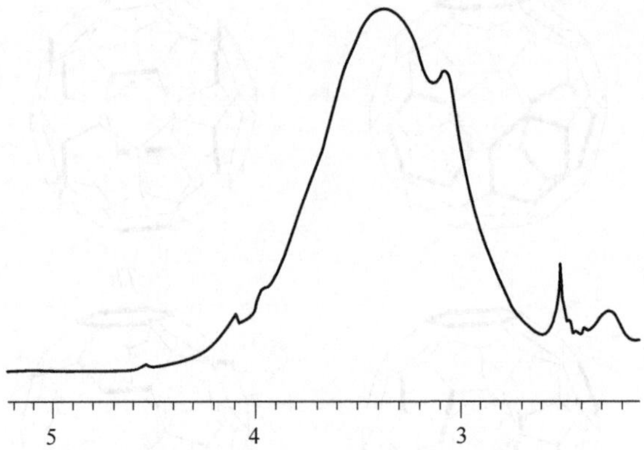

图 4-5　$C_{60}H_{36}$ 的 ^{1}H NMR 谱

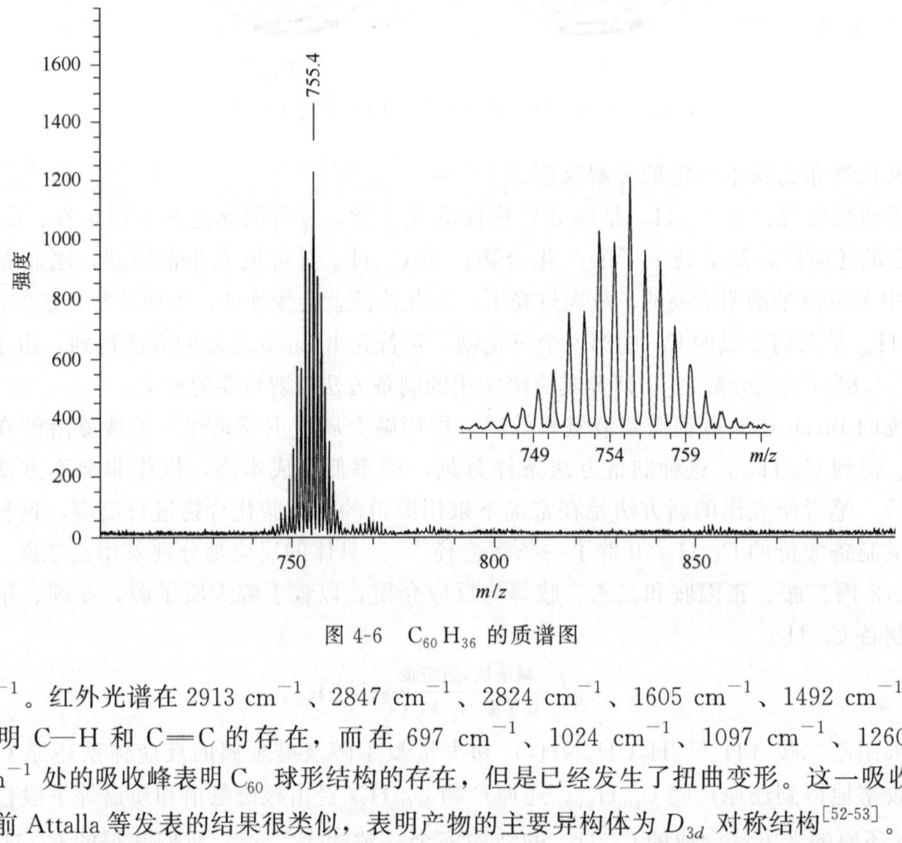

图 4-6　$C_{60}H_{36}$ 的质谱图

697 cm^{-1}。红外光谱在 2913 cm^{-1}、2847 cm^{-1}、2824 cm^{-1}、1605 cm^{-1}、1492 cm^{-1} 处的吸收峰表明 C—H 和 C═C 的存在，而在 697 cm^{-1}、1024 cm^{-1}、1097 cm^{-1}、1260 cm^{-1}、1453 cm^{-1} 处的吸收峰表明 C_{60} 球形结构的存在，但是已经发生了扭曲变形。这一吸收峰的特征同以前 Attalla 等发表的结果很类似，表明产物的主要异构体为 D_{3d} 对称结构[52-53]。

当叔丁醇和锂被加到 C_{60} 的 $H_2NCH_2CH_2NH_2$ 溶液中，由于锂在 $H_2NCH_2CH_2NH_2$ 溶液中的溶解性较好，所以反应很剧烈，并有大量气泡产生。黑色的 C_{60} 溶液颜色很快变浅，并伴有蓝色出现，这是由于锂溶于 $H_2NCH_2CH_2NH_2$ 产生的溶剂化电子的缘故；但由于溶剂化电子不稳定，产生的蓝色很快又消失，最后溶液彻底变白，反应完成，得到淡黄色固体产物 $C_{60}H_{36}$。

参 考 文 献

[1] Prato M, Li Q C, Wudl F. J. Am. Chem. Soc., 1993, 115: 1148.

[2] Wang N X, Li J S, Zhu D B. Chinese Science Bulletin, 1994, 39 (24): 2036.

[3] Wang N X, Li J S, Ji G. Propellants Explos. Pyrotech., 1996, 21 (5): 233.

[4] a) Wudl F, Hirsch A, Khemani K C, et al//Hammond G S, Kuck V J eds. Fullerenes: Synthesis, Properties, and Chemistry of Large Carbon Clusters. ACS Symp. Ser., 1992, 161: 481; b) Nuber B, Hamper F, Hirsch A. J. Chem. Soc., Chem. Commu., 1996: 1799.

[5] 王乃兴，李纪生．大学化学，1994，1：31.

[6] Wagner E L. J. Chem. Phys., 1965, 10 (3): 94.

[7] 王乃兴，陈博仁，欧育湘．应用化学，1993，10（3）：94.

[8] a) Yan M, Cai S X, Keana J F W. J. Org. Chem., 1994, 59: 5951; b) Banks M R, Cadogan J R G, Gosney T, et al. J. Chem., Chem. Commun., 1995: 887.

[9] a) Banks M R, Cadogan J I G, Gosney I, et al. Tetrahedron Letters, 1994, 35: 9067; b) Averdung J, Luftmann H, Mattay J. Tetrahedron Lett., 1995, 36: 2957.

[10] Wang N X, Sun C H, Liu W. Fullerene Science and Technology, 2001, 9 (3): 429.

[11] Tebbe F N, Harlow R L, Chase D B, et al. Science, 1992, 256: 822.

[12] Friedman S H, DecCmp D L, Sijbesma R P, et al. J. Am. Chem. Soc., 1993, 115: 6506.

[13] Sijbesma R, Srdanov G, Wudl F, et al. J. Am. Chem. Soc., 1993, 115: 6510.

[14] Skiebe A, Hirsch A. J. Chem. Soc., Chem. Commun., 1994: 335.

[15] Wang N X, Li J S, Zhu D B, et al. Tetrahedron Letters, 1995, 36 (3): 431.

[16] 王乃兴，等．科学通报，1995，40：1728.

[17] Kuroda Y, Nozawa H, Ogoshi H. Chem Lett., 1995: 47.

[18] Wang N X. Tetrahedron, 2002, 58 (12): 2377.

[19] Akasaka T, Ando W, Kobayashi K, et al. J. Am. Chem. Soc., 1993, 115: 1605.

[20] Prato M, Lucchini V, Maggini M, et al. J. Am. Chem. Soc., 1993, 115: 8479.

[21] Eiermann M, Wudl F, Prato M, et al. J. Am. Chem. Soc., 1994, 116: 8364.

[22] Anderson H L, Boudon C, Diederich F, et al. Angew. Chem. Int. Ed. Engl., 1994, 33: 1628.

[23] Diederich F, Isaacs L, Philp D. J. Chem. Soc. Perkin Trans., 1994, 2: 391.

[24] Arias F, Echegoyen L, Wilson S R, et al. J. Am. Chem. Soc., 1995, 117: 1422.

[25] Janssen R A, Hummelen J C, Wudl F. J. Am. Chem. Soc., 1995, 117: 544.

[26] Smith A B, Strongin R M, Brard L, et al. J. Am. Chem. Soc., 1993, 115: 5829.

[27] Wang N X, et al. Tetrahedron Letters, 2001, 42 (44): 7911.

[28] Henderson C C, Cahill P A. Science, 1985: 259.

[29] Billups W E, Luo W, Gonzalez A, et al. Tetrahedron Letters, 1997, 38: 171.

[30] Shigematsu K, Kazuaki A. Chemistry Express, 1992, 7: 905.

[31] Haufler R E, Comceical J, Chibante L P F, et al. J. Phys. Chem., 1990, 94: 8634.

[32] Hirsch A. Synthesis, 1995: 895.

[33] Diederich F, Thilgen C. Science, 1996, 271: 317.

[34] Ballenweg S, Gleiter R, Krätschmer W. Tetrahedron Letters, 1993, 34: 3737.

[35] Meier M S, Corbin P S, Vsnce V K, et al. Tetrahedron Letters, 1994, 35: 5789.

[36] Becker L, Evans T P, Bada J L. J. Org. Chem., 1993, 58: 7630.

[37] Shigematsu K, Kazuaki A. Chemistry Express, 1992, 7: 905.

[38] Henderson C C, Rohlfing C M, Assink R A, et al. Angew. Chem. Int. Ed. Engl., 1994, 33: 786.

[39] Lobach A S, Perov A A, Rebrov A I, et al. Russian Chemical Bulletin, 1997, 41: 641.

[40] Darwish A D, Abdul-Sada A K, Langley G J, et al. J. Chem. Soc. Perkin. Trans. 2, 1995: 2359.

[41] Rüchardt C, Gerst M, Ebenhoch J, et al. Angew. Chem. Int. Ed. Engl., 1993, 32: 584.

[42] Attalla M, Vassallo A M, Tattam B, et al. J. Phys. Chem., 1993, 97: 6329.

[43] Bühl M, THiel W, Schneider U. J. Am. Chem. Soc., 1995, 117: 4623.

[44] Book L D, Scuseria G E. J. Phys. Chem., 1994, 98: 4283.

[45] Dunlap B I, Brenner D W. J. Phys. Chem., 1994, 98: 1756.

[46] Darwish A D, Avent A G, Taylor R, et al. J. Chem. Soc., Perkin Trans, 1996, 2: 2051.

[47] Yoshida Z, Dogane I, Ikehira H, et al. Chem. Phys. Lett., 1992, 201: 481.
[48] Okotrub A V, Bulusheva L G, Acing I P, et al. J. Phys. Chem. A, 1999, 103: 716.
[49] Zhang J P, Wang N X. Carbon, 2004, 42: 675.
[50] Darwish A D, Abdul-Sada A K, Langley J, et al. J. Chem. Soc., Perkin. Trans., 1995, 2: 2359.
[51] Rogner I, Birkett P, Campbell E E B. Int. J. Mass Spectrom. Ion Processes, 1996, 156: 103.
[52] Attalla M I, Vassallo A M, Tattam B N, et al. J. Phys. Chem., 1993, 97: 6329.
[53] Hall L E, Mckenzie D R, Attalla M I, et al. J. Phys. Chem., 1993, 97: 5741.

4.3 C_{60} 研磨与机械化学

机械化学（mechanochemistry）与机械力密切相关，物质在机械力作用下发生的化学变化叫机械化学。靠机械力发生化学反应不需要溶剂、能耗低、反应速度快、安全清洁，是一种“绿色化学”的合成方法。这种机械力研磨的方法，可以进行 Huisgen 偶联、镍催化的炔烃［2+2+2+2］环加成反应（产物是环辛四烯）。还有把芳香磺胺类化合物和碳二亚胺一起进行研磨使其发生 C-N 偶联反应等。

例如，将 C_{60} 与 KCN 一起研磨，并没有得到氰化产物，得到的产物是哑铃型的 C_{120}。还有，C_{60} 与 4-二甲氨基吡啶一起研磨，得到三聚体的异构体 C_{180}；把 C_{60} 与 γ-环糊精一起研磨，能够得到 C_{60} 进入 γ-环糊精空腔的主客超分子。

4.4 机械力将分子由绝缘体“拉成”半导体

Xia 等报道了机械力可以将分子由绝缘体“拉成”半导体（*Science*，2017，357：475-479）。拉力过大会使材料破损，因为机械力也会使得高分子链断裂。

Xia 教授设想了一类高分子，本身是非共轭结构，但在外力的作用下，全链重排为共轭高分子，这样高分子所有的性质，例如光学、电学以及机械性质，也将会随之彻底改变。机械力将分子由绝缘体“拉成”半导体的过程示意如下：

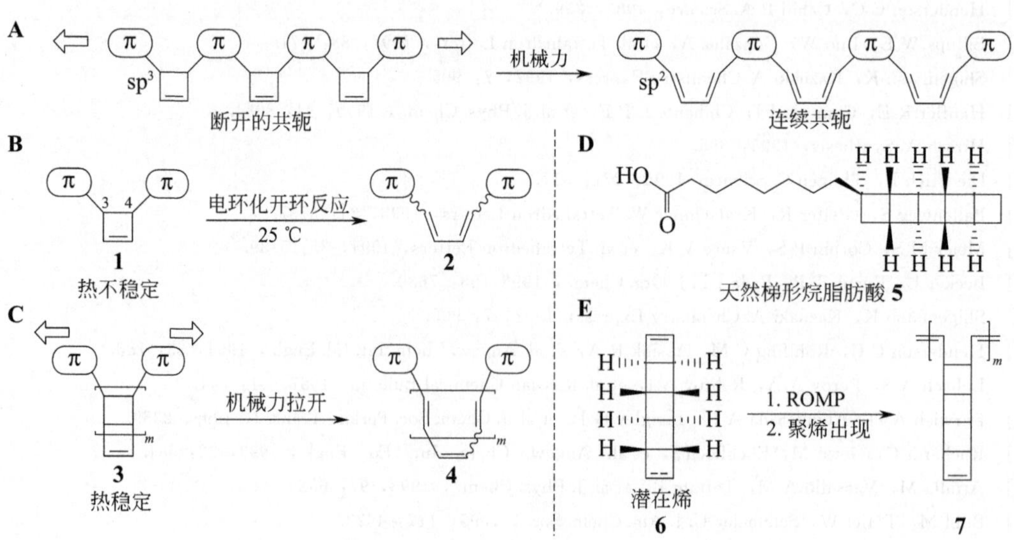

以机械拉力方式生成共轭高分子

超声波是对高分子施加机械力的常见方式之一，使得高分子链中部受到拉力。用超声波处理高分子**7a**，仅仅经过 20 s，无色高分子溶液就变成了淡蓝色，并随超声时间延长颜色逐步加深，最终经过 2 h 超声，溶液变为蓝黑色并有黑色粒状物析出。这样的长链全反式聚乙炔是其他制备方法所难以得到的。反式聚乙炔是黑色粒状物，而全顺式聚乙炔则是透明薄膜状的。

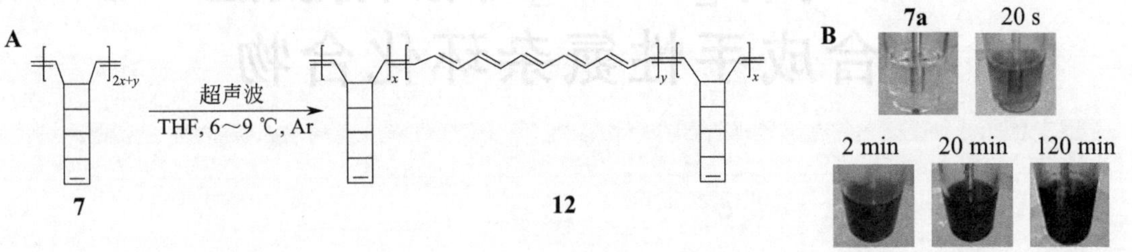

第5章

不对称[3+2]环加成反应合成手性氮杂环化合物

立体定向合成含氮杂环化合物是有机化学的一个重要领域。在许多杂环化合物的合成中，环加成反应提供了一个非常重要的策略。近年来，利用不同金属介导的手性有机催化剂催化的不对称［3+2］环加成反应，为构建立体化学复杂氮杂环化合物提供了新的方法。具体地说，［3+2］环加成反应是从3原子和2原子前体开始合成多种五元环体系的一种很好的方法。五元环在环系化合物中具有比较强的稳定性，因此，［3+2］环加成是一个广泛的概念，包括1,3-偶极环加成，它为合成复杂的天然产物和药物分子提供了非常有效的途径[1a]。换言之，涉及1,3-偶极子与亲偶极子生成五元环的π键反应，称为［3+2］环加成反应[1b]。1,3-偶极子通常包含杂原子和四个π电子（它们分布在三个原子上），如叠氮化物、重氮烷、一氧化二氮、腈亚胺、腈叶立德、腈氧化物、偶氮亚胺、偶氮氧基化合物、偶氮甲亚胺叶立德，以及硝基化物、羰基氧化物、臭氧等[2]。1,3-偶极环加成反应也可以描述为一个带电荷偶极子和亲偶极子分子的反应。亲偶极子通常是烯烃或炔衍生物。在过去的十年中，关于不对称有机催化和金属介导的［3+2］环加成反应的文献急剧增加。

对于1,3-偶极反应的机理，有机化学界仍有争论。一些研究者认为存在一种协同反应机制，即旧键断裂与新键生成同时进行；另一些研究者则赞同分步反应机制。

Huisgen曾提出过一个协同反应过程，该过程得到了区域选择性。最近Houk等报道了1,3-偶极环加成的动力学，并证实了1,3-偶极环加成的协同性质[3a]。Houk等还报道了重氮甜菜碱与乙炔和乙烯的1,3-偶极环加成反应的动力学。他认为，协同过程比分步过程更重要[3b-3c]。

基于对反应速率没有受到溶剂影响的事实，Firestone假设1,3-偶极环加成为两步双自由基机理[4a-4b]。Braida等最近也报道了1,3-偶极子的双自由基特征及其对乙烯或乙炔的反应性[4c]。

像腈叶立德 $Ph—C≡N^+—CH_2^-$ 这样的1,3-偶极分子的HOMO为−6.4 eV，缺电子烯烃 CH_2═CHCHO的LUMO为+0.6 eV[5a]。这些1,3-偶极环加成反应的反应速率通常很高。Fleming认为，一些1,3-偶极子，如重氮甲烷，具有高能HOMO，并且在［3+2］反应中与连有吸电子取代基烯烃的反应更快[5b]。

Engels等分析了1,3-偶极环加成反应的反应性，并提出反应速率和区域选择性可以通过前线轨道理论说明[5c]。Engels等发现，在给定的1,3-偶极子的条件下，乙烯和乙炔的活化焓相差无几。根据前线轨道理论，预计乙烯的反应会快得多，因为乙烯的 HOMO 为 −10.5 eV，LUMO 为 1.5 eV；而乙炔的 HOMO 为 −11.5 eV，LUMO 为 2.5 eV[5c]。在 1,3-偶极环加成反应中，点击化学是通过叠氮化物和乙炔基反应构建三唑衍生物的常用方法。Huisgen 1,3-偶极环加成在杂环合成和天然产物合成中的应用是非常成功的[6-7]，现在越来越多的［3+2］环加成用于有机合成、药物开发和化学生物学中[8]。Sharpless 等报道了叠氮化物的点击化学之后[9]，化学家在这方面发表了许多论文。点击反应通常是 Cu(Ⅰ) 催化的非协同反应[9a]。点击化学包括具有高区域选择性的叠氮化物和乙炔基在 Cu(Ⅰ) 催化下的高产率环加成反应[9]。点击化学不是通常的协同 1,3-偶极环加成。

许多早期关于［3+2］环加成反应的报道并没有涉及手性化合物。最近，许多 1,3-偶极环加成反应已用于不对称合成。Jørgensen 等回顾了 1998 年 1,3-偶极子的不对称反应[10a]。Nájera 和 Sansano 回顾了 2005 年偶氮叶立德和烯烃的催化不对称［3+2］环加成反应[10b]。他们指出：手性结构与 1,3-偶极子进攻亲偶极子时与两个对映体面选择性有关，溶剂和温度也在这些不对称［3+2］反应中起着重要作用。Pellissier 回顾了不对称的 1,3-偶极环加成[10c]，主要引用了 2006 年之前的参考文献。Pandey 等回顾了 2006 年以后通过不对称［3+2］环加成构建手性氮杂五元环的研究[10d]。Meldal 等回顾了 Cu 催化的叠氮化物与炔烃的环加成反应，尽管手性合成不是他论述的主题[10e-10f]。不对称 1,3-偶极环加成反应已成为有机化学研究中的一个热点领域[10g-10i]。王乃兴 2012 年评述了不对称［3+2］环加成反应（*Coordin. Chem. Rev.*，2012，256：938），这里重点介绍，在小结部分对理论问题作了补充说明。

5.1 Cu(Ⅰ) 催化的［3+2］环加成合成三唑衍生物

由于一些不对称的［3+2］环加成反应是以手性起始物质（不对称试剂）为基础的，这里介绍一些具有良好立体选择性的 Cu(Ⅰ) 介导的叠氮化合物和炔烃的环加成反应。很久以前，化学家首次报道了叠氮苯与烯烃或炔衍生物的 1,3-偶极环加成反应[10-11]。有机叠氮化合物属于类偶极子（图 5-1）。

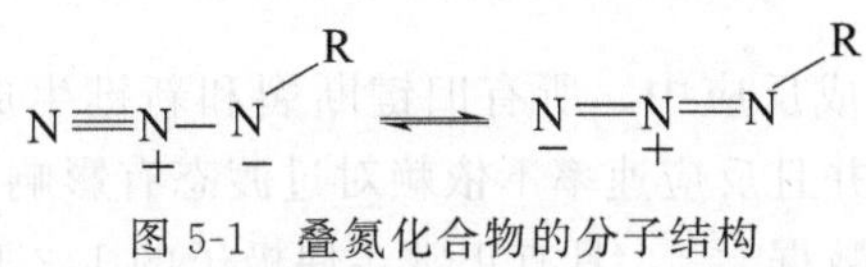

图 5-1 叠氮化合物的分子结构

一些 1,3-偶极子，如偶氮次甲基叶立德、羰基叶立德、硫羰基叶立德、腈氧化物、腈叶立德和腈亚胺、重氮烷、硝酮和硝酸酯，都能够广泛应用于 1,3-偶极环加成物的合成中[7c]。

Sharpless 等给出了在铜催化剂存在下叠氮衍生物与不饱和化合物反应的方法，这是点击化学的典型例证[9a]（见图 5-2）。

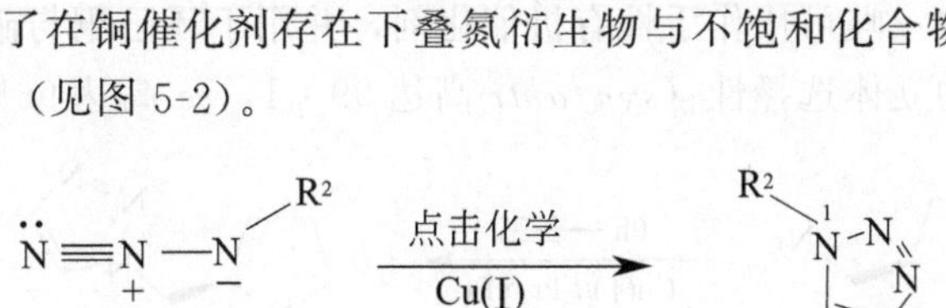

图 5-2 叠氮化合物与末端炔烃的点击反应

反应机理涉及一个逐步的 Huisgen 环加成过程[9]。Fokin 等对铜催化叠氮化合物与炔的环加成反应进行了综述，并报道了 Cu(Ⅰ) 的催化机理。铜催化剂极大地改变了反应的结果，通过一系列连续分立的快速步骤，最终形成产物。铜催化叠氮化合物与炔的环加成反应远比无铜催化的叠氮衍生物与烯烃或炔烃的 1,3-偶极环加成反应机理要复杂[9c]。

Ravoo 等[12] 也报道了点击化学的一个例子，它是由乙炔的 μCP（微接触印迹）在氧化硅基底上的叠氮端的 SAMs（自组装单分子膜）上的反应，无需任何催化剂。这表明，点击化学可以应用于乙炔在叠氮端的自组装单分子膜上的微接触印迹[12]（图 5-3）。

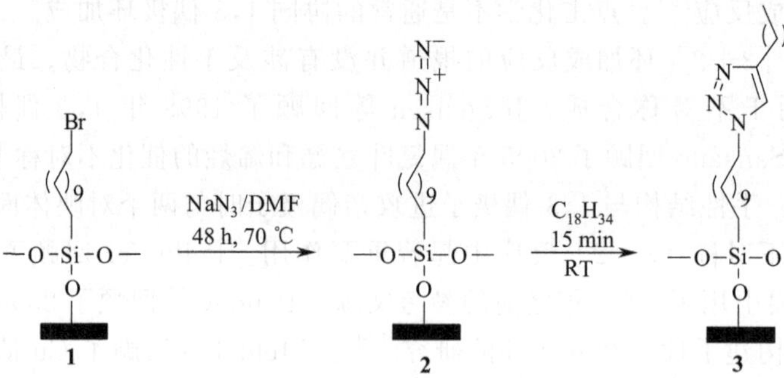

图 5-3　乙炔与叠氮端单分子膜上的微接触印迹

能够通过在低温和催化量的 CuI 存在下区域选择性地合成 4-取代的 1-(N-磺酰基)-1,2,3-三唑[13]。点击化学已经以优异的产率和区域选择性合成了许多三唑衍生物[14-26]。其中一些可用作过渡金属配体或新试剂。Kirshenbaum 等回顾了铜催化的叠氮化物与炔烃的［3+2］环加成反应，主要讨论了拟肽寡聚体的修饰[27a,26b]。

1,3-偶极环加成可以通过几种不同的反应机理发生：① 当前线分子轨道相互作用是 1,3-偶极子的 HOMO 与不饱和烃的 LUMO 相互作用时，这些 1,3-偶极环加成热反应涉及协同机制。② 1,3-偶极环加成反应也可以通过涉及活性中间体的逐步反应进行，在这些情况下，反应的立体特异性可能被破坏[10a]。2002 年，Sharpless[9b] 和 Meldal[27b] 两个研究小组分别独立报道了 Cu(Ⅰ) 催化剂显著地加速区域选择性的 1,3-偶极环加成反应，这就是点击化学或者叫点击反应。

在协同的 1,3-偶极环加成反应中，所有旧键断裂和新键生成都发生在一个步骤中，不涉及不稳定的活性中间体，并且反应速率不依赖对过渡态有影响的溶剂的极性。如计算分析所示，包括先前报道的计算数据[27e]，具有正常亲偶极子的 1,3-偶极环加成遵循协同机制。

Cu(Ⅰ) 催化的 Sharpless-Meldal 点击化学没有经历协同的 1,3-偶极环加成，不属于协同反应，而是 Cu(Ⅰ) 催化的分步反应过程[27b-27d]。

1,3-偶极环加成已被用于构建三唑类手性有机催化剂[28]。通过与叠氮化物手性底物的点击化学，产物吡咯烷三唑可用作手性有机催化剂，并用于环己酮与硝基苯乙烯的不对称迈克尔加成，具有优异的立体选择性（*syn*/*anti* 高达 99∶1，*ee* 高达 96%）[28]（图 5-4）。

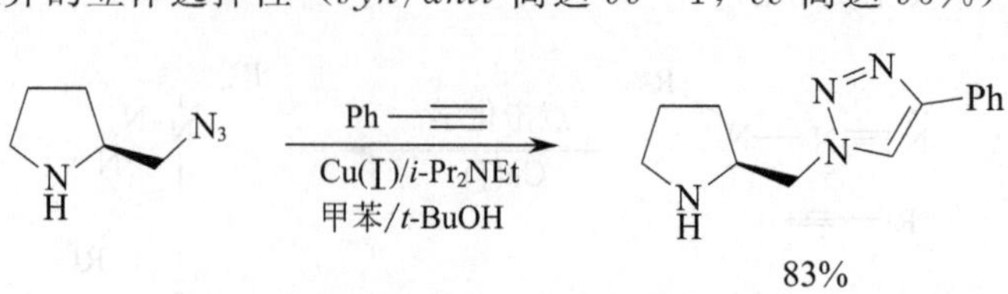

图 5-4　点击策略合成不对称有机催化剂

点击反应简化了配体的合成，例如合成 1,4-二取代三唑金属螯合体系配合物[29]，如图 5-5。

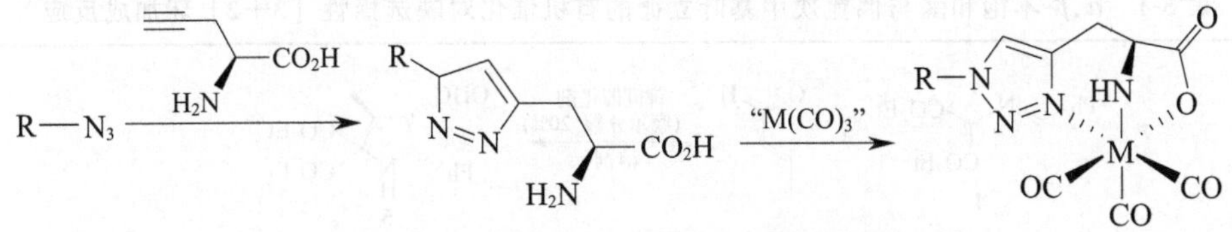

图 5-5 点击化学合成金属螯合体系配合物

通过采用叠氮化/1,3-偶极环加成/脱保护法合成了新型双环三唑类化合物。这项工作涉及一个选择性的 Huisgen 环加成反应，从一个非对映异构体的混旋混合物开始，双环三唑以其良好的转化率和非常高的非对映异构体比率获得，如图 5-6。

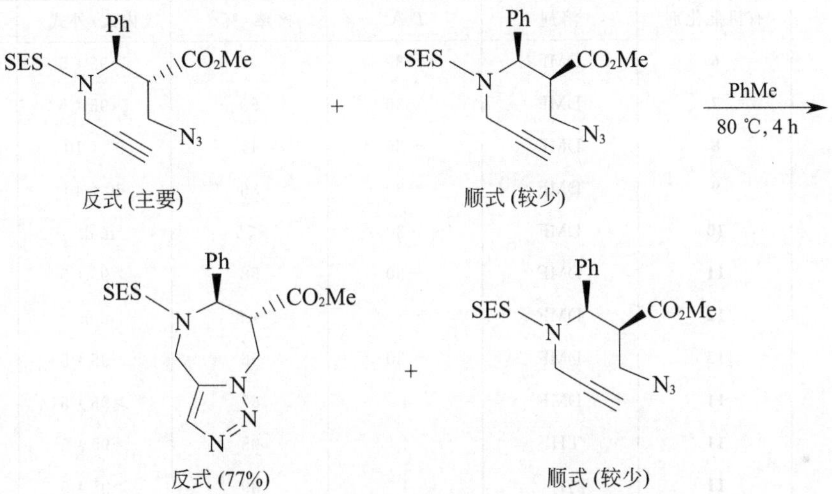

图 5-6 新型双环三唑类化合物的合成

化学家还报道了无铜点击化学[30]，Bertozzi 等[30c] 总结了化学生物学中无铜点击环加成反应。Finn 和 Fokin[30d] 总结了点击化学的一些属性。这些方法为树枝状大分子的设计提供了高效、简便、绿色的途径[30f]。

5.2 不对称 1,3-偶极环加成反应合成手性氮杂环化合物

不对称合成是有机化学中一个热点领域[31]。由于过渡金属的高成本，使用无金属手性催化剂的趋势日益明显[31-32]。有机催化不对称 1,3-偶极环加成反应在手性合成中占有突出的地位，因为它们提供了一些最有效的方法来构建手性中心，可以制备许多有价值的复杂手性化合物和天然产物。Vesterager 总结了其中一些反应。

5.2.1 无金属和 Ag(Ⅰ) 介导的对映选择性［3+2］环加成

大多数手性催化剂由两部分组成：一部分是手性有机分子（配体）；另一部分是金属离子。通常金属离子与手性配体之间的配位比金属离子与反应物之间的配位强，因而具有很高的对映选择性。在这些不同的过渡态中，金属离子通常处于配合物的核心。然而，有些不对

称反应是无金属的，即有机催化反应。表 5-1 是 α,β-不饱和醛与偶氮次甲基叶立德的有机催化对映选择性［3＋2］环加成反应。该反应以完全的区域选择性和高的立体选择性进行[33]。

表 5-1　α,β-不饱和醛与偶氮次甲基叶立德的有机催化对映选择性［3＋2］环加成反应①

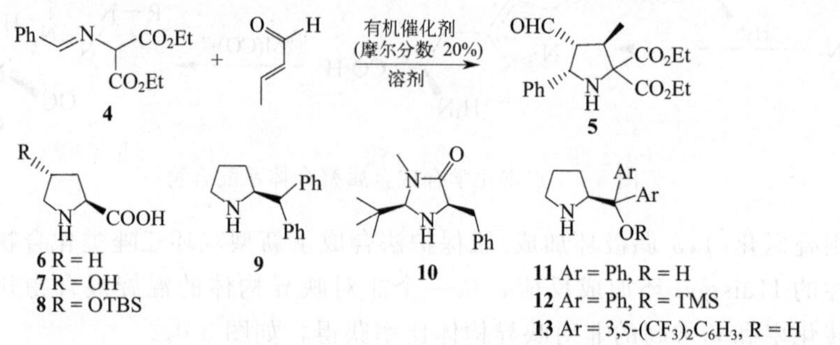

条目	有机催化剂	溶剂	T/℃	产率/%②	内式/外式	ee/%
1	**6**	DMF	－30	77	＞95∶5	72
2	**7**	DMF	－30	60	＞95∶5	82
3	**8**	DMF	－30	44	90∶10	84
4	**9**	DMF	－30	86	60∶40	5
5	**10**	DMF	－30	＜5	n. d.	n. d.
6	**11**	DMF	－30	58	＞95∶5	＞99
7	**12**	DMF	－30	＜5	n. d.	n. d.
8	**13**	DMF	－30	56	＞95∶5	＞99
9	**11**	DMF	4	67	＞95∶5	98
10	**11**	THF	4	65	＞95∶5	98
11	**11**	THF③	4	89	＞95∶5	98
12	**11**	THF	4	55	＞95∶5	97
13	**11**	THF	4	79	＞95∶5	98

① 反应条件：反应物 **4**(0.75 mmol)、巴豆醛(0.70 mmol)、催化剂(0.14 mmol)、溶剂(6 mL)；将反应混合物在相应温度下搅拌 72 h。DMF——N,N-二甲基甲酰胺；TBS——叔丁基二甲基硅基；TMS——三甲基硅基；n. d. ——未测定。

② 分离后产物的产率。

③ 催化剂：摩尔分数为 10%。

烯胺叶立德被认为是潜在的 1,3-偶极子（见图 5-7）。

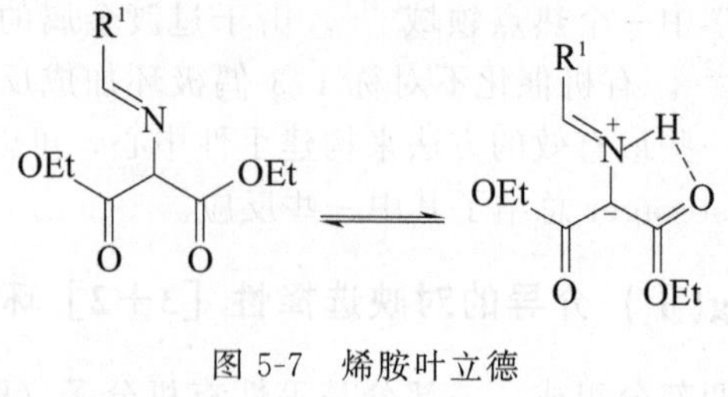

图 5-7　烯胺叶立德

在二芳基硝酮与乙基乙烯基醚的 1,3-偶极环加成反应中，使用摩尔分数为 5% 的在空气中稳定的 Brønsted 酸作为催化剂，就可以原料反应完全[34a]。这些结果证明了 Brønsted 酸催化剂对不对称 1,3-偶极环加成反应的有效性（图 5-8）[34a]。

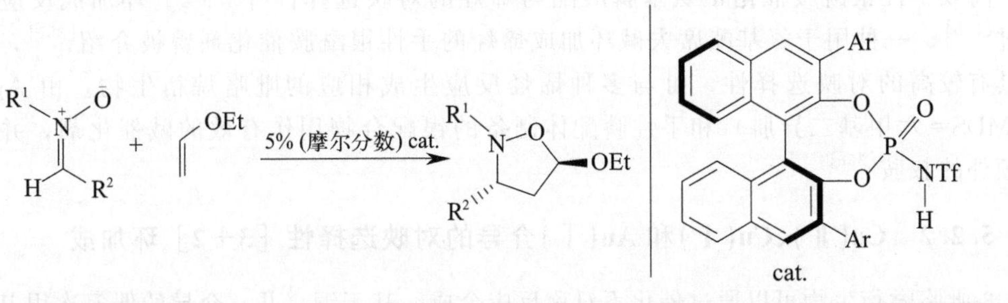

图 5-8　手性磷酰胺催化的二芳基硝酮与乙基乙烯基醚的 1,3-偶极环加成反应（Tf 为三氟甲磺酰）

表 5-2 为几种手性磷酰胺/Ag(Ⅰ) 盐[35a] 催化的亚氨基甲酯 **16** 和丙烯酸叔丁酯的对映选择性 1,3-偶极环加成。

表 5-2　几种手性磷酰胺/Ag(Ⅰ) 盐催化的亚氨基甲酯 16 和丙烯酸叔丁酯的对映选择性 1,3-偶极环加成

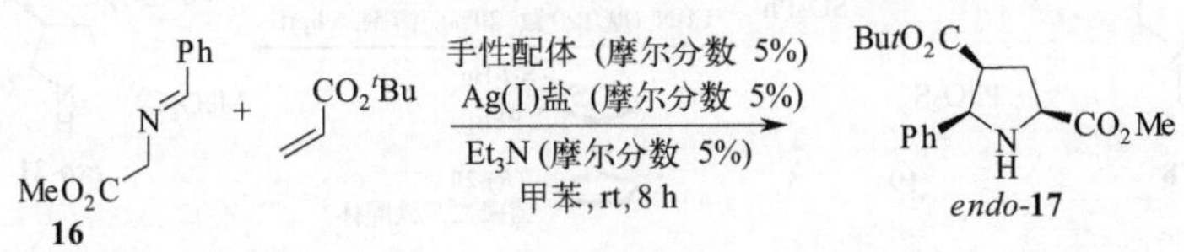

条目	Ag(Ⅰ)盐	手性配体	转化率/%	*e.r.*（内式：外式）①
1	$AgClO_4$	14	98	76：24
2	$AgClO_4$	15	98	85：15
3	$AgClO_4$	15	95	74：26
4	AgOAc	15	98	80：20
5	AgOTf	15	98	84：16
6	AgF	15	90	76：24
7	$AgBF_4$	15	95	60：40
8	$AgClO_4$	15	98	90：10

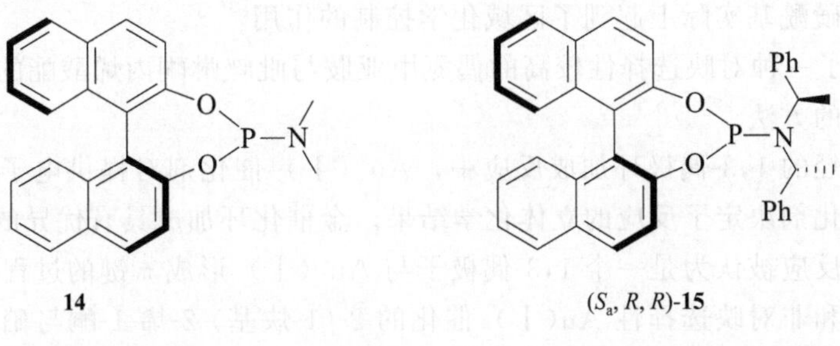

14　　(S_a, *R*, *R*)-**15**

① 通过手性 HPLC 分析。

Han 等报道了二肽衍生膦催化丙烯酸类化合物的［3+2］对映选择性环加成反应，以区域选择性和对映选择性的方式提供了功能化环戊烯[34b]。这种二肽衍生膦的新型配合物是一种高效的手性催化剂，可用于甲亚胺叶立德和亲偶极分子之间的广泛的 1,3-偶极环加成反应[35a]。

高效手性银酰胺催化 α-氨基膦酸酯与烯烃的对映选择性［3＋2］环加成反应也被报道过[35b]。一种用于氨基酯席夫碱环加成烯烃的手性银酰胺催化剂曾被介绍[35c]，该催化剂具有较高的对映选择性，可与多种烯烃反应生成相应的吡咯烷衍生物。由 AgHMDS（HMDS＝六甲基二异肼）和手性膦配体制备的银配合物用作有效的碱催化剂，并且不需要额外的叔胺[35c]。

5.2.2 Cu(Ⅱ)、Cu(Ⅰ)和 Au(Ⅰ)介导的对映选择性［3＋2］环加成

3-吡咯啉衍生物可以通过催化不对称反应合成，基于铜（Ⅱ）介导的偶氮次甲基叶立德与反式-1,2-二苯基磺酰乙烯，经 1,3-偶极环加成以高度对映选择性得到［3＋2］环加成产物[36a]（表 5-3）。

表 5-3 偶氮次甲基叶立德与反式-1,2-二苯基磺酰乙烯的［3＋2］环加成

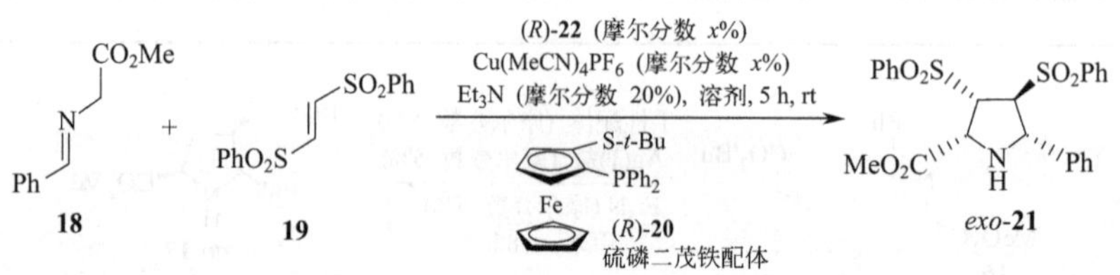

条目	x/%	溶剂	收率/%①	ee/%②
1	10	CH_2Cl_2	85	93
2	10	甲苯	83	96
3	10	THF	90	98
4	3	THF	90 (88)	98 (94)
5	1	THF	65	90

① 柱色谱法分离后的产物；

② 通过高效液相色谱法测定。

Arai 等发展了一种新的双（咪唑啉）吡啶-铜（Ⅱ）配合物，用于亚氨基酯与硝基烯的高选择性［3＋2］环加成反应[36b-36c]。该反应提供了很高的对映选择性（80%～99%），在反应过程中，苯磺酰基实际上起到了区域化学控制的作用[36c]。

Sibi 等报道了一种对映选择性较高的偶氮甲亚胺与吡唑啉酮丙烯酸酯的外向选择性和对映选择性环加成的方法[37]。

在缺电子烯烃的 1,3-偶极环加成反应中，Au（Ⅰ）催化剂对提供电子对生成 π 键作用明显。手性金催化剂决定了反应的立体化学结果。金催化环加成具有优异的非对映选择性和区域选择性。该反应被认为是一个 1,3-偶极子与 Au（Ⅰ）形成 π 键的过程[38a]，见图 5-9。

区域选择性和非对映选择性 Au(Ⅰ) 催化的 2-(1-炔基)-2-烯-1-酮与硝酮的 1,3-偶极环加成反应也被报道[38b]。这项工作为在温和的反应条件下获得高取代杂环提供了一个实用的、区域选择性的和非对映选择性的好途径[38b]（图 5-10）。

2-苯基硫代丙烯酸甲酯（亲偶极子）与硝酮（1,3-偶极子）的 1,3-偶极区域选择性和立体选择性的［3＋2］环加成也被报道[39a]。

在 Cu（Ⅰ）催化下，偶氮次甲基叶立德与马来酸二甲酯的对映选择性 1,3-偶极环加成

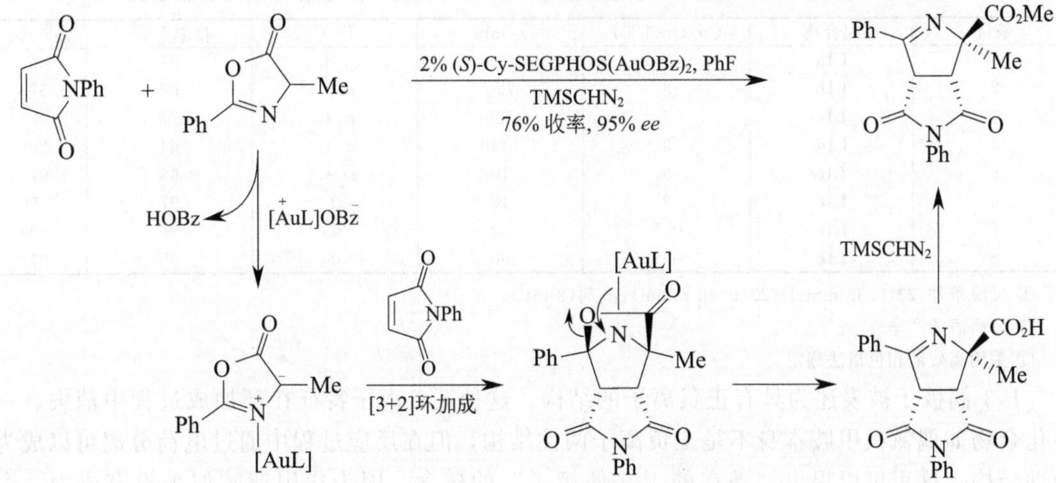

图 5-9 Au（Ⅰ）催化的 1,3-偶极环加成反应过程

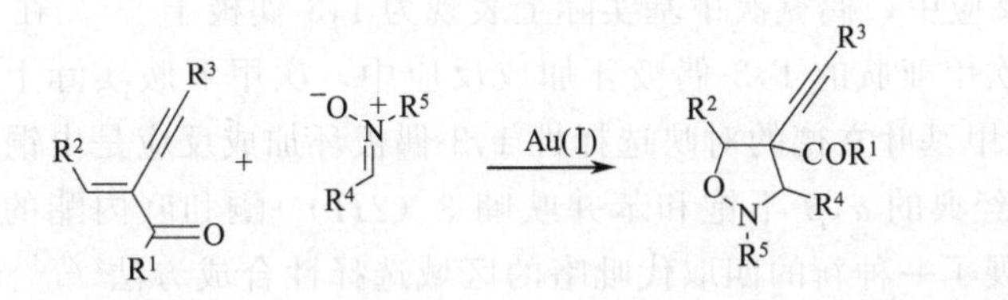

图 5-10 Au(Ⅰ)催化的 2-(1-炔基)-2-烯-1-酮与硝酮的［3+2］环加成反应

反应是一个典型的［3+2］环加成反应。Cu（Ⅰ）/TF-BiphamPhos 配合物及其衍生物是该不对称 1,3-偶极环加成反应的高效催化剂[39b]（图 5-11 和表 5-4）。

在该不对称的 1,3-偶极环加成反应中，偶氮次甲基化合物 **23** 似乎不是经典的叶立德结构，但在反应过程中，偶氮次甲基化合物 **23** 实际上可以成为叶立德结构。

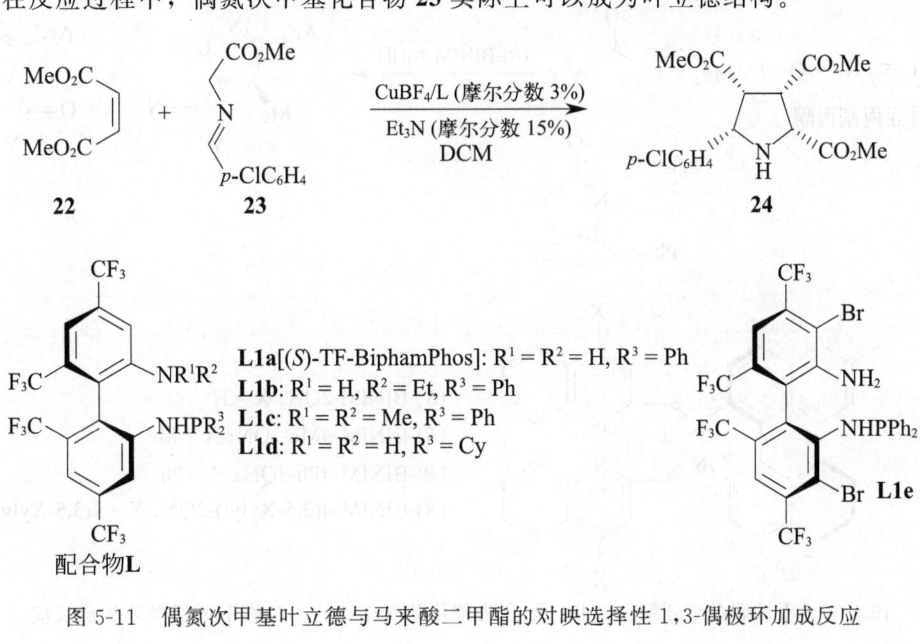

图 5-11 偶氮次甲基叶立德与马来酸二甲酯的对映选择性 1,3-偶极环加成反应

表 5-4 偶氮次甲基叶立德 23 与马来酸二甲酯 22 不对称 1,3-偶极环加成反应研究①

条目	配合物	Cu/(mol/L)	t/min	T/℃	收率/%②	ee③/%
1	**L1a**	3	10	r. t.	97	88
2	**L1b**	3	720	r. t.	96	57
3	**L1c**	3	720	r. t.	77	8
4	**L1d**	3	1440	r. t.	64	28
5	**L1e**	3	10	r. t.	68	97
6	**L1e**	3	10	0	97	>99
7	**L1e**	0.5	10	0	96	>99
8	**L1e**	0.1	60	0	85	97

① 反应条件：**22**(0.33 mmol)、**23**(0.40 mmol)、溶剂(2 mL)。

② 分离后的产率。

③ 采用高效液相色谱法测定。

1,3-偶极子被表述为具有正负离子的结构，这种正负离子特征在环加成过程中消失。一些化合物如偶氮次甲胺本身不是正负离子两性结构，但在反应过程中通过电荷分离可以成为两性结构。这里可以提出“潜在的 1,3-偶极子”的概念，因为次甲亚胺似乎没有成为一个“裸”的 1,3-偶极子。在磷酰胺银（Ⅰ）配合物催化偶氮次甲基化合物与烯烃的对映选择性 1,3-偶极环加成反应中，偶氮次甲基实际上表现为 1,3-偶极子[35]。在［3＋2］环加成反应、高对映选择性的次甲亚胺的 1,3-偶极环加成反应中，次甲亚胺实际上都表现出 1,3-偶极子特性[36]。偶氮次甲基叶立德的对映选择性 1,3-偶极环加成反应是由铜（Ⅰ）催化的[39b]。

Park 等通过经典的 α,β-不饱和苯并呋喃-3（2H）-酮和吖内酯的 1,3-偶极环加成，然后经过脱羧，发展了一种新的四取代吡咯的区域选择性合成方法[39c]。1,3-偶极体叠氮化合物和亲偶极体炔烃基团被树脂结合的寡肽分别置于两端，在 Cu（Ⅰ）催化下发生分子内头尾相互作用的［3＋2］环加成反应[39d]。

5.2.3 Ni(Ⅱ)和 Sc(Ⅲ)介导的对映选择性［3＋2］环加成

手性联萘二亚胺-Ni(Ⅱ) 配合物催化腈氧化物的不对称 1,3-偶极环加成反应已被描述。反应具有良好的区域选择性和对映选择性（96%ee）[39e]（图 5-12）。

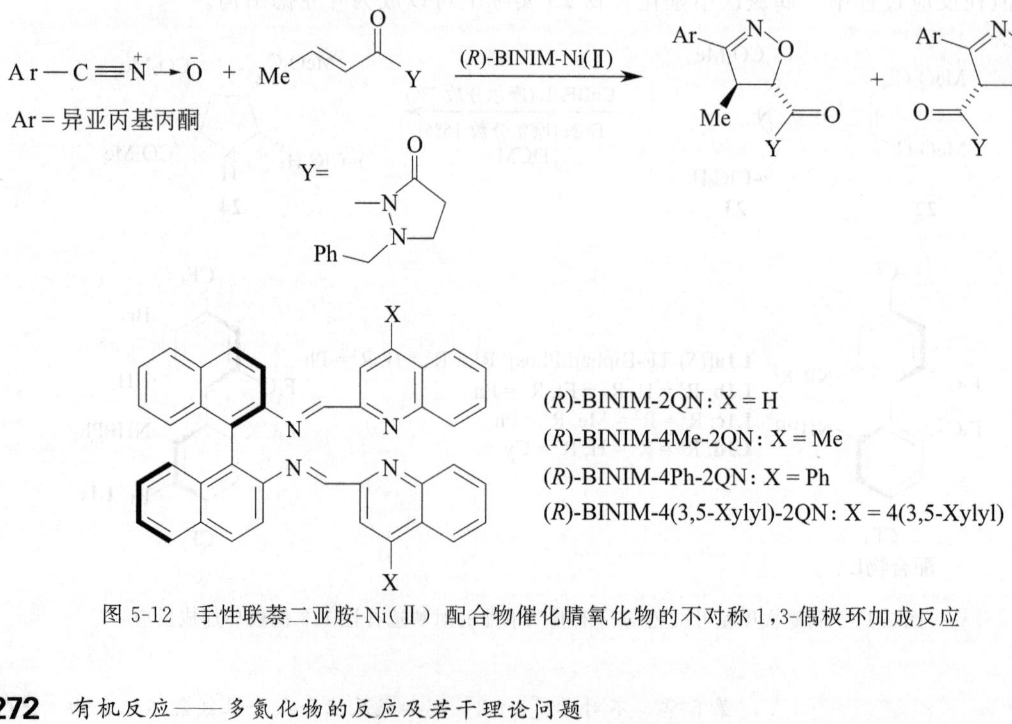

图 5-12 手性联萘二亚胺-Ni(Ⅱ) 配合物催化腈氧化物的不对称 1,3-偶极环加成反应

Sc(OTf)$_3$ 催化环丙烷 1,1-二酯与羰基和亚胺的分子内［3＋2］环加成反应是构建手性桥联骨架的好方法，在优化的反应条件下，以 97% *ee* 和 91%产率成功地得到了手性环加成产物[39f]（图 5-13）。

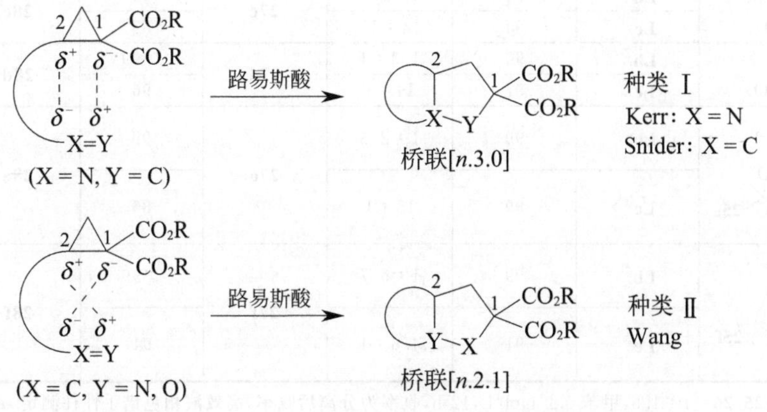

图 5-13　环丙烷 1,1-二酯的两种分子内［3＋2］环加成

Sc(OTf)$_3$ 催化的分子内［3＋2］环加成可用于获得平板霉素的核，平板霉素是一种复杂的天然产物[39f]。

5.3　不对称非 1,3-偶极［3＋2］环加成反应合成手性氮杂环化合物

通常用于 1,3-偶极环加成的 1,3-偶极子是叠氮化物、硝酮、硝酸酯、偶氮次甲基叶立德、羰基叶立德、硫羰基叶立德、腈氧化物、腈叶立德和腈亚胺、重氮烷等。然而，一些［3＋2］环加成似乎不涉及 1,3-偶极化合物。这些［3＋2］环加成反应似乎不出现“裸”的 1,3-偶极子，但仍成功地获得了高的对映选择性和良好的产率。

5.3.1　钯(0)催化的不对称［3＋2］环加成反应

Trost 等报道了钯催化不对称［3＋2］环加成反应合成螺环环戊烷衍生物。该反应在温和的条件下进行，具有高的产率和好的对映选择性[40]（表 5-5）。

表 5-5　Trost 钯催化［3＋2］环加成反应①

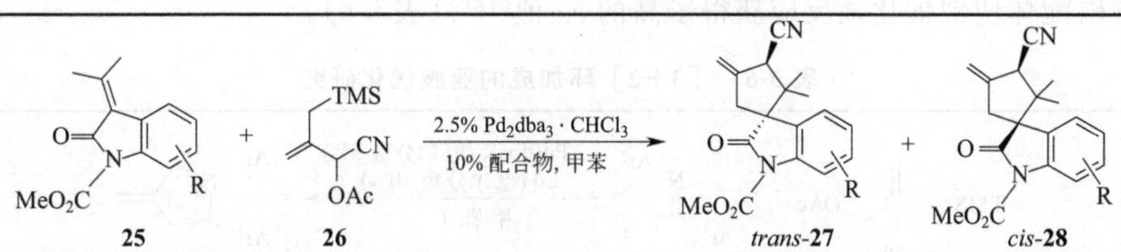

25	配合物	产率/%	27/28	产物 27 及其 *ee*		产物 28 及其 *ee*	
				27	*ee*/%	28	*ee*/%
25a（R＝H）	Lb②	97	1∶6.2	27a	96	28a	＞99
	Lc③	97	4.3∶1		92		95
25b（R＝6-Cl）	Lb②	90	1∶2.7	27b	99	28b	92
	Lc③	99	19∶1		93		77

续表

25	配合物	产率/%	27/28	产物 27 及其 *ee*		产物 28 及其 *ee*	
				27	*ee*/%	28	*ee*/%
25c (R=6-MeO)	Lb③	94	1∶2.7	27c	95	28c	99
	Lc④	94	4∶1		85		84
25d (R=6,7-MeO)	Lb②	96	1.3∶1	27d	>99	28d	99
	Lc③	97	14∶1		96		80
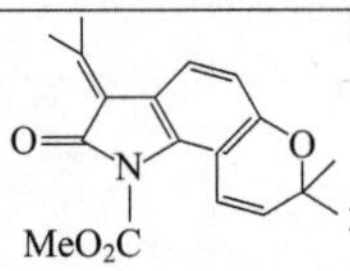 25e	Lb②	99	1∶2.3	27e	99	28e	99
	Lc③	99	15∶1		86		76
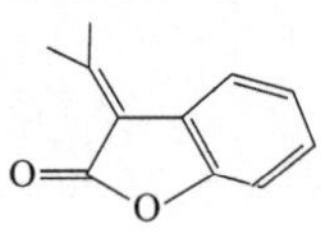 25f	Lb②	99	1∶5.7	27f	>99	28f	>99
	Lc③	91	4.6∶1		94		92

① 反应条件:**25**/**26**=1∶1.5,甲苯 0.2 mol/L,12 h,收率为分离后收率,高效液相色谱手性柱测定 *ee*。

② 在−20 ℃下。

③ 在 0 ℃下。

④ 在 23 ℃下。

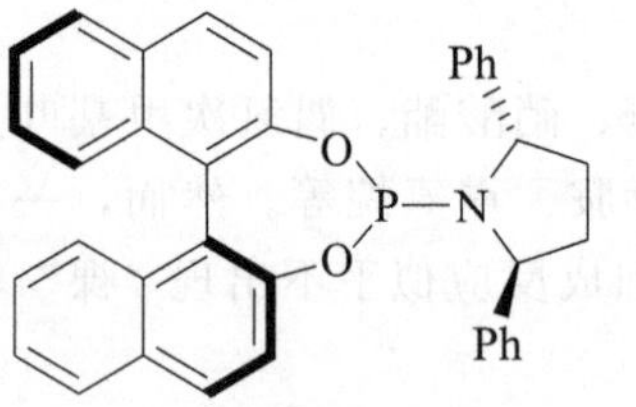

La

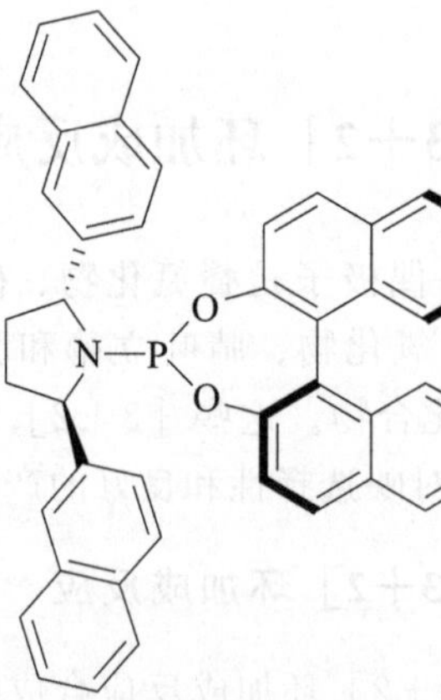

Lb

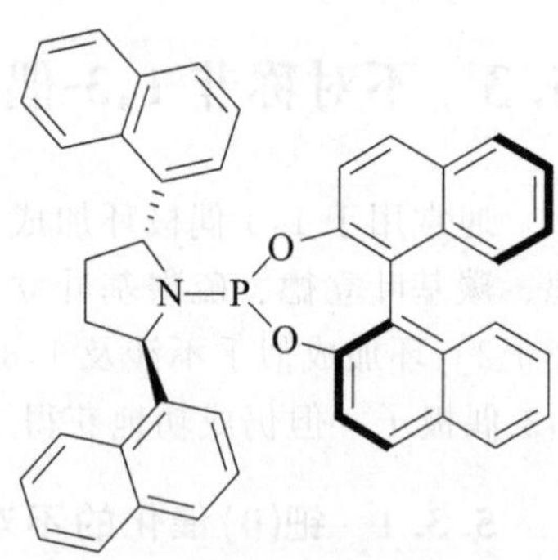

Lc

Trost 等还报道了钯催化的三甲基硅烷衍生物与烯胺的不对称［3+2］环加成反应；一种新的含磷配体使钯催化该反应获得了高的 *ee* 值[41]（表 5-6）。

表 5-6 ［3+2］环加成的亚胺优化研究

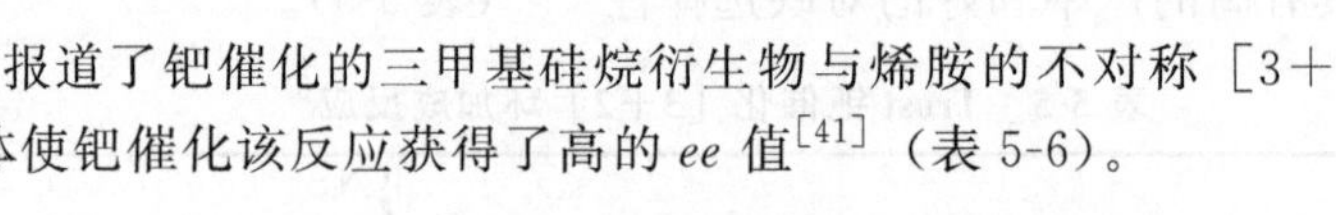

条目	亚胺	产物	*T*/℃	收率/%①	*ee*/%
1	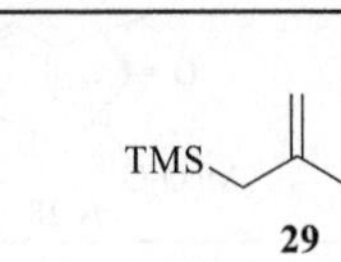	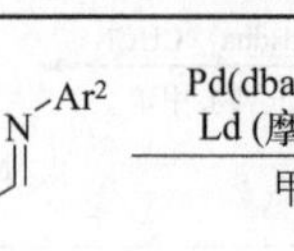	45	80	82

续表

条目	亚胺	产物	T/℃	收率/%①	ee/%
2	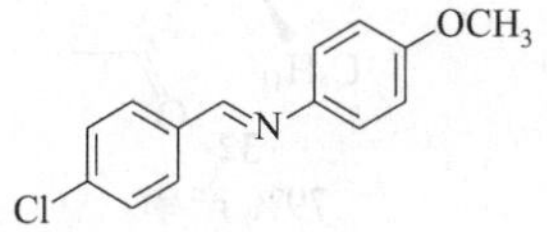	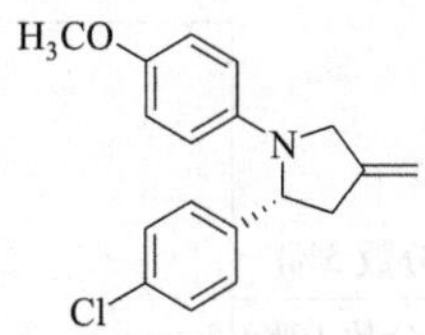	45	80	84
3	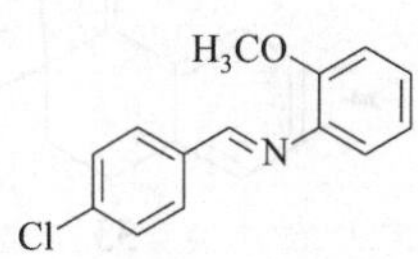	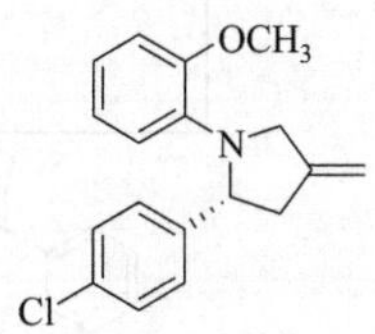	45	87	83
4	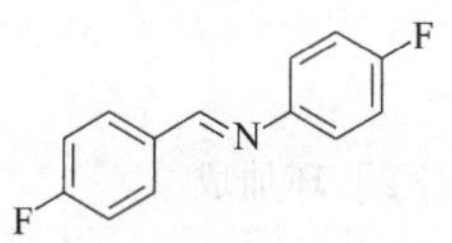	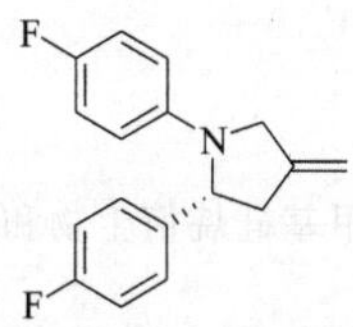	4	83	83

① 转化。

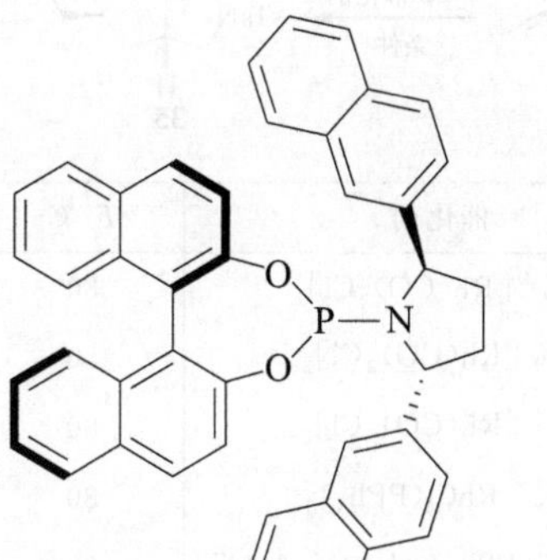

Ld

对映选择性钯催化的三甲基硅烷衍生物 **29** 的［3＋2］环加成反应为不对称合成重要生物天然产物[40-42] 提供了一种新的方法。另一个例子如图 5-14 所示[43]。

5.3.2　Rh(Ⅰ)催化的分子内不对称［3＋2］环加成

环丙烷衍生物的［3＋2］环加成反应在最近的研究中得到了广泛的应用。过渡金属催化的环加成反应，如，没有吸电子基团的乙烯基环丙烷三个碳原子的合成子在 Rh（Ⅰ）催化下的分子内［3＋2］环加成反应，为融合的五元环系统提供了一种有效的非对映选择性合成方法[44a]。当以环丙烷 **36** 为原料进行相同的反应时，未观察到产物，说明乙烯基取代基在反应中的重要性（表 5-7）。

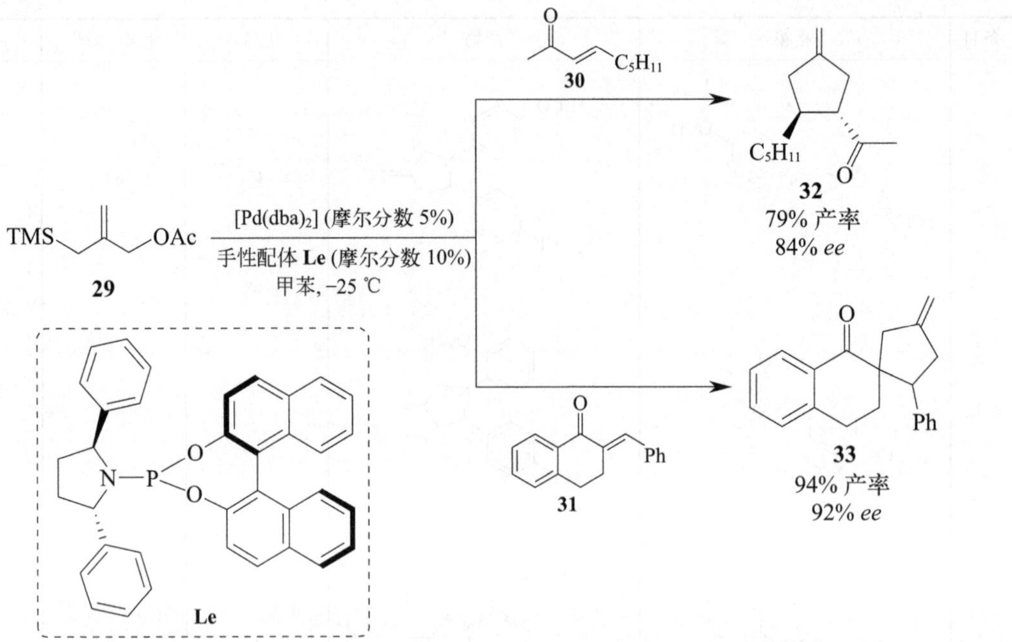

图 5-14 不对称钯催化三甲基硅烷衍生物和烯烃的［3＋2］环加成

表 5-7 环丙烷衍生物［3＋2］环加成的优化研究①

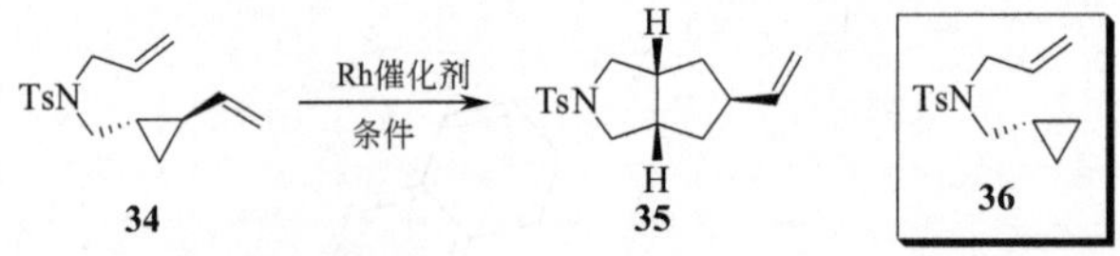

条目	CO压力/atm	催化剂	T/℃	溶剂	t/h	产率/%②
1	0.2③	5%④$[Rh(CO)_2Cl]_2$	80	二噁烷	23	59
2	1.0	5% $[Rh(CO)_2Cl]_2$	80	二噁烷	17	28④
3	0	5% $[Rh(CO)_2Cl]_2$	80	二噁烷	17	77
4	0	10% $RhCl(PPh_3)_3$	80	二噁烷	23	13④
5	0	10% $RhCl(PPh_3)_3$＋10% AgOTf	80	二噁烷	23	21
6	0	5% $[Rh(CO)_2Cl]_2$	110	甲苯	5.5	83
7	0	5% $[Rh(CO)_2Cl]_2$＋10% AgOTf	50	甲苯	10	62

① 使用外消旋体 **34**。② 分离后的产率。③ 在 CO(0.2 atm)＋N_2(0.8 atm)的条件下，1 atm＝0.1 MPa。④ 摩尔分数。

铑催化的吲哚［3＋2］环化反应被报道过[44b]。根据吲哚的取代模式，两种明显不同的区域异构产物以高的 *ee* 值被合成了出来（图 5-15）。

5.3.3 Sc(Ⅲ)、Ti(Ⅳ)催化的不对称［3＋2］环加成

Yoon 的研究组报道了噁嗪啶（氧杂吖丙啶）作为潜在 1,3-偶极子的应用。杂环产物可能是由这个氧氮杂环丙烷重排成一个瞬态中间体 *N*-磺酰硝酮，并与苯乙烯进行 1,3-偶极环加成合成的[45]（图 5-16）。

Sc（Ⅲ）和 Ti（Ⅳ）催化的不对称［3＋2］如表 5-8 所示。

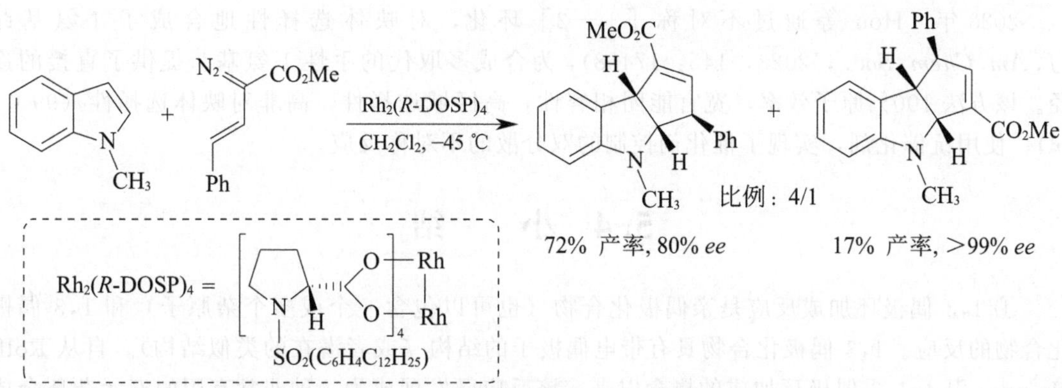

图 5-15 铑催化的吲哚［3+2］环化

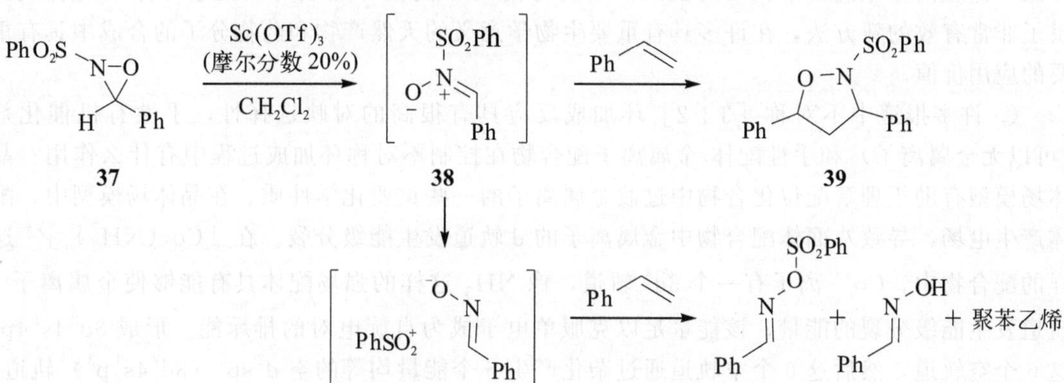

图 5-16 N-磺酰硝酮与苯乙烯的 1,3-偶极环加成反应

表 5-8 路易斯酸对氧杂吖丙啶衍生物非对映立体选择性［3+2］环加成的影响[46]

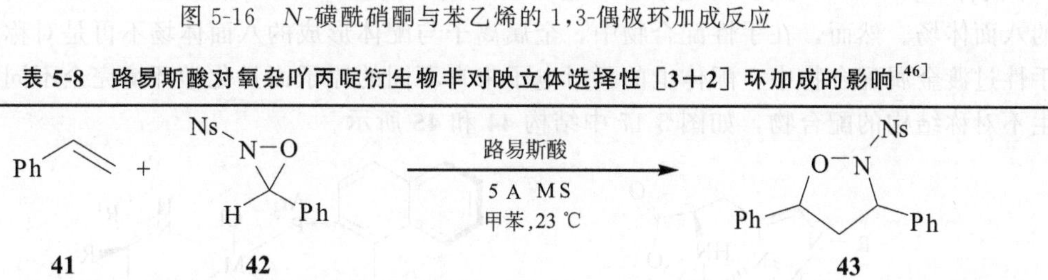

条目	路易斯酸	投料量(摩尔分数)/%	t/h	收率①/%	$d.r.$②(顺式/反式)
1	$Sc(OTf)_3$	20	6	23	1.2∶1
2	$BF_3 \cdot Oct_2$	20	6	58	>10∶1
3	$SnCl_4$	20	6	80	6∶1
4	$TiCl_4$	20	1	93	>10∶1
5	$TiCl_4$	10	4	95	>10∶1

① 分离产率。② 非对映异构体的比率由核磁共振氢谱测定。

注：Ns＝4-硝基苯磺酰。

有文献报道了通过 1,3-偶极环加成合成 α-取代氨基酸衍生物的方法，并在加热和无溶剂的条件下，研究了在钯催化下亲核试剂与酮亚胺的不对称［3+2］环加成反应[47]，得到了多取代吡咯烷。Lu 等还报道了 L-苏氨酸膦衍生物催化的对映选择性［3+2］环加成[48]。

2020 年，美国斯坦福大学的 Trost 课题组在不对称［3+2］环加成反应方面作出了很大贡献。他们通过相邻阳离子 π-烯丙基钯配合物来稳定 α-CF_3 碳负离子，使其能够和一系列的 1,3-偶极子亲偶极体（如硝基烯烃、亚胺、羰基化合物）发生不对称的［3+2］环加成反应。Trost 课题组最新研究成果发表在了 *Nature Chemistry* 上[49]。

2023年，Hou 等通过不对称［3＋2］环化，对映体选择性地合成了 1-氨基茚（*J. Am. Chem. Soc.*，2023，145：17468），为合成多取代的手性 1-氨基茚提供了直接的途径。该方法 100％原子效率，宽官能团相容性，高区域选择性，高非对映体选择性（99：1 *er*）。使用钪催化剂，实现了催化剂控制的双分散的不对称反应。

5.4 小　　结

① 1,3-偶极环加成反应是亲偶极化合物（也可以包含一个或多个杂原子）和 1,3-偶极化合物的反应。1,3-偶极化合物具有带电偶极子的结构（或者潜在的类似结构）。自从 Rolf-Huisgen 引入 1,3-偶极环加成的概念以来，该反应已发展成为一种非常有用的五元杂环合成方法，并且该领域经历了长足的发展。不对称的 1,3-偶极环加成为五元杂环体系的合成提供了非常有效的新方法，在许多具有重要生物学意义的天然产物和药物分子的合成中具有重要的应用价值。

② 许多报道中不对称［3＋2］环加成反应具有很高的对映选择性，手性有机催化剂（可以无金属离子）和手性配体-金属离子配合物在控制不对称环加成过程中有什么作用？晶体场模型有助于理解配位化合物中过渡金属离子的一些重要化学性质。在晶体场模型中，配体产生电场，导致八面体配合物中金属离子的 d 轨道发生能级分裂。在 $[Co(NH_3)_6]^{3+}$ 这样的配合物中，Co^{3+} 离子有一个 $3d^6$ 轨道，像 NH_3 这样的强场配体具有能够使金属离子 d 轨道发生能级分裂的能量，该能量足以克服单电子成为自旋电对的排斥能。形成 $3d^2 4s^1 4p^3$ 这 6 个空轨道，然后这 6 个空轨道通过杂化产生 6 个能量均等的空 d^2sp^3（$3d^2 4s^1 p^3$）轨道，6 个配体（如 NH_3）的孤对电子可以进入金属离子的空 $3d^2 4s^1 p^3$ 轨道，从而形成一个对称的八面体场。然而，在手性配合物中，金属离子与配体形成的八面体场不再是对称结构。在手性过渡金属配合物中，配体上的孤对电子来自不同的原子而且化学环境完全不同，因此产生不对称结构的配合物，如图 5-17 中结构 **44** 和 **45** 所示。

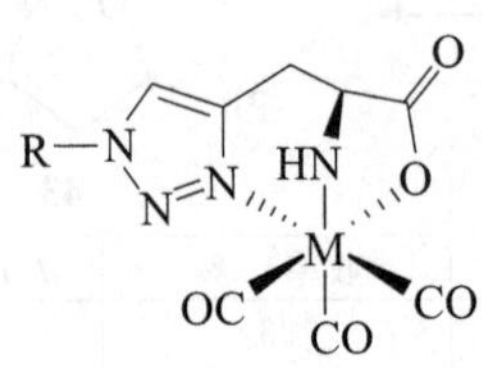

44

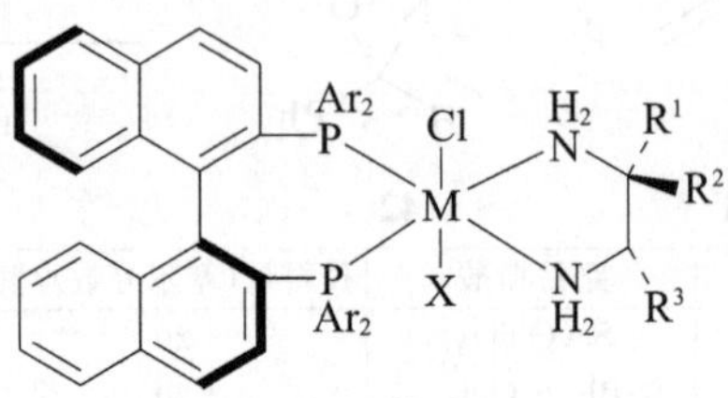

45

图 5-17　手性过渡金属配合物结构

由于不对称配体的手性配位作用，原来均衡的配合物的八面体场发生了完全扭曲和严重畸变。进攻试剂在非对称八面体场的微环境中显示出很强的立体选择性。手性配体的不对称立体场提高了不对称反应的对映选择性。笔者认为不对称立体场是控制对映选择性反应的根本因素。正是因为这种不对称场，营造了不对称的微环境，造成手性反应中进攻试剂的高度选择性，才使得这种配体-金属手性催化剂能够非常好地催化立体选择性合成。

一些手性催化剂参与了反应过程，造成了不对称控制的诸多解说。

③ 点击反应，也叫点击化学，主要是指在温和条件下，Cu(Ⅰ) 区域选择性地催化叠氮化合物和炔烃的 1,3-偶极环加成反应。点击化学不是一个协同的 1,3-偶极环加成反应，而是一个逐步的 Cu(Ⅰ) 催化的过程。反应过程中，金属离子和手性配体以及反应物可以形成

具有立体专一性的复杂的过渡态；金属离子与手性配体之间的配位强于金属离子和反应物之间的相互作用，这种配体和金属离子形成的手性催化剂在不对称［3+2］环加成反应中具有高的对映选择性。对这些机理和细节的深入了解，有助于实现高效的不对称环加成反应研究，并开发出新的有机手性配体和金属离子介导的催化剂。近年来，人们对不对称配体和过渡金属组成的催化剂进行了大量的研究，手性反应产物的 *ee* 值不少都在 90%～98%之间，而且产率较高。

参 考 文 献

［1］ a）Corey E J. Angew. Chem. Int. Ed.，2009，48：2100-2117；b）Smith M B. Organic Synthesis. 2nd ed. New York：Mcgraw-Hill Inc，2002，1059-1062.

［2］ Smith M B，March J. March' s Advanced Organic Chemistry. 5th ed. New York：Wiley-Interscience，2001：1059-1062.

［3］ a）Xu L，Doubleday C E，Houk K N. J. Am. Chem. Soc.，2010，132：3029-3037；b）Ess D H，Houk K N. J. Am. Chem. Soc.，2008，130：10187-10198；c）Xu L，Doubleday C E，Houk K N. Angew. Chem. Int. Ed.，2009，48：2746-2748.

［4］ a）Firestone R A. J. Org. Chem.，1968，33：2285-2290；b）Firestone R A. J. Org. Chem.，1972，37：2181-2191；c）Braida B，Walter C，Engels B，et al. J. Am. Chem. Soc.，2010，132：7631-7637.

［5］ a）Houk K N，Sims J，Duke R E，et al. J. Am. Chem. Soc.，1973，95：7287-7301；b）Fleming I. Molecular Orbitals and Organic Chemical Reactions，West Sussex：John Wiley & Sons，2010：322-338.；c）Engels B，Christl M. Angew. Chem. Int. Ed.，2009，48：7968-7970.

［6］ Shen H C. Tetrahedron，2008，64：7847-7870.

［7］ a）Huisgen R. 1，3-Dipolar Cycloaddition Chemistry. New York：Wiley，1984：1-176；b）Padwa A. Comprehensive Organic Synthesis. Oxford：Pergamon，1991，4：1069-1109. c）Mulzer J，Altenbach H J，Braun M，et al. J Org Synth Highlights，1991：77-95；d）Padwa A，Pearson W H. Synthetic Applications of 1，3-Dipolar Cycloaddition Chemistry Toward Heterocycles and Natural Products. New Jersey：Wiley，2003：817-899. e）Huisgen R. Angew. Chem.，1963，75：604-637.

［8］ a）Krasiński A，Radić Z，Manetsch R，et al. J. Am. Chem. Soc.，2005，127：6686-6692；b）Seo T S，Bai X，Ruparel H，et al. Proc. Natl. Acad. Sci. USA，2004，101：5488-5493.

［9］ a）Kolb H C，Finn M G，Sharpless K B. Angew. Chem. Int. Ed.，2001，40：2004-2021；b）Rostovtsev V V，Green L G，Fokin V V，et al. Angew. Chem. Int. Ed.，2002，41：2596-2599；c）Hein J E，Fokin V V. Chem. Soc. Rev.，2010，39：1302-1315.

［10］ a）Gothelf K V，Jørgensen K A. Chem. Rev. 1998，98：863-910；b）Nájera C，Sansano J M. Angew. Chem. Int. Ed.，2005，44：6272-6276；c）Pellissier H. Tetrahedron，2007，63：3235-3285；d）Pandey G，Banerjee P，Gadre S R. Chem. Rev.，2006，106：4484-4517；e）Meldal M，Tornøe C W. Chem. Rev.，2008，108：2952-3015；f）Frühauf H W. Coord. Chem. Rev.，2002，230：79-96；g）Patil N T，Yamamoto Y. Chem. Rev.，2008，108：3395-3442；h）Nájera C，Sansano J M. Chem. Rev.，2007，107：4584-4671；i）Appukkuttan P，Mehta V P，van der Eycken E V. Chem. Soc. Rev.，2010，39：1467-1477.

［11］ a）Buckley G D. J. Chem. Soc.（Resumed），1954：1850-1851；b）Huisgen R，Möbius L，Szeimies G. Chem. Ber.，1965，98：1138-1152；c）Kirmse W，Horner L. Liebigs Ann.，1958，614：1-3.

［12］ Rozkiewicz D I，Jańczewski D，Verboom W，et al. Angew. Chem. Int. Ed.，2006，45：5292-5296.

［13］ Yoo E J，Ahlquist M，Kim S H，et al. Angew. Chem. Int. Ed.，2007，46：1730-1733.

［14］ Nolte C，Mayer P，Straub B F. Angew. Chem. Int. Ed.，2007，46：2101-2103.

［15］ Lutz J F. Angew. Chem. Int. Ed.，2007，46：1018-1025.

［16］ Angell Y，Burgess K. Angew. Chem. Int. Ed.，2007，46：3649-3651.

［17］ Gil M V，Arévalo M J，López Ó. Synthesis，2007：1589-1620.

［18］ Bertrand P，Gesson J P. J. Org. Chem.，2007，72：3596-3599.

［19］ Chassaing S，Kumarraja M，Sido A S S，et al. Org. Lett.，2007，9：883-886.

[20] Bosch L, Vilarrasa J. Angew. Chem. Int. Ed., 2007, 46: 3926-3930.
[21] Spiteri C, Moses J E. Angew. Chem. Int. Ed., 2010, 49: 31-33.
[22] Aureggi V, Sedelmeier G. Angew. Chem. Int. Ed., 2007, 46: 8440-8444.
[23] Jin P Y, Jin P, Ruan Y A, et al. Synlett, 2007: 3003-3006.
[24] Rogers S A, Melander C. Angew. Chem. Int. Ed., 2008, 47: 5229-5231.
[25] Juríček M, Kouwer P H J, Rehák J, et al. J. Org. Chem., 2009, 74: 21-25.
[26] a) Yan W, Wang Q, Chen Y, et al. Org. Lett., 2010, 12: 3308-3311; b) Holub J M, Kirshenbaum K. Chem. Soc. Rev., 2010, 39: 1325-1337.
[27] a) Kamata K, Nakagawa Y, Yamaguchi K, et al. J. Am. Chem. Soc., 2008, 130: 15304-15310; b) Tornøe C W, Christensen C, Meldal M. J. Org. Chem., 2002, 67: 3057-3064; c) Himo F, Lovell T, Hilgraf R, et al. J. Am. Chem. Soc., 2005, 127: 210-216; d) Huisgen R, Giera H, Polborn K. Tetrahedron, 2005, 61: 6143-6153; e) Hein J E, Tripp J C, Krasnova L B, et al. Angew. Chem. Int. Ed., 2009, 48: 8018-8021.
[28] Luo S, Xu H, Mi X, et al. J. Org. Chem., 2006, 71: 9244-9247.
[29] Mindt T L, Struthers H, Brans L, et al. J. Am. Chem. Soc., 2006, 128: 15096-15097.
[30] a) Declerck V, Toupet L, Martinez J, et al. J. Org. Chem., 2009, 74: 2004-2007; b) Jewett J C, Sletten E M, Bertozzi C R. J. Am. Chem. Soc., 2010, 132: 3688-3690; c) Jewett J C, Bertozzi C R. Chem. Soc. Rev., 2010, 39: 1272-1279; d) Finn M G, Fokin V V. Chem. Soc. Rev., 2010, 39: 1231-1232; e) Franc G, Kakkar A K. Chem. Soc. Rev., 2010, 39: 1536-1544; f) Qin A, Lam J W Y, Tang B Z. Chem. Soc. Rev., 2010, 39: 2522-2544.
[31] List B. Chem. Rev., 2007, 107: 5413-5415.
[32] Pellissier H. Tetrahedron, 2007, 63: 9267-9331.
[33] Vicario J L, Reboredo S, Badía D, et al. Angew. Chem. Int. Ed., 2007, 46: 5168-5170.
[34] a) Jiao P, Nakashima D, Yamamoto H. Angew. Chem. Int. Ed., 2008, 47: 2411-2413; b) Han X, Wang Y, Zhong F, et al. J. Am. Chem. Soc., 2011, 133: 1726-1729.
[35] a) Nájera C, Retamosa M d G, et al. Angew. Chem. Int. Ed., 2008, 47: 6055-6058; b) Yamashita Y, Guo X X, Takashita R, et al. J. Am. Chem. Soc, 2010, 132: 3262-3263; c) Yamashita Y, Imaizumi T, Kobayashi S. Angew. Chem. Int. Ed., 2011, 50: 4893-4896.
[36] a) López-Pérez A, Adrio J, Carretero J C. J Am Chem. Soc, 2008, 130: 10084-10085; b) Arai T, Mishiro A, Yokoyama N, et al. J. Am. Chem. Soc., 2010, 132: 5338-5339; c) López-Pérez A, Adrio J, Carretero J C. Angew. Chem. Int. Ed., 2009, 48: 340-343.
[37] Sibi M P, Rane D, Stanley L M, et al. Org. Lett., 2008, 10: 2971-2974.
[38] a) Melhado A D, Luparia M, Toste F D. J. Am. Chem. Soc., 2007, 129: 12638-12639; b) Liu F, Yu Y, Zhang J. Angew. Chem. Int. Ed., 2009, 48: 5505-5508.
[39] a) Camps P, Gómez T, Muñoz Torrero D, et al. J. Org. Chem., 2008, 73: 6657-6665; b) Wang C J, Liang G, Xue Z Y, et al. J. Am. Chem. Soc., 2008, 130: 17250-17251; c) Kim Y, Kim J, Park S B. Org. Lett., 2009, 11: 17-20; d) Jagasia R, Holub J M, Bollinger M, et al. J. Org. Chem., 2009, 74: 2964-2974; e) Suga H, Adachi Y, Fujimoto K, et al. J. Org. Chem., 2009, 74: 1099-1113; f) Xing S, Pan W, Liu C, et al. Angew. Chem. Int. Ed., 2010, 49: 3215-3218.
[40] Trost B M, Cramer N, Silverman S M. J. Am. Chem. Soc., 2007, 129: 12396-12397.
[41] Trost B M, Silverman S M, Stambuli J P. J. Am. Chem. Soc., 2007, 129: 12398-12399.
[42] Le Marquand P, Tam W. Angew. Chem. Int. Ed., 2008, 47: 2926-2928.
[43] Trost M, Stambuli J P, Silverman S M, et al. J. Am. Chem. Soc., 2006, 128: 13328-13329.
[44] a) Jiao L, Ye S, Yu Z X. J. Am. Chem. Soc., 2008, 130: 7178-7179; b) Lian Y, Davies H M L. J. Am. Chem. Soc., 2010, 132: 440-441.
[45] Partridge K M, Anzovino M E, Yoon T P. J. Am. Chem. Soc., 2008, 130: 2920-2921.
[46] Nguyen T B, Beauseigneur A, Martel A, et al. J. Org. Chem., 2010, 75: 611-620.
[47] Trost B M, Silverman S M. J. Am. Chem. Soc., 2010, 132: 8238-8240.
[48] Zhong F, Han X, Wang Y, et al. Angew. Chem. Int. Ed., 2011, 50: 7837-7841.
[49] Trost B M, Wang Y, Hung C I. Nat. Chem., 2020, 12: 294-301.

第6章

游离基反应

按照反应历程，有机反应大体上可以分为四大类型：氧化-还原反应；离子反应；周环反应；自由基反应。

氧化-还原反应最为基本，离子反应是有机反应中最常见、最普遍的一个大类型，通常涉及碳正离子、碳负离子和其他杂原子离子的反应过程。

本书已经对离子反应作了大篇幅的论述。例如，在第 3 章 3.1 节“有机合成中的氮杂 Wittig 反应”中，详细论述了氮杂 Wittig 反应的离子反应机理，用箭头详细标出了电子对的迁移方向，包括一些电子对亲核进攻的部位。

笔者在《天然产物全合成——策略、切断和剖析（第二版）》第 5 章中，就用了 84 个箭头详细标明了电子对在反应过程中的迁移方向，这对于读者理解合成反应过程帮助极大，这部天然产物全合成专著中的绝大多数反应过程，在机理上属于离子反应历程，涉及游离基历程的比较少。需要说明的是，游离基历程的表示，不能用弯曲的箭头，而要采用半个箭头来表示。

近年来，有机合成方法学的研究方兴未艾。随着研究工作的不断深入，新的游离基反应在合成新方法学研究中层出不穷。这些游离基反应非常巧妙，反应条件也比较温和，反应的选择性非常好，在一锅反应（one pot reaction）中能够高收率地精准地得到多官能团的复杂产物，而所用的反应物往往非常简单廉价，催化剂也多为常见的金属盐。

这些新型游离基反应，不仅为游离基化学的发展做出了贡献，更为环境友好、原子经济性合成复杂化合物，开拓新有机反应做出了突出贡献。新型游离基反应的不断开发和应用，游离基反应的选择性和可控性，游离基反应对各种官能团的耐受性和兼容性，还有游离基反应的机理研究等，还需要人们不断去探索，不断地增加新的认知。

新的游离基反应已经发展成为一种具有很高科学水平和应用价值的合成化学新方法。

虽然本章的论述从碳氢键官能团化和各种偶联反应谈起，但是，从有机反应的本质上来看，下面论述的精髓是游离基反应。

大家可以看到，新型游离基反应的历程充满着化学趣味，能够引起读者的极大兴趣。

据笔者看，未来游离基生物学也具有无限广阔的前景。2021 年，Nocera 等在美国化学会杂志上发表了题目为“生物学中的游离基：你的生命就在这些游离基手中”的重要文章（*J. Am. Chem. Soc.*，2021，143：13463）。

Nocera 等认为，生物学中的游离基，在许多酶中起着核心作用。在已知的基于自由基的酶中，核糖核苷酸还原酶（RNRs）是最突出的，因为它们在提供砌块和控制 DNA 复制和修复方面必不可少。核糖核苷酸还原酶（RNRs）的研究已经为生物学中的游离基研究提供了新的工具和构架，为未来游离基酶学指出了前沿之路。

Nocera 等认为，现在已知或推测有大量的酶它们的功能来源于游离基。这些酶在保持特异性的同时发挥不同的代谢作用，能够限制活性氧和其他具有破坏性的物种。深入开展对游离基和核糖核苷酸还原酶（RNRs）生物学的研究，为人们理解游离基的化学生物学以及对相关疾病的治疗等未来的研究方面，提供了新的工具和指导框架。

在这篇重要文章中，Nocera 等对核糖核苷酸还原酶（RNRs）在 DNA 复制和修理中的作用，RNR 中的游离基转运，核糖核苷酸还原酶（RNRs）的结构和其中的自由基转运，游离基生物学前沿的出现来自核糖核苷酸还原酶（RNRs），从一个 RNA 世界进化出一个 DNA 世界等，都做了非常精辟的论述。

2025 年，美国 Baran 教授在 *Science*（2025，387，1377）发表文章，将磺酰肼类化合物作为通用的自由基前体，实现了一系列氧化-还原自由基交叉偶联反应构建 C—C 键。该方法具有一定普适性。

6.1 碳氢键官能团化

碳氢键是构成有机化合物分子的最基本的化学键之一。直接利用碳氢键选择性地官能团化是有机合成化学家们长期以来追求的目标。碳氢键具有很高的键能，相对来说稳定性比较高，并且极性很小。直接对碳氢键进行官能化遇到的第一个问题就是反应活性很低。同时，同一个有机化合物分子内通常含有多种化学性质不同的碳氢键，如何实现只选择性地活化某一个碳氢键而不影响分子中其他的碳氢键和官能团，这就涉及碳氢键活化过程中的选择性问题。碳氢键活化的本质就是在特定的条件下，对有机化合物分子中的某一碳氢键的反应活性增强或者进行切断，从而实现定向化学转化。因此，现代有机化学家面临的最大问题就是如何活化不活泼的碳氢键以及解决其化学转化的选择性问题。

近年来，在有机合成方法学的研究中，过渡金属催化的直接的碳氢键官能团化已经取得了显著的进展[1-5]。在通过碳氢键的直接活化形成新的碳碳键和碳杂键方面，有机化学家们付出了巨大的努力。在有机合成化学中，直接的碳氢键官能化已经成为合成复杂有机分子的一个强有力的工具。另外，随着金属有机化学的发展，不活泼的碳氢键活化也已经被应用在各种各样的转化中。通过使用恰当的催化体系，如合适的过渡金属催化剂、合适的配体、氧化剂以及其他添加剂，很多不活泼碳氢键的官能化能够成功地实现，这也是碳氢键活化的本质。随着有机化学的发展，人们已经普遍地认识到在 C—H 键官能团化研究中，$C(sp^3)$—H 的直接官能团化有助于复杂天然产物的合成。因此，从合成经济学的观点来看，在化学合成中，$C(sp^3)$—H 的直接官能团化具有巨大的优势[6-7]。

过渡金属催化的碳氢键官能团化在过去的十多年中已经取得了相当大的进步，有机化学家们在碳氢键的活化方面已经投入了很大的精力去开发新颖的、温和的方法[8-14]。

2009 年 Li 的课题组首先报道了两个不同的碳氢键之间的氧化偶联反应，并被命名为交叉脱氢偶联反应（cross-dehydrogenative-coupling，CDC）[15]，现在交叉脱氢偶联反应已经成为有机化学家的一个重要的研究领域。目前，越来越多的有效和新颖的方法被开发出来，C(sp)—H、$C(sp^2)$—H，甚至 $C(sp^3)$—H 相互之间的偶联也已经成为现实[16-28]。

从反应机理上看，6.1 节列举的碳氢键官能团化的偶联反应的历程，仅有几例属于游离基机理。

6.1.1　碳氢键活化和碳氢键官能团化

在有机合成研究中，进一步发展好的化学选择性、区域选择性和立体选择性的 $C(sp^3)$—C 形成反应仍然是最具有挑战性的课题之一。

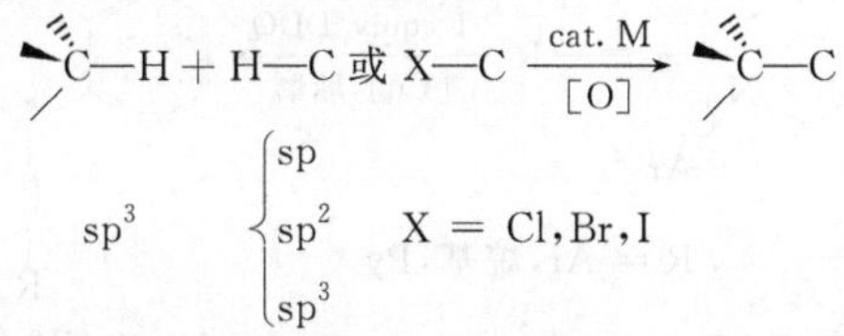

应该说明：碳氢键活化和碳氢键官能团化应该是两个不同的概念，虽然方法上都是 C—H 键发生反应生成新的产物。碳氢键活化指发生反应的 C—H 键的邻位没有氮原子和氧原子，或者没有苄基、烯丙基等略有活性的质子，一般指不活泼的碳氢键的反应。碳氢键官能团化属于交叉脱氢反应，故也称 CDC 反应。通常指发生反应的 C—H 键邻位有氮原子和氧原子，或者有苄基、烯丙基等，可以看出发生反应的这些 C—H 键本质上就具有一定的活性或其质子具有微弱的酸性，正因为发生反应的这些 C—H 键多少有些活性，因此把这类 C—H 键的反应叫做 C—H 键活化就不尽合理，而将其归属为碳氢键官能团化则是合适的。近十多年来，发展较快的是碳氢键官能团化而不是真正意义上的碳氢键活化。目前，进展较快的碳氢键官能团化主要是 $C(sp^3)$—H 和 C(sp)—H 的偶联反应与 $C(sp^3)$—H 和 $C(sp^2)$—H 的偶联反应。

6.1.2　$C(sp^3)$—H 和 C(sp)—H 的偶联反应

首先，我们来看 $C(sp^3)$—H 和 C(sp)—H 的偶联反应研究发展趋势。

2004 年，Li 的课题组成功地开发出第一个交叉脱氢偶联反应，即铜催化的氮邻位的 $C(sp^3)$—H 键的炔基化反应[29]。

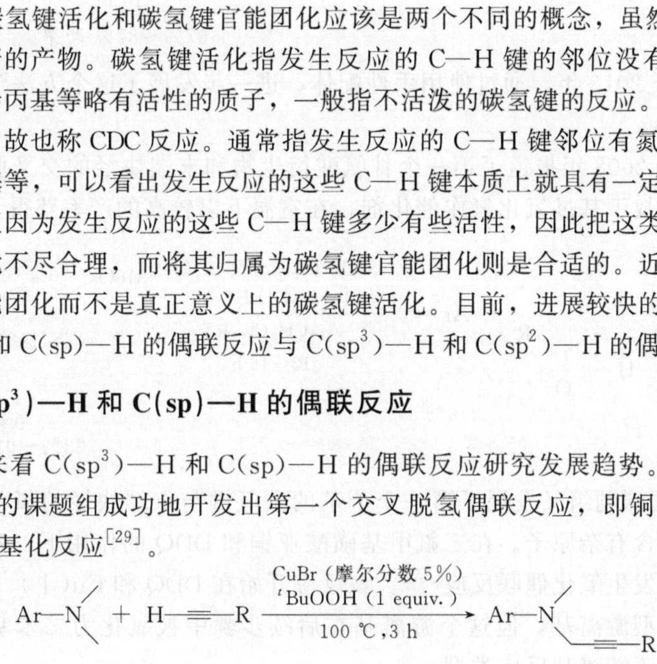

R＝Ar,烷基

13 例

12%～82%产率

这个交叉脱氢偶联反应用催化量的铜盐和 1 equiv. 叔丁基过氧化氢（TBHP）作为催化剂，以 *N*,*N*-二甲基苯胺衍生物和苯乙炔为起始原料发生氧化偶联反应获得目标化合物[29]。

此外，Li 的课题组还证实了末端炔烃与四氢异喹啉衍生物的交叉脱氢偶联反应是可行的。大量的反应底物被尝试，发现以芳香炔为底物能够以很好的产率和 *ee* 值获得想要的目标化合物[30-31]。

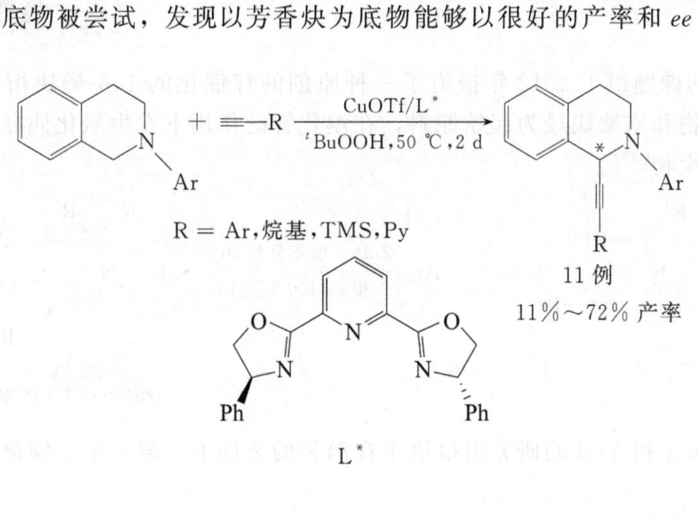

R = Ar,烷基,TMS,Py

11 例

11% ～72% 产率

L*

2011 年，Su 的课题组发现用 1 equiv. 的 DDQ 作氧化剂，在无溶剂条件下，四氢异喹啉衍生物可以与末端炔烃发生氧化偶联反应，在较短的时间内（不超过 40 min），以较高的收率获得了所要的偶联产物[32]。

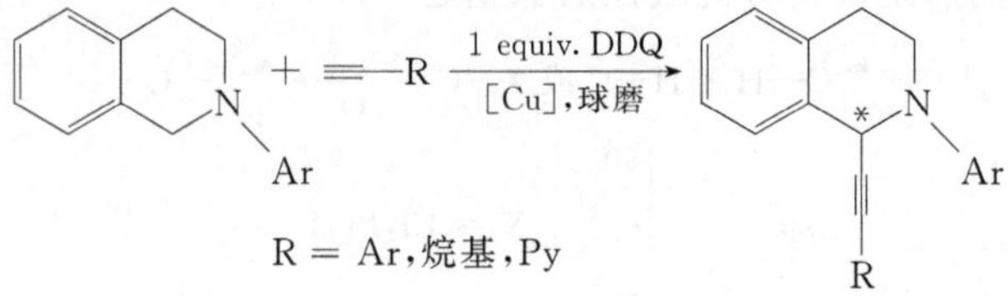

10 例
67%～87% 产率

Su 的课题组于 2013 年，通过使用手性配体，进一步发展了这个方法学的不对称合成的新策略[33]。

Li 的课题组于 2008 年报道了第一个甘氨酸衍生物和末端炔烃的交叉脱氢偶联反应。作者使用溴化亚铜和叔丁基过氧化氢作催化剂，在室温下以较高的产率获得了目标化合物[34]。

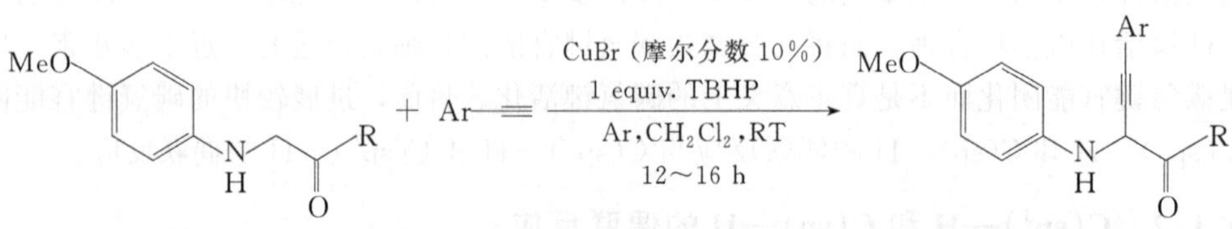

9 例
63%～93%产率

2010 年，Li 的课题组又发展了第一个苄基的碳氢键与末端炔烃的氧化偶联反应，且苄基碳氢键的邻位不含有杂原子。在三氟甲基磺酸亚铜和 DDQ 的作用下，各种末端炔烃都能和二苯甲烷衍生物发生氧化偶联反应[35]。该反应开始在 DDQ 和 Cu(Ⅰ) 作用下，生成一个二苯基甲烷的苄基型游离基，但这个游离基在后续步骤中被氧化为二苯基甲烷正离子中间体。整个反应不属于游离基反应类型。

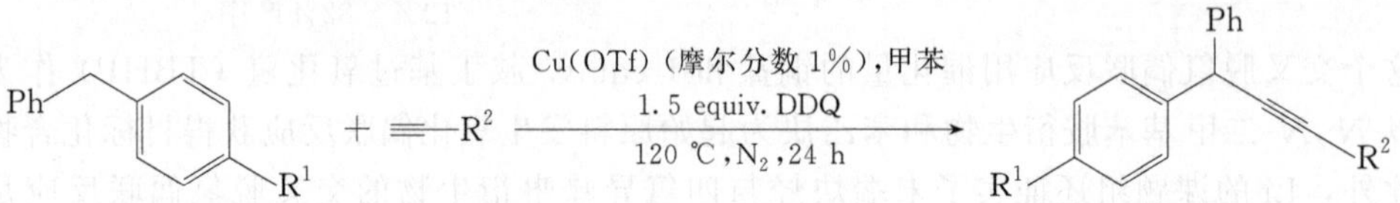

13 例
29%～74%产率

Nakamura 的课题组于 2012 年报道了一种原创的锌催化的 1,6-烯炔衍生物的合成。作者以炔丙胺衍生物和末端炔烃为起始原料，在溴化锌的作用下发生氧化偶联，最终获得了各种各样的烯炔衍生物[36]。

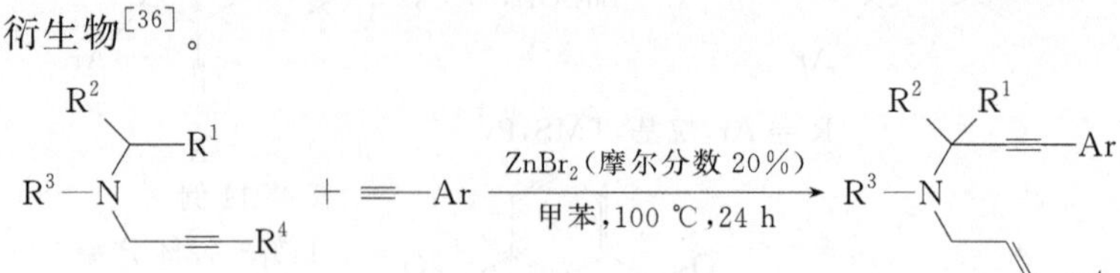

25 例
29%～83%产率

2014 年，Song 和 You 的研究组报道了在温和的条件下，第一个金催化的 1,3-二羰基化合物和末端炔烃的氧化偶联反应。含有芳基、杂芳基、烯基、炔基、环丙烷基的末端炔烃都能成功地参与反应[37]。

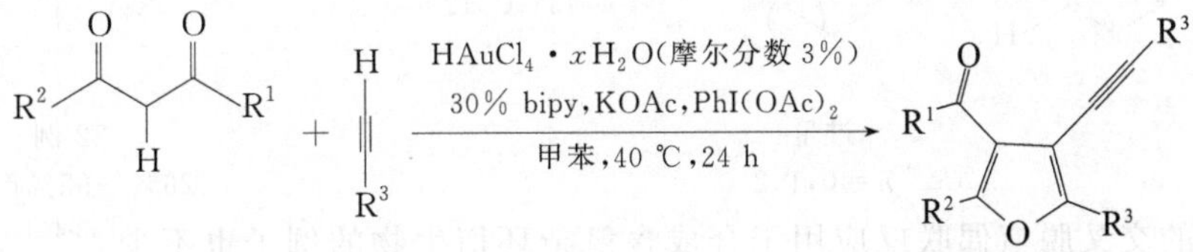

29 例

27%～78%产率

2015 年，Hong 等报道了一种新颖的合成 N-芳基-β-烯胺腈衍生物的方法。使用异腈作为氮源合成烯胺腈衍生物，在杂环的合成中是一种很有价值的方法[38]。

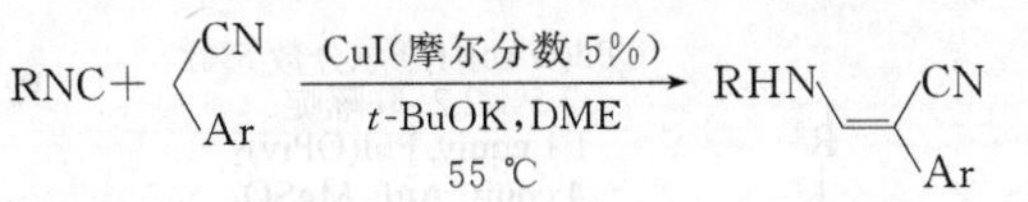

25 例

R＝芳基、烷基

46%～99%产率

2015 年 Krische 研究组报道了钌催化的炔烃和初级醇的偶联反应，以优异的区域选择性和立体选择性获得了高烯丙基醇衍生物。这是第一个使用炔作为烯丙基金属等价物的例子[39]。

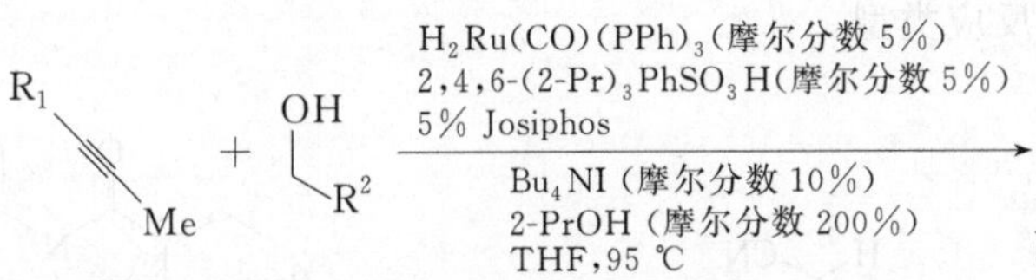

高达 90%的产率

18 例

6.1.3 C(sp^3)—H 和 C(sp^2)—H 的偶联反应

下面我们来看 C(sp^3)—H 和 C(sp^2)—H 的偶联反应研究发展趋势。

2005 年，Li 的课题组报道了第一个 C(sp^3)—H 键和 C(sp^2)—H 的偶联反应。作者使用溴化亚铜作为催化剂、叔丁基过氧化氢作为氧化剂、N-芳基四氢异喹啉衍生物和没有保护的吲哚作为起始原料，以较高的产率获得了目标化合物。这个最佳的反应条件被广泛地使用在吲哚底物上[40]。

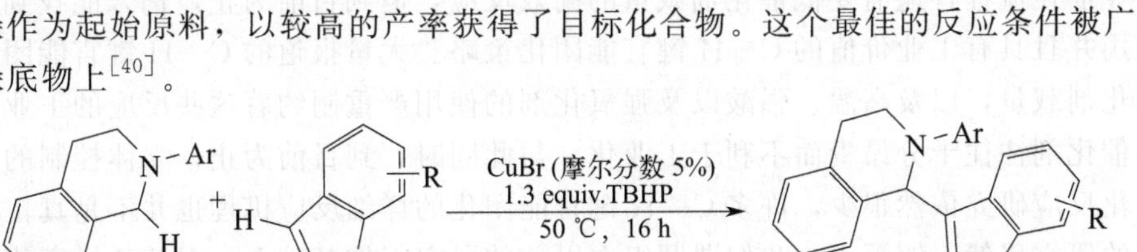

13 例

58%～98%产率

在 2008 年，Li 的课题组又报道了第一个分子间的芳烃和简单的不活泼的烷烃之间的自由基交叉脱氢偶联反应。各种 2-芳基吡啶都能成功地和环己烷、环戊烷以及环辛烷发生偶联反应[41]。2011 年，Li 的课题组更进一步发展了这个方法学，即芳烃和环烷烃之间的对位选择性的交叉脱氢偶联反应[42]。该反应属于游离基反应类型。

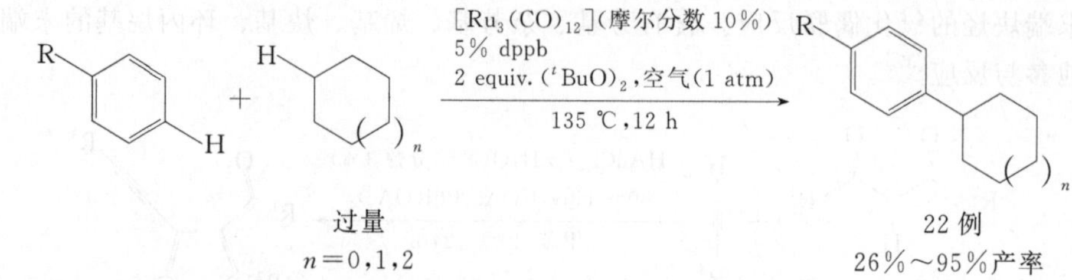

钯催化的交叉脱氢偶联反应用于合成含氮杂环衍生物的例子也不少[43-45]。例如，2011年，Liu的课题组报道了通过钯催化的交叉脱氢偶联反应合成3,3-二烷基氧化吲哚衍生物。一系列的N-保护的甲基丙烯酸酰基苯胺衍生物都可以和脂肪族腈发生偶联反应，以很高的产率获得了相应的杂环衍生物[46a]。

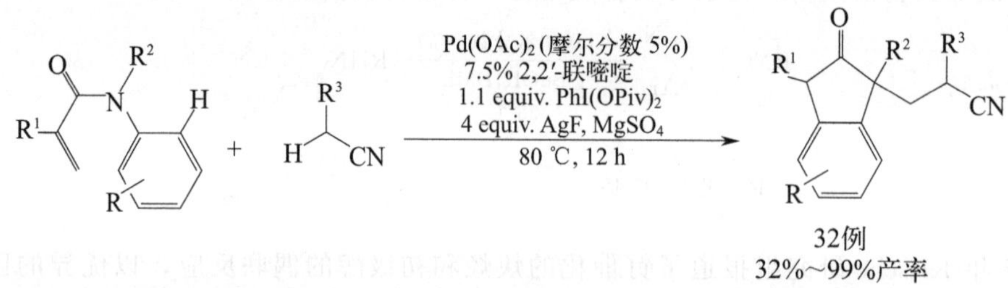

2014年，Liu的课题组也开发出了一个铜催化的直接的$C(sp^2)$—H键和$C(sp^3)$—H键的偶联反应，作者采用苯甲酰胺衍生物和氰基乙酸乙酯为起始原料，高产率地获得了偶联产物[46b]。该反应属于游离基反应类型。

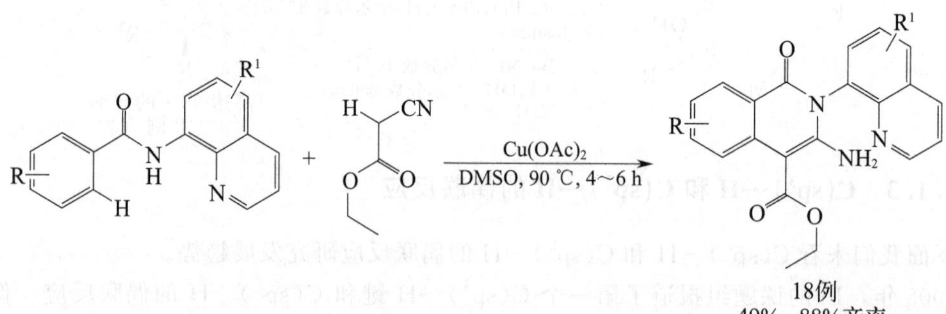

工业催化流程普遍需要低催化剂载量的高效反应，但到目前为止，仍未能找到可以得到广泛利用并且具有工业价值的C—H键官能团化策略。大量报道的C—H键官能团化需要较高的催化剂载量，以及高温、强酸以及强氧化剂的使用严重制约着这些反应的工业应用，而且这些催化剂往往十分昂贵而不利于工业化。与此同时，到目前为止，立体控制的C—H键官能团化反应研究依然很少，许多C—H键官能团化的详细反应机理也并不是真正清楚，对催化剂的研究仍然不够深入。我们课题组在以前的研究工作基础上，对苯乙烯高值转化反应做进一步系统深入的研究，我们希望立体控制选择性C—H键官能团化研究能够尽快成为手性功能分子高效合成的关键新技术。

6.1.4 烯烃衍生物的游离基C—H键双官能团化

6.1.4.1 分子间游离基反应

2014年，Wan课题组[47a]报道了钴催化的苯乙烯衍生物与缺电子烯和1,3-二氧戊环衍生物的三组分自由基极转化反应，以TBHP为氧化剂、DBU为碱性物质，通过一个自由基的氧化过程，在温和的条件下以中等到较高的收率合成了一系列二羰基化合物。该反应底物范围广，大多数芳基烯和烯基磷化合物都能顺利地生成目标产物，且对映选择性好。作者通过一系列的机理实验，提出了一个自由基极转化的反应历程。

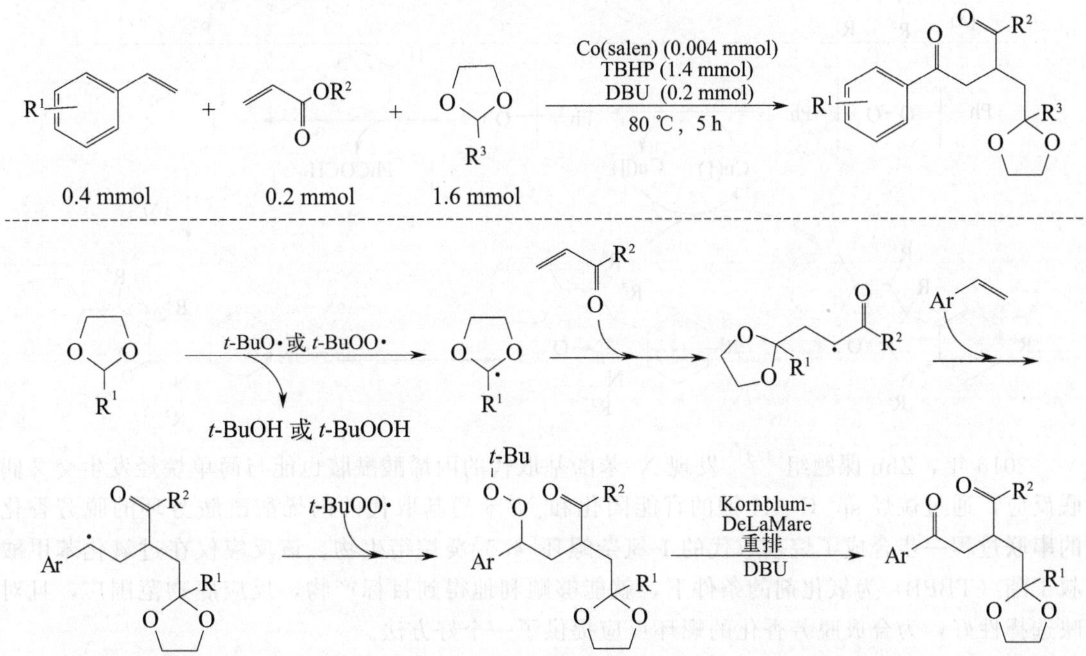

2015 年，Wan 课题组[47b] 采用相同的方法报道了芳香烯与卡宾衍生物和三乙胺的三组分氧化偶联反应。在 $Co(acac)_2$/TBHP 体系的催化下，卡宾化合物与金属催化剂生成的卡宾自由基和三乙胺的 α-碳自由基选择性结合生成关键的烷基自由基中间体，从而引发自由基类型的氧化偶联反应，以中等以上的收率合成了一系列含羰基化合物，且产物对映选择性好。

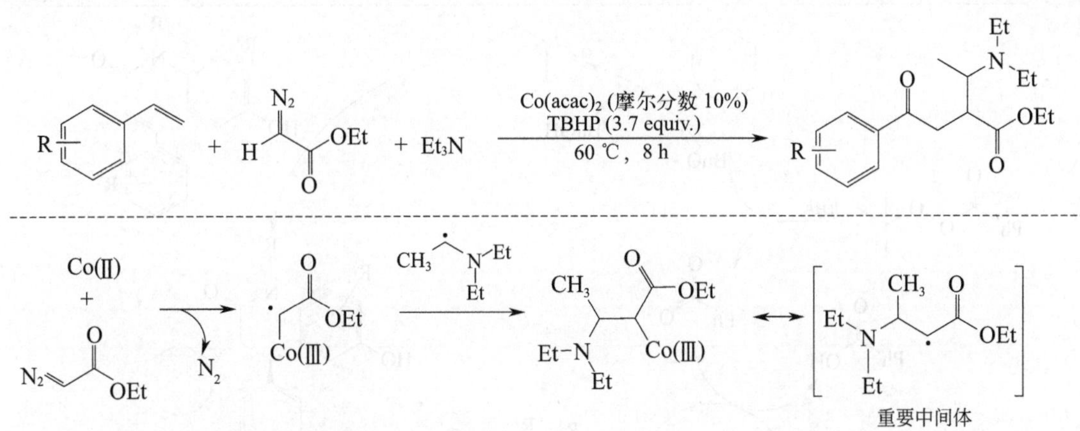

6.1.4.2 分子内游离基反应

Liu 的课题组在 2014 年报道了铜催化的 *N*-甲基丙烯酸酰胺和各种烷烃的烷基芳基化反应[47c]。该反应使用 DCP 作为自由基引发剂，通过烷烃 sp^3 C—H 键的选择性官能团化和 *N*-甲基丙烯酸酰胺芳环的 sp^2 C—H 键官能团化的自由基串联过程一步合成了烷基取代的氧化吲哚衍生物，为 C—H 官能团化反应提供了一种高效的方法。

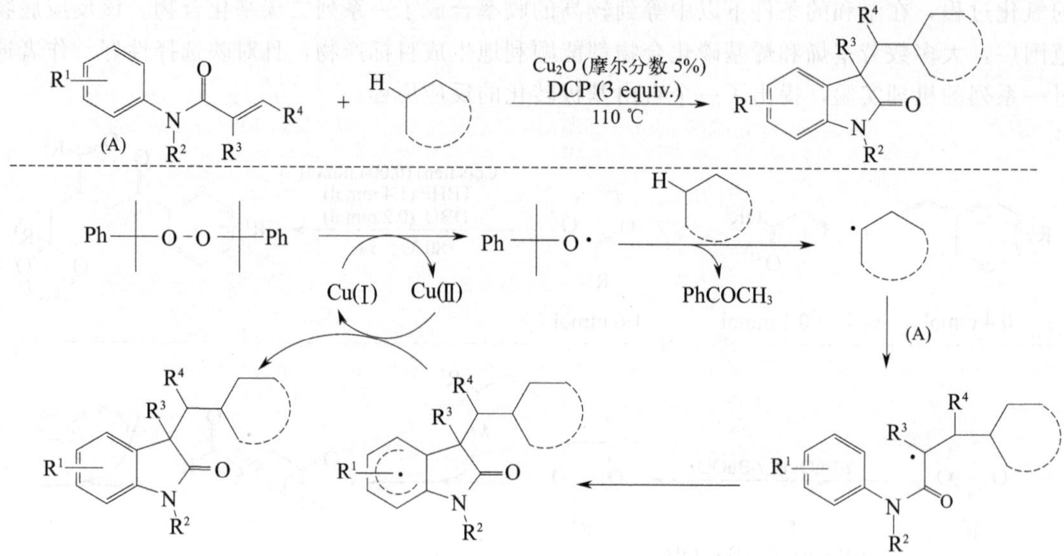

2016 年，Zhu 课题组[47d] 发现 N-苯酚基取代的丙烯酸酰胺也能与简单烷烃发生交叉偶联反应，通过烷烃 sp^3 C—H 键的官能团化和 N-苯酚基取代的丙烯酸酰胺芳环的脱芳香化的串联过程一步合成了烷基取代的 1-氮杂螺环[4.5]癸烷衍生物。该反应仅在过氧化苯甲酸叔丁酯（TBPB）为氧化剂的条件下，就能够顺利地得到目标产物，反应底物范围广，且对映选择性好，为合成脱芳香化的螺环反应提供了一个好方法。

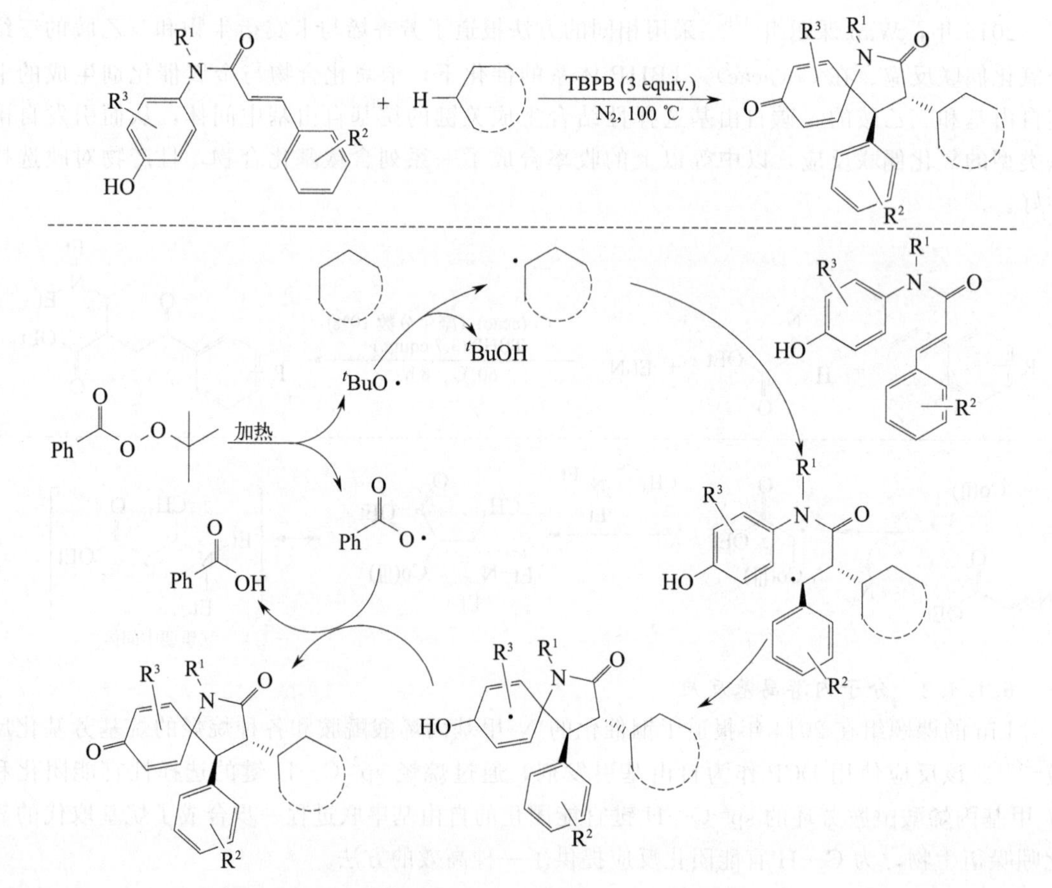

6.1.5 C—H 键官能团化最新进展

C—H 键官能团化在过去的十多年里，一直是合成有机化学中最热门的研究领域之一。但是不对称 C—H 键官能团化的报道相对较少。

过渡金属催化下 C—H 键直接的不对称官能化反应以其原子经济性和合成步骤经济性成为有效的方法之一。多种过渡金属被成功地用于 C—H 键不对称官能化反应的催化剂。相较于其它过渡金属，金属铑（Rh）的一个突出特点在于它的价态多样性（0、1、2 和 3 价），从而为多种类型的催化反应提供了机会。近年来，一价铑以其配体多样性及多种机制在催化不对称 C—H 键官能团化反应方面取得了较大进展。Rh(Ⅰ) 催化剂可以结合多种手性配体，Rh(Ⅰ) 催化提供了微调的优势。

2024 年，Crame 和 Chen 等人[48] 在 *Chem. Soc. Rev.* 杂志上发表综述文章，概述了近年来 Rh(Ⅰ) 催化的 C—H 键不对称官能团化反应的最新进展，包括多类型反应的发展、手性配体的设计，机理研究还涉及内球机制、外球机制和 1,4-铑迁移机制。作者还提出了一价铑催化 C—H 键不对称官能化反应仍然存在的局限性，包括引入导向基，非活化 $C(sp^3)$—H 键官能化反应大多局限于分子内转化，因此发展导向基策略的铑(Ⅰ) 催化不对称 C—H 键官能化，拓展未活化 $C(sp^3)$—H 键官能化反应，设计新型手性配体以克服杂原子对催化剂的毒害，仍然是需要进一步解决的问题。进一步深入研究铑(Ⅰ) 催化 C—H 键不对称官能化反应的机理，对更好地设计新的不对称反应非常重要。此外，在构造碳-杂原子键，例如 C—O、C—N、C—S、C—X 和 C—P 键等方面，也需要进一步拓展。

2024 年，MacMillan 课题组利用光/镍催化的自由基策略，实现了两种醇之间的 $C(sp^3)$—$C(sp^3)$键交叉偶联，并以较高的产率构建了五种不同类别的 $C(sp^3)$—$C(sp^3)$键（包括季碳中心）。醇类化合物是一种富含 $C(sp^3)$ 的底物，若能实现两个醇片段之间的单官能团化交叉偶联反应，那么就能从天然产物、生物分子、小分子治疗剂、生物质原料和市售化学品等出发构建 $C(sp^3)$—$C(sp^3)$键，拓展对药物分子、生物活性分子以及多肽的后期修饰的空间。该方法为醇交叉偶联技术的发展与应用奠定了基础[49]。

2024 年，Zhang 等通过设计制备的多功能氮和二氧化钛共掺杂碳负载的单原子钴催化剂 Co_{SA}-N/NC-TiO_2，由硝基芳烃、醛、炔酯和水经还原偶联反应，实现了 α-羟基-γ-内酰胺类化合物的直接、多样化与单一非对映选择性构建。该单原子钴催化合成方法具有操作简便、原子经济性好、催化剂可重复使用等特点。该偶联反应对 α-羟基-γ-内酰胺的进一步开发应用具有科学意义[50]。

2024 年，MacMillan 等报道了一种模块化双自由基偶联-环化策略，利用简单易得的杂芳基卤化物和溴代醇（或二醇）作为起始原料，通过金属光氧化还原催化的 $C(sp^2)$—$C(sp^3)$键交叉偶联反应等，构建了一系列难以合成的螺环、桥环和双环等半饱和环骨架。该反应可以实现生物活性分子的后期修饰，极大地缩短了合成步骤，相关成果发表在了 *Nature* 上[51]。

2024 年，Dong 等人发展了一种分裂交叉偶联（split cross-coupling，SXC）策略，他们通过铑催化裂解 2,2′-联苯酚中的非张力芳基-芳基键，实现其与多种芳基碘化物的双重芳基化反应，构建了一系列杂联芳基化合物。Dong 等人还使用芳基二碘化物作为间隔试剂来实现切-缝式转化，从而提供了一种独特的方法来编辑惰性芳基-芳基键。该方法在非对称 2,6-二芳基化苯酚的模块化、简洁合成和骨架插入中具有学术意义和应用价值[52]。

CH-π 相互作用被认为是最弱的相互作用之一，CH-π 相互作用主要应用于热力学稳定分子体系等，很少被用于稳定催化反应的中间体或过渡态。通过配体（C—H）与底物（π键）之间的 CH-π 相互作用直接活化底物的 C—H 键很少报道。

2024 年，Ilies 等设想通过 CH-π 相互作用活化芳环的 π 电子，从而促进芳环上 C—H 键的活化。通过对配体结构的设计，发现利用螺环二联吡啶配体 SpiroBpy 中芴环上的 C—H 键与底物芳环的 π 电子产生非共价相互作用，可以有效加速富电子芳环的碳氢键活化反应[53]。Ilies 等对 SpiroBpy 配体对反应的加速效果和 CH-π 相互作用的机理进行了研究。通过 DFT 计算和非共价相互作用分析，揭示了 SpiroBpy 配体结构中芴环上的 C—H 键和芳环底物中 π 电子存在相互作用，CH-π 相互作用有效降低了碳氢键活化步骤的能垒。Ilies 等的研究通过实验证实了非共价相互作用参与了反应中间体的形成过程[53]。

2023 年，You 等在 *Chem. Rev.* 上发表题为“铑催化的不对称 C—H 键官能化反应”的综述，介绍了铑催化的不对称 C—H 键官能化反应，综述了催化剂和配体的发展概况和催化机制，对催化剂设计、反应开发、机理研究及其在复杂功能分子合成中的应用作了论述[54]。

6.2 笔者研究组发展的游离基反应

6.2.1 选择性的镍或锰催化的交叉脱羧偶联反应

在 2014 年，中国科学院理化研究所王乃兴研究组报道了第一个选择性的镍或锰催化的交叉脱羧偶联反应。相同的底物如肉桂酸与 1,4-二氧六环，用醋酸镍作催化剂得到羰基化产物，而用醋酸锰作催化剂则得到烯基化产物。该反应拓展到其他的 α,β-不饱和羧酸与 1,4-二氧六环，都能够发生这种催化剂选择性的脱羧偶联反应。环醚类化合物拓展到其他的氧杂环如四氢呋喃、四氢吡喃和 1,3-二氧戊环等，也都能很好地发生这种催化剂选择性的脱羧偶联反应[55]。

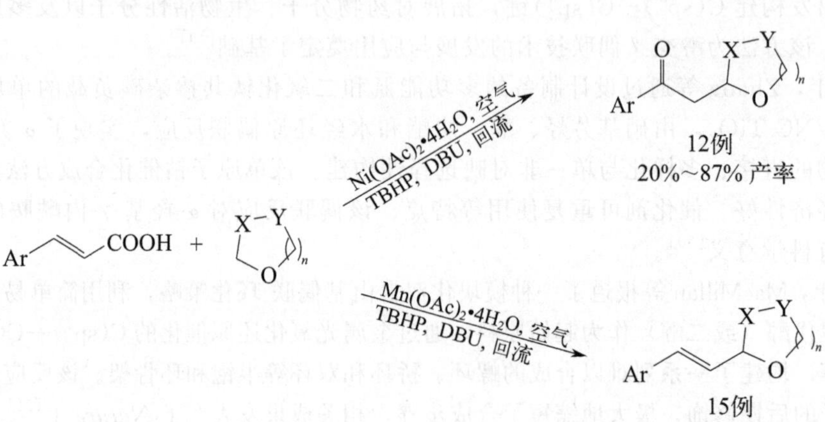

我们进一步研究并发表了该反应的机理。针对醋酸镍和醋酸锰的不同催化结果，反应机理也不相同。

在醋酸镍的催化过程中，过氧叔丁醇（TBHP）分解产生叔丁氧基自由基和羟基自由基，它们与 1,4-二氧六环氧原子邻位的 sp^3 碳氢键作用，生成了 1,4-二氧六环自由基。α,β-不饱和羧酸与镍离子生成了羧酸镍盐。1,4-二氧六环自由基对羧酸镍盐的 α-位进行加成，生成了中间体**1**。由于镍原子对氧原子有亲和性，中间体**1**中镍与二氧六环的氧原子发生了配位，所以中间体**1**较为稳定。这可能也是醋酸镍能够作为最适宜的催化剂的原因。中间体**1**脱除一分子的 CO_2，并且释放出镍离子，然后在镍和 TBHP 的作用下进行了氧化加成，生成目标产物1,4-二氧六环取代的芳基乙酮。还有一种可能，一部分中间体**1**进行了羟基自由基的加成，该羟基化的产物在镍离子和 TBHP 的氧化作用下，最终生成了1,4-二氧六环取代的芳基乙酮。镍催化的脱羧过程，羧基脱去后的碳负离子夺取一个质子成为—CH_2—基团。

镍催化机理：

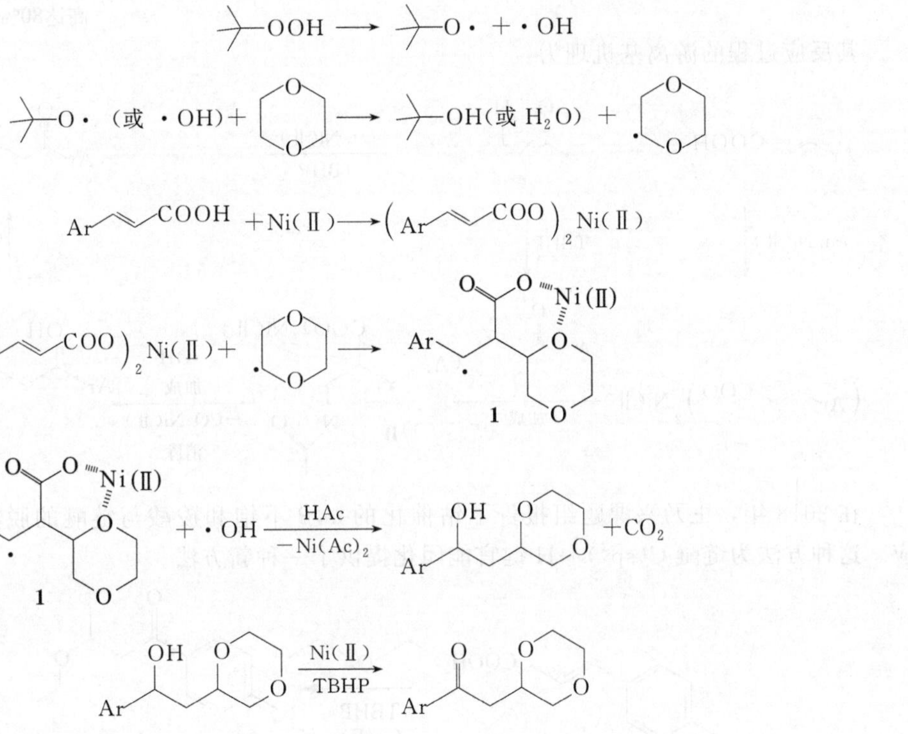

对于醋酸锰的催化过程，与镍催化的过程不同。关键是这里存在一个游离基历程的脱羧过程。

锰催化机理。

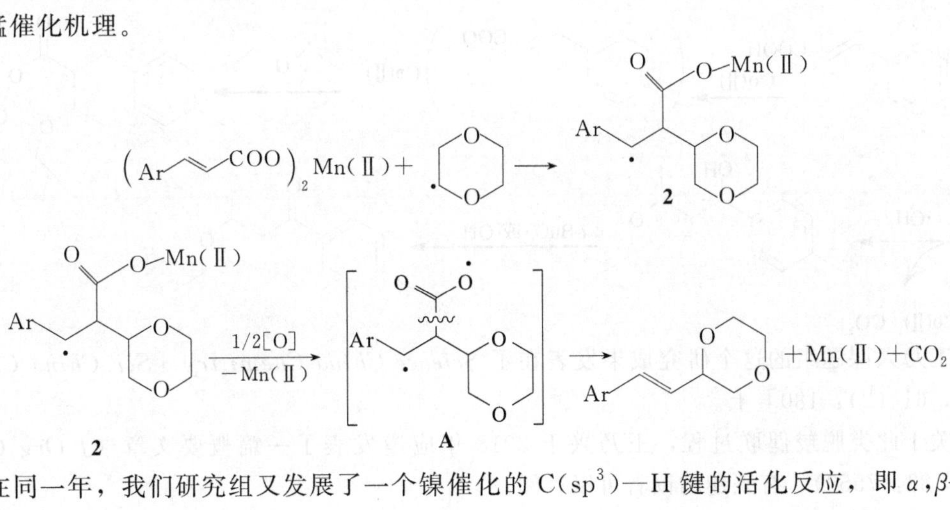

在同一年，我们研究组又发展了一个镍催化的 C(sp^3)—H 键的活化反应，即 α,β-不饱

和羧酸衍生物和酰胺衍生物的交叉脱羧偶联反应。众所周知，酰胺是有机合成中的重要反应物，使用酰胺作为起始原料的氧化偶联策略能够为合成化学家提供一种新颖的且重要的合成方法。关于这个新反应我们也提出了一种涉及自由基中间体的反应机理[56]。

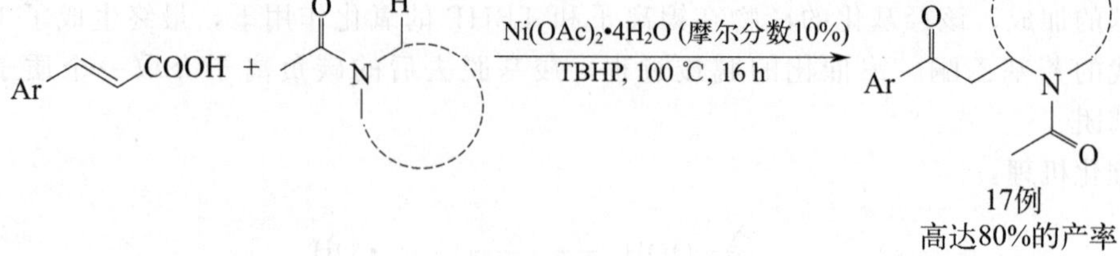

其反应过程的游离基机理为：

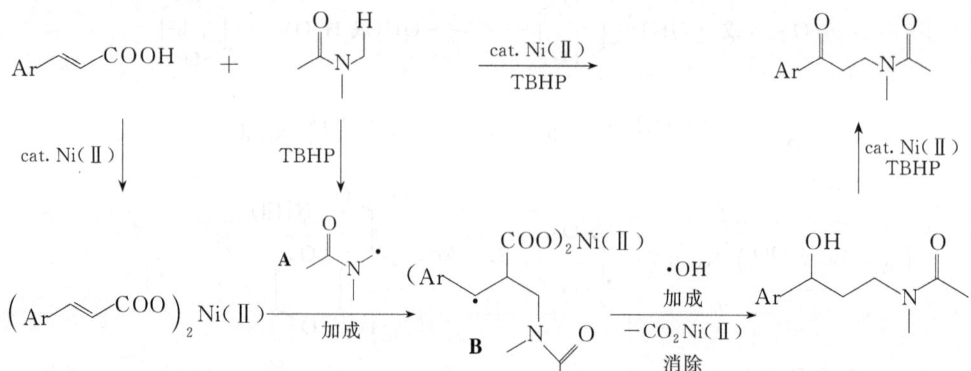

在 2018 年，王乃兴课题组报告了钴催化的 α,β-不饱和羧酸与链醚的脱羧氧化偶联反应。这种方法为链醚 C(sp^3)—H 键官能团化提供了一种新方法。

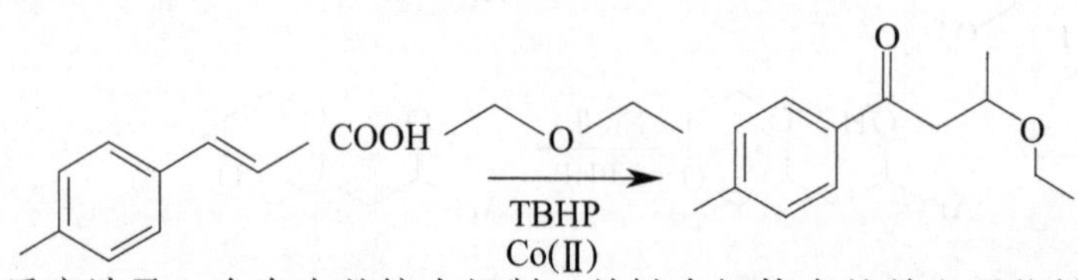

研究表明：反应涉及一个自由基接力机制，关键中间体中的单电子能够被苯环大 π 体系稳定。

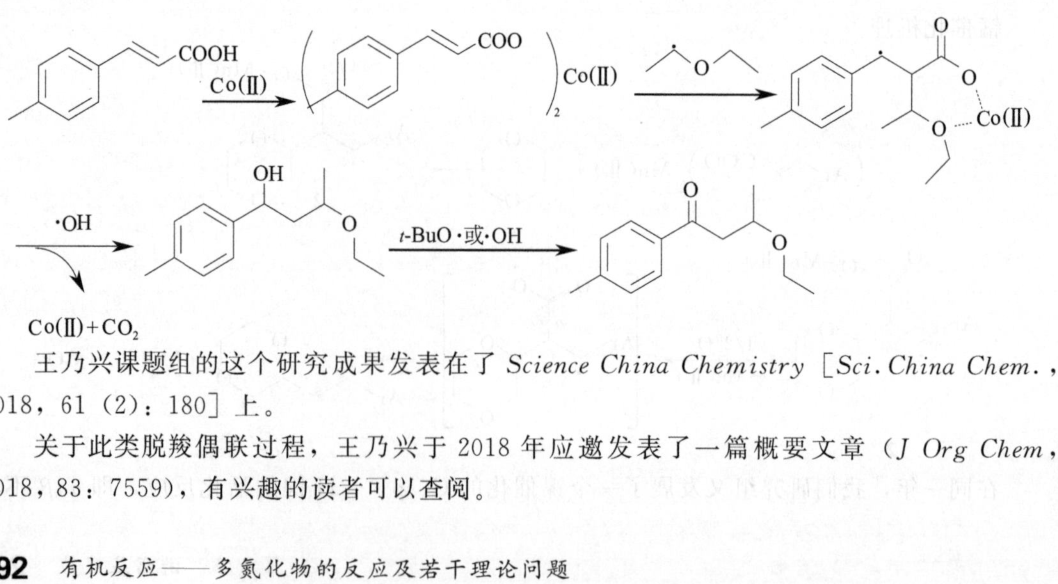

王乃兴课题组的这个研究成果发表在了 *Science China Chemistry*［*Sci. China Chem.*，2018，61 (2)：180］上。

关于此类脱羧偶联过程，王乃兴于 2018 年应邀发表了一篇概要文章（*J Org Chem*，2018，83：7559)，有兴趣的读者可以查阅。

6.2.2 苯乙烯在催化条件下与脂肪族醇反应

在 2015 年，笔者研究组发现苯乙烯在催化条件下能够与脂肪族醇和酮类直接发生区域选择性反应，一步合成得到有用的双官能团化复杂产物。该反应属于 C(sp^3)—H 和 C（sp^2）—H 的偶联反应。芳基烯烃与脂肪族醇的氧化偶联新反应，是在氯化锰和叔丁基过氧化氢的催化下，苯乙烯经与脂肪醇的α-C(sp^3)—H 键官能团化，一步得到目标产物[57]。

R^1 = Cl,Br,烷基；R^2 = R^3 = H,烷基

该反应是一个典型的游离基机理：

（1）t-BuOOH $\xrightarrow{\text{Mn 催化剂}}$ t-BuO· + ·OH

（2）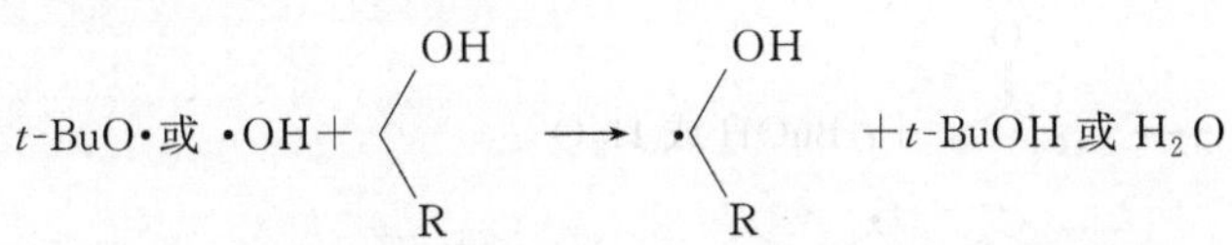

（3）t-BuO·或 ·OH + t-BuOOH ⟶ t-BuOO·（**A**） + t-BuOH 或 H_2O

（4）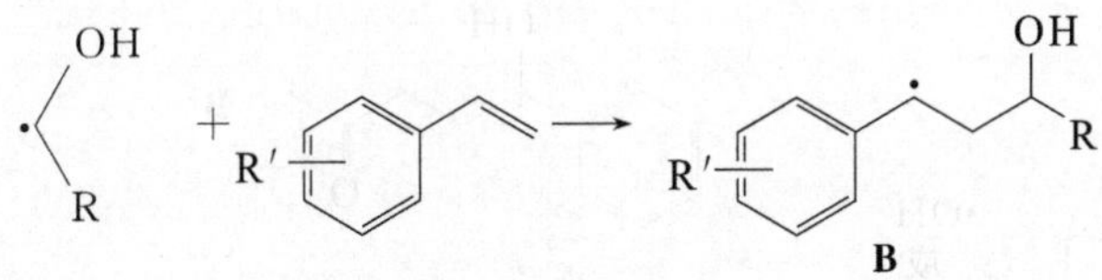

（5）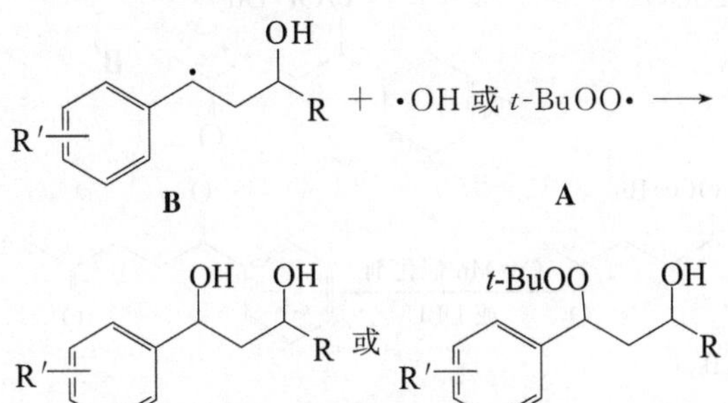

（6）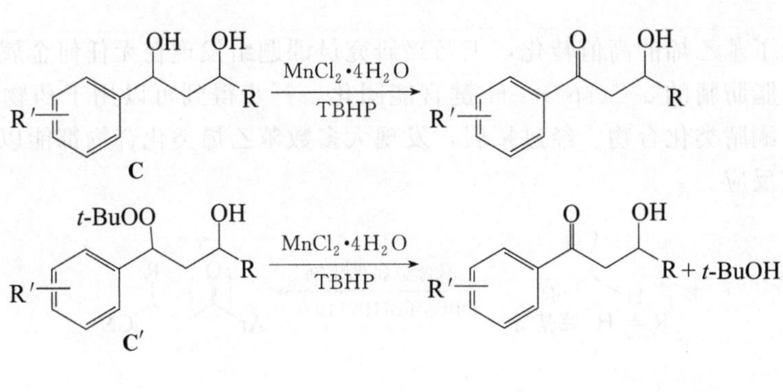

6.2.3 苯乙烯在催化条件下与酮反应

此外，王乃兴研究组还发现了在铜/锰双催化剂催化下苯乙烯与酮类的高选择性氧化偶联反应。研究发现在锰催化剂与铜催化剂的协同催化下，反应收率相比于单一铜催化剂有明显的提高。在双催化剂和叔丁基过氧化氢的存在下，苯乙烯经与酮的C(sp^3)—H 键官能团化，一步得到1,4-二羰基产物[58]。

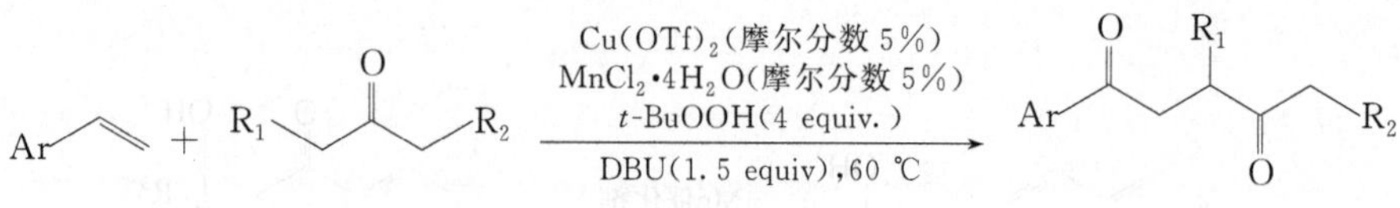

$R_1 = R_2 =$ H,CH_3,C_2H_5,CH(CH_3)$_2$,环己基等

该反应与苯乙烯在催化条件下与脂肪族醇反应类似，属于典型的游离基反应：

(1) t-BuOOH $\xrightarrow{\text{Cu/Mn 催化剂}}$ t-BuO· + ·OH

(2) t-BuO· + t-BuOOH $\rightleftharpoons$ t-BuOH + t-BuOO·

(3) 

(4) 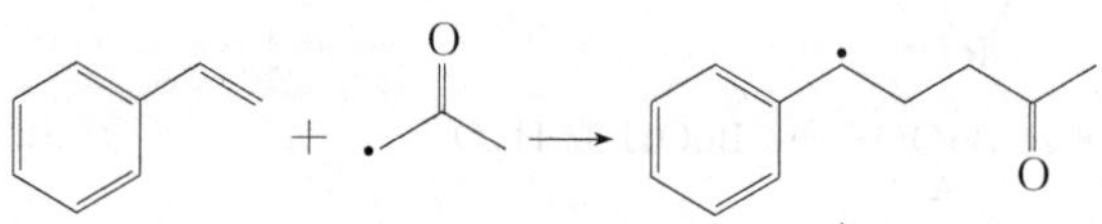

A

(5) 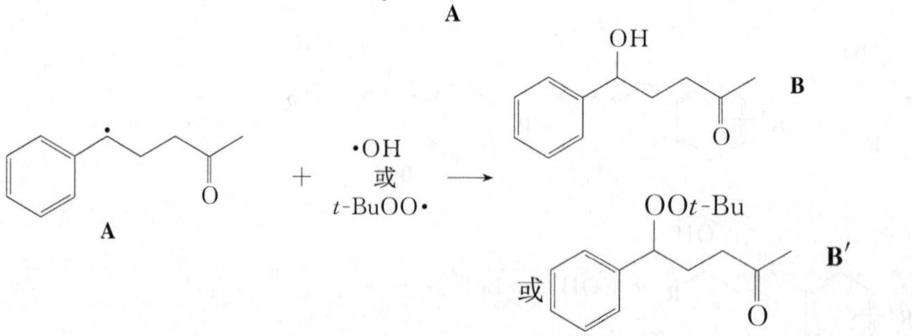

(6) 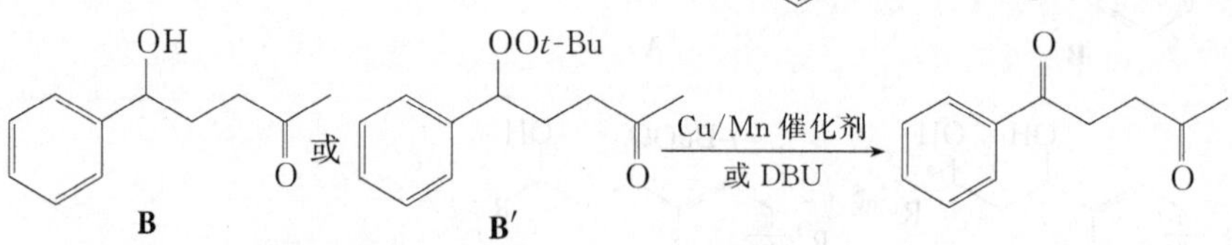

6.2.4 苯乙烯与乙腈的游离基反应及其历程验证

为了进一步实现了苯乙烯的高值转化，王乃兴研究员课题组发现在无任何金属催化剂的条件下，苯乙烯经与脂肪腈的 α-C(sp^3)—H 键官能团化，一步得到可以用于药物中间体的双官能团化产物——酮腈类化合物。经过拓展，发现大多数苯乙烯类化合物都能以中等以上的收率很好地发生该反应。

该反应所得到的 23 个芳香酮腈类化合物，都进行了核磁氢谱、碳谱和高分辨质谱的鉴定。在 C—H 键官能团化方面取得了一系列新进展，特别是在机理研究方面，取得了重要突破，证实了苯乙烯 C—H 键官能团化的游离基历程。

腈类化合物由于其包含重要的氰基官能团被广泛用作合成醛、酸、胺和含氮杂环化合物等的前体，尤其含羰基和氰基的酮腈类化合物是药物合成中重要的合成子，因此，通过简单有效的方法实现酮腈类化合物的合成具有非常重要的意义。

该反应的游离基历程：

（1）$t\text{-BuOOH} \xrightarrow{\text{加热}} t\text{-BuO}\cdot + \cdot\text{OH}$

（2）t-BuO·或·OH$+t$-BuOOH $\rightleftharpoons$ t-BuOO·$+t$-BuOH 或 H_2O

（3）t-BuO·或·OH$+$H—CH_2CN $\longrightarrow$ ·CH_2CN+t-BuOH 或 H_2O

（4）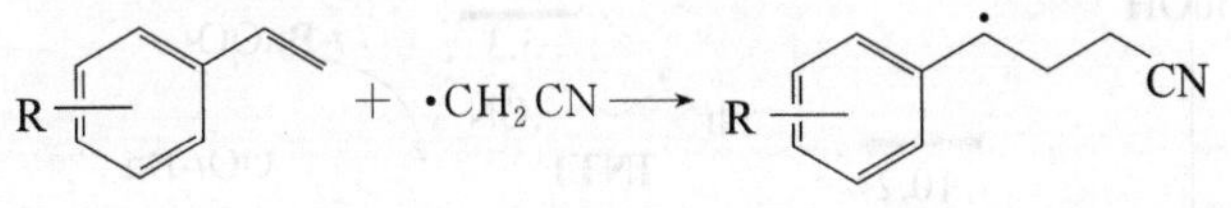

1　　A

（5）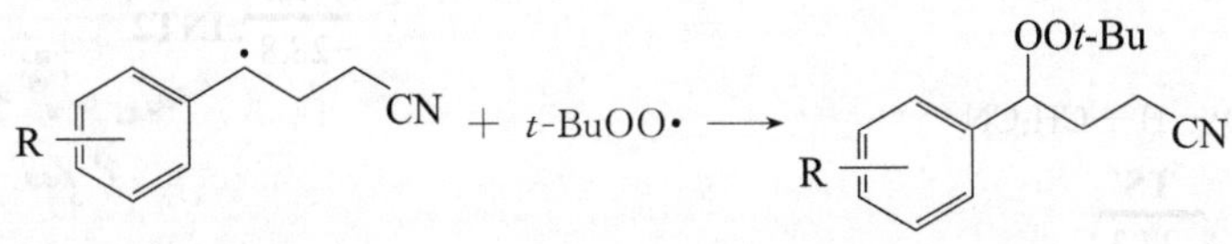

A　　B

（6）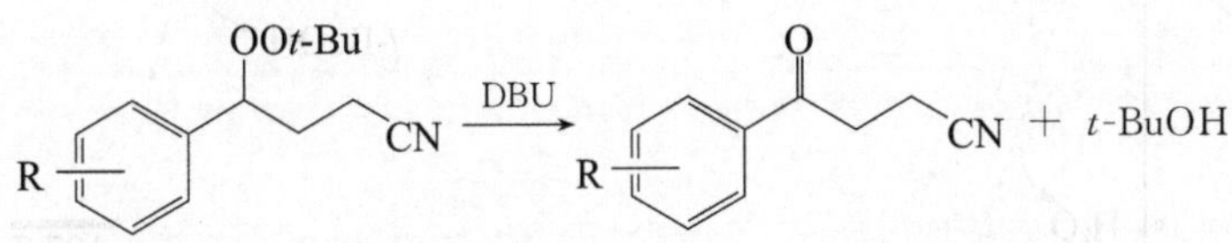

B　　3

下面是对该游离基机理的验证实验过程。

我们使用 TEMOP 作为捕获剂，成功地捕捉到了反应过程中生成的活性中间体游离基（乙腈甲基游离基等），捕获剂和自由基形成了一种稳定的加合物，高分辨质谱（HRMS）检测到了加合物的存在。

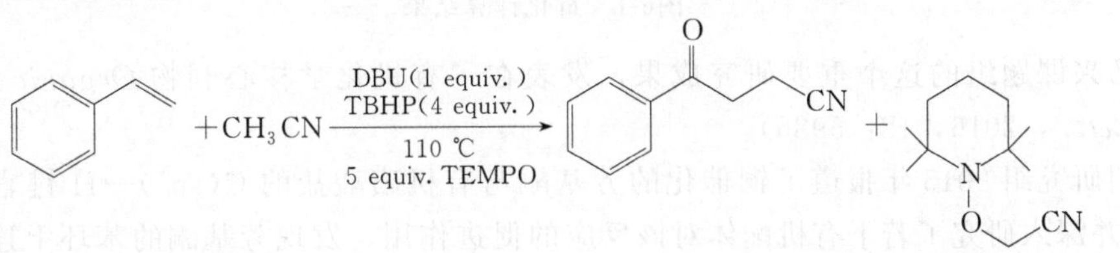

0%产率　　被 HRMS 检测到

$C_{11}H_{21}N_2O$ $[M+H]^+(m/z)$：理论值 197.1648，实测值 197.1648［HRMS(ESI)］

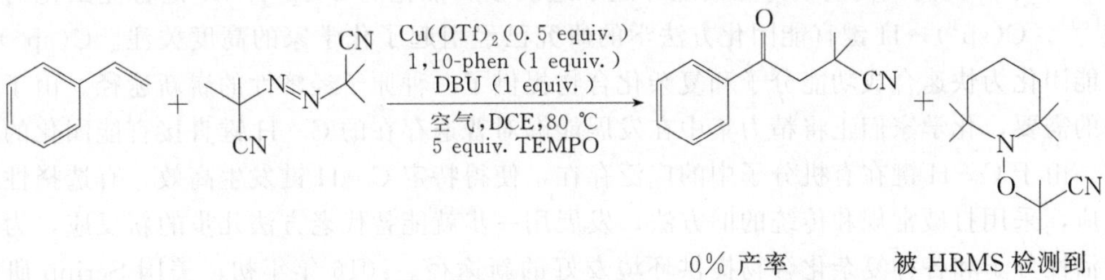

0% 产率　　被 HRMS 检测到

$C_{13}H_{25}N_2O$ $[M+H]^+(m/z)$：理论值 225.1961，实测值 225.1962［HRMS(ESI)］

游离基捕获实验

另外，通过计算化学，从物理化学角度，通过能垒数据（见图 6-1），进一步揭示了该反应的历程。

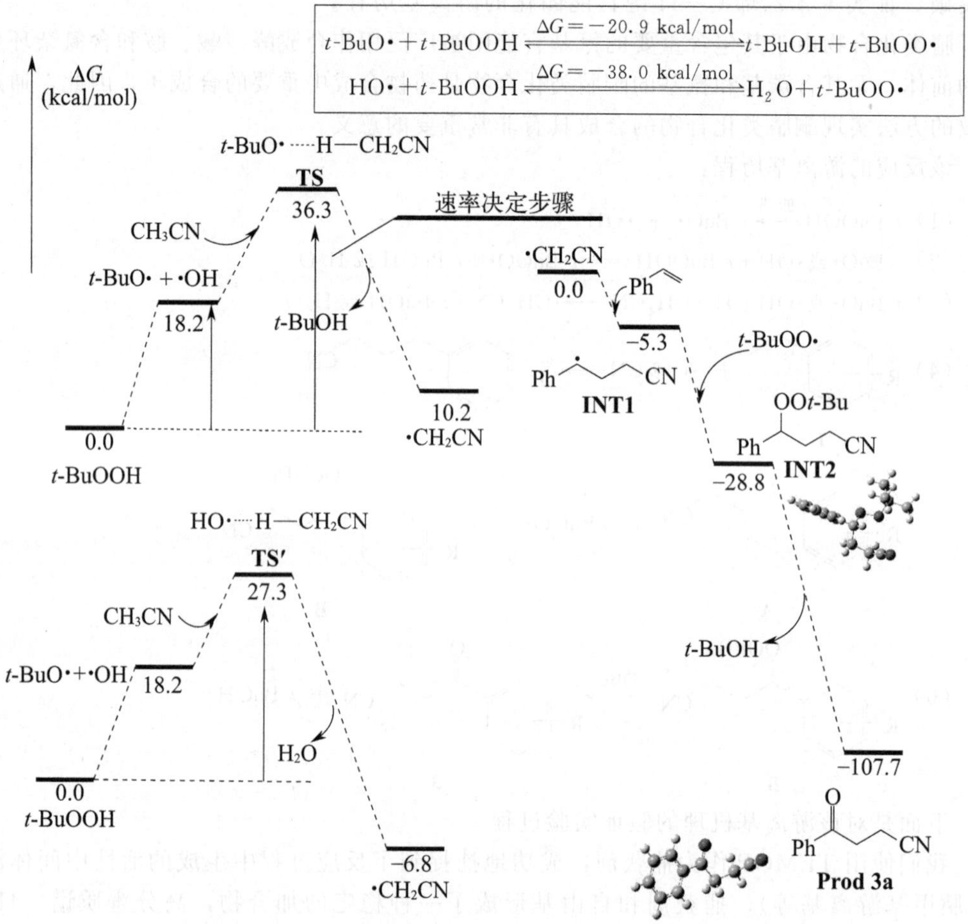

图6-1 量化计算结果

王乃兴课题组的这个重要研究成果，发表在了有机化学核心刊物 *Organic Letters* 上（*Org. Lett.*，2016，18：5986）。

我们研究组 2015 年报道了铜催化的芳基酮与有机磺酸盐的 C(sp^3)—H 键官能团化反应[59]，并深入研究了若干有机配体对该反应的促进作用，发现芳基酮的苯环上连有给电子基团时，有关配体对反应的促进作用较大[59]。

2015 年，我们研究组较为全面地评述了过渡金属催化的 C(sp^3)—H 键官能团化的最新进展[60]。C(sp^3)—H 键官能团化方法学的研究已经引起了化学家的高度关注。C(sp^3)—H 键官能团化为快速合成功能分子和复杂化合物提供了一种原子经济性的崭新途径。由于环境友好的需要，化学家们正将精力集中在发展能够对普遍存在的 C—H 键直接官能团化的新型反应。由于 C—H 键在有机分子中的广泛存在，使得特定 C—H 键发生高效、有选择性的可控反应，采用打破常规和传统的旧方法，发展用一步就能替代老方法几步的新反应，为合成生物活性分子和各种复杂化合物提供环境友好的新途径。2016 年年初，美国 Scripp 研究所的 Yu 等在 *Science* 上报道了一种在 Pd 催化下利用氨基酸作为导向基的 C(sp^3)—H 键官能团化的全新方法。导向基氨基酸能够被反复利用，促使起始物分子活化。重要的是，依靠导向基氨基酸依靠自身的手性催化效应，得到了 *er* 为 98∶2 的立体选择性产物[61]。美国 Hartwig 教授等 2016 年年初报道了铱催化的 C(sp^3)—H 烷基化的新反应[62]。2016 年年初，Nechab 等在 *Chem. Soc. Rev.* 上综述了通过有机催化的 C—H 键官能团化反应，对映选择性合成茚满类化合物的一系列方法，对于立体控制的 C—H 键官能团化研究具有一定的学术意义[63]。2016 年 2 月，*Nature* 报道了密歇根大学 Sanford 等关于 C—H 键活化的新方法[64]，其独特之处在于将脂环胺从椅式构象扭为船式构象，使原本处于较难反应位置的 C—H 键活化形成新的 C—C 键。在该新方法中，脂环胺分子中氮原子上被键合了一个钯原子和配体，并充分靠近环对面位置上的 C—H 键，钯原子进一步插入这个原本难以活化的 C—H 键，结果导致芳香基团置换了 C—H 键上的氢原子，巧妙地实现了 C—H 键活化。

6.2.5 苯乙烯与开链醚一步反应合成双官能团化产物

2019 年王乃兴课题组报道了苯乙烯与开链醚类的游离基反应，能够高值转化一步构筑双官能团化产物。

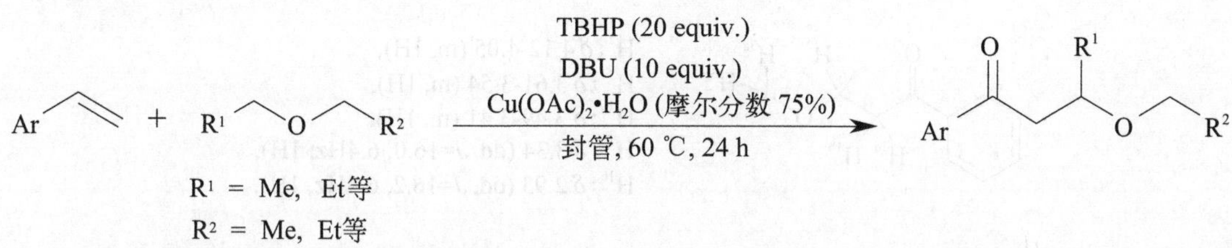

对所得到的 18 个反应产物都进行了核磁共振氢谱、碳谱及高分辨质谱的表征。在机理研究方面，使用自由基捕获剂 TEMPO、BHT 分别进行了抑制实验，还通过密度泛函理论计算的方法，证明了该反应的游离基历程。

王乃兴发现该反应同样是通过自由基接力机制进行的，关键中间体中的单电子能够被苯环大 π 体系所稳定。

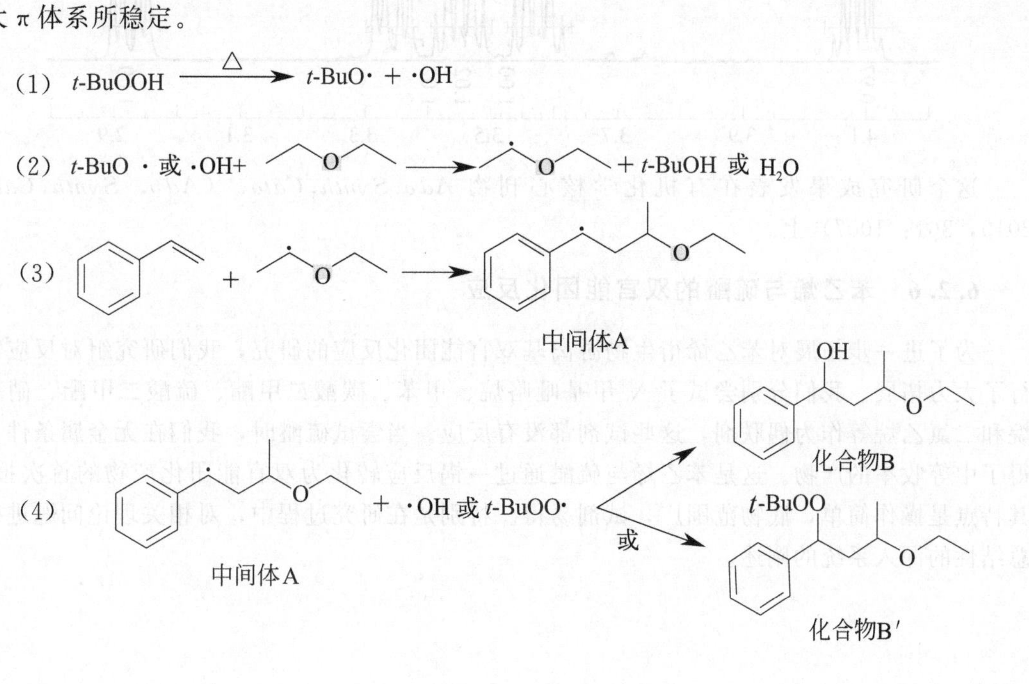

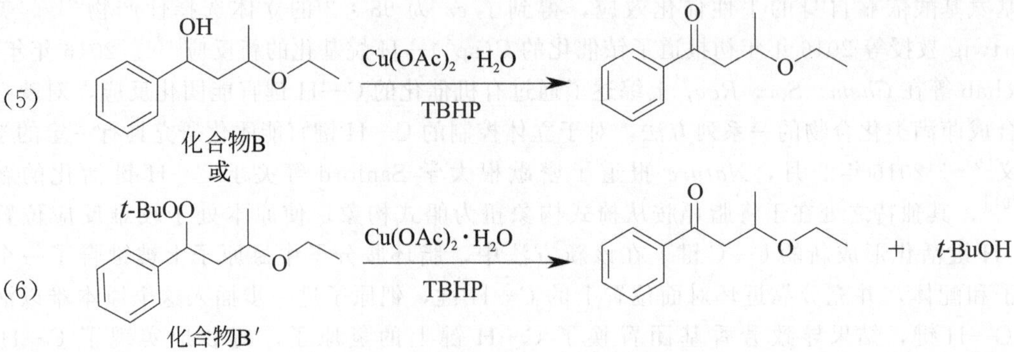

在已有实验结果的基础上，他们还发现在手性中心的影响下，所得到化合物的核磁共振氢谱中手性中心 α-位亚甲基的两个氢磁不等价，并注意到有些 β-位亚甲基的两个氢也磁不等价。由于手性中心的影响，手性碳的 β-位质子有时因为磁不等价也会裂分，有时 β-位质子没有裂分是由于芳环等共轭体系产生的电子环流使其磁不等价性削弱；而且分子中较长支链的空间效应也可以使磁不等价性削弱（见下图）。

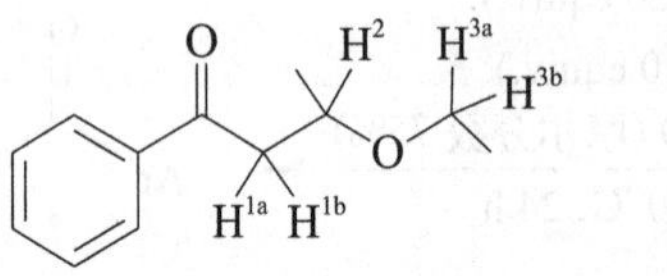

H^2: δ 4.12-4.05 (m, 1H),
H^{3a}: δ 3.61-3.54 (m, 1H),
H^{3b}: δ 3.49-3.41 (m, 1H),
H^{1a}: δ 3.34 (dd, J=16.0, 6.4Hz, 1H),
H^{1b}: δ 2.93 (dd, J=16.2, 6.4Hz, 1H).

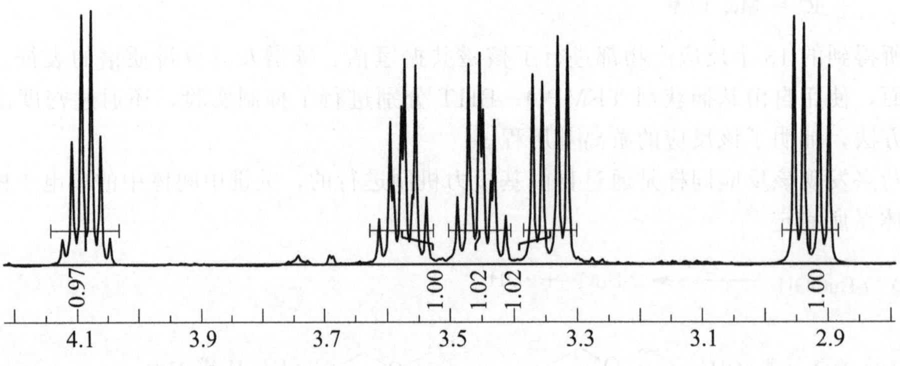

这个研究成果发表在有机化学核心刊物 *Adv. Synth. Cata.*（*Adv. Synth. Cata.*, 2019，361：1007）上。

6.2.6 苯乙烯与硫醚的双官能团化反应

为了进一步拓展对苯乙烯衍生物游离基双官能团化反应的研究，我们研究组对反应物进行了大力拓展。我们分别尝试了 N-甲基吡咯烷、甲苯、碳酸二甲酯、硫酸二甲酯、硝基甲烷和二氯乙烷等作为偶联剂，这些试剂都没有反应。当尝试硫醚时，我们在无金属条件下获得了中等收率的产物。这是苯乙烯与硫醚通过一锅反应转化为双官能团化产物的首次报道，其特点是操作简单，底物范围广，试剂易得。特别是在研究过程中，对相关理论问题进行了总结性的深入系统的阐述。

R = Cl, Br, Me, OMe等

- 现成的试剂　• 25例　• 无金属
- 新的理论阐述　• 操作简单　• 一步反应

硫醚分子中的硫原子对其邻位 C—H 键的活化作用小，C—H 键反应性低，我们采用叔丁基过氧化氢过量的方法，获得了 65%的收率，并采用了无金属催化方法，对环硫醚和链硫醚都做了仔细研究。苯乙烯与硫醚的双官能团化反应的研究论文，发表在了 *Org. Biomol. Chem.*（*Org. Biomol. Chem.*，2022，20：5845）上。

该反应机理与 6.2.5 节苯乙烯与开链醚的双官能团化反应类似。

6.2.7　苯乙烯衍生物与溶剂类分子的双官能团化与 Wang 反应总结

近十年来，王乃兴课题组完全推翻了苯乙烯不可能与溶剂类分子乙醇、丙酮、乙腈、乙醚等反应的旧观点，实现了苯乙烯与醇、酮、腈、醚类等的双官能团化反应。该反应属新型游离基反应，是通过自由基接力机制进行的：叔丁基过氧化氢产生的游离基像接力棒一样，把自由基单电子传递到溶剂类反应物分子，使溶剂分子的 C(sp^3)—H 键均裂产生新的游离基，新生的溶剂分子游离基与苯乙烯衍生物再发生游离基接力，溶剂分子游离基单电子被接力传递到反应物苯乙烯衍生物中的苯环邻位，生成的这个关键中间体中的单电子能够被苯环大 π 体系所稳定。这个关键自由基中间体（苯环邻位碳原子上的游离基单电子）显示出持久的游离基效应 (persistent radical effect)，这个关键游离基中间体不易淬灭，自身难于偶联，能够积累到一定的浓度，有效捕获反应体系中的瞬态游离基生成中间产物，这是 Wang 反应成功的先决条件。

这个自由基接力过程在本书 6.2.1 节到 6.2.5 节所列举的反应过程中都被实验所证实，王乃兴在 *Org. Lett*（*Org. Lett.*，2016，18：5986）上详细报道了对反应机理的研究。

这一系列成果在 *Org. Lett.* 等有机化学刊物上发表了十几篇文章。相关文章（*Eur. J. Org. Chem.*，2017：5821）被他人引用次数高达 420 次。

2019 年德国《合成有机化学》(*Synthesis*，2019，51：4542) 把上述成果总结成为一个 Wang 反应；2021 年，王乃兴应邀在 *Synlett*（*Synlett*，2021，32：23）上发表了一篇综述文章，系统地将相关苯乙烯衍生物的双官能团化反应总结为一个广义的 Wang 反应（Wang reaction），通式如下：

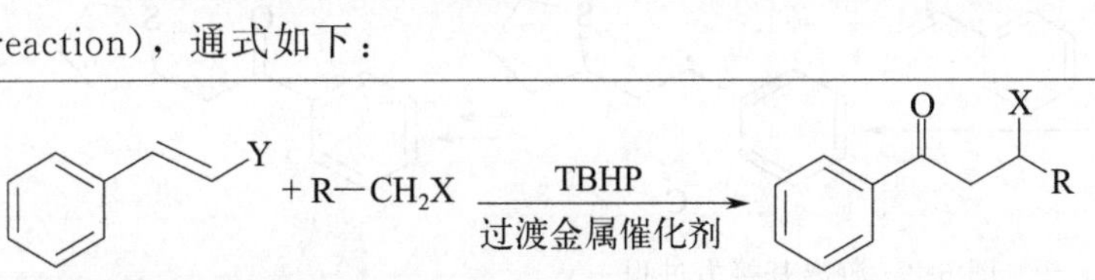

1) X = OH, COR[1], CN, OR[2], SR[3]
Y = H
Wang: (1) *Sci. Rep.*, 2015, 5: 15250; (2) *Org. Lett.*, 2015, 17: 4460; (3) *Org. Lett.*, 2016, 18: 5986; (4) *Adv. Synth. Catal.*, 2019, 361: 1007; (5) *Eur. J. Org. Chem.*, 2017: 5821; (6) *Synthesis*, 2019, 51: 4531; (7) *Org. Biomol. Chem.*, 2022, 20: 5845.

2) X = OR[2], $-\!(O(CH_2)_2O)\!-_{\frac{1}{2}}$, NR[4]COR[5]
Y = COOH
Wang: (1) *Sci. Rep.*, 2014, 4: 7446; (2) *Synlett*, 2014, 25: 1621; (3) *Sci. China Chem.*, 2017, 61: 180; (4) *Synlett*, 2015, 26: 2088; (5) *J. Org. Chem.*, 2018, 83: 7559.

Wang 反应

自2012年起，王乃兴课题组就开始探索苯乙烯与溶剂类分子环醚类（如二氧六环）的反应，当时对反应条件还没有摸清，产物收率较低。接着发现苯乙烯衍生物如不饱和苯丙烯酸与环醚类反应性很好，而且具有催化选择性，反应机理引起了我们的极大兴趣，经过深入细致的研究，发现此类反应属于游离基历程。研究论文于2014年发表在*Sci.Rep.*（*Sci.Rep.*，2014，4：7446）上。王乃兴紧接着就开始对苯乙烯衍生物与醇、酮、腈、链醚类等进行游离基双官能团化反应研究，苯乙烯衍生物与醇的新反应发现后发表在了*Sci.Rep.*（*Sci. Rep.*，2015，5：15250）上。我们最初的新发现是最早发表在国际科学刊物上的。

王乃兴的这个苯乙烯与溶剂类分子高效双官能团化新反应，对于用全新方法高效合成药物中间体价值很大。

自2021年开始，王乃兴课题组又在苯乙烯衍生物双官能团化不对称反应方面取得了新进展。

6.3 Wang反应的进一步深入研究

王乃兴发现的苯乙烯衍生物与醇、酮、腈、醚类、硫醚等溶剂类分子一步合成双官能团化产物，2018年起最先被国外教授称为Wang反应（Wang reaction），被认为是一步构建γ-酮腈等化合物的好方法。最近，美国Hofstra大学教授撰写评论文章，详细介绍和评述了王反应（Wang反应）。

Wang反应的价值是可以很好地克服$C(sp^3)—H$强键的离解能，从而在温和条件下把大宗化工品烃类（苯乙烯）转化为高增值的精细化学品和药物中间体。

2022年，本书作者应邀在中国科协的《科技导报》上发表文章，对Wang反应进行了全面的总结［科技导报，2022，40（20）：101-110］，后来中国科协的《科技导报》把这篇文章放在他们的微信公众平台上，阅读量很大。

我们仍不断对Wang反应进行深入研究，对Wang反应的一些新发现总结如下：

（1）游离基接力　研究发现，苯乙烯衍生物游离基双官能团化反应（Wang reaction）是通过游离基接力历程实现的，一步反应能够完成苯乙烯及其衍生物的双官能团化高值转化，对药物及其中间体合成具有实际意义。下面我们以环硫醚与苯乙烯的游离基双官能团化反应为例（图6-2），来阐明游离基接力的详细过程[65]。

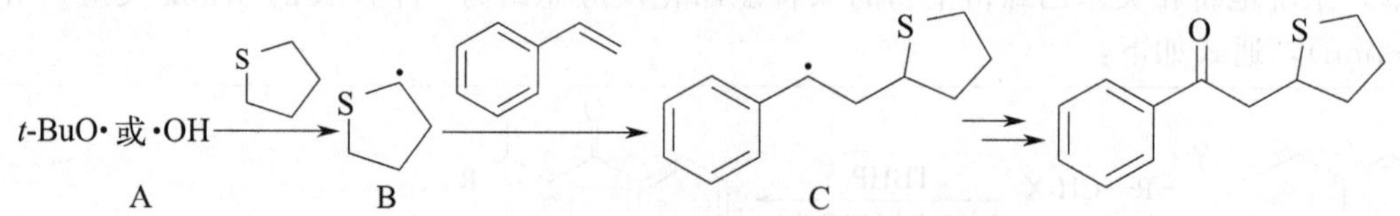

图6-2　游离基接力过程

在这个游离基接力过程中，首先叔丁基过氧化氢（TBHP）生成游离基*t*-BuO·(A)，*t*-BuO·(A)能够把单电子传递给四氢噻吩，然后形成四氢噻吩游离基（B）。接着四氢噻吩游离基（B）又把单电子传递到苯乙烯分子中，产生具有单电子的稳定的苄基游离基中间体（C）。苄基游离基中间体（C）能够通过苯环的大π体系和自由基p-π共轭效应得以稳定。共轭效应使苄基游离基中间体（C）不易猝灭或自耦，容易积累到足够的反应浓度，从而有效捕捉反应体系中的瞬时反应游离基（*t*-BuOO·和·OH)生成最终产物。持久性苄基游离基中间体（C）的形成是该反应成功的关键。根据我们以前的研究，游离基（B）的势能约为10.2 kcal/mol（1 cal＝4.19 J），稳定游离基（C）的势能约为4.9 kcal/mol，产物**3a**（图6-3）的势能约为－97.5 kcal/mol。可以看出稳定游离基C的势能较瞬态游离基（B）的势能低得多。上述结果都有力地支持了我们对自由基接力过程和持久与稳定自由基效应的观点，这里的C就是持久和稳定的自由基，持久自由基效应（PRE）是一种解释自由基-自由基偶联的交叉选择性的动力学现象[66-67]。通过高分辨质谱（HRMS），不仅对游离基接力反应中的几个关键的游离基中间体进行了成功的俘获证实，而且对游离基接力的全过程进行了追踪。反应半小时后，就用HRMS俘获到了四氢噻吩自由基，在反应1h、3h和6h后都能够俘获到苯环邻位有单电子的持久性自由基。这表明四氢噻吩自由基很容易形成，是第一个形成的自由基。苯环邻位有单电子的持久性自由基是在四氢噻吩自由基产生以后，连续不断生成的。因此，整个反应的完成需要一个过程。我们认为，持久性游离基（C）的形成（图6-2）应该是整个反应的速率决定步骤[65]。

为了证实反应机理，我们进行了自由基捕获实验。当使用2,2,6,6-四甲基哌啶*N*-氧化物（TEMPO）作为自由基捕获剂时，没有生成产物，证明该反应为游离基历程。

首先我们通过高分辨质谱检测到2,2,6,6-四甲基哌啶*N*-氧化物（TEMPO）与四氢噻吩游离基的加合物（D）（见图6-3），说明游离基引发剂叔丁基过氧化氢（TBHP）首先引发了四氢噻吩游离基（B）的形成（图6-2），而我们在反应刚开始时在反应溶液中还没有发现加合物E（图6-3），表明此时还没有生成持久性苄基自由基中间体（C）（见图6-2）。当反应进行了一段时间以后，通过高分辨质谱我们检测到了加合物（E）（图6-3），说明反应在进行了一段时间以后才产生了稳定的持久性的苄基游离基中间体（C）（图6-2）。图6-3所示的游离基捕获实验加合物D和E证实了游离基B（图6-2）已经把单电子传递到苯乙烯分子中，通过游离基接力历程，生成了相对稳定的苄基游离基中间体（C）（图6-2）。

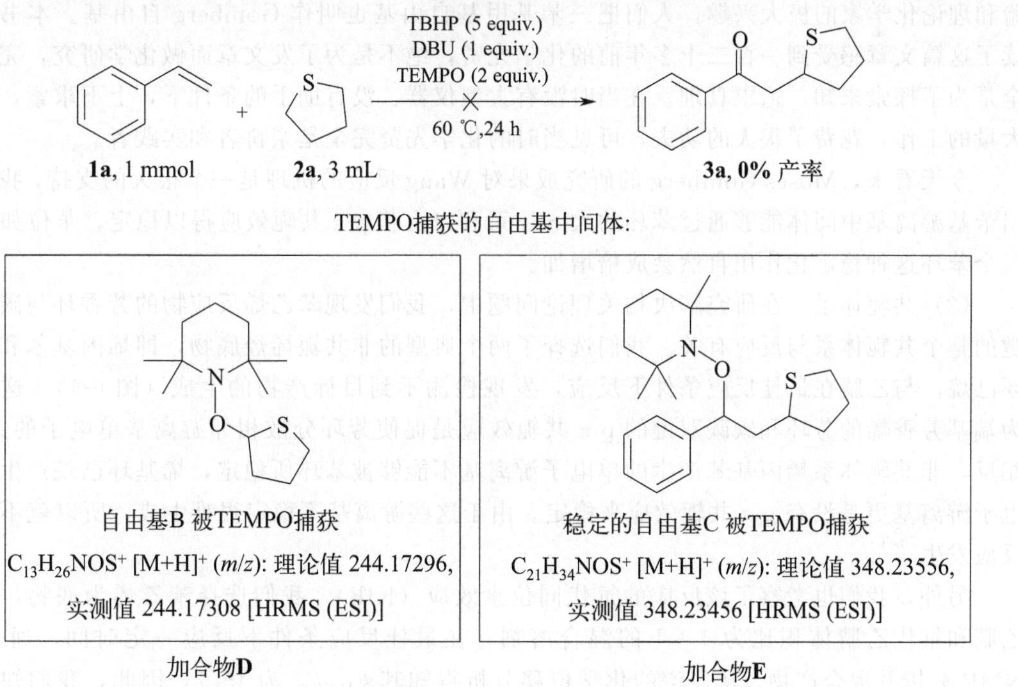

图6-3　游离基捕获实验

这里我们主要以硫醚为例来说明一些理论问题，我们发现，链硫醚的产率低于环硫醚，我们研究了硫醚中 $C(sp^3)$—H 键的诱导效应指数。四氢噻吩、二乙基硫醚和二丙基硫醚中 $C(sp^3)$—H 键的诱导效应指数分别为 0.011、0.00859 和 0.00757，诱导效应指数代表键电子云偏差，一定程度上代表了 C—H 键极性。链硫醚显示出比环硫醚低的极性，因为它们具有较低的 C—H 键诱导效应指数，这使得链硫醚更难被自由基引发。值得注意的是，Et_2O（0.032）的诱导效应指数几乎是四氢噻吩（0.011）的三倍。诱导效应指数越低，反应活性越低，因此四氢噻吩的活性远低于 Et_2O。虽然在提高产物收率方面存在许多困难，但我们的产物收率高达 65%。

我们提出苄基游离基中间体能够通过苯环的大 π 体系和自由基 p-π 共轭效应得以稳定，不易猝灭或自耦，我们提出苄基游离基中间体就是持久和稳定自由基。实际上早在 1900 年，Moses Gomberg 就制备出了三苯基甲基自由基，他当时的文章题目是“三价碳的一个例子：三苯基甲基”。Moses Gomberg 用 14 页的篇幅，报道了他们仔细深入研究三苯基甲基自由基的过程（Gomberg M. An instance of trivalent carbon：Triphenylmethyl. *J. Am. Chem. Soc.*，1900，22：757-771）。Moses Gomberg 主要以三苯基溴甲烷和三苯基氯甲烷为原始试剂，用金属钠、银、汞、锌来夺取三苯基溴甲烷和三苯基氯甲烷分子中的氯或溴原子，来制备三苯基甲基自由基。在文章中，Moses Gomberg 明确指出得到了产物三苯基甲基自由基，并且说明了三苯基甲基自由基在制备过程中很容易被痕量空气中的氧气氧化为三苯基甲基自由基的过氧化物，即三苯基甲基自由基通过一个过氧链链接起来了。尽管如此，Moses Gomberg 在他的文章中，明确给出了三苯基甲基自由基的结构，明确指出产物是三苯基甲基自由基（triphenylmethyl free radical）。令本书作者非常敬佩的是：在当时没有核磁仪、没有质谱仪的艰难条件下，Moses Gomberg 仅仅依靠元素分析，凭着极大的科学热情、兴趣和一定要把问题搞清楚的求实精神，得到了三苯基甲基自由基。三苯基甲基自由基中间体的制备，引起了实验和理论化学家的极大兴趣，人们把三苯基甲基自由基也叫作 Gomberg 自由基。本书作者读了这篇文章感受到一百二十多年前的化学先贤，绝不是为了发文章而做化学研究，完完全全是为了探索未知，追求真理。在当时没有大型仪器、没有助手的条件下，上下求索，做了大量的工作，花费了很大的功夫，可见当时的化学先贤完全是亲耕者和实践者。

今天看来，Moses Gomberg 的研究成果对 Wang 反应的机理是一个很大的支持，我们提出苄基游离基中间体能够通过苯环的大 π 体系和自由基 p-π 共轭效应得以稳定，苄位如果有三个苯环这种稳定化作用自然会成倍增加。

(2) 共轭体系　在研究解决相关理论问题中，我们发现苯乙烯反应物的芳香环与碳碳双键的整个共轭体系与反应有关。我们选择了两个典型的非共轭烯烃底物，即烯丙基苯和烯基环己烷，与乙腈在最佳反应条件下反应，发现检测不到目标产物的生成（图 6-4）。这是因为端基芳香烯的芳环和碳碳双键的 p-π 共轭效应是促使芳环分散相邻游离基单电子的关键，相反，非共轭体系烯丙基苯产生的单电子游离基不能够被苯环所稳定，烯基环己烷产生的单电子游离基更是没有 p-π 共轭效应来稳定。由于这些游离基不稳定很难生成，所以就不会有反应发生[68]。

另外，我们也考察了该反应的氘代同位素效应（KIE），我们选择苯乙烯为底物，使用乙腈和氘代乙腈体积比为 1∶1 的混合溶剂，在最佳反应条件下反应一定时间，通过 ^1H NMR 分析其混合产物。从氢谱的化学位移分析得知其 k_H/k_D 为 15.7，因此，我们知道乙腈 α-$C(sp^3)$—H 键的断裂为该反应的决速步（图 6-5）[68]。

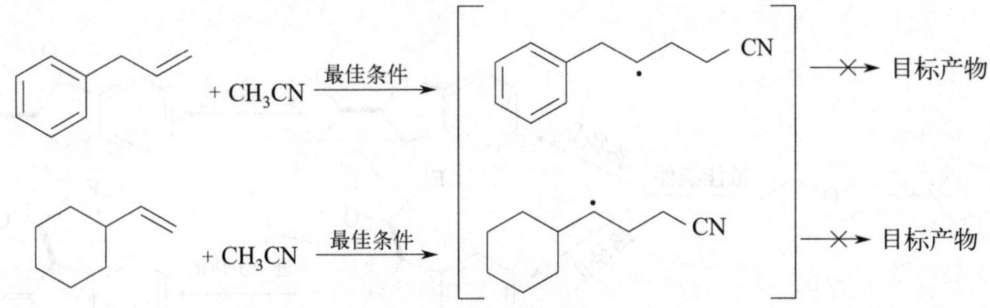

图 6-4 非共轭体系不发生反应

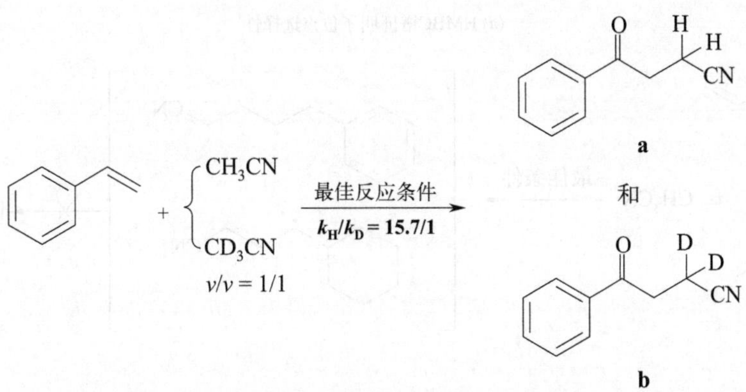

图 6-5 动力学同位素实验

我们还设计了乙醚和茚的反应（茚可以被视为与亚甲基结合的苯乙烯，图 6-5）。预计可以形成两种产物 F 和 G（见图 6-6）。然而，我们仅仅得到产物 F，产物 F 的结构得到了二维核磁共振谱（HMBC）的确认。产物 F 是通过路径 Ⅰ 形成的，并经过了过渡态 F′，过渡态 F′中的单电子可通过苯环的大 π 共轭体系所稳定。如果能够生成产物 G，则反应通过路径 Ⅱ 形成过渡态 G′，在过渡态 G′中，苯环不能稳定单电子[65]。

图 6-6(a) 说明只有共轭体系才会发生反应；图 6-6(b) 说明非共轭体系不发生反应。

(3) 多氮杂环试剂 DBU　我们研究组发现和报道的苯乙烯衍生物与醇、酮、腈、醚、硫醚、酰胺类的双官能团化反应，在所有反应产物中，都只会生成苯环 α-羰基化合物[65,68-74]。在我们的研究工作发表以后，我们发现 Li 等[75] 使用二苯甲酰甲烷作为反应物获得苯环 α-位是叔丁基过氧基的产物[图 6-7(a)]，而 Zhu [76]使用 1*H*-苯并三唑作为反应物，得到了在苯环 α-位含有羟基的产物[图 6-7(b)]。他们的实验结果也在我们的实验室得到了证实，我们获得了 Li 等和 Zhu 等反应条件下产物的^{1}H NMR、^{13}C NMR 和 HRMS 谱图。

接着，我们对 Li 等和 Zhu 等的反应进行了扩展研究。发现在不加入 DBU 的反应条件下，反应产物仅仅是 Li 等和 Zhu 等报道的反应产物，α-位羰基化的产物不会生成（图 6-7）。

我们在不加 DBU 的反应条件下，研究了苯乙烯与环醚的双官能团化反应，成功地俘获了关键反应中间体 J 和 K（见图 6-8），结果如下：

(4) α-羰基化产物　我们发现，在我们之后 Li 等[75] 报道了跟我们类似工作，但是 Li 等人的反应产物和我们报道的不一样。Li 等和 Zhu 等报道的产物恰恰是我们最后的中间体。DBU 的成功应用对我们发展的游离基双官能团化反应的独特性和最终得到苯环 α-位羰基产物至关重要。

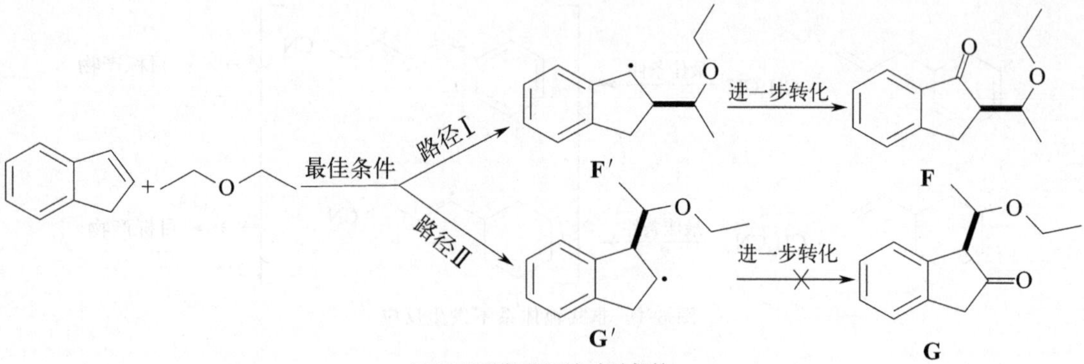

(a) HMBC谱证明了位点选择性

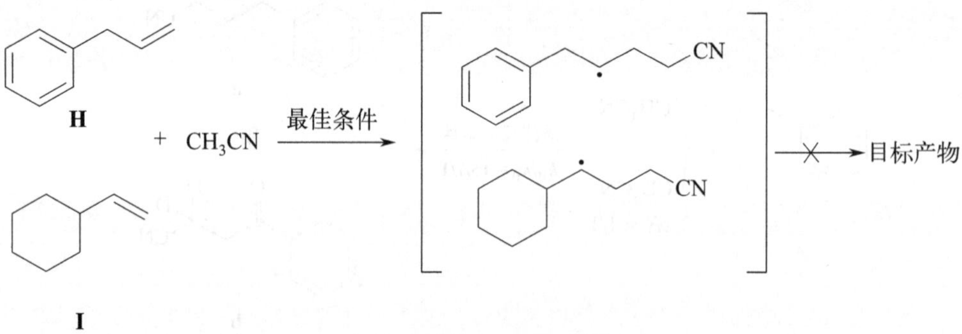

(b) 不反应的非共轭烯烃底物

图 6-6　单电子受苯环共轭作用

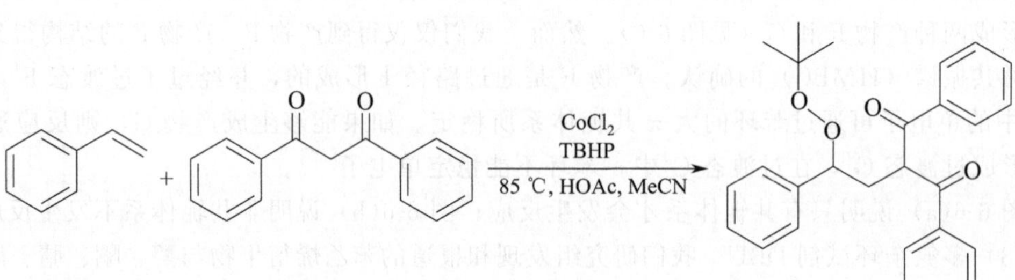

(a)

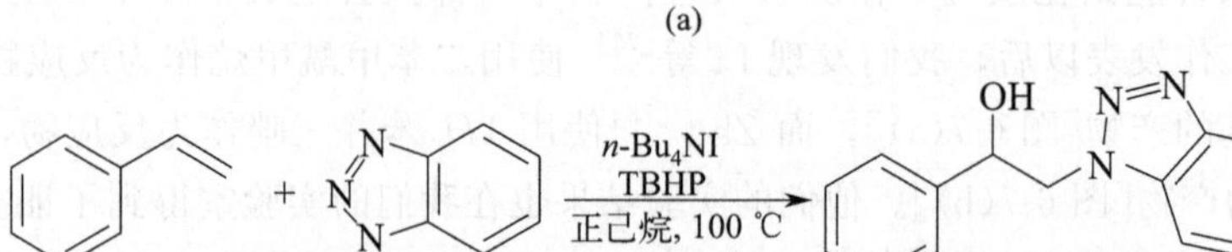

(b)

图 6-7　其他研究组的相关反应

对于苯环 α-位叔丁基过氧基取代的产物［图 6-7(a)，Li 等报道的产物］，碱性的 DBU 俘获产物苯环 α-位叔丁基过氧基中的 α-质子，生成瞬时碳负离子中间体，该中间体通过排出叔丁氧基负离子重排为我们的 α-羰基产物（Kornblum-DeLaMare 重排，图 6-9，途径Ⅰ）[77]。因为 DBU 总是存在于我们的反应体系中，所以我们得到的产物仅仅是苯环 α-位的羰基产物。

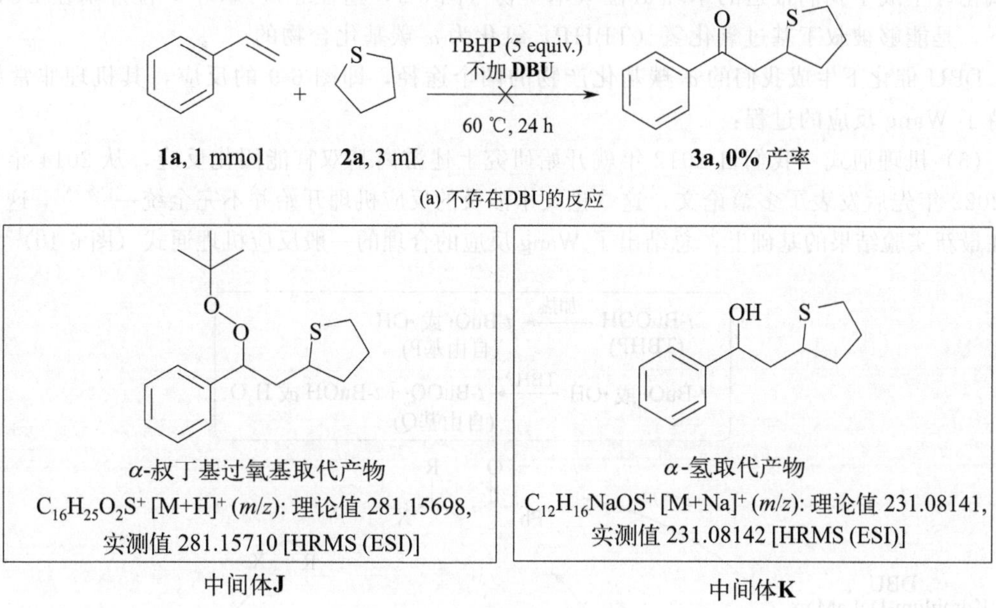

(b) HRMS检测到的反应中间体

图 6-8 反应中间体研究

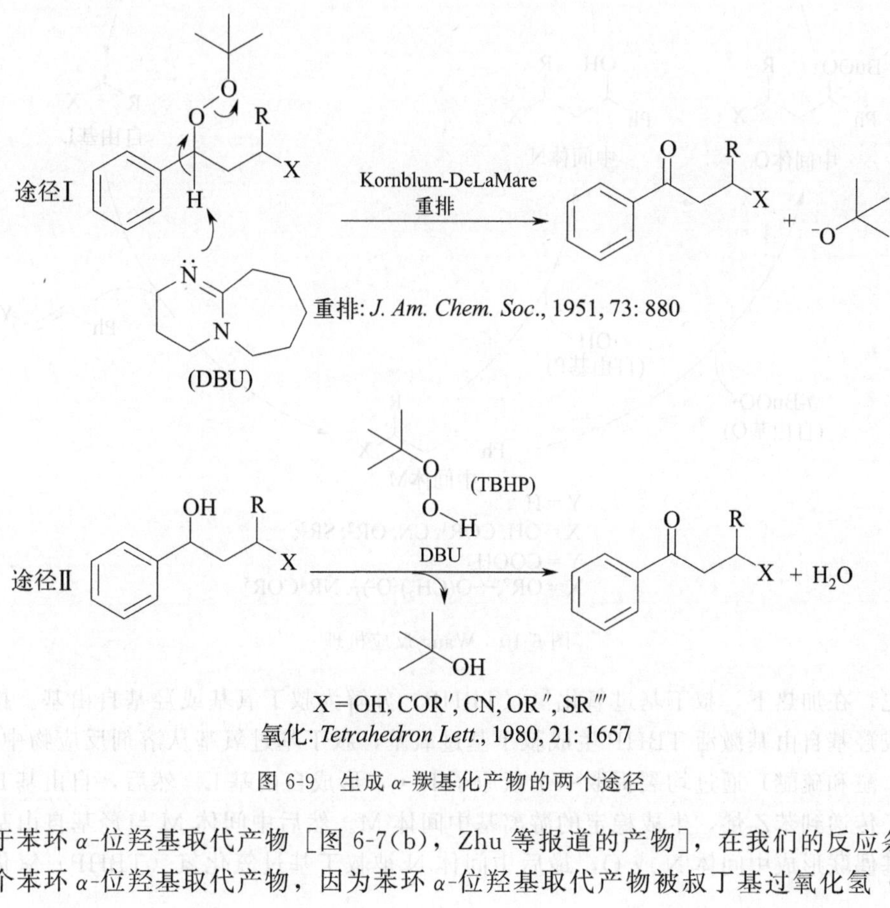

图 6-9 生成 α-羰基化产物的两个途径

对于苯环 α-位羟基取代产物［图 6-7(b)，Zhu 等报道的产物］，在我们的反应条件下得不到这个苯环 α-位羟基取代产物，因为苯环 α-位羟基取代产物被叔丁基过氧化氢（TBHP）

所氧化，生成了我们报道的苯环 α-位羰基产物（图 6-9，途径Ⅱ）。苯环 α-位羟基在 DBU 存在下，是能够被叔丁基过氧化氢（TBHP）氧化为 α-羰基化合物的[78]。

DBU 催化下生成我们的 α-羰基化产物的两个途径，即图 6-9 的反应，其机理非常好地支持了 Wang 反应的过程：

（5）机理通式　我们自 2012 年就开始研究上述游离基双官能团化反应，从 2014 年开始到 2022 年先后发表了多篇论文，这些论文中涉及的反应机理开始并不完全统一[68-74]，这里我们在最新实验结果的基础上，总结出了 Wang 反应的合理的一般反应机理通式（图 6-10）[65]。

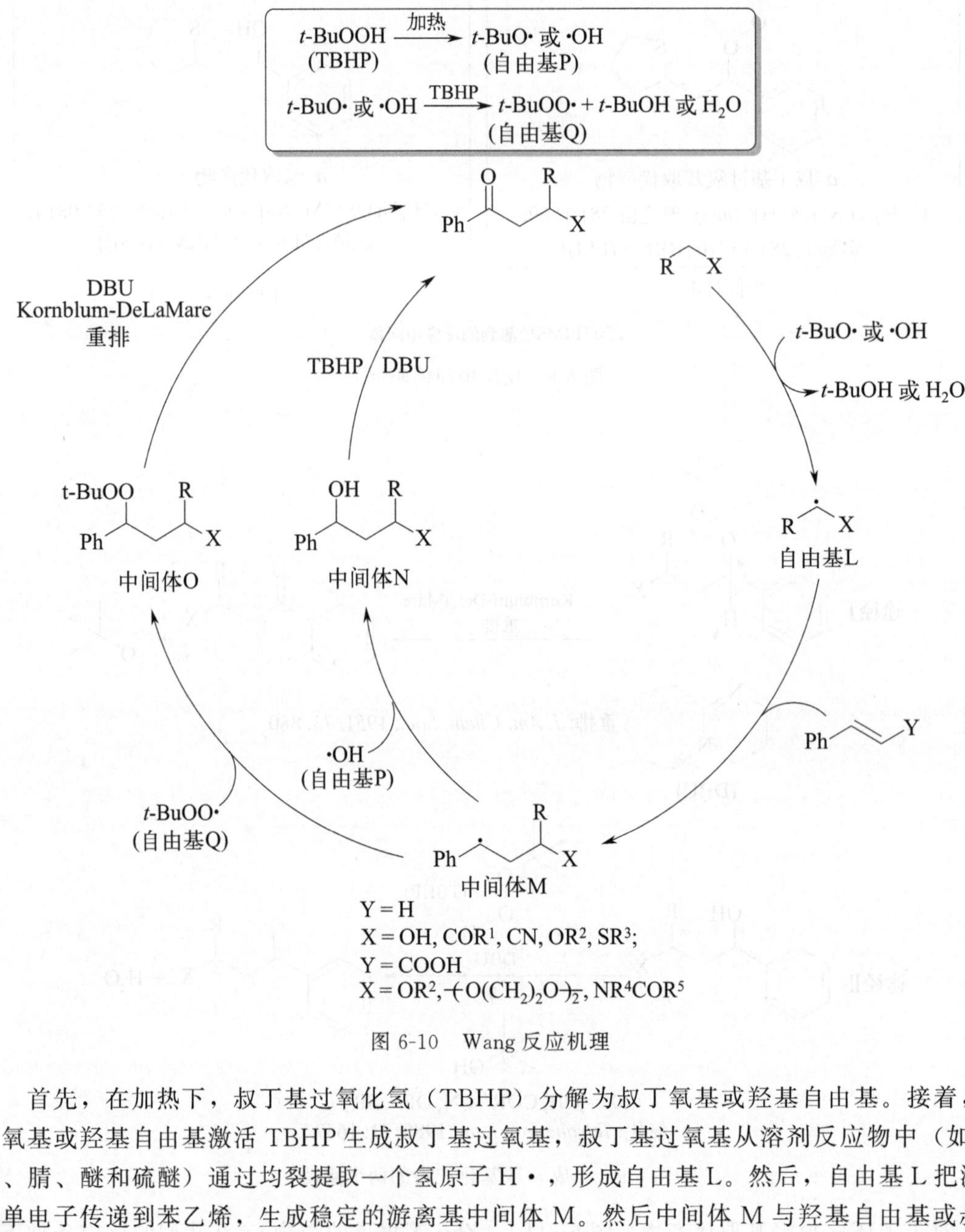

图 6-10　Wang 反应机理

首先，在加热下，叔丁基过氧化氢（TBHP）分解为叔丁氧基或羟基自由基。接着，叔丁氧基或羟基自由基激活 TBHP 生成叔丁基过氧基，叔丁基过氧基从溶剂反应物中（如醇、酮、腈、醚和硫醚）通过均裂提取一个氢原子 H·，形成自由基 L。然后，自由基 L 把游离基单电子传递到苯乙烯，生成稳定的游离基中间体 M。然后中间体 M 与羟基自由基或叔丁基过氧基偶联形成中间体 N 或 O，最后中间体 N 被叔丁基过氧化氢（TBHP）氧化为最终产物，中间体 O 经历 Kornblum-DeLaMare 重排生成苯环 α-位是羰基的最终产物[65]。

(6) 其他　关于反应条件，我们的苯乙烯和硫醚反应也可以在常用的开瓶中反应，并不是必须要在封管中进行，而非封管操作工业应用前景较大。我们发展的游离基双官能团化反应，例如醇与苯乙烯的 C(sp^3)—H 官能团化反应也不需要封管。而苯乙烯与酮、腈和醚的反应需要封管，只是因为酮、腈和醚的沸点低于反应所需要的温度。

Wang 反应中只有苯乙烯衍生物与乙腈的 C(sp^3)—H 官能团化反应没有用到过渡金属催化剂，苯乙烯衍生物与环醚、链醚、DMF、醇、酮、硫醚都需要采用过渡金属催化，过渡金属在反应过程中起什么作用呢？我们认为：过渡金属离子有助于 C(sp^3)—H 的均裂，过渡金属离子会吸收一些 C(sp^3)—H 键的电子云，有利于 C(sp^3)—H 键的活化。另外，金属离子有助于反应过渡态通过非经典化学键形成六元环结构，金属离子经常会帮助过渡态形成一些能量较低的过渡态骨架。我们在有关论文［*Sci. Rep.*，2014，4：7446；*Sci. China Chem.*，2018，61(2)：180］中描述了这样的结构：

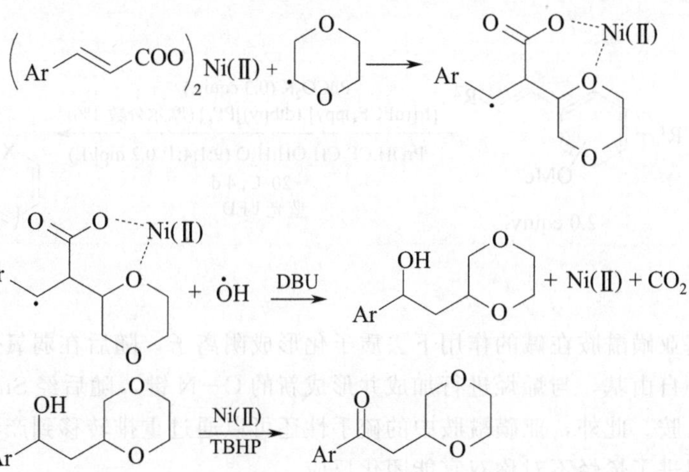

又例如：

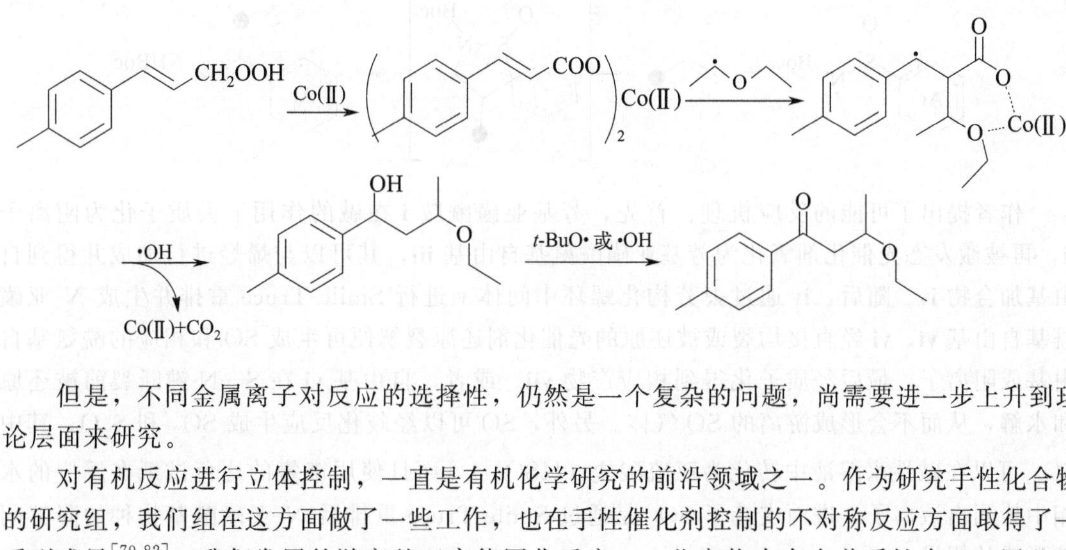

但是，不同金属离子对反应的选择性，仍然是一个复杂的问题，尚需要进一步上升到理论层面来研究。

对有机反应进行立体控制，一直是有机化学研究的前沿领域之一。作为研究手性化合物的研究组，我们组在这方面做了一些工作，也在手性催化剂控制的不对称反应方面取得了一系列成果[79-82]。我们发展的游离基双官能团化反应，一些产物中存在着手性中心，因此有可能对反应进行立体控制。然而，由于该游离基反应是一种快速反应，立体控制遇到了巨大的挑战。我们选择苯乙烯和乙醚的反应作为模型，选择较低的反应温度（30 ℃）来减缓反应速率，反应时间延长至 24 h，我们使用了奎宁、(*R*)-(+) -2,2′-双(二苯基膦)-1,1′-联萘、(*S*,*S*)-2,6-双(4-异丙基-2-噁唑啉-2-基)吡啶和 L-(+)-脯醇等手性催化剂进行立体控制。然而，目前我们只获得了相对较低的立体控制结果（4.3% *ee*）[65]。进一步的立体控制研究还在进行当中，为进一步采用手性催化剂对该反应进行手性控制做了初步探索。Wang 反应属于 C(sp^3)—H 的官能团化反应，C(sp^3)—H 的断裂需要一定的活化能，所以反应不能在室温或低温下进行，这也是 Wang 反应立体控制难度大的一个原因。我们相信以后会有新进展。

2024 年，Stephenson 等对苯乙烯衍生物的双官能团化进行了很好的立体控制（20∶1 *dr*），利用手性芳基亚磺酰胺作为氨基和芳基双官能团化供体，实现了光催化苯乙烯衍生物的氨基芳基化反应，以良好的非对映选择性制备了一系列芳基乙胺、乙二胺及其衍生物（*Nat. Chem.*，2024；DOI：10.1038/s41557-023-01404-w）。

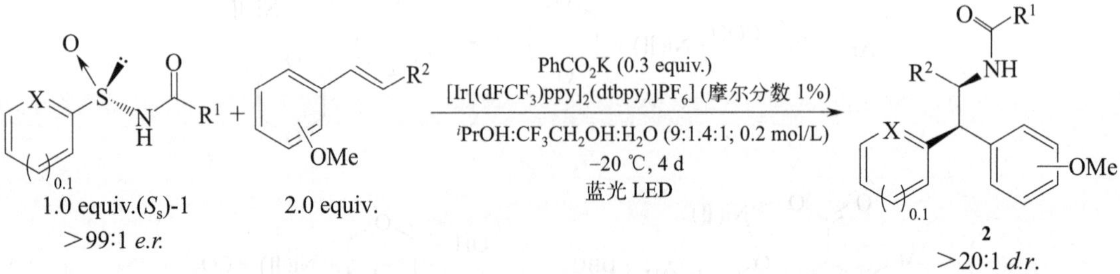

首先，芳基亚磺酰胺在碱的作用下去质子化形成阴离子，随后在弱氧化性光催化剂的作用下生成氮中心自由基，与烯烃进行加成并形成新的 C—N 键，随后经 Smiles-Truce 重排生成所需的芳基乙胺。此外，亚磺酰胺中的硫手性还可以通过重排转移到产物中新形成的碳立体中心，从而促进了烯烃不对称双官能团化反应。

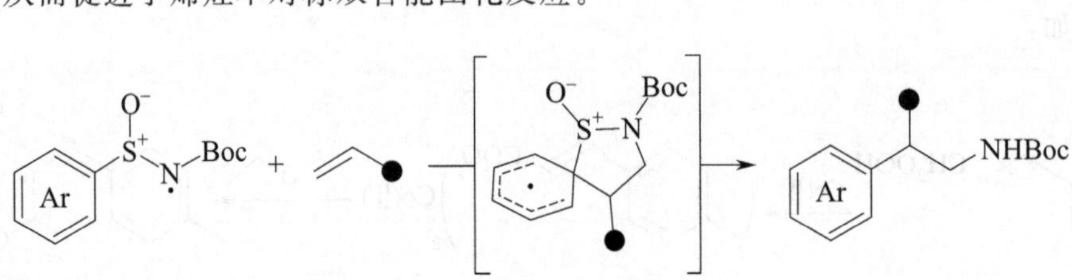

作者提出了可能的反应机理：首先，芳基亚磺酰胺 **i** 在碱的作用下去质子化为阴离子 **ii**，再被激发态光催化剂氧化为芳基亚磺酰氨基自由基 **iii**，其可以与烯烃进行加成并得到自由基加合物 **iv**。随后，**iv** 通过去芳构化螺环中间体 **v** 进行 Smile-Truce 重排并生成 *N*-亚磺酰基自由基 **vi**，**vi** 经直接均裂或被还原的光催化剂还原裂解便可生成 SO 和相应的酰氨基自由基或阴离子，最后经质子化得到相应产物 **vii**。或者，自由基 **vi** 在 S—N 键断裂前被还原和水解，从而不会形成游离的 SO 气体。另外，SO 可以经歧化反应生成 SO_2 和 S_2O，其中 SO_2 可以在碱性水溶液中转化为亚硫酸盐（HSO_3^-），而且使用市售的比色试纸在反应的水相中检测出该离子，进而支持了 SO_2 是通过 Smile-Truce 重排后 *N*-亚磺酰基物种的降解间接形成的假设。

反应机理如下：

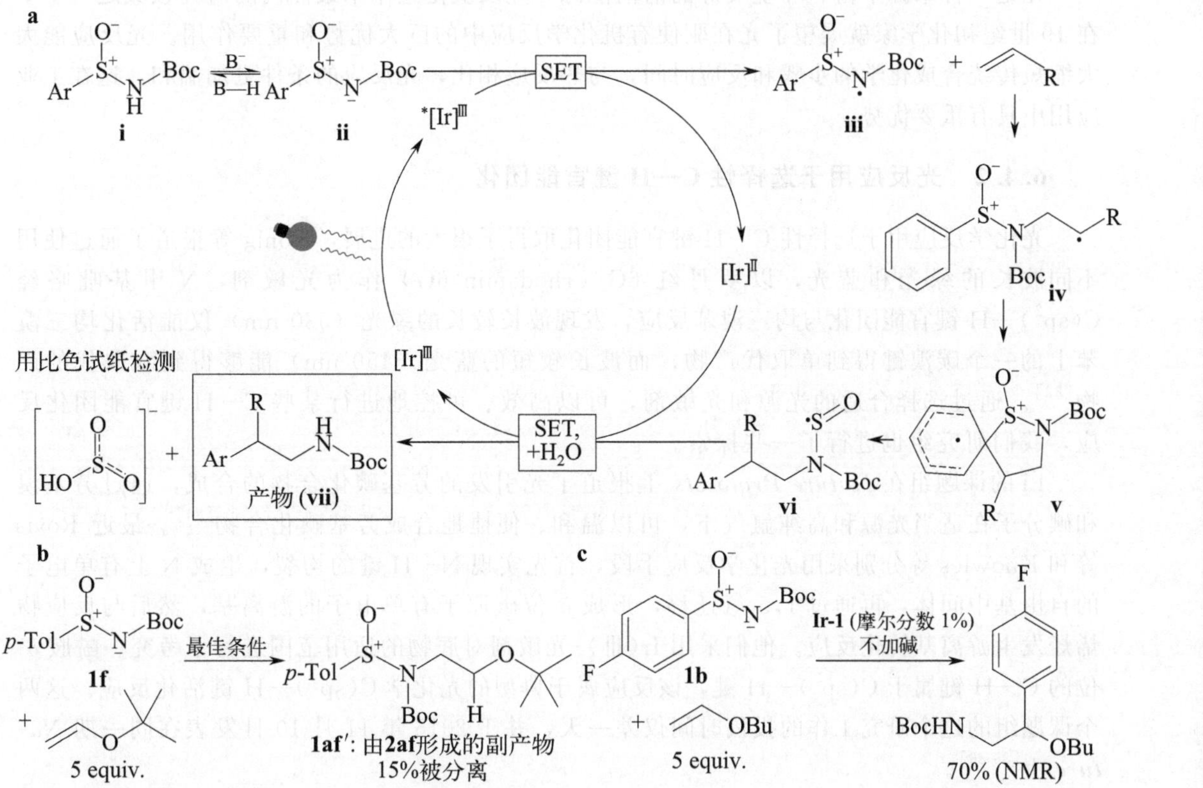

笔者认为：Stephenson 等利用手性亚磺酰胺与苯乙烯衍生物构建了 β-芳基的碳立体中心，实现了对苯乙烯衍生物的双官能团化的立体控制，采用的是手性反应物的立体控制，立体选择性过程明显借助了亚磺酰胺的硫手性中心。一般来说，采用手性试剂比采用手性催化剂对立体控制要容易一些。对苯乙烯衍生物的双官能团化进行立体控制，成功的例证很少。

我们组发展的 Wang 反应是对 C(sp^3)—H 官能团化的一个贡献。我们仍然准备在如下几个方面做进一步的研究：① 在区域选择性方面，即反应位点的选择性方面，进行新的探索。② 在远程双官能团化方面，如第一个官能团的 γ-位或 δ-位的第二个官能团化研究。③ 催化剂选择性方面。我们认为某些过渡金属活化了反应物的 C—H 键，造成了 C—H 键易于均裂生成活性游离基启动整个反应过程。有些 C(sp^3)—H 官能团化反应，由于反应物活性较强，反应性好，可以不用金属催化剂，这方面需要进一步研究。④ 手性催化剂控制的立体选择性 C(sp^3)—H 官能团化反应，挑战性很大，我们希望进一步发展 Wang 反应，在手性合成方面取得新的成果。

6.4 光化学反应

6.4.1 概念

光化学反应是指由一个原子、分子、自由基或离子吸收一个光子所引发的化学反应。

光化学反应从机理上看属于游离基历程。

光化学反应现在也被称为光催化反应，化学家认为光发挥了像催化剂一样的作用。

光是一种来源丰富、环境友好的清洁能源，光反应是近年来最热门的研究领域之一。早在19世纪初化学家就展望了光在驱使有机化学反应中的巨大优势和重要作用。光反应能大大缩短传统合成化学的步骤和反应时间，与热反应相比，光反应的条件更加温和，这在工业应用中具有重要优势。

6.4.2 光反应用于选择性C—H键官能团化

光化学反应用于选择性C—H键官能团化取得了很大的进展，König等报道了通过使用不同波长的绿光和蓝光，以罗丹红6G（rhodamin 6G）作为光敏剂，*N*-甲基吡咯经$C(sp^2)$—H键官能团化与均三溴苯反应，发现波长较长的绿光（530 nm）仅能活化均三溴苯上的一个碳溴键得到单取代产物；而波长较短的蓝光（450 nm）能够得到双取代的产物[83]。通过选择合适的光源和光敏剂，可以高效、可控地进行某些C—H键官能团化反应，我们研究组也进行了一些探索。

Li的课题组在*Nature Protocols*上报道了光引发的芳基碘化合物的合成，通过芳基溴和碘分子在适当光源和高纯氩气下，可以温和、便捷地合成芳基碘化合物[84]。最近Rovis等和Knowles等分别采用光化学反应手段，首先实现N—H键的均裂，生成N上有单电子的自由基中间体，再通过1,5-氢迁移，形成δ-位碳原子有单电子的游离基，然后与反应物烯烃发生游离基转化反应。他们采用Ir(Ⅲ)光敏剂对底物的适用范围进行了考究。酰胺δ-位的C—H键属于$C(sp^3)$—H键，该反应属于典型的光化学$C(sp^3)$—H键活化反应。这两个课题组的这个研究工作的投稿时间仅差一天，并于2016年11月10日发表在同一期*Nature*上[85-86]。

光反应可以选用不同强度的光源。蓝光（450 nm）光能强一些；波长较长的绿光（530 nm）光能则弱一些，光能的大小可以控制适当部位的C—H键的活化与断裂，得到选择性产物。另外，光敏剂如罗丹红6G（rhodamin 6G）等，分子中具有很好的共轭体系，吸收光子以后，π电子能够被激发到较高的能态，当再跃迁回到低能态时，会放出一定的能量，这种能量往往会激活C—H键。目前光敏剂的种类很多，有性能很好的光敏剂供我们选用。光化学反应速率快，室温下就可以进行，避免了目前C—H键官能团化反应多在100 ℃以上的苛刻条件。通过选择适合该反应的光源和光敏剂，可以高效地进行选择性C—H键官能团化。

6.4.3 光化学反应中的几个重要问题

6.4.3.1 光源

应该说，光反应的光源非常多。自然界的光化学反应（例如树叶）就是充分利用了太阳光。有机反应可以采用6 W的蓝光LED作为激发光源；候选的光源还有高压汞灯等。笔者2002年研究过一个光加成反应，采用450 W的氙灯，使用铬酸钾水溶液作为光反应器夹层中的滤光剂，铬酸钾水溶液的浓度为10 g/100 mL，70 min就以较高的收率完成了反应（Wang，Nai-Xing. *Tedrahedron*，2002，58：2377）。由此看出，无论高压汞灯还是氙灯，滤光是重要一环，滤光剂的选择事关滤光的成败。铬酸钾水溶液作为滤光剂，在光反应器夹层中使用方便，通过调节浓度就能够改变滤光效果，浓度10 g/100 mL是一个重要的中介参考值。浓度10 g/100 mL的铬酸钾水溶液作为滤光剂可以滤去波长小于505 nm的光，避免了过强光源的刺激，滤过的光较为单一，能够有效地促使化学反应的进行。

6.4.3.2 光敏剂

光敏剂的选择是一个重要问题。在有机化学中，为了使一般的有机分子能够被激发且进行后续的光化学反应，化学家通常选择金属配合物以及大分子共轭化合物作为反应媒介。这类化合物一般有很高的摩尔吸光系数，同时激发态的寿命较长，我们通常将这类化合物叫做光敏剂。在被光激发之后光敏剂能通过电子转移或者能量传递与底物分子发生反应。目前光敏剂的种类很多，一些贵金属光敏剂，常见的有Ir金属光敏剂、$Ru(bpy)_3(PF_6)_2$，还有三(2,2′-联吡啶基)氯化钌，它也是一种催化性能较好的光敏剂。此类贵金属光敏剂价格普遍都比较高。此外还有 Eosin Y、Rose Bengal 等光敏剂供我们选用。

光反应还需要采用适当的溶剂，一般混合溶剂比较好，有时候还需要采用氮气保护措施。

6.4.3.3 光化学反应的立体控制

光化学反应如果能够对产物中生成的手性中心进行立体控制，将在手性药物中间体合成中具有重要价值。但是在光化学反应中，反应属于自由基历程，手性产物很可能会消旋。到目前为止，对游离基反应的立体控制，成功的例子相对较少，光反应的立体控制具有挑战性。尽管如此，一些光化学反应的立体控制仍然获得了很大的成功。例如 2013 年，Bach 等在*Science* 上报道实现了不对称光催化的［2+2］环加成反应，*ee* 值可以达到 88%（*Science*，2013，342：840）。Yoon 等人在 *Science* 上报道了他们以 $Ru(bpy)_3(PF_6)_2$ 作光敏剂、(*S*,*S*)-*t*-Bu-PyBox 作配体、$Sc(OTf)_3$ 作路易斯酸，实现了路易斯酸催化的对映选择性光化学反应（*Science*，2016，354：1391）。

可以尝试通过如下手段和方法来进行探索：① 选择利用立体控制效果比较好的手性催化剂和合适的光敏剂；② 立体控制需要反应速率慢下来，反应太快则立体选择性会变差，采用低温反应的手段较好，还可以采用加入游离基俘获剂的手段，消除一部分初生的游离基中间体，使反应速率得到控制；③ 研究溶剂效应，如采用*i*-PrOAc∶MeCN（3∶1）的混合溶剂等。

通过 C—H 键活化构建手性中心一直是一个重要而具有挑战性的课题。Yu 等 2017 年 2 月在 *Science* 上报道了使用新的手性配体，在 Pd 催化条件下，通过不对称 β-C(sp^3)—H 官能团化反应构建了 α-位手性中心。β-C(sp^3)—H 键的芳基化、烯基化、炔基化都以较高的收率和较好的对映选择性得以实现（*Science*，2017，355：499）。

光化学反应和其他游离基反应的立体控制挑战性大，研究者可以在前人成功的基础上，采用新方法，在适当的反应条件下，逐步实现这些有机反应的立体控制。

2025 年，美国 J. Am. Chem. Soc.（2025，147，5495）发表文章，报道了可见光促进的手性伯胺和高价碘协同催化实现 α-氨基醛去消旋化的方法，底物适用范围广，兼容性比较好。

参 考 文 献

［1］ Ackermann L，Vicente R，Kapdi A R. Transition-metal-catalyzed direct arylation of (hetero) arenes by C-H bond cleavage. Angew Chem Int Ed 2009，48：9792-9826.

［2］ Wencel-Delord J，Droge T，Liu F，Glorius F. Towards mild metal-catalyzed C-H bond activation. Chem Soc Rev，2011，40：4740-4761.

［3］ Cho S H，Kim J Y，Kwak J，Chang S. Recent advances in the transition metal-catalyzed twofold oxidative C-H bond activation strategy for C-C and C-N bond formation. Chem Soc Rev，2011，40：5068-5083.

［4］ Deng Y，Persson A，Backvall J-E. Palladium-catalyzed oxidetive carbo-cyclizations. Chem Eur J，2012，18：11498-

11523.

[5] Song W, Kozhushkov S, Achermann L. Site-selective catalytic C(sp^2)-H bond azidations. Angew Chem Int Ed 2013, 52: 6576-6578.

[6] Gaich T, Baran P S. Aiming for the ideal synthesis. J Org Chem, 2010, 75: 4657-4673.

[7] Newhouse T, Baran P S, Hoffmann R W. The economies of synthesis. Chem Soc Rev, 2009, 38: 3010-3021.

[8] Daugulis O, Do H-Q, Shabashov D. Palladium-and copper-catalyzed arylation of carbon-hydrogen bonds. Acc Chem Res, 2009, 42: 1074-1086.

[9] Lyons T W, Sanford M S. Palladium-catalyzed ligand-directed C-H functionalization reactions. Chem Rev, 2010, 110: 1147-1169.

[10] Li B-J, Shi Z-J. From C(sp^2)-H to C(sp^3)-H: systematic studies on transition metal-catalyzed oxidative C-C formation. Chem Soc Rev, 2012, 41: 5588-5598.

[11] Ackermann L. Carboxylate-assisted ruthenium-catalyzed alkyne annulations by C-H/Het-H bond functionalizations. Acc Chem Res, 2014, 47: 281-295.

[12] Louillat M-L, Patureau F W. Oxidative C-H amination reactions. Chem Rev, 2014, 43: 901-910.

[13] Li C-J. Cross-dehydrogenative coupling (CDC): exploring C-C bond formations beyond functional group transformations. Acc Chem Res, 2009, 42: 335-344.

[14] Girard S A, Knauber T, Li C-J. The cross-dehydrogenative coupling of C(sp^3)-H bonds: a versatile strategy for C-C bond formations. Angew Chem Int, Ed 2014, 53: 74-100.

[15] Li C J. Cross-Dehydrogenative Coupling (CDC): Exploring C-C bond for-mations beyond functional group transformations. Acc Chem Res, 2009, 42: 335-344.

[16] Shang X, Liu Z-Q. Transition metal-catalyzed C(vinyl)-C(vinyl) bond for-mation via double C(vinyl)-H bond activation. Chem Soc Rev, 2013, 42: 3253-3260.

[17] Kozhushkov S I, Ackermann L. Ruthenium-catalyzed direct oxidative alk-enylation of arenes through twofold C-H bond functionalization. Chem Sci, 2013, 4: 886-896.

[18] Patureau F W, Wencel-Delord J, Glorius F. Cp* Rh-Catalyzed C-H acti-vations: versatile dehydrogenative cross-coupHngs of C-sp^2 C-H positions with olefins, alkynes, and arenes. Aldrichimica Acta, 2012, 45: 31-41.

[19] Hirano K, Miura M. Copper-mediated oxidative direct C-C (hetero) aromatic Yang L, Huang H. Asymmetric catalytic carbon-carbon coupling reactions via C-H bond activation. Catal Sci Technol, 2012, 2: 1099-1112.

[20] Sun C-L, Li B-J, Shi Z-J. Direct C-H Transformation via Iron Catalysis. Chem Rev, 2011, 111: 1293-1314.

[21] Yeung C S, Dong V M. Catalytic dehydrogenative cross-coupling: forming carbon-carbon bonds by oxidizing two carbon-hydrogen bonds. Chem Rev, 2011, 111: 1215-1292.

[22] Cho S H, Kim J Y, Kwak J, Chang S. Recent advances in the transition metal-catalyzed twofold oxidative C-H bond activation strategy for C-C and C-N bond formation. Chem Soc Rev, 2011, 40: 5068-5083.

[23] Klussmann M, Sure-shkumar D. Catalytic oxidative coupling reactions for the formation of carbon-carbon bonds without carbon-metal intermediates. Synthesis, 2011, 353-369.

[24] Liu C, Zhang H, Shi W, Lei A. Bond formations between two nucleophiles: transition metal catalyzed oxidative cross-coupling reactions. Chem Rev, 2011, 111: 1780-1824.

[25] Li C-J, Li Z. Green chemistry: The development of cross-dehydrogenative coupling (CDC) for chemical synthesis. Pure Appl Chem, 2006, 78: 935-945.

[26] Sarhan A A O, Bolm C. Iron(Ⅲ) chloride in oxidative C-C coupling reactions. Chem Soc Rev, 2009, 38: 2730-2744.

[27] Scheuermann C J. Beyond traditional cross couplings: the scope of the cross dehydrogenative coupling reaction. Chem Asian J, 2010, 5: 436-451.

[28] Ashenhurst J A. Intermolecular oxidative cross-coupling of arenes. Chem Soc Rev, 2010, 39, 540-548.

[29] Li Z, Li C J. CuBr-catalyzed efficient alkynylation of sp^3 C-H bonds adjacent to a nitrogen atom. J Am Chem Soc, 2004, 126: 11810-11811.

[30] Li Z, Li C J. Catalytic enantioselective alkynylation of prochiral sp^3 C-H bonds adjacent to a nitrogen atom. Org Lett, 2004, 6: 4997-4999.

[31] Li Z, MacLeod P D, Li C-J. Studies on Cu-catalyzed asymmetric alky-nylation of tetrahydroisoquinoline

derivatives. Tetrahedron: Asymmetry, 2006, 17: 590-597.
[32] Su W, Yu J, Li Z, Jiang Z. Solvent-free cross-dehydrogenative coupling reactions under high speed ball-milling conditions applied to the synthesis of functionalized tetrahydroisoquinolines. J Org Chem, 2011, 76: 9144-9150.
[33] Yu J B, Li Z H, Jia K Y, Jiang Z J, Liu M L, Su W K. Fast, solvent-free asymmetric alkynylation of prochiral sp^3 C-H bonds in a ball mill for the preparation of optically active tetrahydroisoquinoline derivatives. Tetrahedron Lett, 2013, 54: 2006-2009.
[34] Zhao L, Li C J. Functionalizing glycine derivatives by direct C-C bond formation. Angew Chem, 2008, 120: 7183-7186; Functionalizing glycine derivatives by direct C-C bond formation. Angew Chem Int Ed, 2008, 47: 7075-7078.
[35] Correia, C A, Li C J. Copper-catalyzed cross-dehydrogenative coupling (CDC) of alkynes and benzylic C-H bonds. Adv Synth Catal, 2010, 352: 1446-1450.
[36] Sugiishi T, Nakamura H. Zinc(Ⅱ)-catalyzed redox cross-dehydrogenative coupling of propargylic amines and terminal alkynes for synthesis of N-tethered 1,6-enynes. J Am Chem Soc, 2012, 134: 2504-2507.
[37] Ma Y, Zhang S, Yang S, Song F, You J. Gold-catalyzed C(sp^3)-H/C(sp)-H coupling/cyclization/oxidative alkynylation sequence: a powerful strategy for the synthesis of 3-alkynyl polysubstituted furans. Angew Chem Int Ed 2014, 53: 7870-7874.
[38] Kim S, Hong S H. Copper-catalyzed *N*-Aryl-*β*-enaminonitrile synthesis utilizing isocyanides as the nitrogen source. Adv Synth Catal, 2015, 357: 1004-1012.
[39] Liang T, Nguyen K, Zhang D, Wandi Krische M J. Enantioselective ruthenium-catalyzed carbonyl allylation via alkyne-alcohol C-C bond-forming transfer hydrogenation: allene hydrometalation vs oxidative coupling. J Am Chem Soc, 2015, 137: 3161-3164.
[40] Li Z, Li C J. CuBr-catalyzed direct indolation of tetrahydroisoquinolines via cross-dehydrogenative coupling between sp^3 C-H and sp^2 C-H bonds. J Am Chem Soc, 2005, 127: 6968-6969.
[41] Deng G, Zhao L, Li C J. Ruthenium-catalyzed oxidative cross-coupling of chelating arenes and cycloalkanes. Angew Chem, 2008, 120: 6374-6378; Ruthenium-catalyzed oxidative cross-coupling of chelating arenes and cycloalkanes. Angew Chem Int Ed, 2008, 47: 6278-6282.
[42] Guo X, Li C J. Ruthenium-catalyzed para-selective oxidative cross-coupling of arenes and cycloalkanes. Org Lett, 2011, 13: 4977-4979.
[43] Li B, Fagnou K. Palladium-catalyzed intramolecular coupling of arenes and unactivated alkanes in air. Organometallics, 2008, 27: 4841-4843.
[44] Wasa M, Engle K M, Yu J-Q. Pd(Ⅱ)-catalyzed olefination of sp^3 C-H bonds. J Am Chem Soc, 2010, 132: 3680-3681.
[45] Stowers, K J, Fortner K C, Sanford M S. Aerobic Pd-catalyzed sp^3C-H olefination: a route to both *N*-heterocyclic scaffolds and alkenes. J Am Chem. Soc, 2011, 133: 6541-6544.
[46] a) Wu T, Mu X, Liu G. Palladium-catalyzed oxidative arylalkylation of activated alkenes: dual C-H bond cleavage of an arene and acetonitrile. Angew Chem, 2011, 123: 12786-12789; Palladium-catalyzed oxidative arylalkylation of activated alkenes: dual C-H bond cleavage of an arene and acetonitrile. Angew Chem Int Ed, 2011, 50: 12578-12581. b) Zhu W, Zhang D, Yang N, Liu H. Copper-mediated C-H(sp^2)/C-H(sp^3) coupling of benzoic acid derivatives with ethyl cyanoacetate: an expedient route to an isoquinolinone scaffold. Chem Commun, 2014, 50: 10634-10636.
[47] a) Du P, Li H, Wang Y, Cheng J, Wan X. Radical-Polar Crossover Reactions: Oxidative Coupling of 1,3-Dioxolanes with Electron-Deficient Alkenes and Vinylarenes Based on a Radical Addition and Kornblum-DeLaMare Rearrangement. Org Lett, 2014, 16, 6350-6353. b) Zhang J, Jiang J, Xu D, Luo Q, et al. Interception of Cobalt-Based Carbene Radicals with *α*-Aminoalkyl Radicals: ATandem Reaction for the Construction of *β*-Ester-g-amino Ketones. Angew Chem Int Ed 2015, 54: 1231-1235. c) Li Z, Zhang Y, Zhang L, Liu Z-Q. Free-radical cascade alkylarylation of alkenes with simple alkanes: highly efficient access to oxindoles via selective (sp^3) C—H and (sp^2) C—H bond functionalization. Org Lett, 2014, 16: 382-385. d) Zhang H, Gu Z, Xu P, et al. Metal-free tandem oxidative C(sp^3)—H bond functionalization of alkanes and dearomatizationof *N*-phenyl-cinnamamides: access to alkylated1-azaspiro [4.5] decanes. Chem Commun, 2016, 52: 477-480.
[48] Zhang Y, Zhang J, Lou L, et al. Recent advances in Rh(Ⅰ) -catalyzed enantioselective C-H functionalization. Chem. Soc. Rev.,

2024, DOI: 10.1039/D3CS00762F.

[49] Chen R, Intermaggio N E, Xie J, et al. Alcohol-alcohol cross-coupling enabled by S_H2 radical sorting *Science*, 2024, 383: 1350-1357.

[50] Sun J L, Jiang H, Dixneuf P H, et al. Multicomponent reductive coupling for selective access to functional γ-lactams by a single-atom cobalt catalyst. *J. Am. Chem. Soc.*, 2024, DOI: 10.1021/jacs. 4c00547.

[51] Long A, Oswood C J, Kelly C B, et al. Couple-close construction of polycyclic rings from diradicals. *Nature*, 2024, DOI: 10.1038/s41586-024-07181-x.

[52] Yu C, Zhang Z, Dong G. Split cross-coupling via Rh-catalysed activation of unstrained aryl-aryl bonds. *Nat. Catal.*, 2024, DOI: 10.1038/s41929-024-01120-9.

[53] Jin Y, Ramadoss B, Asako S, et al. Noncovalent interaction with a spirobipyridine ligand enables efficient iridium-catalyzed C-H activation. *Nat. Commun.*, 2024, 15: 2886.

[54] Liu C X, Yin S Y, Zhao F, et al. Rhodium-catalyzed asymmetric C-H functionalization reactions. *Chem. Rev.*, 2023, 123: 10079.

[55] Zhang J X, Wang Y J, Zhang W, Wang N X, et al. Selective nickel-and manganese-catalyzed decarboxylative cross coupling of some alpha, beta-unsaturated carboxylic acids with cyclic ethers. Sci Rep, 2014, 4: 7446-7450.

[56] Zhang J X, Wang Y J, Wang N X, et al. Nickel-catalyzed sp^3 C-H bond activation from decarboxylative cross coupling of α,β-unsaturated carboxylic acids with amides. Synlett, 2014, 25: 1621-1625.

[57] Zhang W, Wang N X, et al. Manganese-mediated coupling reaction of vinylarenes and aliphatic alcohols. Sci Rep, 2015, 5: 15250.

[58] Lan X W, Wang N X, et al. Copper/Manganese co-catalyzed oxidative coupling of vinylarenes with ketones. Org Lett, 2015, 17: 4460.

[59] Lan X W, Wang N X, Bai C B, et al. Ligand-mediated and copper-catalyzed $C(sp^3)$-H bond functionalization of aryl ketones with sodium sulfinates under mild conditions. Sci Rep, 2015, 18391. DOI: 10.1038/srep18391.

[60] Zhang, W, Wang N X, Xing Y. Advances in transition metal catalyzed direct $C(sp^3)$-H bond functionalization. Synlett, 2015, 26: 2088-2098.

[61] Zhang F L, Kai Hong K, Li T J, et al. Functionalization of $C(sp^3)$-H bonds using a transient directing group. Science, 2016, 351: 252.

[62] Larsen M A, Cho S H, Hartwig J. Iridium-catalyzed, hydrosilyl-directed borylation of unactivatedalkyl C—H bonds J Am Chem Soc, 2016, 138: DOI: 10.1021/jacs. 5b12153.

[63] Borie C, Ackermann L, Nechab M. Enantioselective syntheses of indanes: from organocatalysis to C-H functionalization. Chem Soc Rev, 2016, DOI: 10.1039/c5cs00622h.

[64] Topczewski J J, Cabrera P J, Saper N I, Sanford M S. Palladium-catalysed transannular C-H functionalization of alicyclic amines. Nature, 2016, DOI: 10.1038/nature16957.

[65] Yan Z, Wang N X, Zhang L Y, et al. Studies on the $C(sp^3)$-H bond functionalization of thioethers with styrenes. Org. Biomol. Chem., 2022, 20: 5845.

[66] Fischer H. The persistent radical effect: a principle for selective radical reactions and living radical polymerizations, Chem. Rev., 2001, 101: 3581-3610.

[67] Leifert D, Studer A. The persistent radical effect in organic synthesis. Angew. Chem. Int. Ed., 2020, 59: 74-108.

[68] Lan X W, Wang N X, Bai C B, et al. Unactivated $C(sp^3)$-H bond functionalization of alkyl nitriles with vinylarenes and mechanistic studies. Org. Lett., 2016, 18: 5986-5989.

[69] Zhang J X, Zhou Y Q, Wang Y J, et al. Selective nickel- and manganese-catalyzed decarboxylative cross coupling of α,β-unsaturated carboxylic acids with cyclic ethers via a radical process. Sci. Rep., 2014, 4: 7446-7451.

[70] Zhang T, Lan X W, Zhou Y Q, et al. $C(sp^3)$-H bond functionalization of non-cyclic ethers by decarboxylative oxidative coupling with α,β-unsaturated carboxylic acids. Science China Chem., 2018, 61 (2): 180-183.

[71] Zhang J X, Wang Y J, Wang N X, et al. Nickel-catalyzed sp^3 C-H bond activation from decarboxylative cross-coupling of α, β-unsaturated carboxylic acids with amides. Synlett, 2014, 11: 1621-1625.

[72] Zhang W, Wang N X, Bai C B, et al. Manganese-mediated coupling reaction of vinylarenes and aliphatic alcohols nature. Scientific Reports, 2015, 5: 15250-15257.

[73] Lan X W, Wang N X, Zhang W, et al. Copper/manganese Co-catalyzed oxidative coupling of vinylarenes with ke-

tones. Org. Lett., 2015, 17: 4460-4463.

[74] Yan Z, Wang N X, Gao X W, et al. A copper (Ⅱ) acetate mediated oxidative-coupling of styrenes and ethers through an unactivated C(sp^3) -H bond functionalization. Adv. Synth. Catal, 2019, 361: 1007-1011.

[75] Lu S, Qi L, Li Z. Cobalt-catalyzed alkylation-peroxidation of alkenes with 1, 3-dicarbonyl compounds and T-hydro. Asian J. Org. Chem., 2017, 6: 313-321.

[76] Xue Q C, Xie J, Xu P, et al. Metal-free, n-Bu_4NI-catalyzed regioselective difunctionalization of unactivated alkenes. ACS Catal., 2013, 3: 1365-1368.

[77] Kornblum N, DeLaMare H E. The base catalyzed decomposition of a dialkyl peroxide. J. Am. Chem. Soc., 1951, 73: 880-881.

[78] Takai K, Oshima K, Nozaki H. Selective oxidation with t-butyl hydroperoxide and aluminium reagents. Tetrahedron Letters, 1980, 21: 1657-1660.

[79] Zhou Y Q, Wang N X, Huang S B, et al. [4+3] cycloaddition of aromatic α,β-unsaturated aldehydes and ketones with epoxides: one-step approach to synthesize seven-membered oxacycles catalyzed by Lewis acid. J. Org. Chem., 2011, 75 (2): 669-672.

[80] Zhou S, Zhou Y Q, Xing Y, et al. Exploration on asymmetric synthesis of flavanone catalyzed by (S) -pyrrolidinyl tetrazole. Chirality, 2011, 23 (7): 504-506.

[81] Hong X W, Zhou Y Q, Bai C B, et al. Asymmetric synthesis of 1,3-oxazolidine derivatives with multi-component reaction and research of kinetic resolution. Molecules, 2015, 20: 17208-17220.

[82] Huang Z, Zhang J, Zhou Y Q, et al. Enantioselective Friedel-Crafts alkylation reaction of thiophenes with ethyl glyoxylate: an easy access to chiral secondary alcohols. Eur. J. Org. Chem., 2011, 5: 843-847.

[83] Ghosh I, König B. Chromoselective photocatalysis: controlled bond activation through light-color regulation of redox potentials. Angew. Chem. Int. Ed., 2016, 55: 7676.

[84] Li L, Liu W, Mu X, et al. Photo-induced iodination of aryl halides under very mild conditions. Nature Protocols, 2016, 11: 1948.

[85] Chu J C K, Rovis T. Amide-directed photoredox-catalysed C-C bond formation at unactivated sp^3 C-H bonds. Nature, 2016, 539: 272.

[86] Choi G J, Zhu Q, Miller D C, et al. Catalytic alkylation of remote C-H bonds enabled by proton-coupled electron transfer. Nature, 2016, 539: 268.

第 7 章

含氮化合物 C—H 键空气氧交叉氧化偶联反应

7.1 概　　述

空气氧氧化交叉偶联是使用空气作为可持续、完全绿色和经济的氧化剂构建 C—C 和 C—X（X=N、O、S 或 P）键的最直接和原子经济的方法之一。气候变化的紧迫性促使化学家必须采用环境友好的绿色方法。含氮化合物中 C—H 键的空气氧交叉氧化偶联可以通过 C—H 键活化引入新的官能团，或者通过串联两个或多个连续化学键形成新的杂环结构，从而有效地增加其分子结构的复杂性，进一步拓展这些结构在天然产物、药品、农用化学品和功能材料中的应用范围。本章参阅了大量的近几年的重要参考文献，并结合笔者研究组在这方面的研究工作，详细论述了 2010 年以来使用空气氧作为氧化剂的 C—H 键的绿色氧化偶联反应的最新进展，重点是在含氮化合物方面，并简要讨论了相关反应的机理。本章内容主要参阅了王乃兴课题组最新的评述文章（*Chem. Eur. J.*，2023；DOI：10.1002/chem.202301700）。

本书增加本章，是因为其内容非常新颖，参考文献比较新，2020 年以后的最新文献不少。用空气氧作为氧化剂近几年引起了人们的普遍关注，因为空气氧作为氧化剂具有点石成金的妙处，原子经济性强而且完全绿色，就空气氧催化剂本身而言，不造成任何污染，科学意义深远，研究价值很大，特别是在工业应用方面前景无限广阔。在自然界中，非血红素铁酶使氧气活化生成高自旋四价铁氧物种，用于各种氧化反应。多年来合成化学家一直尝试在人造系统中模拟这一过程——像酶一样活化氧气生成高自旋四价铁氧物种。Long 等报道了一种新型的金属-有机框架（MOF）材料，其中含有的二价铁位点局部结构与双加氧酶的活性中心类似，在低温（低至 100 K）下可以与氧气直接反应，生成高自旋四价铁氧物种。研究成果于 2023 年 11 月 3 日在线发表于《科学》（*Science*）杂志（*Science*，2023，382：547）。这一成果模拟了生命体中氧气被活化的过程，该人工合成 MOF 材料能够很好地模拟自然界的酶，活化氧气生成高自旋 Fe(Ⅳ)═O 中间体，来催化碳氢化合物的氧化反应，包括将乙烷氧化为乙醇。这项工作为本章所论述的内容开拓了一个新生面。含氮化合物 C—H 键空气氧交叉氧化偶联反应，如果能够用这种模拟酶来活化空气氧，使空气中的氧气首先生成 Fe(Ⅳ)═O 活性中间体，将对有机化合物 C—H 键空气氧交叉氧化偶联反应起到非常大的促进作用。

我们知道，C—H 键通常存在于许多有机分子中，由于它们的高的键能，传统上被认为是不活泼的[1]。近年来，活化相对惰性的C—H键已成为现代有机化学研究的热点[2]。与传统的交叉偶联反应相比，空气氧交叉氧化偶联表现出更高的效率，简化了合成步骤，因此更符合绿色化学的原则[3]。过渡金属催化C—H键直接氧化偶联引起了人们的极大兴趣[4]。特别是，空气氧氧化交叉偶联代表了构建C—C和C—X（X=N、O、S或P）键的原子经济的典型的方法[5]。

通常，常用的氧化剂包括无机氧化剂（如Cu^{2+}、Ag^{+}、Fe^{3+}、$K_2S_2O_8$）[6]和有机氧化剂［如2,3-二氯-5,6-二氰基-1,4-苯醌（DDQ[7]）、过氧化苯甲酰（BPO[8]）、过氧化二叔丁基（DTBP[9]）和过氧化叔丁基（TBHP[10]）等］。这些氧化剂在某些交叉氧化偶联反应中也会用到。然而，这些氧化剂的加入使整个催化循环过程复杂化，并带来不可预测的副反应。此外，过量使用危险或有毒的氧化剂不符合现代社会发展绿色化学的要求。因此，从原子经济性和环境友好的角度来看，空气氧作为氧化剂是非常有价值的，并且很适合于工业催化应用。在过去的十年里，空气氧作为氧化剂在交叉偶联反应中受到了合成有机化学家的青睐[11]。

杂环是一类庞大而多样的有机化合物，由于氮、磷、氧、硫等杂原子的存在，它们具有独特的生物活性，广泛存在于天然产物、药品、农用化学品和功能材料中[12]。空气氧对C—H键的氧化偶联在含氮杂环等方面得到了很好的应用[13]，受到了化学家的普遍关注。第六版中总结C—H键的绿色氧化偶联反应的最新进展，大篇幅介绍利用空气氧作为氧化剂，盼望能够为扩大绿色氧化反应提供新思路。

笔者研究组用十多年的时间，发现发展了苯乙烯衍生物与环醚、DMF、醇、酮、腈、醚、硫醚类的双官能团化反应，被国外教授认为是一步构建γ-酮腈等化合物的好方法（后称为Wang反应）。该反应属于交叉脱氢偶联反应（cross-dehydrogenative-coupling，CDC）的范畴，脱氢实际上就是氧化，所以也可以称为交叉氧化偶联反应。Wang反应所用的游离基引发剂是叔丁基过氧化氢，实际上在反应过程中叔丁基过氧化氢也起到了氧化剂的作用。

在深入研究脱氢偶联反应的基础上，笔者组发展了新的空气氧交叉氧化偶联反应（*Chem. Eur. J.*，2023，29），与交叉脱氢偶联反应有异曲同工之妙。

7.2 含氮杂环C—H键的空气氧交叉氧化偶联反应

本章主要聚焦含氮杂环，论述空气氧交叉氧化偶联反应的新进展。从杂环化合物的C—H键氧化偶联及通过C—H键的氧化偶联形成新的杂环骨架两个大的层面总结了近年来以空气氧作为氧化剂的氧化偶联反应进展，并简要讨论了反应的机理研究。希望为发展更多的空气氧交叉氧化偶联反应以及相关催化体系提供一定的理论依据和可以借鉴的新方法，特别希望空气氧氧化反应能够在工业生产方面得到进一步的应用。

7.2.1 空气氧交叉氧化偶联C—C键的形成

镍催化剂以及其他过渡金属催化剂对现代合成化学的发展做出了重大贡献，表现为氧化加成/还原消除特征。然而，与钌和钯等其他过渡金属相比，镍催化剂在C—H氧化交叉偶联反应中受到的关注较少，尤其是当与环境友好的氧结合作为CDC反应的绿色氧化剂时。Miura等介绍了唑类化合物（**1**）与芳基硼酸（**2**）的直接镍-空气催化氧化芳基化反应。值得一提的是，该催化体系使用空气氧作为唯一的氧化剂（图7-1）[14]。在机理研究中，涉及Ni(Ⅱ)与有机硼氧化加成得到芳基镍中间体，然后在K_3PO_4的作用下对咪唑进行镍化，然后通过还原消除得到产物（**3**）和 Ni(0)。

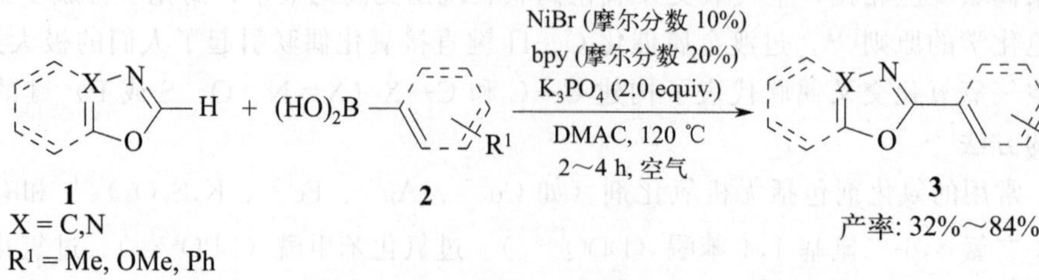

图 7-1 镍催化的唑与芳基硼酸的芳基化反应

钯催化的芳烃与芳基硼酸的 C—H 芳基化反应的 C—H/C—B 偶联得到了广泛的关注。Yamaguchi 和 Itami 等使用含有 Pd(Ⅱ)-亚砜-噁唑啉配体（**7**）和铁-酞菁（**8**）的双催化剂体系，实现了杂芳烃（**4**）和芳基硼酸（**5**）的空气氧交叉氧化偶联（C—H/C—B 偶联）（图 7-2）[15]。这种催化方法可以在空气中合成杂芳基和苯乙烯衍生物（**6**）。

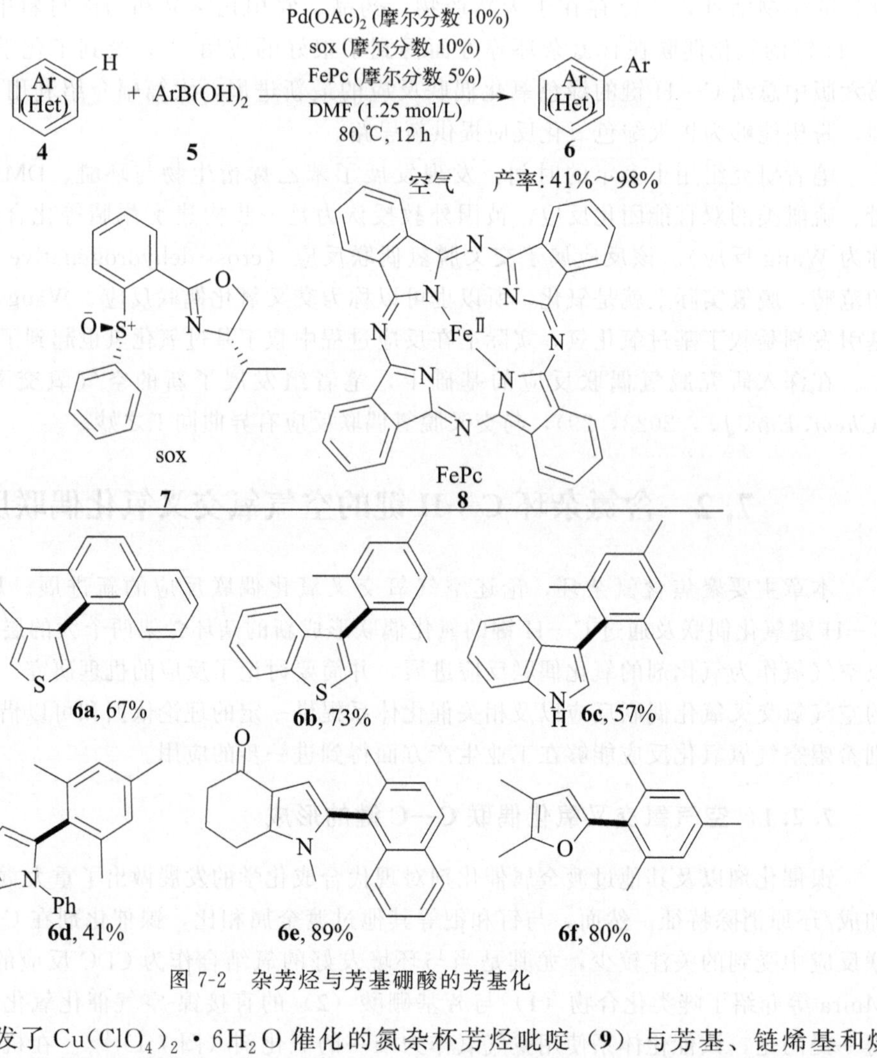

图 7-2 杂芳烃与芳基硼酸的芳基化

Wang 等开发了 $Cu(ClO_4)_2 \cdot 6H_2O$ 催化的氮杂杯芳烃吡啶（**9**）与芳基、链烯基和烷基硼酸（**10**）的氧化交叉偶联反应，通过使用空气作为氧化剂来合成各种功能化的大环[图

7-3(a)][16]。芳香硼酸与有机铜化合物之间的化学计量反应表明，参与催化的是有机金属中间体芳香铜（Ⅱ）**12** 而不是芳香铜（Ⅲ）**15**。利用大环氮杂杯芳烃吡啶与对甲苯硼酸的模

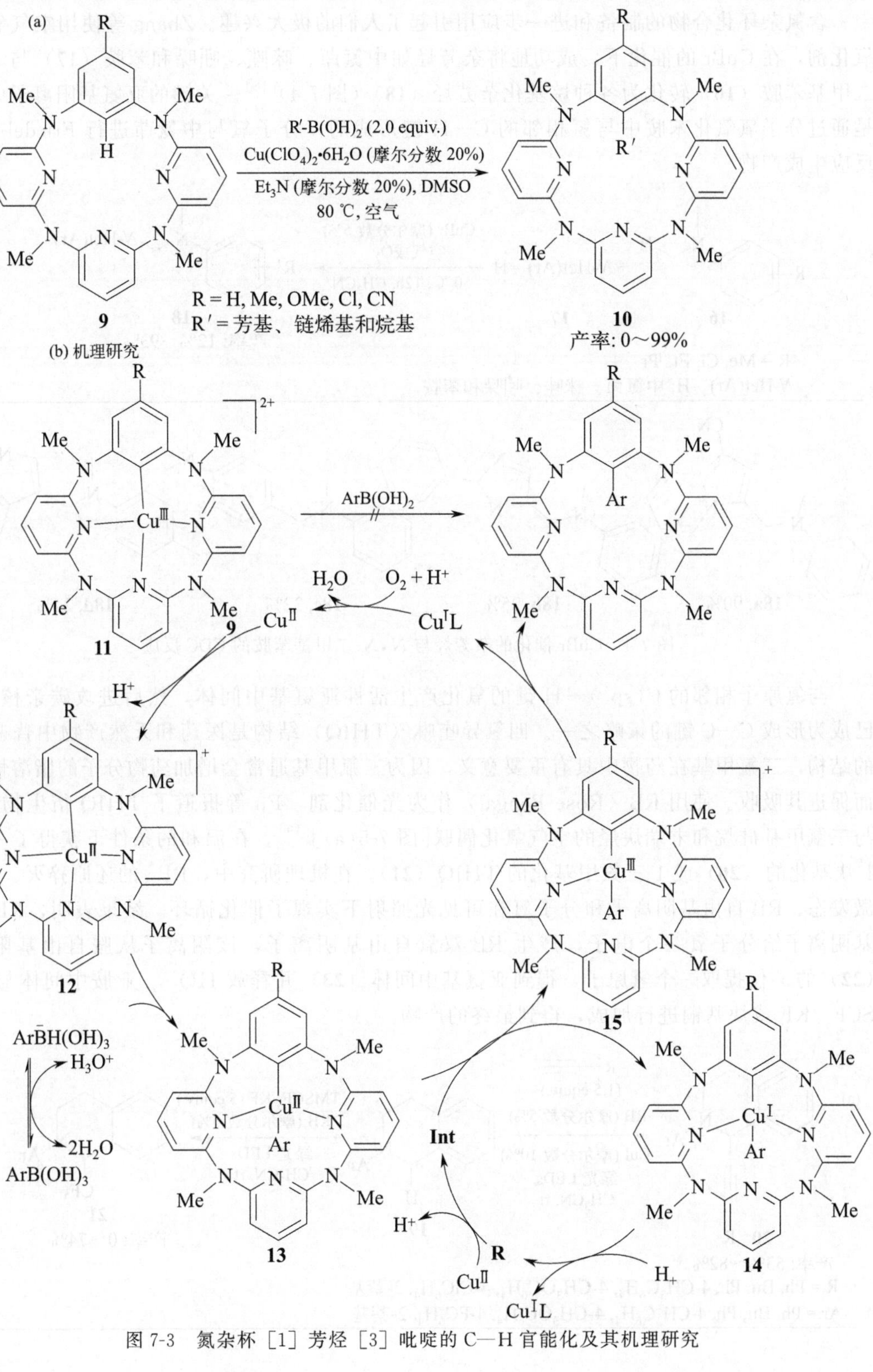

图 7-3　氮杂杯［1］芳烃［3］吡啶的 C—H 官能化及其机理研究

型反应，通过各种实验和理论计算，通过 XPS、EPR、^{1}H NMR、HRMS 和 UV 光谱表征，并结合瞬态电子结构和能量学的计算和分析，系统地研究了这种氧化交叉偶联的机理[17]。

含氮杂环化合物的制备和进一步应用引起了人们的极大兴趣。Zhang 等使用空气氧作为氧化剂，在 CuBr 的催化下，成功地将杂芳烃如中氮茚、咪唑、吲哚和苯胺（**17**）与 *N*,*N*-二甲基苯胺（**16**）转化为各种烷基化杂芳烃（**18**）（图 7-4）[18]。关键的亚氨基阳离子中间体是通过分子氧氧化苯胺中与氮相邻的 C—H 键形成的，分子氧与中氮茚进行 Friedel-Crafts 反应生成产物。

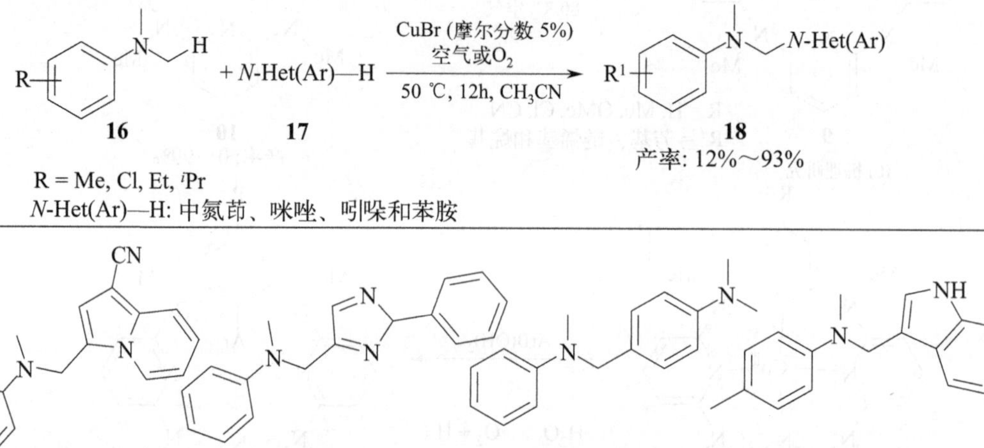

图 7-4 CuBr 催化的杂芳烃与 *N*,*N*-二甲基苯胺的 CDC 反应

与氮原子相邻的 C(sp^3)—H 键的氧化产生活性亚氨基中间体，然后进攻碳亲核试剂，已成为形成 C—C 键的策略之一。四氢异喹啉（THIQ）结构是医药和天然产物中普遍存在的结构，三氟甲基在药物中具有重要意义，因为三氟甲基通常会增加药物分子的脂溶性，从而促进其吸收。使用 RB（Rose Bengal）作为光催化剂，Fu 等报道了 THIQ 衍生物（**19**）与三氟甲基硅烷和末端炔烃的空气氧化偶联[图 7-5(a)][19]。在温和的条件下获得了一系列 1-炔基化的（**20**）或 1-三氟甲基化的 THIQ（**21**）。在机理研究中，RB* 的还原猝灭、RB 的激发态、RB 自由基阴离子和分子氧在可见光照射下实现了催化循环。结果表明，RB 自由基阴离子给分子氧一个电子，产生 RB 双氧自由基阴离子，该阴离子从胺自由基阳离子（**22**）的 α-位提取一个氢原子，得到亚氨基中间体（**23**）并释放 HO_2^-。亚胺中间体与 TMSCF$_3$/KF 或炔基铜进行加成，得到最终的产物。

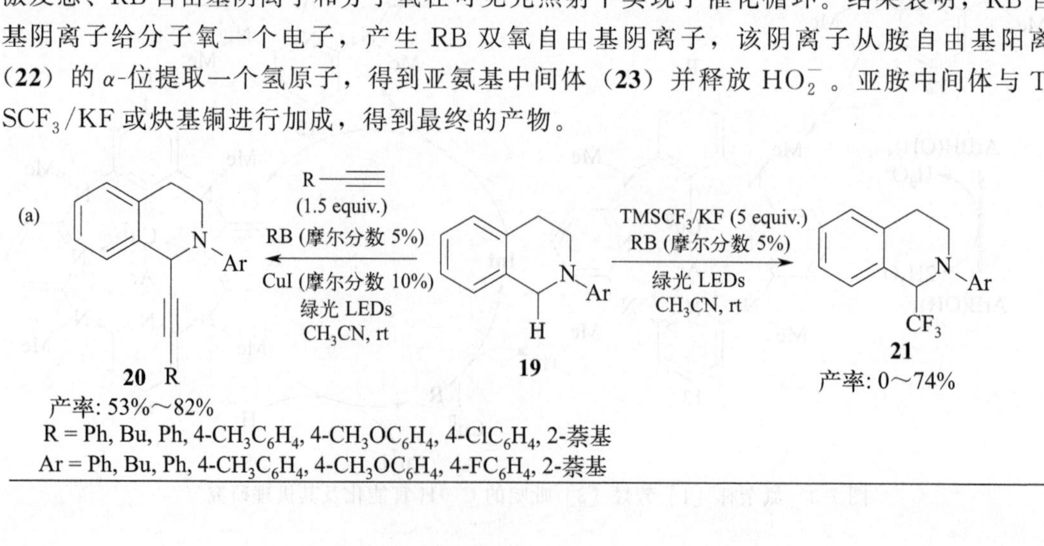

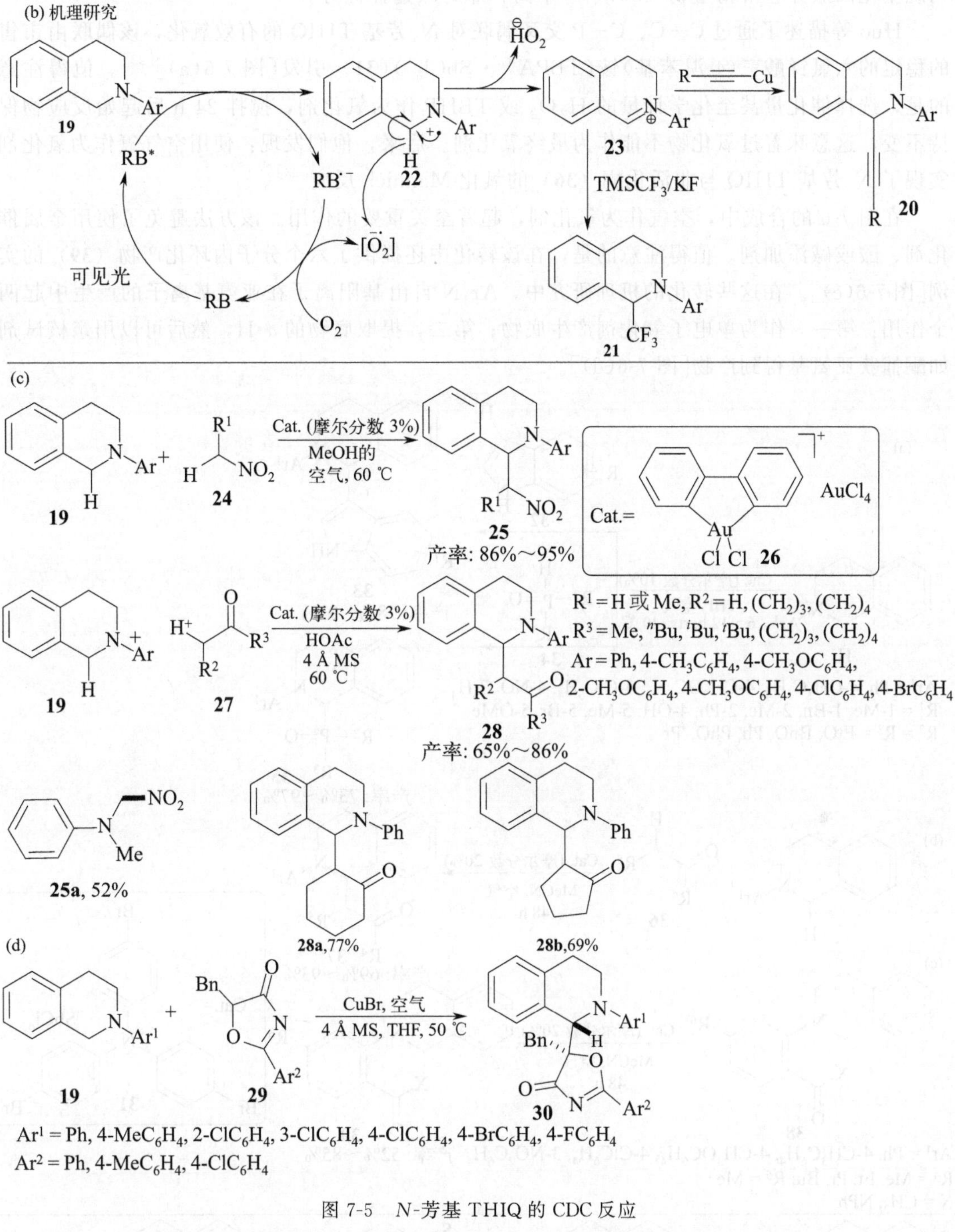

图 7-5　N-芳基 THIQ 的 CDC 反应

Zhu 等开发了使用金催化的叔胺与硝基烷烃（**24**）和酮（**27**）的双氧化 C—C 偶联，使用空气作为唯一的氧化剂[图 7-5(c)][20]。这种方法是方便的、环境友好的，具有广泛的普适性，并且具有较高的收率。

Wang 的小组发现，使用空气作为唯一的氧化剂，N-芳基 THIQ 与 5H-噁唑-4-酮（**29**）可发生直接 CuBr 催化氧化交叉脱氢偶联（CDC）[图 7-5(d)][21]。他们成功地合成了一系列烷基化四氢异喹啉衍生物（**30**），产率高，非对映选择性好。

Huo 等描述了通过 C—C、C—P 交叉偶联对 *N*-芳基 THIQ 的有效氧化，该偶联由市售的稳定的六氯锑酸三(4-溴苯基)铵($TBPA^+ \cdot SbCl_6^-$)(**31**) 引发[图 7-6(a)][22]。值得注意的是，选择催化量甚至化学计量的 H_2O_2 或 TBHP 作为氧化剂，搅拌 24 h 后起始反应物保持不变，这意味着过氧化物不能作为最终氧化剂。后来，他们发现：使用空气氧作为氧化剂实现了 *N*-芳基 THIQ 与非活化酮（**36**）的氧化 Mannich 反应[23]。

在图 7-6 的合成中，空气作为氧化剂，起着至关重要的作用。该方法避免了使用金属催化剂、酸或碱添加剂。值得注意的是，在该转化中还提供了六个分子内环化产物（**39**）的实例[图 7-6(c)]。在这些转化的机理研究中，Ar_3N 自由基阳离子在亚氨基离子的产生中起两个作用：第一，作为单电子氧化剂产生底物；第二，提取底物的 α-H，然后可以用亲核试剂如酮捕获亚氨基得到产物[图 7-6(d)]。

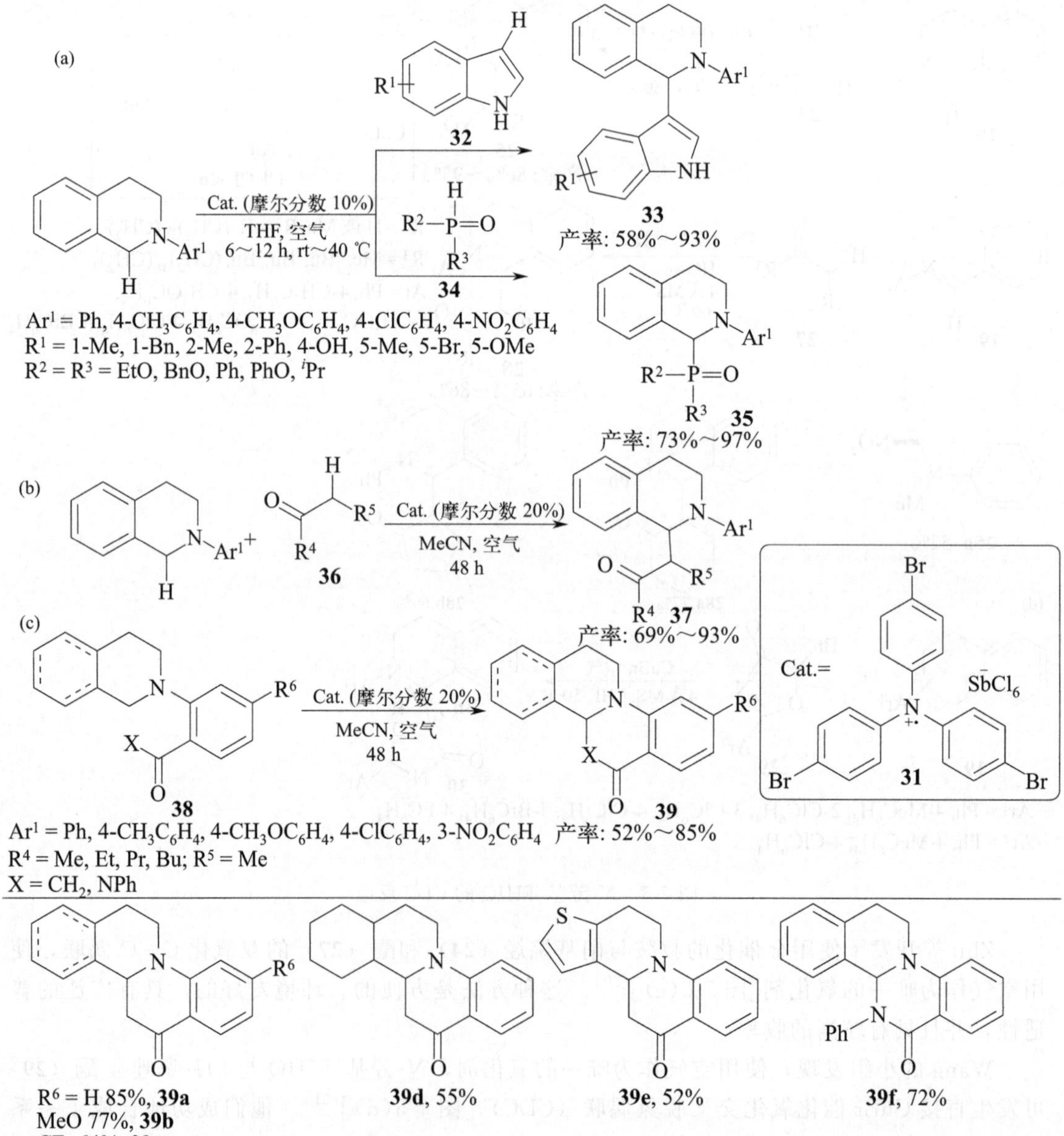

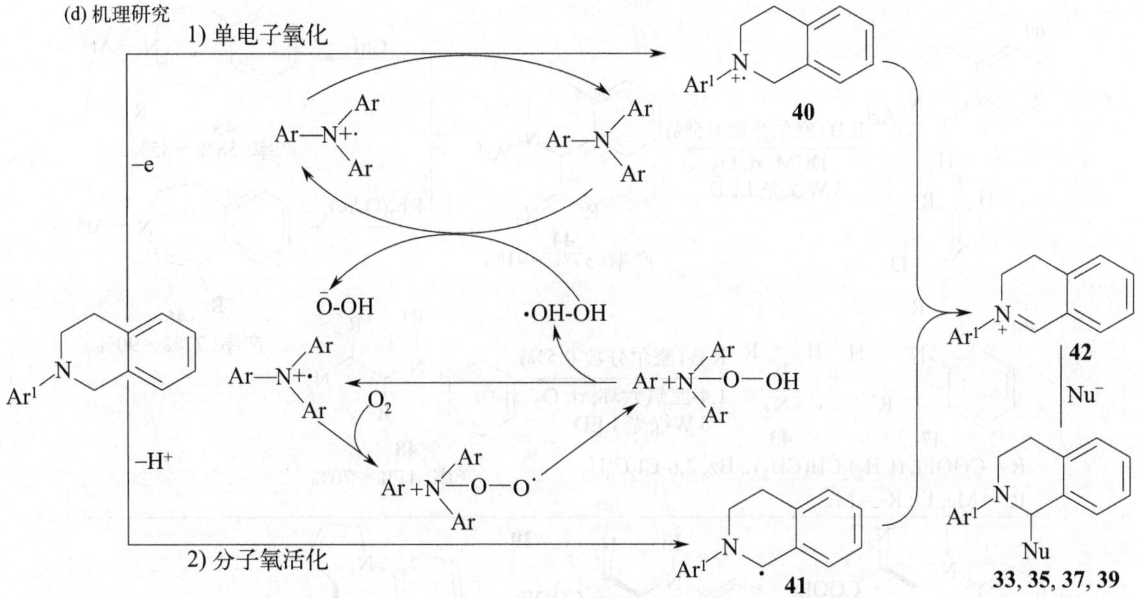

图 7-6 通过 C—C 或 C—P 交叉耦合氧化 THIQ 及其机理

Zhou 等描述了一种通过与叔胺和重氮化合物的交叉脱氢偶联合成 β-氨基-α-重氮化合物（**44**）的方法[图 7-7(a)][24]。用一系列取代的苯胺（**47**）与重氮乙酸乙酯反应，得到了相应的 α-氨基重氮化合物（**48**），产率较高[图 7-7(a)]。该反应使用空气或 O_2 作为氧化剂，在温和且无金属的条件下以较高的产率获得目标产物。通过选择合适的过渡金属催化剂，所产生的产物可以进一步用于合成具有高区域选择性的 4-或 5-酯 N-芳基-2,3-二氢苯并[d]氮杂环产物。Zhang 等开发了一种 CuBr 催化的 N-芳基 THIQ 和 3,5-二烷基-4-硝基异噁唑（**49**），在水中以空气为氧化剂的直接乙烯基交叉脱氢偶联反应[图 7-7(c)][25]。这种新方法是获得一系列异噁唑取代的四氢异喹啉衍生物（**50**）的环境友好的方法。

Chandrasekharam 等研究了四氢喹啉（**51**）和吲哚（**52**）在铜催化下，在水溶剂中与空气中的氧发生脱氢交叉偶联反应，制备 2-吲哚基四羟基喹啉（**53**）的方法（图 7-8）[26]。这种方法的最大特点是使用了廉价的铜催化剂和水溶剂，而且实验易于操作。

最近，用廉价的金属催化剂代替昂贵的金属催化剂进行 C—H 键活化反应引起了有机化学家的极大兴趣。Qian 和 Bao 等报道了 $Cu(OAc)_2$ 催化的 2-位唑类（**54 和 55**）的空气氧氧化交叉偶联反应，通过 C—H 键活化产生双唑类（**56 和 57**）（图 7-9）[27]。有一个特色是在这种转化中，唯一的副产物是 H_2O。

Chang 小组开发了 $Pd(PPh_3)_4$ 催化的唑类（**58**）与末端炔烃（**59**）的氧化炔化反应（图 7-10）[28]。钯催化剂和碱的应用是该反应的关键因素，当反应在空气中进行时，获得了更高产率的产物。动力学同位素效应研究表明，C—H 键的断裂不是该氧化炔化的速率决定步骤。

三氟甲基具有较强的吸电子性质和较大的疏水结构域，可以显著改变靶分子的生物利用度和稳定性。因此，三氟甲基化杂芳烃广泛存在于医药和农药中[29]。人们在杂芳烃的三氟甲基化上做了大量的工作。以铜介导的末端炔烃的氧化三氟甲基化的第一个例子为线索[30]，Qing 的小组继续探索了铜催化的杂芳烃（**61**）的氧化三氟甲烷化。在 1,10-菲罗啉作为配体和 t-BuONa/NaOAc 作为共催化剂的存在下，使用空气或过氧化二叔丁基作为氧化剂，将

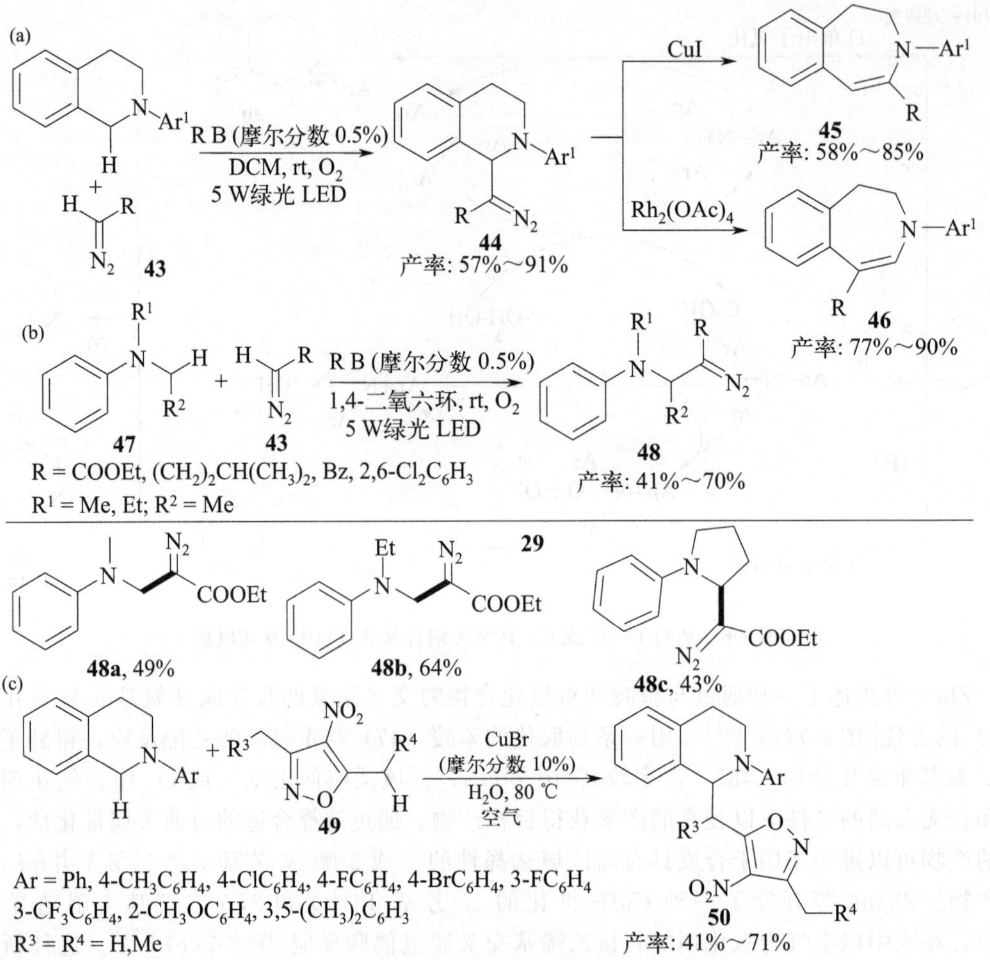

图 7-7 THIQ 的交叉脱氢偶联反应（CDC 反应）

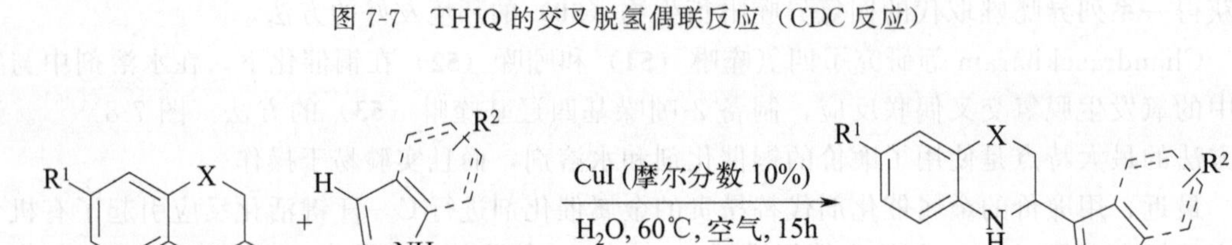

图 7-8 通过空气氧氧化合成 2-吲哚基四氢喹啉的 CDC 反应

各种杂芳烃转化为其相应的三氟甲基化衍生物（**63**）（图 7-11）。机理研究表明，CF_3Cu(Phen) 配合物在催化循环中起到关键作用[31]。

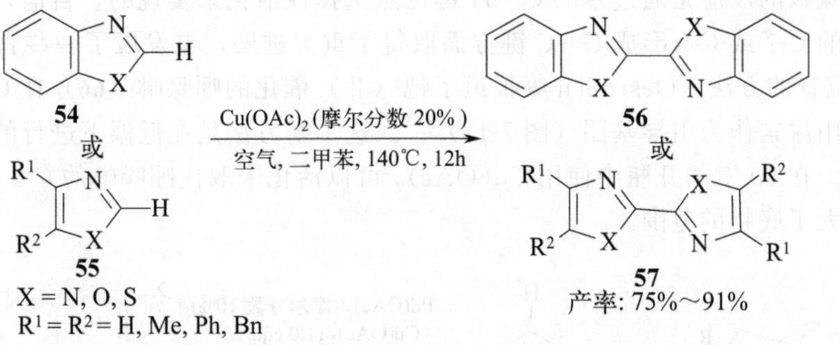

图 7-9　空气氧氧化实现唑类化合物的同源交叉偶联

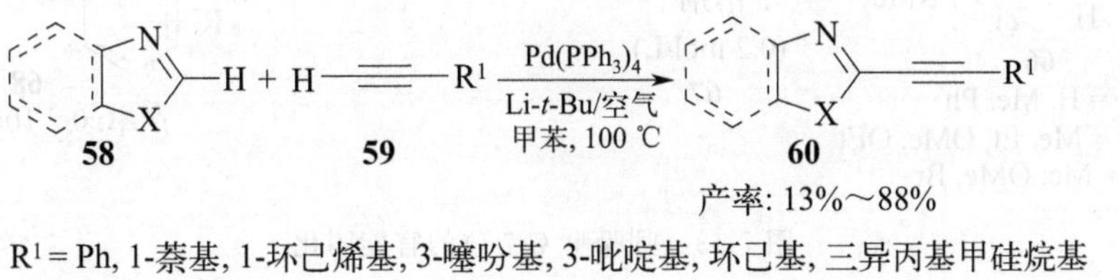

图 7-10　唑与末端炔烃的空气氧氧化炔化反应

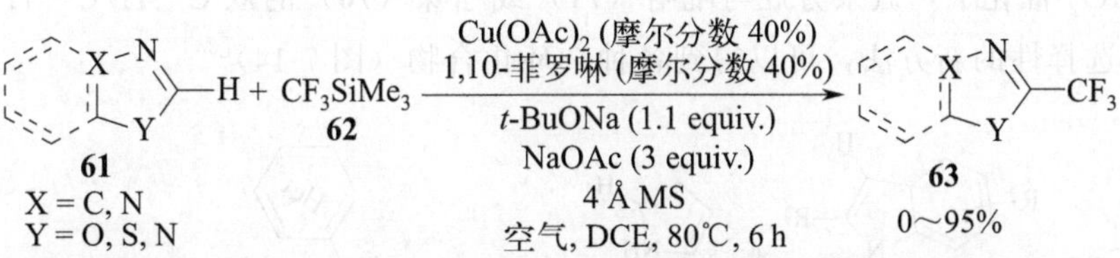

图 7-11　CF_3SiMe_3 对杂芳烃的空气氧交叉氧化偶联三氟甲基化反应

通过 C—H 键官能团化直接芳基化杂芳烃已成为有机合成中最流行的方法之一。Guchhait 等开发了一种钯催化的缺电子 3-吲哚基酮的 C(sp^2)—H 键的分子内双氧化偶联，产物(**65**）是使用空气作为氧化剂合成的（图 7-12）[32]，这是一种罕见的缺电子芳烃的双 C—H 键官能化。茚并[1,2-*b*]吲哚-10(5*H*)-酮(**65**)以中等至良好的收率被得到。Pd(Ⅱ)-催化和新戊酸作为共催化剂都被证明是该反应的关键。值得一提的是，相应的产物在没有吲哚 N—H 键被保护的情况下可以很好地发生反应。

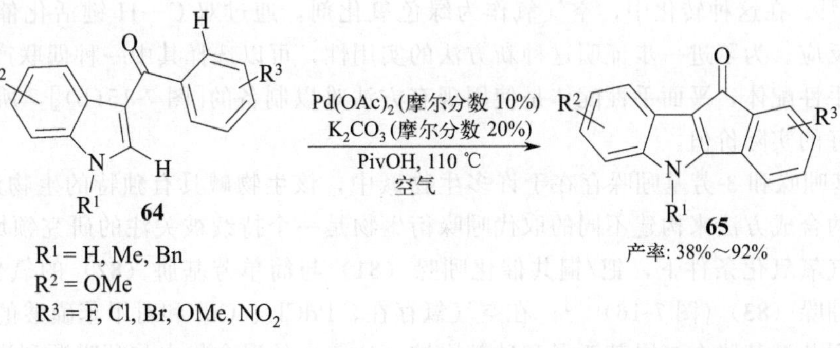

图 7-12　空气氧交叉氧化偶联：3-吲哚基酮的分子内双 C—H 键官能化

通常吲哚核的反应是通过苯的C—H键位点选择性活化来实现的。目前，通过选择性官能化吲哚中的C-7或C-5形成C—C键方面取得了重大进展，也发展了一些官能团化吲哚的C-6和C-4位置的方法。Oestreich等报道了钯（Ⅱ）催化的吲哚啉（**66**）在C-7位的交叉脱氢偶联，使用尿素作为引导基团（图7-13）[33]。这个新方法是在低温下进行的空气氧交叉氧化偶联反应。在50 ℃的开瓶中使用$Cu(OAc)_2$可以活化未取代吲哚啉的C-2—H和C-3—H键，从而扩大了底物的范围。

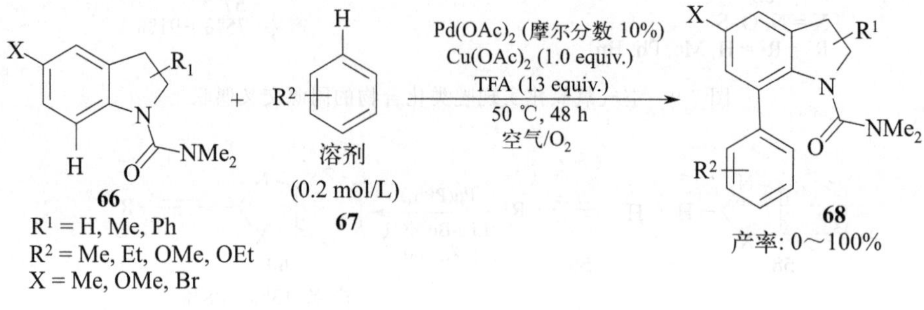

图7-13　吲哚啉C-7位的官能团化

含有吡咯环的有机化合物对生物筛选具有很高的吸引力。吡咯和吲哚取代的氮杂芳族化合物含有连接两个芳族链段的C—C键，在天然产物和医药中都很常见。Chupakhin等报道了一种在TiO_2催化下，氮杂芳烃与吡咯（**71**）或吲哚（**70**）的双C—H/C—H空气氧交叉氧化偶联高选择性的新方法，可以得到各种杂环化合物（图7-14）[34]。

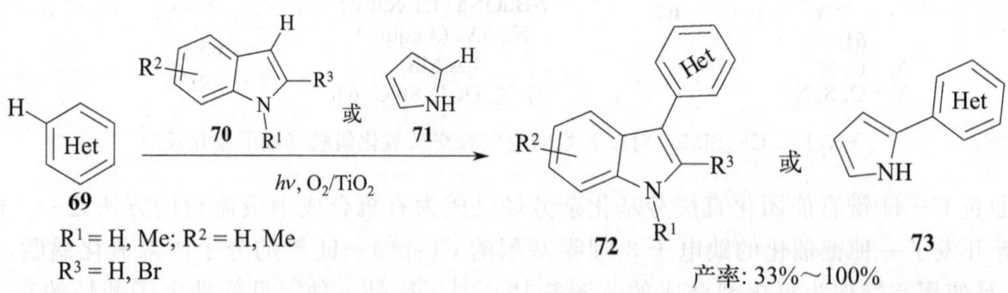

图7-14　空气氧和TiO_2作用下氮杂芳烃与吡咯或吲哚的C—H官能团化

不对称C—H键官能团化由于在有机合成中的重要应用，引起了化学家的广泛关注。You等报道了二茂铁（**74**）和杂芳烃（**75**）之间的Pd催化的不对称交叉氧化偶联反应[图7-15(a)][35]。在这种转化中，空气氧作为绿色氧化剂，通过双C—H键活化催化不对称二芳基偶联反应。为了进一步证明这种新方法的实用性，可以选择其中一种偶联产物来成功地制备平面手性配体，平面手性配体是使用现有方法难以制备的[图7-15(b)]，所以这个新方法具有很好的实际价值。

2-芳基吲哚和3-芳基吲哚存在于许多生物碱中，该生物碱具有独特的生物活性。因此，开发有效的合成方法来构建不同的取代吲哚衍生物是一个持续被关注的研究领域。Liu等报道了在空气氧氧化条件下，钯/铜共催化吲哚（**81**）与简单芳基肼（**82**）的氧化偶联反应，生成芳基吲哚（**83**）（图7-16）[36]。在空气氧存在，$PdCl_2$、CuI和对甲苯磺酸的催化条件下下，一系列芳酰基肼在二甲基亚砜和硝基甲烷（1∶1）的混合物中与吲哚顺利进行氧化芳基化，以中等至较高的产率得到结构多样的吲哚。当吲哚在2位具有取代基时，芳基就会在3

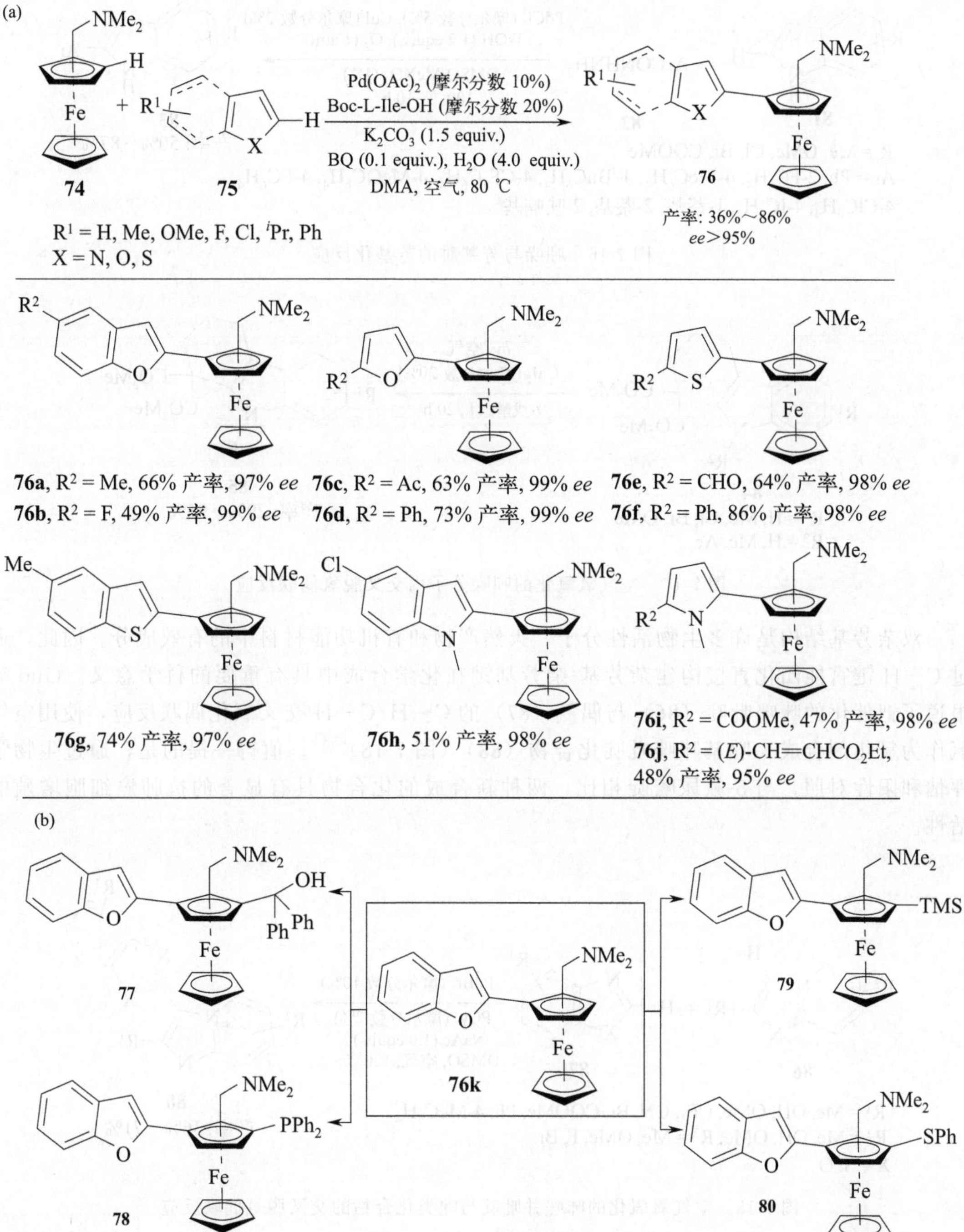

图 7-15 二茂铁与杂芳烃的不对称氧化交叉偶联反应

位形成。

Itoh 课题组实现了吲哚和丙二酸酯的两个 C—H 键的光催化分子内空气氧交叉氧化偶联反应。该反应使用空气中的氧作为氧化剂，并在室温下的可见光照射下以较高的产率获得了环化产物（**85**）（图 7-17）[37]。机理研究表明，在可见光照射下，碳中心自由基通过 C—I 键的匀裂产生，是反应中的关键自由基中间体。

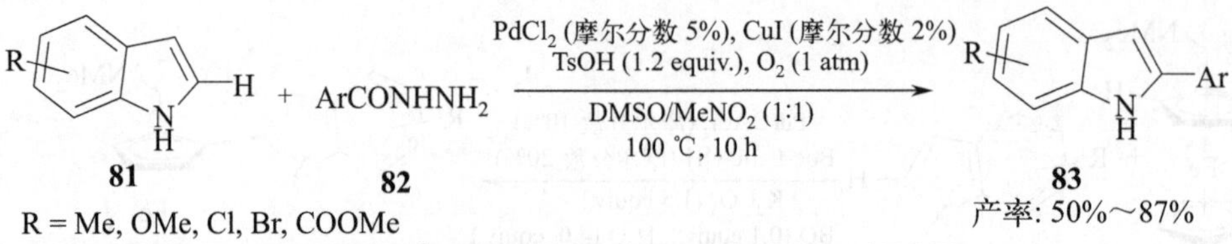

R = Me, OMe, Cl, Br, COOMe

Ar = Ph, 2-FC_6H_4, 4-MeC_6H_4, 4-$^tBuC_6H_4$, 4-$CF_3C_6H_4$, 4-$MeOC_6H_4$, 4-FC_6H_4, 4-ClC_6H_4, 4-IC_6H_4, 1-萘基, 2-萘基, 2-呋喃基

图 7-16　吲哚与芳基肼的芳基化反应

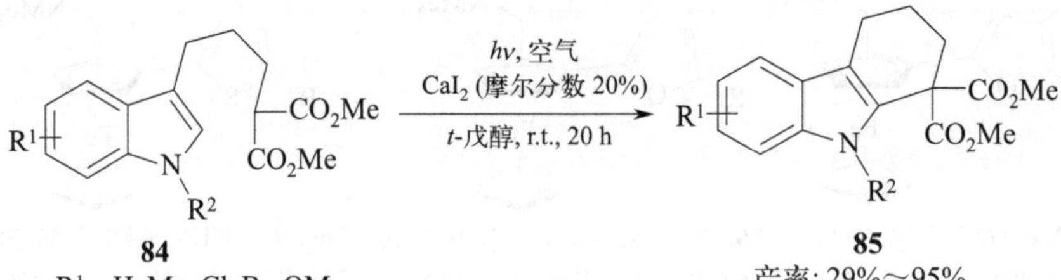

R^1 = H, Me, Cl, Br, OMe

R^2 = H, Me, Ac

图 7-17　空气氧氧化的吲哚分子内交叉脱氢偶联反应

双杂芳基结构是许多生物活性分子、天然产物和有机功能材料中的有效成分。因此，通过 C—H 键官能团化直接构建杂芳基-杂芳基键在化学合成中具有重要的科学意义。Guo 等报道了钯催化的咪唑吡啶（**86**）与偶氮（**87**）的 C—H/C—H 交叉氧化偶联反应，使用空气氧作为氧化剂合成 3-唑基咪唑吡啶化合物（**88**）（图 7-18）[38]。值得一提的是，通过生物学评估和阳性对照，与 5-氟尿嘧啶相比，两种新合成的化合物具有显著的抗肺癌细胞增殖的活性。

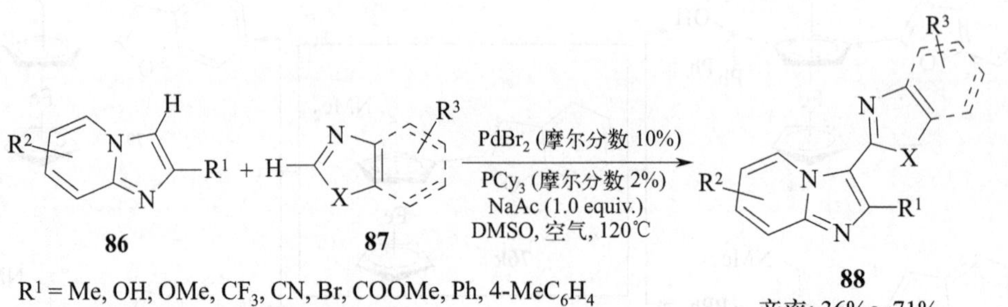

R^1 = Me, OH, OMe, CF_3, CN, Br, COOMe, Ph, 4-MeC_6H_4

R^2 = Me, OH, OMe; R^3 = Me, OMe, F, Br

X = S, O

图 7-18　空气氧氧化的咪唑并吡啶与唑类化合物的交叉脱氢偶联反应

吲哚和呋喃是两种具有多种生物活性的富电子杂环化合物，常见于药物和天然产物中。Narayan 等报道了 Cu(Ⅰ) 催化的吲哚（**90**）和呋喃（**89**）衍生物的空气氧交叉氧化偶联，使用空气作为氧化剂，以中等至较高的产率获得了一系列二芳基化合物（**91**）（图 7-19）[39]。进一步的研究表明，呋喃衍生物中的肟醚基团，对反应物活化至关重要。

尽管芳基吡咯得到了很好的应用，但由于其强的反应性和易于聚合，在有机化学研究中仍然存在挑战。Talaz 等报道了 *N*-甲基吡咯（**92**）通过苯肼盐（**93**）的空气氧化的自由基芳基化。在不存在过渡金属催化剂的情况下，*N*-甲基吡咯和芳基的简单偶联使得 C-2 芳基

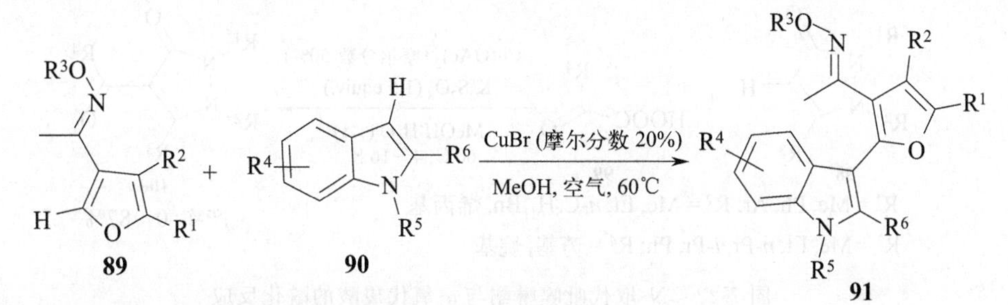

89 90 91

R^1 = Ph, 4-MeC_6H_4, 4-$MeOC_6H_4$, 4-FC_6H_4, 4-ClC_6H_4, 2-噻吩基
R^2 = Me; R^3 = Me, OMe, Cl, Br, COOMe; R^4 = H, Me, Ph
R^5 = H, Me, Et, 烯丙基, 吡啶基; R^6 = H, Me, Ph

产率: 0～99%

图 7-19　空气氧氧化的吲哚与呋喃的交叉脱氢偶联反应

吡咯能够直接合成（图 7-20）[40]。

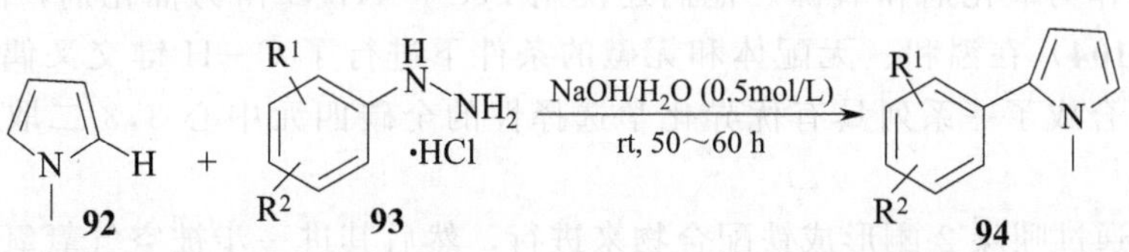

92 93 94

R^1, R^2 = Me, OMe, F, Cl, Br, OCF_3, CN

产率: 55%～91%

图 7-20　*N*-甲基吡咯与苯肼盐的空气氧交叉氧化偶联芳基化反应

在羰基的 α-位引入杂芳烃是有机合成中的研究课题之一。Yamaguchi 和 Itoh 等开发了一种以分子碘为催化剂，噻吩（**95**）和羰基化合物（**96**）为原料的光催化、空气氧氧化分子间 C—H 键的偶联反应（图 7-21）[41]。在这种转化中，空气中的氧分子也可以用于再生分子碘。

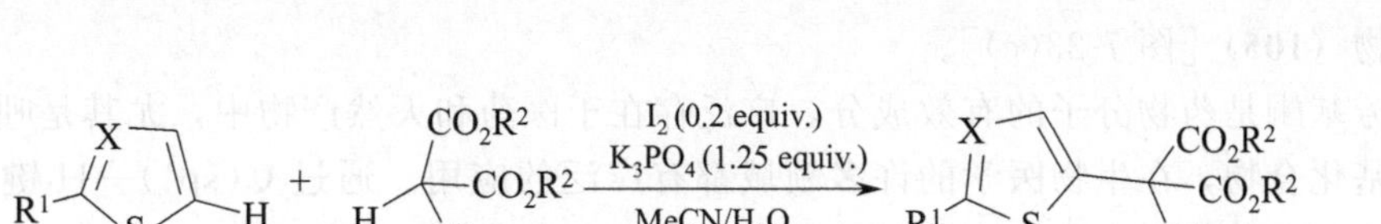

95 96 97

R^1 = Me, Cl, COOMe, CHO, Ar; R^2 = Me, Et
R^3 = Me, CO_2Me, CO_2Et, CONHMe, COPh, SO_2Ph
X = C, N

产率: 0～83%

图 7-21　噻吩与羰基化合物的光催化、空气氧交叉氧化偶联反应

大量的羧酸已被用作多用途和环境友好的反应物。由于低毒、高稳定性以及易于储存和加工，它们已成为化学转化中许多有机卤化物的替代品，特别是它们可以用作容易获得的酰化剂的来源，可以通过脱羧偶联反应将羰基部分转换到有机分子上。Yotphan 等报道了在 $Cu(OAc)_2$ 和 $K_2S_2O_8$ 催化下，使用 *N*-取代的吡唑酮（**98**），在空气中以 α-氧代羧酸（**99**）作为酰基源进行氧化 C—H 键酰化，以中等至较高的产率获得了 4-酰基吡唑酮产物（**100**）（图 7-22）[42]。

在过去的几年里，利用过渡金属催化 C(sp^3)—H 的官能团化来构建新的 C—C 键引起了人们的极大兴趣。其中，两种不同化合物的 C(sp^3)—H 键的官能化受到了高度关注，因

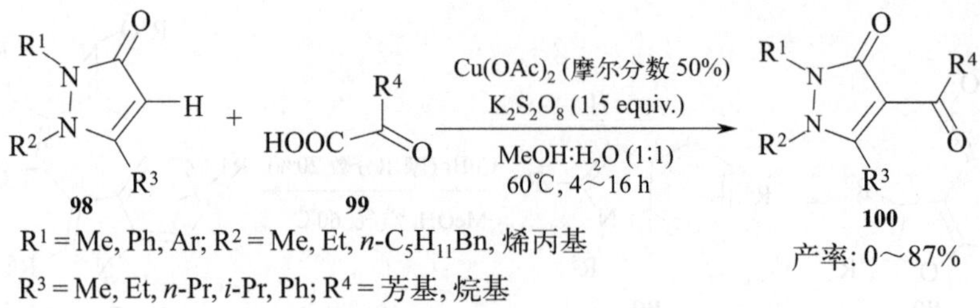

图 7-22　N-取代吡唑啉酮与 α-氧代羧酸的酰化反应

为它避免了两种底物的预官能团化步骤，节省了时间并减少了浪费。Xu 等开发了吲哚-2-酮（**101**）和烷基取代的 N-杂芳烃（**102**）之间两个不同类型的 C(sp^3)—H 键的铁催化直接烷基化和羟基化反应，合成了一系列 C-3 烷基化的 3-羟基吲哚-2-酮衍生物（**103**），这些衍生物是许多天然产物和农用化学品的活性结构[图 7-23(a)][43]。在这种转化中，空气中的氧分子作为氧化剂和氧源。他们还使用 $FeCl_2 \cdot 4H_2O$ 作为催化剂，随后利用吲哚-2-酮与吲哚（**104**）在温和、无配体和无碱的条件下进行了 C—H 键交叉偶联，以空气氧作为氧化剂，合成了一系列具有优异化学选择性的全碳四元中心 3,3-二取代吲哚（**105**）[图 7-23(b)][44]。

反应首先通过吲哚-2-酮形成铁配合物来进行，然后其进一步被空气氧氧化生成吲哚-2-酮自由基（**106**）。在与分子氧偶联后，获得过氧化物自由基（**107**），其从吲哚-2-酮中提取氢原子以产生吲哚-2-酮过氧化物氢化物（**108**）。Xu 等认为 **108** 失去一个羟基并与 Fe(Ⅲ) 配位形成阳离子中间体（**109**），然后被吲哚进攻并失去一个 H_2O 分子，形成偶联中间体（**110**）。然后进行氧化脱氢得到 **111**[44]。本书作者认为：从机理看，实际上在阳离子中间体（**109**）与另外一个吲哚作用后失去 H_2O 分子的过程中，反应中引入的吲哚脱质子（中间体 **109** 脱 OH^-）双键重排后产生关键中间体（**111**），**111** 最后被另一个吲哚分子进攻，得到最终产物（**105**）[图 7-23(c)]。

二芳基酮是药物分子的有效成分，广泛存在于医药和天然产物中，尤其是吲哚和吡啶等含氮芳基化合物，在生物医学的许多领域都有广泛的应用。通过 C(sp^3)—H 键的氧化偶联一步构建二杂芳基化合物具有重要的学术意义和实用价值。

王乃兴课题组报道了甲基杂芳基化合物（包括 2-甲基喹啉、1-甲基异喹啉、2-甲基苯并噻唑和 2-甲基苯甲噁唑）（**113**）与吲哚（**112**）的空气氧氧化的偶联反应，利用空气中的氧分子作为清洁和可持续的绿色氧化剂，一步构建了双杂芳基羰基化合物（**114**）[图 7-24(a)][45]。这种绿色转化极大地丰富了二氢芳基酮的骨架结构，为便捷获得具有潜在药理性质的复杂分子提供了一种有价值的新策略。在机理研究中，王乃兴研究组通过自由基捕获实验证实了 Cu(Ⅱ) 催化的自由基过程。此外，根据王乃兴组进行的反应物对照实验研究（甲苯和对硝基甲苯作为反应底物），杂环化合物中的氮原子与 Cu(Ⅱ) 之间存在螯合作用，这在空气氧氧化的偶联反应绿色转化中起着至关重要的作用[图 7-24(b)]。

值得一提的是，王乃兴课题组对自由基中间体和 TEMPO 的加合产物进行了分离和检测，进一步证实了所提出的反应机理的合理性和可靠性[图 7-24(c)]。王乃兴课题组的这种有机合成新方法是对利用空气中的氧分子作为清洁和可持续的绿色氧化剂进行氧化偶联反应的重要的新贡献[45]。

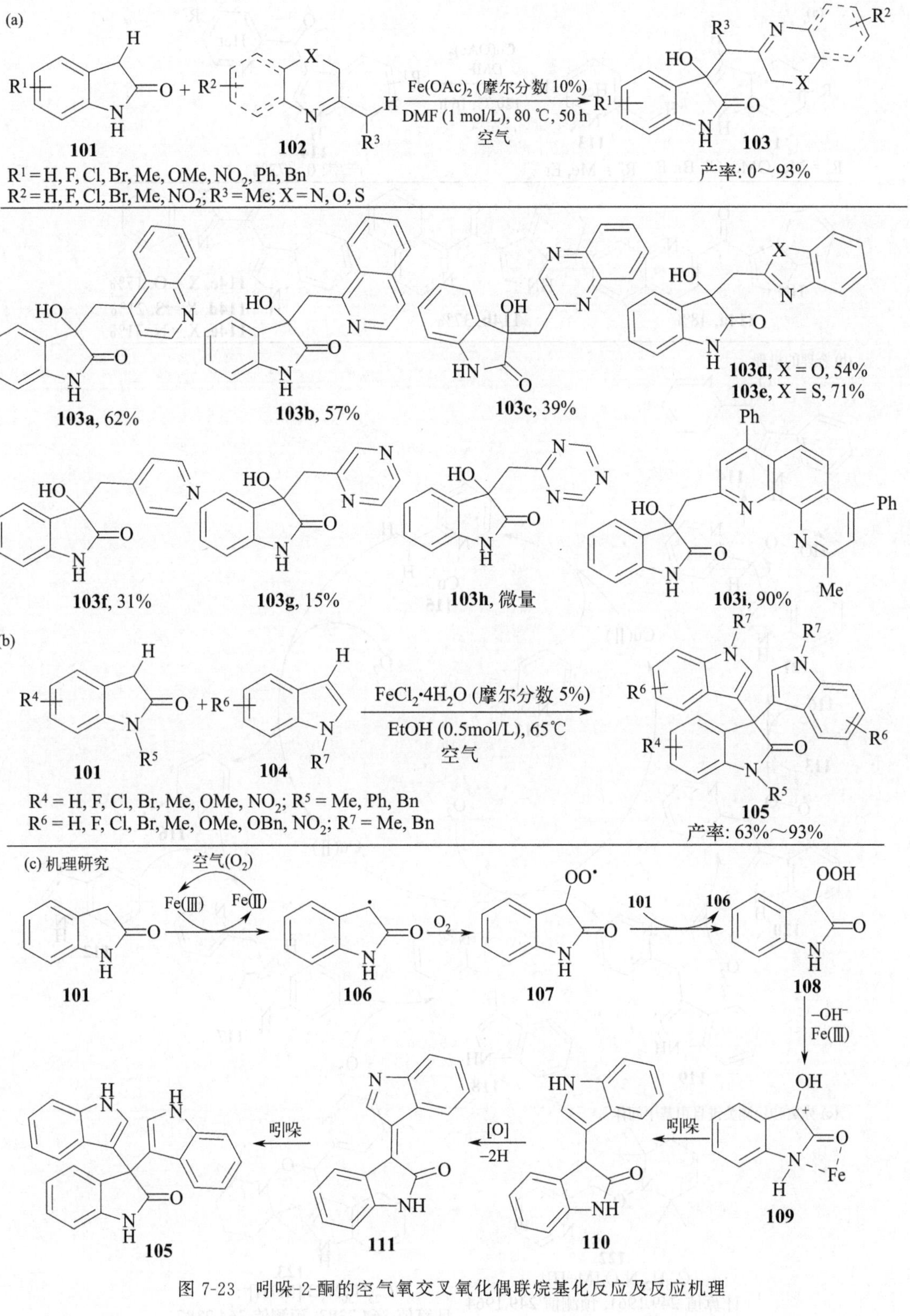

图 7-23 吲哚-2-酮的空气氧交叉氧化偶联烷基化反应及反应机理

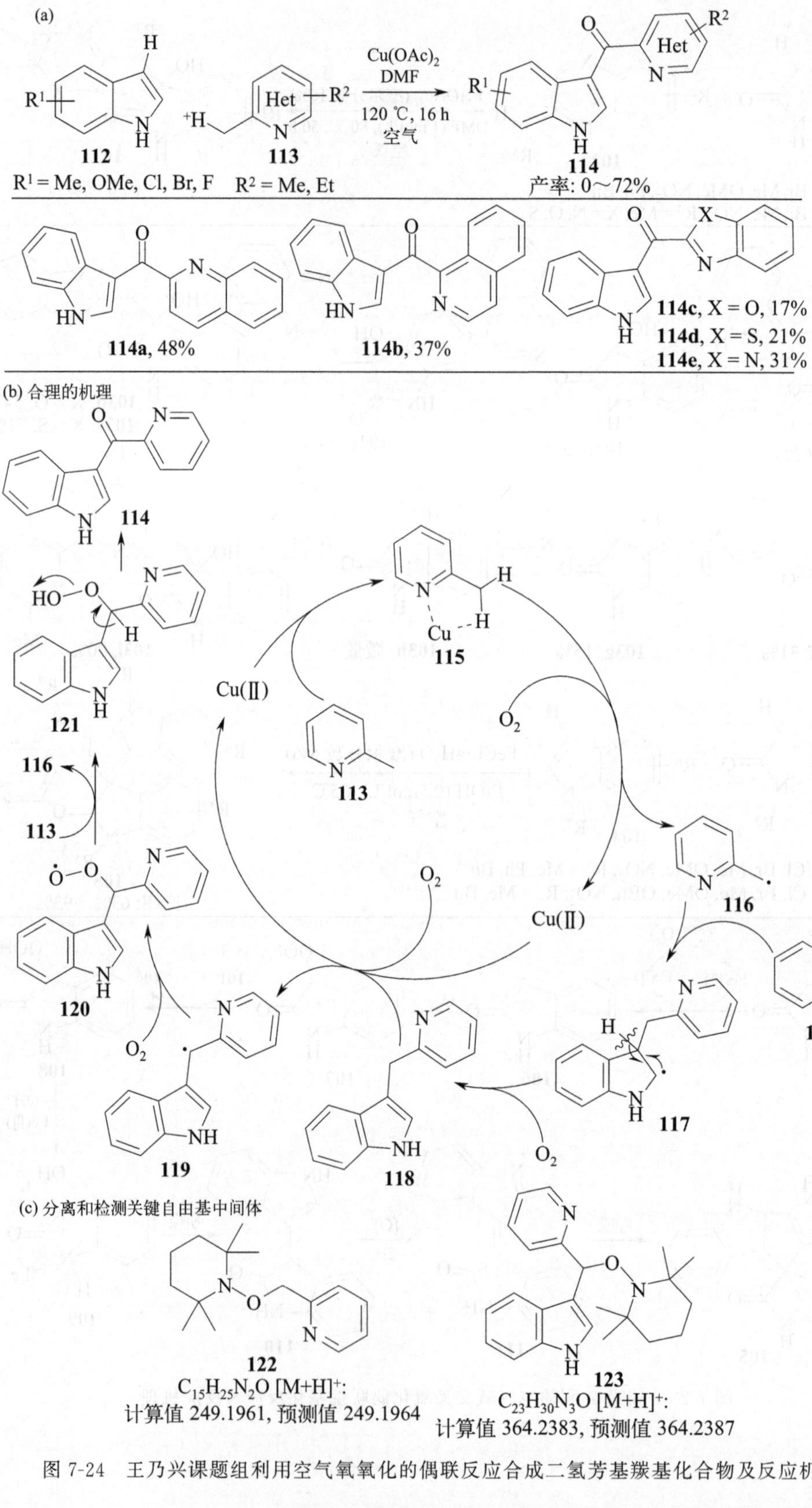

图 7-24 王乃兴课题组利用空气氧氧化的偶联反应合成二氢芳基羰基化合物及反应机理

Chen 等人在一锅反应中结合钯催化的 C—H 键芳基化和铜催化的芳基磺酸（**124**）C—N 键断裂氧化，合成了一系列连芳基磺酰胺（**126**）（图 7-25）[46]。β-氨基酸部分最初在反应中起到引导作用，在 CuI 的催化下，以空气为氧化剂成功地去除了引导基团，最终以磺酰胺的形式稳定下来。吸电子官能团和给电子官能团都能稳定地存在于产物中。

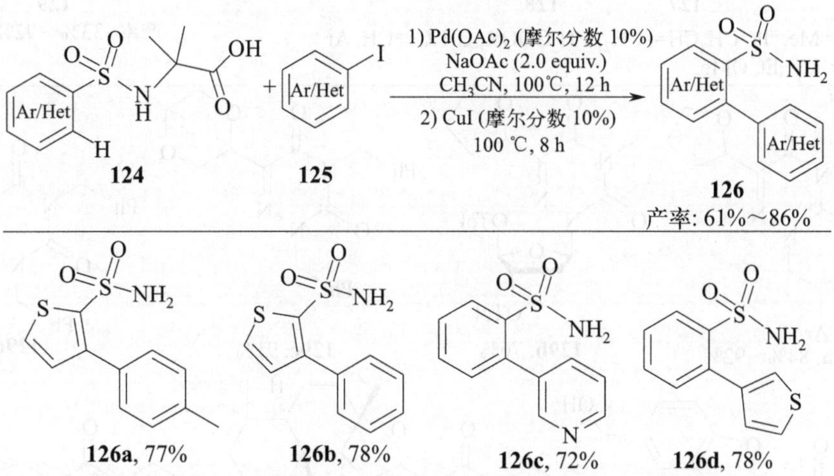

图 7-25　C—N 键断裂的芳基磺酸的空气氧氧化 C—H 键芳基化

光催化有机合成由于使用清洁可再生的光进行化学转化而引人注目。Zhang 和 Zhao 等开发了一种可见光诱导方法，用于通过 2-t-Bu-AQN 催化的交叉脱氢偶联反应合成 6-氧烷基化 1,2,4-三嗪-3,5-(2H,4H)-二酮（**129**），使用 1,2,4-二嗪-3,5-(3H,4H)-二酮类（**127**）和醚类（**128**）作为空气氧氧化的偶联反应物（图 7-26）[47]。此外，该反应可以放大到克量级，一步获得生物活性分子的关键中间体，通过点击反应转化为氮杂尿嘧啶 AzT（**130**）作为 HIV-1 RT 抑制剂，证明了该合成方法的实用性。

7.2.2　空气氧交叉氧化偶联 C—N 键的形成

杂芳烃的 C—H 键官能团化极大地提高了有机合成的整体合成效率，实现了更高的原子经济性。Li 和 Duan 等报道了一种在温和条件下由 $Cu(OAc)_2 \cdot H_2O$ 催化的杂芳烃（**131**）与甲酰胺或叔胺的氧化交叉偶联，有效地合成了含氮杂环化合物（图 7-27）[48]。在这个绿色转化过程中，唑类的 C—N 键是通过与甲酰胺脱羧偶联和在空气条件下与仲胺胺化来构建的，从而得到各种取代的苯并噁唑-2-胺。

C—N 键广泛存在于有机化合物中，研究构建 C—N 键的新方法，在有机合成中具有重要意义。在 C—N 键形成反应中，通过直接氧化相关 C—H 键以 C—H 键官能团化的方法来形成 C—N 键，是合成含氮化合物的一种有吸引力的新方法，为传统的 C—N 键合成提供了一种经济环保的有价值的新途径。Wang 等报道了在环境温度下由 $Cu(ClO_4)_2$ 催化的 C—H 键和叠氮基的氧化交叉偶联反应，使用便宜的 NaN_3 作为反应物，空气氧作为绿色廉价氧化剂（图 7-28）[49]。芳基铜（Ⅱ）（**136**）中间体被游离铜（Ⅱ）氧化，转化为芳基铜（Ⅲ）（**137**），再与叠氮化物交叉偶联形成芳基叠氮化物产物。

四氢呋喃结构存在于许多重要的有机化合物中。N-取代的唑类化合物不仅广泛存在于药物和农用化学品中，而且被广泛用作 N-杂环卡宾（NHC）和离子液体的前体。Lei 等人

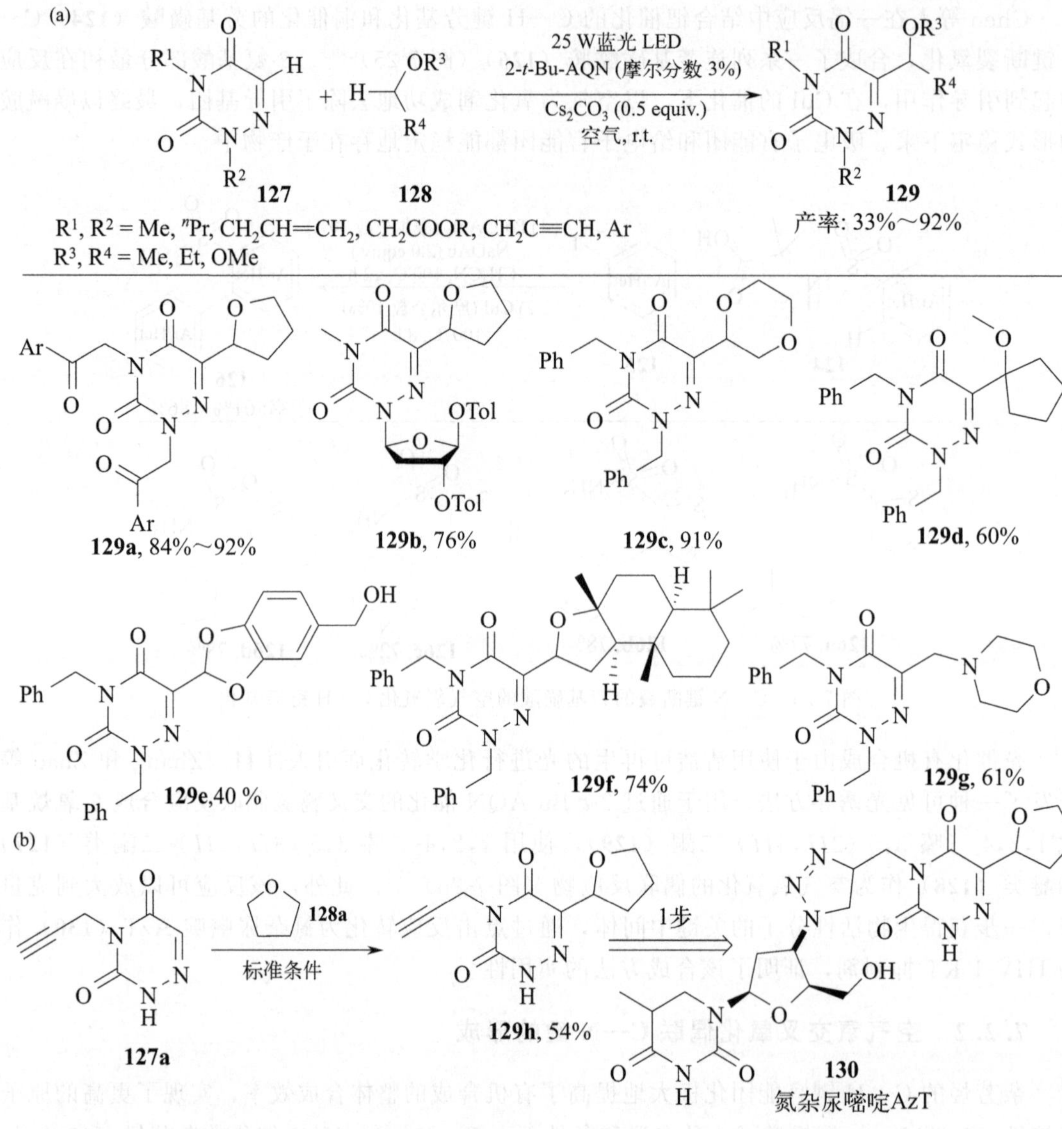

图 7-26　可见光诱导空气氧交叉氧化偶联合成 6-氧烷基化的 1,2,4-三嗪-3,5-(2*H*,4*H*)-二酮及应用

开发了一种简单温和的催化方法，在可见光作用下用空气氧作为氧化剂对四氢呋喃（**140**）的 C(sp^3)—H 进行氧化胺化（图 7-29）[50]。此外，多种取代的唑类衍生物（**139**）可以耐受该反应过程，这为 *N*-取代的唑类化合物（**141**）合成提供了新的绿色途径。

长期以来，C—N 键的构建一直是有机合成领域的一个重要方面，而芳香胺合成的最具经济效益的方法就是非活性 C—H 键的直接胺化。Wei 和 Zhao 等开发了一种可见光诱导的 C(sp^2)—H/N—H 交叉脱氢偶联胺化反应，该反应是在室温下使用初级和次级脂肪胺（**143**）作为胺源在空气中进行的[图 7-30(a)][51]。该光催化反应在不添加任何外部氧化剂的情况下用空气氧交叉氧化偶联直接胺化生成 3-氨基喹喔啉-2-酮（**144**）。机理研究表明，反应是通过自由基历程进行的。Hajra 等建立了有机光催化 2*H*-吲唑（**145**）的 C—H 胺化的策略。该反应在空气氧作用下，使用一系列伯、仲脂族胺、唑类和磺酰亚胺作为胺源（**146**）[图 7-30(b)][52]。

Zhao 和 Liu 等报道了由 CuBr 催化，易得的吲哚（**148**）与吩噻嗪（**149**）通过空气氧氧

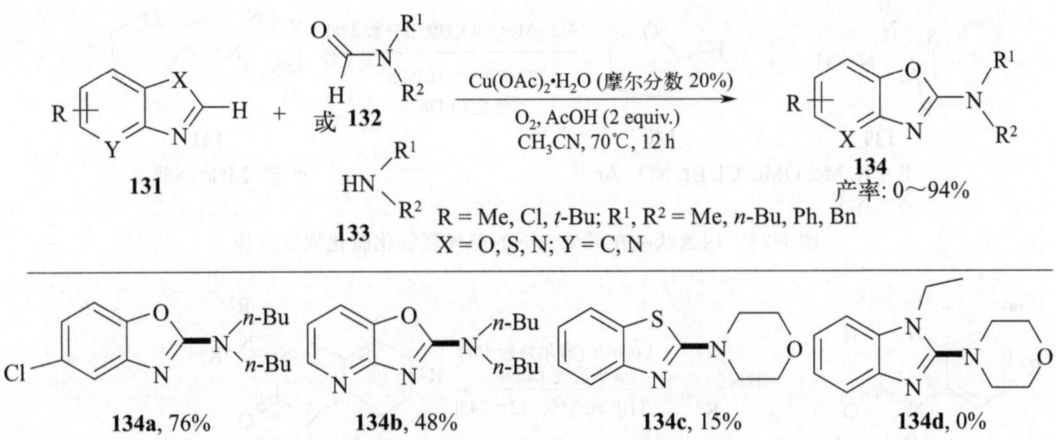

图 7-27　杂芳烃与甲酰胺或叔胺的空气氧氧化交叉偶联

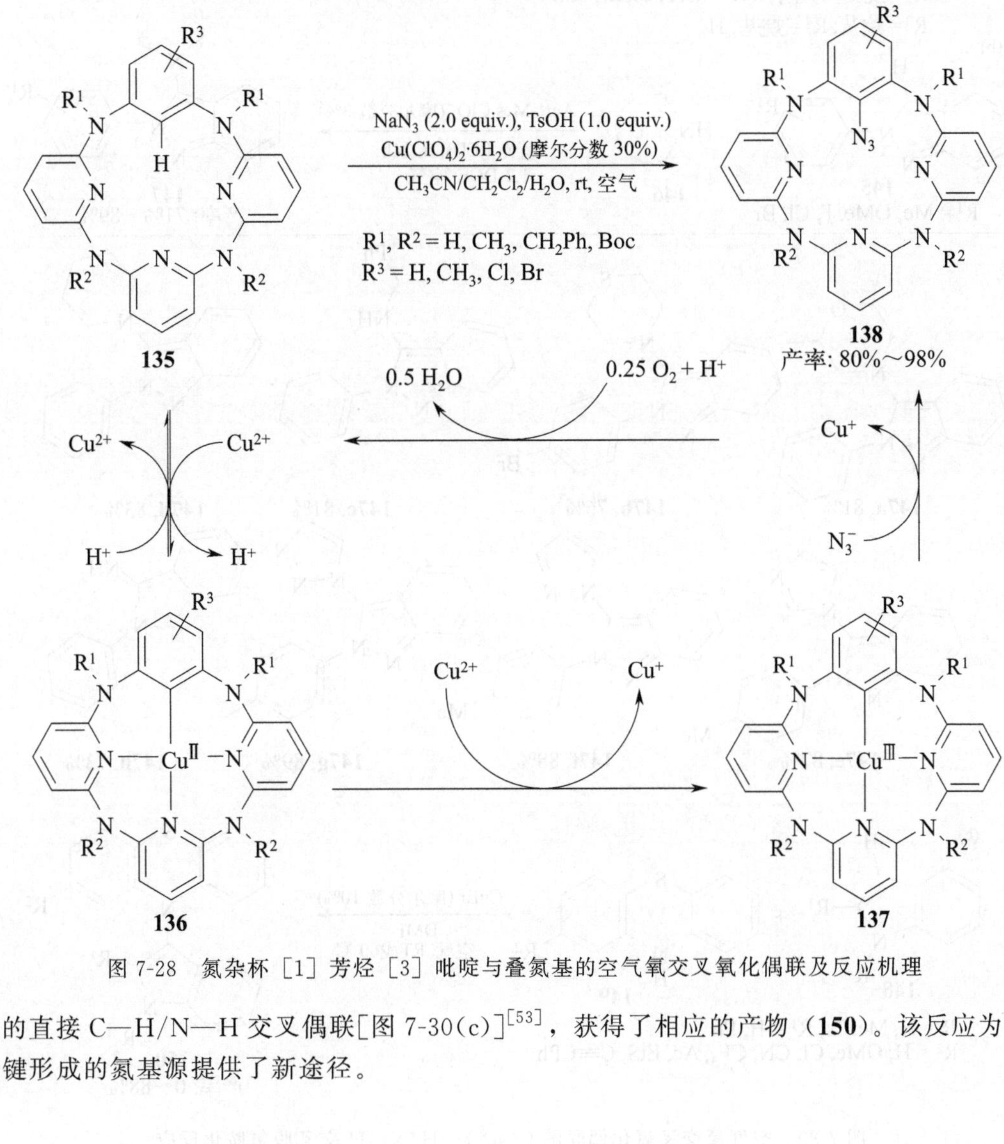

图 7-28　氮杂杯［1］芳烃［3］吡啶与叠氮基的空气氧交叉氧化偶联及反应机理

化的直接 C—H/N—H 交叉偶联[图 7-30(c)][53]，获得了相应的产物（**150**）。该反应为 C—N 键形成的氮基源提供了新途径。

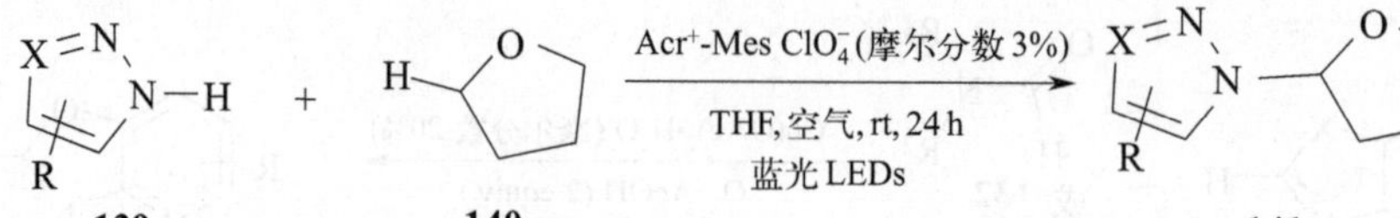

139　140　141

R = H, Me, OMe, Cl, Br, NO_2, Ar
X = N, C

产率: 24%～85%

图 7-29　四氢呋喃在可见光下的空气氧氧化胺化偶联反应

(a)

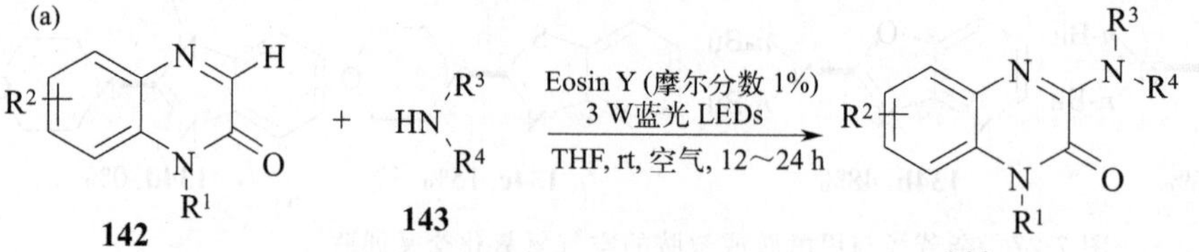

142　143　144

R^1 = 烷基, 芳基, H; R^2 = H, F, Cl, Br, CN
R^3 = 烷基; R^4 = 烷基, H

产率: 0～84%

(b)

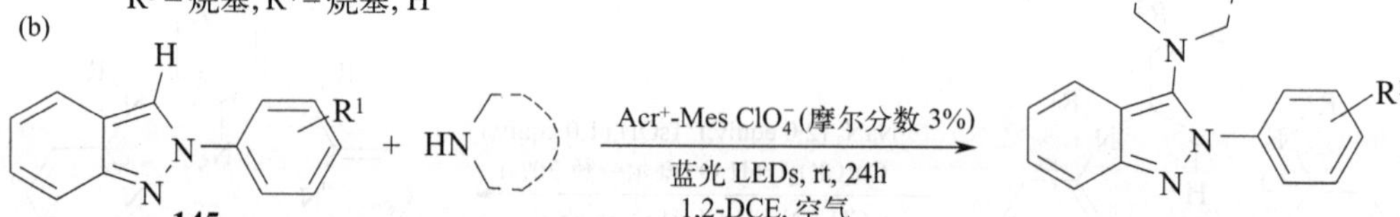

145　146　147

R^1 = Me, OMe, F, Cl, Br

产率: 71%～89%

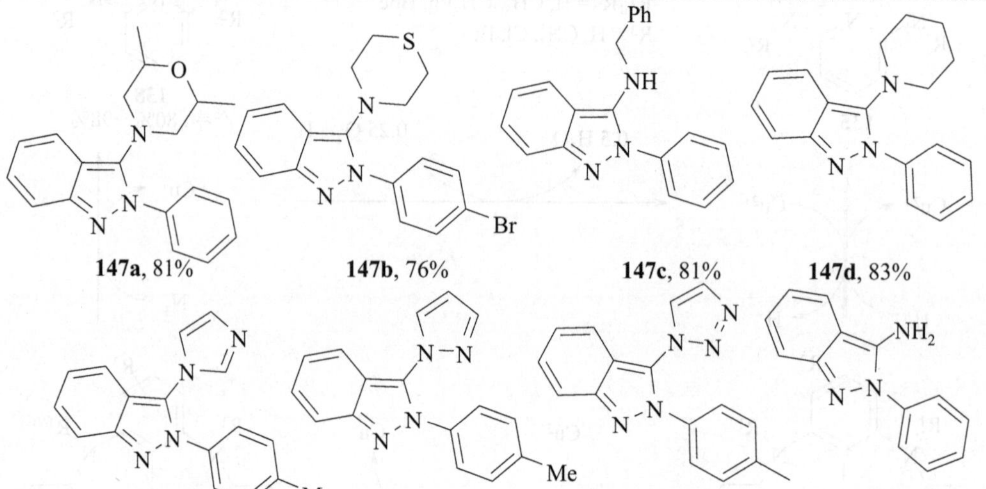

147a, 81%　**147b**, 76%　**147c**, 81%　**147d**, 83%

147e, 87%　**147f**, 88%　**147g**, 89%　**147h**, 73%

(c)

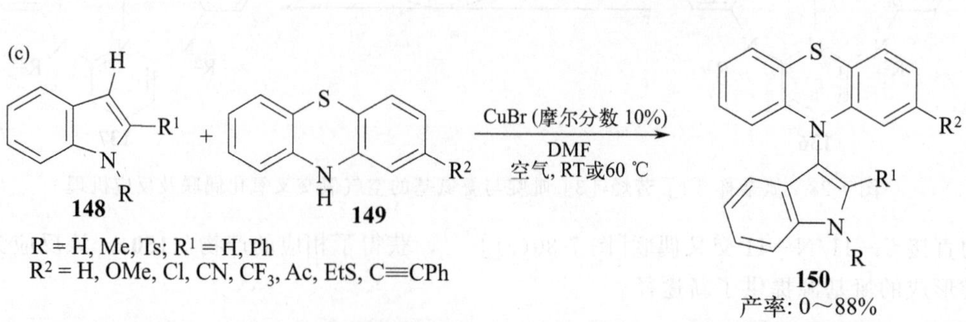

148　149　150

R = H, Me, Ts; R^1 = H, Ph
R^2 = H, OMe, Cl, CN, CF_3, Ac, EtS, C≡CPh

产率: 0～88%

图 7-30　空气氧交叉氧化偶联的 C(sp^2)—H/N—H 交叉脱氢胺化反应

7.2.3 空气氧交叉氧化偶联 C—P 键的形成

含有氨基和膦酰基的 α-氨基膦酸酯是有机磷家族中的一种特殊的结构。Zhu 等人最近报道了在空气中，亚磷酸二烷基酯（**152**）的 $C(sp^3)$—H 键的金催化氧化膦化反应[图 7-31(a)][54]。值得一提的是，这是第一个使用不稳定的仲氧化膦作为 C—P 偶联反应偶联试剂的例子。Yang 等人使用空气作为环境友好的氧化剂，并使用廉价的铁盐[$Fe(NO_3)_3 \cdot 9H_2O$]作为催化剂，对 *N*-芳基衍生物（**151**）进行了空气氧氧化磷化，合成了具有生物活性的 α-氨基膦酸酯（**156**）[图 7-31(b)][55]。这种新方法以高产率提供了一种方便易得的 α-氨基膦酸化合物。Zhou 和 He 等人还开发了一种多相 CoNiFe 水滑石催化的 *N*-芳基衍生物与各种亚磷酸酯二烷基酯和氧化二芳基膦（**157**）的膦化反应。该反应利用空气氧作为氧化剂[图 7-31(c)][56]。

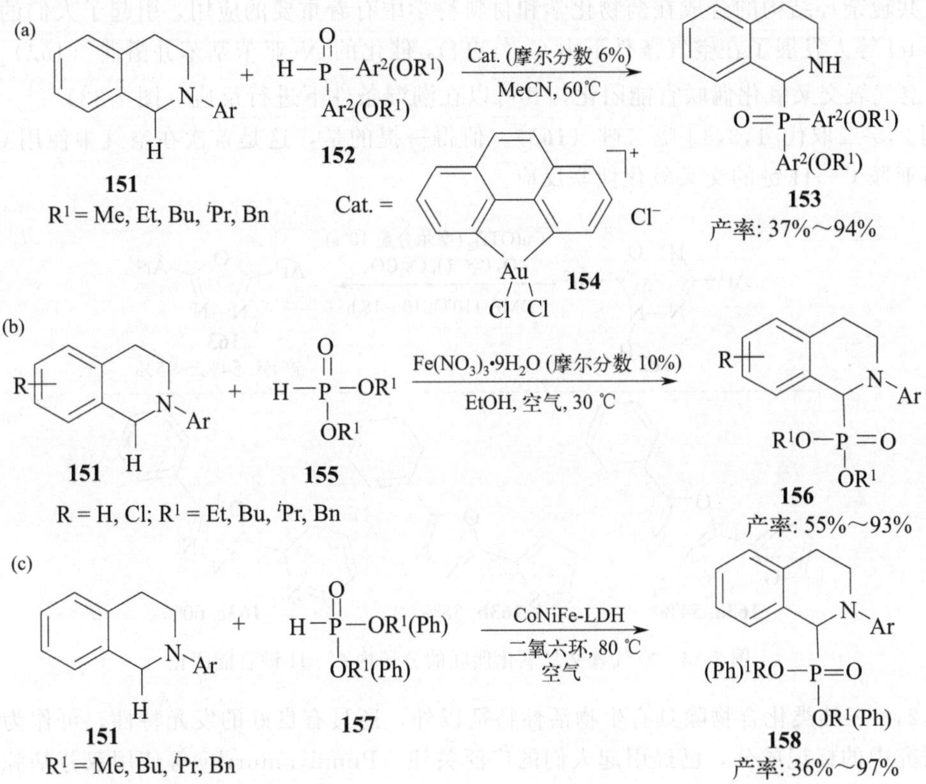

图 7-31 空气氧交叉氧化偶联的 *N*-芳基衍生物的磷酸化反应

7.3 通过 C—H 键的空气氧交叉氧化偶联合成杂环化合物

7.3.1 空气氧交叉氧化偶联合成五元杂环化合物

近年来，过渡金属催化的 C—H 键的烯烃化一直是一个研究重点，这为 C—H 键的官能团化提供了一种极好的原子经济方法。Sanford 的小组描述了使用空气作为氧化剂的 Pd 和金属盐催化的 $C(sp^3)$—H 键的空气氧氧化环化反应（图 7-32）[57]。氮杂环在该反应中起导向基的作用。通过可逆的分子内 Michael 加成，该策略能够保护单烯基化的产物免受过度的官能团化。

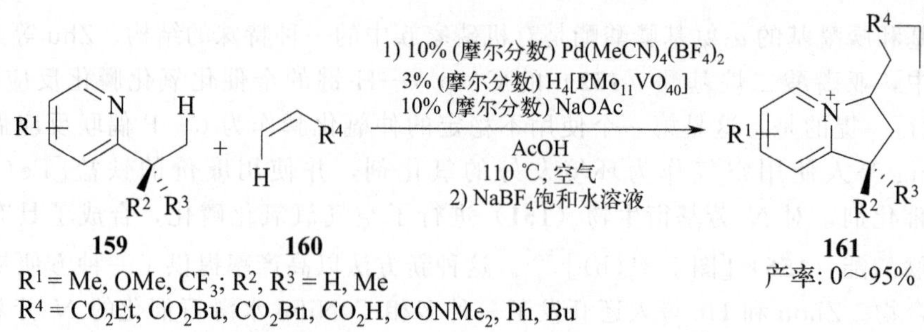

图 7-32　空气氧交叉氧化偶联的氮杂环烯烃环化

π-共轭杂环结构的合成在药物化学和材料科学中有着重要的应用，引起了人们的广泛关注。Patel 等人发展了在空气条件下由 $Cu(OTf)_2$ 催化的 *N*-亚苄基苯并酰肼（**162**）的亚胺 C—H 空气氧交叉氧化偶联官能团化，其可以在潮湿条件下进行反应（图 7-33）[58]，得到了一系列 2,5-二取代[1,3,4]-噁二唑（**163**）。值得一提的是，这是首次在空气中使用 Cu 催化剂进行亚胺 C—H 键的交叉氧化偶联反应。

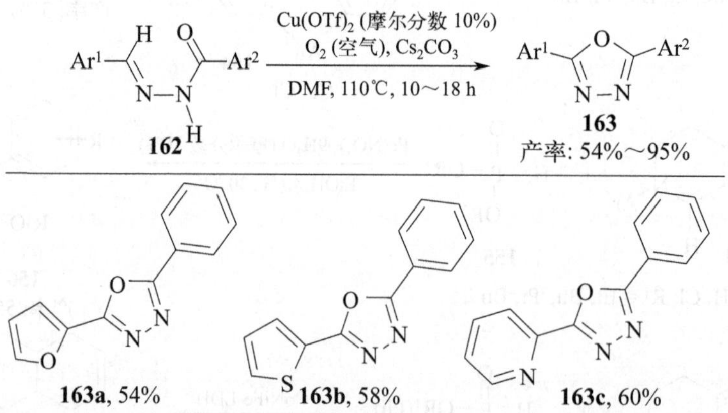

图 7-33　空气氧交叉氧化偶联的分子内 C—H 键官能团化

1,2,3-三唑类化合物除具有生物活性特征以外，还具有良好的发光特性，可作为药物和生物研究中的标记成分，已经引起人们的广泛关注。Punniyamurthy 等使用双芳基腙（**164**）作为起始前体，并通过铜（Ⅱ）催化下的空气氧交叉氧化偶联 C—H 键官能团化形成级联 C—C/N—N/C—N 键，制备了 2,4,5-三芳基-1,2,3-三唑（**166**）和 1,3,5-三芳基-1,2,4-三唑（**165**）（图 7-34）[59]。该反应使用 20%（摩尔分数）$Cu(OAc)_2 \cdot H_2O$ 作为催化剂在甲苯及 60 ℃的空气中合成了 2,4,5-三芳基-1,2,3-三唑。另外，以 DABCO 为有机碱，在二噁烷中以 10%（摩尔分数）$Cu(OAc)_2 \cdot H_2O$ 为催化剂，合成了 1,3,5-三芳基-1,2,4-三唑。值得一提的是，这两种工艺路线的中间体在机理研究中都已被成功分离出来。

Ilangovan 的小组在相对较低的温度下，在空气中使用 NaOAc（1.5 当量），开发了 $Cu(OAc)_2 \cdot H_2O$ 催化的 2′-*N*-芳基/烷基氨基丙酮和 2′-*N*, *N*-二烷基氨基丙酮（**167**）的 C—N 键偶联。实验观察到仲胺可以在 2-乙酰基存在下使用催化量的 CuBr 选择性地直接氧化为酰胺（**168**）（图 7-35）[60]。这种转化经历了 C—H 键氧化和 C—N 键形成的分子内级联反应。

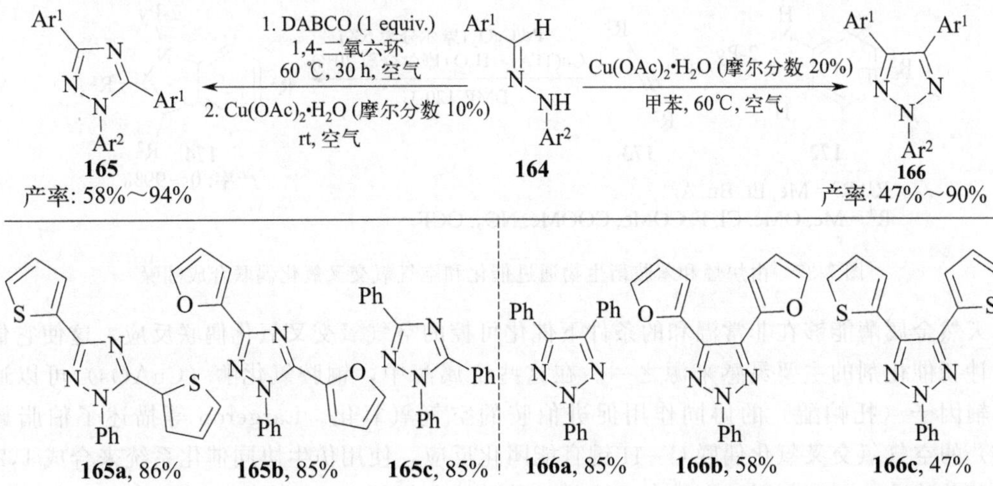

图 7-34　空气氧交叉氧化偶联合成 2,4,5-三芳基-1,2,3-三唑和 1,3,5-三芳基-1,2,4-三唑的形成

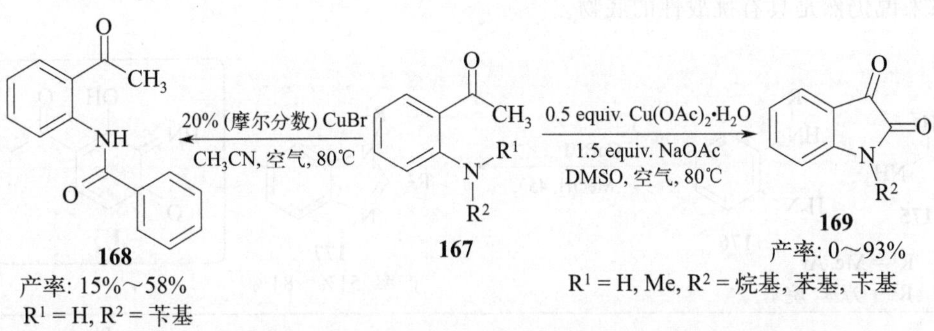

图 7-35　空气氧交叉氧化偶联和 Cu 催化的 C-N 形成和分子内环化

C(sp^3)—H 和 N—H 键之间的交叉偶联反应受到了广泛的关注。Long 等人报道了一种有效的 TEMPO（2,2,6,6-四甲基哌啶 N-氧化物）空气氧交叉氧化偶联的方法，使用 TEMPO 和空气氧作为氧化剂，通过易得的苄基/烷基-1,2-亚苯基二胺（**170**）的 C(sp^3)—H 和游离 N—H 键之间的无金属催化的分子内 C—N 氧化偶联来合成多取代或稠合的四环苯并咪唑（图 7-36）[61]。以中等至较高的产率获得了一系列多取代苯并咪唑（**171**）。

图 7-36　空气氧交叉氧化偶联合成多取代或稠合的四环苯并咪唑

惰性 C—H 键化合物直接转化为更复杂的分子是目前关注的焦点。C—H 活化在杂环合成中的应用更具吸引力。Wu 等报道了由炔烃（**173**）和苯胺衍生物（**172**）通过 Pd/CeO_2 催化合成吲哚（**174**）的 C—H 活化方法（图 7-37）[62]。值得注意的是，仅使用催化量的 Cu(Ⅱ) 和空气作为共氧化剂，就以中等至较高的产率获得了吲哚衍生物。

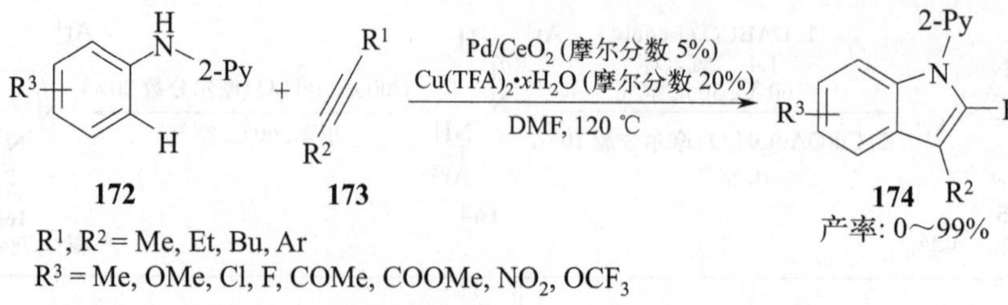

图 7-37　由炔烃和苯胺衍生物通过催化和空气氧交叉氧化偶联合成吲哚

天然金属酶能够在非常温和的条件下催化可控的空气氧交叉氧化偶联反应，这使它们成为设计新催化剂的主要灵感来源之一。在这些金属酶中，铜胺氧化酶（CuAOs）可以通过醌基辅因子（托帕醌）的协同作用促进伯胺的空气氧氧化。Largeron 等描述了伯脂族胺（**175**）的空气氧交叉氧化偶联 C—H 键官能团化反应，使用仿生协同催化系统来合成 1,2-二取代苯并咪唑（**177**）（图 7-38）[63]。这是一种环境友好的方法，通过在温和条件下使用空气作为氧化剂的多步骤过程来官能团化非活性脂族胺，这些非活性脂类胺对于非酶需氧的反应物体系来说仍然是具有挑战性的底物。

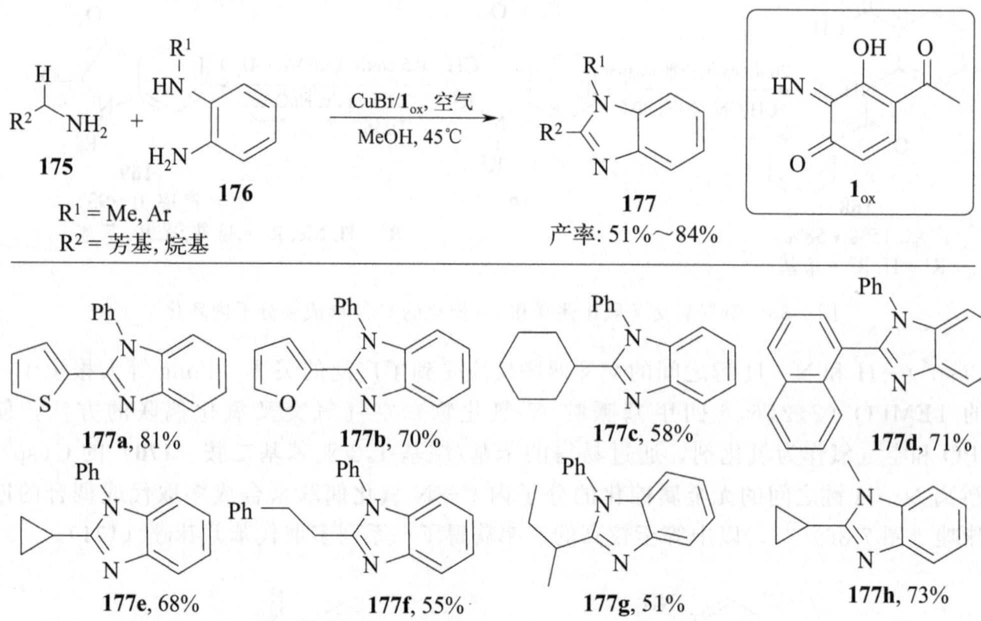

图 7-38　伯脂族胺的空气氧交叉氧化偶联 C—H 键官能化

随着分子复杂性的增加，一锅多步反应减少了后处理和纯化次数，逐渐变得具有吸引力。此外，一锅串级反应有利于经济和环境，避免了走走停停的合成过程和处理成本。Zhao 等描述了由 CuO_x/OMS-2［负载型 CuO_x/OMS-2（Cu 质量分数为 0.3%）］催化的 2-氨基吡啶（**178**）与苯乙酮（**179**）的串级环化/碘化反应，（图 7-39）[64]。在这种氧化过程中，OMS-2 作为具有大表面的电子转移介质（ETM）载体，通过降低反应能垒来促进快速的电子转移，而 I_2 被用作初始环化的催化剂，并完全致力于随后的亲电氧化碘化[64]。值得注意的是，催化剂可以重复使用三次，催化能力略有下降。

多米诺反应可以一锅串级形成两个或多个化学键，避免了耗时的中间保护/脱保护和分

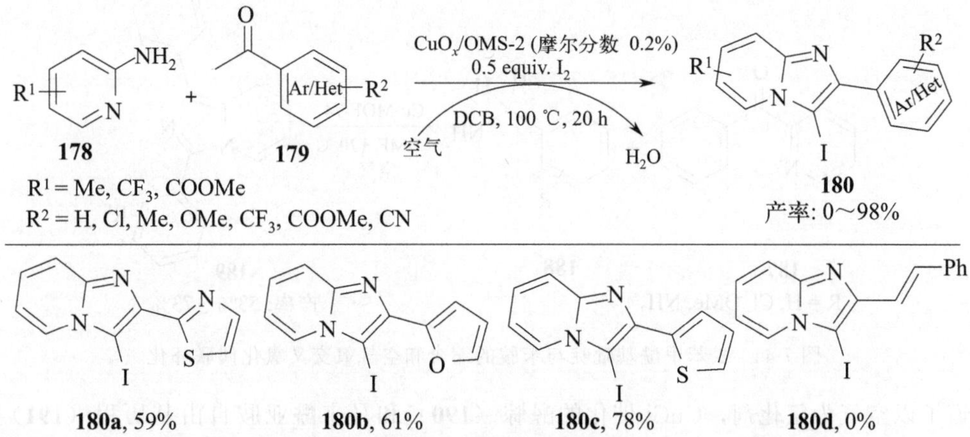

图 7-39　空气氧交叉氧化偶联合成 3-碘代咪唑并[1,2-*a*]吡啶

离等步骤，是一种高效快速的复杂分子合成策略。You 的小组开发了 Cu(Ⅱ) 或 Fe(Ⅲ) 催化的 *α*-氨基酸（**181**）与烯胺（**182**）和 *α*-氨基酮（**184**）与 *β*-酮酯（**185**）的不同的氧化偶联/环化过程，使用空气氧作为清洁氧化剂，获得了一系列 3-氨基多取代的五元杂环产物，包括 3-氨基 1,3-二氢-2*H*-吡咯-2-酮、3-氨基呋喃-2(3*H*)-酮（**183**）和 3-氨基吡咯（**186**）（图 7-40）[65]。Cu(Ⅱ) 或 Fe(Ⅲ) 与基底之间形成的五元环的过渡态是这种转化的关键。

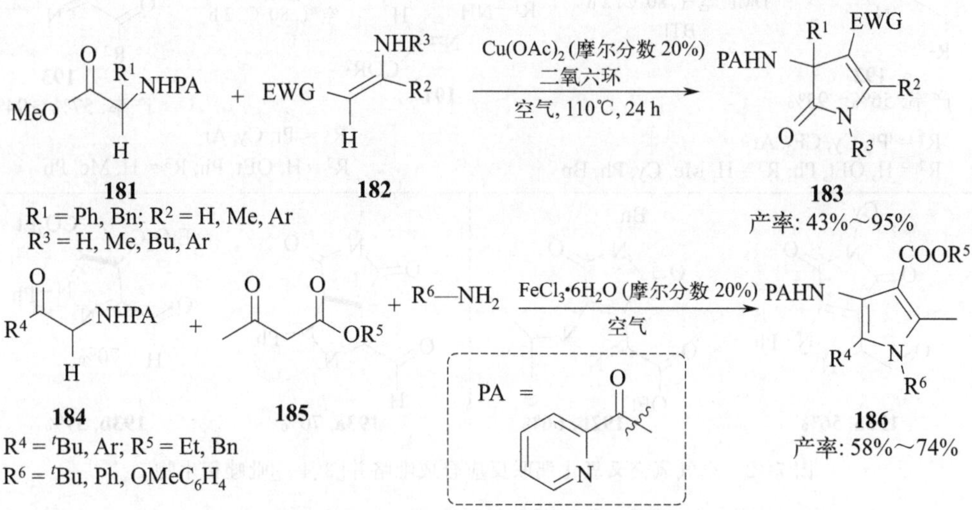

图 7-40　空气氧交叉氧化偶联合成 3-氨基多取代的五元杂环

金属-有机骨架（MOFs）是一种新型的由有机连接体和金属连接点组成的杂化网络超分子固体材料。与传统的晶体材料相比，MOFs 具有致密的结构、高比表面积、高孔隙率、结构多样性以及调节表面疏水性/亲水性的能力。Truong 和 Phan 等报道了一种结晶多孔铜基金属有机骨架（Cu-MOF-74），通过 X 射线衍射、扫描电子显微镜、透射电子显微镜、热重分析、傅立叶变换红外光谱、原子吸收分光光度法和氮物理吸附测量对其进行了表征[66]。这种新材料被进一步用作 2-苯甲酰基吡啶（**187**）与不同苄胺（**188**）之间的缩合环化反应的催化剂。以空气为氧化剂实现了 $C(sp^3)$—H 键的氧化偶联胺化（图 7-41）。

吡唑类化合物是一类重要的含氮杂环化合物，常用作生物活性分子和功能材料。Zhao

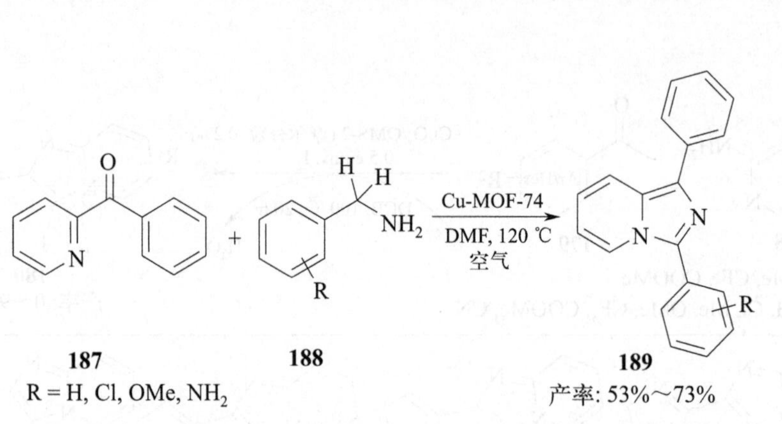

图 7-41　2-苯甲酰基吡啶与苄胺的缩合和空气氧交叉氧化偶联环化

等报道了以空气为氧化剂，CuCl 催化的醛腙（**190**）和马来酰亚胺自由基历程（**191**）的级联反应。使用 BTI 作为添加剂实现吡唑的脱氢，得到各种吡咯并[3,4-*c*]吡唑衍生物（**192**）（图 7-42）[67]。对照实验表明，氧气在这种氧化过程中起着至关重要的作用。

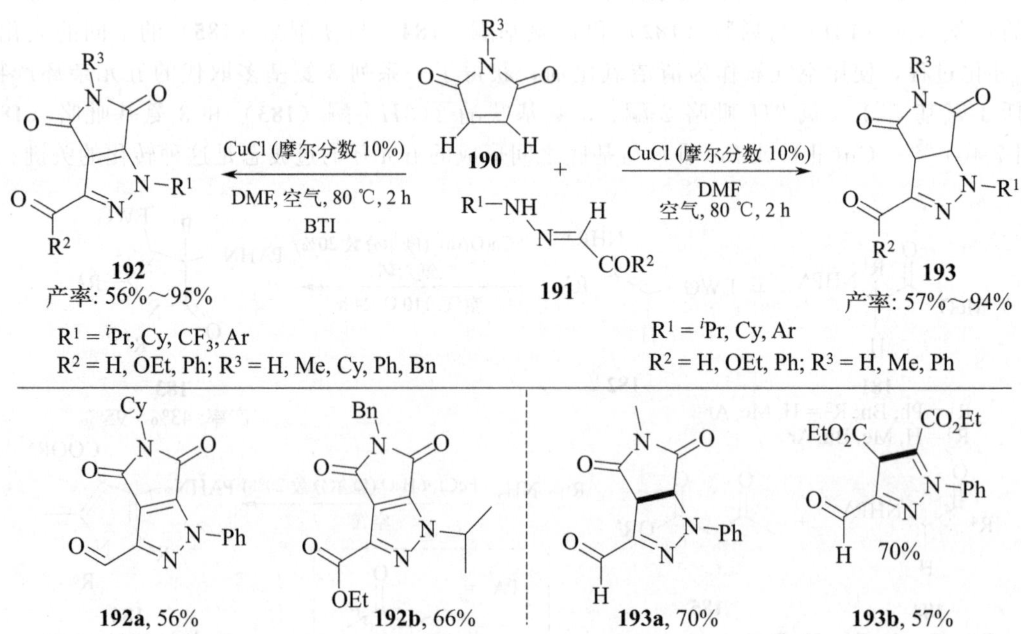

图 7-42　空气氧交叉氧化偶联反应合成吡咯并[3,4-*c*]吡唑衍生物

7.3.2　空气氧交叉氧化偶联合成六元杂环化合物

芳烃两个 C—H 键活化的交叉脱氢偶联反应已成为制备苯乙烯及其衍生物的一种可行的原子经济方法。吲哚或吡咯衍生物的位点选择性制备一直备受关注，因为吲哚基或吡咯基是生物活性化合物和某些功能材料中不可或缺的结构单元。Satoh 和 Miura 等在空气条件下使用[Cp* $RhCl_2$]$_2$ 和 $Cu(OAc)_2\cdot H_2O$ 催化剂合成了吲哚[2,1-*a*]异喹啉衍生物（**196**）[图 7-43(a)][68]。在没有 $Cu(OAc)_2\cdot H_2O$ 的情况下，这种转化是缓慢的。在这些产物中，一些相应的四元环产物在固态时表现出较强的荧光。Ackermann 等在空气中使用共催化剂，采用 $Cu(OAc)_2\cdot H_2O$ 建立了钌催化的炔烃（**195**）与取代的吲哚（**194**）或吡咯（**197**）的空气氧交叉氧化偶联环化[图 7-43(b)][69]。这是制备吡咯并[2,1-*a*]异喹啉（**198**）的一个新途径。吡

咯并[2,1-*a*]异喹啉具有海洋生物碱的类似物结构。

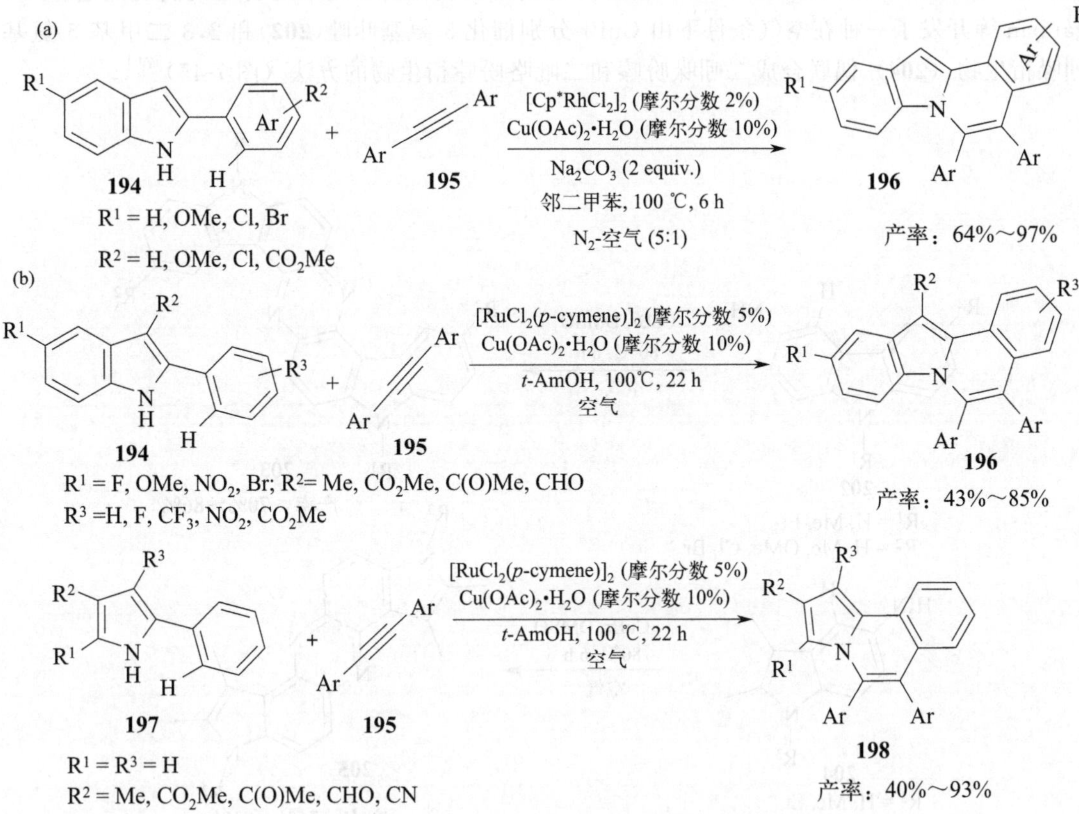

图 7-43　炔烃的空气氧交叉氧化偶联环化反应

喹唑啉酮衍生物广泛存在于天然产物中，具有广泛的生物和药理活性。Fu 的小组报道了铜催化的取代 2-卤代苯甲酰胺（**199**）与芳基甲胺（**200**）的串级反应，用于合成喹唑啉酮衍生物（**201**）（图 7-44）[70]。这是通过在空气下的 Ullmann 型空气氧交叉氧化偶联构建氮杂环的第一个实例。

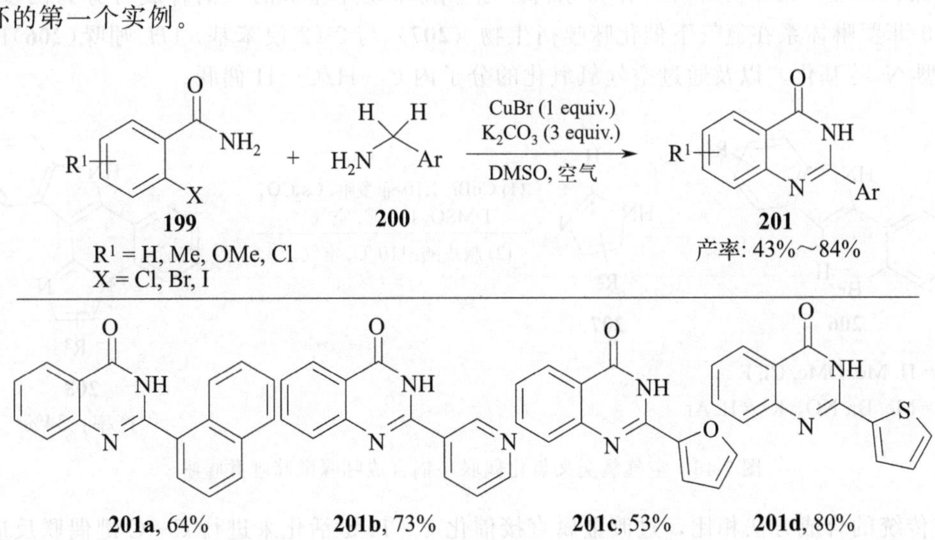

图 7-44　空气氧交叉氧化偶联合成喹唑啉酮衍生物

通常，取代二苯胺的环化反应可能产生吩嗪。从原子经济的角度来看，空气氧交叉氧化偶联是一种令人着迷的策略。因此，胺的空气氧交叉氧化偶联越来越引起人们的兴趣。Nagarajan 等开发了一种在空气条件下由 CuBr 分别催化 3-氨基咔唑(**202**)和 2,3-二甲基-5-氨基吲哚衍生物（**204**）偶联合成二吲哚吩嗪和二吡咯吩嗪衍生物的方法（图 7-45）[71]。

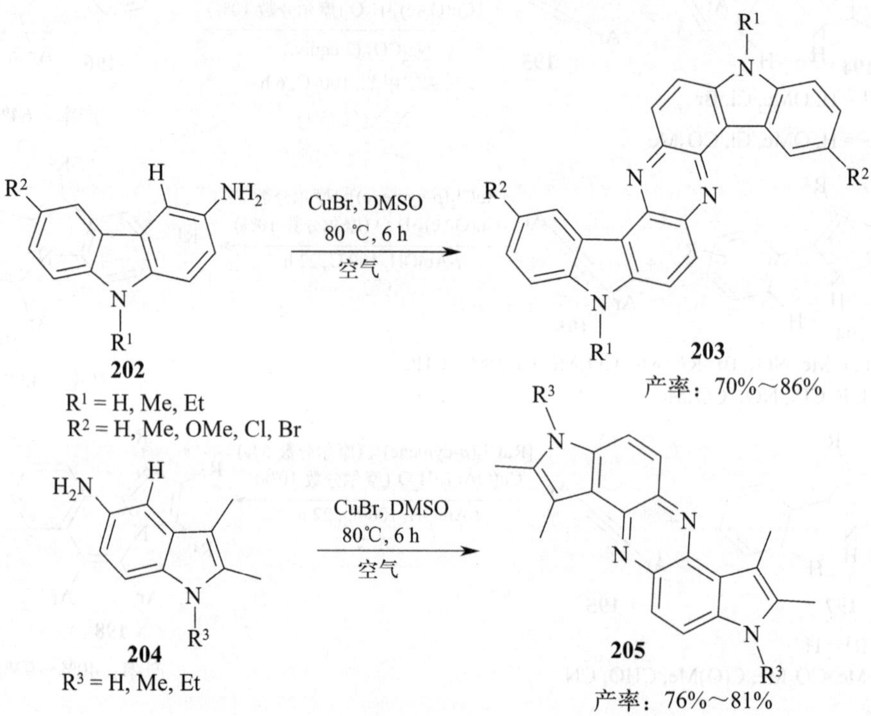

图 7-45　3-氨基咔唑与 2,3-二甲基-5-氨基吲哚衍生物的空气氧交叉氧化偶联

Fu 和 Hu 等报道了一种通过铜催化 C—H/C—H 键空气氧交叉氧化偶联的一锅反应来合成吲哚咪唑衍生物的方法（图 7-46）[72]。该方法使用容易获得的取代的 2-(2-溴苯基)-1*H*-吲哚、咪唑（或苯并咪唑）作为原料。吲哚酰咪唑并喹啉的一锅合成可分为两步：CuBr-1,10-菲罗啉体系在氮气下催化咪唑衍生物（**207**）与 2-(2-溴苯基)-1*H*-吲哚(**206**)的 Ullmann 型 *N*-芳基化，以及通过空气氧氧化的分子内 C—H/C—H 偶联。

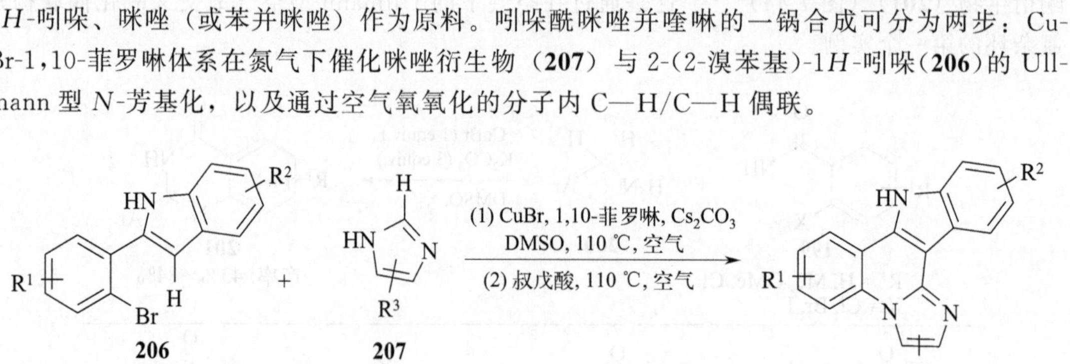

图 7-46　空气氧交叉氧化偶联一锅合成吲哚酰咪唑并喹啉

与传统的合成方法相比，过渡金属直接催化 C—H 键活化来进行 C—C 键偶联反应在合成复杂杂环化合物方面显示出很大的优势。其中，铑催化的 C—H 键氧化偶联反应具有良好

的官能团耐受性和较高的应用价值。Li 和 Huang 等利用空气作为氧化剂，通过活化 C—H 键和 N—N 键，开发了一种铑催化的连氮衍生物（**209**）与炔烃（**210**）之间 C—H 键环化的氧化偶联反应，这为在室温下原子经济性地获得异喹啉衍生物（**211**）提供了一种有效的新途径（图 7-47）[73]。

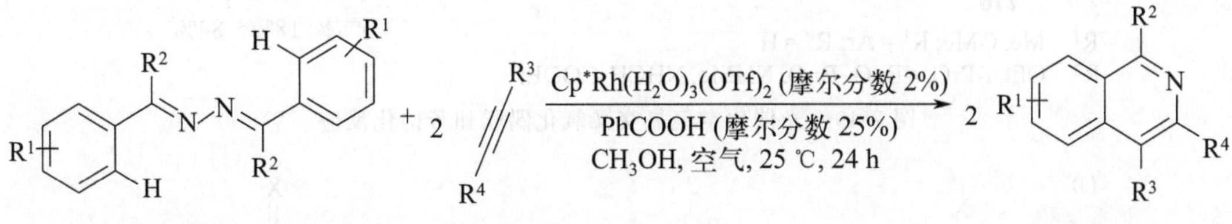

209 **210** **211**

R^1 = Me, OMe, *i*-Pr, F, Cl, Br

R^1 = Me, Et, *i*-Pr, Ph

$R^3 = R^4$ = Ar

产率：36%～91%

图 7-47 连氮衍生物和炔烃空气氧交叉氧化偶联反应

离子液体通常是熔点低于 100 ℃的盐，近年来作为合成反应和电化学的新溶剂引起了人们的极大兴趣。与更常见的非质子离子液体相比，质子离子液体主要用于质子催化反应。Wilhelm 等报道了含铁的离子液体催化苯甲醛（**212**）、苯胺（**213**）和苯乙炔（**214**）的三组分空气氧交叉氧化偶联的串级反应，在温和的条件下使用空气氧作为氧化剂得到喹啉衍生物（**215**）（图 7-48）[74]。

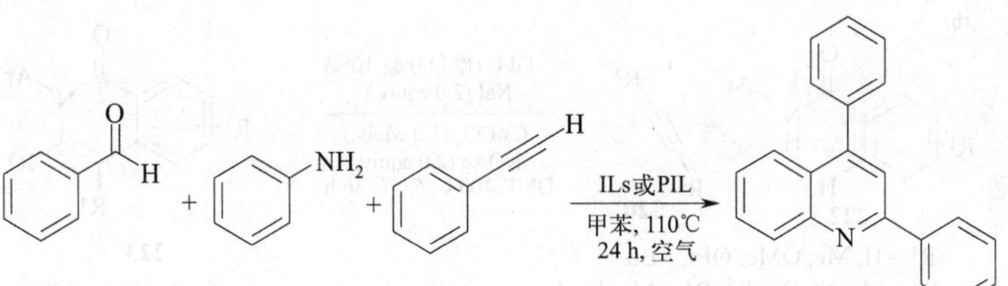

212 **213** **214** **215**

产率: 62%

图 7-48 苯甲醛、苯胺和苯乙炔的空气氧交叉氧化偶联串级反应

Li 和 Zhang 等在可见光下，在 $Ru(bpy)_3Cl_2 \cdot 6H_2O$ 和 $Cu(OTf)_2$ 的催化下，发展了甘氨酸酯（**216**）与未活化烯烃（**217**）的光催化空气氧交叉氧化偶联/芳构化反应，以中等至较高的产率合成了各种取代的喹啉衍生物（**218**）（图 7-49）[75]。

Sekar 等报道了在联萘稳定的钯纳米颗粒的催化下，*N*-烷氧基苯甲酰胺（**219**）与炔烃（**220**）的氧化环化反应，通过空气氧交叉氧化偶联合成异喹诺酮（**221**）[图 7-50(a)][76]。这种新型纳米催化剂可以回收并重复使用四次，没有任何明显的团聚。更有趣的是，*N*-甲氧基苯并噻酰胺也可以成功地与炔烃进行氧化环化，以中等产率产生异喹诺酮类的产物。

Li 和 Wang 等利用炔烃（**220**）作为偶联剂，在 Pd/C 的催化下裂解苯甲酰胺（**222**）的 C—H/N—H 键，进行了类似的反应[图 7-50(b)][77]。也进行了催化剂的再循环实验，催化剂在第一次、第二次和第三次使用后，分别以 99%、65% 和 30% 的产率获得了产物。

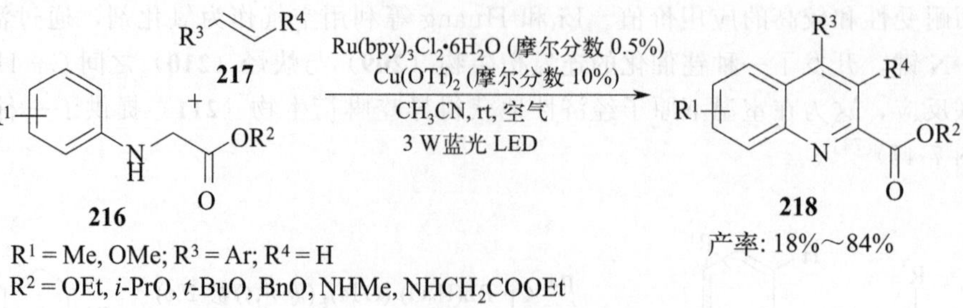

图 7-49　光催化空气氧交叉氧化偶联和芳构化反应

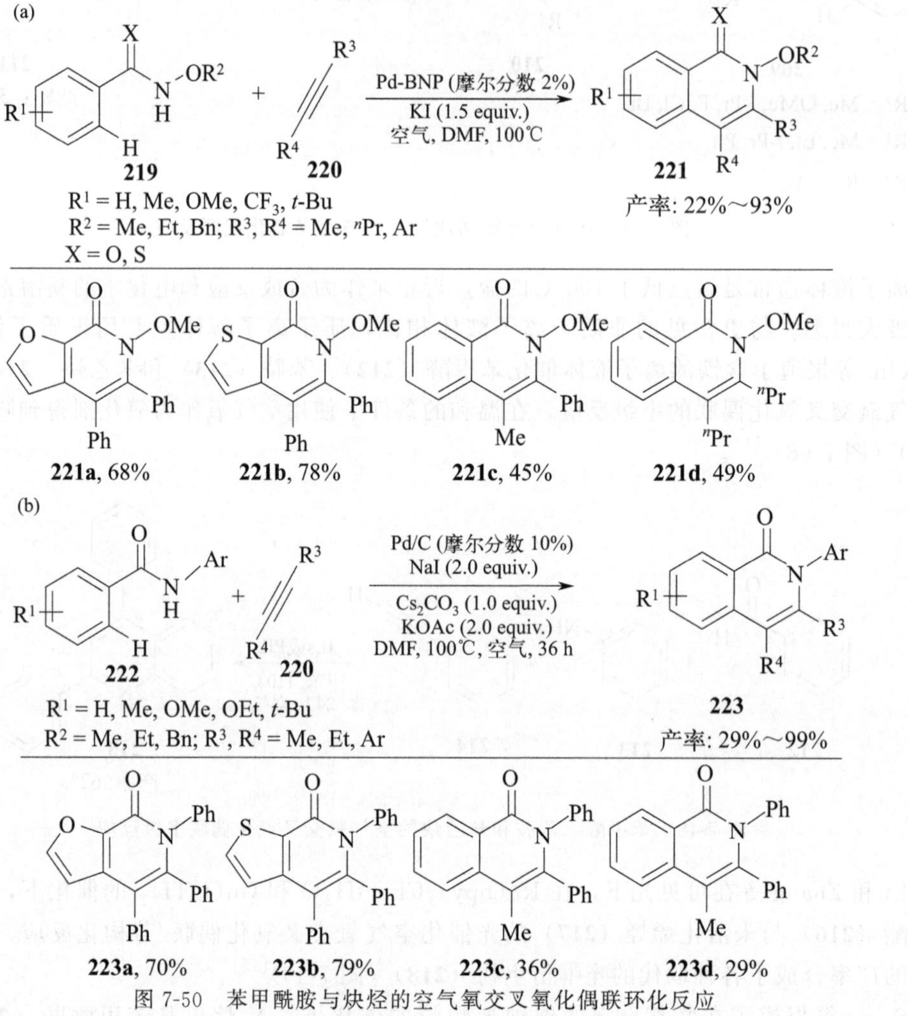

图 7-50　苯甲酰胺与炔烃的空气氧交叉氧化偶联环化反应

黄嘌呤类是一种含氧的六元芳香族化合物，具有较高的载体迁移率和良好的环境稳定性。Kamei 和 Shimada 等使用空气氧作为氧化剂，开发了铜催化的 2,2′-联萘（**224**）的 C—H/C—O 环化反应，合成了环黄嘌呤类产物（**225**）（图 7-51）[78]。

偶氮喹唑酮及相关稠合杂环的经典合成方法主要依靠适当的缩合反应来构建稠合杂环。Kumpulainen 等开发了取代咪唑（**227**）与 2-氯-*N*-取代烟酰胺（**226**）的铜催化 Ullman 反应，使用空气氧作为氧化剂，伴随着氧化偶联 C—N 键的形成，一锅获得了三环杂环产物（**228**）（图 7-52）[79]。

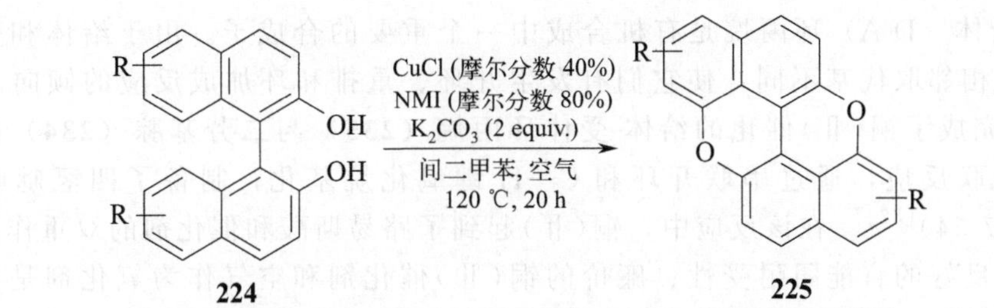

224 225

产率: 55%～99%

R = H, 烯丙基, Me_3Si, Ph, *n*-Pr, *n*-Bu, *t*-Bu, COOMe, 4-*t*-BuC_6H_4

图 7-51　铜催化的 2,2′-联萘的空气氧交叉氧化偶联环化反应

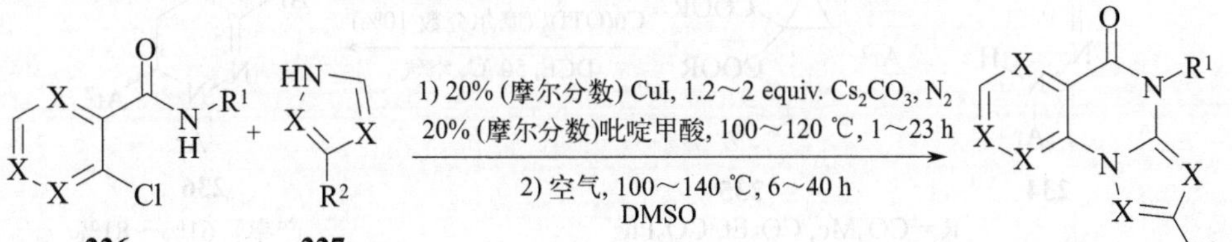

226 227 228

X = CH, N R^1 = Me, Et, ^{n}Pr, Bn

图 7-52　咪唑与 2-氯-*N*-取代烟酰胺的空气氧交叉氧化偶联

Zhang 和 Li 等开发了甘氨酸衍生物（**229**）与 2,3-二氢呋喃（**230**）在光催化下以曙红 Y 为光催化剂合成喹啉稠合内酯的无金属空气氧氧化脱氢偶联/环化串级反应[图 7-53 (a)][80]。该方法提供了各种喹啉稠合内酯（**231**）的快速合成策略。他们还通过光氧化还原催化(Rh-6G)和酸催化(H_2SO_4)的协同组合，完成了氨基酸酯（**229**）和内酯衍生物（**232**）的空气氧交叉氧化偶联［3＋2］环加成反应[图 7-53(b)][81]。在室温和空气气氛下直接合成了一系列取代的 γ-内酰胺类化合物（**233**）。此外，该反应还可以在克量级以上进行，这使得它的工业应用非常有吸引力。

(a)

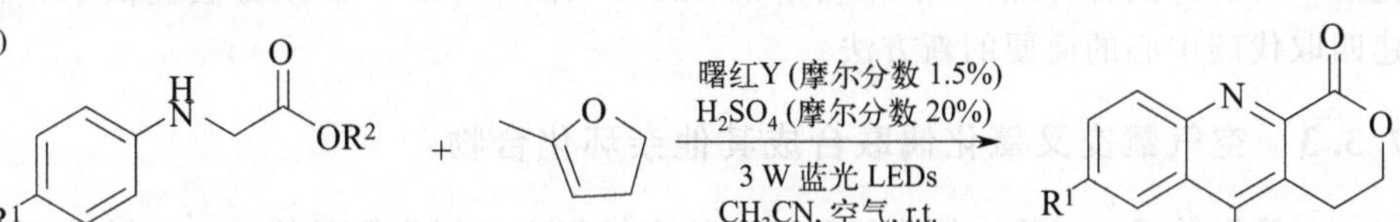

229 230 231

R^1 = Me, OMe, *i*-Pr, Ac, CF_3, Cl, Br, CN, COOEt
R^2 = Me, Et, Bn

产率: 40%～86%

(b)

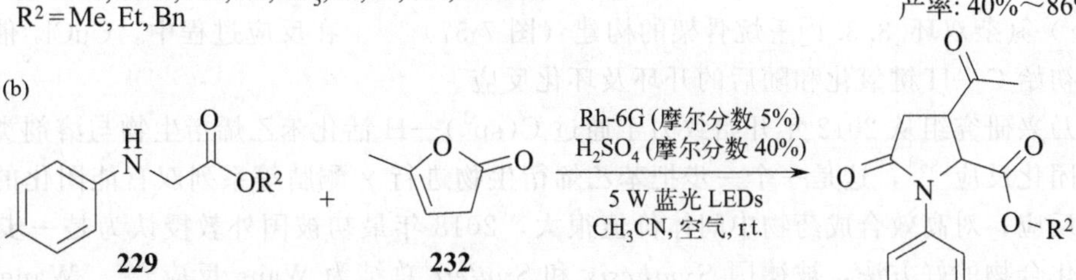

229 232 233

R^1 = Me, OMe, *i*-Pr, *n*-Bu, OPh, F, Cl, Br, I, CN, COOEt
R^2 = Me, Et, *i*-Pr, 烯丙基, *n*-Bu, Ph, Bn

产率: 27%～72%

图 7-53　氨基酸酯与内酯衍生物的空气氧交叉氧化偶联［3＋2］环化反应

给体-受体（D-A）环丙烷是有机合成中一个重要的合成子。由于给体和受体基团的环应变和相邻取代基不同，使它们有发生开环、重排和环加成反应的倾向。Punniyamurthy 等完成了铜(Ⅱ)催化的给体-受体环丙烷（**235**）与二芳基腙（**234**）的空气氧交叉氧化偶联反应，通过串联开环和 C—H 键氧化烷基化，制备了四氢哒嗪衍生物（**236**）（图 7-54）[82]。在该反应中，铜(Ⅱ)起到了路易斯酸和催化剂的双重作用。宽的底物范围、良好的官能团耐受性、廉价的铜(Ⅱ)催化剂和空气作为氧化剂是该反应的重要普适性特征。此外，具有 3-溴芳基的产物还可以进一步与硼酸进行钯催化的 Suzuki 偶联反应。

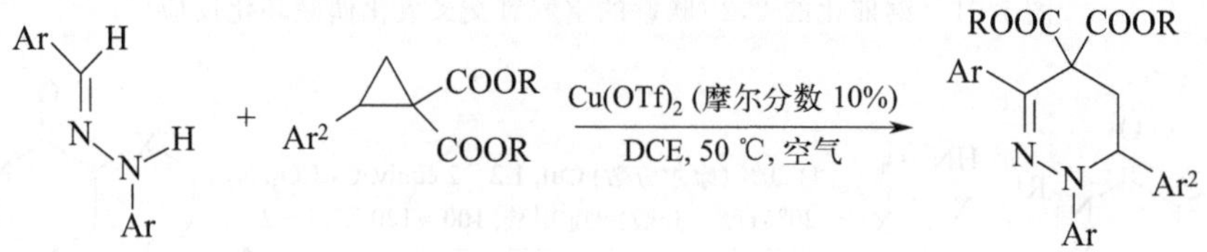

234　　**235**　　**236**

R = CO_2Me, CO_2Et, CO_2Ph　　产率：61%～81%

图 7-54　空气氧交叉氧化偶联合成四氢哒嗪衍生物

Song 和 Yang 等报道了一种廉价、稳定且高度分散的超细 Ni_2P 纳米颗粒，其负载在 N,P-共掺杂的生物质衍生的具有窄尺寸分布的多孔碳上，在温和的条件下，使用空气作为氧化剂，该催化剂可以有效催化各种醇（**237**）与二胺（**238**）或 2-氨基苯甲酰胺（**241**）的氧化偶联反应，产生一系列含氮杂环，包括喹唑啉、喹唑啉酮和咪唑[图 7-55(a)][83]。作者还应用该催化方法合成了收率为 57% 的匹莫本坦[图 7-55(b)]，这是一种新型心血管松弛剂。

Xu 等描述了铁盐催化吲哚-2-酮与 2-氨基苯甲酰胺的双 C—H 键官能化反应，通过 $C(sp^3)$—H 键、N—H 键、X—H（X=N，C，S）键的交叉氧化偶联反应，使用空气氧作为氧化剂，可以得到各种螺 *N*-杂环氧吲哚（**247**）（图 7-56）[84]。该方法提供了一种由亚甲基构建四取代碳中心的简便的新方法。

7.3.3　空气氧交叉氧化偶联合成其他杂环化合物

Zhang 等报道了 Cu(Ⅱ) 催化的环丙醇的空气氧交叉氧化偶联的 C—H 键分子内串级反应，使用廉价的手性起始反应物（氨基酸）在空气中构建氮杂双环[3.3.1]壬烷骨架，最终实现了(—)-氮杂双环[3.3.1]壬烷骨架的构建（图 7-57）[85]。在反应过程中，$CuCl_2$ 催化了环丙醇的初始 C—H 键氧化和随后的开环及环化反应。

王乃兴研究组从 2012 年开始致力于通过 $C(sp^3)$—H 活化苯乙烯衍生物与溶剂类分子的双官能团化反应[86]，这是一个一步把苯乙烯衍生物进行 γ-酮腈等系列双官能团化的游离基接力新反应，对高效合成药物中间体价值很大，2018 年最初被国外教授认为是一步构建 γ-酮腈等化合物的好方法，被德国 *Synthesis* 和 *Synlett* 总结为 Wang 反应[87]。Wang 反应本质上属于交叉脱氢偶联反应的范畴（cross-dehydrogenative-coupling，CDC），脱氢也就是氧化，交叉脱氢偶联反应亦可以称为交叉氧化偶联反应。Wang 反应所用的游离基引发剂是叔丁基过氧化氢，实际上在反应过程中叔丁基过氧化氢除引发游离基反应外，也起到了氧化剂的作用。

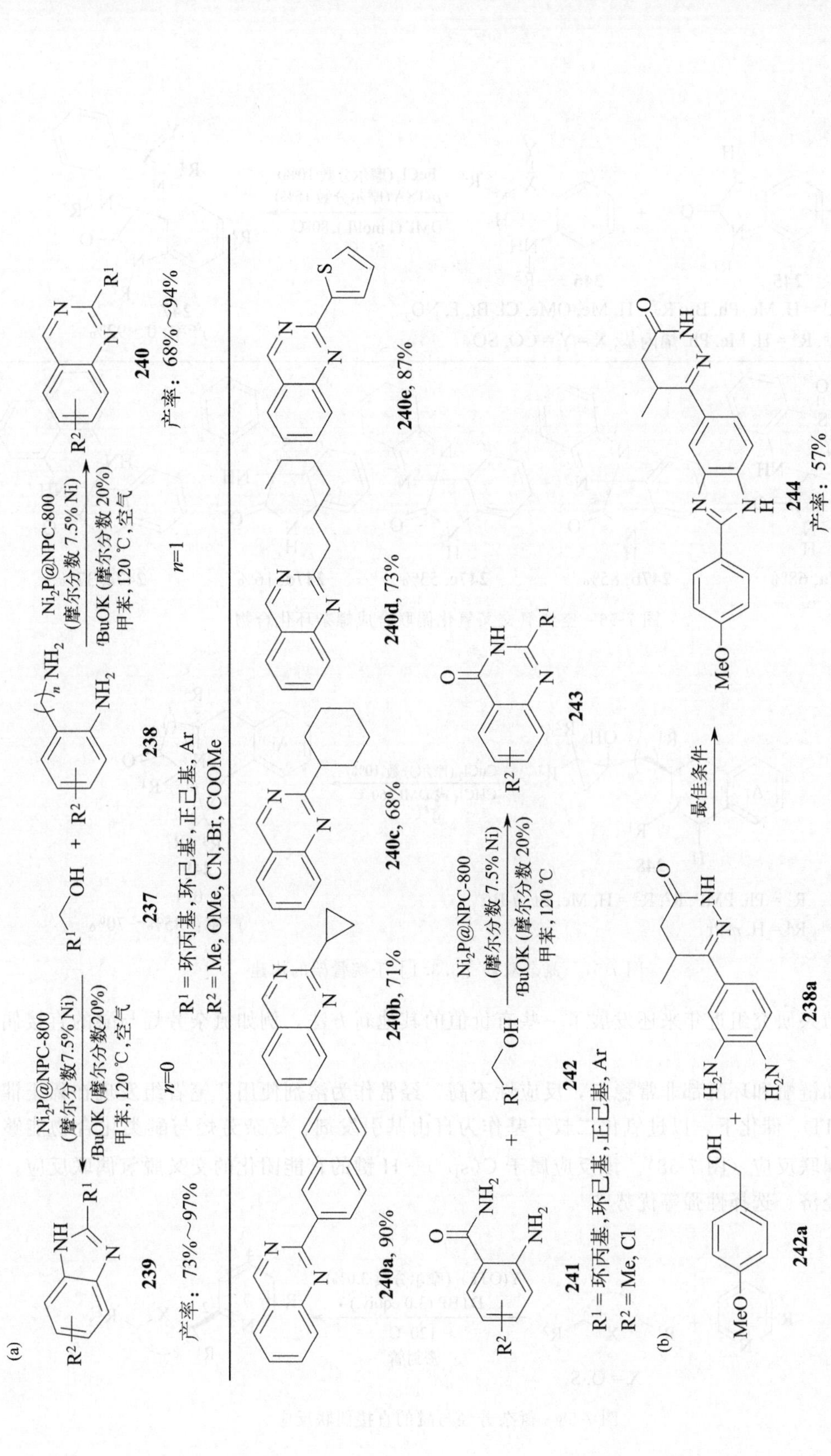

图 7-55　醇与二胺或 2-氨基苯甲酰胺的空气氧交叉氧化偶联反应及其应用

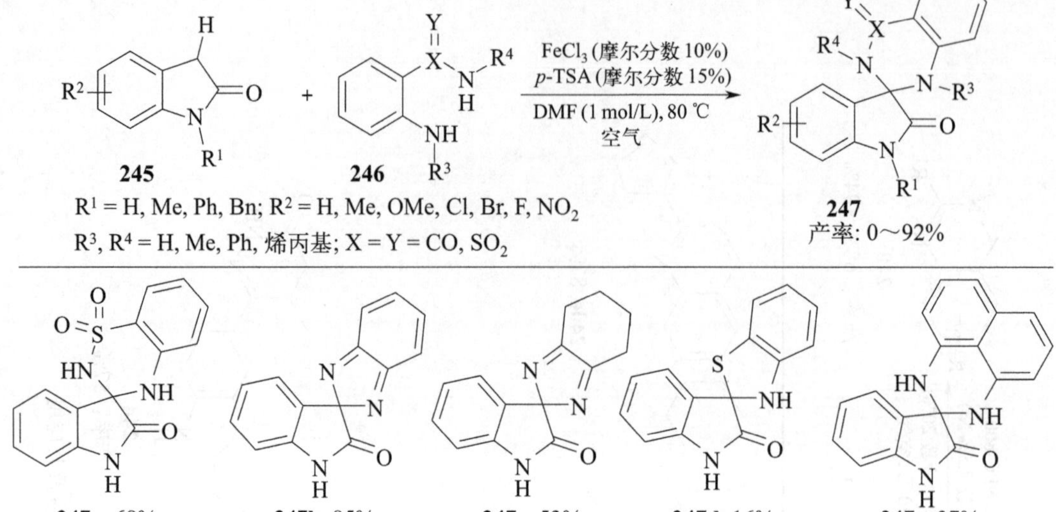

245 246 247

R^1 = H, Me, Ph, Bn; R^2 = H, Me, OMe, Cl, Br, F, NO_2

R^3, R^4 = H, Me, Ph, 烯丙基; X = Y = CO, SO_2

产率: 0～92%

247a, 68%　**247b**, 85%　**247c**, 53%　**247d**, 16%　**247e**, 37%

图 7-56　空气氧交叉氧化偶联合成螺杂环化合物

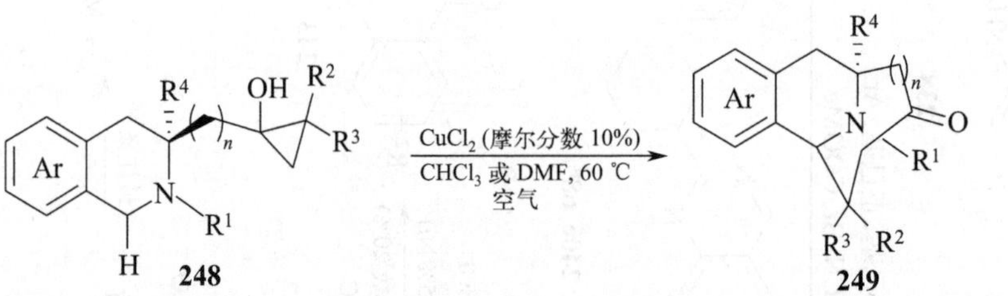

248　249

R^1 = Ph, PMP; R^2, R^3 = H, Me, Et, *n*-Bu

R^4 = H, *n*-Pr

n = 0, 1

产率：45%～70%

图 7-57　氮杂双环［3.3.1］壬烷骨架的构建

王乃兴研究组近年来还发展了一些有价值的其他新方法，例如氮杂芳烃与醚的直接偶联反应。

饱和链醚和环醚都非常稳定，反应性不高，经常作为溶剂使用。笔者组发现在稀土催化剂 $Y(OTf)_3$ 催化下，以过氧化二叔丁基作为自由基引发剂，氮杂芳烃与醚类化合物能够直接发生偶联反应（图 7-58）。该反应属于 $C(sp^3)$—H 键的官能团化的交叉脱氢偶联反应，具有原子经济、选择性强等优势[88]。

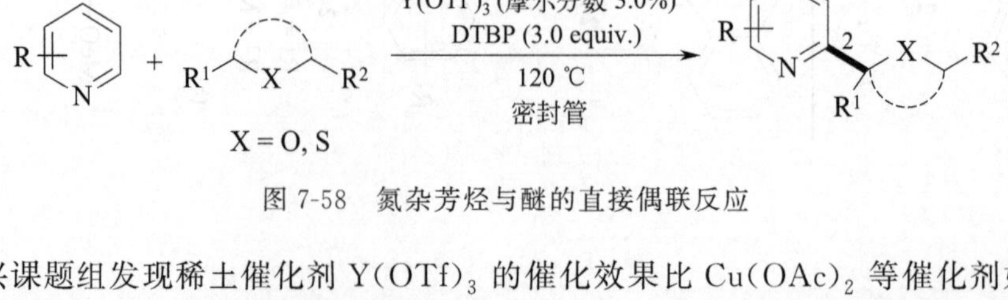

X = O, S

图 7-58　氮杂芳烃与醚的直接偶联反应

王乃兴课题组发现稀土催化剂 $Y(OTf)_3$ 的催化效果比 $Cu(OAc)_2$ 等催化剂好。稀土化合物中的化学键以离子键为主同时具有一定的共价性，4f 轨道由于极强的屏蔽作用而不参与成键。而RE-C σ 键、RE-N σ 键有较强的离子性，具有很好的反应活性。该反应底物适用范围广，氮杂芳烃与醚还有硫醚均能得到 $C(sp^3)$—H 键的官能团化产物。硫醚反应产物停留在醚阶段，而未被进一步氧化得到亚砜及砜类化合物。除链醚以外，环醚也可以有效地发生 $C(sp^3)$—H 键的官能团化反应[88]。

此外，王乃兴研究组还发现了醛基交换的酰胺化新反应方法，反应经历一个 1,3-氢迁移过程。这是一个典型的新型重排反应[89]。

醛基交换的酰胺化新反应方法：王乃兴课题组发现在 CuI 的催化下以叔丁基过氧化氢作为自由基引发剂，二级胺和醛基化合物能发生醛基交换的酰胺化新反应。产物二级酰胺含有一个稳定的醛基，为进一步合成复杂分子提供了把手（图 7-59）[89]。

这个醛基交换的酰胺化新反应具有操作简便、原子经济性好等优势。

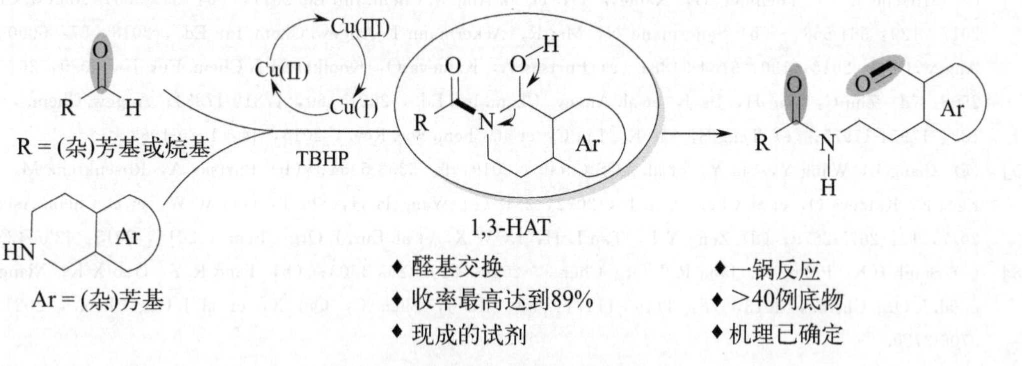

图 7-59 醛基交换的酰胺化新反应

该反应底物适用范围广（>40 例底物），（杂）芳香醛和脂肪醛均能以中等以上的收率得到目标产物，收率最高达到 89%。王乃兴课题组使用了游离基捕获和中间体验证实验，证明此反应为游离基历程，并成功地用高分辨质谱检测到了反应机理中涉及的关键中间体。提出并证实了一种涉及铜（Ⅰ/Ⅱ/Ⅲ）循环催化与 1,3-氢迁移相结合的反应机理[89]。

7.4 小 结

本章论述了近年来 C—H 键空气氧交叉氧化偶联反应的最新进展，对于发展绿色方法应对气候变化意义重大。主要内容是含氮杂环化合物，并简要讨论了反应机理研究，希望揭示一些最新发展趋势。在 C—H 键的氧化偶联中有许多普适性的反应，主要是在各种过渡金属或无金属条件下，通过传统的热化学、光化学和电化学在空气氧中直接催化杂环化合物，以合成更复杂的具有生物活性的杂环化合物。

毫无疑问，这些研究在不久的将来会为空气氧交叉氧化偶联带来新的机遇和应用前景。本书作者认为，目前空气氧交叉氧化偶联反应还存在一些问题：① 到现在只有为数不多的有机反应可以使用空气氧作为氧化剂。② 已有的空气氧交叉氧化偶联中，贵金属仍然普遍用作催化剂，在催化完成以后被丢弃，贵金属限制了其进一步的工业应用。③ 虽然过渡金属催化可以工业化，但人们还是希望 C—H 键的空气氧交叉氧化偶联能够采用无金属催化，可是目前的例子较少。④ 清洁的光化学和电化学在空气氧交叉氧化偶联方面具有很大的优势，但在工业应用方面存在着很大的瓶颈。⑤ 使用空气氧作为氧化剂的不对称氧化偶联很少被报道，利用空气氧交叉氧化偶联来合成手性化合物面临着一些重大挑战。⑥ 从理论上讲，迫切需要有机化学家进行更详细的反应机理研究，以便进一步揭示反应途径，从而促进新催化剂和某些催化助剂的设计和发现。

参 考 文 献

[1] (a) Qin Y, Zhu L, Luo S. Chem. Rev., 2017, 117: 9433-9520; (b) Xue X S, Ji P, Zhou B, Cheng J P. Chem. Rev., 2017, 117: 8622-8648.

[2] (a) Wang C S, Dixneuf P H, Soule J F. Chem. Rev., 2018, 118: 7532-7585; (b) Wei D, Darcel C. Chem. Rev., 2018, 119: 2550-2610; (c). Dong Z, Ren Z, Thompson S J, et al. Chem. Rev., 2017, 117: 9333-9403.

[3] (a) Tang X, Wu W, Zeng W, et al. Acc. Chem. Res., 2018, 51: 1092-1105; (b) Bietti M. Angew. Chem. Int. Ed., 2018, 57: 16618-16637; Angew. Chem. 2018, 130: 16858-16878.

[4] (a) Fritsche R F, Theumer G, Kataeva O, et al. Angew. Chem. Int. Ed. 2017, 56: 549-553; Angew. Chem., 2017, 129: 564-568; (b) Sauermann N, Mei R, Ackermann L. Angew. Chem. Int. Ed., 2018, 57: 5090-5094; Angew. Chem. 2018, 130: 5184-5188; (c) Purtsas A, Kataeva O, Knolker H J. Chem. Eur. J., 2020, 26: 2499-2508; (d) Zhu C, Yue H, Jia J, et al. Angew. Chem. Int. Ed., 2021, 60, 17810-17831; Angew. Chem., 2021, 133: 17954-17975; (e) Tang S, Liu K, Liu C, et al. Chem. Soc. Rev., 2015, 44: 1070-1082.

[5] (a) Zhang L, Wang Y, Shi Y, et al. ACS Catal., 2019, 9: 5358-5364; (b) Purtsas A, Rosenkranz M, Dmitrieva E, Kataeva O, et al. Chem. Eur. J., 2022, 28; (c) Wang H H, Shi T, Gao W W, et al. Chem. Asian. J., 2017, 12: 2675-2679; (d) Zeng Y F, Tan D H, Lv W X, et al. Eur. J. Org. Chem., 2015, 2015: 4335-4339.

[6] (a) Singh B K, Polley A, Jana R. J. Org. Chem., 2016, 81: 4295-4303; (b) Tang R Y, Guo X K, Xiang J N, et al. J. Org. Chem., 2013, 78: 11163-11171; (c) Xu J, Shen C, Qin X, et al. J. Org. Chem., 2021, 86: 3706-3720.

[7] (a) Lan W, de Bueren J B, Luterbacher J S. Angew. Chem. Int. Ed., 2019, 58: 2649-2654; Angew. Chem., 2019, 131: 2675-2680; (b) Song C, Dong X, Yi H, et al. ACS Catal., 2018, 8: 2195-2199.

[8] Zhu N, Wang T, Ge L, et al. Org. Lett., 2017, 19: 4718-4721.

[9] Wu Y H, Wang N X, Zhang T, et al. Org. Lett., 2019, 21: 7450-7454.

[10] Wang N X, Zhang L Y, Wu Y H, et al. Synlett, 2021, 32: 23-29.

[11] (a) Zheng L, Wang J. Chem. Eur. J., 2012, 18: 9699-9704; (b) Yang X, Liu Z, Sun C, et al. Chem. Eur. J., 2015, 21: 14085-14094; (c) Fritsche R F, Schuh T, Kataeva O, et al. Chem. Eur. J., 2023, 29; (d) Zhang X, Yang T M, Hu L M, et al. Org. Lett., 2022, 24: 8677-8682.

[12] (a) Yang Q, Choy P Y, Fu W C, et al. J. Org. Chem., 2015, 80: 11193-11199; (b) Ye Y, Kim S T, Jeong J, et al. J. Am. Chem. Soc., 2019, 141: 3901-3909; (c) Shiri M, Zolfigol M A, Kruger H G, et al. Chem. Rev. 2010, 110: 2250-2293; (d) Xia C L, Wang N, Guo Q L, et al. Eur. J. Med. Chem., 2017, 130: 139-153; (e) Shobeiri N, Rashedi M, Mosaffa F, et al. Eur. J. Med. Chem., 2016, 114: 14-23.

[13] (a) Proctor R S J, Phipps R J. Angew. Chem. Int. Ed., 2019, 58: 13666-13699; Angew. Chem., 2019, 131: 13802-13837; (b) Grozavu A, Hepburn H B, Smith P J, et al. Nat. Chem., 2019, 11: 242-247; (c) Lukin S, Tireli M, Stolar T, et al. J. Am. Chem. Soc., 2019, 141: 1212-1216; (d) Rossler S L, Jelier B J, Tripet P F, et al. Angew. Chem. Int. Ed., 2019, 58: 526-531; Angew. Chem., 2019, 131: 536-541; (e) Gulias M, Mascarenas J L. Angew. Chem. Int. Ed., 2016, 55: 11000-11019; Angew. Chem., 2016, 128: 11164-11184.

[14] Hachiya H, Hirano K, Satoh T, et al. ChemCatChem, 2010, 2: 1403-1406.

[15] Yamaguchi K, Kondo H, Yamaguchi J, et al. Chem. Sci., 2013, 4: 3753-3757.

[16] Liu Y, Long C, Zhao L, et al. Org. Lett., 2016, 18: 5078-5081.

[17] Zhang Q, Liu Y, Wang T, et al. J. Am. Chem. Soc., 2018, 140: 5579-5587.

[18] Huang L, Niu T, Wu J, et al. J. Org. Chem., 2011, 76: 1759-1766.

[19] Fu W, Guo W, Zou G, et al. J. of Fluorine. Chem., 2012, 140: 88-94.

[20] Xie J, Li H, Zhou J, et al. Angew. Chem. Int. Ed., 2012, 51: 1252-1255.

[21] Liu X, Zhang J, Ma S, et al. Chem. Commun., 2014, 50: 15714-15717.

[22] Huo C, Wang C, Wu M, et al. Org. Biomol. Chem., 2014, 12: 3123-3128.

[23] Huo C, Wu M, Jia X, et al. J. Org. Chem., 2014, 79: 9860-9864.
[24] Xiao T, Li L, Lin G, et al. Org. Lett., 2014, 16: 4232-4235.
[25] Zhang Y, Wei B W, Wang W X, et al. RSC Adv. 2017, 7: 1229-1232.
[26] Ramana D V, Chandrasekharam M. Adv. Synth. Catal., 2018, 360: 4080-4083.
[27] Li Y, Jin J, Qian W, et al. Org. Biomol. Chem., 2010, 8: 326-330.
[28] Kim S H, Yoon J, Chang S. Org. Lett., 2011, 13: 1474-1477.
[29] Chu L, Qing F L. Acc. Chem. Res., 2014, 47: 1513-1522.
[30] Chu L, Qing F L. J. Am. Chem. Soc., 2010, 132: 7262-7263.
[31] Chu L, Qing F L, J. Am. Chem. Soc., 2012, 134: 1298-1304.
[32] Guchhait S K, Kashyap M, Kandekar S. Tetrahedron Lett., 2012, 53: 3919-3922.
[33] Jiao L Y, Smirnov P, Oestreich M. Org. Lett., 2014, 16: 6020-6023.
[34] Utepova I A, Trestsova M A, Chupakhin O N, et al. Green Chem., 2015, 17: 4401-4410.
[35] Gao D W, Gu Q, You S L. J. Am. Chem. Soc., 2016, 138: 2544-2547.
[36] Liu C, Yang F. Chin. J. Chem., 2016, 34: 1213-1217.
[37] Yamaguchi E, Sudo Y, Tada N, et al. Adv. Synth. Catal., 2016, 358: 3191-3195.
[38] Guo T, Liang J J, Yang S, et al. Org. Biomol. Chem., 2018, 16: 6039-6046.
[39] Fernandes R, Mhaske K, Balhara R, et al. Chem. Asian. J., 2022, 17.
[40] Kocaoglu E, Karaman M A, Tokgoz H, et al. ACS Omega, 2017, 2: 5000-5004.
[41] Sudo Y, Yamaguchi E, Itoh A. Org. Lett., 2017, 19: 1610-1613.
[42] Kittikool T, Thupyai A, Phomphrai K, et al. Adv. Synth. Catal., 2018, 360: 3345-3355.
[43] Hu R M, Han D Y, Li N, et al. Angew. Chem. Int. Ed., 2020, 59: 3876-3880; Angew. Chem., 2020, 132: 3904-3908.
[44] Wu K X, Xu Y Z, Cheng L, et al. Green Chem., 2021, 23: 8448-8452.
[45] Zhang L Y, Wang N X, Yan Z, et al. Chem. Eur. J., 2022, 29.
[46] Liu W, Zhao Y, Yi F, et al. Tetrahedron, 2016, 72: 8382-8386.
[47] Tan Y S, Wu X K, Han Y P, et al. J. Org. Chem., 2022, 87: 8551-8561.
[48] Li Y, Xie Y, Zhang R, et al. J. Org. Chem., 2011, 76: 5444-5449.
[49] Yao B, Liu Y, Zhao L, et al. J. Org. Chem., 2014, 79: 11139-11145.
[50] Zhang L, Yi H, Wang J, et al. J. Org. Chem., 2017, 82: 10704-10709.
[51] Wei W, Wang L, Bao P, et al. Org. Lett., 2018, 20: 7125-7130.
[52] Neogi S, Ghosh A K, Majhi K, et al. Org. Lett., 2020, 22: 5605-5609.
[53] Zhao P, Wang K, Yue Y, et al. ChemCatChem, 2020, 12: 3207-3211.
[54] Xie J, Li H, Xue Q, et al. Adv. Synth. Catal., 2012, 354: 1646-1650.
[55] Cai J, Liu Y, Jiang Y, et al. Phosphorus Sulfur Silicon Relat. Elem., 2017, 192: 1068-1073.
[56] Xia Z, Qin L, Zhou W, et al. Tetrahedron Lett., 2019, 60: 151121.
[57] Stowers K J, Fortner K C, Sanford M S. J. Am. Chem. Soc., 2011, 133: 6541-6544.
[58] Guin S, Ghosh T, Rout S K, et al. Org. Lett., 2011, 13: 5976-5979.
[59] Guru M M, Punniyamurthy T. J. Org. Chem., 2012, 77: 5063-5073.
[60] Ilangovan A, Satish G. Org. Lett., 2013, 15: 5726-5729.
[61] Xue D, Long Y Q. J. Org. Chem., 2014, 79: 4727-4734.
[62] Chen J, He L, Natte K, et al. Adv. Synth. Catal., 2014, 356: 2955-2959.
[63] Nguyen K M, Largeron M. Chem. Eur. J., 2015, 21: 12606-12610.
[64] Meng X, Yu C, Chen G, et al. Catal. Sci. Technol., 2015, 5: 372-379.
[65] Li K, You J. J. Org. Chem., 2016, 81: 2327-2339.
[66] Nguyen H T H, Nguyen O T K, Truong T, et al. RSC Adv., 2016, 6: 36039-36049.
[67] Zhu J N, Wang W K, Jin Z H, et al. Org. Lett., 2019, 21: 5046-5050.
[68] Morimoto K, Hirano K, Satoh T, et al. Org. Lett., 2010, 12: 2068-2071.
[69] Ackermann L, Wang L, Lygin A V. Chem. Sci., 2012, 3: 177-180.
[70] Xu W, Jin Y, Liu H, et al. Org. Lett., 2011, 13: 1274-1277.

[71] Nagarajan R, Meesala R. Synlett, 2010, 2010: 2808-2812.
[72] Wang M, Jin Y, Yang H, et al. RSC Adv., 2013, 3: 8211-8214.
[73] Han W, Zhang G, Li G, et al. Org. Lett., 2014, 16: 3532-3535.
[74] (a) Muntzeck M, Wilhelm R. Int. J. Mol. Sci., 2016, 17: 860; (b) Muntzeck M, Wilhelm R, Naturforschung Z. B, 2018, 73: 515-519.
[75] Yang X, Li L, Li Y, et al. J. Org. Chem., 2016, 81: 12433-12442.
[76] Sharma N, Saha R, Parveen N, et al, Adv. Synth. Catal., 2017, 359: 1947-1958.
[77] Shu Z, Guo Y, Li W, et al. Catal. Today, 2017, 297: 292-297.
[78] Kamei T, Uryu M, Shimada T. Org. Lett., 2017, 19: 2714-2717.
[79] Kumpulainen E T T, Högnäsbacka A. Eur. J. Org. Chem., 2017, 2017: 2610-2614.
[80] He Y, Yan B, Tao H, et al. Org. Biomol. Chem., 2018, 16: 3816-3823.
[81] Zhou H, Yang X, Li S, et al. Org. Biomol. Chem., 2018, 16: 6728-6734.
[82] Mishra M, De P B, Pradhan S, et al. J. Org. Chem., 2019, 84: 10901-10910.
[83] Song T, Ren P, Ma Z, et al. ACS Sustainable Chem. Eng., 2019, 8: 267-277.
[84] Lai Y H, Wu R S, Huang J, et al. Org. Lett., 2020, 22: 3825-3829.
[85] Tan Q, Yang Z, Jiang D, et al. Angew. Chem. Int. Ed., 2019, 58: 6420-6424; Angew. Chem., 2019, 131: 6486-6490.
[86] (a) Zhang J X, Wang Y J, Zhang W, et al. Sci. Rep., 2014, 4: 7446-7451; (b) Zhang W, Wang N X, Bai C B, et al. Sci. Rep., 2015, 5: 15250; (c) Lan X W, Wang N X, Zhang W, et al. Org. Lett., 2015, 17: 4460-4463; (d) Lan X W, Wang N X, Bai C B, et al. Org. Lett., 2016, 18: 5986-5989; (e) Zhang T, Lan X W, Zhou Y Q, et al. Sci. China Chem., 2018, 61: 180-183; (f) Yan Z, Wang N X, Gao X W, et al. Adv. Synth. Catal., 2019, 361: 1007-1011; (g) Yan Z, Wang N X, Zhang L Y, et al. Org. Biomol. Chem., 2022, 20: 5845-5851.
[87] (a) Zhang T, Wu Y H, Wang N X, et al. Synthesis, 2019, 51: 4531-4548; (b) Wang N X, Zhang L Y, Wu Y H, et al. Synlett, 2021, 32: 23-29.
[88] Wu Y H, Wang N X, Zhang T, et al. Org. Lett., 2019, 21: 7450-7454.
[89] Zhang L Y, Wang N X, Wu Y H, et al. Org. Lett., 2022, 24: 658-662.

第8章

NAD(P)H等生物活性分子及酶催化有机反应

21世纪是生命科学的世纪，在这个领域，有许多鲜为人知的奥妙需要探索。

欧美一些国家的研究实验室，对人们感兴趣的生物大分子（bio-macromolecules）进行人工合成模拟，合成了一些大分子模型（models)，对其结构中的活性基团从构象、键参数等方面进行深入研究，取得了一些新的进展[1-4]。

8.1 NADH模型分子的合成

8.1.1 概述

NADH［nicotinamide adenine dinucleotide hydride，（还原型）烟酰胺腺嘌呤二核苷酸，辅酶Ⅰ］大分子是生物代谢过程中的一种重要的辅酶。其氧化态 NAD^+ 在生物燃料分子降解过程中作为电子受体被还原，其还原态在生物合成过程中作为一种手性还原剂，为生物大分子提供电子和自由能。NADH/NAD^+ 在生物体内的糖酵解、脂肪酸代谢、氨基酸降解、柠檬酸循环以及光合作用、呼吸链以及NO的生成等生理过程中起着电子传递的重要作用[5]，已经引起了有机合成工作者的极大兴趣。人们仿生合成了一些NADH模型分子[6-7]，对NADH分子结构中的活性基团——二氢吡啶酰氨基做了卓有成效的研究工作，对其构象、间位酰氨基的性能、键参数等得出了较为满意的结论[8]。为了进一步逼近自然界的本来面目，人们开展了更深入的研究工作，通过原子标记和生化模拟等手段，在NADH与脱氢酶的作用机制等方面取得了较好的结果[9]。

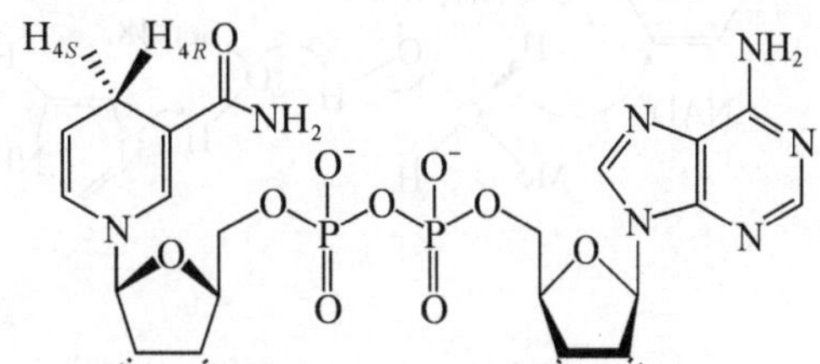

图8-1 NADH的分子结构

NADH的分子结构见图8-1。

虽然NADH的分子结构复杂，但是其活性基团主要是二氢吡啶酰氨基[10]。

类似NADH，NADPH［nicotinamide adenine dinucleotide phosphate hydride，（还原型）烟酰胺腺嘌呤二核苷酸磷酸，辅酶Ⅱ］负氢迁移到羰基上，不对称还原羰基化合物的反应过程可以表示为路线1所示[11]。

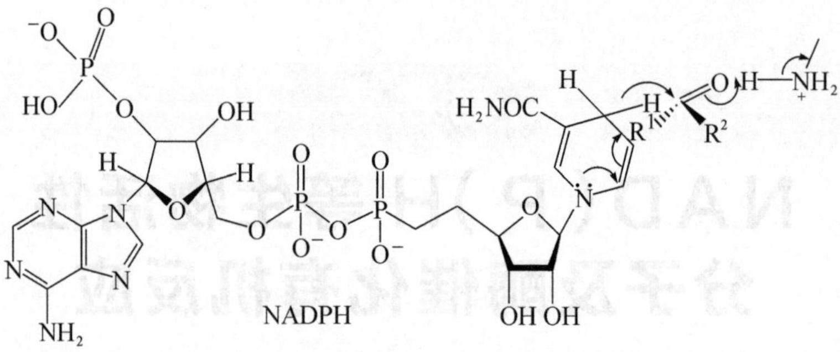

路线 1

NAD^+ 实际上是一种生物活性氧化剂，一个负氢的受体。在体内特殊含锌酶的作用下，能够使醇转变为醛，在反应过程中，锌与醇通过非经典键合作用形成有利于反应的空间构象，然后醇把负氢转移到 NAD^+ 上得到还原产物 NADH，丝氨酸上的一个质子转移到组氨酸-51 上来，过程如路线 2 所示[12]。Mg^{2+}、Zn^{2+}、Ca^{2+}、Cu^{2+}、Mn^{2+} 等金属离子实际上是许多酶的辅助因子，对酶催化反应有重要的影响。因此，身体补充铜、锌等微量元素是有一定好处的。

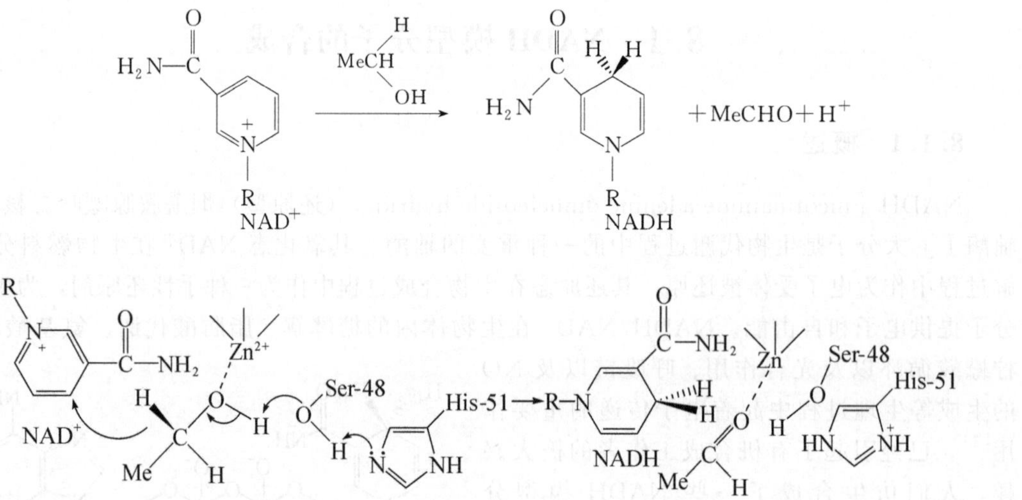

路线 2

NADH 分子中环酰胺的优势构象和旋转能垒是一个很有意义的课题，它在辅酶 $NADH/NAD^+$ 的氧化还原反应中起着重要作用。Redfield 等[13] 观察到酰氨基绕着 C-3—C-7 键慢慢地旋转，旋转能垒约为 55.7 kJ/mol。另外，酰氮基中的 C—N 键同时也作旋转。

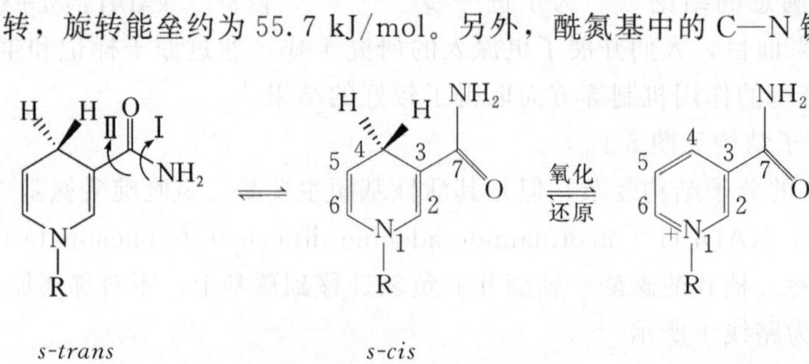

前不久，一些研究小组用X射线衍射方法进一步探索了NADH分子中环酰胺的优势构象问题[14-15]。

8.1.2 一些 C_2 对称的NADH模型分子的合成

为了进一步研究二氢吡啶酰氨基环的结构与性能，人们合成了一些具有 C_2 对称结构的NADH模型分子（图8-2）[16]。

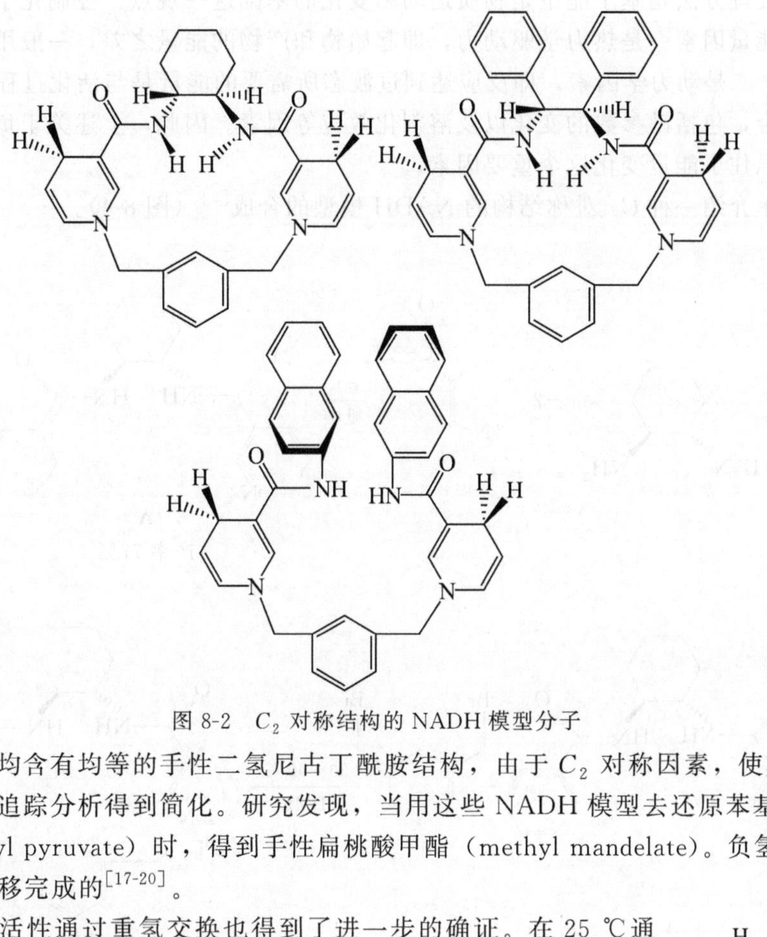

图8-2 C_2 对称结构的NADH模型分子

这些模型均含有均等的手性二氢尼古丁酰胺结构，由于 C_2 对称因素，使其容易表征，反应过程中的追踪分析得到简化。研究发现，当用这些NADH模型去还原苯基丙酮酸甲酯（methyl phenyl pyruvate）时，得到手性扁桃酸甲酯（methyl mandelate）。负氢迁移是通过 H_{4S} 异面氢迁移完成的[17-20]。

H_{4S} 的高活性通过重氢交换也得到了进一步的确证。在25 ℃通过NMR分析，H_{4R} 和 H_{4S} 与重氢交换的比率是28∶72。说明 H_{4S} 更为活泼，其他实验也证明 H_{4S} 是参与迁移的负氢[21]，见图8-3。

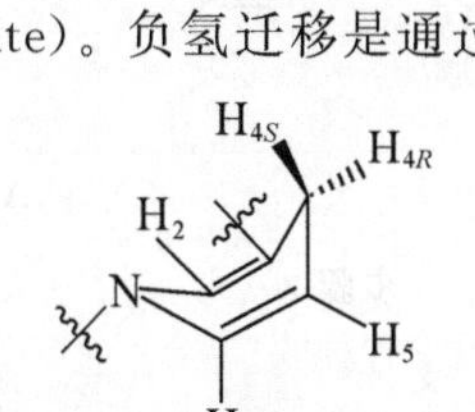

图8-3 二氢吡啶结构

但是，问题远没有这么简单。关于NADH二氢吡啶酰氨基结构中负氢迁移的机理一直存在着一些争议，因而长期以来一直是一个研究热点，有人认为，负氢在生化反应中是一步直接迁移到受体上的：

$$NADH + S \longrightarrow SH^- + NAD^+$$

也有人认为负氢迁移是多步间接地发生：

$$NADH + S \longrightarrow S^{-\cdot} + NADH^{+\cdot}$$
$$NADH^{+\cdot} + S^{-\cdot} \longrightarrow SH^- + NAD^+$$

程津培教授等[22]从能量的角度出发，详细研究了可能发生的每一个基元反应的能量，并结合一些已知的机理证据，建立了NADH还原反应机理的能量判据，通过对NADH模型和底物的电极电位的简单测定，建立了 NADH 中二氢吡啶环上的负氢迁移过程的能量尺度，确立的判据的普遍性已被许多实验所证明。这个判据就是：当负氢迁移过程中体系需要的能量 $\Delta G \gg 96.6$ kJ(1.0 V)时，负氢迁移为一步反应机理；当负氢迁移过程中体系需要的能量 $\Delta G \ll 96.6$ kJ(1.0 V)时，负氢迁移为多步反应机理；当体系需要的能量 ΔG 在 96.6 kJ (1.0 V)左右时，则负氢迁移为复杂的混合机理，即一步反应和多步反应同时并举的混合过程。

这样的处理方法是基于能量是物质运动和变化的基础这一观点。控制化学反应发生、方向和速率的能量因素一是热力学驱动力，即起始物和产物的能量之差，一般用 Gibbs 自由能(ΔG) 表示；二是动力学因素，即反应达到过渡态所需要的能量是与活化过程有关的多种能量的重新组合，包括键参数的变化以及溶剂化效应等因素。因此，上述关于负氢迁移的能量判据，正是抓住了能量变化这个重要因素。

下面简单介绍一种 C_2 对称结构的 NADH 模型的合成[9] (图 8-4)。

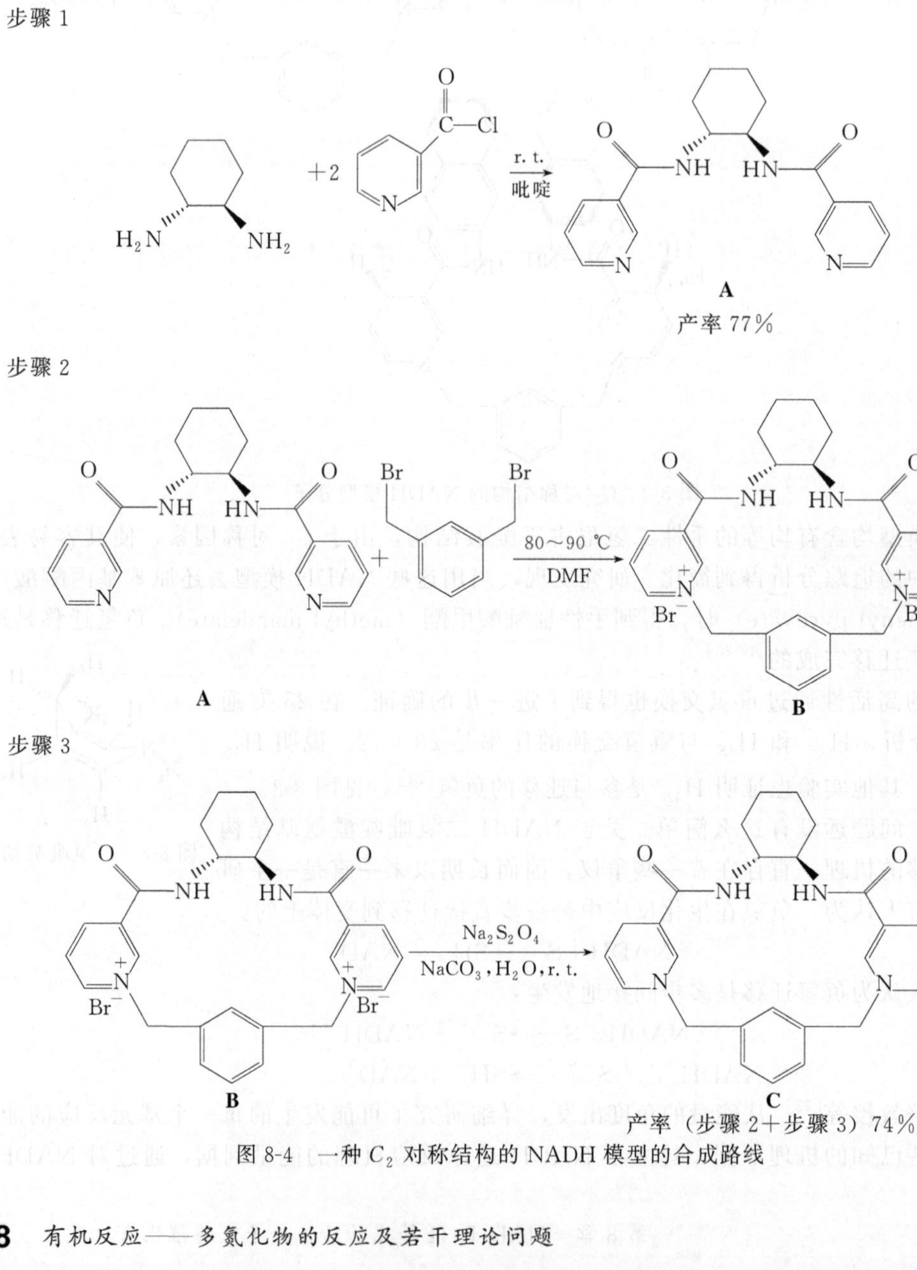

图 8-4　一种 C_2 对称结构的 NADH 模型的合成路线

反应的第一步是间位烟酰氯与（R,R)-反式-1,2-二氨基环己烷发生缩合反应，得到 N,N'-双烟酰胺环己烷，然后反应产物在 N_2 保护下，与二溴间二甲苯反应，得到大环结构的有机盐中间产物。这种有机盐的水溶性很大，通过用连二硫酸钠的还原反应，粗产品用 Sephadex G-25 色谱柱分离，得到纯化产物（产率 74%）。

8.1.3 NAD$^+$模型分子的还原研究

Steckhan 等[23] 曾经使用［$Cp^*Rh(bpy)H$］$^+$ 作为区域专一性的还原剂来还原 NAD$^+$ 得到具有 1,4-二氢吡啶环结构的 NADH，这里 Cp* 代表五甲基环戊二烯基，bpy 代表 2,2'-联吡啶。Buriez 等[24] 用［$Cp^*Rh(bpy)(H_2O)(OTf)_2$］作为催化剂、甲酸钠作为质子源，发现还原产物中 1,4-二氢吡啶环结构的 NADH 含量大于 95%，而副产物 1,6-二氢吡啶环结构的 NADH 异构体含量小于 5%。用核磁共振方法探明，当用氘代甲酸钠（DCO_2Na）代替甲酸钠时，发现 NADH 产物中吡啶环-4-位碳原子上的氘代程度大于 95%。Konno 等[25] 报道了一种新的区域专一性的 NAD$^+$ 还原剂：钌甲酰基配合物 *cis*-［$Ru(bpy)_2(CO)(CHO)$］PF_6，还原反应在惰气和避光下于 0～25 ℃进行，反应可在很短的时间内完成。研究发现，还原产物仅为 1,4-二氢吡啶环结构的 NADH，不存在 1,2-二氢和 1,6-二氢吡啶环结构的 NADH 异构体。Konno 区域专一性还原剂可以适用于不同取代基的 NAD$^+$，因此能用于合成各种不同取代基的 1,4-二氢吡啶环结构的 NADH。

然而，从常规量合成的应用角度来看，连二硫酸钠是一种价廉物美、非常实用的还原剂。对一些结构不是非常复杂的 NAD$^+$ 模型的还原，能给出非常好的结果。

这里，人们还发现了一个有趣的自然现象，若用连二硫酸钠还原 1-甲基-4-酰氨基吡啶溴鎓盐，仅仅得到 16%的 1,2,5,6-四氢吡啶（见图 8-5）。

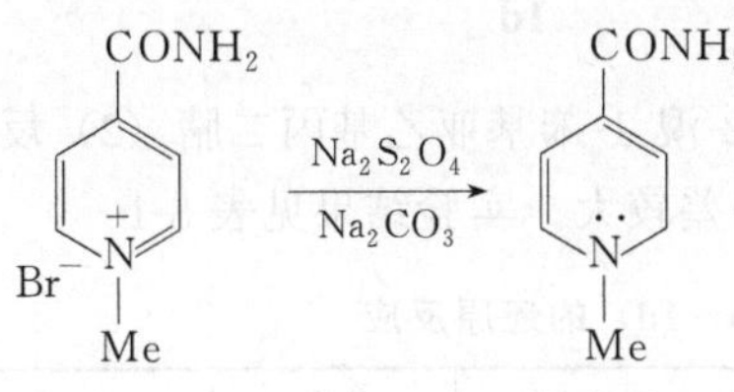

产率 16%

图 8-5 1-甲基-4-酰氨基吡啶溴鎓盐的还原

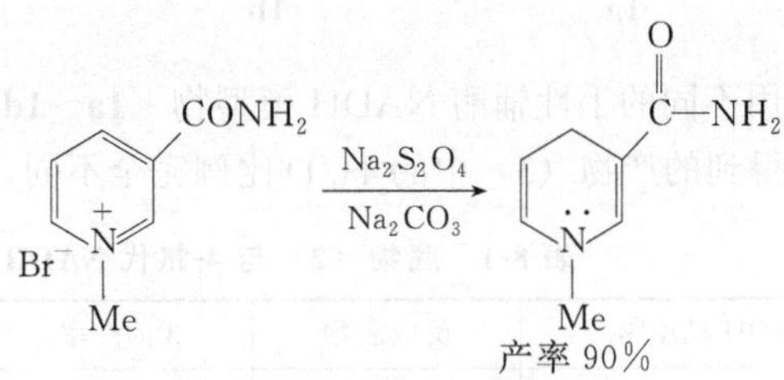

产率 90%

图 8-6 1-甲基-3-酰氨基吡啶溴鎓盐的还原

同样条件下，3-位酰氨基给出 90%的 1,4-二氢吡啶，无 1,6-异构体（见图 8-6）。

自然界 NADH 分子选择尼古丁酰胺结构（1-甲基-3-酰氨基二氢吡啶环），是由于间位酰氨基分子结构中存在大 π 共轭稳定体系。

大分子 NADH，不仅具有一定的学术研究价值，而且具有很好的应用前景。NADH 模型是一种绝妙的手性还原剂[26]，在手性合成中，得到手性还原产物。在药物合成中，能够得到手性药物分子。纯手性的药物是 21 世纪备受青睐的高效药物。

生物催化剂具有常规化学催化剂不可比拟的高效性和立体选择性，如酶或细胞催化加氢反应能以潜手性的酮为底物合成手性的醇、羟基酸或氨基酸等，是手性化合物的重要来源之一[27]。然而，酶催化加氢反应一般需要 NADH 或 NADPH 等辅酶参与，而辅酶的价格是非常昂贵的。对于细胞来说，辅酶再生并非难事，而人们利用纯化的辅酶作催化剂就有一个 NADH 或 NADPH 的消耗问题，需要采用辅酶的体外再生技术。电化学法辅酶再生具有不需要化学底物、再生过程简单而且能够克服化学平衡的限制等优点，受到了人们的重视[28]：

$$\mathrm{NAD^+} \xrightarrow{\text{电化学还原}} \mathrm{NADH}$$

经过修饰的电极表面直接还原辅酶具有潜在的优势，选择更好的电极材料以及对电极材料进行修饰改造，并设计更为合适的反应器进行电化学还原，也是一个新的方法[29]。

8.1.4 同位素效应和空间效应

最近，刘有成教授等[30-31] 对手性辅酶 NADH 模型物（**1**）与 2-溴-1-苯基亚乙基丙二腈（**2**）的不对称还原反应提出了一个可能的过渡态结构。为了证实这一结构，他们对 4-位氘代的模型与底物的反应进行了研究。反应如下：

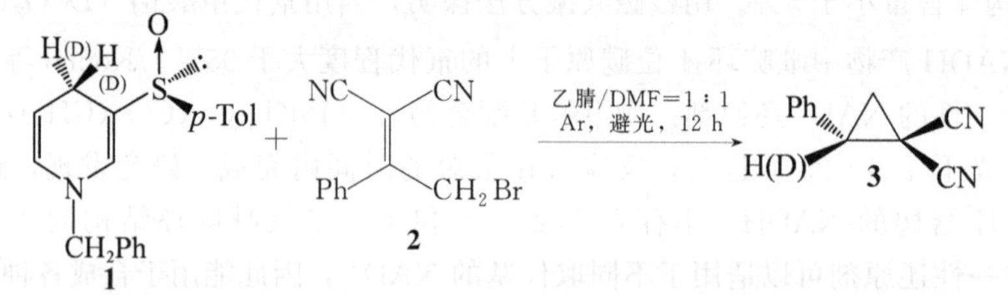

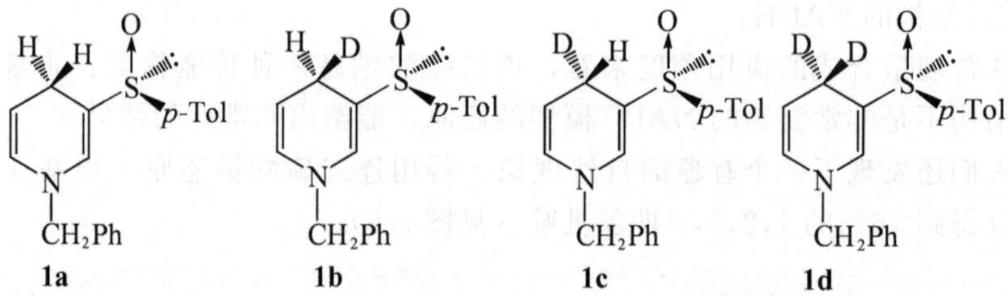

当用不同的手性辅酶 NADH 模型物（**1a**～**1d**）与底物 2-溴-1-苯基亚乙基丙二腈（**2**）反应时，所得到的产物（**3**）中的 H/D 比例完全不同，产率也相差较大。实验结果见表 8-1。

表 8-1 底物（2）与 4-氘代 NADH 模型物（1a～1d）的还原反应

NADH 模型物	反应底物	3 的产率	产物 3 中的 H/D 比	构象	*ee*/%①
1a	**2**	54.3%	100/0	*S*	54.5
1b/**1c**=63.5/36.5	**2**	45.7%	65.2/34.8	*S*	51.4
1b/**1c**=36.1/63.9	**2**	23.9%	58.0/42.0	*S*	29.3
1d	**2**	14.1%	0/100	*S*	35.2

① 手性产物百分比。

从表 8-1 中实验数据可以看出，同位素取代不仅在动力学方面有影响，而且在反应的立体选择性方面也有影响，更重要的是，在这一实验设计的反应体系中，H_S 不是完全立体专一的，H_R 也发生了部分转移。从表 8-1 来看，当 **1b**/**1c**=63.5/36.5 时，从产物中 H/D 的比例看出，H_S 上了 98.3%，这时 H_R 上了 1.7%；当 **1b**/**1c**=36.1/63.9 时，这时 H_S 仅上了 78.1%，而 H_R 的迁移高达 21.9%。笔者认为，当 **1c** 含量增大到 **1b** 的近两倍时，*S* 位的 D 也许由于同位素效应，迁移慢，这时 H_R 有机会迁移，也许这时动力学因素是主要矛盾，因而导致上述实验结果。

为了进一步研究反应历程，刘有成教授等[32] 对反应底物 2-溴-1-苯基亚乙基丙二腈

（2）上的离去基团作了对比。考虑到对甲苯磺酰氧与溴比较是一个很好的离去基团，而且较溴原子大一些，因此，用1-苯基亚乙基-2-对甲苯磺酰氧丙二腈（**2a**）作为底物，与上述手性辅酶NADH模型物(**1**)在一定条件下反应，实验结果见表8-2[32]。

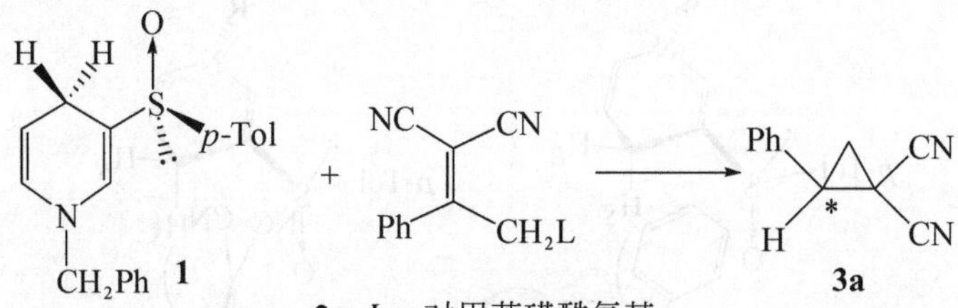

2a: L＝对甲苯磺酰氧基
2b: L＝Br

表8-2 NADH模型物（1）还原两种反应底物2a和2b的比较

底物	产物	构型	产率	ee/%
2a	**3a**	*S*	＜5%	51.2
2b	**3a**	*S*	35.1%	52.1

可以看出，底物上亚甲基碳原子上离去基团的变化对反应的对映体选择性影响不大。

为了研究不同取代基对反应的对映体选择性的作用，用一系列不同取代的1-(*X*-取代芳基)-2-溴亚乙基丙二腈（**2b**～**2m**）作为底物，用手性辅酶NADH模型物（**1**）去还原，反应结果如表8-3[32]所示。

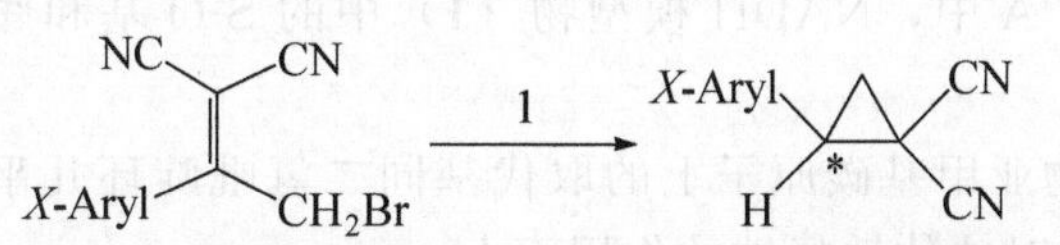

2b~2m **3a,3c~3m**

表8-3 NADH模型物（1）还原一系列不同取代的1-(*X*-取代芳基)-2-溴亚乙基丙二腈（2b～2m）

X-取代芳基	底物	产物	产率/%	构型	ee/%
苯基	**2b**	**3a**	56	*S*	53.2
对硝基苯基	**2c**	**3c**	72	*S*	13.1
对氟苯基	**2d**	**3d**	57	*S*	37.5
对氯苯基	**2e**	**3e**	52	*S*	37.1
对溴苯基	**2f**	**3f**	47	*S*	16.3
对甲氧基苯基	**2g**	**3g**	61	*S*	27.2
邻氟苯基	**2h**	**3h**	27	*S*	21.3
邻氯苯基	**2i**	**3i**	痕量		
邻溴苯基	**2j**	**3j**	痕量		
邻甲氧基苯基	**2k**	**3k**	痕量		
α-萘基	**2l**	**3l**	痕量		
β-萘基	**2m**	**3m**	66	*S*	21.1

考虑到 NADH 模型物（**1**）的氢迁移的立体专一性、主要的 *S*-异构体环丙烷产物（**3a**，**3c**～**3h**，**3m**）的构型，以及底物和 NADH 模型物（**1**）中的 S-O 基团之间的空间位阻，底物可以通过如下两种模型的过渡态来逼近 NADH 模型物（**1**）的二氢吡啶环[32]：

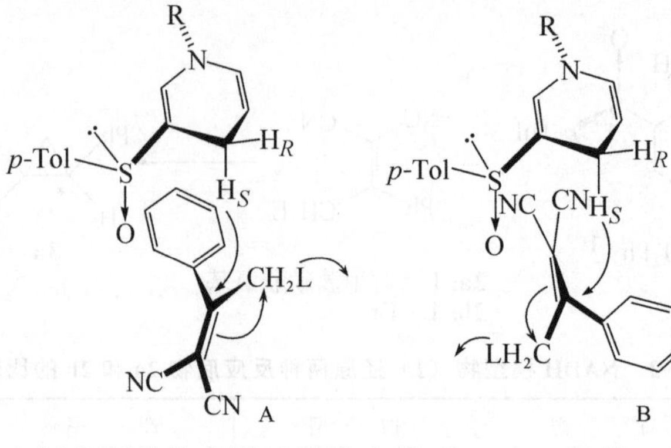

尽管在模型 B 中空间位阻总体来说显得没有模型 A 大，但是，基于如下考虑，模型 A 实际上最有可能存在[32]。

首先，在模型 B 中，在对位的取代基由于远离反应中心，不可能通过空间效应影响到对映异构体的选择性。而在模型 A 中，*X*-取代芳基正好在二氢吡啶环的底下，因而取代基可以减少对映体的选择性，这是空间相互作用的结果（二氢吡啶环上氮原子的孤对电子和对位的取代基之间存在着可能的立体相互作用）[32]。

另外，在模型 B 中，邻位取代基除了氟原子之外，不可能这样显著地阻碍反应以致得不到产物。但是在模型 A 中，NADH 模型物（**1**）中的 S-O 基和底物中的邻位取代基则大得足以阻碍反应[32]。

在构型 A 中，底物亚甲基碳原子上的取代基同二氢吡啶环几乎没有空间位阻，因而在亚甲基上变换取代基对对映体选择性的作用不大。

由于以上原因，所以反应应该是通过过渡态的模型 A 进行的[32]。

8.1.5 线粒体呼吸和生物电子传递中的 NADH

8.1.5.1 线粒体呼吸[33]

线粒体（图 8-7）的主要功能是，在还原剂 NADH 和 FADH（还原黄素腺嘌呤二核苷

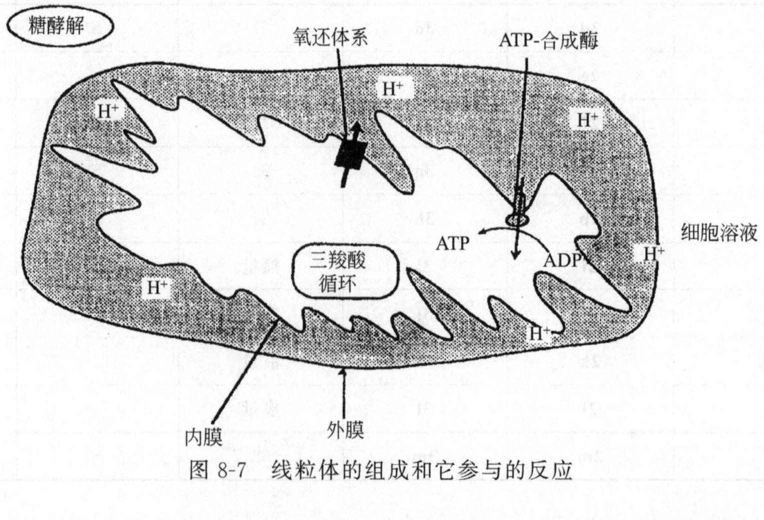

图 8-7 线粒体的组成和它参与的反应

酸）存在下，充当产生以 ATP 为形式的化学能的场所。它所参与的一组反应是生化反应体系中一个十分重要的循环，即柠檬酸循环，又称三羧酸循环。柠檬酸循环是大多数活细胞中心代谢途径的核心，柠檬酸循环从乙酰辅酶 A 与草酸乙酰缩合开始，最终生成柠檬酸和乙酰辅酶 A。乙酰辅酶 A 是由糖酵解形成的丙酮酸的衍生物。连同电子传递系统和氧化磷酸化一起，每循环一周，可将 1 分子乙酸氧化成相当量的二氧化碳和水，同时合成 15 个 ATP 分子。

线粒体内还含有氧化还原酶和 ATP 合成酶，用来催化氧化磷酸化作用（该过程联系 NADH 的氧化与 ADP 磷酸化）。所涉及的这些蛋白质中有许多位于内线粒体膜上，NADH 是需氧呼吸过程中重要的电子供体，而氧分子是终端电子接受体。

$$NADH+\frac{1}{2}O_2+H^+ \longrightarrow H_2O+NAD^+ \quad \Delta E=+1.4\ eV$$

该反应所产生的能量驱动质子跨过内细胞膜，这种转移作用是通过将氧化还原蛋白的活性中心与质子的载体输运结合起来来实现的。电子传递链由四个呼吸复合物（其中有细胞色素 C 氧化酶）所组成，这些复合物含有几种活性中心，如铁硫中心、血红素、黄素及其他辅酶。

8.1.5.2 生物电子传递[34]

电子传递是最基本、最重要的化学过程之一。电子传递包括分子间电子传递、分子内电子传递和固体材料或分子中的磁交换三种情况。生物体系中的电子传递过程涉及电子从一个蛋白质分子传递到另一个蛋白质分子。生命过程的核心问题之一是能量转换（譬如呼吸和光合作用），而能量转换的中心过程是电子传递。生物电子传递过程中，给体（donor，D）和受体（acceptor，A）中参与电子传递的金属被结合在蛋白质分子之中，不直接接触外部环境，而且两个金属原子一般不直接传递电子。这种金属蛋白参与的生物电子传递过程可以是分子间传递，也可以是双核或多核配合物的分子内传递。以呼吸过程和代谢过程为例来看生物电子传递过程，这些过程涉及氧化还原蛋白或酶（图 8-8）。

涉及细胞内部化学能的产生，有一系列电子传递步骤与化学反应相伴随，需借助于结合在膜上的、含有几个活性中心的多亚基酶的作用。一种反应底物，如 NADH 充当初始电子源，这些电子最后被传递链终端接受体所捕获，这个能量上有利的过程要与一系列氧化还原反应相偶合，从而为反应提供推动力。这些反应是用来运送离子（特别是 H^+）及代谢物跨过细菌或线粒体膜的过程，跨膜浓度梯度反过来驱动 ATP 的合成，电子传递途径最终被转换成有用的化学能形式。

第二类生物电子传递过程是合成代谢反应与分解代谢反应［如图 8-8（b)］，合成代谢反应是由小分子底物合成生物大分子的过程，而分解代谢反应则是把生物大分子裂分为较小的片段，使之在细胞内进入进一步的代谢过程。

自然界采用了许多氧化还原酶，它们发挥作用的生物学环境极为复杂。组成蛋白质的多肽链同时调节着氧化还原中心的物理化学性质以及这些蛋白质分子与其他分子之间的相互关系。跨膜的螺旋可使蛋白质在膜上定位，蛋白相互折叠的空间结构规定多亚基酶的相互作用，蛋白质分子的侧链可能会加强金属活性中心的反应能力。一个活性中心往往是被蛋白质或酶分子紧紧结合在一起、含有若干金属离子和有机配体的结构实体，在分离提纯过程中，活性中心一般不被解离下来。辅基和辅酶就结合得不那么紧，在新分离提纯的蛋白质中一般不复存在。

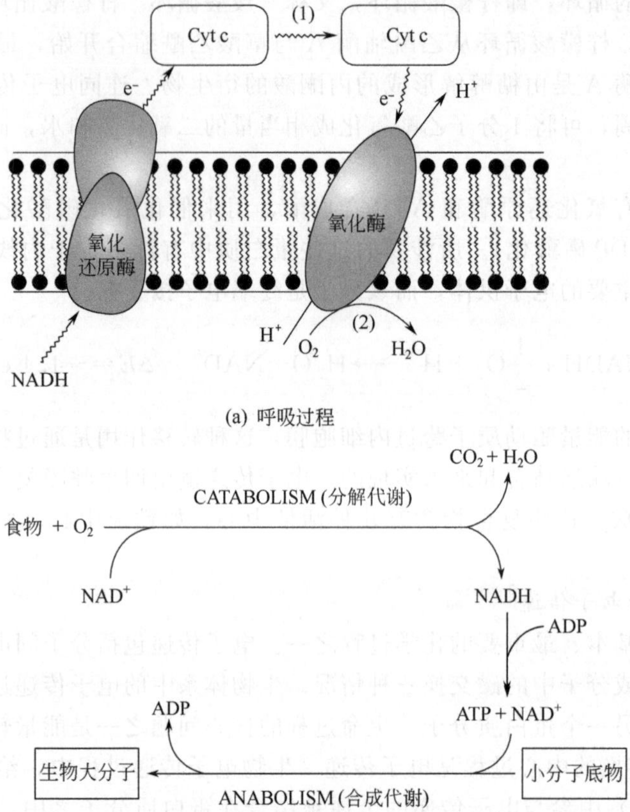

(a) 呼吸过程

(b) 代谢过程

图 8-8　两类不同的生物学过程

氧化-还原反应的本质是电子传递。在生命体系中，这个过程更为丰富多彩，在线粒体呼吸（柠檬酸循环）和生物电子传递过程中，NADH 都是电子的给予体。NADH 是电子和能量的化身[34-35]。

最后，简单探讨一下氨基酸氧化脱氨的酶与 NADH[36]。氨基酸氧化脱氨的酶可以分为 3 大类：*l*-氨基酸氧化酶、*d*-氨基酸氧化酶和专一氨基酸氧化酶。*l*-氨基酸氧化酶仅催化 *l*-氨基酸氧化脱氨，人和动物体中的此类酶以 FMN 为辅基。*d*-氨基酸氧化酶催化 *d*-氨基酸氧化脱氨，以 FAD 为辅基。专一氨基酸氧化酶仅催化某种氨基酸氧化脱氨，其中以 *l*-谷氨酸脱氨酶最为重要，此酶广布于动物、植物和微生物，一种以 NADH 为辅酶，另一种以 NADPH 为辅酶。该酶使氨基酸直接脱去氨基的活力最强，为别构酶。味精生产即利用微生物体内的谷氨酸脱氢酶将 α-酮戊二酸转变为谷氨酸，进而转化成谷氨酸钠。转氨基作用和脱氨基作用联合一起实现的联合脱氨，迄今仍然被认为是由 *l*-谷氨酸脱氢酶担负真正脱去氨基的作用：

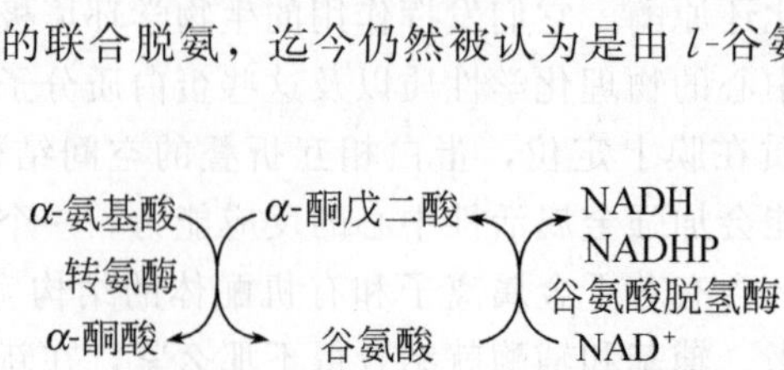

氨基酸的转氨是一个很有趣的过程。除甘氨酸、赖氨酸、苏氨酸、脯氨酸外，其余氨基酸都可将自身的 α-氨基转移给酮酸，而且这个反应是可逆的。由此也说明了非必需氨基酸生物合成的途径。

转氨酶分布很广，至今已发现有 50 种以上 *d*-氨基酸和 *l*-氨基酸都有相应的转氨酶。转氨酶的辅基均为磷酸吡哆醛。转氨机理均为形成醛亚胺中间物。

联合脱氨的方式有两种：一种是以 *l*-谷氨酸脱氢酶为中心的联合脱氨；另一种是嘌呤核苷酸循环。嘌呤核苷酸循环途径和嘌呤核苷酸生物合成的反应途径基本相同（从次黄嘌呤核苷一磷酸开始）。骨骼肌、心肌、肝脏和脑的脱氨以此途径为主。

可以看出，这些氨基酸代谢过程都需要 NAD(P)H 作为辅酶。

8.1.6 NAD(P)H 及其模型分子的研究进展

奥妙的生命现象中潜藏着许多复杂的有机化学反应问题。合成和研究一些具有重要学术价值的新的生物活性分子，有着重要的科学意义。

NAD(P)H 是生物代谢过程中的重要辅酶，由于NAD(P)H 这个辅酶分子与酶蛋白大分子的结合不是非常紧密，有一定的自由度，因而便于人们对其单独进行研究和生化模拟。科学家们对生物活性分子 NAD(P)H 进行人工合成模拟，先后合成了一些各具特色的 NAD(P)H 模型分子（models)。最早人们合成的一些模型分子，也叫第一代和第二代 NADH 模型分子，其主要代表如下：

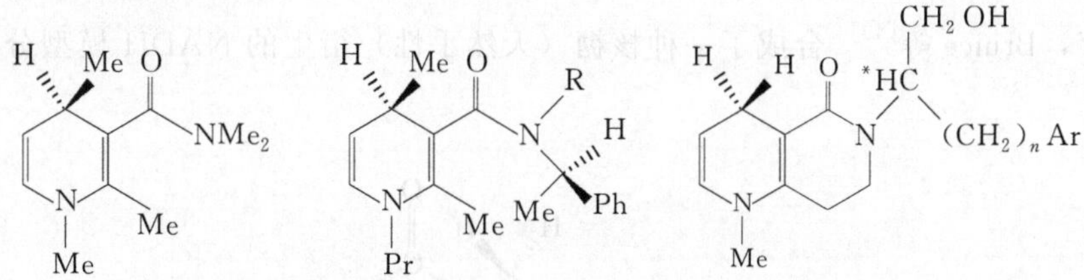

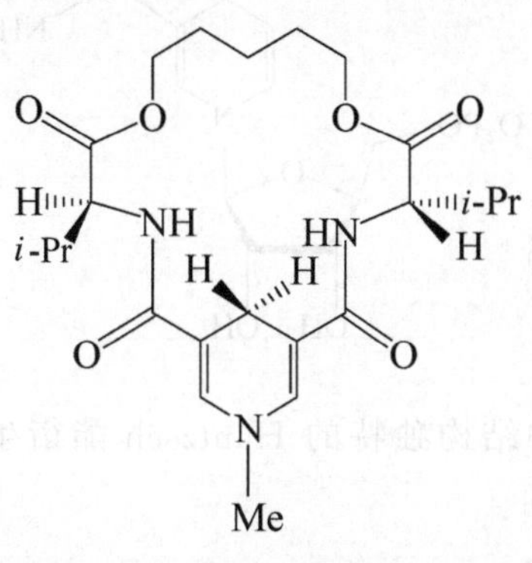

还有早期 Eikeren 等[37] 合成的手性 NADH 模型分子如下：

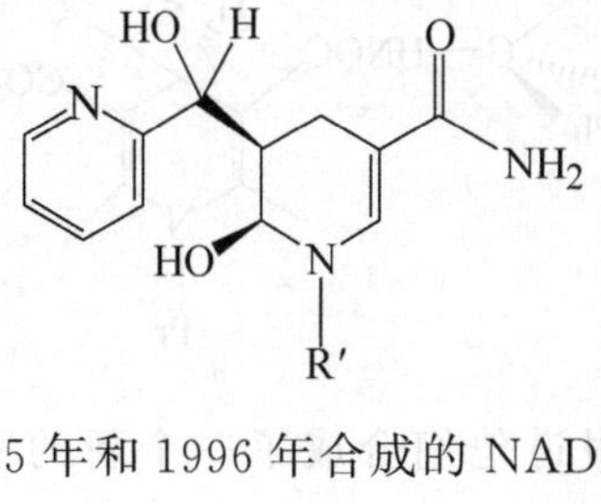

还有 Levacher 等[38] 在 1995 年和 1996 年合成的 NADH 模型分子，结构如下：

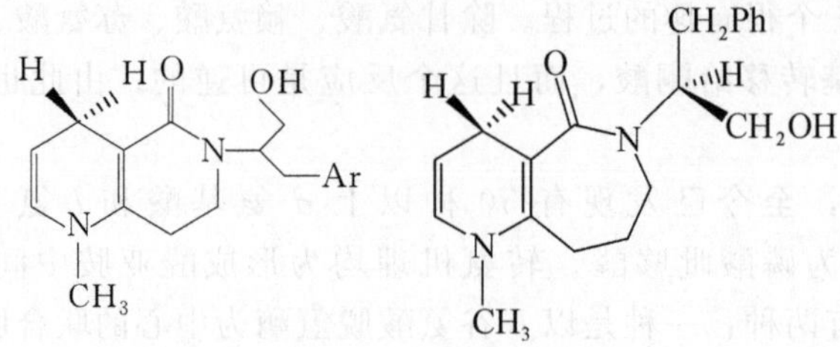

Kojima 等[39] 曾把 β-环糊精（天然手性）键接在 NADH 分子的活性基团二氢吡啶酰氨基上，得到一种新的 NADH 模型分子：

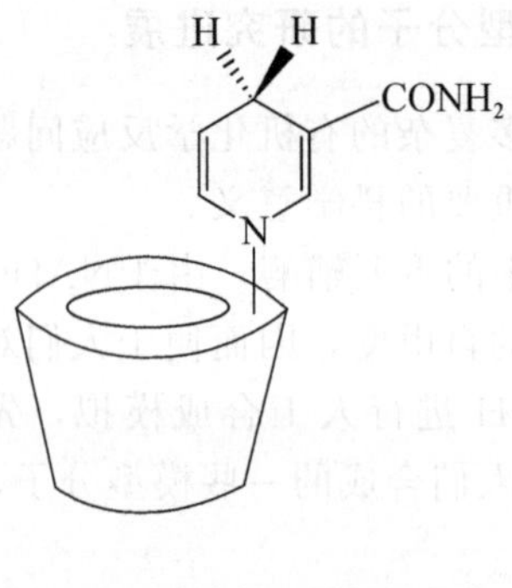

1993 年，Bruice 等[40] 合成了一种核糖（天然手性）衍生的 NADH 模型分子，其结构如下：

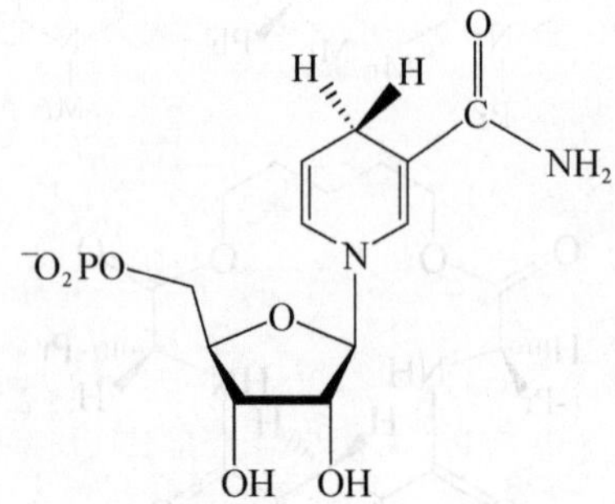

Tanner 等[41] 合成了一种结构独特的 Hantzsch 酯衍生的 NADH 模型分子，其结构如下：

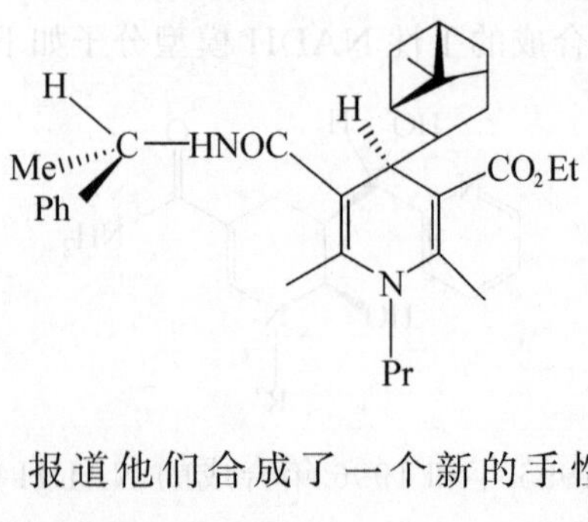

2003 年，Levacher 等[42] 报道他们合成了一个新的手性 NADH 模型分子，其结构

如下：

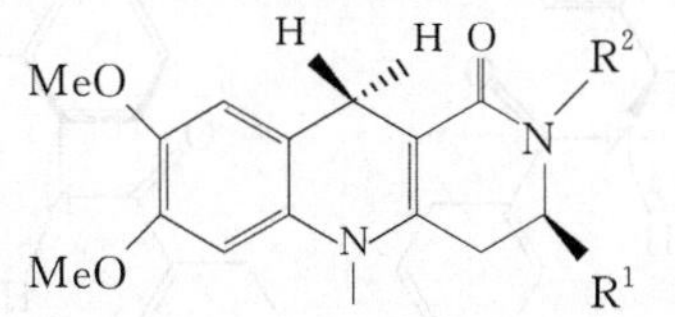

König 等[43] 报道了他们最新合成的一个含氮杂环配体结构的 NADH 模型分子，其结构如下：

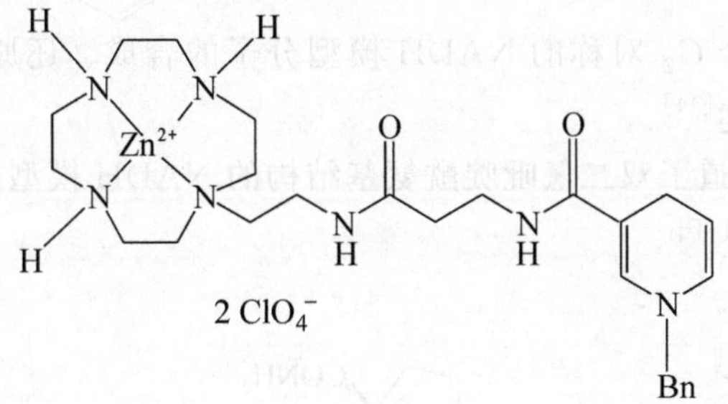

从上述 NADH 模型分子来看，其结构特征一般是在活性基团二氢吡啶酰氨基邻近位置引入一个手性中心，大部分合成的 NADH 模型分子在二氢吡啶酰氨基邻位引入了手性碳原子。

笔者在国外从事研究工作期间，参与合成了以下 C_2 对称的 NADH 模型分子[9]，也叫第三代 NADH 模型分子，其结构如下：

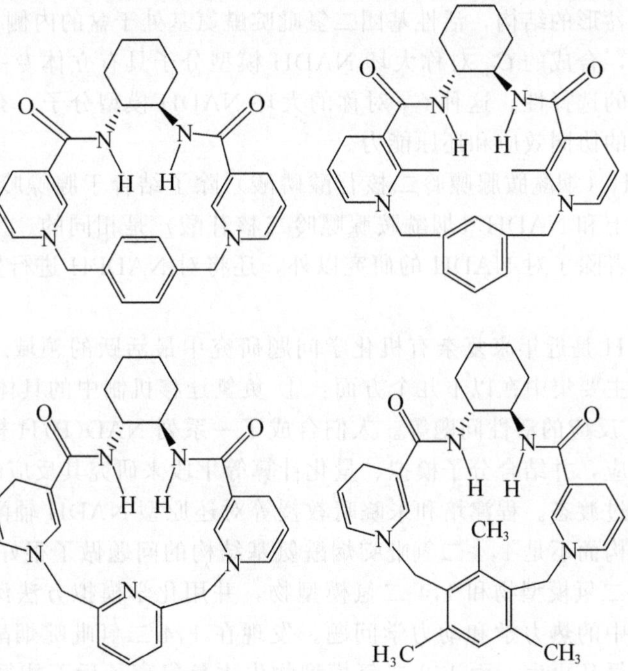

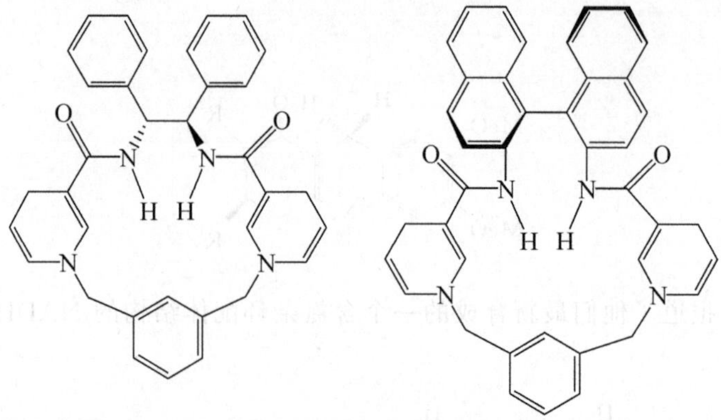

笔者曾对上述若干个 C_2 对称的 NADH 模型分子的合成、还原过程、空间效应以及负氢迁移的机理等作了阐述[44]。

Fukuzumi 等[45] 报道了双二氢吡啶酰氨基结构的 NADH 模型分子，其结构如下：

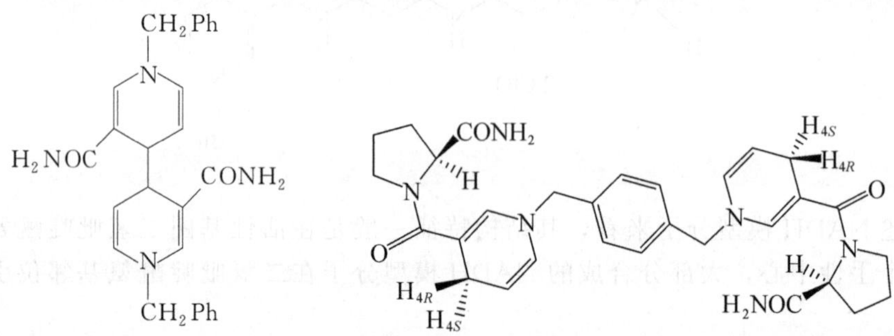

这种双二氢吡啶酰氨基结构的 NADH 模型分子具有很好的协同效应，这种结构的 NADH 模型分子的负氢迁移，在研究催化环化和还原反应中有很大的理论意义和应用价值。

为此，笔者已合成一种新的、具有 C_3 对称的大环手性 NADH 模型分子。根据计算，目标分子具有一个盆形的结构，活性基团二氢吡啶酰氨基处于盆的内侧，因此，在发生负氢迁移的还原反应中，合成的 C_3 对称大环 NADH 模型分子具有立体专一性，这样对底物的还原反应就有很好的选择性。这种 C_3 对称的大环 NADH 模型分子，有三个二氢吡啶酰氨基结构，具有更强的协同效应和还原能力。

另外，NADPH（烟酰胺腺嘌呤二核苷酸磷酸）除了结合于腺嘌呤的 d-核糖-2′位上磷酸化以外，在结构上和 NADH（烟酰胺腺嘌呤二核苷酸）是相同的。生物光化学过程仅与 NADPH 有关，笔者除了对 NADH 的研究以外，还将对 NADPH 进行生化模拟研究，故统称为 NAD(P)H。

辅酶 NAD(P)H 是近年来复杂有机化学问题研究中最活跃的领域之一。目前，人们对 NAD(P)H 的研究主要集中在以下几个方面：① 负氢迁移机制中的具体问题；② 还原反应的立体选择性；③ 反应的活性问题等。人们合成了一系列 NAD(P)H 模型化合物，研究它们与还原底物的反应，并结合分子模拟、量化计算等手段来研究其反应的机理，分析结构中基团的影响因素和过渡态。程津培和朱晓晴教授等对还原型 NADH 辅酶为什么选择 1,2-二氢吡啶烟酰氨基结构而不是 1,4-二氢吡啶烟酰氨基结构的问题做了很好的研究工作[46]。他们设计合成了 1,2-二氢模型物和 1,4-二氢模型物，并用化学模拟方法深入地研究了其负氢离子可逆转移过程中的热力学和动力学问题。发现在 1,4-二氢吡啶烟酰氨基结构中，其失去负氢离子后可以循环再生，而 1,2-二氢模型物失去负氢离子后不能循环再生。原因是 1,4-二氢模型物中的 C-4—H 键的异裂能大于 1,2-二氢模型物中的 C-2—H 的异裂能而且在 1,

4-二氢吡啶烟酰氨基结构中的空间位阻小于1,2-二氢模型物。蔡汝秀教授等[47]研究了维生素K_3对酵母细胞内NAD(H)水平的调控问题。酵母细胞内含有极微量的NADH辅酶化合物，从酵母细胞内可以提取少量天然NADH分子。在真核细胞内，质膜氧化还原系统在细胞生长和营养吸收过程中发挥着重要作用。细胞内的电子给体NAD(H)分子中的一对电子，通过氧化还原反应，转移到细胞外的电子受体上。有文献报道维生素K_3是一种强烈的氧化应激诱导剂，具有耗竭细胞内的谷胱甘肽（GSH）、导致细胞内氧自由基增加及促使蛋白巯基芳香化的作用[48]。蔡汝秀等发现，在维生素K_3的作用下，铁氰化钾能进一步降低酵母细胞内NAD(H)水平，并结合荧光显微技术，初步证实了维生素K_3对酵母细胞有毒害作用。

然而，就合成和模拟方面而言，到目前为止，人们设计和合成的这些NAD(P)H模型分子，尽管解决了一些物理有机化学研究方面的若干问题，但要认识NAD(P)H在生命过程中对复杂体系的手性还原更深层次的问题，回答生物光化学反应如光合作用的一些具体问题，就显得粗糙了一些。还有，在生物体内，辅酶NAD(P)H是以非常少的催化量作用的；但以前报道的NAD(P)H模型分子与底物的反应，是等物质的量的，甚至NAD(P)H模型分子是过量的，且无法再生，而在生物体内，消耗掉的辅酶NAD(P)H很容易得以再生。以往的研究，用简单的NAD(P)H模型分子与被还原化合物来反应，似乎就可以模拟这个生物化学现象。笔者认为，NAD(P)H在体内虽然是一个活性分子，但它的氢迁移受大分子脱氢酶的制约和催化。实际上，在生命体内，NAD(P)H作为辅酶和酶蛋白是相互结合的，虽然结合得不像黄素核苷酸辅基FMN（常称黄素蛋白，像一个大分子）与酶蛋白那么紧密，但它是属于酶蛋白制约的。正因为NAD(P)H这个辅酶与酶蛋白大分子的结合不很紧密，有一定的自由度，所以便于人们抽象出来进行模拟研究。但事实上，NAD(P)H分子与它作用的底物在相互反应过程中，是受到蛋白酶的催化的。

合成一系列全新的仿真型手性NADH模型分子，探索新的手性NAD(P)H模型分子合成过程中新方法、新反应、新理论和新试剂，选择生化还原体系，利用人工分离得到的脱氢酶，来模拟生化反应，解决生命现象中潜藏的一些科学问题，是笔者目前一部分研究内容。研究模型化合物分子结构中的官能团二氢吡啶酰氨基的活性及其与分子中其他基团的关系，重点是模型化合物中酰氨基与1,4-二氢吡啶环上双键的顺反构型对反应的影响。在完成符合以上构型要求的手性NADH模型化合物的合成和表征以后，通过分析它们与还原底物作用的过程和结果，并进一步通过原子标记、Gaussian 98软件的量化计算等手段，来推测反应的过渡态。利用人工分离得到的脱氢酶蛋白作催化剂，对手性NADH模型分子与反应底物进行模拟，尤其是NADH在不同环境和不同反应体系中负氢迁移的机理，得出可靠的结果。进而通过扩大底物分子，研究新的手性还原反应问题。光合作用的奥妙是水被氧化为氧分子，NADPH在光合作用中起着传递电子和能量的最关键的作用，在整个光合系统中，NADPH的氧化态$NADP^+$实现了对水分子的氧化作用，光能使电子从水分子转移到$NADP^+$生成NADPH并游离出质子。深入理解这个机制对新能源开发意义重大。

自从英国化学家托德（A. R. Todd）于1957年因对辅酶等生物活性分子的研究而荣获诺贝尔化学奖以后，在分子层面对辅酶的有机化学研究越来越深入。

通过设计和合成性能优异的新型生物活性辅酶模型分子，建立某些生命过程中的仿生化学反应体系，从立体结构和反应机理上模拟并揭示生物调控过程，是一个很有科学意义的研究方向。

笔者的研究组在国家自然科学基金委的支持下，完成了一些具有C_2对称（四个手性中心）和C_3对称（六个手性中心）的新型手性NAD(P)H模型分子的设计、合成、手性还原反应和荧光特性研究等[49-51]。

具有六个手性中心的 C_3 对称的辅酶 NAD(P)H 模型分子，具有一个盆形的结构，活性基团二氢吡啶酰氨基处于盆的内侧，在发生负氢迁移的还原反应中，C_3 对称的新型手性 NAD(P)H 模型分子具有更好的立体专一性，这样对底物的还原反应有很好的选择性。这种 C_3 对称的大环 NAD(P)H 模型分子，有三个二氢吡啶酰氨基结构，具有更强的协同效应和还原能力。笔者研究组合成的这个 C_3 对称的辅酶 NAD(P)H 新模型分子，是目前国际上最新和性能很好的新一代模型分子。C_3 对称的手性 NAD(P)H 模型分子立体结构如下：

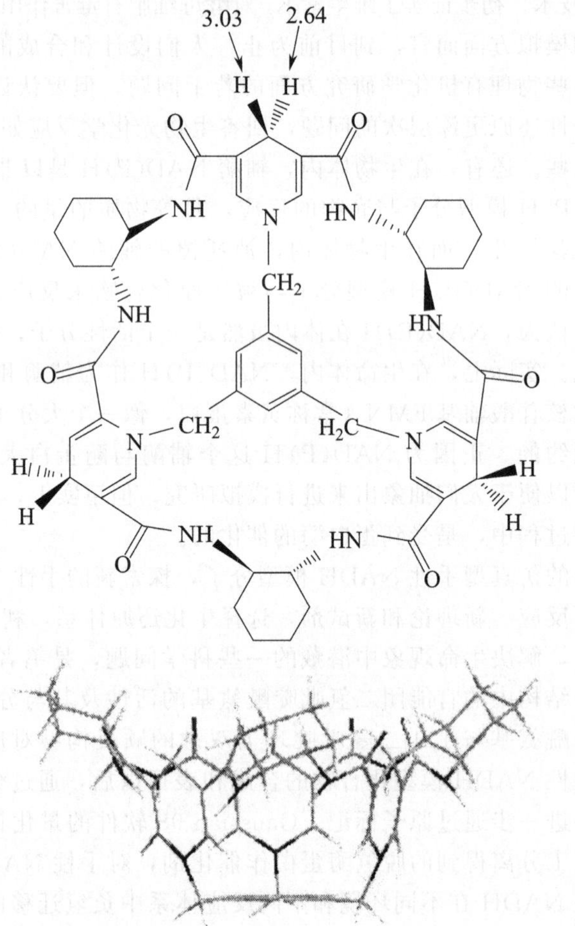

笔者的研究组[52] 深入细致地研究了其高度立体专一的手性还原反应，并研究了其荧光光谱特性，发现五氟苯氧基是一个很好的导向基。

我们拟对脱氢酶进行固载化，在葡聚糖载体上模拟脱氢酶催化条件下辅酶 NAD(P)H 模型分子的还原反应，模拟和探索光合作用中暗反应中 NAD(P)H 把 CO_2 还原成糖的机制；同时，模拟在脱氢酶催化条件下辅酶氧化态 NAD(P)$^+$ 分子的氧化反应，进一步拓展各种反应底物，进一步理解光合作用中光系统Ⅱ(PSⅡ) 对水分子的复杂氧化机制。

笔者研究组又设计了一种全新的花篮状手性 NAD(P)H 模型分子，该模型分子更有利于和生物大分子脱氢酶相互匹配，可望在生化模拟中发挥更好的模型作用，有助于探索 NAD(P)H 在生命科学和生物光化学中的某些奥秘。新的花篮状手性 NAD(P)H 模型分子的结构如下：

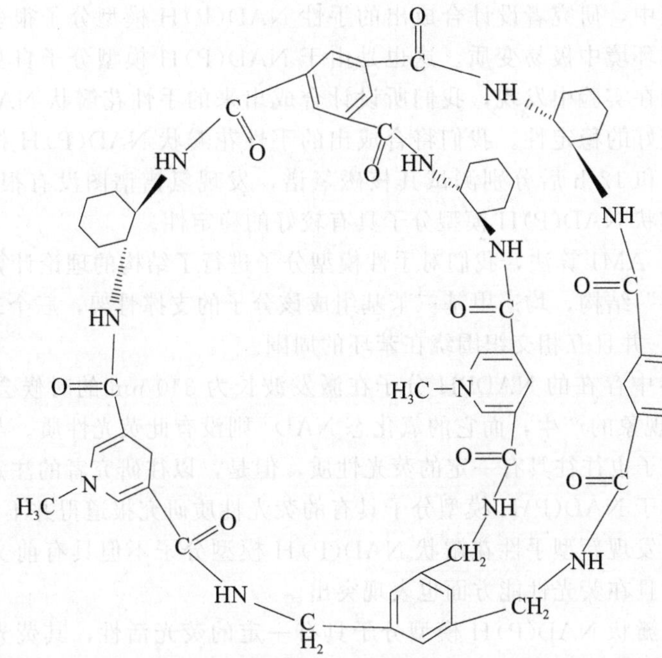

这个花篮状手性 NAD(P)H 模型分子，活性部位二氢吡啶酰氨基上能起还原作用的活性氢都在篮内侧，立体专一性还原能力会更强，由于花篮的束缚作用，对底物有很好的立体选择性。另外，大环模型分子有 3 个二氢吡啶酰氨基结构，具有更强的协同还原能力。

8.1.7 花瓣状 NAD(P)H 模型分子及其荧光活性

基于我们以前报道的具有“盆状结构”的 NAD(P)H 模型分子，我们又设计和合成了具有三个吡啶酰氨基结构的花瓣状 NAD(P)H 模型分子。花瓣状 NAD(P)H 模型分子虽然没有封闭，但也存在一定程度上的空腔结构，这样不仅可以与金属离子进行有效的络合，而且在与脱氢酶的识别组装中可能会有很多的优势。为探索 NAD(P)H 模型分子生物还原反应的构型因素作出了新的贡献。

花瓣状 NAD(P)H 模型分子的结构如下：

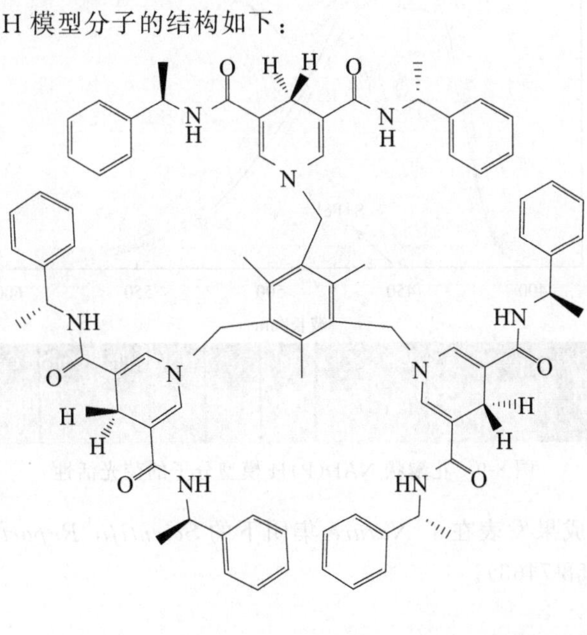

在许多的文献报道中，研究者设计合成出的手性 NAD(P)H 模型分子很多都是对空气和光等敏感的，在常规环境中极易变质。这也是由于 NAD(P)H 模型分子自身的还原能力很强所导致的。而我们在实验中发现，我们所设计合成出来的手性花瓣状 NAD(P)H 模型分子在常规环境中有较好的稳定性。我们将合成出的手性花瓣状 NAD(P)H 模型分子在自然环境中分别放置 6 h 和 12 h 后分别测试其核磁氢谱，发现氢谱谱图没有很明显的变化，此实验证实，手性花瓣状 NAD(P)H 模型分子具有较好的稳定性。

利用 Gaussian 03、AM1 算法，我们对手性模型分子进行了结构的理论计算。

该分子呈“花瓣型”结构，均三甲基三苄基组成该分子的支撑骨架，三个二氢吡啶结构构成了分子的“花瓣”，并且互相交织围绕在苯环的周围。

我们知道，自然界中存在的 NADPH 分子在激发波长为 340 nm 的时候会在 430～445 nm 范围内有荧光发射现象的产生，而它的氧化态 NAD^+ 则没有此荧光性质。与此相类似的是，NAD(P)H 模型分子也往往具有一定的荧光性质，但是，以往研究者的注意力常常聚焦于它的还原性质，而对于 NAD(P)H 模型分子具有的荧光性质研究报道得并不多。

在我们的研究中，发现新型手性花瓣状 NAD(P)H 模型分子不但具有前文所述的较好的不对称还原性质，而且在荧光性能方面也表现突出。

我们合成的手性花瓣状 NAD(P)H 模型分子具有一定的荧光活性，其荧光活性对于发展生物活性探针分子很有意义。

当我们加入 Fe^{3+} 后，在 365 nm 的紫外荧光灯照射下，体系溶液的荧光发生猝灭，而对于其他金属离子并没有发生此现象（图 8-9），这说明花瓣状 NAD(P)H 模型分子对 Fe^{3+} 可实现选择性识别。花瓣状 NAD(P)H 模型分子单独存在时，在 $\lambda_{ex}=377$ nm 的时候，它自身的荧光最大发射波长可以达到 460 nm。

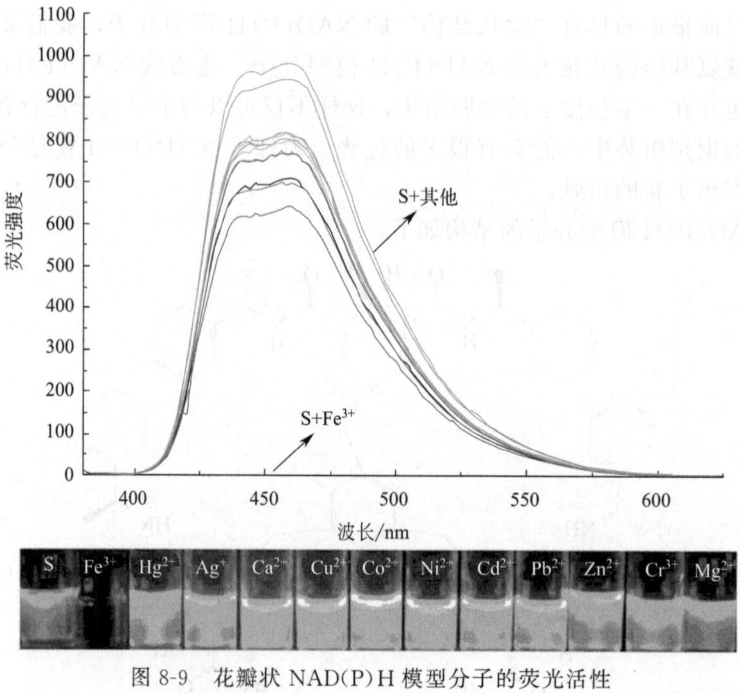

图 8-9　花瓣状 NAD(P)H 模型分子的荧光活性

我们的上述研究成果发表在了 *Nature* 集团下的 *Scientific Reports* 上（*Scientific Reports*，2015，5：17458-7463）。

8.1.8 NAD(P)H 模型分子在脱氢酶催化下的还原反应

我们将 L-脯氨酸结构引入到 NAD(P)H 模型分子中，一方面是因为 L-脯氨酸是一种天然存在的手性化合物，容易获得，通过改变不同的取代基，可以获得具有不同结构的 NAD(P)H 模型分子；另一方面考虑到 L-脯氨酸结构会具有更大的空间位阻，在形成 C_3 对称结构的 NAD(P)H 模型分子以后，相比较而言能够形成一个更加稳定和较大的“空腔结构”，可以和底物以及金属离子形成较好的反应过渡配合物，以达到取得较好的立体选择性的目的。

脯氨酸衍生的 NAD(P)H 模型分子的结构如下：

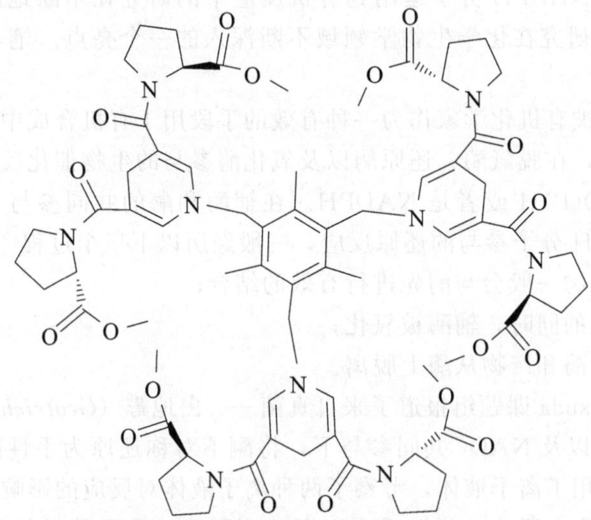

辅酶 NADPH 分子在和相关脱氢酶结合进行不对称还原反应的研究，是一个很好的研究课题。辅酶模型分子 NAD(P)H 对一些复杂化合物的还原反应，把被还原的基团由羰基拓展到前手性的双键（如烯胺双键）等底物上来；这对于理解光合作用中暗反应在脱氢酶催化等条件下，辅酶分子 NAD(P)H 把 CO_2 还原为糖具有重要意义。但是我们发现，生物酶催化反应目前都是选择特定的脱氢酶或者是经过基因改造后产生的脱氢酶，而且反应中使用的都是天然存在的辅酶 NADPH 分子，这样就给生物酶催化辅酶 NADPH 分子的反应带来一定的困难。

我们探索了运用我们设计合成的几种新型 NAD(P)H 模型分子，选择生化还原体系，拓展反应底物，结合脱氢酶，进一步研究在酶催化条件下手性辅酶 NAD(P)H 模型分子参与的还原反应，为 NAD(P)H 模型分子的研究开辟了一条新的研究途径。

首先，脱氢酶活性和种类来源的问题。考虑到生物酶的不稳定和存储困难容易失活，我们在进行实验之前测定了脱氢酶的活性，确认了脱氢酶在使用之前的活性依然较高。许多研究结果表明，不同菌种产生的生物酶系统具有不同的组成。同一种酶也由于来源不同而在性质上有明显的差异。我们考虑到也有可能是在反应中遇到了有机溶剂等，使脱氢酶的活性减弱甚至是失活。一些报道中使用的活性较强的脱氢酶，则是一些特殊菌种产生的，或是通过基因工程突变获得，选择多种生物脱氢酶或者是生物工程获得的脱氢酶有一定的优势。

另外，在反应中选择出有效的酶催化是必要的。生物酶在反应中存在着一定的专一性，结合酶的空间构型以及尺寸，需要设计合成一些 NAD(P)H 模型分子使得和脱氢酶能够很好地进行匹配，构成“钥匙和锁”的关系。当底物和生物酶结构不能很好地匹配和吻合的时候，不会有很好的反应效果，这需要大量的反应底物去进行筛选。因为手性 NAD(P)H 模型分子的结构不同，也存在着和生物酶空间匹配的问题，所以也需要合成更多具有刚性和柔性结构的模型分子进行筛选。

我们相信选择一些不同菌种产生的生物酶，设计更多能够与酶相匹配的手性 NAD(P)H 模型分子，同时扩展反应底物的选择范围，就能够实现手性 NAD(P)H 模型分子与脱氢酶的结合，在生物不对称还原反应中取得突破。

8.1.9 NAD(P)H 参与脱氢酶催化的还原反应进展

将生物酶与辅酶 NADPH 分子运用到有机反应中的研究在不断地深入，这方面的研究是辅酶 NAD(P)H 的研究在化学生物学领域不断深入的一个亮点。笔者研究组也在这方面做了一些工作[52]。

酶催化反应已经被有机化学家作为一种有效的手段用于有机合成中，尤其是催化不对称合成反应。研究发现，在脱氢酶、还原酶以及氧化酶参与的生物催化反应中一般都需要辅酶参与其中，例如 NAD(P)H 或者是 NADPH。在辅酶和酶的共同参与下驱动相关反应的进行。例如有 NAD(P)H 分子参与的还原反应，一般经历以下三个过程[53-54]：

① 辅酶和反应底物一般会与酶先进行有效的结合；

② 底物在被还原的同时，辅酶被氧化；

③ 反应结束后辅酶和产物从酶上脱离。

在 2006 年，Matsuda 课题组报道了来自真菌——白地霉（*Geotrichum candidum*）的脱氢酶和 NADPH 分子以及 NAD^+ 共同参与下，将酮不对称还原为手性醇的催化反应。在反应中他们创造性地使用了离子液体，考察了两种离子液体对反应的影响，并且发现随着反应时间的变化，反应产率在反应 6 h 以后会逐渐达到平稳，重要的是他们扩展了 5 种反应底物，这些底物获得的立体选择性都高达 99%以上。这些结果显示出有辅酶 NADPH 分子参与的还原反应具有很大的研究价值[55]。

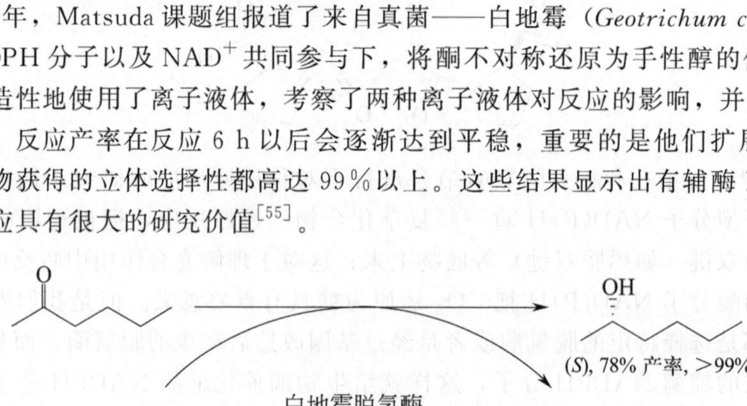

底物

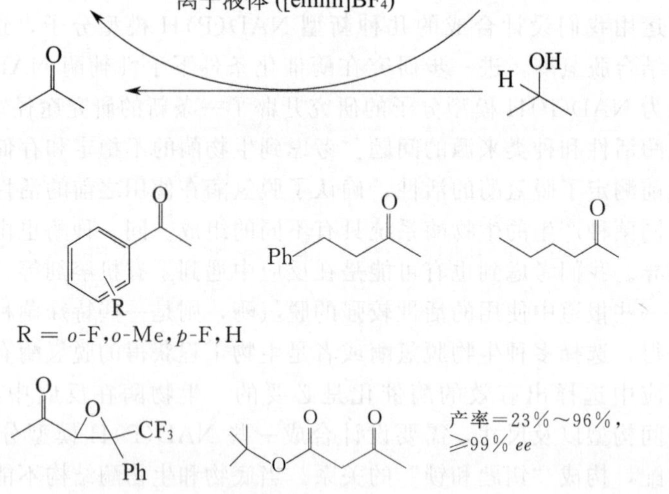

Hua 等人报道了将来自辛夷念珠菌的羰基还原酶（CMCR）加入到不对称还原反应体系中，发现这种生物酶在 NADPH 以及 D-葡萄糖存在下，能够非常好地将多种羰基化合物选择性地还原为对应的醇，同时立体选择性都达到了 97%以上，与上述 Matsuda 课题组报道不同的是，他们扩展的底物种类更广泛，而且简述了反应可能存在的催化过程[56]。

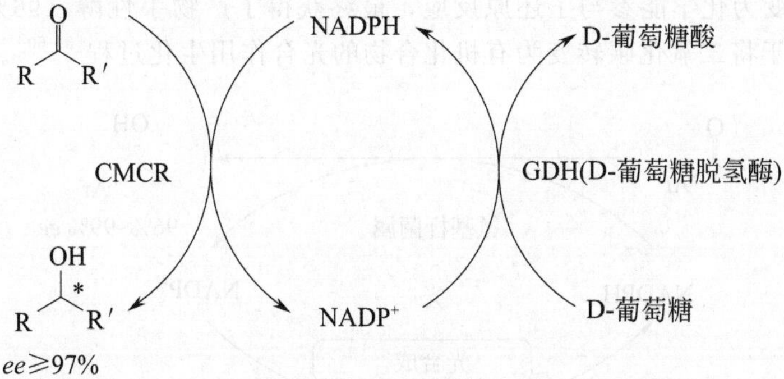

Liese 等人报道了采用一种来自于从海洋超嗜热焦酚火球菌菌株的可溶性氢化酶参与的不对称还原反应，实验中他们发现这种生物酶可以很好地和辅酶 NADPH 分子结合，获得的产物立体选择性很高，而且他们详细地考察了反应时间对于反应的转换率和反应产率的影响，他们还发现当温度较高的时候 NADPH 分子会变得很不稳定[57]。

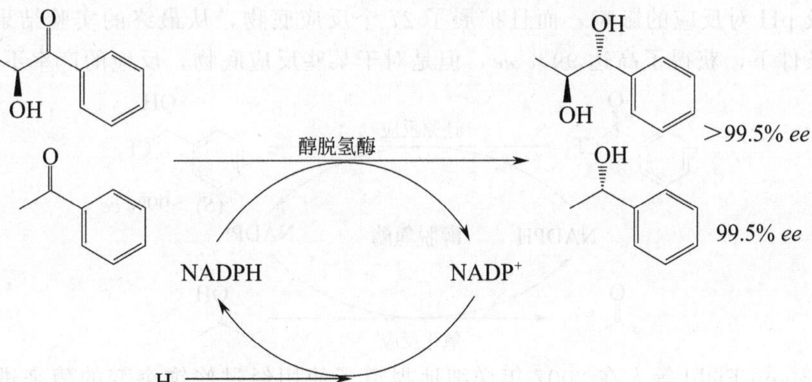

在 2007 年 Schmid 等人报道了一种新的电化学再生酶促反应的有效方法。通过使用铑配合物以及电化学的方法，促使反应中的 NADPH 再生，从而完成反应的催化循环。他们在实验中所使用的是来自于栖热菌（*Thermus sp*）的乙醇脱氢酶，可以将 3-甲基环己酮不对称还原为（1*S*,3*S*）-3-甲基环己醇，而且立体对映体过量达到 96%[58]。

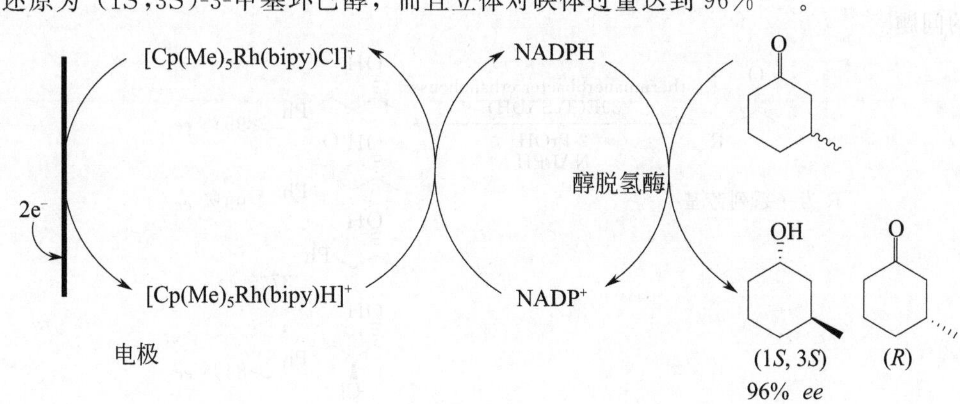

与 Schmid 等人的报道不同的是，Nakamura 课题组是通过光照使辅酶 NADPH 再生，他们所采用的是一种光合微生物蓝藻，发现在光照下发生还原反应的效果要高于在黑暗中，而且他们进行了控制性试验，在没有辅酶 NADPH 分子的参与下，反应是不会发生的。他们还进一步对反应过程进行了阐述，认为是光合微生物蓝藻通过吸收光能，然后通过辅酶 NADPH 分子转变为化学能参与了还原反应，最终获得了产物手性醇（96%～99%*ee*）。这个过程更加类似于将二氧化碳转变为有机化合物的光合作用生化过程[59-60]。

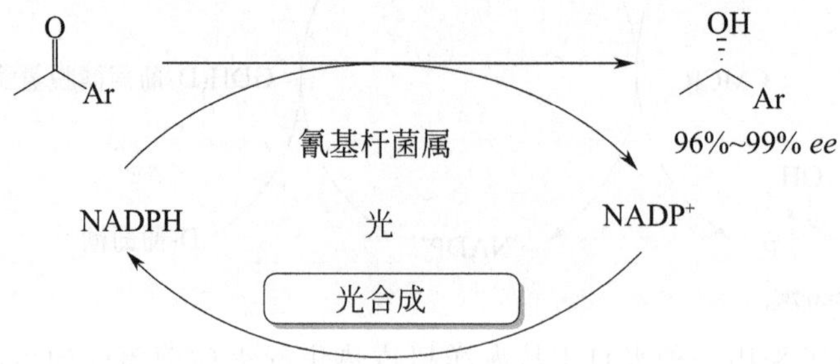

Itoh 等人报道了来源于赖氏菌模式菌株（*Leifsonia sp*. S749）的醇脱氢酶用于酮和酯的不对称还原反应，他们发现在当反应体系中以异丙醇为氢源的时候，NADPH 分子可以有效地被再生，从而达到催化循环的目的。他们进一步探讨了反应中异丙醇的用量、NAD^+ 的用量以及 pH 对反应的影响，而且扩展了 27 个反应底物，从最终的实验结果来看，在最佳的反应条件下，获得了高达 99% *ee*，但是对于某些反应底物，反应的产率不高[61-62]。

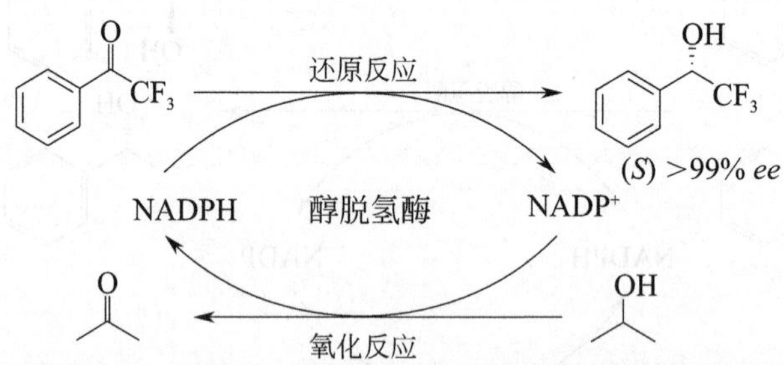

Ziegelmann-Fjeld 等人在 2007 年详细地报道了使用经过修饰突变的酶来进行的还原反应，在反应中他们使用的是一种嗜热厌氧产乙醇杆菌的二级醇脱氢酶［thermoanerobacter ethanolicus 39E (TeSADH)］，这种酶具有高度的热稳定性和溶剂稳定性。通过考察不同的反应溶剂，确立最佳的反应条件，扩展具有不同结构的反应底物，发现这种反应体系对底物的适应性较强，立体选择性最高可达 99% *ee*，但是同样存在某些底物较难还原、转化率较低的问题[63-64]。

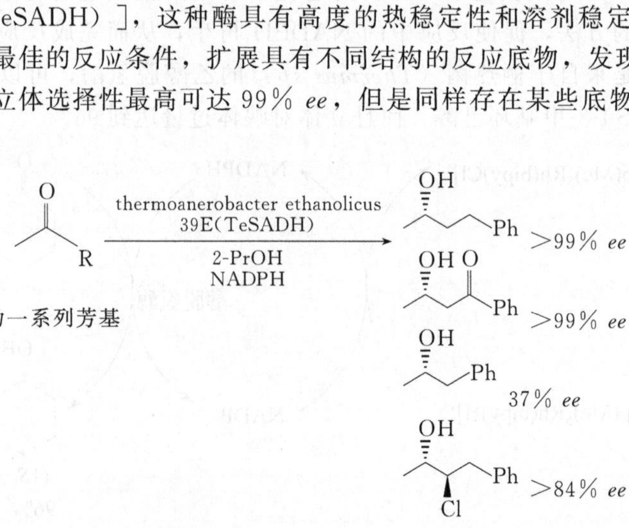

溶胶-凝胶法（Sol-Gel）是一种由金属有机化合物、金属无机化合物或者二者混合物经过水解缩聚的过程，逐渐凝胶化及进行相应的后处理，从而获得氧化物或其他化合物的工艺。Ziegelmann-Fjeld 等人将溶胶-凝胶法包封的醇脱氢酶［thermoanerobacter ethanolicus 39E（TeSADH）］引入到上述的反应体系中，他们发现使用这种方法固定的生物催化剂可以重复使用三次，重要的是可以将生物催化剂用于含有有机溶剂的反应中，而且能够进一步提高反应底物的浓度[65]。

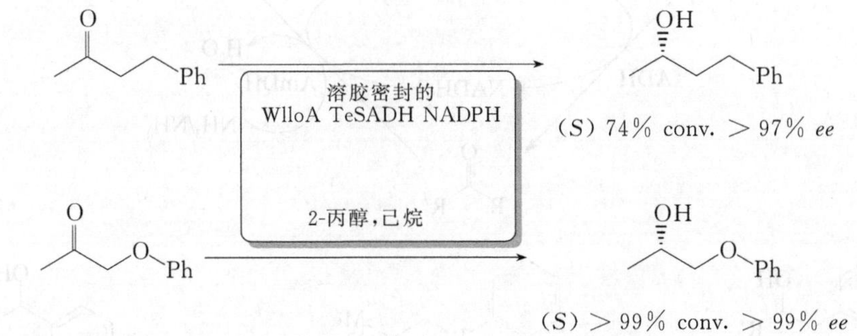

研究工作从初始的一个反应中使用一种生物酶，发展到现在多种酶的混合使用，以及串联生物酶反应都已经被报道。例如在 2011 年，Tong 等人就报道了用乳酸脱氢酶（LDH）、丙酮酸脱羧酶（PDC）和醇脱氢酶（ADH），直接将 CO_2 和乙醇转变为 *L*-乳酸[66]。他们详细地考察了 NAD^+ 用量对整个反应的影响，而且在实验结果的基础上，通过理论计算建立了相关反应的动力学模型（kinetic model）[66]。

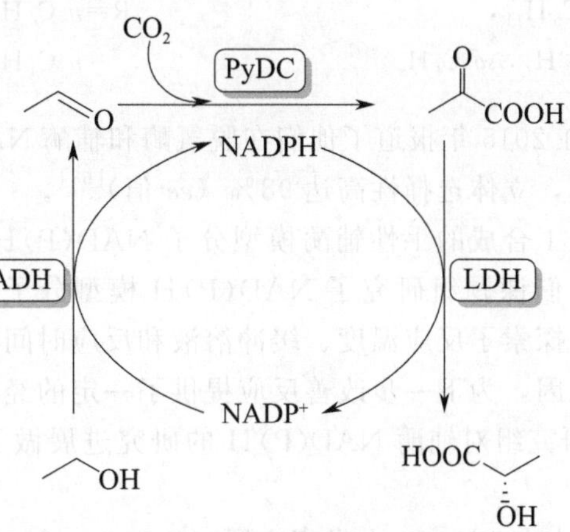

2015 年，Mutti 课题组报道了一种通过双生物酶借氢串联反应高效率地将醇转化为手性胺化合物的新方法。他们提出了生物催化伯醇和仲醇的“借氢”胺化途径，在环境友好的条件下高效率地获得了高对映体纯度的胺[67]。该方法依赖于两种酶的组合：一种是醇脱氢酶（ADH，从乳酸杆菌或芽孢杆菌等细菌中获得），它与另一种胺脱氢酶（AmDH，从芽孢杆菌中通过基因工程获得）的串联操作，使很多不同结构的芳香醇和脂肪醇能够实现胺化，并且得到高达 96%的转化率和 99%的对映体选择性；伯醇能够以高达 99%的高转换效率进行胺化[67]。这种自足型氧化还原级联反应具有很高的原子效率，只需要铵盐提供氮，而且产生的唯一副产物是水[67]。通过所用的铵缓冲液，将 pH 值从 4 调节到 11.5。在 pH 值为 8.2～8.8 时，观察到了最高的催化活性，发现最佳缓冲液为氯化铵。此外，为了证明该方法的实际应用性能，他们对具有代表性的五种反应底物进行了生物胺化[67]。同时，他们也提出扩展串联反应的底物范围，通过进一步使用 AmDHs 蛋白质工程去胺化的更复杂的醇，并且进一步提升立体选择性，是一项更加有意义的研究。

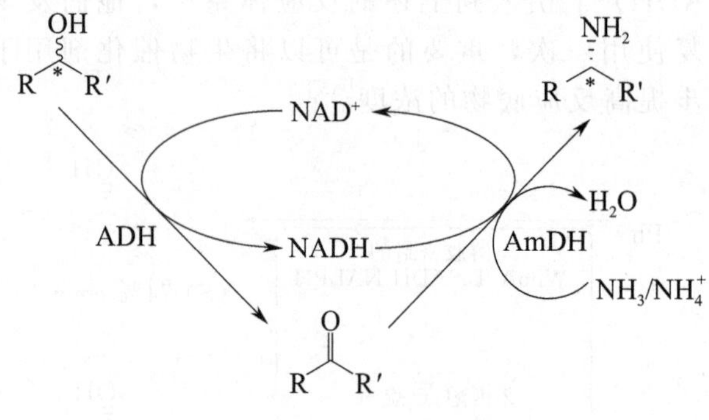

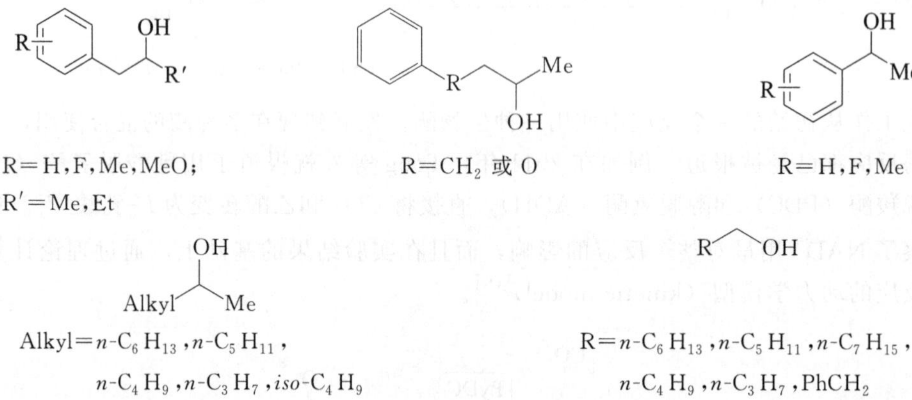

此外 Li 的课题组也在 2015 年报道了他们在脱氢酶和辅酶 NADPH 的共同作用下，将酮羰基进行不对称胺化反应，立体选择性高达 98%（*ee* 值）[68]。

到目前为止，利用人工合成的手性辅酶模型分子 NAD(P)H 与相关酶进行生化模拟反应的研究尚未见报道。我们课题组研究了 NAD(P)H 模型分子和生物酶相结合的新方法，将它用于不对称反应中，探索了反应温度、缓冲溶液和反应时间等影响，并且分析了实验结果与理论预测不一致的原因，为下一步改善反应提供了一定的经验。

2017 年 1 月，笔者研究组对辅酶 NAD(P)H 的研究进展做了全面的评述，系统地总结了这方面的最新进展[69]。

2017 年 2 月 John 等人在 *Science* 上发表文章（*Science*，2017，355：756），认为人的视网膜中烟酰胺腺嘌呤二核苷酸（辅酶氧化态 NAD^+）的水平，随着年龄的增加而呈现下降趋势。

如前所述，NAD^+ 是一种在人体内代谢过程中所发生的氧化还原反应的最关键的分子。随着年龄的增长，人体细胞核中 NAD^+ 水平的不断下降会降低神经元能量代谢的可靠性，这样久而久之人的视神经会积累一连串的损伤，最终出现神经元退化，甚至导致青光眼。John 等在这篇文章中报道，既然 NAD^+ 水平的下降与青光眼直接相关，增加视网膜内 NAD^+ 水平能不能治疗青光眼呢？John 等认为有两种办法：一种是进行比较麻烦的基因治疗；另外一种简单的办法就是口服辅酶氧化态 NAD^+ 的前体维生素 B_3（烟酰胺）。

据笔者所知，直接口服辅酶 NADPH 分子作为一种特种补品，对老年人是非常好的。

目前已经有了一些此类药。

8.1.10 辅酶 NAD(P)H 研究的科学意义

NAD(P)H［nicotinamide adenine diuncleotide (phosphate) hydrogen，烟酰胺腺嘌呤二核苷酸（磷酸）］是生物代谢过程中的重要辅酶，主要存在于细胞内的线粒体中。辅酶 NAD(P)H 在生物体内的糖酵解、脂肪酸代谢、柠檬酸循环等过程中，在生物活性分子的氧化还原反应中起着电荷传递的重要作用，也在人体的氧化还原反应中起着关键作用，在细胞内的代谢反应中参与许多生理反应。

研究辅酶 NAD(P)H 的科学意义是什么？为什么要合成辅酶模型分子？

首先，研究辅酶 NAD(P)H 分子有助于人们逐步认识光合作用中两个根本问题：

① 光合作用的光系统（Ⅱ）中，H_2O 是怎样通过一个复杂的 Z 式过程在酶催化下被氧化放出氧气的？而辅酶的氧化态 $NAD(P)^+$ 是这个过程的最终和根本的电子受体。

② 在光合作用的暗反应中，在脱氢酶和其他酶的催化下，利用 ATP 作为能量，二氧化碳是怎么样被辅酶 NAD(P)H 还原为葡萄糖的？研究成果可以帮助人们逐步认识和理解植物固碳过程，利用植物固碳的相关有机化学反应探索二氧化碳的固碳新策略，具有重要的科学意义和研究价值。

其次，合成辅酶 NAD(P)H 模型分子是为了深入研究和解决辅酶 NAD(P)H 有机化学和生物化学中的关键科学问题，研究关键部位二氢吡啶酰氨基的化学活性与整体模型分子结构的关系，弄清手性辅酶 NAD(P)H 模型分子中二氢吡啶酰氨基的不对称还原反应机制。仅就还原能力而言，一个设计合理、结构稳定、性能很好的 NAD(P)H 模型分子可能比生命体中的辅酶 NAD(P)H 的不对称还原能力还要强。进一步把辅酶 NAD(P)H 模型分子与生物酶结合起来进行生化模拟反应研究，从酶与辅酶对生化反应调控的角度来研究生物光化学中的某些关键问题有望取得突破。

人工合成辅酶 NAD(P)H 模型分子的意义有哪些？天然的辅酶 NAD(P)H 和人工合成的辅酶 NAD(P)H 模型分子有什么区别？下面分 6 个要点加以说明：

① 天然辅酶 NAD(P)H 结构复杂并且不够稳定，分离提纯非常困难，实验室目前还难以人工合成，而且在自然界的氧化还原反应中，还原态的辅酶小分子是在微量的酶催化下进行还原反应的，还原反应以后生成的辅酶氧化态 $NADP^+$ 在光系统（Ⅰ）中很容易被全部再生为辅酶还原态。

② 辅酶 NAD(P)H 是生物体内还原反应的手性还原剂。要完全理解植物固碳这样的重要科学问题，就需要逐步认识光合作用的暗反应中二氧化碳在一系列酶催化作用下，通过辅酶 NAD(P)H 将其还原为葡萄糖这样的复杂过程，人们需要利用易得的模型分子来进行逐步的仿生研究和深入的探索。

③ 天然的辅酶 NAD(P)H 结构虽然复杂，但是，整个辅酶 NAD(P)H 分子的活性部位却集中在吡啶杂环骨架上，发生化学反应的活性部位是二氢吡啶酰氨基结构。把二氢吡啶酰氨基结构作为基本的核心骨架，另外在分子中构建出适当的手性中心，这样设计、合成的辅酶 NAD(P)H 模型分子，在相关的氧化还原反应中，完全能够模拟天然的辅酶 NAD(P)H。

④ 天然的辅酶非常昂贵，分离提纯得到天然的辅酶 NAD(P)H 非常困难，而人工合成 NAD(P)H 的模型分子则容易和廉价得多，利用人工合成的辅酶模型分子进行研究不仅能够帮助人们模拟自然界中的生化还原反应，而且具有重要应用价值。我们以前合成的辅酶模型

分子在不对称还原苯甲酰甲酸甲酯等底物时，立体选择性最低达到88% *ee*，收率高达96%。探索在微量的酶催化下，同时在相关的辅助剂的作用下，用NAD(P)H模型分子把CO_2还原为甲醇等小分子，无疑具有很大的学术价值和广阔的应用前景。

⑤ 天然辅酶NAD(P)H和人工合成的辅酶NAD(P)H在结构上的区别还是很大的，以前人工合成的模型分子省去了腺嘌呤、磷酰基和核糖的结构部分。在合成研究中，天然辅酶中核糖的手性结构部分，可以在合成时由人工引入的其他手性中心来代替。实际上模型分子在某种意义上更灵活，更简洁，更加实用和经济。

⑥ 从分析我们研究组近年来在辅酶NAD(P)H研究方面的经验来看，人工合成出的模型分子最关键的不足表现在其和脱氢酶的匹配上。在自然界，天然的辅酶分子和脱氢酶的匹配非常好，大分子的酶和小分子的辅酶能够很好地结合，从而把酶的催化作用发挥到极致。而人工合成的辅酶与脱氢酶的匹配则需要对好多种辅酶模型分子进行筛选，并对酶的来源和活性进行选择，筛选中经常会表现出酶活性不强和不稳定的缺陷。这是我们在辅酶NAD(P)H研究中发现的一个新问题。以前人们合成的辅酶模型分子基本上都集中在简单的有机化学反应研究方面，并没有涉及生物酶催化的生化反应过程模拟。

辅酶NAD(P)H在生物体内虽然是一个活性分子，但它的氢迁移受大分子脱氢酶的催化和制约。正因为NAD(P)H与酶蛋白大分子的结合不很紧密，是一个具有相对独立性的活性小分子，便于科学家抽象出来进行模拟研究，所以近年来这方面的研究取得了很大的进展。

近几年来，辅酶NAD(P)H的研究呈不断上升趋势，在有机化学和生物化学领域报道较多。

在生物体外利用氧化-还原酶催化反应，实现辅酶循环反复利用，保持酶催化反应持续进行，是把辅酶与酶结合起来研究的新策略。许多酶催化的生物氧化还原反应依靠辅酶NAD(P)H。在研究苹果酸酶（ME）催化下辅酶参与的L-苹果酸氧化脱羧反应中，发现另外一种人工合成的辅酶（NCD）对苹果酸酶（ME）具有同样的活性，只用催化量的辅酶（NCD）在苹果酸脱氢酶催化下，就能够实现对L-苹果酸的氧化脱羧反应[70]。

德国科学家Mampel等对辅酶NAD(P)H在复杂的生命代谢体系中的研究价值和重要意义作了很好的评述和展望[71]。Richard等在美国化学会志（*J. Am. Chem. Soc.*）报道了他们在酶催化下辅酶NAD(P)H负氢迁移的不对称还原方面所取得的重要进展[72]；国立新加坡大学的Li等报道了他们在胺脱氢酶催化和NAD(P)H的还原作用下，酮羰基的不对称胺化反应，立体选择性高达98%（*ee*值）[73]，Li等又报道了在生物催化和辅酶还原作用下，苯乙烯的反马氏氢氨化和羟基化的新反应[74]。Tor等也报道了NADH的氧化态NAD^+在乳酸脱氢酶的催化作用下把乳酸氧化为丙酮酸的过程[75]。美国普林斯顿大学的Rabinowitz等研究了氘标记的NAD(P)H，研究发现辅酶NAD(P)H的给体氢存在着和普通H_2O之间的交换，黄素酶催化了这种在细胞内极快的交换[76]。

丙酮酸是在辅酶NADH作用下细胞内糖代谢及生物体内多种物质代谢和相互转化的重要中间体，丙酮酸对于需要快速增殖的癌细胞来说是非常关键的分子。因此，在细胞内进行丙酮酸的还原氢化一方面可以打乱癌细胞对能量和关键代谢物质的控制，另外一方面还可以破坏癌细胞内脆弱的氧化还原反应平衡，进而选择性杀伤癌细胞。相关成果发表在*Nature Chemistry*上[77]。

Wang等发表文章认为[78]，一些哺乳动物的染色体中会缺失NADH脱氢酶，这实际上给人们提供了一个新药物的靶标。他们相信破坏脱氢酶的活性将会阻止 NADH 的氧化，从而中断某些病灶的过程。

2019 年，荷兰化学家 Hollmann 等发表文章，认为越来越多的生物催化氧化反应依赖于 H_2O_2 作为清洁氧化剂。然而，大多数酶对 H_2O_2 的选择性性差，他们从甲酸脱氢酶促进 NADH 的还原反应中得到启发，使用甲酸脱氢酶来促进 H_2O_2 氧化反应，催化效率较高[79]。

2019 年 Chen 等研究了酮酸还原异构酶（KARI）催化(2S)-乙酰乳酸或(2S)-乙酰-2-羟基丁酸酯转化为2,3-二羟基-3-烷基丁酸酯，发现来自古生菌硫叶菌属的酮酸还原异构酶（KARI）对 NADH 和 NAD(P)H 具有双重特异性，并且在 pH 7.8 以上失去活性。晶体只有在 pH 8.5 时才能获得。结果表明，在 pH 8.5 时，起催化作用的 Mg^{2+} 在 NADH 和 NAD(P)H 这两种结构中的配位键都有所增长，接下来用 NADH 抑制剂和 NAD(P)H 抑制剂在 pH 7.5 时解决了两种酮酸还原异构酶（KARI）复合物的冷冻电镜结构问题，表明双重特异性归因于辅助因子结合部上独特的天冬酰胺酸。出乎意料的是，酮酸还原异构酶（KARI）也不同于其他酶，缺乏“诱导契合”，反映了其在结构上的刚性特征[80]。

2019 年 Zhao 等人报道了一种具有 NADH 模拟物的金属-有机胶囊，可以作为光催化转移加氢的开关选择性调节剂[81]。多官能团化合物中相关基团的可切换选择性加氢具有挑战性，选择性加氢在精细化学品和药物中间体的合成中具有重要意义。在含有 NADH 活性部位的金属-有机胶囊中，可以高度选择性地（>99%）还原 C═X 双键（X=O，N）。在有机胶囊内，NADH 活性部位通过典型的负氢转移来还原双键，同时生成氧化态的 NAD^+，通过模拟两个连续的氧化还原过程，能够在光照下再生得到还原态的 NADH。在有机胶囊外，硝基基团还可以通过光诱导的加氢被高度选择性地还原。可以通过改变底物浓度和电子给体的氧化还原电位来控制加氢。这种方法能够在温和的反应条件下使用易于得到的负氢给体，来提高对不同基团的还原反应的选择性。这种利用 NADH 模拟物的金属-有机胶囊的还原方法，对双官能团的不饱和醛、酮和亚胺的加氢反应，能够取得可控和可切换选择性的结果。

2020 年，Jeuken 等在美国化学会志发表了他们利用建立的新型生物电化学催化平台，研究了 NADH 的醌氧化还原酶（NDH-2）的特性[82]，该酶在许多生物体的呼吸链中起着至关重要的作用。研究发现醌氧化还原酶能够有效调节 NADH 在呼吸链中的氧化活性。该研究还发现，吩噻嗪类化合物是 NDH-2 抑制剂，但其对膜结合 NDH-2 没有抑制作用。2020 年，Shi 等报道了通过金属有机框架作为电子转移的缓冲罐的策略[83]，他们设计了作为“电子缓冲罐”的金属有机框架（MOF），来提高光催化中的电子转移与电子利用效率，发现通过利用还原的 NADH，电子寿命从纳秒延长到秒，电子利用率提高了 2.08 倍，并发现 NADH 在酶催化下能够进一步使羰基化合物不对称还原为手性胺。这种利用金属有机框架作为电子转移缓冲罐的策略为我们提供了一个新思路。

由于温室效应导致的全球气候变化，二氧化碳排放的问题非常突出。绿色植物固碳，是绿色植物的叶吸收空气中的二氧化碳，通过光合作用的暗反应过程，在酶催化和 ATP 提供能量等条件下，二氧化碳被辅酶 NAD(P)H 最终还原为葡萄糖。另外，在光合系统（Ⅱ）当中（PSⅡ），通过一个 Z 形的复杂过程，水分子被氧化放出氧气，辅酶的氧化态 $NADP^+$ 是最终端的电子受体，故有人把辅酶的氧化态 $NADP^+$ 视为在多种酶催化下对 H_2O 的氧化物质。辅酶 NAD(P)H 在这方面的学术价值很大。

王乃兴20多年来从未间断对辅酶NAD(P)H的研究，对C_2和C_3对称结构的新型辅酶NAD (P) H模型分子的设计、合成和特性等做了卓有成效的研究。在复杂手性辅酶NAD (P)H模型分子的合成研究过程中，还意外地发现了一些新的有机反应。王乃兴课题组合成了六个手性中心的C_3对称的辅酶NAD(P)H新模型分子，研究发现该辅酶模型分子具有高度立体专一的手性还原特性，并且具有非常好的荧光活性，对生物活性分子的手性还原能力极强。在多手性大环的合成研究中，发现了五氟苯氧基是一个极好的导向基。王乃兴在国内的《有机化学》等杂志连续多次向读者介绍了辅酶NAD(P)H活性分子与生物光化学研究的最新动态趋势，并于2008年由科学出版基金资助出版了《生物有机光化学》专著，用较大篇幅详细论述了辅酶NAD(P)H在生物光化学中的基础科学问题。

王乃兴在研究辅酶NAD(P)H方面，先后取得了一些重要成果并有了很多积累，2007年和2017年两次应邀在*Synlett*上专门发表了对辅酶NAD(P)H及其模型分子的评述文章(*Synlett*, 2007, 18: 2785; *Synlett*, 2017, 28: 402)，在这些评述文章系统全面地总结了国际科学界在辅酶NAD(P)H及其模型分子方面的研究成果，特别是重点介绍了笔者课题组在这方面的贡献。

王乃兴还认为：绿色植物固碳，是通过光合作用实现的；而微生物（细菌）固氮是通过硝化细菌作用的酶催化过程完成，其有机反应过程更加复杂。农村一些老旧的陈年土墙，由于适宜的温度、湿度和时间，适合大量相关硝化细菌滋生，硝化细菌能够把大气中惰性的氮气转化为氨态氮进而转化为硝酸盐，形成土硝，土硝的硝酸钾含量很高，很容易通过溶解和过滤以及蒸发而获得。另外，土壤中的含氮有机物经过硝化细菌的分解和转化，最终产生硝酸盐。土壤是含有大量微生物的非常复杂的混合物，硝化细菌复杂的催化作用本质上是其次生代谢产物的催化功能。我们对微生物固氮知之甚少。分子氮（N_2）中存在的氮氮三键是最强的化学键之一，这也意味着将N_2转化为其他含氮化合物并非易事。大自然中存在多种固氮微生物，这些微生物利用固氮酶催化N_2还原为NH_3，进而转化为含氮有机物。目前已知的固氮酶均含有过渡金属（铁、钼、钒）等活性中心。

硝酸盐是植物生长的必需营养素和信号分子。植物感知细胞内硝酸盐以调整其代谢和生长反应。2022年，Liu等在*Science*上发表研究论文（Liu, et al. *Science*, 2022, 377: 1419)，该研究确定了植物中的主要硝酸盐感受器，NLP7代表陆地植物中的硝酸盐感受器。氮元素是构成生物体最基本元素之一，硝态氮是增加农作物产量的重要因素。植物可以感受到不同浓度的硝态氮，并迅速发生转录水平、代谢水平、激素信号、根系及地上部分的协调生长和生殖生长等方面的变化，从而调控自身的代谢和生长反应。硝态氮不仅是植物必需的矿质营养盐，也是重要的信号分子。NLP7蛋白实际上类似于植物硝酸盐信号“开关”。

Liu等认为，NLP7蛋白除了是硝态氮信号途径的转录因子，还具有硝酸盐受体的作用，光合自养植物通过感受硝态氮，来激活植物信号转导和生长反应的调节机制。

然而，绿色植物固碳，是植物叶子吸收空气中的二氧化碳，根部吸收水分，通过光合作用，在光合作用的暗反应中，二氧化碳在复杂的条件下通过一系列酶的催化，最终被辅酶NAD(P)H还原为葡萄糖。

辅酶NAD(P)H还原一些小分子化合物，探索利用辅酶NAD(P)H把二氧化碳还原为有用的小分子如甲醇等，在温和条件下把不饱和键还原为手性分子，具有重要的科学意义和应用价值。

参 考 文 献

[1] Robert D J，Rodriguez Z. J. Am. Chem. Soc.，1985，107：4146.

[2] Wu Y D，Houk K N. J. Am. Chem. Soc.，1991，113：2353.

[3] Wu Y D，Houk K N. J. Org. Chem.，1993，58：2043.

[4] Ohno A，Tsutsumi A，Kawai Y，et al. J. Am. Chem. Soc.，1994，116：8133.

[5] Campbell M K. Biochemistry. Second Edition. London：Saunders College Publishing，1995：285.

[6] de Kok P M T，Bastiaansen L A M，van Lier P M. J. Org. Chem.，1989，54：1313.

[7] Combret Y，Duflos J，Dupas G，et al. Tetrahedron：Asymmetry，1993，4：1635.

[8] Almarsson O，Bruice T C. J. Am. Chem. Soc.，1993，115：2125.

[9] Wang N X. Chin. J. Synth. Chem.，1996，4（4）：344.

[10] Skog K，Wennerstron O. Tetrahedron，1994，50(27)：8227.

[11] Atkinson R S. Stereoselective Synthesis. New York：John Wiley & Son，1995：514.

[12] Isaacs N S. Physical Organic Chemistry. Second Edition. London：Longman Group Limited，1995：691.

[13] Tropp J，Redfield A G. J. Am. Chem. Soc.，1980，102：534.

[14] Eklund H，Samama J P，Jonesw T A. Biochemistry，1984，23：5982.

[15] Skarzynski T，Moody P C E，Wonacott A J. J. Mol. Biol.，1987，193：171.

[16] Skog K，Wennerstron O. Tetrahedron Lett.，1992，33：1751.

[17] Wu Y D，Houk K N. J. Am. Chem. Soc.，1991，113：2353.

[18] Almarsson O，Bruice T C. J. Am. Chem. Soc.，1993，115：2125.

[19] Li H，Goldstein B M. J. Med. Chem.，1992，35：3560.

[20] Åström N. Sweden：Lund University，1995.

[21] Skog K. Sweden：Chalmers University of Technology，1995.

[22] a）Cheng J P，et al. J. Am. Chem. Soc.，1998，120：10266. b）Cheng J P，et al. J. Org. Chem.，1998，63：6108.

[23] Steckhan E，Herrmann S，Rupper R，et al. Organometallics，1991，10：1568.

[24] Lo H C，Buriez O，Kerr J B，et al. Angew. Chem. Int. Ed.，1999，38：1429.

[25] Konno H，Sakamoto K，Ishitani O. Angew. Chem. Int. Ed.，2000，39：4061.

[26] Lin G Q，Chen Y Q，Chen X Z，et al. Chiral Synthesis-Asymmetric Reactions and Applications. Beijing：Chinese Science Press，2000：323.

[27] Loughlin W A. Bioresource Technology，2000，74：49.

[28] Baik S，Kang C，Jeon C，et al. Biotechnology Techniques，1999，13：1.

[29] Long Y T，Chen H Y. J. Electro Analytical Chem.，1997，440：239.

[30] 李劲，刘有成，戴丹梅，等．第二届全国化学生物学学术会议．北京：北京大学．2002：74.

[31] Li J，Liu Y C，Deng J G. Tetrahedron：Asymmetry，1999，10：4343.

[32] Li J，Liu Y C，Deng J G，et al. Tetrahedron：Asymmetry，2000，11：2677.

[33] 杨频，高飞．生物无机化学原理．北京：科学出版社，2002：252.

[34] 王乃兴．有机化学，2002，22：299.

[35] 王乃兴．化学通报，2003，10：705.

[36] 王联结．生物化学与分子生物学原理．北京：科学出版社，1999：30.

[37] Eikeren P，Grier D L，Eliason J. J. Am. Chem. Soc.，1979，101：7406.

[38] a）Bédat J，Levacher V，Dupas G，et al. Chem. Lett.，1995：327；b）Bédat J，Levacher V，Dupas G，et al. Chem. Lett.，1996：359.

[39] Kojima M，Toda F，Hattori K. Tetrahedron Lett. 1980，21：2721.

[40] Bruice T，Almarsson Ö. J. Am. Chem. Soc.，1993，115：2125.

[41] Li X F，Tanner D D. Tetrahedron Lett.，1996，37：3275.

[42] Vasse J L，Levacher V，Bourguignon J，et al. Tetrahedron，2003，59：4911.

[43] Reichenbach-Kinke R，Kruppa M，König B. J. Am. Chem. Soc.，2002，124：12999.

[44] 王乃兴．有机反应——多氮化物的反应及有关理论问题．北京：化学工业出版社，2003：130-141.
[45] Fukuzumi S，Fujii Y，Suenobu T. J. Am. Chem. Soc.，2001，123：10191.
[46] Zhu X Q，Cao L，Liu Y，et al. Chem. Eur. J.，2003，9（16）：3937.
[47] 陈亚红，蔡汝秀．中国化学会第24届年会论文集．长沙：湖南大学，2004：24-27.
[48] Ni R Z，Nishikawa Y，Carr B I，et al. J. Biol. Chem.，1998，273：9906.
[49] Wang N X，Zhao J. Synlett，2007，18：2785.
[50] Zhao J，Wang N X，et al. Molecules，2007，12：979.
[51] Wang N X，Zhao J. Adv. Synth. Catal.，2009，351：3045.
[52] 白翠冰．新型手性NAD(P)H模型分子的合成和性质研究．北京：中国科学院理化技术研究所，2016.
[53] a）Nestl B M，Hammer S C，Nebel B A，et al. Angew Chem Int Ed，2014，53（12）：3070～3095. b）Hollmann F，Arends I W，Holtmann D. Green Chem，2011，13（9）：2285-2314.
[54] Matsuda T，Yamanaka R，Nakamura K. Tetrahedron：Asymmetry，2009，20（5）：513-557.
[55] Matsuda T，Yamagishi Y，Koguchi S，et al. Tetrahedron Lett，2006，47（27）：4619-4622.
[56] Zhu D，Yang Y，Hua L. J Org Chem，2006，71（11）：4202-4205.
[57] Mertens R，Greiner L，van den Ban E C，et al. J Mol Catal B：Enzym，2003，24：39-52.
[58] Höllrigl V，Otto K，Schmid A. Adv Synth Catal，2007，349（8-9）：1337-1340.
[59] Nakamura K，Yamanaka R. Chem Commun，2002，16：1782-1783.
[60] Nakamura K，Yamanaka R. Tetrahedron：Asymmetry，2002，13（23）：2529-2533.
[61] Inoue K，Makino Y，Itoh N. Tetrahedron：Asymmetry，2005，16（15）：2539-2549.
[62] Inoue K，Makino Y，Itoh N. Appl Environ Microbiol，2005，71（7）：3633-3641.
[63] Musa M M，Ziegelmann-Fjeld K I，Vieille C，et al. J Org Chem，2007，72（1）：30-34.
[64] Ziegelmann-Fjeld K I，Musa M M，Phillips R S，et al. Protein Eng Des Sel，2007，20（2）：47-55.
[65] Musa M M，Ziegelmann-Fjeld K I，Vieille C，et al. Angew Chem Int Ed，2007，46（17）：3091-3094.
[66] Tong X，El-Zahab B，Zhao X，et al. Biotechnology and bioengineering，2011，108（2）：465-469.
[67] Mutti F G，Knaus T，Scrutton N S，et al. Science，2015，349（6255）：1525-1529.
[68] Ye L J，Toh H H，Yang Y，et al. ACS Catal，2015，5（2）：1119-1122.
[69] Bai C B，Wang N X，Lan X W，et al. Synlett，2017，28：402.
[70] a）Ji D，Wang L，Hou S H，et al. J. Am. Chem. Soc.，2011，133：20857；b）Hou S H，Ji D，Liu W J，et al. Bioorg. Med. Chem. Lett.，2014，24：1307.
[71] Mampel J，Buescher J M，Meurer G，et al. Trends in Biotechnology，2013，31（1）：53.
[72] Reyes A C，Zhai X，Morgan K T，et al. J. Am. Chem. Soc.，2015，137：1372.
[73] Ye L Y，Toh H H，Yang Y，et al. ACS Catal，2015，5：1119.
[74] Wu S，Liu J，Li Z. ACS Catal，2017，7：5225.
[75] Rovira A R，Fin A，Tor Y. J Am Chem Soc，2017，139：15556.
[76] Zhang Z，Chen L，Liu L，et al. J. Am. Chem. Soc.，2017，139：14368.
[77] Coverdale J P C，Romero-Canelón I，Sanchez-Cano C，et al. Nature Chemistry，2018，DOI：10.1038/NCHEM.2918.
[78] Harbut M B，Yang B，Liu R，et al. Angew. Chem. Int. Ed.，2018，57：3478.
[79] Tieves F，Willot S J，Schie M M，et al，Angew. Chem. Int. Ed.，2019，58：7873.
[80] Chen C Y，Chang Y C，Lin B L，et al. J. Am. Chem. Soc.，2019，141：6136.
[81] Wei J，Zhao，L，He，C，Zheng，et al. J. Am. Chem. Soc.，2019，141：12707.
[82] Nakatani Y，Shimaki Y，Dutta D，et al. J. Am. Chem. Soc.，2020，142：1311-1320.
[83] Wu Y，Shi J，Li D，et al. ACS Catal，2020，10：2894-2905.

8.2 NADPH与生物有机光化学

1988年12月，瑞典诺贝尔奖委员会宣布三位研究光合作用的德国科学家获得诺贝尔化学奖（见附录），当时的评语曾称光合作用为地球上最重要的化学反应。事实上，早在1961

年，诺贝尔化学奖奖给了研究光合作用的美国化学家卡尔文（见附录）。光合作用是非常复杂的，它包括一系列连续进行的生物光化学反应和有机化学反应，最终将太阳能变为化学能。生物光化学涉及生命物质的光反应，包括光合作用、视觉光化学和游离基光化学等。生物光化学的核心内容是光合作用。光合作用中的光反应还原得到 NAD(P)H，光合作用中的暗反应将 CO_2 作为反应物生成产物糖，在这个过程中，NADPH 起到了非常大的作用，本节主要介绍了 NADPH 与光合作用的一些基础。暗反应中 CO_2 最终转化为糖，NADPH 参与了怎样的手性还原过程，反应中 NADPH 活性基团的构象发生了怎样的变化，还有许多奥秘需要探索。NADPH（NADH）在生物体内的有机反应中起着传递电子和能量的关键作用[1]。

8.2.1 概述

早在 1915 年和 1930 年，有两次诺贝尔化学奖奖给了从事有关叶绿素研究的化学家（见附录）。

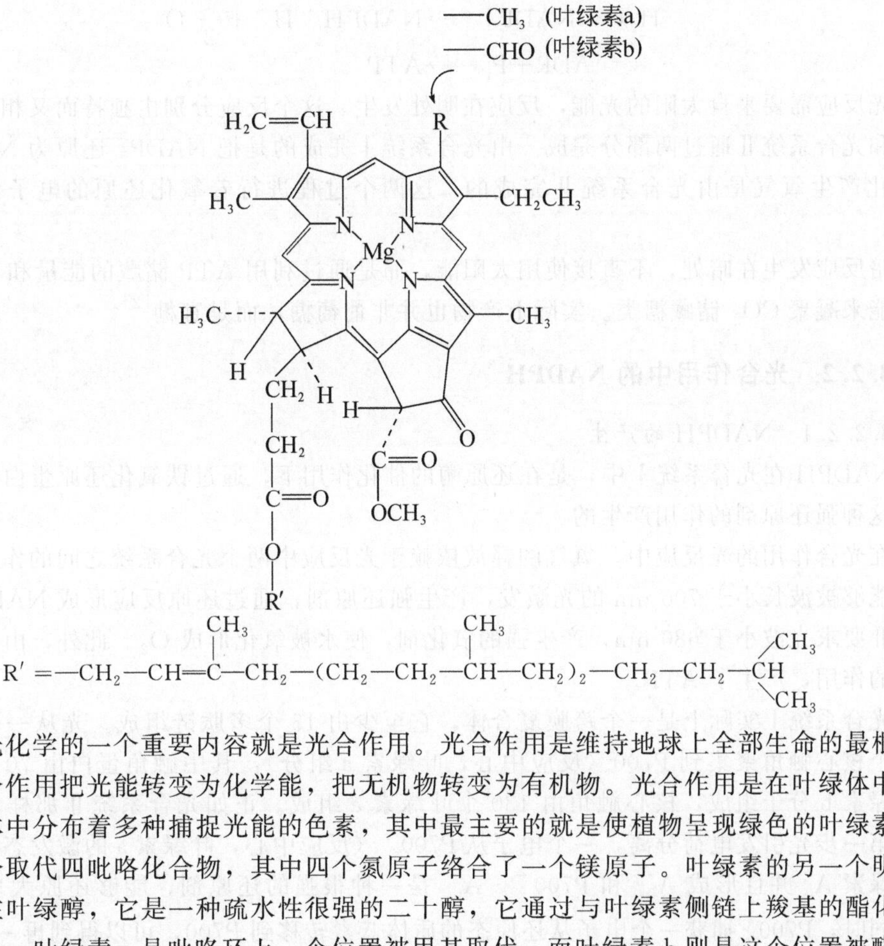

生物光化学的一个重要内容就是光合作用。光合作用是维持地球上全部生命的最根本的反应。光合作用把光能转变为化学能，把无机物转变为有机物。光合作用是在叶绿体中完成的，叶绿体中分布着多种捕捉光能的色素，其中最主要的就是使植物呈现绿色的叶绿素。叶绿素是一个取代四吡咯化合物，其中四个氮原子络合了一个镁原子。叶绿素的另一个明显的特征是存在叶绿醇，它是一种疏水性很强的二十醇，它通过与叶绿素侧链上羧基的酯化而与叶绿素键合。叶绿素 a 是吡咯环上一个位置被甲基取代，而叶绿素 b 则是这个位置被醛基取代，这就是叶绿素 a 与叶绿素 b 的不同之处。叶绿素 a 和叶绿素 b 吸收光的范围是不同的，叶绿素 a 为蓝绿色，在 460 nm 没有明显的吸收，而叶绿素 b 为橄榄绿色，在 460 nm 有极强的吸收，这两种叶绿素对太阳光的吸收有互补性。在波长范围 500～600 nm 内叶绿素对光的吸收非常弱，但并不是所有的植物都是这样，蓝藻和红藻含有捕光丰富的色素，能够利用那些不被叶绿素吸收的阳光。在每一个叶绿体中，都有类囊体片堆积，类囊体片中形成类囊体膜，光反应就发生在这些物质上。叶绿素分子中的电子捕获光能，激发态的电子以电子传递链方式沿着一系列受体流动，在这个发生在明处的光反应中，水分子被氧化成氧分子进入大气，同时类囊体膜驱出的质子参与了 ATP 的形成，这里的关键是激发态的电子将 $NADP^+$ 还原为 NADPH，ATP 和 NADPH 储藏的化学能用于光合作用的第二步中糖类的化学合成，这发生在类囊体膜外部基质的暗处，因而光合作用的第二步也叫暗反应。来自大气中的 CO_2 与五碳糖结合，五碳糖来自三碳糖，这个过程不是简单的。驱使糖类生物合成的能量就是 ATP 储藏的能量和 NADPH 的还原能。

下式所描述的光合作用有些太简化：

$$6CO_2+6H_2O \longrightarrow C_6H_{12}O_6+6O_2$$

实际上，上式光合作用包括两个反应：① 光反应；② 暗反应。

在光反应过程中，水被氧化成氧，$NADP^+$ 被还原为 NADPH，ADP 生成 ATP：

$$H_2O+NADP^+ \longrightarrow NADPH+H^++\frac{1}{2}O_2$$

$$ADP+P_i \longrightarrow ATP$$

光反应需要来自太阳的光能，反应在明处发生。这个反应分别由独特而又相关的光合系统Ⅰ和光合系统Ⅱ通过两部分完成。由光合系统Ⅰ完成的是把 $NADP^+$ 还原为 NADPH，把水氧化产生氧气是由光合系统Ⅱ完成的。这两个过程进行着氧化还原的电子传递的奇妙作用。

暗反应发生在暗处，不直接使用太阳能，而是通过利用 ATP 储藏的能量和 NADPH 的还原能来凝聚 CO_2 储藏糖类。实际上产物也并非葡萄糖，而是寡糖[2]。

8.2.2 光合作用中的 NADPH[3]

8.2.2.1 NADPH 的产生

NADPH 在光合系统Ⅰ中，是在还原酶的催化作用下，通过铁氧化还原蛋白（铁氧还蛋白）这种强还原剂的作用产生的。

在光合作用的光反应中，氧气的释放依赖于光反应中两个光合系统之间的作用。光合系统Ⅰ能够被波长小于 700 nm 的光激发，产生强还原剂，通过还原反应形成 NADPH。光合系统Ⅱ要求光波小于 680 nm，产生强的氧化剂，使水被氧化形成 O_2。此外，由于跨膜质子梯度的作用，产生了 ATP。

光合系统Ⅰ实际上是一个跨膜复合体，它至少由 13 个多肽链组成。光从一个触角蛋白和一个核心触角聚集到 P700（反应中心，叶绿素 a 组分），其中触角蛋白由 70 个叶绿素 a 和叶绿素 b 分子组成，核心触角由 130 个叶绿素 a 组成。正如光合系统Ⅱ那样，在活性中心，第一步光引发电荷分离，一个电子从 $P700^*$（反应中心，叶绿素 a 的激发态）转移到受体叶绿素 A_0 并且形成 A_0^- 和 $P700^+$。A_0^- 是一种很强的还原剂，能够还原大多数生物分子。同时，$P700^+$ 捕获一个电子从还原态的质体蓝素转移到 P700，可以得到再一次激发。

在光合系统Ⅰ中，A_0^- 高势能电子转移到 A_1，然后在光合系统Ⅰ中转移到一系列的 Fe-S 中心。最后一步是铁氧化还原蛋白（一个含有 2Fe-2S 簇的水溶性蛋白大分子）的还原，该反应发生在类囊体膜基质一侧。因此，由光合系统Ⅰ催化的基本反应是：

$$PC(Cu^+)+\text{铁氧化还原蛋白}_{\text{氧化态}} \longrightarrow PC(Cu^{2+})+\text{铁氧化还原蛋白}_{\text{还原态}}$$

含有高能电子的两个铁氧化还原蛋白分子把电子转移到 $NADP^+$ 形成 NADPH，这个反应以铁氧化还原蛋白-$NADP^+$ 还原酶作催化剂，它是由一个黄素蛋白分子（Fp）和一个黄素腺嘌呤二核苷酸（FAD）的辅基组成的。被键合的半醌型式的 FAD（黄素腺嘌呤二核苷酸）充当把电子从两分子铁氧化还原蛋白转移到一个 $NADP^+$ 分子的媒介。

由于以上反应发生在叶绿素基质膜侧，因此，随着内部酸度变化，在 $NADP^+$ 的还原过程中质子的吸收有助于穿过类囊体膜形成质子梯度。

因此，光合系统Ⅰ和光合系统Ⅱ以及细胞色素 bf 复合体实现的反应是：

$$2H_2O+2NADP^+ \xrightarrow{光} O_2+2NADPH+2H^+$$

实质上，光使电子从 H_2O 向 $NADP^+$ 转移并且产生了质子推动力，这种方式叫做 Z 式光合作用，因为从 P680 到 P700* 的氧化还原图看起来好像 Z 形。

半醌型式的 FAD（黄素腺嘌呤二核苷酸）在这里起了一个电子传递的重要作用，FAD 是怎样把电子从两分子铁氧化还原蛋白转移到一个 $NADP^+$ 分子的？还有许多问题需要研究。

8.2.2.2 光合系统Ⅰ中 ATP 和 NADPH 的产生

在光合系统Ⅰ中，发生循环光合磷酸化的重要原因是 $NADP^+$ 并不能全部接受来自还原态的铁氧化还原蛋白的电子。

电子从光合系统Ⅰ的反应中心 P700 激发，有助于光合反应的多样化。高能电子先从铁氧化还原蛋白转移到细胞色素 bf 复合体（而不是直接到 $NADP^+$），电子又通过质体蓝素转移到氧化态的 P700 上，这一电子循环导致了细胞色素 bf 复合体吸取质子并形成梯度，质子梯度推动了 ATP 的合成，这一过程叫循环光合磷酸化。ATP 并不是伴随 NADPH 同时产生的。光合系统Ⅱ没有参与循环光合磷酸化，没有 O_2 从水中产生。因为 $NADP^+$ 还原的逆反应（NADPH 转化为 $NADP^+$）的比例较高，$NADP^+$ 并不能全部接受来自还原态的铁氧化还原蛋白的电子，因此发生循环光合磷酸化。

ATP 的产生与 NADPH 的生成，相互有什么样的关系和促进作用，还不十分清楚。

8.2.2.3 类囊体膜与 $NADP^+$

大多数植物的类囊体膜分成叠加层区域和未叠加层区，叠加层在给定的区域提高了类囊体膜的数量。两种区域都围绕着类囊体内腔，但是只有未叠加层直接和叶绿素的基质相联系。两种区域的不同之处在于光合组合的内容。光合系统Ⅰ和 ATP 的合成酶几乎唯一地存在于未叠加层区，而光合系统Ⅱ几乎都存在于叠加层区域，细胞色素 bf 复合体均匀地分配在类囊体膜中。

类囊体膜分成不同区域有什么作用呢？这与 $NADP^+$ 的还原有关。如果两种光合系统都在相同类囊体膜区域，一大部分被光合系统Ⅱ吸收的光将要转移到光合系统Ⅰ，因为Ⅱ的激发态（P680*）相对于其基态（P680）要比Ⅰ（激发态 P700* 相对于基态 P700）的高。光合系统通过设置 P680* 的侧向分离来解决这个问题，因为 P680* 要比 P700 多出 10.0 nm。光合系统Ⅰ在未叠加层的膜区更容易接近基质而使 $NADP^+$ 还原。

8.2.2.4 3-磷酸甘油醛脱氢酶与 NADPH

在叶绿素中，3-磷酸甘油醛脱氢酶专一于 NADPH，而不选择 NADH。3-磷酸甘油酯转化为 6-磷酸果糖，非常像一些糖生成的转化路线。这些反应把 CO_2 引入了己糖序列，1,5-二磷酸核酮糖是在暗处吸收 CO_2 的，也叫光合作用的暗反应。

光合作用的暗反应需要四种酶：第一种是磷酸酯酶，使 1,7-二磷酸景天庚酮糖水解生成7-磷酸景天庚酮糖；第二种是磷酸戊糖差向异构酶，使5-磷酸木酮糖转化为5-磷酸核糖；第三种是磷酸戊糖异构酶，使5-磷酸核糖转化为5-磷酸核酮糖。第二种和第三种酶也参与了磷酸戊糖的反应，这三个反应的总反应是：

6-磷酸果糖+2（3-磷酸甘油醛）+二羟基丙酮磷酸⟶3（5-磷酸核酮糖）

第四种酶是磷酸核酮糖致活酶，催化5-磷酸核酮糖磷酸化转化为1,5-二磷酸核酮糖（CO_2 的接收器）。

$$\text{5-磷酸核酮糖} + \text{ATP} \longrightarrow \text{1,5-二磷酸核酮糖} + \text{ADP} + \text{H}^+$$

这一系列反应属于卡尔文循环。卡尔文循环需要一定量的NADPH参与。

8.2.2.5　CO_2 的转化和NADPH

合成一分子的己糖需要多少的能量？因为每一次卡尔文循环还原一个碳原子，所以需要6次卡尔文式循环。磷酸化12分子的3-磷酸甘油酯到1,3-双磷酸甘油酯需要12分子的ATP，还原12分子1,3-双磷酸甘油酯到3-磷酸甘油醛需消耗12分子的NADPH，并且在1,5-二磷酸果酮糖的再生中需消耗6分子ATP。因此，卡尔文循环的净反应方程式为：

$$6CO_2 + 18ATP + 12NADPH + 12H_2O \longrightarrow C_6H_{12}O_6 + 18ADP + 18P_i + 12NADP^+ + 6H^+$$

这样，用三分子的ATP和两分子NADPH将一分子 CO_2 引入己糖（如葡萄糖、果糖）中。

光合作用的效率可从以下方面进行估计：

还原 CO_2 到己糖的吉布斯自由能 ΔG 为476.52 kJ/mol。

还原 $NADP^+$ 是一个两电子过程，因此生成两分子的NADPH需要光合系统Ⅰ提供四个光子，光合系统Ⅰ失去的电子由光合系统Ⅱ补充，这需要吸收同样数目的光子，所以需要8个光子去得到所需的NADPH，产生两分子的NADPH以后质子梯度更大，足以推动3个ATP的合成。

1 mol 600 nm的光子能量为198.97 kJ，输入8 mol的光子能量为1592.58 kJ，因此，在标准条件下，光合作用的总效率至少为114/381，即30%。

可见，光合作用中光子的能量推动 $NADP^+$ 还原产生NADPH，CO_2 靠NADPH被还原引入己糖，ATP为己糖的生成提供了足够的能量。

8.2.2.6　C_3 和 C_4 化合物途径中的NADPH

C_4 途径从1,5-二磷酸核酮糖开始，历经15步反应再回到1,5-二磷酸核酮糖，其间有一分子葡萄糖生成。概括起来，这15步反应可划分为5C+1→C→6C→2(3C)，所以，三碳循环的关键是第一步反应。1,5-二磷酸核酮羧化酶-氧合酶（rubisco）催化三碳循环第一步反应。此酶含量占叶绿体蛋白质的60%，有可能是自然界最丰富的一种蛋白质。已知有大、小亚基各8个。大亚基由叶绿体基因组编码，小亚基由核基因编码，某些红藻中此酶小亚基仍由叶绿体基因编码。

C_4 途径是 CO_2 的传输通过 C_4 化合物携带到光合反应的中心去的。$NADP^+$ 及其酶使草酰乙酸酯变成苹果酸并脱羧。

随温度的升高，1,5-二磷酸核酮糖加氧酶的活性比羧化酶的活性要高。热带植物例如甘蔗，怎样避免较高的光呼吸浪费？它们解决此问题是在卡尔文循环中，在光合细胞里头，用提高局部 CO_2 浓度的方法。第一次研究 CO_2 的传输机制是利用同位素 $^{14}CO_2$ 进行试验，结果首先在四碳化合物的苹果酸和天冬氨酸中发现了 ^{14}C，而不是在3-磷酸甘油中。Hatch

等[3] 阐明了此过程的实质是：C_4 化合物携带来自叶肉细胞的 CO_2（叶肉细胞直接与空气接触）到光合反应的主要中心维管束鞘细胞。在卡尔文循环时，在维管束鞘细胞里的 C_4 化合物的脱羧保持着较高的 CO_2 浓度。

C_4 途径的 CO_2 传输开始在叶肉细胞中并伴随着 CO_2 的浓缩，在磷酸烯醇丙酮酸羧化酶的作用下，磷酸烯醇丙酮酸转化为草酰乙酸酯。草酰乙酸酯在 $NADP^+$ 连接的苹果酸脱氢酶的作用下转化为苹果酸，苹果酸进入维管束鞘细胞，在 $NADP^+$ 连接的苹果酸酶的作用下，在叶绿体中脱羧，释放出的 CO_2 与1,5-二磷酸核酮糖作用进入卡尔文式循环，在脱羧反应中形成丙酮酸酯并且又进入到叶肉细胞中，最后，丙酮酸酯在丙酮酸酯-P_i 二激酶的作用下，经过一个特殊反应生成磷酸烯醇丙酮酸。

$$\text{丙酮酸酯} + ATP + P_i \longrightarrow \text{磷酸烯醇丙酮酸} + AMP + PP_i + H^+$$

ATP 提供其 γ-磷酰基给正磷酸酯，β-磷酰基给酶的组氨酸残基，磷酸组氨酸残基然后与丙酮酸酯反应形成磷酸烯醇丙酮酸，正磷酸酯的磷酸化以后的水解使得整个反应不可逆。C_4 途径的总反应是：

$$CO_2(\text{叶肉细胞中}) + ATP + H_2O \longrightarrow CO_2(\text{在维管束鞘细胞中}) + AMP + 2P_i + H^+$$

这样，转移 CO_2 到维管束鞘细胞中的叶绿体中需消耗两个高能磷酸键。

当 C_4 路径与卡尔文式循环同时运行时，总反应方程式如下：

$$6CO_2 + 30ATP + 12NADPH + 12H_2O \longrightarrow C_6H_{12}O_6 + 30ADP + 30P_i + 12NADP^+ + 18H^+$$

从方程式可以看出，当以 C_4 途径的方式把 CO_2 传输到卡尔文式循环中去，每合成一分子的已糖需消耗30分子的 ATP，而非 C_4 途径则消耗18个 ATP。在 C_4 途径中，植物的维管束鞘细胞中的 CO_2 浓度较高，由于多消耗了12个 ATP，这是 C_4 途径中光合作用速率快的关键。高浓度的 CO_2 也减少了因光呼吸而导致的能量损失。

热带植物通过 C_4 途径光呼吸很少，因为在维管束鞘细胞中高浓度的 CO_2，相对于加氧酶的反应来说，主要是加速了羧化酶的反应。这种作用在比较高的温度条件下特别重要。由于地理分布不同而使得不同地区的植物采用不同的路径（C_4 或 C_3），现在已经在分子水平上得到了认识。C_4 途径的植物在热的环境和高的光照射的情况下有利，因此，热带植物普遍以 C_4 途径的方式进行光呼吸。C_3 植物在缺少光呼吸的情况下，每合成一分子的已糖仅需要消耗18个 ATP（对比 C_4 植物消耗30个 ATP），所以在温度低于28℃以下更好，因此，在温和环境下多为 C_3 途径。

1,5-二磷酸核酮糖羧化酶是在当空气中 CO_2 非常丰富而 O_2 极少的情况下有利的。事实上，C_4 途径创造了一种 CO_2 丰富的微环境。1,5-二磷酸核酮糖羧化酶是很早以前就出现的，它出现的时候，大气中富含 CO_2 而几乎没有氧气，因此这种羧化酶可以用于富含 CO_2 的微观世界，而不是用在现代自然大环境中。

在 C_4 途径和 C_3 途径中，CO_2 的传输化合物仅差一个碳原子，热带植物光合作用时选择四碳化合物途径的深层次奥秘，还不是非常清楚。

8.2.3 光合作用与 NADPH 小结

在光合作用这个生物光化学的核心领域，NADPH 始终起着极其重要的作用，光使 $NADP^+$ 得到被还原的能从而产生 NADPH，通过 ATP 提供的化学能，无机物 CO_2 被 NADPH 还原最终生成糖类。如果说糖类是另一种凝结了的太阳能，那么，NADPH 就是一个传递电子和能量的最关键的活性生物分子。可以说是 NADPH 把太阳能传递到糖类中并使其储藏起来。正是在光合作用的光反应中，光能造就了神奇的 NADPH，并使 ADP 生成 ATP，也就激活了这个绿色工厂，在光合作用的第二步暗反应（暂不使用太阳能）中，光合反应中心以 NADPH 的还原能（辅以 ATP 的化学能），来凝聚 CO_2 储藏糖类。可以说：光反应——光能变为化学能；暗反应——无机物变为有机物。

绿色植物的光合作用以在叶绿体中类囊体膜中的两个光合系统为媒介。光导致产生了能促使 ATP 形成的跨膜质子梯度，并导致产生了促使 NADPH 合成的还原动力。在光合系统Ⅱ中的获光复合体中，光被叶绿素吸收并且集中到反应中心 P680。电子从激发态的 P680* 转移到脱镁叶绿素，然后传到连有 Q_A 和 Q_B 的质体醌，最后形成还原态的质体醌（QH_2）。反应中心在一种含锰蛋白的作用下又从水中得到电子，放出 O_2。这样，光合系统Ⅱ催化的总反应是光诱导的电子从水到质体醌的转移。在光合反应中心，关键是对抗原本的电化学电位梯度，克服逆势，使电子从 H_2O(0.82 V) 到 QH_2(0.1 V)，使电位改变 0.72 V，让电子发生上坡式传递，转移到受体上来。

电子从光合系统Ⅱ通过细胞色素 bf 复合体转移到光合系统Ⅰ，这种跨膜复合体把质子送到类囊体腔，同样电子从 QH_2，经由细胞色素 bf 复合体，转移到质体蓝素（一种水溶性蛋白），质子进入类囊体产生质子梯度。光合系统Ⅰ充当电子从质体蓝素到 P700，然后到强还原剂铁氧化还原蛋白的媒介。铁氧化还原蛋白-NADP 还原酶，是一种在膜上叶绿素基质侧的黄素蛋白，可以催化合成 NADPH。这样，光合系统Ⅰ和光合系统Ⅱ之间的相互作用使得电子从 H_2O 转移到 NADPH，并且伴随着产生了对合成 ATP 有利的质子梯度。另外，电子还会通过细胞色素 bf 复合体从铁氧化还原蛋白流回到光合系统Ⅰ。光合系统Ⅰ的这种模式叫做光合磷酸化，导致在没有 NADPH 生成时就形成了质子梯度。叶绿体中的 ATP 合成酶（CF_0-CF_1）与细菌和线粒体中的 ATP 合成酶（F_0-F_1）非常类似。质子流从类囊体腔通过 CF_0 跨膜通道进入到膜上叶绿素基质侧 CF_1，从而驱使 ATP 的合成。

美国华盛顿大学圣路易斯分校的科研人员发现，有一种具有还原能力的绿藻，这种绿藻通过光合作用可以实现固碳作用（吸收 CO_2），可以产生乙醇、氢、正丁醇、异丁醇等。这种绿藻的功能令人们振奋，吸收 CO_2 得到有用的化合物，既有助于减缓全球变暖，又可维持能源供应（得到乙醇、氢等）。能发挥这种神奇作用的绿藻是集胞藻 6803，这是一种单细胞蓝藻，可以进行光合作用，具有天然的 DNA 转化系统。由于单细胞蓝藻的多功能性自发现以来，是被研究最多的一种，人们希望它更好地通过光合作用捕获和储存能量。

在光合作用的光反应中生成的 ATP 和 NADPH，用于把 CO_2 转化为己糖和其他有机化合物。光合作用中的暗反应，又叫卡尔文式循环，以 CO_2 与 1,5-二磷酸核酮糖反应生成两分子 3-磷酸甘油酯开始。3-磷酸甘油酯转化为 6-磷酸果糖和 6-磷酸葡萄糖这一步非常像葡糖异生，在叶绿体中 3-磷酸甘油醛脱氢酶专一于 NADPH 而不是 NADH。1,5-二磷酸核酮糖可以由 6-磷酸果糖、3-磷酸甘油醛和磷酸二羟基丙酮经过一系列的复杂反应得到再生。1,5-二磷酸核酮糖再生的几步反应非常像戊糖磷酸化的路径。还原态的硫氧还蛋白，是在卡尔文式循环中从铁氧化还原蛋白活性酶转移电子还原二硫桥得到的。光诱导提高了叶绿素基质中的 pH 值并增加了 Mg^{2+} 的浓度，这对 1,5-二磷酸核酮糖羧化非常重要。每一个 CO_2 转换为己糖需要消耗 3 个 ATP 和 2 个 NADPH，四个光子被光合系统Ⅰ吸收，另外四个光子被光合系统Ⅱ吸收，生成 2 个 NADPH，同时形成足够的质子梯度促使 3 个 ATP 的合成。

1,5-二磷酸核酮糖羧化酶也催化了一种加氧酶的反应，生成磷酸甘油酯和 3-磷酸甘油酯。磷酸甘油酯的再循环导致了 CO_2 的释放和 O_2 的消耗的副反应，这一过程叫光呼吸

(是光合作用的副反应)，这种浪费的副反应在热带植物 C_4 途径中得以最小化，C_4 途径在卡尔文式循环中通过 CO_2 的浓缩来抑制光呼吸的副反应。这种 C_4 途径使得热带植物能充分利用高的光照射和较高的 CO_2 的浓度，从而增强羧化酶的活性，减少了1,5-二磷酸核酮糖的加氧作用。

人类对光合作用的研究已经有二三百年的历史了，叶绿素把光能变为化学能，化学能再把无机物变为有机物。这个绿色工厂提供了食物链的始端，目前的能源（石油、煤炭、天然气）也是远古植物光合作用储藏下来的太阳能。万物生长利用太阳，化学家怎样利用太阳?人们对光合作用的认识目前还非常肤浅，远远不能解决实际问题。这方面真正意义上的突破，必将为人类带来巨大的福音。

8.2.4 海洋和细菌的光合作用

8.2.4.1 海洋里的光合作用

光合作用的主体并不是陆地上的绿色植物。事实上，地球上全部光合作用的80%是发生在海里。深海里的植物也有叶绿素，只是含量较少而已。它们除了含叶绿素外，还含有藻褐素、藻蓝素或藻红素，这些颜色盖住了为数不多的叶绿素，而使它们并不呈现出绿色。太阳光照到海面上之后，阳光含有的7种波长的光依次进入了不同深度的海水。叶绿素最喜红光，在海面上就被绿藻吸收了；而蓝、紫光所具有的能量最大，可以穿透到深海中。藻红素、藻蓝素等虽然不能进行光合作用，但它们吸收光之后，再把能量传给叶绿素。研究海洋中的光合作用，是人类开发海洋资源、向海洋进军的一个重要方面。

光和水是生命的源泉。地球上最早出现的光合作用是在海洋中，最远古时代大气圈中没有氧气，也没有动植物，是最早的海洋藻类通过光合作用，慢慢产生了氧气，这些氧气后来抚育海水中最原始的动物种群。海洋是低级动物到高级动物进化的摇篮。

8.2.4.2 细菌的光合作用

研究发现，海洋细菌能将太阳能转变为化学能，微生物在海洋表层细菌中占有20%。这些细菌能利用太阳能来推动电子，并且推动细胞中的代谢程序，最终将能量引入食物链中。这些发现似乎回答了海洋生态中的一项疑问，即海洋中的众多细菌似乎并没有什么食物来源，但却都能顺利存活和繁衍的原因。最近，科学家在一种嗜盐菌体中发现一种叫细菌视紫红质的蛋白，它是一种键合视黄醛的完整的膜蛋白，可以作为光驱动的质子泵。目前，人们只证实了细菌视紫红质能够产生化学渗透膜，该膜可以通过光的作用而产生电势差。经基因分析这种由细菌衍生的视紫红质，存在于海洋天然菌类浮游生物中。这种细菌视紫红质是在一种未经培养的γ-蛋白菌的基因中编码的。随着光驱动的质子泵的作用，视紫红质进入光化学反应循环。研究表明，视紫红质广泛分布于各种不同种类的细菌中。这些研究结果说明，由细菌进行光合作用并产生化学能，而且普遍存在于充斥着光合细菌的海洋的表面[3-4]。某些细菌的光合反应是环式光合磷酸化，产生ATP，这些细菌的铁氧还蛋白可通过黄素蛋白酶把 $NADP^+$ 还原为 NADPH。这样，光合细菌就能产生 ATP（化学能）与 NADPH（还原能）以固定 CO_2，因而有人认为光合细菌有固定 CO_2 的能力，在这些细菌的光合作用和 CO_2 的固定过程中，CO_2 还原产物可能通过戊糖磷酸化途径进行。细菌的光合作用出现在地球上已经非常久远了，原始细菌可能通过环式电子传递系统利用光去产生化学能。

总之，细菌的光合作用反应中心是另一个被广泛研究的体系。

光合作用起源于三百万年前，经过数百万年的进化，光合作用已成为地球生命活动的最主要的能量来源。

日光杆菌（heliobacteria）是一种光合作用细菌。2021年，Ogilvie等对日光杆菌的光合作用的能量转换过程，即电荷分离过程进行了研究（*Nat. Commun.*，2021，12：2801）。

光合作用系统包括捕光天线和反应中心。捕光天线由色素分子组成，它吸收太阳光，把能量传递给反应中心。在反应中心中，得到光能的分子把一个电子传递给处于基态的另一个分子，该过程为电荷分离过程。生成的带正电荷和负电荷的两个分子形成一个具有较高化学能的复合物，高能复合物驱动后续化学反应。能量转移和电荷分离过程发生在 10^{-15} s（飞秒）内，这个超快过程对设计光伏电池和人造光合作用系统有着借鉴意义。

日光杆菌是研究反应中心电荷分离的最佳模型之一。目前研究工作已经解析了日光杆菌反应中心的晶体结构。研究的一个难点在于反应中心和捕光天线的分离，两者的光谱信号在时域和频域上都有重叠。Ogilvie等利用自行发明的超快多维光谱装置将反应中心的动力学过程展示在了一个三维的图谱中，经过光谱分析筛选了模型，最终揭示了电荷分离机理，为理解反应中心的进化过程做出了新的探索。

8.2.4.3 模拟光合作用制氢

能源问题是世界各国面临的重大科学问题。氢是人们追求的一种理想的新能源。由于地球上有大量的水可以作为潜在的氢原料，而且氢的燃烧生成物是水，因此它是干净无公害的能源。然而，真正要把氢作为燃料，不是一件容易的事。由于地球上并不存在可以直接利用的氢，制造氢本身往往又要消耗能量，也可能带来污染，因此能否开发出便宜的无污染的制氢方法，就是能否用氢作能源的关键。

以前利用电解水的方法制氢是不实用的。水煤气法和核能制氢法都存在一些问题。如果用人工光合成方法用水制氢，即以太阳作为能源，以水作为原料，那将是干净而廉价的。

目前，已经有学者开始探索并取得了一些成果。人工光合成制氢面临两个难题：一是如何从两个水分子中取出四个电子，同时生成一个氧分子和四个氢离子。就是铅蓄电池，也只是两电子反应（Pb给 PbO_2 两个电子平衡于 $PbSO_4$）。而一下子取出四个电子的四电子反应是很难发生的。对植物来说，由于存在能促使发生这种反应的化学物质和酶（催化剂），所以进行四电子反应并不难。人工光合成制氢关键也是寻找能促使这一反应的催化剂。

研究认为，应该从具有两个以上金属离子的多核配合物取得突破。要同四个电子起反应，至少需要两个金属离子。铬锰吡啶衍生物的配合物已引起了重视。另外一个难题是如何使光能促使电子同氢离子结合为氢。因为光刺激反应过程非常快，反应速率以飞秒（10^{-15} s）计，一瞬间，电子便要返回低能状态。可是，使水分解成氢离子和氧的过程很慢，以毫秒计，二者相差一万亿倍。如何使这样差别极大的过程衔接起来是个难题。人们找到了能代替高分子隔膜的硫化镉半导体来完成这一作用。这样，便可在光照条件下，进行两个过程衔接起来的人工光合成的实验。尽管这方面还有很长的路要走，但毕竟是人类在模拟植物光合作用、用人工光合方法制氢的大胆的尝试。相信在本世纪内会有长足的进展。

光解水在能源开发方面具有广阔前景。光解水可以设想是光子经过一个至数个连续进行的不同光反应来分解一分子水。为了利用太阳能光谱的不同波段，在光解水放氢中，人们研究以金属有机化合物作为光敏剂和电子中继物，实际上有的光敏剂就是有机染料的衍生物。为了让太阳能光化学催化分解水放氢有效和实用，人们设法降低光阈值、提高光敏剂激发态寿命和稳定性。近年来，一些新的金属有机化合物作为光敏剂用于光解水制氢取得了令人鼓舞的进展。但要达到高效实用的目的，还有大量的工作要做。

上面的论述中多次提到铁氧化还原蛋白（ferredoxin，Fd）和质体醌（plastoquinone，PQ），它们是什么呢？

铁氧化还原蛋白（ferredoxin，Fd）是普遍存在于植物体内的一种低分子量、可溶性的酸性电子传递蛋白，含有铁硫簇（[2Fe-2S]）氧化还原中心，具有较负的氧化还原电势，为非血红铁硫蛋白。在植物的质体中，Fd 与铁氧还蛋白：$NADP^+$ 氧化还原酶（FNR，碳同化过程中的酶）是氧化还原代谢的中心。在黑暗中 Fd 处于高价状态，照光时只有其中一个高价铁还原为二价铁，因此，它每次只能转移一个电子，在植物体中它以水溶性和结合态两种形式存在。铁氧化还原蛋白以铁硫簇（iron-sulfur cluster）为活性中心，在高等植物和藻类中已经发现了多种 Fd。

质体醌是具有长侧链结构的苯醌类化合物，广泛存在于自然界的动物和植物体中，并且具有重要的生物功能。例如泛醌（ubiquinone，Q）和质体醌（plastoquinone，PQ）是动物线粒体呼吸链和植物光合作用链中重要的非蛋白电子载体，在氧化还原酶之间起着传递电子和质子的重要作用。现在已经知道，泛醌和质体醌是在生物膜上（线粒体内膜和叶绿体膜）行使其生物功能的。

质体醌是植物叶绿体脂质中的一种醌类物质，它在植物光合作用中作为电子载体，直接参与植物体内能量的传递过程，并对两个光系统（PS Ⅰ和 PS Ⅱ）的光能分配发挥重要的调节作用。

8.2.5 光合作用的进一步探讨

杨频和高飞对光合作用的若干问题也作了阐述[5]。光合作用是植物、藻类和某些细菌在日照下利用无机原料合成有机化合物，从而把太阳能储存起来的过程。从生物能学的观点来看，需氧呼吸和光合作用是一对互补的过程。通过需氧呼吸，有机物质进入分解代谢循环，产生的 CO_2 和 H_2O 正好是绿色植物进行光合作用的原料，而光合作用放出的 O_2 又支持着需氧生物的呼吸作用。光合作用利用太阳能合成糖类等有机物，而呼吸作用则“燃烧”氧化这些有机物，并获取其能量。图 8-10 说明了这种关系。

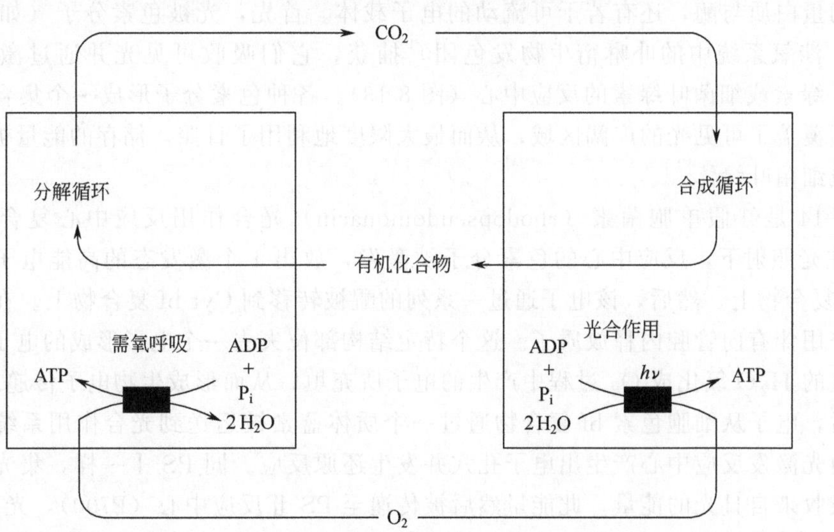

图 8-10 光合与呼吸过程示意

光合作用的主要化学过程是产生手性辅酶还原剂 NAD(P)H 和跨膜质子梯度，分别用于驱动进一步的细胞化学反应和 ATP 合成。绿色植物和蓝细菌（cyanobacteria）通过光合作用放出氧气[5]。

在整个光合系统中，NADPH 的氧化态 $NADP^+$ 实现了对水分子的氧化作用，光能使电子从水分子转移到 $NADP^+$ 生成 NADPH 并游离出质子，并放出氧气。

而厌氧光合细菌则采用别的氢源（如硫化氢）代替水，这时就没有氧放出。

$$2H_2S + 2NAD^+ \xrightarrow{\text{光}} 2S + 2NADH + 2H^+ \quad (\text{紫色硫细菌})$$

$$2H_2 + 2NAD^+ \xrightarrow{\text{光}} 2NADH + 2H^+ \quad (\text{紫色非硫细菌})$$

由于 H_2O 的电位（1.229 V）与 H_2S 及 H_2 的电位（分别为 0.12 V 和 0 V）相差很大，于是就需要一定的化学装置来适应裂解水的要求。在绿色植物的放氧光合作用反应中心，光被集光复合体（light harvesting complex，LHC）吸收并用于激活来自 PS Ⅱ中的叶绿素复合物（P680）反应中心的电子转移作用。电子依次沿着脱镁叶绿素（pheophytin，Pha）、质体醌（plastoquinone，PQ）、质体蓝素（plastocyanin，PC）以及细胞色素 bf 链运动，最后到达 PS Ⅰ。在 PS Ⅰ 处电子补充到随着光激发在 PS Ⅱ（P700）反应中心形成的电子孔。接着，电子被传递到铁硫中心（Fe-S）、铁蛋白（Fd）及 $NADP^+$ 氧化还原酶，在这个过程中，产生质子梯度和 NAD(P)H。

一切光合体系都具有光反应装置，称为光合系统Ⅰ(PS Ⅰ)，跨越大约从＋400 mV 到－600 mV 的电位范围。涉氧光合作用还需要另一个光合装置（PS Ⅱ）系统，跨越的电位范围大约从＋850 mV 到－500 mV，这个电位足够正，可将 H_2O 的氧化与一个催化部位（Mo 的簇合物）相偶合[5]。

绿色植物（图 8-11）与细菌的光合作用装置（图 8-12）的不同，光合细菌的光合装置只含有光合系统Ⅰ（PS Ⅰ），利用无机物如 H_2S 或其他简单有机物作还原剂，不放出氧气。

所有的光合作用装置，在结构上很类似[5]。其重要组分包括捕获光的色素分子、与膜相结合的蛋白质与酶，还有若干可流动的电子载体。首先，光被色素分子（如细菌中的胡萝卜素，涉氧系统中的卟啉衍生物发色团）捕获，它们吸收可见光并通过激子偶合将能量传给叶绿素或细菌叶绿素的反应中心（图 8-13）。各种色素分子形成一个集合体，它们的吸收范围覆盖了可见光的广阔区域，从而最大限度地利用了日照，储存的能量被转入特殊的叶绿体或细菌叶绿体[5]。

图 8-14 是红假单胞菌素（rhodopseudomonacin）光合作用反应中心复合物的结构示意[5]。在光照射下，反应中心的色素分子被激发，放出 1 个激发态的高能电子，并被传递到 Fe-醌复合物上。然后，该电子通过一系列的醌被转移到 Cyt bf 复合物上。在此处，电子的传递作用伴有向管腔内释放质子。这个特定结构部位失去一个电子形成的电子孔由含锰部位上发生的 H_2O 氧化成 O_2 过程中产生的电子所充填，从而形成生物电子传递。

然后，电子从细胞色素 bf 复合物通过一个质体蓝素被运送到光合作用系统Ⅱ（PS Ⅱ）上，再由光激发反应中心产生出电子孔穴并发生还原反应。同 PS Ⅰ一样，集光复合体的色素分子吸收来自日光的能量。此能量然后被传递至 PS Ⅱ反应中心（P700），光引发的电子，在此处进行铁硫氧还蛋白的还原作用。铁硫氧还蛋白是 $NADP^+$ 被还原的最终的电子来源。这个反应系统中有几处存在着质子 H^+ 向细胞内的转移作用。这种受控的跨膜质子梯度形成的驱动力，是由 ATP 酶催化合成 ATP 产生的。总效果是产生了辅酶还原剂 NAD(P)H 分子和化学能储备，推动了细胞的新陈代谢。

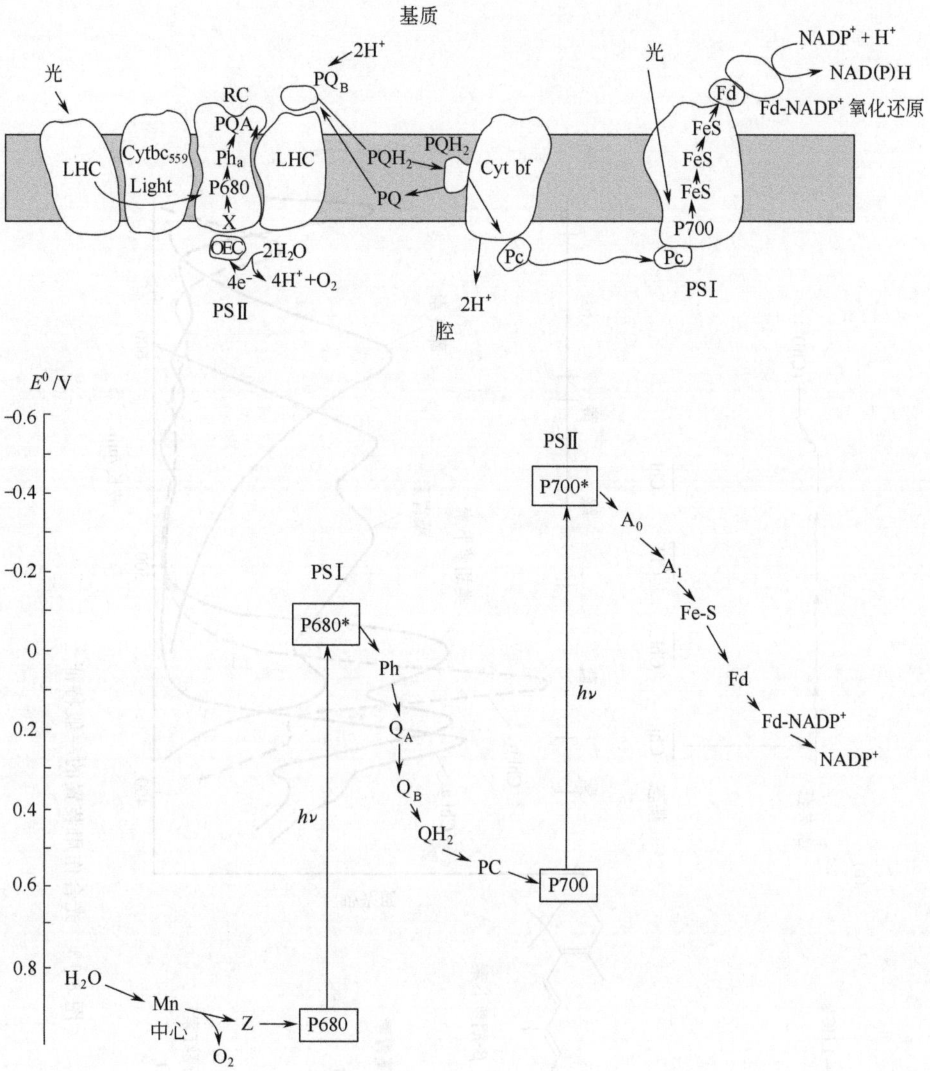

图 8-11　绿色植物的光合作用装置

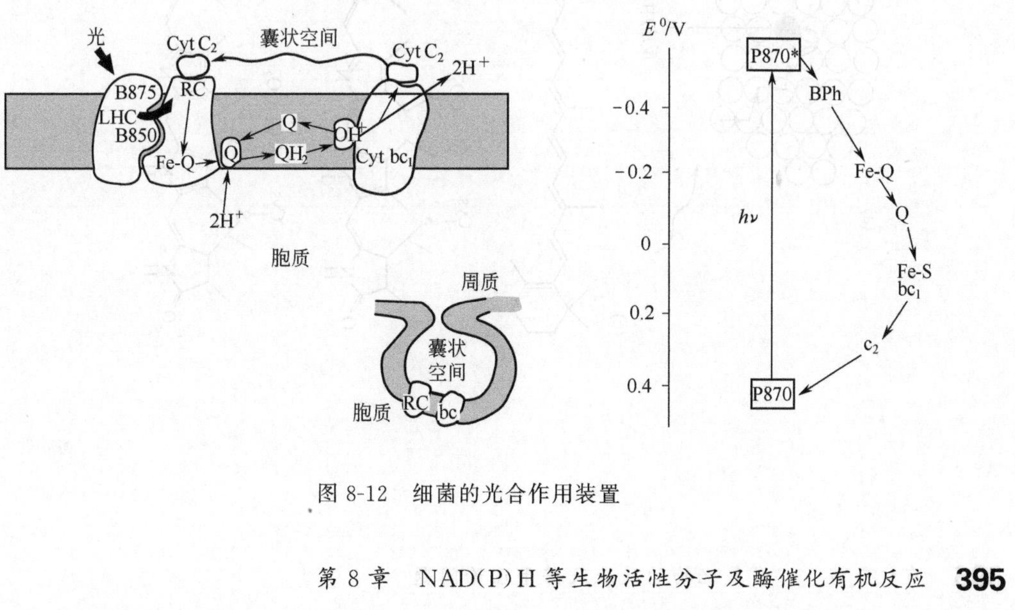

图 8-12　细菌的光合作用装置

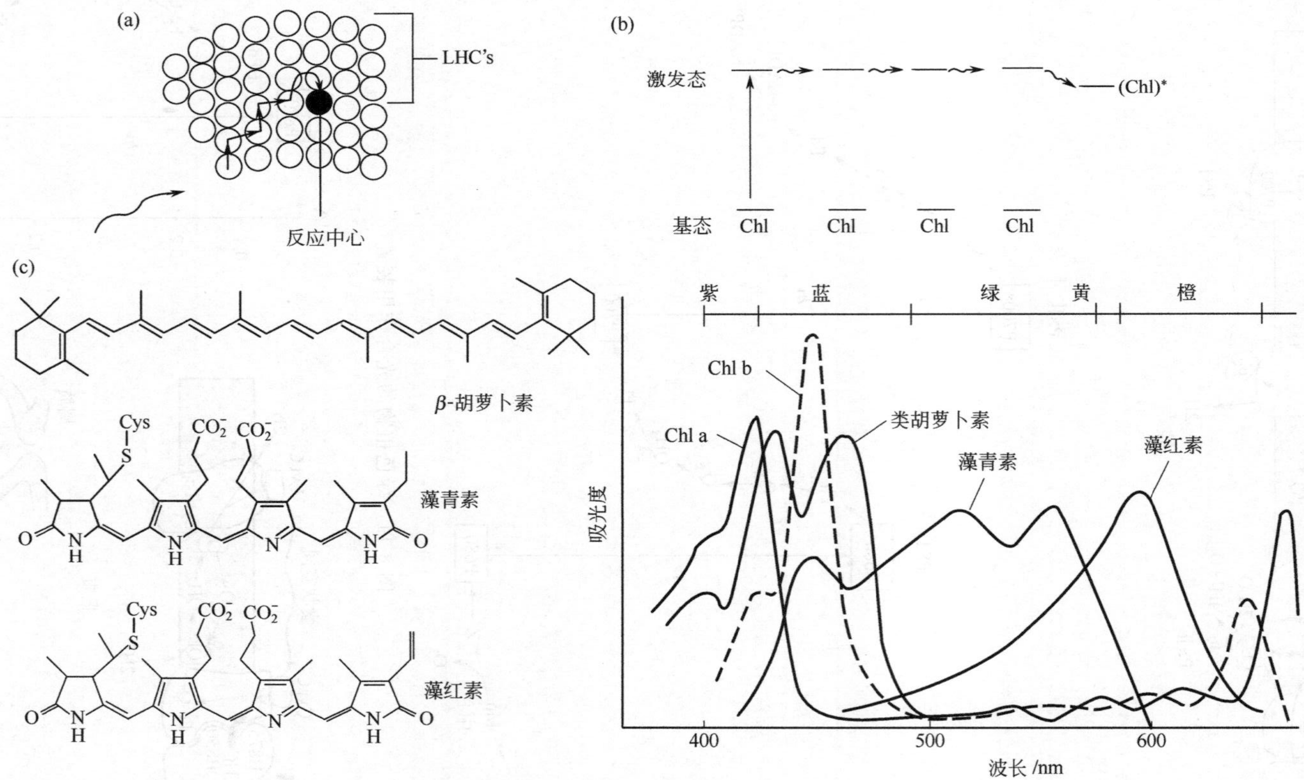

图 8-13 光合作用装置的一般特征[5]

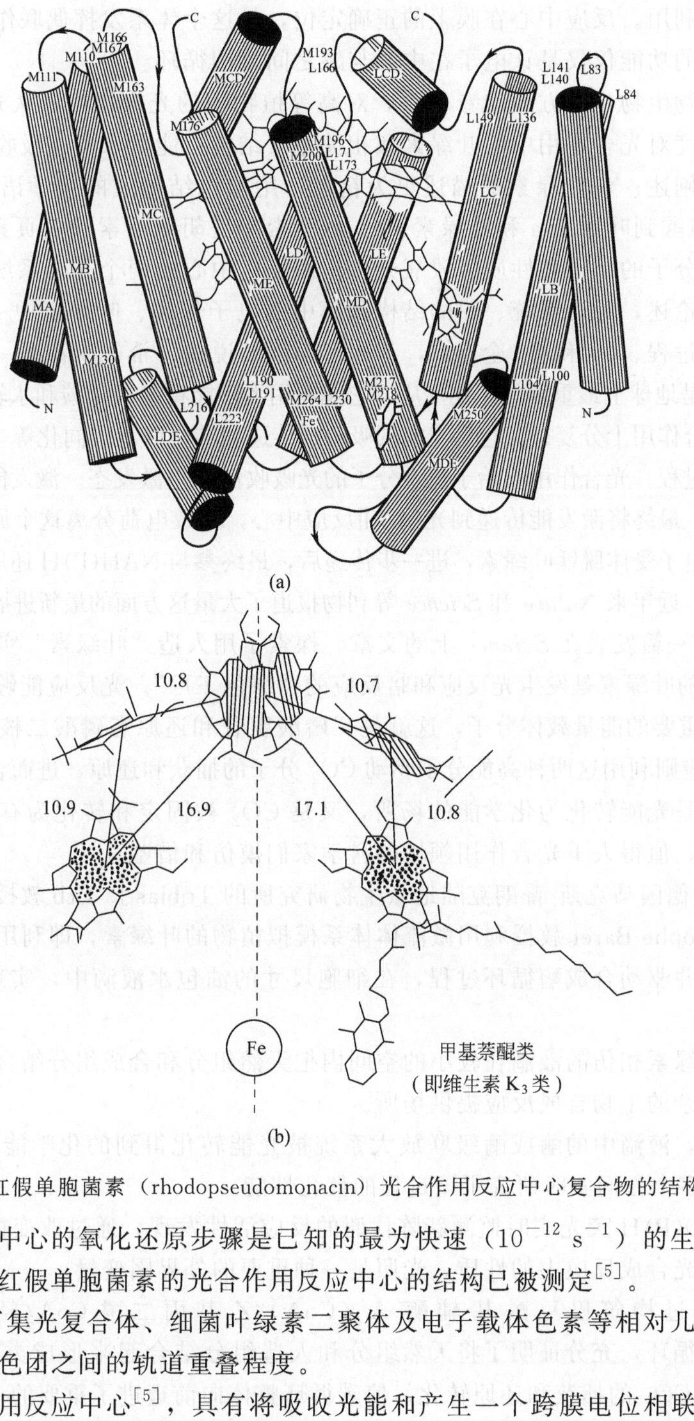

图 8-14　红假单胞菌素（rhodopseudomonacin）光合作用反应中心复合物的结构示意

光合作用反应中心的氧化还原步骤是已知的最为快速（$10^{-12}\ s^{-1}$）的生物电子传递过程。紫色非硫细菌红假单胞菌素的光合作用反应中心的结构已被测定[5]。

图 8-14 展示了集光复合体、细菌叶绿素二聚体及电子载体色素等相对几何结构的变化被用来调节这些生色团之间的轨道重叠程度。

细菌的光合作用反应中心[5]，具有将吸收光能和产生一个跨膜电位相联合的功能，该中心由处于膜结合蛋白特定环境中的特定辅基组成。一对特殊的叶绿素吸收光子后放出一个电子，这个电子被很快地由一个辅基传递至下一个辅基，最后到达泛醌（ubiquinone），即辅酶 Q。

电子的反传递，被电子从结合态细胞色素到氧化态的特殊叶绿素之间的快速穿梭作用所阻挡。一旦有两个电子被传递至辅酶 Q，辅酶 Q 即以质子化的氢醌形式从反应中心产生出来。电子的跨膜传递和质子的摄取并生成氢醌的作用可产生一个质子电化学梯度，从而为后续反应过程所利用。反应中心在膜上的正确定位，是这个体系发挥偶联作用的基础，没有膜的参与，体系的功能仅仅是让电子在中心与醌之间来回循环[5]。

有一部植物生物化学方面的专著[6]，对高等植物中的光合作用，从光合细胞器等着眼，主要从植物角度对光合作用中的叶绿素和相关色素结构、能量水平、吸收光谱的范围等，作了较为深入的阐述；对叶绿素的描述更为精彩，用彩色结构式的化学语言，阐明了叶绿素（从起始物谷氨酸到叶绿素 a 和叶绿素 b）、血红素、类胡萝卜素和黄页素的生物合成过程，并对一些色素分子的结构和性质、放氧光合作用反应中心的两个光合系统（PS Ⅰ和 PS Ⅱ）的结构等作了论述，对光系统、膜的结构和膜中的电子传递、叶绿素中 ATP 的合成、卡尔文循环的详细过程、C_3 和 C_4 途径等，都作了详细的说明，希望读者进一步参阅。

光合作用是地球上最重要的生化反应，它能利用大阳能将二氧化碳和水转化为有机物，并释放出氧气。光合作用十分复杂，包括光能的吸收、传递和转化以及碳同化等一系列光物理、光化学和生理生化过程。光合作用起始于色素分子的光吸收而产生激发态。激发能快速有效地在捕光色素之间传递，最终将激发能传递到光系统Ⅱ反应中心，导致电荷分离这个原初反应的发生。电子传递给原初电子受体脱镁叶绿素，进一步传递后，最终参与 NAH(P)H 还原力的形成，同时释放氧气和质子。近年来 *Nature* 和 *Science* 等刊物报道了大量这方面的最新进展。

2020 年有一篇发表在 *Science* 上的文章，探索了用人造“叶绿素”实现人工光合作用。

绿色植物的叶绿素是发生光反应和暗反应的“绿色工厂”。光反应能够将光能转化为化学能，产生两种重要的能量载体分子，这就是三磷酸腺苷和还原态磷酸二核苷酸烟酰胺［NAD(P)H］。暗反应则利用这两种高能分子驱动 CO_2 分子的捕获和还原，进而合成有机化合物。

叶绿素既是光能转化为化学能的场所，又是 CO_2 被固定和转化为有机物的场所。这种一体化的结构，值得人工光合作用领域的科学家们模仿和借鉴。

2020 年，德国马克斯-普朗克陆地微生物研究所的 Tobias J. Erb 教授和法国波尔多大学的 Jean-Christophe Baret 教授利用微流体体系模拟植物的叶绿素，即利用菠菜的类囊体薄膜实现光反应，并驱动合成酶循环过程，在细胞尺寸的油包水液滴中，实现了 CO_2 固定和光合成反应。

这些与叶绿素相仿的液滴在较小的空间内把天然组分和合成组分结合起来，通过进一步功能化，为复杂的生物合成反应提供场所。

在光照下，液滴中的酶或酶级联放大系统被光能转化得到的化学能所驱动，Tobias J. Erb 教授等从多个方面实时研究了该过程的催化性能。

通过 NAD(P)H 荧光实时监测新陈代谢的反应活性发现，通过改变微流体液滴的成分，能够调控其在光合成反应中的性质，光照是一种重要的外界因变量。

该工作通过构筑巴豆酰基-辅酶 A（CoA）/乙基丙二酰-CoA/羟基丁酸酰基-CoA（CETCH）的循环，充分证明了将天然组分和人造组分结合起来形成类似于叶绿素的复合物，能够实现 CO_2 的捕获和还原转化，使碳循环整体向前迈进了重要的一步。

该工作以“Light－powered CO_2 fixation in a chloroplast mimic with natural and synthetic parts”为题，发表在 2020 年的 *Science* 上[7]。

太阳能是地球生态系统和可持续发展的基本能源。通过光合作用将无机碳转化为有机物，是地球上至关重要的生物学基础。在地球生物体系上存在两大主要的捕光系统，分别是叶绿素和视紫红质。

叶绿素的系统常见于植物和藻类，涉及复杂的多种蛋白的协同作用。到目前为止，基于叶绿素的光合作用还未能在其他非天然光合作用生物中实现。

视紫红质是基于单一蛋白的捕光系统，是一种结构简单的光合作用系统，广泛存在于海洋、土壤等环境的微生物中，并在微生物的能量代谢中起关键作用。叶绿素和视紫红质捕光的波长范围是互补的。尽管近年的研究中发现，微生物视紫红质作为一种质子泵蛋白可以吸收光能产生质子动能势，从而促进微生物产生能量，然而，微生物视紫红质对微生物固定二氧化碳的机制尚不清晰。

2023 年，牛津大学的 Huang 等在 *Nature Communications* 上发表论文（*Nat. Commun.*，2023，14：8012），提出将视紫红质的质子泵功能与微生物的胞外电子传递机制相结合，基于非光合微生物 *Ralstonia eutropha* H16 建立了全新的人工光合作用系统。这个人工光合系统以光能为唯一能源，一方面通过太阳能板驱动电化学系统电解水释放电子，并通过胞外电子传递途径将电子传递给 *R. eutropha* 工程菌生成还原力辅酶 NAD(P)H；另一方面视紫红质利用光能产生质子动能势，从而驱动电子的反向传递和 ATP 的形成。*R. eutropha* 工程菌以 NAD(P)H 为还原力，以 ATP 为动力，驱动二氧化碳固定并进行生物合成。视紫红质作为光驱动的质子泵在光照条件下将质子从胞内泵入细胞质，产生质子动能势。质子动能势可用于 ATP 合成等细胞能量代谢。受叶绿素的光合作用裂解水的启发，研究人员建立了一套太阳能-电化学系统以用于分解水产生电子。该系统通过稳压器将工作电压设置为低于氢析出的电位，使得电子只通过胞外电子传递的方式进入细胞。这是在人工光合作用研究方面取得的一个重要进展。

8.2.6 光合作用中叶绿素 f 的研究进展

光合作用需要依赖叶绿素 a（chlorophyll-a）收集光能以制造生化物质和氧气。叶绿素 a 吸收光的方式导致光合作用只能利用红光的能量。所有植物都含叶绿素 a，包括藻类和蓝藻，德国化学家韦尔斯泰特（Richard M. Willstätter）利用色层分离法发现了绿叶捕光物质——叶绿素而获得了 1915 年诺贝尔化学奖。2010 年之前人们知道的叶绿素只有 4 种类型，即叶绿素 a、b、c 和 d。其中叶绿素 a 存在于所有植物中；叶绿素 b 主要存在于高等植物中，两者仅可以利用 400～700 nm 的可见光，其中最强吸收区为红光（640～660 nm）和蓝紫光（430～450 nm）；叶绿素 c 主要存在于硅藻、甲藻、褐藻、鹿角藻、隐藻等某些海洋藻类中，叶绿素 c 可以取代叶绿素 b 的功能，主要的吸收峰在可见光的 447～452 nm；叶绿素 d 的吸收峰在不可见的 710 nm 红外光区域，但是，叶绿素 d 只存在于蓝藻体内。

2010 年报道了第五种叶绿素——叶绿素 f（*Science*，2010，329：1318），它的吸收光谱一直延伸到近红外的范围内，吸收峰主要在 722 nm。叶绿素 f 使那些利用光合作用的生物的可利用光范围更宽，因此，更多太阳光能够被光合作用所利用，光合作用的效率或因吸收光谱波段的拓宽而提高。然而，该文认为叶绿素 f 作为少数色素存在于含有绝大部分的叶绿素 a 的光合系统中，起到类似叶绿素 b 的辅助作用。

2018 年 6 月 15 日，*Science* 杂志发表了 Fantuzzi 和 Rutherford 的研究论文。文中报道了基于叶绿素 f 的光合作用，能利用更低能量的红外光进行光合反应，超越了光合作用的“红光极限”，代表着自然界中广泛存在的第三类光合作用，改变了人们以前对光合作用机制的理解。叶绿素 f 在大于 760 nm 处有吸收（这种波长与光系统（Ⅱ）中的叶绿素 d 初级供体（ChlD1）相似，是光系统（Ⅱ）中的一个红色端），适合在稳定阴暗自然环境中发生远红外光合作用。

最新的研究表明，叶绿素 f 的插入会减慢两个光系统中的整体能量捕获，会大大降低光系统（Ⅱ）的效率。在富含远红外光的环境中，在光系统中插入红移的叶绿素 f 是有利的。如果将叶绿素 f 引入到植物中，将是一种很好利用远红外光的可行性策略，而其特定位置对于确定其光合作用的效率至关重要。

8.2.7 叶绿体蛋白转运体

叶绿体是植物光合作用和光自养生长的基本细胞器。叶绿体自身的遗传物质逐渐转移到细胞核中，自身保留编码100多个蛋白的基因组。多达2000～3000种叶绿体蛋白，由细胞核中的基因编码，在细胞质中翻译成为前体蛋白，运输到叶绿体中去。在一个植物细胞内部，有2000～3000种前体蛋白需要进入叶绿体，叶绿体是怎样精确识别这些蛋白的？

叶绿体是双膜结构，内膜上存在转运因子TIC，外膜上存在转运因子TOC，它们联合形成一个超级复合物TOC-TIC，TOC和TIC复合体是促进核基因组编码前蛋白通过叶绿体两个包膜的转位子，详细的机制还需要进一步研究。

2022年11月21日，Yan等人在*Cell*杂志发表了"Structure of a TOC-TIC supercomplex spanning two chloroplast envelope membranes"的论文，报道了衣藻TOC-TIC超复合物的冷冻电镜结构，包含14个成分。这项研究为TOC-TIC超复合物的结构、组装和前蛋白易位机制研究提供了新思路，并为分析这一基本易位子的进化保守性和多样性提供了研究基础。

估计约有2000～3000种蛋白质在细胞质中合成时需要作为前体蛋白运输到叶绿体中，其中含有引导它们到达叶绿体的N端转运肽。TOC和TIC复合物是介导前蛋白跨叶绿体外包膜和内包膜输入的前蛋白转运因子。TOC和TIC成分的缺陷导致植物胚胎死亡或白化。豌豆和拟南芥的生化、遗传和生理数据使TOC和TIC的许多成分得到过鉴定。

TOC-TIC将核基因编码的蛋白转运进叶绿体的经典模型包括Tic110（作为核心组件），还包括Tic62、Tic55、Tic40、Tic32、Tic22、Tic21和Tic20。有认为Tic110具有形成广泛跨膜结构的能力，并作为TIC的中心成孔成分。在两种TIC模型中，Tic20作为通用TIC复合体的共识成分。TOC和TIC在功能上类似于线粒体内外膜上的TOM和TIM复合体。尽管TOM和TIM倾向于作为独立的复合物工作，但TOC和TIC可以在两个叶绿体膜上形成一个超复合物。完整的TOC-TIC超复合体缺乏高分辨率结构，有碍于对这一基本蛋白质易位机制的分子理解。Yan等人报道了莱因衣藻TOC-TIC超复合物在2.5 Å（1 Å=10^{-10} m）的平均分辨率冷冻电子显微镜（cryo-EM）下的结构。它一共包含14个组分，其中8个为之前已报道的组分，6个为功能未知的新组分。对TOC-TIC超复合体的进化分析表明，构成前蛋白易位路径的TOC和TIC的核心成分高度保守，尽管一些负责连接TOC和TIC的IMS成分可能具有不同的形式。

这项TOC-TIC复合物研究对叶绿体的生成以及稳态具有重要意义，理解TOC-TIC复合物结构和机制将为未来潜在的对叶绿体乃至光合生物的改造奠定了基础。未来对来自其他植物有机体的TOC-TIC超复合体的结构研究，将能够更全面地比较物种间的异同，从而更好地理解叶绿体中这一基本蛋白质转运机制的进化。

最近，Liu等在*Nature*上发表了研究论文，通过解析莱茵衣藻来源的TOC-TIC超分子复合体的冷冻电镜结构，发现并定位组成该复合体的13个不同蛋白亚基。除Tic214蛋白由叶绿体基因编码外，其他蛋白均由核基因编码。这些蛋白共同组成了位于外膜的TOC复合物、膜间隙复合物（ISC）和位于内膜的TIC复合物。Toc90和Toc75蛋白在外膜上形成一种混合的β-桶状结构，有一个朝向胞质侧的入口和两个朝向膜间隙开放的出口，且有一个面向膜内脂双层的侧向开口。Toc90和Tic214相互作用的界面上存在一个六磷酸肌醇（也称植酸）分子，起到稳定TOC复合物装配的作用。

该研究对TOC和TIC复合物中的孔道特征进行了细致分析，通过分子动力学模拟对转运肽和TIC复合物的相互作用进行了预测。该研究观察到分别位于TOC和TIC中的两个孔道是由位于膜间隙区的表面沟槽连接，认为前体蛋白可通过TOC-TIC超复合体中的多个不同转运途径进行分选和进入叶绿体内部的不同微区。

8.2.8 视觉光化学[7]

动物的视觉光化学是非常复杂的。首先光量子要有效地刺激细胞内受光物质，曾有人将其与摄影来类比。在视觉光化学中，视黄醛的11-顺式构型能吸收光，转变为能量低的全反式构型。由于独特的吸光性从而刺激感光细胞。人的视网膜有三种锥细胞，像透镜分别吸收红蓝绿三种光。红蓝绿三原色学说认为任何颜色都能由三种波长的纯光混合而产生。三种不同形态的锥体细胞对红、绿、蓝三种原色最敏感。以不同比例混合这三种原色，可以产生各种不同颜色。但三原色学说对于有些视觉现象还不能做出很好的解释。锥细胞中含有视紫蓝质、视紫质、视青质，也是由一种视黄醛及视蛋白结合而成，是锥细胞感光功能的物质基础。与视蛋白结合的视黄醛要有一定的构型，只有11-顺式的视黄醛才能与视蛋白结合，此种结合反应需要消耗能量并且只在暗处进行。能量因素是任何化学变化过程的基础，维生素A的天作之妙就在于其有多个顺反异构体。顺反异构变化是需要吸收光子的能量的，能量因素是生物能力学中的生物活性分子发生变化的基本因素。维生素A的氧化态是视黄醛，与赖氨酸的氨基形成质子化的席夫碱，使光的吸收红移，因此，视黄醛也是视觉反应的一个重要物质基础。

引起视觉感受的器官是眼。人眼的适宜刺激是波长400～740 nm的电磁波，在这个可见光谱的范围内，人脑通过接受来自视网膜的传入信息，可以分辨出视网膜像的不同亮度和色泽，因而可以看清视野内发光物体和反光物质的轮廓、形状、颜色、大小、远近和表面细节等情况。自然界形形色色的物体以及文字、图形等形象，通过视觉系统在人脑得到反映。

低于400 nm波长的光为角膜、房水、晶状体所吸收，没有到达视网膜，不能引起视觉，称为紫外线。高于740 nm波长的光也为屈光介质吸收，称为红外线；人的体温本身(37 ℃)能够使脉络膜、视网膜发射出红外线，感光细胞在进化过程中就排除了对这些红外线的感受，以免除红外线干扰人对外界物体的视觉，故而人看不见红外线。

人眼的构造和结构是非常复杂的，但它主要由含有感光细胞的视网膜和作为附属结构的折光系统等部分组成。笔者对含有感光细胞的视网膜兴趣较大。

8.2.8.1 视杆细胞和视锥细胞

感光细胞又称视细胞，视细胞分视杆细胞和视锥细胞两类。视杆细胞的胞体位于外核层的内侧，视杆分内节与外节两段，内节是合成蛋白质的部位，含丰富的线粒体、粗面内质网和高尔基复合体；外节为感光部位，含有许多平行排列的膜盘，膜盘上镶嵌的感光物质称视紫红质，视紫红质由11-顺视黄醛和视蛋白组成，维生素A是合成11-顺视黄醛的原料。因此，当人体维生素A不足时，视紫红质缺乏，导致弱光视力减退即为夜盲。处在视网膜周围的视杆细胞长约50 μm，人的视网膜中有10^8个视杆细胞。

视锥细胞位于外核层的外侧，视锥也分内节和外节。外节的膜盘大多与细胞膜不分离，顶部膜盘也不脱落，膜盘上嵌有能感受强光和色觉的视色素，由内节不断合成和补充。人和绝大多数哺乳动物有三种视锥细胞，分别有红敏色素（560 nm)、蓝敏色素（420 nm）和绿敏色素（530 nm)，也由11-顺视黄醛和视蛋白组成，但视蛋白的结构与视杆细胞的不同。

视网膜位于眼球壁的最内层，由色素上皮层与神经组织层两个部分组成。色素上皮层没有视感觉，视网膜在神经组织层内。视细胞感光后，发生一系列的光化学反应和电位变化，形成神经脉冲，经过双级细胞、节细胞，最后传达到大脑皮层的视觉中枢，从而产生视觉。

人的视觉对光线的明暗具有很大的适应性，视觉适应的产生正是不同感光细胞起作用的结果。暗适应包含两种基本过程：瞳孔大小的变化及视网膜感光化学物质的变化。从光亮到黑暗的变化过程中，瞳孔直径可由 2 mm 扩大到 8 mm，使进入眼球的光线增加 10～20 倍。人眼接受光线后，锥体细胞和棒体细胞内的光化学物质视黄醛完全脱离视蛋白，发生漂白过程；当光线停止作用后，视黄醛与视蛋白重新结合，产生还原过程。由于漂白过程而产生明适应，由于还原过程使感受性升高而产生暗适应。

根据研究，视网膜内的神经递质包括兴奋性和抑制性两类。视细胞和双极细胞释放的兴奋性递质，主要是氨基酸（L-谷氨酸，L-天冬氨酸）；水平细胞释放抑制性递质 γ-氨基丁酸。此外，视网膜内的神经递质还有单胺类和肽类递质，网间细胞的递质主要是多巴胺。

视网膜的厚度只有 0.1～0.5 mm，但结构十分复杂，它属于神经性结构。视网膜也和其他神经组织一样，各级细胞之间存在着复杂的联系，视觉信息最初在感光细胞层通过换能，转变成电信号后，在视网膜复杂的神经元网络中经历一番加工处理，最后将信息传输到大脑中枢。

根据对视网膜结构和功能的研究，目前认为在人和大多数脊椎动物的视网膜中存在着两种感光换能系统。一种由视杆细胞和与它们相联系的双极细胞和神经节细胞等成分组成，它们对光的敏感度较高，能在昏暗的环境中感受光刺激而引起视觉，由于精确性差，称为视杆系统或晚光觉系统；另一种由视锥细胞和与它们有关的传递细胞等成分组成，它们对光的敏感性较差，只有在类似白昼的强光条件下才能被刺激，但具有对颜色等高分辨能力，这称为视锥系统或昼光觉系统。这是因为人视网膜中视杆和视锥细胞在空间上的分布是不均匀的；两种感光细胞和双极细胞以及节细胞形成信息传递通路时，逐级之间都有一定程度的会聚现象，但这种会聚现象在视锥系统中程度较小。某些只在白昼活动的动物如爬虫类和鸡等，视网膜全无视杆细胞而只有视锥细胞。而另一些只在夜间活动的动物视网膜中只有视杆细胞而不含视锥细胞。视杆细胞中只含有一种感光色素，即视紫红质。而视锥细胞却因所含感光色素的吸收光谱特性不同而分为红、绿、蓝三种原色，这说明了视杆系统不能分辨颜色，而视锥系统则能分辨各种色彩。

8.2.8.2 视紫红质

从 20 世纪末开始，人们从视网膜中提取出了一定纯度的感光色素即视紫红质，它在暗处呈红色；实验证明，提取出来的这种感光色素对不同波长光线的吸收光谱，基本上和晚光觉对光谱不同部分的敏感性相一致。视紫红质是由一分子称为视蛋白的蛋白质和一分子称为视黄醛的生色基团所组成。视蛋白的肽链序列已经清楚，视黄醛由维生素 A 在体内由辅酶 NAD^+ 氧化而成。提纯的视紫红质在溶液中对 500 nm 波长的光线吸收能力最强。

视紫红质在光照时迅速分解为视蛋白和视黄醛，这是一个多阶段的反应。目前认为，分解的出现首先是由于视黄醛分子在光照时发生了分子构象的改变，即它在视紫红质分子中本来呈 11-顺式构象，但在光照时变为能量低的全反式构象。视黄醛分子构象的这种改变，导致视蛋白分子构象也发生改变，经过较复杂的信号传递系统的活动，诱发视杆细胞出现电位变化。据计算，一个光量子被视紫红质吸收，就足以使视黄醛分子结构发生改变，导致视紫红质最后分解为视蛋白和视黄醛。视紫红质分解的某些阶段伴有能量的变化。

脊椎动物的视紫红质大致相同，人的视紫红质有 348 个氨基酸。视紫红质的蛋白链有 7 个跨膜疏水片段，都以 α-螺旋结构存在，处在双层类脂膜的中心，组成各段的氨基酸较多的是缬氨酸、亮氨酸、异亮氨酸和苯丙氨酸。在膜的两边暴露的是蛋白的亲水片段，两边各有三个亲水链段将七个 α-螺旋片段连接起来。在第 7 个 α-螺旋片段的 296 位赖氨酸残基的 ε-氨基以席夫碱和 11-视黄醛相连。视紫红质形状是长而圆的，约 7.5 nm 长。

在亮处分解的视紫红质，在暗处又可重新合成，这是一个可逆反应，其反应的平衡点决定于光照的强度。视紫红质再合成的第一步，是全反式的视黄醛变为11-顺式的视黄醛，很快再同视蛋白结合。此外，贮存在视网膜色素细胞层中的维生素A也是全反式的，吸收一定的能量可以变成11-顺式的，进入视杆细胞，然后再氧化成11-顺式视黄醛，参与视紫红质的合成和补充。人在暗处视物时，实际是既有视紫红质的分解，又有它的合成，相反，人在亮光处时，视紫红质的分解增强，合成过程甚弱，这就使视网膜中有较多的视紫红质处于分解状态，使视杆细胞几乎失去了感受光刺激的能力，这时，人对色彩的分辨更清。人的视觉在亮光处是靠视锥细胞感光系统来完成的，在强光系统下视杆细胞中的视紫红质较多地处于分解状态，视锥系统就代之而成为强光刺激的感受系统。在视紫红质再合成时，有一部分视黄醛被消耗，需要靠由食物摄入维生素A来补充。长期摄入维生素A不足，将会影响人在暗光处的视力，引起所谓的夜盲症。

感光细胞的外段是进行光-电转换的关键部位。视杆细胞外段具有特殊的超微结构。在外段部分，膜内的细胞浆甚少，绝大部分为一些整齐的重叠成层的圆盘状结构所占据，这些圆盘称为视盘。每一个视盘是一个扁平的囊状物，囊膜的结构和细胞膜类似，具有一般的脂质双分子层结构，但其中镶嵌着的蛋白质绝大部分是视紫红质，亦即视杆细胞所含的视紫红质实际上几乎全部集中在视盘膜中。人们研究了视杆细胞外段内外的电位差在光照前后的变化，结果发现在视网膜未经照射时，视杆细胞的静息电位比一般细胞小得多。这是由于外段膜在无光照时，就有相当数量的Na^+通道处于开放状态，并有持续的Na^+内流，而内段膜有Na^+泵的连续活动将Na^+移出膜外，这样就维持了膜内外的Na^+平衡。当视网膜受到光照时，外段膜两侧电位短暂地向超极化的方向变化。

光子的吸收引起外段膜出现超极化电反应，就是光量子被作为受体的视紫红质吸收后引起视蛋白分子结构的变化，而又激活了视盘膜中一种称为传递蛋白的中介物质，这种传递蛋白在结构上属于G-蛋白类，激活的结果是进而激活附近的磷酸二酯酶，促使外段部分胞浆发生相关的化学反应。

视锥系统外段也具有与视杆细胞类似的盘状结构，并含有特殊的感光色素。大多数脊椎动物具有三种不同的视锥色素，各存在于不同的视锥细胞中。三种视锥色素都含有同样的11-顺式视黄醛，不同的视蛋白分子结构不完全相同。正是视蛋白分子结构中的微小差异，决定了同它结合在一起的视黄醛分子对某种波长的光线最为敏感。

视锥细胞具有辨别颜色的能力。人对色彩的分辨，主要是不同波长的光线作用于视网膜后，对人脑引起的脉冲信号的反射。人眼可在光谱上区分出红、橙、黄、绿、青、蓝、紫七种颜色，每种颜色都与一定波长的光线相对应；但实际上，人眼在光谱可区分的色泽多达150种，说明在可见光谱的范围内波长长度只要有3～5 nm的增减，就可被视觉系统分辨为不同的颜色。实际上，所有的色彩都是由红、绿、蓝三种原色调配而成的。在视网膜中存在着分别对红、绿、蓝的光线特别敏感的三种视锥细胞，当介于某两种原色之间的光线作用于视网膜时，这些光线可对敏感波长与之相对应的两种视锥细胞起不同程度的刺激作用，于是在神经中枢引起介于此二原色之间的其他颜色的感觉。

三原色学说说明了色盲和色弱的问题。红色盲也称第一色盲，被认为是由于缺乏对较长波长光线敏感的视锥细胞所致；还有绿色盲（也称第二色盲）、蓝色盲（也称第三色盲），都可能是由于缺乏相应的特殊视锥细胞所致。也有一些色觉异常的人，只是对某种颜色的识别能力差一些，亦即不是缺乏某种视锥细胞，而只是反应能力较正常人弱，这种情况称为色弱。

三原色学说尚不能很好地说明颜色对比等视觉现象，事实上，生命过程中的颜色视觉是非常复杂的，人们对其认识还比较肤浅，需要从视网膜视锥细胞到皮层神经元的多级神经成分等多方面的因素来考虑。

由视杆和视锥细胞产生的电信号，在视网膜内要经过复杂的细胞网络的传递，最后才能由神经节细胞发生的神经纤维以电位变化的形式传向中枢。视网膜内各种细胞之间的排列和联系非常复杂，与细胞间信息传递有关的化学物质（如各神经肽类物质）种类较多，视网膜对视觉信息的初步处理，是在视网膜特定的细胞构筑和化学构筑的网络中按其规律进行的。

光感受器细胞的光化学反应过程，目前对视杆细胞研究较多。人视网膜中视杆细胞比视锥细胞多近 20 倍。在视杆细胞外节中含有视紫红质，由 11-顺式维生素 A 醛（通常也叫视黄醛）和视蛋白相结合而成。在光的作用下，视紫红质褪色、分解为全反-视黄醛和视蛋白。在视黄醛还原酶和 NADH 的还原作用下，全反-视黄醛又还原为无活性的全反-维生素 A，并通过血液流入肝脏，再转变为顺-维生素 A。顺式维生素 A 再经血液进入眼内，经视黄醛还原酶和 NADH 氧化态 NAD^+ 的氧化作用，成为有活性的顺-视黄醛，在暗处再与视蛋白合成视紫红质。在暗处，视紫红质的再生，能提高视网膜对弱光线的敏感性。

视网膜中的感光色素视紫红质，在暗处呈红色。视紫红质是由视蛋白和视黄醛所组成的。视蛋白的肽链中有 7 段穿越所在膜结构、主要由疏水性氨基酸组成的 α-螺旋区段，同一般的细胞膜受体具有类似的结构。

视紫红质见光活化，这个过程快而复杂。视紫红质受光照以后的原初光化学反应是光异构化，光异构化的方向是特殊的，人视紫红质的发色团 11-顺-视黄醛异构化为全反式，而细菌视紫红质由全反式异构化为 11-顺式。视紫红质光异构化的量子产率较高，光异构化与温度和激发波长关系不大，而且荧光量子产率较低。

人们在嗜盐菌紫膜中发现与视觉中的视紫红质相类似的蛋白质，并且这种紫膜中只有这种蛋白质，称为细菌视紫红质。细菌视紫红质既可以利用光能合成腺苷三磷酸（ATP），类似于光合作用的功能，也可以在无光情况下进行氧化磷酸化，进行细菌生长繁殖。每个细菌视紫红质分子由 248 个氨基酸残基的肽链组成，其分子量为 26000。该肽链在空间卷曲折叠形成 7 条跨膜螺旋柱，N 端在细胞膜外侧，C 端在细胞膜内侧，螺旋柱基本垂直于细胞膜。每个细菌视紫红质结合一个生色团视黄醛，位于 216 位的赖氨酸上，处于靠近肽链 C 端细胞膜内侧。细菌视紫红质具有暗适应性和光适应性，它们之间可以相互转化。暗适应性的生色团视黄醛是全反型和 13-顺式的混合物，而光适应性的生色团视黄醛是全反型的。只有全反型生色团视黄醛的细菌视紫红质才能进行光循环。在光化学循环过程中发生了生色团视黄醛的异构化，即从全反型式变成 13-顺式，同时，还产生了视黄醛与肽链上氨基酸的氨基残基缩合形成的席夫碱的去质子化过程。

光照紫膜时，可以产生电信号。当细菌视紫红质引入到人工膜上并施以稳定的连续光照射时，将产生跨膜质子流，质子梯度不会很快通过浓度扩散而消失，于是在膜两侧产生了电势，即光电压，在电流计上可以测量到光电流信号。进一步研究、模拟嗜盐菌紫膜中发现的细菌视紫红质蛋白的生物反应活性，对人们进一步探索视觉光化学会有所帮助。

8.2.8.3 小结

综上所述，可以得出如下结论：

绿色和一些橙色蔬菜富含 β-胡萝卜素，β-胡萝卜素在生物体内被酶催化转化为维生素 A，维生素 A 的 11-顺式构型能吸收光，转变为能量低的全反式构型。维生素 A 的氧化态是视黄醛，视黄醛是维生素 A 在体内通过生物活性分子多氮化物辅酶 NADH 的氧化态 NAD^+ 氧化而成的。视黄醛与视蛋白 296 位的赖氨酸的氨基形成质子化的席夫碱，使光的吸收红移。人们从视网膜中得到了一定纯度的感光色素即视紫红质，视紫红质由11-顺视黄醛和视蛋白组成。

视网膜含有感光细胞，感光细胞（又称视细胞）分视杆细胞和视锥细胞两类，视锥细胞像透镜分别吸收红蓝绿（彩色之源）三种光，因而能分辨颜色。视杆细胞不能分辨颜色，鸡的视网膜无视杆细胞而只有视锥细胞，某些夜视动物只有视杆细胞。而人的视网膜中既有视锥细胞（辨色彩）又有视杆细胞（对光敏感，不辨色彩），人的视杆细胞比视锥细胞多近20倍。因此，人的视觉对光线的明暗具有很大的适应性，在明处和暗处都有视觉能力。

从化学过程来看，人眼接受光线后，视网膜中的锥体细胞和棒体细胞内的光化学物质视黄醛完全脱离视蛋白，当光线停止作用后，视黄醛与视蛋白重新结合，产生还原。美国Conn等曾对维生素A与视蛋白的关系作了简短的论述（图8-15）。

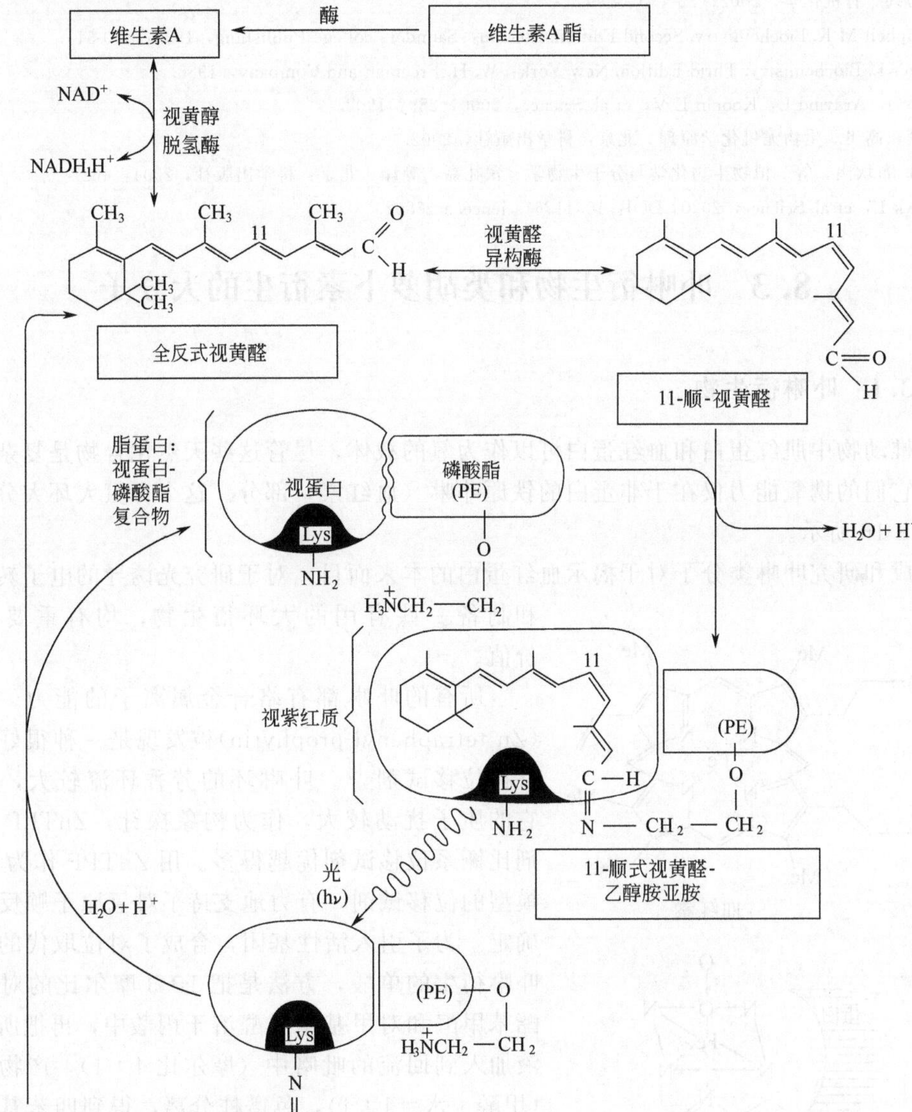

图8-15 维生素A与视蛋白的关系

视网膜中的感光色素为视紫红质，视紫红质是视觉光化学（photochemistry of vision）的活性物质。视紫红质是由视蛋白和视黄醛所组成的，视黄醛在体内由多氮化物 NAD^+ 氧化得到。目前，人们对嗜盐菌紫膜中发现的细菌视紫红质蛋白的结构和性能已经有了一些认识，进一步研究视紫红质蛋白，对人们探索视觉光化学会有所帮助。视觉的本质是生物光化学反应过程，涉及物质的立体化学和能量变化以及信息传输等非常复杂的科学问题，人们知之甚少。更深层次的许多问题还有待于进一步研究。

参 考 文 献

［1］ 王乃兴．有机化学，2002，22（5）：299.

［2］ Campbell M K. Biochemistry. Second Edition. London：Saunders college Publishing，1995：480-511.

［3］ Stryer L. Biochemistry. Thrid Edition. New York：W. H. Freeman and Company，1988.

［4］ Béjā O，Aravind L，Koonin E V，et al. Science，2000，289：1902.

［5］ 杨频，高飞．生物无机化学原理．北京：科学出版社，2002.

［6］ B. B. 布坎南，等．植物生物化学与分子生物学．翟礼嘉，等译．北京：科学出版社，2004：462.

［7］ Hawk L，et al. Science，2020，DOI：10.1126/science. aaz6802.

8.3 卟啉衍生物和类胡萝卜素衍生的大分子

8.3.1 卟啉衍生物

脊椎动物中肌红蛋白和血红蛋白可以作为氧的载体，尽管这些天然化合物是复杂的蛋白质，但它们的携氧能力仅在于非蛋白的铁原卟啉（血红素）部分。这个含氮大环大分子的结构如图 8-16 所示。

合成和研究卟啉类分子对于揭示血红蛋白的本来面目，对于研究光诱导的电子转移过程和制备一些有用的大环衍生物，均有重要的学术价值。

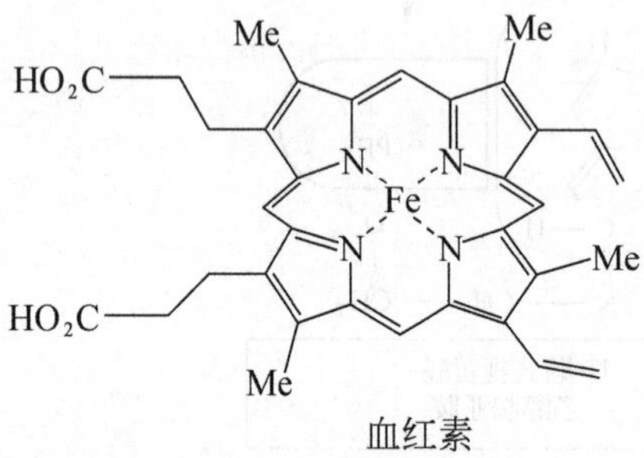

血红素

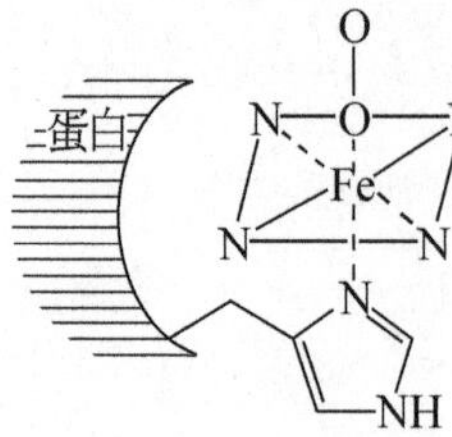

血红蛋白

图 8-16　血红素及血红蛋白分子的结构

所有的卟啉都有络合金属离子的能力。ZnTPP（Zn tetraphenyl-prophyrin）被发现是一种很好的核磁共振位移试剂[1]。卟啉环的芳香环流较大，对接近它的质子扰动较大，作为构象探针，ZnTPP 位移试剂比镧系位移试剂优越得多。用 ZnTPP 作为 NADH 模型的位移试剂，有力地支持了对氢原子顺反构象的确定。为了引入活性基团，合成了对位取代的四苯基卟啉衍生的单酸，方法是把 1∶3 摩尔比的对甲酸甲酯苯甲醛和对甲基苯甲醛溶于丙酸中，再把所得的溶液加入到回流的吡咯中（摩尔比 4∶1），产物重结晶（甲醇∶水＝1∶1），色谱柱分离，得到四苯基卟啉衍生的甲酸酯。产物经水解，色谱柱分离，得到四苯基卟啉酸[2]。

卟啉和醌结合的给体受体（D-A）化合物，在研究分子内电子迁移过程中收到很好的效果。TPP-Q 化合物在一定的条件下，显示出 302 mV 的光电压。在卟啉与苯醌共价键合构成的化合物中，光响应的提高一部分原因是电荷迁移，即分子中最高占有轨道和最低未占有轨道之间的交叠，而给体受体之间的相互作用力依赖于卟啉与醌之间链段的长短和受体的亲和力（图 8-17）[3-4]。

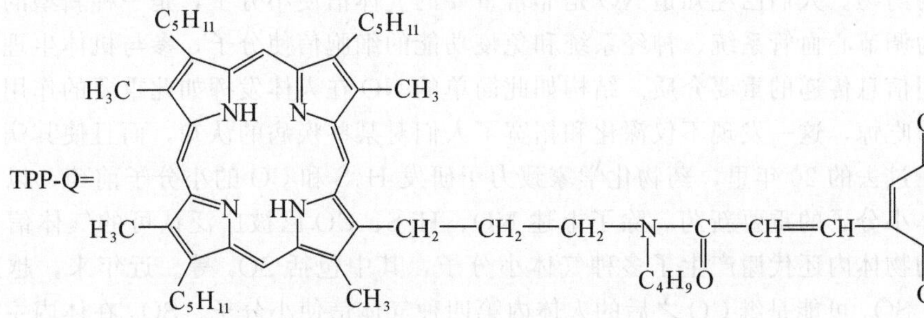

图 8-17 卟啉与醌结合的给体受体（D-A）化合物

NO 与金属蛋白之间的反应研究已成为目前化学界的一个研究热点。事实上，化学家们很早就知道 NO 与 CO 和 O_2 等分子一样，能与金属卟啉形成稳定的配合物，在生命体内，NO、CO、O_2 等小分子与金属卟啉能够发生相互竞争的络合反应，但是，NO 与金属卟啉的结合力大小仍然是一个未知数；另外，NO 与卟啉中金属离子结合时，究竟是 Lewis 碱还是 Lewis 酸，即 NO 是给体还是受体仍然有待于研究。以前人们只知道 NO 是有害的气体，然而，NO 是人体不可缺少的一种生物信使分子。医学和生物学的研究发现，NO 在生命活动中有许多神奇的生理功能[5]，如 NO 与超氧负离子 O_2^- 结合生成 $OONO^-$，然后进入病变细胞分解出高活性的自由基 OH、NO_2，从而杀死病变细胞。在心血管系统，NO 作为一种内皮舒张因子能抑制血小板凝结。在神经系统，NO 是神经传导甚至人脑记忆的递质[6]，1998 年，三位美国科学家（Ignarro L. J.、Murad F. 和 Fuchgott R. F.）由于对“NO 作为心血管系统的信号分子”的出色研究成果，荣获 1998 年诺贝尔医学奖。

研究发现，人体内 NO 过多，NO 会过多地与血红蛋白中的金属卟啉结合，使血红蛋白携氧能力下降而使人缺氧。若人体内 NO 不足时，NO 与血红蛋白中的金属卟啉结合过少，会使人精神萎靡、免疫能力下降并使血小板增多。因此，研究 NO 与卟啉金属离子结合力的性质和本质，是一个很有学术意义的课题。程津培、朱晓晴教授等在 NO 与生物活性分子的结合力以及 NO 与生物活性分子的反应机理等方面取得了一些成果[7-8]。

通过设计合成如下一些亚硝酰金属卟啉化合物的模型分子，然后利用电化学和热力学循环等方法来研究亚硝酰金属卟啉中 M-NO 键能的问题。相信生命体内 NO 与金属卟啉结合力以及卟啉中金属原子与 NO 的化学键的本质等问题，会有一个不断深入的认识过程。

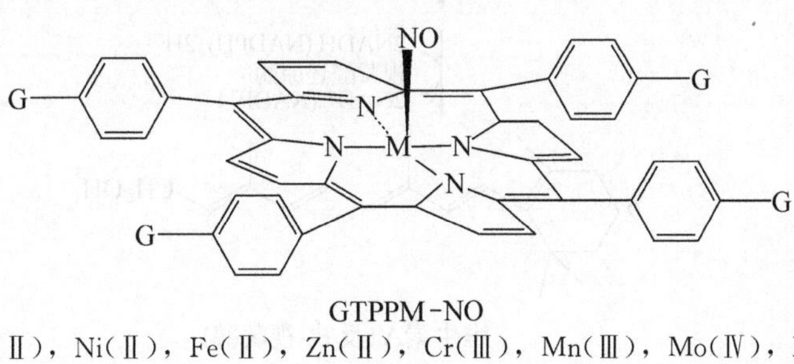

GTPPM-NO

M＝Co(Ⅱ)，Ni(Ⅱ)，Fe(Ⅱ)，Zn(Ⅱ)，Cr(Ⅲ)，Mn(Ⅲ)，Mo(Ⅳ)，Ru(Ⅳ)；

G＝*p*-OCH_3，*p*-CH_3，*p*-Et，*p*-*i*-Pr，H，*p*-Cl，*p*-Br，*p*-CF_3，*p*-CN，*p*-NO_2，*m*-OCH_3，*m*-CH_3，*m*-Et，*m*-*i*-Pr，*m*-Cl，*m*-Br，*m*-CF_3，*m*-CN

气体信使小分子是一种由体内代谢产生的、在正常生理及病理条件下发挥重要信号传导作用的气体分子。人们已经发现的气体信使小分子主要包括 NO、H_2S、CO。19 世纪末，能够产生 NO 的硝酸甘油已广泛用于治疗心绞痛，至今仍是临床上应用最广泛、最有效的治疗心绞痛的药物。人们已经知道 NO 是非常重要的气体信使小分子，是一种新型的生物信息递质，作为调节心血管系统、神经系统和免疫功能的细胞信使分子，参与机体生理调节，是一种细胞间信息传递的重要介质。结构如此简单的 NO 在人体发挥如此重要的作用这一事实使人们大为吃惊，这一发现不仅深化和拓宽了人们对某些疾病的认知，而且使其病理学产生了变革。在过去的 20 年里，药物化学家致力于研发 H_2S 和 CO 的小分子前药，以期能开发出基于气体小分子的重要新药。除了上述 NO、H_2S、CO 已被广泛认可的气体信使小分子外，哺乳动物体内还代谢产生了多种气体小分子，其中包括 SO_2 等。近年来，越来越多的研究表明，SO_2 可能是继 CO 之后的人体内第四种气体信使小分子。SO_2 在体内主要由含有巯基的氨基酸（如半胱氨酸）代谢生成。H_2S 在 NAD(P)H 氧化酶的作用下代谢成 SO_2 或者亚硫酸盐。此外，SO_2 在心血管系统发挥着重要的作用，如能通过抑制 Erk/MAPK 信号通路抑制血管平滑肌细胞的增殖。

8.3.2 类胡萝卜素衍生物

早在 1937 年瑞士化学家 Karrer 因研究类胡萝卜素等获诺贝尔化学奖；1938 年，德国化学家 Kuhn 又因类胡萝卜素和维生素的研究获诺贝尔化学奖（见附录）。

胡萝卜素的研究在有机化学、生物化学和医学等领域有着重要意义[9]。类胡萝卜素是由高等植物和微生物光化学合成的。由于类胡萝卜素有天线官能团，它能够吸收光能并通过单线态-单线态能量转移过程将其传递到叶绿素。类胡萝卜素能够猝灭（quench）单线态氧，在植物体内，能够保护叶绿素免遭单线态氧的伤害。用于人体，则能保护肌体免受紫外辐射或单线态氧损害[10-12]。一些复杂结构的类胡萝卜素衍生物大分子，正用于光合作用过程中光电子转移的研究[13]。

β-胡萝卜素通过生物合成可以得到维生素 A（图 8-18）。

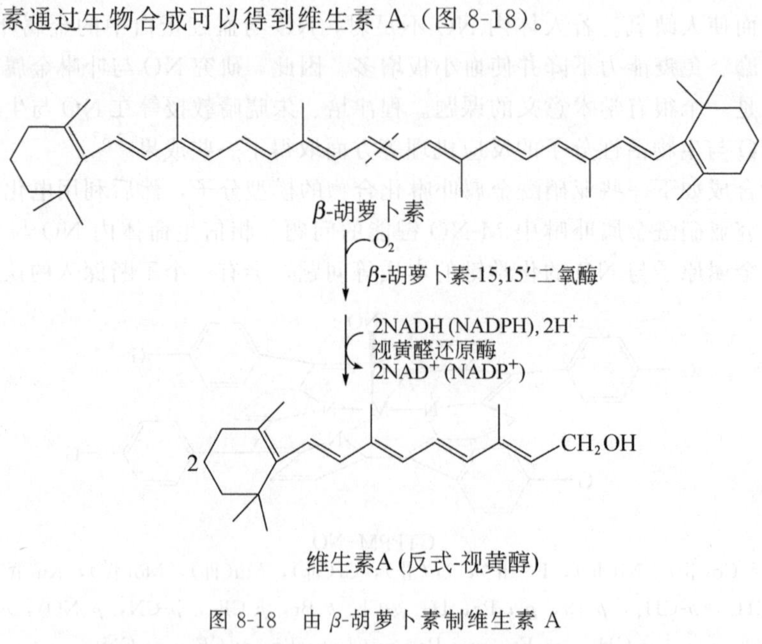

图 8-18 由 β-胡萝卜素制维生素 A

维生素 A 对于视觉和动物生长非常重要，维生素 A 的氧化态视黄醛（又叫顺式-视网膜醛），是视觉的物质基础。胡萝卜素衍生物的研究是一个很有吸引力的课题。笔者曾采用简洁的合成路线，合成了类胡萝卜素相关化合物（图 8-19）[14]。

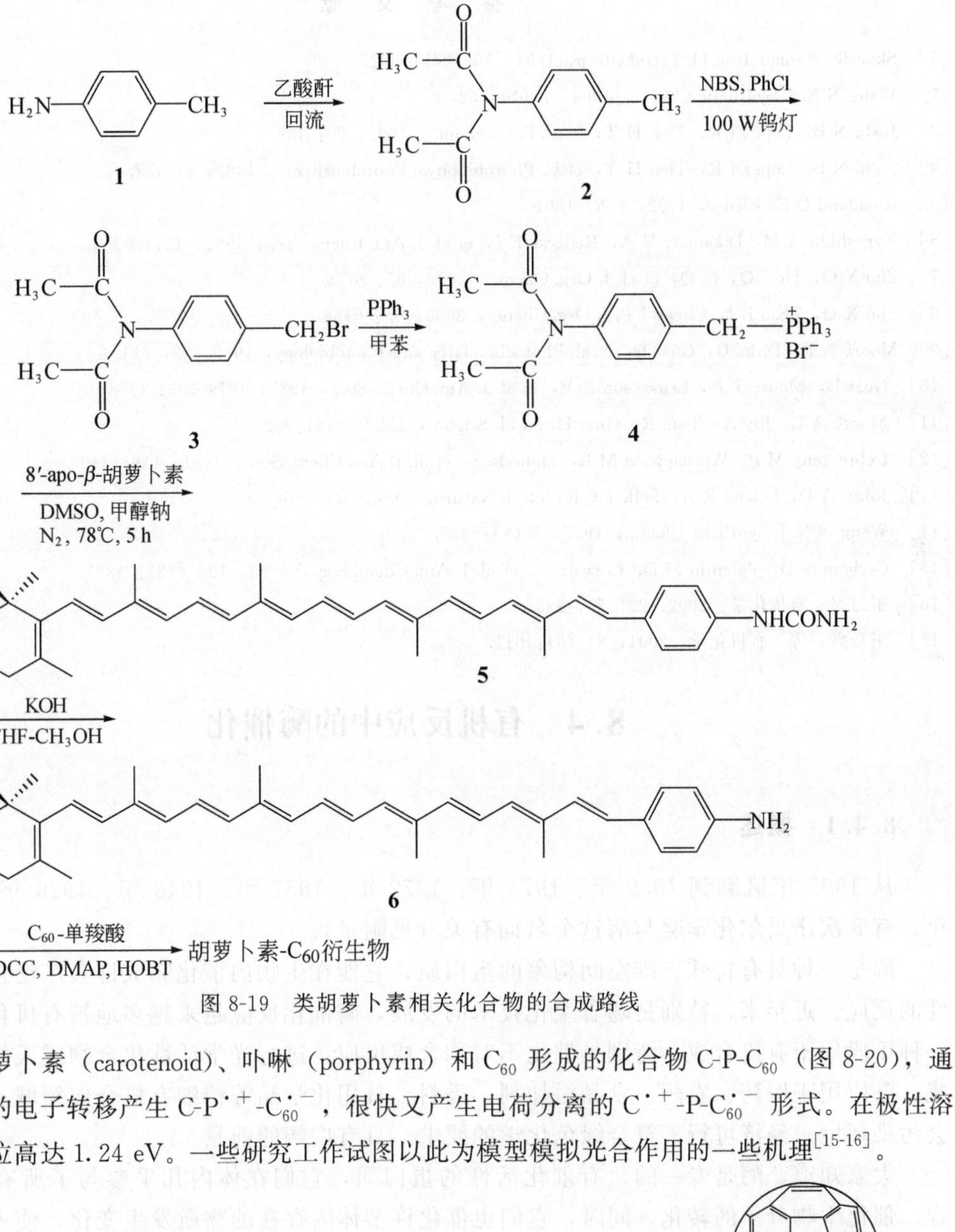

图 8-19　类胡萝卜素相关化合物的合成路线

类胡萝卜素（carotenoid）、卟啉（porphyrin）和 C_{60} 形成的化合物 C-P-C_{60}（图 8-20），通过光诱导的电子转移产生 C-$P^{\cdot +}$-$C_{60}^{\cdot -}$，很快又产生电荷分离的 $C^{\cdot +}$-P-$C_{60}^{\cdot -}$ 形式。在极性溶剂中，电位高达 1.24 eV。一些研究工作试图以此为模型模拟光合作用的一些机理[15-16]。

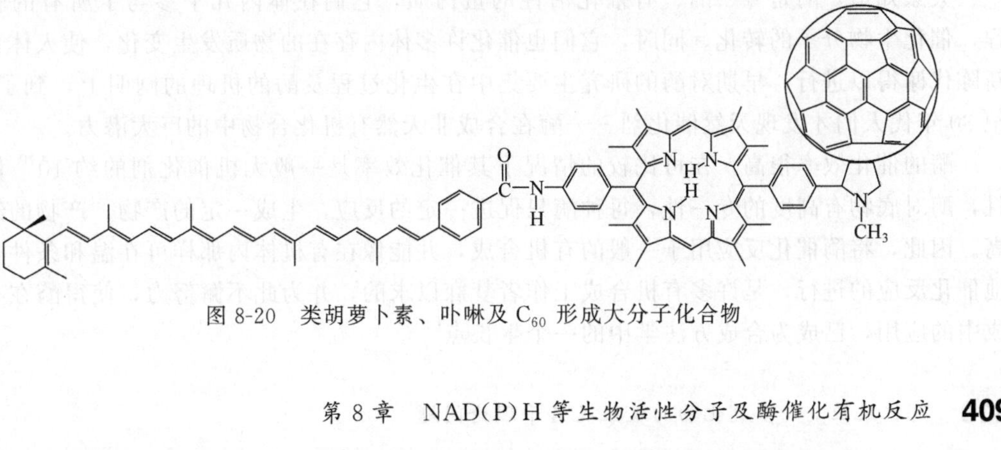

图 8-20　类胡萝卜素、卟啉及 C_{60} 形成大分子化合物

图 8-19 合成路线中最后提到的 C_{60}-单羧酸，有兴趣的读者可以参阅详细合成过程[17]。

参考文献

[1] Skog K. Wennerstron O. Tetrahedron，1994，50 (27)：8227.

[2] Wang N X. J. Synthetic Chem.，1999，7 (1)：52.

[3] Joshi N B，Lopez J R，Tien H T，et al. Photochem.，1982，20：139.

[4] Joshi N B，Lopez J R，Tien H T，et al. Photobiophys. Photobiochem.，1982，4：177.

[5] Koshland D E. Science，1992，258：1861.

[6] Tyryshkin A M，Dikannov V A，Reijerse E J，et al. J. Am. Chem. Soc.，1999，121：3396.

[7] Zhu X Q，He J Q，Li Q，et al. J. Org. Chem.，2000，65：6729.

[8] Zhu X Q，Zhao B J，Cheng J P. J. Org. Chem.，2000，65：8158.

[9] Moore A L，Dirks G，Gust D，et al. Photochemistry and Photobiology，1980，32：691.

[10] Gust D，Moore T A，Bensasson R V，et al. J. Am. Chem. Soc.，1985，107：3631.

[11] Moore A L，Joy A，Tom R，Gust D，et al. Science，1982，216：982.

[12] Debreczeny M P，Wasielewski M R，Shinoda S，et al. J. Am. Chem. Soc.，1997，119：6407.

[13] Joran A D，Leland R A，Felker P K，et al. Nature，1987，327：508.

[14] Wang N X. J. Synthetic Chem.，1997，5 (4)：325.

[15] Carbonera D，Valentin M D，Corvaja C，et al. J. Am. Chem. Soc.，1998，120 (18)：4398.

[16] 王乃兴. 有机化学，2002，22 (5)：299.

[17] 王乃兴，等. 有机化学，2001，21 (8)：611.

8.4 有机反应中的酶催化

8.4.1 概述

从 1997 年追溯到 1989 年、1975 年、1972 年、1957 年、1946 年、1929 年再到 1907 年，有 8 次诺贝尔化学奖与酶这个名词有关（见附录）。

酶是一种具有特殊三维空间构象的蛋白质，它能在生物内催化完成许多广泛且具有特异性的反应。近年来，特别是随着生化技术的发展，酶催化反应越来越多地被有机化学家作为一种手段用于有机合成，特别是催化不对称合成反应。进行光学活性化合物或天然产物的合成，已应用于医药、农药、食品添加剂、香料、日用化学品等精细有机合成领域。酶催化不会污染环境，经济可行，符合绿色化学的要求，具有广阔的前景。

大家知道，酶是专一的、有催化活性的蛋白质，它们在体内几乎参与了所有的转变过程，催化生物分子的转化。同时，它们也催化许多体内存在的物质发生变化，使人体正常的新陈代谢得以进行。早期对酶的研究主要集中在生化过程及酶的机理的阐明上，到了 20 世纪 80 年代人们才发现天然催化剂——酶在合成非天然有机化合物中的巨大潜力。

酶的催化效率很高，在可比较的情况下其催化效率是一般无机催化剂的约 10^{10} 倍，而且，酶对底物有高度的专一性，每种酶只促进一定的反应，生成一定的产物，产物的纯度很高。因此，将酶催化反应用于一般的有机合成，并能像在有机体内那样可在温和条件下高效地催化反应的进行，是许多有机合成工作者梦寐以求的，并为此不懈努力，使得酶在有机合成中的应用，已成为合成方法学中的一个生长点[1]。

8.4.2 酶催化与有机反应

随着生化技术的发展，酶催化反应越来越多地被有机化学家作为一种手段用于有机合成，特别是在催化不对称合成反应进行光学活性化合物或天然产物的合成时，能为天然或非天然产物的合成提供丰富的手性原料[2]，其应用前景将是难以估量的。如用醛缩酶（aldolase）催化醇醛反应，得到高立体选择性的含有两个手性中心的光活性化合物[3]：

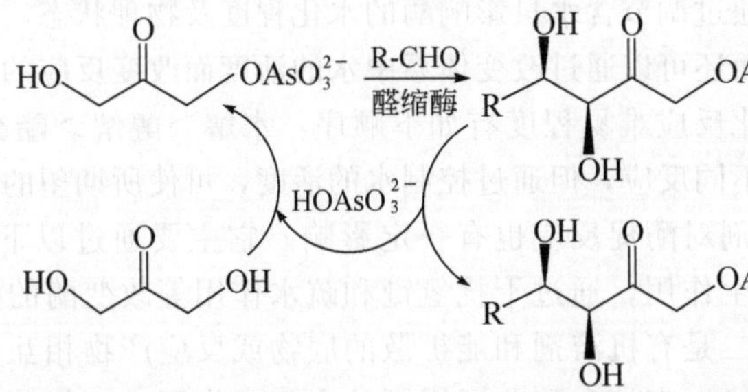

酶催化反应在氨基酸及肽的合成中显示了极大的优越性。如酶催化脱保护基可选择性地进行化学方法难以实现的官能团间的转换，避免繁杂的合成步骤。如含巯基苯乙酰氨甲基谷胱甘肽用青霉素 G 酰化酶脱去苯乙酰基后，氧化可得到含二硫键的谷胱甘肽［反应(2)］，其脱保护基的选择性、专一性和产率均很高，且没有副反应[4]：

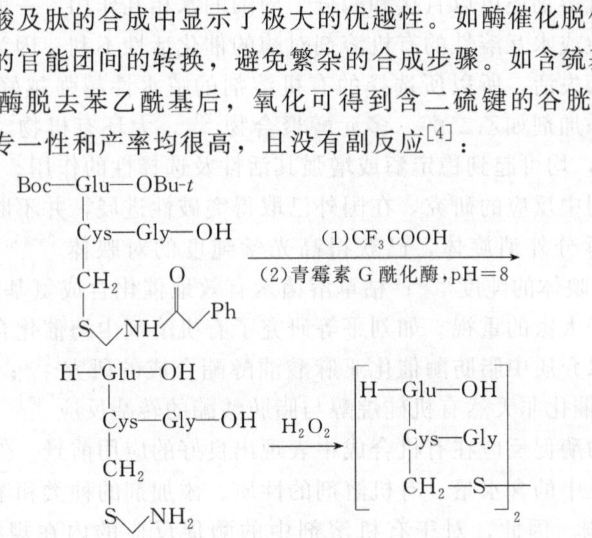

对于酶催化反应在有机合成中的应用，有机合成工作者做了大量工作：非水溶剂中酶催化反应研究不断深入[5]，并发现了许多新的酶催化反应体系，如冰冻状态下的酶催化反应[6]、无溶剂体系中的酶催化反应[7]、超临界流体中的酶催化反应[8]、混合反相胶束中的酶催化反应[9]等；通过介质工程[10]、模拟底物[11]、酶的突变体[12]等策略拓宽酶的底物范围；模拟酶的研究也取得了很大的进展[13]。

8.4.2.1　不同体系中的酶促反应

（1）有机溶剂中的酶促反应　近年来有机溶剂中的酶促反应成为人们的研究热点。这是因为它有许多突出的优点：有机底物在有机溶剂中有较大的溶解度；在有机溶剂中，酶的热稳定性和储存稳定性比在水中有明显提高；在有机溶剂中，某些反应过程的热力学平衡可以向人们期望的方向移动，可以发生水溶液中不可能进行的反应，如脂肪酶催化酯交换和酯合成反应等；在有机溶剂中，酶结构“刚性”的增强使其区域选择性和立体专一性大大提高，产物的分离与纯化比在水中容易；另外，酶不溶于有机溶剂，因此有利于酶的回收与再利用等[9]。

这里所说的有机溶剂并不是绝对无水的，只是体系中含水量较少而已。事实上，水在酶催化反应中发挥着双重作用[14-15]，首先是水分子直接或间接地通过氢键、疏水键及范德瓦耳斯力等非共价键相互作用，来维持酶的催化活性所必需的构象。其次，水是导致酶的热失活的重要因素，有水存在时，随着温度的升高，酶分子会发生以下变化而失活：① 形成不规则结构；② 二硫键受到破坏；③ 天冬酰氨和谷胺酰胺脱去酰氨基；④ 天冬氨酸肽键发生水解。因此，在非水相酶反应体系中存在着“最佳含水量”。该“最佳含水量”不仅取决于酶的种类，也与所选用的有机溶剂有关。

鉴于有机介质酶促反应体系中水的重要作用，可以通过控制体系中含水量使反应向所期望的方向发展。一方面可以通过调节含水量影响酶的水化程度及物理状态，使酶根据需要表现出不同的催化活性；另一方面还可以通过改变体系中水的活度而改变反应的平衡点。例如，随着水活度的降低，脂肪酶催化反应难易程度有如下顺序：水解＞醇解＞酯交换＞酯化[16-18]。在反应介质中可能同时存在不同反应，但通过控制水的活度，可使所期望的反应占主导地位。

反应体系中的有机溶剂对酶促反应也有一定影响。它主要通过以下三种途径发生作用：一是有机溶剂与酶直接发生作用，通过干扰氢键和疏水作用等改变酶的构象，从而导致酶的活性被抑制或酶的失活；二是有机溶剂和能扩散的底物或反应产物相互作用，影响正常反应的进行；三是有机溶剂还可以直接和酶分子周围的水相互作用。一般认为，在非水相反应体系中，添加亲水性或水互溶性的有机溶剂对酶的催化活性不利，因为它们会夺去酶表面微环境中的水从而使酶失活，所以所选择的有机溶剂的疏水性越强越好[5,19]。研究表明在非水介质中加入某些添加剂如乙二醇、多元醇聚合物[20]，大环有机物[21] 如硫冠醚[22] 及非缓冲体系的盐类[23]，均可起到稳定酶或增强其活性及选择性的作用。

酶在非水溶剂中反应的研究，在国外已取得突破性进展，并不断扩大其应用范围。如用酶催化转酯反应拆分外消旋体，已获得高光学纯度的对映体[24-25]；在酶反应体系中添加β-环糊精可提高对映体的纯度[26]；枯草溶菌素有效地催化合成氨基酸及肽的酯[27]。这一领域在国内也受到了大家的重视。如刘平等研究了有机溶剂中酶催化合成五肽前体的反应[28]；宋欣等进行了非水介质中脂肪酶催化亚麻酸油醇酯合成的研究[29]；宗敏华等研究了有机相中脂肪酶 L-1754 催化非天然有机硅烷醇与脂肪酸酯的转酯反应[30]。

有机溶剂中的酶促反应在有机合成中表现出良好的应用前景。然而，影响酶促反应的因素是复杂的。体系中的含水量、有机溶剂的性质、添加剂的种类和浓度、底物性质等都对反应结果有一定影响。因此，对于有机溶剂中的酶促反应的内在规律及调控还需要进一步探讨。

(2) 反胶束体系中的酶促反应　反胶束是表面活性剂分子在非极性溶剂中自发形成的聚集体。表面活性剂分子的极性一端朝内而非极性一端朝外与有机溶剂接触。胶团内可溶解少量水而形成微型水囊，里面容纳酶分子。这种“水囊”中的环境与生物物质的固有环境相类似，当酶在其中起催化作用时，活性保持不变。同时，包埋于反胶团中的酶不仅避免了与周围有机溶剂直接接触而可能导致的失活，而且高度分散的反胶团提供了巨大的相界面积，使得通过反胶团时内外间的传质阻力变得很小。特别是当产物为非水溶性时，其一经形成即转入有机相而远离酶，可有效地减弱其对反应的抑制作用[31]。

反胶束体系中所用的表面活性剂可以是阳离子型、阴离子型，也可以是两性型或非离子型[32-33]，如二-(2-乙基己基) 琥珀酸酯磺酸钠（AOT）、十二烷基聚氧乙烯醚（$C_{12}E_4$）、卵磷脂、十六烷基三甲基溴化铵（CTAB）等。而有机溶剂常选用正辛烷或异辛烷，因为憎水溶剂不会破坏酶周围的水层，从而使酶处于活性状态[34]。由于水是维持酶的催化构象和作用所必需的，所以反胶束体系中的含水量是影响酶活性的关键因素。含水量大小常以水与表面活性剂摩尔比 W_0 表示，即 $W_0=[H_2O]/[SAA]$。研究表明不同的酶有不同的最适 W_0

值，该值取决于表面活性剂和酶的性质，意味着反胶束的内核体积与酶分子体积相适应。酶活力与 W_0 的关系一般符合钟形曲线[35-36]。

此外，水相的 pH 值会通过改变酶表面的电荷而改变酶的催化活性，而且，它对酶构象的改变也有一定影响[34]。

由于反胶束体系既能为反应物和产物提供有机相，又能为酶分子维持其活性提供稳定的微环境，因此近年来受到人们的普遍关注。其中研究最多的是肽的合成和脂肪酶的催化反应。如 Xing 等[37] 研究了 AOT/正辛烷的反胶束体系中 α-胰凝乳蛋白酶催化合成肽衍生物的反应，产率为 56%～88%，而且还对 W_0 值、反应时间和酶浓度等反应条件进行了讨论。

$$\mathrm{ZTyrOEt} + \mathrm{GlyGlyOEt} \xrightarrow{\text{胰凝乳蛋白酶}} \mathrm{ZTyrGlyGlyOEt}$$

李干佐等[38]、Tsai 等[39] 研究了 AOT/异辛烷/磷酸缓冲液中脂肪酶催化油脂水解反应时表面活性剂浓度对脂肪酶（CRL）水解活力的影响。Rees 等[40] 研究了阳离子表面活性剂 CTAB 的反胶束体系中脂肪酶（CVL）催化癸酸辛酯的合成。Chen 等[41] 在反胶束体系中用不同的蛋白酶合成了二肽。此外，马成松等[42] 还研究了辣根过氧化物酶在 AOT/水/异辛烷中的多底物酶促反应。随着研究的不断深入，可以相信，在反胶团中进行酶的催化合成反应不仅仅是在理论方面，而且在应用开发上同样具有广阔的前景。

（3）在超临界液体中的酶促反应　在对非水相中酶促反应的研究不断深入的同时，它的缺点也逐渐暴露出来。如传统有机溶剂中酶反应的产物中不可避免地会残留或多或少的有机溶剂，易对食品和医药造成污染。为了克服这一缺点，另一种颇具特色的非水介质——超临界流体开始受到大家的关注。

超临界流体除具有传统有机溶剂的所有优点外，还具有其独特的优越性。它除了具有液体的高密度性，还具有气体的高扩散系数、低黏度和低表面张力，使底物向酶的传质速度加快，从而使反应速率提高。如 Marty 等[43] 的实验表明，超临界流体的高扩散系数消除了外传质的影响，而且超临界流体可通过温度或压力的微小变化来改变溶剂的性质，如超临界流体的密度、黏度和溶解能力等。因此可根据不同物质在不同温度和压力下溶解度不同，方便地将酶反应产物从残留反应物和副产物中分离出来，而且超临界流体在反应后可被彻底清除，产物中不留下任何溶剂。

超临界流体作为酶的反应介质，对酶促反应起着重要的作用。它能够改变酶的底物专一性、区域选择性和对映体选择性，并能增强酶的稳定性，而且酶在不同超临界流体中的活性也存在差异[44]。常用的超临界流体有 CO_2、SO_2、C_2H_4、C_2H_6、C_3H_8、C_4H_{10} 等。其中以 CO_2 最为常见，主要是因为它临界条件温和，利于酶保持生物活性，而且 CO_2 价格便宜，无毒无污染，符合当今绿色化学的要求。但也有人认为超临界 CO_2 对某些酶促反应而言不是一种良好的反应介质，因为 CO_2 是非极性的，对极性底物的溶解度较低，不利于反应的进行。同时，Kamat 等[45] 的研究结果显示，对于异丁烯酸甲酯和丁醇间的转酯反应而言，超临界 CO_2 也不是理想的溶剂，因为它可以改变酶周围微水环境的酸度，而且还能与酶蛋白表面的自由氨基生成配合物而降低酶的活性。

同有机溶剂中的酶促反应一样，系统含水量对超临界流体中的酶促反应也有较大影响。在酶需要少量水维持其活性构象的同时，过量的水又会引起酶活性中心内部水簇的生成而导致酶活性的降低[8]。此外，酶分子的固定化及固定化载体的选择等因素都对酶促反应有影响。

关于超临界流体中酶促反应的研究已有相关报道。如 Gunnlangsdotlir 等[46] 研究了用固定化酯酶催化醇解鱼肝油制备不饱和脂肪酸的反应；Rantakyla 等[47] 研究了异丁苯丙酸和正丙醇在脂肪酶催化下的手性合成反应。目前，它的应用还有一定的局限性。因此，继续探讨超临界流体中酶促反应的反应机理、通过酶的修饰提高酶在反应介质中的活性、通过添加辅助剂来增加底物在超临界流体中的溶解度等都可以作为今后研究的方向，以达到进一步扩大其应用范围的目的。

(4) 低共熔多相混合物中的酶促反应　在有机溶剂中进行酶催化反应时，通常要选择对反应底物的溶解性好而又不使酶失活的溶剂，而在某些酶促反应中很难找到这样合适的溶剂。因此，直接利用固相反应物形成低共熔多相混合物作为反应体系进行酶促反应现在逐渐受到人们的关注。

将两种纯净物按不同比例相混合，在一定组成下，相图上出现了一个最低熔化温度点，即低共熔点，此时形成的混合物叫低共熔混合物。低共熔点一般比任何一种纯净物的熔点都低。当体系温度高于低共熔温度时，反应体系中就会产生包含各种反应物的液相。实验证明，酶促反应正是在低共熔混合物中的液相发生的[48]。另外，在低共熔体系中加入一定量的辅助剂，可以加快低共熔体系中液相的形成，提高反应速率[49]。

体系中加入的辅助剂主要是一些亲水性的含氧有机溶剂如醇、酮、酯等[48]，它的主要作用是改善低共熔体系的性质，而不是反应的溶剂。辅助剂在反应机理中起着复杂的作用，主要是影响体系中液相的组成和理化性质，对酶的活性、产物的结晶也有影响，而且，它还和反应的产率有关[49]。尽管辅助剂的种类和用量随反应和酶的不同而变化，但辅助剂的 Hilderbrand 溶解度参数 (δ) 值在 8.5～10.0 之间，$\lg P$(P 表示一种有机溶剂在正辛醇和水两相溶液中的分配系数) 在－1.5～－0.5 之间为最好[50]。

总之，低共熔多相混合物体系中的酶促反应不需溶剂，成本低，污染少，纯化过程容易。而且，避免了有机溶剂对酶活性的影响，因此有着广阔的应用前景，对食品、制药等产品纯度要求较高的行业来说更具有深远的意义。但目前对它的研究主要限于肽类和酯类的合成。如 Gill 等[51] 研究了寡肽的合成；我国刘伟雄等[52] 研究了乌桕酯与硬脂酸甲酯的酯交换反应等。继续研究该反应的动力学模型，逐渐摸索酶促反应中各因素的调控，使之更好地用于大规模生产等都是今后研究发展的方向。

(5) 气相中的酶催化反应　为了避免酶促反应底物在水相中溶解度较小，人们研究了有机溶剂中的酶催化反应并取得了很大的进展。而气相中的生物催化反应在克服了这一困难的同时，又有优于液相反应的优点：某些酶在液相中使用受到一定的限制，如酶和辅酶的操作不稳定性，底物及产物的不溶性和酶的产物抑制等[53]。而气相中的反应就可以克服这些缺点，而且，气相中的酶促反应更利于易挥发性产品的生产。

需水量一直是酶促反应中所研究的重要内容。Hwang 等[54] 研究了固定化醇氧化酶在气相中的催化反应。

$$C_2H_5OH(g)+O_2(g)\xrightarrow{\text{醇氧化酶}}CH_3CHO(g)+H_2O_2(g)$$

他们认为[54]，生物酶含水的量很小，已不能在酶蛋白质表面形成单分子覆盖层时，仍可以催化气相底物。而且，水活度越高，反应速率越快，但酶的稳定性下降。另外，Robert 等[55] 在研究脂肪酶的酯交换反应中发现，当生物酶有一完整的水层时，活性和稳定性最大。若酶的水含量低于形成完整水层时的量时，则酶的活性不能完全发挥，但酶不会变性。

生物酶用于气相催化是一种可行的新技术。将来可用于某些易挥发产品的工业生产和有害气体的分析。但在这方面的工作还很有限，需要进一步研究其动力学和其他相关的影响因素。

8.4.2.2　酶催化底物的扩展

传统的酶催化反应要求其底物必须严格满足酶的亚部的特异性，即酶对底物的高度专一性。为了实现酶催化非天然底物的合成反应，人们通过溶剂的选择、底物的模拟及对酶结构进行修饰等方法，不同程度地放宽了其底物专一性，合成了一系列用传统的酶催化反应和化学合成难以实现的生物活性化合物。

通过溶剂的选择可以改变酶对底物的选择性。一个典型的例子是 Klibanov 等在叔丁醇中以枯草杆菌蛋白酶为催化剂合成了一系列含 D 构型氨基酸残基的寡肽，而在缓冲溶液中，此蛋白酶严格选择水解 L 构型的氨基酸形成的肽键[56]。Margolin 等发现在无水吡啶中以枯草杆菌蛋白酶为催化剂可以成功地使栗籽豆素的 1 位羟基选择性酰化，而化学合成法不能对这些二级羟基进行选择[57]。运用酶法合成的这种选择优势，能够完成化学法难以实现的反应。

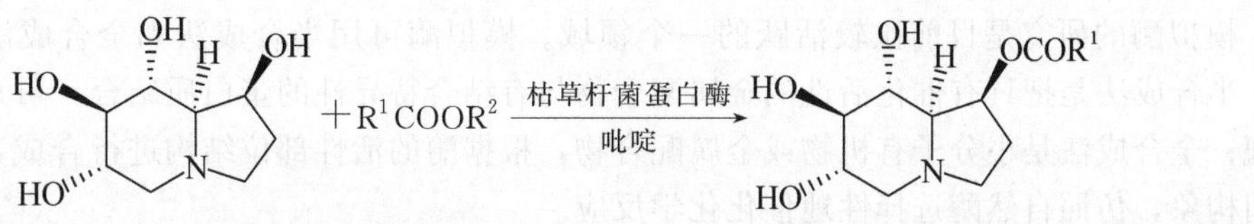

以模拟底物代替天然底物用于酶催化反应。Tanizawa 等报道了氨基酸的对脒基苯基酯和对胍基苯基酯可以作为胰蛋白酶的底物，并且可以通过形成这种酯的方式将酶的非特异性底物引入其活性中心形成酰化酶中间体[58]，称为“模拟底物”。Jakubke 等发现氨基酸和小肽的胆碱酯是一些丝氨酸蛋白酶如胰凝乳蛋白酶、胰蛋白酶的模拟底物，他们以这些酶的非特异性氨基酸残基的胆碱酯为羧基组分，在蛋白酶催化下合成了一系列寡肽和脂肪肽[59]。

许多酶的稳定突变体和进行结构修饰后的酶具有较宽的底物范围和较高的催化活力。Wong 等用枯草杆菌蛋白酶的稳定突变体 8379 及其修饰后的巯基枯草杆菌蛋白酶在 DMF 中合成 *N*-酰化和 *O*-酰化的糖肽，结果发现糖基氨基酸残基在某一特定位置时，无论糖基的羟基保护与否都得到了预期的产物，而糖基氨基酸残基在另外的位置时未得到缩合产物[60]。对一些酶进行结构修饰，可以使酶的催化活性及对底物的选择性都发生变化。Haring 等用化学法和基因工程相结合的方法对枯草杆菌蛋白酶进行结构修饰，得到了硒基-枯草杆菌蛋白酶[61]。研究表明，经过修饰后的枯草杆菌蛋白酶对 pH 值的变化、高温、蛋白降解及有机溶剂等的稳定性比未修饰的枯草杆菌蛋白酶大大提高。而且，此修饰后的酶具有谷胱甘肽过氧化酶的活性，可以催化几种外消旋过氧化物的动力学拆分，例如，用其对 2-羟基-1-苯基乙基过氧化氢的外消旋体进行动力学拆分时，平均光学收率高达 97%（*ee*），由于此修饰后的酶不溶于水及有机溶剂，易于回收再利用，当循环使用 10 次时，其催化活性及选择性都没有降低。

8.4.2.3　模拟酶的研究

模拟酶的研究是目前比较活跃的一个领域[62-63]，模拟酶（mimicenzyme）是根据酶的作用原理来模拟酶的活性中心和催化机制，用化学方法制成的高效、高选择性、结构较简单、稳定性较高的新型催化剂。一般是以高分子化合物、高分子聚合物或络合了金属的高分子聚合物为母体，在适宜的部位引入相应的疏水基，形成容纳底物的空间，并在适宜的位置引入担负催化功能的催化基团。近年来，对以低分子量物质为母体而设计的模拟酶的研究也取得了令人瞩目的进展，如一些大环体系[63]模拟酶，在催化某些反应时表现出了很好的选择性。

最简单的模拟酶是利用现有的酶或蛋白质作母体，引入相应的催化基团，形成酶的化学修饰物（修饰酶）（称为半合成法），如以肌红蛋白为母体，在它的His上连接钌（Ⅱ）氨配合物，结果产物具有强的氧化活性[64]。全合成模拟酶是以合成的高分子聚合物为母体，根据酶的活性部位结构，连接上所需的功能基团或金属配合物。环糊精一直是人们最热衷于用作模拟酶母体的化合物[65-66]，它的结构特别适合于进行酶的模拟，中间是疏水的空腔，两头环绕着伸向外侧的羟基，上面可以结合各种起催化作用的官能团。breslow最先提出了仿生化学（biomimetic chemistry）一词[67]，在人工酶结构设计和研究方面成就卓著，他一直致力于环糊精为母体的人工酶的合成，所设计的第一个人工酶就是在环糊精的羟基上连接键合了金属的基团，另外设计了多种环糊精与卟啉相结合的模拟酶[68]。

虽然模拟酶弥补了自然酶的一些不足，如稳定性不高、对反应条件及底物有严格的要求、提取分离困难等，可望大规模地应用于工业生产，但是，从催化效率来看，模拟酶与自然酶的差别还很大，如何提高模拟酶的催化效率是人们期盼解决的问题。

模拟酶的研究是目前比较活跃的一个领域。模拟酶可用半合成法和全合成法两种方法制备。半合成法是把具有催化活性的金属配合物与有结合特异性的蛋白质结合，可形成半合成模拟酶；全合成法是小分子有机物或金属配合物，根据酶的活性部位结构进行合成，并考虑控制空间构象，仿照自然酶选择性地催化化学反应。

8.4.2.4 酶的化学修饰和固定化酶

目前已经发现和鉴定了3700多种酶，但能大规模生产和应用的只有十多种。主要因为大多数自然酶脱离生理环境后不稳定，而生产和应用的条件与生理环境差别很大。因此，采用化学方法对酶进行修饰和改造是非常必要的。

酶的化学修饰主要是修饰酶的功能基团，如酶分子表面的氨基、羧基、羟基等可以和某些化学试剂反应，使酶分子结构改变，从而改善酶的性质。另外，某些双功能化合物作为交联剂，使酶发生分子内或分子间的交联反应，维持和加固酶的活性结构，改善酶的性能。还有酶与高分子化合物结合，如酶与某些蛋白质、多糖、高分子化合物结合后也可改善酶的性质。

固定化酶是被束缚在特定支持物上并能发挥催化作用的酶。固定化酶稳定性好，能反复使用，成本低，有利于实现生产连续化和自动化。

目前采用的固定化方法主要有物理吸附法、共价偶联法、交联法和包埋法等。物理吸附法通过氢键、电子亲和力等把酶固定在不溶性载体上，这些载体通常有硅藻土、陶瓷和微孔玻璃等，离子交换树脂作固定化酶的载体也有了一定的研究。用微孔性的Y沸石（HY，NH_4Y，NaY）和微孔性的脱铝DAY沸石（HDAY，HNH_4DAY）把α-糜蛋白酶和嗜热菌蛋白酶固定在这些沸石底物上，也取得了很好的结果。共价偶联法是通过共价键把酶的活性侧链基团和载体功能基团偶联起来，从而使固定化酶结合得牢固，稳定性好，常用载体有葡聚糖凝胶、聚丙烯酸胺、聚苯乙烯等。交联法是利用双功能或多功能试剂，如戊二醛、重氮化苦基伯二胺等官能团化合物，在酶分子间、分子与载体间、酶分子与惰性蛋白之间进行交联反应而固定化酶。包埋法是把聚合物单体和酶溶液或细胞悬浮液混合后，再借助聚合促进剂进行聚合，使酶或微生物细胞包埋于聚合物中达到固定化。常用聚乙烯醇、聚丙烯酰胺等作包埋剂。

自由酶存在不易回收、成本高、不稳定、易变性等缺点，固定化酶不仅可以重复使用，而且稳定性高，特别是在工业应用上具有自由酶不可比拟的优越性。固定化酶技术在化学合成特别是药物合成领域已经产生巨大的经济和社会效益，这方面的深入研究具有很大的科学价值。

8.4.3 手性合成中的酶催化

以天然产物为手性源的合成，以易得的手性试剂为起始物的手性合成，特别是催化条件下的手性合成，目前进展很快。外消旋体的手性分离，用廉价手性试剂与之形成的非对映体的结晶法分离和色谱法分离以及色谱柱的手性填料的发展，化合物光学纯度检测手段的更新，为不对称合成的发展创造了很好的条件。然而，利用酶催化反应合成手性化合物，符合绿色化学和原子经济性的发展方向，具有极大的学术意义和应用前景。一些酯、酰胺和醇、胺、酸的衍生物的外消旋体，可以利用水解酶（hydrolase）如酯酶、脂肪酶、蛋白酶、酰化酶等进行酶催化的水解反应拆分，水解酶催化无需辅因子，相对简单易行[69]。氧化还原酶类（oxidoreductase）如醇脱氢酶（dehydrogenase），可以催化羟基的氧化和羰基的还原的可逆反应，利用氧化还原酶来还原羰基可以得到光学纯度极高的手性醇类化合物。反应需要辅酶 NAD(P)H［nicotinamide adenine diuncleotide（phosphate）hydrogen 烟酰胺腺嘌呤二核苷酸（磷酸）］的参与。NAD(P)H 大分子是生物代谢过程中的一种重要的辅酶。其氧化态 NAD^+ 在生物燃料分子降解过程中作为电子受体被还原，其还原态 NAD(P)H 在生物合成过程中作为一种手性还原剂，为生物大分子提供电子和自由能[70]。裂解酶（lyase）类对双键的形成有催化作用，同时也能催化双键上的加成反应，大家知道，双键上的加成反应在手性化合物的合成中具有重要意义。例如，天冬氨酸酶（asparaginese）可以催化富马酸加氨生成 L-天冬氨酸，还有苯丙氨酸氨解酶（phenylalanine aminolose）能够催化肉桂酸加氨生成 L-苯丙氨酸等[70]。

氧化还原反应属于基本有机反应类型，由酶催化的氧化还原反应在生物体内的手性合成中有着重要应用，如脱氢酶在醛或酮以及不饱和键的还原中得到广泛应用，这种脱氢酶需要生物活性分子 NAD(P)H 辅酶作为电子给体，约 80％的氧化还原酶以 NADH 为辅酶，10％氧化还原酶以 NADPH 为辅酶，还有少量氧化还原酶以黄素单核苷酸（FMN）和黄素腺嘌呤二核苷酸（FAD）为辅酶。酶可以使不活泼的有机物发生氧化反应，单加氧酶、双加氧酶和氧化酶是酶催化氧化反应的三种酶，单加氧酶和双加氧酶直接在底物分子中加氧，而氧化酶则催化底物脱去氢，脱去的氢生成水或过氧化氢。脱氢酶与氧化酶不同，脱氢酶脱下来的负氢是与氧化态的 $NAD(P)^+$ 结合而不生成水。单加氧酶使氧分子中一个氧原子加到底物上，而另一个氧原子使还原型 NAD(P)H 氧化为氧化型 $NAD(P)^+$[71]。

水解酶在酶催化手性合成中应用最多，较为成熟。水解酶能水解酯、酰胺、蛋白质、核酸、多糖以及环氧化合物和氰类等，反应如下：

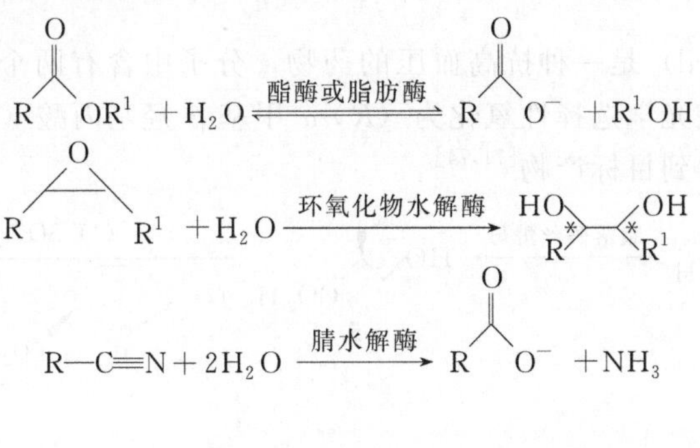

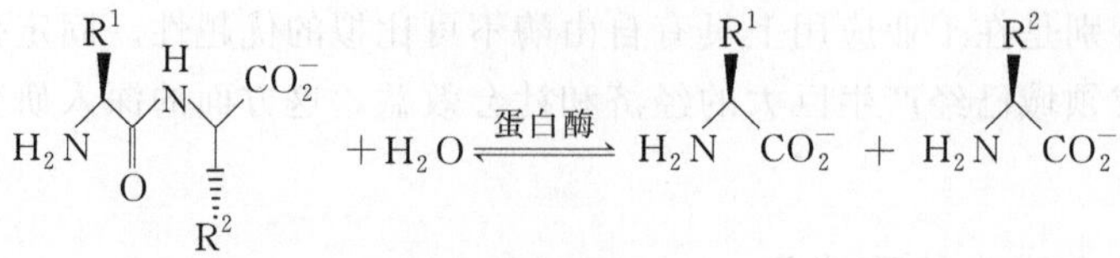

$$(\text{Glc-}\alpha\text{-1, 4-Glc})_n + H_2O \xrightleftharpoons{\text{糖苷酶}} \text{Glc} + (\text{Glc-}\alpha\text{-1, 4-Glc})_{n-1}$$

酶催化是手性合成中立体选择性很高的一种方法，反应产物的对映体过量率 *ee*（%）值有的接近 100%。酶是活性很强的生物催化剂，对天然底物适应性好，在工业应用上，酶催化的手性合成尚有许多瓶颈需要打破。尽管如此，这方面的发展很快，显示了广阔的应用前景[72]。

多氮化物三唑类抗真菌药 SCH56592 在合成过程中有一个重要中间体（2*R*,4*S*）-对氯苯磺酰衍生物（**3**），这里通过酶催化的方法，用南极假丝酵母脂肪酶（novozyme 435）催化酰化潜手性的二醇衍生物（**1**），先得到手性的单酯衍生物（**2**），再通过碘化和三唑基取代等反应得到这个重要中间体（**3**），手性的引入尤为巧妙。其酶催化与化学方法结合的反应过程如[71,73]：

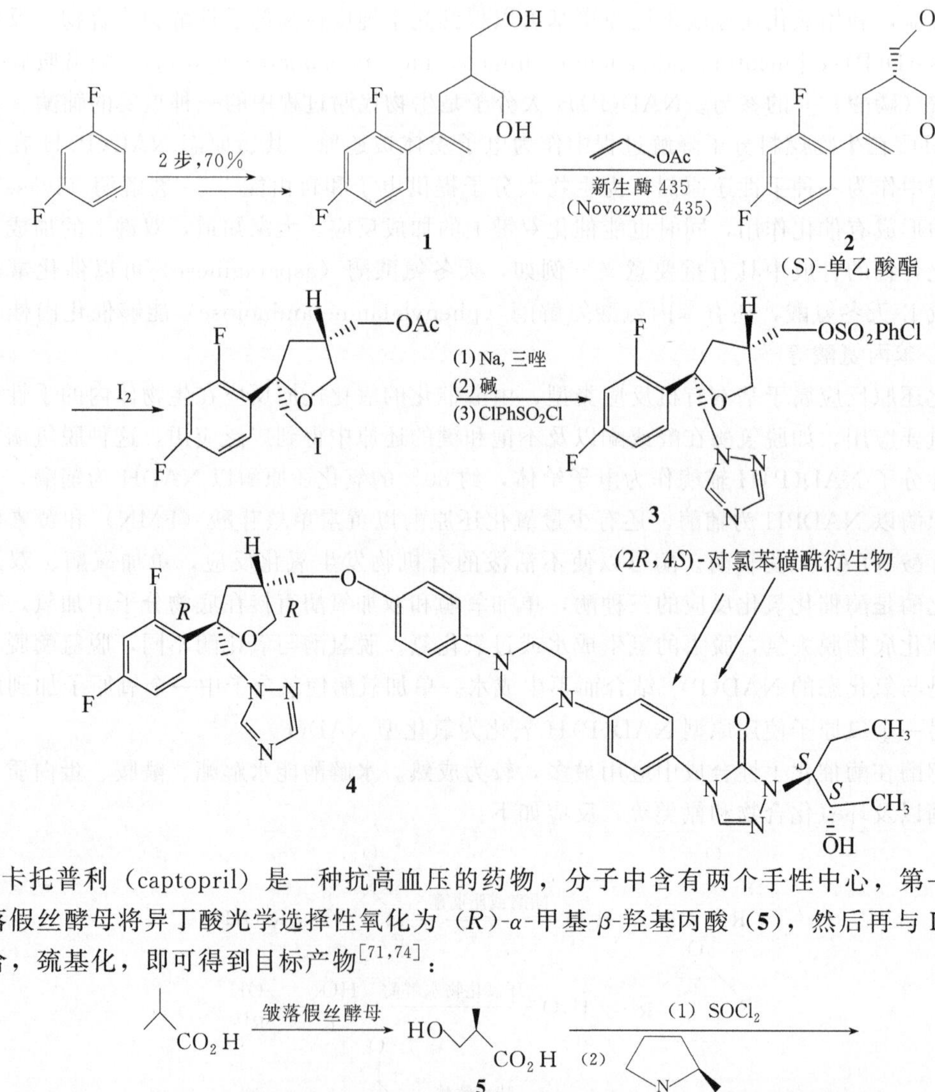

1　**2** (*S*)-单乙酸酯　**3** (2*R*,4*S*)-对氯苯磺酰衍生物　**4**

卡托普利（captopril）是一种抗高血压的药物，分子中含有两个手性中心，第一步就用皱落假丝酵母将异丁酸光学选择性氧化为（*R*）-*α*-甲基-*β*-羟基丙酸（**5**），然后再与 L-脯氨酸缩合，巯基化，即可得到目标产物[71,74]：

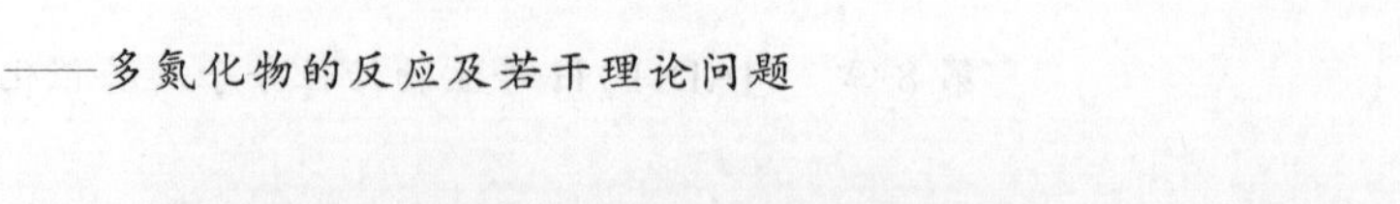

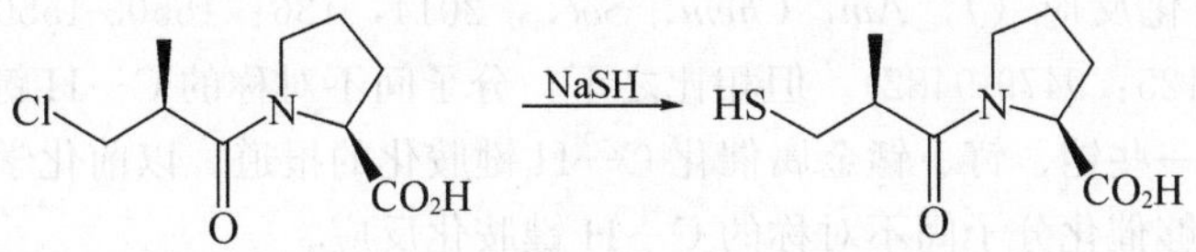

6

5*H*-2,3-苯并二氮草衍生物（LY300164）是一种神经系统药物，反应的第一步，就由酶催化法引入手性中心，减少了原来纯化学合成法的反应步骤，提高了产率[71,75]：

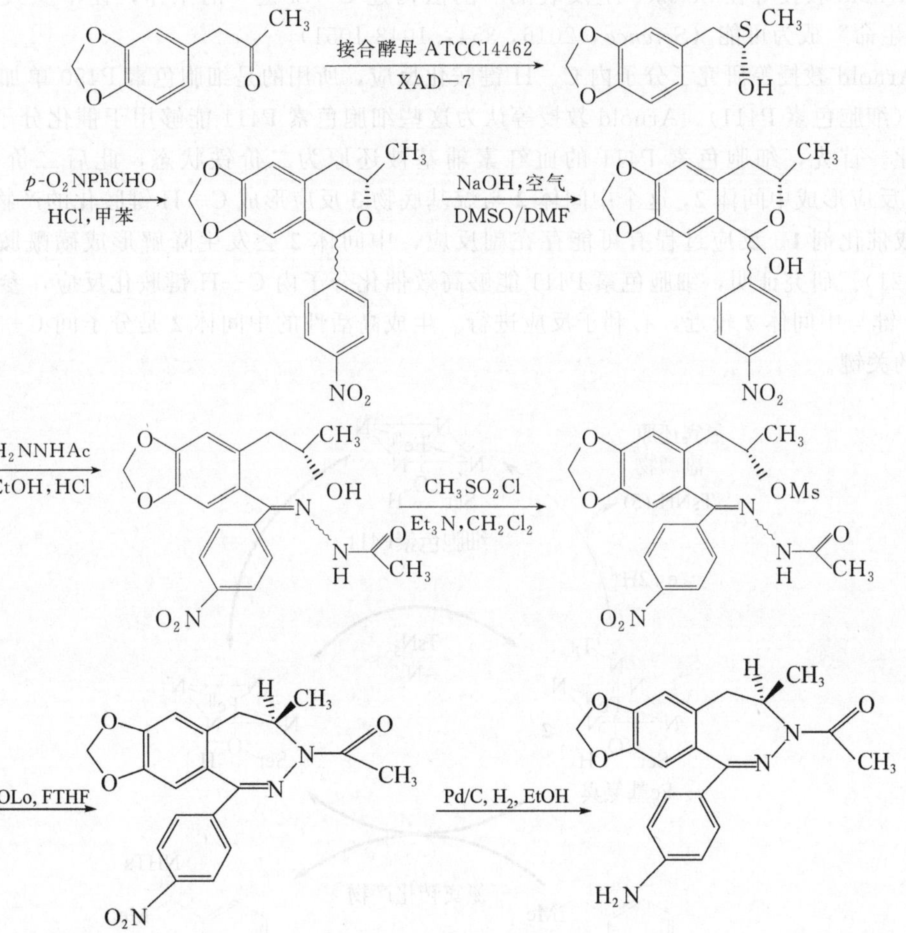

可以看出，酶催化与化学合成相结合，在手性合成中能够弥补纯化学合成对环境的不利因素，减少反应步骤，高产率地得到所需要的目标手性分子，符合绿色化学和原子经济性原则，这方面的优势是显而易见的。有兴趣的读者可以进一步参阅有关专著[71-72]。

8.4.4 酶催化的不对称 C—H 官能团化

最近 C—H 键官能团化研究在有机合成方法学中方兴未艾，而以金属催化为主要手段，酶能不能催化 C—H 键官能团化反应？我们知道，C—N 键广泛存在于活性天然产物、药物分子中，构建 C—N 键是有机合成工作者研究的重点之一。在多种构建 C—N 键的方法中，对有机化合物中最广泛存在的 C—H 键进行胺化，无疑是最为直接和高效的方法之一。美国加州理工学院的化学家 Arnold 教授等发展了酶催化 C—H 键官能团化，他们开发了酶催化的分子内 C—H 键胺化反应（*J. Am. Chem. Soc.*，2014，136：15505-15508；*Angew. Chem. Int. Ed.*，2013，125：9479-9482）。但相比之下，分子间不对称的 C—H 键胺化较分子内的反应难度更大，仅有一些铑、钌、锰金属催化 C—H 键胺化的报道，以前化学家也没有发现哪一种自然界中的酶能够催化分子间不对称的 C—H 键胺化反应。

Arnold 教授等通过定向进化方法发现了一种基于细胞色素 **P450** 单加氧酶（cytochrome P450 monooxygenase）的工程酶，这种包含铁-血红素辅基的工程酶可以高效催化分子间苄位不对称 C—H 键胺化反应。

Arnold 教授等在 *Science* 上发表的"酶法构建 C—Si 键"的工作，让不少人惊叹构建"硅基生命"成为可能（*Science*，2016，354：1048-1051）。

Arnold 教授等研究了分子内 C—H 键胺化反应，所用的是细胞色素 P450 单加氧酶的突变体（细胞色素 P411）。Arnold 教授等认为这些细胞色素 P411 能够用于催化分子间 C—H 键胺化。首先，细胞色素 P411 的血红素辅基被还原为二价铁状态，此后二价铁状态与 TsN_3 反应形成中间体 **2**，这个中间体 **2** 与烷基底物 **3** 反应形成 C—H 键胺化的产物 **4**，并重新生成催化剂 **1**。反应过程有可能存在副反应，中间体 **2** 会发生降解形成磺酰胺副产物 **5**（图 8-21）。研究证明，细胞色素 P411 能够高效催化分子内 C—H 键胺化反应，参与反应的 C—H 键与中间体 **2** 较近，有利于反应进行。生成高活性的中间体 **2** 是分子间 C—H 键胺化反应的关键。

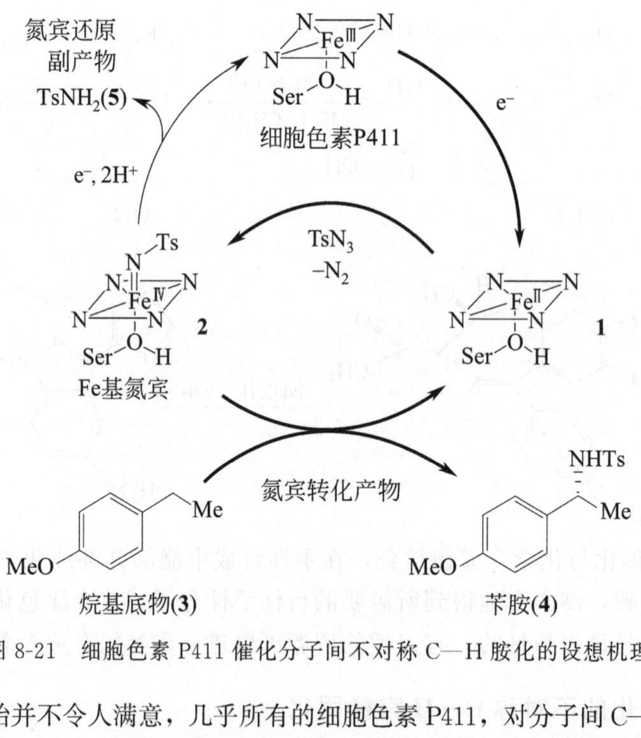

图 8-21　细胞色素 P411 催化分子间不对称 C—H 胺化的设想机理

实验结果刚开始并不令人满意，几乎所有的细胞色素 P411，对分子间 C—H 键胺化都没有任何催化活性，只是生成了相应的磺酰胺副产物。但是，他们细心地发现原本设计用于酰亚胺化反应的一种 P411 的突变体——$P411_{BM3}$ P-4 具有微弱的分子间 C—H 键胺化催化活性，产物收率 11%，*ee* 值为 14%。受到启发他们对 P-4 进行了定向进化，经过系统的筛选终于发现一种突变体 $P411_{CHA}$（cytochrome P411 C—H aminase）具有最佳催化活性和选择性。

通过进一步的研究，Arnold 教授等发现 $P411_{CHA}$ 催化分子间不对称 C—H 键胺化反应的效果远远高于过渡金属催化剂。Arnold 教授等随后对 $P411_{CHA}$ 催化反应进行了进一步的深入研究，在水相反应中、室温条件下，胺化产物 **4**（见图 8-21）的收率高达 86%，非对映选择性很高（*ee* 值>99%）。

接着 Arnold 教授等又发现，有吸电子取代基的底物产率比较低。该反应对底物的电性比较敏感（富电子底物产率较高），说明该反应中 C—H 键插入为速率决定步骤，氘代实验（$K_H/K_D=1.6$）进一步验证了这一结论（*Nature Chem.*，2017，DOI：10.1038/NCHEM.2783）。

这种酶有望用于更多目前化学催化不能实现的 C—H 键官能团化反应。通过对现有酶催化剂进行改进，人们期盼解决一些传统合成化学的难题，利用酶来完成目前金属催化剂无法实现的绿色转化。

酶催化非常复杂。笔者认为：某些小分子化合物与蛋白大分子作用，相关酶上的活性部位是小分子直接作用的靶点，小分子紧密结合在酶的关键部位，就能够阻断酶的作用通道，结果使得酶起催化作用的活性部位被破坏掉，使酶失活，难以催化有机反应。对于某些蛋白质大分子，一旦立体结构、空间构象发生了变化，它的本来面目和特性就完全改变了。立体结构决定了它的特殊性能，神奇的作用是在特定的立体结构中充分发挥出来的。例如，我们一直希望牛、马胃液里的糖化酶能在体外把纤维素水解为葡萄糖，但是我们分离出糖化酶以后，它就失活了！一些酶在离开复杂的生命体以后就完全失去活性了。原来发挥作用的酶，需要有其他蛋白分子的紧密配合，形成一个类似接力的过程。有些酶还需要辅酶参与，需要适当微量的专属金属离子，需要适当的 pH 值范围。复杂的自然界绝不是单纯的和简单的表象而已。

目前已提出蛋白折叠反应的概念，因为不能正确折叠的蛋白无法行使其功能。认为蛋白折叠反应还与水分子溶剂化过程有关，现已建立了蛋白折叠的动力学模型。蛋白折叠与蛋白的复杂结构和特异性密切相关。

8.4.5 天然酶人工改造的计算模拟

酶催化反应选择性高，条件却很温和。经过亿万年的进化，酶可以催化自己“认准”的一个天然反应。但对于大部分非天然反应，例如化学家感兴趣的、具有重要应用价值的反应，天然的酶中大多只呈现出很低的催化活性。

为了能让酶为人类所用，我们需要对天然酶进行结构改造，对酶的序列进行突变，从而让酶的突变体能够高效完成对非天然反应的催化。但这个寻找酶突变体的过程充满了未知。新的计算算法与模型，是让我们能够预测和探索未知突变空间的重要途径。

2022 年，Yang 等报道了一种自动化酶模拟的软件（EnzyHTP），该软件能够自动化地构建和修复酶的结构，生成突变，进行分子力学模拟，对模拟的结果进行量子力学计算分析，实现酶模拟的自动化（*J. Chem. Inf. Model.*，2022，62：647）。

酶模拟软件（EnzyHTP）通过四个模块自动处理酶模拟会遇到的问题，从而实现了高通量的计算模拟。这些模块分别是：负责构建蛋白质结构的模块；负责决定在哪里突变的模块；负责运行的模块；负责对模拟的结果进行能量计算及分析的模块。

这些模块以层级递进的方式组成酶模拟软件的功能架构。如果一次性输入多个序列、辅因子组成差异很大的酶，酶模拟软件将对其进行结构分析，过滤结构中存在的问题。酶模拟软件支持高通量突变，用户可以指定具体的一批突变，也可以通过某种规则产生随机突变。酶模拟软件支持对每个突变都进行分子动力学模拟，从而获得能评估酶在溶液中真实存在情况的轨迹。

应用酶模拟软件，评估了 100 个随机单点突变下，酶的内部静电场的变化对反应物中相关化学键的影响。随机产生 100 个单点突变后的结构，在模拟产生的轨迹中等间隔进行采样得到 100 个几何结构，对每个几何结构调用再进行一次计算得到底物的波函数，分析得到底物相关化学键的偶极，结合偶极得到酶的电场对相关化学键的去稳定化和稳定化的势能。

这项工作为生物化学研究者解决了酶突变和序列评估的问题，通过模拟酶的结构改造，有望实现用酶来催化各种非天然反应。

8.4.6 紫杉醇生物合成途径的关键酶

2024 年，Yan 等人在 *Science* 上发表论文（*Science*，2024，DOI：10.1126/science.adj3484），成功鉴定了紫杉醇生物合成途径的关键缺失酶，揭示了红豆杉催化含氧四元环分子形成的全新机制，发现了紫杉醇异源生物合成的核心基因，实现了紫杉醇核心前体巴卡亭Ⅲ在烟草中的异源合成。该成果成功地解决了紫杉醇生物合成中的关键瓶颈问题，是酶与生物合成领域中的重要突破，为通过酶催化的手段实现紫杉醇的高效合成铺平了道路，具有极高的科学创新性与应用价值。

紫杉醇是最优秀的天然抗肿瘤药物之一，也是全球销量第一的植物抗癌药。在国际医药市场需求巨大，已经挽救了无数人的生命。

紫杉醇最早是由美国北卡罗来纳州三角研究所天然产物实验室的 Wall 博士等于 1966 年从短叶红豆杉树皮中分离出来的一种抗癌天然产物，其结构于 1971 年首次通过 X 射线衍射和核磁共振分析进行了确认。由于紫杉醇在红豆杉中含量极低，给紫杉醇的药物开发带来了巨大的挑战，6000 棵红豆杉树仅仅能提取到 1.9kg 的紫杉醇。

为此，法国科学家 Potier 等在 1988 年开发了一条半合成路线。他们先从欧洲红豆杉枝叶中提取含量更加丰富（约 0.1%干重）的 10-去乙酰基巴卡亭Ⅲ，然后利用四步化学合成的办法从 10-去乙酰基巴卡亭Ⅲ来合成紫杉醇。随后美国佛罗里达州立大学的 Holton 在 1990 年开发了一条更为高效的半合成路线，后经纽约州立大学石溪分校的 Ojima 优化，并最终被 BMS 公司所采用，成为当时紫杉醇工业生产的主要路线。

由于紫杉醇结构过于复杂，不仅具有高度氧化的、复杂的桥环体系，还具有 11 个立体中心，也被化学界公认为有机合成难度最大的天然产物分子之一。紫杉醇的首次全合成是由 Nicolaou 课题组（杨震教授为主要完成人）和 Holton 课题组在 1994 年首次报道的，目前最短的全合成路线是由南方科技大学的李闯创教授所报道的，即使在最短的合成路线当中，紫杉醇的总收率也才 0.118%，不能达到工业化生产的要求。

因此，通过合成生物学的手段实现紫杉醇的高效、绿色和可持续生产受到了广泛的关注。然而要实现紫杉醇在异源体系中的从头合成，必须鉴定紫杉醇生物合成通路中所缺失的关键酶，打通紫杉醇生物合成的完整路线。到目前为止，紫杉醇生物合成途径中多个生物合成酶还未鉴定，其中就包含负责合成氧杂环丁烷结构的酶以及 9 号位的氧化酶。这些关键酶的缺失，使得紫杉醇生物合成路线处于脱节状态，无法在异源宿主中实现紫杉醇生物合成途径的重构。

中国农业科学院深圳基因组研究所闫建斌教授等于 2021 年率先绘制了国际首张染色体级别的南方红豆杉高质量参考基因组图谱，为紫杉醇生物合成途径的解析提供了基因组学蓝图和关键候选基因（*Nature Plants*，2021，7：1026），而北京大学雷晓光课题组长期从事植物天然产物生物合成酶的鉴定和机制研究。闫建斌团队与雷晓光团队联合清华大学等国内外五家单位，利用多组学分析和基因功能研究等手段，鉴定了紫杉醇合成途径中缺失的关键酶，揭示了紫杉醇氧杂环丁烷的生物合成机制，实现了紫杉烷类抗癌药物关键合成前体巴卡亭Ⅲ在烟草中的异源合成，为规模化高效合成紫杉烷类抗癌药物奠定了基础。

研究人员对红豆杉提取物进行了系统性的分离和鉴定，建立了紫杉醇合成前体化合物库，其中包含了紫杉烷化合物，并在红豆杉细胞中降低该基因的表达量，能够显著在紫杉醇的生物合成中降低巴卡亭Ⅲ的量。

为了揭示生物催化剂酶 TOT 催化氧杂环丁烷环形成的反应机制，作者还进行了分子动力学模拟和密度泛函理论（DFT）计算。通过计算作者发现，四元环产物的形成不管在热力学还是动力学上都是相对更有利的，而过去四十年间化学家们普遍认为氧杂环丁烷是由对应的环氧前体通过重排反应而形成的。这一全新反应机制的发现，完全颠覆了紫杉醇中氧杂环丁烷形成的传统观念。

为了鉴定紫杉醇 C-9 位的氧化酶，研究人员以结构更加简单的紫杉素为突破口，通过与已知基因的共表达分析和紫杉素含量分析，筛选出 17 个紫杉烷 C-9 位氧化酶候选基因，通过在烟草中重构紫杉素生物合成的方式对这些候选基因进行活性筛选，从中发现了负责紫杉烷 C-9 位氧化的酶。

在此基础上，研究人员通过将新鉴定的 TOT 和 T9αH 与其他 7 个已知合成基因（TXS、T5αH、T13αH、T2αH、T7βH、TAT 和 TBT）在烟草中共表达后，在烟草中检测到了巴卡亭Ⅲ的生成，确定这 9 个基因是巴卡亭Ⅲ合成途径的核心基因。

进一步的生化研究显示，这些核心基因存在密切的功能协同性，而且受到植物激素茉莉素的共表达调控，显示了相似的诱导表达曲线和强的表达相关性，说明这些基因的表达在细胞中受到协同的控制。结合亚细胞定位分析等实验结果，这些研究结果揭示了巴卡亭Ⅲ的完整生物合成过程，即起始底物 GGPP 在叶绿体中被 TXS 酶催化形成紫杉二烯，随后，紫杉二烯通过质体-内质网的接触点转移到细胞质之后，受到内质网锚定的六个氧化酶（T2αH、T5αH、T7βH、T9αH、T13αH 和 TOT）与两个细胞质定位的酰基转移酶（TAT 和 TBT）的协同催化，最终形成了巴卡亭Ⅲ。

本研究成果结合多组学分析和大量功能验证，鉴定了紫杉醇生物合成途径的关键缺失酶，揭示了植物细胞催化氧杂环丁烷结构形成的全新机制，发现了紫杉醇异源生物合成的最短路线，并通过 9 个酶在烟草中实现了紫杉醇前体巴卡亭Ⅲ的生物合成，为紫杉醇的大规模生产奠定了基础，也为上百种紫杉烷类天然产物的生物合成通路解析提供了理论指导。

该研究成果解决了紫杉醇生物合成的世纪难题，成为合成生物学领域的又一重大突破。本书作者认为，这是到 2024 年为止看到的酶催化生物合成领域最可喜的成就，不仅仅在科学最前沿解决了重大科学问题，而且研究成果应用价值极高，有望成为人类的福音。

8.4.7 红茶发酵中的酶催化反应

云南普洱茶的汤色深红若红玛瑙，汤味醇甘甜，深得人们喜欢。普洱茶是一种后发酵茶，过去在茶马古道上驮运的普洱茶是将鲜叶经杀青、手揉、晒干三个工序后放入蒸甑，水蒸气蒸 20 多分钟后即装入布袋，压入马筐篓中，运往西藏等地。茶叶在漫漫运输途中受微生物、水分、氧气的作用，进行着一个相当复杂的化学过程，形成普洱茶独特的化学品质[76]。

20 世纪 70 年代起，随着普洱茶的供不应求，人们开始了对普洱茶的后发酵研制，主要工艺是对选料后的新茶叶进行杀青、日光干燥，然后进行湿水渥堆发酵，共约 30～40 天时间，经 3～4 次翻堆，不使堆温过高以免过度氧化。茶叶在环境和空气中的微生物作用下，多酚类物质缓慢氧化，这是一个极其复杂的酶催化的组合有机反应过程。茶叶中的 400 多种有机物先后发生了一系列的相关反应，发酵后的“熟茶”外观褐红色，儿茶素变为茶黄素，茶黄素进一步转变为茶红素。儿茶素中多酚类有机物占 60%～80%，在发酵中一部分氧化为多醌类，再聚合为茶红素、茶褐素，其中的多氮化合物如吗啡碱、茶碱、氨基酸等，成分和含量也发生了很大的变化。

在普洱茶后发酵中的酶催化反应的酶主要是黑曲霉、棒曲霉、灰绿曲霉、根酶、乳酸菌、酵母等，而大多数反应过程为酶催化的有机氧化反应，其中多酚类大分子、醛类、类脂、维生素 C 都进行了不同程度的氧化过程。茶黄素使汤色发亮，茶红素使汤色呈红色。发酵过程使茶黄素减少。而茶黄素和茶红素通过分子间相互作用形成茶褐素，茶褐素往往微沉淀于茶汤中。笔者认为，普洱茶发酵过程的酶促反应，比草药煎煮过程中生物碱的变化要复杂得多[77]。因为普洱茶发酵中同时有好几种生物酶在催化着茶多酚、蛋白质、生物碱、糖类、果胶等许多有机物发生氧化、缩合、降解、聚合等庞杂的有机反应，结果使部分茶黄素转变为茶红素，由色泽黄绿、味正尚涩鲜晒青茶得到色泽红褐的熟饼。普洱茶的发酵过程简直是一场八仙过海的奇妙的酶促有机反应过程。

随着人们对酶促有机反应研究的深入，现在已经出现了用人工培养的优势酶进行这个酶促有机反应的普洱茶后发酵过程。在发酵过程中，儿茶素迅速发生酶促氧化，首先生成儿茶素邻醌，邻醌类分子又很快发生聚合，逐步产生茶黄素，茶黄素进一步发生氧化反应，产生茶红素，茶红素进一步氧化并与氨基酸等物质发生缩合，最后形成茶褐素。茶褐素是一种类似大分子聚合物的“超分子”。

当红茶茶汤冷却到 30 ℃以下，常出现乳凝状浑浊，这主要是茶黄素、茶红素与咖啡碱的配合物。

茶黄素主要由儿茶素中几种物质组成，红茶中有多种茶黄素，普洱茶与肯尼亚（位于光合作用很好的赤道上）的红茶相比，没食子儿茶素组分较低，茶黄素含量也低，因而肯尼亚红茶更加红艳明亮。

多氮化物咖啡碱与茶黄素、茶红素等多酚类氧化产物产生的配合物是茶汤出现冷后浑浊现象的原因。这个络合分子使茶汤鲜美，品质优雅。

普洱熟饼茶对降脂、降压、降低胆固醇含量、抗动脉硬化和护胃有良好的效果。而没经发酵的普洱茶青饼由于大量茶多酚未经氧化，而多酚类物质富有还原性，对于消除人体内氧自由基的作用强，饮用未经发酵的普洱茶青饼有抗衰老效果。

红茶品质形成的过程是一个发酵过程，其本质是多种酶催化的极其复杂的有机反应过程，主要反应类型为酶催化的多酚类化合物的氧化和缩合等有机反应。在多酚氧化酶的催化下茶多酚被氧化成邻醌类化合物，又进一步被氧化、缩合为茶黄素，茶黄素又氧化生成茶红素，同时茶叶中的蛋白质、生物碱、维生素类、果胶类、糖类，还有茶叶香味的化学成分（如沉香醇、牦牛儿醇、水杨酸）等有机物不同程度地相继发生相关的有机反应，整个过程就是酶催化的系统工程和组合反应，对这种复杂的化学过程尚不完全清楚，但整个酶促组合反应最终却得到了具有独特生物活性和生理功效的普洱熟饼茶，这种熟饼普洱茶中的有机物很容易进入水相，在饮用过程中茶叶中的有机物得到充分的浸出和利用。目前，人们已经从儿茶素发酵的酶促氧化和聚合所形成的茶黄素中分离鉴定出了 9 种化合物，已经测定了其分子式和分子量，其中有茶黄素 a、茶黄素 b、茶黄素 c 这三种同分异构体（分子式 $C_{29}H_{24}O_{29}$，分子量 564），还有茶黄素单没食酸酯 A 和 B 这两种同分异构体（分子式 $C_{36}H_{48}O_{16}$，分子量 716）以及茶黄素双没食子酸酯（分子式 $C_{43}H_{32}O_{20}$，分子量 868）、茶黄酸、表茶黄酸、茶黄酸没食子酸酯。普洱茶熟饼中所含的茶红素实际是一种混合物，成分和结构复杂而不稳定，目前尚未明确鉴定[78]。目前认为，茶红素还能与尚未转变为茶红素的茶黄素进一步形成茶褐素这种复杂的大分子或超分子体系，黄褐素使茶汤发暗且在低温下容易沉降在茶汤底层。

作为著名的中国红茶——普洱茶，其熟饼发酵形成过程是一个典型的酶催化有机反应过程，而且是在多种酶催化下进行的极其复杂的组合有机反应过程。普洱茶制造的过程，也给科学工作者提出了一些值得思索的问题[79]。

大家喜欢喝的酸牛奶就是用乳酸菌对纯牛奶经适当发酵得到的，其过程也涉及一系列复杂的酶催化的有机反应。

在日常生活中，酶催化的利用是很普遍的。我们的祖先通过发酵的手段来酿酒和制醋，就是利用酶催化的原理，只是理论远远地落后于实践。如农村农家肥的渥堆，“生肥”被翻得疏松后再高高地堆起来，经过几个月的时间，受空气中的微生物（其本质是通过酶大分子）的作用，经过一系列非常复杂的氧化、分解等过程，一些大分子被降解，一些新的含氮量高的化合物得以生成，“生肥”被“熟化”，外观发黑，对庄稼具有营养价值的各种有机物得到了充分的富集，一场雨水就使农家肥的功效发挥到极致。尽管这个生活中的酶催化反应非常复杂，但其主要有机反应是氧化和分解过程，结果是农家肥“熟化”，氮素得以富集。从表面上看，人造的化学肥料的含氮量并不低，但是，这种渥堆后的农家肥除富含氮、磷成分外，其中含有的复杂的有机物，改善土壤的团粒结构和提高土壤综合肥力的功效要比人造的化学肥料高出很多。现在，粮食生产多使用化肥，人们缺少真正的有机食品。单纯的无机氮、磷、钾肥料具有很大的局限性，有机肥是通过酶催化产生出了大量有机植物营养化合物而被庄稼吸收和有效利用的。如何从有机反应的角度去认识这些复杂的酶催化反应，对于化学理论的发展具有极大的科学价值，也对有机绿色食品的生产具有实际意义（近两年个别发酵茶发现有黄曲霉菌，这是需要严格控制的）。

目前，通过酶催化分解反应消除有机磷农药的残留问题已经有了可行性方案，利用相关降解酶来分解除去残留药害，将为农业生产带来福音。酶催化在有机化学反应中的应用，也已经帮助人们很便捷地合成了许多结构复杂的新化合物。

2025 年 7 月 21 日，*Nature Chem. Biol.* 在线发表了由非血红素酶催化的 1,3-氮迁移反应，能够把羧酸衍生物转化为非天然氨基酸。这个可喜的进展将会推动非血红素酶催化的不断发展。

8.4.8 小结

酶催化反应是本世纪一个极具魅力的挑战性课题之一。目前，许多研究工作者正致力于这一新领域的探索，人们在发掘新酶，进而对其分离提纯，深入研究结构及催化机理，用自然酶及模拟酶来催化合成新产物，以期在认识自然和改造自然的过程中，不断走向自由王国。人体每一个细胞中就有成千上万种酶，但是被人们鉴定和认识的酶却很少，到 1997 年为止，已经确认的酶的累计数也仅 3700 种，而能够生产和应用的才十多种，因此，这方面的研究无论在学术意义和应用价值方面，都具有广阔的前景。随着生物学、化学及其他学科的发展，酶催化反应的机制将会被人们认识和掌握，酶催化合成的应用也会越来越广泛，酶法和化学法相结合将会使有机合成化学真正成为一门“艺术”，这方面的突破将是令人鼓舞的。

参 考 文 献

[1] Johnson C R. Acc. Chem. Res., 1998, 31: 333.

[2] Hudicky T，Olivo H F，Mckibben B. J. Am. Chem. Soc.，1994，116：5108.
[3] Rob S，Fred V R，Roger A S. J. Org. Chem.，2001，66：4559.
[4] 陈忠周，李艳梅，赵刚，等. 有机化学，2001，4：273.
[5] 叶蕴华，谢海波，田桂玲. 化学通报，1994，10：5.
[6] Karin B P，Jakubke H D. Tetrahedron：Asymmetry，1998，9：1505.
[7] Markus E，Ni X W，Peter J H. Enzyme and Microbial Technology，1998，23：141.
[8] 阮新，曾健青，张镜澄. 有机化学，1998，18：282.
[9] 田桂玲，邢国文，叶蕴华. 有机化学，1998，18：11.
[10] Margolin A L，Delinck D L，Whalon M. R. J. Am. Chem. Soc.，1990，112(8)：2849.
[11] Harus S，Kunihiko I，Eiko T，et al. Tetrahedron Letters，1997，38(10)：1777.
[12] Wong C H，Schuster M，Wang P，et al. J. Am. Chem. Soc.，1993，115(14)：5893.
[13] Gunter W. Chem. Rev.，2002，102：1.
[14] Zaks A，Empic M，Gross A. Trends Biotechnol.，1988，6：272.
[15] Hirofumi H，Katsuhiko H，Takao Y. J. Biotechnology，1990，14：157.
[16] Degn H. Biotechnol. Tech.，1992，6：161.
[17] Lamare S，Legoy M D. Trends. Biotechnol.，1993，11：413.
[18] Sylvain L，Marie D L. Biotechnol. Bioeng.，1995，45：387.
[19] 姚鹏，马润宇，王立新. 化工进展，1998，6：1～4.
[20] Triantafyllon A D，Adlercreutz P，Mattiasson B. Biotechnol. Appl. Biochem.，1993，17：167.
[21] Theil F. Tetrahedron，2000，56：2905.
[22] Takagi Y，Teramoto J，Kihara H，et al. Tetrahedron Lett.，1997，37：4991.
[23] Khmelniky Y L，Welch S H，Clark D S，et al. J. Am. Chem. Soc.，1994，116：2647.
[24] Judit K，Johan V D E，Antal P，et al. Tetrahedron：Asymmetry，2001，12：625.
[25] David G，Christophe S，Pierre M，et al. Tetrahedron：Asymmetry，2001，12：2473.
[26] Ashraf G，Volker S. Tetrahedron：Asymmetry，2001，12：2761.
[27] Liu C F，James P. T. Org. Lett.，2001，3(26)：4157.
[28] Liu P，Tian G L，Lee K S，et al. Tetrahedron Lett.，2002，43：2423-2425.
[29] 宋欣，曲音波，胡晓燕. 高等学校化学学报，1999，20(10)：1578.
[30] 宗敏华，程潜，林影. 生物化学与生物物理进展，1999，26(3)：259.
[31] 吴金川，何志敏，姚传义. 化学工程，1999，27(2)：27-30.
[32] Backlund S，Rantala M，Molander O. Colloid. Polym. Sci.，1994，272：1098-1103.
[33] Rees G D，Robinson B H. Biotechnol. Bioeng.，1995，45：344-355.
[34] 张灏，陈海群. 江苏石油化工学院学报，1998，10(3)：27-39.
[35] Kriegera N，Taipa M A，Melo E H M. Appl. Biochem. Biotechnol.，1997，67：87-95.
[36] Crooks G E，Rees G D，Robinson B H. Biotechnol. Bioeng.，1995，48：78-88.
[37] Xing G W，Liu D J，Ye Y H，et al. Tetrahedron Lett.，1999，40(10)：1971-1974.
[38] 李干佐，任学贞，汪复宁. 山东大学学报，1995，30：441-445.
[39] Tsai S W，Lee Y P，Chang C L. Biocatal. Biotransform.，1995，13：89-98.
[40] Rees G D，Robinson B H. Biotechnol. Bioeng.，1995，45：344-355.
[41] Chen Y X，Zhang X Z，Zhang K. Enzyme and Microbial Technology，1998，23(5)：243-248.
[42] 马成松，李干佐，沈润南，等. 分子科学学报，1998，12：237-242.
[43] Marty A，Chulalaksananukul W.，Willenot R. M. Biotechnol. Bioeng.，1992，39(3)：273-280.
[44] 刘森林，宗敏华. 微生物学通报，2001，28(1)：81-85.
[45] Kamat S，Barrera J. Biotechnol. Bioeng.，1992，40；158-166.
[46] Gunnlangsdotlir H，Sivik B. J. Am. Oil Chem. Soc.，1997，11：1483-1489.
[47] Rantakyla M，Aaltonen O. Biotechnol. Lett.，1994，16(8)：825-830.
[48] Lopez-Fandino R，Gill I，Vulfson E N. Biotechnol. Bioeng.，1994，43：1016.
[49] Erbeldinger M，Ni X W，Halling P J. Enzyme and Microbial Technology，1993，23：141-148.
[50] Gill I，Vulfson E N. Trends Biotechnol.，1994，12：118.

[51] Gill I, Vulfson E N. J. Am. Chem. Soc., 1993, 115: 3348.
[52] 刘伟雄，魏东芝，袁勤生. 中国油脂，1999，4：29.
[53] Barzana E. Anal. Biochem., 1989, 182: 109-115.
[54] Hwang S O. Biotechnol. Bioeng., 1993, 42: 667-673.
[55] Robert H. Prog. Biotechnol., 1992: 85-92.
[56] Margolin A, Tai D F, Klibanov A M. J. Am. Chem. Soc., 1987, 109(25): 7886.
[57] Margolin A L, Delinck D L, Whalon M R. J. Am. Chem. Soc., 1990, 112(8): 2849.
[58] Sekizaki H, Itoh K, Toyota E, et al. Chem. Pham. Bull., 1996, 44: 1585.
[59] Mitin Y V, Braun K, Kuhl P. Biotechnology and Bioengineering, 1997, 54: 287.
[60] Wong C H, Schuster M, Wang P, et al. J. Am. Chem. Soc., 1993, 115(14): 5893.
[61] Haring D, Shreier P. Angew. Chem. Int. Ed., 1998, 37(18): 2471.
[62] Trevor M P, Joseph M. J. Chem. Rev., 2001, 101: 3027.
[63] Sanders J K M. Chem. Eur. J., 1998, 4: 1378.
[64] 陈石根，周润琦. 酶学. 上海：复旦大学出版社，1996：83.
[65] Wenz G. Angew. Chem., 1994, 106: 851.
[66] 童林荟. 环糊精化学. 北京：科学出版社，2001：3.
[67] Breslow R. Acc. Chem. Res., 1994, 28: 146.
[68] Breslow R, Steven D D. Chem. Rev., 1998, 98: 1997.
[69] 黄量，戴立信，杜灿屏，等. 手性药物的化学与生物学. 北京：化学工业出版社，2002：249.
[70] 王乃兴. 有机化学，2002，22 (5)：299.
[71] 张玉彬. 生物催化的手性合成. 北京：化学工业出版社，2002：170-346.
[72] Drauz K, Waldmann H. Enzyme Catalysis in Organic Synthesis. New York: VCH Publishers, 1995.
[73] Saksena A, et al. Tetrahedron Lett., 1995, 36: 1787.
[74] Sakimae A. Biosci. Biotechnol. Biochem., 1992, 56: 1252.
[75] Anderson B A, Harnsen M M, Harkness A R, et al. J. Am. Chem,. Soc., 1995, 117: 12358.
[76] 周红杰. 云南普洱茶. 昆明：云南科学技术出版社，2004：12.
[77] 王乃兴. 有机反应. 第 2 版. 北京：化学工业出版社，2004：285.
[78] 顾谦，陆锦时，叶宝存. 茶叶化学. 合肥：中国科学技术出版社，2002：323.
[79] 王乃兴. 科学中国人，2007，8：110.

第9章

小分子手性含氮化合物和手性合成问题

9.1 概　　述[1]

包括天然产物合成在内的手性化合物的合成，是有机化学中的一个重要研究领域。具有生物活性的手性化合物适用于许多不同的领域，例如医药、杀虫剂以及食品添加剂等。近年来，科学家们越来越关注到对映异构纯的化合物在生物活性方面的重要性。如许多天然产物是手性的，同时，在生物活性上，不同的立体异构体应该被看成具有不同特性的化合物，例如：

① 从柠檬油、橙油、页蒿子油、莳萝油以及香柠檬油分离出来的两种苧烯的对映异构体具有不同的气味。

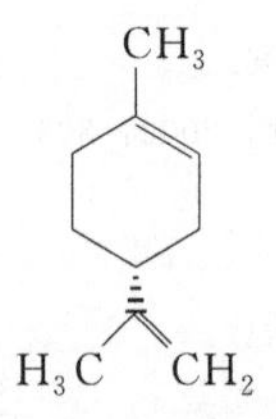

(R)-(+)-苧烯

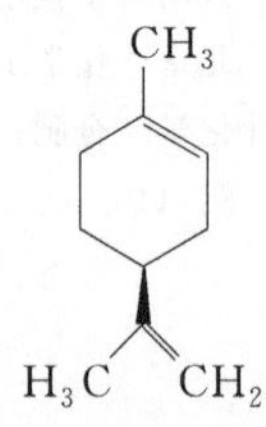

(S)-(−)-苧烯

② 天氡酰胺的两种对映异构体具有不同的味道，R 构型的异构体具有甜味，而 S 构型的异构体则具有苦味[2]。

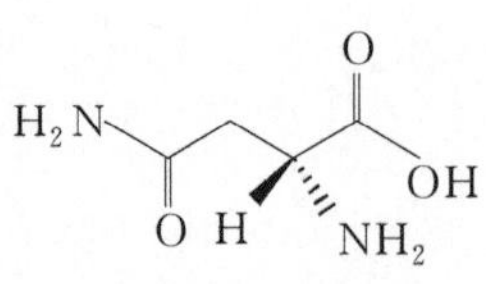

(R)-天冬酰胺

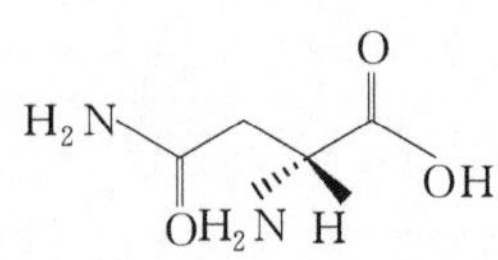

(S)-天冬酰胺

③ 在 20 世纪 60 年代，外消旋体的唐松草酰胺（thalidomide）被作为一种安神药来销售。这种物质的其中一种异构体的确具有很强的安神作用。但是，它的另一种异构体却会对胎儿的发育造成畸形等。目前有更多的外消旋体的手性药物（光学异构体混合物）在市场上销售，这是由于缺乏控制纯立体化学合成的方法。外消旋体的唐松草酰胺（结构如下）的不良后果说明发展有效的不对称合成方法的重要性。

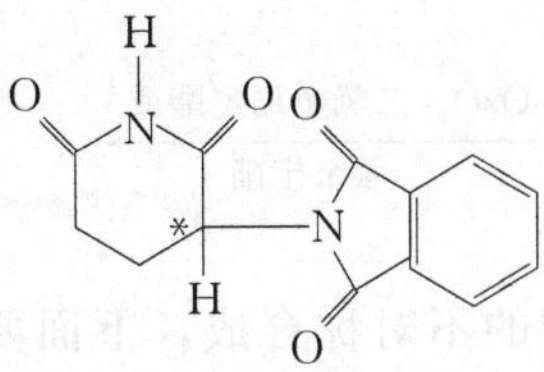

(1)

不对称合成就是把非手性单元转化成手性单元，往往得到不等量的立体异构产物。

不对称合成是富集两种对映体中某种异构体化合物的一种手段；而手性拆分则是另一种手段。化学反应中的产率问题涉及重要的经济问题，在该合成领域上考虑选择性方法的一个重要问题就是原子经济性。如果合成的一个外消旋体中只有一种异构体具有显著的生物活性，那么，绝不会得到产率大于50%的这种纯异构体。

选择性方法包括使用手性底物（模板）、手性助剂或者手性配体等。以含氮化物的不对称合成为例来做一说明。

(1) 手性底物　这是一种“手性池”方法[3]，在整个合成过程中L-脯氨酸的手性中心始终保持不变。这种“手性池”方法是以天然手性源作为反应物的手性合成方法。一系列含手性中心的天然产物，包括萜、氨基酸以及糖类等都可以作为反应起始物。天然产物手性源，通常易于制取和纯化，而且使得成本大大降低。

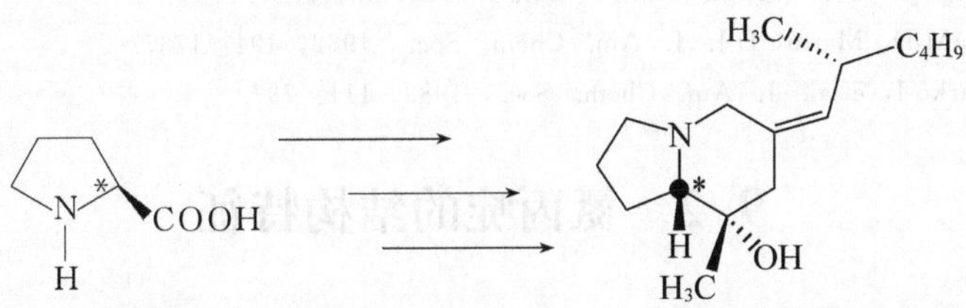

(2) 手性助剂[4]　非手性底物通过添加一组手性助剂（如噁唑烷酮）被手性化，这些手性辅助剂导致新的手性中心的形成（不等量非对映异构体的形成），如下式所示，辅助剂脱去，得到一个手性酸分子。一种好的手性辅助剂应该具备以下特点：① 容易得到两种对映体纯的结构；② 在反应中要能表现出很高的非对映异构体选择性；③ 不需要手性中心的差向异构化就可以很容易分离除去且不被破坏；④ 有良好的再生循环使用性能。

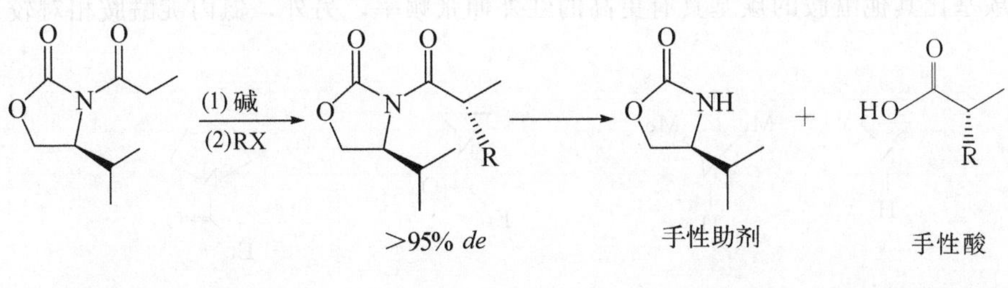

(3) 手性配体（催化剂）[5]　金鸡纳生物碱与四氧化锇能形成一种手性配合物。在这个手性配合物的存在下烯烃的氧化反应较快，而且，只需要加入很少量的生物碱，就可以达到很好的立体选择性。

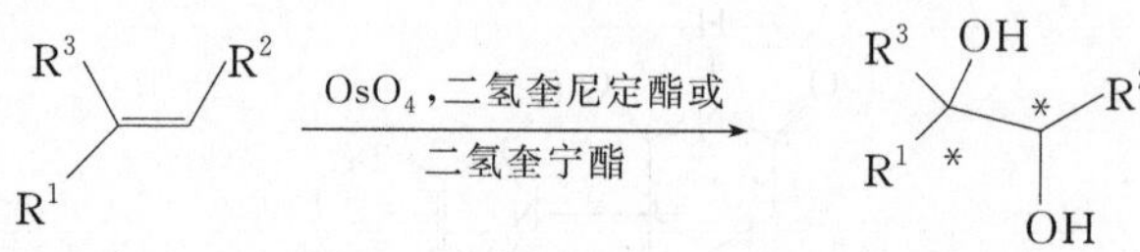

这种理论同样适用于含氮化物的不对称合成，下面要特别讨论的是 C_2 对称的氮丙啶。第一步处理是把它们作为开环反应中的手性底物；第二步，也是该理论最重要的一步，是把它们作为烷基化、醇醛缩合以及 Michael 加成反应的手性辅助剂。

C_2 对称的氮丙啶的对映异构体

参 考 文 献

[1] Birgersson C. Sweden：Uppsala University，1993：7-16.

[2] Juaristi E. Introduction to Stereochemistry & Conformational Analysis. New York：Wiley-Interscience，1991：7.

[3] Ito A，Takahashi R，Baba Y. Chem. Pharm. Bull.，1975，23：3081.

[4] Evans D A，Ennis M D，Mathre D J. J. Am. Chem. Soc.，1982，104：1737.

[5] Jacobsen E N，Marko I，et al. J. Am. Chem. Soc.，1989，111：737.

9.2 氮丙啶的结构特征

氮丙啶是三元杂环化合物，含有一个氮原子，同时，该分子因为键角的扭曲作用，具有很大的环张力。为了减小其张力，三原子成环时其杂化发生改变。饱和的氮丙啶三元环成环时，其杂化轨道比通常的 sp^3 杂化有更多的 p 成分，这就减少了键角的扭曲，形成所谓的“香蕉型”化学键。环上化学键的变化也可以影响取代基，键合取代基的化学键比通常的杂化轨道具有更多的 s 成分。因而，取代基之间的角度要比相应的五原子、六原子环的角度更大。氮丙啶中氮原子上的孤对电子有更多的 s 轨道成分，这就导致了它比其无张力的胺具有更弱的碱性和更低的 π 电子给予能力。这种稳定性的降低通过红外光谱可以看出来，与氮丙啶相连的羰基比其他酰胺的羰基具有更高的红外伸张频率，另外，氮丙啶酰胺相对较易水解（图 9-1）。

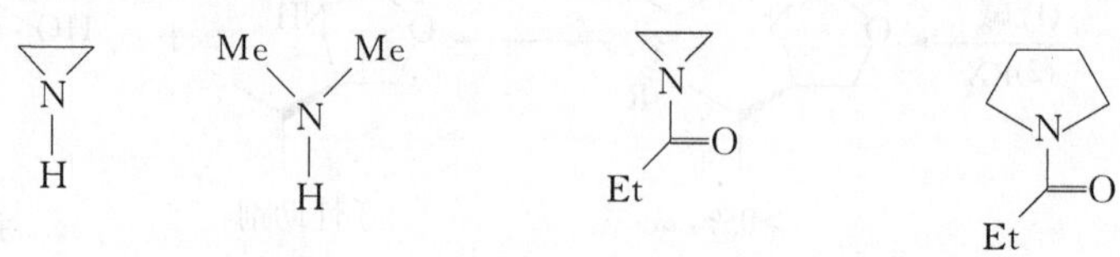

$pK_a=8$	$pK_a=10.8$	IR：1672 cm^{-1}	IR：1650 cm^{-1}

$k_{水解}=1.1m^{-1}\cdot s^{-1}$　　　$k_{水解}=6\times10^{-6}m^{-1}\cdot s^{-1}$

图 9-1　氮丙啶酰胺水解

另一个重要的区别是氮丙啶锥形结构上的氮原子的上下两面上的构型翻转大为降低。通常无张力的仲胺，其氮原子的上下两面上的构型翻转的能垒很低（$\Delta G^{\neq}\approx25$ kJ/mol），而在有张力的氮丙啶中翻转的能垒较高（$\Delta G^{\neq}\approx72$ kJ/mol）。氮丙啶分子中氮上的取代基也影响着这个翻转的能垒，吸电子的取代基能够起稳定化作用从而降低氮原子上下构型翻转的能垒，如 $CONMe_2$ 作为氮丙啶取代物的翻转的能垒 $\Delta G^{\neq}\approx41$ kJ/mol。下面将可以看到，氮丙啶上这种酰胺稳定性的降低可以在手性辅助剂的设计中得到应用。另外，带有孤对电子的基团（如 NH_2、Cl 和 OMe）极大地增加了氮丙啶中氮原子构型翻转的能垒。例如，**1** 和 **2** 氮原子构型翻转的能垒 $\Delta G^{\neq}\approx25$ kJ/mol，可以被气相色谱分开，这种效果通常是氮原子上的孤对电子和氯原子上的孤对电子之间相互排斥的原因。

1　　**2**

9.3　氮丙啶作为手性底物

9.3.1　简介

天然和非天然 α-氨基酸类化合物的合成近几年已成为科学研究中一个富有挑战性的课题。例如，在 β-位带有不同烷基的 α-氨基酸对于合成新的肽类衍生物很有用[1]。现在已经有多种不同的方法制备不同的 α-氨基酸[2]，以下是其中的一些例子。

Oppozer 等[3] 在一种手性甘氨酸衍生物的立体结构控制烷基化反应中使用了等当量的一种磺内酰胺手性辅助剂，结果得到了光学纯的 α-氨基酸。

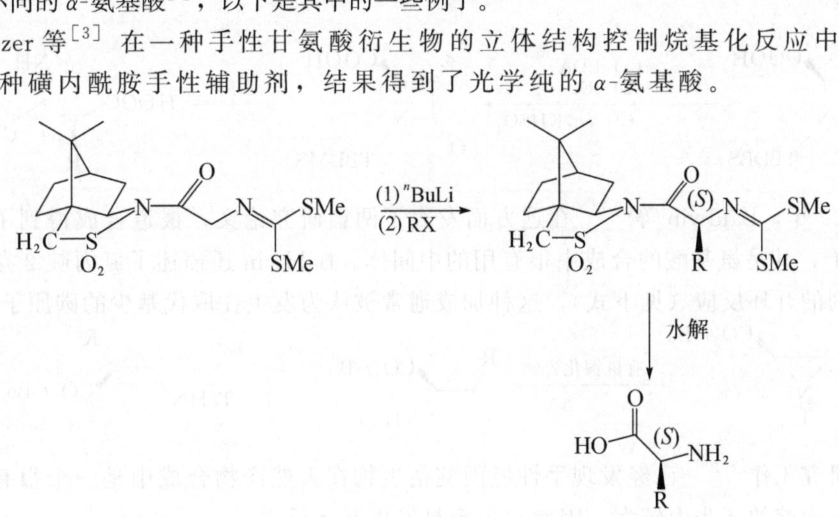

Nozulak 等[4-5] 也对手性甘氨酸衍生物的反应进行了研究，下面举两个例子：

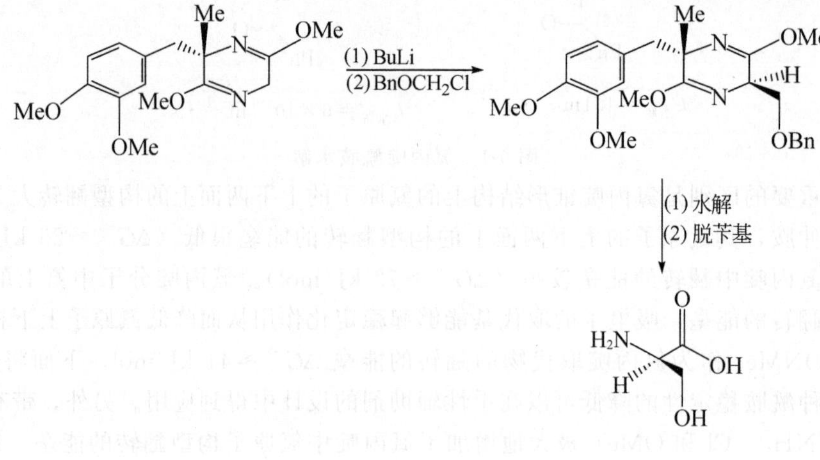

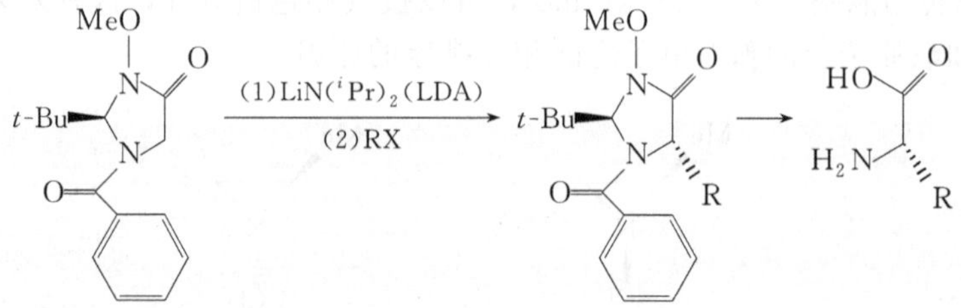

有一类人们感兴趣的非天然氨基酸可以通过天冬氨酸 3 号位烷基化反应获得，如下所示，有两种常规的方法，而方法一是最传统的。

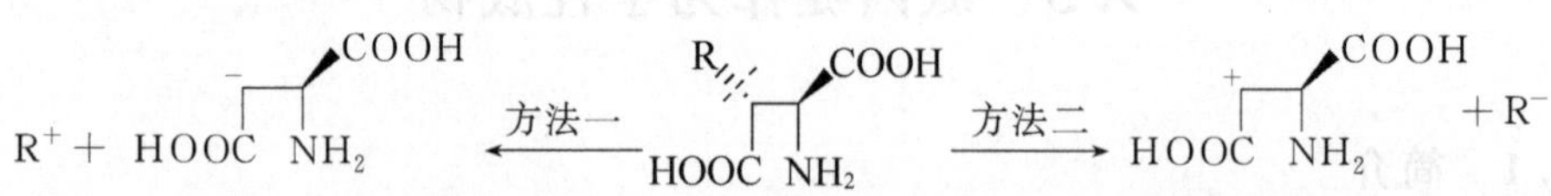

Hanessian 等[2] 报道了一种方法，他们通过从左旋的天冬氨酸中获取的 *N*-叔丁基二甲基甲硅烷基-(*S*)-4-羧基-2-氮杂环丁酮的二价阴离子，来立体控制烷基化反应，从而合成(2*S*，3*R*)-天冬氨酸。

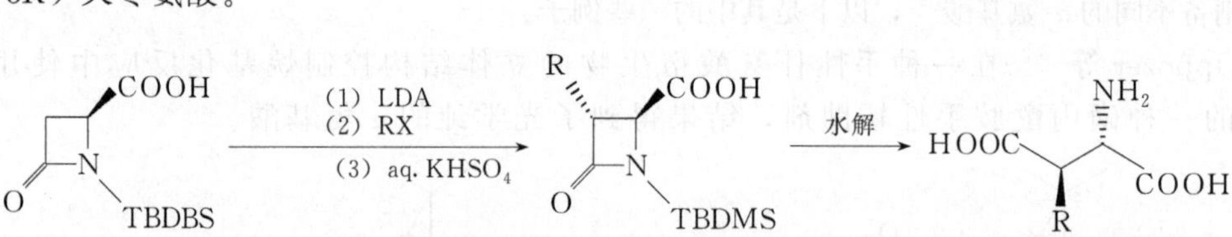

在 1989 年，Baldwin 等[6-7] 在这方面发表了两篇研究论文，报道合成得到了天冬氨酸的β-负离子，其是氨基酸的合成中很有用的中间体。Baldwin 还描述了氮丙啶 2-羧酸酯与有机金属试剂的开环反应（见下式），这种加成通常被认为发生在取代基少的碳原子上。

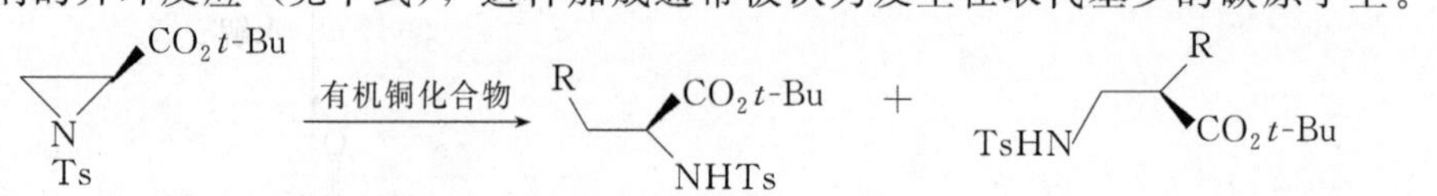

许多研究工作[8-10] 已经发现手性氮丙啶衍生物在天然产物合成中是一个很有用的中间体。由于氮丙啶的环张力较大，因而它很容易发生开环反应。

Tanner 等[11] 曾对 β-内酰胺抗生素对映体的合成进行了研究，发现氮丙啶在开环过程中有很好的区域选择性。

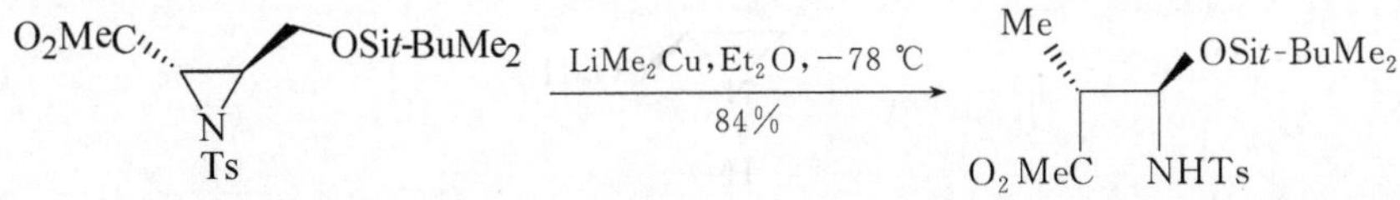

上述 N-甲苯磺酰基氮丙啶酯化合物连着两个吸电子取代基，使得这个具有张力的环更易于被亲核试剂进攻。氮丙啶衍生物有较好的立体选择性，人们通过亲核反应等合成了一些 C_2 对称的氮丙啶衍生物。

9.3.2 氮丙啶的合成

从环氧化物 **1** 和 **1′** 以及叠氮醇 **2** 和 **2′** 合成氮丙啶 **3** 和 **3′** 的方法如下。

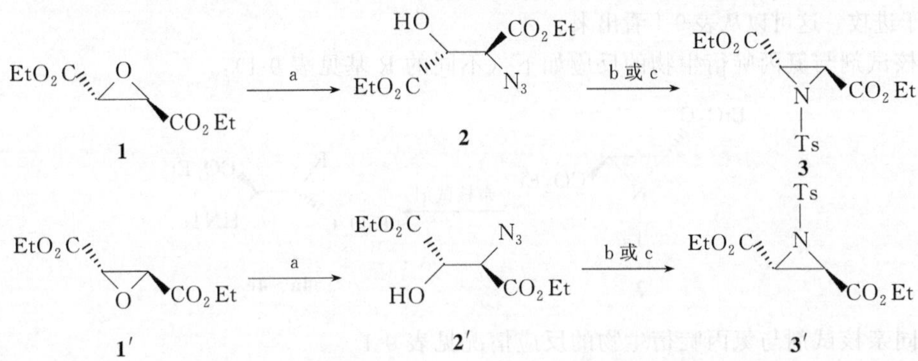

a. (ⅰ) $MeSiN_3$，EtOH，60 ℃；(ⅱ) NH_4Cl，$EtOH/H_2O$；b. (ⅰ) PPh_3，C_6H_6，回流→N-H 氮丙啶；(ⅱ) pTsCl，吡啶，73%；c. (ⅰ) PPh_3，C_6H_6，RT→氨基→醇；(ⅱ) pTsCl，吡啶，−20 ℃ N-甲苯磺酰基氨基醇；(ⅲ) DEAD，PPh_3，THF，r.t.，61%

这种环氧化物易通过左旋或右旋的酒石酸获得。叠氮醇可以通过两种方法转化为氮丙啶。一种方法是用三苯基膦在苯中回流（如图 9-2 所示）；另一种方法是把叠氮醇转化为氨基醇，然后通过分子内的 Mitsunobu 反应[12] 合环得到。

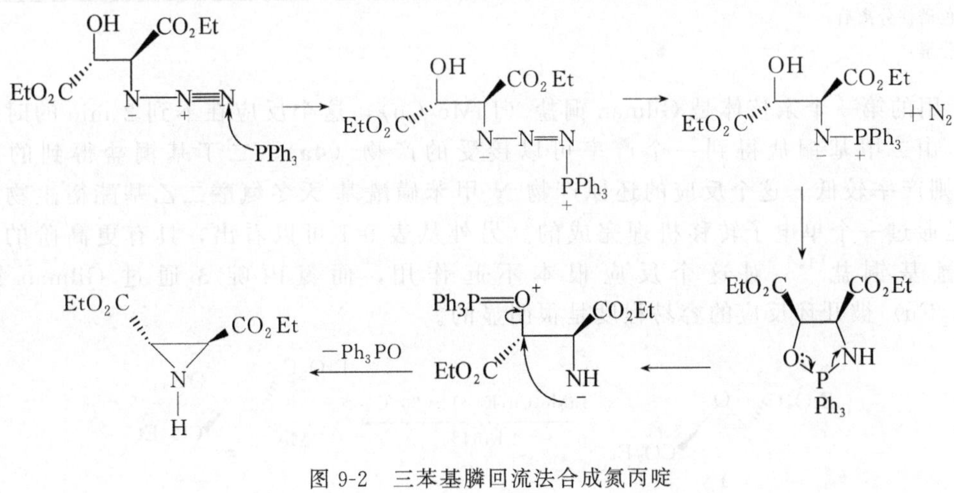

图 9-2 三苯基膦回流法合成氮丙啶

(2*S*，3*S*)-(+)-氮丙啶-2,3-二羧酸的结构如下：

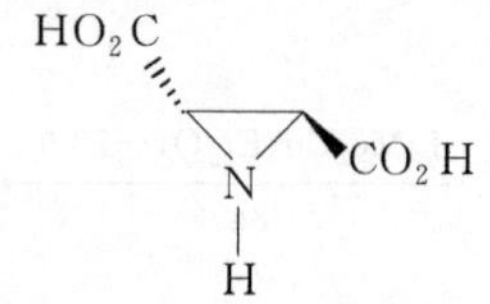

(2*S*,3*S*)-(+)-氮丙啶-2,3-二羧酸可以是天然形成的，1991 年，(2*S*,3*S*)-(+)-氮丙啶-2,3-二羧酸也被 Legters 等[13] 用一种和上述合成氮丙啶 **3** 非常相似的方法合成出来了。

9.3.3 氮丙啶的亲核开环

本章 9.3.2 节所述的氮丙啶 **3**（或 **3′**）上发生的亲核进攻，由于底物的 C_2 对称性，只能给出一种产物。由于亲核进攻伴随着完全的瓦尔登转化（Walden inversion），起始的氮丙啶对映体的纯度将保留在产物中。这两个酯基以及甲苯磺酰基部分是吸电子的，因而活化了氮丙啶，使亲核试剂易于进攻。这可以从表 9-1 看出来。

亲核试剂与氮丙啶衍生物的反应如下（不同的 R 基见表 9-1）：

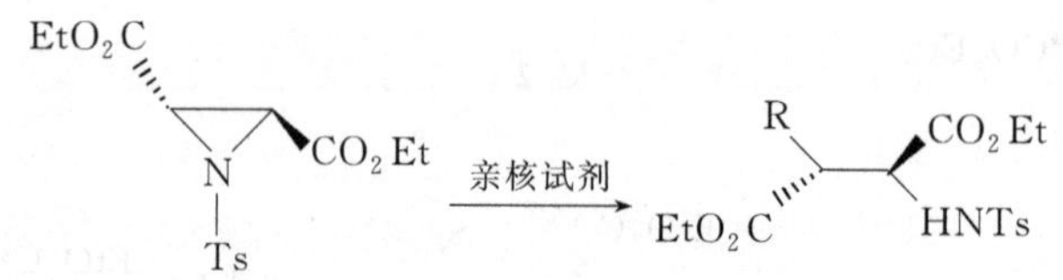

3　　**4a**～**4e**

不同亲核试剂与氮丙啶衍生物的反应情况见表 9-1。

表 9-1　氮丙啶 3 的亲核开环

条目	亲核试剂	溶剂	温度/℃	产物	R	产率①
1	$LiMe_2Cu$(2eq.)	Et_2O	−78	**4a**	Me	68%
2	$LiBu_2Cu$(2eq.)	Et_2O	−78	**4b**	Bu	54%
3	$LiBu_2CuCN$	Et_2O	−78			②
4	NaN_3(2eq.)	DMF	30	**4c**	N_3	81%
5	MgI_2	THF	0	**4d**	I	72%
6	$MgBr_2$	THF	0	**4e**	Br	76%

① 色谱柱分离后。

② 分解。

所用的第一个亲核体是 Gilman 铜盐（$LiMe_2Cu$），这个反应在不到 2 min 的时间内完成。由二甲基铜盐得到一个产率可以接受的产物（**4a**），二丁基铜盐得到的产物（**4b**）则产率较低。这个反应的还原产物 *N*-甲苯磺酰基-天冬氨酸二乙基酯衍生物的生成，是通过一个单电子转移机理完成的。另外从表 9-1 可以看出，具有更高阶的 Lipshutz 氰基铜盐[14] 对这个反应根本不起作用，而氮丙啶 **3** 通过 Gilman 铜盐（$LiMe_2Cu$）被开环反应的容易程度是很明显的。

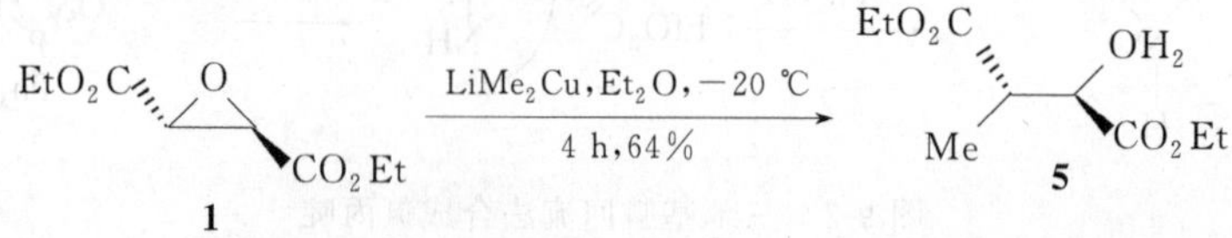

1　　**5**

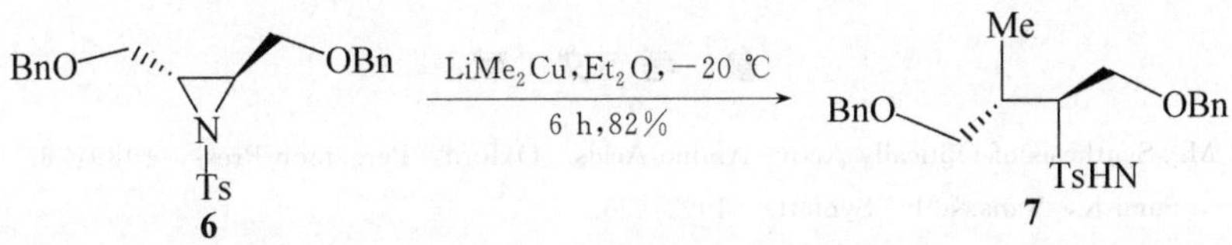

环氧化物**1**和氮丙啶衍生物**6**的反应和上述反应是相同的反应类型，但它们的反应速率要慢得多，并且要在一个更高的温度条件下。这些反应表现出来的差异清楚地说明了酯基与N-甲苯磺酰基共同使得反应活化。碘化物以及溴化物在温和的条件下可以高产率地使氮丙啶衍生物**3**开环（表9-1条目5和条目6）；而环氧化物**1**即使与叠氮化钠（强的亲核试剂）在上述相同的反应条件下，也有一定的反应惰性。

9.3.4 小结

从左旋和右旋的酒石酸通过区域选择的方法可以很容易地获得手性的氮丙啶衍生物**3**和**3′**，这对合成β-位有不同取代基的L构型或D构型的天冬氨酸是很有用的。

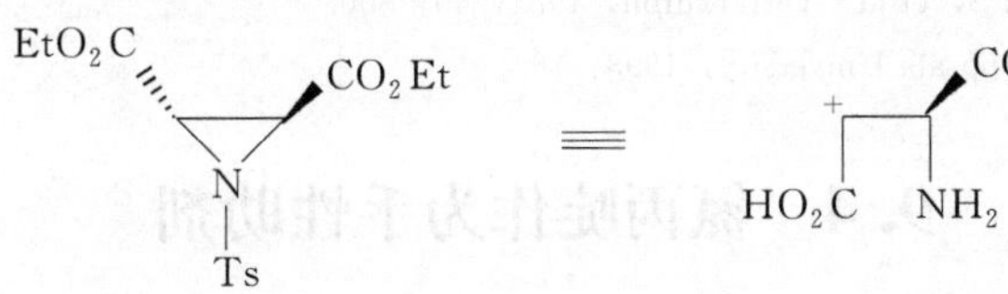

3

从9.3.3节知道，用亲核试剂与氮丙啶衍生物**3**反应，可以得到各种不同的天冬氨酸衍生物，具有极为重要的应用价值。

这种方法给予了传统的Baldwin方法[6-7]更多的补充。

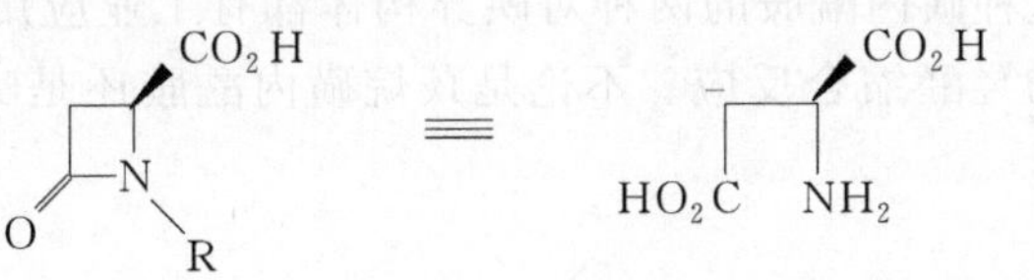

在该方法中，最先尝试用9.3.3节的**4c**作为起始反应物，通过对映分歧的路线，合成β-内酰胺，如下所示[15]：

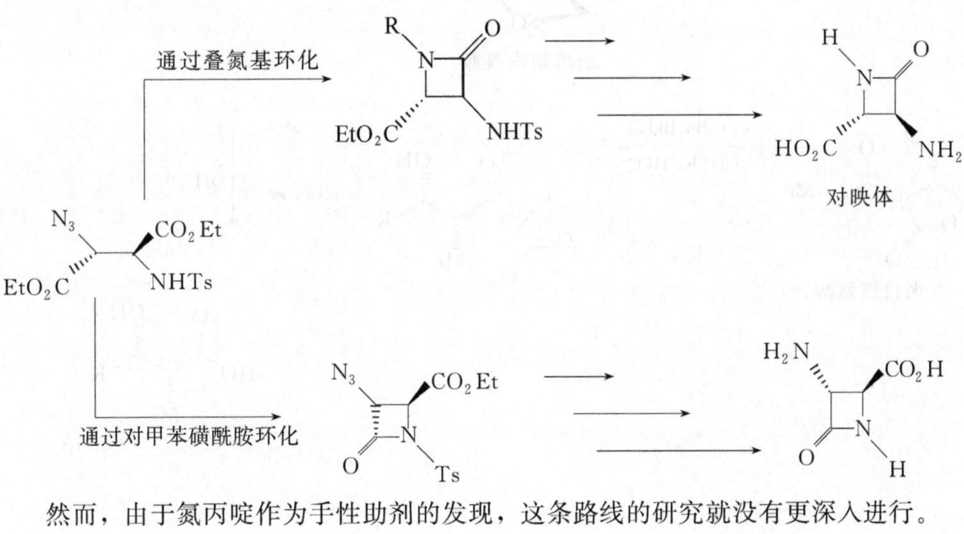

然而，由于氮丙啶作为手性助剂的发现，这条路线的研究就没有更深入进行。

参 考 文 献

[1] Williams R M. Synthesis of Optically Active Amino Acids. Oxford: Pergamon Press, 1989: 8.

[2] Hanessian S, Sumi K, Vanasse B. Synlett., 1992: 33.

[3] Oppozer W, Moretti R, Thomi S. Tetrahedron, 1989, 30: 6009.

[4] Nozulak J, Schöllkopf U. Synthesis, 1982, 866: 63.

[5] Seebach D, Juaristi E, Miller D D, et al. Helv. Chim. Acta., 1987, 70: 237.

[6] Baldwin J E, Moloney M G, North M. Tetrahedron, 1989, 45: 6309.

[7] Baldwin J E, Adlington R M, et al. J. Chem. Soc., Chem. Commun., 1989: 1852.

[8] Legters J, Thijs L, Zwanenburg B. Tetrahedron Lett., 1989, 30: 4881.

[9] Duréault A, Tranchepain I, et al. J. Org. Chem., 1989, 54: 5324.

[10] Tanner D, He H M. Tetrahedron, 1992, 48: 6079.

[11] Tanner D, Somfai P. Tetrahedron, 1988, 44: 619.

[12] a) Mitsunobu O. Synthesis, 1981: 1; b) Henry J R, Marcin L R. Tetrahedron Lett., 1989, 30: 5709.

[13] Legters J, Thijs L. Tetrahedron, 1991, 47: 5287.

[14] Lipshutz B H, Wilhelm R S, et al. Tetrahedron, 1984, 40: 500.

[15] Birgersson C. Sweden: Uppsala University, 1993: 16.

9.4 氮丙啶作为手性助剂

9.4.1 概况

在不对称合成方法中，用手性的氮杂环化合物作为手性助剂，是一种重要的方法。下面是其中两种最成功和最广泛的应用。Oppolzer[1] 曾经介绍过莰烷-10,2-磺内酰胺和它们的对映异构体。这种磺内酰胺的两种对映异构体都有工业应用。Evans 等[2] 曾使用取代的噁唑酮进行手性的羟醛缩合反应。不论是莰烷磺内酰胺还是噁唑酮，都是优良的手性助剂。

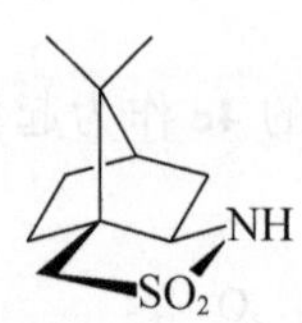

莰烷磺内酰胺

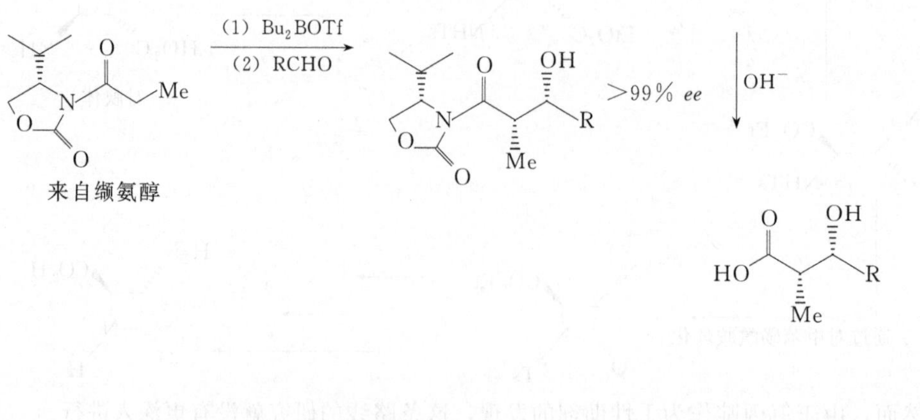

来自缬氨醇

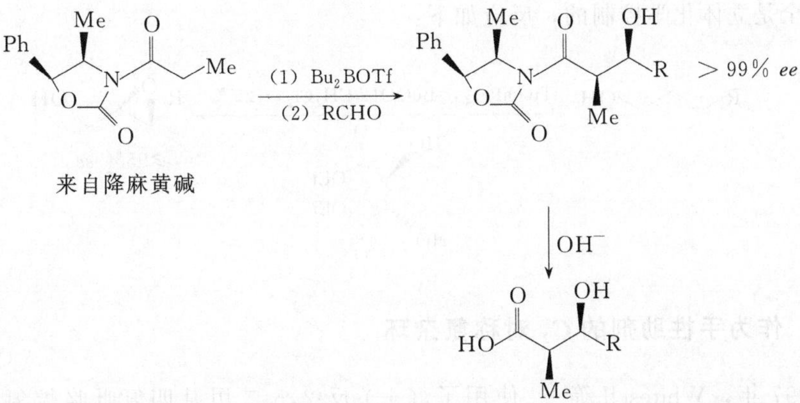

在不对称合成中，含有 C_2 对称轴的分子与不含 C_2 对称轴的分子相比较，对称 C_2 单元的出现，常常极大地提高了反应的立体选择性。这可能是因为手性助剂的 C_2 对称轴显著地减少了与非对映过渡态竞争的反应数目。对此 Kangan[3] 进行了最初的研究。他用酒石酸制成了 C_2 对称的二膦烷（DIOP），再用二膦烷作为 Rh(Ⅰ) 催化剂的配体来合成氨基酸。反应如下：

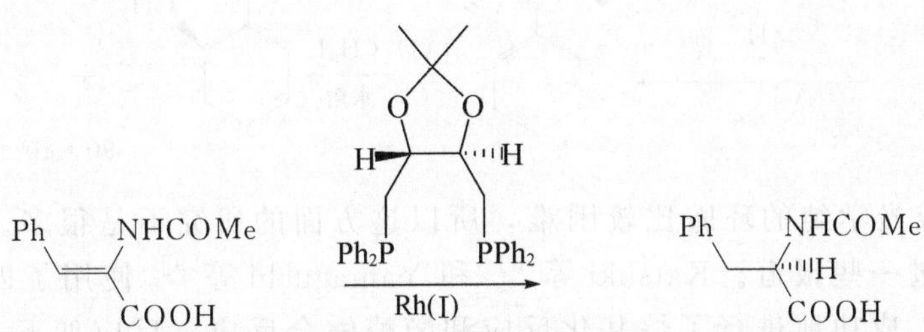

另一个重要的工作是 Johnson 等[4] 的十氢萘环化反应的立体控制。他使用了 C_2 对称的手性乙二醇的缩酮来引入手性，反应如下：

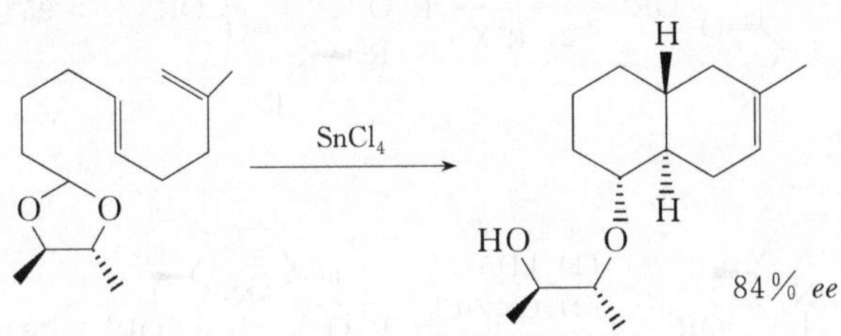

Noyori 等[5] 最早介绍了作为过渡金属配体的 C_2 对称的 2,2′-二苯基膦基-1,1-二萘 (BINAP)，这种配体在高光学选择性反应中得到了极为广泛的应用。

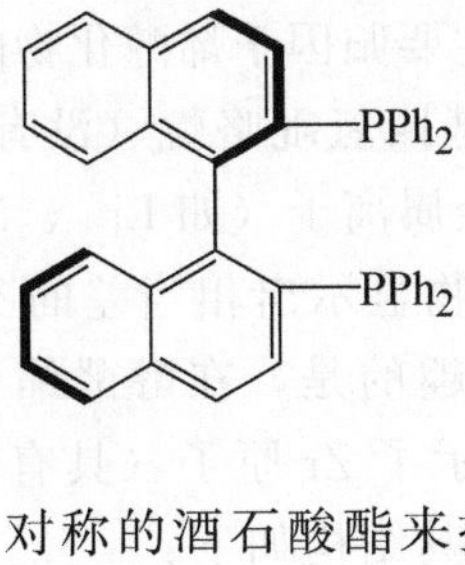

Sharpless 等[6] 曾经使用了 C_2 对称的酒石酸酯来控制烯丙基醇的不对称环氧化反应。

这种反应完全是立体化学控制的，反应如下：

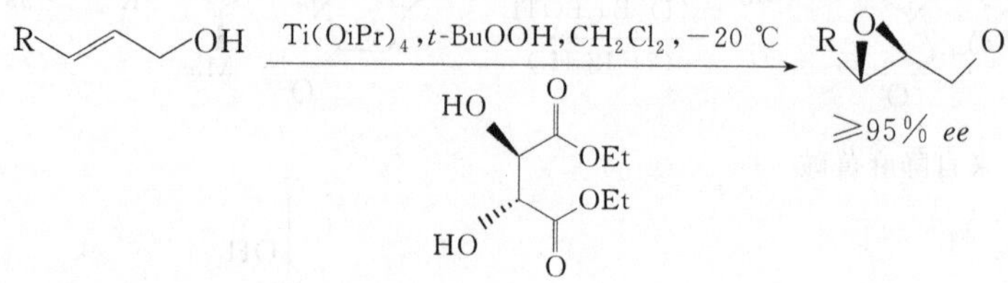

9.4.2 作为手性助剂的 C_2 对称氮杂环

早在1997年，Whitesell等[7]使用了（＋）-反-2,5-二甲基四氢吡咯烷氮杂环作为手性助剂，成功地进行了不对称烷基化反应。Whitesell等证明了 C_2 对称的手性胺对烷基化反应的非对映选择性至关重要。这是使用 C_2 对称胺作为手性辅助剂的首篇报道。反应如下：

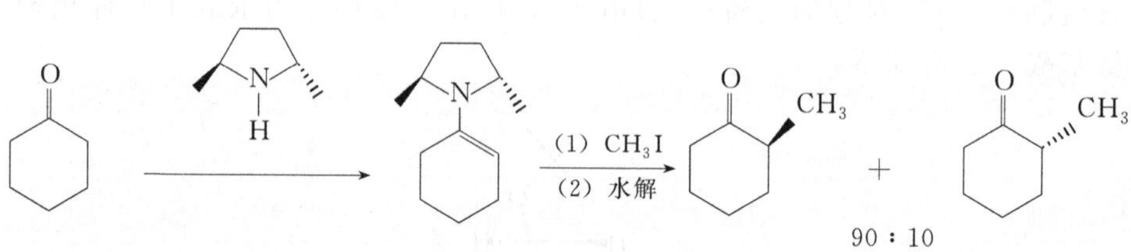

由于合成光学纯的环胺比较困难，所以这方面的研究不是很多。对五元环和六元环的研究有过一些报道。Katsuki等[8]和Yamaguchi等[9]使用了四氢吡咯衍生物作为手性助剂，成功地进行了烷基化反应和醇醛缩合反应。反应如下：

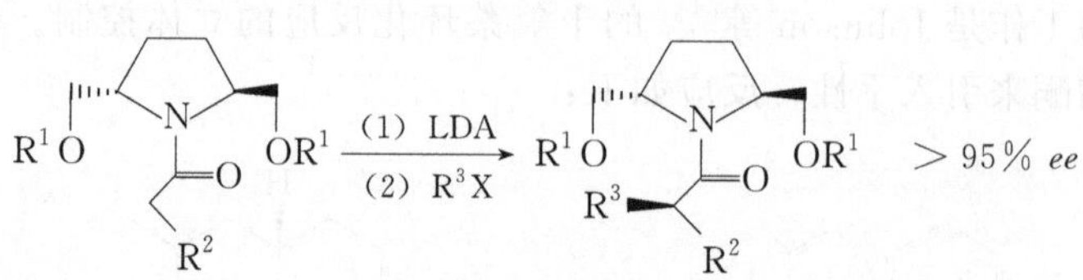

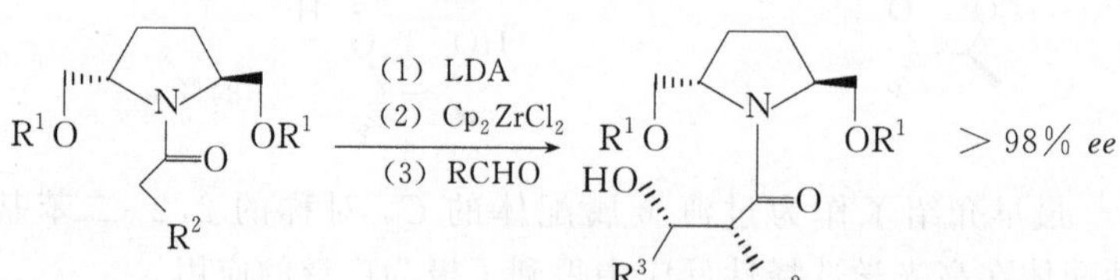

在烷基化反应中，较高选择性主要归因于烯醇化物的立体效应，而不是金属离子与侧链氧的螯合效应。这是基于2,5-二甲基四氢吡咯烷（没有侧链氧）可以产生几乎相同的非对映体，而且非对映体的产生与这些金属离子（如 Li^+、Na^+、K^+）无关。

在醇醛缩合反应中，Li-烯醇化物显示出相当差的不对称诱导效应，而Zr-烯醇化物则展现了很好的不对称诱导效应。有趣的是，在醇醛缩合反应中的不对称诱导的情况，看起来正好和烷基化反应相反。这显示了Zr原子（具有较大体积的配位体）排他性地处在了 Z-式烯醇化物的两个面的下面。其结构如下：

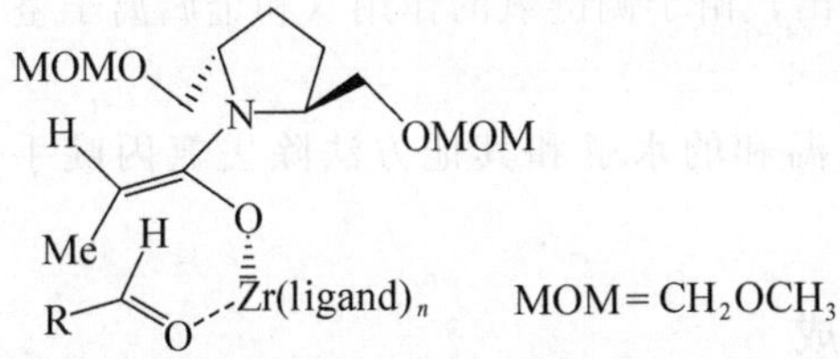

乙醛分子从同一侧向 Zr 原子靠近，与 Zr 原子配位，最后形成椅式的过渡态，导致顺式醇醛缩合产物的生成。在烷基化反应中，亲电试剂的进攻发生在 Li-烯醇化物顶部的一面。

最后，通过在 1 mol/L 的 HCl 水溶液中回流这个胺的衍生物，脱去手性助剂，得到手性目标产物羧酸衍生物，即使在苛刻的条件下，也没有观察到立体异构体的产生。

Kurth 等[10] 使用手性的哌啶衍生物进行了不对称的烷基化反应。反应如下：

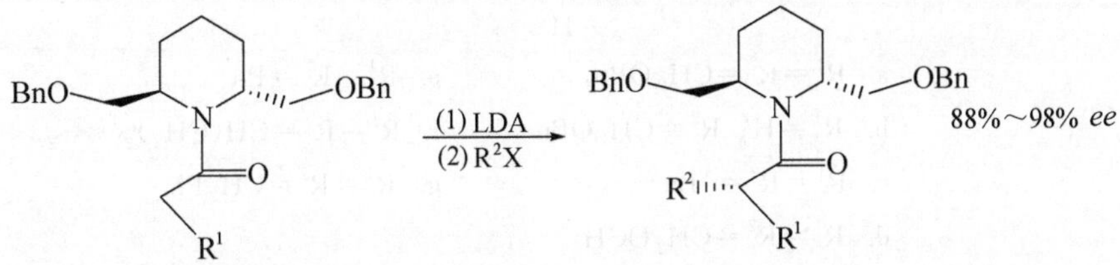

Kurth 等[11] 通过分子结构计算，指出了五元与六元环之间的构象差异：

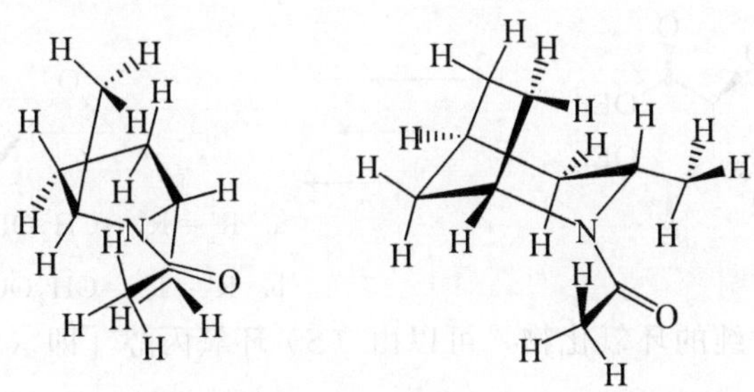

在五元环中，氮原子的三个价键都在一个平面上。而六元环保持了椅式构型，氮原子的价键是锥形的，六元环在它的快速的椅式互变中确实具有 C_2 对称的功能。

四氢化吡咯和哌啶在烷基化反应中具有非对映面选择性（如下图所示）。底面上较低的侧链，对亲电试剂的进攻形成空间位阻碍，因此，亲电试剂选择从顶面进攻。值得注意的是，由于 C_2 对称性，这个胺只有一种旋转异构体。

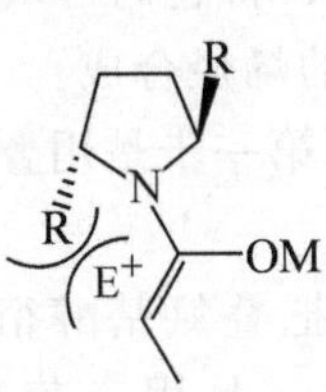

用五元环和六元环胺作为手性助剂可以获得较高的非对映选择性，那么三元环的氮丙啶能否作为手性辅助剂？回答是肯定的。而且，与四氢吡咯以及哌啶相比较，氮丙啶具有一些很有前景的独特的优势：

① 光学纯的氮丙啶很容易从简单的初始物质（如环氧化物）合成。

② 由分子模型可以看出，由于侧链氧的作用（和金属离子螯合），烯醇化物经历了一个非对映选择过程。

③ 反应结束后，通过温和的水解和其他方法除去氮丙啶手性助剂，比较容易且副反应少[12]。

9.4.3 氮丙啶的合成

作为手性助剂的氮丙啶如下所示。这些氮丙啶可以较容易地从相应的环氧化物来合成，这些环氧化物可以是外消旋的和光学纯的。下面先来探讨一个合成氮丙啶的前体——环氧化物的合成。

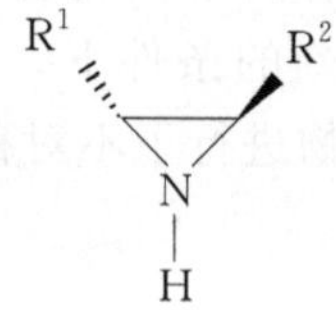

a. $R^1=R^2=CH_2OBn$　　e. $R^1=R^2=Ph$

b. $R^1=H$；$R^2=CH_2OBn$　　f. $R^1=R^2=CH(CH_3)_2$

c. $R^1=R^2={}^nBu$　　g. $R^1=R^2=CH_2Ph$

d. $R^1=R^2=CH_2OCH_3$

环氧化物的合成有三种不同的途径：

① 光学纯的环氧化物可以从（+）-酒石酸用 Nicolaou 法[13] 合成：

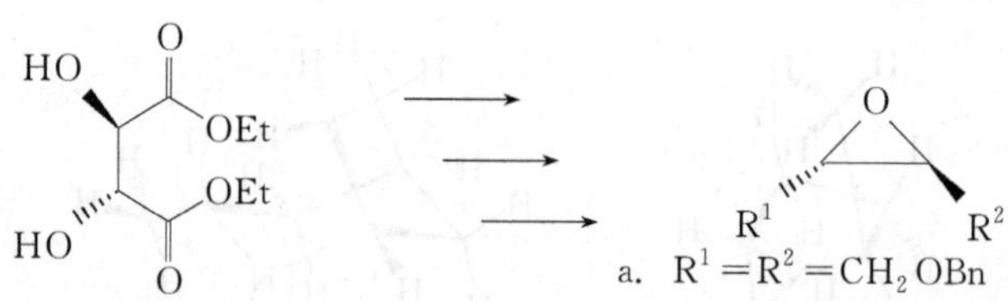

a. $R^1=R^2=CH_2OBn$

b. $R^1=R^2=CH_2OCH_3$

② 用于商业的光学纯的环氧化物，可以由（S）-环氧丙醇［即（S）-脱水甘油］来合成。反应如下：

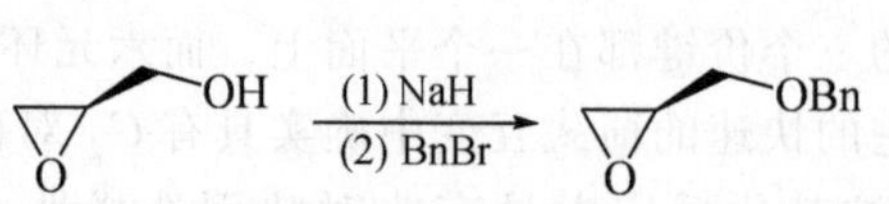

③ 光学纯的环氧化物的合成，可以使用 Sharpless 不对称二羟基化的方法得到手性的二醇，二醇再转化为环氧化物[14]。Sharpless 小组发展了不对称二羟基化反应的高效配体(DHQD) 2PHAL 和（DHQ）2PHAL，将它们与氧化剂和锇源合用，可以得到高 *ee* 值的产物[15]。其他的环氧化物从各自相应的烯烃合成。

下面讨论由环氧化物得到氮丙啶。第一步是用叠氮化钠对环氧化物进行开环。第二步是关环得到氮丙啶化合物。

关环有两种方法，第一种方法是把叠氮基醇衍生物转化为叠氮基甲磺酰化物，接下来用氢化铝锂使环闭合。第二种方法，是用三苯基膦回流叠氮基醇衍生物，这是通常采用的方法，但该方法对于那些易挥发的氮丙啶产物不利，有时会得到氨基醇副产物，甚至得不到氮丙啶。氮丙啶能够同几乎所有的酰基氯和酸酐发生酰基化反应，得到酰基胺类化合物。

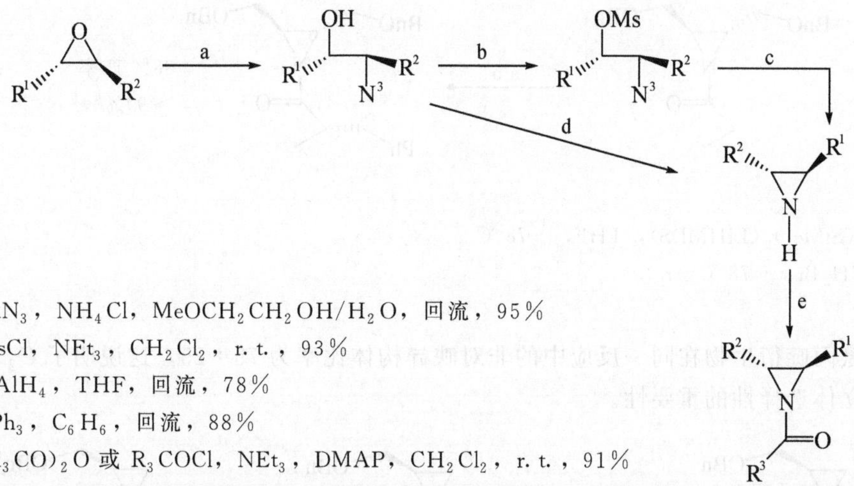

a. NaN_3，NH_4Cl，$MeOCH_2CH_2OH/H_2O$，回流，95%

b. MsCl，NEt_3，CH_2Cl_2，r. t.，93%

c. $LiAlH_4$，THF，回流，78%

d. PPh_3，C_6H_6，回流，88%

e. $(R_3CO)_2O$ 或 R_3COCl，NEt_3，DMAP，CH_2Cl_2，r. t.，91%

烯烃在适当条件下的催化氧化也是合成氮丙啶衍生物的一种方法。在有机合成以及手性合成中，含氮小环化合物占有重要位置。因此，烯烃的不对称氮丙烷化（氮杂环丙烷化）反应方法的研究，引起了人们的关注。下面是烯烃催化氧化合成氮丙啶衍生物的一个例子，即用手性 4,4′-二取代双噁唑啉配体配位的铜作催化剂，以 *N*-对甲苯磺酸亚胺苯基碘（IPh＝NT_s）作氧化剂，由烯烃氧化生成手性氮丙啶衍生物的反应，反应过程如下[16]：

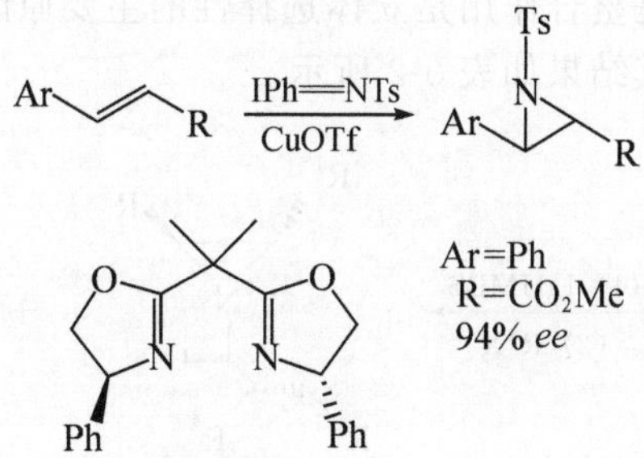

9.4.4 氮丙啶的烷基化反应

在氮丙啶的烷基化反应中，氮丙啶首先被酰基化，^1H NMR 和 ^{13}C NMR 核磁共振谱都显示出产物只有一种非对映异构体。由氮丙啶衍生物，如

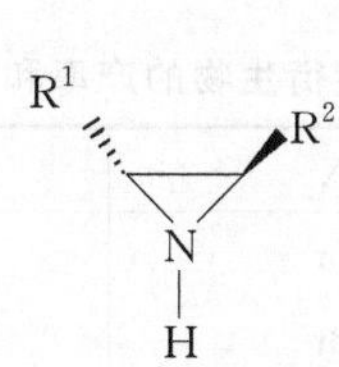

$R^1=R^2=CH_2OBn$

和相应的对映异构体酰氯制备的非对映异构体产物已得到 ^1H NMR 和 ^{13}C NMR 谱的表征。通过与合成的非对映异构体相对比，可以确定出烷基化反应中的绝对立体化学性质。

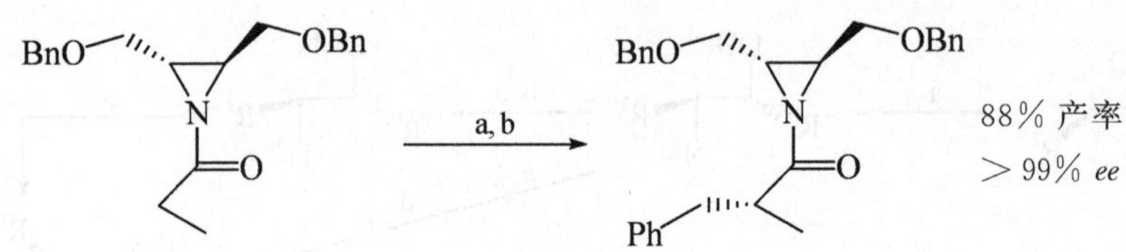

a. $LiN(SiMe_3)_2$(LiHMDS)，THF，−78 ℃

b. $PhCH_2Br$，−78 ℃～r. t.

下式氮丙啶衍生物在同一反应中的非对映异构体比率为 75∶25，这说明了 C_2 对称性对获得高非立体选择性的重要性。

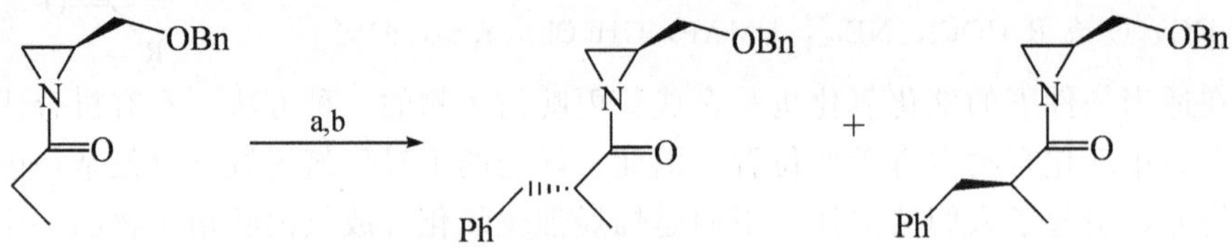

a. LiHMDS，THF，−78 ℃

b. $PhCH_2Br$，−78 ℃～r. t.，非对映体比率：75∶25

为了观察是立体效应还是螯合作用是立体选择性的主要原因，在烷基化反应中对其他氮丙啶衍生物做了一组实验，其结果如表 9-2 所示。

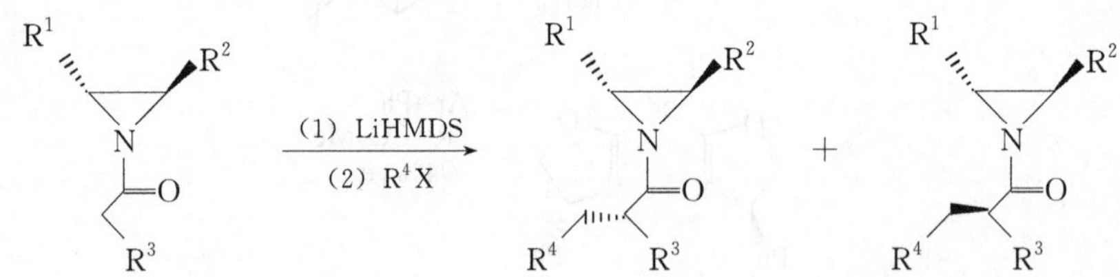

氮丙啶反应物：

a. $R^1=R^2=CH_2OBn$，$R^3=CH_3$

b. $R^1=R^2=CH_2OCH_3$，$R^3=CH_3$

c. $R^1=R^2={}^nBu$，$R^3=CH_3$

d. $R^1=R^2=Ph$，$R^3=CH_3$

e. $R^1=R^2=CH_2Ph$，$R^3=CH_3$

f. $R^1=R^2=Ph$，$R^3=CH_2OBn$

g. $R^1=R^2=R^3=CH_2OBn$

表 9-2 氮丙啶衍生物的产率和非对映体比率

条 目	氮丙啶	R^4X	非对映体比率	产率/%
1	a	BnBr	>99∶1	88
2	b	BnBr	>99∶1	63
3	c	BnBr	80∶20	74
4	d	BnBr	55∶45	59
5	e	BnBr	80∶20	70
6	f	MeI	91∶9	65
7	g	MeI	60∶40	65

这些结果显示出氧原子对反应的立体选择性的影响。说明锂在烯醇化物和侧链氧之间的螯合作用是非对映体选择性的主要原因。比较表 9-2 中条目 1 和条目 2 可以看出，非对映选择性并不依赖于醚基的大小。下式和表 9-3 的结果进一步支持了螯合模型的理论。

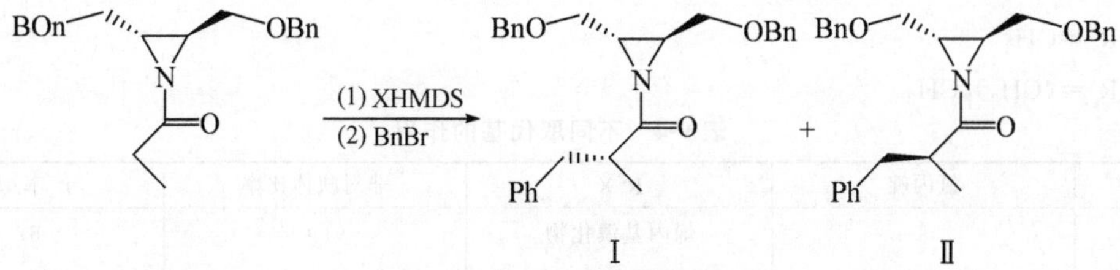

表 9-3 不同金属离子的螯合效应

条 目	金属离子	上式两种产物(Ⅰ：Ⅱ)比率	产率/%
1	Li^+	>99：1	88
2	Na^+	75：25	46
3	K^+	67：33	50

在碱金属中 Li^+ 的螯合作用最强，螯合能力从大到小的顺序是：$Li^+ > Na^+ > K^+$。Li^+ 作为螯合离子时非对映选择性最好，Na^+ 中等，K^+ 的非对映选择性最差。这就有力地支持了上述的螯合理论，简单螯合模型可以表示如下：

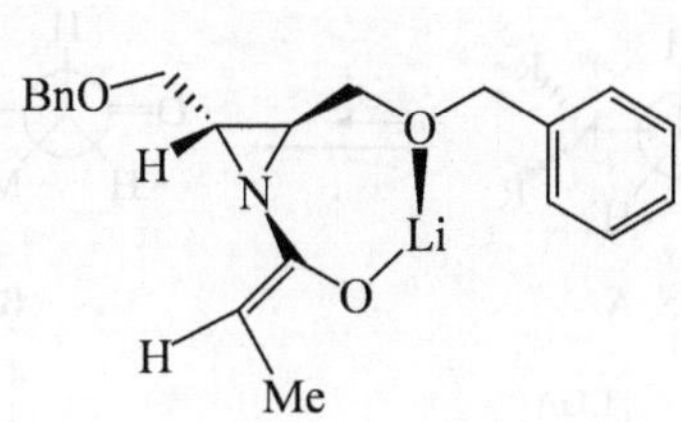

在氮丙啶衍生物中，氮原子的价键呈锥形[17]，因此，这里讨论的氮丙啶并不是真正意义上的 C_2 对称，然而它们确实具有 C_2 对称的性质。人们认为在所采用的反应条件下，往往形成 Z 式烯醇化物，金属离子与之形成的螯合结构使亲核试剂从较低的一面进攻，从而给出了 R 构型的产物，反应如下：

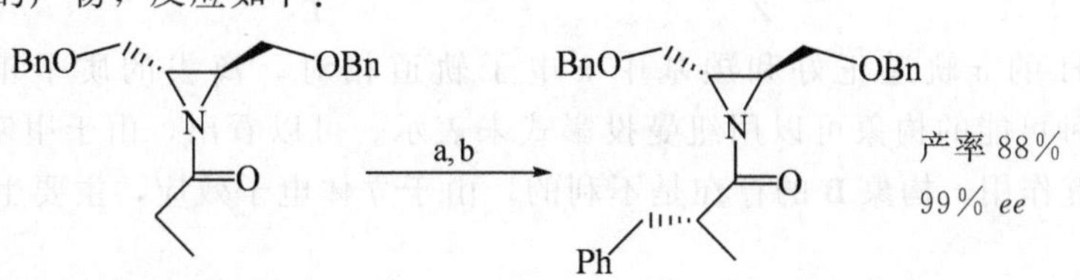

a. $LiN(SiMe_3)_2$(LiHMDS)，THF，−78 ℃

b. $PhCH_2Br$，−78 ℃～r. t.

四氢吡咯与哌啶产生的立体化学效果正好相反，这显示出影响因素的差异，在氮丙啶衍生物作为手性助剂时，螯合效应是主要因素；而在四氢化吡咯和哌啶这些大一些的环中，立体效应是主要因素。分子模型及其计算说明，五元环和六元环中的侧链对反应产生较大的位阻影响。在三元环氮丙啶中，由于小环因张力引起原子重新杂化导致键角的改变，空间位阻现象就不明显了。

其他亲电子试剂的烷基化反应结果如表 9-4 所示，反应如下：

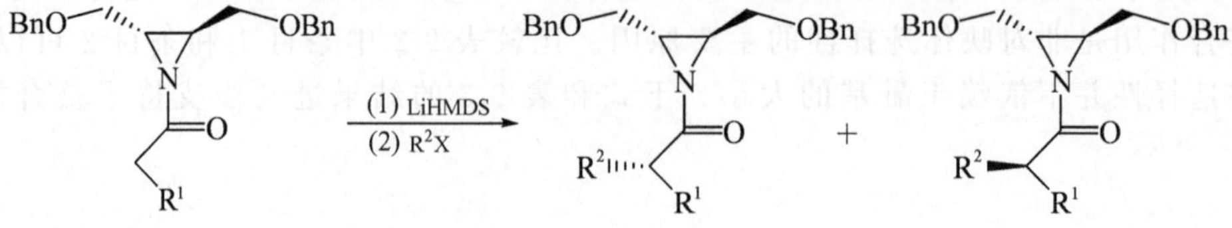

a. $R^1=CH_3$

b. $R^1=(CH_2)_7CH_3$

表 9-4 不同取代基的作用

条目	氮丙啶	R^2X	非对映体比率	产率/%
1	a	烯丙基溴化物	91∶9	67
2	a	辛基碘化物	75∶25	40
3	b	MeI	85∶15	74

从表 9-4 看出，使用烯丙基溴化物的烷基化反应，选择性较高。而用辛基碘化物的烷基化反应的选择性就差一些。这是因为辛基碘化物作为亲电试剂，与碘相连的碳原子的正电性不够强，其亲电反应活性低一些，于是就需要提高反应温度，这时螯合物可能被破坏了。

9.4.5 氮丙啶辅助的醛醇缩合反应

使用胺类辅助剂的优点之一就是烯醇化物的几何异构易于控制。在 THF 中，在碱的作用下，胺的烯醇化反应在动力学反应条件下，*Z* 式的立体选择性至少可达 97%。下图可以解释这个现象：

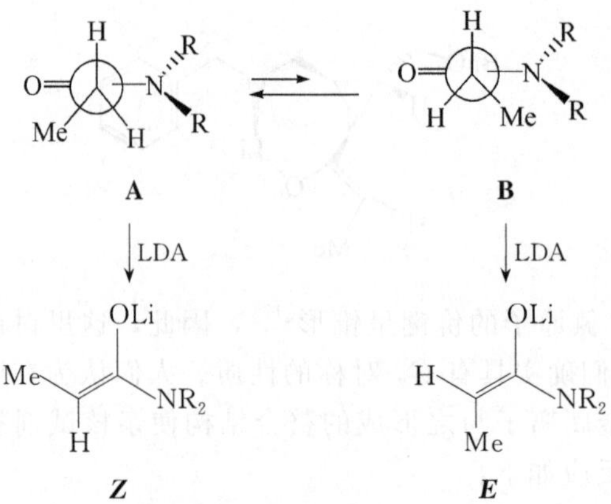

由于 C—H 的 σ 轨道正好和羰基中 π 电子轨道相对，离去的质子正交于 N—C═O 的平面，两种可能的构象可以用纽曼投影式来表示。可以看出，由于甲基和 N—R 基团之间的空间相互作用，构象 **B** 的存在是不利的。由于立体电子效应，主要生成了 *Z* 式烯醇化物。

氮丙啶衍生物 **A** 和苯甲醛经历了一个高度顺式选择的醛醇缩合（见以下反应式）。在粗产物中只有一种非对映异构体 **B** 可被 ^1H NMR 和 ^{13}C NMR 光谱检测到。顺式几何异构体根据对 $^1H—^1H$ 偶合常数的分析表征。用 LiOH 移除辅助剂后获得酸的绝对立体化学性质由旋光性决定[18]，获得的酸的 (2*S*,3*S*)-对映异构体的旋光度为 −26.4°，而从 **B** 获得的酸的旋光度为 +28.3°，因而可推断 **A** 的烯醇化反应产生了 **B**。

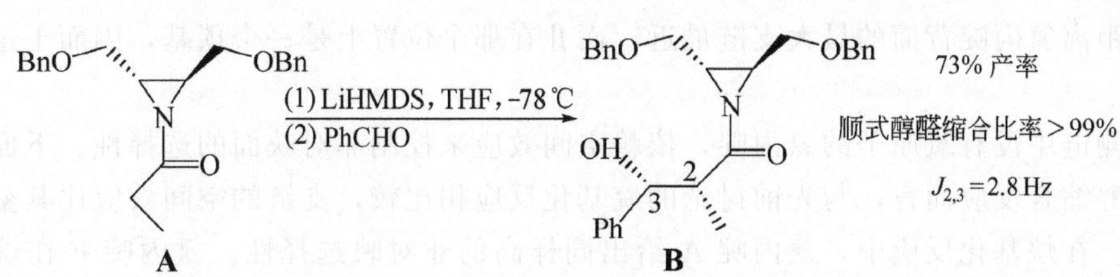

这是一个很有前景的反应。然而，当使用低级醛，即丙醛和 2-甲基丙醛时，所有四种可能的醛醇非对映异构体都可被探测到（如下）。

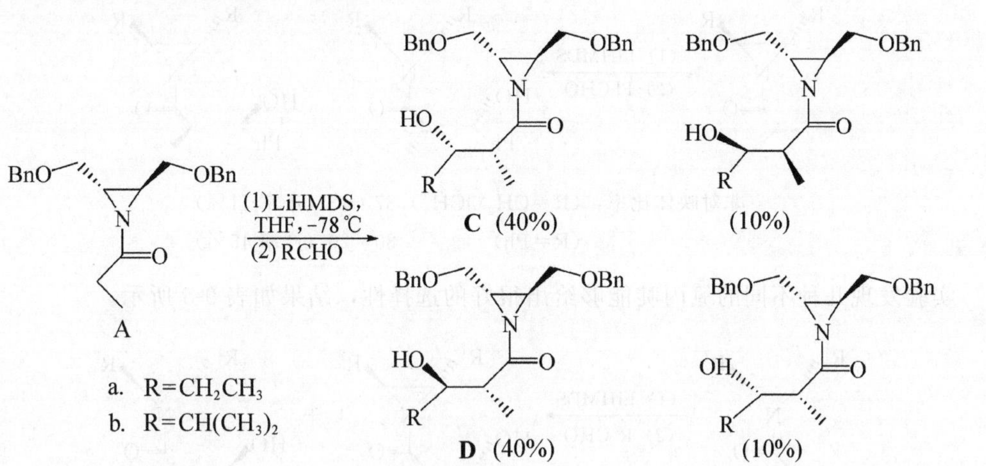

螯合模型可以解释以上现象。螯合能引导醛到烯醇化合物较低的面上，但它对逼近醛的非对映面的控制较弱。分子模型的研究显示当锂已经螯合到支链氧上，事实上不可能形成椅式过渡态。因而低级醛可以两种方式接近烯醇化物较低的一面，生成一个顺式产物 **C**，另一种是反应产物 **D**。两种剩余的少量非对映异构体必定是在烯醇化物空间上更拥挤的“顶面”形成的。

苯甲醛较高的立体选择性可能应归于立体效应。这可由以下所示的两个纽曼投影式解释：

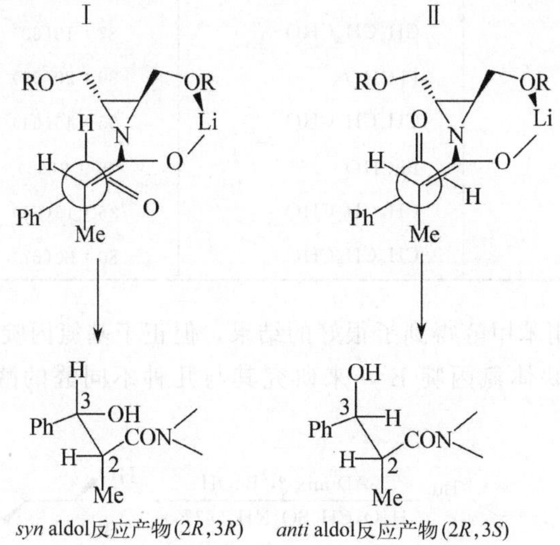

在Ⅰ和Ⅱ两种反应过程中，苯基尽可能远离烯醇化物体积最大的部分。然而，Ⅰ中有一个质子，距离氮丙啶背面的最大支链最近，而Ⅱ在那个位置上是一个羰基，因而Ⅰ过程更为有利。

使用侧链中没有氧原子的氮丙啶，依赖空间效应来控制非对映面的选择性。下面的反应说明对醛醇缩合反应而言，与先前讨论的烷基化反应相比较，支链的空间效应比其螯合作用更为重要。在烷基化反应中，氮丙啶 A 给出同样高的非对映选择性。氮丙啶 F 在烷基化反应中是一个很弱的手性引诱剂（表 9-5 中条目 4），而氮丙啶 F 在醛醇缩合反应中的手性引诱却很好。

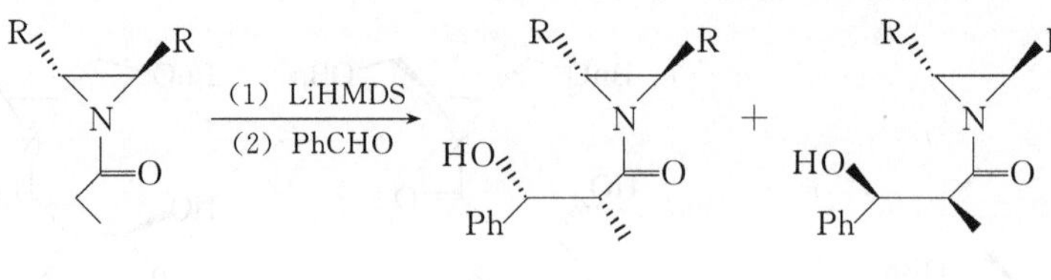

非对映体比率：（$R=CH_2OCH_3$） 87∶13（产率 51%）

（R=Ph） 80∶20（产率 45%）

实验发现几种不同的氮丙啶能够给出很好的选择性，结果如表 9-5 所示。

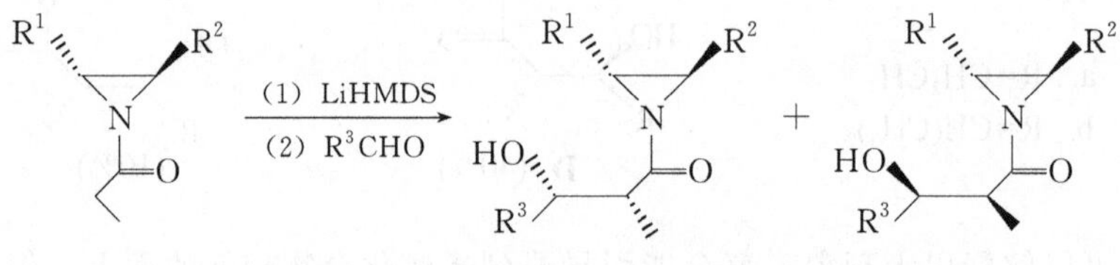

E. $R^1=R^2={}^nBu$　　F. $R^1=R^2=Ph$

G. $R^1=R^2=CH_2Ph$　　H. $R^1=R^2=CH(CH_3)_2$

表 9-5　几种氮丙啶的选择性

条目	氮丙啶	醛(R^3CHO)	非对映体比率	产率/%
1	E	PhCHO	>99∶1(62)	69
2	E	CH_3CH_2CHO	87∶13(63)	84
3	F	PhCHO	80∶20(59)	45
4	F	CH_3CH_2CHO	55∶45(64)	52
5	G	PhCHO	91∶9(65)	53
6	G	CH_3CH_2CHO	85∶15(66)	76
7	H	CH_3CH_2CHO	80∶20(67)	

从表 9-5 看出，使用苯甲醛得到了很好的结果，但正丁基氮丙啶 E 对低级醛如丙醛是最好的。因此，制备纯对映体氮丙啶 E′，来研究其与几种不同醛的醛醇缩合反应很有价值，结果如表 9-6 所示。

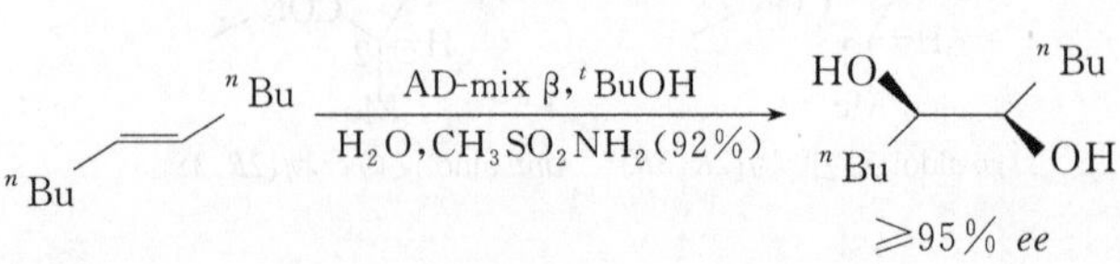

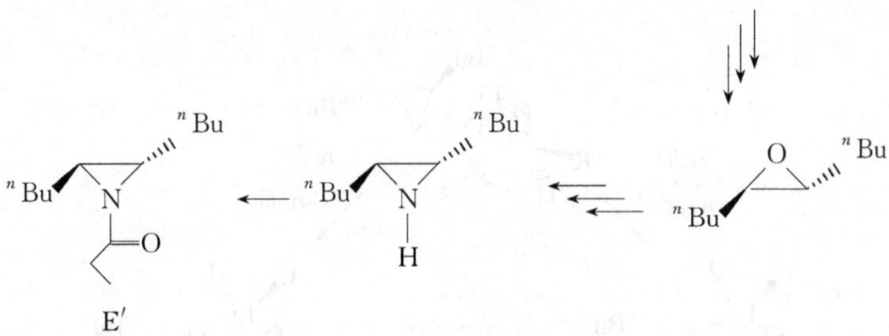

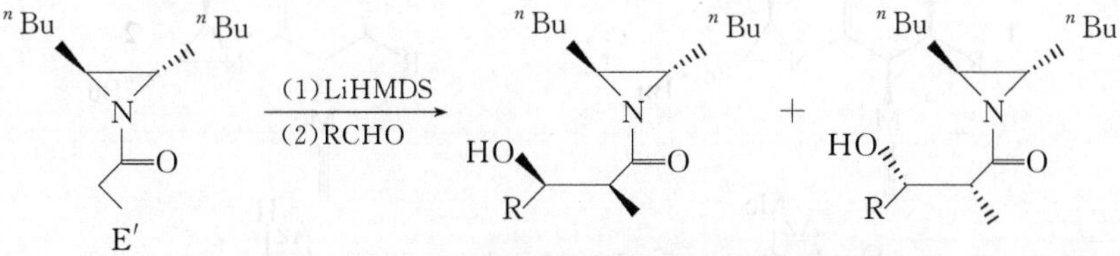

表 9-6 几种不同醛的醛醇缩合反应的选择性

条 目	醛(RCHO)	非对映体比率	产率/%
1	PhCHO	>99∶1	66
2	CH_3CH_2CHO	87∶13	88
3	$CH_3CH=CHCHO$	88∶12	59
4	$CH_3(CH_2)_4CHO$	80∶20	87
5	$(CH_3)_2CHCHO$	>99∶1	87
6	$(CH_3)_3CCHO$	>99∶1	91
7	$PhCH=CHCHO$	81∶19	75
8	1-萘甲醛	85∶15	88
9	2-萘甲醛	75∶25	66
10	(*R*)-CH_3CH(OTBDMS)CHO	>99∶1	56
11	(*S*)-CH_3CH(OTBDMS)CHO	60∶40	37
12	2,5-二甲氧基-3-硝基苯甲醛	>99∶1	63

对立体有要求的醛，如苯甲醛、2-甲基丙醛和新戊醛都有极好的非对映选择性，低级醛和无支链的醛如丙醛、丁烯醛、己醛和反式肉桂醛有较差的非对映选择性。在表 9-6 中，除了条目 8、9、11，没有一种反式醛醇缩合产物被检测出来。两种萘醛产生一种顺式(主要的一种)和一种反式产物。

这些结果可做以下解释。*Z* 式烯醇化物在原有条件下形成，产生顺式产物。绝对立体化学可解释如下。氮丙啶分子中的氮原子明显地棱锥化[17]，氮原子的孤对电子引导进攻的醛到烯醇化物非对映面的另一面。这是重要的空间电子效应[19]。醛可以进攻烯醇化物 *si-re* 面的 *si* 面产生 **1**，或进攻 *si-re* 面的 *re* 面产生 **2**。考虑到六元环中间体 **1** 和 **2** 是椅式构象，如果这些物种和生成它们的过渡态类似，由于 R 基团处于轴向位置，形成 **2** 的过渡态是不稳定的。苯甲醛和带支链的脂肪醛形成 **1** 是有利的，那些对立体要求不苛刻的醛，可以选择性地生成 **2** 过渡态。

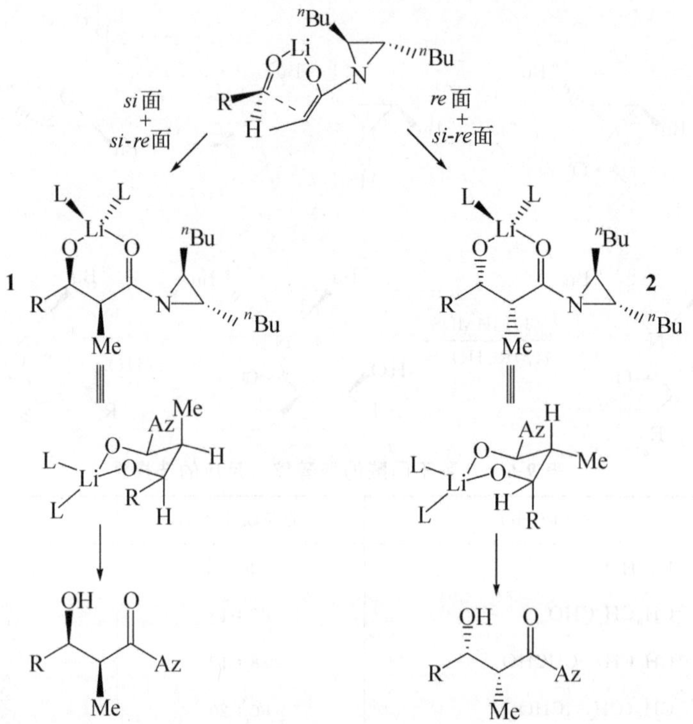

在两种萘醛中，当 R 变得很大时，另一个因素就必须考虑。分子模型研究表明，在产生中间体 **1** 的时候，较大的萘醛、甲基烯醇化物和支链氮丙啶之间的空间相互作用增加。因而一些分子可能通过船式构象发生反应。中间体的两种可能的船式构象如下所示。由于 R 基团在较为有利的类赤道位置上，生成过渡态 **3** 就显得稳定一些，因而生成了反式的醛醇缩合产物。

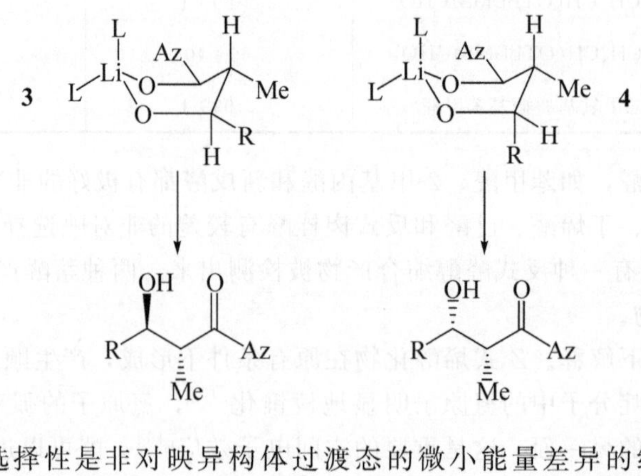

观察到的对映选择性是非对映异构体过渡态的微小能量差异的结果［例如，在动力学控制下，99.8∶0.2 源于 $\Delta G^{\neq}$(195 K)＝10.0 kJ/mol］。由分子模型产生的微小能量差异，是很难观察到的。

表 9-6 中条目 10 和条目 11 提供了一个“匹配”和“不匹配”对的例子。(*R*)-醛具有良好的顺式选择性，在其产物中只能检测到一种物质，而(*S*)-醛产生了几乎 1∶1 的两种反式

缩醛。(*R*)-异构体的高选择性并不奇怪，因为它是支链醛（条目5和条目6），但(*S*)-异构体的结果则有些问题需要解决。对于两种异构体间的巨大差别，分子模型的研究还没有提供一个令人满意的解释。

表9-6中条目7和条目12产生的产物可用来合成天然产物抗癌抗生素麦克菌素Ⅰ(Macbecin Ⅰ)的关键中间体[20]。

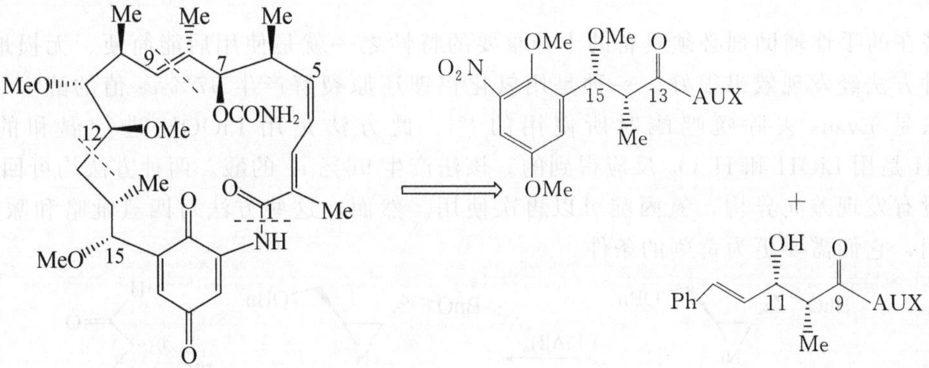

麦克菌素Ⅰ

羟基的甲基化及氮丙啶的消去可以生成*S*,*S*-酸。Evans等[20]使用*R*,*R*-酸，这些酸用氮丙啶的另一对映体很容易制得。表9-6条目7中获得的两种非对映异构体用色谱柱很容易分开。

硼的烯醇化物的非对映选择性常常比锂的烯醇化物高。然后，制得的硼烯醇化物在一般条件下，氮丙啶会开环。制备钛的烯醇化物往往也不理想。

使用*N*-乙酰基化合物，以常用的胺类手性助剂来进行醛醇缩合反应产生很差的立体选择性。使用氮丙啶是否会改善手性诱导？人们尝试用氮丙啶Ⅰ、J与苯甲醛反应(见下式)。反应是顺式选择，但氮丙啶J只产生少量的对映选择产物而Ⅰ根本没有。

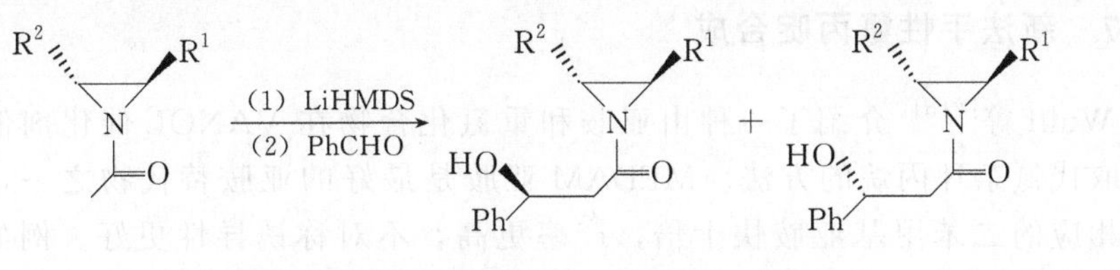

I. $R^1=R^2=CH_2OBn$　50∶50　80%

J. $R^1=R^2={}^nBu$　65∶35　68%

9.4.6　Michael反应和氮丙啶的移除

对Michael反应的最初研究取得了一些结果。非对映选择性没有像烷基化反应与醇醛缩合反应一样好，因而不能确定主产物的绝对立体化学。Michael反应中新立体中心在相对远离手性助剂的地方形成，烷基化反应和醇醛缩合反应的控制因素在这种方式下不能起作用。

对研究的任一情况，非对映选择性没有和烷基化反应与醇醛缩合反应一样好，因而不能确定主产物的绝对立体化学。结果虽令人失望但也在预料之中，因为Michael反应中，新立体中心在相对远离辅助剂的地方形成，而烷基化和醇醛缩合反应的控制因素并不以这种形式来表现。

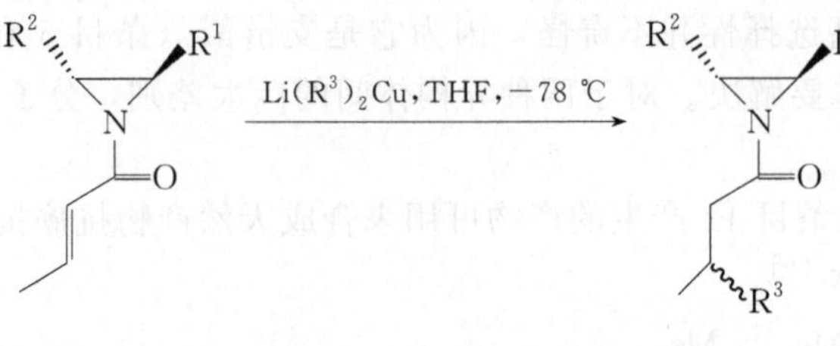

潜在的手性辅助剂必须具备的十分重要的特性之一就是使用后能简便、无损地除去。有两种方法经发现效果很好。一种是用氢化铝锂还原裂解产生 97% *ee* 值的醛[21]。另一种方法是 Evans 去除噁唑酮时所使用的[18]，此方法是用 LiOOH 进行温和的水解，LiOOH 是用 LiOH 和 H_2O_2 反应得到的。该法产生 96% *ee* 的酸。两种方法均可回收氮丙啶，没有发现差向异构，氮丙啶可以再次使用。然而，这些方法对四氢吡咯和哌啶并不起作用，它们需要更为苛刻的条件。

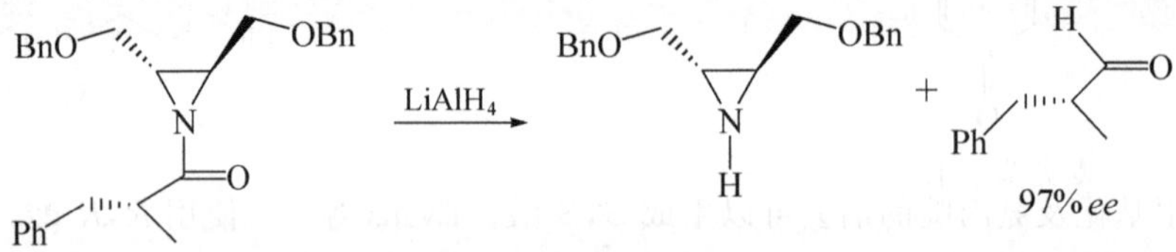

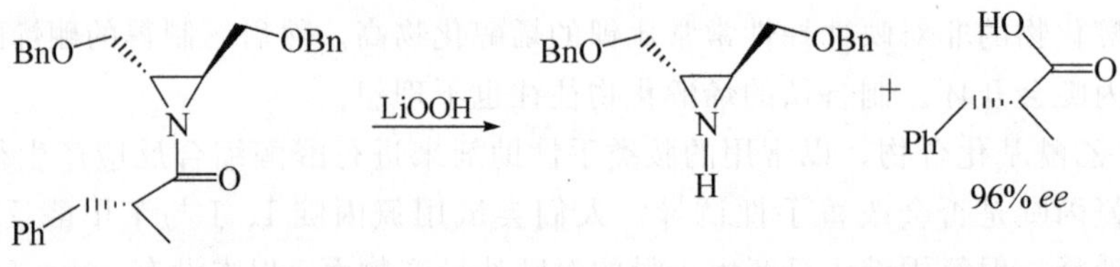

9.4.7 新法手性氮丙啶合成

最近 Wulff 等[21b] 介绍了一种由亚胺和重氮化合物在 VANOL 催化剂催化下不对称合成三元取代氮杂环丙烷的方法。MEDAM 亚胺是最好的亚胺替代物之一，它的氮杂环丙烷化比相应的二苯甲基亚胺快十倍，产率更高，不对称诱导性更好。例如，它与重氮乙酸乙酯在（S)-VANOL 催化下反应得到氮杂环丙烷的产率为 94%，*ee* 值为 97%。反应如下：

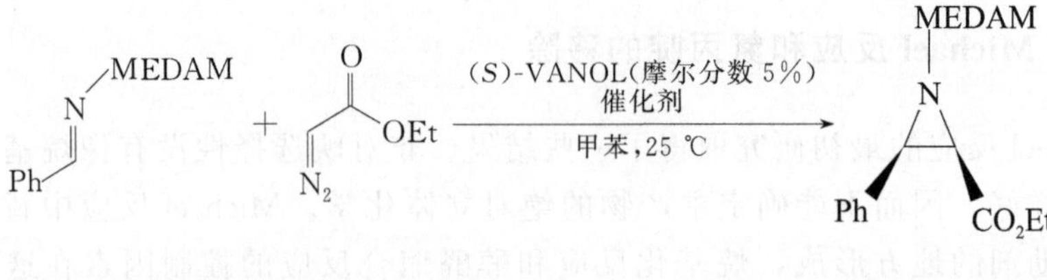

但是具有高反应活性 MEDAM 亚胺在（S)-VANOL 催化下无法与 *α*-甲基重氮乙酸乙酯反应。1 mol MEDAM 亚胺与 5 mol 的 *α*-甲基重氮乙酸乙酯在（S)-VANOL 催化剂催化下，反应 64 h 仍检测不到氮杂环丙烷衍生物的生成，但 64 h 之后，回收得到 98% 的 MEDAM 亚胺。反应如下：

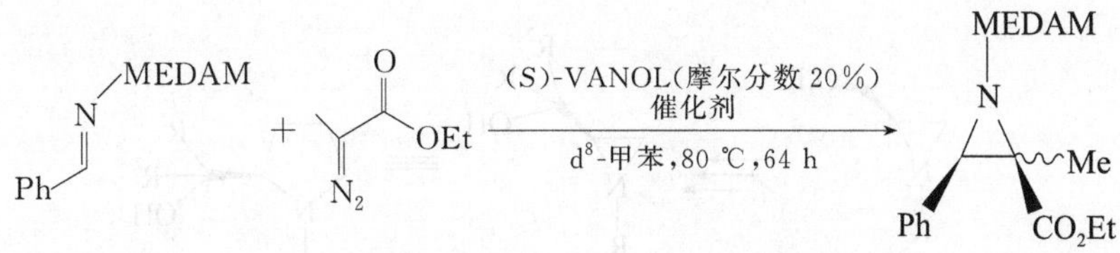

5　　　　5.0 equiv.　　　　**5** 的回收率为 98%,没有观察到产物

这种催化不对称合成三取代氮杂环丙烷化合物的方法可用于合成顺式和反式三取代氮杂环丙烷。VANOL 催化剂也可以用来合成反式或顺式三取代氮杂环丙烷-2-羧酸酯化合物。反应如下：

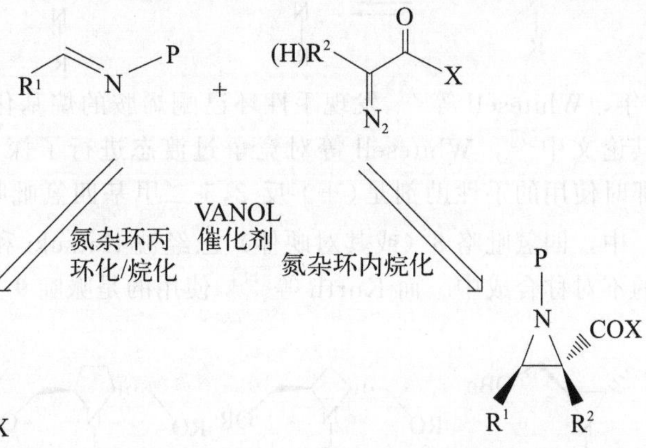

cis　　　　　　*trans*

Maruoka 介绍了一种立体选择性合成三元取代氮杂环丙烷的通用方法。该反应以 α-重氮羰基化合物和 N-叔丁氧羰基亚胺为原料在强手性酸催化下进行。这个催化体系可适用于以下两种组合：α-取代重氮羰基化合物/醛亚胺和非 α-取代重氮羰基化合物/酮亚胺。

通过 N-Boc 亚胺和 α-取代重氮羰基化合物的反应可以来研究适合该方法的反应组合。

在实验过程中发现 N-Boc 醛亚胺和 α-重氮酰基唑烷酮衍生物反应的对映选择性随着反应时间的延长而增大，但产率在一定程度上降低了一些。反应如下：

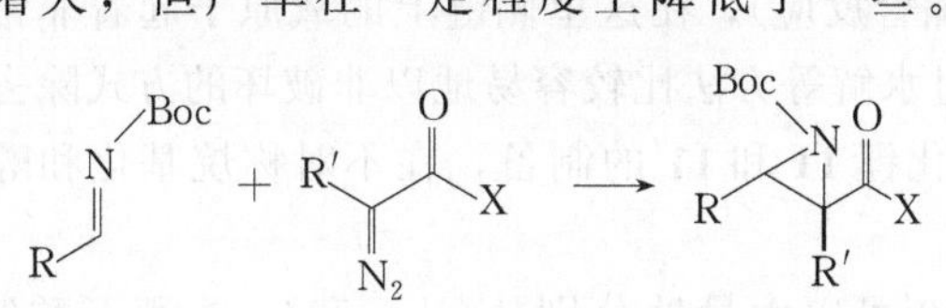

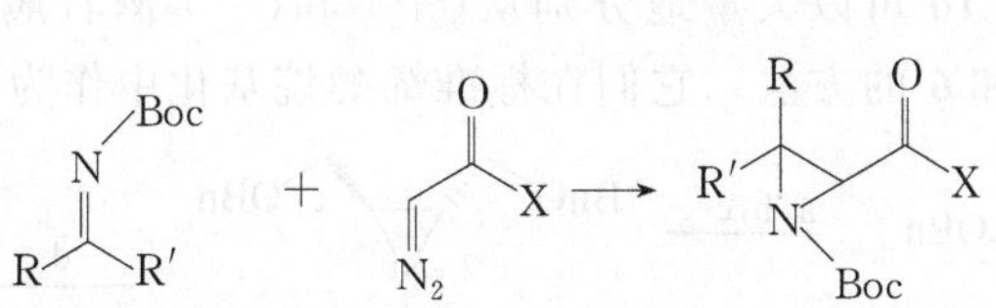

X=噁唑烷酮基

9.4.8 小结

易得的 C_2 对称氮丙啶在烷基化反应和醇醛缩合反应中是一种有效的手性助剂。在烷基化反应中，高选择性主要归于烯醇化物和支链氧的螯合。另外，在醇醛缩合反应中，为获得高非对映选择性，应该避免含氧的醚支链。由于氮丙啶反应后可以容易地被除去，且不发生差向异构，因而它们满足一个好的手性助剂的所有要求。

氮丙啶是一个好的手性助剂和手性底物。

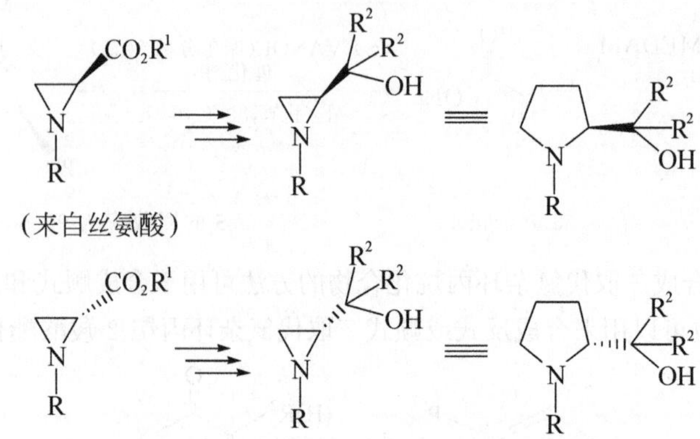

早在 1997 年，Whitesell 等[7] 发现手性环己酮烯胺的烷基化是一个很好的不对称诱导过程，并且在其论文中[7]，Whitesell 等对竞争过渡态进行了探讨，认为需要一个具有 C_2 对称轴的胺。那时使用的手性助剂是(＋)-反-2,5-二甲基四氢吡咯，在一系列具有 C_2 对称轴的胺（**6**～**9**）中，四氢吡咯 **8**（或其对映体）已经被 Katsuki 和 Yamaguchi 等[22] 广泛应用于底物控制的不对称合成中。而 Kurth 等[11] 使用的是哌啶 **9** 及其对映体。

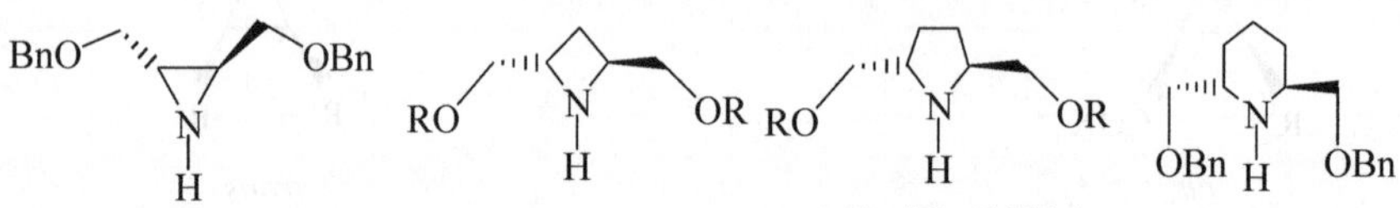

6　**7**　**8** R=Me, MOM　**9**

手性的小环系统尤其是氮杂环类化合物 **6** 和 **7** 引起了人们的兴趣。在不对称的氨基烯醇化物化学环境中（如 **11**），氮杂环丙烷 **6** 被认为是最有潜力的手性助剂，有以下几点原因：① 克量级的 **6** 和它的对映体 **6′** 很容易分别从(＋)-和(－)-酒石酸制得[13]；② 仔细观察分子模型可以看出，由相应的 **11**（或 **11′**）衍生而来的烯醇化物可能会经历非对映选择性的过程（例如不对称烷基化和醇醛缩合反应），在这里侧链上的氧原子起着非常重要的作用（与金属离子螯合）；③ 最后可以通过水解等方法比较容易地以非破坏的方式除去手性助剂 1-氮杂环丙烷。

由 **6** 和 **6′** 以及烯醇化锂 **11** 和 **11′** 的制备，在不对称烷基化和醇醛缩合反应中显示出较高的非对映选择性。

环氧衍生物 **10** 和 **10′** 可以大量地分别从(＋)-和(－)-酒石酸制得[13]，而且提供了一个简易地获取旋光纯 **6** 和 **6′** 的方法，它们在标准烯醇烷基化中作为手性助剂被检测到。

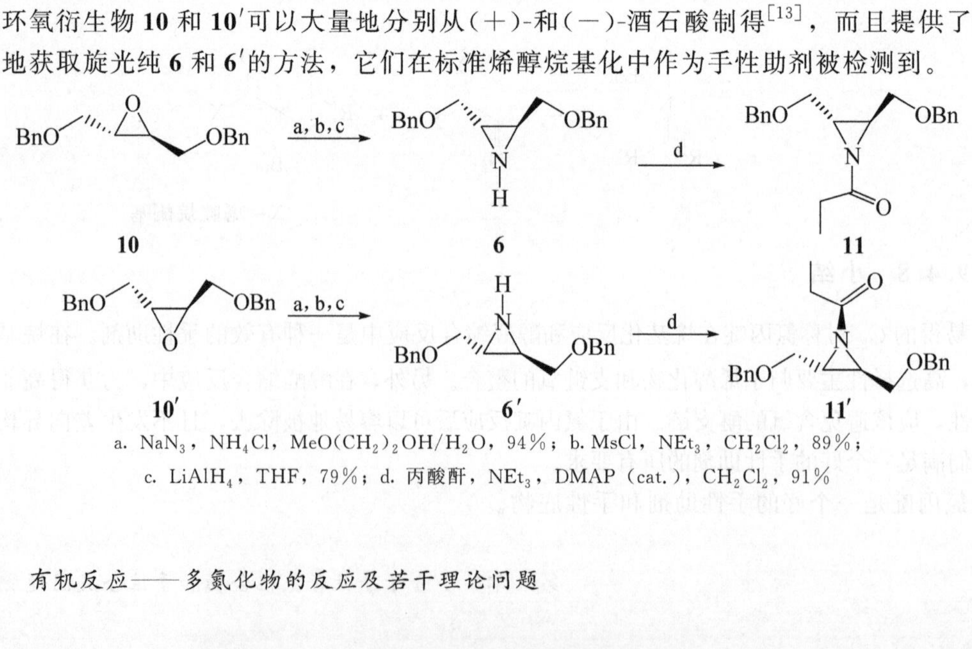

a. NaN_3，NH_4Cl，$MeO(CH_2)_2OH/H_2O$，94%；b. MsCl，NEt_3，CH_2Cl_2，89%；
c. $LiAlH_4$，THF，79%；d. 丙酸酐，NEt_3，DMAP (cat.)，CH_2Cl_2，91%

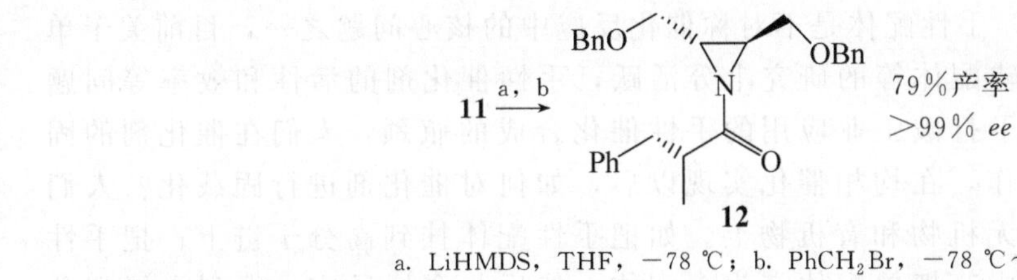

依据^{13}C NMR 谱分析，粗产物 **12** 为一个单一的非对映体。具有光学活性的纯物质 **13** 可以从已经商品化的(*S*)-(－)-脱水甘油制得。**14** 的主要非对映体的绝对构型与 **12** 的设计类似。

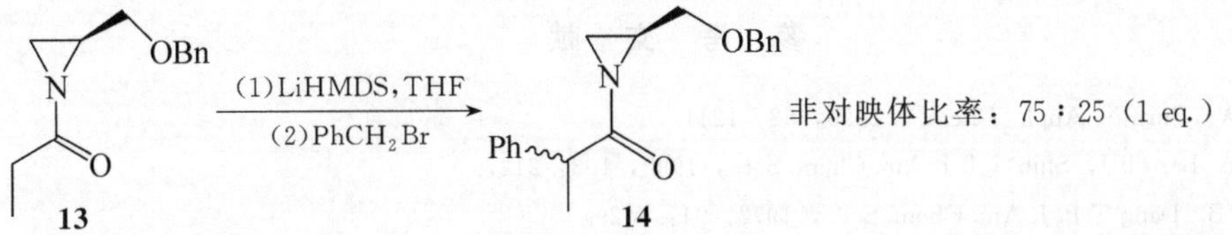

二苄基 1-氮杂环丙烷 **15** 是一个较差的手性诱导体，而 **16** 则给出较好的结果。

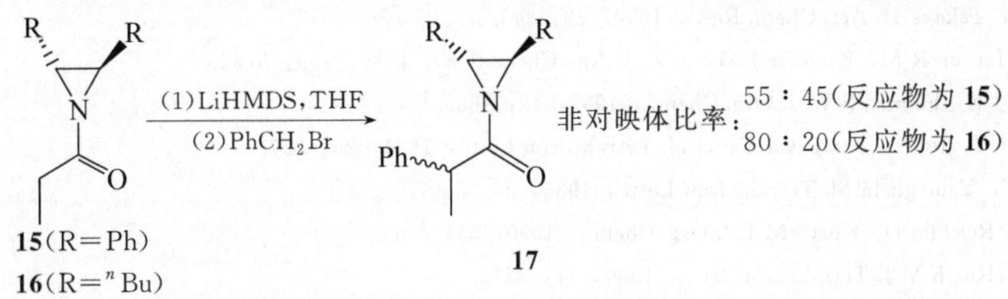

和 **16** 相比,使用 **11** 得到较高的 *ee* 值，这可能主要是由于空间效应引起的。同时，用等轴结构来解释烯醇化物的立体化学是不够的。立体电子效应是一个重要的作用，其模型如下：

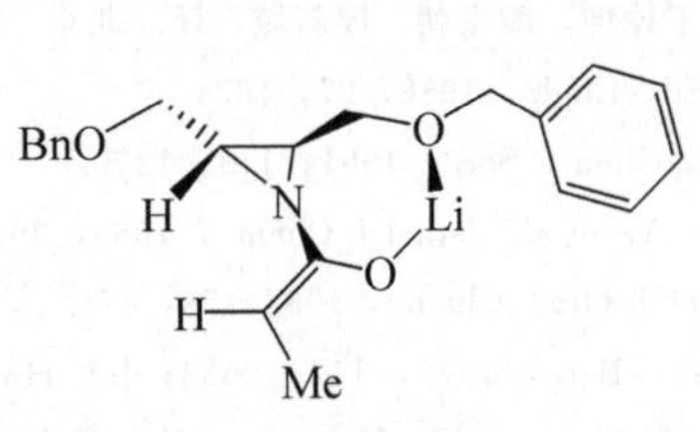

含氮的烯醇化物具有明显的棱锥形。锂离子螯合作用引导亲电试剂进入烯醇化物的“低”面，使产物呈现(*R*)绝对构型。

在氮杂环-氨化物中氮的离去能力很强，这也是 Brown 醛合成的基础[23]。

研究表明 **11** 的烯醇化物可以和苯甲醛发生顺式的高选择性的醛醇缩合反应。

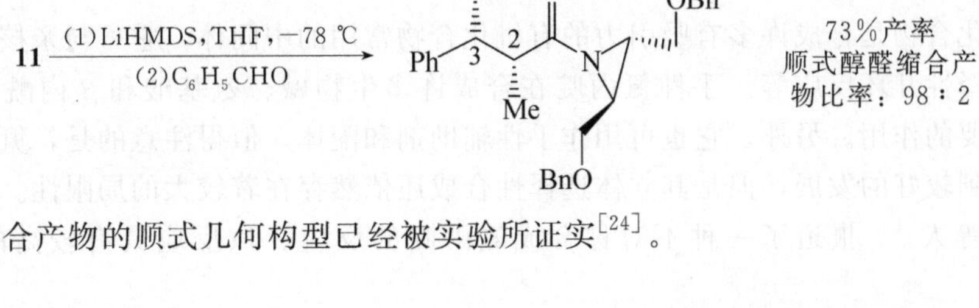

醇醛缩合产物的顺式几何构型已经被实验所证实[24]。

最后应该说明，目前，手性配体是不对称催化反应中的核心问题之一，目前关于单磷配体、双磷配体、含氮磷配体等的研究十分活跃，手性催化剂的活性和效率等问题日益引起人们的重视，为了打破工业应用的手性催化合成的瓶颈，人们在催化剂的固定化方面做了许多研究工作，在均相催化实现以后，如何对催化剂进行固载化？人们试图实现把催化剂固载在无机物和有机物上。如把手性配体挂到高分子链上；把手性配体聚合进高分子的主链中；把单配体变为多配体，然后与金属反应，得到金属超分子配体。手性催化剂催化的不对称合成一旦解决了手性催化剂的回收利用问题，必将产生巨大的经济效益。

参考文献

[1] Oppolzer W. Pure & Appl. Chem., 1990, 62: 1241.

[2] Evans D A, Bartoli J, Shih T I. J. Am. Chem. Soc., 1998, 103: 2127.

[3] Kangan H B, Dang T P. J. Am. Chem. Soc., 1972, 94: 6429.

[4] Johnson W S, Harbert C A, et al. J. Am. Chem. Soc., 1976, 98: 6188.

[5] Noyori R, Takaya H. Acc. Chem. Res., 1990, 23: 345.

[6] Gao Y, Hanson R M, Klunder J M, et al. J. Am. Chem. Soc., 1987, 109: 5765.

[7] Whitesell J K, Felman S W. J. Org. Chem., 1997, 42: 1663.

[8] Kawanami Y, Ito Y, Kitagawa T, et al. Tetrahedron Lett., 1984, 25: 857.

[9] Katsuki T, Yamaguchi M. Tetrahedron Lett., 1985, 26: 5807.

[10] Najdi S, Reichlin D, Kurth M J. J. Org. Chem., 1990, 55: 6241.

[11] Najdi S, Kurth M J. Tetrahedron lett., 1990, 31: 3279.

[12] Bennet A J, Wang Q P, et al. J. Am. Chem. Soc., 1990, 112: 6383.

[13] Nicolaou K C, Papahatjis D P. J. Org. Chem., 1985, 50: 1440.

[14] Sharpless K B, Amberg B, Bennani Y L, et al. J. Org. Chem., 1992, 57: 2768.

[15] 林国强，陈耀全，陈新滋，等. 手性合成——不对称反应及其应用. 北京：科学出版社，2000：179.

[16] Ward R S. 有机合成中的选择性. 王德坤，陶京朝，廖新城，译. 北京：科学出版社，2003：79.

[17] Seebach D. Angew. Chem. Int. Ed. Engl., 1988, 27: 1624.

[18] Bonner M P, Thornton E R. J. Am. Chem. Soc., 1991, 113: 1299.

[19] Matasa V G, Jenkins P R, Kumin A, et al. Israel J. Chem., 1989, 29: 321.

[20] Evans D A, Miller S J, Ennis M D. J. Org. Chem., 1993, 58: 471.

[21] a) Enders D, Eichenauer H. Chem. Ber., 1979, 112: 2933; b) Huang L, Wulff W D. J. Am. Chem. Soc., 2011, 133: 8892; c) Hashimoto T, Nakatsu H, Yamamoto K, et al. J. Am. Chem. Soc., 2011, 133: 9730.

[22] Uchikawa M, Hanamoto T, Katsuki T, et al. Tetrahedron Lett., 1986, 27: 4577.

[23] Brown H C, Tsukamoto A. J. Am. Chem. Soc., 1961, 83: 4549.

[24] Tanner D, Birgersson C. Tetrahedron Lett., 1991, 32: 2533.

9.5 氮丙啶的手性合成新方法及开环反应

氮丙啶化合物是合成许多有吸引力的有机化合物常用的中间体，它可与亲核试剂发生区域和立体选择性开环反应等。手性氮丙啶在合成许多生物碱、氨基酸和β-内酰胺抗生素中起着非常重要的作用。另外，它也可用作手性辅助剂和配体。值得注意的是，氮丙啶的合成虽然已经得到较好的发展，但是其立体选择性合成还依然存在着较大的局限性。

Kimpe 等人[1] 报道了一种不对称合成氮丙啶的反应。该反应具有较高的产率，可以在两种情况下通过对 N-叔丁基亚磺酰基 α-卤代亚胺的还原得到。其中一种情况是在 THF 中、甲醇存在下用 $NaBH_4$ 还原，得到（Rs，S）-β-卤代叔丁基亚磺酰胺，收率 98%，立体选择性 98∶2。用 KOH 处理（Rs，S）-β-卤代叔丁基亚磺酰胺，即得到（Rs，S）-N-（叔丁基亚磺酰基）氮丙啶。另外一种情况是在无水 THF 中，用 $LiBHEt_3$ 还原 N-叔丁基亚磺酰基-α-卤代亚胺，然后经 KOH 处理，即得（Rs，S）-N-（叔丁基亚磺酰基）氮丙啶，收率 85%，非对映选择性 92∶8。重结晶以后，可以获得单一的非对映体的手性氮丙啶衍生物。

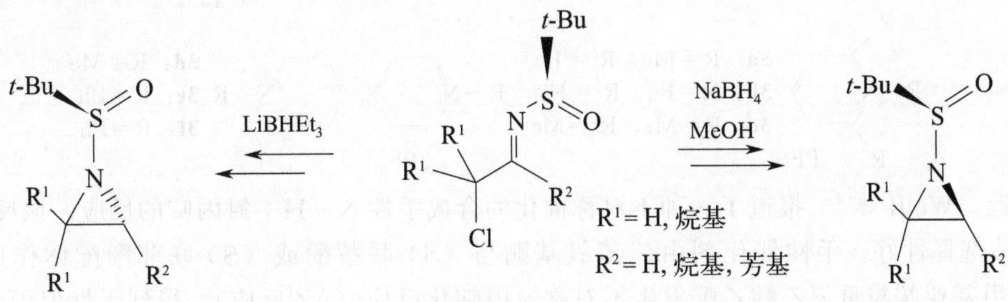

Gais 等[2] 报道了一种不对称合成氮丙啶的方法。该方法利用手性的环状或非环状烷基氨基硫叶立德与 N-叔丁基磺酰基亚氨基酯反应，生成烯烃基氮丙啶羧酸酯，具有较高的立体选择性。在 Pd[0] 催化下，E-反式构型烯烃基氮丙啶甲醇衍生物得到它的 E-顺式异构体，该异构化反应双键构型保持不变。

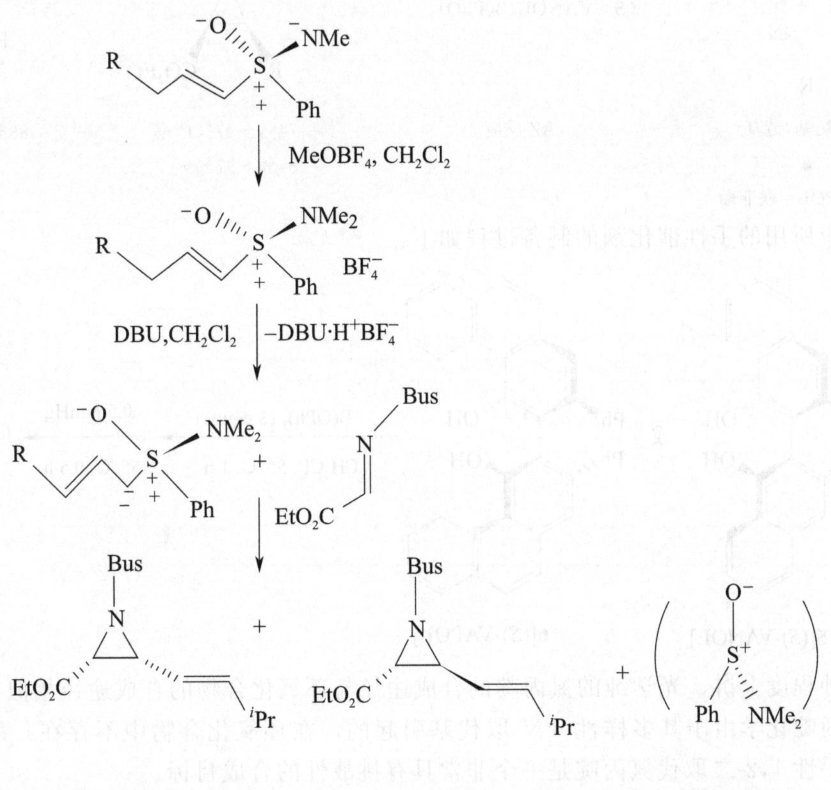

2008 年 Mayer 等[3] 报道了一种在催化量吡啶或联吡啶氯化物作用下合成氮丙啶的反应。吡啶盐和联吡啶盐可以诱导亚胺与苄基重氮甲烷生成氮丙啶。该反应具有较高的产率，并且具有较好的顺式选择性。研究表明，富电子的亚胺有利于反应的发生。

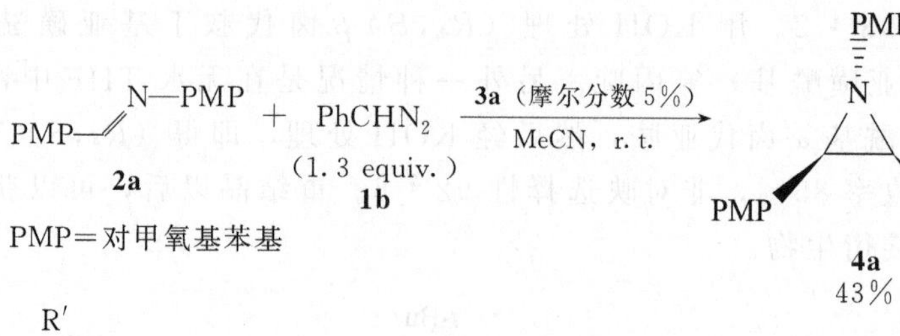

PMP=对甲氧基苯基

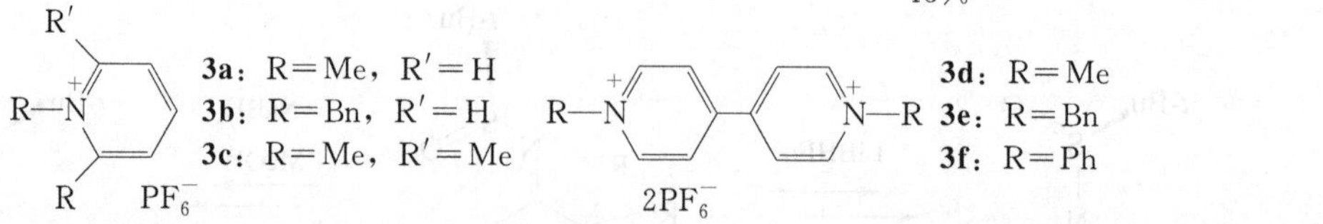

最近，Wulff 等[4] 报道了一种不对称催化的合成手性 N—H—氮丙啶的反应。该反应产率高，立体选择性好。手性催化剂由三苯氧基硼与（S)-联萘酚或（S)-联菲酚配体作用得到，N-二苯甲基亚胺与重氮乙酸乙酯发生不对称氮丙啶化反应（AZ 反应），得到手性氮丙啶产物。该反应顺反比率高，*ee* 值达 84%以上。

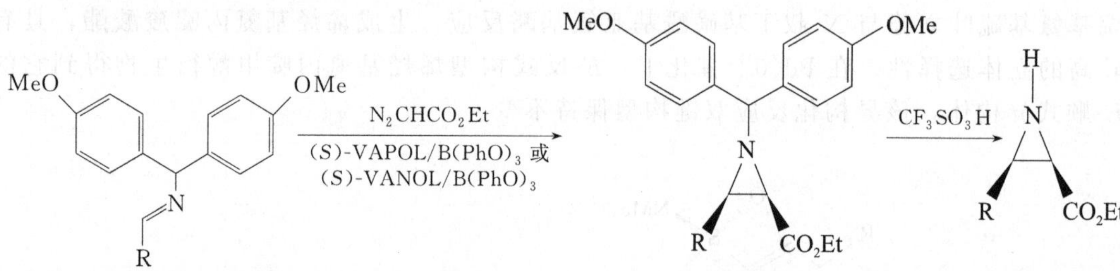

R=烷基,芳基　　AZ 反应　　74%～97%产率　84%～97% *ee*　　88%～99%产率

VAPOL=联菲酚

该反应所用的手性催化剂的制备过程如下：

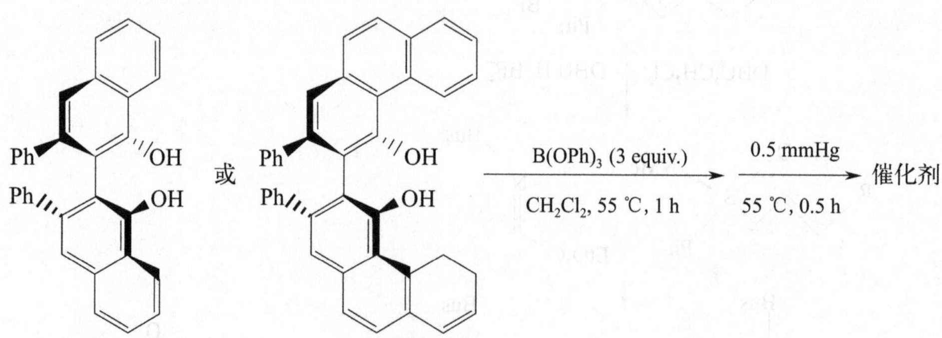

5[(*S*)-VANOL]　　6[(*S*)-VAPOL]

从某种程度上讲，光学纯的氮丙啶的合成途径与环氧化合物的合成途径相似，只是不够普遍。氮丙啶化学由于其多样性（N-取代基引起的，在环氧化合物中不存在）的原因而更加复杂，手性 1,2-二取代氮丙啶是一个非常具有挑战性的合成目标。

Kocovsky 等[5] 报道了对映体选择性合成 1,2-二取代氮丙啶的新方法。该方法是利用 α-氯代酮与胺衍生物形成席夫碱，然后席夫碱在手性催化剂和三氯硅烷作用下手性还原得到手性仲胺，具有较高的产率和较高的 *ee* 值。手性仲胺在叔丁醇钾的作用下，在 THF 中回流得到 1,2-二芳基氮丙啶。

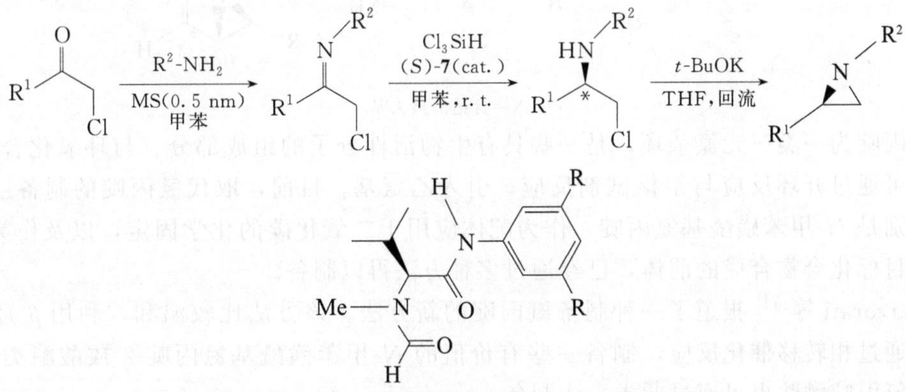

(S)-**7**：R=*t*-Bu

MS =分子筛

Pellicciari 等[6] 于 2007 年报道了一个合成顺式和反式氮丙啶-2-磷酸酯的反应，该方法无手性催化剂，通过 Lewis 酸催化二异丙基重氮甲基磷酸酯和取代芳基亚胺的氮丙啶反应得到。研究表明，*N*-二苯基甲基苄亚胺（$Ph_2CHN{=}CHArCH_3$）与二异丙基重氮甲基磷酸酯（$N_2CHPO_3{}^iPr_2$）在二氯甲烷中、0 ℃下、三氟甲磺酸铟为催化剂时，对反应最为有利。

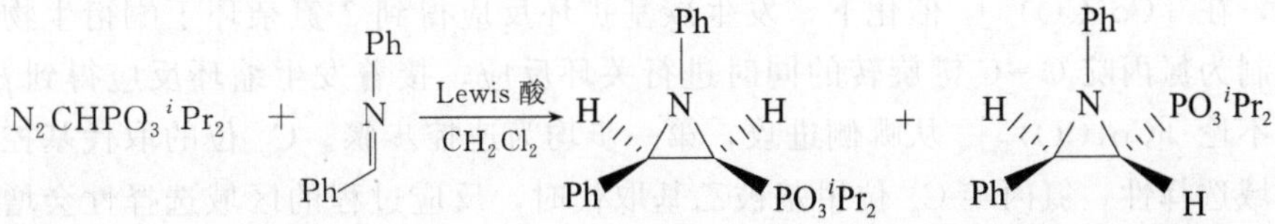

Rutjes 等[7] 2009 年在 *J. Org. Chem.* 上报道了一种合成光学纯的反式氮丙啶的方法。该方法新颖、简单，是利用市售的醛，经羟腈形成反应、反式氨基醇合成反应、二价铜催化的叠氮基形成和三苯基磷催化的关环反应得到目标产物氮丙啶，具有较高的产率和光学纯度。

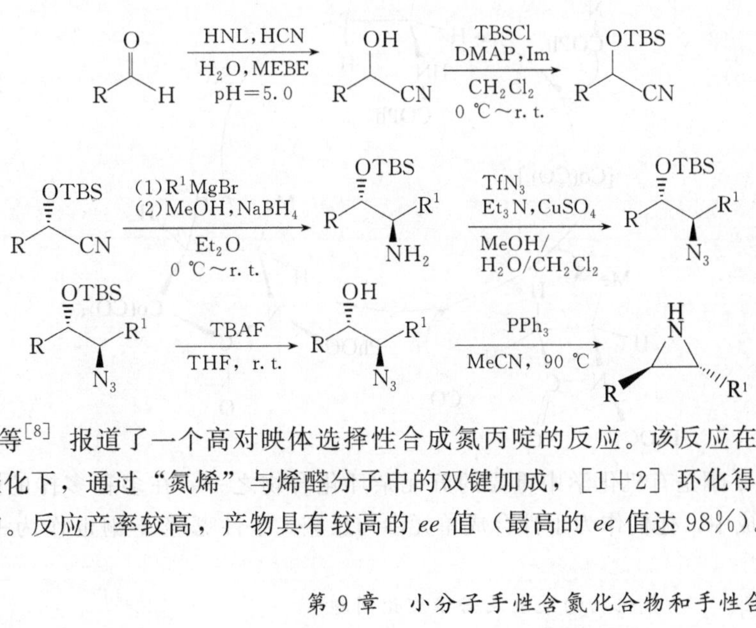

Córdova 等[8] 报道了一个高对映体选择性合成氮丙啶的反应。该反应在手性胺（脯氨酸衍生物）催化下，通过“氮烯”与烯醛分子中的双键加成，[1+2] 环化得到 2-甲酰基氮丙啶类化合物。反应产率较高，产物具有较高的 *ee* 值（最高的 *ee* 值达 98%）。

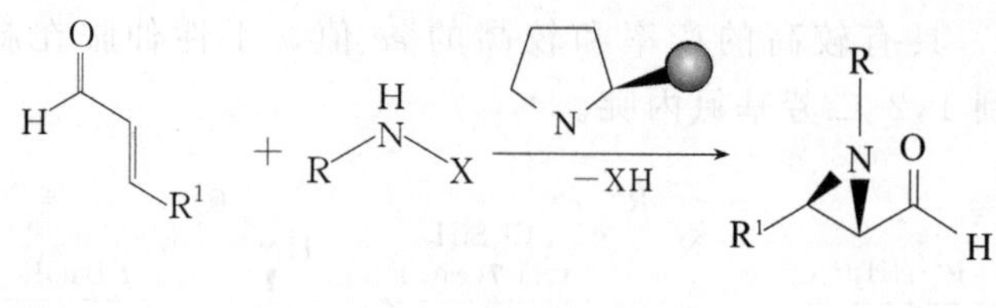

X＝合适的离去基

氮丙啶为一类三元氮杂环，是一些具有生物活性分子的组成部分。与环氧化合物类似，氮丙啶可通过开环反应与亲核试剂反应，引入乙氨基。目前，取代氮丙啶的制备已得到关注，特别是 *N*-甲苯磺酰基氮丙啶，作为配体应用于二氧化碳的化学固定，以及作为氨基酸和其他目标化合物合成的前体，已经通过多种方法得以制备。

Marzorati 等[9] 报道了一种制备氮丙啶的新方法。该方法比较温和，利用 β-羟基-α-氨基酯，通过相转移催化反应，制备一些有价值的 *N*-甲苯磺酰基氮丙啶-2-羧酸酯类化合物。另外，氮丙啶酰胺也可通过此类方法制备。

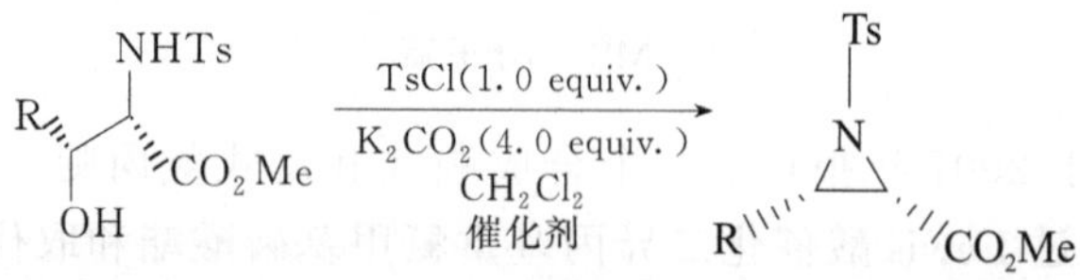

a：R＝H

b：R＝Me

López 等[10] 报道了一个由氮丙啶生成 β-内酰胺的反应，该反应利用 *N*-苯甲酰基-2-甲基氮丙啶，在 $[Co(CO)_4]^-$ 催化下，发生羰基扩环反应得到 2-氮杂环丁酮衍生物。反应最可能的机制为氮丙啶 C—C 键旋转的同时进行关环反应，接着发生缩环反应得到 β-内酰胺。反应中，不论 $[Co(CO)_4]^-$ 从哪侧进攻，第一步均为速控步骤。C_α 位的取代基控制着反应过程的区域选择性。氮丙啶 C_α 位甲基被乙基取代时，反应过程的区域选择性会增加，而经苯基取代时，则可以得到唯一的产物。

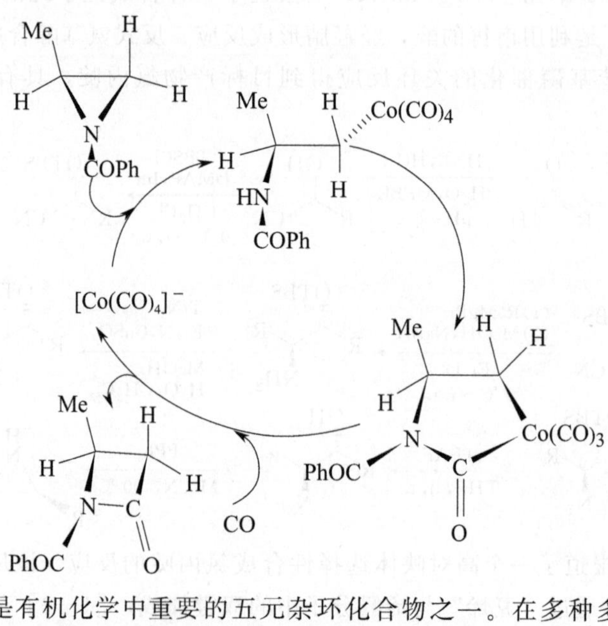

手性噁唑-2-酮是有机化学中重要的五元杂环化合物之一。在多种多样的生物活性化合物的不对称合成中，他们作为手性合成单元参与反应。手性噁唑-2-酮也作为一种手性辅助剂应用于多种不对称反应中，如不对称羟醛缩合反应、烷基化反应和 D-A 反应。另外，一些取代噁唑-2-酮具有明显的抗菌活性。此外，新颖的细胞调控因子 cytoxazone，也具有一个 4,5-二取代噁唑-2-酮片断。

Righi 等[11] 报道了一个立体选择性合成噁唑酮的反应。该反应简洁而新颖，可利用 *N*-Boc-2,3-氮丙啶醇，在温和的实验条件下，直接得到噁唑-2-酮。

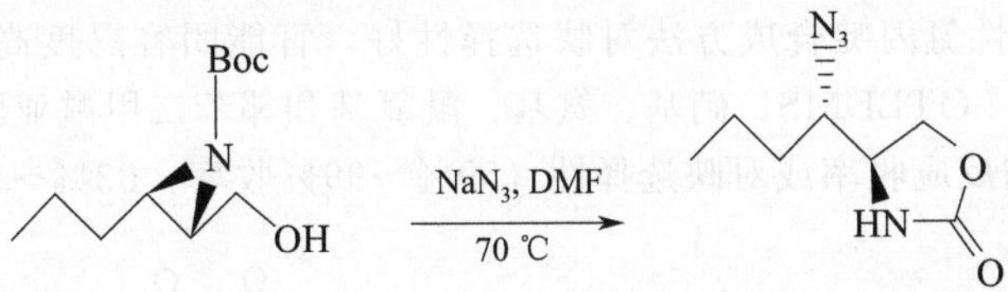

其机理如下：

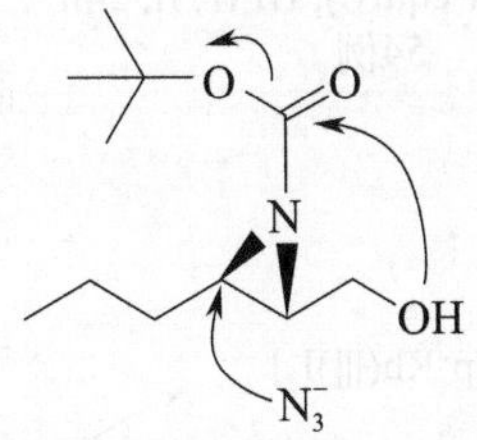

Hodgson 等[12] 最近报道了一种 α-锂化末端氮丙啶的二聚和异构化反应。具有 *N*-保护基团的氮丙啶用四甲基哌啶基锂或二环己基氨基锂处理，进行简单的区域和立体选择性去质子化，产生反式-α-锂化末端氮丙啶。这些氮丙啶根据 *N*-保护基团的性质进行二聚或异构化反应。当氮丙啶在 Boc 保护时，保护基发生 N 到 C 的［1,2］迁移，生成 *N*-H-反式氮丙啶基酯。相反，在 Bus 保护时发生快速异构化，得到 2-烯-1,4-二胺。如果存在 Bus 保护基并且同时有取代烯烃时，就会发生对映体选择性的环丙烷形成反应，产生 2-氨基二环［3.1.0］己烷。

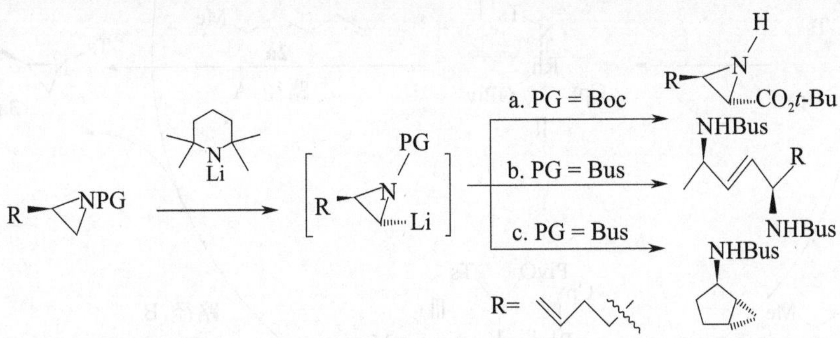

Franzyk 等[13] 首次报道了一种氮丙啶类化合物的亲核开环反应。该反应利用对甲基苯磺酰胺活化的氮丙啶化合物，在微波辐射条件下，进行亲核开环反应，得到部分保护的叔胺类化合物。在固相合成中，还考察了溶剂、温度、反应时间、反应物比例对实验结果的影响。此方法优化后可用于合成新颖的氨基酸类衍生物。

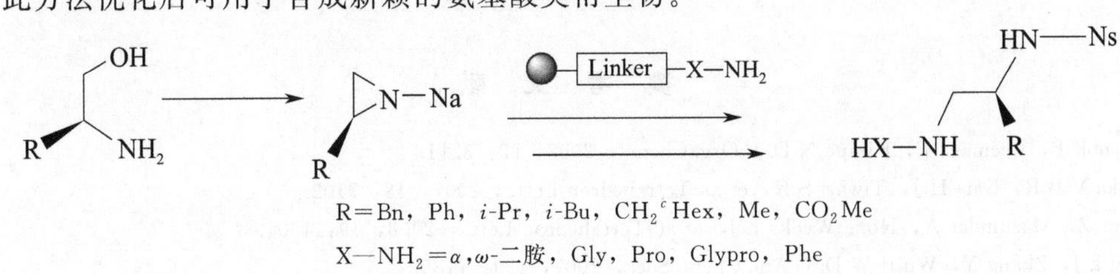

R=Bn，Ph，*i*-Pr，*i*-Bu，$CH_2{}^c$Hex，Me，CO_2Me

X—NH_2=α,ω-二胺，Gly，Pro，Glypro，Phe

Linker=Trt，Wang，Rink 酰胺

2024 年，Wang 等人[14] 发展了一种手性 $Cp^xRh(Ⅲ)$ 催化的高度对映选择性的手性氮丙啶（氮杂环丙烷，吖啶）合成反应，手性 $Cp^xRh(Ⅲ)$ 催化体系表现出优异的催化活性和广泛的官能团耐受性。Wang 等合成了一系列具有价值的手性氮丙啶，收率高达 99%，*ee* 值高达 93%。发展了一种从易得且未活化的烯烃合成手性氮丙啶的有效新策略。

手性 $Cp^xRh(Ⅲ)$ 催化是实现对映选择性 C—H 键官能团化反应的有效策略之一。Wang 等人发展的手性氮丙啶合成方法对映选择性好，官能团容忍度高，对卤素原子、醚、酯、羟基、—Ots、—OTBDMS、硝基、氨基、酰氧基和邻苯二甲酰亚胺基团等各种官能团耐受性良好，不影响反应收率或对映选择性（59%～99%收率，83%～92% *ee*）。

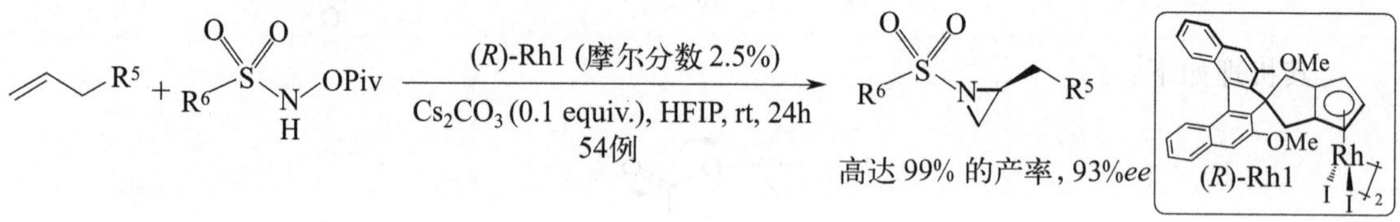

Wang 等人建议的反应机理如下：

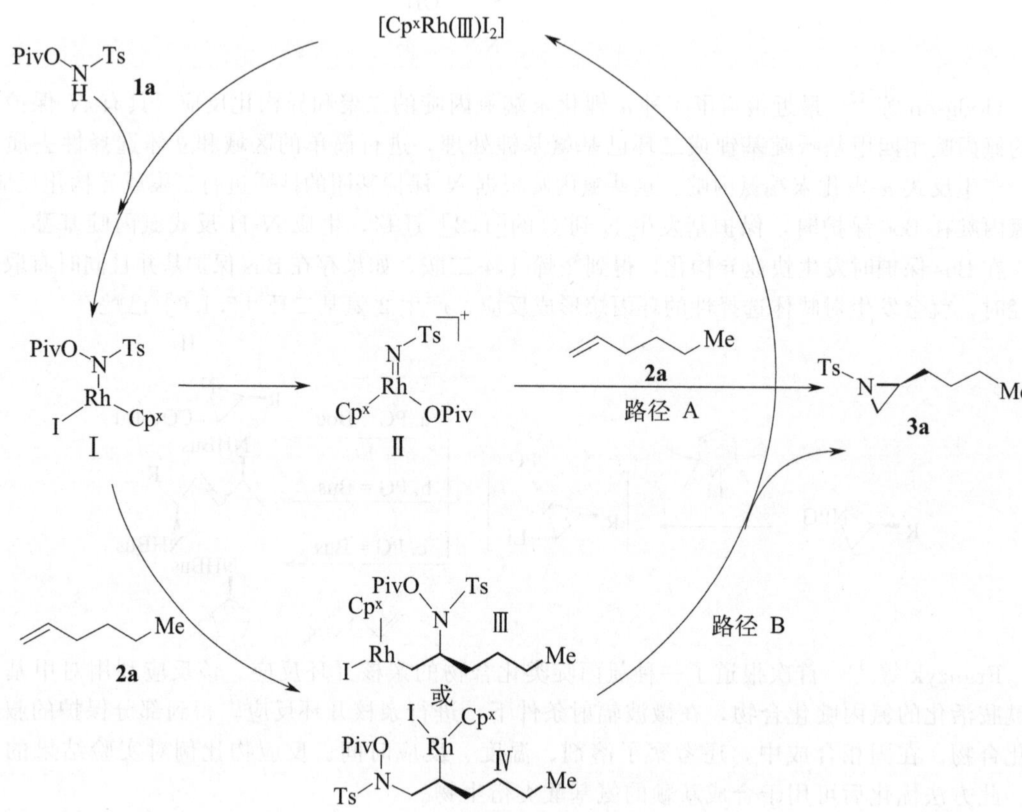

参 考 文 献

[1] Denolf B，Leemans E，Kimpe N D. J. Org. Chem.，2007，72：3211.

[2] Iska V B R，Gais H J，Tiwari S K，et al. Tetrahedron Lett.，2007，48：7102.

[3] Xue Z，Mazumdar A，Hope-Weeks L J，et al. Tetrahedron Lett.，2008，49：4601.

[4] Lu Z J，Zhang Y，Wulff W D. J. Am. Chem. Soc.，2007，129：7185.

[5] Malkov A V，Stoncius S，Kocovsky P. Angew. Chem. Int. Ed.，2007，46：3722.

[6] Pellicciari R, Amori L, Kuznetsova N, et al. Tetrahedron Lett., 2007, 48: 4911.
[7] Ritzen B, van Oers M C M, van Delft F L, et al. J. Org. Chem., 2009, 74: 7548.
[8] Vesely J, Ibrahem I, Zhao G L, et al. Angew. Chem. Int. Ed., 2007, 46: 778.
[9] Marzorati L, Barazzone G C, Filho M A B, et al. Tetrahedron Lett., 2007, 48: 6509.
[10] Ardura D, López R. J. Org. Chem., 2007, 72: 3259.
[11] Righi G, Ciambrone S, Pompili A, et al. Tetrahedron Lett., 2007, 48: 7713.
[12] Hodgson D M, Humphreys P G, Miles S M, et al. J. Org. CHem., 2007, 72: 10009.
[13] Crestey F, Witt M, Frydenvang K, et al. J. Org. Chem., 2008, 73: 3566.
[14] Wang J, Luo M P, Gu Y J, et al. Angew. Chem. Int. Ed., 2024, e202400502.

9.6 手性合成的基本方法

9.6.1 手性

手性化合物分子是立体空间不对称的。1809 年 Malus 发现了偏振光。光是一种电磁波，传播方向不是单一的，有纵向也有横向，当光通过尼柯尔棱镜以后，就会变成单一方向的传播，这就叫偏振光。1815 年 Biot 发现有一些天然有机化合物具有旋光性［即一些样品使尼柯尔棱镜向右旋转，用（+）或“*d*”表示；另一些样品会使尼柯尔棱镜向左旋转，用（−）或“*l*”表示］，什么是旋光性？就是在旋光仪里头，一些化合物使尼柯尔棱镜向左旋转，另一些化合物使尼柯尔棱镜向右旋转。把手性化合物的溶液放入旋光仪，用钠灯作光源，光通过第一个尼柯尔棱镜产生偏振光。偏振光能够透过手性分子溶液，人眼看不见偏振光，需要检测。要让偏振光能够完全到达检测器，需要使第二个尼柯尔棱镜旋转以后，让偏振光能够通过第二个尼柯尔棱镜，才能够检测到。例如手性化合物蔗糖是右旋 66.6 度，手性化合物葡萄糖是右旋 52.5 度，手性化合物的旋光度是其一个物理特征。手性化合物是具有光学活性的。

在发现有一些天然有机化合物具有旋光性以后不久，德国化学家巴斯特在显微镜下，用手工方法将葡萄酸铵钠的两种半面晶体仔细地分捡了出来，发现葡萄酸铵钠晶面向左的是左旋化合物，晶面向右的是右旋化合物。接着将其配成溶液用旋光仪检测，果然晶面向左的是左旋体，晶面向右的是右旋体。巴斯特成为首先发现手性化合物的科学家。巴斯特指出，某两种化合物在立体化学中的关系，就相当于左手和右手的对映关系，也叫镜像关系，从而产生了手性化合物和手性化学的概念。

上世纪 60 年代发生在欧洲的“反应停”惨剧，就是因为孕妇服用了外消旋的止吐药沙利度胺[(±)-thalidomide]之后，由该药（*S*)-异构体引起了胎儿畸形［而（*R*)-异构体不会致畸］。这个事例是手性化合物研究中一个具有里程碑意义的标志性事件。

手性化合物分子与其镜像不能叠合。狭义的手性分子指含有一个以上不对称碳原子（即一个碳原子上连有四个不同的基团）的化合物，如果把孤电子对虚拟为最小的基团，那么其他原子如氮、磷、硫等亦可以成为手性中心。现在，手性分子的概念已经被拓展了，含有不对称中心、不对称面的化合物都是手性分子。一些联萘衍生物、一些螺环化合物等都属于手性化合物，这样，广义的手性分子指那些与它的镜像不能完全重合的分子。

在有机化学反应中，一个化合物中的手性中心需要用具有手性的物质来转换，合成手性化合物需要其有机反应中“引入”或“导入”手性中心。

手性化合物的构建一般有两个途径：拆分法；手性合成法（构建手性化合物的主要方法）。手性合成主要有四大类方法：① 利用天然手性源的手性合成；② 通过手性助剂诱导的手性合成；③ 通过手性化学试剂作为手性源的手性合成；④ 通过手性催化剂不对称催化的手性合成。通过手性催化剂催化的手性合成，近年来发展很快。各种新型高效、高选择性的手性配体与金属离子配位形成的手性催化剂，为手性化学开辟了无限广阔的前景。

生命现象中到处存在着手性现象，构成生物大分子的核糖都是右旋的D-核糖，蔗糖是右旋66.6°的光学活性分子，人体细胞核染色体中的遗传物质DNA的双螺旋结构正好是右旋向上的。宏观世界的物质也普遍存在手性，如海螺、海贝和蜗牛的贝壳都可以看到鲜明的右手螺旋现象，一些细菌的生长亦是右手螺旋等。对称性破缺或者不对称守恒是自然界的一个定则。

在国防科技方面，除过新型手性药物在军医治疗方面能够发挥特效性以外；在军事应用方面，手性隐身已有一些报道。一些手性材料已经引起了人们的高度重视并显示出应用前景。

9.6.2 手性合成的几种方法

因为两个对映异构体只是光学性质不同，故用一般的合成方法不能得到光学纯的手性化合物，所以，反应要在高度对映面选择性的特定微环境下进行。尽管手性合成进展很快[1-4]，然而，手性合成基本上可以分为以下四大类方法：

① 天然手性源的手性合成；

② 通过手性助剂的手性合成；

③ 通过手性试剂的手性合成；

④ 通过手性催化剂的手性合成。

(1) 天然手性源的手性合成　也叫底物控制、模板反应或“手性池”方法[5]。属于第一代手性合成方法。在整个合成过程中手性中心始终保持不变。这种“手性池”方法是以天然手性源作为反应物的手性合成方法。一系列含手性中心的天然产物，包括萜、氨基酸以及糖类和生物碱等，都可以作为反应起始物。利用天然产物手性源，通常易于制取和纯化，而且使得成本大大降低。例如笔者的研究组开展的手性合成，其中对一个化合物的合成方法就是利用天然产物甘露醇，得到丙酮缩甘露醇，丙酮缩甘露醇稳定性好，易于被高碘酸钠氧化为(*R*)-丙酮缩甘油醛，我们利用(*R*)-丙酮缩甘油醛作为手性源，成功地合成了一个含四个手性中心的生物医学活性分子。

(2) 通过手性助剂的手性合成　也叫手性辅助剂控制方法，属于第二代手性合成方法，例如：

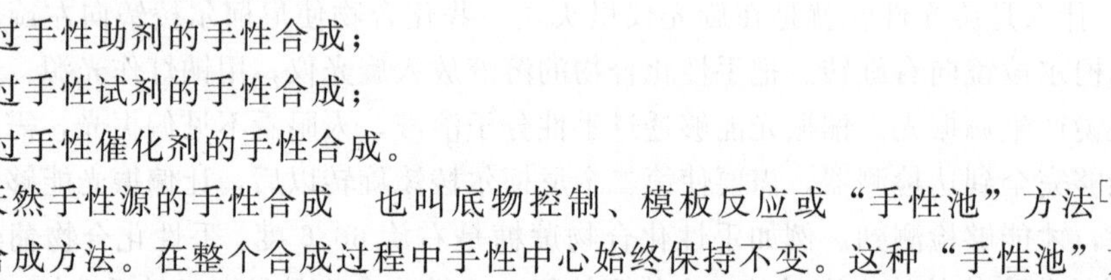

在这个例子中，非手性反应位置旁边通过引入手性助剂（如噁唑烷酮），在反应过程中会导致新的手性中心的生成，如上式所示，辅助剂脱去，得到一个手性酸分子。能成为手性助剂的化合物很多。

如对噁唑酮酰基化，再与苯甲醛羟醛缩合，这时杂环侧链上诱导出两个新的手性中心，水解脱下侧链，则得到手性化合物。

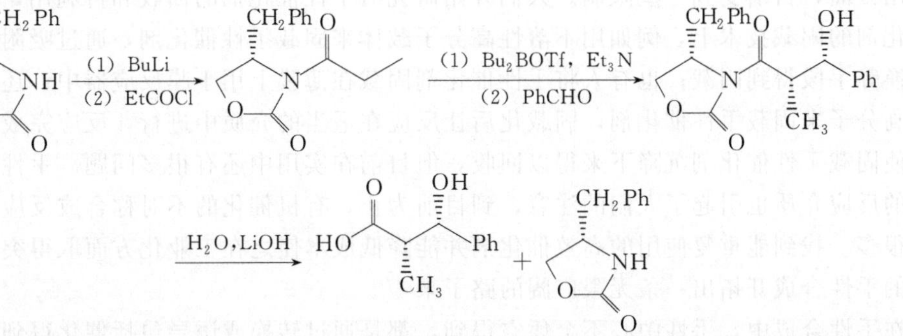

（3）通过手性试剂的手性合成　也叫试剂控制方法，即产物的手性中心是由在反应中加入的具有光学活性的手性试剂来实现的。如一些手性化合物在反应过程中用（*R*,*R*)-1,2-二氨基环己烷去进行缩合反应，引入了手性中心[6-7]。例如：

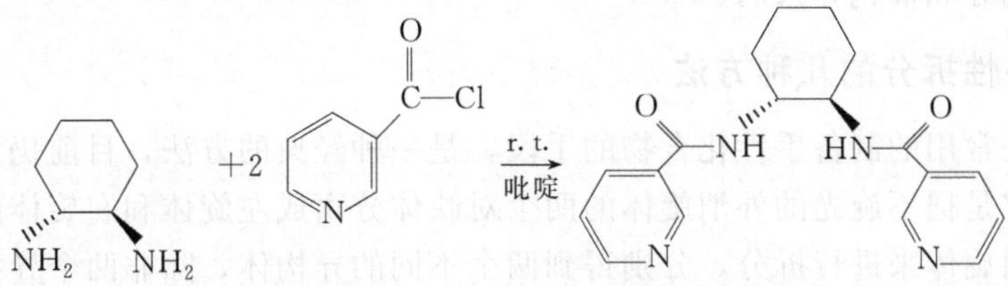

又如不对称硼氢化就是由光学活性的硼氢化试剂进行反应。Brown 等[8] 发展了几种光学活性的硼氢化试剂，都能得到很高的对映体过量（*ee* 值）。通过手性试剂的手性合成方法，其缺点是必须用化学计量的试剂。

（4）通过催化剂的手性合成　也叫催化控制方法或立体控制方法，属于近十几年来进展最快的手性合成方法。许多新型高效、高选择性的手性配体的合成，特别是近年来多种多样的过渡金属配合物的出现，为手性催化反应合成开辟了无限广阔的前景。诺贝尔奖获得者 Sharpless 教授在 20 世纪 80 年代初发现的以烯丙醇或高烯丙醇为底物，使用手性钛（Ⅳ）配合物的著名的 Sharpless 环氧化反应，被认为是催化手性合成领域中一个划时代的发现[9]。在手性合成方面作出重大贡献而荣获诺贝尔奖的 Noyori 教授的手性膦配体催化剂 BINAP 在各种不对称催化氢化反应中都获得了巨大的成功，有些手性氢化试剂对前手性酮的还原，产物的光学纯度 *ee* 值高达 99%以上[10]。关于催化的手性合成，Ojima 编撰了一部《催化不对称合成》（*Catalytic Asymmetric Synthesis*）的专著[11]，由 Wiley-VCH 出版社出了第二版。催化的手性合成是人们期盼的最有挑战性的课题，因为一个手性催化剂分子，可以催化诱导出成千上万个新的手性产物分子，在手性合成中的手性催化剂，犹如在生化体系中的酶。在催化的手性合成方面，做得非常出色的是 Knowles 开创的相关化合物的不对称氢化、Sharpless 开创的 Sharpless 环氧化和由 Noyori 开创的第二代不对称氢化。催化的手性合成在上述手性合成的四大类方法中，最具有制备工业级纯手性化合物的经济意义和实用前景，因为前三种方法（天然手性源的手性合成、手性助剂的手性合成、通过手性试剂的手性合成）都要靠化学计量比的手性源化合物，而唯独手性催化剂是以极少量手性源得到大量的手性产物。

催化的手性合成同时具有重大的科学理论价值，2001 年诺贝尔化学奖奖给了不对称催化方法的科学家 Knowles、Noyori 和 Sharpless。目前，这方面的研究非常多。

但是，有些手性催化剂涉及一些贵金属，贵金属价格太高，使这类催化的手性合成在工业应用方面，目前受到一些限制。人们开始研究对手性催化剂的回收和再利用，把着眼点放在催化剂的固载技术上，例如用不溶性高分子载体来固载手性催化剂，通过吸附、包络和离子交换等手段得到固载；也有人将手性催化剂固载在薄膜上用于膜反应器中；还有人尝试用树状高分子来固载手性催化剂，固载化后让反应在适当的介质中进行，反应完成后加入沉降溶剂使固载手性催化剂沉降下来得以回收，但目前在实用中还有很多问题。手性催化剂固载化后的反应介质也引起了人们的注意，到目前为止，有机催化的不对称合成反应只是实验室研究很多。找到能重复使用的高效催化剂并能降低成本使之在工业化方面取得突破，必将为催化的手性合成开拓出一条无限广阔的路子来[4]。

在手性合成中，手性中心不会凭空得到，都是通过转换或诱导包括催化得到的，是依靠投入的手性源化合物引入或加入手性催化剂或辅助剂的手性基团“诱导”的。如上所述的第一类（天然手性源的手性合成）和第三类（通过手性试剂的手性合成），其产物的手性是引入的。而第二类（手性助剂的手性合成）和第四类（通过手性催化剂的手性合成），其产物的手性是通过诱导和催化导入的。

9.6.3 手性拆分的几种方法

手性拆分是常用的制备手性化合物的手段，是一种经典的方法，目前仍为获得手性物质的方法之一。它是把不旋光的外消旋体的两个对映体分离成左旋体和右旋体两个部分。由一般方法获得的消旋体来进行拆分，分别得到两个不同的异构体，除非两个异构体都有用，否则，另一个异构体只能废弃，或者将其转化为有用的异构体。通俗地讲，拆分犹如“插足”，就是把人家原来的对映体拆开，一个纯手性的化合物插进去产生出一个非对映体来。

拆分法分结晶法、手性柱法、蒸馏法、酶法等。

(1) 结晶法　这是常用的一种方法。下面结合笔者的研究工作，介绍一些简单的例子。如对映体酸，用手性胺类化合物与之反应，成盐，首先生成一对非对映体，由于生成的这对非对映体和原来混合物的对映体物理性质不同，利用简单的结晶法（或其他方法）很容易将其分开，得到的非对映体经处理，一般用稀盐酸搅拌，以除去与之成盐的手性拆分试剂，一般对手性拆分试剂回收再利用。最简单的手性胺是α-苯乙胺。采用类似方法，从母液中可得到第二种光学纯物质（如 *R* 或 *S*）。

同样道理，如要拆分的对映体是碱，常用（+）-樟脑磺酸［(+)-CSA］与之反应成盐，利用结晶法拆分。如我们曾采用的结晶拆分法[12]：

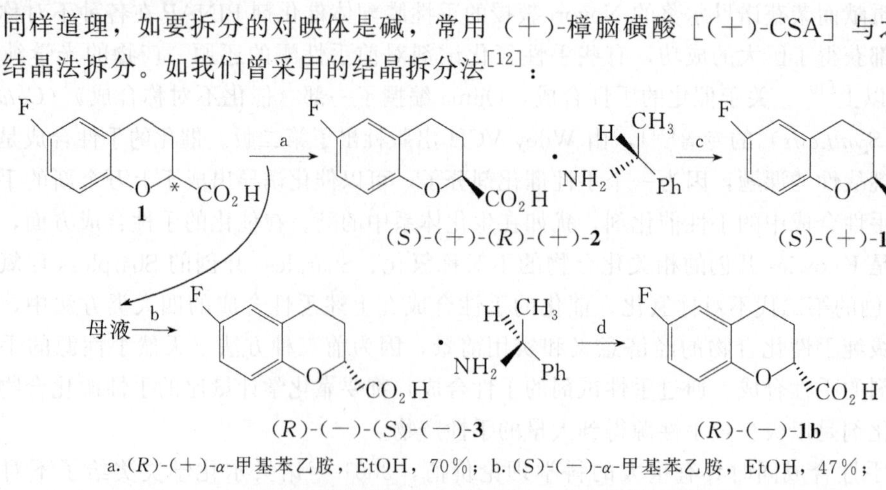

a. (*R*)-(+)-α-甲基苯乙胺，EtOH，70%；b. (*S*)-(−)-α-甲基苯乙胺，EtOH，47%；

c. 2 mol/L HCl，38.6%；d. 2 mol/L HCl，21%

如上述 S-(+)-6-氟-4-色满-2-羧酸（**1a**）的制备：将对映体的(±)-6-氟-4-色满-2-羧酸用甲醇溶解，加入 *d*-(+)-*α*-苯乙胺后搅拌冷却，出现白色沉淀，滤出沉淀，母液另放。滤出物重结晶后再溶于水，并加入浓盐酸搅拌，酸溶液用乙醚萃取，合并乙醚层，乙醚层用无水硫酸镁干燥过夜。抽滤，收集乙醚滤液，旋蒸除去乙醚，得乳白色固体 2.02 g，即 S-(+)-6-氟-4-色满-2-羧酸（**1a**），收率 20.6%，mp 97～99 ℃，$[\alpha]_D=+14.2°$（$C=1$，DMF）。

上述 R-(−)-6-氟-4-色满-2-羧酸（**1b**）的制备：将上述 S-(+)-6-氟-4-色满-2-羧酸（**1a**）的制备中的母液，用稀盐酸洗去残存的 *α*-苯乙胺，用乙醚萃取，乙醚层用无水硫酸镁干燥。抽滤除去干燥剂，滤液旋蒸浓缩，然后加入乙酸乙酯作溶剂，冷却下搅拌并加入 L-(−)-*α*-苯乙胺，沉淀放置过夜。滤出沉淀，并重结晶，然后溶于水，加入浓盐酸搅拌，酸溶液用乙醚萃取。合并乙醚层，用无水硫酸镁干燥过夜。抽滤，收集乙醚滤液，旋蒸除去乙醚，所得固体重结晶，得白色产物，即 R-(−)-6-氟-4-色满-2-羧酸（**1b**），收率 30%，熔点 100～101 ℃，$[\alpha]_D=-12.98°$（$C=1$，DMF）。

又如非甾体抗炎药萘普生，化学拆分法是以光学活性的单一异构体的有机碱，和消旋的萘普生的两个对映异构体，先后分别生成两个非对映异构的盐，于是可用结晶法将两个盐分开，然后再行酸化即可得到两个光学纯的单一异构的萘普生。

根据晶格中填充物的性质，可以把外消旋体分为三类：外消旋混合物，外消旋化合物和外消旋固体溶液。在外消旋混合物中，晶格中每个晶胞仅包含一种对映体，而外消旋化合物的每个晶胞含有等量的对映体；在外消旋固体溶液中，含有两个对映体以无序的方式共存于晶格中。根据外消旋化合物类型的不同，可选择直接结晶法、非对映体结晶法和动力学拆分法。有时候，加入的手性拆分试剂与 R 和 S 构型外消旋对映体都能作用，但活化能不同，反应速率就不同。如 R 构型对映体可能早已形成非对映体甚至完全结晶出来，而 S 构型对映体尚没有与试剂作用。这种方法利用不足量的手性试剂与外消旋体作用，反应速率快的对映体优先形成非对映体，从而达到拆分的目的，因此也称为动力学拆分。读者可以参阅有关专著[3]。

Jacobsen 等[13] 报道了一种非常有效的水解动力学拆分(hydrolytic kinetic resolution，HKR）的新方法，这是对末端环氧化物进行催化水解拆分，除了用到相应很容易合成得到的手性催化剂 Salen（摩尔分数不到 0.5%）以外，只是用微量水作试剂，得到光学纯度高达 98% *ee* 值的末端环氧化合物和相应的 1,2-二醇。这种催化水解动力学拆分以很高的非对映选择性得到末端环氧化合物和二醇衍生物，而末端环氧化合物和二醇衍生物二者之间的熔点等物理性质如此不同，很容易将其结晶加以分离。

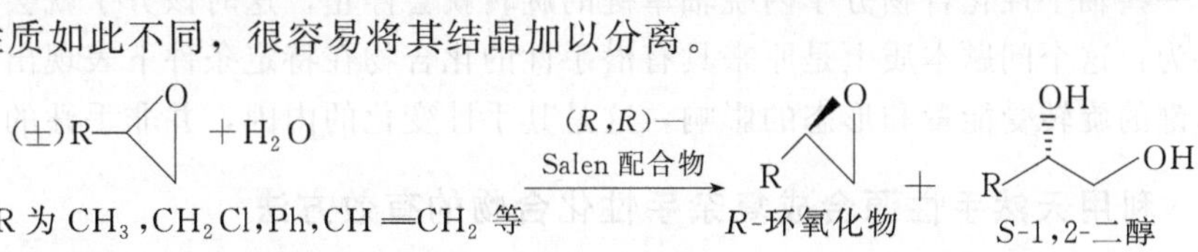

(R,R)-Salen 配合物的结构为：

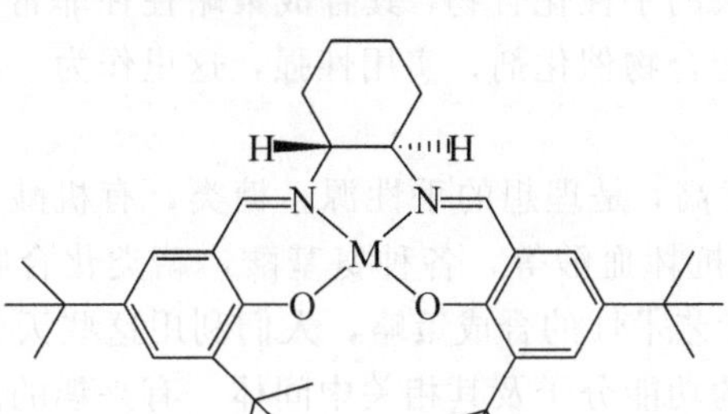

$M=Co(O_2CCH_3)(H_2O)$

Jacobsen认为，这是一个二级反应，环氧化合物是亲电试剂，水是亲核试剂，二者在一定浓度的Salen钴手性配体的作用下，发生不对称开环得到1,2-二醇并诱导出手性环氧化物。

Jacobsen等[14] 还发现表氯醇环氧化物用Salen钴手性配体作用得到手性环氧化物的光学纯度不高（17% *ee*），但是当加入四氢呋喃作为溶剂时，得到手性环氧化物的光学纯度高达96% *ee*。

Salen钴手性配体是对外消旋化末端环氧化物进行手性拆分的非常好的试剂，获得的产物光学纯度高，其有机反应本质上是一个手性诱导的水解过程，如（*R*,*R*)-Salen配合物高选择性地同烃基环氧丙烷中*S*构型的环氧化物反应，从而生成*S*-1,2二醇，剩下高光学纯度的*R*构型的环氧化物；（*S*,*S*)-Salen配合物则高选择性地同烃基环氧丙烷中*R*构型的环氧化物反应，从而生成*R*-1,2二醇，剩下高光学纯度的*S*构型的环氧化物[13]。这个方法在笔者合成含四个手性中心的复杂分子的过程中发挥了很大的作用，在手性合成反应中具有很重要的意义。

（2）手性柱法　有两种分离手段，一种是在填充有手性固定相的色谱柱上，直接用普通的流动相将两种对映体进行拆分。手性柱也有用氨基酸或糖类等作为固定相的。另一种方法是在流动相中加入一定量的手性试剂，手性试剂与对映体结合后生成非对映体，再用普通色谱柱进行分离测定，但往流动相中加入手性试剂，手性试剂消耗量比较大，而且难以重复使用。用连有手性柱的制备型高效液相色谱（HPLC)，也可以分离得到少量手性化合物。

（3）蒸馏法　给要进行拆分的对映体中加入相应的手性试剂，形成一个新的非对映体，这个新的非对映体具有不同的物理性质，若其熔点较低，在室温下是液体，那么可以采用蒸馏法。

（4）酶法　这是一种生物法，目前，多为水解与酯交换的手段。具有效率高、条件温和等优势，具有很大的发展前景。但是酶本身价格较为昂贵。如用酯酶对消旋的萘普生酯进行水解，则可得到光学纯的单一异构体的酸和单一异构体的酯。

目前新发展的拆分方法还有主客体化学的包结拆分、能提高拆分效率的组合拆分法等。

这里有一个新问题，就是在固体化学中，手性问题在某些情况下又有不同。例如一些具有轴手性的化合物，在溶液中，由于轴手性化合物的某些取代基太小，分子内绕轴单键（σ键）的旋转较快，因而这时分子没有手性；但是，一旦该分子形成晶体，在固态条件下或低温条件下，一些轴手性化合物分子内绕轴单键的旋转就会停止，这时该分子就会表现出手性来。笔者认为：这个问题本质上是原来具有潜手性的化合物在特定条件下表现出的手性，分子内绕轴单键的旋转受能量和形态的影响，这是其手性变化的内因，并非手性的凭空产生。

9.6.4　利用天然手性源合成复杂手性化合物的有效方法

利用天然手性源来合成一些结构复杂的手性化合物，其合成策略往往非常巧妙，具有很大的艺术性，也不需要昂贵的过渡金属配合物催化剂，实用性强，这里作为一小节专门作以论述。

天然手性合成子来源广泛，光学纯度高，是理想的手性源。糖类，有机酸类如（+)-酒石酸、(+)-乳酸、(−)-苹果酸和（+)-抗坏血酸等，各种氨基酸，萜类化合物和生物碱等天然化合物在自然界非常丰富，通过设计艺术性的合成策略，人们利用这些天然手性合成子巧妙地合成了各种手性药物和丰富多彩的功能分子及其相关中间体。有兴趣的读者可以进一步参阅相关文献[15-16]。

9.6.4.1　利用糖和甘露糖作为手性源的合成

最近，美国 Scripps 研究所的 Wong 等[17] 报道了利用阿拉伯糖来合成 L-N-乙酰神经氨酸和利用半乳糖来合成唾液酸的极其巧妙的方法（图 9-3）。

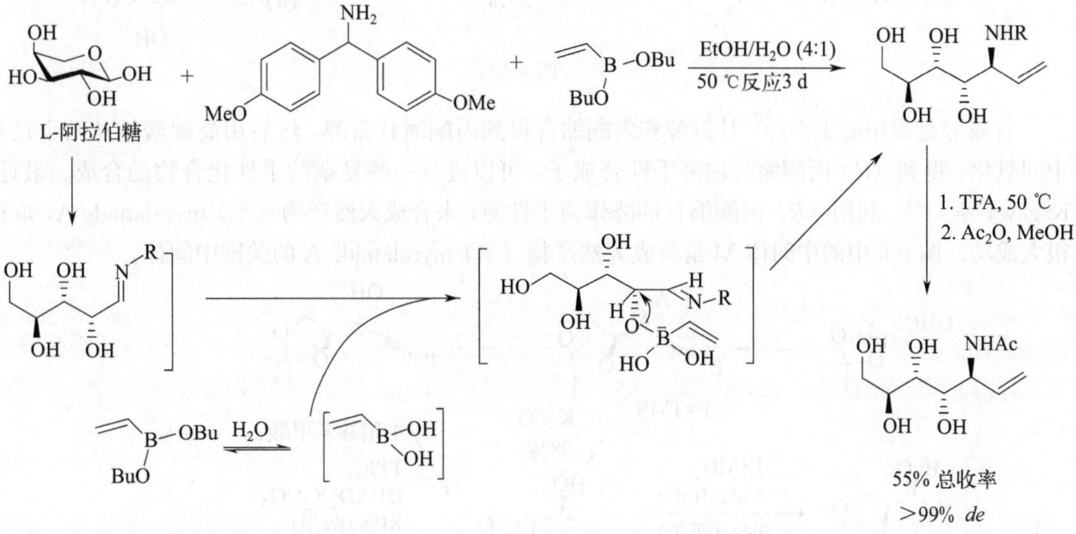

图 9-3

图 9-3 中阿拉伯糖是一个醛糖，它开环后的醛基与氨基化合物得到 Schiff 碱中间体，硼酸衍生物上的乙烯基以富电子碳原子向 Schiff 碱上的碳原子发生亲核进攻，得到烯烃衍生物中间体，氨基用酸酐保护，总产率 55%，de 值为 99%。

烯烃衍生物中间体与硝酮衍生物进行 1,3-偶极环加成，得到氮氧五元环化合物，加成过程立体选择性较好，90%的产物是立体控制的。氮氧五元环化合物经过脱质子化得到 Schiff 碱中间体，水解后即得到 L-N-乙酰神经氨酸（图 9-4）。

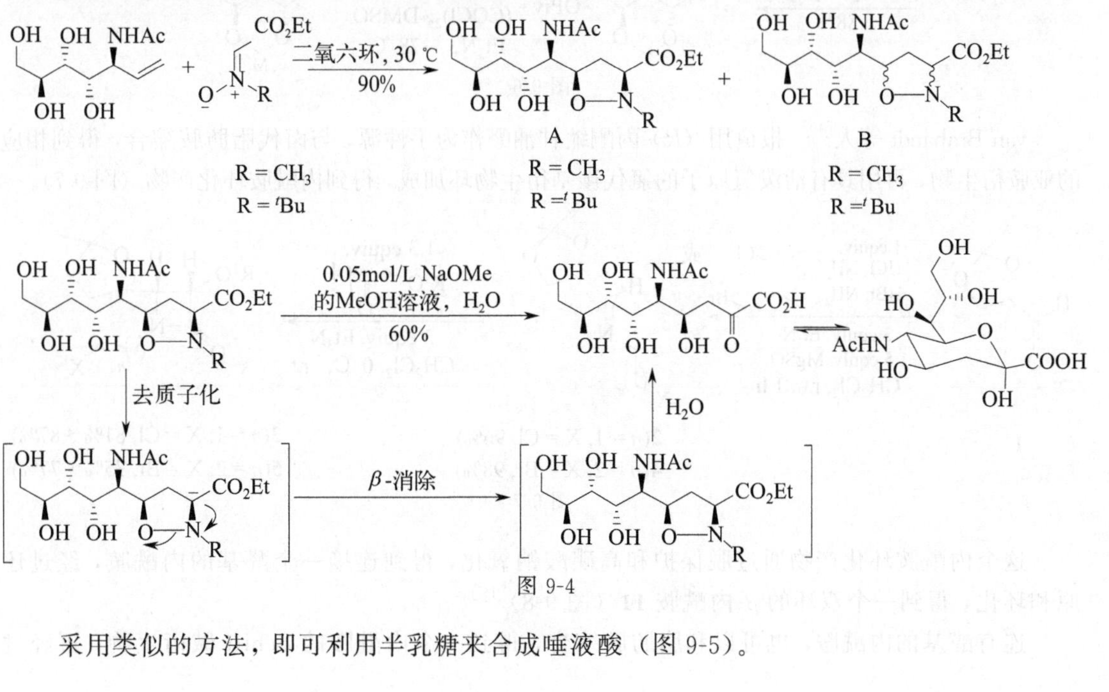

图 9-4

采用类似的方法，即可利用半乳糖来合成唾液酸（图 9-5）。

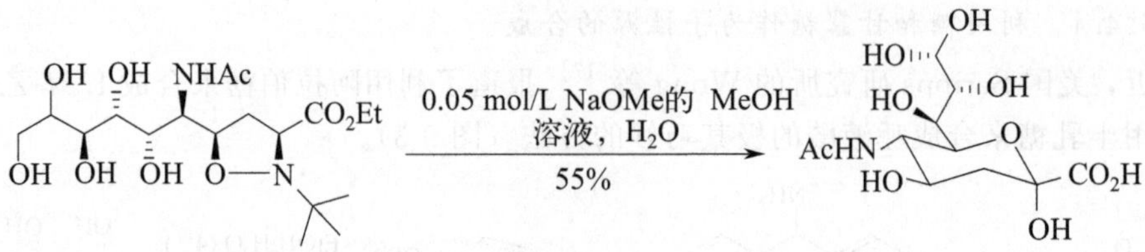

图 9-5

甘露醇是常用的手性源，甘露醇和丙酮缩合得到丙酮缩甘露醇，然后用高碘酸钠从两个羟基中间氧化，得到（*R*)-丙酮缩甘油醛手性合成子，可以进行一些复杂的手性化合物的合成。最近，Kagawa 等人[18] 利用（*R*)-丙酮缩甘油醛作为手性源，来合成天然产物（+)-mycalamide A，取得很大成功。图 9-6 中的中间体 M 是合成天然产物（+)-mycalamide A 的关键中间体。

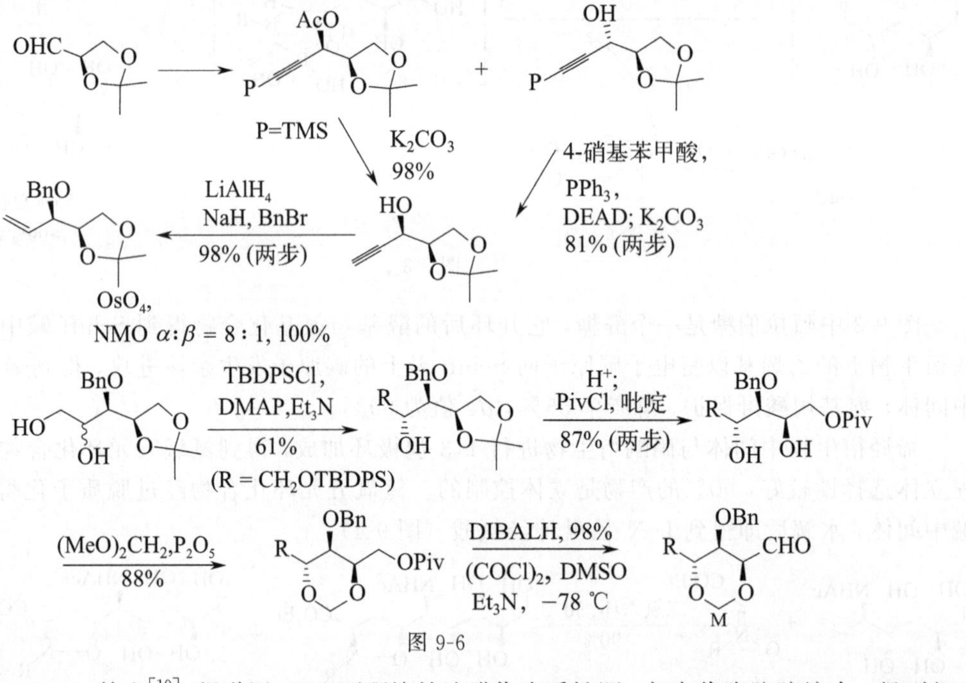

图 9-6

van Brabandt 等人[19] 报道用（*R*)-丙酮缩甘油醛作为手性源，与卤代脂肪胺缩合，得到相应的亚胺衍生物，再用具有活泼氢原子的氯代羰基衍生物环加成，得到内酰胺环化产物（图 9-7)。

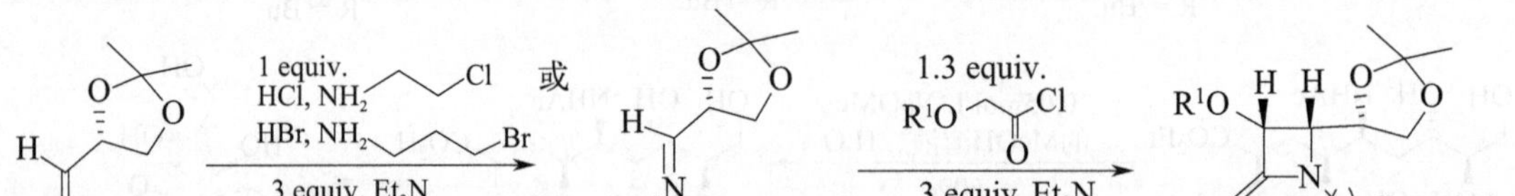

1

2(n = 1, X = Cl, 96%)
4(n = 2, X = Br, 98%)

3(n = 1, X = Cl, 81%～87%)
5(n = 2, X = Br, 75%～77%)

图 9-7

这个内酰胺环化产物通过脱保护和高碘酸钠氧化，得到连接一个醛基的内酰胺，经过还原和环化，得到一个双环的 β-内酰胺 **11**（图 9-8)[19]。

连有醛基的内酰胺，也可以和脂肪胺缩合，得到一个内酰胺的 Schiff 碱衍生物，再经过

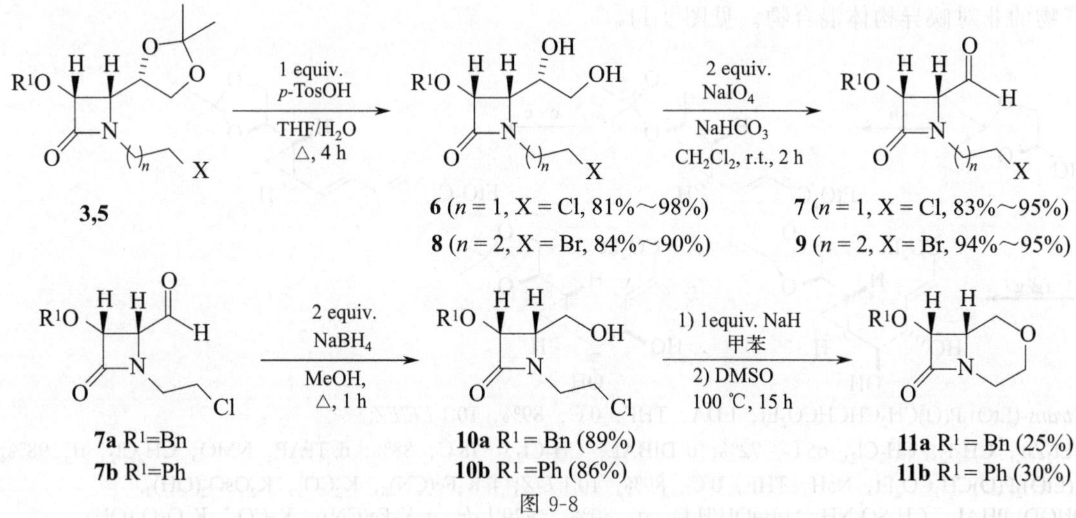

图 9-8

硼氢化钠还原和缩去卤化氢环化，得到含氮双环的 β-内酰胺（图 9-9）[19]。

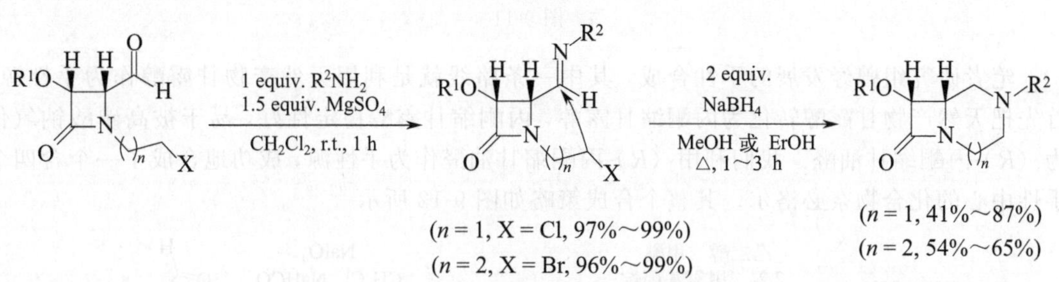

图 9-9

上述方法利用（R)-丙酮缩甘油醛作为手性源，合成了结构复杂的目标产物，特别是在构建四元环 β-内酰胺的环化反应中，所用的方法非常巧妙。

Kumar 等人[20] 利用（R)-丙酮缩甘油醛手性合成子来合成一个天然产物分子的中间体，各步收率较高。在第一步反应中，立体选择性高达 95%（图 9-10）。

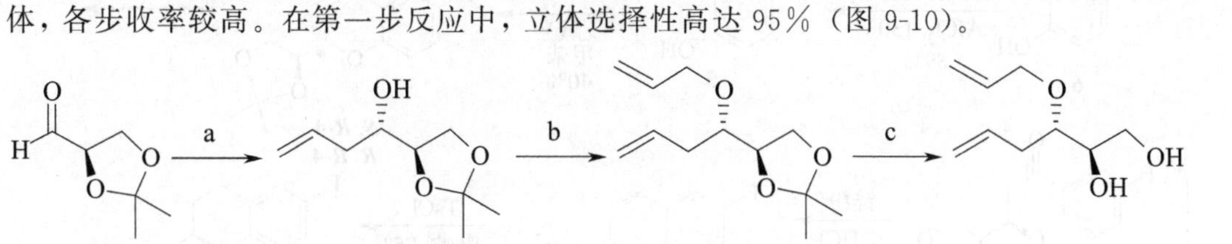

a. Zn，THF，烯丙基溴，饱和NH_4Cl溶液，0 ℃，2 h，74%；

b. NaH，干燥THF，烯丙基溴，0 ℃，3 h，86%；c. 2 mol/L HCl，THF，rt，3h，90%

图 9-10

Martin 等人[21] 在合成天然化合物 solandelactone E1 的过程中，利用从天然产物甘露醇得到的（R)-丙酮缩甘油醛作为手性源，成功地得到了 solandelactone E1 的一个很关键的中间体。在（R)-丙酮缩甘油醛的手性诱导下，这个中间体的合成得到了很好的立体控制。当采用催化剂 f［催化剂 f 常缩写为 AD mix(β)，其中文名应为 AD 不对称双羟化催化剂 1,4-二(双氢奎尼基)-2,3-二氮杂萘］时，以 80%的收率得到 20∶1（选择性很高）的非对映体左边第一个产物；当采用催化剂 g［催化剂 g 常缩写为 AD mix (α)］，以 3∶1 的比率得到这两种产物的非对映异构体混合物。见图 9-11。

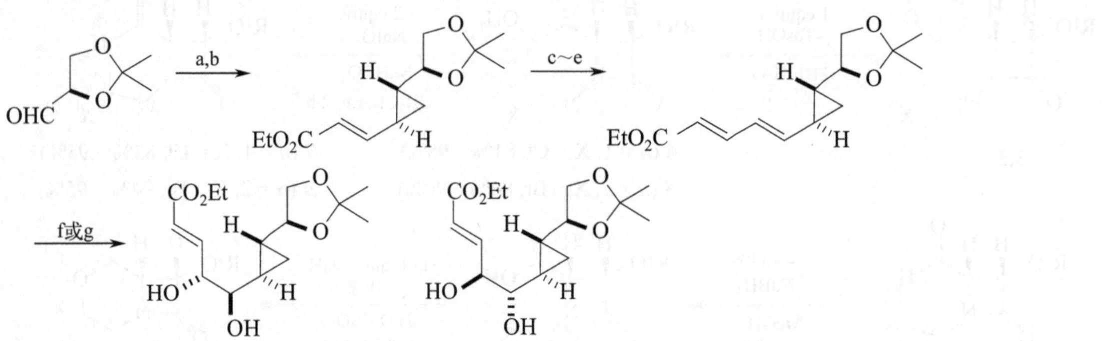

a. *trans*-$(EtO)_2P(O)CH_2CHCHCO_2Et$，LDA，THF，0℃，89%，10:1 *EE*/*EZ*;
b. Et_2Zn，CH_2I_2，CH_2Cl_2，65℃，72%；c. DIBAL，CH_2Cl_2，−78℃，88%；d. TPAP，NMO，CH_2Cl_2，rt，98%；e. $(EtO)_2P(O)CH_2CO_2Et$，NaH，THF，0℃，89%，10:1 *E*/*Z*；f. $K_3Fe(CN)_6$，K_2CO_3，$K_2OsO_2(OH)_4$，$(DHQD)_2PHAL$，$CH_3SO_2NH_2$，*t*-BuOH/H_2O，rt，80%，>20:1 *dr*，g. $K_3Fe(CN)_6$，K_2CO_3，$K_2OsO_2(OH)_4$，$(DHQ)_2PHAL$，$CH_3SO_2NH_2$，*t*-BuOH/H_2O，rt，78%，3:1 *dr*

图 9-11

笔者研究组曾经发展的手性合成，其中一条路线就是利用天然产物甘露醇作为手性源，首先把天然产物甘露醇转化为丙酮缩甘露醇，丙酮缩甘露醇稳定性好，易于被高碘酸钠氧化为（*R*）-丙酮缩甘油醛。我们利用（*R*）-丙酮缩甘油醛作为手性源，成功地合成了一个含四个手性中心的化合物奈必洛尔。其整个合成策略如图 9-12 所示[22-23]。

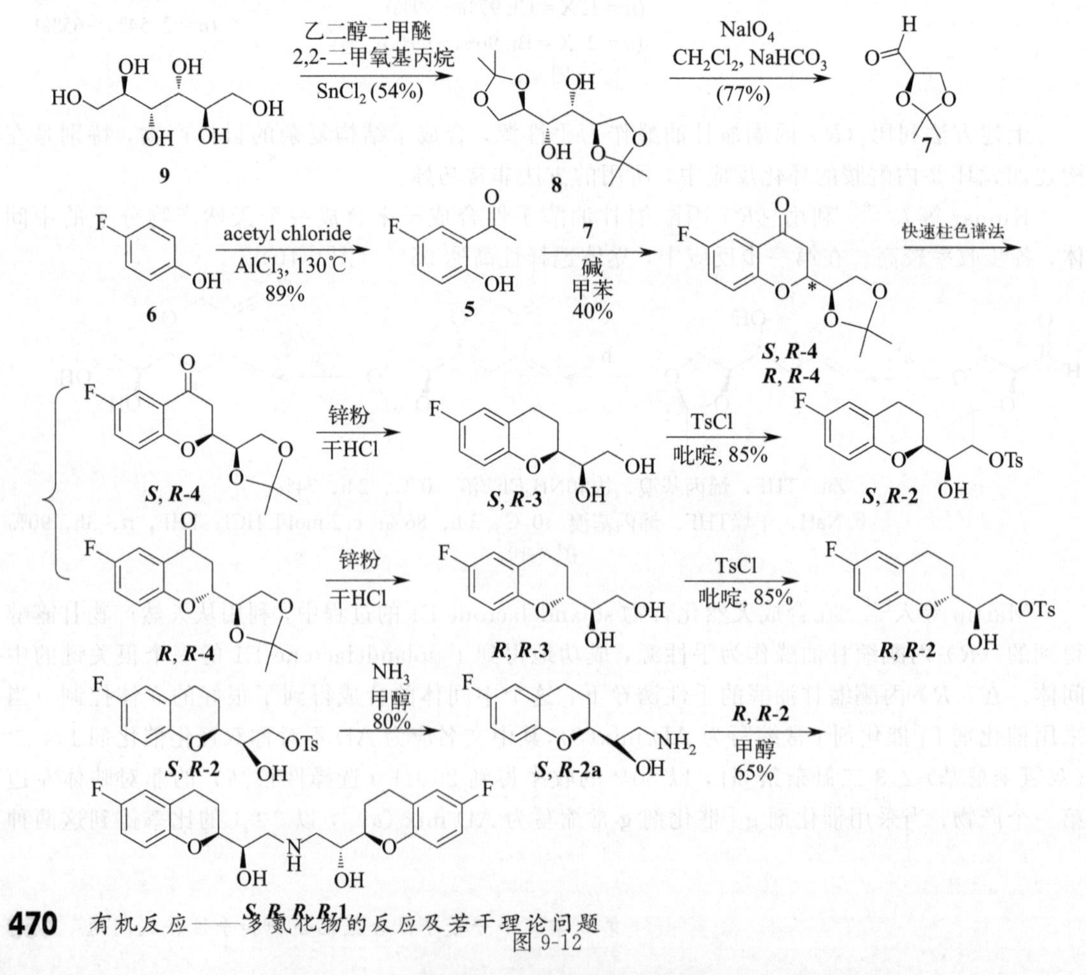

图 9-12

Takahashi 等人[24] 利用木糖手性源构建了一些重要的手性天然产物的中间体（图 9-13）。

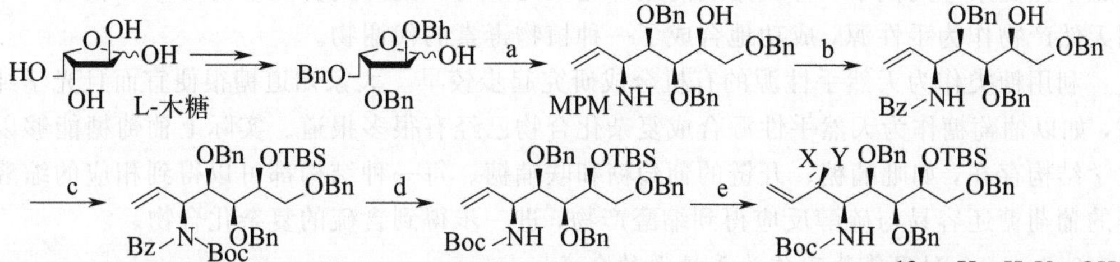

12a：X = H, Y = OH

12b：X = OH, Y = H

a. (ⅰ) $MPMNH_2$，MS 4Å，甲苯，回流；(ⅱ) CH_2═CHMgCl, THF，−78～0℃，2 h，75%（两步）。b. (ⅰ) BzCl，CH_2Cl_2，89%；(ⅱ) CAN，MeOH，86%。c. (ⅰ) TBSCl，咪唑，DMF，89%；(ⅱ) Boc_2O，Et_3N，DMAP，CH_2Cl_2，92%。d. $(Me_2N)_2C$═NH，回流，130℃，8 h，98%。e. (ⅰ) OsO_4，NMO，丙酮，94%；(ⅱ) $NaIO_4$，THF/H_2O (1:1)；(ⅲ) CH_2═CHMgCl，THF，−78℃，95%（两步）

图 9-13

美国新奥尔良大学的王贵军教授等[25] 报道，他们利用右旋的 D-葡萄糖作为手性源，全合成了铜绿菌素 298-A 的类似物（图 9-14），就全合成来说，路线比较短。

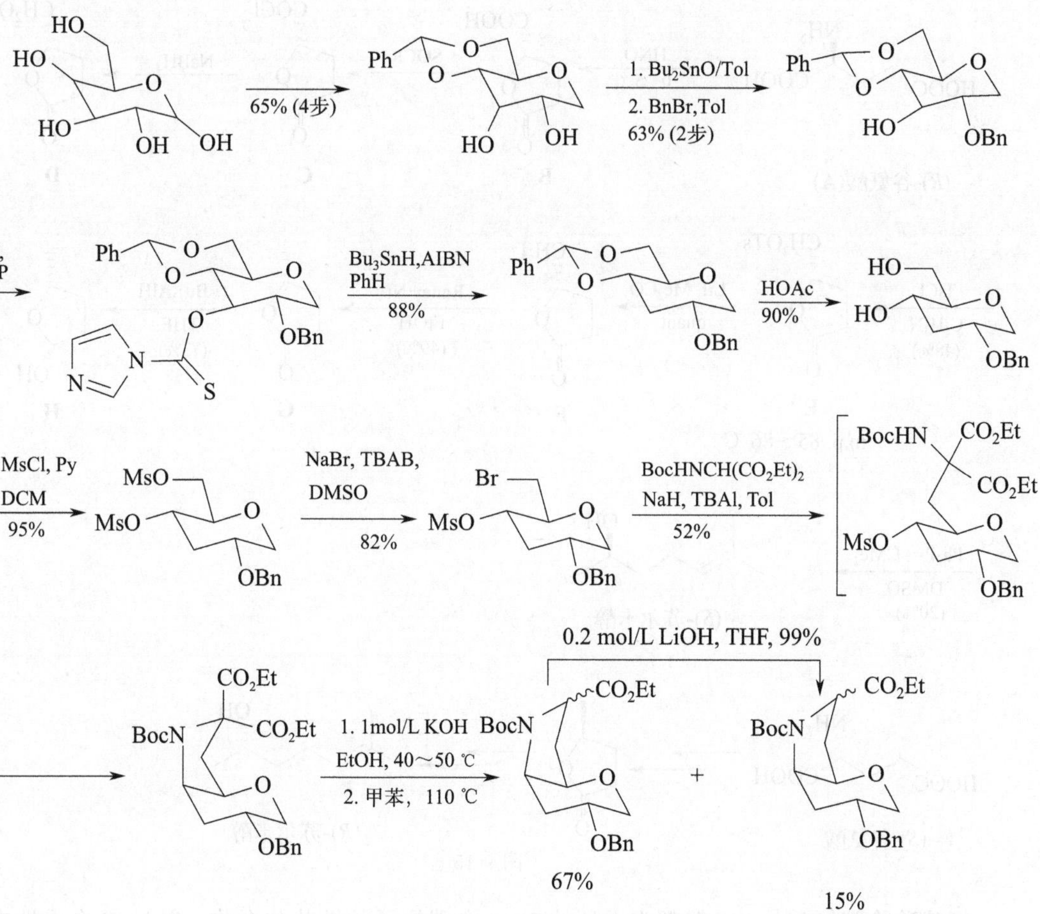

图 9-14

澳大利亚 Wollongong 大学的 Davis 和 Pyne 等人[26] 报道了利用 L-木糖作为手性源来合成手性氮杂环的例子，合成路线的设计是很巧妙的。英国剑桥大学的 Ley 教授等[27] 也利用天然产物作为手性源，成功地合成了一种植物毒素的代谢物。

利用糖类作为天然手性源的有机合成研究起步较早。大家知道糖很便宜而且光学纯度很高，如以葡萄糖作为天然手性源合成复杂化合物已经有很多报道。实际上葡萄糖能够以三种化学结构存在，如吡喃糖、开链的葡萄糖和呋喃糖。每一种结构都可以得到相应的缩醛。开链的葡萄糖还容易与硫醇反应得到缩醛产物，进一步得到含硫的复杂化合物。

9.6.4.2 利用氨基酸作为手性源的合成

氨基酸来源广泛，价格相对较低，在手性化合物的全合成中，对建立手性构型，是一种很好的试剂。

苏尔卡醇（sulcatol）是小蠹虫的一种粉蠹（gnathotrichus sulcatus）的雄虫释放的聚集信息素。日本的森谦治教授利用谷氨酸途径合成了苏尔卡醇[28]，合成方法是在低温下用亚硝酸处理（*R*)-谷氨酸（**A**)，得到构型保持的 **B**，**B** 被转变成酰氯 **C** 再用硼氢化钠还原，得到构型保持的醇 **D**，醇 **D** 衍生的对甲苯磺酰化产物 **E** 结晶性好，可以通过重结晶纯化。然后再将 **E** 转变成碘化物 **F**，用 Raney 镍氢化得到内酯 **G**，内酯 **G** 再用强还原剂异丁基氢化铝还原得到 **H**，最后经过 Wittig 反应得到（*S*)-苏尔卡醇。采用类似的方法，可以利用（*S*)-谷氨酸合成（*R*)-苏尔卡醇。反应过程见图 9-15。

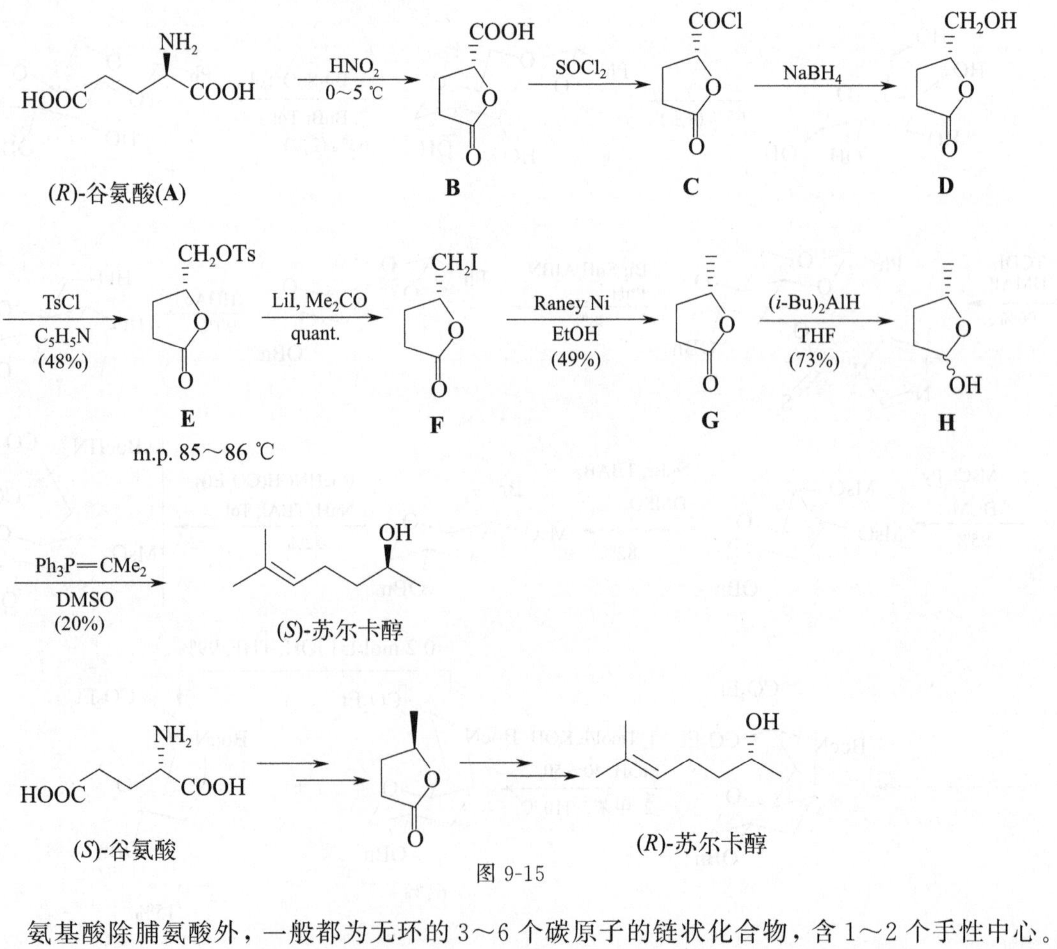

图 9-15

氨基酸除脯氨酸外，一般都为无环的 3～6 个碳原子的链状化合物，含 1～2 个手性中心。

对利用氨基酸作手性源的方法，Coppola 等人[29] 曾进行了较为系统的总结。

Nicolaou 等人[30] 曾将 D-丝氨酸用于 PKC 抑制剂 balanol 的合成中（图 9-16），对氨基酸手性源的利用是很巧妙的。

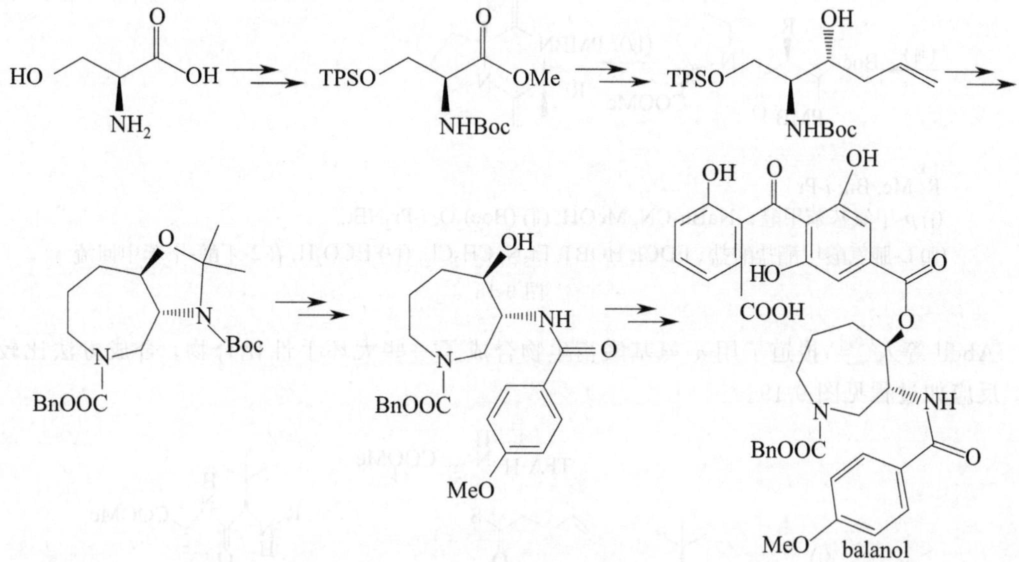

图 9-16

我国植物华佗豆的种子可以用来止痛，华佗豆甲碱是从其中分离的主要成分之一，经结构鉴定，其与生物碱（±)-华佗豆甲碱的结构一致。重要的是华佗豆甲碱呈光学活性，生物碱（±)-华佗豆甲碱为消旋物质。刘铸晋等人[31] 利用光学活性的(S)-脯氨酸为原料，经构型保持的十二步反应合成了(S)-(+)-华佗豆甲碱（图 9-17）。

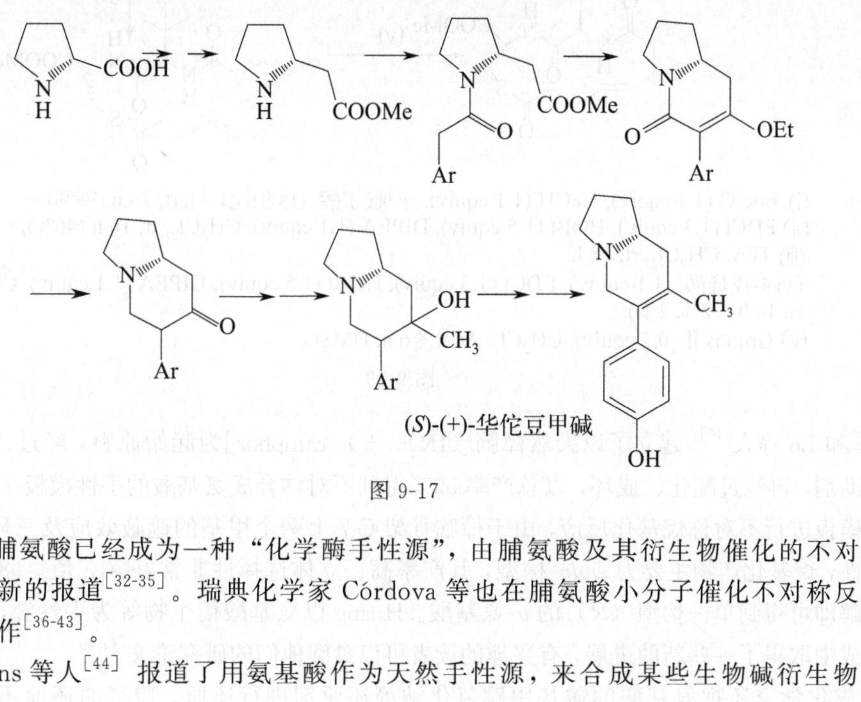

图 9-17

目前，脯氨酸已经成为一种“化学酶手性源”，由脯氨酸及其衍生物催化的不对称反应已经有很多新的报道[32-35]。瑞典化学家 Córdova 等也在脯氨酸小分子催化不对称反应方面做了大量工作[36-43]。

Simpkins 等人[44] 报道了用氨基酸作为天然手性源，来合成某些生物碱衍生物的例子（图 9-18)。

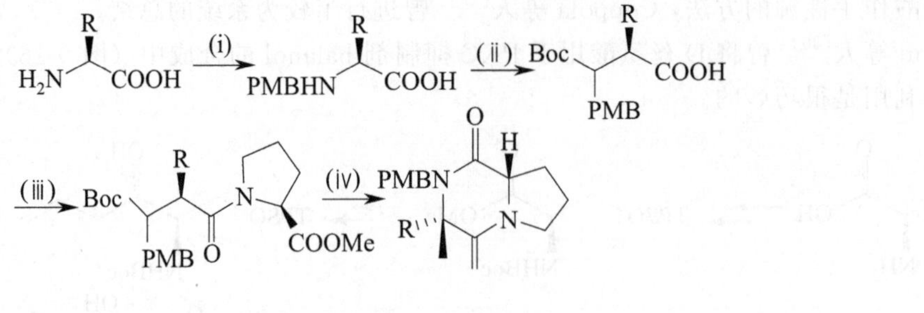

R: Me; Bn; *i*-Pr

(i) *p*-甲氧基苯甲醛，$NaBH_3CN$, MeOH; (ii) $(Boc)_2O$, *i*-Pr_2NEt;

(iii) L-脯氨酸甲酯盐酸盐，EDCI, HOBT, Et_3N, CH_2Cl_2; (iv) HCO_2H, 在2-丁醇-甲苯中回流

图 9-18

Abell 等人[45] 报道了用 α-氨基酸衍生物合成了一些大环手性化合物，合成方法比较巧妙，反应如过程见图 9-19。

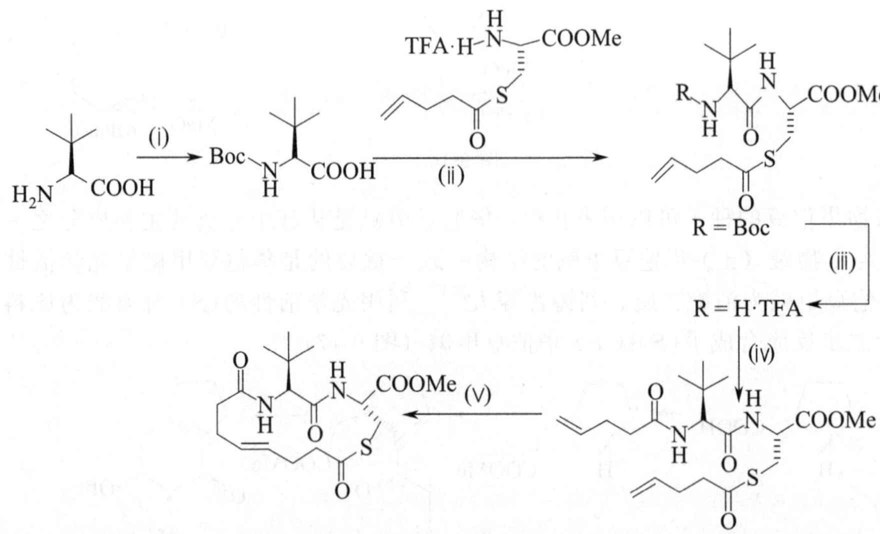

(i) Boc_2O (1.1 equiv), NaOH (1.1 equiv), 水/叔丁醇 (体积比1:1), rt, 18 h (99%);
(ii) EDCl (1.3 equiv), HOBt (1.5 equiv), DIPEA (1.1 equiv), CH_2Cl_2, rt, 16 h (46%);
(iii) TFA, CH_2Cl_2, rt, 18 h;
(iv) 4-戊烯酸 (1.1 equiv), EDCI (1.3 equiv), HOBt (1.5 equiv), DIPEA (1.1 equiv), CH_2Cl_2, rt, 16 h (72%, 2步);
(v) Grubbs Ⅱ (0.2 equiv), CH_2Cl_2, Ar回流6 h, DMSO

图 9-19

Xu 和 Lu 等人[46] 建立了以天然樟脑[(1*R*)-(+)- camphor]为起始原料，经过三步反应得到手性辅助剂，再经过酯化、成环，以总产率 50%得到不对称合成氨基酸的手性模板三环亚胺内酯，他们对模板进行不对称烷基化反应，由于樟脑骨架 C-7 上两个甲基的遮蔽效应及三环亚胺内酯结构的特性，烷基化产物主要为 *endo* 构型，其产率高、立体选择性非常好（*ee* 值>98%），进一步进行水解即可得到单一构型（*R*）的 α-氨基酸。Huang 以氨基酸衍生物等为手性源，在相关天然产物合成中取得了一些新的进展，有兴趣的读者可以参阅他们的研究论文[47-49]。

合成化学家还把氨基酸的羧基用硼氢化钠等还原剂进行还原，羧基的还原不会产生消旋化，这样可以得到一系列所需要的手性氨基醇，天然产物麻黄素就是一种手性氨基醇。利用手性氨基醇作为反应物，可以得到许多复杂手性目标化合物[50]。

9.6.4.3　小结

天然手性源合成是以天然产物为原料，经构型保持或构型转化等有机反应合成新的手性化合物。这里主要论述了糖类如天然甘露糖、氨基酸类作为天然手性源的例子，其他天然手性源如有机酸[如(+)-酒石酸、(+)-乳酸、(−)-苹果酸和(+)-抗坏血酸等]、萜类化合物都是很好的天然手性源物质。氨基酸如脯氨酸及其相关衍生物可以作为很好的手性源。生物碱等手性物质在自然界含量丰富，光学纯度高，多为多氮杂环类结构新颖的天然产物，为合成一些结构复杂的手性杂环药物提供了广泛的手性源，这些生物碱等手性天然产物还可衍生出许多手性催化剂和手性配体。笔者研究组利用天然手性源甘露糖作为起始物来合成多手性中心的药物分子，非常巧妙地合成了能够进行技术转让和实际应用的多手性药物奈必洛尔，并且获得了北京市 2013 年科学技术奖，也是成功利用天然产物手性源的一个很好的例证[51]。

这部分论述，笔者曾经在中文刊物上有过阐述，有兴趣的读者可以参阅[52]。

9.6.5　多氮 Salen 配合物作为手性催化剂

9.6.5.1　引言

Salen 手性催化剂是在上个世纪 90 年代根据模拟细胞色素 P450 氧化酶系的作用而人工合成的一种新型的仿生手性催化剂[53-54]，并衍生化形成了一系列的手性配体。由 Salen 配合物催化的手性环氧化反应获得了很高的产率和 *ee* 值。近年来它们被广泛地用于各类有机合成反应中，例如环氧化合物的水解动力学拆分、合成其他的三元环化合物等。这些催化反应也有较高的产率和 *ee* 值，且反应条件温和。近年来人们发展了不少各种各样的手性催化剂，大多是过渡金属配合物，有不少的手性配体非常复杂，很不容易合成得到。这些看上去挺新奇的手性配合物催化剂，很难在实际产业化中得到应用。从如下论述的多个反应可以看出，Salen 手性催化剂具有相当好的实际应用前景。这里论述的 Salen 手性催化剂，非常容易合成，相对廉价，可大量制备[55]。Salen 手性配体实际上属于手性席夫碱衍生物，一般由(1*R*,2*R*)-二氨基环己烷与相应的芳香醛衍生物经过缩合反应就可以得到(*R*,*R*)-Salen 手性配体；类似地用(1*S*,2*S*)-二氨基环己烷与相应的芳香醛衍生物经过缩合反应就可以得到(*S*,*S*)-Salen 手性配体。从分子结构看，Salen 手性配体与本书作者以前合成的相关 NADH 模型分子有相似之处（见本书第 8 章）。

哈佛大学著名的 Jacobson 教授在 Salen 手性催化剂方面做了大量工作，这里参考了 Jacobson 的不少文献。

9.6.5.2　几种 Salen 系列手性配体

哈佛大学 Jacobson 和合作者们合成了 Salen 配体 **1**，这是 Salen 系列手性催化剂中目前应用的最为广泛的手性催化剂，将其配合上相应的金属离子后可以表现出不同的催化活性[53-54]。本节论述的 Salen 催化剂的配体，不少类似于如下的配体化合物：

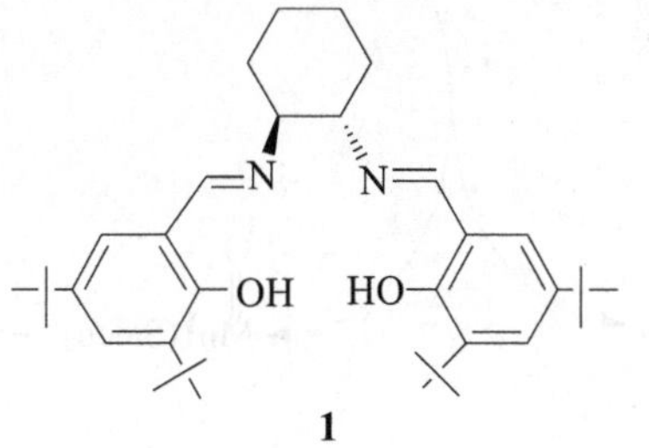

1

Jacobson 等还合成了含有苯基的手性 Salen 配体 **2**，主要被用于手性环氧化反应[56-57]。Scheurer 等合成了 Salen 配体 **3**，其催化活性适中，并且可以接上其他基团，而立体选择性与相应的配体 **1** 相反[58]。

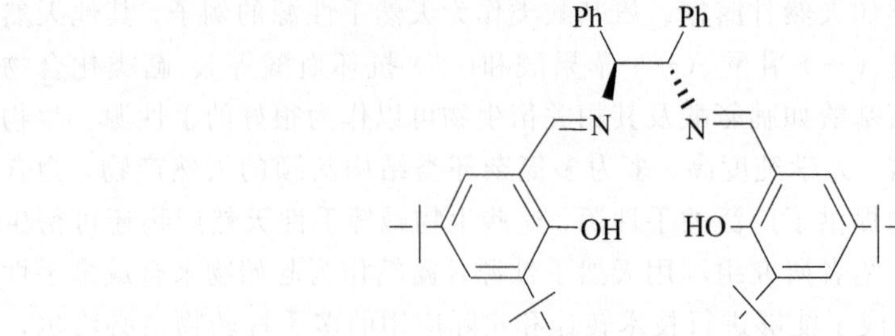

2

David 等合成了配体 **4**，用于研究手性化合物的载氧和选择性氧化功能，环上的取代基 R 为羟基时可以与分子氧形成氢键，增大了载氧能力[59]。

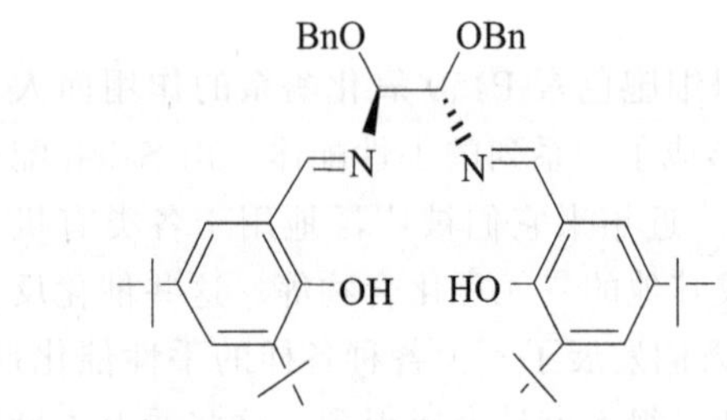

3

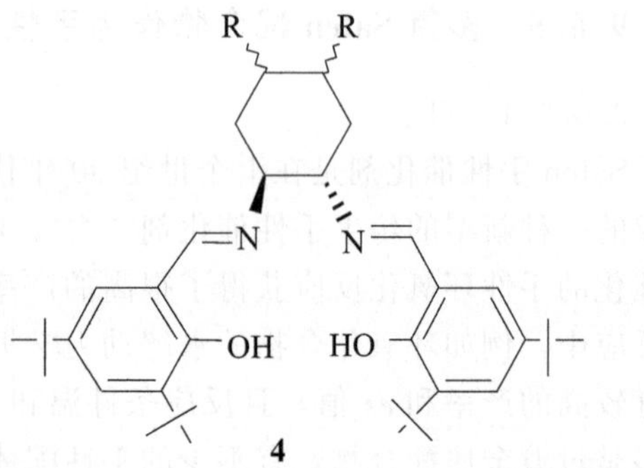

4

9.6.5.3　Salen 催化的手性有机反应

(1) 氧化反应

① 烯烃的环氧化。Jacobsen 等发现 Salen(Mn) **1**、**3** 可以催化烯烃手性环氧化反应，随后开展了一系列的关于其结构与催化活性的研究，发现当 C-3、C-3′上为叔丁基取代基时，催化剂具有很高的催化活性和立体选择性[56-57]，当 C-3、C-3′上为其他取代基如叔丁烷氧基时[60-61]，其催化效果并不如叔丁基取代基的好。Jacobson 等人研究了催化反应机理[62-63]。Jacobson 等对 Salen(Mn) **1** 作了深入的物理有机化学研究，发现 C-5 和 C-5′上若是连有吸电子取代基将加速反应，并发现 Hammett 方程也适用于此催化机理[64-66]。最近其他研究者还使用分子模拟 DFT 方法对 Salen(Mn) 的催化机理进行了研究[67-68]。

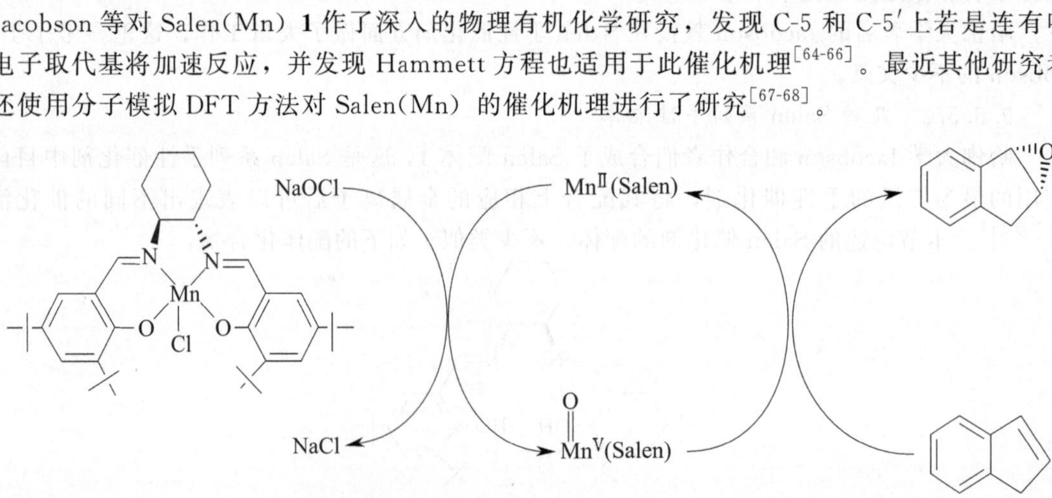

Mahony 等用 R,R-Salen(Cr)配合物作为烯烃环氧化催化剂，但是 *ee* 值不太高[69]。

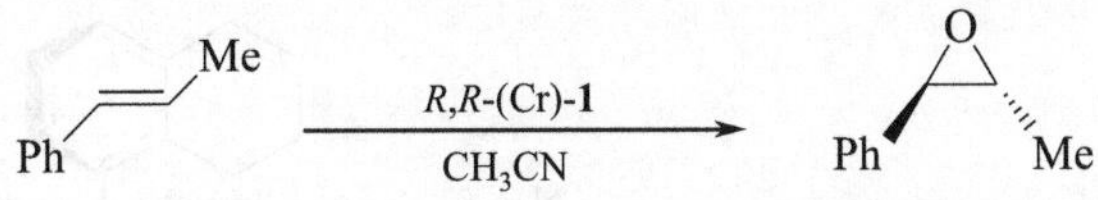

Couladouros 等报道了在大环化合物中进行立体选择性氧化的例子，通过对大环烯键进行不对称环氧化反应，进行一系列反应后全合成了天然产物 combretastatins D[70]，但是后来发现，对大环的选择性环氧化的产率（44%）和 *ee* 值（60%）明显不如小分子化合物。

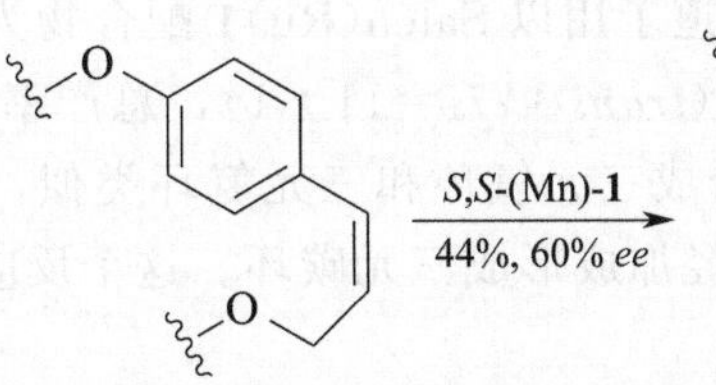

② 醇的选择性氧化。Adam 等用 Salen(Cr) **1** 进行了烯丙醇氧化生成 α,β-不饱和酮的反应，反应选择性好，95%的羟基被氧化成羰基，双键仅 5%被环氧化[71]。

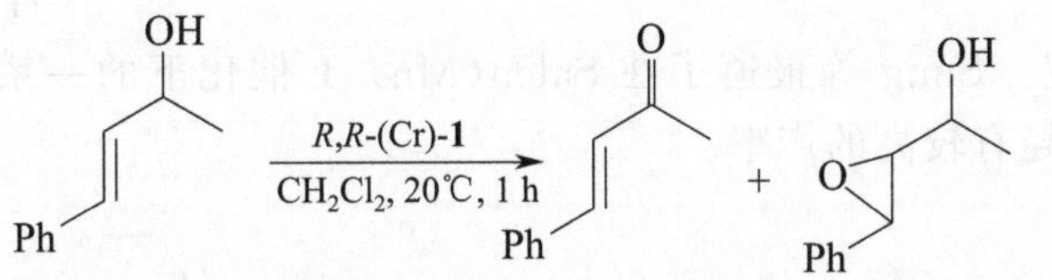

③ 硫醚的不对称氧化。使用 Salen 衍生的手性胺为配体可以进行硫醚的不对称环氧化反应[72-73]。该方法明显的优点在于以廉价的双氧水为氧化剂，整个氧化反应无污染，配体简单易得，反应条件温和，是一种绿色合成方法。

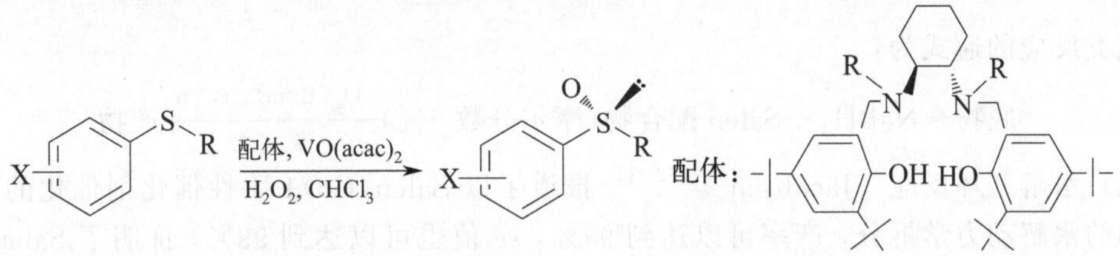

(2) 合成三元环的反应　除了前面所述的用 Salen(Mn) 催化烯烃环氧化形成三元氧环的反应之外，Salen 手性催化剂还能用来合成手性氮杂环丙烷与手性环丙烷。含有 C、O、N 的手性三元杂环化合物都能用 Salen 手性催化剂合成，以下举例说明。

① 手性氮杂环丙烷的合成。Jacobsen 等报道了用 Salen(Cu) **1** 催化的形成氮丙啶的反应[74]。反应先是由 Cu 催化生成氮宾活性中间体，然后进行不对称氮杂环丙烷化生成手性氮丙啶[75]，对反应机理也有报道[76-78]。

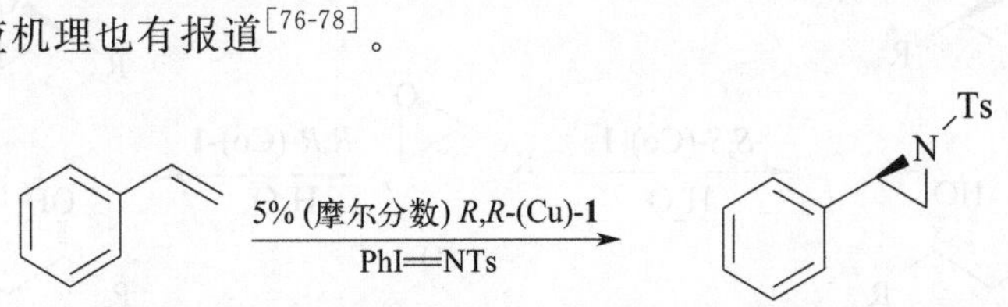

如手性联萘二胺衍生物与 Salen 类似的席夫碱配体，也能催化形成氮丙啶的反应[79]。

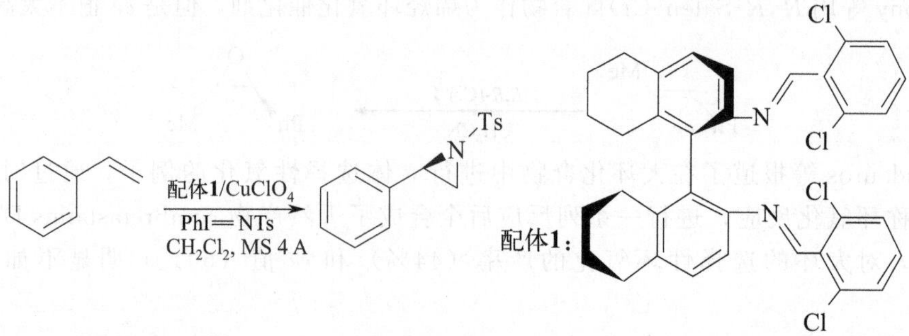

② 手性环丙烷的合成。Miller 等报道了用以 Salen(Ru)**1** 配合物为催化剂进行环丙烷化的反应，得到的产物主要以反式的为主（*trans*：*cis*＝11：1），总产率 99%，而且反式的 *ee* 值达到了 99%[80]，这个反应的机理与合成三元氧环和三元氮环类似，是在铜的作用下催化反应物脱去重氮基生成卡宾，然后与烯烃加成形成三元碳环。这个反应为手性三元碳环的合成提供了一种新的方法。

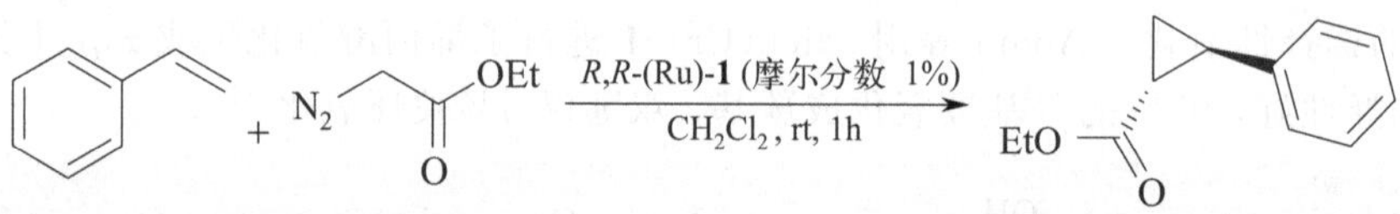

（3）羟基化反应　Sung 等报道了在 Salen(Mn) **1** 催化下的一系列烯烃转化成醇的反应[81]，邻位芳基烯烃有较高的产率。

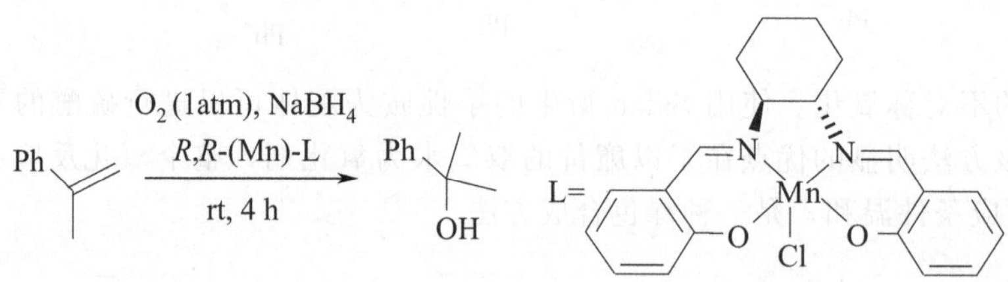

该类反应的通式为：

$$\text{底物}+NaBH_4+\text{Salen 配合物(摩尔分数 5\%)}\xrightarrow[\text{苯/乙醇}]{O_2\text{(1atm), rt, 4 h}}\text{产物}$$

（4）水解开环反应　Jacobsen 等[82-83] 报道了以 Salen(Co)**1** 手性催化剂催化的末端环氧化物的水解动力学拆分，产率可以达到 99%，*ee* 值也可以达到 99%，证明了 Salen(Co)**1** 是一种极好的水解动力学拆分催化剂，并且发现当 R 为简单烃基时，(*S*,*S*)-Salen(Co)**1** 拆分生成 *R* 型的二醇留下 *S* 型的环氧化物，而(*R*,*R*)-Salen(Co)**1** 所拆分的结果正好与之相反。表 9-7 列出了各种不同的环氧化物的拆分情况，可以看出，推电子基和吸电子基对开环反应的产率影响较小。此外，在离子液体中的环氧化物的不对称水解开环也有报道[84]。

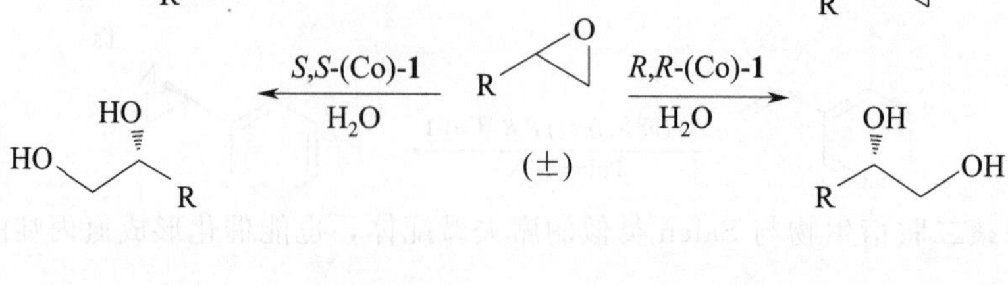

表 9-7 通过（*R*，*R*）或（*S*，*S*）-Salen（Co）水解动力学拆分的不同氧化物

条目	R	催化剂摩尔分数/%	溶剂	*ee* 值/%	产率/%
1	CH_3	0.2		99	45
2	$(CH_2)_3CH_3$	0.5		99	44
3	CF_3	0.5		>99	42
4	CH_2OPh	0.5	THF	95	41
5	CH_2CO_2Et	0.5	THF	95	41
6	CH_2NHBoc	2.0	THF	78	36
7	$COCH_3$	2.0	THF	97	40
8	C_6H_5	0.8	THF	98	42
9	3-$CH_3OC_6H_4$	0.8	THF	95	41
10	3-$NO_2C_6H_4$	0.8	THF	99	44

Shibasaki 等由 Salen 配体出发设计合成了一系列含有 Lewis 酸和 Brϕnsted 碱的新催化剂，用于一系列有机反应[85]，取得了很好的结果。如果引入两种不同的 Lewis 酸，就可以分别与不同的亲核试剂反应从而实现选择性。使用作为软 Lewis 酸的 Ga 和硬 Lewis 酸的 Ti 为双活性中心的 Salen 催化剂，催化以硫醇为亲核试剂的一系列环氧化物的不对称开环，产率可以达到 99%，*ee* 值也可以达到 87%[86]。

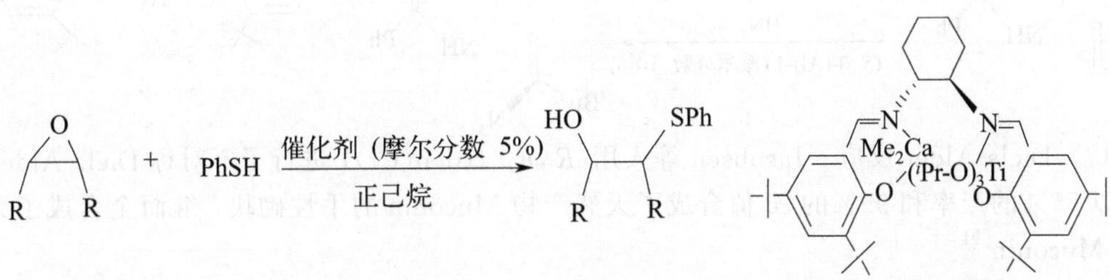

(5) 亲核加成反应　Bu 等报道了(*R*,*R*)-Salen(Ti)**1** 作为手性催化剂催化的三甲基硅腈与芳香醛的不对称亲核加成，产率和 *ee* 值都较高[87]。Jiang 等[88] 对(*R*,*R*)-Salen(Ti)**1** 作为手性催化剂催化的不对称的硅腈化反应作了详细研究，发现 Salen 的饱和六配位配合物有较高的催化活性和对映选择性，而且探讨了溶液中抗衡离子的碱性对催化活性的影响。表 9-8 中列举了手性催化剂催化不对称的硅腈化反应的一些例子。

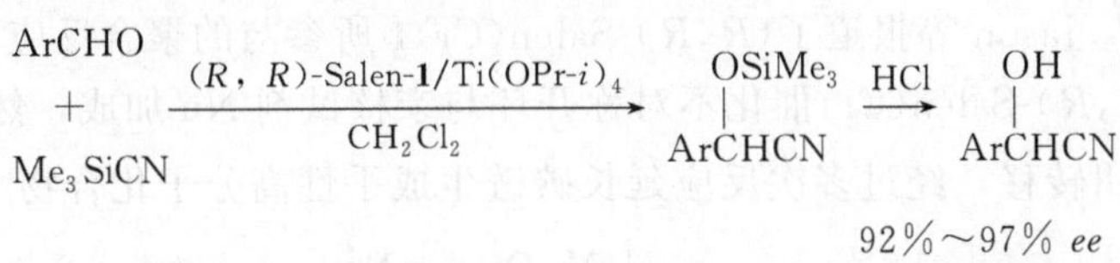

表 9-8 Salen-Ti $(OPr)_4$ 配合物催化的 TMSCN 与醛的对映选择性加成

条目	醛	*t*/h	产率/%	*ee* 值/%	构型
1	PhCHO	24	72	87.1	*R*
2	4-ClC_6H_4CHO	36	76	84.0	*R*
3	3-ClC_6H_4CHO	36	69	62.1	*R*
4	2-ClC_6H_4CHO	22	80	66.0	*R*
5	4-MeC_6H_4CHO	36	60	82.0	*R*
6	3-MeC_6H_4CHO	36	69	75.5	*R*
7	2-MeC_6H_4CHO	36	68	74.1	*R*
8	(*E*)-$C_6H_5CH{=}CHCHO$	36	77	74.6	*R*
9	(*E*)-$CH_3CH{=}CHCHO$	36	70	72.0	*R*
10	$C_8H_{17}CHO$	36	58	22.4	*R*

续表

条目	醛	t/h	产率/%	*ee* 值/%	构型
11	$CH_2=C(CH_3)CHO$	36	61	77.9	*R*
12	$(CH_3)_3CCHO$	36	85	73.0	*R*
13	cyclo-$C_6H_{11}CHO$	36	86	40.6	*R*

研究发现(*R*,*R*)-Salen(Cr)**1** 作为手性催化剂催化芳香醛的不对称 Heck 烯丙基化反应，达到了中等的产率和 *ee* 值[89]。

(6) Michael 加成反应　用 Salen-(Al)的配合物可以催化 α,β-不饱和羰基化合物的手性叠氮化 Michael 加成反应[90]，得到手性加成产物，其 *ee* 值很高，达到了 97%，用铝离子配合物的原因是铝可以与叠氮负离子形成硬酸和硬碱配合物，从而起到了配位催化作用。

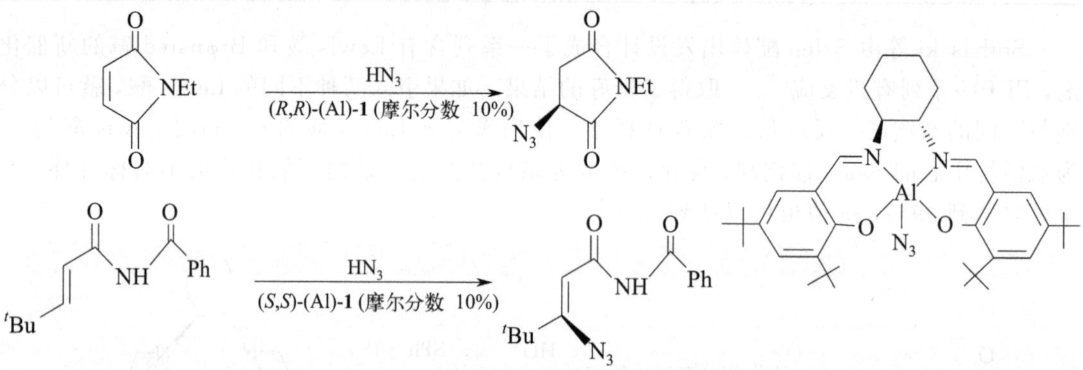

(7) Diels-Alder 反应　Jacobsen 等人用(*R*,*R*)-Salen(Cr)**1** 进行了不对称 Diels-Alder 反应，以 55%的产率和 99%的 *ee* 值合成了天然产物 Muconin 的手性砌块，继而全合成了天然产物 Muconin[91]。

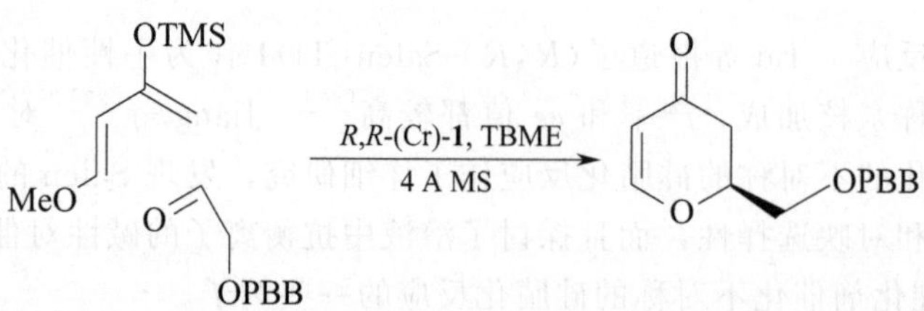

(8) 聚合反应　Jason 等报道了(*R*,*R*)-Salen(Cr)**1** 所参与的聚合反应，生成物为手性高分子，反应先是(*R*,*R*)-Salen(Cr)催化不对称开环与亲核试剂 Nu 加成，然后发生 CO_2 的插入反应，再发生基团转移，经过多次反应延长碳链生成手性高分子化合物[92]。

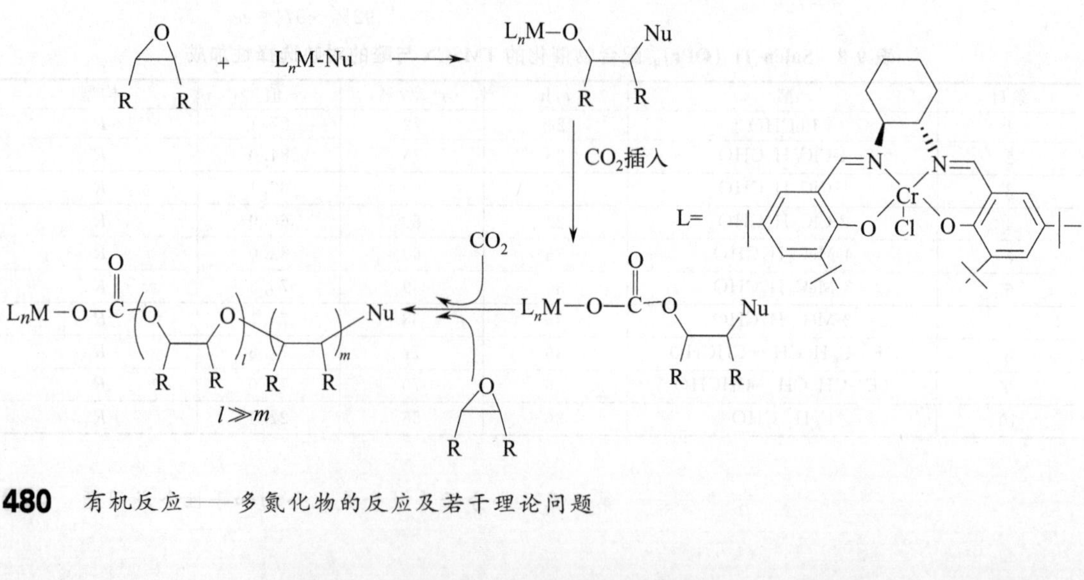

9.6.5.4 最新的手性 Salen 催化的有机反应

2021 年 Zhang 等人报道了一种有效的 Salen(Co) 催化的新反应。该反应借助于修饰的手性 Salen(Co) 催化剂，获得了不对称游离基手性反应的较高的对映选择性控制，对不对称游离基官能化反应有启示。

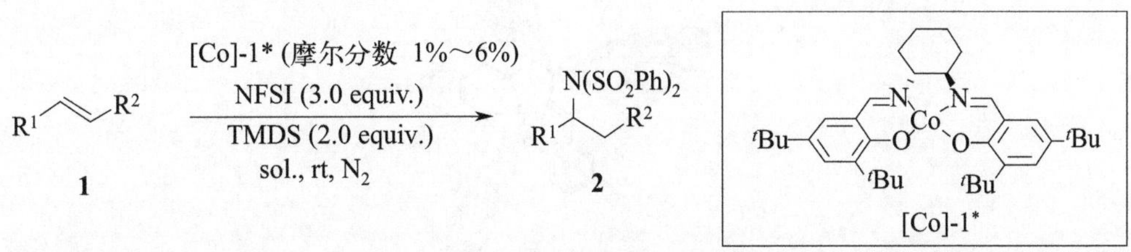

2023 年，Zhou 等报道了在手性 Salen(Mo) 催化剂的作用下，1,2-二羰基化合物的不对称脱氧环丙烷化的新反应，对映体选择性较好。动力学研究提出了氧桥联双核 Mo(Ⅲ) 物种作为催化活性物种。该研究为手性 Salen(Mo) 的潜在应用打开了新的窗口[93]。

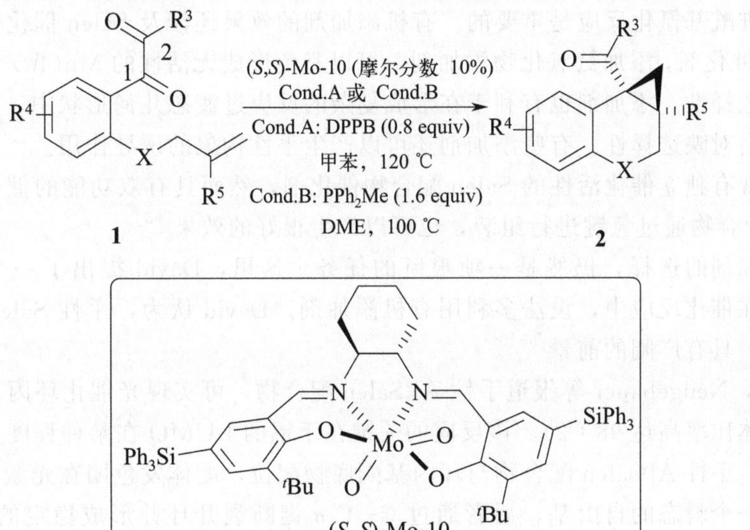

2022 年，Cui 等报道了手性 Salen(Mn) 催化剂催化烯烃分子内卤代胺化的不对称反应。研究表明，C-5—C-6 键的极化对选择性有重要影响，C-5 或 C-6 上基团的空间位阻起次要作用。各种氨基烯烃可以以较高的产率获得 2-溴化或氯化吡咯烷衍生物[94]。

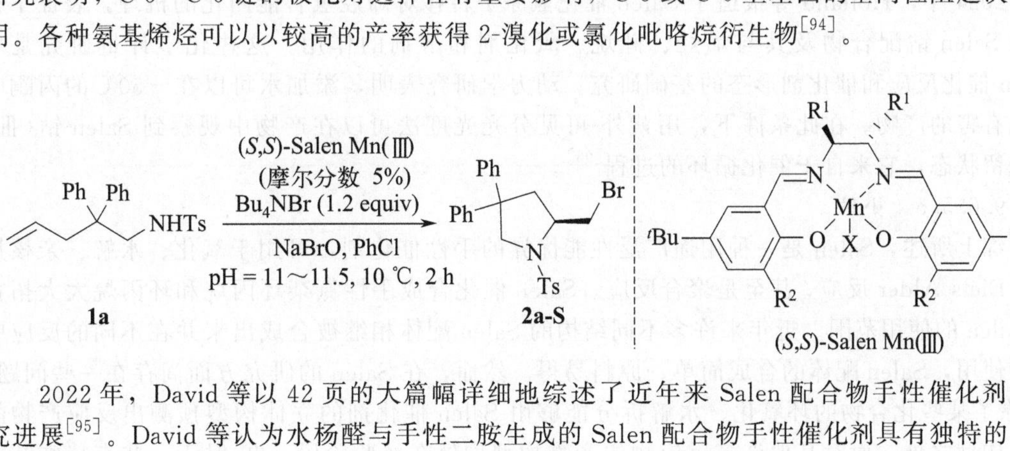

2022 年，David 等以 42 页的大篇幅详细地综述了近年来 Salen 配合物手性催化剂的研究进展[95]。David 等认为水杨醛与手性二胺生成的 Salen 配合物手性催化剂具有独特的不对

称催化功效。

为了阐述得更清楚，David 等甚至用形象的图形来说明一些相关的 Salen 配合物手性催化剂：

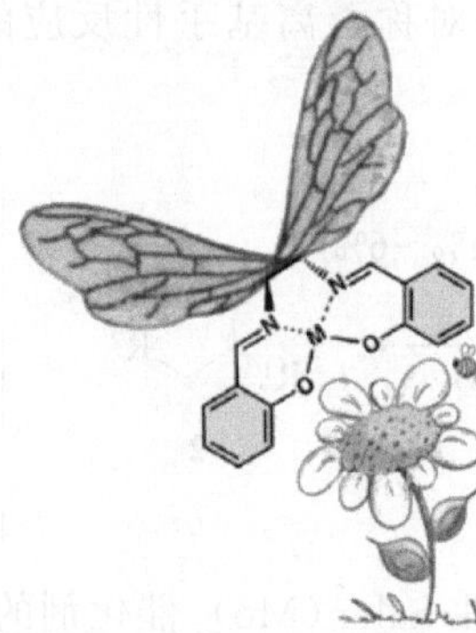

David 等[95] 根据催化反应的特点，对各种各样的 Salen 配合物手性催化剂进行了综述和分类。David 认为，除过 Salen 催化剂本身以外，选择合适的添加剂在复杂的反应性中非常重要。不同的添加剂已经被证明可以有效地加速和提高催化反应中的选择性。例如，添加含氮碱对促进酰基氰化反应是重要的。有机添加剂的效果还涉及 Salen 催化剂金属离子。如 Salen(Mn) 催化剂，添加氮氧化物添加剂，可以避免形成无活性的 Mn(Ⅳ) 二聚体，也可以提高反应的选择性。添加剂也有利于在形成复杂的反应过渡态几何形状中，创造更有利的几何形状，提高对映选择性。有些添加剂还可以产生手性构象的诱导作用。

尽管通常有独立催化活性的 Salen 配合物催化剂，然而具有双功能的催化剂更有效。把两个 Salen 配合物通过氢键进行组装，也可以产生很好的效果[95]。

有机添加剂的选择，仍然是一项艰巨的任务。这里，David 提出了一个重要的科学问题，那就是在催化反应中，设法多利用有机添加剂。David 认为，手性 Salen 配合物催化剂的深入研究，具有广阔的前景[95]。

2023 年，Neugebauer 等报道手性 Al-Salen 配合物，可实现光催化环丙基酮的去消旋化反应（对映体比率高达 98∶2）。该反应的关键在于铝的 LUMO 在某种程度上能够降低活化过程的能垒。手性 Al-salen 配合物与环丙基酮底物配位，配体发色团在光激发下会诱导电子转移并产生一个瞬态的自由基，后者通过 C—C σ 键断裂开环并形成稳定的碳中心自由基，最后经逆向电子转移弛豫到基态，并在手性环境下再生环丙基酮。相关成果发表在 *Nature* 上（*Nature*，2023，621：753）。

2024 年，Holland 等报道了 Salen 催化氢原子转移对烯烃氢官能团化的机理，表征了相关的 Salen 钴配合物及其与烯烃、硅烷、氧化剂和溶剂的作用。这些化学计量研究是对 Salen 催化反应和催化剂形态的基础研究。动力学研究表明，添加水可以在 −50℃ 的丙酮中形成有害的产物。在此条件下，用紫外-可见分光光度法可以在产物中观察到 Salen 钴(Ⅲ) 的残留状态，它来自于催化循环的过程[96]。

9.6.5.5　小结

综上所述，Salen 是一种用途广泛性能优异的手性催化剂，可用于氧化、水解、亲核加成、Diels-Alder 反应，甚至是聚合反应。Salen 催化合成手性氮杂环丙烷和环丙烷大大拓宽了 Salen 的使用范围。近年来许多不同结构的 Salen 配体相继被合成出来并在不同的反应中得到使用，Salen 配体的合成简单，原料易得。然而，在 Salen 的研究方面尚存在一些问题：① 除了某些化合物的环氧化、水解拆分能够由 Salen 催化剂的立体构型预测出反应产物的立体构型之外，而对其他许多反应物的产物构型均处在经验阶段。② 对于一些有特殊结构的目标分子，如多官能团化合物，以及复杂的天然产物，Salen 催化剂具有局限性。③ Salen 催化剂的回收利用问题仍没有很好地解决。

本书在这里引用了一些近两年来最新的 Salen 手性催化剂催化的有机反应，特别是一些新方法，例如设法利用有机添加剂，来提高 Salen 手性催化剂催化的高效性。

读者还可以进一步参阅笔者以前关于 Salen 的论述[97]。

参考文献

[1] 林国强，陈耀全，陈新滋，等. 手性合成——不对称反应及其应用. 北京：科学出版社，2000：50 .

[2] 黄亮，戴立信，杜灿屏，等. 手性药物的化学与生物学. 北京：化学工业出版社，2002：6.

[3] 张生勇，郭建权. 不对称催化反应——原理及在有机合成中的应用. 北京：科学出版社，2002：3，16.

[4] 李月明，范青华，陈新滋. 不对称有机反应——催化剂的回收与利用. 北京：化学工业出版社，2003：39.

[5] Ito A，Takahashi R，BabaY. Chem. Pharm. Bull.，1975，23：3081.

[6] 王乃兴. 有机反应——多氮化物的反应及有关理论问题. 北京：化学工业出版社，2003：134.

[7] 王乃兴. 有机化学，2002，22：299.

[8] Brown H C，Singaram B. Pure & Appl. Chem.，1987，59：879.

[9] Katsuki T，Sharpless K B. J. Am. Chem. Soc.，1980，102：5974.

[10] Noyori R，Tomini I，Tanimoto Y. J. Am. Chem. Soc.，1979，101：3129.

[11] Ojima I. Catalytic Asymmetric Synthesis. Second Edition. New York：Wiley-VCH，2000：1.

[12] 王乃兴，杨运旭. 6-氟-色满-2-羧酸的合成及其拆分. 中国化学会第 24 届年会. 长沙：湖南大学，2004，4：24-27.

[13] Tokunaga M，Larrow J E，Kaki F，et al. Science，1997，277：936.

[14] Furrow M E，Schaus S E，Jacobsen E N. J. Org. Chem.，1998，63：6776.

[15] 吴毓林，姚祝军. 天然产物合成化学——科学和艺术的探索. 北京：科学出版社，2006.

[16] 吴毓林，姚祝军，胡泰山. 现代有机合成化学. 第 2 版. 北京：科学出版社，2004.

[17] Hong Z Y，Liu L，Hsu C C，et al. Three-step synthesis of sialic acids and derivatives. Angew Chem Int Ed，2006，45：7417-7421.

[18] Kagawa N，Ihara M，Tayota M. Convergent total synthesis of （+）-mycalamide. J Org Chem，2006，71：6796-6805.

[19] van Brabandt W，Vanwalleghem M，D'hooghe M，et al. Asymmetric synthesis of 1-（2- and 3-Haloalkyl）azetidin-2-ones as precursors for novel piperazine，morpholine，and 1，4-diazepane annulated beta-lactams. J Org Chem，2006，71：7083-7086.

[20] Kumar S P，Nagaiah K，Chorghade M S. The first total synthesis of （*S*）-clavulazine from *d*-mannitol. Tetrahedron Lett，2006，47：7149-7151.

[21] Davoren J E，Martin S F. Enantioselective synthesis and structure revision of solandelactone E. J Am Chem Soc，2007，129：510-511.

[22] Yu A G，Wang N X，Xing Y L，et al. A convenient synthesis of 1-[6-Fluoro-(2*S*)-3*H*，4*H*-dihydro- 2*H*-2-chromenyl]-(1*R*)-1，2-ethanediol and 1-[6-Fluoro-(2*R*)-3*H*，4*H*-dihydro-2*H*-2-chromenyl]-(1*R*)-1，2-ethanediol. Synlett，2005，9：1465-1467.

[23] Wang N X，Yu A G，Wang G X，et al. Synthesis of （*S*，*R*，*R*，*R*）-α，α'-Iminobis（methylene）bis（6-fluoro-3*H*，4*H*-dihydro- 2*H*-1-benzopyran-2-methanol）. Synthesis，2007，8：1154-1158.

[24] Takahashi M，Maehara T，Sengoku T，et al. New asymmetric strategy for the total synthesis of naturally occurring （+）-alexine and （−）-7-epi-alexine. Tetrahedron，2008，64：5254-5261.

[25] Nie X P，Wang G J. Total synthesis of aeruginosin 298-A analogs containing ring oxygenated variants of 2-carboxy-6-hydroxyoctahydroindole . Tetrahedron，2008，64：5784-5793.

[26] Davis A S，Ritthiwigrom T，Pyne S G. Synthetic and spectroscopic studies on the structures of uniflorines A and B：structural revision to 1，2，6，7-tetrahydroxy-3-1，2，6，7-tetrahydroxy-3-hydroxymethylpyrrolizidine alkaloids. Tetrahedron，2008，64：

4868-4879.

[27] Leyva A , Blum F E, Ley S V. A new synthesis of (—)-epipyriculol: a phytotoxic metabolite. Tetrahedron, 2008, 64: 4711-4717.

[28] 森谦治．生物活性物质化学．李作轩，沈向群，代红艳，译．北京：化学工业出版社，2006.

[29] Coppola G M, Schuster H F. Asymmeric synthesis-construction of chiral molecules using amino acids. New York: John Wiley & Sons, 1987.

[30] Nicolaou K C, Bunnage M E, Koide K. Total synthesis of balanol. J Am Chem Soc, 1994, 116: 8402-8403.

[31] 刘铸晋，陆仁荣，陈齐，等．(S)-(+)-Ipalbidine 的全合成．化学学报，1985，43：992-995.

[32] Alemán J, Richter B, Jϕrgensen K A. Organocatalytic highly enantioselective a-arylation of b -ketoesters. Angew Chem Int Ed, 2007, 46: 5515-5519.

[33] Alemán J, Cabrera S, Maerten E, et al. Asymmetric organocatalytic a-arylation of aldehydes. Angew Chem Int. Ed, 2007, 46: 5520-5523.

[34] Carlone A, Cabrera S, Marigo M, et al. A new approach for an organocatalytic multicomponent domino asymmetric reaction. Angew Chem Int Ed, 2007, 46: 1101-1104.

[35] Dinér P, Nielsen M, Marigo M, et al. Enantioselective organocatalytic conjugate addition of N heterocycles to α,β-unsaturated aldehydes. Angew Chem Int Ed, 2007, 46: 1983-1987.

[36] Vesely J, Rios R, Ibrahem I. Highly enantioselective organocatalytic addition of unmodified aldehydes to *N*-Boc protected imines: one-pot asymmetric synthesis of β-amino acids. Tetrahedron Lett, 2007, 48: 421-425.

[37] Rios R, Sundén H, Ibrahem I, et al. A simple and concise catalytic asymmetric entry to tetrahydroxanthenones. Tetrahedron Lett, 2007, 48: 2181-2184.

[38] Zhao G L, Córdova A. A one-pot combination of amine and heterocyclic carbine catalysis: direct asymmetric synthesis of b-hydroxy and b-malonate esters from α,β-unsaturated aldehydes. Tetrahedron Let, 2007, 48: 5976-5980.

[39] Vesely J, Dziedzic P, Córdova A. Aza-Morita-Baylis-Hillman-type reactions: highly enantioselective organocatalytic addition of unmodified α,β-unsaturated aldehydes to *N*-Boc protected imines. Tetrahedron Let, 2007, 48: 6900-6904.

[40] Ibrahem I, Rios R, Vesely J, et al. Organocatalytic asymmetric multi-component [C+NC+CC] synthesis of highly functionalized pyrrolidine derivatives. Tetrahedron Let, 2007, 48: 6252-6257.

[41] Rios R, Ibrahem I, Vesely J, et al. Organocatalytic asymmetric 5-hydroxypyrrolidine synthesis: a highly enantioselective route to 3-substituted proline derivatives. Tetrahedron Lett, 2007, 48: 8695-8699.

[42] Dziedzic P, Ibrahem I, Córdova A. Direct catalytic asymmetric three-component Mannich reactions with dihydroxyacetone: enantioselective synthesis of amino sugar derivatives. Tetrahedron Lett, 2008, 49: 803-807.

[43] Vesely J, Rios R, Córdova A. Proline and Lewis base co-catalyzed addition of α,β-unsaturated aldehydes to nitrostyrenes. Tetrahedron Lett, 2008, 49: 1137-1140.

[44] Pichowicz M, Simpkins N S, Blake A J, et al. Studies towards complex bridged alkaloids: regio- and stereocontrolled enolate chemistry of 2, 5-diketopiperazines. Tetrahedron, 2008, 64: 3713-3735.

[45] Vernall A J, Ballet S, Abell A D. Cross-metathesis and ring-closing metathesis reactions of amino acid-based substrates. Tetrahedron, 2008, 64: 3980-3997.

[46] Xu P F, Chen Y S, Lin S I, et al. Chiral tricyclic iminolactone derived from (1*R*)-(+)-camphor as a glycine equivalent for the asymmetric synthesis of α-amino acids. J Org Chem, 2002, 67: 2309-2314.

[47] Huang P Q, Lan H Q, Zheng X, et al. A concise asymmetric synthesis of (2*S*,3*S*,7*S*)-3,7-dimethylpentadecan-2-yl acetate and propionate, the sex pheromones of pine sawflies. J Org Chem, 2004, 69: 3964-3967.

[48] Zheng J F, Jin L R, Huang P Q. Enantiodivergent synthesis of both enantiomers of marine alkaloids haliclorensin and isohaliclorensin, a constituent of halitulin. Org Lett, 2004, 6: 1139-1142.

[49] Wu T J, Huang P Q. A concise approach to (+) -1-epi-castanospermine. Tetrahedron Lett, 2008, 49: 383-386.

[50] Wyatt P, Warren S. 张艳，王剑波，等译．北京：科学出版社，2009.

[51] 王乃兴．有机反应——多氮化物的反应及有关理论问题．第5版．北京：化学工业出版社，2021.

[52] 王乃兴．利用天然手性源合成复杂手性化合物的方法．中国科学：化学，2010，40（4）：295-302.

[53] (a) Zhang W, Loebach J L, Wilson S R, et al. J. Am. Chem. Soc., 1990, 112: 2801. (b) Irie R, Noda K, Ito Y, et al. Tetrahedron Lett., 1990, 31: 7345.

[54] Jacobson E N, Zhang W, et al J. Am. Chem. Soc, 1991, 113: 6703.
[55] Jay F L, Jacobson E N, et al. J. Org. Chem., 1994, 59: 1939-1942.
[56] Jacobsen E N, Pfaltz A, Yamamoto H. Springer-Verlag: Berlin, 1999: 621.
[57] Jacobsen E N, Wu M H. In Comprehensive Asymmetric Catalysis, Vol Ⅱ; Jacobsen, E N, Pfaltz Yamamoto, H. Springer-Verlag: Berlin, 1999: 649.
[58] Scheurer A, Mosset P, Spiegel M, et al. Tetrahedron, 1999, 55: 1063.
[59] Roberto F, Christiaan M B, Mercedes C C, et al. J. Org. Chem., 2002, 67: 8552-8557.
[60] Ahn K H, Park S W, Choi S, et al. Tetrahedron Lett., 2001, 42: 2485.
[61] Yong C J, Sunho C, Kyunga Y, et al. Bull. Korean Chem. Soc., 2003, 24 (5): 537-538.
[62] (a) JacobsenE N, Deng L, Furukawa Y, et al. Tetrahedron, 1994, 50: 4323. (b) Hughes D L, Smith G B, Liu J, et al. J. Org. Chem., 1997, 62: 2222.
[63] Feichtinger D, Plattner D A. Angew. Chem., Int. Ed., 1997, 36: 1718.
[64] Cavallo L, Jacobson H. Eur. J. Inorg. Chem., 2003, 892.
[65] Cavallo L, Jacobson H. J. Phys. Chem. A, 2003, 107: 5466.
[66] Luigi C, Jacobson H. J. Org. Chem., 2003, 68: 6202.
[67] Yuri G A, Stanley K B. Org. Lett., 2004, 6: 59.
[68] Yuri G A, Stanley K B. J. Phys. Chem. B, 2004, 108: 2708-2711.
[69] Colm P, Mahony O, et al. Org. Lett., 2001, 22: 3435.
[70] Couladouros E A, Ioanna C, Soufli V, et al. Chem. Eur. J., 1998, 4: 33.
[71] Waldemar A, Saumen H, Markus H, et al. Org. Lett., 2000, 2: 2773.
[72] Pitchen P, Dunach E, Deshmukh M N, et al. J. Am. Chem. Soc., 1984, 106: 8188.
[73] Sun J T, Zhu C J, Yang M H, et al. Chin. J. Org. Chem., 2003, 23 (suppl): 157.
[74] Li Z, Conser K R, Jacobsen E N. J. Am. Chem. Soc., 1993, 115: 5326.
[75] Li Z, QuanR W, Jacobsen E N. J. Am. Chem. Soc., 1995, 117: 5889.
[76] Quan R W, Li Z, Jacobsen E N. J. Am. Chem. Soc., 1996, 118: 8156.
[77] Zhang W, Lee N H, Jacobsen E N. J. Am. Chem. Soc., 1994, 116: 425.
[78] Brandt P. Södergren M J, Andersson P G, et al. J. Am. Chem. Soc., 2000, 122: 8013.
[79] Shi M, Wang C J. Chirality, 2002, 14: 412.
[80] Miller J A, Hennessy E J, Marshall W J. J Org. Chem., 2003, 68: 7884.
[81] Nam H L, Jong S B, Sung B H. Bull. Korean Chem. Soc., 1999, 20: 867-868.
[82] Makoto T, Jay F L, Fumitoshi K, Jacobson E N. Science, 1997, 277: 936-938.
[83] Scott E S, Bridget D. B, Jay F L, et al. J. Am. Chem. Soc. 2002, 124: 1307.
[84] Chum R O, Dong J C, Woo H S, et al. Chem. Commun., 2003, 1100.
[85] Shibasaki M, Yoshikawa N. Chem. Rev., 2002, 102: 2187.
[86] Yuan F, Zhu C J, Yang M H, et al. Chin. J. Org. Chem., 2003, 23 (uppl): 160.
[87] Liang S, Bu X R. J. Org. Chem., 2002, 67: 2702.
[88] Shen Y C, Feng X M, Jiang Y Z. Chin. J. Org. Chem., 2001, 21: 944.
[89] Marco B, Pier G C, Paolo M, et al. Org. Lett., 2001, 3: 1153.
[90] Norbert K, Anja H R. Synthesis, 2001, 2: 171.
[91] Scott E S, Branalt J, Jacobsen E N. J. Org. Chem., 1998, 63: 4876-4877.
[92] Donald J D, Jason C Y. J. Am. Chem. Soc., 2002, 124: 6335-6342.
[93] Cao L Y, Wang, J L, Wang, K, et al. J. Am. Chem. Soc., 2023, 145: 2765.
[94] Sun H, Shang H, Cui B. ACS Catal., 2022, 12: 7046.
[95] Yuan Y C, Mellah M, Schulz E, et al. Chem. Rev., 2022, 122: 8841.
[96] Wilson C V, Holland P L. J. Am. Chem. Soc., 2024, 146: 2685.
[97] 赵嘉，王乃兴，盛瑞隆，等．手性 Salen 配合物催化反应研究进展．世界科技研究与发展，2007，1：38.

9.7 点击反应和多氮手性化合物及其手性催化剂

多氮化合物在医药、功能材料等方面具有极其重要的应用价值，大多数多氮杂环化合物构建了许多重要天然产物的核心结构，π 键使多氮杂环单元具有很重要的刚性特征。从分子结构上看，氮原子的显著特征就是其孤对电子可以作为电子的给予体，易于形成氢键；另外，药物和生命物质中的多个氮原子具有很好亲水和代谢活性等方面的特性[1]。

目前，多氮有机催化剂的合成和研究引起了人们的关注，多氮有机催化剂能够通过多重氢键使反应过渡态得以稳定，因而立体选择性较好。通过点击反应来构建多氮有机催化剂是一个很巧妙的方法。

9.7.1 点击反应

点击反应（click 反应）2022 年获得了诺贝尔化学奖。

点击反应开创了快速、有效、高区域选择性地合成杂化化合物的新方法。点击反应是 Cu(Ⅰ) 催化的叠氮化物和末端炔通过 1,3-偶极环加成形成［1,2,3］-三唑的有机反应。点击反应涉及一系列在温和条件下高产率进行的化学反应，这些反应具有很好的选择性，有的可以在水相中进行，目前点击反应已经被应用到制备手性有机催化剂和具有生物活性的分子上。

美国 Scripps 研究所的 Sharpless 教授等[2] 报道了一价铜催化的端基炔和叠氮化物的环加成反应：

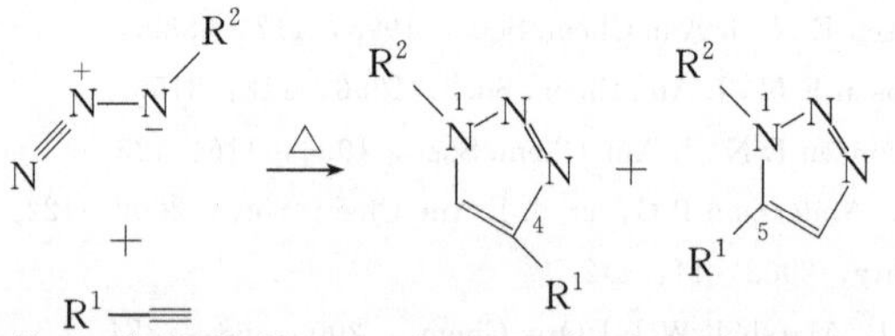

这个铜催化的叠氮化物和端基炔的 1,3-偶极环加成反应被称为点击反应。这个环加成反应是不可逆的，特别是在许多溶剂中（包括水）没有副产物，炔和叠氮化物是稳定的反应物，叠氮化物之间、端基炔之间不会发生相互反应，而且对许多其他官能团也是惰性的。叠氮化物容易制备，产物三唑衍生物也有一定的稳定性。

微触印迹（microcontact printing，μCP）通常被用在金或二氧化硅表面上用作化学模板来进行单层自组装，然而微触印迹也可以用于在金或二氧化硅表面上进行痕量合成，如把 N-保护的氨基酸印迹在胺的自组装单层（self-assembled monolayers，SAM）上，可以进行

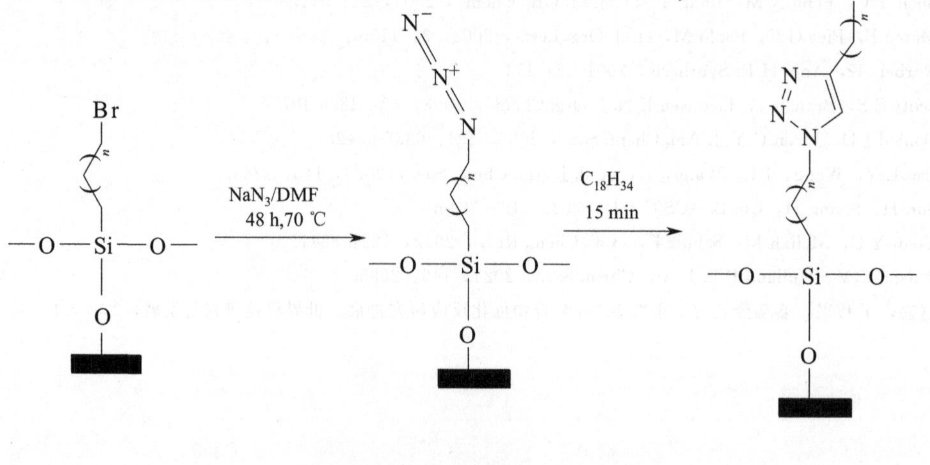

蛋白合成。Zozkiewicz 等[3] 通过"吻合"化学的手段，不用任何催化剂，把 1-十八炔（$C_{18}H_{34}$）微触印迹（μCP）到末端叠氮基自组装单层（SAM）的氧化硅基片上，成功地完成了这个 1,3-偶极环加成反应。

在 Si/SiO_2 底物上自组装单层端基溴化物被叠氮基取代后，与印迹到底物上的 1-十八炔（$C_{18}H_{34}$）通过微触作用，在 Si/SiO_2 底物上生成三唑衍生物分子。

L-脯氨酸作为有机手性催化剂，也只有有限的底物。L-脯氨酸对酮和硝基烯类化合物的不对称 Michael 加成有催化作用，但是对映选择性不高。Luo 等[4] 发现脯氨酸衍生物如手性的叠氮基四氢吡咯能够改善这类不对称 Michael 加成的对映选择性。Luo 等又通过点击反应，用叠氮基四氢吡咯和苯乙炔制备了四氢吡咯三唑手性催化剂。

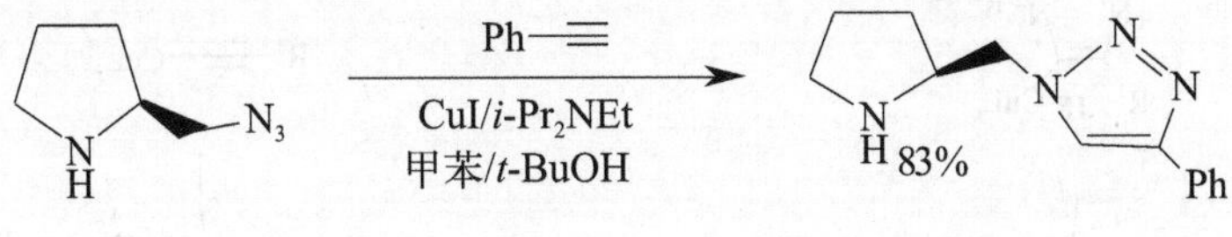

A

上述四氢吡咯三唑手性催化剂 **A** 催化的酮和硝基烯类化合物的不对称 Michael 加成反应对映选择性较高（92% *ee*）。

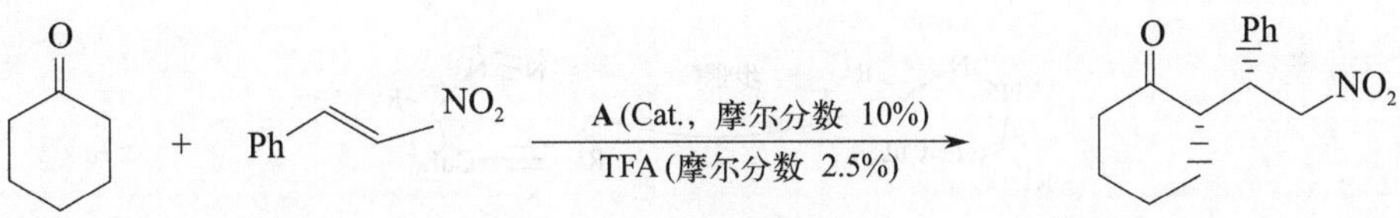

Mindt 等[5a] 通过点击反应合成了一种金属螯合物，这种金属螯合物在一定条件下可以通过一步反应插入某些生物分子的结构中，给生物分子中引入三唑杂环结构。点击反应合成金属螯合物的反应式如下：

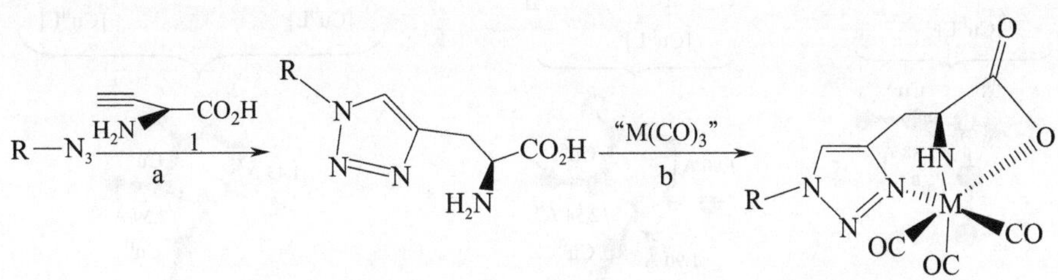

关于点击反应，笔者在本书阐述 4 点：① 点击反应（CuAAC）是 Cu(Ⅰ) 催化的叠氮基和炔基在温和条件下高收率、区域选择性地通过 1,3-偶极环加成方式进行的一个有机反应；② 2002 年，Sharpless 等[5a] 和 Meldal 等[5b] 分别独立报道了具有区域选择性的点击反应，故也称 Sharpless-Meldal 点击反应；③ 许多 1,3-偶极环加成反应是通过协同机理进行的，而点击反应的机理不属于协同机理，点击反应的机理属于 Cu(Ⅰ) 催化的分步反应机理；④ 由于点击反应具区域选择性，条件温和，产率较高，便于操作，人们利用点击反应合成了许多杂环衍生物和高分子杂化化合物等，发表了很多论文。读者可以进一步参阅笔者的一篇评论文章（Coordin. Chem. Rev.，2012，256：938-952）。

点击反应首先是由 Sharpless 和 Meldal 于 2002 年报道的，本书作者于 2008 年在国内《有机化学》杂志。同年第 3 期详细评述了点击反应。笔者在 2013 年本书第三版 7.7 节中，就论述了点击反应并作了四点总结。2015 年笔者在一次学术报告中指出，点击反应有望获诺贝尔奖。事实确实如此，一些同仁还发短信表示敬佩。

点击反应报道很多，那么点击反应的机理如何呢？Straub 等对点击反应机理作了非常好的描述（Nolte C，Mayer P，Straub B. F. *Angew. Chem. Int. Ed.*，2007，46：210），其催化循环给出了 5 个步骤：

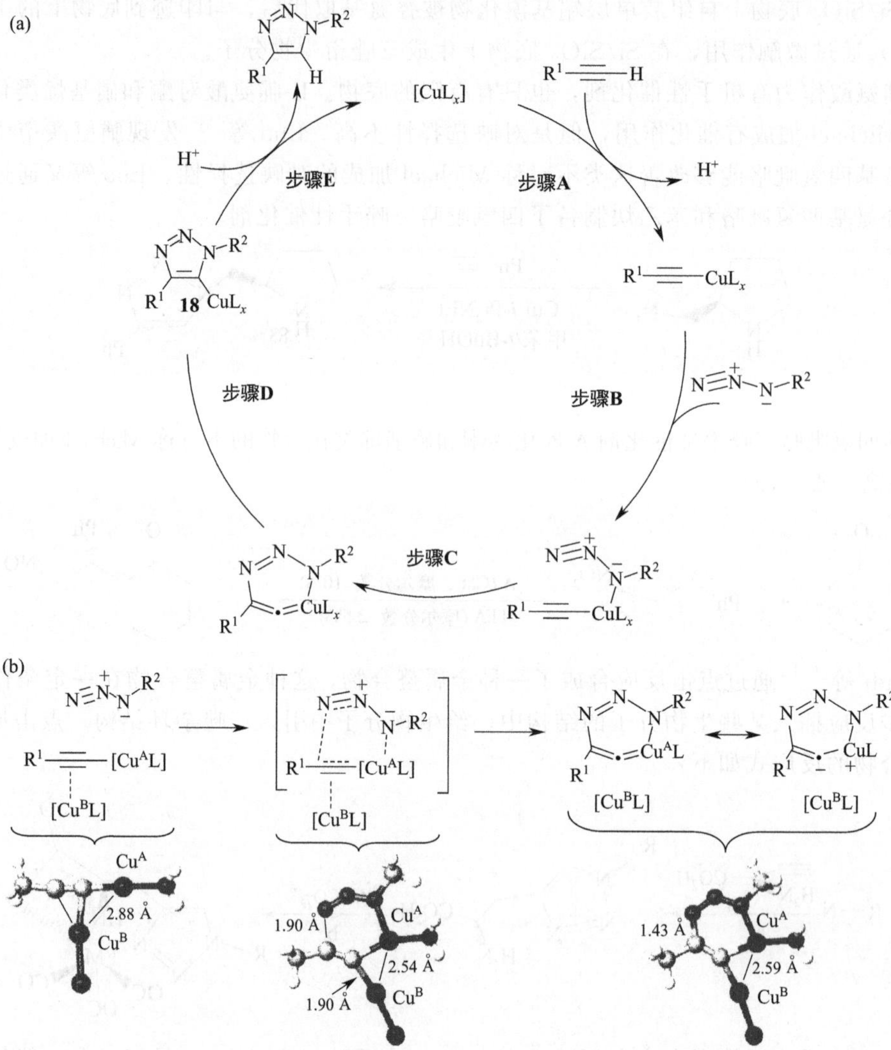

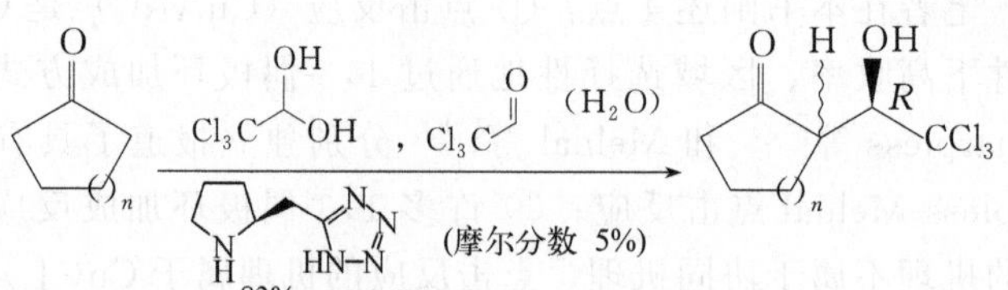

9.7.2 多氮化合物手性催化剂

Yamamoto 等[6] 和 Ley 等[7] 分别先后发展了一种溶解性很好的脯氨酸衍生的四唑手性催化剂，拓宽了底物范围，能够在含水的介质中有效地进行不对称 aldol 反应。

Hamza 等[8] 报道了几种多氮的手性有机催化剂，由于这类催化剂分子胺上的氮原子能够促使 β-二酮形成烯醇，且在 Michael 加成反应中烯醇羟基上的质子容易脱去，特别是反应过渡态能与这类催化剂形成多重氢键而得以稳定，因而几种多氮的手性有机催化剂与许多

1,3-二羰基化合物的 Michael 加成显示出非常好的立体选择性。

这类多氮的手性有机催化剂结构式如下：

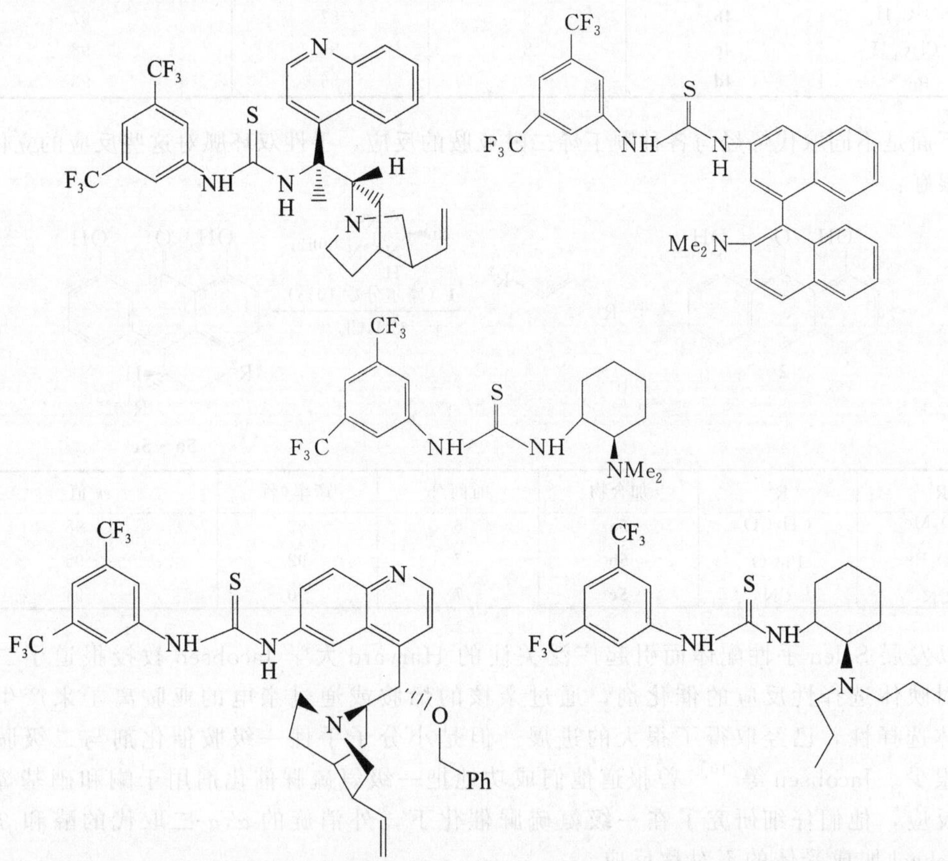

具有代表性的 1,3-二羰基化合物在多氮手性有机催化剂的作用下的不对称 Michael 加成反应如下：

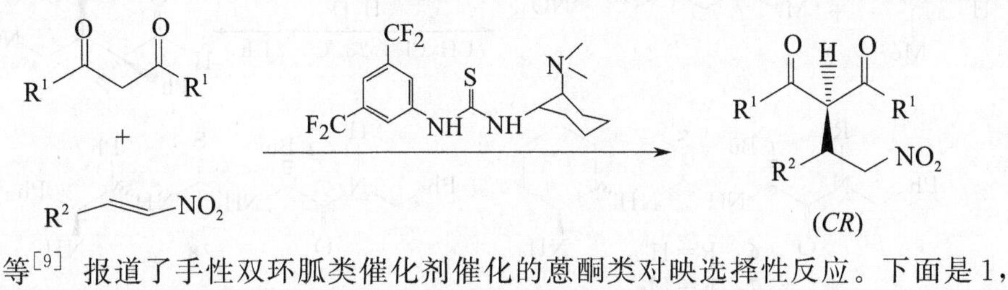

Shen 等[9] 报道了手性双环胍类催化剂催化的蒽酮类对映选择性反应。下面是 1,8,9-蒽三酚（质子异构体）与各种顺丁烯二酰亚胺的反应，可以看出，其收率和 *ee* 值均很高：

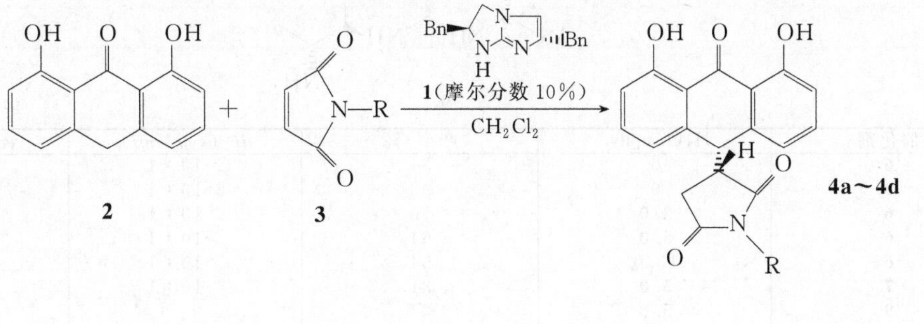

R	加合物	时间/h	产率/%	*ee* 值/%
Ph	**4a**	7	80	99
2-$NO_2C_6H_4$	**4b**	8	87	97
3,4-$Cl_2C_6H_3$	**4c**	8	89	98
Bn	**4d**	8	86	93

下面是不同取代烯烃与各种顺丁烯二酰亚胺的反应，手性双环胍对这些反应的立体控制效果很好：

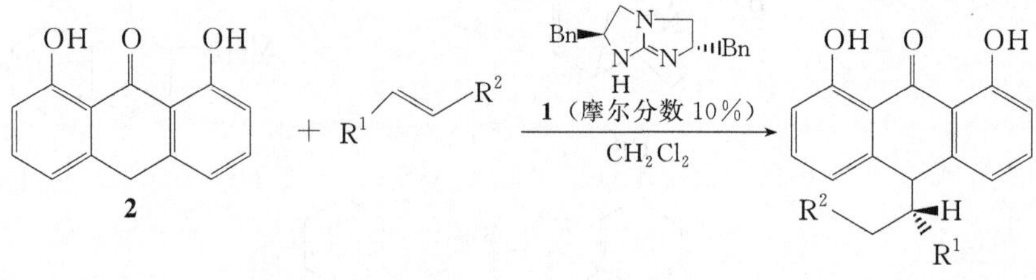

R^1	R^2	加合物	时间/h	产率/%	*ee* 值/%
CO_2Me	CH_3CO	**5a**	6	92	98
CO_2Et	PhCO	**5b**	7	92	95
CN	CN	**5c**	7	90	94

以发展 Salen 手性配体而引起广泛关注的 Harvard 大学 Jacobsen 教授报道了二级胺作为对映体选择性反应的催化剂，通过亲核的烯胺或通过亲电的亚胺离子来产生高效的立体选择性，已经取得了很大的进展。但是小分子手性一级胺催化剂与二级胺相比研究很少。Jacobsen 等[10] 曾报道他们成功地把一级氨硫脲催化剂用于酮和硝基烯烃的加成反应，他们仔细研究了在一级氨硫脲催化下，外消旋的 α,α-二取代的醛和 β-取代的 Michael 加成受体的不对称反应。

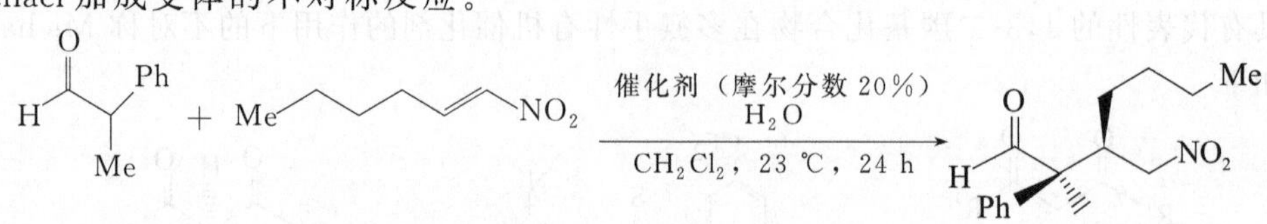

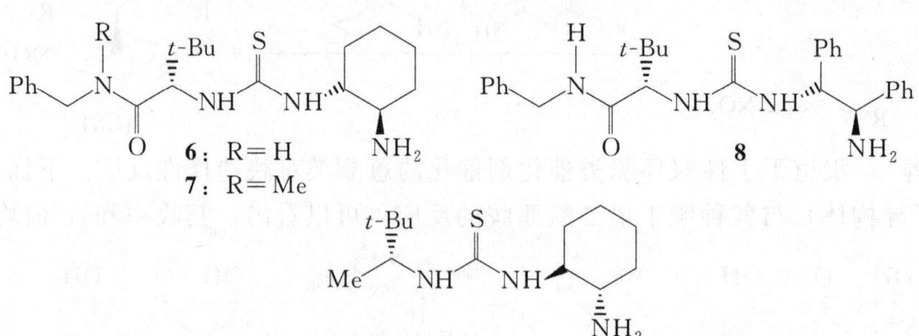

催化剂	H_2O/equiv.	产率/%	*dr* (*syn*/*anti*)	*ee* 值/%
6	0	34	>10∶1	96
8	0	93	>10∶1	99
6	2.0	56	>10∶1	96
6	5.0	64	>10∶1	96
6	10.0	54	>10∶1	96
7	5.0	31	>10∶1	96
9	5.0	<5	—	—
8	5.0	100	>10∶1	99

在上面这四种一级氨硫脲催化剂中，催化剂**6**和**8**被发现诱导出了特别高的对映选择和非对映选择性（产率基于^1H NMR分析；*ee*值基于手性HPLC分析）。

Nemote等[11] 报道了用手性的二氨基膦氧化物（S,R_p）-Ph-DIAPHOX试剂和钯催化剂，通过硝基甲烷进行不对称的烯丙基烷基化反应，*ee*值高达96%。

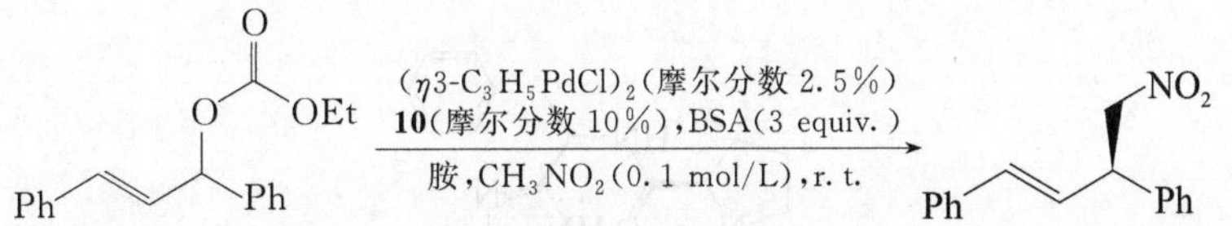

上式子中的BSA为N,O-双（三甲基硅基）乙酰胺，反应式中的化合物**10**为二氨基膦氧化物（S,R_p）-Ph-DIAPHOX，其分子结构如下：

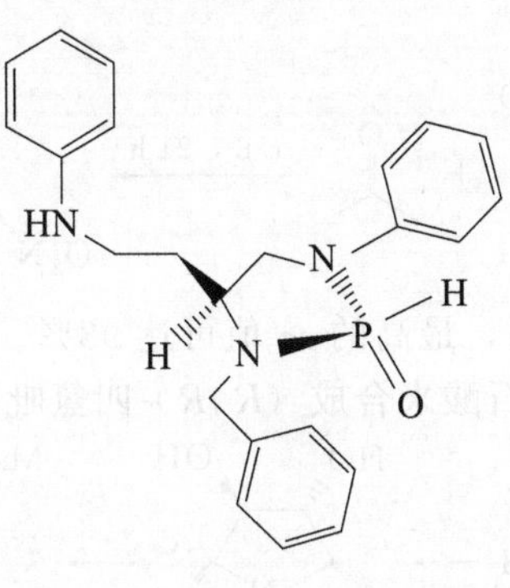

10

Zhu等[12] 报道了通过1,3-偶极环加成的方法，用全氟苯取代的衍生物，立体选择性制备1,2,4-噁二唑。

首先以缬氨酸为反应物，得到乙酯，再和五氟苯甲醛缩合得到席夫碱中间体衍生物，然后与腈氧化物进行1,3-偶极加成，得到具有手性的1,2,4-噁二唑，产率56%，*de*值98%。

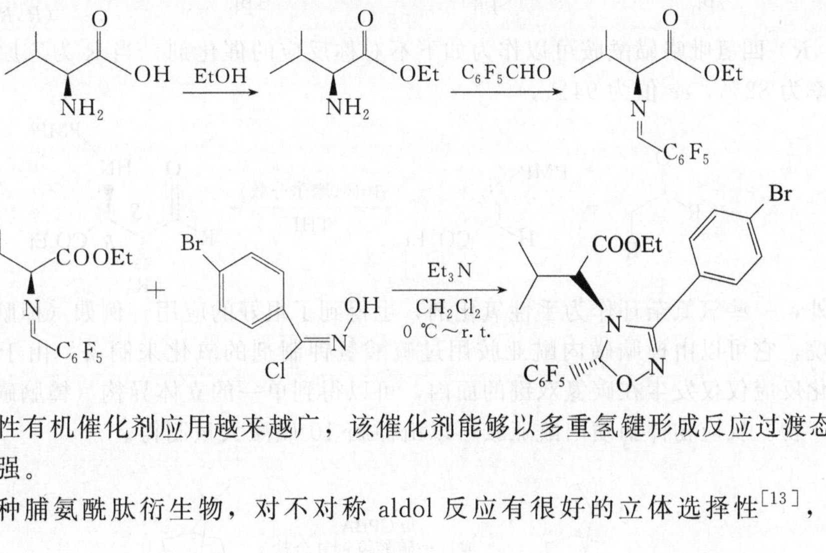

多氮的手性有机催化剂应用越来越广，该催化剂能够以多重氢键形成反应过渡态，因而立体选择性较强。

如以下几种脯氨酰肽衍生物，对不对称aldol反应有很好的立体选择性[13]，其结构如下。

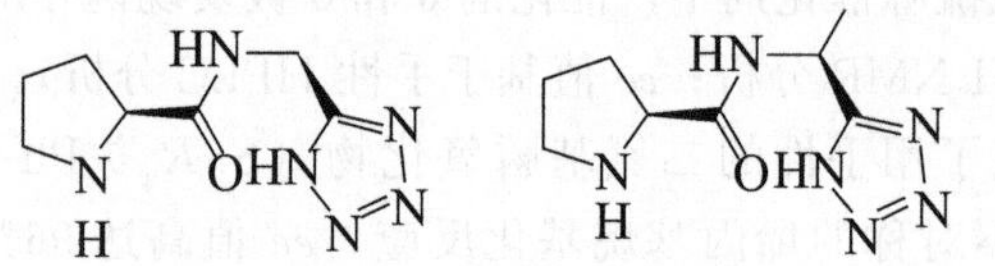

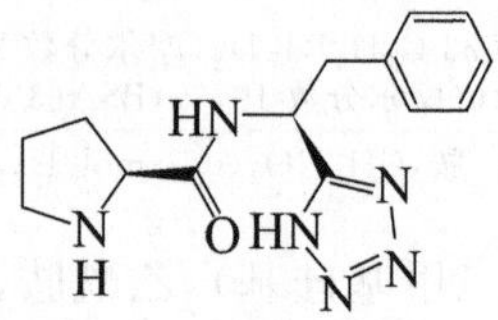

其催化的 aldol 反应如下：

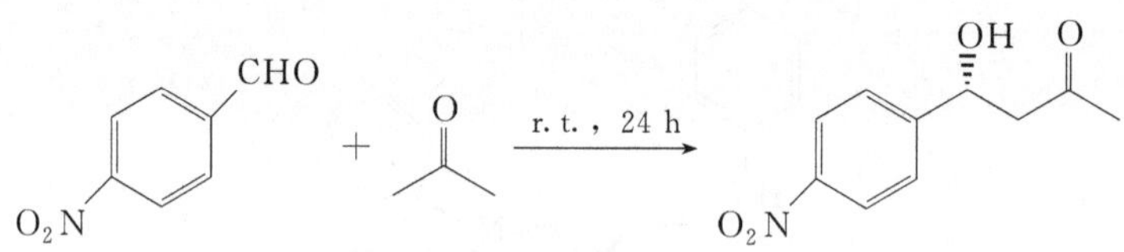

以上反应收率最高可达 68%，最高的 *ee* 值可达 98%。

Kano 等[14] 报道了用 L-酒石酸来合成（*R*,*R*）-四氢吡咯磺酰胺。

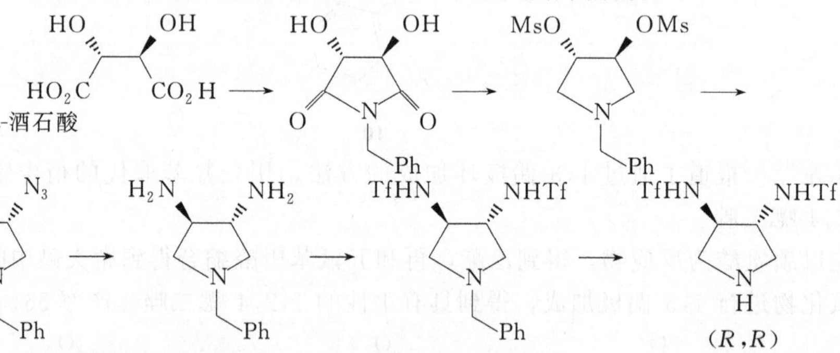

（*R*,*R*）-四氢吡咯磺酰胺可以作为如下不对称反应的催化剂，当 R 为氢原子、R′为乙基时，产率为 82%，*ee* 值为 94%。

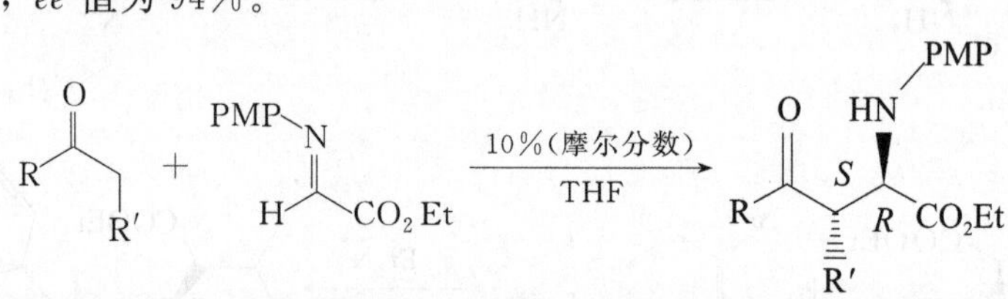

另外，一些氧氮杂环作为手性氧化剂，也得到了很好的应用。例如（樟脑磺酰基）氧氮杂环丙烷，它可以由樟脑磺内酰亚胺用过硫酸氢钾制剂的氧化来制备，由于面外的立体位阻，氧化反应仅仅发生在碳氮双键的面内，可以得到单一的立体异构（樟脑磺酰基）氧氮杂环丙烷产物。反应物樟脑磺内酰亚胺可以由樟脑-10-磺酸大量制得。

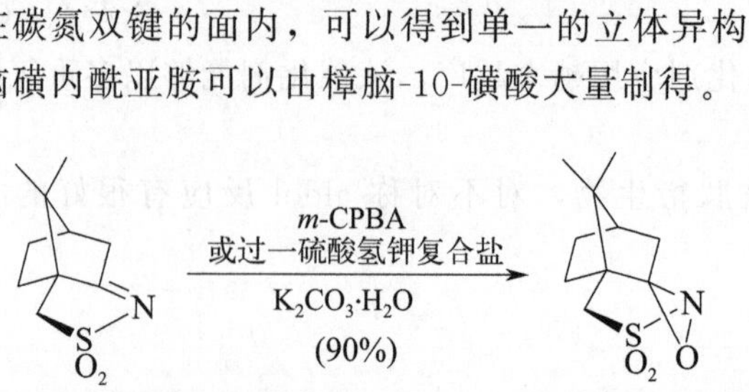

（樟脑磺酰基）氧氮杂环丙烷氧化脱氧安息香衍生物在−78 ℃得到 95.4% *ee* 值的二苯乙醇酮，产率 84%。用（樟脑磺酰基）氧氮杂环丙烷衍生物作为氧化剂，对映选择性较高（95% *ee*）的立体选择性产物 2-羟基-1-苯基-1-丙酮被得到[15]。

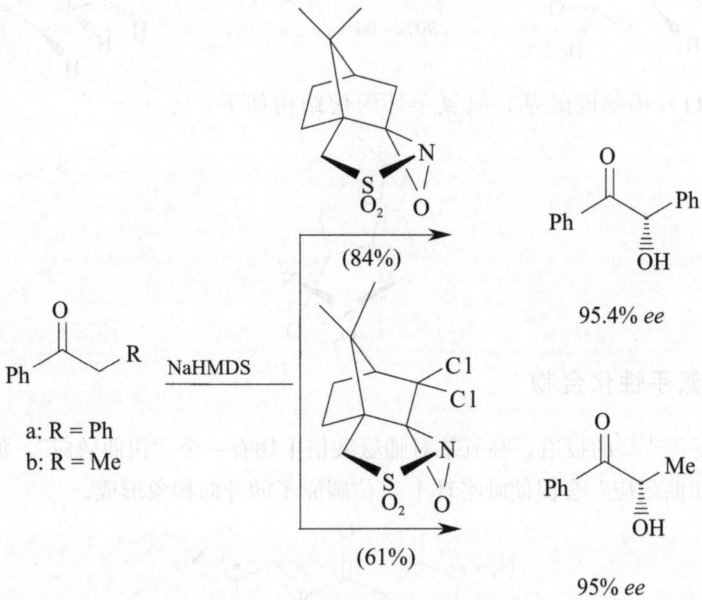

（樟脑磺酰基）氧氮杂环丙烷是一个非常好的不对称合成中的手性氧化试剂，用它氧化酰胺衍生物以 60% *ee* 值得到 α-羟基酰胺[16]。

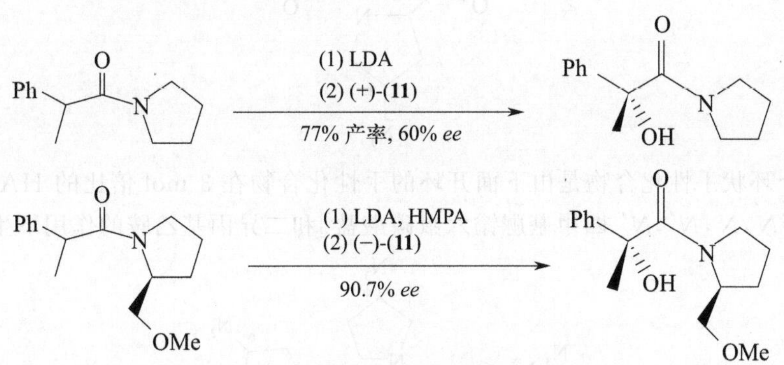

（+）-（**11**）为（樟脑磺酰基）氧氮杂环丙烷

（樟脑磺酰基）氧氮杂环丙烷可以氧化多环化合物得到合成天然产物 breynolide 的中间体[16]。

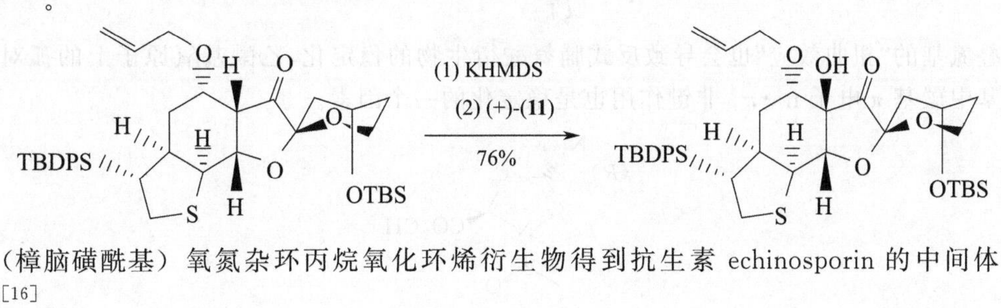

（樟脑磺酰基）氧氮杂环丙烷氧化环烯衍生物得到抗生素 echinosporin 的中间体 α-羟基酯[16]。

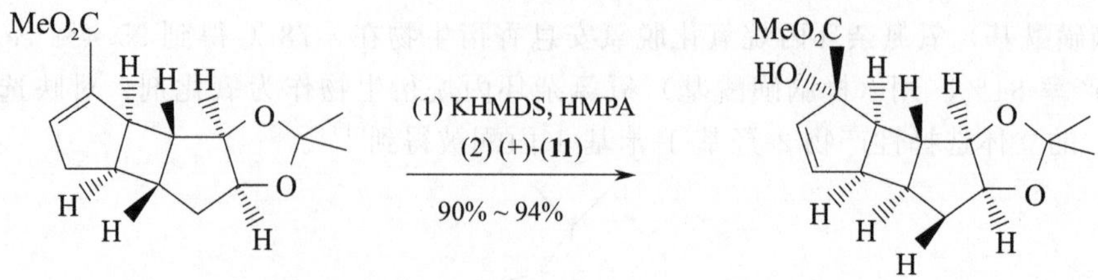

上述(+)-(**11**)(樟脑磺酰基) 氧氮杂环丙烷结构如下：

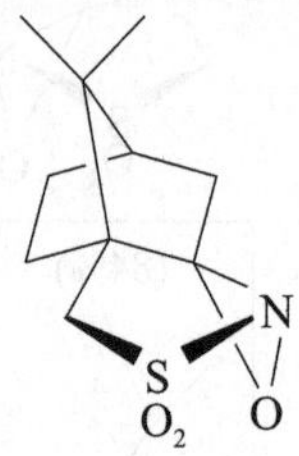

9.7.3 叠氮手性化合物

根据 Sonntag 等[17] 的报道，叠氮基对脯氨酸衍生物有一个"扭曲效应"，如下环状手性化合物中叠氮基的"扭曲效应"会促使吡咯环上 4-位碳原子的外向构象形成。

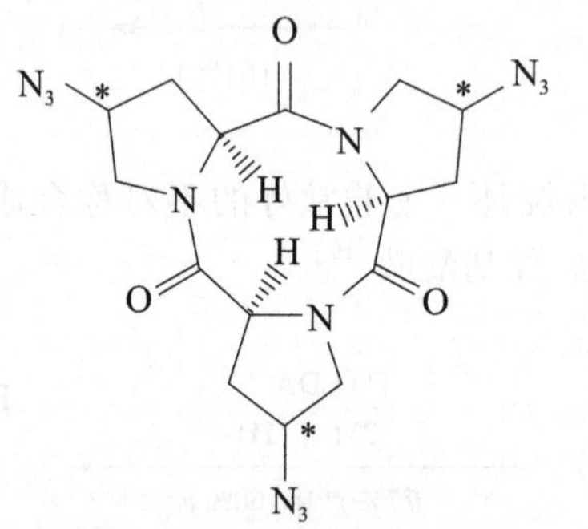

上面这个环状手性化合物是由下面开环的手性化合物在 3 mol 倍比的 HATU[*O*-(-7-氮杂苯并三唑)-*N*,*N*,*N*′,*N*′-四甲基脲鎓六氟磷酸盐]和二异丙基乙胺的作用下生成的。

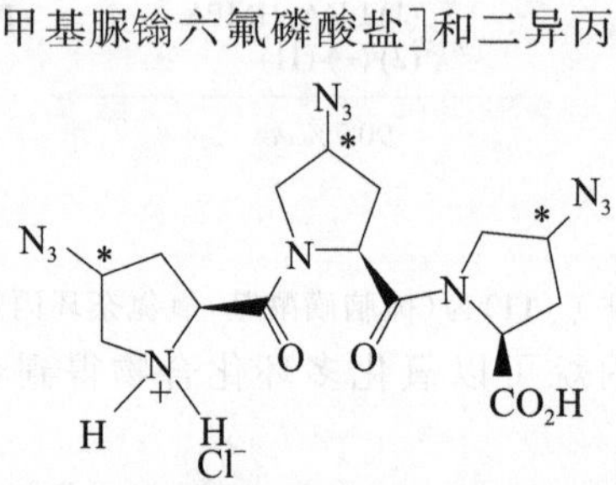

叠氮基的"扭曲效应"也会导致反式脯氨酸衍生物的稳定化,乙酰基氧原子上的孤对电子和酯基中羰基 π 电子 n→π* 非键作用也是稳定化的一个因素。

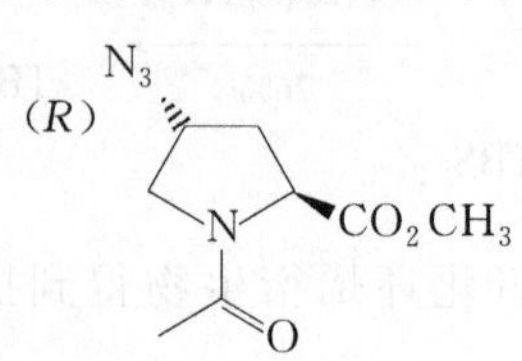

Cardillo 等[18] 通过立体和区域选择环氧化物开环的方法来合成含有氮丙啶结构的内酰胺手性化合物。首先，取代的内酰胺和间位过氧苯甲酸作用，得到外消旋的非对映异构体环

氧化物，非对映异构体环氧化物可以用普通硅胶柱分离得到光学纯的环氧化物。

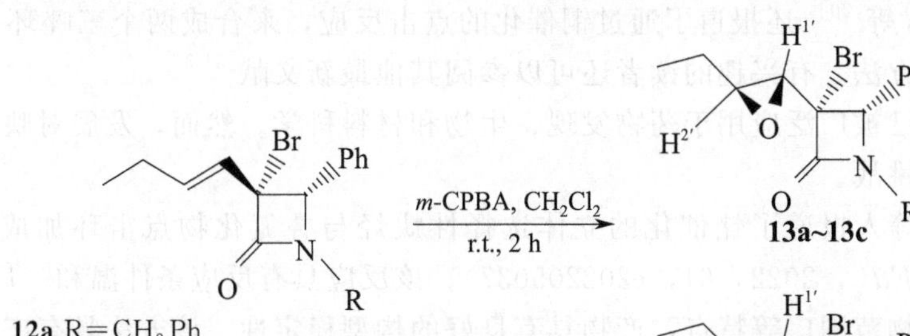

12a R＝CH_2Ph

12b R＝(S)-(－)-$CH(CH_3)Ph$

12c R＝CH_2CH_2COOEt

这个光学纯的环氧化物经过光学纯的环氧基开环取代，再经过脱溴化氢环氧化，得到叠氮环氧化产物，其反应过程示意如下：

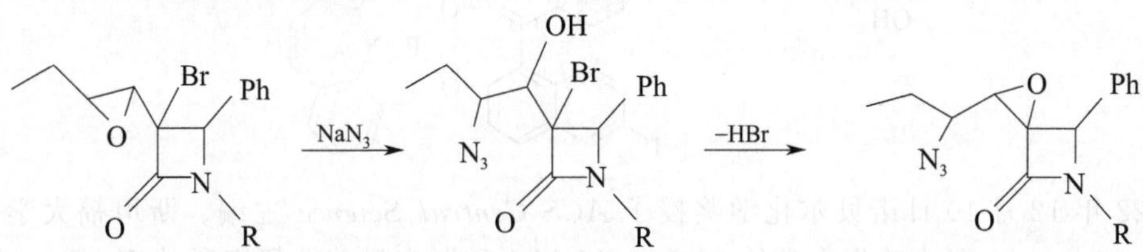

Cardillo 等[18]通过用三乙基磷还原叠氮化物，以很好的结果获得了含氮丙啶结构的内酰胺手性化合物，产率达到 50%～80%。

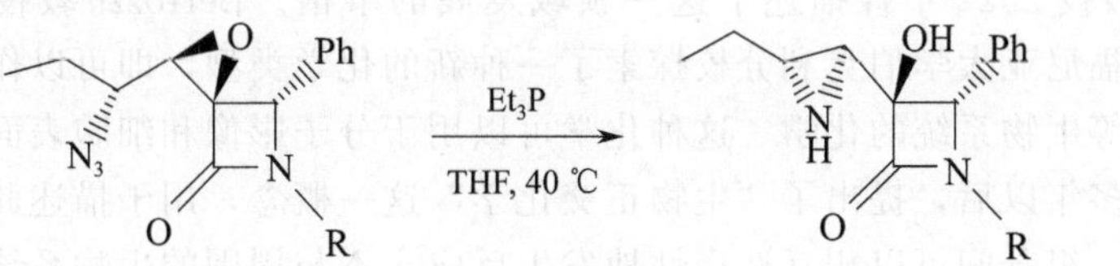

Diaz 等也报道了炔基叠氮化物通过 Cu(Ⅰ)催化的[3+2]点击环加成反应，在超分子合成上具有一定的新意[19]。

9.7.4 展望

多氮化合物在多种药物和天然产物的研究中具有重要意义。手性多氮化合物的化学和多氮有机催化剂的合成引起了人们的重视，通过点击化学反应来构建一些手性有机催化剂是一个新方法。多氮化合物作为手性有机催化剂具有一定的优势，会在反应过程中，通过形成多重氢键使反应过渡态得以稳定，从而使反应的活化能降低，对有机反应具有较好立体控制作用。多氮手性化合物作为新一代不对称有机小分子催化剂的研究，十分活跃[20-24]。

Wolfbeis 等[25]通过点击反应构建了一个能量转移长链分子，在生命科学研究中有一定意义。Fokin 等[26]报道了利用铜催化剂，通过点击反应来合成 1,2,3-三唑衍生物，并对反应进行了很好的选择性控制。Vilarrasa 等[27] 报道了用铜盐催化剂 [$Cu_2(OTf)_2$] 和微波法，通过点击反应以有机腈和叠氮化物在温和的条件下得到了四唑衍生物。Straub 等[28] 报道了用一价铜催化通过点击反应合成和分离三唑化合物的方法。Lutz[29] 报道了通过点击反应，把刚性的三唑环引入到高分子链段中，这为点击反应在材料科学中的应用作出了很有价值的探索。Burgess 等[30] 还报道了通过铜催化的点击反应，来合成两个三唑环直接相连的双三唑化合物的新方法。有兴趣的读者还可以参阅其他最新文献[31-35]。

点击化学技术已被广泛应用于药物发现、生物和材料科学。然而，发展对映选择性点击环加成仍然是一个挑战。

2022 年，Cui 等人报道了铑催化的立体选择性炔烃与叠氮化物点击环加成反应（*Angew. Chem. Int. Ed.*，2022，61，e202205037）。该反应具有反应条件温和、反应效率高、对映选择性好、底物范围广等特点，产物具有良好的构型稳定性。该方法具有广阔的应用前景，易于用于合成芳基吡唑。反应如下：

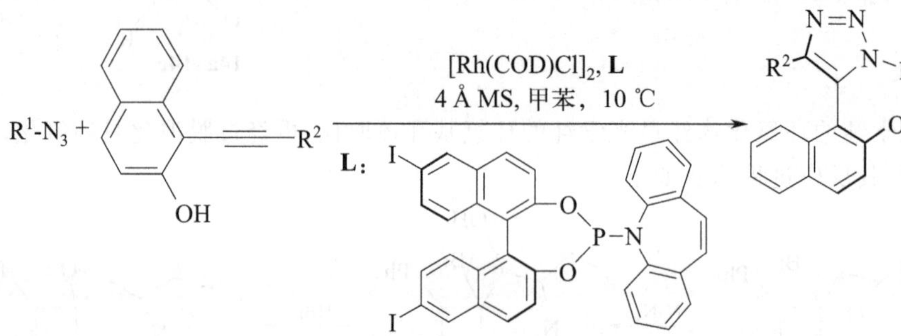

2022 年 12 月 10 日诺贝尔化学奖授予 *ACS Central Science* 主编、斯坦福大学的 Carolyn R. Bertozzi、哥本哈根大学的 Morten Meldal 和斯克里普斯研究所的 K. Barry Sharpless，以表彰他们对点击反应和生物正交化学的贡献。

Bertozzi 教授 2022 年曾描述了这一领域发展的事情。Bertozzi 教授说：20 世纪 90 年代，他在加利福尼亚大学伯克利分校探索了一种新的化学类型，即可以作用于细胞、模式生物和人类患者等生物系统的化学。这种化学可以用于分子影像和细胞表面聚糖以及药物开发和药物递送。多年以后，提出了“生物正交化学”这一概念，用于描述此类化学反应所具有的一系列特征。组分间可以相互选择性地发生反应，不与周围的生物系统发生相互作用。可以将其类比于单克隆抗体所具备的突出选择性。当时认为，如果可以将相同的结合特异性集中于单个连接共价键，则可以将小分子反应用作靶向工具，从而为治疗和诊断方法的开发创造新的机会。若干年后实现了上述想法，即通过发展叠氮化物的点击反应首次实现了生物正交化学反应，并证明了该方法可在培养细胞和活体动物中使用，一个新的领域应运而生。

点击反应具有高度选择性和稳定性的特点，效率高，不受反应物周围官能团的影响。2002 年，Meldal 教授同 Sharpless 教授各自独立地报道了点击反应，即 Cu(Ⅰ) 催化叠氮化物和端炔发生的环加成反应。添加 Cu(Ⅰ) 催化剂后，反应会在短短几分钟内单一且高产地得到三氮唑。Meldal 教授通过其特殊应用，即在反应物连接肽和糖，证明了该反应是一种强大的生物正交工具。

然而，生物正交性的要求更加苛刻，反应物必须在活体系统中无毒性，且在水中的反应必须非常迅速。而 Cu(Ⅰ) 催化剂对细胞和动物有毒，这限制了其在合成中或体外生物学领域的应用。为实现叠氮化物和炔环加成化学在活体系统中的充分利用，需要另辟蹊径。结果发现环辛炔（最小的稳定环炔烃）能够在室温条件下与叠氮化物发生很好的反应。发现官能化环辛炔是环张力促进炔-叠氮化物环加成反应的极好的反应物，无铜点击反应得以发展。这种生物正交点击反应为体内成像应用打开了大门，为活体系统应用做出了贡献。

目前，Cu(Ⅰ) 催化和无铜催化下的点击反应均已成为化学生物学的支柱，其应用范围广泛，可以应用于生物分子的成像、分析和发现，包括蛋白质和蛋白质翻译后修饰、核酸、脂类、代谢物以及小分子药物靶点。还可以用于构建小分子药物和生物制药，涵盖材料科学的一些领域。

实际上，炔键与叠氮基的［3＋2］环加成反应以前有过相关报道，Sharpless 教授对 Cu(Ⅰ) 催化的炔键与叠氮基的加成冠以点击反应（click 反应）的称谓，一下子就吸引了不少关注。

参 考 文 献

［1］ 王乃兴. 有机反应——多氮化物的反应及有关理论问题. 第 2 版. 北京：化学工业出版社，2004：61.

［2］ Rostovtsev V V，Green L G，Fokin V V，et al. Angew. Chem.，Int. Ed.，2002，41：2596.

［3］ Zozkiewicz D I，Jańczewski D，Verboom W，et al. Angew. Chem.，Int. Ed.，2006，45：5292.

［4］ Luo S，Xu H，Mi X，et al. J. Org. Chem.，2006，71 (24)：9244.

［5］ a) Mindt T，Struthers H，Brans L，et al. J. Am. Chem. Soc.，2006，128：15096. b) Tornøe C W，Christensen C，Meldal M. J. Org. Chem.，2002，67：3057.

［6］ Torii H，Nakadai M，Ishihara K，et al. Angew. Chem.，Int. Ed.，2004，43：1983.

［7］ Cobb A J A，Shaw D M，Ley S V. Synlett. 2004：558.

［8］ Hamza A，Schubert G，Sobs T，et al. J. Am. Chem. Soc.，2006，128 (40)：13151.

［9］ Shen J，Nguyen T T，Goh Y P，et al. J. Am. Chem. Soc.，2006，128 (42)：13692.

［10］ Lalonde M P，Chen Y，Jacobsen E N. Angew. Chem.，Int. Ed.，2006，45：6366.

［11］ Nemote T，Jin L，Nakamura H，et al. Tetrahedron Lett.，2006，47：6577.

［12］ Jiang H L，Zhao J W，Han X B，et al. Tetrahedron Lett.，2006，62：11008.

［13］ Zheng J F，Li Y X，Zhang S Q，et al. Tetrahedron Lett.，2006，47：7793.

［14］ Kano T，Hato Y，Maruoka K. Tetrahedron Lett.，2006，47：8467.

［15］ Davis F A. J. Org. Chem.，2006，71 (24)：8993.

［16］ Paquette L A. 不对称合成中的手性试剂. 侯雪龙，吴劼，译. 上海：华东理工大学出版社，2006：186.

［17］ Sonntag L S，Schweizer S，Ochsenfeld C，et al. J. Am. Chem. Soc.，2006，128 (45)：14697.

［18］ Benfatti F，Cardillo G，Gentilucci L，et al. J. Org. Chem.，2006，71 (24)：9229.

［19］ Diaz D D，Rajagopai K，Strable E，et al. J. Am. Chem. Soc.，2006，128 (18)：6056.

［20］ Luo S，Xu H，Li J，et al. J. Am. Chem. Soc.，2007，129：3074.

［21］ Liu T Y，Cui H L，Long J，et al. J. Am. Chem. Soc.，2007，129：1878.

［22］ Schomaker J M，Bhattacharjee S，Yan J，et al. J. Am. Chem. Soc.，2007，129：1996.

［23］ Zhang W，Yamamota H. J. Am. Chem. Soc.，2007，129：286.

［24］ Ramasastry S S V，Zhang H，Tanaka F，et al. J. Am. Chem. Soc.，2007，129：288.

［25］ Wolfbeis O S. Angew. Chem.，Int. Ed.，2007，46：2980.

［26］ Yoo E J，Ahlquist M，Kim S H，et al. Angew. Chem.，Int. Ed.，2007，46 (10)：1730.

［27］ Bosch L，Vilarrasa J. Angew. Chem.，Int. Ed.，2007，46 (21)：3926.

［28］ Nolte C，Mayer P，Straub B F. Angew. Chem.，Int. Ed.，2007，46 (12)：210.

［29］ Lutz J F. Angew. Chem.，Int. Ed.，2007，46 (7)：1018.

［30］ Angell Y，Burgess K. Angew. Chem.，Int. Ed.，2007，46 (20)：3649.

［31］ Gil M V，Arévalo López Ó. Synthesi，2007，11：1589.

［32］ Bertrand P，Gesson J P. J. Org. Chem.，2007，72：3596.

［33］ Chassaing S，Kumarraja M，Sani A，et al. Org. Lett.，2007，9 (5)：883.

［34］ Lin Y，Wang Q. Angew. Chem. Int. Ed.，2012，51：2006.

［35］ Xing Y，Wang N X. Coordin. Chem. Rev.，2012，256：938.

9.8 一些手性新问题

9.8.1 升华与自动光学纯化问题

Soloshonok 等[1] 在美国化学会志发表论文，报道了连接在手性中心的三氟甲基，可以强烈地诱导产生对映体过量，提高 *ee* 值。对外消旋体，在非手性固定相和非手性流动相的条件下，能够自发改变原有光学对映体的比例。

他们使用 74% *ee* 值的（*S*)-三氟甲基乳酸，通过将其密封在一个小的玻璃瓶子里发现其光学纯度慢慢提高到了 81%（*ee* 值)。再仔细考察发现在这个密封的小玻璃瓶子中，一些三氟甲基乳酸已经升华到小玻璃瓶上部的壁上和顶部，而升华上来的三氟甲基乳酸的光学纯度仅为 35%（*ee* 值)。这个现象说明在室温和常压下原来的样品被分成对映体富集的部分和光学纯度降低的部分。为了确证通过升华可使原来样品的光学纯度发生变化，他们专门用 76%*ee* 值的样品进行了升华实验，在 60 ℃加热 3 h，对升华物和没有升华的样品的对映体组成进行测试，发现升华物的对映体纯度（48% *ee* 值）明显降低，而没有升华的样品的光学纯度（80% *ee* 值）增加了。利用三氟甲基乳酸高的挥发性，他们在常压和暴露在空气中的条件下，进行了一系列实验。首先他们考察了外消旋体和光学纯三氟甲基乳酸样品的升华速率的不同。当然升华依赖温度和空气的流速以及样品颗粒度。在相同条件下同样粒度的样品，外消旋体的升华速率总是比光学纯的样品来得快，在开口玻璃管中，样品的升华速率符合零级动力学方程。外消旋体的升华速率常数和光学纯样品的升华速率常数比值约为 1.5。

外消旋体晶体较高的升华速度反复得到实验证实。问题是升华能否导致对映体富集的样品成为完全光学纯的化合物？在开口容器中样品的光学纯度开始时只有 80%，然而，21.5 h以后，样品的对映体纯度增加到 90%，33 h以后达到 98%，56.5 h以后达到>99.9%。接着，他们进行了三氟甲基乳酸外消旋体和光学纯晶体的晶体学分析，其结果与 Wallach 规则一致[2-3]，不够稳定的外消旋晶体的熔点是 88 ℃；而光学纯的晶体熔点是 110 ℃。这些物理化学特征需要进一步阐明。Soloshonok 等认为升华速率的不同本质上在于外消旋和光学纯的化合物的晶体中分子的排列不一样，首先是在晶体点阵中氢键作用完全不同。在光学纯的（S)-三氟甲基乳酸晶体中，分子以 Z 字形排列且与相邻的 4 个分子形成 4 个氢键。在外消旋三氟甲基乳酸晶体中，可以清楚地看出有（*R*）和（*S*）两种对映体分子之间两个氢键，另外还有两个氢键指向相邻的对映体。这样在密度较大的外消旋体的晶体层状结构之间能够相互紧密堆积。在外消旋体的晶体中，三氟甲基基团中氟原子之间的最短的距离是 2.909～3.005 Å（$1\ \text{Å}=10^{-10}$ m)，氟原子之间的距离比范德瓦耳斯半径 1.47 Å 短，明显地说明三氟甲基基团处在静电排斥相互作用去稳定化外消旋体的晶体中。而在光学纯的晶体中，氟原子之间最短的距离是 3.032～3.110 Å，因此三氟甲基基团之间没有实质上的相互作用。氢键和氟原子之间相互作用也许是两者升华速率和熔点不同的一个物理原因。

这个实验结果有三个方面的重要的学术意义。首先，应该注意到在干燥后真空条件下测定 *ee* 值应该考虑到因为外消旋体和光学纯化合物优先升华而引起的相互作用。第二，联想到在陨石上发现的对映体富集的氨基酸，那么应该考虑到在小行星撞击地球时在空间和高温下由于升华而引起的对映体组成比例的改变。第三，对映体富集混合物自纯化的可能的作用，应该被考虑到在生命起源以前，是光学纯化合物的一个可能的来源。

9.8.2 非手性化合物晶态下的光学活性

非手性的化合物在晶态下的光学性能研究很少。Kaminsky 等人[4] 研究了晶态中非手性分子排列和 D_{2d} 对称的晶体，以及非对映态的亚群 S_4、C_{2v}、C_s 群等，发现其可以使平面偏振光以一定的方向旋转。这样的晶体的光学行为与在普通有机化学中掌握的光学活性的概念相反，因为根据 van't Hoff 的学说，四个取代基一样的甲烷衍生物是对称的，没有光学活性。Kaminsky 等分析了简单的 H_2O、NH_3 的光学活性，提出了一个手性光学的概念，这个问题在人们只考虑手性化合物时并没有想到。作者通过群论方法、张量特性和图解法，阐述了在晶体中为什么一些非手性化合物具有光学特性，而另外一些却没有光学特性。作者在自然界细致地观察了自然现象，发现一些具有几层配体的金属配合物也具有光学性质，具有确实的自然的旋光性。这种深刻的理论为人们理解晶体的不对称现象提供了新思路。

9.8.3 金属-有机框架结构手性催化剂的探索

金属-有机框架（MOFs，metal-organic frameworks），是由有机配体和金属离子或团簇通过配位键自组装形成的具有分子内孔隙的有机-无机杂化材料。过去几年制备了不同类型的 MOFs 材料，在氢气存储、气体吸附与分离、传感器、药物缓释、催化反应等领域都作了探索。

Lin 等把手性催化和 MOFs 结合起来，在 *Nat. Chem.* 上报道了长方体状金属-有机框架结构可以作为手性催化的一个新平台（*Nat. Chem.*，2010，2：838）。这类金属-有机框架通过联萘二酚手性配体和金属铜的配位，得到具有长方形孔道的金属-有机框架。孔道里的联萘二酚还能继续与金属配位，通过加入 $Ti(O^iPr)_4$，产生了手性催化的位点，从而能够实现对二乙基锌对芳香醛的不对称加成反应，有很高的收率和较高的 *ee* 值。

图 9-20(a) 表示了设计思路：把手性联萘二酚配体引入金属-有机框架，来实现不对称催化。图 9-20(b) 为合成的四种配体中最大的一个，利用这个配体制备的金属-有机框架结构拥有 2.4 m 和 3.2 m 的孔径。由于孔径较大，活性位点位于孔道中，能够有效催化二乙基锌对芳香醛的手性反应，达到 91% 的 *ee* 值，如图 9-20(c) 所示。

2014 年，Lin 等使用手性联萘二酚配体，负载了钌和铑催化剂，得到了一种新的 MOF，这种催化剂可以催化几种不对称有机转化（*J. Am. Chem. Soc.*，2014，136：5213）。

2017 年 Cui 等报道了 16 个金属簇的手性磷酸盐金属-有机框架材料，可以进行不对称催化反应（*Nat. Commun.*，2017，8：2171）。

这些手性金属-有机框架结构因为有良好的孔径可作为物质传输通道，而且催化剂稳定性较好。金属-有机框架结构到底在手性反应中的价值如何？有兴趣的读者可以继续探索。

金属有机框架的研究荣获 2025 年诺贝尔化学奖。实际上本书所论述的许多内容都涉及诺贝尔化学奖。

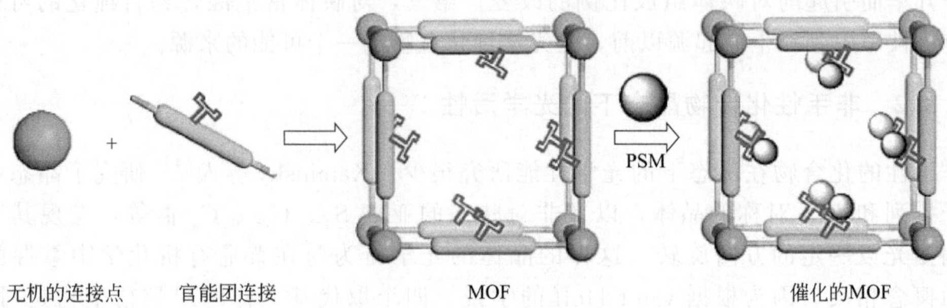

(a) MOF负载手性金属位点

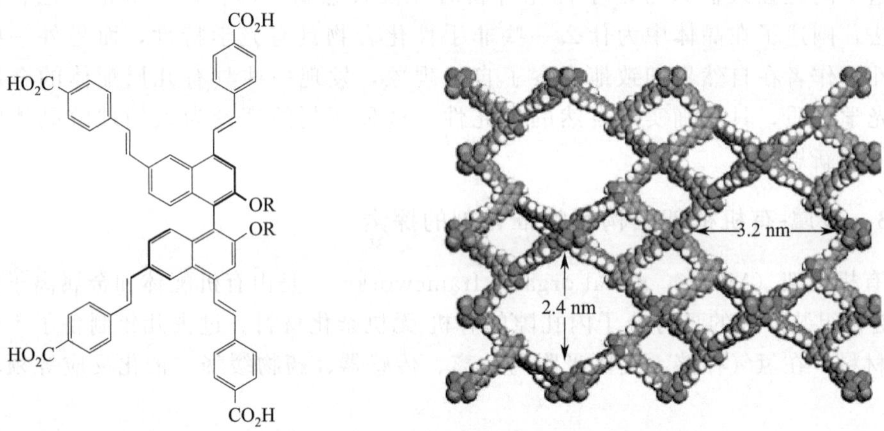

(b) 手性配体形成的 MOF 结构

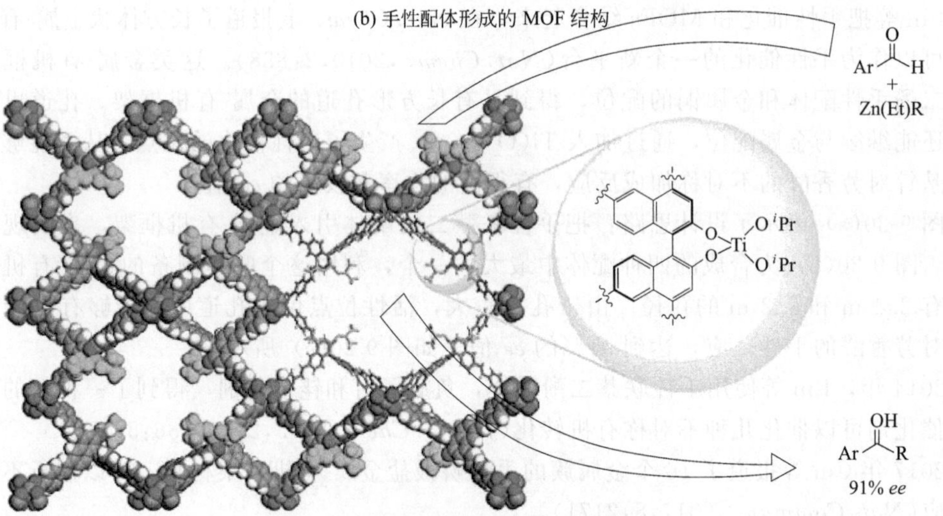

(c) MOF 负载手性催化剂及手性催化

图 9-20

9.8.4 不对称现象及其模拟

自然科学的生命现象中到处存在着不对称因素。但是，手性的起源是个有趣的科学问题，需要深入研究。

在微观世界中，构成生物大分子的核糖都是右旋的 D-核糖，蔗糖是右旋 66.6°的光学活性分子，人体仅能吸收利用右旋的糖类，自然界正好提供了右旋的糖类供人类食用。更为重要的是，人体细胞核染色体中的遗传物质DNA的双螺旋结构正好是右旋的。

宏观世界处处是不对称的右手螺旋现象。如所有的海螺、海贝和蜗牛的贝壳都可以看到鲜明的右手螺旋现象，一些细菌的生长亦是右手螺旋的。

为什么自然界生命现象选择右旋？对称性破缺或者不对称守恒是一个定律，是什么力量导致这种现象？为什么右旋的D-核糖优先为生命所选择？不对称力场，会对物质产生不对称作用，导致两个对映体结构之间在分子上的极为细微的能量差别。能量因素是物质运动和变化的基础，R、S 这两种构型的分子在这种特定力场中的位能严格意义上是不相等的，右旋的D-核糖在这种力场中，比相应的左旋D-核糖的位能要低哪怕细微的一点儿，物竞天择，因而优先被地球上的生命体系所选择。

为什么生命体系如此之不对称？如上所述，无论微观还是宏观的生命体系，都呈现出不对称的右手螺旋现象。何裕建教授认为生命现象不对称的起源就是不对称力场的存在[5-7]。螺旋总是不对称的，当一圆周运动（轴矢量）同时沿着它的轴心方向（极化矢量）进行线性运动时，即得到一个螺旋运动，螺旋运动即产生不对称力场。

台湾大学苏志明教授[5] 提出了通过放大的线性-旋转运动诱导的光学活性基体（烷基取代物），提出在没有物理力场的条件下，只有真正的手性力场能够从非手性体系中诱导出对映体过量的体系来。一个分子别动泵被设计出来用于产生外手性力场，实验证明由分子别动泵产生的放大的线性-旋转运动可以诱导出对映体过量，可以通过加速分子碰撞、平动、旋转运动诱导出分子的手性来。

目前手性合成所需要的不对称微环境主要靠不对称催化剂的诱导，手性配体以其不对称性为有机反应率创造了这种微环境。曾经有人提出用不对称的光（偏振光）来诱导不对称合成，这是一个不对称因素，但光反应由于分子处于激发态反应速率太快，进行不对称合成有选择性差的弊端。而采用人工不对称力场来诱导手性合成则是一种具有前景的方法。台湾大学苏志明教授的实验已经证明，由分子别动泵产生的放大的线性-旋转运动可以诱导出对映体过量，可以通过加速分子碰撞、平动、旋转运动诱导出分子的手性来[8]。

2020年11月3日午休时，笔者偶尔翻阅《中国国家地理杂志》2020年10月号，在第90页读到“长江口沙洲的生成与变化”（这篇地理论文的作者是单之蔷），文章写道：两千多年来，长江北岸以沙洲并岸的方式向外伸展，河口出现沙洲后，在地转偏向力的作用下，涨潮时潮流的主流向北偏移，落潮是潮流向南偏移。涨潮时，潮流逆径流而上，导致河流流速变缓，泥沙沉落，而落潮时，潮流与逆径方向一致，流速加快，带来的是泥沙被冲刷，这样长江口北岸就不断有沙洲形成，连成一片，南岸则很少有沙洲出现。认为1000年来长江北岸就出现了6次沙洲并岸连片。单之蔷认为这种仅在北岸淤积造地的现象源于一种地转偏向力。

看了这段文字，作为研究有机化学的笔者不禁惊叹：原来长江口的淤积造地过程完全是不对称的！这个不对称是源于地转偏向力（地球自转会产生一个偏向力），这个地转偏向力叫做“科氏力作用”。我曾经听过中国台湾大学苏志明教授的研究报告，他设计了一个分子别动泵来产生不对称力场，让反应物分子在分子别动泵产生的不对称力场下发生不对称碰撞，来诱导出手性产物来。

我把苏志明教授的研究与上述地转偏向力（科氏力作用）联系起来，突然产生一种灵感：大地上的天然产物都是不对称的，都是具有手性的，大千世界不对称产物的出现肯定会受到地转偏向力的作用，受到这种不对称力场的诱导作用。

从学术提倡百家争鸣的意义上，我认为，有机化学上手性起源与地理学上的不对称淤积造地应该具有异曲同工之妙！只不过地理学是宏观的，有机化学是微观的，都是地球自转产生的偏向力在起着或大或小的作用。

9.8.5 利用手性氢键和不对称电子自旋进行立体控制

最新的研究发现，手性有机催化剂常见的催化理论有了新的发展，手性氢键给体催化剂可以通过多种非共价机制促进立体选择性的控制。也就是说除了天然手性源方法、手性试剂方法、手性辅助剂方法、手性催化剂方法以外，还有可能利用手性氢键这种非经典化学键进行有机反应的立体控制。这方面的研究尚在探索之中，在反应机理方面提出了多重氢键的过渡态理论。利用手性氢键进行不对称反应，还需要进一步上升到普遍意义上来，希望以后看到更多这方面的报道。手性氢键的立体控制见一篇文章（*Science*，2019，366：990-994）。

我们知道，电子的自旋是消旋的，由于自旋向上和自旋向下的电子等量存在。但对于磁性材料，特别是半金属材料，其费米能级处于自旋向上和自旋向下的电子自旋态的布局数不同，导致它对一种自旋方向的电子导电，而对另一种自旋方向的电子表现为绝缘体。研究者发现在磁性材料表面会存在分子的对映选择性吸附。这是因为吸附手性分子的电荷极化伴随着自旋极化而产生。通过控制电子自旋方向和分子对映体，能够控制电荷转移效率，使一种自旋方向的电子优先与某一种对映体分子发生反应（*Angew. Chem. Int. Ed.*，2020，59：1653）。

通过控制电子的自旋来控制有机反应的立体选择性，通过自旋向上和自旋向下的不对称实现不对称反应，是一个新概念，为不对称反应提供了新的思路，但目前仅仅还是初步探索，不仅需要新的理论来详细说明，而且需要有一定的普适性。

9.8.6 构建氮立体中心

季铵阳离子广泛应用于有机合成、药物化学等相关领域，在不对称催化中还能够作为催化剂，例如金鸡纳碱类相转移催化剂和相关的试剂等。碳立体中心具有固定的立体构象和立体构型，而叔胺中氮原子的立体异构特征却容易被忽视，因为叔胺中的氮原子会通过其孤对电子的翻转进行快速的立体构象互变。相比之下，铵阳离子则可以防止这种翻转，能够固定氮立体中心的构型。

事实上，铵阳离子的手性合成要满足以下三个条件：① 需要一个通用的识别过程，来区分铵手性中心。② 要使氮立体中心的构型暂时动态化，从而让两种对映体之间能够进行相互转换。③ 把识别过程和外消旋化过程结合起来，能够实现动态拆分。2007 年，Tayama 课题组通过模拟金鸡纳生物碱，证实了铵中心可进行动力学拆分（*Tetrahedr. Lett.*，2007，48：4183）。

英国杜伦大学 Kitching 教授通过超分子识别过程，以优异的收率和选择性构建了手性铵阳离子，研究成果发表在 *Nature* 上（*Nature*，2021，597：70）。

9.8.7 催化剂手性放大的立体选择性定量公式

碳碳单键 C(sp^3)—C(sp^3)是有机分子三维结构的核心化学键，然而，碳碳单键 C(sp^3)—C(sp^3)的高键能、弱极化等特性，使得这类转化反应颇具挑战性。2023 年 Zou 等利用配体金属电荷转移催化的策略，实现了非张力碳碳键断裂和立体重组，为仲醇和叔醇的不对称合成开拓了一个新生面。

该催化体系建立了手性放大和手性富集的过程，突破了去消旋化反应不能应用于连续手性和季碳手性的局限性。通过深入细致的机理研究，揭示了去消旋化反应中催化剂手性放大的倍增效应和立体选择性乘积公式。研究成果发表在《科学》杂志上（*Science*，2023，382：458；DOI：10.1126/science.adj0040）。

手性醇是药物分子的重要合成砌块。虽然不对称催化合成反应报道较多，但合成含多个手性中心的醇类化合物仍具挑战。2-苯基环戊醇分子中存在两个连续手性中心，有 4 个可能的立体异构体，LMCT（ligand-to-metalcharge transfer）催化去消旋化反应可以将消旋体混合物高选择性地转化为其中一个异构体（1*S*，2*R*）。在 LED 灯照射下，反应仅需使用手性磷酸和钛催化剂就能够获得优异的立体选择性，不需要其他氧化还原试剂。

这种基于 Ti-LMCT 的光催化去消旋化策略，适用于一系列具有连续手性中心或者全取代的季碳手性中心的外消旋醇类化合物。该去消旋化反应对于全取代季碳手性中心的叔醇底物也同样适用，*a*-位被不同电性芳环或烷基取代的 3-羟基哌啶叔醇也可以实现三级碳手性中心的构建。即使是高张力的环丁醇类化合物，仍然能够较好地兼容。此外，七元环的仲醇和叔醇也适用于去消旋化反应。

进一步的研究发现，该反应对于链状醇同样适用。1,2-二芳基取代的氨基醇是手性配体合成的砌块，而传统方法路线长，而且难以实现较好的立体选择性。Ti-LMCT 催化体系能够以较好的立体选择性和高收率实现氨基醇的消旋化。

为了探究反应可能的机理，该研究通过氘代实验排除了氢原子迁移作为去消旋化途径的可能。使用消旋顺式、反式或(1*R*,2*R*)-2-苯基环戊醇，反应都能够以相同的立体汇聚式得到(1*S*,2*S*)-构型产物，机理支持了反应经由 C—C 键断裂生成了共同的前手性中间体。在获得[Ti(Ⅳ)L]配合物单晶的基础上，该工作原位合成了配合物[Ti(Ⅳ)L(OR)]。稳态光解实验验证了 Ti(Ⅳ)配合物的 LMCT 均裂过程。Zou 等人在氨基醇去消旋化体系中加入活性更高的对氟苯甲醛，生成了新的对氟取代氨基醇，支持了碳中心自由基作为去消旋化反应中的共同中间体的理论。

特别值得一提的是：Zou 等人探讨了碳碳键断裂和形成步骤中的立体选择性控制和产物 *er* 值的关系。他们报道的氨基醇底物，成键步骤的立体诱导可以通过 *syn*-底物的初始动力学结果来估算。在反应的初始阶段，新形成 *anti*-底物的 *er* 值（75：25）可近似为成键步骤的选择性即 $k_R/k_S=3:1$。这个发现可以进一步通过醛和亚胺在 $TiCl_3$、L8 存在下还原偶联反应的选择性得到确认。通过向反应体系中加入大量自由基捕获剂，实现了基于对映选择性 C—C 键断裂的动力学拆分，氨基醇断键过程的选择性可估算为 $k_{-S}/k_{-R}=8.1:1$。研究经过动力学方程推导，可以得到立体选择性乘积公式：

$$er=k_R k_{-S}/(k_S k_{-R})$$

并由此可以预测达到平衡时产物最终的立体选择性为 96：4(*er* 值)，这与去消旋化反应的实验值（97：3）基本一致，验证了去消旋化反应中催化剂手性放大的倍增效应。

本书笔者认为，这个工作把立体选择性研究推进到数学层面，这在手性化学研究方面，是难能可贵的新进展。

Li 等报道了控制手性的新方法——聚集诱导不对称合成和不对称催化。该方法不同于已报道的几种不对称合成方法（天然手性源、手性辅基、手性试剂和手性催化剂等立体控制方法），不同于传统的均相催化和异相催化，而是介于两者之间的一种新型的不对称催化类型。聚集诱导不对称催化方法是通过手性催化剂的聚集来进行反应过程的立体控制。这种新型手性聚集体诱导的不对称催化合成方法，在不改变原料手性的情况下，仅通过调配混合溶剂的比例就能提高产物对映选择性，获得手性产物。这为不对称合成方法学和手性药物生产提供了一种新的更为绿色环保的新思路和新方法。此外，该方法将会对以水为主要体系的生物催化（尤其是生物酶催化）等领域产生重要的影响。作者团队不仅提出了新概念，并且通过分子聚集的直接观察和证据证实了聚集诱导不对称催化过程。相关成果发表在了 *Research* 上（*Research*，2022；DOI：10.34133/2022/9865108）。

9.8.8 新型手性——向标手性

2022 年，Li 等报道了向标手性、不对称控制及其计算研究（*Research*，2022；10.34133/research.0012）。

向标手性就是一个手性中心可以产生三对对映体和六对非对映异构体。该手性特点是有 $C(sp)—C(sp^3)$ 或 $C(sp^2)—C(sp^3)$ 轴固定的手性中心和一个远程固定阻断的官能团。向标手性可以使得一个手性中心能够产生出六种异构体，而不是传统意义上的两种异构体。

这一发现来自于 Li 等人在利用手性酰胺助剂和催化剂控制多层折叠手性不对称合成的研究工作（*Chem. Eur. J.*，2022，28，e202104102）。其中桥端上的萘基墩迫使手性轴旋转生成不同的构象，含有两个由芳香族-芳香族相互作用区分苯环的准手性中心。具有准手性中心和向标手性轴的目标物的结构如下：

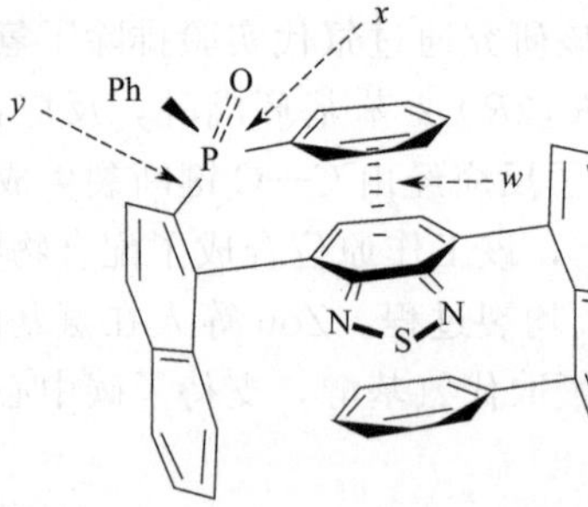

Li 等人探讨能否引入四面体手性中心来取代平面萘基桥墩，还希望探索贯穿空间框架的两个轴臂的两个手性亚基之间的取向关系。结果表明，可以不对称地合成这类阻转异构体的其他衍生物，这使得目前的异构体与以前含有以 $C(sp^3)$ 为中心的环化的刚性取代基的体系有所区别。

最终产物形成的关键步骤通过 Suzuki-Miyaura 交叉偶联反应和 Sonogashira 偶联反应实现，向标产物在室温下是稳定的。通过光谱分析对它们进行了充分的表征，并通过 X 射线衍射分析明确了它们的绝对构型。

在向标手性结构中，远端固定的基团如上图中的苯环是功能阻碍的，因此，旋转操作仅存在三个能垒。

Li 等人的工作与此前工作区别在于：① 立体作用模型不同——远程和非超共轭效应控制；② 旋转能垒数只有三个而不是六个；③ 四个独立的而不是环状官能团连接在手性中心，线型炔烃可以作为连接轴；④ 一个手性中心可产生三对镜像异构体，六对非镜像异构体。这样，我们以前传统意义上的 *ee*/*er* 和 *de*/*dr* 就很难适应这种向标手性的不对称合成。

Li 等人还对向标异构体的相对能量进行了计算，通过柔性扫描二面角 θ 获得了旋转异构化势能面。计算结果证实和解释了不对称合成诱导，计算发现分子氢键及面对边的 π-π 相互作用对稳定相关向标异构体起到重要作用。

笔者认为：向标立体异构体的提出是手性化学的一个新的发现。

这种新的向标手性将在化学、物理、生物、制药和医学以及材料等方面产生新的影响。向标手性的潜在应用将超越手性配体、手性催化剂等范围。

顶级科学刊物 *Science* 提出这样的科学问题：生命为什么需要手性？本书觉得手性现象从地球上生命出现之初就存在于大自然中，从小分子、微观生物到宏观物体，像多肽、蛋白质、DNA、RNA 和糖类等生物分子都具有手性。现代药物越来越强调手性分子，以减少剂量和不必要的副作用。现代材料为了突出光电特性，也需要手性结构。通常的手性主要有：中心手性、轴向手性、螺旋手性、三明治手性、多层手性和固有手性。近年来，人们在控制手性方面已经取得了很大的进展。笔者研究组（功能分子与手性化合物合成研究组）也合成了一系列复杂的手性化合物。

9.8.9 大自然为何选择手性

几十年来笔者所领导的研究团队是“功能分子与手性化合物合成研究组”，因而对手性若有所思。

手性是生命所具有的几个重要特征之一。作为构成生命体的基本“元件”——氨基酸和核苷酸都是具有单一手性的分子[氨基酸(左旋)、核苷酸(右旋)]。人体内的蛋白质和 DNA 是由众多氨基酸和核苷酸组成的，因此，人体内的蛋白质和 DNA 都具有手性，这就造就了生物体内特殊的手性环境，生物体对药物就具有精确的手性识别能力。只有手性相互匹配时，药物才能发挥药效。手性与生命息息相关，没有手性就没有生命！为了保持生命有机体的生存与复制，生物细胞必须建立在遗传物质核苷酸（右旋）、氨基酸（左旋）的基础上。

生命为什么选择“手性”？这是进化的偶然，还是有人所不知的机理？这个问题 *Science* 刊物作为重要问题提了出来。本书作者在这里从几个方面作以概述：

① 有人认为，地球上诞生的第一个生命细胞决定生物是偏爱左旋氨基酸手性分子的，现在地球上的生物世界是由地球上诞生的第一个细胞经过长达数十亿年的生命演化历程的繁衍形成的，地球上所有的生物都是那个细胞的后代。

② 近年来还有报道称在天蝎座方向的星云中发现了约 22% 的圆偏振光，作为手性物质的特点之一，这也许表明手性在茫茫宇宙中可能普遍存在。手性与生命之起源密切相关。

③ 一些化学家认为手性要追溯到太空。认为组成生命体的重要分子，最早是由于闪电和雷雨等复杂作用，在太空中制造出来（如氨基酸和核苷酸），然后随着陨石来到地球上。

④ 也有人认为手性是阳光哺育的结果，因为光也有类似于手性的属性：自旋。光子高速行进，同时也高速自旋。自旋可以是顺时针或逆时针旋转的。可能由于某些原因，一种自旋的光子占优势，那么在这种自旋的光子照射下产生的有机分子，有可能也偏向一种手性。

⑤ 也有人认为手性与电子的一种量子属性——自旋有关。我们知道，电子是在原子核外运动的带负电的粒子。电子的运动支配着化学反应，在氧化还原反应中，电子在两种反应物中可以得失，在大量的有机反应中的电子特别是电子对则是电子转移，可以用电子对的推动法来理解反应过程。化学反应的本质就是电子转移。所以，正是电子通过化学键将原子或分子连接在一起。电子像光子一样也有自旋。电子的自旋是一种量子特性，宏观物体的自旋可以朝向任意方向，而电子的自旋只有两个朝向：左旋和右旋。20 世纪 90 年代，德国物理学家做了一个实验，向樟树挥发的气味分子（一种蛋白）发射电子。他们注意到透过分子的电子，其自旋存在微小的偏差：左旋的电子似乎更容易透过左旋手性分子，而右旋的电子更

容易通过右旋手性分子。他们用包括DNA在内的其他手性分子做实验，向它们发射电子，看到了同样的现象。电子似乎被这些手性分子过滤了：发射前的电子自旋是随机的，但经过DNA在内的其他手性分子出来的大部分电子具有相同的自旋。

这种效应，被称为"手性诱导自旋选择性"。我们知道，当电子沿着一根螺线管运动时，就产生了电流；有电流通过的螺线管，则相当于一根磁铁，有它的N极和S极。电子是有自旋的，自旋的电子其实相当于一根小磁针，也有它的N极和S极。当左旋和右旋随机的电子流在螺线管磁场中运动时，一种自旋方向的电子会受到螺线管磁场的吸引，另一种自旋方向的电子会受到排斥。在光合作用和呼吸作用中，每秒钟都涉及大量的化学反应。电子在这些化学反应中，输运的效率高得惊人。电子输运是通过蛋白酶来实现的。这些蛋白酶是由一个个具有相同手性的氨基酸分子连接而成的。我们可以想象假如这条长链不保持同一的手性，那将会怎样？

⑥ 笔者认为不对称力场是手性分子产生的不可排除的因素。

台湾大学苏志明教授认为手性力场能够从非手性体系中诱导出对映体过量的体系来，他设计出来一个分子别动泵被用于产生外手性力场，实验证明由分子别动泵产生的放大的线性-旋转运动可以诱导出对映体过量，可以通过加速分子碰撞、平动、旋转运动诱导出分子的手性来。上述五个关于手性起源的学说，都没有实验事实，而手性力场已经被实验证明了。

手性原本存在于生命体系之中，生命体中的手性分子是通过生命体内有立体选择性的酶催化反应产生的。上世纪50年代化学家提出了不对称自催化的概念，开始从实验的角度去探索手性的起源。认为手性催化剂可以催化产生手性产物，生成的产物的两种对映异构体会出现非常显著的不对称过量，使一对对映体中某一种立体构型的化合物实现立体选择性的增殖。

那么生命体为什么会有手性？本书作者的回答是：① 生命体原本就是由手性分子形成的，手性分子具有立体空间特性，像蛋白质这样的大分子，如果没有适合的空间立体结构，其功能就会消失；② 组成生命体的分子必须紧密配合，只有手性分子才能够相互很好地、有机地配合起来；③ 不对称是普遍的、自然的，所以构成生命实体的大大小小的分子也都会具有不对称性；④ 生命体系的需求，才是手性产生的根本原因。笔者曾经在海南仔细观察过椰子树的生长，椰子树的叶子不是从树杆上长出来的，而是叶子的生长带动了树杆的生长（许多植物都是叶子的生长带动树茎生长）。叶芽首先在树杆端部发育，向上生长，在嫩叶底部开始填充生长新的树杆的物质，由于椰子树的叶子太长了，海上风力也大，椰子树为了保护叶子不与树杆脱开，就开始在叶子周围生长棕，刚长出来的棕是整块绿色的，很快绿色的棕就显示出麻袋布一样的纵横正交的纤维来，像手织的粗布一样巧夺天工，紧紧把叶子"捆绑"在树杆上不让大风破坏叶子与树杆的维系。这种棕完全是椰子树的叶子需要它，然后才进化生长出来。还有植物玉米，特别是在大路旁边的玉米会生长出一些须根，在接近地面5cm左右，玉米秆底部会长一些朝下的"胡须"，一直扎到地下，形成新的根，叫作须根。为什么会这样？在大路旁边，玉米最容易被大风刮倒，所以玉米需要这种须根来加固玉米秆不被大风刮倒。不靠路边的玉米一般没有须根。热带雨林进化出阔叶植物，是热带雨林植物有增大光合作用和蒸腾作用的需要；高寒地带植物进化出了针叶或小叶片，也是高寒地带植物之需要。我们经常会看到由于生命之需要，因此而进化发育出的种种奇迹。一位社会学家曾说过：社会需要的推动作用，比办十所大学还来得快。

需求是最伟大的自然的推动力。

参 考 文 献

[1] Soloshonok V A, Ueki H, Yasumoto M, et al. J. Am. Chem. Soc., 2007, 129: 12113.

[2] Wallach O. Liebigs Ann. Chem., 1895, 286: 90-143.

[3] Brock C P, Schweizer W B, Dunitz J D. J. Am. Chem. Soc., 1991, 113: 9811.

[4] Claborn K, Isborn C, Kaminsky W, et al. Angew. Chem. Int. Ed., 2008, 47: 5706.

[5] He Y J, Qi F, Qi S C. Med. Hypotheses, 2000, 54 (5): 783-785.

[6] He Y J, Qi F, Qi S C. Med. Hypotheses, 2001, 56 (4): 493-496.

[7] He Y J, Qi F, Qi S C. Med. Hypotheses, 1998, 51 (2): 125-128.

[8] Lee H N, Chang L C, Su T M. Proceedings of the 8th International Symposium for Chinese Organic Chemists. Hong Kong: The Chinese University of Hong Kong, 2004: IL-19.

第10章

有机反应与天然产物全合成以及人工智能问题

10.1 有机反应与天然产物全合成的关系及全合成的特点

有机反应与天然产物全合成有哪些关系及全合成的特点有哪些?

① 天然产物全合成是靠多步骤的有机反应来完成的，有机反应是天然产物全合成的灵魂。要考虑反应试剂、反应条件、反应介质、环境保护等一系列问题，重要的是 *ee* 值的提高、手性保持、昂贵的催化剂回收等新问题。

② 有机反应好比是研究具体一层楼的单层建筑方法技巧，而全合成好比是建筑一座几十层的高楼，一层楼的建筑问题解决好了，整个大楼的建筑就好办了。

③ 各步有机反应是多步骤地构建天然产物的复杂过程，有机反应的新方法、新试剂、新技术代表有机化学的最新成就，应该在全合成过程中充分挖掘利用新方法、新试剂、新技术、新理论。

④ 在全合成中，应该研究有机反应、理解反应，解决关键理论问题，鉴定反应中的活性中间体，把握相关反应过程的活化配合物和活性中间体，利用 NMR、HRMS、RI 和单晶体 X 射线衍射等手段，剖析中间体的精细立体结构，深入把握反应机理。

⑤ 全合成应采用尽可能短的合成路线，采用廉价原料，充分体现原子经济性原则，尽可能高产率、高纯度地得到每一步反应的产物。潜心研究前人的具体操作方法，细心设计实验，考虑所用的原料是否可靠、纯度是否合适，反应条件的优化是否到位，后处理方法是否得当。

⑥ 天然产物全合成是探索高效新合成方法的重要途径，是人们向大自然学习的重要内容。天然产物全合成研究对创新药物研制具有不可估量的推动作用。

有机反应研究在全合成过程中得到极大的促进。

⑦ 全合成的天然产物常常是复杂分子，也有用线性合成法的，但常用的方法是片断合成法，即把一个大的分子切成 A、B、C、D 等几个片断，先分别合成出片断化合物，然后把这些片断分子再键合起来。线性合成方法，即像“滚雪球”一样从小到大，这种方法在某些具体天然产物合成中也具有一定价值。

⑧ 全合成要求合成工作者对有机合成的基本操作和各种分离方法应用纯熟，实验要干净利落。全合成的特点是多步骤，常常需要二十多步反应或更多，总收率很低，开始可能是公斤级的，到最后一步往往为毫克级。完成全合成，必须极大地提高每一步反应的收率和纯

度。全合成是硬仗，必须克服合成中遇到的艰难险阻！从这个意义上讲，全合成是高水平的。

⑨ 天然产物全合成需要团队的集体力量和智慧。一个人的力量往往显得单薄和不足，需要精兵强将联合攻关，集思广益，完成“攻坚战”。需要化大为小，先分头完成片段合成，再集中合成目标产物。全合成要落实到每一步反应上，避免急于求成。

⑩天然产物全合成方面的一个核心问题就是手性控制或者反应的立体控制问题。要根据手性中心的引入方式，采取有效的立体控制手段，极大地提高每一步产物的光学纯度。可以采用：(a) 天然手性源方法；(b) 通过手性辅助剂方法；(c) 通过手性试剂方法；(d) 通过手性催化剂的方法（通过手性催化剂的方法是比较普遍的）；(e) 酶催化不对称反应的方法（酶催化的最大好处是对环境友好）。

⑪ 环境友好的问题。我们需要认识世界，改造世界，更需要保护世界。天然产物全合成的各步反应应该避免有毒、有危害以及危险的试剂，要选择经济环保型溶剂，重视重金属和贵金属催化剂的回收问题，充分考虑重金属的污染。应该考虑采用微生物发酵或酶催化的新方法，以期实现环境友好。

⑫ 要采用著名合成大师（如 E. J. Corey）逆合成分析中的剖析方法，吸取前人（如 R. B. Woodward 等）在复杂分子合成方面的经验，还有如 K. C. Nicolaou 和 Y. Kishi 等有突出建树的合成化学家在天然产物全合成方面的成果，不断参阅各类最新文献。Y. Kishi 于 1989 年发表了海葵毒素羧酸的合成，直到 1994 年才完成了海葵毒素（palytoxin）的全合成，仅从海葵毒素羧酸到海葵毒素的全合成，就花费了整整五年的时间！可见急功近利在复杂天然产物全合成中根本不行。

⑬ 全合成贵在合成策略，其犹如军事战役的战略，非常关键和重要，非常巧妙和具有极大的艺术色彩！而这方面的重要创新价值在目前的评价体系中往往被人忽视，因为精妙的艺术性是不可以通过量化来考核的。

天然产物全合成一直是一个具有很大魅力和活力的研究领域，最近的许多高质量的全合成研究方面的论文不断发表在这个领域。从某种意义上讲，天然产物全合成确实就像一只火炬，照耀着有机反应方法的探索之路。

化学家应该学习自然，大自然才是真正伟大的合成化学家！目前天然产物全合成有两大类方法：一是采用有机合成反应的方法，即通过逆合成分析，缜密设计合成路线，经过多步反应，来高效精准构筑目标产物，具有一定的艺术色彩。R. B. Woodward、E. J. Corey、K. C. Nicolaou 以及 P. S. Baran 等，都在这方面取得了举世瞩目的成就。二是生物合成方法，一般利用酶催化的方法来合成目标天然产物。笔者相信，生物合成方法会有大发展，因为生物合成方法在环保方面具有无限广阔的前景。

全合成也是有选择地灵活应用已知诸多有机反应的“排兵布阵”的战略过程。

10.2 海洋天然产物西松烷二萜衍生物

中国科学院青岛海洋所王斌贵研究员 2005 年在中国南海海域内的软珊瑚（*Lobophytum crassum*）中，首次发现了一类新型西松烷二萜衍生物，这类重要的西松烷二萜类衍生物具有显著的抗肿瘤生物活性，2006 年王斌贵研究员首次在国际上报道了该天然产物的结构，他的工作为天然来源新型活性成分的发现作出了贡献。南海海域内软珊瑚中的活性成分西松烷二萜类衍生物含量很低，因而对其药理功能研究存在样品稀少的问题。

西松烷二萜类衍生物具有非常显著的生物活性，特别是其强的抗肿瘤活性引起了人们的高度重视[1-2]，但目前还没有临床上应用的报道，对其药理研究的报道也很少。西松烷二萜类化合物结构中大都含有羟基、羰基、酰氧基、环氧、过氧桥等取代基，结构变化多样。随着结构新颖、生物活性显著的西松烷二萜类抗肿瘤活性成分的新发现，可以预计，抗肿瘤西松烷二萜类海洋药物活性成分的全合成、结构修饰和构效关系的研究，将取得重要进展。

西松烷二萜是一类含十四元大环结构、新颖独特并具有显著生物活性的天然产物，一些结构较为简单的西松烷（cembrene）衍生物在20世纪80年代就有一些报道[3-11]。最近几年，国外对西松烷二萜其他衍生物的结构和生物活性研究较多，由于西松烷二萜相关衍生物表现出强的抗菌和抗肿瘤活性，近年来引起了人们的极大兴趣，相关报道近年来有所增多[12-17]。王斌贵研究员不久前所报道的新型西松烷二萜衍生物是此类天然来源新型活性成分里最为复杂新颖的新化合物。

大量文献研究表明[18]，西松烷二萜衍生物主要对以下几种细胞株具有较好的抗肿瘤活性，其中肿瘤细胞株A549（人体肺癌细胞）的 $IC_{50}<6\ \mu g/mL$、HT-29（人结肠癌细胞）的 $IC_{50}<7\ \mu g/mL$、KB（人口腔表皮癌细胞）的 $IC_{50}<5\ \mu g/mL$、P388（小鼠淋巴白血病癌细胞）的 $IC_{50}<1\ \mu g/mL$。我们知道白血病发病率较高，大量文献研究表明，西松烷二萜类化合物对白血病抗肿瘤活性最好。

人们最早从天然产物中发现的是西松烷结构，随着科学研究的发展，一系列结构较为简单的西松烷二萜化合物（*cembranoid diterpenes*）先后从松脂及各类海洋生物中分离得到。含有天然来源活性成分的西松烷二萜类天然产物结构新颖复杂，具有复杂的立体结构，有着很强的消炎和抗癌等生物活性[19]。王斌贵2005年发现的这类天然产物就是由呋喃环并西松烷二萜经生物转化而成，是天然来源最新型活性成分的典型代表。王斌贵研究员分别于2005年和2006年对此作了报道[12,20]。

参 考 文 献

[1] Duh C Y，Wang S K，Chung S G，et al. J. Nat. Prod.，2000，63：1634.
[2] Pagán O R，Eterovic V A，Garcia M，et al. Biochemistry，2001，40：11121.
[3] Fenical W，Okuda R K，Bandurraga M M，et al. Science，1981，212：1512.
[4] William G D，Saugier R K，Fleischhauer I. J. Org. Chem，1985，50：3767.
[5] McMurry J E，Bosch G K. J. Org. Chem.，1987，52：4885.
[6] Marcus A T. Chem. Rev.，1988，88：719.
[7] Kodama M，Matsuki Y，Ito S. Tetrahedron Lett.，1975，16：3065.
[8] Takahashi T，Nemoto H，Tsuji J，et al. Tetrahedron Lett.，1983，24：3485.
[9] Still W C，Mobilio D. J. Org. Chem.，1983，48：4785.
[10] Tius M A，Fauq A H. J. Am. Chem. Soc.，J. 1986，108：1035.
[11] Wender P A，Holt D A. J. Am. Chem. Soc.，1985，107：7771.
[12] a) Yin S W，Li X M，Shi Y P，et al. Chin. J. Org. Chem；2005，25（Suppl.）：398；b) Wang B G，et al. Chin. Chem. Lett.，2005，16：1489.
[13] Yin S W，Shi Y P，Li X M，et al. Helv. Chim. Acta，2006，89：567.
[14] Duh C Y，Wang S K，Chung S G，et al. J. Nat. Prod.，2000，63：1634.
[15] Pagán O R，Eterovic V A，Garcia M，et al. Biochemistry，2001，40：11121.
[16] Wawant S S，Sylvester P W，Avery M A，et al. J. Nat. Prod.，2004，67：2017.
[17] a) Li G Q，Zhang Y L，Deng Z W，et al. J. Nat. Prod.，2005，68：649；b) Sayed K A，Hamann M T，Waddling C A，et al. J. Org. Chem.，1998，63：7449.，c) Quang T H，Ha T T，M C V，et al. Bioorg. Med. Chem.，

2011, 19: 2625.

[18] a) Yan X H, Margherita G, Guido C, et al. Tetrahedron Letters, 2007, 48: 5313; b) Haidy N K, Daneel F, Luis F, et al. J. Nat. Prod., 2007, 70 (8): 1223; c) Carmen M, Ortega J, et al. J. Nat. Prod., 2006, 69: 17495; d) Huang H C, Atallah F A, Su J H, et al. J. Nat. Prod., 2006, 69: 1154; e) Wang L T, Wang S K, et al. Chem. Pharm. Bull, 2007, 55 (5): 766; f) Isabel N, Noemi G, et al. Tetrahedron, 2006, 62: 11747.

[19] Duh C Y, Wang S K, Chung S G, et al. J. Nat. Prod., 2000, 63: 1634.

[20] Yin S W, Shi Y P, Li X M, et al. Helv. Chim. Acta, 2006, 89: 567.

10.3 全合成策略和有关反应步骤

新型海洋天然产物活性成分（手性西松烷二萜关键衍生物）的单一镜像异构体的全合成需要一定的技巧，该新型关键海洋活性成分分子结构如下。

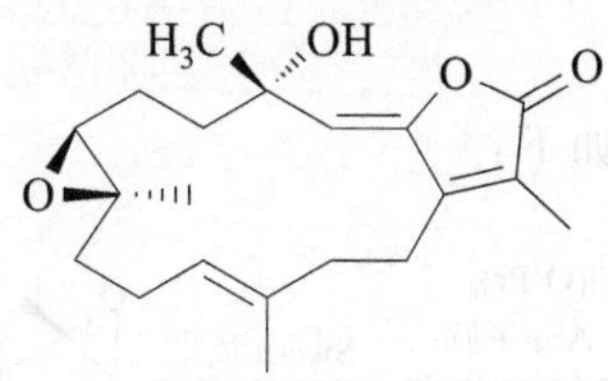

上述天然来源新型活性成分西松烷二萜衍生物这个目标分子的单一镜像异构体的精准构筑，能够为后续诸多不同衍生物合成开辟通道。

笔者课题组对我国南海软珊瑚中发现的新型西松烷二萜衍生物作了深入细致的逆合成分析，比较切实可行的逆合成剖析如下：

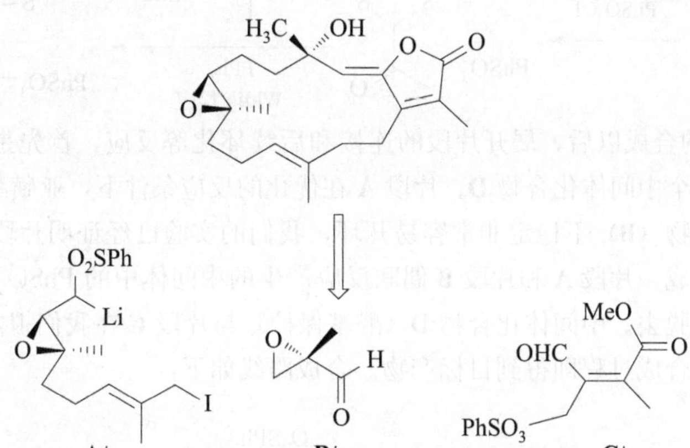

这个目标天然产物分子，**A′**、**B′**、**C′**可以被变为 **A**、**B**、**C** 三个片段（**A′**、**B′**、**C′**，与后面全合成路线中的片段 **A**、**B**、**C** 相比略有变化，这是因为进一步考虑了分子的稳定性和醛基保护等），完成片段 **A** 和 **B** 的合成以后，基本上就可以确立这个目标化合物中的三个手性中心。片段合成法克服了线性合成（从头到尾堆砌式）的不足，因为线性合成如果在某一个步骤出现问题，就会影响整个合成过程。当实现三个片段合成以后，经过键合连接和关环反应等，就可以得到目标化合物。

片段 **A** 的合成，以原料易得的天然产物香叶醇为起始物。廉价的天然产物香叶醇作为手性目标产物的精准构筑的起始物是一个十分巧妙的策略。

片段 **A** 的合成路线如下：

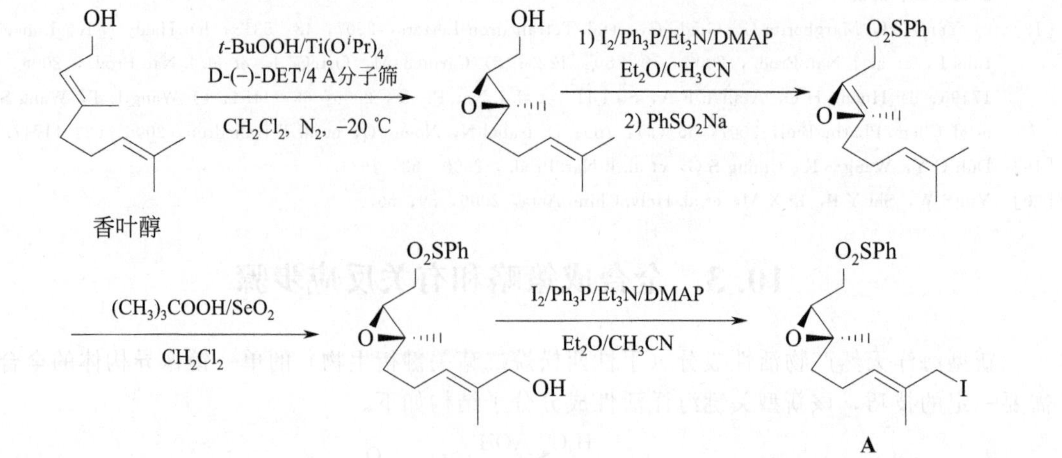

香叶醇

A

片段 **B** 与片段 **C** 的合成路线如下：

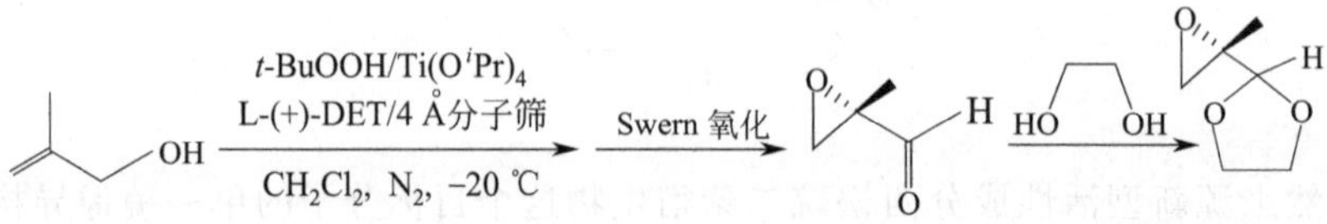

B′ **B**

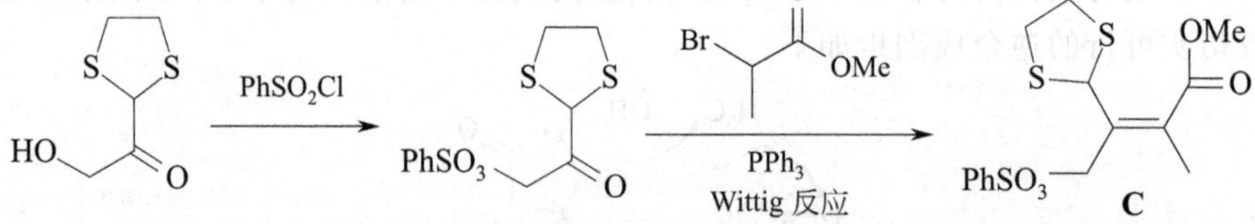

C

完成三个片段的合成以后，展开片段的连接和后续环化等反应，首先是片段 **A** 和片段 **B** 的键接，进一步得到一个中间体化合物 **D**。片段 **A** 在优化的反应条件下，亚磺酸酯的 α-位亲核性非常强，环氧丙烷衍生物（**B**）不稳定非常容易开环，我们的实验已经证明片段 **A** 和片段 **B** 的偶联反应能够以高收率完成，片段 **A** 和片段 **B** 偶联反应产生的中间体中的 $PhSO_2^-$ 基团，通过碱金属还原的方法就很容易脱去。中间体化合物 **D**（醛基保护）与片段 **C** 在我们拟定的条件下进行偶联反应后，再经过几步合成过程即得到目标产物。合成路线如下：

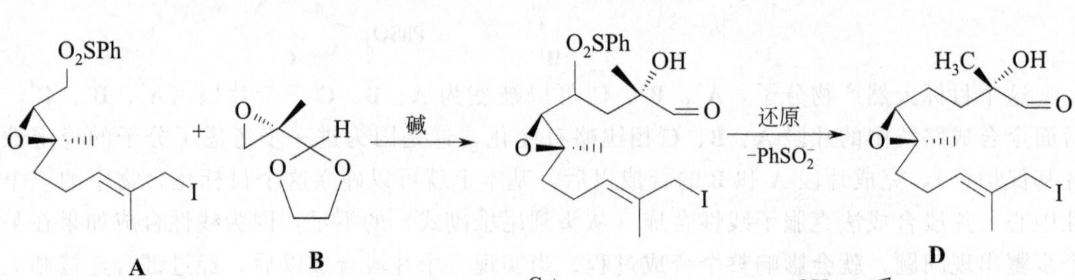

A **B** **D**

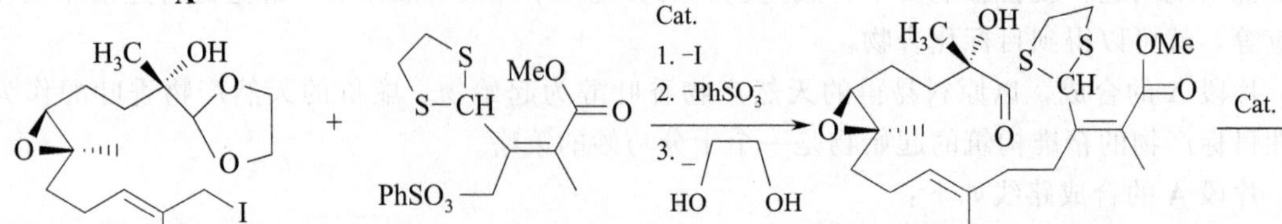

D **C**

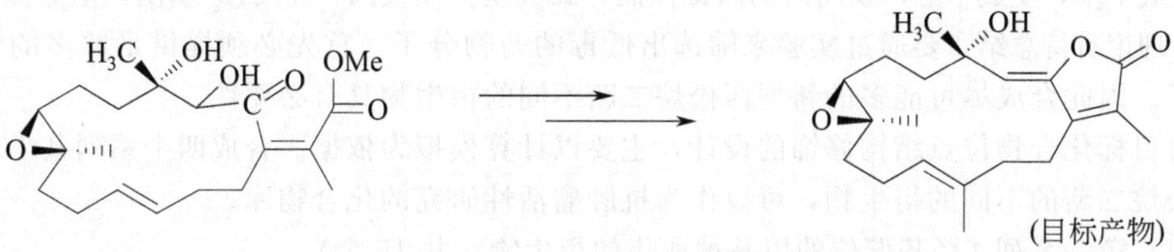

在 **D**+**C** 的合成路线中，**C** 的磺酸酯 α-位在碱性条件下可以形成碳负离子进攻 **D** 的 C—I 键。在十四元大环环化的最后几步反应中，还可以考虑在碱性条件下，探索串级反应的新方法，进行催化级联的一锅反应（one pot reaction），这样可以提高收率和实现绿色合成过程。

根据我们多年来的合成经验，有时醛基不稳定需要先得到羟基，并且把羟基先保护起来，需要醛基的时候再脱保护，进而 Swern 氧化得到醛基。

我们在上述策略中，两次应用了 Sharpless 不对称环氧化反应，第一次应用 Sharpless 不对称环氧化反应给整个大环母体中引入了一个手性环氧基团（见片段 **A** 的合成路线），由于在整个合成路线中，反应体系始终保持在中性或碱性条件下，对酸敏感的环氧基团则可以稳定存在于最终产物中。第二次 Sharpless 不对称环氧化完成了一个合成片段的手性合成（见片段 **B** 的合成路线），这个片段在后续反应中对新生成的羟基进行了立体控制。另外一个策略创新就是我们应用了极性转化的合成方法，在片段 **C** 的合成中，我们把醛基用二巯基醇保护起来，在后面的关环反应中，经二巯基醇保护的醛基中的氢原子在碱的作用下容易离去，形成很好的碳负离子亲核试剂，从而易于去进攻反应点上的另一个醛基，完成大环的关环反应。这是一个原创性的合成策略。

在一些片段合成上，我们也拟定了第二条预备合成策略。例如片段 **C** 的新合成路线，我们也可以考虑和尝试采用烯烃复分解反应。2019 年报道的羰基烯烃复分解反应如下：

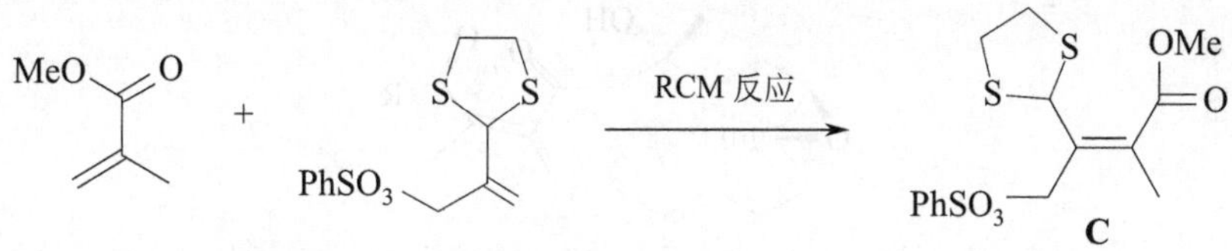

再例如片段 **A** 的新合成方法，我们也可以适当采用一锅反应的方法，可以减少反应步骤，提高收率。

10.4 西松烷二萜衍生物合成的拓展

在采用新方法完成上述重要海洋天然产物活性成分新型西松烷二萜衍生物的合成以后，可以全面拓展合成的范围，合成四个系列共 104 个新型西松烷二萜的不同的衍生物，为拓展抗肿瘤临床研究提供更多的生物医学活性分子，扩大筛选范围。

对某些位点的结构修饰，从药物研究的构效关系方面分析，是合理的。药物的毒性问题是药物的首要问题，对于西松烷二萜衍生物，要筛选毒性最低的目标化合物，目前，毒性的问题尚不能完全由理论来判断，必须依靠毒性药理实验来解决。例如有时药物分子中的 R 基由甲基变为丙基，其毒性也会降低，通过实验，优化筛选不同 R 基，降低药物分子的毒性，是非常重要的工作。一个简单却又复杂的问题可以说明毒性筛选，例如，乙醇可以少量饮用，而把乙醇分子中的乙基换成甲基，变成甲醇，饮用后则因毒性而导致失明。仅仅因一个 CH_2 基团，生命体系如此复杂，理论有待总结。要通过实验来筛选出低毒的药物分子，首先必须提供足够多的候选药物分子。因此合成尽可能多的新型西松烷二萜不同的衍生物具有必要性。

对目标化合物位点结构修饰的设计，主要以计算模拟为依据。合成四个系列共 104 个新型西松烷二萜的不同的衍生物，可以作为抗肿瘤活性研究的化合物库。

(1) 第一系列（羟基偕位的甲基被取代的衍生物，共 15 个）

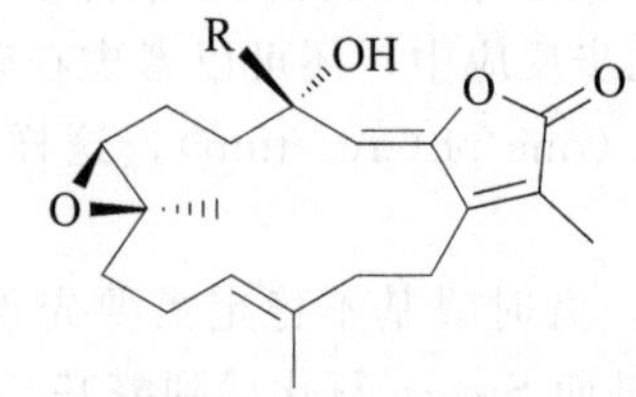

R=C_2H_5, C_3H_7, C_4H_9, OCH_3, OC_2H_5, OC_3H_7, OBn, SCH_3, SC_2H_5, SC_3H_7, SBn, $N(CH_3)_2$, $N(C_2H_5)_2$, CO_2CH_3, $N(CH_3)COCH_3$

(2) 第二系列（甲基偕位的羟基被取代的衍生物，共 20 个）

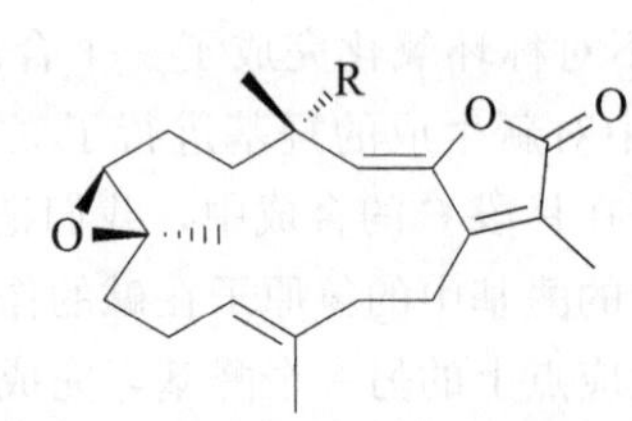

R=OCH_3, OC_2H_5, OC_3H_7, OC_4H_9, OBn, SCH_3, SC_2H_5, SC_3H_7, SBn, $NHCH_3$, NHC_2H_5, NHC_3H_7, $N(CH_3)_2$, $N(C_2H_5)_2$, $N(C_3H_7)_2$, $N(CH_3)COCH_3$, Cl, Br, I, N_3

(3) 第三系列（五元环开环、羧基衍生的 16 种不同的衍生物）

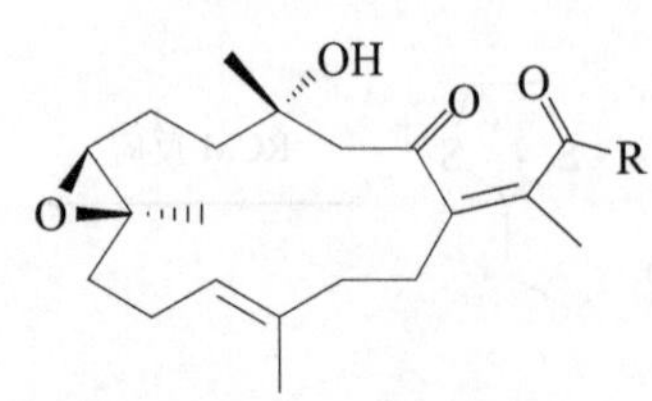

R=Cl, Br, I, OCH_3, OC_2H_5, OC_3H_7, OC_4H_9, OBn, SCH_3, SC_2H_5, SC_3H_7, SC_4H_9, SBn, $N(CH_3)_2$, $N(C_2H_5)_2$, $N(CH_3)COCH_3$

(4) 第四系列（共 53 个衍生物，分两大类）

① 第一类（大环系与双键相连的甲基取代的 15 种衍生物）。对目标产物分子大环下端与双键相连的甲基进行取代，又可以得到 15 种不同的新衍生物：

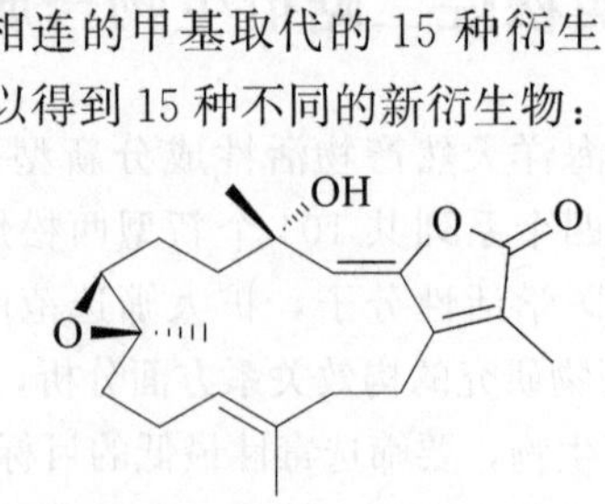

R=C_2H_5, C_3H_7, C_4H_9, OCH_3, OC_2H_5, OC_3H_7, OBn, SCH_3, SC_2H_5, SC_3H_7, SBn, $N(CH_3)_2$, $N(C_2H_5)_2$, CO_2CH_3, $N(CH_3)COCH_3$

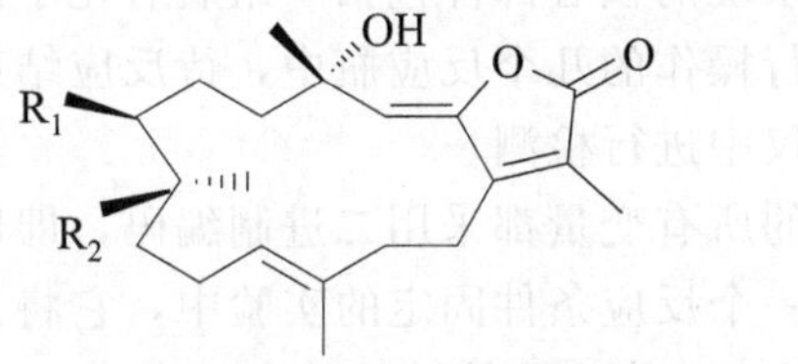

R_1 或 $R_2=OH$，R_2 或 $R_1=OCH_3$，OC_2H_5，OC_3H_7，OBn，SCH_3，SC_2H_5，SC_3H_7，SBn，$NHCH_3$，NHC_2H_5，NHC_3H_7，$N(CH_3)_2$，$N(C_2H_5)_2$，$N(C_3H_7)_2$，Cl，Br，I，N_3

$R_1=R_2=OCH_3$，OC_2H_5，OC_3H_7，OBn，SCH_3，SC_2H_5，SC_3H_7，SBn，$NHCH_3$，NHC_2H_5，NHC_3H_7，$N(CH_3)_2$，$N(C_2H_5)_2$，$N(C_3H_7)_2$，$N(CH_3)COCH_3$，Cl，Br，I，N_3

② 第二类（环氧环开环得到不同的衍生物 38 种）。在全合成研究中，特别需要注意开展原创性的有机反应研究，特别是大环环化新反应的研究。此类天然产物大环骨架的全合成主要有四类方法：a. 直链化合物关环；b. 扩环反应；c. 多环化合物开裂；d. 缩合关环反应。这些方法中，以直链化合物关环的合成策略最为常用，这里又涉及很重要的环化方法。传统的环化方法有 Diels-Alder 反应、Michael 加成、［3＋2］和［2＋2］以及［2＋1］等环加成方法，各种缩合关环的方法、Grubbs 试剂的 RCM 反应和由 Schrock（2005 年诺贝尔化学奖获得者）于 2008 年报道的不对称 RCM 反应（即 ARCM 反应）等，还有我们课题组 2011 年在 *J. Org. Chem.* 新报道的不对称［4＋3］环加成反应。一些其他的关环过程涉及如下 8 个方面的方法和技巧：含硫基官能团稳定的碳负离子的烷基化；氰醇的烷基化；烯丙基有机金属化合物对醛的加成；Horner-Emmons 反应；烯烃的 Friedel-Crafts 酰基化；镍催化的烯丙基卤的偶联；钛催化的羰基的偶联；钯催化的 Heck 反应和 Still 反应等。

环化反应是有机反应中一颗璀璨的明珠。

10.5 有机合成反应与人工智能（AI）

大家知道，第四次技术革命时代已经来临。这是继蒸汽机技术革命（第一次工业革命）、电力技术革命（第二次工业革命）、计算机及信息技术革命（第三次工业革命）以后的又一次技术革命。

第四次技术革命，是以人工智能、清洁能源、机器人技术、量子信息技术、虚拟现实云技术以及先进生物技术为主的崭新的技术革命。

那么第四次技术革命与有机合成反应之间又有什么关系呢？

10.5.1 人工智能与有机反应

现在，连小孩子也知道所谓的 AI（人工智能）。

英国格拉斯哥大学的 Leroy Cronin 教授在 *Nature* 上发表文章（*Nature*，2018，559：377），认为机器人能够拥有人类化学家的“直觉”。他们开发了新的机器学习和算法控制的有机合成机器人，可以在完成一个实验后进行独立“思考”，决定下一步实验如何进行。与化学家采用的方式一样，机器人也可以独立自主地探索化学新反应和合成新分子，并且它们具备准确预测化学反应结果的能力。

这个有机合成机器人系统的核心部件包括一组装有化学试剂的原料罐和压力泵，这些泵负责将反应物送入可以并行操作的几个反应瓶中，待反应结束，再将混合物依次送入红外光谱仪、质谱仪、核磁共振仪中进行检测。

机器人对整个实验中的所有变量都采用二进制编码，即用一组由数字 0 和 1 构成的向量来描述每一个反应。如在一个反应条件固定的实验中，它将出现的起始原料定义为 1，而没有出现的起始原料则定义为 0，将这些简单的数字组合成一个包含所有反应物信息的向量用来描述该反应的特征。另外，支持向量机模型则通过识别反应前后谱图的变化来判断该反应是否发生并进行分类，如果反应活性高，那么该实验的结果将定义为 1，反之则为 0，编程大体如此。研究人员希望从 18 个化合物中快速地找出可以发生反应的反应物组合，机器人首先随机地选择了 100 个实验进行尝试，通过模型判定实验结果后，使用 LDA 算法对“数字化”数据进行分析和总结。随后对剩余实验进行预测，在此基础上，机器人会优先选择它认为最有可能发生反应的 100 个实验开始第二次尝试。每完成 100 个实验采样，机器人都会更新数据库，在重新评估剩余的反应后继续 100 个新的尝试，直到判断剩余实验不会产生化学反应为止。最终的结果是机器人每次都能从余下实验中挑选出更具反应性的反应物组合进行探索，并且每一次预测的准确率都能保持在 80%以上。

Leroy Cronin 教授认为，这只不过是一种回归算法，训练（算法）离不开化学家。

机器人可以做得更快更多，除了机械地执行命令进行实验操作外，机器人还可以像人类一样进行思考。通过数字化数据学习，机器人就能以自己的方式发现化学反应背后的规律，帮助化学家探寻出更多、更有用的有机反应。

这方面的前景令人鼓舞！

10.5.2 人工智能与全合成

逆合成分析是全合成中最常用的手段，早期使用逆合成分析法设计分子合成路线的最大难点在于人脑记忆能力有限，纵使是具有丰富经验的化学家也无法完全掌握多不胜数的化学反应。20 世纪 80 年代化学家将那些已报道的化学反应记录在交叉参考索引卡中，在设计某个分子的合成路线时他们将大量时间花费在相关反应的检索上。随着计算机技术的发展，建立了庞大的化学文献数据库，数据库收录了公开发表的文献和专利中千千万万条合成路线，化学家们只需将化学合成中目标分子的结构输入计算机，便可筛选出相似的反应路线。但要在这些海量的与所需求的相关化学反应中找到真正适合的反应，仍依赖于化学家的经验。

早在 20 世纪 60 年代，诺贝尔奖获得者 E. J. Corey 就开发了一款名为 LHASA（Logic and Heuristics Applied to Synthetic Analysis）的软件，可以根据当时已有的化学反应和录入的 300 个有机反应规则帮助使用者对目标分子的合成路线进行分析，但是由于缺乏足够有效的反应数据，以及当时计算机数据处理能力的局限性，无法满足要求。后来 Grzybowski 教授及其团队为这款软件构建了一个包含约 700 多万个有机分子的超大数据库，通过相似数量的有机反应将它们彼此连接形成化学网络，并且他们输入了超过 5 万个有机反应规则来告诉系统任何小分子在反应中可能会发生的变化。化学家只需将合成产物的结构输入软件中，系统就可以根据一组搜索和分析此网络的算法在短时间内设计出合成路线，同时从成本、原料是否易得、反应步骤数、反应的操作难度等多方面对每条路线进行评价，最后优化出最佳合成路线。Grzybowski 教授等的这一研究成果发表在 *Chem*. 杂志上（*Chem*.，2018，4：522)，这无疑为智能合成开拓了一条途径。

为了证明该系统（命名为 Chematica）的实用性并不是纸上谈兵，最近 Grzybowski 教授与美国西北大学的 Mrksich 教授以及药物公司的研发人员合作，使用 Chematica 在实验室进行了演练。他们选择了 6 个具有生物活性的分子、1 个复杂药物分子和 1 个天然产物作为目标物，Chematica 在 3 个小时内便提供出所有目标分子的合理合成路线和反应条件。化学家则按照这些合成路线在实验室里进行合成实验，并且增加了一些有难度的限制性的条件，以检验这些路线是否可靠。结果表明，对于其中 7 个目标产物分子，Chematica 设计的合成路线步骤少，而且产率高，耗时短，成本低。这让有机合成大师 K. C. Nicolaou 非常赞赏："这个结果振奋人心，可以促使药物合成大踏步前进。通过减少单调沉闷的逆合成分析工作，Chematica 能够大幅提高实验室合成的效率。"

计算机的设计能力理论上可以比合成化学家强，但有时候计算机设计的合成路线也不管用。希望计算机能够尽快地为化学家们提供成功的合成路线，让化学家进行深层次的思考。计算机辅助合成设计目前确实迈上了一个崭新的台阶。

10.5.3 计算机预测不对称催化剂的选择性

催化剂能够促进化学反应而本身的化学性质不发生改变，在化学工业的发展中起到举足轻重的作用。传统上催化剂的设计主要凭化学家的知识和经验预测催化剂结构和效率之间的关系，多由实验来验证。但人类大脑从大量数据中寻找规律的能力有限，对新型催化反应的机理往往缺乏清晰的理解，也很少有定量的规则能指导某一类催化剂的设计，这一过程往往费时费力且成功率低。以不对称催化为例，目前调整催化剂结构以优化选择性的过程仍然主要依靠经验。

计算机技术的发展给各个领域都带来了巨大变革，化学同样如此。化学信息学的出现使得研究者可以突破经验的限制。一些催化剂的结构可以直接用三维结构描述符（即催化剂的立体化学参数）来表征，数千种候选分子的空间结构和电子特性都可以进行量化，通过将待选催化剂的性质参数与经过实验数据设置的模型进行比较，就可预测其催化性能。尤其是近年来人工智能的快速发展，通过计算机来预测反应和设计反应已经不再新奇。

美国伊利诺伊大学香槟分校（UIUC）的 Scott E. Denmark 教授等基于化学信息学提出了一种计算机引导的催化剂选择性的预测，并通过预测手性磷催化剂催化的硫醇与 *N*-酰基亚胺加成反应的例子对选择性进行了验证。

不对称催化广泛应用于有机合成研究中，一般依靠化学家的经验和对催化剂进行实验优化。基于计算机化学信息学方法，Scott E. Denmark 教授实现了催化剂选择性的预测，有助于提高工作效率。进一步的研究可望利用计算机预测催化剂的活性和稳定性，为有效设计高选择性、高活性和高稳定性的催化剂提供有力帮助。

10.5.4 人工智能准确预测偶联反应

在药物研发和天然产物全合成中，化学家不仅要设计出合理的合成路线，还要尽可能提高每一步反应的收率，利用传统的有机合成方法，不仅是对实验工作者体力方面的挑战，也是对路线与策略设计者在脑力方面的挑战。近年来，智能化和自动化技术的迅猛发展，让这类合成化学的传统实验室工作模式悄悄发生了变化。Grzybowski 教授开发了建立在"大数据"基础上的化学合成软件如 Chematica、Syntaurus 等，不仅可以预测反应产物，还能设计出天然产物全合成路线。美国伊利诺伊大学香槟分校的 Martin D. Burke 教授开创了 MIDA 硼酸酯迭代偶联技术，用以实现小分子的自动化合成。通过建立在高通量实验技术基础上的自动化反应平台，可在短时间内筛选数千种纳摩尔级别的 Buchwald-Hartwig 偶联和

Suzuki-Miyaura 偶联反应，当然产物的收率还有待提高。

普林斯顿大学的 Abigail Doyle 等使用随机森林算法（random forest algorithm），在经过 Buchwald-Hartwig 偶联反应数据的设置后，这种算法可以准确预测其他多维变量的 Buchwald-Hartwig 偶联反应的收率。

(1) 反应模型的选择　异噁唑及其衍生物是一类含 N—O 键的五元杂环化合物，广泛存在于生物活性分子及天然产物中，具有很好的药理活性。Buchwald-Hartwig 偶联反应是药物合成中广泛应用的反应之一，然而使用以异噁唑结构为官能团的化合物进行 Buchwald-Hartwig 偶联反应，构建复杂药物分子仍面临着一些挑战，原因主要有：① 异噁唑自身的反应活性较高，且易与金属催化剂发生配位；② 含有异噁唑结构的底物的合成不很容易。如何快速、高效地实现含有异噁唑结构的底物参与的偶联反应具有重要意义。德国明斯特大学 Glorius 教授发展了一种基于添加物的反应筛选方法，能够筛选反应底物的适用范围。该方法将官能团从底物中剥离，并以添加剂的方式在反应中等当量地添加，通过气相色谱测定产物产率、原料和添加剂剩余量来评估反应官能团的耐受性。

(2) 反应数据的获得　计算机辅助合成的数据主要来源于那些已经发表过的文献或者专利中的成功反应，但这些数据存在两个主要问题：一是这些数据来自不同的时间和不同国家的研究者，缺乏一致性；二是，前人失败的反应由于经常不被发表而很难让后人获得，这就使得数据的完整性不足。通过高通量反应筛选平台，让人们能在较短的时间内完成 4608 个 Buchwald-Hartwig 偶联反应（其中包括 15 种卤代芳烃和卤代杂环芳烃的底物，23 种异噁唑添加剂，4 种钯配体和 3 种有机碱，反应溶剂为 DMSO，反应温度为 60 ℃，反应时间为 16 h），这就为计算机辅助合成提供了充足数据，包括一些重要的大量不成功的反应数据。

(3) 样本集的生成　描述符是计算机辅助的基础，精确定义且合理选择与研究对象相关的描述符十分重要。研究者将反应中四种变量的化合物结构分类并写入 Spartan 软件中，随后挑选出与体系相关的 120 种描述符，例如分子描述符：轨道能量（E_{HOMO} 和 E_{LUMO}）、偶极矩、电负性、硬度、体积、质量、椭圆度及表面积等；原子描述符：原子静电荷和核磁位移等；振动描述符：振动频率和强度等。其中用于描述异噁唑的参数 19 个，描述卤化物的参数 27 个，描述有机碱的参数 10 个，而描述钯配体的参数达 64 个。以这些描述符为输入值，以反应产率为输出值，它们经转换为可分析的格式后构建起计算机辅助的样本集，其中矩阵的每一行为一个反应样本，每一列为样本的某一个特征。通过样品集建立起输入值与输出值间的对应关系，以便预测一个未知的新样品。

(4) 计算机辅助及预测　研究者从原始数据集中抽取 70%的样本作为训练预测算法，剩下的 30%样本作为测试集用于检验预测模型的性能。例如研究者对另外 8 种异噁唑添加剂参与的反应进行了预测，这些新的添加剂此前并未在样本中出现，并且其取代基与之前的 15 种添加剂也不相同。结果表明，这些样本外的反应，随机森林算法也能给出精准的预测，每种添加剂参与反应的产率预测值与真实值之间相差不远。研究者还以均方误差（MSE）为标准，收窄了化学描述符的范围，找出了随机森林算法中最重要的 10 种描述符，其中在前 5 名中关于添加剂的描述符就占有 4 个，虽然仅用这些化学描述符还不足以完全预测，但它们在一定程度上表明添加剂对反应的真实收率有着怎样的影响。关键的是这些信息可以指导人们如何选择合适的反应进行机理研究。例如他们在相关分析中观察到了 Pd 与 N—O 键发生氧化加成的产物的生成，这对深入研究 Buchwald-Hartwig 偶联反应机理帮助甚大。

利用这一方法还可以预测哪些异噁唑添加剂会抑制反应，而哪些不会。然而，由于反应原料和添加剂的剩余量无法准确测定，还无法通过该方法来间接评估含有异噁唑官能团底物的反应的详细情况，研究者希望计算机辅助能够研究并预测那些具有更复杂三维结构的底物参与的反应。

10.5.5 人工智能在逆合成分析中的应用

Doyle 等发表文章，论述了人工智能在逆合成分析中的应用（*Nat. Rev. Methods Primers*，2021，1：23）。逆合成由诺贝尔奖获得者哈佛大学 Corey 教授在 20 世纪 60 年代提出，描述通过化学键切断来将一个复杂的目标分子还原为一个前体分子的过程。

人工智能对详尽逆合成路线预测的程序，会给出完整的合成路线。这个过程需要一个模块来拆分目标化合物，在概念上类似于一个有机化学家选择一个已知反应类型应用于一个目标分子的过程。严谨的反应规则需要对产物和反应物的结构以及如官能团相容性、立体选择性等进行编码。要验证预测路线的可靠性并不是那么简单。

要合成一个分子，不仅要知道逆合成步骤，还要知道每一步的反应条件。

对反应的预测常用的变量包括底物、溶剂、温度、添加剂、碱和配体。建模可以从单个反应变量来着手，也可以同时用多个变量来进行。除了少数普遍的反应外，一般反应可用的化学信息相对较少。增加更多的描述符可以提高模型对数据的拟合。

在合成化学中，机器学习算法可以分为线性和非线性两类。多元线性回归已被用作探索线性自由能关系以及模拟反应选择性的方法，该方法可用于较小的数据集，可与传统的实验筛选方法一起使用。非线性方法已经成为使用更大数据集建模的策略，而线性模型选取，例如通过多种手性磷酸催化的亲核试剂对亚胺的加成反应，来进行概念验证，用多变量线性回归来预测反应的对映选择性，催化剂和底物用 DFT 计算得到的分子描述符进行参数化，溶剂使用 2D 和 DFT 分子描述符进行表征。在手性磷酸催化亚胺亲核加成反应对映选择性的预测中表现出：磷酸催化亚胺亲核加成反应，其中催化剂和底物用 DFT 计算得到的分子描述符进行参数化，而溶剂使用 2D 和 DFT 分子描述符进行描述；*Z*-亚胺和 *E*-亚胺的回归模型，每个模型包含催化剂和底物性质的描述符的组合。

就像自动化合成肽和寡核苷酸一样，天然产物的自动化合成是化学家的追求。逆合成和反应预测算法将提供配方，然后通过自动化平台将其转化为现实。目前自动化合成仍处于初级阶段。

高通量能实现的反应目前还很有限，最容易实现的是在室温下，在低挥发性溶剂中进行的均相反应。加热的反应通常也比较容易实现，但冷却、搅拌、光照和气体处理等操作需要特殊处理。如合成丙型肝炎治疗药物，合成关键中间体中的脱氢步骤，对几种氧化剂和光催化剂以及溶剂进行高通量筛选，能够找到光氧化还原的最优条件。

在自动化合成方面能实现的反应类型不少，药物化学的常用反应在自动化合成中不少。就连紫杉醇的自动化合成已经有一些报道。除了通过串联偶联和环加成反应合成天然产物之外，自动化合成系统还可以自主优化反应条件。

目前在我们国内有机化学领域的人工智能合成还未引起足够重视，国际上对于高通量和自动化合成机器人，硬件上能实现的反应已有不少。高通量产生的数据无疑比人产生的数据更稳妥、更可靠、更快速。

笔者希望一些超算专家能够介入这个领域。

笔者认为，计算机辅助合成为合成化学研究工作者开辟了一个新生面，打开了一个合成化学智能化的精彩新世界，其发展前景不可限量，这对广大合成化学研究者无疑是一个福音。

最后，再介绍一下 SciFinder 的新进展。SciFinder 是美国科学家开发的一种查新的软件工具，可以为合成化学家带来诸多益处，使化学家的创新更加高效和自信。从结构发现到放大实验，SciFinder 中的逆合成设计工具会让化学家的工作变得轻松。预测反应由基于规则的人工智能（AI）引擎所引导，与从文献中得到的合成步骤一起形成互动合成路线。SciFinder 能够为化学家提供新思路，激发化学家在合成过程中的灵感。

第11章

有机反应中的若干新试剂

新试剂的研究和开发对有机合成具有实际意义。发现和开发新试剂对于拓展有机反应新方法极其重要。新型化学试剂可以为合成化学家提供新的工具和帮助。含氮、含氟和含硫有机化合物在发展现代有机合成方法学中发挥着重要作用。

传统的经典的化学试剂例如格林雅试剂、Wittig 试剂等为化学科学的发展做出了里程碑式的贡献。

近年来，一些具有普遍适用性的新试剂被不断报道出来。本章涉及用于二氟甲基化、三氟甲基化和硫代三氟甲基化的含氟新试剂，以及一些典型的含硫新试剂的最新研究进展。这些试剂几乎都是官能团化试剂，如含硫试剂 $Na_2S_2O_4$-TBHP，是芳香醇选择性氧化生成醛的一种新试剂。2023 年 10 月，在罗马尼亚技术科学院组织的第 18 届“挑战、机遇和解决方案——罗马尼亚技术科学院日”主题会议上，$Na_2S_2O_4$-TBHP 试剂被称为 Wang 试剂。早在 2016 年，在王乃兴研究组报道了这个新试剂以后，《中国科学报》在 2016 年 4 月 14 日 第 4 版就报道了王乃兴组的这一项成果。2023 年和 2024 年，$Na_2S_2O_4$-TBHP 试剂也被国外学术刊物称为 Wang 试剂并作了详细的描述（*J. Eng. Sci. Inno.*，2023，8：269-276）；*Synth. Commun.*（2024，54，1785）、《科技导报》（2024，42，98）也介绍了这种 Wang 试剂。

11.1 引　言

开发新试剂对合成化学意义重大。化学家在新试剂的开拓方面不断取得新的进展。在各种新型有机反应试剂中，我们主要选择了一些含有氟原子和硫原子的新型试剂，这些试剂几乎都是官能团化试剂，如官能团化试剂 DMSO-I_2 和 DMSO-TsCl 用于甲硫基化，$Na_2S_2O_4$-TBHP 用于甲酰化。作为含硫试剂，$Na_2S_2O_4$-TBHP（Wang 试剂）是一种用于芳香醇选择性氧化制醛的新试剂。近年来开发的这些典型的新试剂，引起了广大读者的兴趣。

金催化的串级反应是杂芳烃的 C—H 官能团化的新方案。Ariafard 等报道了用乙炔基苯并碘氧化物（EBX）试剂进行的金催化的炔化的官能团化研究，可以看出，采用该新试剂是一个关键。另外，作者还对这种转化的机理进行了研究[1]。

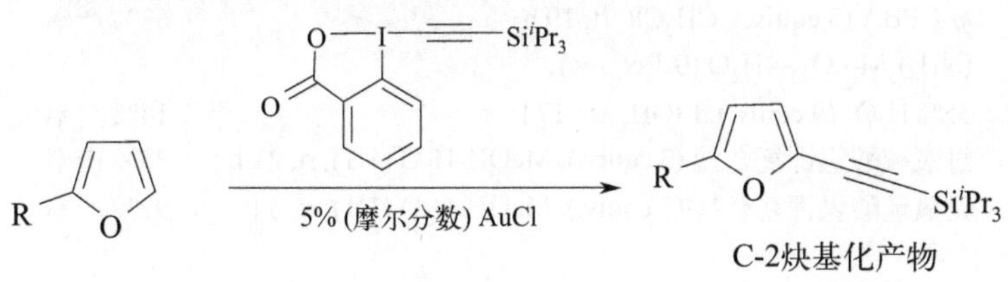

Grygorenko 等报道了一种用于 Suzuki-Miyaura 反应的新试剂，即 2,2-二氟乙烯基片呐硼烷（CF_2 ═CHBPin）。新试剂（CF_2 ═CHBPin）是一种易于处理的高沸点液体，具有足够的稳定性（在 4 ℃以下储存数月后未观察到降解）。该试剂与（杂）芳基和乙烯基溴化物的 $Pd(dppf)Cl_2$ 催化反应被证明是一种有效的合成偕二氟苯乙烯类化合物的好方法[2]。

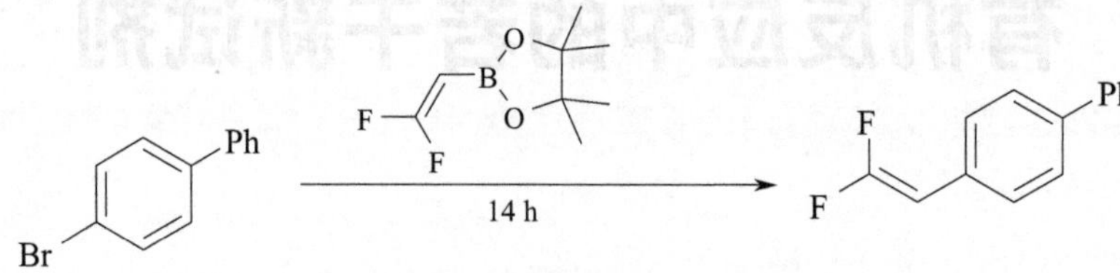

新试剂（CF_2 ═CHBPin）的制备方法如下：

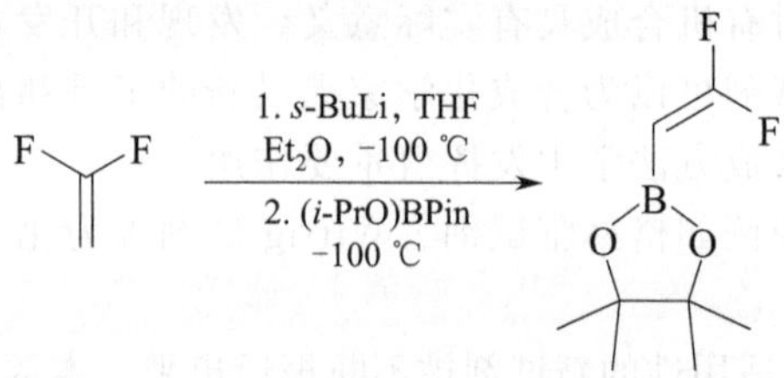

Knochel 等通过苄基锌醇化物的裂解，发展了一种新的苄基锌试剂制备方法。这种方法完全避免了副产物的形成[3]。

Ando 等报道了一种新的亚甲基化试剂 1-甲基-2-(甲磺酰基) 苯并咪唑，它可以在 *t*-BuOK 存在下与多种醛或酮反应，在温和的反应条件下高产率得到相应的末端烯烃[4]。

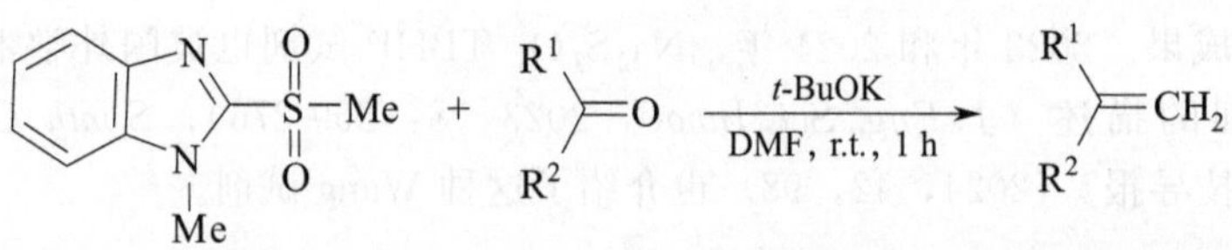

新试剂 1-甲基-2-（甲磺酰基）苯并咪唑的制备方法如下：

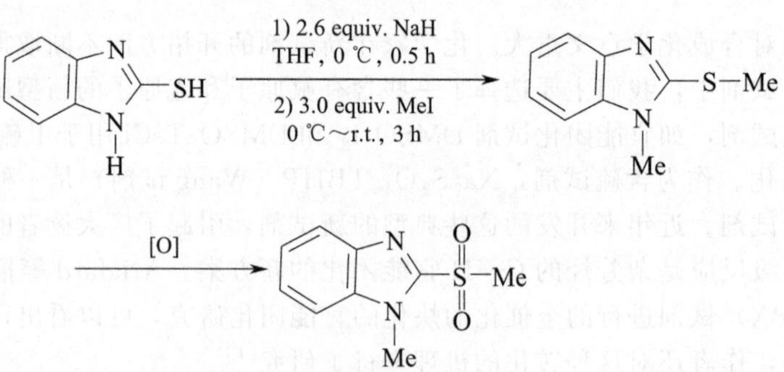

m-CPBA (3 equiv.), CH_2Cl_2, rt, 19 h	62% 产率
$(NH_4)_5Mo_7O_{24}$-$4H_2O$ (0.1 equiv.), 35% H_2O_2 (9 equiv.), EtOH, r.t., 17 h,	14% 产率
过氧硫酸氢钾复合盐 (3 equiv.), MeOH-H_2O (1∶1), rt, 21 h	73% 产率
过氧硫酸氢钾复合盐 (3 equiv.), MeOH-H_2O (1∶1), rt, 5 h	92% 产率

Espinet 等报道了锡化聚山梨醇作为清洁 Stille 反应的新试剂，在 Stille 偶联中使用这些聚山梨醇试剂反应后处理简单，分离纯化容易，产物收率高[5]。

11.2 用于直接氟甲基化的新试剂

11.2.1 二氟甲基化新试剂

Baran 等报道了一种新的试剂[$Zn(SO_2CF_2H)_2$,DFMS]，用于通过自由基过程对有机底物进行二氟甲基化。这种二氟甲基化试剂能够与一系列含氮杂芳烃底物以及某些共轭 π-体系和硫醇类化合物很好地兼容[6]。

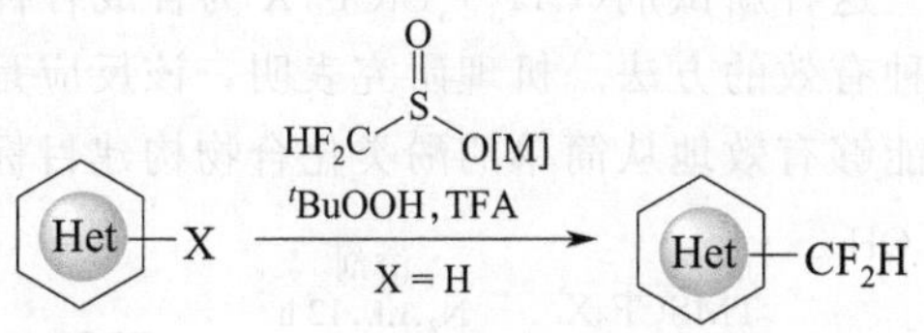

Olah 等报道了一种亲电二氟甲基化试剂：*S*-二氟甲基-*S*-苯基-2,3,4,5-四甲基苯基锍四氟硼酸盐。这种新试剂已被证明可有效地将亲电二氟甲基引入亲核试剂，如磺酸、叔胺、咪唑衍生物和膦。然而研究发现，这种新试剂未能将二氟甲基转移到酚类以及伯胺和仲胺中[7]。

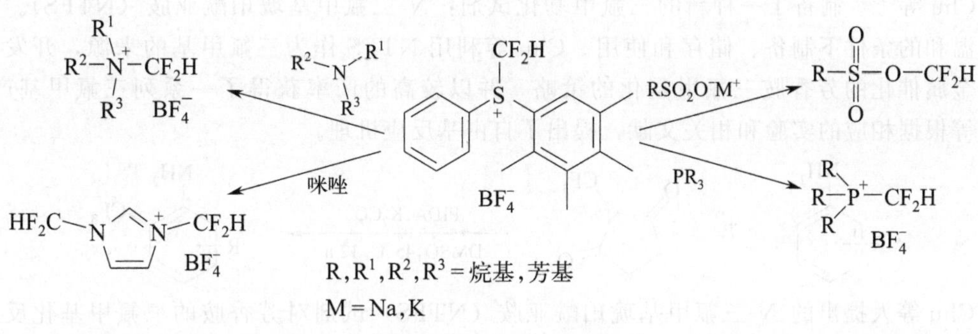

用于将二氟甲基引入亲核试剂中的二氟甲基化新试剂 *S*-二氟甲基-*S*-苯基-2,3,4,5-四甲基苯基锍四氟硼酸盐的制备方法如下：

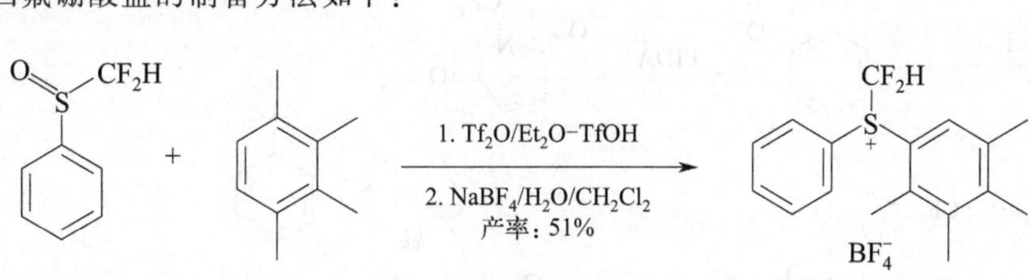

Nielsen 等报道了二氟乙酸可以作为一种新试剂用于杂芳化合物的 C—H 键二氟甲基化。二氟乙酸价格低廉，该试剂的反应可控，而且能够直接通过 C—H 官能团化用于制备单和双二氟甲基化衍生物。一步获得双二氟甲基化产物是一种新的方法。二氟乙酸试剂能够制备杂芳香族化合物的二氟甲基化衍生物[8]。

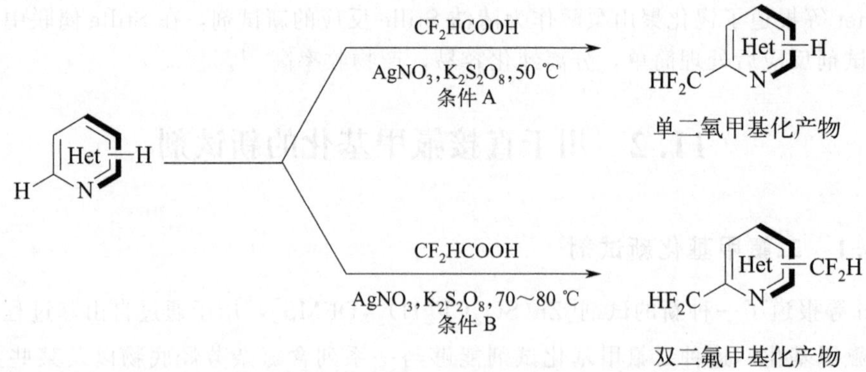

Qing 等报道了在温和的反应条件下，用$(CH_3)_3SiCF_2X$和 CuX（X＝Cl 或 Br）氧化苯酚的氯代和溴代二氟甲基化。这种新试剂$(CH_3)_3SiCF_2X$为合成各种具有生物价值的氯代和溴代二氟甲基芳醚提供了一种有效的方法。机理研究表明，该反应是通过二氟卡宾参与的氧化偶联过程进行的。该方案能够有效地从简单的酚类化合物构建目标化合物[9]。

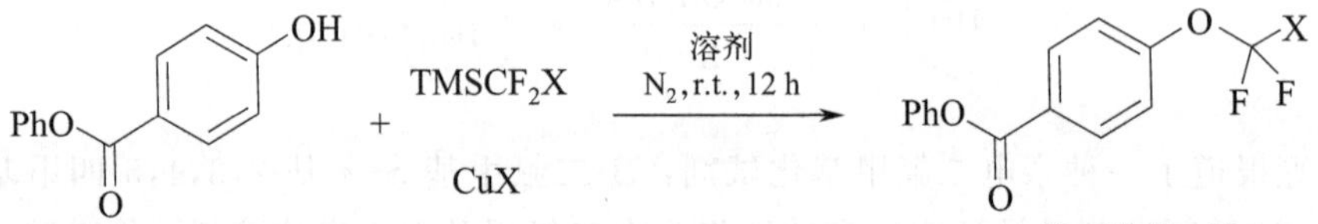

X＝Cl，Br，H

11.2.2 三氟甲基化新试剂

Chu 等[10] 制备了一种新的三氟甲基化试剂：*N*-三氟甲基琥珀酰亚胺（NTFS）。它易于在温和的条件下制备、储存和使用。Chu 等利用 NTFS 作为三氟甲基的来源，开发了一种无金属催化的芳香胺三氟甲基化的策略，并以较高的产率获得了一系列三氟甲基产物。Chu 等根据相应的实验和相关文献，提出了自由基反应机理。

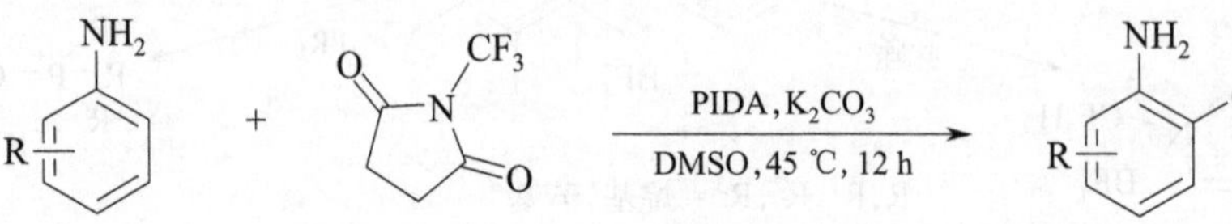

Chu 等人提出的 *N*-三氟甲基琥珀酰亚胺（NTFS）试剂对芳香胺的三氟甲基化反应的机理如下：

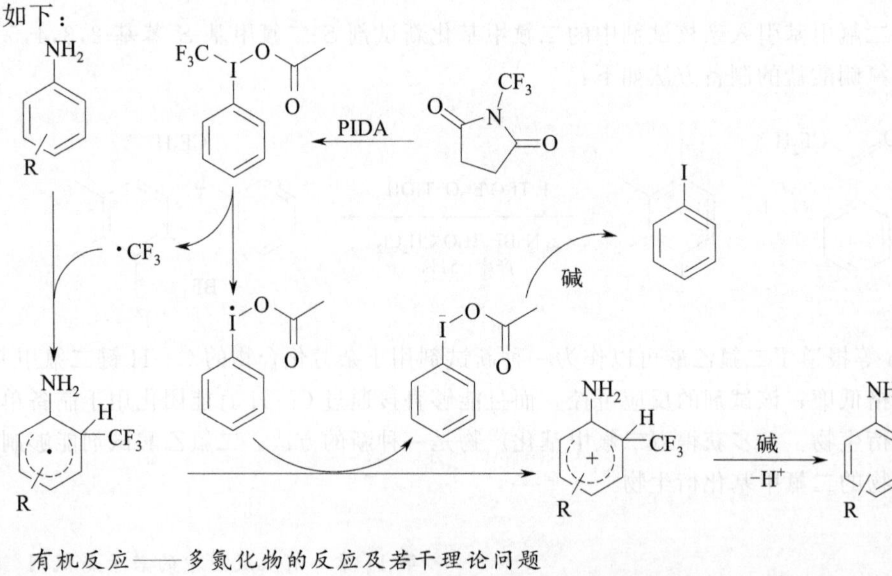

Soloshonok 等报道了全氟-3-乙基-2,4-二甲基-3-戊基自由基（PPFR）可以成功地用作芳烃的自由基三氟甲基化的新试剂。全氟-3-乙基-2，4-二甲基-3-戊基自由基（PPFR）是一种在室温下稳定的持久性自由基，它在 90 ℃下容易分解产生 CF_3 · 自由基，CF_3 · 自由基可与多种芳香族化合物反应制得相应的三氟甲基化衍生物[11]。

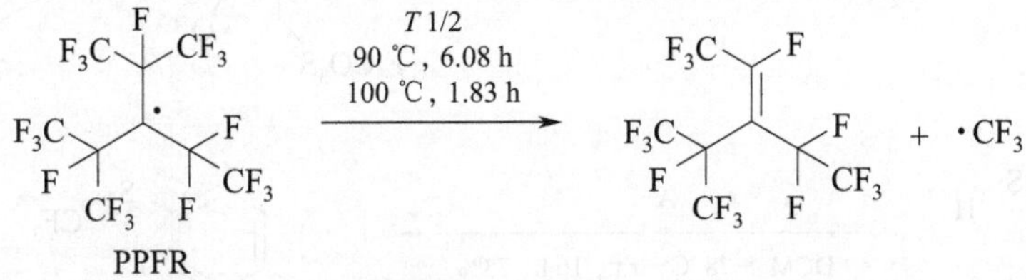

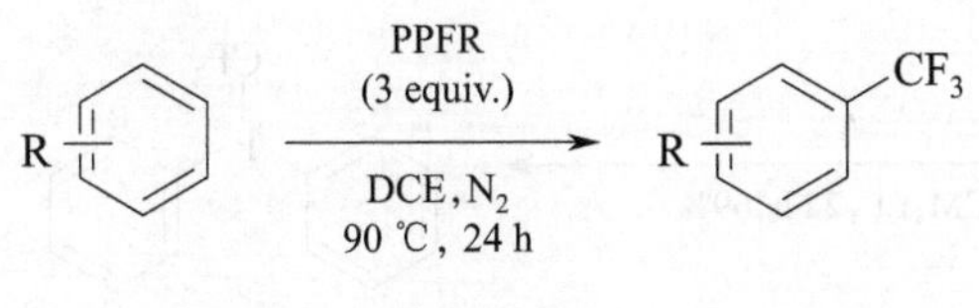

Tang 等报道了用三氟甲基芳基磺酸盐（TFMS）作为一种新的三氟甲氧基化试剂，用银催化烯烃的不对称分子间溴代三氟甲酰基化反应。这种新试剂提供了直接获得各种三氟甲氧基化产物的途径。三氟甲基芳基磺酸盐（TFMS）易于制备且热稳定好，具有良好的反应性。该反应官能团耐受性好，并可在温和条件下进行克量级合成。这种新的三氟甲氧基化试剂可以在药物和农业化学品以及合成三氟甲酰基化合物方面得到广泛应用[12]。

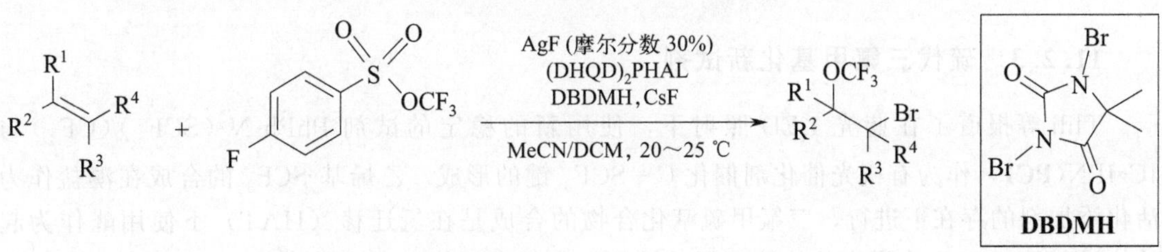

Liu 等报道了一种新的三氟甲基化试剂 $Cu(FSO_2CF_2COO)_2$，它可以在室温下分解生成活性 $CuCF_3$ 物种，新的三氟甲基化试剂 $Cu(FSO_2CF_2COO)_2$ 可以由廉价起始原料大规模制备，新的三氟甲基化试剂 $Cu(FSO_2CF_2COO)_2$ 可以有效地用于多种卤代芳烃的三氟甲基化，并得到很好的收率[13]。

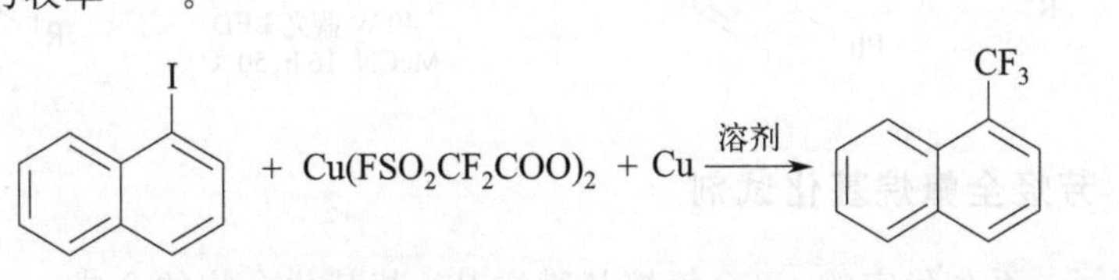

Li 等报道了一种无催化剂和氧化还原的中性的三氟甲基化试剂，这种试剂可以进行一系列的三氟甲基化反应，涉及自由基反应的历程[14]。

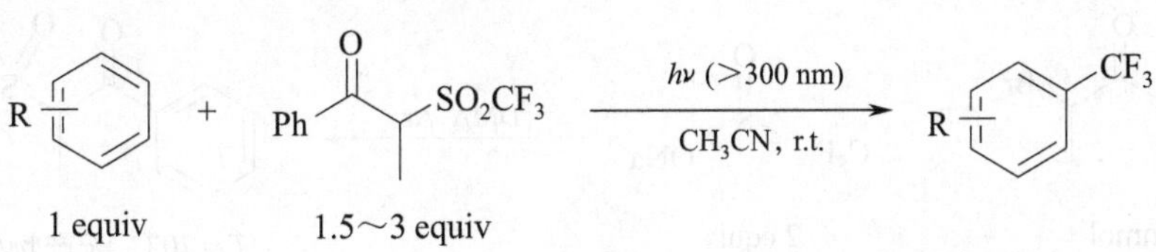

Magnier 等报道了具有稳定性的高价碘三氟甲基化新试剂，该试剂能够以其对映体的形

式分离出来，这对前手性的底物进行不对称三氟甲基化做出了有益的探索[15]。

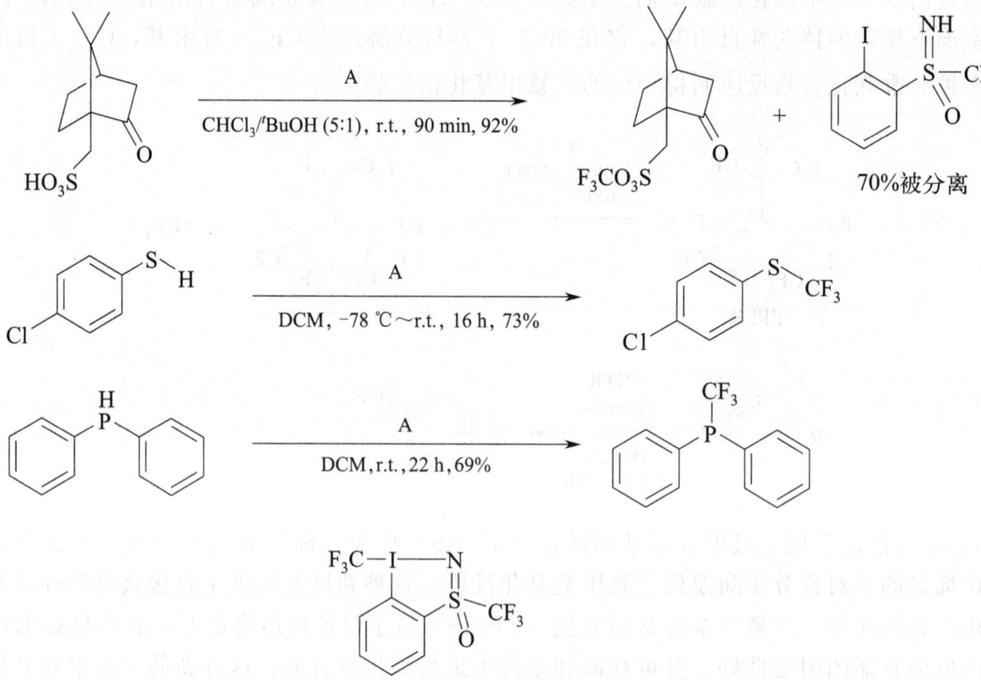
A

11.2.3 硫代三氟甲基化新试剂

Tlili 等报道了在蓝光 LED 照射下，使用新的稳定的试剂 PhPh-N-(SCF_3)(CF_3) 与 4CzIPN(**PC1**) 作为有机光催化剂催化 C—SCF_3 键的形成。乙烯基-SCF_3 的合成在溴盐作为活化添加剂的存在下进行，三氟甲硫基化合物的合成是在氢迁移（HAT）下使用醛作为起始物进行的。EPR 光谱实验检测到了关键的自由基中间体，支持了游离基反应的机理[16]。

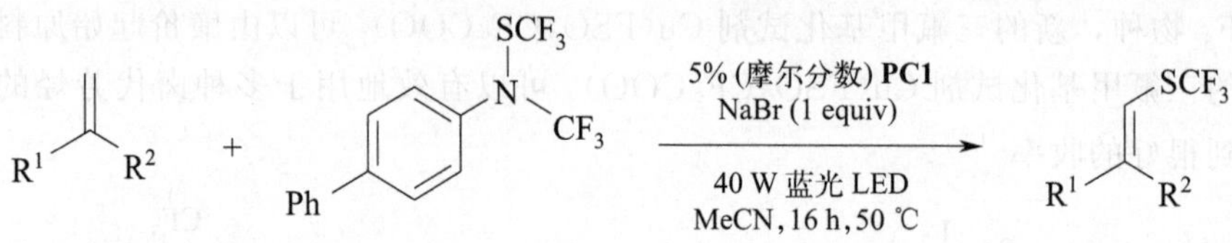

11.2.4 芳烃全氟烷基化试剂

Li 等报道了一系列稳定的 α-(全氟烷基磺酰基)-芳基化合物的合成。这种新试剂能够在无金属、氧化还原和中性条件下，通过芳烃衍生物进行全氟辛基化等[17]。

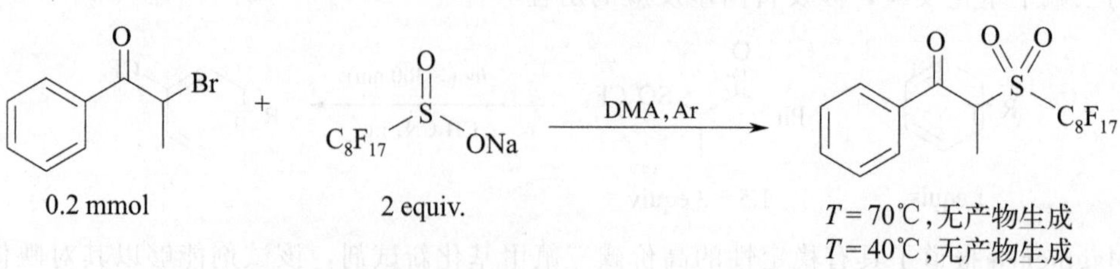

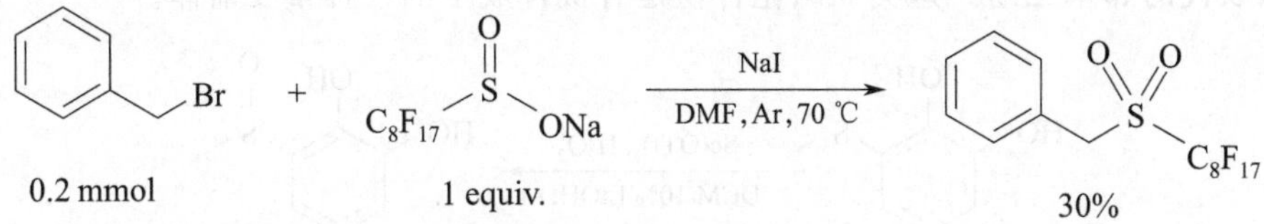

11.3 含硫新试剂

含硫新试剂开发相对比较少。这里主要介绍王乃兴研究组近年来发展的新型含硫甲基化试剂 DMSO-I_2 和 DMSO-TsCl，以及新型醛基化试剂 TBHP-$Na_2S_2O_4$（*J. Eng. Sci. Inno.*，2023，8：269；*Synth. Commun.*，2024，54：1785）。

11.3.1 DMSO-I_2 试剂

DMSO-I_2 是甲硫基化和羟基化反应新试剂[18]。在没有任何金属催化剂的情况下，工业化学品环己酮在 DMSO-I_2 试剂的作用下，王乃兴组通过碘化、氧化、甲硫基化、芳构化的机理，一石三鸟，一步引入三个官能团，在甲硫基化的同时得到邻二羟基。DMSO 在该反应中充当甲基硫源、氧化剂和反应溶剂。该反应条件温和，产率高[18]。

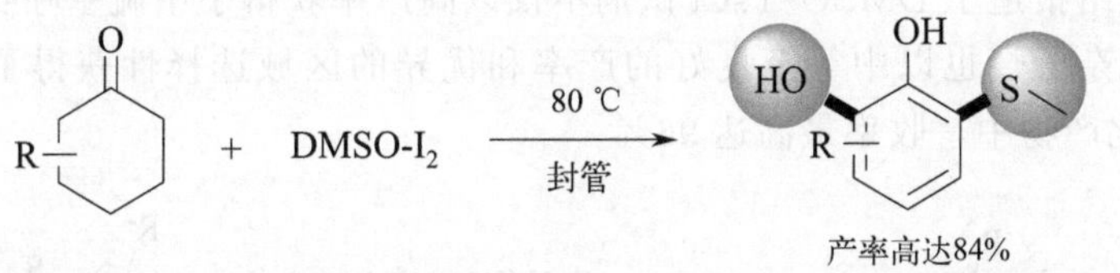

给电子取代基和吸电子取代基环己酮都能以中等和较高的产率获得甲硫基取代的邻苯二酚化合物。

王乃兴研究组对机理进行研究发现，自由基捕获剂的加入不能猝灭反应，表明反应不是自由基反应，而是离子反应历程。通过加入四氢噻吩，成功捕获了反应过程中产生的中间体，并通过高分辨率质谱确认了该反应中间体。

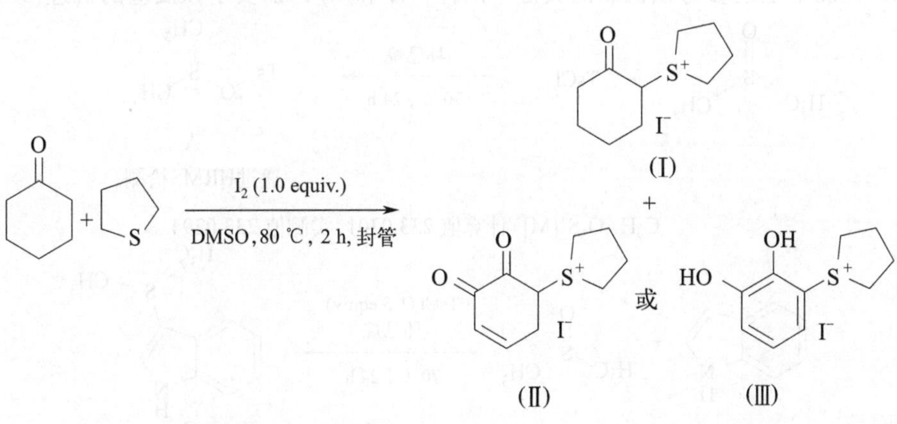

在产物甲硫基取代的邻苯二酚的进一步应用方面，王乃兴组以 H_2O_2 为氧化剂，在稀土催化剂 $Sc(OTf)_3$ 的催化下，以甲基亚砜取代的邻苯二酚为反应物，以98%的收率得到了

甲基亚砜取代的邻苯二酚。这类亚砜化合物是有机合成中的一种重要前体。

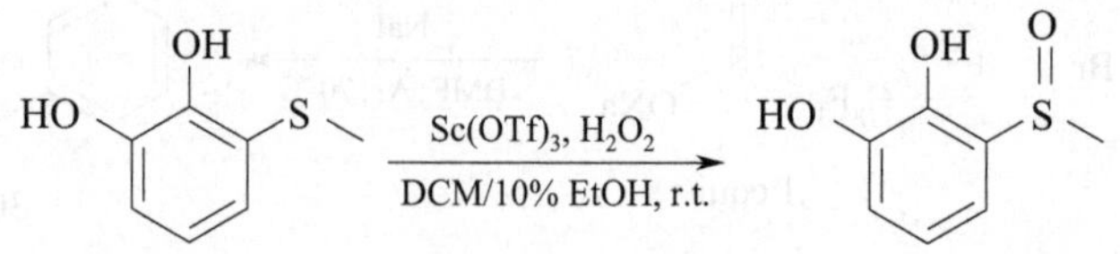

DMSO-I_2 试剂可用于通过氧化、甲硫基化、脱氢和芳构化过程合成甲硫基取代的邻苯二酚。各种环己酮都能以中等至良好的产率顺利地转化为相应的甲硫基取代的邻苯二酚衍生物[18]。

11.3.2 DMSO-TsCl 试剂

DMSO-TsCl 试剂是一种杂芳烃甲硫基化试剂[19]。

硫化物及其衍生物通常存在于许多药物和农用化学品中，具有重要的生物活性。特别是杂芳硫化物及其衍生物在药物化学和新药物开发中发挥着重要作用。此外，杂芳硫化物还可以进一步转化为硫醇、亚砜、砜，并应用于交叉偶联反应。

二甲基亚砜（DMSO）是一种容易获得且毒性较小的极性溶剂。在过去的几十年里，它被报道可以作为许多有机化合物的重要前体，如—SMe、—SOMe 和—SO_2Me 化合物的前体。先前报道的甲硫基化使用了大量的催化剂和苛刻的反应条件，王乃兴研究组首次报道了用二甲基亚砜-TsCl 试剂对呋喃、噻吩和吡咯进行甲硫基化反应[19]。

王乃兴研究组报道了 DMSO-TsCl 试剂不仅以高产率获得了甲硫基吲哚，而且吡咯、呋喃和噻吩等五元杂芳烃也以中等至良好的产率和优异的区域选择性获得了所需的产物。在 40 多种甲硫基化产物中，收率最高达 96％。

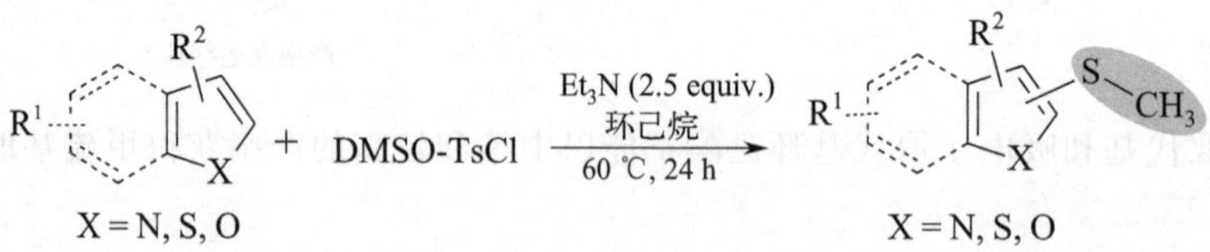

根据实验结果，王乃兴研究组提出了一个合理的反应机制。DMSO 最初被 TsCl 活化形成 DMSO-TsCl（**A**），并作为杂芳烃的甲硫基化试剂，形成稳定的中间体 **C**。高分辨质谱（HRMS）检测了上述参与该机制的关键中间体（**A** 和 **C**），证实了该反应的机理[19]。

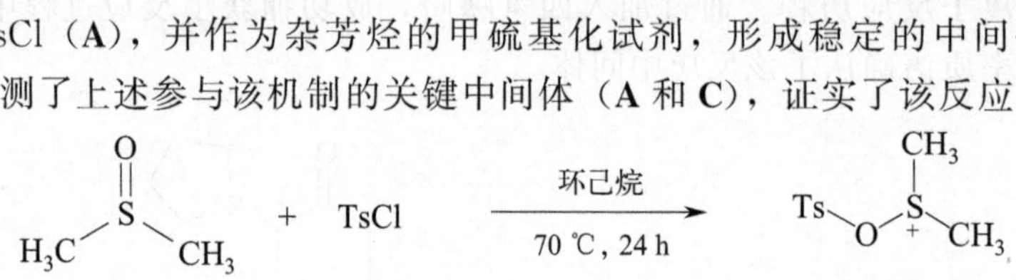

A

通过HRMS检测

$C_9H_{13}O_3S_2^+[M]^+$ 计算值 233.0301，实测值 233.0294

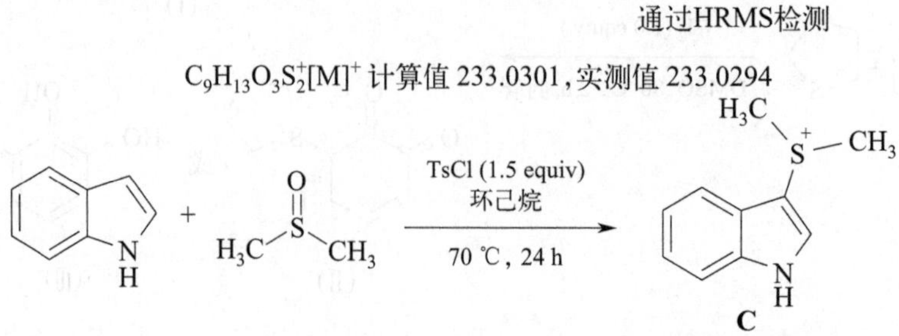

C

通过HRMS检测

$C_{10}H_{12}NS^+[M]^+$ 计算值 178.0685，实测值 178.0682

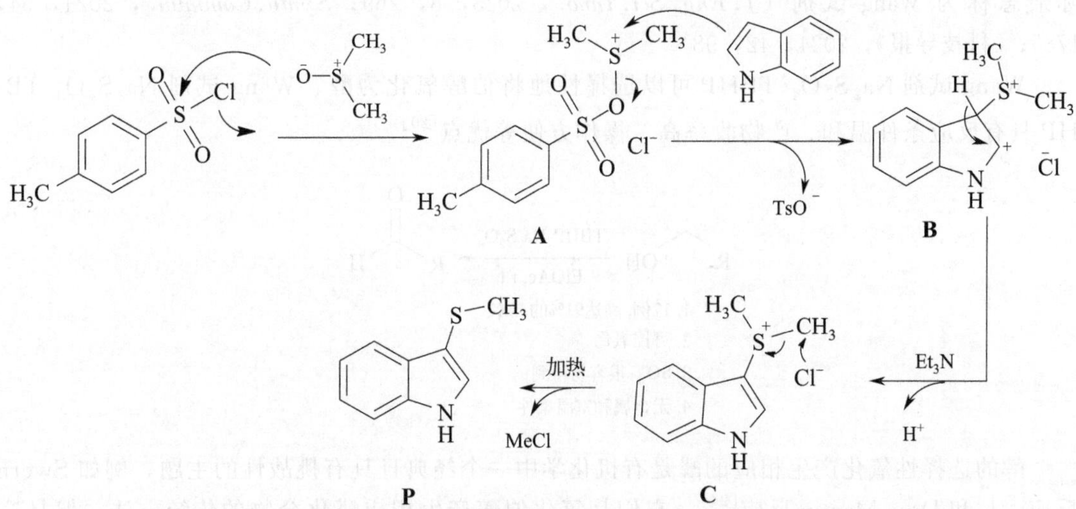

王乃兴组还进行了克量级反应（88%的产率）和甲硫基化产物的进一步衍生化。DMSO-TsCl 试剂为合成有用的杂芳族硫化物和其他硫醚化合物提供了一种非常实用的方法。王乃兴研究组发现 DMSO-TsCl 是在杂芳烃化合物中构建 C—S 键的非常有效的新试剂。

11.3.3 $Na_2S_2O_4$-TBHP 试剂（Wang 试剂）

Wang 试剂 $Na_2S_2O_4$-TBHP 是芳香醇选择性氧化制醛的新试剂[20]。

王乃兴研究组发现并开发了有价值的新试剂 $Na_2S_2O_4$-TBHP。王乃兴组在合成一种新型辅酶 NADH 模型分子的过程中偶然发现 $Na_2S_2O_4$-TBHP 是一种新的氧化剂[21]，可以氧化 1,4-二氢吡啶酯，产率比较高[22]。

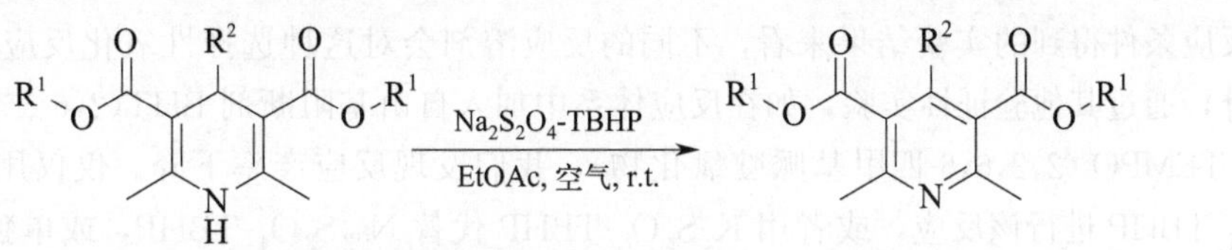

$R^1 = CH_3; C_2H_5; CH(CH_3)_2$

$R^2 = H; CH_3; Ph; CH_3OC_6H_4; p\text{-}HOC_6H_4; p\text{-}ClC_6H_4; p\text{-}NO_2C_6H_4$

$Na_2S_2O_4$ 原本是一种还原剂，为什么与 TBHP 组合以后能够氧化 1,4-二氢吡啶酯呢？$Na_2S_2O_4$-TBHP 作为氧化剂可靠吗？$Na_2S_2O_4$-TBHP 作为氧化剂有什么特点？$Na_2S_2O_4$-TBHP 作为氧化剂的机理是什么？这些问题引起王乃兴研究组的重视。由于 $Na_2S_2O_4$-TBHP 作为氧化剂具有绿色、方便、条件温和和后处理简单等优势，王乃兴研究组认为新的氧化剂 $Na_2S_2O_4$-TBHP 可以进一步丰富氧化反应的新方法[22]。

$Na_2S_2O_4$-TBHP 是否可以作为一种可控和选择性的温和的氧化剂？经过进一步探索，王乃兴研究组发现 $Na_2S_2O_4$-TBHP 是一种新的能够把芳香醇选择性氧化为醛的新试剂[20]。

经过进一步研究发现，多取代的伯芳醇和一些杂环伯醇可以通过 $Na_2S_2O_4$-TBHP 试剂进行该反应，以中等或较高的产率生成醛。2016 年，王乃兴研究组报道了这一新试剂 $Na_2S_2O_4$-TBHP 后，《中国科学报》于 2016 年 4 月 14 日报道了这项工作。$Na_2S_2O_4$-TBHP 试剂也被国际杂志称为 Wang 试剂（*J. Eng. Sci. Inno.*，2023，8，269；*Synth. Commun.*，2024，54，1785；《科技导报》，2024，42，98）。

Wang 试剂 $Na_2S_2O_4$-TBHP 可以选择性地将伯醇氧化为醛。Wang 试剂 $Na_2S_2O_4$-TBHP 具有反应条件温和、产物收率高、操作方便等优点[20]。

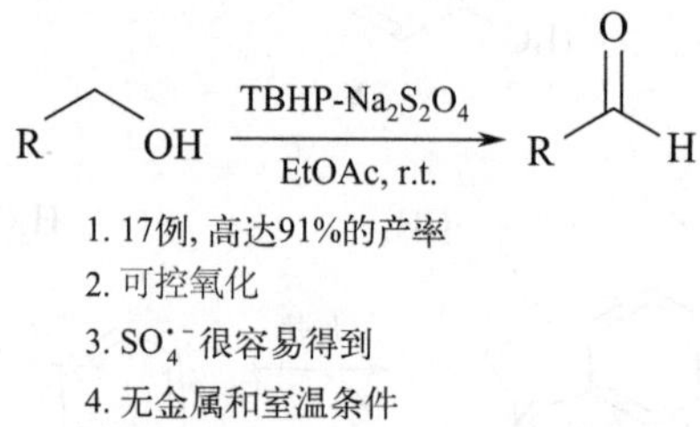

醇的选择性氧化产生相应的醛是有机化学中一个经典且具有挑战性的主题，例如 Swern 反应[23] 和 Dess-Martin 反应[24]，它们是氧化伯醇产生相应醛化合物的传统方法。但是这些经典方法无法避免有毒有害废物的产生，也不利于反应物的再处理。因此，有必要开发绿色可控氧化剂。Wang 试剂 $Na_2S_2O_4$-TBHP 环境友好，反应物后处理简便。

王乃兴研究组对该试剂 $Na_2S_2O_4$-TBHP 选择性氧化醇类为醛类的反应过程进行了深入研究。通过电子顺磁共振（EPR）检测自由基中间体证实了这一反应过程。通过使用常见的游离基捕获剂 DMPO(5,5-二甲基-1-吡咯啉-*N*-氧化物)捕获反应中产生的硫酸根游离基，在室温下对反应进行了一系列电子顺磁共振（EPR）检测。首先，使用乙酸乙酯作为反应溶剂，将捕获剂 DMPO 添加到反应体系中，并分别在 5 min、20 min 和 40 min 对反应溶液进行电子顺磁共振检测。电子顺磁共振谱图中出现了四组含量几乎相等的四重信号峰。根据已经报道的相关文献[25-26]，可以有效地证实游离基 $SO_4^{\cdot-}$ 是在反应体系中产生的。

从实验结果中可以清楚地观察到，自由基的含量随着反应时间的延长而逐渐增加[20]。此外，从优化反应条件得到的实验结果来看，不同的反应溶剂会对这种选择性氧化反应产生一定的影响。此外，通过其他验证性实验，如在反应体系中加入自由基阻断剂 BHT(2,6-二叔丁基-4-甲基苯酚)和 TEMPO (2,2,6,6-四甲基哌啶氧化物)，我们发现反应产率下降。仅仅用 Na_2SO_4 代替 $Na_2S_2O_4$-TBHP 进行该反应，或者用 $K_2S_2O_8$-TBHP 代替 $Na_2S_2O_4$-TBHP，或单独使用 $K_2S_2O_8$ 进行验证性实验，王乃兴研究组发现均无法获得所需的产物。通过连续测定反应溶液的高分辨质谱（HRMS)，所有实验都进一步证实了硫酸根游离基 $SO_4^{\cdot-}$ 的存在。

王乃兴组提出了芳香醇氧化为醛的合理反应机理。反应在 $Na_2S_2O_4$-TBHP 存在下在 N_2 下进行，结果表明 TBHP 在该反应中作为末端氧化剂。当分别给反应体系中加入自由基抑制剂时，产率明显下降，表明反应应该经历一个自由基氧化过程。在该反应中，$Na_2S_2O_4$-TBHP 的本质是可以产生自由基阴离子 **A**（硫酸根游离基阴离子），发现 **A** 是在该反应条件下将芳香醇（**B**）氧化为醛（**C**）的优良的可控氧化剂[20]。机理图如下：

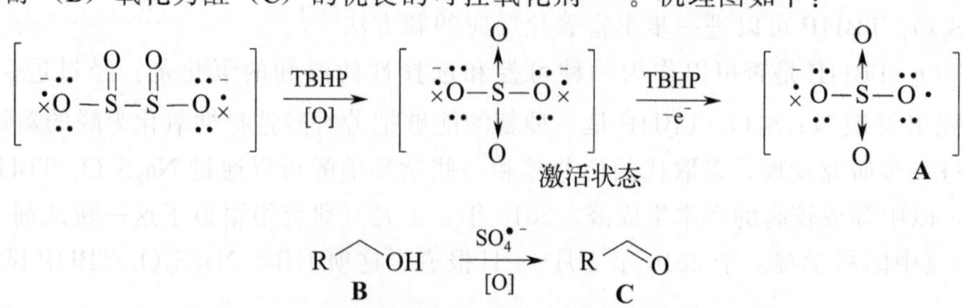

用 Wang 试剂 $Na_2S_2O_4$-TBHP 在室温下能够将各种伯芳香醇氧化成相应的醛，产率很高。Wang 试剂为醇在温和条件下的可控氧化提供了一种新方法，也可广泛应用于有机合成中[20]。

Wang 试剂的应用也很简单：向醇（0.5 mmol）和 $Na_2S_2O_4$（1.0 mmol）在乙酸乙酯（4 mL）中的混合物中缓慢加入叔丁基过氧化氢（2.0 mmol，70%在水中）。混合物在室温下搅拌 12 h。在减压下蒸发乙酸乙酯后，使用石油醚和乙酸乙酯作为洗脱剂在硅胶柱上分离残留物即可。

机理研究证实，自由基阴离子 $SO_4^{\cdot -}$ 的生成是该新型 $Na_2S_2O_4$-TBHP 试剂起作用的关键。

11.3.4 $Na_2S\cdot 9H_2O$-CH_3CN 试剂

王乃兴组用 $Na_2S\cdot 9H_2O$-CH_3CN 试剂，通过串级反应合成了四氢硫吡喃亚砜。在无催化条件下，用 α,β-不饱和羰基酮与硫化钠进行高效缩合反应，合成了四氢噻喃环衍生物，并以较高的产率氧化成相应的亚砜[27]。

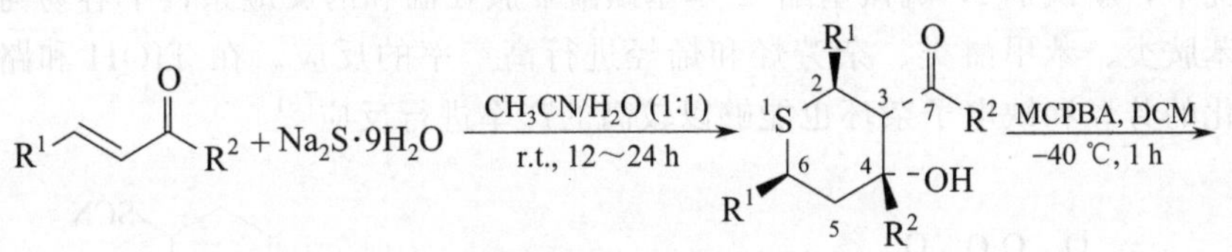

笔者组提出的该典型串级反应的机理如下[27]：

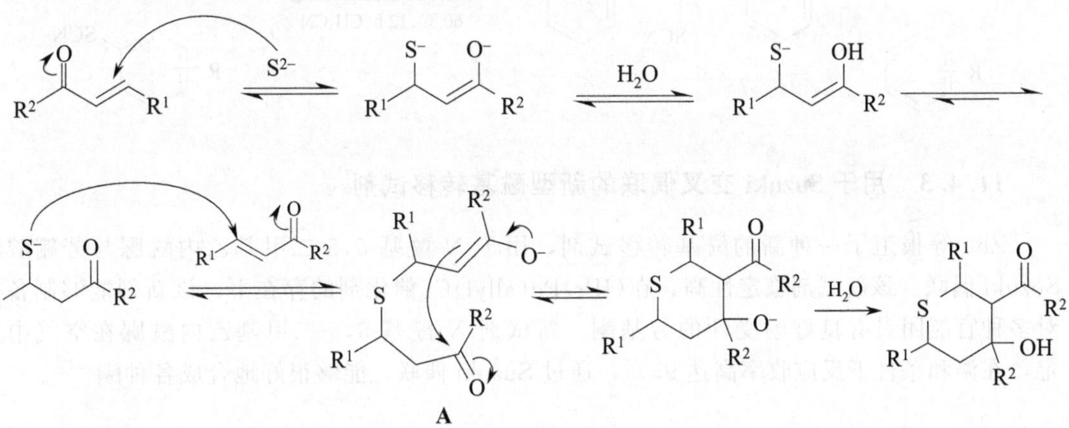

从该串级反应机理看，负二价的硫离子 S^{2-} 启动了串级反应过程。使用混合溶剂 CH_3CN 和 H_2O（1∶1），实现了较高的产率（82%）。

含硫新试剂在构建各种含 C—S 键的复杂分子的新反应方面，具有实际的应用价值。

王乃兴研究组致力于通过 C(sp^3)—H 活化苯乙烯衍生物与溶剂类分子的双官能团化反应[28]，德国有机合成杂志 *Synthesis* 和 *Synlett* 将其总结为 Wang 反应[29]。

11.4 其他有价值的新试剂

11.4.1 温和条件下的亚硝化新试剂

Baxter 等报道了一种在温和条件下进行亚硝化反应的新试剂。这种新试剂在较宽的温度范围内对空气和水比较稳定，能够在多种溶剂中有效地进行亚硝化。与传统的亚硝化方法相比，这种新试剂对易氧化或可逆反亚硝化的底物表现出较高的官能团耐受性。该试剂无需特殊处理即可使用[30]。

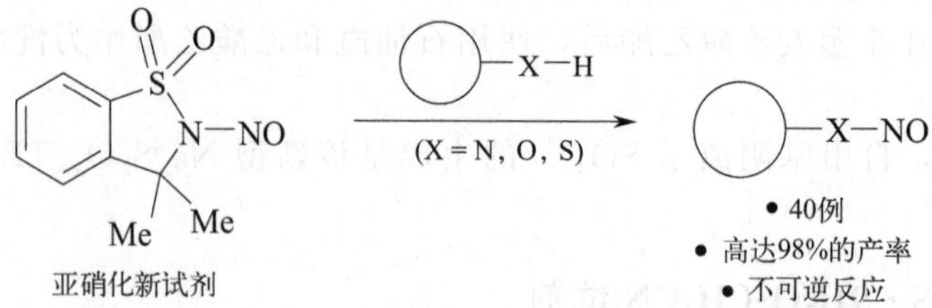

11.4.2　用于硫氰酸化反应的新试剂 *N*-硫氰酸酯-二苯磺酰亚胺

Chen 等报道了一种新的亲电硫氰酸化试剂 *N*-硫氰酸酯-二苯磺酰亚胺，在没有任何催化剂和添加剂的情况下，新试剂 *N*-硫氰基酯-二苯基磺酰亚胺在温和的反应条件下容易与多种酚类、吲哚类、苯胺类、苯甲醚类、杂芳烃和烯烃进行高产率的反应。在 TfOH 和路易斯酸存在下，未活化的芳烃和缺电子杂环也能够以较高的产率进行反应[31]。

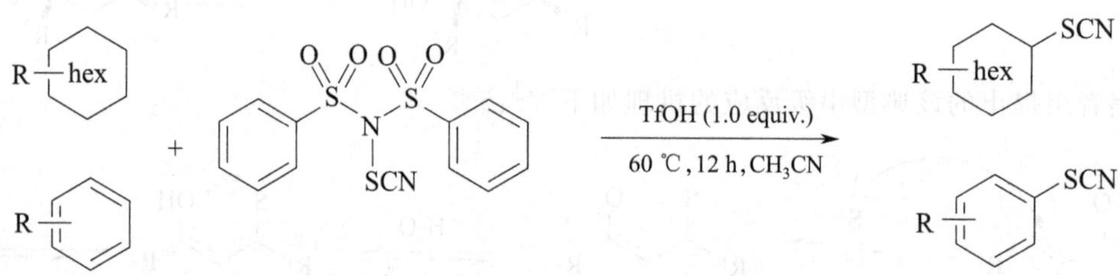

11.4.3　用于 Suzuki 交叉偶联的新型酰基转移试剂

Zhu 等报道了一种新的酰基转移试剂，用于 *N*-酰基-5,5-二甲基乙内酰脲与芳硼酸的 Suzuki 偶联。该新试剂稳定性高，在(IPr)Pd(allyl)Cl 催化剂的存在下，该新剂能够制备出对多种官能团具有良好耐受性的芳基酮。新试剂 *N*-酰基-5,5-二甲基乙内酰脲在空气中稳定，在温和条件下反应收率高达 95%，通过 Suzuki 偶联，能够很好地合成各种酮[32]。

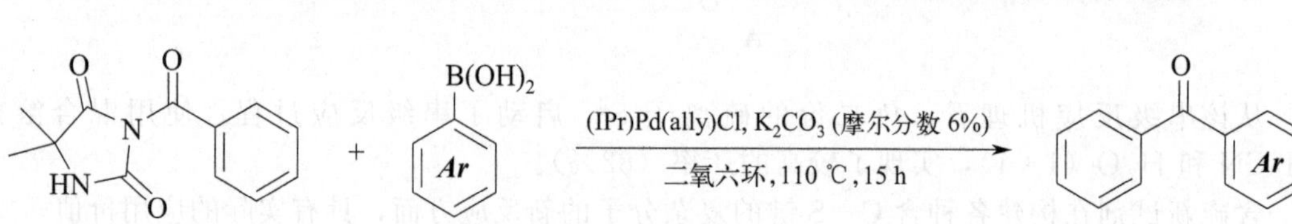

11.5　小　　结

本章论述了一些新型含氟、含硫试剂的研究进展，详细论述了近年来二氟甲基化、三氟甲基化和硫代三氟甲基化新试剂的开发。这些试剂对发展直接的 C—H 键官能团化非常重要本章对含硫的新试剂的反应机理进行了详细的描述，含硫新试剂包括：DMSO-I_2 试剂、DMSO-TsCl 试剂和 $Na_2S_2O_4$-TBHP 试剂。Wang 试剂 $Na_2S_2O_4$-TBHP 是一种非常有价值的把芳香醇选择性氧化为醛的新试剂，Na_2S-CH_3CN 试剂是通过串级反应合成四氢噻喃环的新试剂。开发新的化学试剂对拓展有机合成的新方法具有重要意义。

参 考 文 献

[1] Ghari H，Li Y，Roohzadeh R，et al. Gold-catalyzed domino cyclization-alkynylation reactions with EBX reagents：new insights into the reaction mechanism. Dalton Trans.，2017，46：12257-12262.

[2] Blahun O P，Redka M O，Voitenko Z V，et al. 2，2-difluorovinyl pinacolborane-A new versatile reagent for the Suzuki-Miyaura reaction. Eur. J. Org. Chem.，2019，6417-6421.

[3] Piazza C，Millot N，Knochel P. New preparation of benzylic zinc reagents via a fragmentation reaction J. Organometal. Chem.，2001，624：88-95.

[4] Ando K，Kobayashi T，Uchida N. Practical methylenation reaction for aldehydes and ketones using new Julia-Type reagents. Org. Lett.，2015，17：2554-2557.

[5] Carrera N，Gutierrez E，Benavente R，et al. Stannylated polynorbornenes as new reagents for a clean Stille reaction. Chem. Eur. J.，2008，14：10141-10148.

[6] Fujiwara Y，Dixon J A，Rodriguez R A，et al. A new reagent for direct difluoromethylation. J. Am. Chem. Soc.，2012，134：1494-1497.

[7] Prakash G K S，Weber C，Chacko S，et al. New electrophilic difluoromethylating reagent. Org. Lett.，2007，9：1863-1866.

[8] Tung T T，Christensen S B，Nielsen J. Difluoroacetic acid as a new reagent for direct C-H difluoromethylation of heteroaromatic compounds. J. Chem. Eur. J.，2017，23：18125-18128.

[9] Yuan W J，Tong C L，Xu X H，et al. Copper-mediated oxidative chloro-and bromodifluoromethylation of phenols. J. Am. Chem. Soc.，2023，145：23899-23904.

[10] Liu H，He X，Chen Z C，et al. N-trifluoromethyl succinimide as a new reagent for direct C-H trifluoromethylation of free anilines. Chem. Asian J.，2023，18.

[11] Sato A，Han J，Ono T，et al. Introducing a new radical trifluoromethylation reagent. Chem. Commun.，2015，51：5967-5970.

[12] Guo S，Cong F，Guo R，et al. Asymmetric silver-catalysed intermolecular bromotrifluoromethoxylation of alkenes with a new trifluoromethoxylation reagent. Nature Chem.，2017，9：546-551.

[13] Zhao G，Wu H，Xiao Z，et al. Trifluoromethylation of haloarenes with a new trifluoro-methylating reagent $Cu(O_2CCF_2SO_2F)_2$. RSC Adv.，2016，6：50250-50254.

[14] Liu P，Liu W，Li C J. Catalyst-free and redox-neutral innate trifluoromethylation and alkylation of aromatics enabled by light. J. Am. Chem. Soc.，2017，139：14315-14321.

[15] Kalim J，Duhail T，Le T N，et al. Merging hypervalent iodine and sulfoximine chemistry：a new electrophilic trifluoromethylation reagent. Chem. Sci.，2019，10：10516-10523.

[16] Yang Y，Tang R，Abid S，et al. Organophotocatalyzed synthesis of vinyl-SCF_3 and benzoyl-SCF_3 using a new N-$(SCF_3)(CF_3)$-shelf-stable reagent. Eur. J. Org. Chem.，2023：26.

[17] Castillo-Pazos D J，Lasso J D，Li C J. Synthesis of α-(perfluoroalkylsulfonyl)propiophenones：a new set of reagents for the light-mediated perfluoroalkylation of aromatics. Beilstein J. Org. Chem.，2022，18：788-795.

[18] Wu Y H，Wang N X，Zhang T，et al. Iodine-mediated synthesis of methylthio-substituted catechols from cyclohexanones. Adv. Synth. Catal.，2019，361：3008- 3013.

[19] Zhang L Y，Wu Y H，Wang N X，et al. Methylthiolation for electron-rich heteroarenes with DMSO-TsCl. Eur. J. Org. Chem.，2021，1446-1451.

[20] Bai C B，Wang N X，Wang Y J，et al. An unexpected controlled new oxidant：$SO_4^{\cdot -}$. Sci. Rep.，2016，6：20163-20169.

[21] Bai C B，Wang N X，Wang Y J，et al. A petal-type chiral NADH model：Design，synthesis and its asymmetric reduction. Sci. Rep.，2015，5：17458-17464.

[22] Bai C B，Wang N X，Wang Y J，et al. A new oxidation system for the oxidation of hantzsch-1，4-dihydropyridines

and polyhydroquinoline derivatives under mild conditions. RSC Adv.，2015，5：100531-100534.

[23] Corey E J，Suggs J W. Pyridinium chlorochromate，An efficient reagent for oxidation of primary and secondary alcohols to carbonyl compounds. Tetrahedron Lett.，1975，16：2647-2650.

[24] Taylor R J K，Reid M，Foot J，et al. Tandem oxidation processes using manganese dioxide：discovery，applications，and current studies. Acc. Chem. Res. 2005，38，851-869.

[25] Hoover J M，Ryland B L，Stahl S S. Mechanism of copper（Ⅰ）/TEMPO-catalyzed aerobic alcohol oxidation. J. Am. Chem. Soc.，2013，135：2357-2367.

[26] Ghosh P P，Mukherjee P，Das A R. Triton-X-100 catalyzed synthesis of 1，4-dihydropyridines and their aromatization to pyridines and a new one pot synthesis of pyridines using visible light in aqueous media. RSC Adv.，2013，3：8220-8226.

[27] Chen D D，Wang N X，Lan X W，et al. Efficient synthesis of polysubstituted tetrahydrothiopyran sulfoxides by the reaction of α,β-unsaturated ketones and Na_2S. Curr. Org. Synth.，2016，13：653-655.

[28] a) Zhang J X，Wang Y J，Zhang W，et al. Selective nickel- and manganese-catalyzed decarboxylative cross coupling of some α，β-unsaturated carboxylic acids with cyclic ethers. Sci. Rep.，2014，4：7446-7451. b) Zhang W，Wang N X，Bai C B，et al. Manganese-mediated coupling reaction of vinylarenes and aliphatic alcohols. Sci. Rep.，2015，5：15250；c) Lan X W，Wang N X，Zhang W，et al. Copper/manganese cocatalyzed oxidative coupling of vinylarenes with ketones. Org. Lett.，2015，17：4460-4463；d) Lan X W，Wang N X，Bai C B，et al. Unactivated C（sp^3）-H bond functionalization of alkyl nitriles with vinylarenes and mechanistic studies. Org. Lett.，2016，18：5986-5989；e) Zhang T，Lan X W，Zhou Y Q，et al. C（sp^3）-H bond functionalization of non-cyclic ethers by decarboxylative oxidative coupling with α，β-unsaturated carboxylic acids. Sci. China Chem.，2018，61：180-183. f) Yan Z，Wang N X，Gao X W，et al. A copper（Ⅱ）acetate mediated oxidative-coupling of styrenes and ethers through an unactivated C(sp^3)-H bond functionalization. Adv. Synth. Catal.，2019，361：1007-1011. g) Yan Z，Wang N X，Zhang L Y，et al. The C(sp^3)-H bond functionalization of thioethers with styrenes with insight into the mechanism. Org. Biomol. Chem.，2022，20：5845-5851.

[29] a) Zhang T，Wu Y H，Wang N X，et al. Advances in C（sp^3）-H bond functionalization via radical process. Synthesis，2019，51：4531-4548；b) Wang N X，Zhang L Y，Wu Y H，et al. C(sp^3)-H bond functionalization of alcohols，ketones，nitriles，ethers and amides using TBHP as a radical initiator. Synlett，2021，32：23-29.

[30] Galloway J D，Sarabia C，Fettinger J C，et al. Versatile new reagent for nitrosation under mild conditions. Org. Lett.，2021，23：3253-3258.

[31] Li C，Long P，Wu H，et al. N-thiocyanato-dibenzenesulfonimide：a new electrophilic thiocyanating reagent with enhanced reactivity. Org. Biomol. Chem.，2019，17：7131-7134.

[32] Luo Z，Liu T，Guo W，et al. N-acyl-5，5-dimethylhydantoin，a new mild acyl-transfer reagent in Pd catalysis：highly efficient synthesis of functionalized ketones. Org. Process Res. Dev.，2018，22：1188-1199.

第12章

串级有机反应

串级有机反应能够连续高效地合成复杂化合物，是当前有机化学研究的一个热点领域。王乃兴研究组在串级反应方面先后作了一些工作并发表了一些研究论文。结合研究组的工作[1a]，本章对串级有机反应的研究进展作以论述，然后对本研究组在串级有机反应方面的工作作以详述。

1991 年，美国斯坦福大学化学教授 Trost 首先提出来原子经济性的概念来评价化学反应的效率，即原料分子中的原子有百分之几转化成为最终的目标产物[1b]，也就是合成方法学研究中所关注的合成效率，主要包括两个方面：一是选择性（化学、区域、非对映体和对映体选择性）；另一个就是原子经济性。Trost 认为理想的原子经济性反应原料分子中的原子百分之百地转变为目标产物，没有副产物或者废物的产生，达到废物的“零排放”。原子经济性反应有两个最显著的特点：① 最大限度地利用原材料；② 最大限度地减少副反应的发生和废物的排放，减少对环境的污染。开发新的原子经济性反应已经成为化学家的一个研究热点。多组分的串级反应以及碳氢键的直接官能化反应具有操作简单方便、合成效率高、原子经济性等优点，已经引起了有机化学家的广泛关注，逐渐成为当前有机合成发展的趋势之一。

12.1 串级反应概念

串级反应（domino reaction，tandem reaction，cascade reaction）通常是指在同一个反应环境并不进行新的操作时，加入的反应物能够连续进行两步或者两步以上的反应，能够同时引入多个不同的取代基，不用经过反应中间体的分离，直接得到最终目标产物的反应。

串级反应不仅可以提高反应的效率，还可以大量减少能量的消耗并且具有环保意义，因此，串级反应是一种高效、高选择性、对环境友好的原子经济性的绿色化学，这已经成为当前有机化学发展的趋势之一。在合成复杂结构的化合物分子的反应中，串级反应就具有很好的优越性：① 操作简便，无需分离出反应中间体，直接用于原位反应，特别是对于涉及光、氧气等敏感的不稳定的反应中间体价值更大；② 绿色环保，串级反应所用的洗脱剂、溶剂都很少，产生的副产物也很少；③ 具有很高的选择性，能够得到具有独特结构的复杂化合物，并且反应效率也很高。

近年来串级反应引起了化学家的极大兴趣，因为通过串级反应不仅能够合成有价值的结构复杂的化合物，而且串级反应本身也具有很高的科学价值。串级反应可以从反应的历程和反应类型进行分类。从反应的历程来看，串级反应可以分为自由基型、光化学型、周环型、过渡金属催化型、阴离子或阳离子型以及酶催化型等；从反应类型看可分为：串联环化反应、加成反应，以及重排反应等。努力探索各种类型的串级反应，找到更好、更高效的合成新方法是有机合成所关注的重要课题之一。

12.1.1 串联环化反应进展

早在1886年，由著名的Gabriel-Werker法，以氨基醇与浓 H_2SO_4 为原料合成了最早的三元含氮杂环吖丙啶，可以看作是最早的串级反应。吖丙啶类和氮丙烯类是最小的含氮杂环化合物[2-3]。

经典的Mitsunobu反应是一种双分子亲核取代反应（S_N2），它是现代有机合成化学中常用的一种串级反应。Ho等人巧妙地将Mitsunobu反应用于分子内的亲核取代反应，发展了由三苯基膦和偶氮二甲酸二乙酯促进的 *N*-Boc 氨基醇合成 *N*-Boc 吖丙啶的反应（图 12-1）[4]。

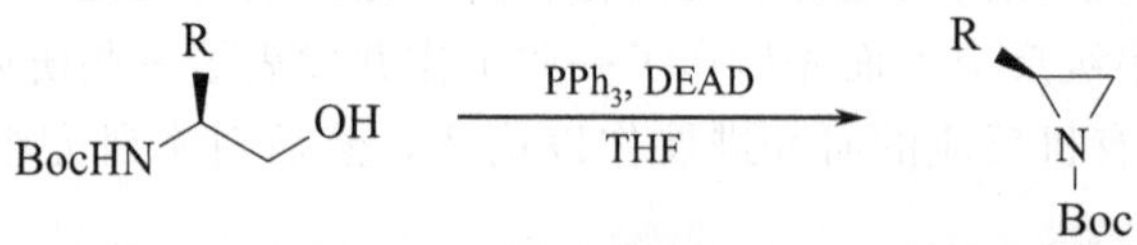

图 12-1

Padwa报道了由过渡金属铑催化的串级卡宾类的［4+2］环加成的串级反应，构建了复杂的含氮多环类化合物。通过该串级反应，可以成功地合成许多生物碱类化合物（图 12-2）[5]。

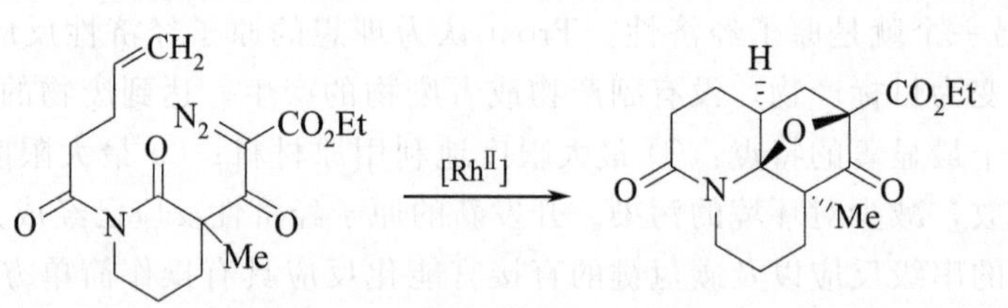

图 12-2

Schneider课题组报道了通过串级Michael-aldol和Michael-Mannich反应高度立体选择性地合成官能化的环己烷，产率可以达到83%（图 12-3）[6]。

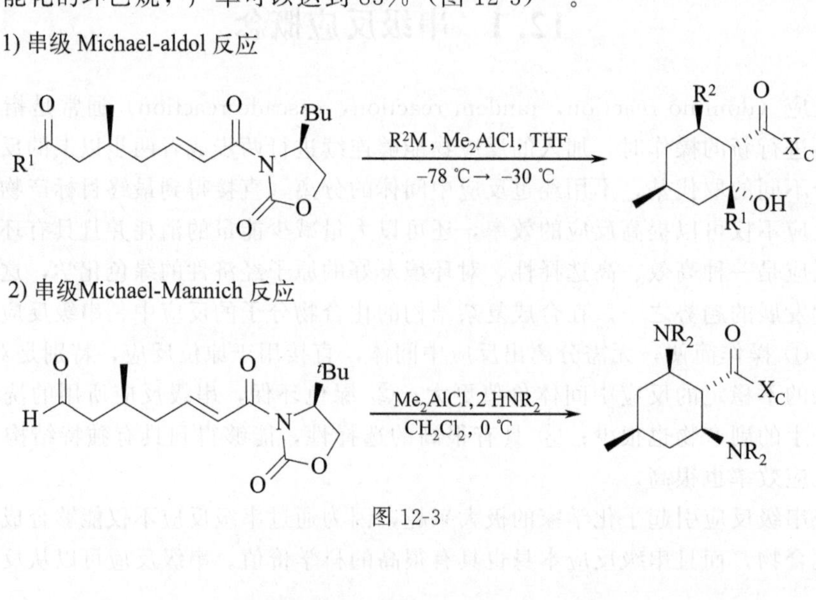

图 12-3

Larock 的研究组报道了通过钯催化的串级环化-烯基化合成异喹啉衍生物的方法，采用 2-（1-炔基）芳基醛亚胺和各种烯烃为反应底物，芳基醛亚胺上的供电子基团能够改进目标产物的产率（图 12-4）[7]。

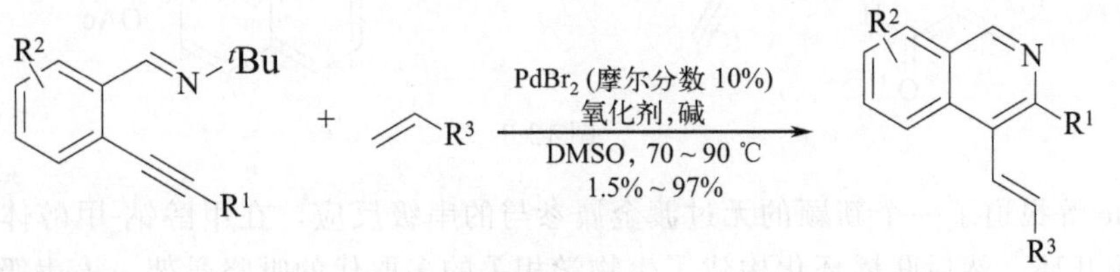

图 12-4

Ramana 课题组报道了由甲基磺酸和五氧化二磷催化的串级酰基化/环烷基化反应，合成了具有生物活性的二萜类化合物（图 12-5）[8]。

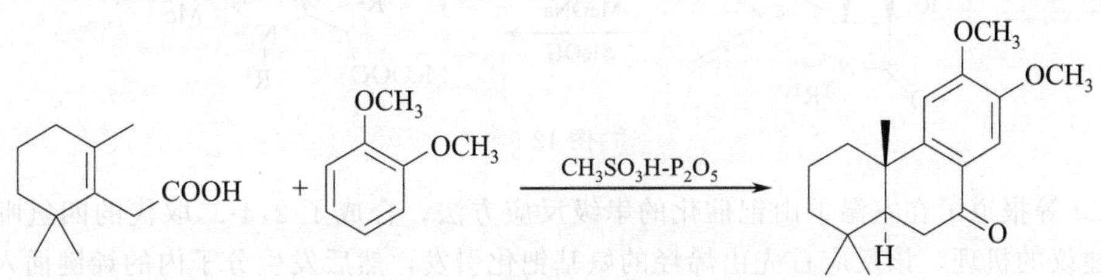

图 12-5

Asao 的研究组报道了邻炔基苯甲醛与烯丙基三甲基硅烷的串级反应，在醋酸钯-氯化铜的双金属催化体系下生成异色烯衍生物。有水的条件下，异色烯的产率很高，可达到 94%（图 12-6）[9]。

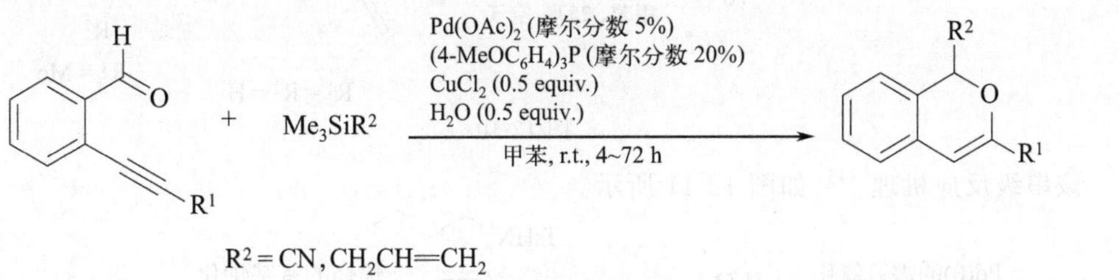

图 12-6

Hosokawa 报道了通过串级反应高度有效地合成 2-烷氧基四氢呋喃衍生物的新方法，采用烯丙基醇和烯基醚为起始原料，使用催化量的醋酸钯、醋酸铜和邻苯二酚作为催化剂，在氧气的氛围中高效地合成 2-烷氧基四氢呋喃衍生物，其中邻苯二酚作为 Pd(Ⅱ)-Cu(Ⅱ)共催化剂的活化剂（图 12-7）[10]。

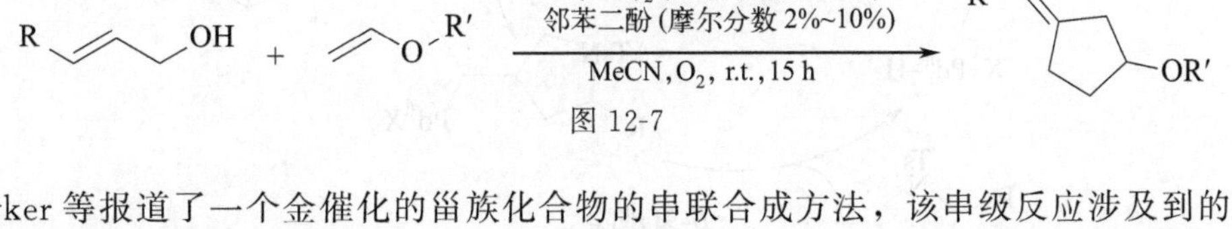

图 12-7

Dyker 等报道了一个金催化的甾族化合物的串联合成方法，该串级反应涉及到的一个关键中间体就是苯并吡喃阳离子，然后发生分子内的［3+2］环加成反应作为关键的一步，最终构建了一个四环骨架。该反应的总收率最高可达 77%（图 12-8）[11]。

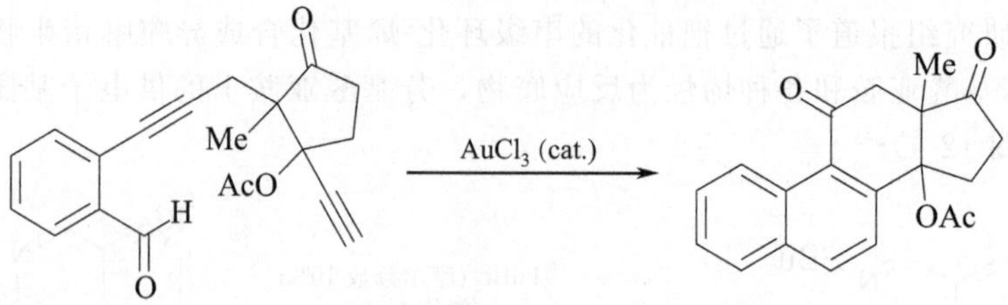

图 12-8

Alcaide 等报道了一个新颖的无过渡金属参与的串级反应，在甲醇钠-甲醇体系中，通过串级内酰胺开环，然后联烯环化构建了生物学相关的多取代的吡咯骨架。该串级反应得到的吡咯衍生物具有中等以上的收率（图 12-9）[12]。

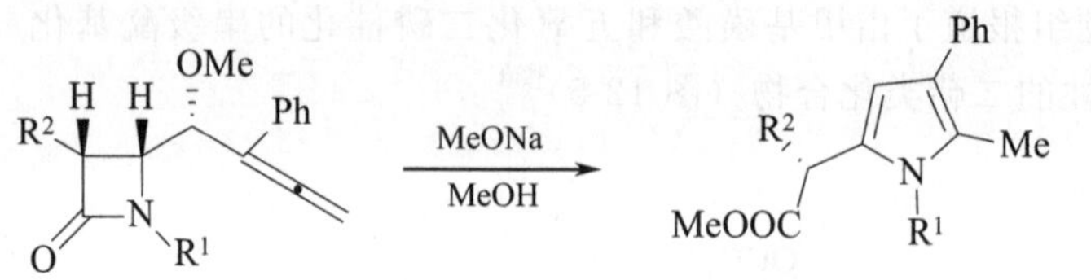

图 12-9

Stahl 等报道了在室温下由钯催化的串级反应方法，合成了 2,4-二取代的四氢吡咯，根据作者建议的机理，该反应首先由烯烃的氨基钯化引发，然后发生分子内的烯键插入，最后 β-氢消除得到目标产物。反应的收率可达 97%（图 12-10）[13]。

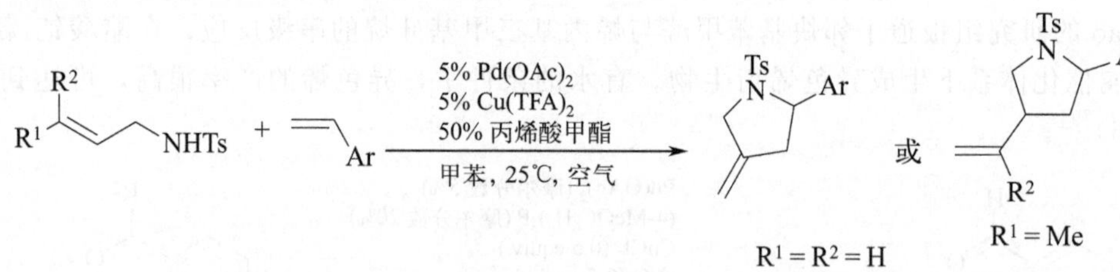

图 12-10

该串级反应机理[13] 如图 12-11 所示。

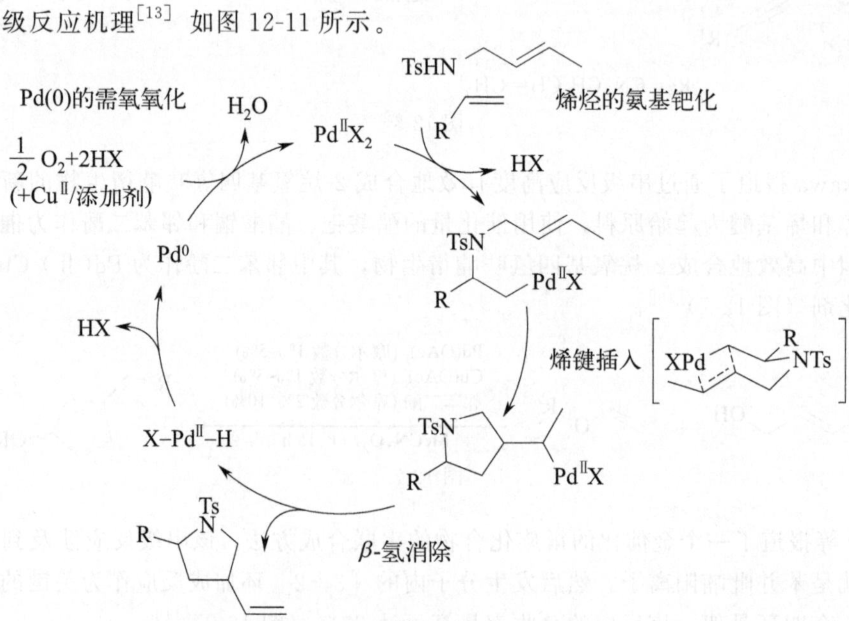

图 12-11

Dyker 课题组报道了一个串级成环新反应，以含丁酮支链芳烃和杂芳烃作为反应物，通过一个串联氧化还原过程生成环状的噻吩并[3,2-*b*]噻吩，产率最高达到 59%（图 12-12）[14]。

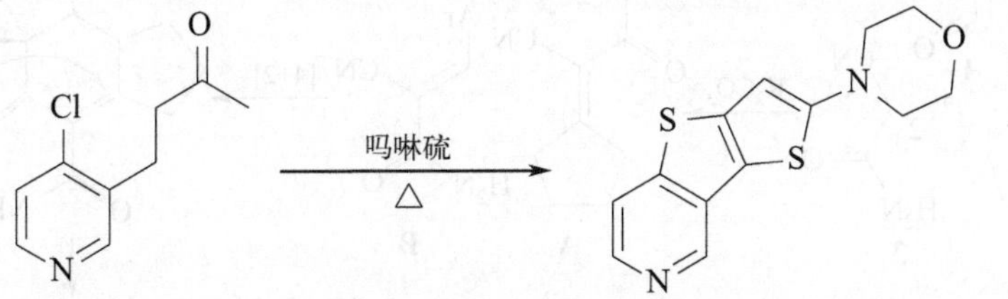

图 12-12

Seeberger 课题组报道了通过串级 Michael-Henry 反应合成 2-硝基吡喃糖苷的方法，该反应是以 β-羟基醛和硝基烯烃为反应物，用 LiHMDS 作为碱，产率可达 83%（图 12-13）[15]。

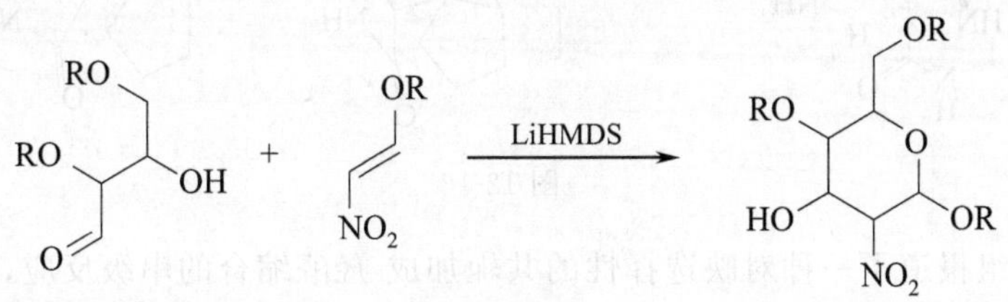

图 12-13

Hovelmann 等报道了钯催化的丙烯酸酯的氧化二胺化反应，反应使用溴化铜作为氧化剂，产物具有较好的立体选择性和化学选择性（图 12-14）[16]。

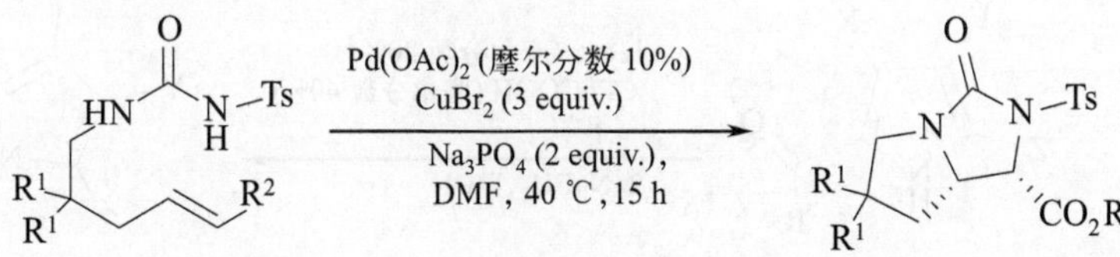

图 12-14

Tu 课题组报道了一个新颖的多组分串级反应，他们使用简单的醛、环酮以及 α-氰基酰胺作为反应底物和亲核试剂获得了重要的、具有生物活性的、高度官能化的含氮桥杂环骨架。这种新方法学的关键一步涉及到连续形成两个不同的 Knoevenagel 缩合中间体（图 12-15）[17]。

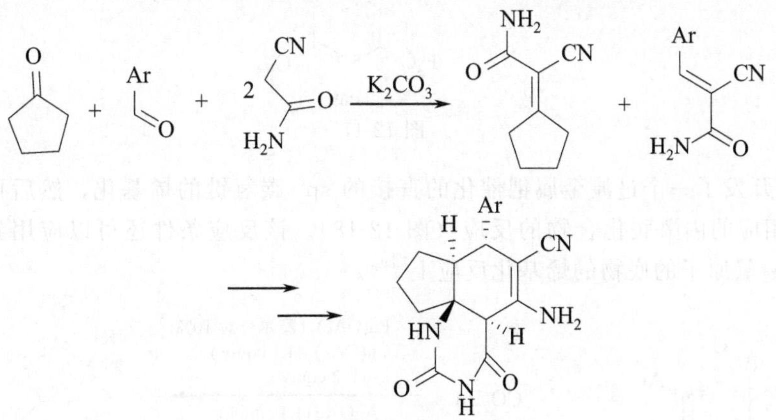

图 12-15

Tu 等人对该串级反应过程提出的机理见图 12-16。

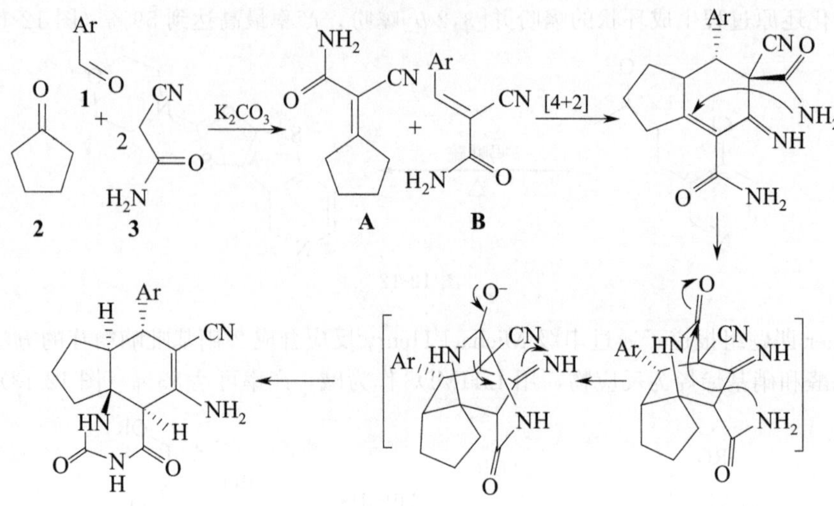

图 12-16

Cho 的课题组报道了一种对映选择性的共轭加成-羟醛缩合的串级反应，用 α，β-不饱和醛和三卤代乙酰基吡咯作为起始原料，合成目标产物。该反应的一个特点就是使用有机催化剂，不涉及过渡金属催化剂，苯甲酸作为添加剂。该串级反应提供了包含三个连续的立体中心的不同的手性吡咯，具有较高的产率、较好的对映选择性（图 12-17）[18]。

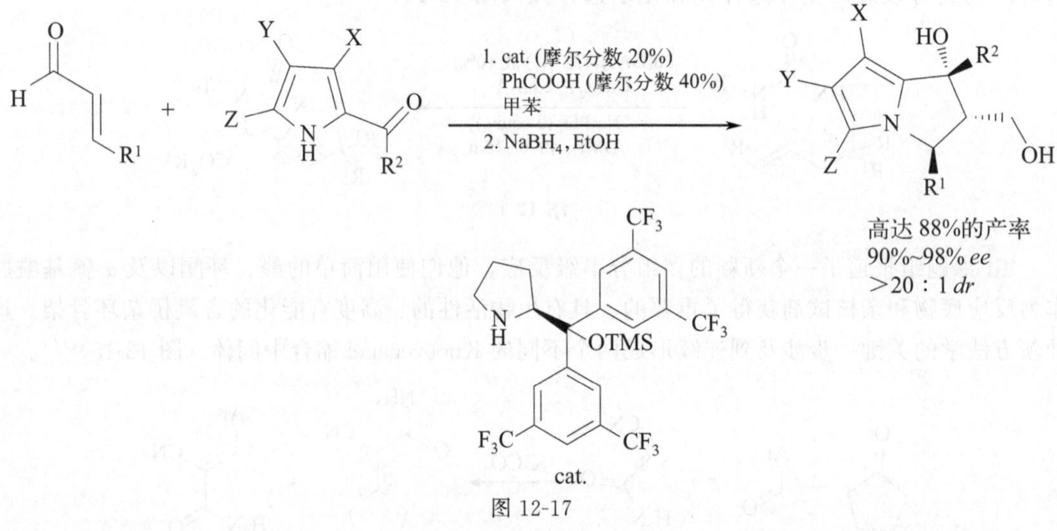

图 12-17

Yu 等人开发了一个过渡金属钯催化的直接的 sp^3 碳氢键的烯基化，然后再经历 1,4-共轭加成给出相应的内酰胺化合物的反应（图 12-18）。该反应条件还可以应用到环丙烷亚甲基化和带有 α-氢原子的底物的烯基化反应上[19]。

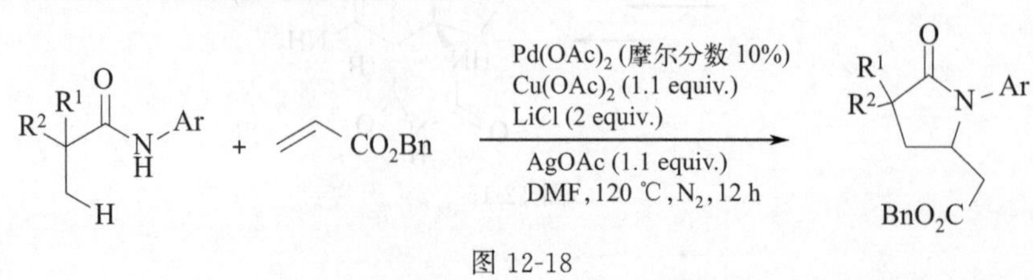

图 12-18

Lu的课题组报道了一种构建吲哚骨架方便有效的方法。该串级反应首先发生钯催化的 N-芳基酰胺的碳氢键活化，然后炔烃插入碳钯键，最后发生还原消除得到最终的目标产物吲哚骨架（图 12-19）。作者的实验表明，芳环间位上的供电子基团或许更有利于碳氢键的活化[20]。

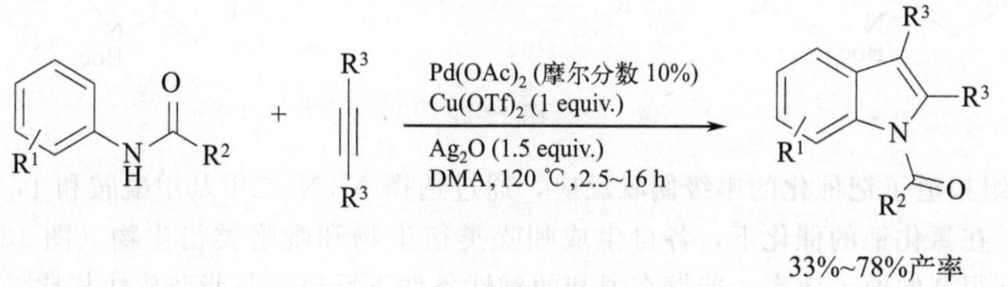

图 12-19

Li 等人报道了一种过渡金属催化的串联偶联反应，使用 N-芳基-2-氨基吡啶和非末端炔作为反应底物合成吲哚衍生物（图 12-20）。首先发生 N-芳基-2-氨基吡啶的邻位碳氢键的活化，然后和炔发生氧化偶联最终形成目标产物吲哚类衍生物。Li 等人发现芳环上带有供电子基团或吸电子基团都可以发生反应[21]。

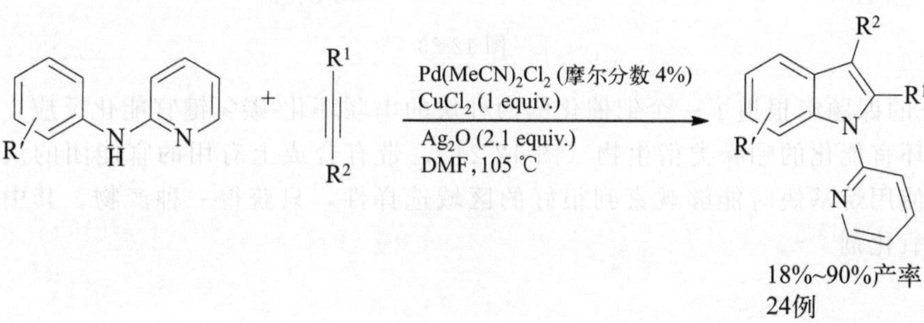

图 12-20

Jiang 的课题组开发了一种钯催化合成 α-羰基呋喃衍生物的新方法，采用 1,3-二羰基化合物和炔丙基醇为起始原料，通过串级反应合成目标产物，官能团兼容性较好，得到的产物 α-羰基呋喃衍生物是药物化学的合成中间体（图 12-21）[22]。

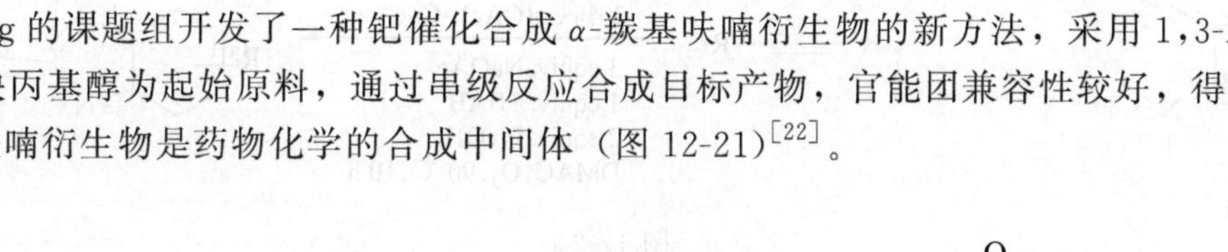

图 12-21

Barbas 研究组报道了一个有机催化的串级反应，用简单的硝基烯烃和 3-取代的氧化吲哚类衍生物作为起始材料，以金鸡纳生物碱作为有机催化剂，通过 Michael-Henry 串级反应，一步合成目标产物，并且产率很高，具有较高的对映选择性（图 12-22）[23]。

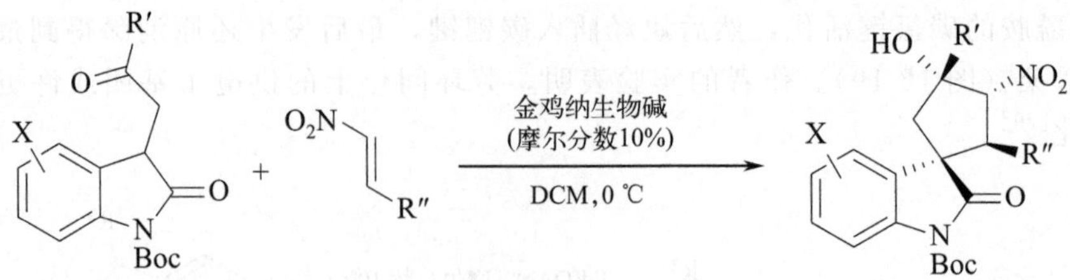

图 12-22

Lu 的课题组报道了钯催化的串级偶联反应，通过选择 N,N-二甲基甲酰胺和 1，4-二氧六环作为溶剂，在氯化钯的催化下，各自生成吲哚类衍生物和吡咯类衍生物（图 12-23）。该串级反应具有很高的原子效率，能够在温和的碱性条件下反应。与脂肪族炔相比，芳基炔给出更好的结果[24]。

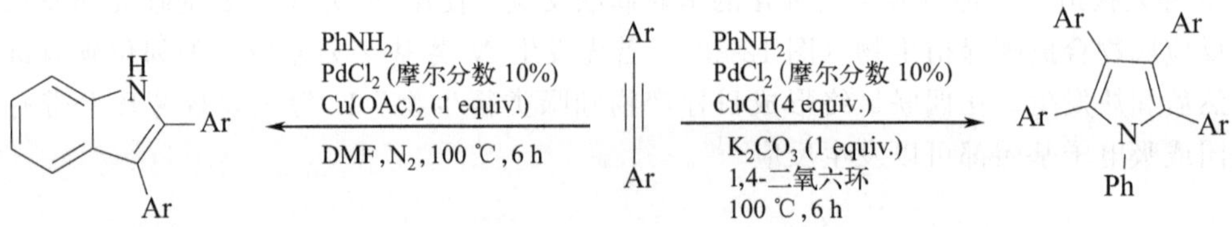

图 12-23

Liang 的课题组报道了一个钯催化的两种炔的串联环化-碳氢键官能化反应，构建了一系列的多环官能化的吲哚类衍生物（图 12-24），带有合成上有用的官能团的炔都能参与反应。当使用烷基炔时能够观察到很好的区域选择性，只获得一种产物。其中空气中的氧气作为氧化剂[25]。

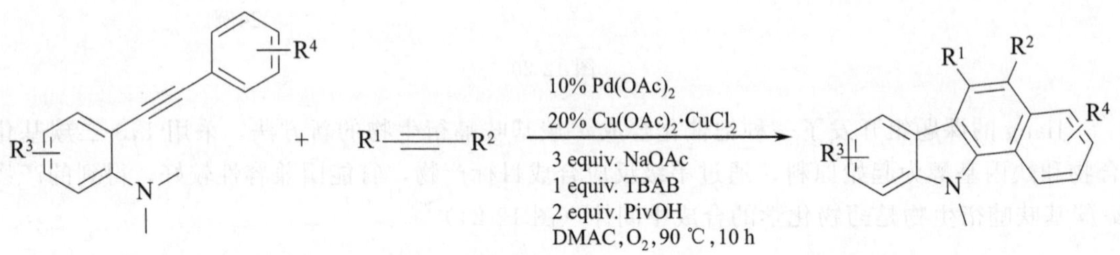

图 12-24

Liang 等人建议的反应机理如图 12-25[25] 所示。

Huang 等人报道了经由串级钯催化的碳氢键活化，然后环化合成 N-烷基和 N-芳基异喹啉酮及其衍生物的方法（图 12-26）。该反应中氧气作为氧化剂，醋酸铜为共氧化剂，过量的铜盐会导致副反应的发生，不对称的炔也能很好地反应，但会形成两种区域选择异构体[26]。

Li 的课题组报道了一种由过渡金属钯催化的串级反应合成菲啶的新方法，采用 2-氨基联苯和末端烯烃作为起始物，经串级碳氢键氧化烯基化、碳铵化过程得到目标产物（图 12-27），其中还涉及到以前没有报道过的碳碳键断裂过程，最终的产率可达 86%[27]。

Muniz 等人报道了丙烯酸酯的分子内串级二胺化反应，使用氨基磺酸作为氮源，醋酸钯

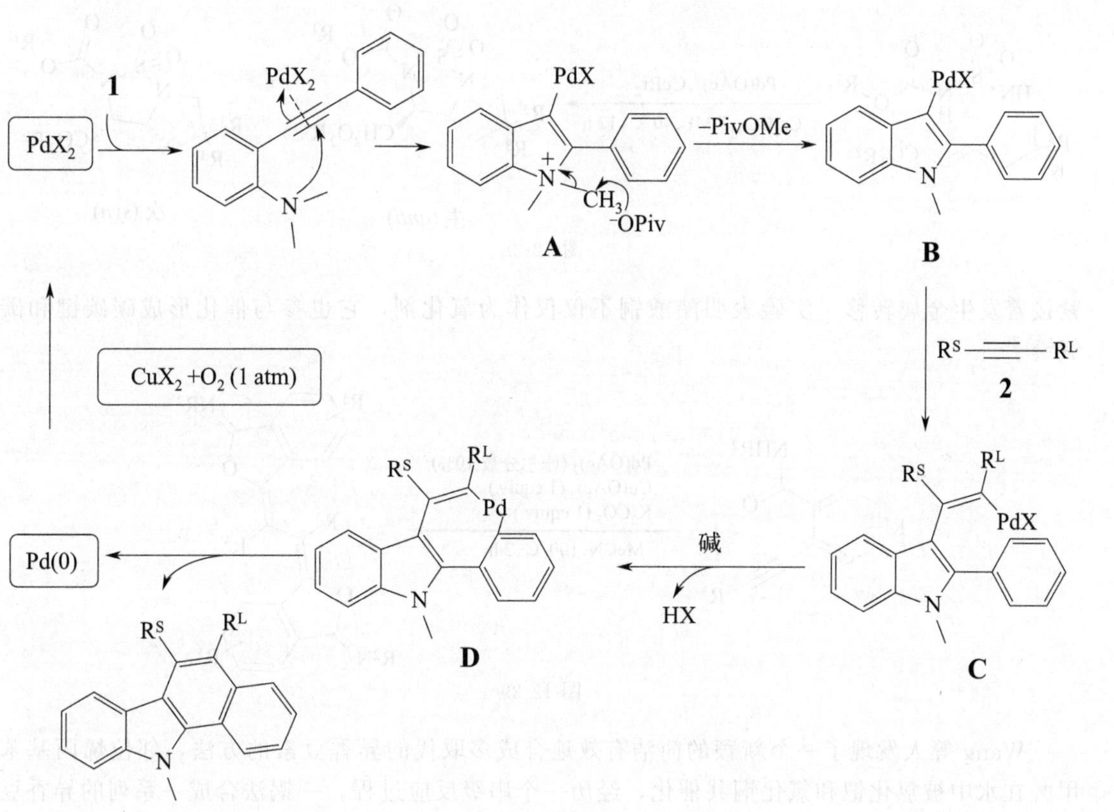

图 12-25

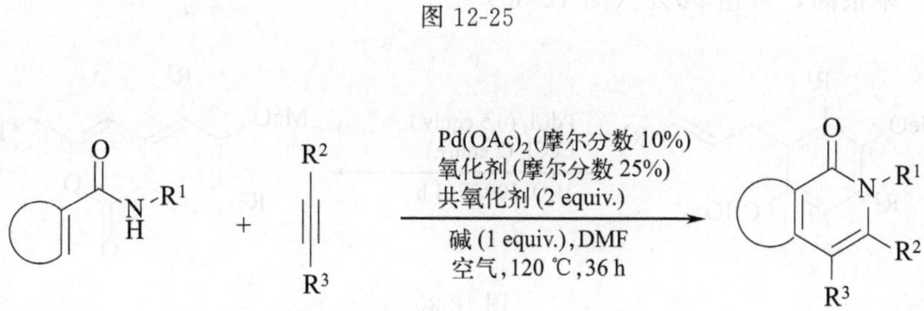

图 12-26

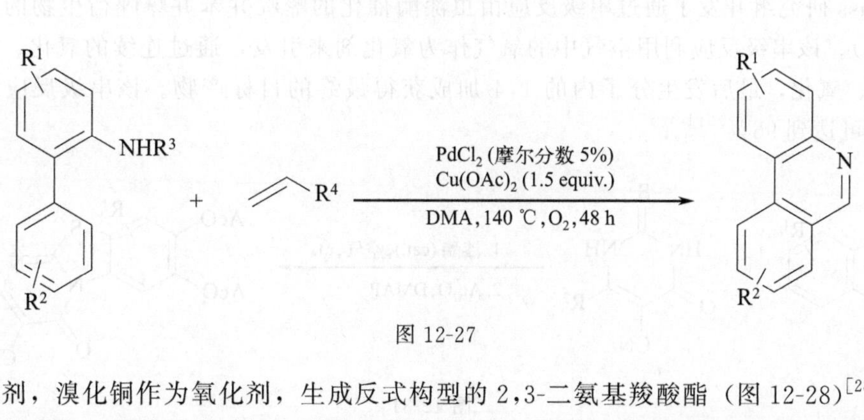

图 12-27

作为催化剂，溴化铜作为氧化剂，生成反式构型的 2,3-二氨基羧酸酯（图 12-28）[28]。

Zhu 的研究组报道了醋酸钯和醋酸铜共催化的邻-1-炔基苯甲酰胺的环化-二聚化串级反应，生成 E,E-1,3-二烯（图 12-29）。该反应关键的一步就是同时形成烯基钯和烯基铜物种，

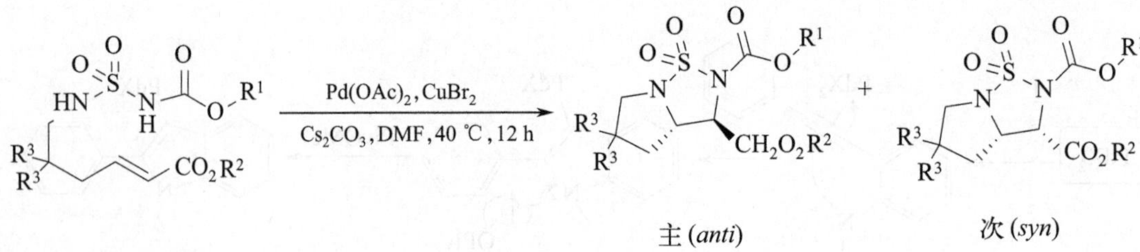

图 12-28

紧接着发生金属转移。实验表明醋酸铜不仅仅作为氧化剂，它也参与催化形成碳碳键和碳氧键[29]。

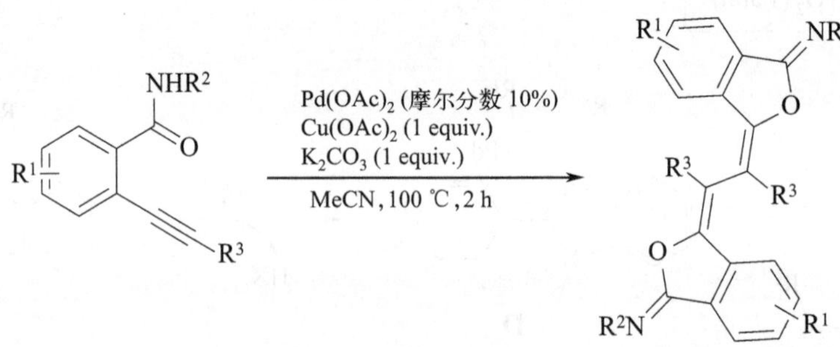

图 12-29

Wang 等人发现了一个新颖的简洁有效地合成多取代的异香豆素的方法，邻位烯丙基苯甲醛在水中被氯化钯和氯化铜共催化，经历一个串级反应过程，一锅法合成一系列的异香豆素衍生物，产率很高，可达 90%（图 12-30）[30]。

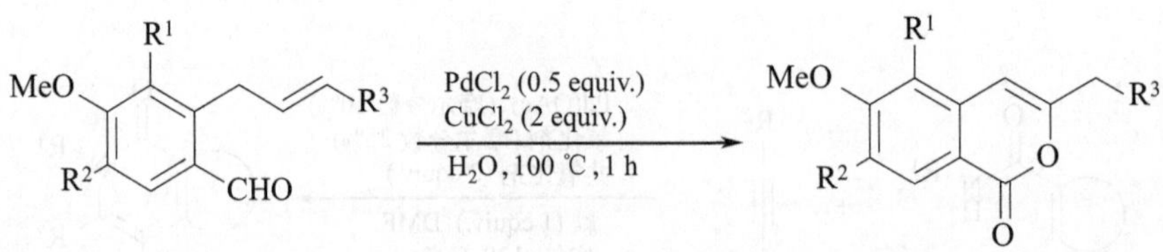

图 12-30

Beifuss 研究组开发了通过串级反应由虫漆酶催化的嘧啶并苯并噻唑衍生物的合成方法（图 12-31）。该串级反应利用空气中的氧气作为氧化剂来引发，通过连续的氧化、分子间的 1,4-加成、氧化，最后发生分子内的 1,4-加成获得最终的目标产物。该串级反应的条件温和，产率可达到 96%[31]。

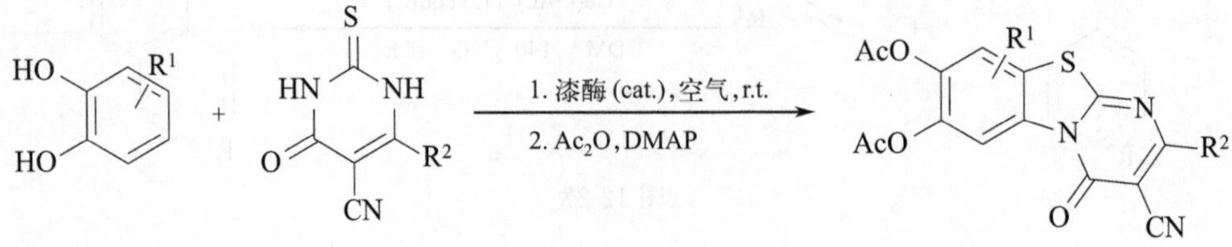

图 12-31

Beifuss 等人提出的反应机理如图 12-32[31] 所示。

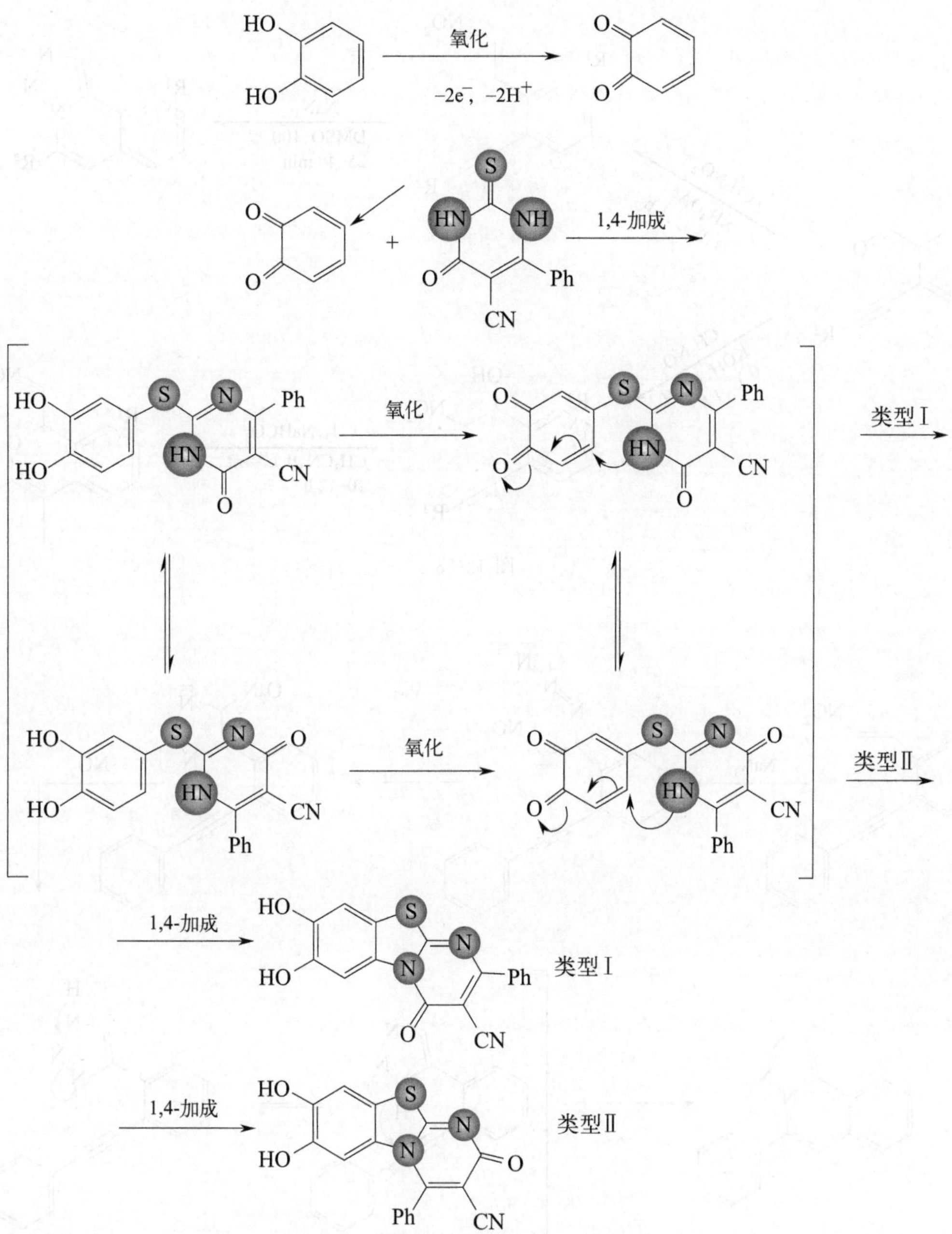

图 12-32

Kundu 的研究组报道了两种简单直接的串级反应方法来合成三唑异喹啉和异色烯类衍生物，这两类化合物在生物学上具有重要意义。起始原料为 2-炔基苯甲醛和硝基甲烷，以很好的产率获得目标产物，该串级反应最显著的特征就是在无过渡金属催化的条件下形成杂环化合物（图 12-33）[32]。

Kundu 提出的上面采用叠氮化钠的串级反应的机理如图 12-34[32] 所示。

Yang 等人报道了一个钯催化的串级环化反应，该串级反应提供了一个有效的快速合成吡咯双烷类化合物的方法，并且获得了中等到较好的产率和优秀的非对映选择性[33]（图 12-35）。

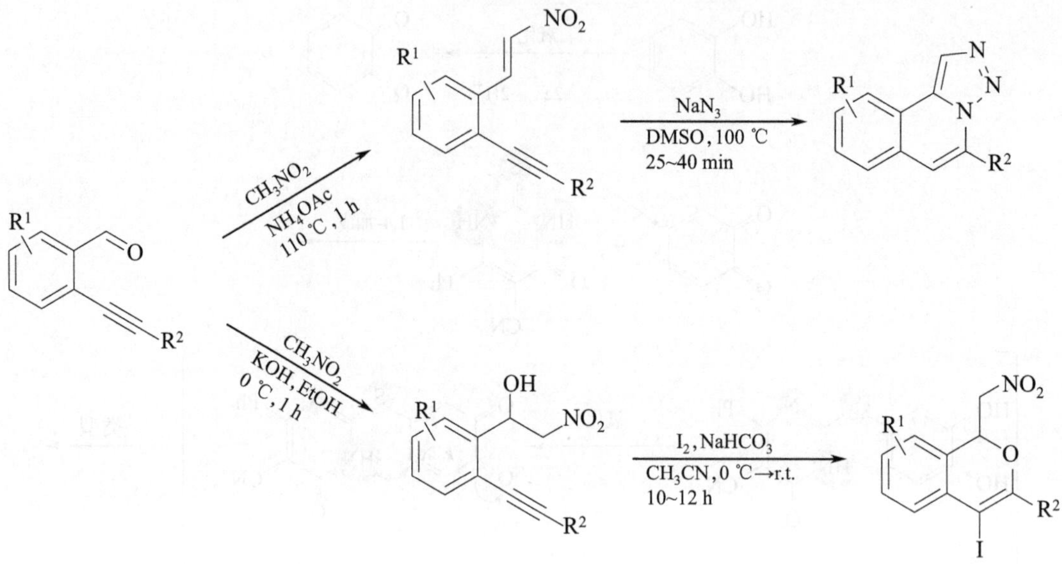

图 12-33

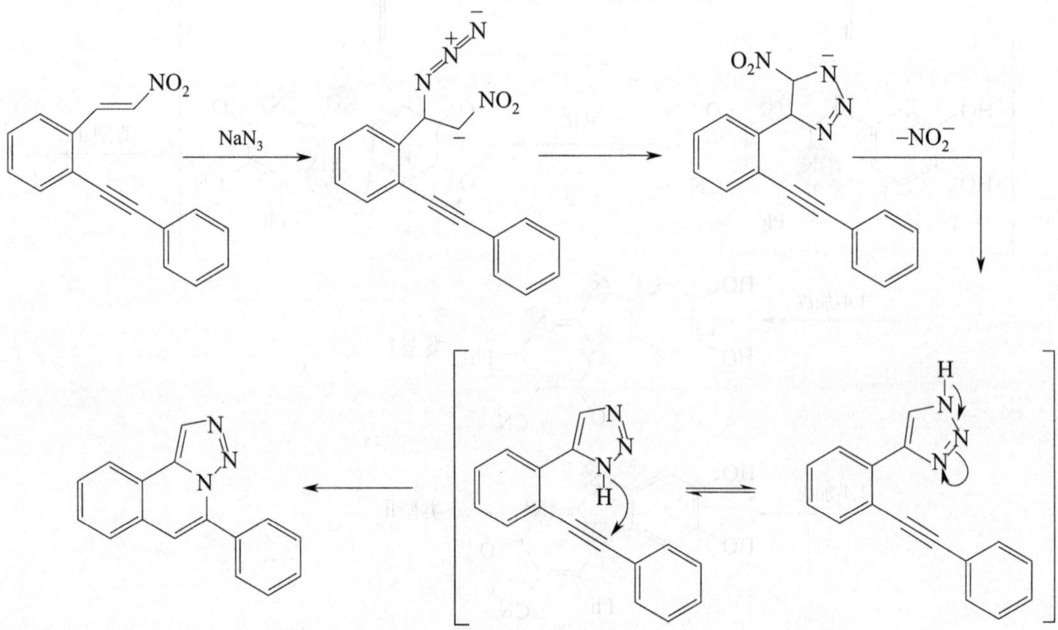

图 12-34

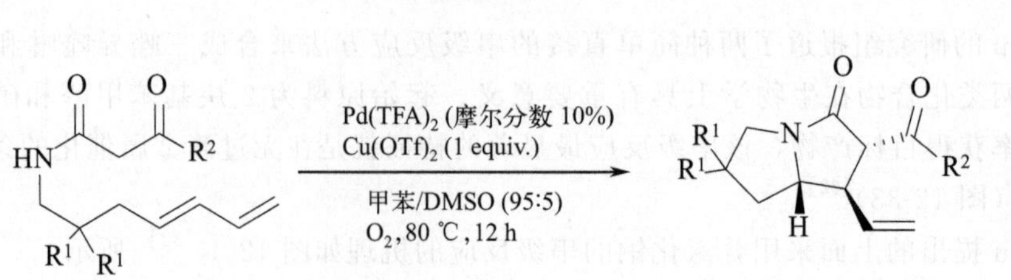

图 12-35

Yang 等人提出的环化过程的反应机理如图 12-36[33] 所示。

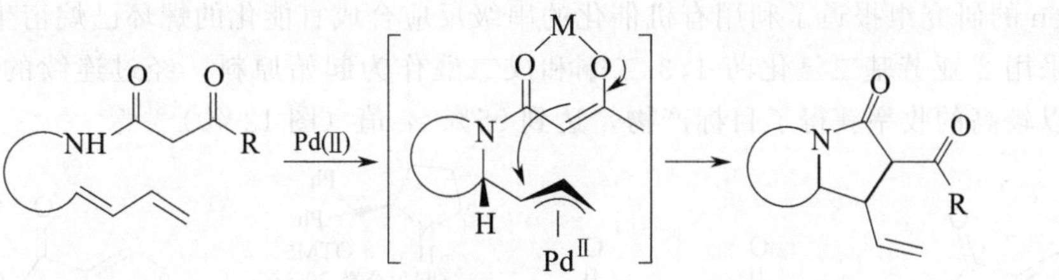

图 12-36

Broggini 的课题组报道了一个有效的选择性分子内链烯基尿素的二胺化串级反应（图 12-37）。该反应在微波条件下，一步生成包含一个哌啶酮环的双环产物，获得该产物的一个重要因素就是碱的存在，最好的碱是碳酸钾。产率可达 80%[34]。

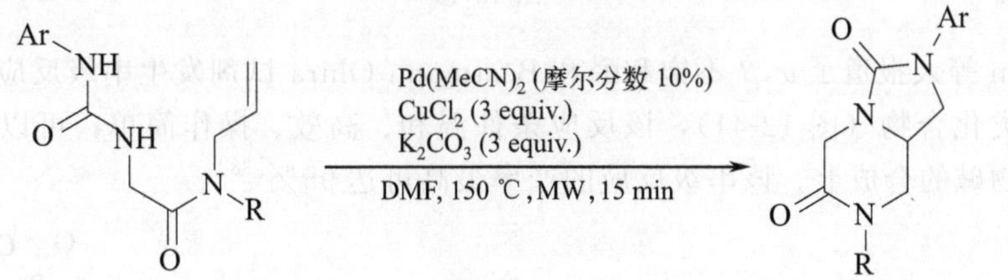

图 12-37

Liang 等人报道了一种新颖有效的催化合成 3-酰基吲哚衍生物的串级反应（图 12-38），该串级反应使用溴化钯和碘化亚铜作为共催化剂，叔丁基过氧化氢既作为氧化剂又在反应中作为氧源。该反应官能团兼容性好，能够达到中等以上的收率[35]。

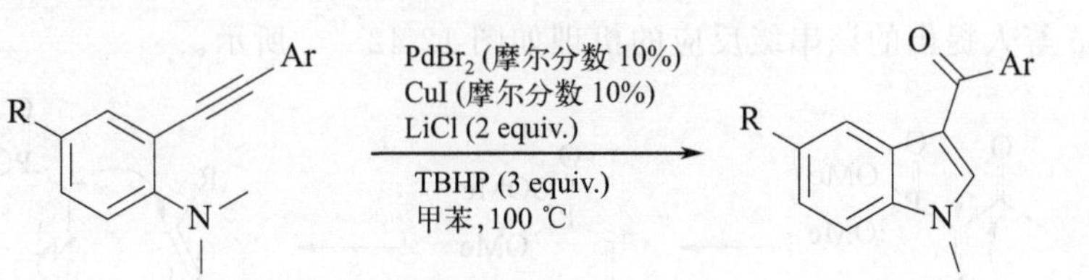

图 12-38

Liu 等人报道了一个构建生物学上重要的且合成上具有挑战性的具有三个手性中心的哌啶衍生物的不对称串级反应，该反应利用简单易得的环状 N-磺酰基亚胺和简单的醛作为起始原料合成哌啶衍生物，可以达到 89% 的产率（图 12-39）。这个方法学适合合成具有多个立体中心的多取代哌啶环体系[36]。在这篇文章中，Liu 等人没有建议该串级反应的反应机理。

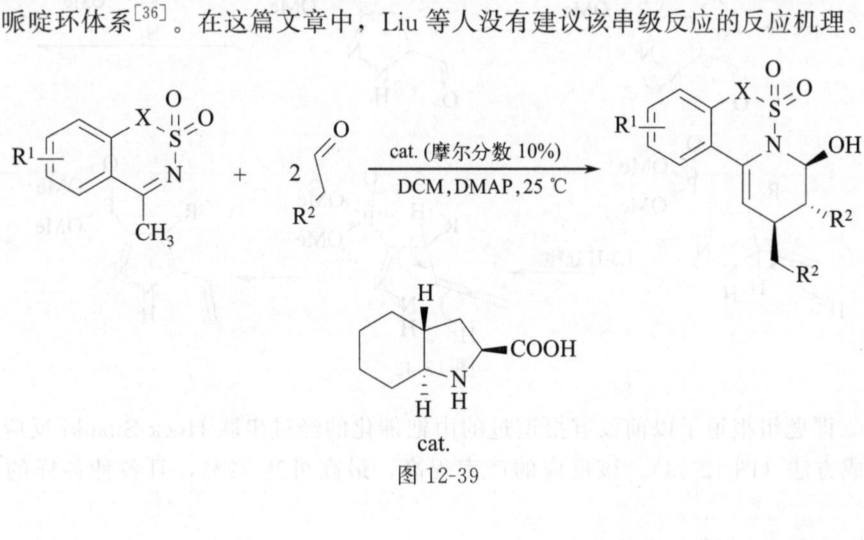

图 12-39

Chen 的研究组报道了利用有机催化的串级反应合成官能化的螺环己烷衍生物的新方法，该方法采用 2-亚芳基二氢化茚-1,3-二酮和戊二醛作为起始原料，经过连续的 Michael-aldol 反应，以较高的收率获得了目标产物，达到 95% *ee* 值（图 12-40）[37]。

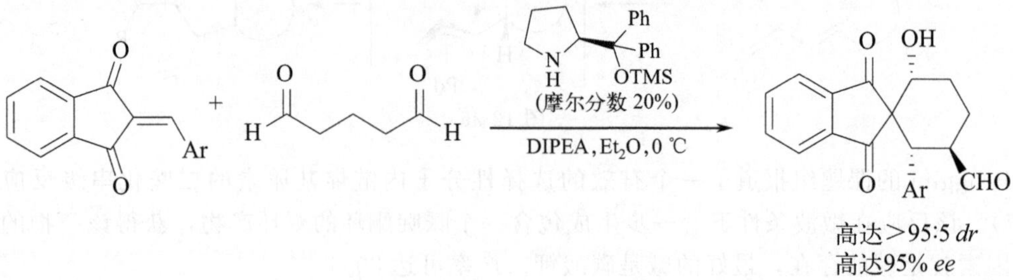

图 12-40

Mohanan 等人报道了 α,β-不饱和醛和 Bestmann-Ohira 试剂发生串级反应生成了多取代的烯基吡唑类化合物（图 12-41），该反应条件温和、高效、操作简单，可以被应用在吡咯并吡唑类生物碱的合成上。该串级反应的产率最高可达 95%[38]。

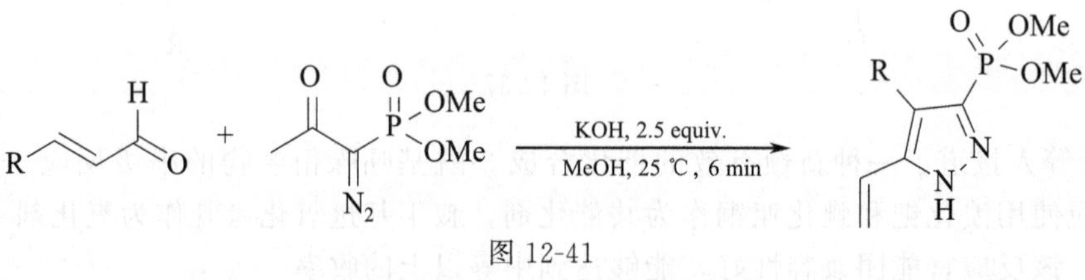

图 12-41

Mohanan 等人提出的该串级反应的机理如图 12-42[38] 所示。

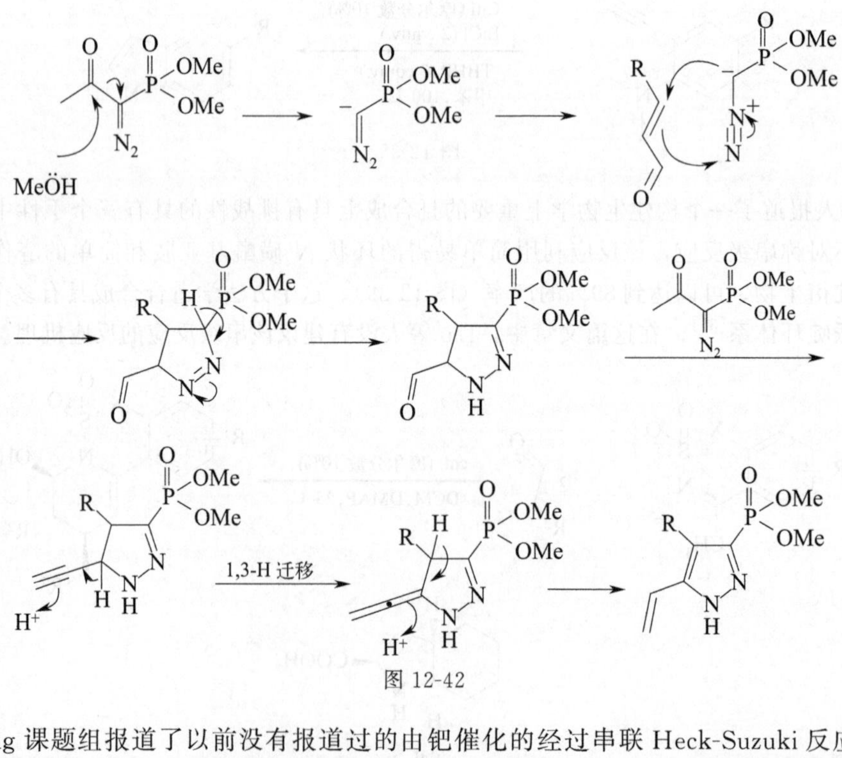

图 12-42

Spring 课题组报道了以前没有报道过的由钯催化的经过串联 Heck-Suzuki 反应合成四环骨架的合成方法（图 12-43）。该反应的产率很高，最高可达 92%，且各种各样的硼酸均能反应。含有这种骨架的化合物被发现在医疗上具有抗癌疗效[39]。

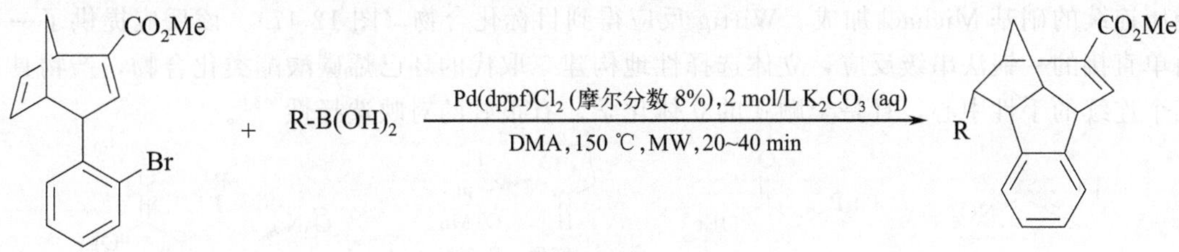

图 12-43

12.1.2 串级加成反应

Feringa 的研究组报道了经过连续的 1,4-加成、羟醛缩合反应一锅法合成有三个连续的立体中心的非环状化合物的方法（图 12-44）。该方法被应用到天然产物（−)-phaseolinic acid 的合成上，达到了 54%的总收率[40]。

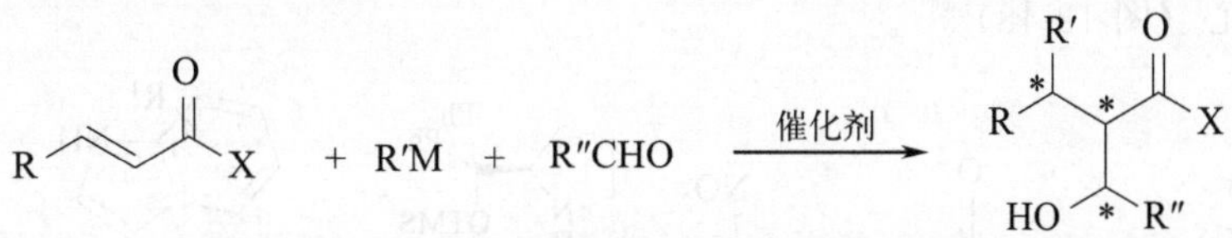

图 12-44

Enders 等报道了一种不对称合成多官能团的单环、双环和三环的碳环骨架的方法，采用有机催化剂，经历两次 Michael 加成、一次羟醛缩合的串级反应，一步获得目标化合物，为有价值的天然产物的合成提供了一种很好的方法（图 12-45）[41]。

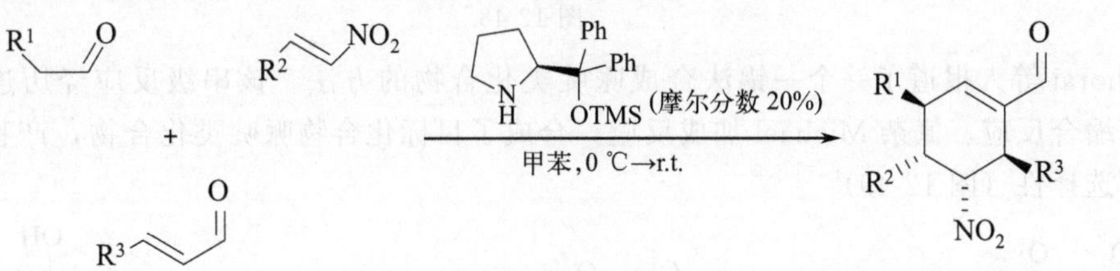

图 12-45

Chandrasekhar 的研究组报道了在小分子有机催化剂的催化下，通过串级反应合成环己烷并四氢吡喃类衍生物的合成方法，即首先发生分子间的 Michael 加成，然后发生分子内的缩酮反应得到目标产物，可以获得中等以上的收率和较高的 *ee* 值（图 12-46）[42]。

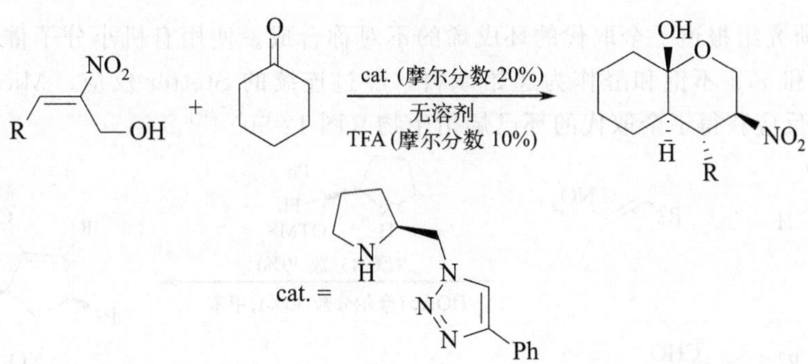

图 12-46

Hong 的课题组报道了一锅法合成全顺式三取代的环己烯碳酸酯类化合物。该串级反应经历连续的硝基 Michael 加成、Wittig 反应得到目标化合物（图 12-47）。该反应提供了一个简单直接的一锅法串级反应，立体选择性地构建三取代的环己烯碳酸酯类化合物，产物具有三个连续的手性中心，且是全顺式的立体化学，有很好的对映选择性[43]。

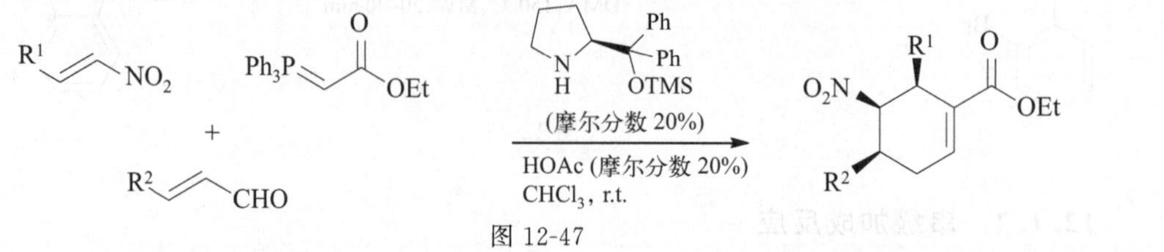

图 12-47

Enders 的课题组报道了一个有机小分子催化不对称合成 3-（环己烯基甲基）吲哚衍生物的方法。该串级反应连续经过傅克烷基化反应、Michael 加成、羟醛缩合几步反应，一锅法通过串级反应合成目标化合物，各种各样的吲哚和硝基烯烃被用作起始物，获得的产物具有三个手性中心（图 12-48）[44]。

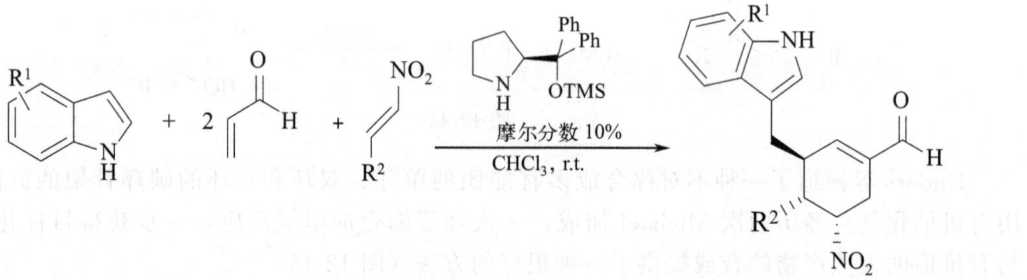

图 12-48

Ghorai 等人报道了一个一锅法合成哌啶类化合物的方法。该串级反应经历连续的亚氨基羟醛缩合反应、氮杂 Michael 加成反应，合成了目标化合物哌啶类化合物，产物具有很好的立体选择性（图 12-49）[45]。

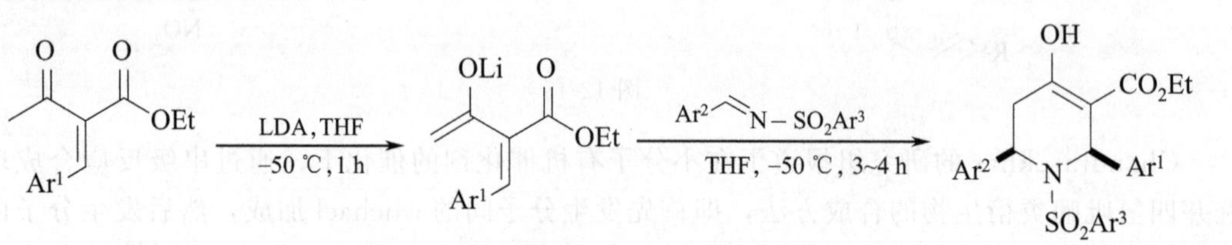

图 12-49

Hong 的研究组报道了全取代的环戊烯的不对称合成。使用有机小分子催化剂，以芳香醛、硝基烯烃和 α,β-不饱和醛作为起始原料，经过连续的 Stetter 反应、Michael 加成、羟醛缩合的串级反应获得了全取代的环己烯衍生物（图 12-50）[46]。

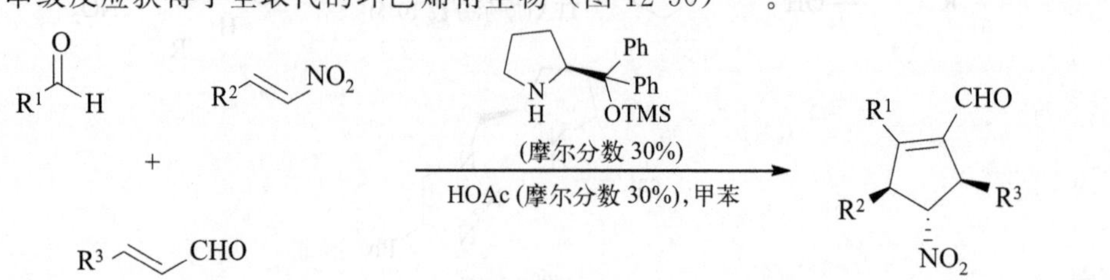

图 12-50

Tu 等人报道了一个四组分串级反应合成三环十二烷衍生物的方法（图 12-51）。该串级反应操作简单，只需将反应底物和碳酸铯混合在乙二醇中，微波加热，反应在 15～24 min 之内即可完成。获得的三环十二烷衍生物对有机合成和医药化学的研究都十分重要[47]。

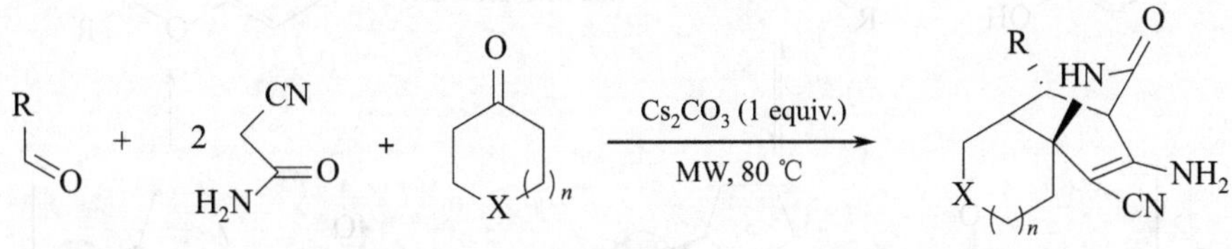

图 12-51

Tu 等人建议的反应机理如图 12-52[47] 所示。

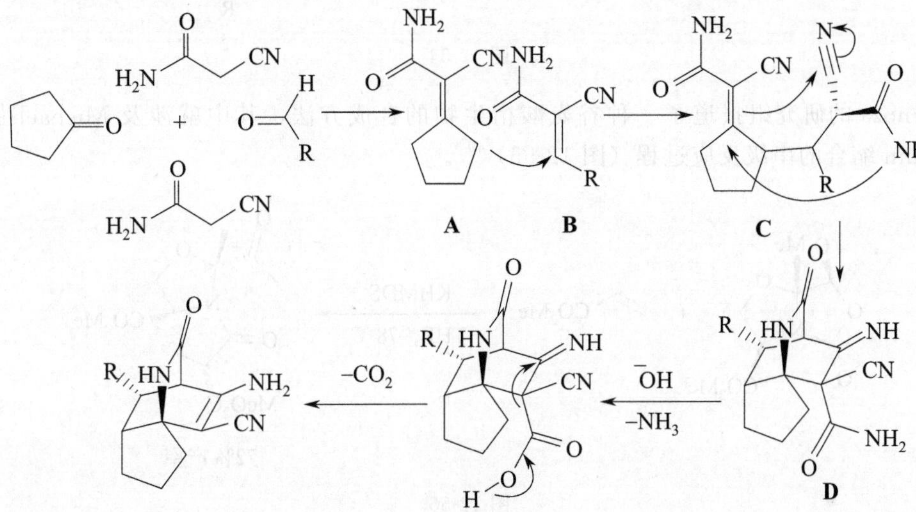

图 12-52

Wang 的课题组报道了一锅法串级反应合成苯并吡喃衍生物的新方法。作者使用有机催化剂，以炔基酮和 2-羟基扁桃酸酯衍生物作为起始原料，经过连续的 Michael 加成、羟醛缩合反应构建具有一个手性中心的苯并吡喃衍生物，达到了 99%的产率和 99%的 *ee* 值（图 12-53）[48]。

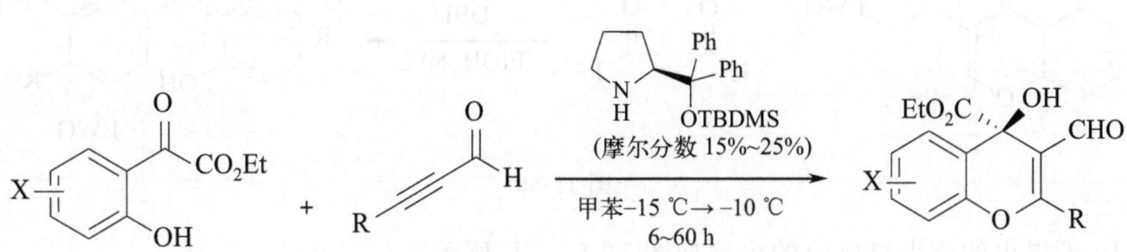

图 12-53

Wang 等人提出的该串级反应的机理如图 12-54[48] 所示。

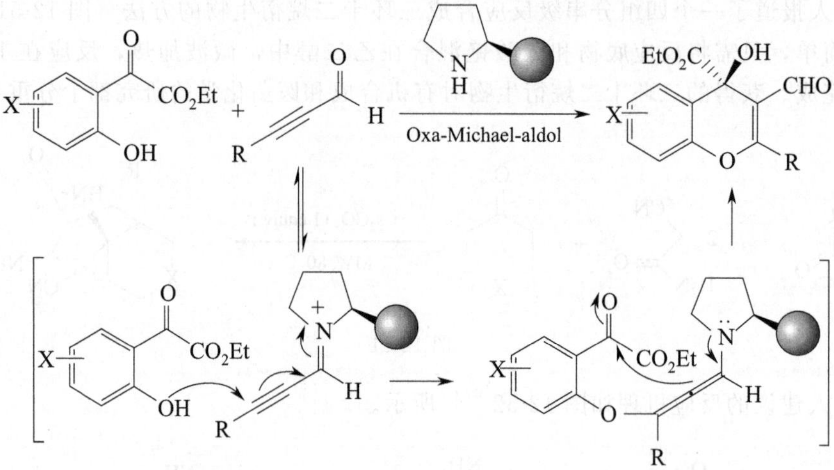

图 12-54

Avenoza 的研究组报道了一种谷氨酸衍生物的合成方法，其中就涉及 Michael 加成和 Dieckmann 缩合的串级反应过程（图 12-55）[49]。

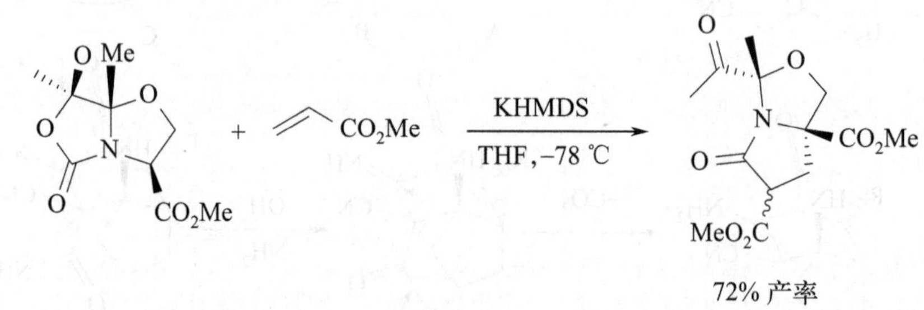

图 12-55

Hu 等人报道了碱催化的缺电子的色满酮和 1,3-二羰基化合物参与的串级反应，经历连续的 Michael 加成、环化和消除反应后得到了目标产物（图 12-56）。该反应的优点是简捷有效，生态友好，不需要过渡金属催化剂和惰性气体保护[50]。

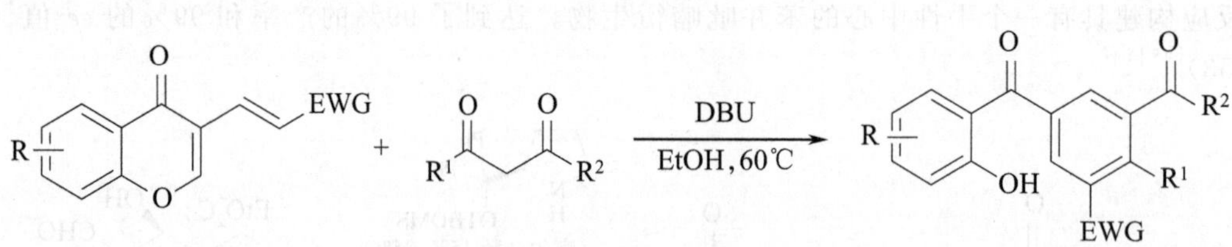

图 12-56

Hu 等提出的该串级反应的机理如图 12-57[50] 所示。

Paolis 课题组报道了一个合成四氢苯并呋喃-4-酮的新方法，采用 1,3-环己二酮和溴代丁烯酸酯或溴代丁烯腈为起始原料，经过连续的 1,3-环己二酮的烷基化，然后发生分子内的氧杂 Michael 加成环化的串级反应，得到目标产物（图 12-58）[51]。

Hong 的课题组报道了 2-羟基硝基苯乙烯和醛的串级反应，经历连续的 Michael 加成、缩醛反应、Henry 反应获得目标化合物香豆素的衍生物，*ee* 值高达 99%（图 12-59）[52]。

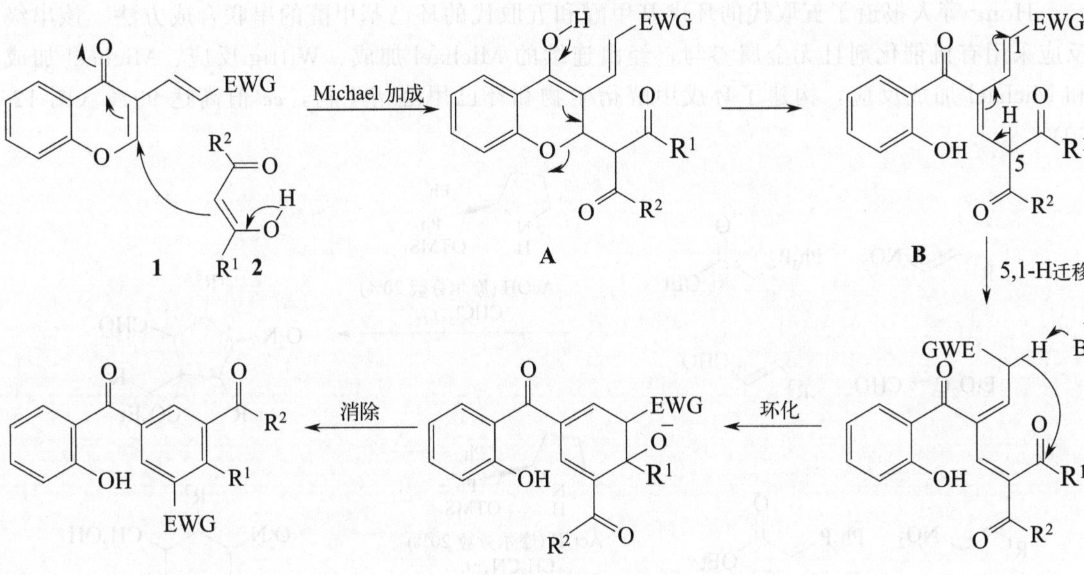

图 12-57

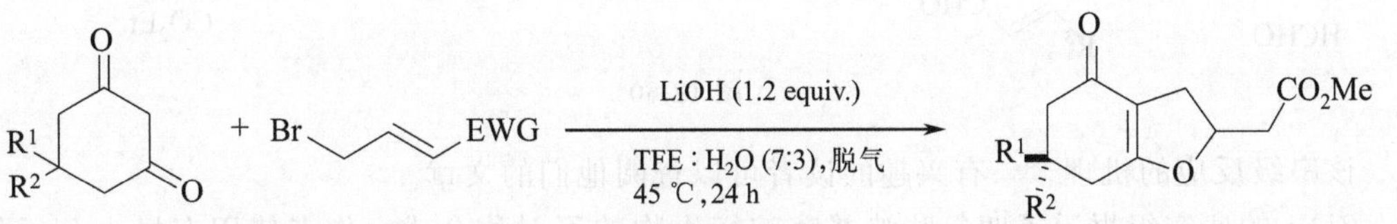

图 12-58

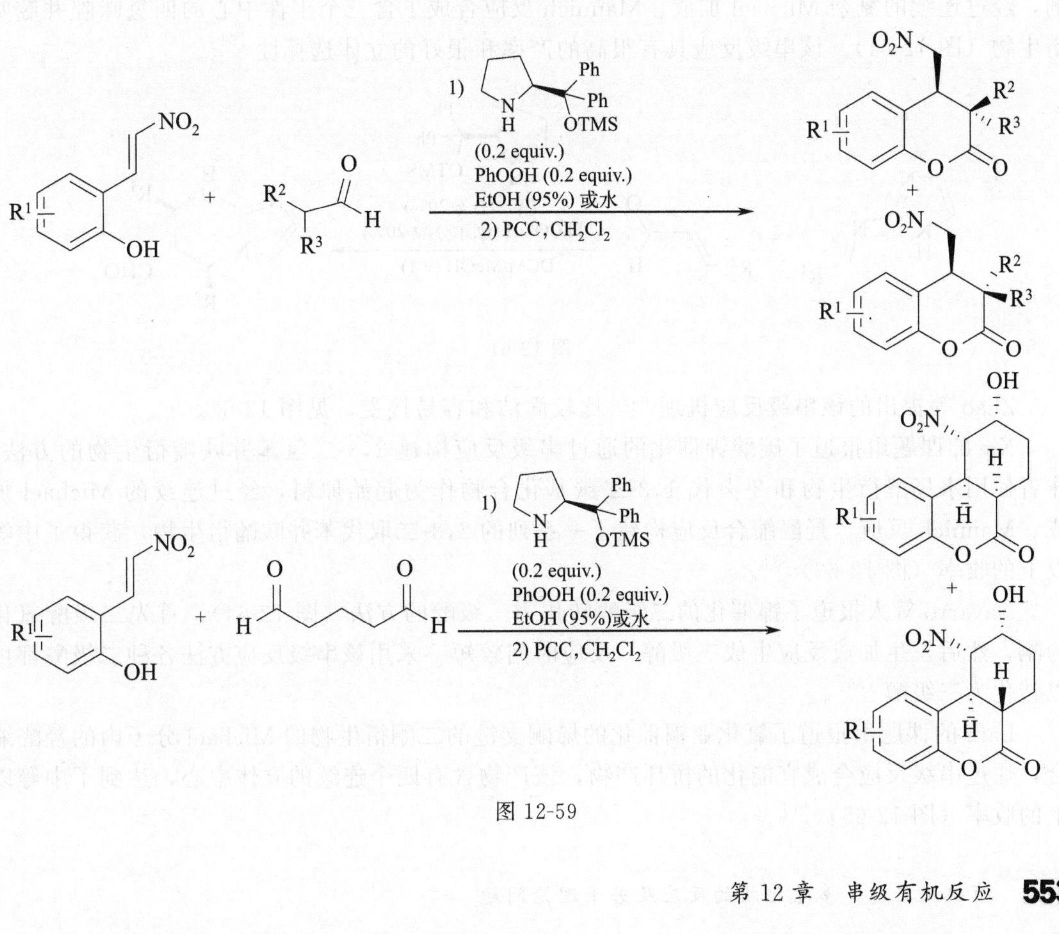

图 12-59

Hong 等人报道了五取代的环戊基甲醛和五取代的环己基甲醛的串联合成方法。该串级反应采用有机催化剂且无金属参与，经由连续的 Michael 加成、Wittig 反应、Michael 加成和 Michael 加成反应，构建了环戊甲醛衍生物和环己甲醛衍生物，*ee* 值高达 99%（图 12-60）[53]。

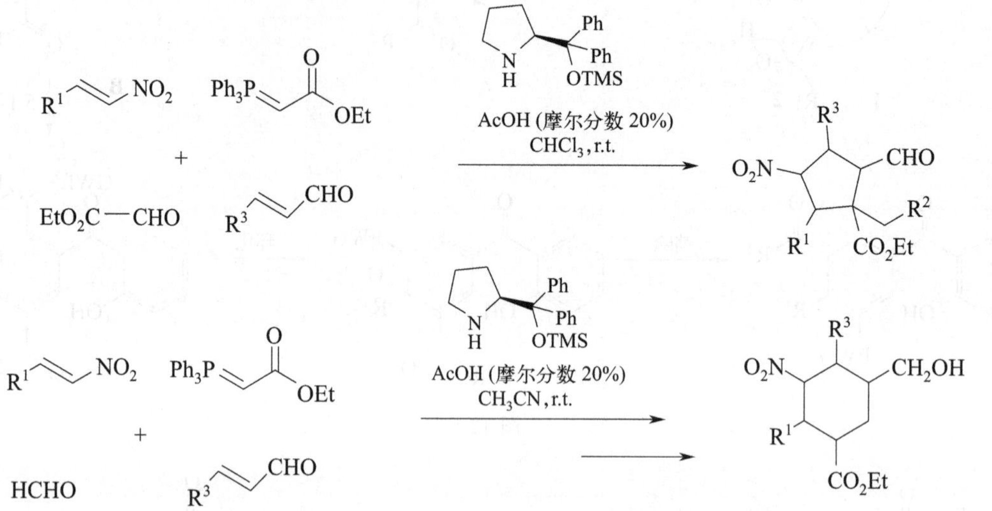

图 12-60

该串级反应的机理[53] 有兴趣的读者可以查阅他们的文章。

Zhao 的研究组报道了四氢咪唑并嘧啶衍生物的不对称合成。作者使用有机小分子催化剂，经过连续的氮杂 Michael 加成、Mannich 反应合成了含三个手性中心的四氢咪唑并嘧啶衍生物（图 12-61）。该串级反应具有很高的产率和很好的立体选择性[54]。

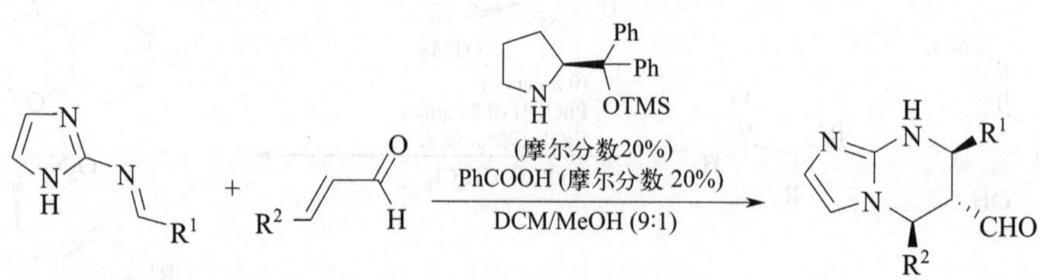

图 12-61

Zhao 等提出的该串级反应机理[54] 比较简洁和容易接受，见图 12-62。

Xie 的课题组报道了碳酸钾催化的通过串级反应构建 2,3-二氢苯并呋喃衍生物的方法。作者使用水杨醛衍生物和 2-卤代-1,3-二羰基化合物作为起始原料，经过连续的 Michael 加成、Mannich 反应、羟醛缩合反应构建了一系列的 2,3-二取代苯并呋喃衍生物，获得了中等以上的收率（图 12-63）[55]。

Navarro 等人报道了镍催化的二级醇转化为三级醇的方法（图 12-64），首先二级醇氧化为酮，然后发生加成反应生成三级醇，反应时间较短。采用该串级反应方法各种二级醇都可以转化为三级醇[56]。

Lam 的课题组报道了氯化亚铜催化的烯酮支链的二酮衍生物的 Michael 分子内的羟醛缩合，通过串级反应合成官能化的桥环产物，该产物含有四个连续的立体中心，达到了中等以上的收率（图 12-65）[57]。

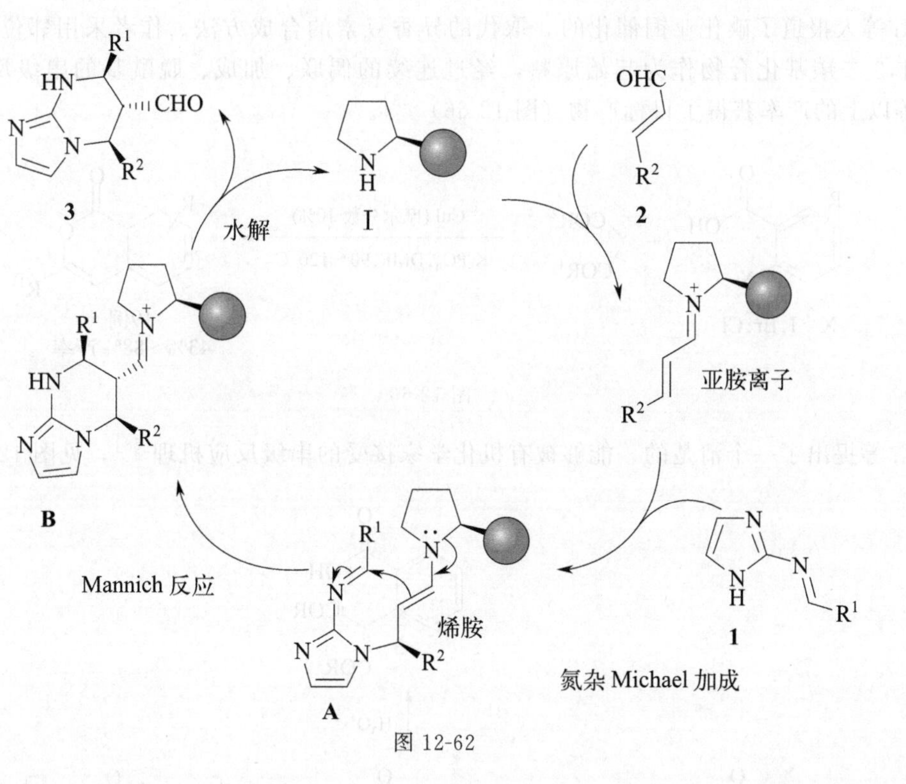

图 12-62

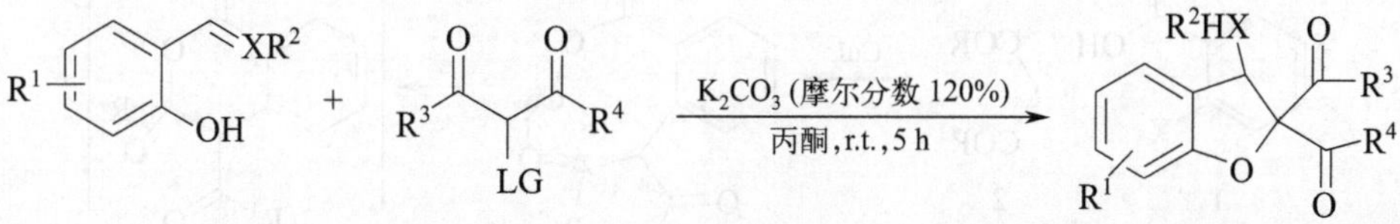

图 12-63

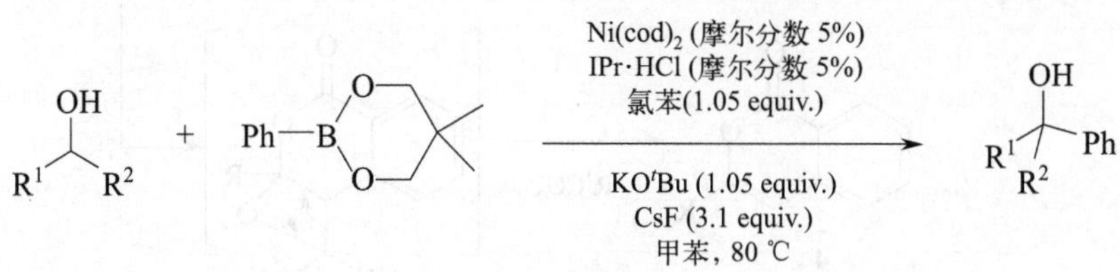

图 12-64

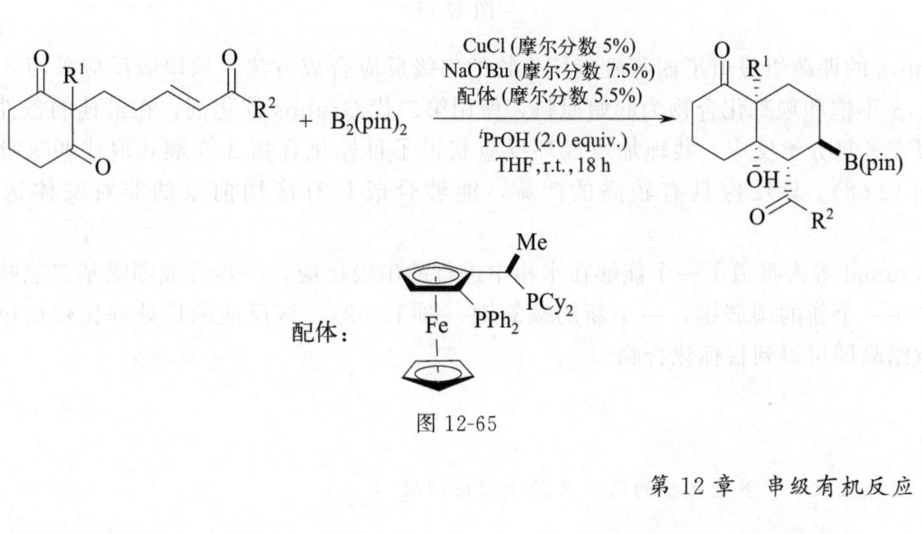

图 12-65

Xi 等人报道了碘化亚铜催化的 3-取代的异香豆素的合成方法。作者采用邻位卤代苯甲酸和 1,3-二羰基化合物作为起始原料，经过连续的偶联、加成、脱酰基的串级反应过程，以中等以上的产率获得了目标产物（图 12-66）[58]。

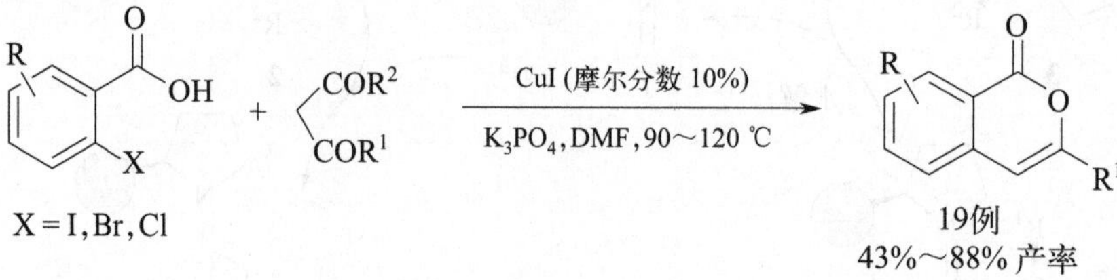

图 12-66

Xi 等提出了一个清楚的、能够被有机化学家接受的串级反应机理[58]，见图 12-67。

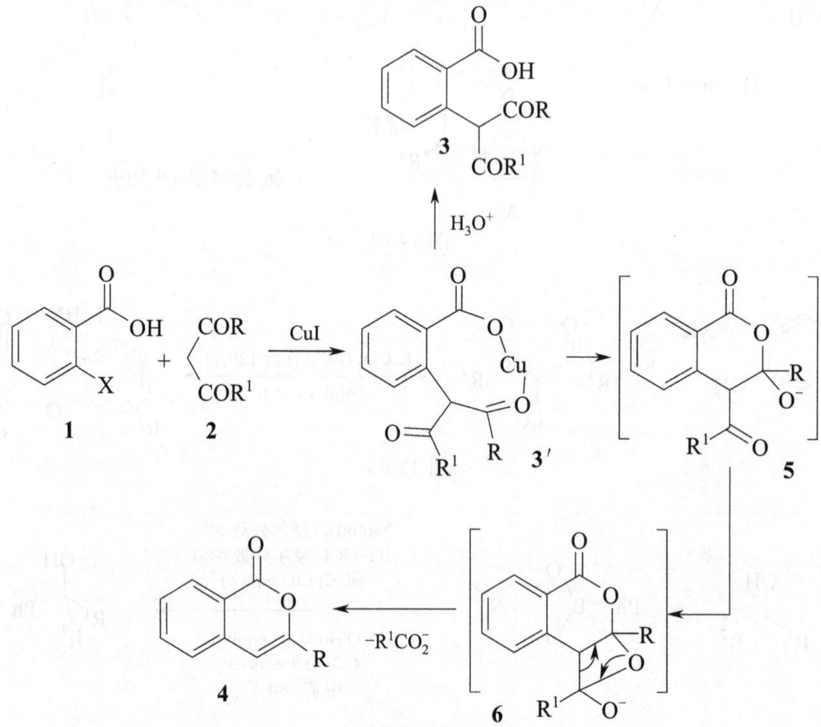

图 12-67

Fuwa 的课题组报道了四氢吡喃衍生物的串级反应合成方法，该串级反应采用 δ-羟基烯烃和 α,β-不饱和羰基化合物为起始原料，使用第二代 Grubbs 催化剂，在最佳的条件下，经由串级交叉复分解反应、共轭加成成环反应获得了目标化合物 2,6-顺式取代四氢吡喃衍生物（图 12-68）。该反应具有较高的产率，能够合成具有应用前景的非对映体选择性化合物[59]。

Perumal 等人报道了一个能够在水相中进行的串级反应，一步合成吲哚基二氢呋喃衍生物，产生一个新的碳碳键，一个新的碳氧键（图 12-69）。该反应的后处理比较简单，经过滤、重结晶即可得到目标化合物[60]。

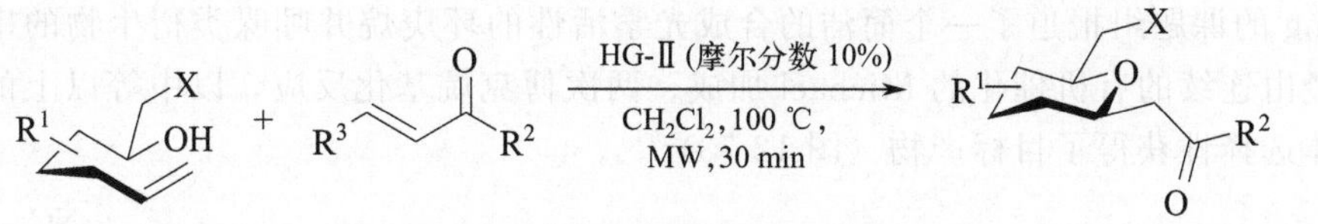

图 12-68

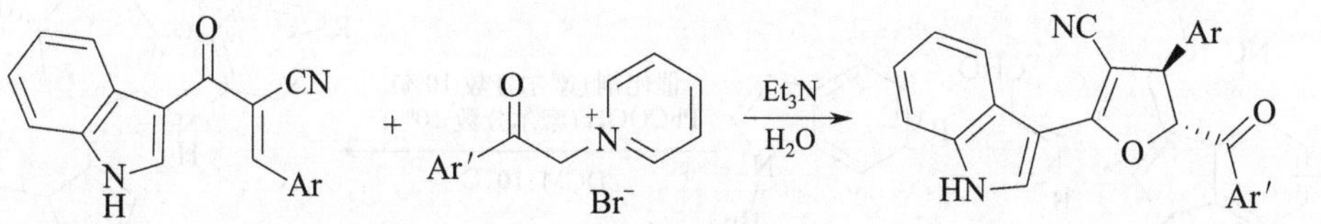

图 12-69

Langer 等人报道了合成萘啶酮衍生物的串级反应新方法，该反应经历连续的胺化反应、共轭加成反应，以 98%的高产率得到了目标化合物（图 12-70）[61]。

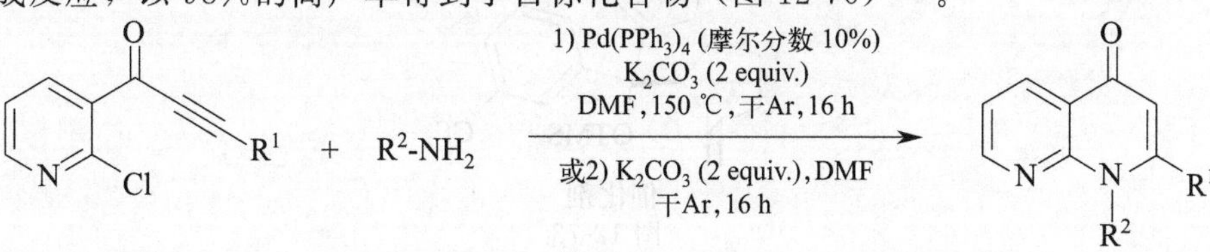

图 12-70

Huang 的课题组报道了经由四组分串级反应合成萘啶衍生物的新方法（图 12-71），该反应在微波条件下，不使用催化剂，构建了四个新的碳碳键、两个新的碳氮键和三个新环，原子经济性地有效利用了所有的试剂[62]。

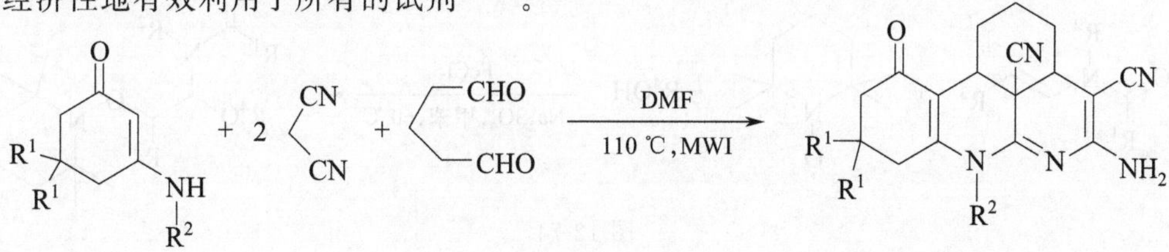

图 12-71

Huang 等人提出的反应机理[62] 有兴趣的读者可以参见他们的研究论文。

Huang 等人开发了一个立体选择性的有机催化串级反应，产生带有三个立体中心的四氢吡咯衍生物（图 12-72）。该串级反应的发生取决于一个可逆的氮杂 Henry 反应，随后发生动力学拆分驱动的氮杂 Michael 环化[63]。

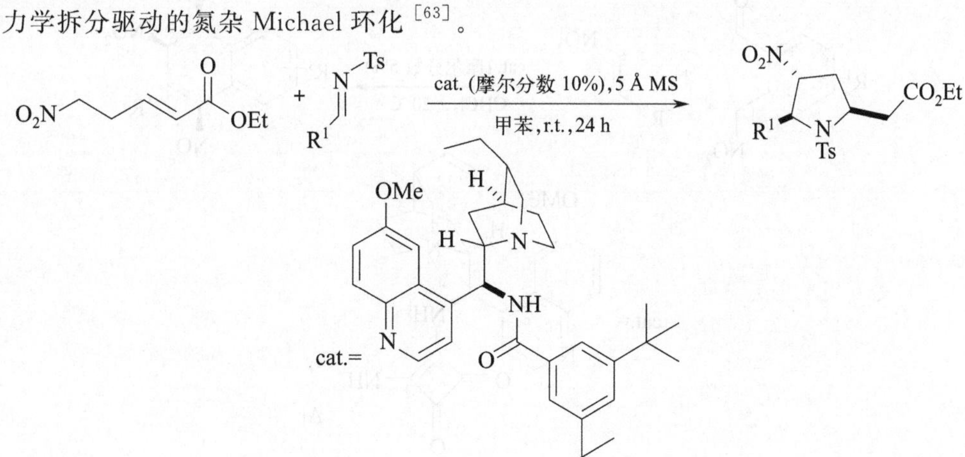

图 12-72

Hong 的课题组报道了一个简洁的合成光学活性的环庚烷并吲哚类衍生物的串级反应新方法，经由连续的有机催化的 Michael 加成、两次傅克烷基化反应，以中等以上的收率、较高的立体选择性获得了目标产物（图 12-73）[64]。

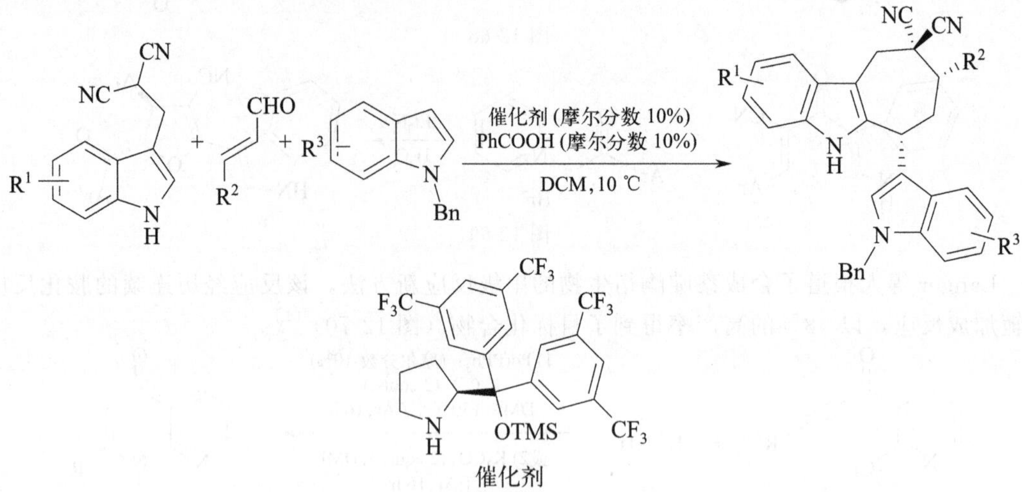

图 12-73

Masson 等人报道了氯化铁催化的三组分串级反应，在醇和 TEMPO 的存在下，发生烯基酰胺的双氧化得到目标产物（图 12-74）[65]。

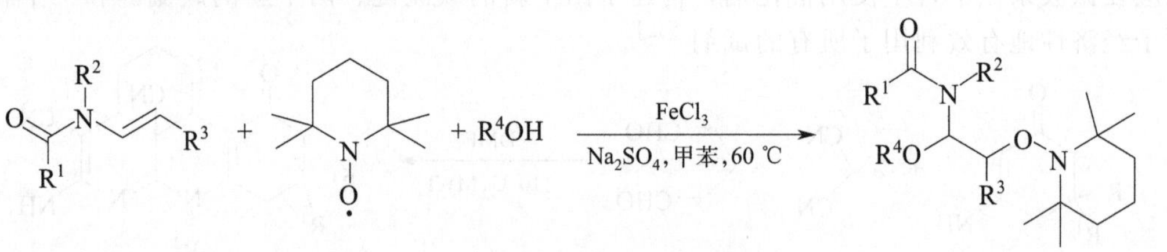

图 12-74

Enders 的课题组报道了一个立体选择性合成四氢萘衍生物的串级反应新方法，采用 2-硝甲基苯甲醛和硝基烯烃作为起始原料，经过连续的 Michael 加成、Henry 反应一步合成四氢萘衍生物（图 12-75）[66]。

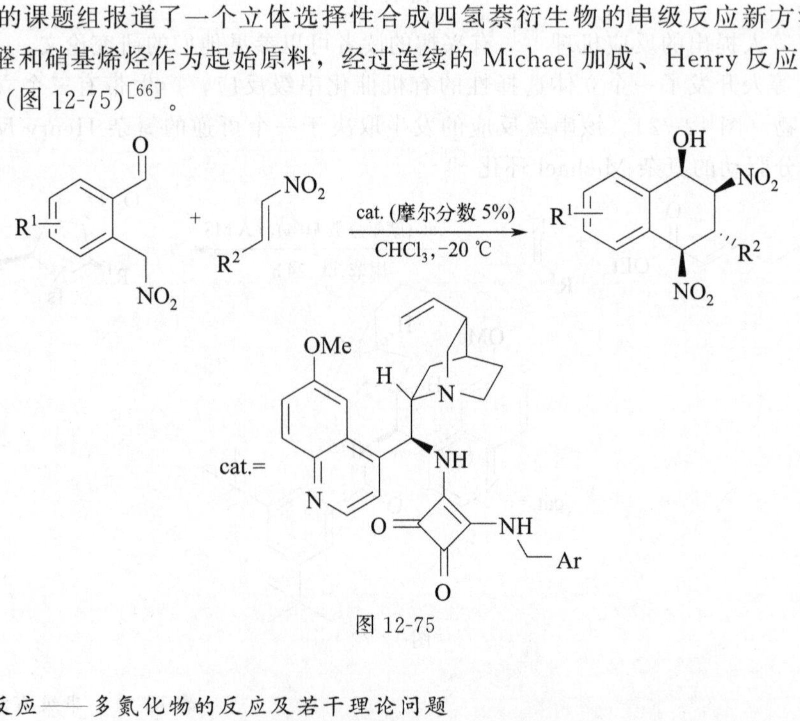

图 12-75

Enders 等人报道了一个有机小分子催化，由富电子的芳烃经傅克烷基化反应进行的四步串级反应。该串级反应先后经历傅克烷基化反应、Michael 加成、Michael 加成、羟醛缩合四步反应，合成了带有四个手性中心的目标化合物（图 12-76）[67]。

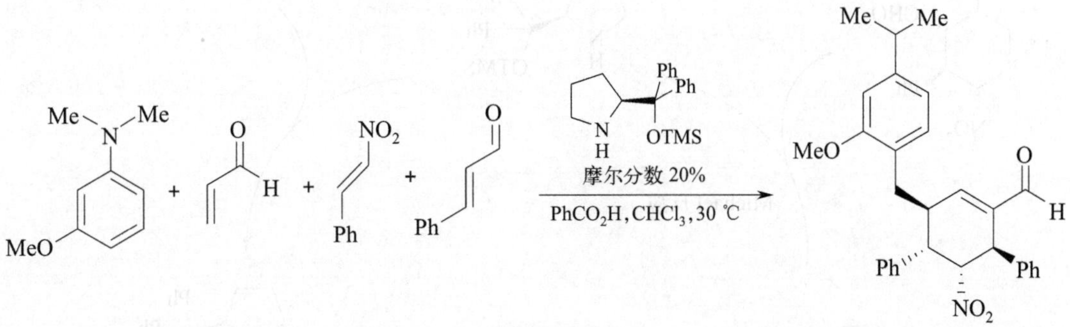

图 12-76

Iqbal 的研究组报道了无金属参与的串级反应合成官能化的吡啶衍生物的新方法。以 β-烯基胺酯和烯丙基醇为起始原料，一锅法合成目标化合物吡啶衍生物（图 12-77）。该反应的收率较高[68]。

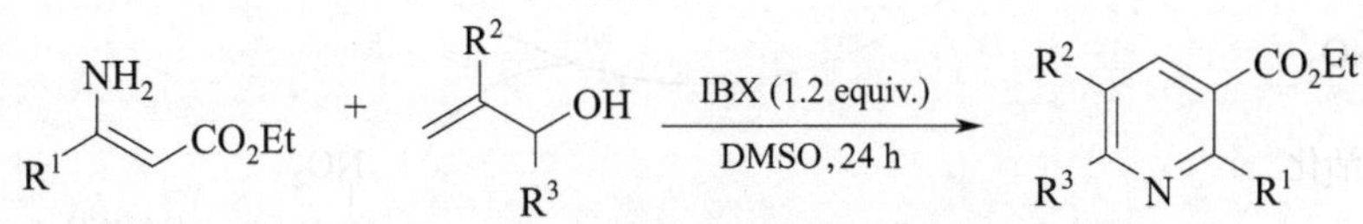

图 12-77

Kanizsai 的课题组报道了醋酸铜催化的吡唑类杂环的串级反应新方法（图 12-78）。该一锅串级反应时间很短，产率可达 90%[69]。

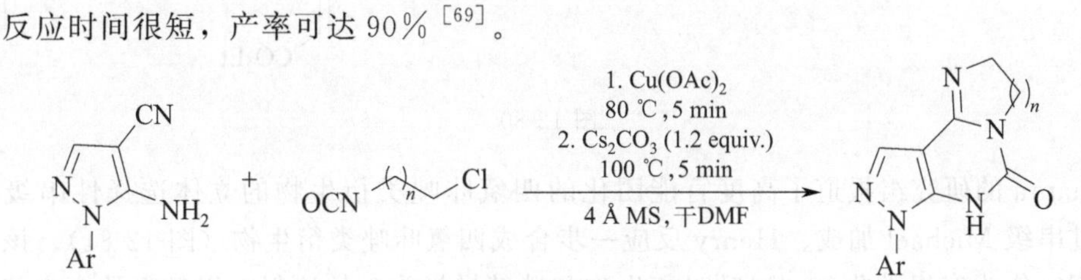

图 12-78

Hong 报道了有机小分子催化的通过串级反应构建多环化合物的新反应（图 12-79），该串级反应包括两次 Michael 反应、Pictet-Spengler 反应和内酰胺化作用。目标化合物具有五个连续的立体中心，达到 99% *ee*[70]。

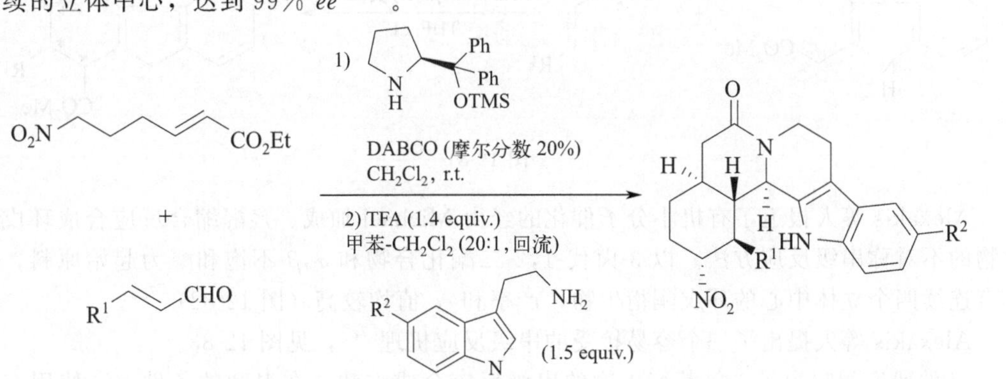

图 12-79

Hong 等人提出了该串级反应中双 Michael 反应的机理[70]，见图 12-80。

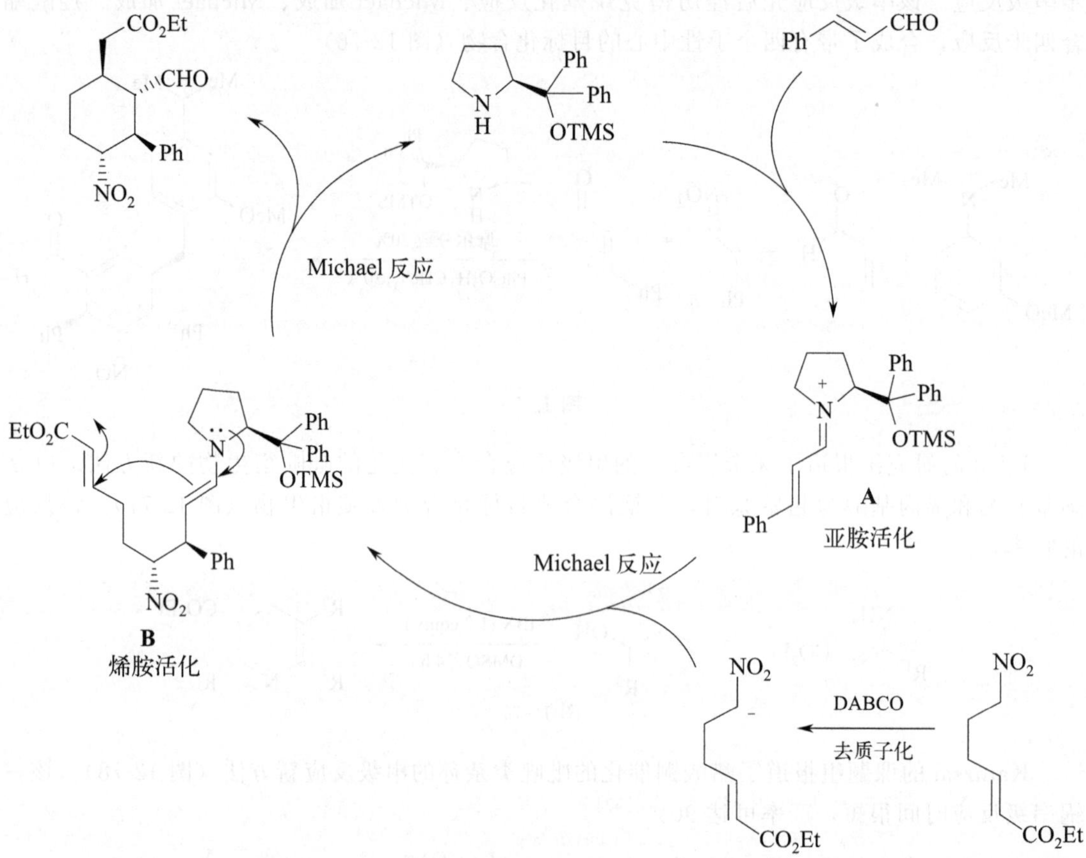

图 12-80

Samanta 的研究组报道了高度官能团化的四氢咔唑类衍生物的立体选择性串级反应方法，通过串级 Michael 加成、Henry 反应一步合成四氢咔唑类衍生物（图 12-81）。该反应使用 DABCO 作为有机催化剂，以吲哚衍生物和硝基烯烃为起始原料，以较高的产率获得了具有四个连续手性中心的目标化合物，产率可达 93%[71]。

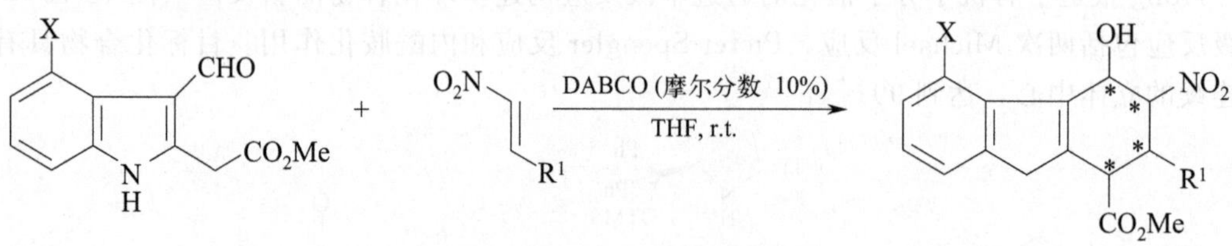

图 12-81

Alexakis 等人报道了有机小分子催化的经由 Michael 加成、羟醛缩合反应合成环戊酮衍生物的不对称串级反应方法。以 3-卤代-1,2-二酮化合物和 α,β-不饱和醛为起始原料，合成具有连续四个立体中心的环戊酮衍生物，产率和 *ee* 值均较高（图 12-82）[72]。

Alexakis 等人提出了一个容易接受的串级反应机理[72]，见图 12-83。

Li 的研究组报道了二氢萘衍生物的串级反应合成方法。在温和的条件下，使用有机小

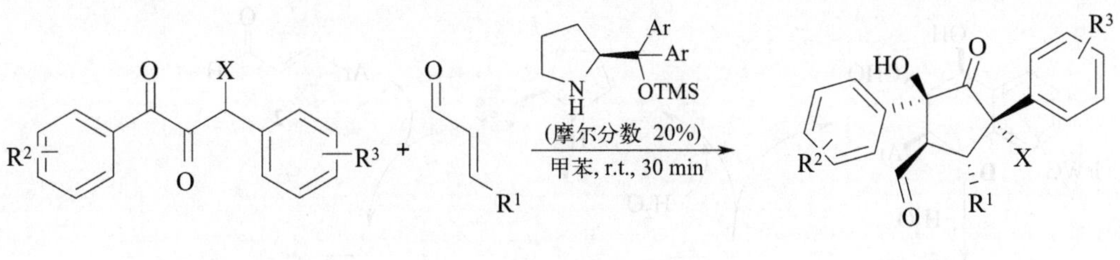

图 12-82

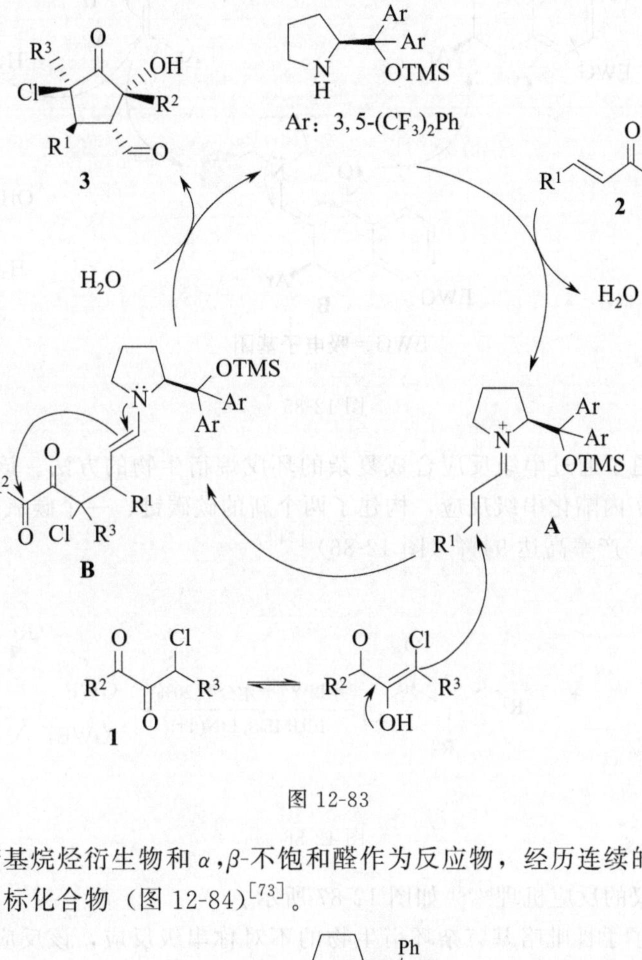

图 12-83

分子催化剂，用芳基烷烃衍生物和 α,β-不饱和醛作为反应物，经历连续的 Michael 加成、羟醛缩合反应合成目标化合物（图 12-84）[73]。

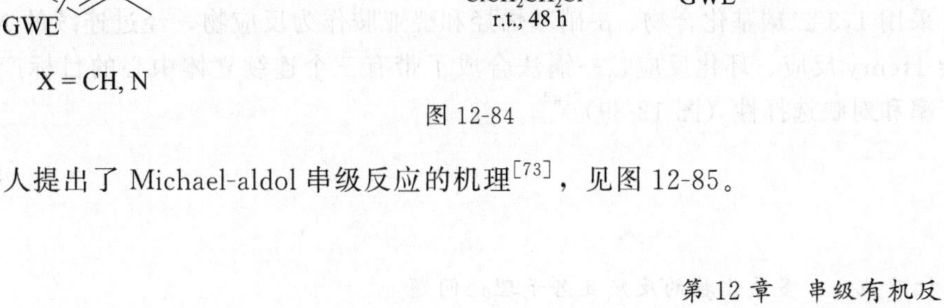

图 12-84

Li 等人提出了 Michael-aldol 串级反应的机理[73]，见图 12-85。

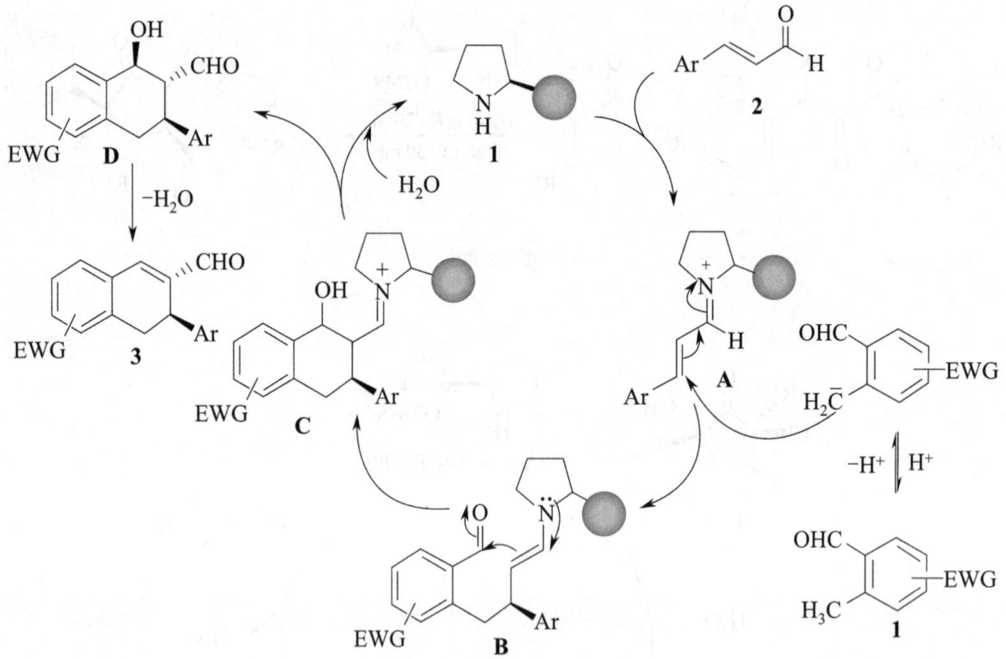

EWG = 吸电子基团

图 12-85

Romo 等人报道了通过串级反应合成复杂的环戊烷衍生物的方法。该反应经过 Michael 加成、羟醛缩合、β-内酯化串级反应，构建了两个新的碳碳键、一个碳氧键和两个环以及三个连续的立体中心，产率高达 94%（图 12-86）[74]。

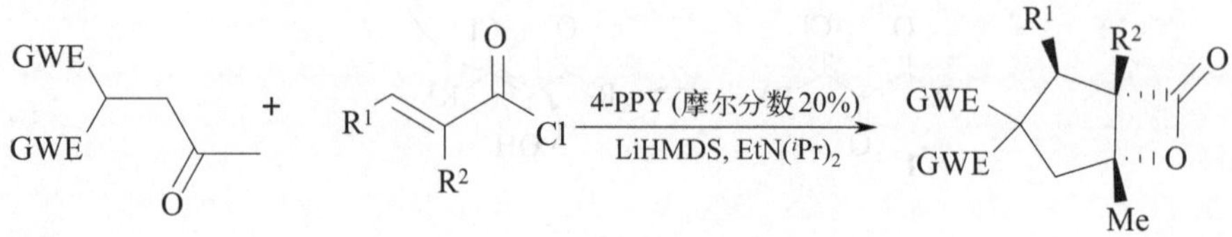

图 12-86

Romo 等人建议的反应机理[74] 如图 12-87 所示。

Cho 等人报道了手性吡咯基三杂环衍生物的不对称串级反应，该反应使用有机催化剂，以带有 α-支链的 α，β-不饱和醛和 2-（三氟甲基乙酰基）吡咯衍生物作为起始物，经历连续的氮杂 Michael 加成、羟醛缩合反应获得了目标化合物（图 12-88）[75]。

Enders 的课题组报道了一个不对称合成四氢吡啶衍生物的串级反应新方法，使用有机催化剂，采用 1,3-二羰基化合物、β-硝基烯烃和醛亚胺作为反应物，经过连续的 Michael 反应、氮杂-Henry 反应、环化反应，一锅法合成了带有三个连续立体中心的目标产物，具有较高的产率和对映选择性（图 12-89）[76]。

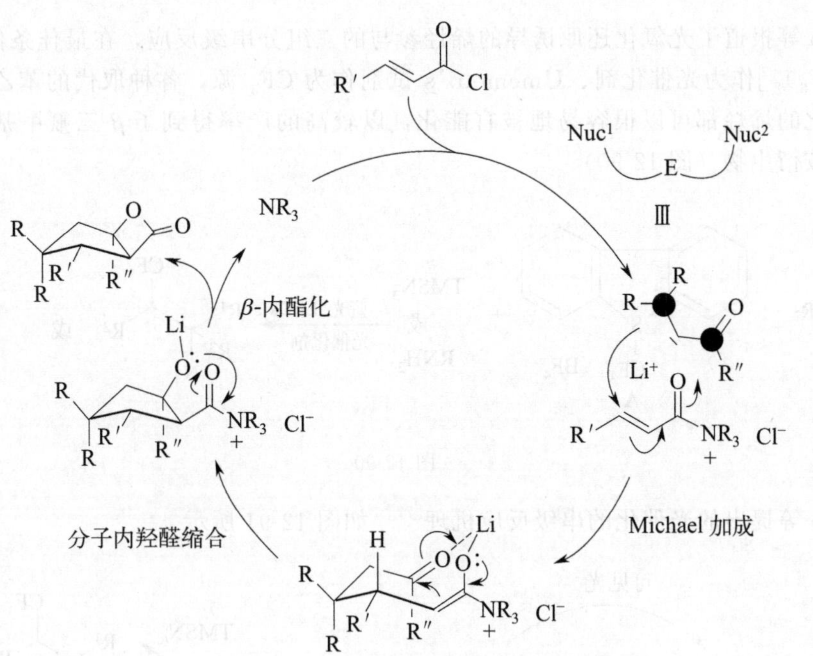

图 12-87

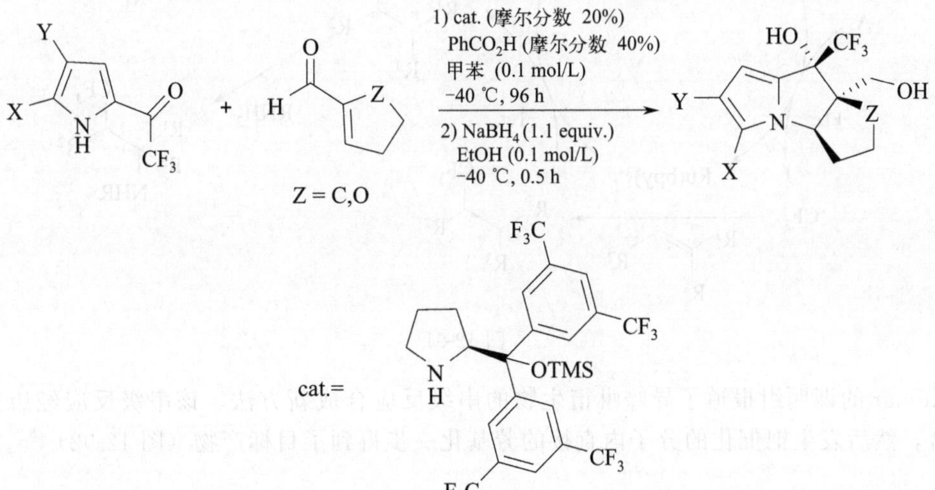

图 12-88

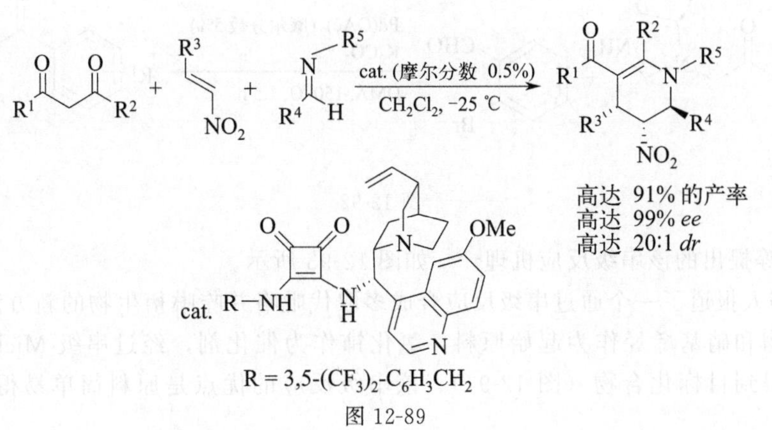

图 12-89

Masso 等报道了光氧化还原诱导的烯烃参与的三组分串级反应，在最佳条件下使用[Ru(bpy)$_3$(PF$_6$)$_2$]作为光催化剂、Umemoto's 试剂作为 CF_3 源，各种取代的苯乙烯以及活化的或非活化的烯烃都可以很容易地被官能化，以较高的产率得到了 β-三氟甲基化的叠氮化合物或者胺衍生物（图 12-90）[77]。

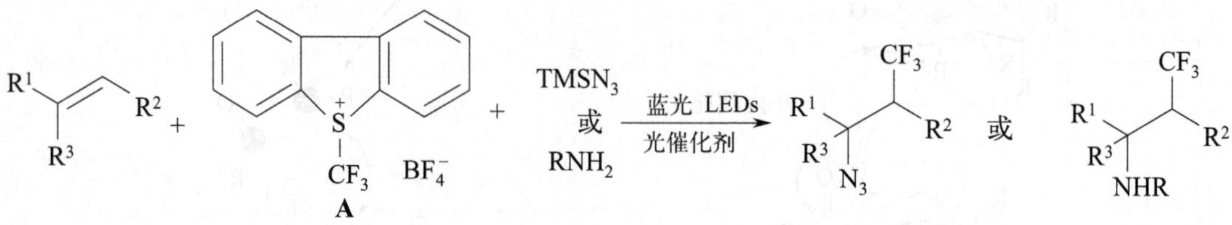

图 12-90

Masso 等提出的光催化的串级反应机理[77] 如图 12-91 所示。

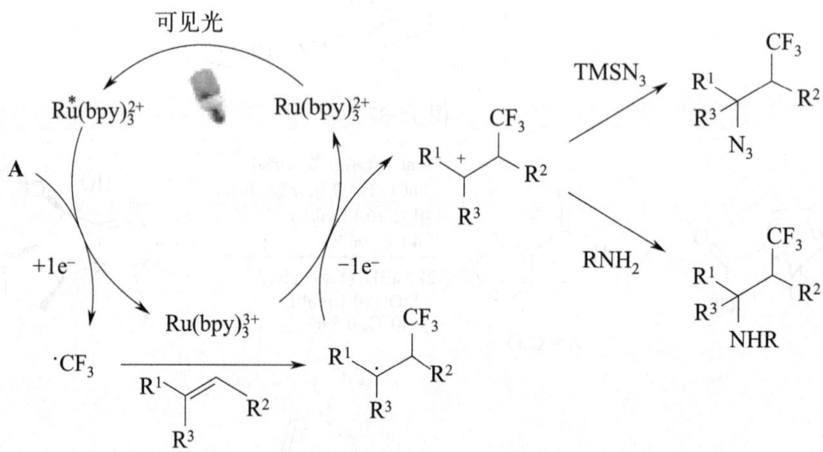

图 12-91

Kumar 的课题组报道了异喹啉衍生物的串级反应合成新方法。该串级反应经历交叉羟醛缩合，然后发生钯催化的分子内直接的芳基化一步得到了目标产物（图 12-92）[78]。

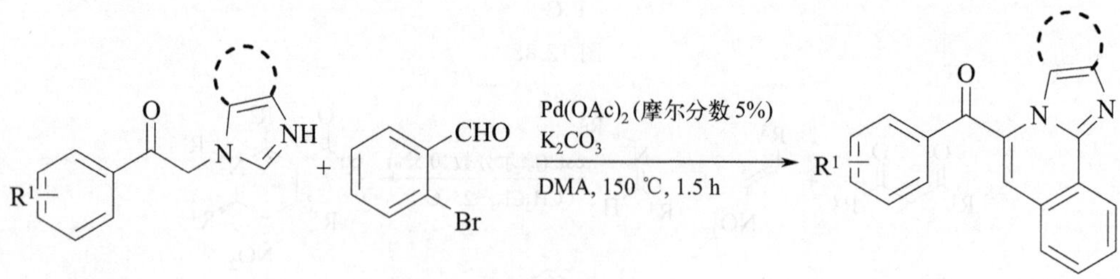

图 12-92

Kumar 等提出的该串级反应机理[78] 如图 12-93 所示。

Wang 等人报道了一个通过串级反应合成多取代吡咯并喹啉衍生物的新方法。采用 2-烷基喹啉衍生物和硝基烯烃作为起始原料，氯化铈作为催化剂，经过串级 Michael 加成、环化、芳构化得到目标化合物（图 12-94）。该串级反应的优点是原料简单易得，操作简便，具有很高的区域选择性，一步形成多个碳碳键和碳氮键，官能团兼容性好[79]。

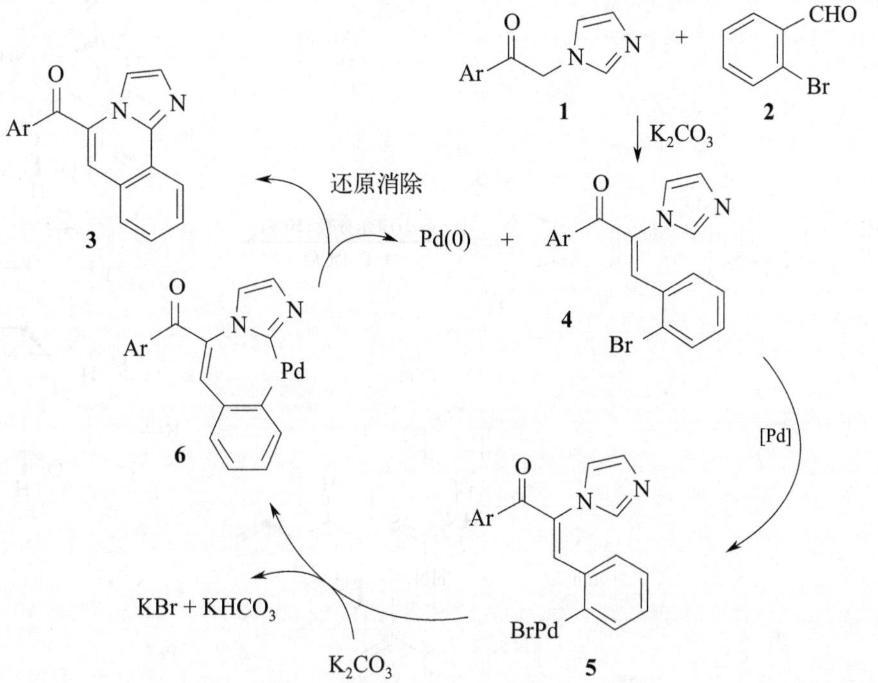

图 12-93

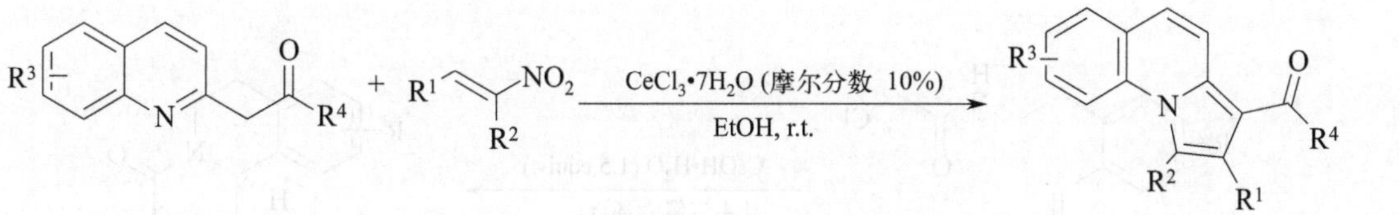

图 12-94

Xie 的课题组报道了硫脲衍生物催化的串联不对称反应，采用 3-硝基-2H-色烯衍生物和 3-异硫氰酸酯氧化吲哚衍生物作为起始原料，经由串级 Michael 加成、环化反应，最终合成了具有四个环的螺环吲哚类衍生物（图 12-95）。该目标化合物具有多个立体中心，有中等到较好的立体选择性[80]。

通过串级反应合成复杂化合物引人注目。Yu 的课题组报道了苯并喹诺里西啶衍生物的串级反应合成方法，这是一个很有效的立体选择性合成策略，经由分子内的连续的氮杂 Michael 加成、Darzens 反应合成目标化合物。在这个一锅法的串级反应过程中构建了一个碳碳键、一个碳氮键、一个碳氧键、三个环，还有三个手性中心（图 12-96）。该反应条件温和，仅有一个非对映异构体被分离出来，具有中等以上的收率[81]。

Enders 报道了一个通过不对称串级反应合成高度官能团化的四氢吡喃类化合物的新方法。这个多组分的串级反应使用 β-酮酯化合物、β-硝基烯烃和炔基醛作为反应物，经历连续的 Michael 加成、Henry 反应和缩酮反应合成带有五个连续的立体中心的四氢吡喃类化合物，具有较高的收率和优秀的对映选择性（图 12-97）[82]。

Yan 的课题组报道了合成氧化吲哚类螺环化合物的三组分串级反应（图 12-98）。该反应为

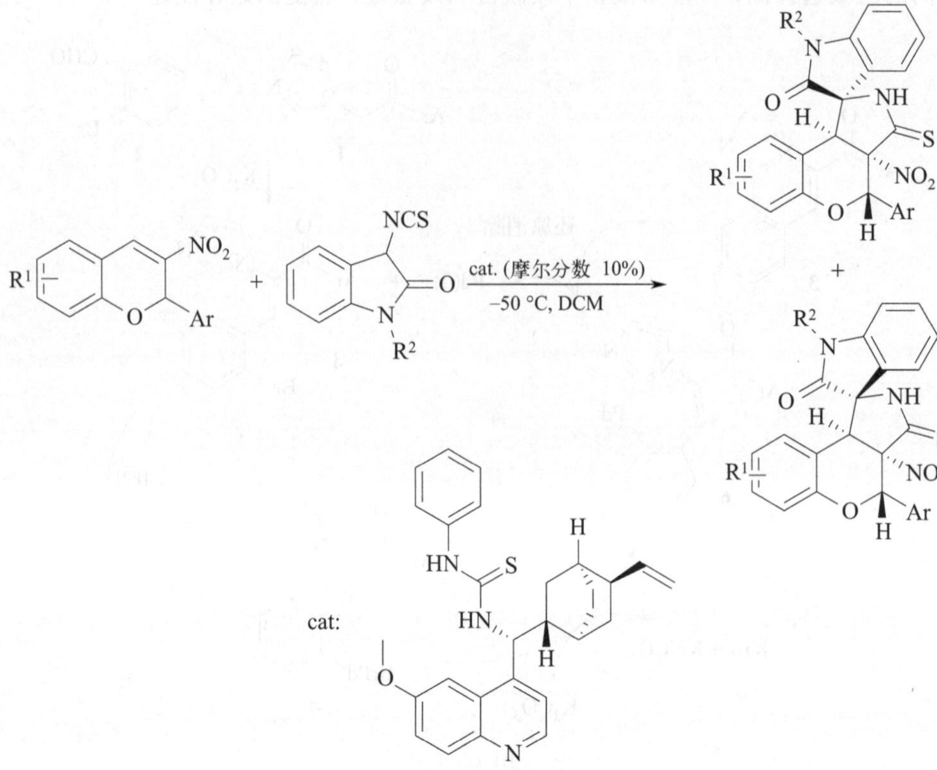

图 12-95

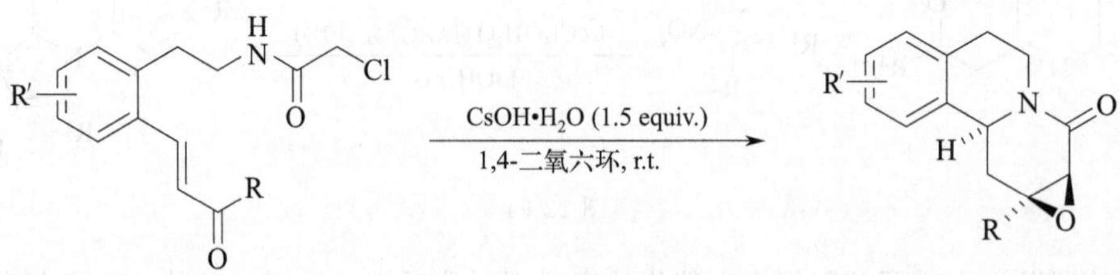

图 12-96

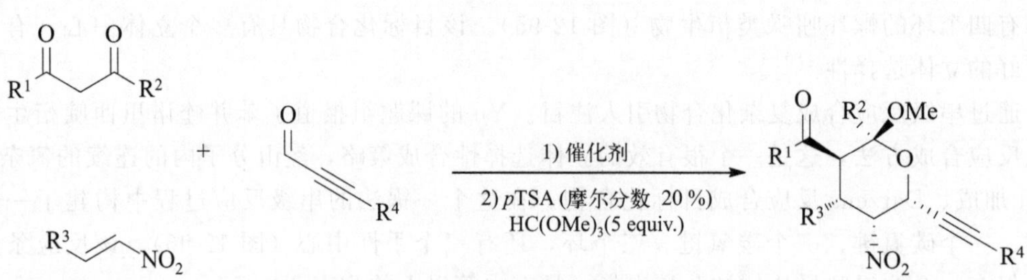

图 12-97

氧化吲哚类螺环化合物的合成提供了一种简洁的新方法，反应时间短，底物简单，后处理方便，产率高，为实际应用打下了基础。该串级反应新方法在合成化学及医药化学领域都具有重要意义[83]。

Yan 等人对该串级反应提出一个可以接受的反应机理[83]，见图 12-99。

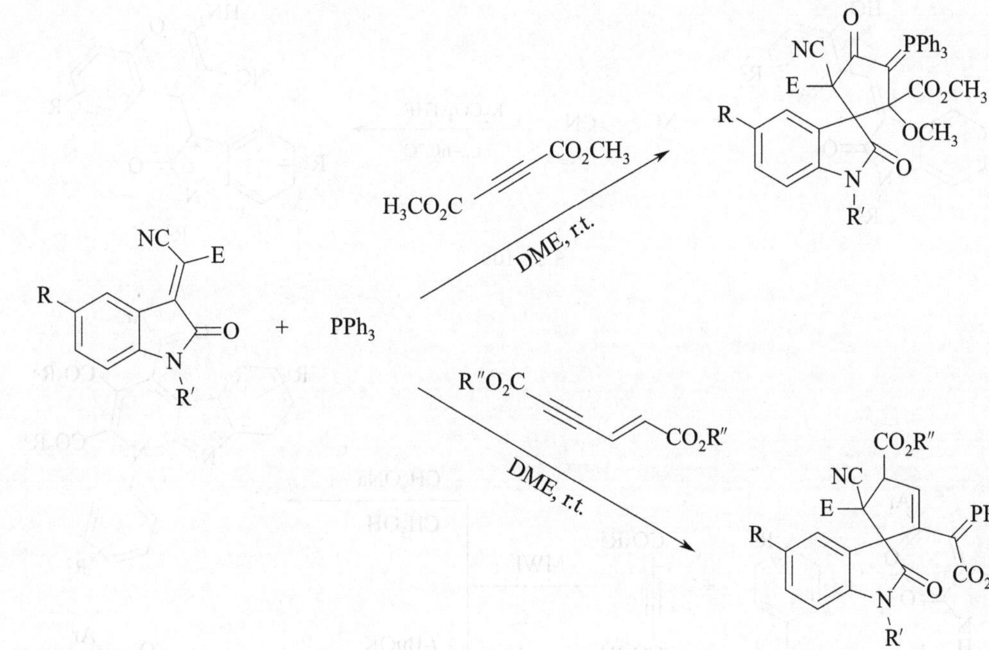

图 12-98

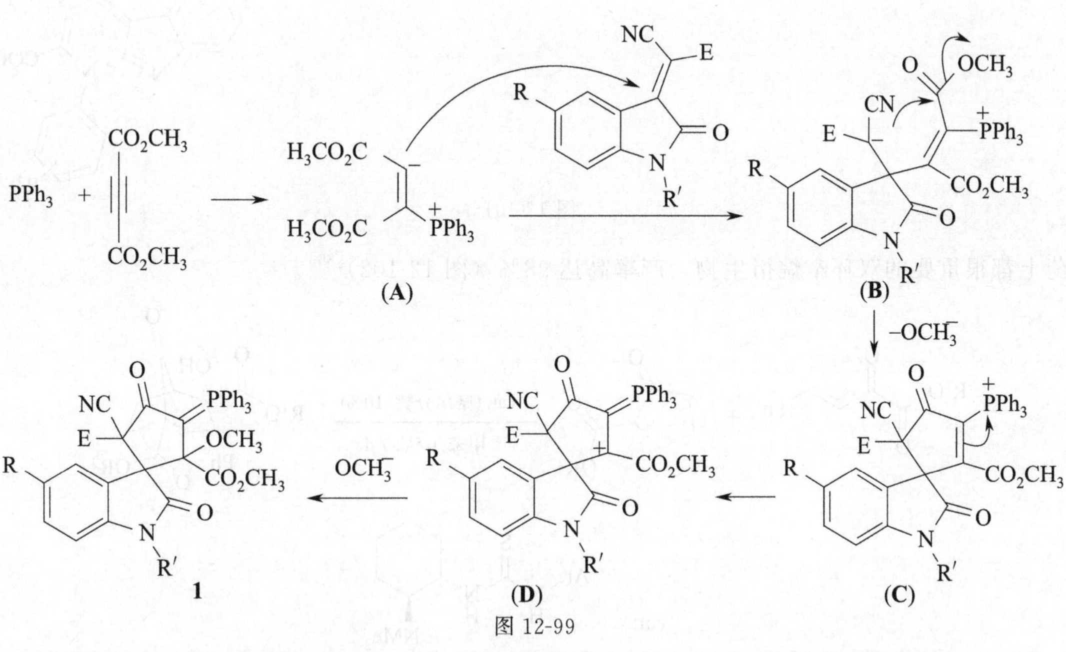

图 12-99

Zhang 等人报道了用碳酸钾作碱，经由连续的 Michael 加成、环化的串级反应，合成了色烯类衍生物，产率高达 98%（图 12-100）[84]。

Shi 的课题组报道了在微波条件下由多组分串级反应合成吡啶并吲哚类化合物的新方法(图 12-101)。这个新方法的优点包括采用简单易得的起始材料，反应时间较短，产率高，操作简单，化学选择性和区域选择性较高[85]。

Alexakis 等人报道了通过有机催化的串级反应构建带有四个立体中心的双环辛烷衍生物的合成方法。该反应经历连续的 Michael 加成、羟醛缩合反应直接制备在有机合成上以及医

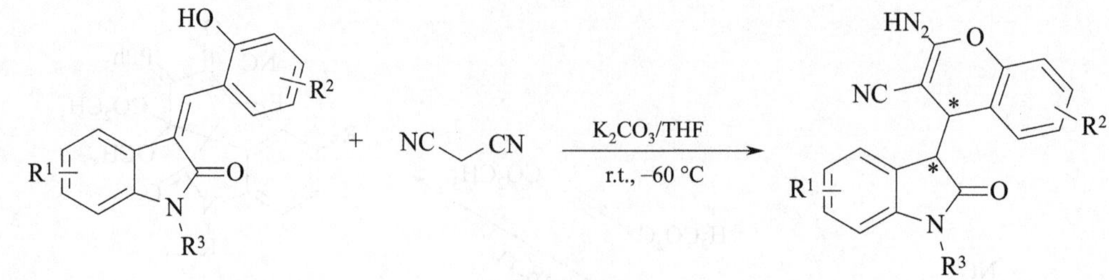

图 12-100

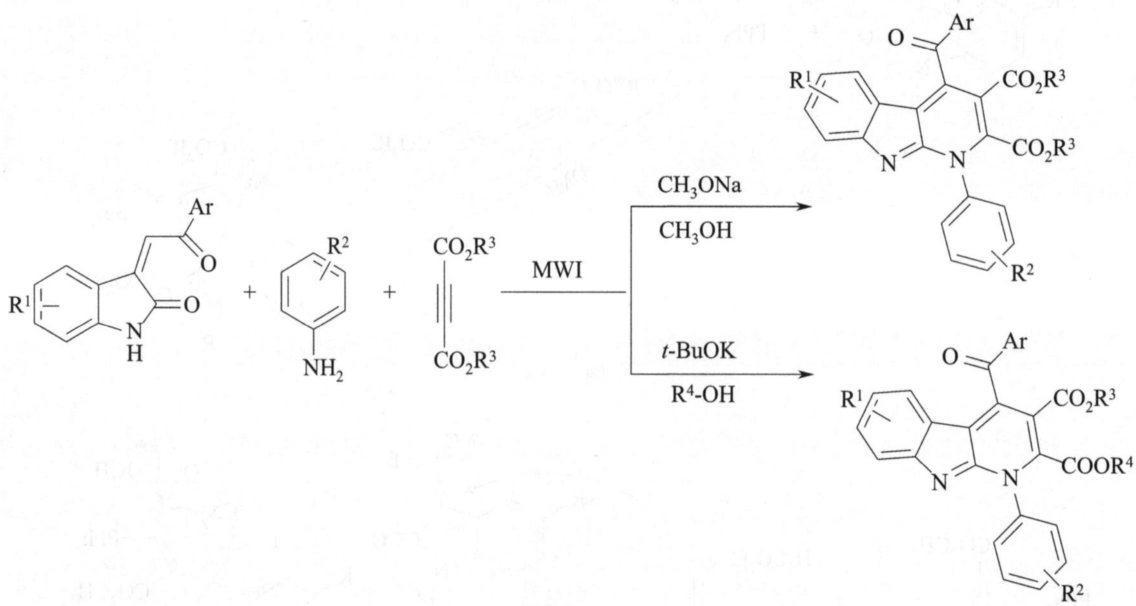

图 12-101

药上都很重要的双环辛烷衍生物，产率高达 98%（图 12-102）[86]。

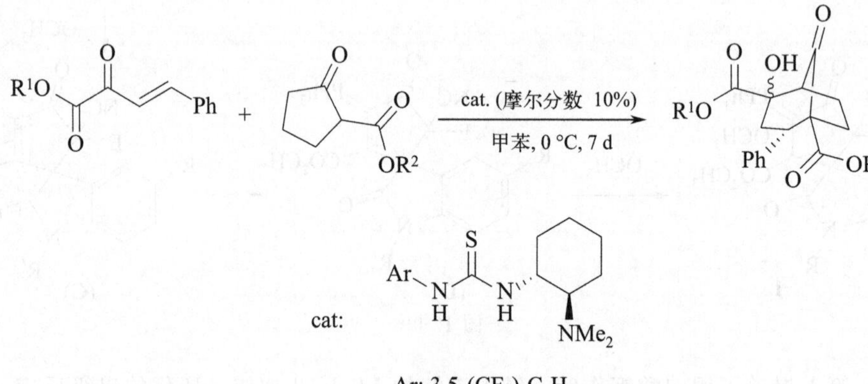

图 12-102

Shi 的课题组报道了一个构建桥五环骨架的串级反应新方法，以戊二醛、丙二腈、环状 1,3-二羰基化合物和胺为反应物，在微波条件下，经由六组分串级反应合成了目标化合物(图 12-103)。在这个一锅法串级反应中，形成十一个新键和五个新环。该反应的优点是反应时间短，操作简单，环境友好，具有较高的区域选择性和原子经济性[87]。

Feng 的课题组报道了不对称合成二氢呋喃衍生物的串级反应新方法，采用 1,3-环己二

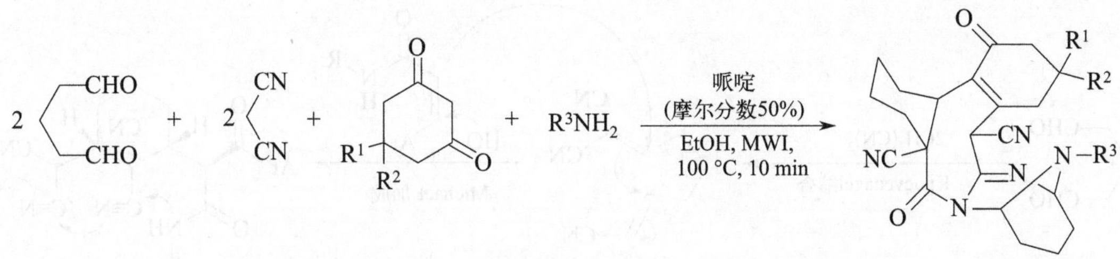

图 12-103

酮衍生物和溴代硝基苯乙烯作为起始原料，连续发生 Michael 加成、烷基化反应获得目标化合物。带有两个或者三个手性中心的双环-2,3-二氢呋喃衍生物能够被获得，产率达到 99%，*ee* 值可达 96%（图 12-104）[88]。

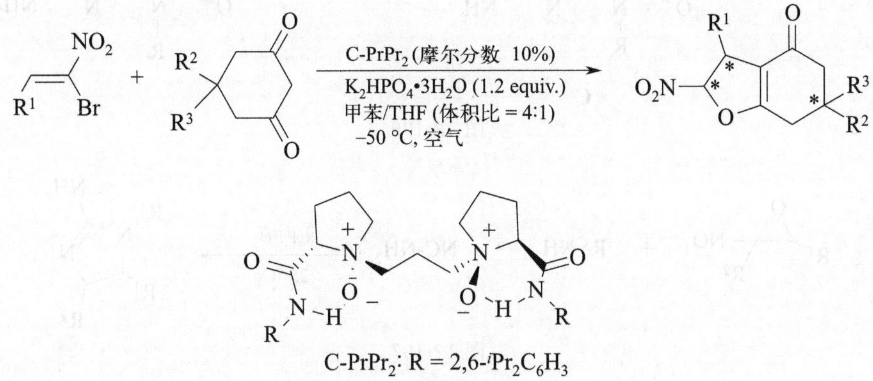

图 12-104

Shi 等人报道了一锅法串级反应合成官能化的[1,8]萘啶衍生物的有效新方法。以戊二醛、丙二腈和 β-酮酰胺为起始原料，以乙醇作为溶剂，不需要催化剂，经由串级反应合成了目标化合物（图 12-105）。该反应的优点是环境友好，反应时间短，操作简便，产率高，无需催化剂，立体选择性好[89]。

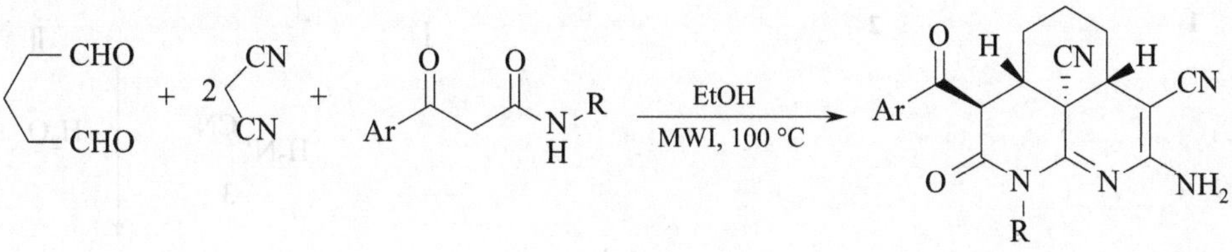

图 12-105

Shi 等人提出的该串级反应的机理[89] 如图 12-106 所示。

Yu 的研究组报道了一锅法串级反应合成 2-氨基咪唑类衍生物的策略。以 α-硝基环氧化合物、氰胺和一系列的胺为起始原料，在温和的条件下，经由一个三组分的串级反应合成了目标化合物（图 12-107）。该反应为经由 α-硝基环氧化合物的开环灵活转化为二氨基咪唑衍生物开拓了一个新生面[90]。

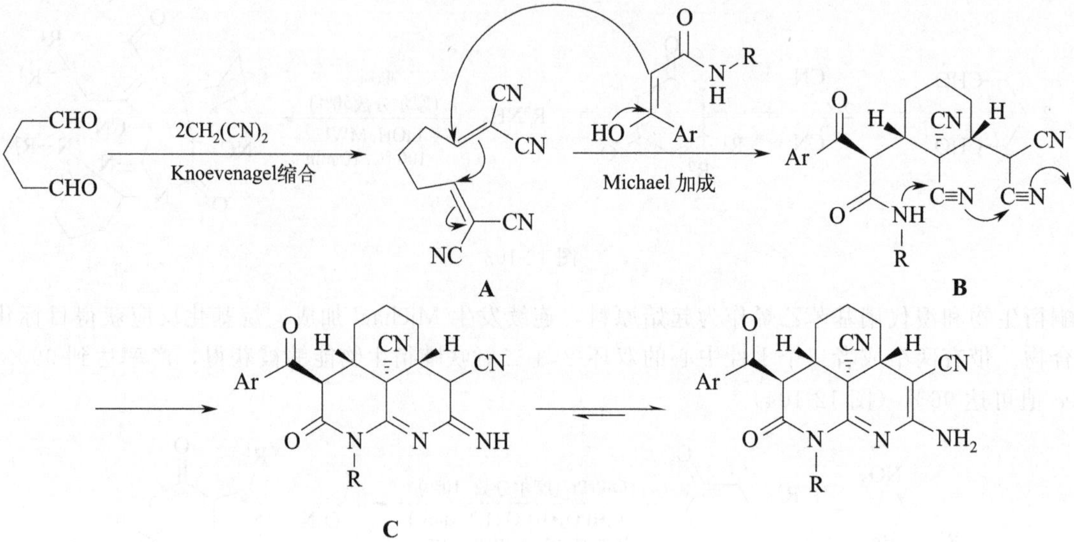

图 12-106

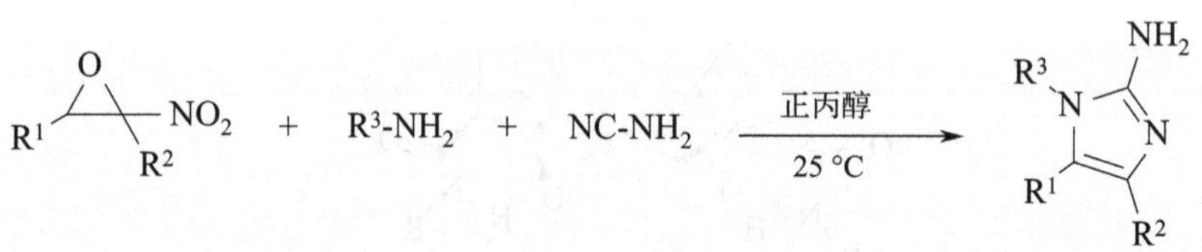

图 12-107

Yu 等人为该串级反应提出了一个非常明确和易于接受的反应机理[90]，见图 12-108。

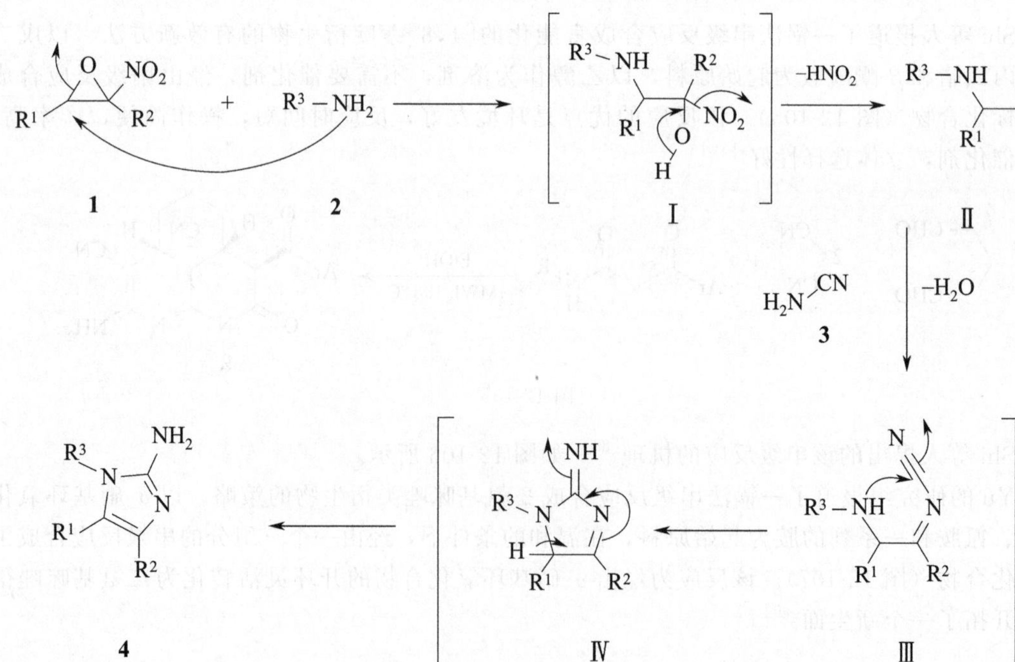

图 12-108

Liu 的课题组报道了钌配合物催化的通过串级反应合成噁唑烷酮衍生物的合成方法。以炔丙醇和甲苯磺酰基异腈酸酯为起始原料，经由连续的加成、环异构化反应合成了噁唑烷酮衍生物（图 12-109）[91]。

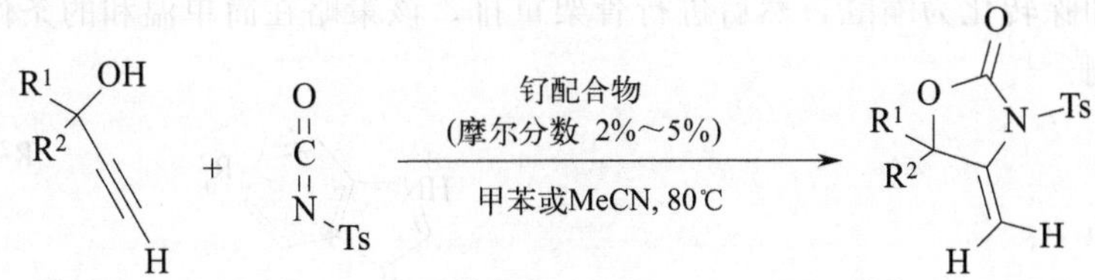

图 12-109

12.1.3 串级反应最新进展

She 等报道了通过串级反应合成 2,3-二取代吲哚的新方法，以 2-烯丙基-2-(2-硝基苯基)环己烷-1,3-二酮为原料来合成 2,3-二取代吲哚。这个一锅串级反应通过还原、缩合、裂解、环化过程，以中等到较高产率合成了 2,3-二取代吲哚（图 12-110）[92]。

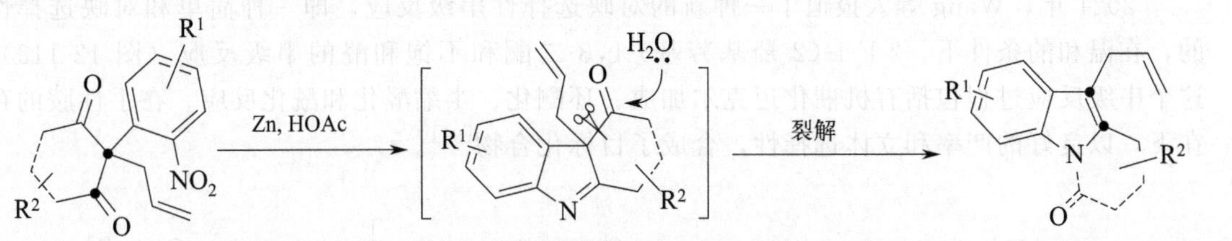

图 12-110

She 等人建议的合成 2,3-二取代吲哚串级反应的机理[92] 见图 12-111。

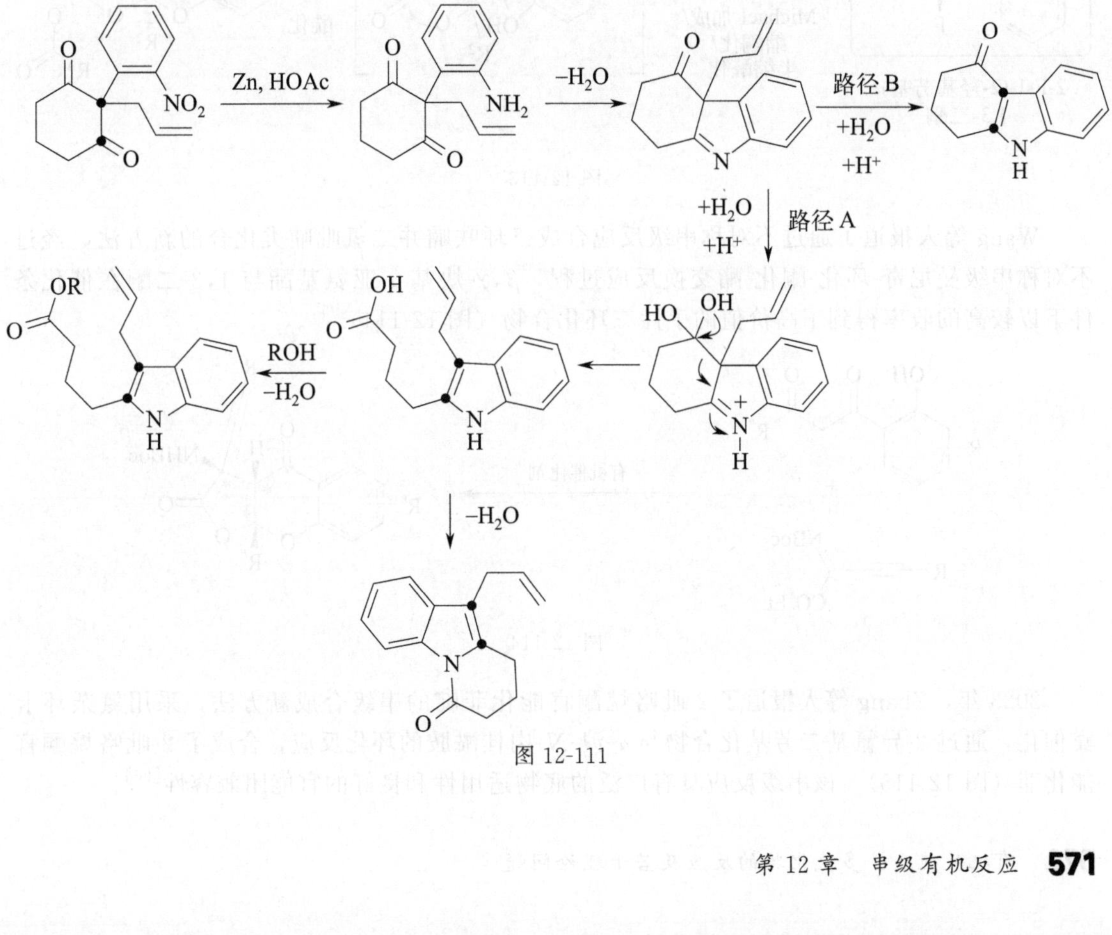

图 12-111

2020 年，Hong 等人报道了 TMSCl 催化的二氢异苯并呋喃缩醛与吲哚的串级反应，可以用来合成各种四氢异喹诺酮类药物，产率中等至较高（图 12-112）。这个串级反应过程包括第一次添加吲哚转化为缩醛，然后进行骨架重排。该策略在简单温和的条件下克服了取代基对反应的限制[93]。

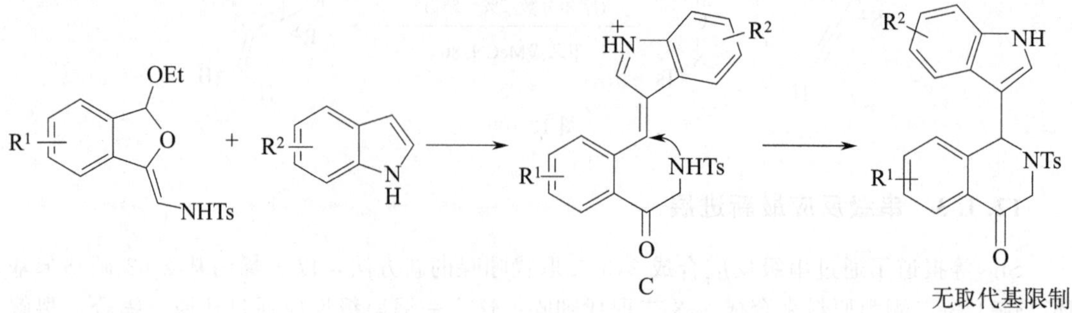

图 12-112

2021 年，Wang 等人报道了一种新的对映选择性串级反应，即一种简单和对映选择性的，在温和的条件下，2-F-1-(2-羟基芳基)-1,3-二酮和不饱和醛的串级反应（图 12-113）。这个串级反应过程包括有机催化迈克尔加成、环酮化、半缩醛化和酰化反应。在手性胺的存在下，以良好的产率和立体选择性，合成了目标化合物[94]。

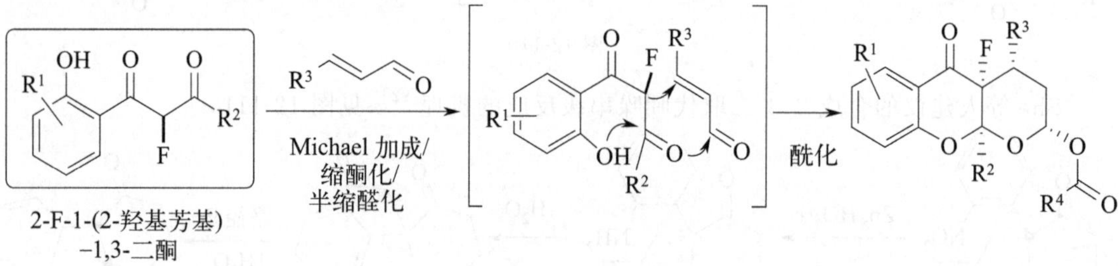

图 12-113

Wang 等人报道了通过不对称串级反应合成三环呋喃并二氢吡喃类化合的新方法，经过不对称串级曼尼奇-环化-酮化-酯交换反应过程，β,γ-炔基 α-亚氨基酯与 1,3-二酮在催化条件下以较高的收率得到了高价值的手性三环化合物（图 12-114）[95]。

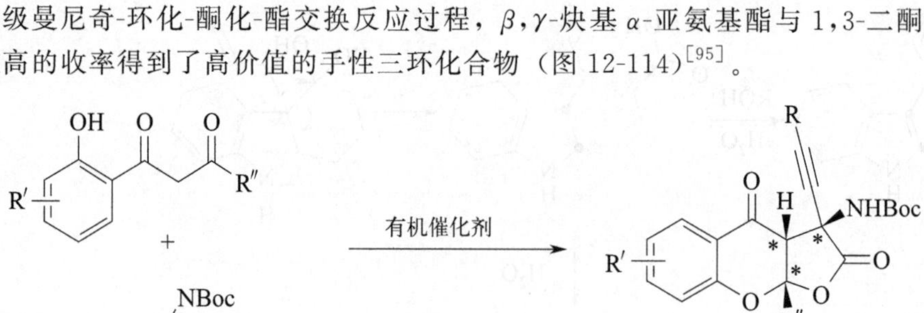

图 12-114

2023 年，Zhang 等人报道了 2-吡咯烷酮官能化菲啶的串级合成新方法，采用氮杂环卡宾催化，通过 2-异氰基二芳基化合物与 α-溴-N-肉桂酰胺的环化反应，合成了 2-吡咯烷酮官能化菲（图 12-115）。该串级反应具有广泛的底物适用性和良好的官能团兼容性[96]。

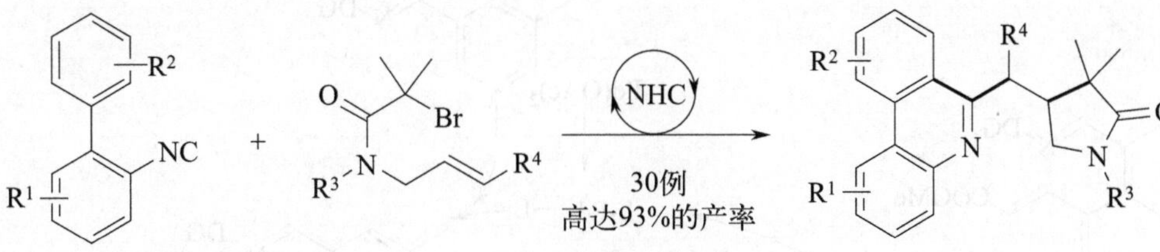

图 12-115

Zhang 等人提出的反应机理[96] 如图 12-116 所示。

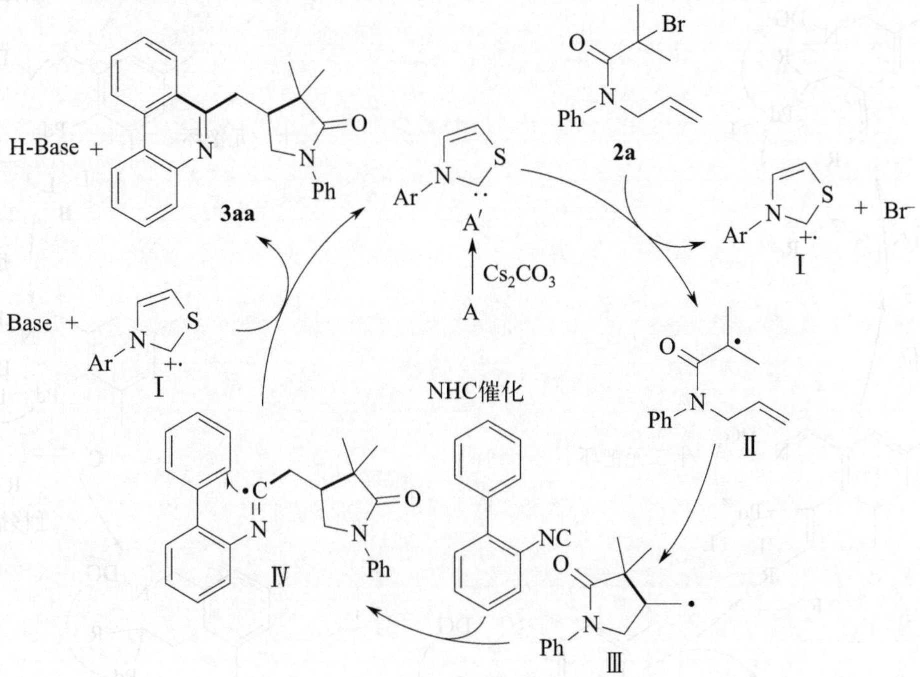

图 12-116

2023 年，Ji 等报道了钯催化的串级二烯烃反应（图 12-117），实验表明远端氰基对这一新颖的二烯烃串级反应至关重要。通过与丙烯酸酯的双 C—H 键活化过程，以较高的收率得到了目标化合物[97]。

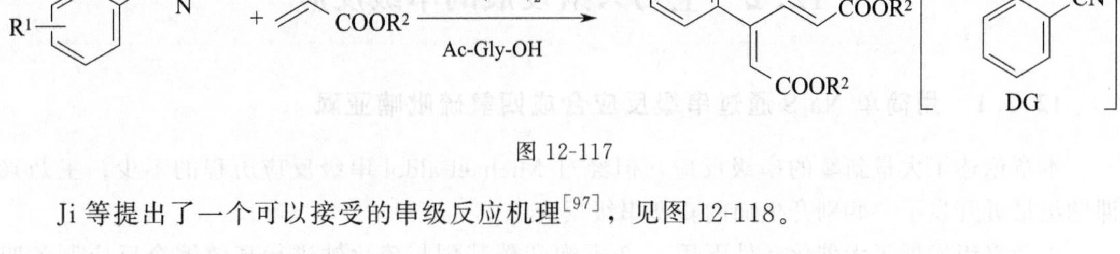

图 12-117

Ji 等提出了一个可以接受的串级反应机理[97]，见图 12-118。

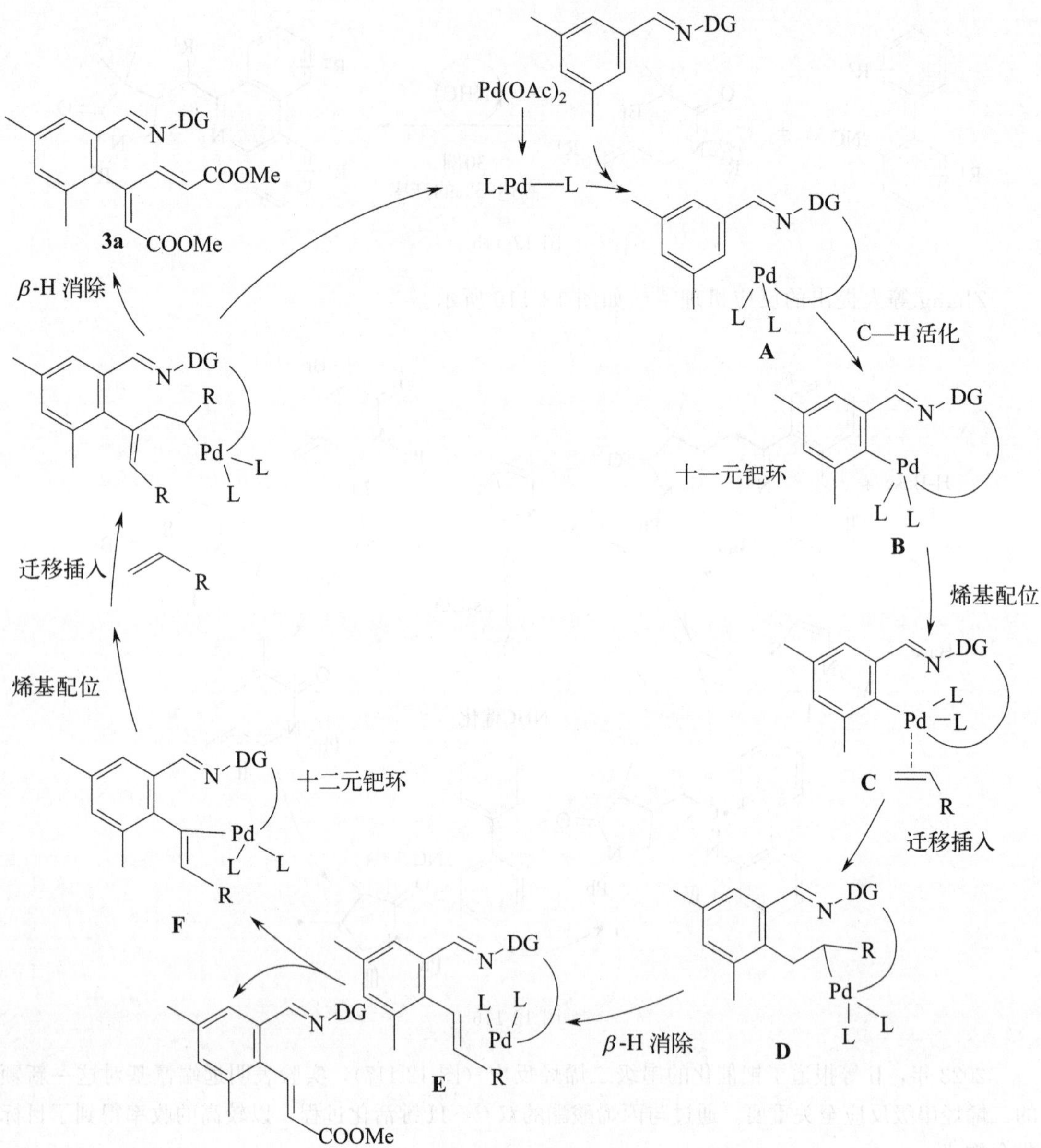

图 12-118

12.2 王乃兴组发展的串级反应

12.2.1 用简单 Na_2S 通过串级反应合成四氢硫吡喃亚砜

本章论述了大量新颖的串级反应，但经过 Michael-aldol 串级反应历程的不少。王乃兴课题组最近开发了一些别开生面的新型串级反应。

王乃兴组发展了无催化条件下用 α,β-不饱和羰基酮与硫化钠进行高效缩合反应制备四氢吡喃，获得了多种四氢噻喃衍生物，并以较高的产率氧化成相应的亚砜，操作简便。

一些含硫杂环由于其独特的化学和生物特性，广泛存在于农药和药物中。人们在四氢硫吡喃衍生物的合成方法方面做了一些新的探索[98-100]。然而，已经报道的一些合成方法并不完全令人满意，因为这些方法通常需要使用一些贵的或有毒的金属盐或昂贵的催化剂，在很大程度上限制了它的工业实际应用。通过 α,β-不饱和酮与硫化钠反应合成多取代四氢吡喃，这对制备含硫杂环化合物是一大贡献。

王乃兴组报道了通过 α,β-不饱和羰基酮与硫化钠反应合成多取代四氢噻喃亚砜的高效方法（图 12-119），这种四氢吡喃亚砜的合成方法是首次报道的[101]。

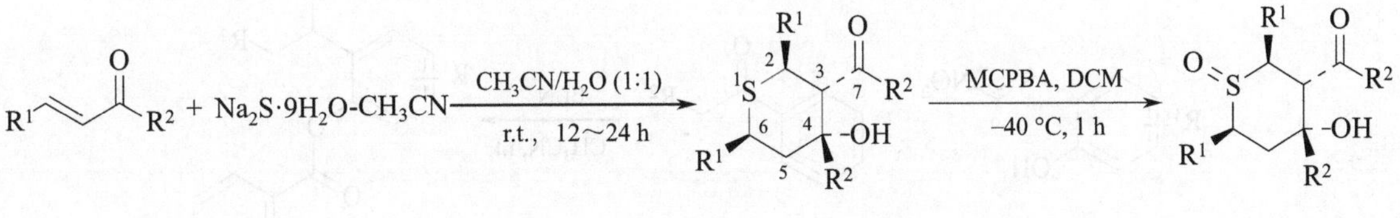

图 12-119

王乃兴组提出的该典型串级反应的机理见图 12-120。

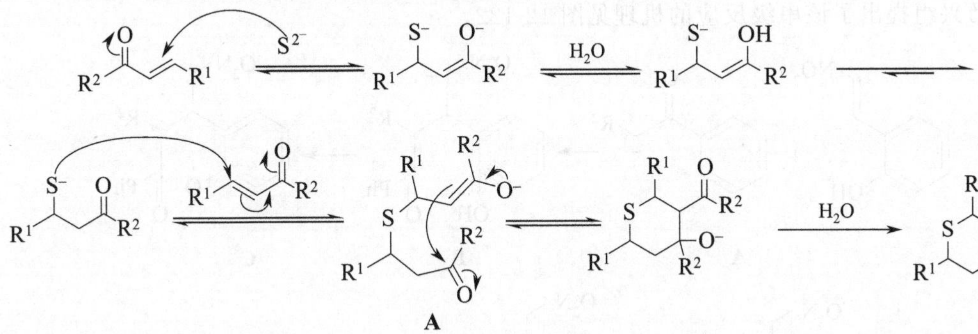

图 12-120

产物经简单的双氧水氧化，可以得到环亚砜衍生物。

从该串级反应机理看，该反应确实是一个非常典型的串级反应，负二价的硫离子 S^{2-} 启动了整个串级反应过程。王乃兴组的这项工作发表以后，国外教授在引用这篇文章时给了很高的评价。

王乃兴组发展的这种使用简单的硫化钠来合成多取代四氢硫吡喃亚砜的有效而简洁的串级反应新方法，具有点石成金的价值，达到了令人满意的总收率（82%）。溶剂被证明在反应中起着关键的作用，该串级反应使用了混合溶剂 $CH_3CN/H_2O(1:1)$ 实现了较高的产率。

12.2.2 通过串级反应合成脂肪族硝基化合物

王乃兴组报道了在碱性条件下，通过一锅串级反应合成具有化学选择性酰基转移的 γ-硝基酮和 1,3-二硝基化合物的新方法。这个串级反应具有原子级经济性高、反应条件温和、操作简便等特点，可用于一锅法合成脂肪族硝基化合物。该新方法环境友好、产率较高，王乃兴组还提出了可以接受的反应机理。

硝基化合物是含氮化合物中较为普遍的一种，芳香族硝基化合物比较常见，而脂肪族硝基化合物不够稳定，合成困难，又是现代有机化学中一类非常重要的分子。脂肪族硝基化合物是形成新的碳-碳单键和双键的非常重要的反应物，1,3-二硝基化合物可以用作各种其他 1,3-二官能化化合物、糖类衍生物、杂环和含能材料的前体，已经引起了化学家的关注。

王乃兴研究组发展了在温和条件下由1,3-二羰基化合物或苯甲酰基硝基甲烷与(E)-2-(2-硝基乙烯基)酚直接合成γ-硝基酮和1,3-二硝基化合物的方法，第一次采用Michael-retro-Claisen串级反应方法，合成了脂肪族硝基化合物（图12-121）。该反应为构建具有化学选择性酰基转移的γ-硝基酮和复杂的1,3-二硝基化合物提供了一种新颖简洁的方法[102]。

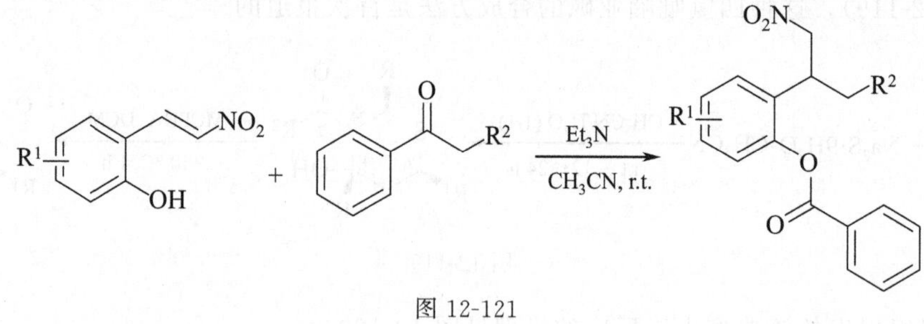

图 12-121

王乃兴组提出了该串级反应的机理见图12-122。

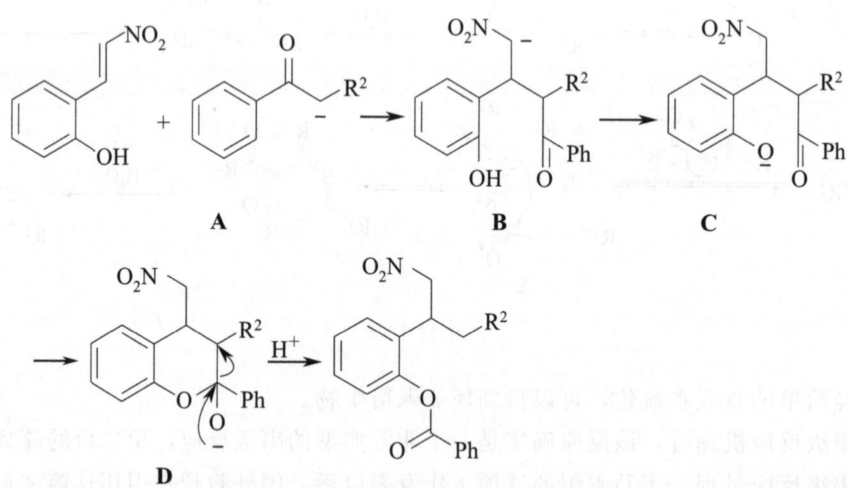

图 12-122

首先活性亚甲基羰基化合物与碱反应生成碳负离子**A**，然后，碳负离子**A**攻击2-(E)-(2-硝基乙烯基)-苯酚的双键，生成中间体**B**。酚氧阴离子中间体**C**由硝基烷烃的阴离子形成。随后，中间体**C**通过分子内缩合反应转化为中间体**D**。最后，碳-碳键断裂得到目标产物。

该反应产物结构得到了二维核磁共振谱（HMBC）、高分辨质谱等的确证[102]。

参 考 文 献

[1] (a) 张伟. 串级反应和氧化偶联反应研究. 北京：中国科学院理化技术研究所，2015. (b) Trost B M. The atom economy-a search for synthetic efficiency. Science，1991，254：1471-1477.

[2] Gabriel S. Chem. Ben.，1888，21：1056.

[3] Wenker H. The preparation of ethylene imine from monoethanolamine. J. Am. Chem，Soc.，1935，57：2328-2328.

[4] Ho M，Chung J K K，Tang N. A convenient synthesis of chiral N-Boc-ami-no ethers as potential peptide bond surrogate units. Tetrahedron Lett.，1993，34：6513-6516.

[5] Padwa A. The domino cycloaddition/N-acyliminium ion cyclization cascade. Chem. Commun.，1998，1417-1424.

[6] Schneider C, Reese O. Domino Michael aldol and domino Michael Mannich reactions: highly stereoselective synthesis of functionalized cyclohexanes. Angew. Chem. Int. Ed., 2000, 39: 2948-2950.

[7] Huang Q, Larock R C. Synthesis of 4-(1-alkenyl) isoquinolines by palladium (Ⅱ)-catalyzed cyclization/olefination. J. Org. Chem., 2003, 68: 980-988.

[8] Bhar S S, Ramana M M V. Novel domino reactions for diterpene synthesis. J. Org. Chem., 2004, 69: 8935-8937.

[9] Asao N, Chan C S, Takahashi K, et al. Domino allylation and cyclization of ortho-alkynylbenzaldehydes with allyltrimethylsilane catalyzed by Pd(Ⅱ)-Cu(Ⅱ) bimetallic systems. Tetrahedron, 2005, 61: 11322-11326.

[10] Minami K, Kawamura Y, Koga K, et al. Palladium (Ⅱ)-catalyzed oxidative transformation of allylic alcohols and vinyl ethers into 2-alkoxytetrahydrofurans: catechol as an activator of catalyst. Org. Lett., 2005, 7: 5689-5692.

[11] Hildebrandt D, Dyker G. A gold-catalyzed domino process to the steroid framework. J. Org. Chem., 2006, 71: 6728-6733.

[12] Alcaide B, Almendros P, Redondo M C. Domino metal-free allene-beta-lactam-based access to functionalized pyrroles. Chem. Commun., 2006, 2616-2618.

[13] Scarborough C C, Stahl S S. Synthesis of pyrrolidines via palladium (Ⅱ) -catalyzed aerobic oxidative carboamination of butyl vinyl ether and styrenes with allyl tosylamides. Org. Lett., 2006, 8: 3251-3254.

[14] Kadzimirsz D, Kramer D, Sripanom L, et al. A domino annulation reaction under Willgerodt-Kindler conditions. J. Org. Chem., 2008, 73: 4644-4649.

[15] Adibekian A, Timmer M S, Stallforth P, et al. Stereocontrolled synthesis of fully functionalized D-glucosamine monosaccharides via a domino nitro-Michael/Henry reaction. Chem. Commun., 2008, 3549-3551.

[16] Muniz K, Streuff J, Chavez P, et al. Synthesis of diamino carboxylic esters by palladium-catalyzed oxidative intramolecular diamination of acrylates. Chem. Asian J., 2008, 3: 1248-1255.

[17] Jiang B, Tu S J, Kaur P, et al. Four-component domino reaction leading to multifunctionalized quinazolines. J. Am. Chem. Soc., 2009, 131: 11660-11661.

[18] Bae J Y, Lee H J, Youn S H, et al. Organocatalytic asymmetric synthesis of chiral pyrrolizines by cascade conjugate addition-aldol reactions. Org. Lett., 2010, 12: 4352-4355.

[19] Wasa M, Engle K M, Yu J Q Pd (Ⅱ) -catalyzed olefination of sp^3 C-H bonds. J. Am. Chem. Soc., 2010, 132: 3680-3681.

[20] Zhou F, Han X, Lu X. Synthesis of indoles via palladium-catalyzed C-H activation of *N*-aryl amides followed by coupling with alkynes. Tetrahedron Lett., 2011, 52: 4681-4685.

[21] Chen J, Pang Q, Sun Y, et al. Synthesis of *N*-(2-pyridyl) indoles via Pd (Ⅱ)-catalyzed oxidative coupling. J. Org. Chem., 2011, 76: 3523-3526.

[22] Cao H, Jiang H F, Huang H W, et al. Pd-catalyzed cyclization reaction: a convenient domino process for synthesis of a-carbonyl furan derivatives. Org. Biomol. Chem., 2011, 9: 7313-7317.

[23] Albertshofer K, Tan B, Barbas C F. Assembly of spirooxindole derivatives containing four consecutive stereocenters via organocatalytic Michael-Henry cascade reactions. Org. Lett., 2012, 14: 1834-1837.

[24] Chen X, Li X, Wang N, et al. Palladium-catalyzed reaction of arylamine and diarylacetylene: solvent-controlled construction of 2, 3-diarylindoles and pentaarylpyrroles. Eur. J. Org. Chem., 2012, 4380-4386.

[25] Xia X F, Wang N, Zhang L L, et al. Palladium (Ⅱ)-catalyzed tandem cyclization/C—H functionalization of alkynes for the synthesis of functionalized indoles J. Org. Chem., 2012, 77: 9163-9170.

[26] Zhang N, Li B, Zhong H, et al. Synthesis of *N*-alkyl and N-aryl isoquinolones and derivatives via Pd-catalysed C-H activation and cyclization reactions. Org. Biol. Chem., 2012, 10: 9429-9439.

[27] Liu Y Y, Song R J, Wu C Y, et al. Palladium-catalyzed oxidative C-C bond cleavage cyclization of biaryl-2-amines with alkenes involving C-H olefination and carboamination. Adv. Synth. Catal., 2012, 354: 347-353.

[28] Chavez P, Kirsch J, Streuff J, et al. Palladium-catalyzed intramole-cular diamination of acrylic esters using sulfamates as nitrogen source. J. Org. Chem., 2012, 77: 1922-1930.

[29] Yao B, Jaccoud C, Wang Q, et al. Synergistic effect of palladium and copper catalysts: catalytic cyclizative dimerization of ortho- (1-alkynyl) benzamides leading to axially chiral 1, 3-butadienes. Chem. Eur. J., 2012, 18: 5864-5868.

[30] Chen P Y, Huang K S, Tsai C C, et al. Pd(Ⅱ)-mediated cyclization of o-allylbenzaldehydes in water: a novel syn-

thesis of isocoumarins. Org. Lett.，2012，14：4930-4933.

[31] Abdel-Mohsen H T，Conrad J，Beifuss U. Laccase-catalyzed domino reac-tion between catechols and 6-substituted 1,2,3,4-tetrahydro-4-oxo-2-thioxo-5-pyrimidinecarbonitriles for the synthesis of pyrimidobenzothiazole derivatives. J. Org. Chem.，2013，78：7986-8003.

[32] Arigela R K，Samala S，Mahar R，et al. Synthesis of triazolo isoquinolines and isochromenes from 2-alkynylbenzaldehyde via domino reactions under transition-metal-free conditions. J. Org. Chem.，2013，78：10476-10484.

[33] Xing D，Yang D. Pd(Ⅱ)-catalyzed intramolecular 1，2-aminoalkylation of conjugated 1，3-dienes for the synthesis of pyrrolizidines. Org. Lett.，2013，15：4370-4373.

[34] Broggini G，Barbera V，Beccalli E M，et al. Selective intramolecular palladium（Ⅱ)-catalyzed aminooxygenation vs. diamination of alkenylureas：efficient microwave-assisted reactions to bicyclic piperazinones. Adv. Synth. Catal.，2013，355：1640-1648.

[35] Xia X F，Zhang L L，Song X R，et al. Palladium-copper-cocatalyzed intramolecular oxidative coupling：an efficient and atom-economical strategy for the synthesis of 3-acylindoles. Chem. Commun.，2013，49：1410-1412.

[36] An Q，Shen J，Butt N，et al. Asymmetric domino reaction of cyclic N-sulfonylimines and simple aldehydes with trans-perhydroindolic acid as an organocatalyst. Org. Lett.，2014，16：4496-4499.

[37] Anwar S，Li S M，Chen K. Organocatalytic synthesis of substituted spirocyclohexane carbaldehydes via [4 + 2] annulation strategy between 2-arylideneindane-1，3-diones and glutaraldehyde. Org . Lett.，2014，16：2993-2995.

[38] Ahamad S，Gupta A K，Kant R，et al. Domino reaction involving the Bestmann-Ohira reagent and alpha，beta-unsaturated aldehydes：efficient synthesis of functionalized pyrazoles. Org. Biomol. Chem.，2015，13：1492-1499.

[39] Alza E，Laraia L，Ibbeson B M，et al. Synthesis of a novel polycyclic ring scaffold with antimitotic properties via a selective domino Heck-Suzuki reaction. Chem. Sci.，2015，6：390-396.

[40] Howell G P，Fletcher S P，Geurts K，et al. Catalytic asymmetric synthesis of acyclic arrays by tandem 1，4-addition-aldol reactions. J. Am. Chem. Soc.，2006，128：14977-14985.

[41] Enders D，Hüttl M R M，Raabe G，et al. Asymmetric synthesis of polyfunctionalized mono-，bi-，and tricyclic carbon frameworks via organocatalytic domino reactions. Adv. Synth. Catal.，2008，350：267-279.

[42] Chandrasekhar S，Mallikarjun K，Pavankumarreddy G，et al. Enantiopure cycloalkane fused tetrahydropyrans through domino Michael-ketalizations with organocatalysis. Chem. Commun.，2009，4985-4987.

[43] Hong B C，Jan R H，Tsai C W，et al. Organocatalytic enantioselective cascade Michael-Michael-Wittig reactions of phosphorus ylides：one-pot synthesis of the all-cis trisubstituted cyclohexenecarboxylates via the [1+2+3] annulation. Org. Lett.，2009，11：5246-5249.

[44] Enders D，Wang C，Mukanova M，et al. Organocatalytic asymmetric synthesis of polyfunctionalized 3-（cyclohexenylmethyl）-indoles via a quadruple domino Friedel-Crafts-type/Michael/Michael/aldol condensation reaction. Chem. Commun.，2010，46：2447-2449.

[45] Ghorai M K，Halder S，Das R K. Domino imino-aldol-aza-Michael reaction：one-pot diastereo- and enantioselective synthesis of piperidines. J. Org. Chem.，2010，75：7061-7072.

[46] Hong B C，Dange N S，Hsu C S，et al. Sequential organocatalytic Stetter and Michael-Aldol condensation reaction：asymmetric synthesis of fully substituted cyclopentenes via a [1 + 2 + 2] annulation strategy. Org. Lett.，2010，12：4812-4815.

[47] Jiang B，Li C，Shi F，et al. Four-component domino reaction providing an easy access to multifunctionalized tricyclo [6. 2. 2. 0（1，6）] dodecane derivatives. J. Org. Chem.，2010，75：2962-2965.

[48] Liu C，Zhang X，Wang R，et al. "One-pot" access to 4H-chromenes with formation of a chiral quaternary stereogenic center by a highly enantioselective iminium-allenamine involved oxa-Michael-aldol cascade. Org. Lett.，2010，12：4948-4951.

[49] Aydillo C，Jimenez-Oses G，Avenoza A，et al. A domino Michael/Dieckmann process as an entry to alpha-（hydroxymethyl）glutamic acid. J. Org. Chem.，2011，76：6990-6996.

[50] Chen H，Xie F，Gong J，et al. Domino reaction to functionalized 2-hydroxybenzophenones from electron-deficient chromones and 1，3-dicarbonyl compounds. J. Org. Chem.，2011，76：8495-8500.

[51] Devi R B，Henrot M，de Paolis M，et al. Domino alkylation/oxa-Michael of 1，3-cyclohexanediones：steering the C/O-chemoselectivity to reach tetrahydrobenzofuranones. Org. Biomol. Chem.，2011，9：6509-6512.

[52] Hong B C, Kotame P, Liao J H. Enantioselective organocatalytic domino Michael-acetalization-Henry reactions of 2-hydroxynitrostyrene and aldehyde for the synthesis of tetrahydro-6H-benzo [c] chromenones. Org. Biomol. Chem., 2011, 9: 382-386.

[53] Hong B C, Nimje R Y, Lin C W, et al. Enantioselective organocatalytic Michael-Wittig-Michael-Michael reaction: dichotomous construction of pentasubstituted cyclopentanecarbaldehydes and pentasubstituted cyclohexanecarbaldehydes. Org. Lett., 2011, 13: 1278-1281.

[54] Li H, Zhao J, Zeng L, et al. Organocatalytic asymmetric domino aza-Michael-Mannich reaction: synthesis of tetrahydroimidazopyrimidine derivatives. J. Org. Chem., 2011, 76: 8064-8069.

[55] Li Q B, Zhou F T, Liu Z G, et al. K_2CO_3-promoted domino reactions: construction of functionalized 2, 3-dihydrobenzofurans and clofibrate analogues. J. Org. Chem., 2011, 76: 7222-7228.

[56] Berini C, Navarro O. Ni-catalysed, domino synthesis of tertiary alcohols from secondary alcohols. Chem. Commun., 2012, 48: 1538-1540.

[57] Burns A R, Solana Gonzalez J, Lam H W. Enantioselective copper (Ⅰ)-catalyzed borylative aldol cyclizations of enone diones. Angew. Chem. Int. Ed., 2012, 51: 10827-10831.

[58] Cai S, Wang F, Xi C. Assembly of 3-substituted isocoumarins via a CuI-catalyzed domino coupling/addition/deacylation process. J. Org. Chem., 2012, 77: 2331-2336.

[59] Fuwa H, Noguchi T, Noto K, et al. Tandem catalysis in domino olefin cross-metathesis/intramolecular oxa-conjugate cyclization: concise synthesis of 2, 6-cis-substituted tetrahydropyran derivatives. Org. Biomol. Chem., 2012, 10: 8108-8112.

[60] Gunasekaran P, Balamurugan K, Sivakumar S, et al. Domino reactions in water: diastereoselective synthesis of densely functionalized indolyldihydrofuran derivatives. Green Chem., 2012, 14: 750-757.

[61] Iaroshenko V O, Knepper I, Zahid M, et al. Efficient [5+1] -strategy for the assembly of 1,8-naphthyridin-4(1H)-ones by domino amination/conjugate addition reactions of 1-(2-chloropyridin-3-yl) prop-2-yn-1-ones with amines. Org. Biomol. Chem., 2012, 10: 2955-2959.

[62] Cao C P, Lin W, Hu M H, et al. Highly efficient construction of pentacyclic benzo [*b*] indeno- [1, 2, 3-de] [1, 8] naphthyridine derivatives via four-component domino reaction. Chem. Commun., 2013, 49: 6983-6985.

[63] Cheng T, Meng S, Huang Y. A highly diastereoselective and enantioselective synthesis of polysubstituted pyrrolidines via an organocatalytic dynamic kinetic resolution cascade. Org. Lett., 2013, 15: 1958-1961.

[64] Dange N S, Hong B C, Lee C C, et al. One-pot asymmetric synthesis of seven-membered carbocycles cyclohepta [*b*] indoles via a sequential organocatalytic Michael/double Friedel-Crafts alkylation reaction. Org. Lett., 2013, 15: 3914-3917.

[65] Drouet F, Zhu J, Masson G. Iron chloride-catalyzed three-component domino sequences: syntheses of functionalized α-oxy-*N*-acylhemiaminals and α-oxyimides. Adv. Synth. Catal., 2013, 355: 3563- 3569.

[66] Enders D, Hahn R, Atodiresei I. Asymmetric synthesis of functionalized tetrahydronaphthalenesviaan organocatalytic nitroalkane-Michael/Henry domino reaction. Adv. Synth. Catal., 2013, 355: 1126-1136.

[67] Erdmann N, Philipps A R, Atodiresei I, et al. An asymmetric organocatalytic quadruple cascade initiated by a Friedel-Crafts-type reaction with electron-rich arenes. Adv. Synth. Catal., 2013, 355: 847-852.

[68] Gade N R, Devendram V, Pal M, et al. IBX mediated reaction of beta-enamino esters with allylic alcohols: a one pot metal free domino approach to functionalized pyridines. Chem. Commun., 2013, 49: 7926-7928.

[69] Gyuris M, Puskas L G, Toth G K, et al. Synthesis of novel pyrazole-based heterocycles via a copper (Ⅱ)-catalysed domino annulations. Org. Biomol. Chem., 2013, 11: 6320-6327.

[70] Hong B C, Liao W K, Dange N S, et al. One-pot organocatalytic enantioselective domino double-Michael reaction and Pictet-Spengler-lactamization reaction. A facile entry to the "inside yohimbane" system with five contiguous stereogenic centers. Org. Lett., 2013, 15: 468-471.

[71] Jaiswal P K, Biswas S, Singh S, et al. Stereoselective synthesis of highly functionalized tetrahydrocarbazoles through a domino Michael-Henry reaction: an easy access to four contiguous chiral centers. RSC Adv., 2013, 3: 10644-10649.

[72] Lefranc A, Guenee L, Alexakis A. Highly diastereo- and enantioselective organocatalytic domino Michael/aldol reaction of acyclic 3-halogeno-1, 2-diones to alpha, beta-unsaturated aldehydes. Org. Lett., 2013, 15: 2172-2175.

[73] Li X, Wang S, Li T, et al. Formation of dihydronaphthalenes via organocatalytic enatioselective Michael-Aldol cas-

cade reactions with arylalkanes. Org. Lett. , 2013, 15: 5634-5637.

[74] Liu G, Shirley M E, Van K N, et al. Rapid assembly of complex cyclopentanes employing chiral, alpha, beta-unsaturated acylammonium intermediates. Nat. Chem. , 2013, 5: 1049-1057.

[75] Lee H J, Cho C W. Asymmetric synthesis of chiral pyrrolizine-based triheterocycles by organocatalytic cascade aza-Michael-aldol reactions. Eur. J. Org. Chem. , 2014, 2014, 387-394.

[76] Blumel M, Chauhan P, Hahn R, et al. Asymmetric synthesis of tetrahydropyridines via an organocatalytic one-pot multicomponent Michael/aza-Henry/cyclization triple domino reaction. Org. Lett. , 2014, 16: 6012-6015.

[77] Dagousset G, Carboni A, Magnier E, et al. Photoredox-induced three-component azido- and aminotrifluoromethylation of alkenes. Org. Lett. , 2014, 16: 4340-4343.

[78] Dhiman S, Pericherla K, Nandwana N K, et al. Synthesis of aza-fused isoquinolines through domino cross-aldol condensation and palladium-catalyzed intramolecular direct arylation. J. Org. Chem. , 2014, 79: 7399-7404.

[79] Feng C, Yan Y, Zhang Z, et al. Cerium (Ⅲ)-catalyzed cascade cyclization: an efficient approach to functionalized pyrrolo [1, 2-a] quinolines. Org. Biomol. Chem. , 2014, 12: 4837-4840.

[80] Fu Z K, Pan J Y, Xu D C, et al. Organocatalytic domino Michael/cyclization reaction: efficient synthesis of multi-functionalized tetracyclic spirooxindoles with multiple stereocenters. RSC Adv. , 2014, 4: 51548-51557.

[81] Guo J, Sun X, Yu S. Diastereoselective synthesis of epoxide-fused benzoquinolizidine derivatives using intramolecular domino aza-Michael addition/Darzens reaction. Org. Biomol. Chem. , 2014, 12: 265-268.

[82] Hahn R, Raabe G, Enders D. Asymmetric synthesis of highly functionalized tetrahydropyrans via a one-pot organocatalytic Michael/Henry/ketalization sequence. Org. Lett. , 2014, 16: 3636-3639.

[83] Han Y, Sheng Y J, Yan C G. Convenient synthesis of triphenylphosphanylidene spiro [cyclopentane-1, 3′-indolines] and spiro [cyclopent [2] ene-1, 3′-indolines] via three-component reactions. Org. Lett. , 2014, 16: 2654-2657.

[84] He Y, Hu R, Tong R, et al. K_2CO_3-mediated synthesis of functionalised 4-substituted-2-amino-3-cyano-4H-chromenes via Michael-cyclization reactions. Molecules, 2014, 19: 19253-19268.

[85] Hu J D, Cao C P, et al. Selective synthesis of polyfunctionalized pyrido [2, 3-b] indoles by multicomponent domino reactions. J. Org. Chem. , 2014, 79: 7935-7944.

[86] Lefranc A, Gremaud L, LAlexakis A. Construction of bicyclo [3. 2. 1] octanes with four stereogenic centers by organocatalytic domino Michael/Aldol reaction. Org. Lett. , 2014, 16: 5242-5245.

[87] Fu L, Feng X, Zhang J J, et al. Highly efficient construction of a bridged pentacyclic skeleton via a six-component domino reaction under microwave irradiation. Green Chem. , 2015, 17: 1535-1545.

[88] Feng J, Lin L, Yu, K, et al. Asymmetric synthesis of dihydrofurans via organocatalytic domino Michael-alkylation reaction. Adv. Synth. Catal. , 2015, 357: 1305-1310.

[89] Feng X, Wang J J, Zhang J J, et al. Regioselective synthesis of functionalized [1, 8] naphthyridine derivatives via three-component domino reaction under catalyst-free conditions. Green Chem. , 2015, 17: 973-981.

[90] Guo X, Chen W, Chen B, et al. One-pot three-component strategy for functionalized 2-aminoimidazoles via ring opening of alpha-nitro epoxides. Org. Lett. , 2015, 17: 1157-1159.

[91] Li D Y, Chen H J, Liu P N. Ruthenium complex-catalyzed domino addition/exo- cycloisomerization of propargylic alcohols and tosyl isocyanate to form oxazolidinones. Adv. Synth. Catal. , 2015, 357: 1193-1198.

[92] Ma S P, Long D, Chen P, et al. Synthesis of 2, 3-disubstituted indolesviaa tandem reaction. Org. Chem. Front. , 2020, 7: 2689-2695.

[93] Zhang M, Lu S, Li G, et al. TMSCl-catalyzed tandem reaction of dihydroisobenzofuran acetals with indoles. Catalysts, 2020, 10: 392-401.

[94] Lu M, Xiong Z, Zhou Y, et al. Assembly of fluorinated chromanonesvia enantioselective tandem reaction. Chem. Commun. , 2021, 57: 4722-4725.

[95] Zhang Y, Duan J, Zhou Y, et al. Rapid construction of tricyclic furanobenzodihydropyrans by asymmetric tandem reaction. J. Org. Chem. , 2023, 88: 1815-1827.

[96] Zhou N, Wang L, Zhao F, et al. NHC-catalyzed tandem reaction: a strategy for the synthesis of 2-pyrrolidinone-functionalized phenanthridines. J. Org. Chem. , 2023, 88: 16556-16565.

[97] Wang Y, Liu X, Xu X, et al. Palladium-catalyzed tandem diolefination reaction of benzaldehyde enabled by a remote directing group. Org. Lett. , 2023, 25: 4962-4967.

[98] Gingras M，Chan T H，Harpp D N. New methodologies：fluorodemetalation of organogermanium，-tin，and -lead compounds. Applications with organometallic sulfides to produce highly active anions and spectroscopic evidence for pentavalent intermediates in substitution at tin. J. Org. Chem.，1990，55：2078-2090.

[99] Ozaki S，Matsui E，Saiki T，et al. Synthesis of cyclic sulfides by nickel complexes catalyzed electroreduction of unsaturated thioacetates and thiosulfonate. Tetrehedron Lett.，1998，39：8121-8124.

[100] Russo V，Allen J，Ball Z T. Synthesis and isotopic labeling of a naturally occurring alkyl-thiadiamondoid. Chem. Commun.，2009，595-596.

[101] Chen D D，Wang N X，Lan X W，et al. Efficient synthesis of polysubstituted tetrahydrothiopyran sulfoxides by the reaction of α,β-unsaturated ketones and Na_2S. Curr. Org. Synth.，2016，13：653-655.

[102] Zhang W，Wang Y，Bai C，et al. One-pot synthesis of aliphatic nitro compounds by michael/retro-claisen fragmentation domino reaction. Chin. J. Chem.，2015，33：401-404.

第13章

有机反应中的若干理论问题

13.1 有机反应中的溶剂效应

13.1.1 概述

绝大多数有机合成反应需要在一定的溶剂中进行，许多溶剂不仅为反应提供了介质，而且在动力学和热力学诸方面影响着反应的进程，对溶剂效应有关理论问题的探讨，具有很大的实际意义。

人们对溶剂和反应性的关系问题已经研究百余年了，但是在反应机理、分子结构、过渡态理论和分子间作用力等方面获得一定的深入研究以前，对溶剂效应的认识只能是非常肤浅的。开始，人们喜欢用溶剂的极性来理解溶剂效应，人们认为，溶剂极性取决于它的溶剂化能力，而溶剂化程度的大小，又取决于溶剂和溶质分子间的作用力。通常，人们用溶剂的介电常数、偶极矩或折射率等物理性质定量地表示溶剂的极性。

许多为大家所熟知的反应如酯的水解，人们对水和有机溶剂的混合体系做了一些工作，但在混合溶剂中哪一种成分优先溶剂化，混合溶剂对化学平衡的综合影响等因素，都尚未清楚。事实上，溶剂和溶质之间的相互作用是十分复杂的，需要对其作细致的分析。2025 年，学者在研究 Rh 催化实现 α-和 β-氨基酸的区域发散性合成研究中，发现溶剂起到精准调控反应“开关”的作用。在六氟异丙醇溶剂中，反应优先生成 β-氨基酸，区域选择性大于 20：1。在四氢呋喃溶剂中，反应则转向生成 α-氨基酸，区域选择性同样可大于 20：1。(J. Am. Chem. Soc.，2025，DOI：10.1021/jacs.5c08142.)

13.1.2 溶剂对反应的定性理论

13.1.2.1 Hughest 和 Ingold 学说

在讨论溶剂效应的定量处理中，基于溶剂极性的概念，1935 年 Hughest 和 Ingold 提出定性处理方法的一个简要说明[1a]。他们认为反应物的电荷类型具有根本的重要性，因为它决定了起始态和过渡态中溶剂与反应物之间相互作用的程度，如果一个反应，在转变为过渡态的过程中产生了离子电荷或者发生了电荷的集中，那么生成的活化配合物的溶剂化作用就要比原来的反应物更强，因而溶剂极性的增大对过渡态将比对起始态更为有利；相反，如果活化过程中发生了离子电荷的消失或电荷的分散，那么反应物在起始态时的溶剂化作用就要比过渡态时更强，因此，溶剂极性的增大对起始态就要比对过渡态更有利一些。

上述学说强调了反应物和活化配合物中电荷分布的重要作用，在溶剂效应的研究工作中是一个重要的里程碑。但它只考虑了焓效应而没有考虑熵效应，因而过于简化。

13.1.2.2 以介电常数处理溶剂对反应速率的影响

在偶极子-偶极子反应中，反应物分子 A 与 B 之间的过渡态理论的数学模型式(13-1) 为：

$$\ln K=\ln K'-\frac{N_A}{RT}\times\frac{\varepsilon-1}{2\varepsilon+1}\left[\frac{\mu_A^2}{r_A^3}+\frac{\mu_B^2}{r_B^3}-\frac{(\mu^{\neq})^2}{(\mu^{\neq})^3}\right] \tag{13-1}$$

式中，K 为反应的速率常数；K' 为单位介电常数中的速率常数；N_A 为阿伏伽德罗常数；R 为摩尔气体常数；T 为温度；μ 为分子的偶极矩；r 为分子的半径；ε 为介质的介电常数；$\neq$ 为活化配合物参数的标记。

从方程式可以看出，$\ln K$ 对$(\varepsilon-1)/(2\varepsilon+1)$绘图将是一具有正斜率的直线。

二元混合溶剂的介电常数是随着两种溶剂成分不同而改变的，许多在二元混合溶剂中进行的反应，其 $\ln K$ 对$(\varepsilon-1)/(2\varepsilon+1)$的图线是很好的直线。反应 $Et_3N+EtI\longrightarrow Et_4N^++I^-$ 在丙酮与二氧杂环己烷、苯或四氢呋喃的二元混合物中进行，其 $\ln K$ 对$(\varepsilon-1)/(2\varepsilon+1)$作图就是一条直线。

然而，每一种二元溶剂作图所作出的直线都有自己特定的斜率。显然，在这些溶剂中，各种溶剂和溶质特定的相互作用彼此有很大的不同。溶质分子的可极化性可能起着重要的作用。如用卤苯作溶剂时，在介电常数最小的碘苯中反应最快，这是因为碘苯是卤代苯系列中最易被极化的一个。

但是，用介电常数 ε 作为溶剂极性的量度也有很大的局限性。因为它不能表示溶剂分子与反应物或活化配合物之间相互作用的特有性质。溶剂分子中可能存在高度定域的反应中心，专门与溶质中定域的反应中心发生作用，这种作用用半径、总电荷和偶极矩这些量是不能恰当地表示的。质子溶剂（如醇、羧酸等）可以与溶质中适当的负电中心形成氢键。任何具有孤电子对的溶剂，也可以与溶质中的缺电子中心发生电子的给予-接受作用。对于偶极非质子溶剂例如丙酮、二甲亚砜和二甲基甲酰胺，这种溶剂的负电场向溶质的缺电子中心作用的特性就尤为突出。

如苯胺和溴代苯乙酮的 S_N2 反应：

$$Ph—NH_2+PhCOCH_2Br\longrightarrow Ph—\overset{+}{N}H_2—CH_2COPh+Br^-$$

该反应包含了一个强极性的活化配合物的生成过程。在甲醇作溶剂时，这种质子溶剂与活化配合物的 Br^- 的一端，通过氢键发生很强的相互作用，从而稳定了活化配合物，促进了反应的进行。因而在甲醇中，它的反应速率大约是在硝基苯中的六倍，尽管这两种溶剂的介电常数几乎相同。

而对氟硝基苯与 N_3^- 的反应：

$$p\text{-}NO_2C_6H_4F+N_3^-\longrightarrow p\text{-}NO_2C_6H_4N_3+F^-$$

在 DMF 中要比在甲醇中快 10^4 倍，尽管它们的介电常数仅有微小的差别。N_3^- 在甲醇中因氢键的作用被强烈地溶剂化，而在 DMF 中，N_3^- 是暴露的，因而更容易反应。

由于介电常数衡量溶剂的特性具有一定的局限性，人们又相继提出了其他有关溶剂特征的参数。

13.1.3 溶剂对反应的定量理论

13.1.3.1 Grunwald 和 Winstein 提出的 Y 参数

Grunwald 和 Winstein 在 1948 年建议用类似于 Hammett 方程的形式来处理溶剂对反应

速率的影响，见式(13-2)。

$$\lg K=\lg K^{\ominus}+mY \tag{13-2}$$

式中，K 为在某种溶剂中进行的某反应的速率常数；$K^{\ominus}$ 为同一个反应在标准溶液即80%体积分数含水乙醇中的速率常数；Y 为表征各不同溶剂的特征参数；m 为表征某反应的参数，它是反应随溶剂变化灵敏度大小的量度。

显然，Y 和 m 分别相当于 Hammett 方程中的 σ 和 ρ。Y 和 m 值的标度是这样确定的：将 80%含水乙醇的 Y 值定为 0，选择叔丁基氯在 25 ℃时的溶剂解作为标准反应，其 m 值定为 1.000，从而得到各种单组分溶剂和各种有水有机溶剂与水的混合物以及二元有机溶剂混合物的 Y 值。Y 值在一定程度上可以作为溶剂形成溶剂化离子能力大小的量度，因此 Y 值是一个比介电常数 ε 更普遍适用的溶剂极性大小的量度指标。

典型的 Y 值及其他有关参数列于表 13-1 中。

表 13-1 典型的 Y 值及其他有关参数

溶 剂	ε	Y	Z	E_r/(kJ/mol)
二氧杂环己烷	2.21	—	—	36.0
四氯化碳	2.23	—	—	32.5
氯仿	4.7	—	63.2	39.1
乙酸	6.2	−1.639	79.2	51.9
三级丁醇	12.2	−3.26	71.3	43.9
吡啶	12.3	—	64.0	40.2
异丙醇	18.3	−2.73	76.3	48.6
丙酮	20.5	—	65.7	42.2
乙醇	24.3	−2.033	79.6	51.9
甲醇	32.7	−1.090	83.6	55.5
N,N-二甲基甲酰胺	36.7	—	68.5	43.8
乙腈	37.5	—	71.3	46.0
二甲基亚砜	46.6	—	71.1	45.0
水	78.5	3.493	94.6	63.1
甲酰胺	109.5	0.604	83.3	56.6
乙醇：水 (80：20)	—	0.000	84.8	53.6
丙酮：水 (80：20)	—	−0.673	80.7	52.2

13.1.3.2 Z 值

1958 年 Kosower 由溶剂化谱线位移导出了一个溶剂极性的标度。碘化 1-乙基-4-甲氧羰基吡啶的电荷转移吸收光谱表现出明显的溶剂化谱线位移现象：

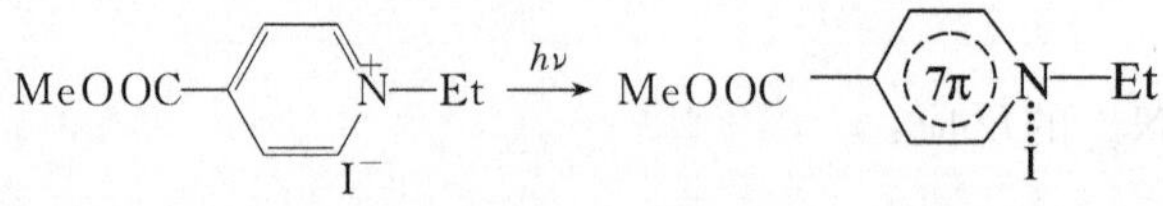

由于基态是一离子对，而激发态是一游离基对，所以极性较大的溶剂对基态有较大的稳定作用。

溶剂的 Z 值定义为 25 ℃时在某种溶剂中上述跃迁过程所需要的能量(kJ/mol)，溶剂极性越大，则对应的 Z 值也就越大。现在已经测得许多纯溶剂和混合溶剂的 Z 值。

13.1.3.3 N-酚基-吡啶内铵盐的 E_r 值

多环化合物 M(R＝H) 具有很大的溶剂化谱线位移效应，其在二苯醚中长波吸收带是 810 nm，跃迁能 E_r＝147.8 kJ/mol；在水中的长波吸收带是 453 nm，跃迁能 E_r＝264.0 kJ/mol。显然，极性较大的水等溶剂对两性离子基态的稳定作用要比其激发态大一些，因为激发态电荷显著下降，极性小的二苯醚等溶剂对其稳定化作用增强，对偶极离子的基态不易分散其电荷造成稳定化作用，故跃迁能小，造成谱带红移。

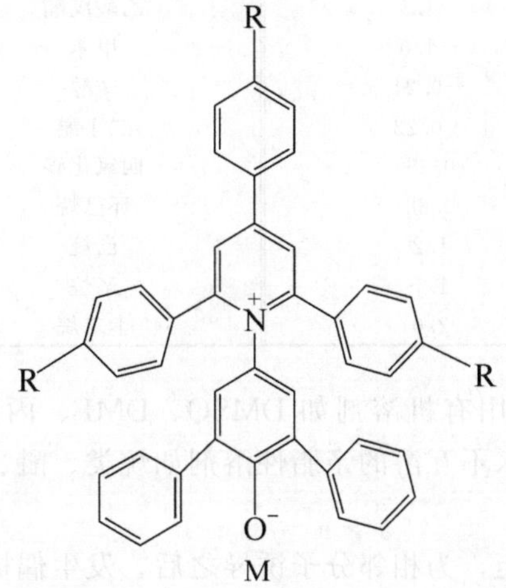

多环化合物 M(R=H) 是不溶于烃类溶剂中的。其 E_r 值可由 R=Me 化合物值的延伸求得。还没有酸性溶剂的 E_r 值，因为在酸性介质中，化合物 M 中的 O^- 将被质子化。

DMF 和 DMSO 由于介电常数很高，且可以溶解某些盐类，通常被认为是极性很大的溶剂，但从 DMF 和 DMSO 对上述多环化合物 M 的作用来看，在这两种溶剂中表现出的跃迁能 E_r 值与叔丁醇相差不大。显然，叔丁醇与多环化合物 M 形成了氢键，像强极性非质子溶剂 DMF 和 DMSO 一样，极大地稳定化了多环化合物 M 的基态。

13.1.3.4　溶剂效应中的新方法

以往转换溶剂极性常用的方法是在一定的压力下，混合两种液体，实现极性的改变。在 2007 年由 Jessop 带领的小组发现一种新的溶剂效应[1b]：由一种单一的液体成分即可实现溶剂极性的转变。这种新的溶剂在其较低的极性形式中，仅仅只是一种单一的液体成分——仲胺，并且其极性要比以往报道的可转换极性的溶剂的极性要低得多。更为可喜的是它已经在聚合物的分离、提纯和催化剂的回收方面得到了应用。

该方法的机理可以表述为：

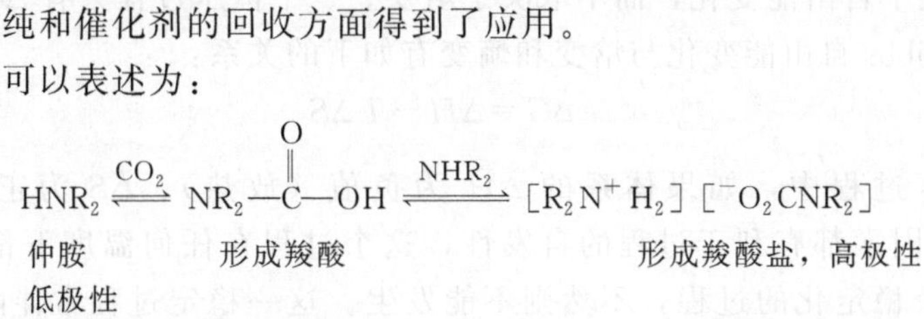

两个 R 基团可以是乙基或者叔丁基。

由此反应历程可以制备极性可以调控的溶剂，这种可调控极性的溶剂对某些高分子的分离和纯化很有用，另外对催化剂的回收也有应用价值。

13.1.4　溶剂的疏水性尺度和溶剂化作用

为了描述有机溶剂分子特性，人们提出了多种表达溶剂性质的参数，如 Hildebrandt 溶解度参数 δ 和介电常数 ε、偶极矩 μ 等，但最常用和最可靠的方法是用分配系数的对数值 $\lg P$。$\lg P$ 是描述有机溶剂极性大小的参数，P 值是溶剂在正辛醇和水中的分配系数比，$\lg P$ 越大，溶剂的疏水性越强。常用有机溶剂的 $\lg P$ 值见表 13-2[2]。

表 13-2 常用有机溶剂的 lg*P* 值

溶剂	lg*P*	溶剂	lg*P*
DMSO	−1.3	乙酸戊酯	2.2
DMF	−1.0	甲苯	2.5
乙醇	−0.24	辛醇	2.9
丙酮	−0.23	二丁醚	2.9
四氢呋喃	0.49	四氯化碳	3.0
乙酸乙酯	0.68	环己烷	3.2
乙酸丙酯	1.2	己烷	3.5
乙酸丁酯	1.7	辛烷	4.5
氯仿	2.0	十二烷	6.6

从表 13-2 可以看出，常用有机溶剂如 DMSO、DMF、丙酮、低级醇等溶剂的 lg*P* 值小，与水的互溶性好，而与水不互溶的亲脂性溶剂如烷类、醚、芳香族化合物、卤代烃等则 lg*P* 较大。

极性分子具有永久偶极矩，为相邻分子诱导之后，发生偶极与偶极之间的吸引作用，这种作用力很小，因为首先要求分子间取向而排列成线，液体分子不能同时采用这种适合的方向排列，因而在整个液体内分子向所有的接触点的色散力仍是主要的。溶质和溶剂（特别是含羟基的溶剂）之间氢键的形成是特别重要的。

离子和溶剂之间的作用称为离子的溶剂化，如果溶剂与离子之间的作用能够克服离子间相互的自然聚集的倾向，那么强电解质可以被溶解。电解质溶解过程，溶剂需要有较大的介电常数和溶剂化离子的能力，在离子周环形成一个溶剂壳。水是很典型的，它有较大介电常数，水通过氢键溶剂化阴离子，阳离子吸引水分子中的氧原子[3]。

在非水溶液中，通常在低浓度下即可发生离子缔合。除水外，几乎没有任何高介电常数的溶剂有能力使阴、阳离子溶剂化，使它们保持完全自由。对于较大的离子，特别是那些很容易极化的无机离子，在溶剂化中色散力起支配的作用，所以溶剂化也是一个复杂的过程。

在任何自发变化过程中，自由能的变化总是在减少，即 $\Delta G<0$。一个变化过程能否发生，主要取决于自由能变化，而不取决于焓变。一个恒压过程只有 ΔG 为负值时才能够自发地进行。Gibbs 自由能变化与焓变和熵变有如下的关系：

$$\Delta G=\Delta H-T\Delta S$$

在一个恒压过程中，如果体系的 ΔH 为负值（放热）、ΔS 为正值（即混乱度增大），那么两个因素都有利于过程的自发性，这个过程在任何温度下都会自发进行。溶剂化必然是一个稳定化的过程，不然则不能发生。这一稳定过程常伴随着 Gibbs 自由能的减小，这是焓变和熵变协同的结果。溶剂化是由溶质和溶剂间的吸引力产生的，一般是放热的，所以体系的 ΔH 为负值，但由于溶质把成簇的溶剂分子集聚在自己的周围，这就限制了溶剂分子的移动，从而使熵变减小（$\Delta S<0$），因此，一般说，溶剂化的熵变和焓变都是负值[3]。

在重水和氘代溶剂中的反应速率常与普通溶剂中的不同，这可能是由一般的一级溶剂同位素效应作用所致，即一个质子在速控步骤中发生了转移。这个质子既可直接来源于溶剂，也可以来源于能和溶剂进行快速交换的其他组分。一级溶剂动力学同位素效应的大小，常常可以相当准确地根据红外伸缩振动频率以及氢质子在过渡态中的转移程度加以计算[4]。

二级溶剂同位素效应也是重要的，它主要起因于两个因素。一是含不同同位素的组分、溶剂或溶质，可能直接参与反应，但未发生氢质子转移。例如，HO^- 的亲核性（通过氧原子进行反应）不一定和 DO^- 的亲核性相同。第二个因素来自溶剂化程度的改变，这是由于 D_2O 比 H_2O 结构更紧凑，如 D_2O 的摩尔体积较水的摩尔体积小，微溶于水的化合物，在 D_2O 中的溶解度较在 H_2O 中的低。

13.1.5 溶剂效应的新探讨

在关于溶剂的性质的概念中，“极性”常常作为一个普遍应用的特性。然而，笼统地讲极性，是比较粗糙的，因为有各种不同的特性包含在极性这个概念中。

Koppel 和 Palm 建议将溶剂-溶质相互作用分成“非专一”作用和“专一”作用两种。非专一作用是极化或者可极化性效应，而极化或可极化性效应可以分别用介电常数和折射率的函数合理地予以表示；而专一作用则是溶质和溶剂之间给予-接受电子的作用。一种溶剂可以起 Lewis 碱（电子给予体）的作用，它具有亲核溶剂化的能力；或者起 Lewis 酸（电子接受体）的作用，它具有亲电溶剂化的能力。每一种溶剂需要 4 个参数才能完全说明它的性质。因此，其数学模型应是：

$$A = A_0 + yY + pP + eE + bB \tag{13-3}$$

式中，A 为所给溶剂的有关性质；A_0 为该性质在气相中（作为参比“溶剂”）对应值的统计量；Y 为极化能力的度量；P 为可极化程度的度量；E 为溶剂亲电能力的度量；B 为溶剂亲核能力的度量；y、p、e、b 为对应的回归系数。

介电常数 ε 是极化能力 Y 的基础，而可极化程度的度量 P 则与钠黄光的折射率的平方 n_D^2 相联系，许多溶剂的钠黄光折射率是已知的。介电常数只与极化有关，而折射率却是在高频电场中偶极子沿电场的取向，它是可极化性大小的量度。亲电溶剂化能力的度量与上述多环化合物的跃迁能 E_r 有关。

$$M \xrightarrow{h\nu} P$$

因为多环化合物 M 中的 N^+ 受到屏蔽而 O^- 却充分暴露，故溶剂以亲电能力接近。溶剂亲核能力 B 则是由氘代甲醇（CH_3OD）的 r_{OD} 溶剂化谱线位移得到的，给电子溶剂与 D 原子形成氢键，从而降低了其 r_{OD} 值，各种不同频率位移值则代表着电子给予-接受作用强度。

Koppel 和 Palm 在 1972 年曾测得过上述数学模型中有关参数的数据[5a]，尽管许多地方还不够完善，但却在物理有机化学中为有关溶剂效应的学说展示了希望。

13.1.6 溶剂效应中的新问题

(1) Baylis-Hillman 溶剂效应 Tomkinson 等[5b] 在研究脯氨酸和咪唑催化下的 Baylis-Hillman 反应时发现，溶剂的性质对催化剂的催化效率有着重要的影响，其中加入微量水时效果非常好，可以获得较高产率的反应产物，反应如下：

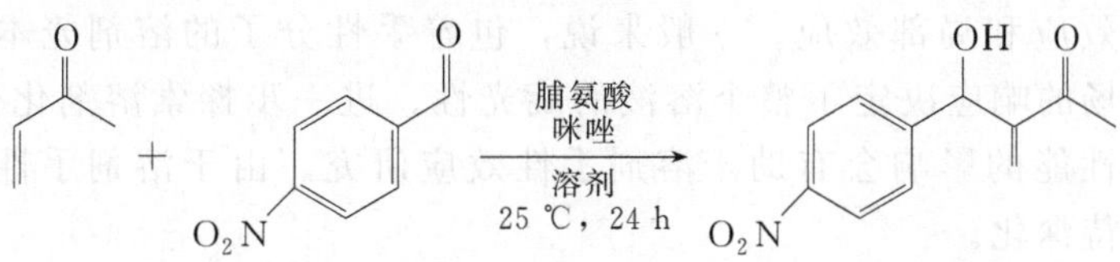

Tomkinson 等认为该反应的机理是，脯氨酸首先与甲基乙烯基酮发生缩合反应，生成

亚胺正离子，咪唑再与亚胺正离子发生 Michael 加成生成中间体 **5**，中间体 **5** 与醛发生加成产生亚胺正离子，然后咪唑消除/亚胺正离子水解，生成最终的产物，过程如下：

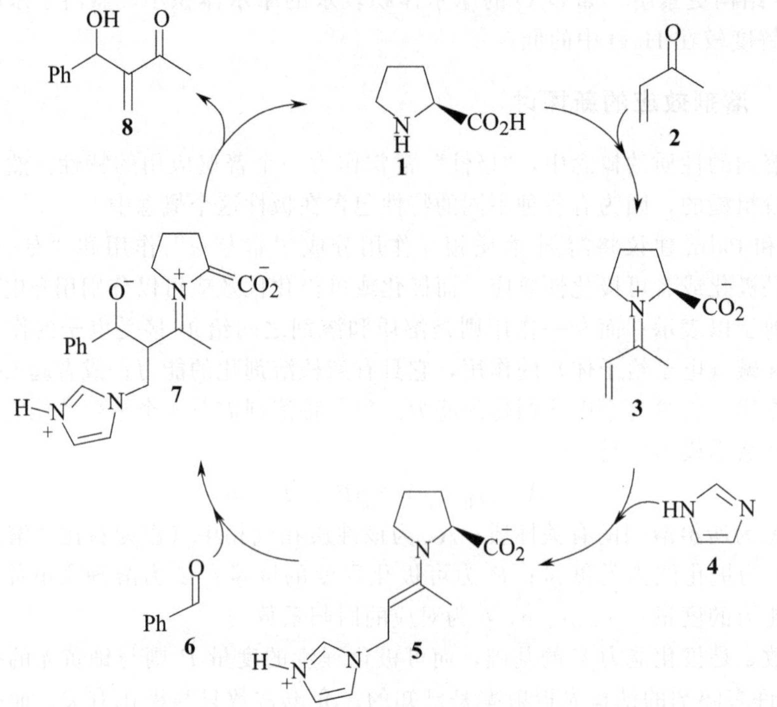

当该反应中有水存在时，产物的产率有很大的提高，Tomkinson 等人经过一系列实验确定了当 DMF 与水的比例为 9∶1 时，产率最高，但是水在该反应中的具体作用尚不清楚，Tomkinson 等人认为可能是由于水的存在提供了质子源，促使亚胺离子的形成，这一点符合该反应的质子催化脱水原理。

(2) 溶剂效应的手性问题　Neugebauer 探索了溶剂效应的手性新问题[5c]，考虑到反应体系中溶质分子电子结构的变化，例如溶质和溶剂分子之间形成光学活性配合物，造成手性分子聚集体的结构和性质和稳定性的变化等，人们经常把溶剂看成一个介电体系，溶剂-溶质配合物结构的分析需要考虑溶剂分子结构，通过量子力学和分子结构的紧密结合来理解这个动力学溶剂效应会有帮助。光学活性分子一个很显著的例子是甲基环氧乙烷，(*S*)-甲基环氧乙烷的旋光度在水中是正的，而在苯中是一个较大的负值。溶剂效应还与水分子在第一溶剂化壳层定向排列有关，显然，在一定的溶剂化结构中，氢键指向优先选择的方向。化合物甲基环氧乙烷在水溶液中的溶剂效应归因于溶剂和溶质的相互作用，表现在通常溶剂能够调节溶质的性质。重要的是，化合物甲基环氧乙烷本身明显地对旋光度正负号直接贡献是比较小的。这种手性溶剂效应初看起来好像类似于一些光学活性分子的掺杂物在液晶中的手性放大效应。然而，苯作为溶剂不是一个内消旋相，而主要是动力学效应和局部效应。一般来说，包着手性分子的溶剂笼本身就具有手性，其对外部的电磁场的响应决定了整个溶液的旋光性。进一步探索溶剂化壳层中分子的大小和数目对旋光性能的影响会有助于溶剂手性效应研究。由于溶剂手性效应是短程的，这方面的研究尚待深化。

13.1.7 溶剂效应中的OH-π非键作用

有机反应在实际操作中基本上都是在溶液环境下进行，溶剂效应的问题备受关注。对特殊的溶质-溶剂作用（specific solvent-solute interactions）进行量化分析是溶剂效应研究的关键问题之一。2017 年，Shimizu 利用阻转异构体的“分子天平”（molecular balance）模型，对有芳香结构的溶质在极性质子溶剂中的 OH-π 非键作用（图 13-1）进行了量化研究。

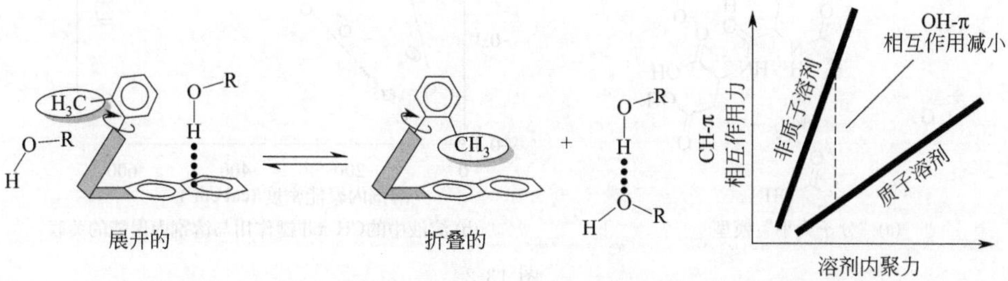

图 13-1 芳香结构的溶质在极性质子溶剂中的 OH-π 非键作用

随着量子计算化学和分析测试技术的发展，芳香结构分子参与的弱非共价键作用（非键作用力），在生物、化学和材料领域受到广泛重视，尤其是在极性溶剂和水溶剂中，芳香结构分子的溶剂化作用在调控生物大分子和自组装体系的结构、功能及稳定性方面发挥了作用。疏水效应和疏溶剂效应对极性溶剂中非极性芳香族化合物之间的非共价键作用有重要影响。

研究证明，羟基化合物与芳香族化合物之间可形成弱的 OH-π 作用，从而削弱了芳香族化合物在极性质子溶剂中的疏溶剂效应。由于弱的非共价键作用力难以测定，极性质子溶剂以及水溶剂中芳香族化合物的 OH-π 作用力的量化研究很少。

Shimizu 通过观测小分子模型中 CH-π 的作用力变化，对质子溶液与芳香分子溶质间的 OH-π 作用力进行了量化研究，发现“分子天平”模型［图 13-2(a)］在多种非极性和极性溶剂，甚至水溶剂中均具有良好的溶解性，并可以用^{19}F NMR 在非氘代溶剂中进行跟踪测定。通过对 20 余种非质子溶剂和质子溶剂中 CH-π 作用的变化与溶剂内聚能密度（cohesive energy density）进行了相互关联分析，发现质子溶剂与芳香族化合物结构间的 OH-π 作用对疏溶剂效应削弱更为明显。经进一步的线性自由能分析，发现质子溶液中 OH-π 作用可以通过经典的溶剂 Kamlet-Taft 氢键供体指数（α_M）来作量化关联。这对修正有关溶剂效应理论以及预测芳香族化合物在极性溶剂以及水溶剂中的理化性质，特别是 OH-π 非键作用力概念的提出以及对溶剂效应研究具有指导意义。

OH-π 非键作用力概念的提出，以及 CH-π 非键作用与溶剂内聚能的关联，即芳香族化合物的 OH-π 作用导致非质子溶剂和质子溶剂呈现不同的溶剂内聚能密度线性关系［图 13-2(b)］研究，把溶剂效应的研究大大推进了一步。有兴趣的读者可以查阅文献（*J. Am. Chem. Soc.*，2017，139：6550）。

13.1.8 水及其混合物作为反应介质

1988 年，王乃兴曾以水作为反应溶剂，成功地合成了所需的中间产物，产率高达 73%以上[6]。水作为一种极性溶剂，对这个离子型反应历程的缩合过程有很适应的一面，但是反应中催化剂 Na_2CO_3 容易在水中水解，后用 $MgCO_3$ 代替 Na_2CO_3 起到了很好的作用。用水作为溶剂，有如下几个好处：① 水是无处不有的物质，使用方便安全，无毒无味，对环境友好，符

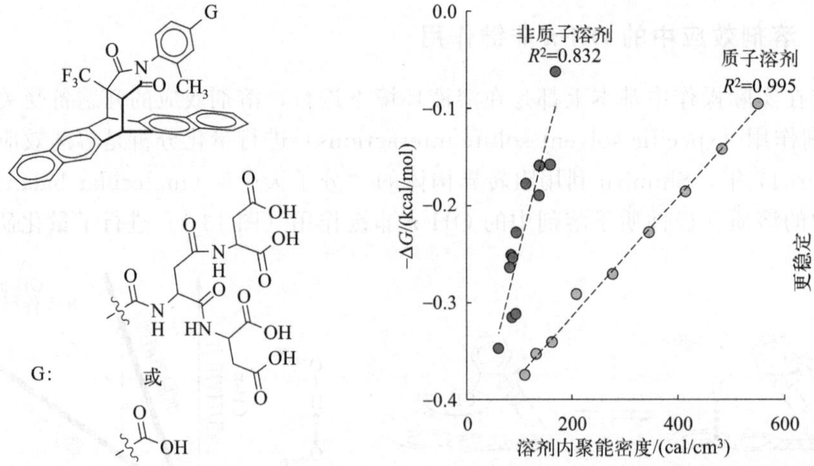

(a)“分子天平”模型　　(b) 溶液中的CH-π非键作用与溶剂内聚能的关联

图 13-2

合绿色化学的方向；② 用水作溶剂可以大大降低生产成本，是工艺上的一个创新；③ 水是一种极性质子溶剂，介电常数很大（ε=78.39），对于离子型反应，如反应过程中会产生离子电荷的反应，水作溶剂会有促进作用；④ 对于有离子型小分子副产物生成的反应，如副产物是 HCl 和 HBr 等的反应，水能充分地溶剂化离去基团 X^-，使其溶剂化分散于水中。当然以水作为溶剂也存在一些问题：① 水的极性太大，水中存在的大量的氢键对反应过程有不利的影响；② 大部分有机反应物存在着疏水作用的问题，有的试剂在水中亦不够稳定，有的反应物在水中会产生部分水解作用等。尽管如此，近年来水相有机反应的研究取得了很大的进展，如在水相中进行的周环反应、亲核加成和取代反应、聚合反应等。目前，与水相溶的 Lewis 酸催化剂在水相中催化形成新的 C—C 键反应的应用，水相有机硼酸的不对称反应等已经显示出水对反应的特殊作用[7a]。羰基的烯丙基化反应是有机合成中的一个非常重要的反应，十几年前就发现这个反应可以在水相中进行，能完成水相 Barbier-Grignard 反应的金属有 Sn、Zn、In、Ge、Pb 等，其中 Sn 以成本低、毒性小成为研究热点。

目前，就工业应用而言，可以考虑采用水与极性质子溶剂相混合的办法，这样，既可以弥补单纯用水作溶剂的一些缺陷，又会使成本大大降低。笔者以前的实验证明，采用乙醇（或者丙醇）与水的混合溶剂（体积比可以达到 50∶50），对某些缩合反应效果很好，成本低，产率高，反应快。

水相有机反应是有限的，目前由于金属有机化学的蓬勃发展，一些金属有机试剂一遇到微量的水就会失活。因此，严格的无氧无水的条件是这些反应成功的关键。不但反应过程要在氮气保护下（多次排氧后）进行，而且固体的加料要在氮气保护的手套箱中进行，加液体更要在氮气保护下的特殊条件下进行。

Blackmond 等研究人员对水相有机催化是一种环境友好且有效的方式提出了两个疑问[7b]：“水相的有机反应是如何‘环保’、如何‘有效’的?”

基于水相的有机催化的环保问题在于如何将有机物从水中分离。Blackmond 等研究人员在调查中发现，许多基于水相的有机催化在后处理阶段使用的有机溶剂量远远大于反应中使用的水的体积量。分离水和有机物的过程经济效益低下，他认为在许多情况下，基于有机溶剂的反应反而比基于水的反应更加环保和经济。

关于“有效问题”，Breslow 肯定了水相对 D-A 反应的促进，Blackmond 等研究人员发现[7b]，在所研究的大部分有机催化反应中，研究结果往往被误导了。Blackmond 等认为：在反应过程中水的作用主要是降低了活化而不是促进活化。

笔者认为，对基于水相的有机反应的环保评价必须从实际出发，对具体有机反应进行具体切实的分析，不仅要考虑该反应过程是否真正合适，而且也要考虑产品后处理阶段对环境的影响。

13.1.9 液体二氧化碳作为反应溶剂

大家知道，二氧化碳来源丰富，价格便宜，且无毒无味，化学性质非常稳定，对环境十分友好，因此液体二氧化碳应该是一种很好的溶剂。当温度低于 31 ℃时，在一定的压力下，就可以得到液体或固体二氧化碳；温度超过 31 ℃同时压力超过 7.38 MPa 时，二氧化碳就称为超临界二氧化碳。超临界二氧化碳和液体二氧化碳可以很好地溶解一些有机物，如脂肪烃、卤代烃、醛、酮、酯类等[8]。液体二氧化碳作为溶剂有如下好处：① 它完全免除了挥发性有机溶剂排放对环境造成的危害，是一种绿色的具有广阔应用前景的溶剂；② 二氧化碳作为合成氨厂、酒精厂和天然气井副产物，来源广泛，价格低廉；③ 液体二氧化碳用作溶剂时，可以通过蒸发成为气体而被循环重新作为溶剂使用。二氧化碳的蒸发热比一般的有机溶剂都小，蒸发回收二氧化碳循环使用比较简易。目前，国外一些香料厂从天然花卉提取高级香精，所采用的溶剂就是液体二氧化碳，二氧化碳溶剂可以使香精色纯味正，且分离简便，生产过程干净卫生。

13.1.10 离子液体作为反应介质

离子液体就是液体中只有离子存在、在低温下（<100 ℃）呈液态的盐，一般由有机阳离子和无机阴离子所组成。常用到的有烷基铵盐、烷基磷酸盐、*N*-烷基吡啶和 *N*,*N'*-二烷基咪唑。离子液体中常见的阳离子类型如下：

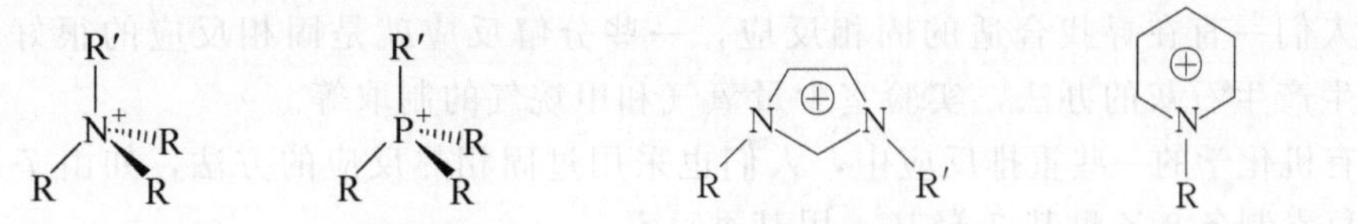

烷基铵阳离子　　烷基鏻阳离子　　*N*,*N'*-二烷基咪唑阳离子　　*N*-烷基吡啶阳离子

离子液体作为有机反应介质的可行性在于，它们对无机和有机材料表现出良好的溶解性。离子液体具有不挥发性特征，因而可以大大减少环境污染的问题；室温下离子液体通常为液体，有利于动力学控制。离子液体通常表现出 Brϕnsted 和 Lewis 酸及其强酸的酸性，它们具有高极化潜能，在反应温度高于 200 ℃时，热稳定性仍然很好。离子液体相当便宜而均易于制备。离子液体对有机物表现出良好的溶解能力，因而其与苯可以形成 50%（体积分数）的溶液，加上其稳定性，作为一种新型绿色反应介质，目前已经替代了一些有机溶剂在许多反应，如聚合反应、烷基化、酰基化、异构化、氢化和 Diels-Alder 等反应中得到了应用[9]。

离子液体的制备方法简单，一般先要通过季铵化反应制备出含目标阳离子的卤盐，再用目标阴离子 Y^- 置换出原来的 X^-，得到目标离子液体。

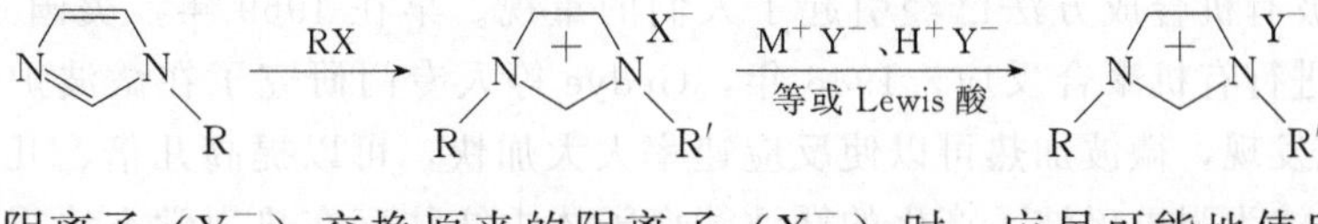

在用目标阴离子（Y^-）交换原来的阴离子（X^-）时，应尽可能地使反应趋于完全。反应最好在低温搅拌下进行，然后多次水洗至中性，用有机溶剂提取离子液体，最后蒸发除

去有机溶剂，就会得到纯净的离子液体[10]。

离子液体的溶解性与其阳离子和阴离子的结构特征密切相关，改变阳离子的烷基可以调整离子液体的溶解性，随着离子液体的季铵阳离子侧链 R 基的非极性特征增加，其溶解极性较小的有机物的能力就增强[11]。离子液体的密度与其结构也密切相关，阳离子侧链 R 基的长度与离子液体的密度成反比[12]，而阴离子越大，一般离子液体的密度也越大[13]。

离子液体作为反应介质，在产物分离纯化方面具有一定的优势。由于离子液体与大量的有机溶剂不相混溶，可以很方便地用有机溶剂把所需要的有机产物提取出来，另外，离子液体与水的不混溶性也有利于产物分离纯化。

离子液体作为反应介质，在有机合成过程中已经显示出广阔的应用前景，读者可以参阅有关的综述[9,14]。

离子液体全部由阴、阳离子组成，蒸气压低，应用广泛，具有替代高挥发性有机溶剂的前景。一直以来，对离子液体特有的溶剂化作用的基础研究很少。程津培院士通过建立离子液体中各类化学键的键能标准序列，为离子液体中的化学转化提供了可供分析的依据（*J. Am. Chem. Soc.*，2016，138：5523）。课题组通过对低极性的非质子离子液体中叶立德前体等盐类化合物 pK_a 的测定，发现其 pK_a 与抗衡阴离子的特性无关，说明有机盐的阴阳离子在低极性离子液体中，也可以像在强极性分子溶剂（如 DMSO）中那样发生完全解离，并不像在传统的弱极性溶剂中那样，以离子对的形式存在。研究工作回答了“有机盐在离子液体中是否会组成为离子对”的问题，为在离子液体中溶剂化模型的建立，开拓了一个新生面。

13.1.11 传统的固相有机反应

有机溶剂在化学合成中的最大麻烦就是环境污染，而且大量溶剂的使用也造成成本升高。人们一直在寻找合适的固相反应，一些分解反应就是固相反应的很好的例证，如古老的生产生石灰的办法，实验室少量氧气和甲烷气的制取等。

在有机化学的一些重排反应中，人们也采用过固相热反应的方法，如由 7-乙酰氧基-4-甲基香豆素制备 8-乙酰基-7-羟基-4-甲基香豆素。

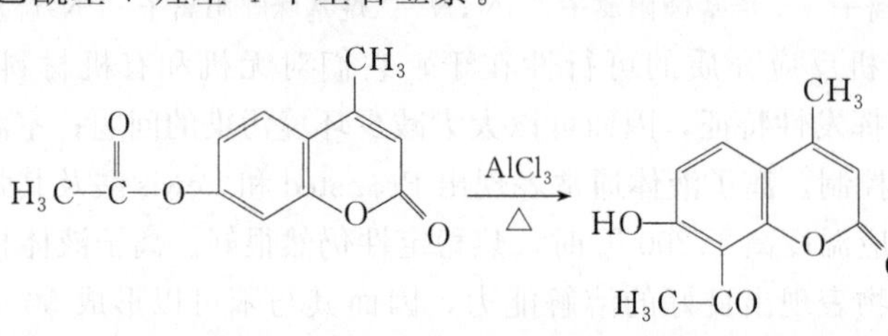

这个固相反应的方法就是把反应物和催化剂 $AlCl_3$ 的固体混合物置于反应器中加热（170 ℃），产率高达 72%以上[15]。

目前，超声波在合成化学上的应用为固相反应开拓了一个新的领域。有的固相反应，在超声波的作用下，不需要加热，在室温下就可以完成。

现在，微波有机合成方法已经引起了人们的重视。早在 1969 年，美国 Vanderhoff[16] 就利用微波炉进行有机聚合反应。1986 年，Gedye 等人专门研究了在微波炉中进行的酯化反应[17]。研究发现，微波加热可以使反应速率大大加快，可以提高几倍、几十倍甚至上千倍[17]。由于微波为强电磁波，产生的微波等离子体中往往存在热力学方法得不到的高能态原子、分子和离子，因而可以使一些热力学上不可能发生的反应得以发生[18]。用于有机合成的微波反应装置也由密封型发展到现在的常压反应器和连续反应器，并有了控温、自动报警等功能。

微波反应在烷基化反应、氧化反应、成环反应、缩合反应、重排反应、偶合反应等有机反应类型中均获得成功[19]。

笔者最近利用微波炉进行固相反应研究，发现对某些重排反应，微波固相反应比热固相反应时间短，产率高。

有一些固相反应应用光化学反应手段，也较热固相反应快速便捷。

为了解决无溶剂固相反应中反应物分子之间发生碰撞的动力学问题，目前美国一些科学家采用固相反应的球磨技术收到了非常好的效果，为发展无溶剂的绿色化学开辟了新的局面。他们设计出供合成化学用的球磨机，让几种固体反应物在球磨机中发生反应，高效、高产率地得到了目标产物，从而使固相反应向工业化大大迈进了一步。

刘万毅等[20] 通过微波固相反应的方法，合成了查尔酮缩氨基硫脲类化合物，产物用乙醇重结晶，收率在 42%以上。

(1) X=Y=H；y=83.5%。(2) X=4-Cl，Y=H；y=95.2%。(3) X=4-Cl，Y=4-OCH$_3$；y=78.9%。(4) X=H，Y=4-OCH$_3$；y=42.4%。(5) X=3-NO$_2$，Y=H；y=92.0%。(6) X=H，Y=3-NO$_2$；y=67.3%。(7) X=3-NO$_2$，Y=4-OCH$_3$；y=72.6%

这个反应环境友好，操作简便，只用 10～18 min，就可以完成。

能量的产生途径对环境具有一定的影响。为了发展绿色化学，人们对有机反应中的能量因素作了诸多的探索。除了常规的热反应以外，人们还应用了光反应、电合成反应、微波合成反应、超声波合成反应等。对催化剂采用固载化技术，并选择酶催化、相转移催化等技术。对反应介质，人们研究了本书上面论述的种种反应介质。随着人们环保意识的增强，绿色化学已经成为全社会的共识。

13.1.12 有机“王水”

有机“王水”实际上是通过一种电荷转移相互作用。

贵金属的溶解和回收一直是个难题，现有技术大多复杂，常用到无机强酸。浓硝酸和浓盐酸的混合物（体积比 1∶3）称为“王水”，可以用来溶解金、钯、铂等贵金属。Wang 等报道了一种有机“王水”[21]，它是一种有机混合溶剂，由氯化亚砜和另一种有机溶剂（吡啶或 DMF、咪唑等）组成，在温和条件下即可溶解贵金属，且具有较高的溶解速率：金在氯化亚砜/吡啶混合物（体积比 3∶1）中的溶解速率为 0.3 mol/(m^2·h)，大于通常的氰化物浸出剂［<0.004 mol/(m^2·h)］和碘化物溶液［<0.16 mol/(m^2·h)］。另外，通过改

变有机“王水”的组成，可以对贵金属进行选择性的溶解。例如，选择性地从铂/金/钯混合物中溶解金和钯，从金/钯混合物中溶解金。

Wang 等选择金/氯化亚砜/吡啶体系对金的溶解过程进行研究发现，单独的吡啶或者氯化亚砜并不能溶解金。氯化亚砜和吡啶之间存在电荷转移相互作用，氯化亚砜的硫原子作为电子受体，吡啶中的氮原子作为电子给体。电荷转移相互作用活化了氯化亚砜，使其对金进行氧化。

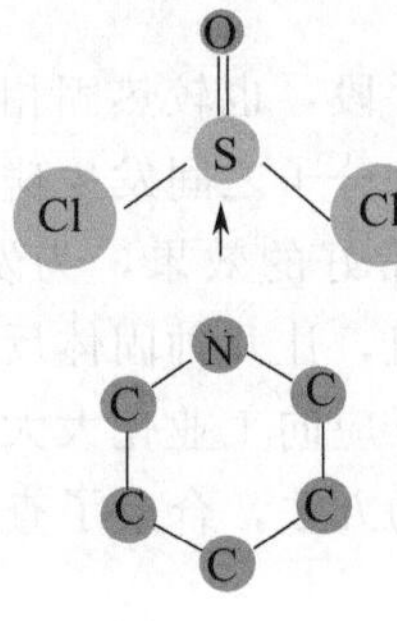

金在氯化亚砜/吡啶体系中的溶剂过程可分为两步：首先，吡啶与金原子配位；然后，吡啶与氯化亚砜形成电荷转移复合物，活化了氧化剂氯化亚砜，从金原子夺得电子后，Cl—S—Cl 解离出氯离子作为配体与金结合，形成 $[AuCl_4]^-$。吡啶与金进行表面配位，以及金与硫进行电荷转移作用后吡啶的解离是溶解反应的速决步骤。也就是说，吡啶等有机化合物的电子结构及物理性质决定了它与氯化亚砜和金的相互作用并决定了金溶解的动力学特征。

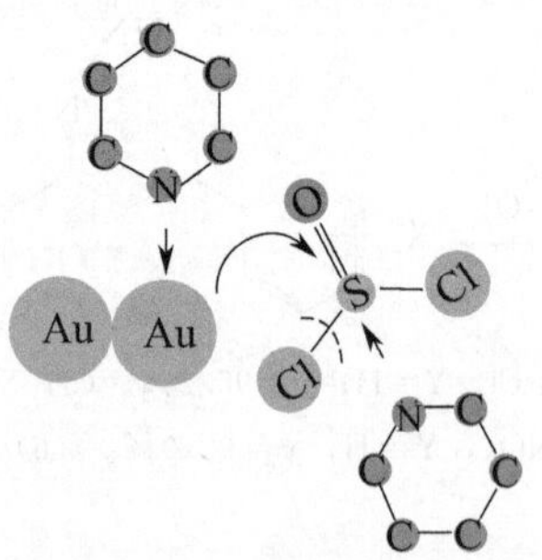

检测发现了 1-(氯亚硫酰基) 氯化吡啶，但没有发现硫等还原产物以及 $AuCl_3$ 及其吡啶配合物。氯化亚砜在金的溶解过程中不是以化学计量参加反应的。$Au/SOCl_2/Py$ 溶液久置后会产生沉淀，经分析，沉淀物是 4-氯吡啶的二聚体和三聚体及其衍生物。因此推测 4-氯吡啶是一种中间体，在 Au(Ⅲ) 催化下进行低聚化反应。可能的反应机理如下所示：

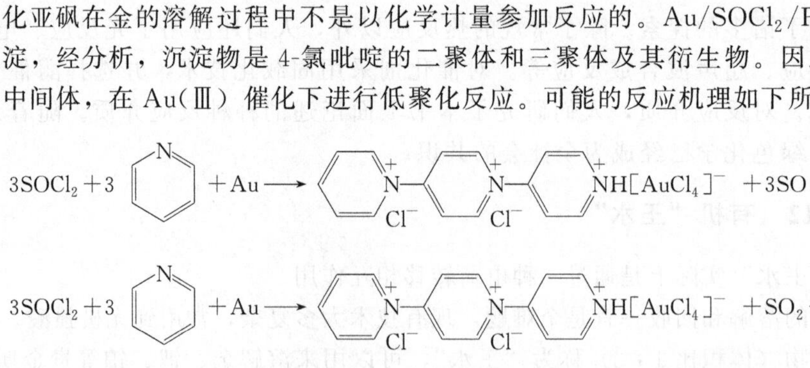

有机“王水”在贵金属的回收利用以及微电子工业中具有广阔的应用前景。

13.1.13 溶剂手性诱导有机反应

(1) 概念　手性介质诱导不对称反应一直是有机合成反应中的一个挑战，大量的手性溶液是非常有用的资源。Seebach 等用（*S*,*S*）-1,4-双(二甲氨基)-2,3 二甲氧基丁烷和戊烷作为共溶剂在苯乙酮的电化学聚合反应中，得到产物的对映体过量值（*ee*）为 23%。Laarhoven 等在（*S*）-扁桃酸乙酯溶剂中，通过光环化得到螺烯衍生物的 *ee* 值为 2%；在(*S*)-2,2,2-三氟-1-苯基乙醇中，对硝酮进行光异构化反应，得到氧氮丙啶产物的 *ee* 值为 31%。Gausepohl 等用硼酸基离子液体，实现了手性磷催化的 aza-Baylis-Hillman 反应，产物的 *ee* 值为 84%。

尽管溶剂手性诱导有机反应取得了一些进展，但反应的底物都是需要有极性基团与手性介质形成较强的相互作用，达到能够形成非对映体过渡态或非对映中间体的目的。非极性手性溶剂如单萜类，只能和溶质分子产生弱相互作用，不能得到实用。

2019 年，京都大学的 Suginome 教授等提出了“基于催化剂的策略”，即利用非极性手性溶剂诱导催化剂产生手性构型，然后通过非键相互作用将手性传递给产物[22]。研究表明，某些螺旋化合物虽然其左手螺旋和右手螺旋在正常情况下是等量的，但在手性溶剂如柠檬烯、（*S*）-1-氯-2-甲基丁烷、（*S*）-5-乙基-5-丙基十一烷等当中，可以一定程度地去消旋化。Suginome 等基于聚喹喔啉类化合物［poly（quinoxaline-2,3-diyl）s，PQXs］在引入手性侧链以后，能够进行不对称催化等现象，认为即使带有非手性侧链的 PQXs，在手性溶剂中也可能会形成单手螺旋，在不对称催化反应中得到应用。

Suginome 等发现含有 2-（二苯基膦）苯基修饰的 PQXs 可以在非极性手性溶剂柠檬烯中形成螺手性催化剂，并在钯催化的 Suzuki-Miyaura 交叉偶联、苯乙烯硅氢化和硅硼化反应中得到手性产物。研究发现，给 PQXs 引入侧链，丙氧基甲基作为侧链在所有测试的手性溶剂中表现最好，在（*R*）-柠檬烯中能达到 72%的 *se* 值（crew-sense excess），对于不同聚合度的 PQXs，*se* 值随聚合度的增加呈非线性增加趋势，而且 *se* 值随（*R*)-柠檬烯的 *ee* 值的增加也呈非线性增加的趋势。

（2）手性溶剂诱导有机反应的应用　手性溶剂诱导的有机反应在不对称 Suzuki-Miyaura 偶联中得到了较好的应用。配体只有在手性溶剂中才能产生不对称催化作用，而在非手性溶剂如 THF 中得到的 Suzuki-Miyaura 偶联产物是外消旋混合物，在含有 5%THF 的（*R*)-柠檬烯中能够得到产率和 *ee* 值最高的 *S* 构型偶联产物；用（*S*)-柠檬烯作溶剂则得到 *R* 构型的偶联产物。研究发现不含磷配体以及不含螺旋聚合物的配体，或不能催化反应，或不能得到手性偶联产物，表明柠檬烯不仅能作用于金属钯催化中心，而且能够作用于 PQXs 侧链以诱导出单手螺旋。偶联产物的 *ee* 值也随柠檬烯 *ee* 值的增加而增加，可以看做“纯手性放大”（homochirality amplification）现象。从（*R*)-柠檬烯中制备出来的能够与钯配位的配体，无论是在四氢呋喃还是在异丙醇中都能实现比较好的不对称催化，可以看做“手性记忆”效应（memory of chirality)。用含有 3,5-二甲苯基的配体对亚甲基环戊烷进行开环硅硼化反应，可以得到 89%的 *ee* 值，说明手性溶剂诱导在不对称催化偶联反应中具有一定的普适性。

（3）小结　化学家通常利用手性催化剂来控制对映选择性，手性溶剂也可以诱导出高对映选择性的反应产物，柠檬烯作为手性溶剂结合催化剂诱导 PQXs 产生单手螺旋，利用产生的不对称微环境可以实现包括 Suzuki-Miyaura 等不对称偶联反应。柠檬烯是非常便宜的手性源，可以从橘子皮中提取，比起贵金属手性催化剂有一定的工业化前景。

13.1.14　不加溶剂提高对映选择性的方法

Yang 等报道了无溶剂条件下 Ni 催化 1,3-二烯的不对称氢烷氧化反应，以高对映选择性和区域选择性构筑 C—O 键，生成醚类衍生物（*J. Am. Chem. Soc.*，2023，145：3909)。

Yang 等人以甲醇和 1-苯基-1,3-丁二烯为模型底物，对配体和反应条件进行了优化。以

Ni (cod)$_2$ 为催化剂，以 **L5** 为配体，反应能以 14%的收率、92∶8 *er* 的对映选择性和＞20∶1 *rr* 的区域选择性得到目标产物烯丙基醚。然而，以前曾经报道过的类似的反应，结果是对映选择性会随着反应时间的延长而急剧下降，Yang 等发现这种对映选择性的降低可以通过使用无溶剂条件克服。在无溶剂条件下，反应能以 75%的收率、91∶9 *er* 的对映选择性和＞20∶1 *rr* 的区域选择性得到醚产物 **11**。当温度降低到 0 ℃时，反应 4 h 对映选择性提高到 96∶4 *er*，产率为 95%。

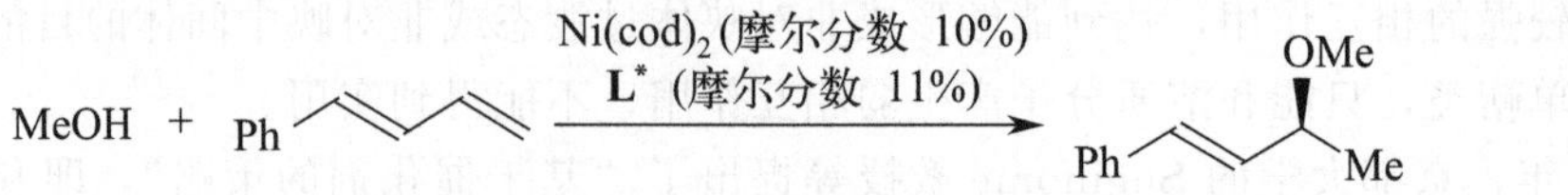

9 **10** **11**

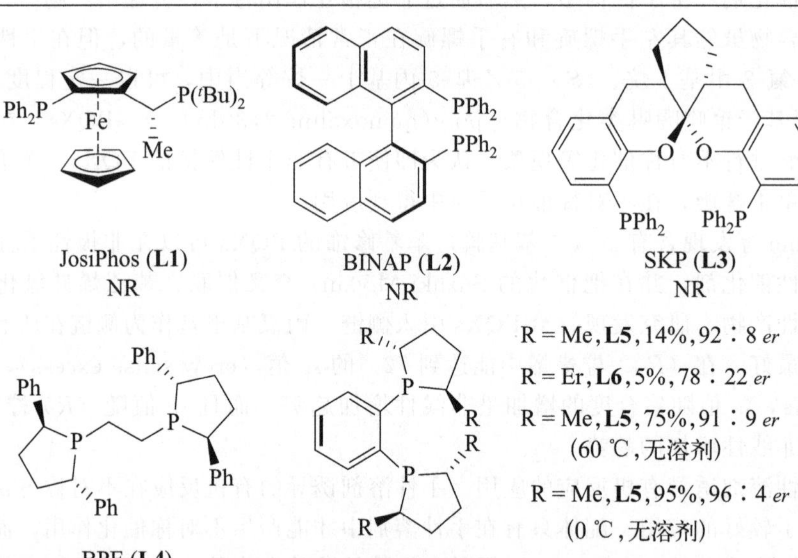

JosiPhos (**L1**)
NR

BINAP (**L2**)
NR

SKP (**L3**)
NR

BPE (**L4**)
13%, 88∶12 *er*

DuPhos

R = Me, **L5**, 14%, 92∶8 *er*
R = Er, **L6**, 5%, 78∶22 *er*
R = Me, **L5**, 75%, 91∶9 *er*
(60 ℃, 无溶剂)
R = Me, **L5**, 95%, 96∶4 *er*
(0 ℃, 无溶剂)

在最优条件下，Yang 等对不同类型 1,3-二烯的适应性进行了考察，结果显示苯环上具有给电子基团或吸电子基团的二烯都能以高反应活性和对映选择性得到产物。该反应可以耐受杂环取代的 1,3-二烯、烷基取代的 1,3-二烯，丁二烯和支化二烯也能进行不对称氢烷氧化反应得到相应的产物。

Yang 等人对不同类型醇的适应性也进行了考察，研究发现各种醇都能以良好的反应性和选择性转化为手性醚。含苯基、氯原子和三甲基硅基的醇能以高反应性（60%～95%产率）和对映选择性[(91∶9)～(96∶4)*er*]获得目标产物。二烯与天然产物(−)-香茅醇的氢烷氧化反应，能以＞20∶1 *dr* 和 73%产率得到所需的醚。

Yang 等提出了如下可能的反应机理：1,5-环辛二烯与双齿膦配体通过配体交换生成中间体Ⅰ。醇 **1** 和 1,3-二烯 **2** 通过配体交换与 Ni 结合生成 Ni 中间体Ⅱ。氢原子通过配体-配体氢转移直接从醇 1 转移到 1,3-二烯 **2**，有一个正离子烯丙基中间体Ⅲ出现，其中醇盐通过其与醇的氢键来稳定。中间体Ⅲ历经醇盐外球亲核进攻得到产物 **3**。该机理与常见的对 Pd 或 Ni 烯丙基化的中间体烯丙基的亲核进攻一致。醇盐（被认为是“软”亲核试剂）会通过外球进行进攻。此外，Ni-H 插入以前曾被提出能够用于 Ni 催化 1，3-二烯的氢官能团化反应。但根据在反应体系中加入酸或碱的实验结果，并结合理论计算结果，初步确定该反应 Ni-H 插入机理的可能性较小。

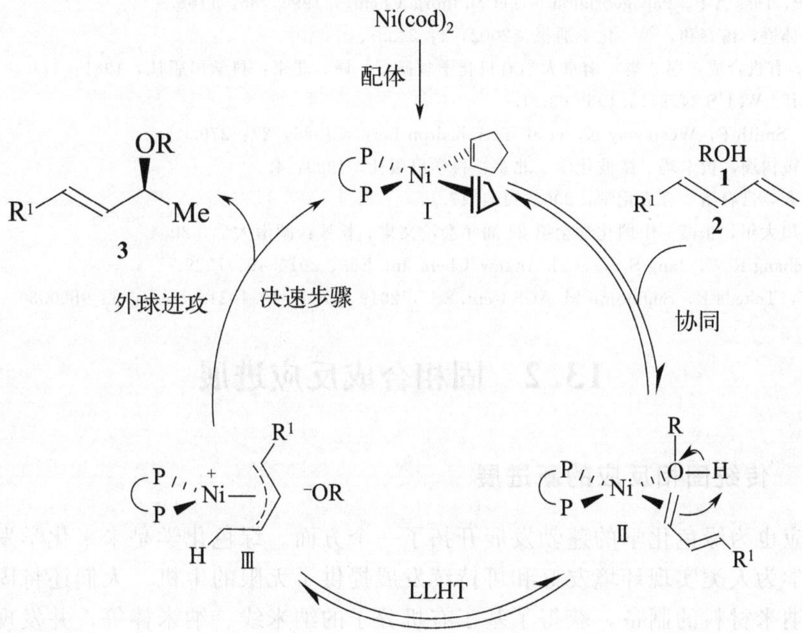

通过一系列机理实验研究，作者提出外球亲核进攻是反应的决速步骤，研究发现该反应对催化剂呈一级依赖性和对 1,3-二烯呈零级依赖性。对醇的反应级数依赖性取决于其浓度：当使用较高浓度的醇时，观察到负的反应级数；当使用较低的浓度时，可以观察到分数反应级数。这表明增加醇的浓度可以抑制外球亲核进攻，认为是由于氢键的作用。

Yang 等认为无溶剂条件反应可以在较低的温度（0 ℃）下进行，从而通过动力学控制的过程避免了消旋化的发生，这一现象可能有广阔的应用前景。

本书在这里值得一提的是，He 等人也几乎在同时发表了类似相关的工作（*J. Am. Chem. Soc.*，2023，145：3915）。

参 考 文 献

[1] (a) Jones R A Y. Physical and mechanistic orgnic chemistry. Cambridge：CamBridge University press，1979：89；(b) Jessop P G，Phan Lam，Andreatta J R. J. Org. Chem.，2008，73：127-132.

[2] 张玉彬．生物催化的手性合成．北京：化学工业出版社，2002：134.

[3] 余从煊，欧育湘，温敬铨．物理有机化学．北京：北京理工大学出版社，1991：145.

[4] Jones R A Y. Physical and Mechanistic Organic Chemistry. Cambridge：Cambridge University Press，1979：18.

[5] (a) John S. Correlation analysis in organic chemistry an Introduction to linear free-energy relationships. Oxford：Clarendon press，1973；(b) Tomkinson N C O，Ruda A M，Davies H J. Tetrahedron Letters，2007，4：1461；(c) Neugebauer P. Angew. Chem. Int. Ed.，2007，46 (41)：7738.

[6] 王乃兴．化学通报，1993，5：32.

[7] (a) Li C J，Chem T H. Organic Reactions in Aqueous Media. New York：John Wiley & Son，1997；(b) Blackmond D G，Armstrong A，Coombe V，et al. Angew. Chem. Int. Ed.，2007，46：3798-3800.

[8] 闵恩泽，吴巍．绿色化学与化工．北京：化学工业出版社，2000：80.

[9] 阎立峰，朱清时．化学通报，2001，11：673.

[10] Karodia N，Guise S，Newlands C，et al. Chem. Commun.，1998：2341.

[11] Wasserscheid P，Keim W. Angew. Chem. Int. Ed.，2000，39：3772.

[12] Quarmby I C，Osteryoung R A. J. Am. Chem. Soc.，1994，116：2649.

[13] Bonhote P, Dias A P, Papageorigiou N, et al. Inorg. Chem., 1996, 35: 1168.
[14] 石家华，孙逊，杨春和，等．化学通报，2002，4：243.
[15] 霍宁 E C. 有机合成：第 3 集．南京大学有机化学教研室，译．北京：科学出版社，1981：174.
[16] Vanderhoff J W. US 3432413. 1969-03-11.
[17] Gedye R, Smith F, Westaway K, et al. Tetrahedron Lett., 1986, 27: 279.
[18] 金钦汉．戴树珊，黄卡玛．微波化学．北京：科学出版社，1999：4.
[19] 罗军，蔡春，吕春绪．合成化学，2002，10：17.
[20] 刘万毅，田大年，张霞．中国化学会第 24 届年会论文集．长沙：湖南大学，2004.
[21] Lin W, Zhang R W, Jang S S, et al. Angew. Chem. Int. Ed., 2010. 49: 7929.
[22] Nagata Y, Takeda R, Suginome M. ACS Cent. Sci., 2019, DOI: 10.1021/acscentsci. 9b00330

13.2 固相合成反应进展

13.2.1 传统固相反应的新进展

固相反应也为绿色化学的蓬勃发展开拓了一个方面。绿色化学是未来化学发展的必然趋势，绿色化学为人类实现环境友好和可持续发展提供了无限的生机。人们还将固相反应应用于低维有机纳米材料的制备，获得了基于有机分子的纳米线、纳米棒等，并发现所得到的这些有机分子的聚集态结构，在光物理性质上与相应的有机分子存在明显的差异，通过固相反应的方法，人们利用 C_{60} 粉末直接构筑 C_{60} 纳米管获得了成功。所获得的 C_{60} 纳米管是由 C_{60} 晶体生长而成，仍保留了共轭大 π 键结构。C_{60} 纳米管与具有石墨结构的碳纳米管在结构上有本质的差异，这种具有共轭 π 电子结构的纳米管既保持了 C_{60} 分子的结构和性质，作为新的聚集态结构又具有准一维纳米材料的特点[1]。

目前，生物芯片是一个较新的研究热点。生物芯片是采用生物技术制备或应用于生物技术的微处理器，也可以称作微阵列芯片，主要是指基因芯片、蛋白芯片、细胞芯片和组织芯片这类微型生化反应和分析系统，其本质是对生物信号进行平行的处理和分析。大量的生命活动信息以及许多不连续的分析过程集成在一个小载体片上，从而实现对 DNA、蛋白质、细胞以及其他生物组分的准确、快速、并行和大信息量的检测和分析。

生物芯片（biochip）采用光导原位合成或微量点样等方法，将大量生物大分子如核酸片段、多肽分子、组织切片、细胞等生物样品有序地固化于支持物（如玻片、硅片、聚丙烯酰胺凝胶、尼龙膜等载体）的表面，组成极密集（每平方厘米数十万个点）的二维分子排列，然后与已标记的待测生物样品中靶分子杂交，通过特定的仪器如激光共聚焦扫描或电荷偶联摄像机对杂交信号的强度进行并行和高效快速的检测分析，从而判断样品中靶分子的数量以及某些重要性质。由于常用玻片或者硅片作为固相支持物，另外，在制备过程中模拟计算机芯片的制备技术，因而称之为生物芯片技术。

生物芯片的制备方法是成功应用固相反应的例证。原位合成是目前制备高密度寡核苷酸生物芯片常用的方法，主要表现在原位光刻合成和原位喷印合成两种途径上。原位光刻合成技术成功应用了固相化学的方法，而且还利用了光敏保护基及光刻技术来实现准确的碱基定位和片段合成。光敏保护基被用来保护碱基的 5′-位羟基，固体表面先要通过预处理而使其表面活化，并使表面活性基团被光敏保护基团保护。

13.2.2 载体固相反应简介

现在化学家言及的固相合成通常是把反应物键接在固相载体上，在反应完成后，不想要的化合物和过量试剂被适当洗脱。有时，分子内的环化反应或者多个反应中心的选择性是通过溶液相合成中的溶剂稀释来加以控制，实际上在固相载体上的反应物往往保持假溶解的状态（分子间保持适当的距离），即使在固相载体上的反应物毒性较大，也能安全地处理固相载体直到反应完成。固相合成容易实现，易于重复反应和进行后处理。固相反应最大的优点是过程容易控制，通过将试剂与溶剂在树脂上混合而使反应进行，反应之后树脂以合适的溶剂过滤和洗涤，构成一个循环过程。反应经过几步完成，目标产物附着到树脂上，最后被纯化得到。固相反应也有一些缺点：① 通常固相反应速率不快，因为系统是处于固相和溶液之间的非均相系统；② 为建立反应条件，需要较液相反应花更多的时间；③ 在反应物被附着到树脂珠上后，需要额外的树脂切割反应步骤；④ 由于载体必须和连接分子键合，反应受到限制；⑤ 识别反应中间体有些困难；⑥ 通常固相合成是不适于获得大量化合物的。

选择固相载体和连接分子是固相反应的重要手段。固相载体和连接分子都应该在反应过程中能保持稳定，而且产品的切除应能在温和的条件下实现。从理论上讲，许多材料都可用作固相载体，如聚乙烯、聚苯乙烯-外涂聚乙烯薄层，甚至纸或棉花等。最常用的载体是：聚苯乙烯（PS），聚乙二醇（PEG），聚乙二醇-聚丙烯酰胺（TG-PEGA）。固相合成中最常用的载体是直径为数十或数百微米的树脂珠。树脂是无定形有机聚合物的通常名词。松树树脂是一种天然的树脂，易于过滤除去。固相反应多在装有多孔过滤板的反应装置中进行，这有利于完成过滤和洗涤等后处理。

自从发展开创了固相多肽合成方法以来，经过不断的改进和完善，现在固相合成已成为多肽和蛋白质合成中的一种常用技术，表现出了经典液相合成法无法比拟的优点。多肽合成的固相反应主要方法是先将所要合成肽链的氨基酸末端的羟基以共价键键合到不溶性的高分子树脂载体上，然后，键合在这个高分子树脂载体上的氨基酸衍生物脱去氨基上的保护基，再同过量的活化羟基组分的氨基酸反应，形成长肽链。重复操作，达到所要合成的肽链长度；最后将肽链从树脂上裂解下来，经过纯化等处理，即得所要的多肽。

将固相反应与其他反应区分的唯一特征是固相载体。固相载体必须满足一些基本要求，如它必须包含反应位点，以使肽链能连在这些位点上，并在以后除去；它还必须对合成过程中的物理和化学条件稳定；载体必须满足在不断增长的肽链和试剂之间快速地、不受阻碍地接触的条件；载体必须允许提供足够的连接点以使每单位体积的载体给出有用产量的肽，并且必须尽量减小被载体束缚的肽链之间的相互作用。

13.2.3 载体固相反应进展

1984 年，Merrifield（美国化学家）因发展固相载体对肽和蛋白的合成而获得了诺贝尔化学奖（见附录）。

固相合成（solid phas synthesis，SPS）在很大程度上是基于 Merrifield 在 1963 年首创的工作基础上发展起来的，Merrifield 最早描述了使用取代的树脂作为固相载体来合成多肽，从而出现了固相合成的概念。但是事实上，多肽合成不再是一种传统的纯固相合成，而是依固相为载体，在高度流动的反应溶液的环境中来完成的。固相合成在多肽类化合物的制备中首先获得成功，通过对关键反应和各个细节的优化，从而使具有相当长度的多肽也可以高产率地合成出来[2]。开始，一些化学家认为这种固相合成是一种“草率”的合成方法，因为它不对中间体进行分离、纯化和表征。现在看来，正是这种对中间体不处理而连续进行的一锅反应（one pot reaction），才避免了过多的环境污染和浪费现象，正符合绿色化学的方向和原子经济性的原则。正因为如此，最近几年固相合成进展很快，固相合成的范围已经远远超出多肽类化合物的合成领域，目前在药物这个黄金产业领域，固相合成的研究和应用取得了长足的发展。

这种固相合成在有机合成方法学上具有显著的优势。它先把重要反应底物通过键合的手段固定在固相载体上，再使用大大过量的试剂甚至重复反应，结果使底物的转化率极大提高，甚至使反应趋于全部完成。反应中所用的这些过量试剂通过简单过滤就可以分离，方法简捷，有利于将来的自动化合成。

笔者认为，这方面有四个较为重要的问题。

① 首先这种固相合成需要选择合适的固相载体，目前这种固相载体多为聚合物，如交联聚苯乙烯等。所用的固相载体必须有稳定性，特别是在反应时固相载体不能参加反应。目前，在实际应用中这些固相聚合物载体常被制备成微珠，小的球状树脂珠一般为80～200 μm，有较大的比表面积，接触充分，效果较好。交联聚苯乙烯是 Merrifield 最早使用的[2]，至今仍被广泛采用，是实验室和市场上主要的固相反应载体。在聚合过程中，大约 1%的二乙烯基苯被加入到苯乙烯中以达到交联的目的。交联聚苯乙烯的热稳定温度低于 130 ℃，如果聚合物高分子中含有未聚合的单体和溶剂分子等杂质，就会给这种固相合成的最终纯化带来麻烦。重要的问题是固相聚合物载体上要带有某些官能团。在功能高分子蓬勃发展的今天，这个问题不难解决，或在聚合前单体就含有官能团，或者对固相聚合物载体的微珠进行化学修饰，在用于固相反应前引入官能团[2]。

② 固相聚合物载体与底物的连接。接上反应底物的载体体系要能够经受住整个固相反应条件的考验。现已有了一些把底物与固相聚合物载体相键连的方法。Merrifield 最早的方法是对载体聚合物的苯环进行氯甲基化，然后，*N*-保护的氨基酸分子中的羧基负离子对氯原子进行亲核取代反应，这样，就把氨基保护的氨基酸衍生物键连到了载体聚合物上。其过程[2] 如下：

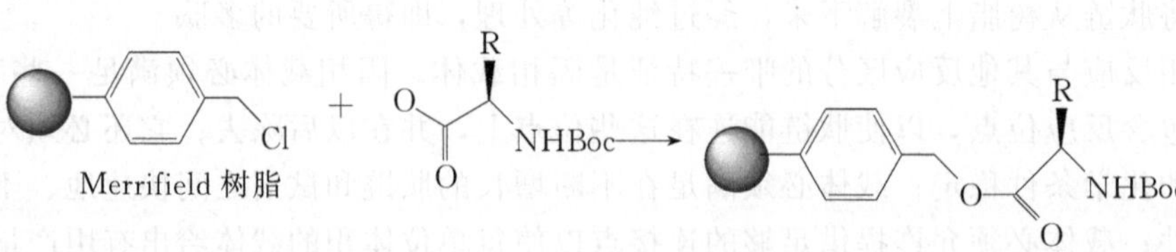

这里的 Boc 代表叔丁氧羰基（*tert*-butyloxycarbonyl），苄氧羰基等也可以作为保护基，常常用三氟乙酸（TFA）脱去叔丁氧羰基和苄氧羰基等保护基，然后再加入下一个氨基酸残基。在固相合成反应中，有时还需要从固相载体上选择性地切下部分片断用于追踪反应进程。

③ 反应结束后，要能够从固相聚合物载体上全部切下最终得到的反应产物。Merrifield 最初的方法是在强酸条件下，用无水液体氢氟酸把多肽从聚苯乙烯上切下来，在这种强酸性条件下，侧链的保护基会同时脱去[2]。现在，多用方便的三氟乙酸（TFA）来完成底物全部从固相聚合物载体上的切割。

④ 固相载体方面的研究与应用进展很快，目前除了上面介绍的交联聚苯乙烯等，还有聚酰胺树脂、Tenta Gel 树脂、磁性树脂珠、可控孔度玻璃等。聚酰胺树脂主要是用于多肽合成的聚丙烯酰胺，其在结构上与多肽链有相近的特点（酰基、氨基结构）。最早是以 *N*,

N-二甲基丙烯酰胺为骨架，以 N,N-双烯丙酰基乙二胺为交联基再加入一定官能团化衍生物聚合得到的固相聚合物载体。Tenta Gel 树脂是把聚乙二醇通过醚键连接到交联的聚苯乙烯上的。Tenta Gel 树脂的特点是具有聚乙二醇载体的可溶性，同时又有聚合苯乙烯的难溶性及操作容易等[2]，这从其结构片断上可以看出来：

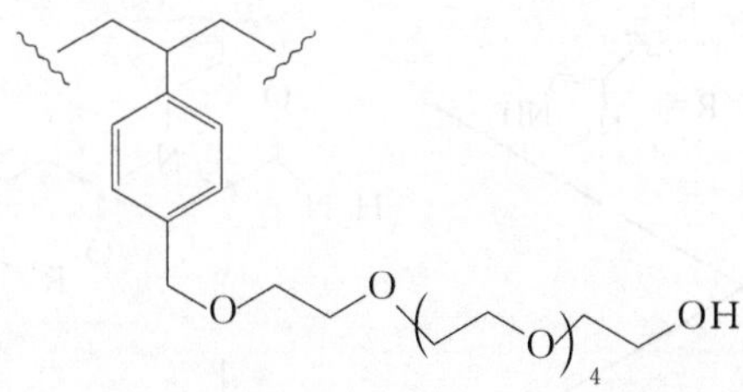

Wang 树脂是使用聚苯乙烯并用 HMPA 作为连接基团的固相聚合物载体。下面是通过固相合成反应来制备二氢蝶啶酮的例子。先将芴甲氧羰基（Fmoc，fluorenylmethoxycarbonyl）保护的氨基酸键接到 Wang 树脂上，然后脱掉芴甲氧羰基（Fmoc）保护基，得到的氨基酸衍生物键接的 Wang 树脂在碱性条件下以 DCM 为溶剂，以 4,6-二氯-5-硝基嘧啶为反应物，产物与氨基酸酯进行杂芳环上的亲核取代反应，再用氯化亚锡还原杂环上的硝基，然后环化，最后用 30%的三氟乙酸将最终产物从 Wang 树脂上切割下来。反应过程如下[3]：

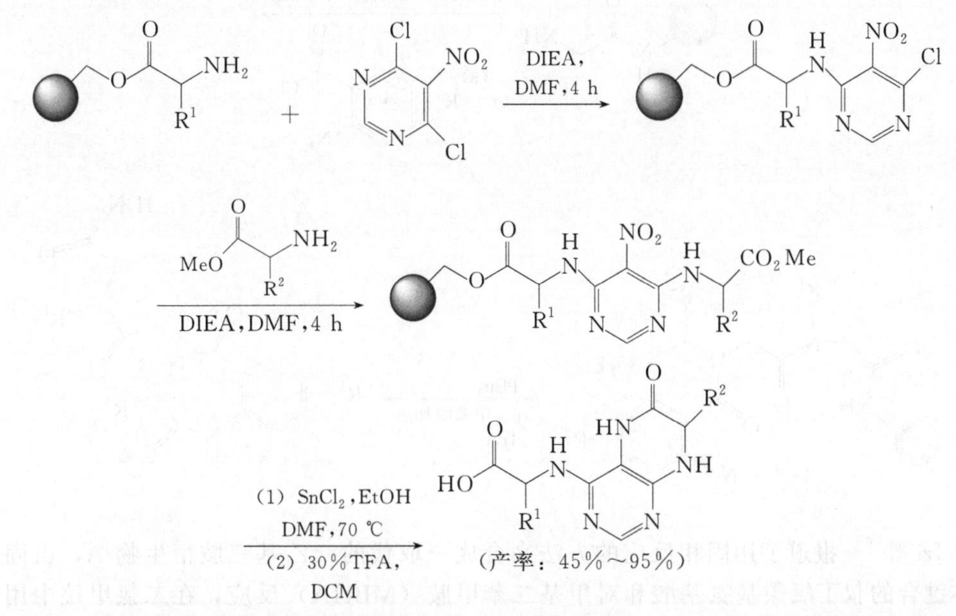

Ellman 等首先将羟基脯氨酸甲酯通过四氢吡喃键连在 Merrifield 树脂上，再用大大过量的格氏试剂的衍生物与之反应，氮原子上的保护基被还原，得到连接在固相载体上的手性脯氨醇衍生物，将其作为手性配体，用来催化二乙基锌与苯甲醛的不对称加成反应，产物的对映体过量高达 89%[3]。手性配体是重要的手性合成催化剂，在固相反应手性合成新方法上有很大的应用前景。

Hutchins 等[4] 报道了用固相反应来合成四氢异喹啉等的方法，采用相应的二肽模拟和各种醛的反应，固相反应的合成路线如下：

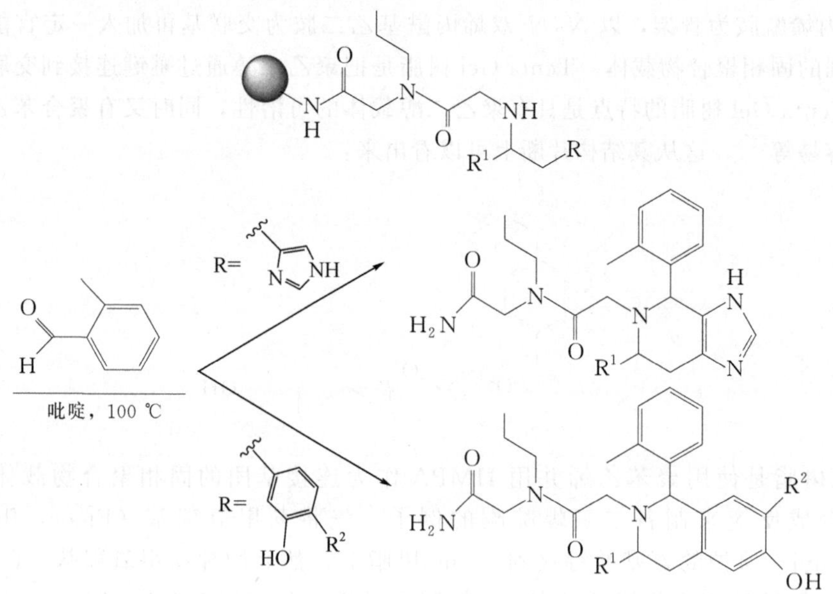

从与固相载体键合的氮烷基化的甘氨酸衍生物出发，Goff 等[5] 合成了 1,4-苯并二氮杂-2,5-二酮。这个二酮衍生物的固相合成路线如下：

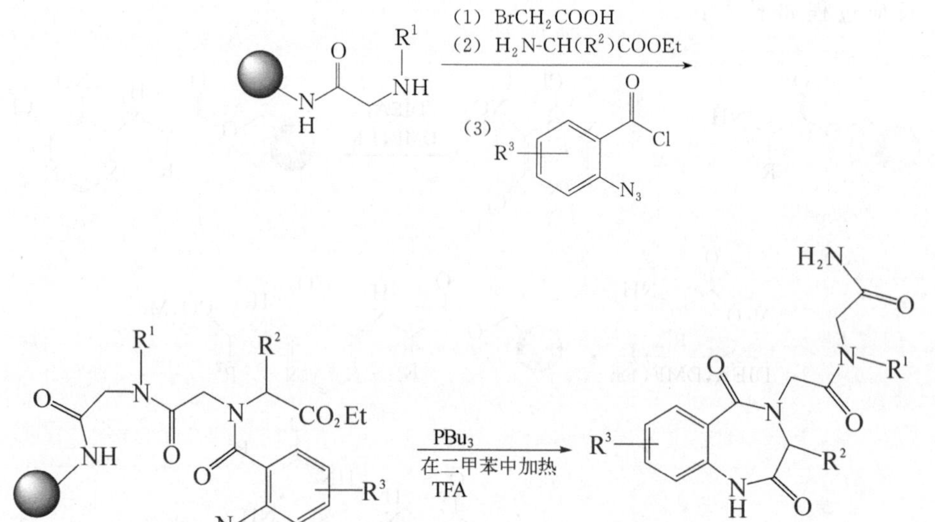

Nefzi 等[6] 报道了用固相反应的方法来合成三取代的二乙基三胺衍生物 A，由固相树脂载体键合的叔丁氧羰基氨基酸和对甲基二苯甲胺（MBHA）反应，在二氯甲烷中用三氟乙酸脱去叔丁氧羰基，铵盐被中和，得到的一级胺用氯化三苯甲烷保护，在叔丁氧基锂的存在下二级胺用烷基化试剂选择性烷基化，然后脱保护，二级氨基酸通过反应被键接到连在载体上的 *N*-烷基氨基酸上。通过连续使用芴甲氧羰基氨基酸保护的方法，可以避免合成过程中的断裂现象。脱去芴甲氧羰基，对键接在固相载体上的二肽进行 *N*-酰基化，通过使用硼烷的四氢呋喃溶液，实现酰基的彻底还原。最后，用苯甲醚的氢氟酸溶液从载体上切割下目标产物 A、B、C。

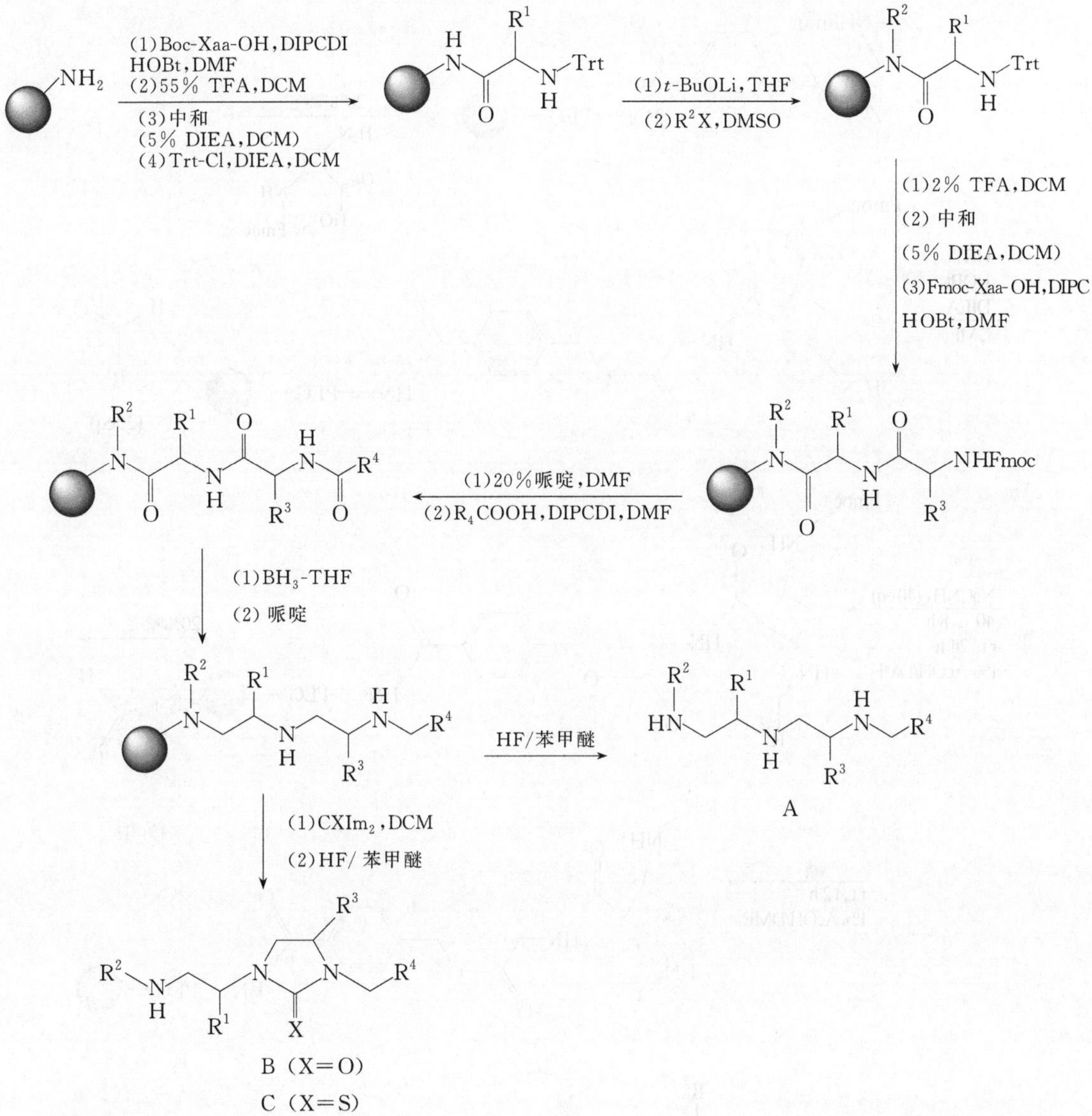

刘刚、姚念环等[7] 采用 Tenta Gel NH_2 树脂，通过固相反应的方法，选择性地对 *N*-去甲万古霉素的糖片段和亮氨酸氨基进行了还原烷基化反应，得到了 *N*-去甲万古霉素衍生物：

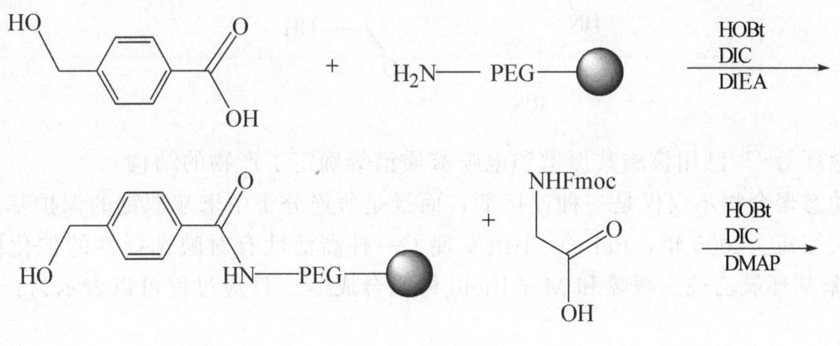

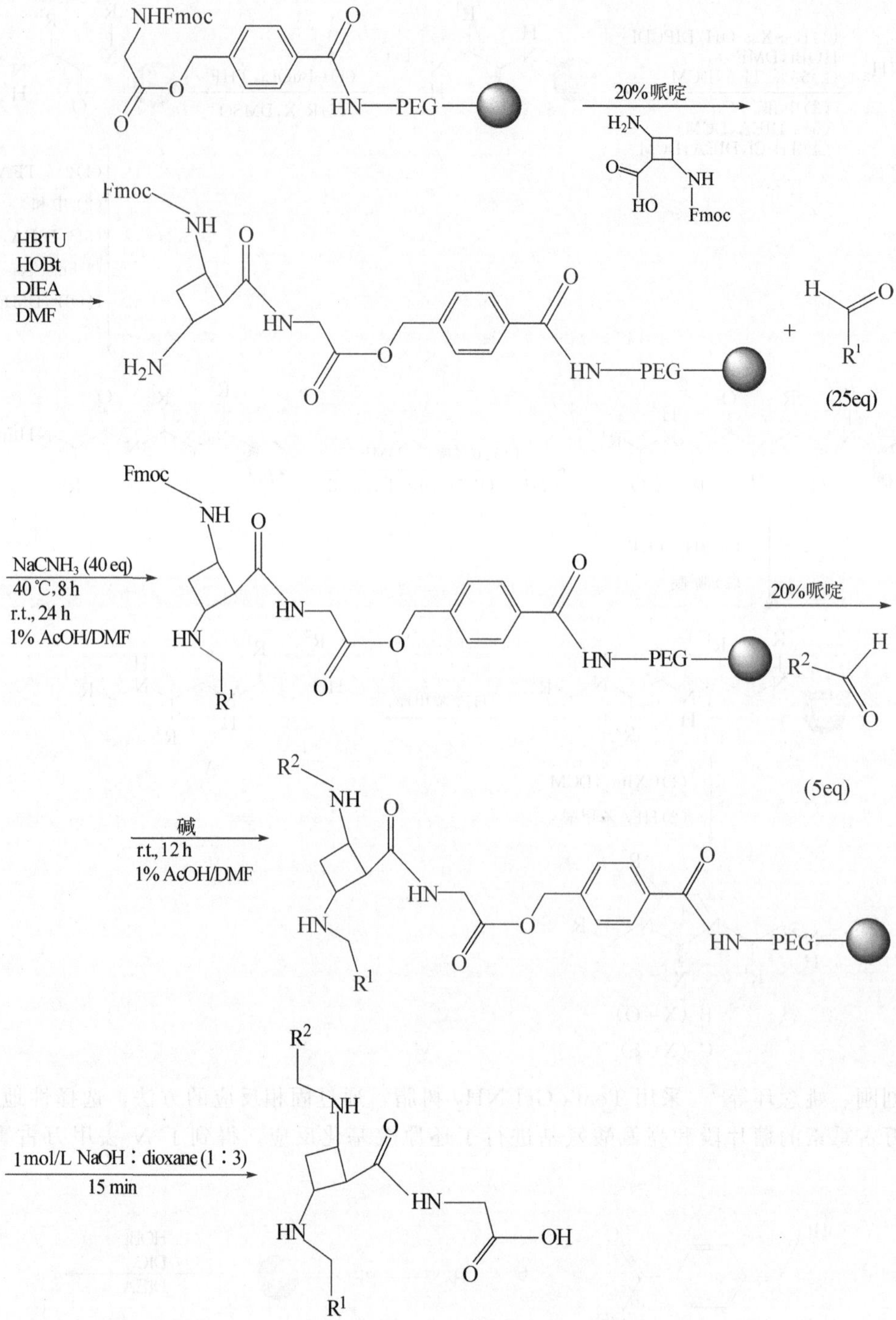

刘刚、姚念环等[7] 已用核磁共振谱和电喷雾质谱等确定了产物的结构。

某些动态聚合物不仅仅是一种连接剂，而且是所连分子中末端双键的保护基，可以使反应过程大大缩短。2005 年，Pericàs 小组发现了一种高活性有对映选择性的催化树脂，该树脂由 *S*-三苯基环氧乙烷、哌嗪和 Merrifield 树脂合成[8]。反应过程可以表示为：

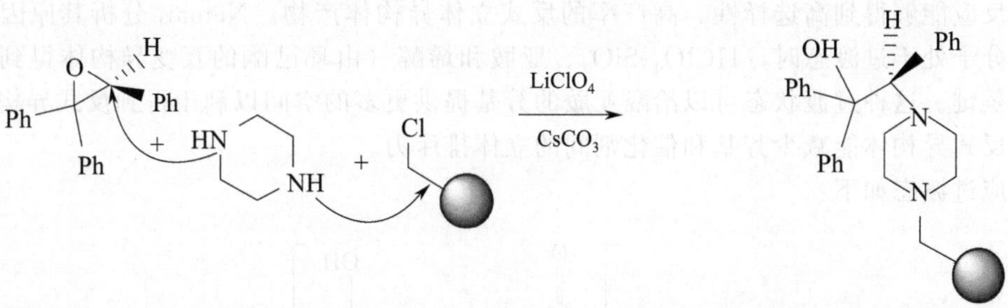

该反应的优点在于在反应前后其手性保持不变。因此在合成高催化活性和对映选择性的配体中具有无法比拟的优点。利用该方法还可以合成如下列物质 **1**、**2**、**3**，进而可以合成其他产物如 **4** 等。

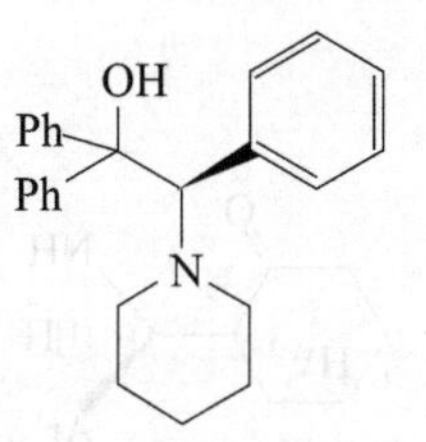

1

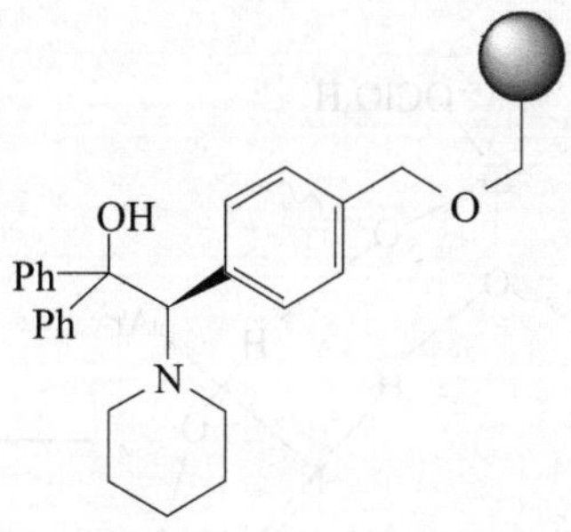

2

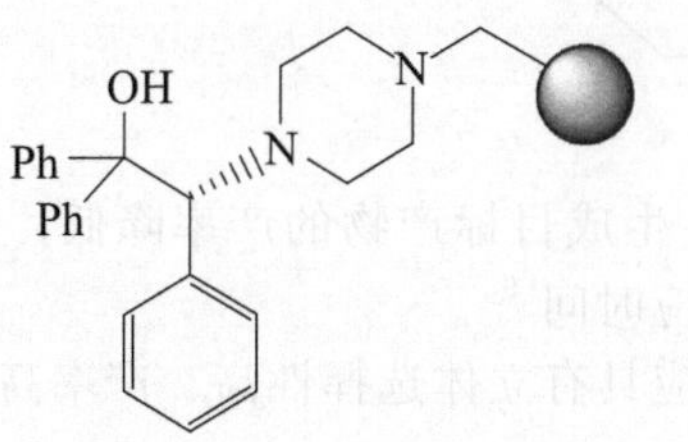

3

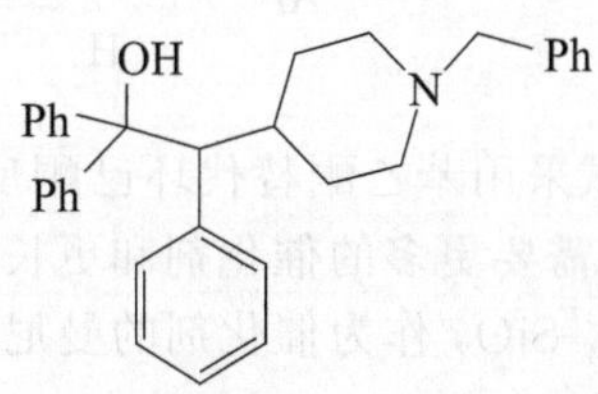

4

负载高氯酸的硅的固体催化剂（$HClO_4$-SiO_2）因其便宜、无毒性和可循环性能广泛地用于各种有机反应，并能够高选择性、高产率地获得对应的产物。

Nemati 等研究人员在曼尼希反应中使用 $HClO_4$-SiO_2 作为催化剂，并且在室温下以乙醇为溶剂，通过一锅法，三组分（苯甲醛、苯甲胺和环己酮）曼尼希反应合成 β-氨基羰基化合物[9]。反应如下：

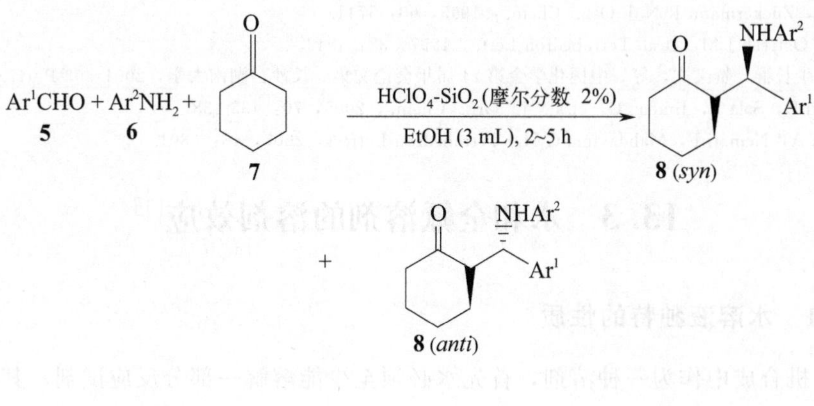

该反应能够得到高选择性、高产率的反式立体异构体产物。Nemati 分析其原因可能是当反应分子处于过渡态时，$HClO_4$-SiO_2、亚胺和烯醇（由环己酮的互变异构体得到）之间形成了氢键。这种过渡状态可以给醛亚胺的芳基提供更多的空间以利于得到反式异构体，所形成的反式异构体能减少芳基和催化剂间的立体排斥力。

反应过渡态如下：

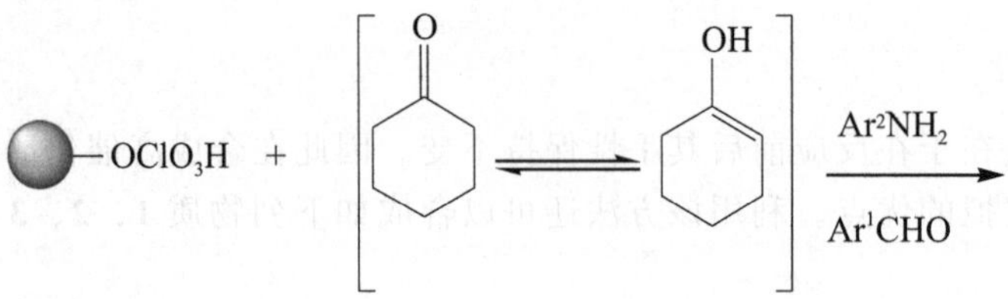

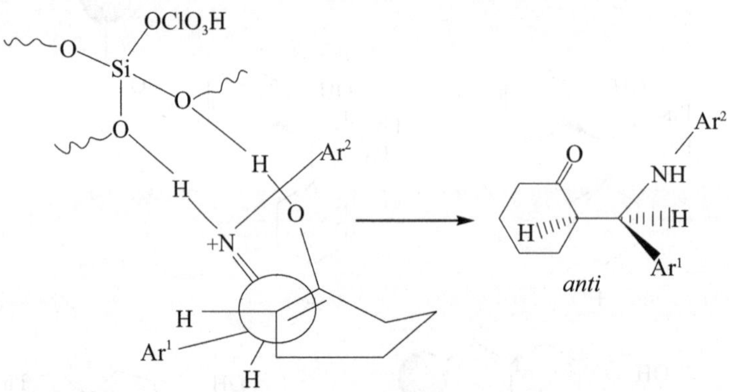

Nemati 尝试采用苯乙酮替代环己酮反应，生成目标产物的产率降低，苯乙酮的反应活性比环己酮小，需要更多的催化剂和更长的反应时间[9]。

利用 $HClO_4$-SiO_2 作为催化剂的曼尼希反应具有立体选择性高、产率高、后处理容易和无副产物等优点。

参 考 文 献

[1] Liu H，Li Y，Jiang L，et al. J. Am. Chem. Soc.，2002，124：13370.

[2] Terrett N K. 组合化学 . 许家喜，麻远，译 . 北京：北京大学出版社，1999：10.

[3] 胡文祥，王建营 . 协同组合化学 . 北京：科学出版社，2003：218.

[4] Hutchins S，Chapman K. Tetrahedron Lett.，1996，37：4865.

[5] Goff D A，Zuckermann R N. J. Org. Chem.，1995，60：5744.

[6] Nefzi A，Ostresh J M，et al. Tetrahedron Lett.，1997，38：4943.

[7] 姚念环，牛长群，贺义文，等 . 中国化学会第 24 届年会论文集 . 长沙：湖南大学，2004：03-P-047.

[8] Castellnou D，Solà L，Jimeno C，et al. J. Org. Chem.，2005，70：433-438.

[9] Bigdeli M A，Nemati F，Mahdavinia G H. Tetrahedron Letters，2007，48：6801.

13.3 水和全氟溶剂的溶剂效应[1]

13.3.1 水溶液独特的性质

水在有机合成中作为一种溶剂，首先水必须至少能溶解一部分反应试剂，其次水不能参加反应。实际上，在生命体系这个涉及大量复杂的化学变化的世界里，其繁复的不对称合成和降解等化学反应几乎都发生在水溶液中。

从整体上了解水的独特的性质对于理解在纯水中的反应有一定的作用，对于混合溶剂的反应的理解较为复杂，尤其是当混合溶剂中含水量较小时。水能促进反应的一个明显的特征是作用物溶解在一定量的水中，大部分时间水在两相条件下起作用。如果作用物不能完全溶解可加入混合性的共溶剂、表面活性剂、亲水的相转移试剂，如加入糖类、羧酸盐等。

普遍认为水的独特的性质是它产生很多物理化学现象的原因。例如表面聚合现象、生物膜的稳定性、核酸和蛋白质的折叠、酶对底物的键合等理化现象无不与水分子的特性相关。

液体水的独特的物理化学性质如下：① 摩尔体积很小；② 有高的黏结压力（550 cal❶/mL）；③ 有很大的热容量；④ 有很大的表面张力（72 $dyn/cm^2$❷）；⑤ 压缩系数小；⑥ 随压力的减小黏度减小；⑦ 由于存在一个大的不规则的热膨胀系数导致最大密度在 4 ℃时出现。水溶液中出现的更多的反常现象是由于非极性溶质的水溶液产生疏水作用导致的。

在两种状态的液体模型中水代表了“结构水”（低熵、低密度）和“非结构水”（高熵、高密度）之间的平衡。非极性溶质在水中的溶解在能量上是不利的（$\Delta G_{tr}>0$），引起水的结构的改变主要是在溶质周围排列的水分子的有序性增加（$\Delta S_{tr}<0$），和在较低的温度下氢键的增强（$\Delta H_{tr}<0$）。这就是所谓的焓-熵补偿作用。研究了很多非极性化合物的水包合物的晶体，证明了水的上述结构。非极性溶质周围的环境对于相邻的水分子间形成氢键是有利的。疏水溶质在水中溶解时热容量变化为正（$\Delta c_p>0$），热容量变化是由水分子形成第一水合层时引起的，而且与非极性溶质的表面积成正比。水的物理化学性质会在较高温度时发生很大的变化。例如，温度从 25 ℃变化到 300 ℃，水的相对密度从 0.997 变化到 0.713，介电常数从 78.85 变化到 19.66，黏结压力从 550 减小到 210，pK_a 从 14 减小到 11.30。这意味着水可作为酸-碱双催化剂，它在生态学上应用于化学物质的循环利用、再生和毒性的降解。

表 13-3 化合物是按 25 ℃时黏结自由能密度减小的顺序排列的。黏结自由能密度是由下面这个蒸发热 ΔH_{vap} 的经验关系式得到的：

$$ced=\Delta U_{vap}/V=(\Delta H_{vap}-RT)/V$$

表 13-3　黏结自由能密度、E_T 参数和介电常数（25 ℃）

化　合　物	$ced/(cal/cm^3)$	$E_T/(cal/mol)$	ε
水	550.2	63.1	78.5
甲酰胺	376.4	56.6	109.5
1,2-亚乙基二醇	213.2	56.3	37.7
甲醇	208.8	55.5	32.6
二甲基亚砜	168.6	45.0	48.9
乙醇	161.3	51.9	24.3
硝基甲烷	158.8	46.3	38.6
1-丙醇	144	50.7	20.1
乙腈	139.2	46.0	37.5
二甲基甲酰胺	139.2	43.8	36.7
2-丙醇	132.3	48.6	18.3
1-丁醇	114.5	50.2	17.1
叔丁醇	110.3	43.9	12.2

❶　1 cal=4.18 J。

❷　1 dyn/cm^2=0.1 Pa。

续表

化合物	ced/(cal/cm^3)	E_T/(cal/mol)	ε
二噁烷	94.7	36.0	2.2
丙酮	94.3	42.2	20.7
四氢呋喃	86.9	37.4	7.4
氯仿	85.4	39.1	4.7
甲苯	79.4	33.9	2.4
乙醚	59.9	34.6	4.2
己烷	52.4	30.9	1.9

水的内压力随温度的升高而增大直到在150℃时达到最大值，而黏结压力随温度的升高而减小。水的黏结自由能密度比其他所有的有机溶剂都大，也反映了水分子的独特的氢键网状结构。

E_T 参数被认为可大致反映溶剂的极性，它是一个经验参数，基于乙基-1-甲氧羰基-4-碘化吡啶镓盐的电荷迁移导致的能量变化（E_T）。这个参数比用介电常数估计溶剂的极性更加准确，如表13-3所示，水是极性较大的溶剂，这在化学反应中可以表现出来。尽管如此，也要注意水有结构变动的特点，而这一点通过形成（断裂）更多的氢键，可以强化（削弱）氢键等来实现。

13.3.2 水在有机反应中的溶剂效应

在Hughest-Ingold理论中溶剂效应的合理性是通过反应物的溶剂化作用的Gibbs自由能和过渡态的Gibbs自由能的研究来体现的。溶剂化作用包括溶质与溶剂之间的相互作用和溶质周围溶剂的重新排列。如SN_1 溶剂化反应在极性较大的溶剂中反应速率加快，又如在水溶剂中，碳正离子和溶剂在过渡态时相互作用很强。水作为一种供选择的溶剂，有最大的E_T 参数，有一个极性较强的过渡态。

Dack[2] 认为通过溶剂作用，降低溶剂的量（使反应体系的体积减小），可以预测溶剂对反应的加速速率，这种情况往往在过渡态比起始态的极性大时出现，但这不能解释一个有趣的现象，即为什么非极性的狄尔斯-阿尔德反应在水溶剂中比在其他溶剂中反应速率更快。对于一个已知的反应，当两个疏水分子被一起放入水溶液中，会有什么现象呢？由于疏水的内部的相互作用，它们趋向于集合，但是集合并不能有效地解释反应速率的提高。一般来说，疏水水合作用与疏水表面积成正比。

（1）狄尔斯-阿尔德反应　水作为溶剂对狄尔斯-阿尔德反应的反应速率的影响，体现在水的独特性质与它强的加速效应之间的关系上。这可能是由于狄尔斯-阿尔德反应的活性体积是一个很大的负值，这个值（ca. 30 cm^3/mol）在水溶剂中较之在有机溶剂中更为负[3]。在水中和水微乳状液中狄尔斯和阿尔德都做了试验，狄尔斯-阿尔德反应是一种对溶剂迟钝的反应，而Breslow等[4] 发现环戊二烯和丁烯酮在水溶液中的反应表现出惊人的加速现象。他们认为反应物的疏水包络作用与狄尔斯-阿尔德反应速率提高有关[5]。如β-环糊精，它提供了一个有利的疏水底物，能与反应物配合，从而使环加成反应加速，相反，α-环糊精，由于疏水的空腔小而阻止了配合物的配位，使反应速率降低。

疏水效应不同于极性效应，主要体现在：① 以 E_T 参数表示的溶剂极性与吉布斯加成自由能相关的线型误差；② 吉布斯加成自由能与憎溶剂参数 S_P 的线型关系，它是由烷烃从气相到所给定的溶剂中所产生的标准自由能得到的。狄尔斯-阿尔德反应对溶剂疏水性的敏感性首先依赖于反应物的特性，还与其在反应中活性体积的减小有关。

甲酰胺和乙二醇是不同于其他结构的溶剂（有很高的黏结自由能密度），通常被认为是类水溶剂。在这些溶剂中狄尔斯-阿尔德反应被加速，只是加速的幅度比在水中小。二烯和亲二烯的疏溶剂键合也是造成这种加速作用的原因。β-环糊精在这种溶剂中也能通过疏水作用使反应加速。尿素和胍盐离子是非疏水性的，因此在水溶液中使狄尔斯-阿尔德反应速率减小，而在甲酰胺和乙二醇中却未出现此效应，这也证实了水作为溶剂的独特的性质。

环戊二烯和丁烯酮在丙醇中的环加成吉布斯活化能比其在水中的吉布斯活化能高约10 kJ/mol。而作用物在1-丙醇中的标准吉布斯转化能又比水中的稍小一些［ΔG_{tr}(IS)=9.1 kJ/mol］，这就意味着对活化配合物的吉布斯转化能从丙醇到水为负值［ΔG_{tr}(AC)=−0.9 kJ/mol］。这个反应在水中的加速作用主要是由于起始态的去稳定作用而引起的。过渡态与起始态的稳定性首先与活化过程中疏水区的减少有关，这种效应称为“强制疏水相互作用”，“强制”用来区分在疏水相互作用的活化过程中反应物的疏水键合作用。由于活化配合物在水中被容纳而使亲双烯体的活性基团的氢键增强，过渡态强的特殊稳定性最终得以实现。事实上，丁烯酮作为亲双烯体试剂，在过渡态中羰基上部分电荷呈现出较大的极化，反过来加强了过渡态中氢键。

根据分子轨道计算[6]，氢键被认为是在水相中控制狄尔斯-阿尔德反应速率的关键。比较环戊二烯和溴化吖啶正离子、丙烯腈、丁烯酮在水和乙醇中的环加成反应，环戊二烯和溴化吖啶正离子在水中的反应速率不快，原因是反应物中不存在能形成氢键的基团。而与丁烯酮的加成反应快，因为丁烯酮是很好的氢键给予体。

对狄尔斯-阿尔德反应中水作为溶剂还有另外的影响，这就是与有机介质相比，狄尔斯-阿尔德反应在水溶液中有很高的内型选择性。在水溶剂中加入有利于疏水作用的氯化锂，加成的选择性提高，加入不利于疏水作用的氯化胍盐，加成的选择性降低。

因为狄尔斯-阿尔德反应有负的活化体积，可看出紧缩的内型过渡态在能量上是有利的。在环戊二烯和马来酸乙酯的环加成中，内型选择性直接和憎溶剂能力（S_P）相关，但是在环戊二烯和丙烯酸甲酯的环加成中，内型选择性与两个参数 S_P、E_T 相关，即憎溶剂能力和氢键给予能力在内型和外型选择性上有重要作用。考虑到狄尔斯-阿尔德反应的非对映选择性，水的影响就复杂了。3-苯亚磺酰丙基-2-内型酸或酯和环戊二烯的加成反应在水中是加速的，但非对映选择性减小。相反，异丁烯醛和手性二烯羧酸酯的环加成，在水中有65%的非对映选择性。

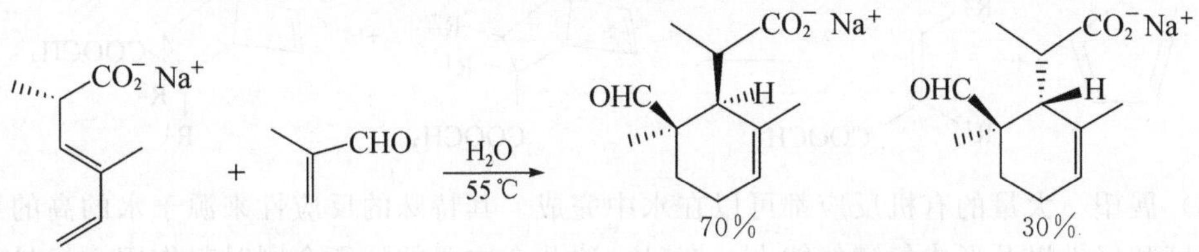

从糖分子衍生的最简单的二烯和丙烯醛的反应，生成全内型选择性产物；水对可进行反应的两个表面上的疏水性非常敏感，在水溶剂中，反应选择性地在疏水性强的一面进行（即在亲水性强的羟基的背面进攻）。

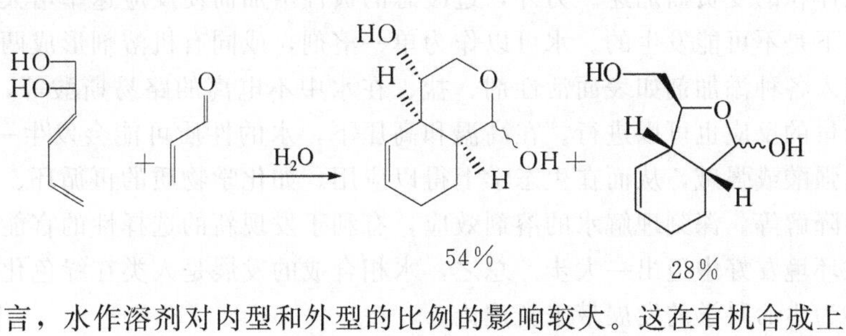

就选择性而言，水作溶剂对内型和外型的比例的影响较大。这在有机合成上，尤其是在

天然产物化学和制药工业上有应用价值，在温和的条件下，水作溶剂促进了狄尔斯-阿尔德反应。Engberts 等[7a] 报道了在铜（Ⅱ）催化的狄尔斯-阿尔德反应中，水可以提高其对映体的选择性。在水中，通过配位的方式，铜（Ⅱ）盐与亲双烯体的键合加强。

研究发现，狄尔斯-阿尔德反应在水相中比在离子液体中要快得多。

镧系元素是很强的还原试剂，用于水溶液中还原羧酸、酯、腈和酰胺得到相应的醇和胺。反应在 10%的盐酸中进行产率很高。使用相同的还原体系还原吡啶、喹啉和异喹啉，产率也很高。二碘化钐用于在水溶液中还原很多官能团，如羰基化合物、烷基卤化物和芳基卤化物、羧酸、酯、腈、烯类、硝基化合物等。同样，未保护的醛糖内酯的 α-脱氧（还原过程）在 SmI_2 作用下的四氢呋喃和水体系中，效率很高。

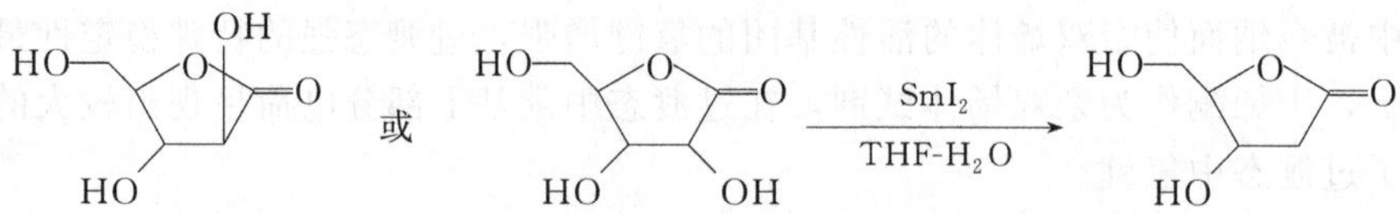

无论是否采用助溶剂，在水溶剂中使用三丁基氢化锡是可行的。制备水溶性的氢化锡，可以在游离基引发剂作用下，用来在磷酸缓冲溶液中还原烷基卤化物。这样，水溶性化合物如未保护的糖类可以直接进行反应，避免了冗长的保护-去保护步骤。

（2）水相中的 D-A 反应　先前对于 Diels-Alder 反应的 *endo*/*exo* 产率比例的解释是基于次级轨道的相互作用（SOI），但这一解释现在已经被质疑了。2006 年，Kumar 小组发现在水相中 D-A 反应的 *endo*/*exo* 比率可以由疏水效应加以解释[7b-7c]：疏水效应可以控制过渡态的几何构型，从而决定了水相中的 *endo*/*exo* 比率。疏水的二烯体和亲二烯体在水相中由于疏水作用而很快地聚集在一起，从而使反应比在无水介质中进行得更快。在反应过程中溶剂效应、原子的空间排列、氢键效应、电子的相互作用等均会起作用。但二烯体和亲二烯体的疏水效应决定了内式产物产率比外式要高。该小组经过多组对比实验已经证实，疏水聚集效应在水相 D-A 反应中控制着 *endo*/*exo* 的比率。

该反应如下：

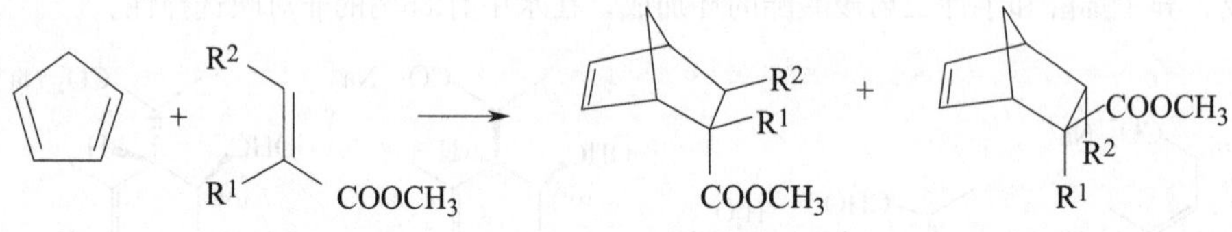

（3）展望　大量的有机反应都可以在水中完成。其特殊的反应性来源于水的高的黏结自由能密度和极性以及形成氢键的能力。有时，这几个主要的特征会同时起作用，但是对水的独特的三维结构还有待进一步研究，这对于了解生命过程和理解水作为溶剂所起的作用都是很关键的。从整体上而言，所有两个小的疏水分子之间的反应，都通过在水中起始态的去稳定作用活性体积的变负而加速。另外，过渡态的极性增加而使反应速率增大，而相同的反应在非水条件下是不可能发生的。水可以作为单一溶剂，或同有机溶剂形成两相体系。可以给水溶剂中加入各种添加剂如表面活性剂、盐、在水中不电离的路易斯酸等，改善反应条件。耗费较高能量的反应也可以进行。在高温和高压下，水的性质可能会发生一些惊人的变化，它可能形成强酸或强碱，从而在生态学上得以应用。如化学物质的再循环、再生、处理和化学品的毒性降解等。深刻理解水的溶剂效应，有利于发现新的选择性的官能团互换，从而使有机合成在环境友好中迈出一大步。总之，水相合成的发展是人类在绿色化学方面的一个新创举，也将为生命科学的发展带来新理论。

另外，OH^- 是一种碱，是由于在以水为介质时它容易俘获 H^+，但是在去溶剂化的条件下，OH^- 还可以作为一种单电子还原剂，在 CH_3CN 中，OH^- 的氧化还原电位比在水中要低 1 V 左右，去溶剂化增强了 OH^- 的还原能力，介质提供的微环境与电子的亲和势密切相关。

在酶催化有机反应中，溶剂效应也非常突出。如某些酶催化有机反应在疏水性溶剂如甲苯中，酶表现出一定的立体选择性，而在强亲水性溶剂中，酶的立体选择性差。

化学家通过多种方法诱导有机分子在水中发生反应，并将这些方法分为不同类型，其中三种基本类型为：在水中；在水表面；利用水。

在水中，就是化合物在不含添加剂的水中发生反应。在某些情况下，提高有机分子水溶性的一种方法是改变水的 pH 值。

在水表面，是指化合物在有机相-水相界面处发生反应。有些化合物显然不溶于水，但它们通常可以很好地排列在水表面上。有些化学反应在水-有机界面上比在传统有机溶剂中进行得更快。某些情况下，反应加速归因于有机化合物会在水中形成小液滴，在周围水分子的作用下，有机分子被挤压在一起，而且内部压力非常高，有机小液滴内部的反应也比其他情况下更快。

添加另一种成分如表面活性剂来帮助水相和有机相混合就是利用水。向水中添加表面活性剂时，它们会自组装成胶束结构，表面活性剂分子排列使得亲水头部朝向水相，疏水尾部朝向内部形成疏水核心，胶束小泡可充当某种纳米反应器。该方法也被称为胶束催化。

2024 年，Köni 等利用水为介质开发了一种新的光化学反应模式，发现在含水介质中，特定的具有不同电子亲和力的疏水性反应物之间，基于相互作用形成电子供体-受体配合物，在水上形成油膜，油-水相界面反应物中的活性氢原子与水形成氢键，从而加速光化学反应有助于光催化的交叉偶联、自偶联以及［2+2］环加成反应。该研究工作为水界面的光化学反应在有机合成方面提供了新的机会，相关成果发表在了 *Science* 上（*Science*，2024，383：750）。

2023 年，Boerne 在美国 *C&EN* 发表文章，对水溶剂的环保性作了阐述。

但是笔者认为：问题不是那么简单，用水作溶剂，多数情况下反应后的废液比有机溶剂更加难以处理。我们不宜简单过分夸大水溶剂的环境友好。

13.3.3 全氟溶剂的溶剂效应[8]

虽然全氟化碳早已众所周知，但是作为有机合成的介质才刚刚开始应用。由于全氟化碳的高密度，和水或一般有机溶剂的低混合性，使其可通过简单的过滤（当产物为固体时）或倾析的方法从反应混合物中完全分离。当生成低沸点的化合物时后一种方法很有用，该化合物可以从反应混合物中蒸馏分离。另外，全氟化碳可促进反应的进行，它还显示出引人注意的溶剂性质。它们几乎无极性，有惰性，提供了宽的沸点范围［从 C_6F_{14} 的 56 ℃到 $(C_5F_{11})_3N$ 的 220 ℃］，这就使得反应可在活性更高的条件下进行。

13.3.3.1 酯交换反应

在全氟化溶剂中的第一个反应是 Zhu[9] 在 1993 年完成的。他使用的全氟化溶剂是 FC-77（主要是全氟-2-丁基四氢呋喃），用于甲基或丙基酯和两种不同的醇的酯交换反应：

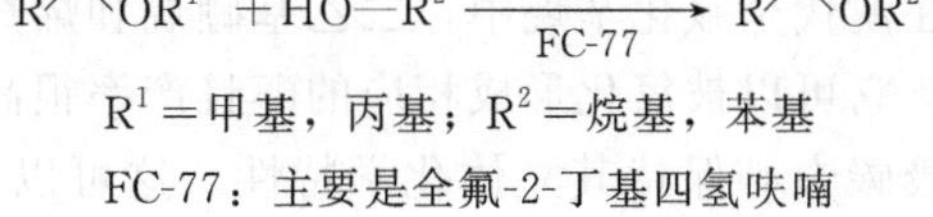

R^1＝甲基，丙基；R^2＝烷基，苯基

FC-77：主要是全氟-2-丁基四氢呋喃

反应完成后酯交换产物可以用简单的倾析法从溶剂中分离，用蒸馏的方法纯化，酯的产率范围为 67%～92%。在这些条件下也可以进行烯胺和羰基化物的缩醛化反应。

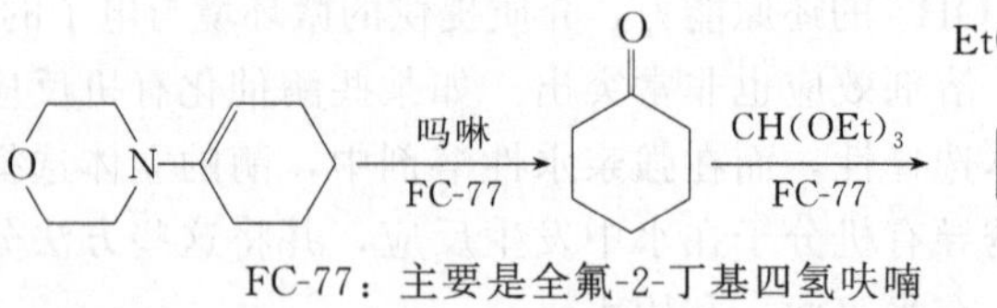

FC-77：主要是全氟-2-丁基四氢呋喃

13.3.3.2 烯烃的溴化

一般来说，烯烃的溴化溶剂选择四氯化碳，四氯化碳的缺点是毒性太大而且会破坏大气臭氧层。因此，国际上正在减少四氯化碳的生产，这就需要一种能替代四氯化碳的溶剂。Savage 等[10] 已经完成了在全氟化己烷中对烯烃官能团进行的溴化反应。在全氟化己烷中，加入与烯烃等物质的量的溴和二溴化物，1 h 后反应就会完成，产率较高。

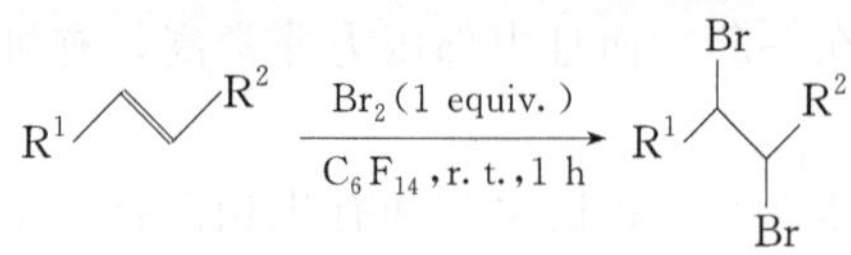

R^1＝链烯基，芳基

R^2＝酯基，芳基，氢原子

11.3.3.3 有机锌溴化物氧化为过氧化氢衍生物

在一般的有机溶剂中，有机锌卤化物的氧化使用氧分子，产生过氧化物和相应的醇。最好的结果也要使反应在有机锌卤化物很稀的乙醚溶液（1 L 乙醚中含 3 mmol 有机卤化锌）中进行。如果使用全氟化己烷作为反应的介质，则反应快、产率高。如有机锌溴化物的四氢呋喃溶液，加入到用氧饱和的全氟化己烷溶剂中，得到纯度＞98%的过氧化物（副产物醇不到 2%）。这种方法也可用于其他的官能团如酯、甲硅烷基醚和卤化物。

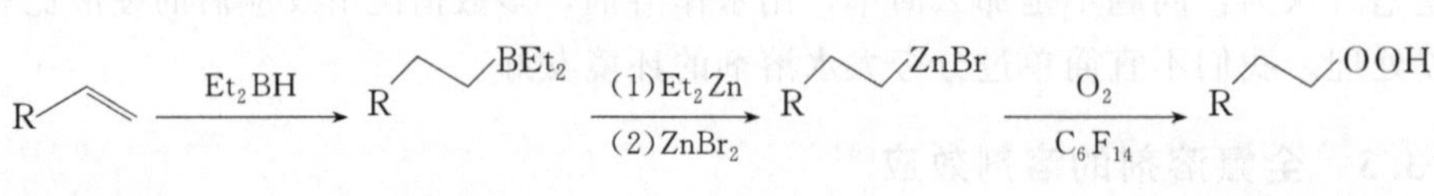

R＝烷基等

13.3.3.4 有机硼烷用氧分子的直接氧化

有机硼烷用氧分子氧化生成相应的醇，该反应在溴代全氟化溶剂中进行。

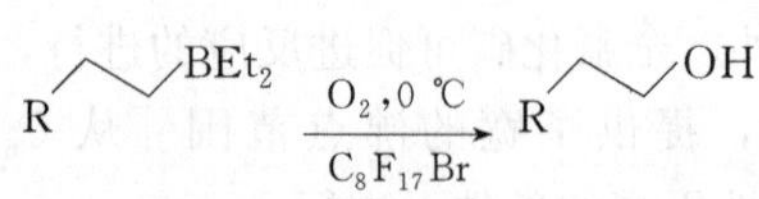

R＝烷基等

$Br(CH_2)_6OH$ 85%

通常，有机硼烷与氧不容易反应。反应条件非常苛刻，只有一部分连接在硼上的有机基团发生迁移，产率不高。在溴代全氟化辛烷中，二乙基硼烷和烯烃的硼氢化可得到上面方程式所示的二乙基有机硼烷，它可以被氧化形成相应的醇且产率很高。尽管氧具有双自由基的特征，在这种条件下，次级碳中心保持其立体化学特性。这可以用乙基-硼键向氧原子靠近的高度反应性来解释。两个氧插入到硼烷的乙基-硼键之间，通过游离基机理，生成过氧化物，但是环已基的迁移仍保持其构型，生成反式-2-苯基-环已醇，其过程如下：

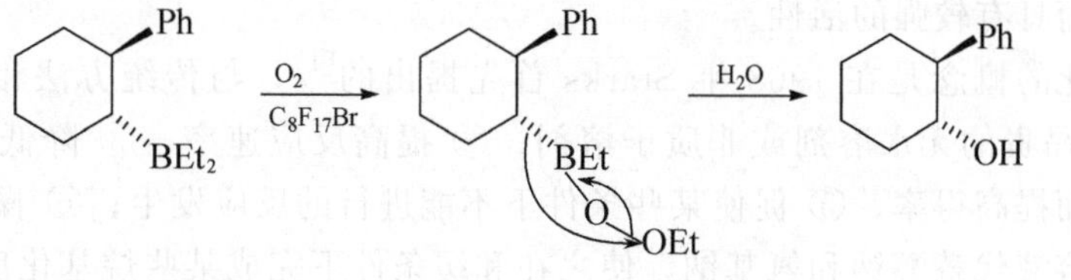

13.3.3.5　氟化溶剂的两相催化作用

近几年来，全氟化溶剂的使用又有了新发展：全氟化溶剂对有机金属催化剂能起到特殊的溶解作用。然而，从反应混合物中将催化剂分离出来是一个主要问题，因为大多数过渡金属催化的有机反应需要大量的昂贵的过渡金属催化剂。而且，除去反应产物中剩余的痕量催化剂，不仅费用高而且费时间，这在大规模的合成过程中已不适用。为了解决这个问题，催化剂的特定的增溶作用也是反应混合物分离中必须考虑的一个方面，这可以通过在固相（如树脂）中固定催化剂的方法，来达到分离催化剂的目的。

笔者认为，全氟烷烃和多氟烷基物质很难降解，具有潜在的毒性，不应该继续采用。

参　考　文　献

[1] Knochel P. Modern in Organic Synthesis. Berlin：Springer，1999：3.

[2] Dack M R J. J. Chem. Ed.，1974，51：231.

[3] Isaacs N S，Maksimovic L，Laila A，et al. J. Chem. Soc.，Perkin Trans.，1994，2：495.

[4] Rideout D C，Breslow R. J. Am. Chem. Soc.，1980，102：7816.

[5] Breslow R. Acc. Che，. Res.，1991，24：159.

[6] Blake J f，Lim J，Jorgensen W L. J. Org. Chem.，1994，69：803.

[7] (a) Otto S，Boccaletti G，Engberts J B. J. Am. Chem. Soc.，1998，120：4238；(b) Tiwari S，Kumar A. Angtw. Chem. Int. Ed.，2006，45：4825；(c) Kumar Anil，Sarma D. Tetrahedron Letters，2006，47：3957-3958.

[8] Knochel P. Modern in Organic Synthesis. Berlin：Springer，1999：64.

[9] Zhu D W. Synthesis，1993：953.

[10] Peeira S M，Savage P，Simpson G W. Synth. Commun.，1995，25：1023.

13.4　有机反应中的相转移催化作用

13.4.1　引言

笔者以前采用叠氮化钠取代多环多硝基氯代芳香族化合物中的氯，以合成某些功能材料的中间体。如果直接把叠氮化钠加入有机反应体系，由于叠氮化钠在有机溶剂中溶解性差，反应很难进行到底。起初先把一定量的叠氮化钠溶解在少量蒸馏水中，然后用滴液漏斗慢慢加入反应瓶中，这样反应可以进行到底，但反应时间较长，往往引起叠氮化钠这种强碱弱酸盐在水中的部分水解。后来，给反应体系加完叠氮化钠水溶液以后，又加入少量三辛基甲基氯化铵作为相转移催化剂，结果在 35 ℃仅用 1h 就给反应物分子引入了 6 个叠氮基，取得了很好的效果。

相转移催化（phase transfer catalysis，PTC）是 20 世纪 60～70 年代发展起来的有机合成新方法。有许多反应，如果没有这种催化剂，则反应速率慢，得率较低，甚至完全不能发生。相转移催化作用能使离子化合物与不溶于水的有机物质在弱极性溶剂中进行反应，或加速这些反应。这种相转移催化剂一般是成本较低的鎓盐或某些金属离子的络合剂，其基本作用是将作为反应物的盐类中的阴离子以离子对的形式转移到有机介质中，由于这些阴离子未被溶剂化，因而具有较强的活性。

相转移催化的概念是在 1968 年 Starks 首先提出的[1]，与传统方法相比，它有很多优点：① 不需要昂贵的无水溶剂或非质子溶剂；② 提高反应速率；③ 降低反应温度；④ 通过抑制副反应而提高得率；⑤ 促使某些条件下不能进行的反应发生；⑥ 操作简便；⑦ 可以用氢氧化钠水溶液代替醇钠和氨基钠，使之在和缓条件下完成某些烷基化反应。

相转移催化作用的应用与研究十分活跃，人们相继制备了许多不同类型的相转移催化剂，并利用它们合成了许多新型化合物，利用相转移催化的方法对传统工艺进行改造也获得了很大的成功。近年来，三相催化剂[2] 的研究也引起了人们极大的兴趣。

13.4.2 机理

以卤代芳烃和叠氮化钠的反应为例加以说明：

$$Ar—Cl + NaN_3 \longrightarrow ArN_3 + NaCl$$

卤代苯可以溶解于氯仿、甲苯等溶剂，而叠氮化钠则不溶于这些有机溶剂而易溶于水，当叠氮化钠的水溶液加入上述溶剂的反应瓶中后，两种反应物则分别处于水相和有机相这两相之中，这种双分子反应的反应物分子之间彼此接触碰撞的机会少，反应便难以进行。传统的方法是用使两种反应物都能溶解的极性非质子溶剂如 DMF、DMSO、HMPA，在这些溶剂中，无机盐的水溶性可以得到改善。但这些溶剂的价格昂贵，工业生产中往往使成本增加，又由于沸点较高，反应后溶剂回收困难，特别是在许多反应中，产物往往在这些极性非质子溶剂中溶解性太强，难以结晶析出，分离困难，得率较低。如果在甲苯溶剂中加入相转移催化剂 Aliquat 336，在较短的时间内，反应即可完成。

$$Ar—Cl + NaN_3 \xrightarrow{\text{Aliquat 336}} ArN_3 + NaCl$$

相转移催化剂 Aliquat 336 为三辛基甲基氯化铵，下面以 $[Q^+X^-]$ 表示，Q^+ 代表相转移催化剂的阳离子，X^- 代表相转移催化剂的阴离子，反应过程如下：

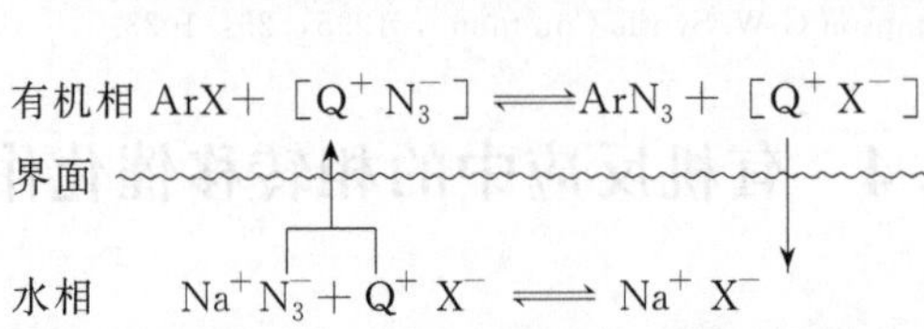

相转移催化剂实际上也是一种表面活性剂，既溶于水相也溶于有机相，笔者认为，这种过程实质上是一种萃取过程，水相中相转移催化剂通过离子交换和扩散作用将叠氮负离子萃取进入有机相，反应后，催化剂的鎓阳离子又将底物离去基团 X^- 负离子带回水相，不断来回穿过界面，把叠氮负离子萃取到有机相反应中心，使反应连续进行。

Schill 和 Modin 认为，反应过程存在着以下关系式[3]：

$$E_{QX} = \frac{[Q^+X^-]_{有机相}}{[Q^+]_{水相}[X^-]_{水相}} \tag{13-4}$$

式中，E_{QX} 代表化学计量的萃取常数；$[Q^+X^-]$ 代表被提取到有机相的反应物负离子与催化剂阳离子的离子对浓度；[Q^+] 代表分配在水相中的催化剂阳离子的浓度；[X^-] 代表水相中反应物阴离子的浓度；X^- 相当于本书实例中的 N_3^-。

13.4.3 应用

13.4.3.1 相转移催化剂的类型

作为相转移催化剂，应该具备两个条件，首先，催化剂能够转移一种试剂由它的正规相到另一试剂的正规相；其次，转移了的试剂应处于较为活泼的状态。相转移催化剂一般可分为三大类：① 镒盐化合物。烷基取代的季铵盐、季鏻盐、季钟盐、季锍盐都是有效的相转移催化剂，一般常用的是季铵盐和季鏻盐化合物。② 大环冠醚化合物。王冠化合物是一类大环多醚化合物，形如王冠因而称冠醚（crown ether）。1987 年的诺贝尔化学奖奖给了研究冠醚的三位科学家（见附录）。③ 穴醚化合物。穴醚化合物实质上是双环醚类化合物，大部分穴醚（cryptate）实质上是一种氮杂双环醚类化合物。一些常见的相转移催化剂的缩写及名称见表 13-4～表 13-7。

表 13-4 镒盐类（季鏻盐）

缩写	名称	缩写	名称
CTEPB	溴化十六烷基三乙基鏻	HTBPC	氯化十六烷基三丁基鏻
HDTBP	溴化十六烷基三丁基鏻		

表 13-5 镒盐类（季铵盐）

缩写	名称	缩写	名称
TCMAC (Aliquat 336)	氯化三辛基甲基铵	DBDMA	氯化二丁基二甲铵
BTEAB	溴化苄基三乙铵	DDMBB	溴化十二烷基二甲基苄铵
BTEAC	氯化苄基三乙铵	HMPA	六甲基磷酰三铵
BTMAC	氯化苄基三甲铵	HTEAB	溴化己基三乙铵
BTMAF	氟化苄基三甲铵	LTEAB	溴化十二烷基三乙铵
CTEAB	溴化十六烷基三乙铵	MTPAB	溴化甲基三苯基铵
CTMAB	溴化十六烷基三甲铵	CTEAB	溴化辛基三乙铵
CTMAC	氯化十六烷基三甲铵	TBAB	溴化四丁基铵

表 13-6 冠醚类

缩写	名称	缩写	名称
18-C-6	18-冠-6-聚醚	DC-18-C-6	双环己基-18-冠-6-聚醚
DB-18-C-6	双苯并-18-冠-6-聚醚		

表 13-7 穴醚类

代号	名称
Cryptate 221	4,7,13,16,21-五氧杂-1,10-二氮杂双环[8.8.5]二十三烷
Cryptate 211	4,7,13,18-四氧杂-1,10-二氧杂双环[8.8.5]二十烷
Cryptate 222	4,7,13,16,21,24-六氧杂-1,10-二氮杂双环[8.8.8]二十六烷

13.4.3.2 相转移催化反应

镒盐类相转移催化剂一般用于烷基化反应、亲核取代反应、消除反应、缩合反应、加成反应等；而冠醚类催化剂和穴醚类催化剂则用于有机氧化还原反应较多。

烷基化反应如下：

$$CH_2(COOEt)_2 + C_2H_5I \xrightarrow[NaOH, H_2O, CH_2Cl_2]{TBAB} \underset{88\%}{C_2H_5CH(COOEt)_2}$$

$$ArOH + C_4H_9Br \xrightarrow[NaOH, H_2O]{BTEAB} \underset{85\%}{ArOC_4H_9}$$

亲核取代反应如下：

$$CH_3(CH_2)_6CH_2Br + KF \xrightarrow[CH_3CN]{TCMAC} CH_3(CH_2)_6CH_2F + KBr$$

消除反应如下：

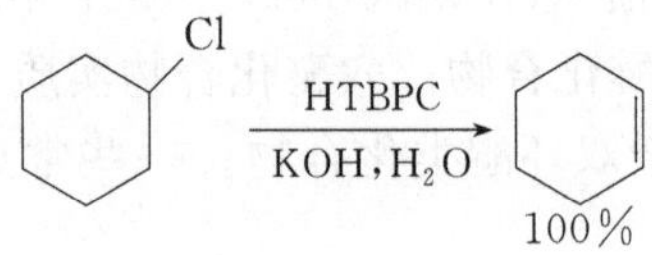

缩合反应如下：

$$2C_6H_5CHO \xrightarrow[50\%CH_3OH\text{-}H_2O]{Bu_4N^+CN^-} \underset{70\%}{C_6H_5CH(OH)COC_6H_5}$$

加成反应如下：

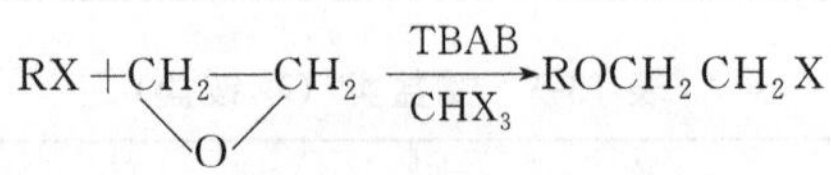

某些铵盐类相转移催化剂还可以促使氯仿在和缓的条件下生成二氯卡宾与烯烃发生加成反应：

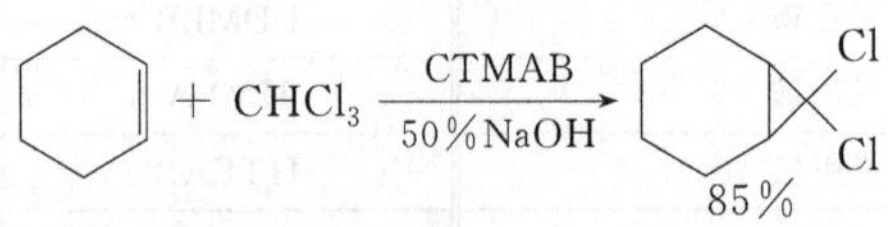

冠醚对高锰酸钾的氧化有很好的催化作用：

$$CH_3(CH_2)_7CH{=}CH_2 \xrightarrow[KMnO_4, H_2O]{DB\text{-}18\text{-}C\text{-}6} \underset{91\%}{CH_3(CH_2)_7COOH}$$

在冠醚存在下，硼氢化钠的还原作用显著提高：

$$CH_3CO(CH_2)_5CH_3 \xrightarrow[C_6H_6, NaBH_4]{18\text{-}C\text{-}6} CH_3CHOH(CH_2)_5CH_3$$

孔径大小不同的冠醚与直径大体相当的阳离子络合作用最强。如 12-冠-4、15-冠-5 和 18-冠-6 分别与 Li^+、Na^+、K^+ 的络合作用最强。

穴醚的络合能力比冠醚更强，如反应：

$$C_6H_5COOCH_3 + NaOH \xrightarrow[H_2O]{Cryptate\ 222} \underset{80\%}{C_6H_5COOH}$$

13.4.3.3　反应条件

(1) 溶剂　反应物为液体时，该液体反应底物经常作为有机相使用，虽然许多有机溶剂可以使用，但它们与水的互溶性必须很小，以确保离子对不发生水合作用。若相转移离子对有较强的亲油性，采用正庚烷或苯作溶剂较为合适，否则离子对由水相进入有机相的量是很少的。在 TBAB、TCMAC 等相转移催化剂中，二氯甲烷和氯仿等溶剂更有利于离子对进入有机相，使反应速率加快。但应该注意，若要加入氢氧化钠水溶液，就不应该使用氯仿溶剂，因为会发生卡宾副反应[4]。为了防止强亲核试剂与二氯甲烷和氯仿起反应，可以用邻二氯苯作溶剂代替，不过它对离子对的萃取能力较弱。

(2) 相转移催化剂的选择和用量 在中性介质中，应考虑选择共具15个碳原子以上的相转移催化剂；酸性介质中可选用四丁基铵盐或 Aliquat 336；在浓碱溶液中，应选用 TEBA 或 Aliquat 336，在一般情况下，苄基三丁基铵盐是常用的催化剂。

催化剂的用量可在1%～3%（摩尔分数）范围内，当烷基化试剂很不活泼或易于引起水解等副反应时，需要采用大量的催化剂。一般情况下取2%（摩尔分数）的催化剂即可。

(3) 催化剂的搅拌及其稳定性 大多数实验室中，采用相转移催化剂进行有机合成可以用电磁搅拌，但搅拌太慢时，尤其在有黏性的50%氢氧化钠存在下，反应的结果有时不能重现，因而搅拌速率可按下列条件调节：对于水/有机介质中的中性相转移催化剂的搅拌速率应大于200 r/min[5]；对于固-液反应以及有氢氧化钠存在下的反应，则应大于750 r/min[6]。

尽管一般来说相转移催化剂的功能很好，但铵盐和鏻盐通常容易在某些条件下受到破坏。例如在碱性条件下，季铵氢氧化物在室温下也可能发生如下副反应：

$$R_3N^+R' \cdot OH^- \longrightarrow R_3N + R'OH$$

从季铵氢氧化物分解出各种基团的分解次序如下：β-苯乙基＞烯丙基＞苄基＞乙基＞丙基＞环己基＞甲基＞异丁基＞苯基。

四丁基铵盐在浓氢氧化钠水溶液中于60 ℃下7 h后可分解出52%的三丁基胺，100 ℃下7 h后可分解出92%的三丁基胺。鏻盐相转移催化剂在进行 Wittig 反应时，若鏻盐本身常有苯基取代基，往往容易分解产生三苯基氧化膦[7]。总体来讲，鏻盐催化剂比相应的铵盐稳定一些。

13.4.4 三相相转移催化剂

相转移催化剂一般在水和有机溶剂中有一定的溶解度，反应完毕后催化剂难以回收，特别是一些价格昂贵的催化剂如冠醚和穴醚类，若水洗除去，不加回收将会使成本大大增加。

近年来发展起来了一种三相催化剂，其本质是把𬭩盐、冠醚、穴醚这些催化剂负载在固相树脂、硅胶或玻璃上。这样，催化剂既具有良好的催化性能，反应后又能过滤回收，略经处理，即可重复使用，而产物又不受催化剂的污染。三相催化剂在大规模连续操作时，具有实际意义。

所谓“三相”，是指在反应体系中存在着的液(水相)/固(催化剂)/液(有机相)或固(无机盐)/固(催化剂)/液(有机相)三个相。目前三相催化剂大多以一定交联度的聚苯乙烯树脂为支撑物，季鏻盐结合在硅胶上的催化剂也已经制成，而且发现其在交换反应、烷基化反应以及硼氢化物还原反应中都具有活性[8]，其结构图示如下：

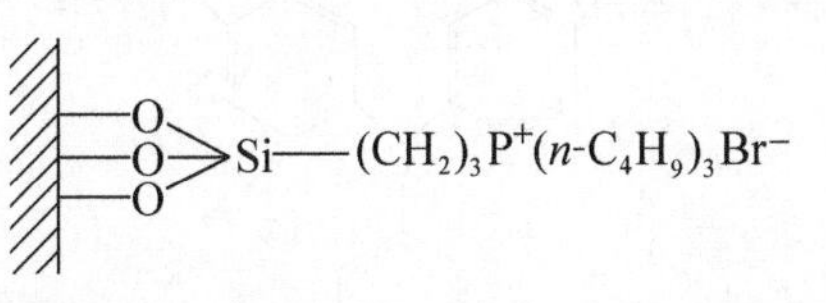

研究发现，当三相催化剂的催化部位是由30～40个原子的长链“隔离体”组成时，具有一级反应速率。人们还注意到，在正庚烷溶剂中，铵盐、鏻盐、冠醚、穴醚这些化合物在三相催化剂末端基团的链越长，其催化作用越强。这是由于末端基团链越长，催化中心越能更好地伸入有机溶剂中，从而达到增溶的目的。三相催化剂在有机反应中的应用，已经有70多个不同类型。本文前面所述相转移催化剂在有机合成上的应用，大多都适于采用三相催化剂。从工业应用的观点来看，三相催化剂的发展很有前景。

关于三相催化剂中的固载化技术，自1977年Regen等报道应用聚乙二醇（poly ethylene glycol，PEG）作为固载体以来[9]，越来越受到人们的重视。聚乙二醇来源丰富，价格低，稳定性好，没有毒性，具有很大的优势。目前人们为了获得性能更好的三相催化剂，已经把聚乙二醇或其衍生物接枝到了聚苯乙烯高分子树脂上。

固载化聚乙二醇（PEG）的相转移催化是通过PEG及其衍生物对金属离子的络合来实现的。PEG及衍生物结构中的开链醚是直链的，金属离子或正电基团对链节上氧原子产生诱导极化，使PEG链节以半交叉式构象重叠成螺旋形结构，因而具有类似于冠醚的性质，与金属离子形成配合物：

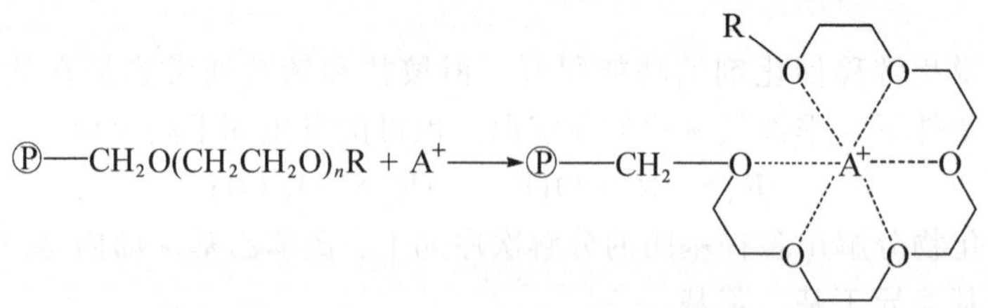

在液(L)-液(L)-固(S)三相反应体系中，催化剂从水溶液中萃取 Y^- 的能力越强，在有机相中 Y^- 的总浓度越大，反应速率也越快。固载催化剂催化异相反应是一个复杂的过程，对其催化机理的认识有待进一步深化和完善。

目前，以聚苯乙烯为载体的聚乙二醇类三相催化剂在水解反应、皂化反应、酯和醚的合成、消除反应、缩合反应等合成反应中的应用已取得了很好的结果[10]。

13.4.5 温控相转移催化剂

采用水溶性膦配体，将均相催化剂动态“担载”在与产物互不相溶的水相而实现的水/有机相两相催化，呈现出良好的应用前景[11]。

以水溶性膦配体和过渡金属配合物为催化剂的水/有机相两相催化体系，受底物水溶性的限制，若底物水溶性太低，则在水相中进行的反应因其速率受传质控制而难以顺利进行[12]。Jin等[13]提出的“温控相转移催化”的概念，为解决这些问题提供了新的思路和方法。

水和有机相两相催化可以通过水溶性膦配体实现。非离子水溶性膦配体的典型结构[13]如下：

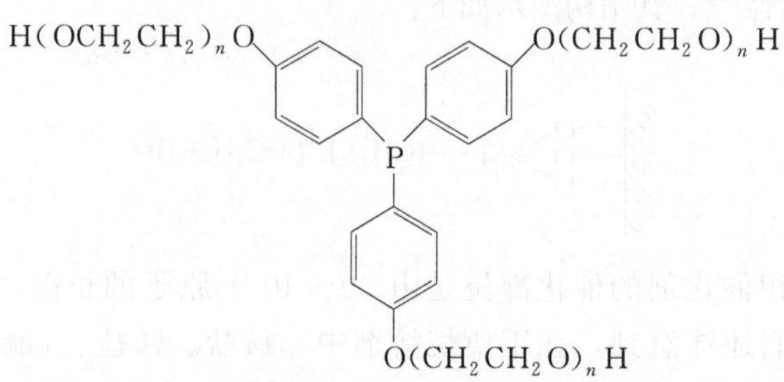

由水溶性膦配体和过渡金属配合生成的水溶性配合物催化剂，在水和有机相两相体系中

被“担载”在水相，反应在水相或两相界面上进行。反应完成以后，催化剂和反应产物自动分居于水相和有机相，通过分离，可以将催化剂与产物分开，因此减少了催化剂的分离回收过程。而且以水作为反应介质，避免使用有机溶剂，符合绿色化学的方向。

水和有机相两相催化的过程如图 13-3 所示[14]。

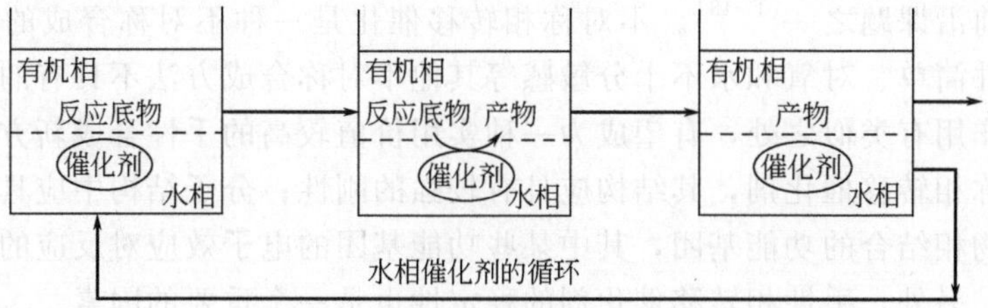

图 13-3　水和有机相两相催化的过程

关于金子林等提出的“温控相转移催化”（thermoregulated phase transfer catalysis）的原理[14]，可简单用图 13-4 表示如下。

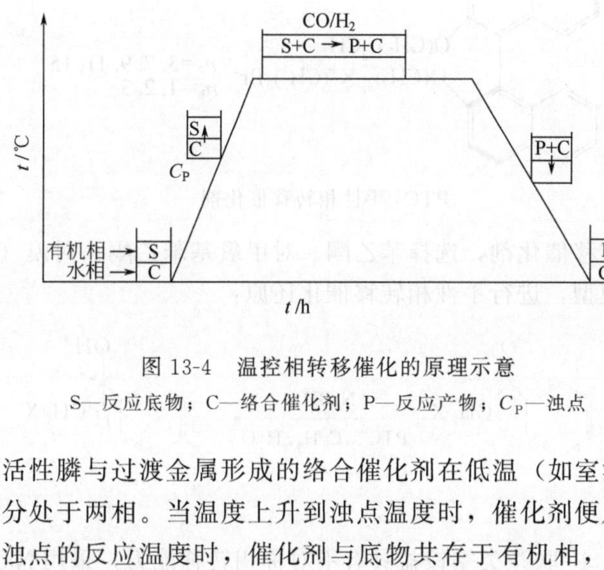

图 13-4　温控相转移催化的原理示意

S—反应底物；C—络合催化剂；P—反应产物；C_P—浊点

由非离子表面活性膦与过渡金属形成的络合催化剂在低温（如室温）时溶于水相，与溶于有机相的底物S分处于两相。当温度上升到浊点温度时，催化剂便从水相析出并转移到有机相，因而在高于浊点的反应温度时，催化剂与底物共存于有机相，反应在有机相中进行；当反应完成，冷却到浊点反应温度以下时，催化剂重获其水溶性而从有机相返回到水相中来，从而使得最终存在于水相的催化剂，通过简单的相分离而与含有产物的有机相分开，达到催化剂分离回收的目的。这种催化过程在于反应本质上是在有机相中进行，而不是发生在水相中，因而不受底物水溶性的限制，即使没有水溶性的底物，也能通过“温控相转移催化”在水和有机相的体系中有效地进行化学反应。其关键是利用在一定温度下（高于浊点反应温度时），反应底物与催化剂能够在有机相中进行均相反应。这种催化剂的特征就是在低温时能很好地溶于水相，升温后又能很好地进入有机相，从而实现了“温控相转移催化”的目的。

“温控相转移催化”是建立在均相络合催化和表面活性剂研究基础上的新方法，在非离子表面活性膦与铑配合物为催化剂的高碳烯烃的水和有机相中的氢甲酰化反应中获得了95%以上的转化率[15]。“温控相转移催化”已引起了人们的关注[16]，不仅能为解决均相络合催化剂分离的问题提供可行的途径，而且在发展绿色化学方面别开生面，在有机合成研究和化工生产中具有广阔的应用前景。

13.4.6 手性相转移催化剂

手性是自然界和生命现象中存在的普遍现象。通过不对称合成来得到大量的光学活性物质是有机合成的前沿课题之一[17-18]。不对称相转移催化是一种不对称合成的新方法，这种方法具有反应条件简单、对氧和水不十分敏感等其他不对称合成方法不具有的优越性，其催化作用与酶催化作用有类似之处，有望成为一种实用价值较高的手性合成新方法[19]。

理想的不对称相转移催化剂，其结构应具有较强的刚性；分子结构中应具有足够多的有利于催化剂与底物相结合的功能基团，其中某些功能基团的电子效应对反应的对映选择性影响应该较大一些。另外，手性相转移催化剂的稳定性也是一个重要的因素。

具有 C_2 对称轴的联萘酚类化合物分子具有一定的刚性与韧性，对其结构进行改造，可望使其成为很好的手性源，在不对称诱导合成上获得应用。钟增培等[20] 从光学活性联萘酚出发，合成了一系列的手性季铵盐：

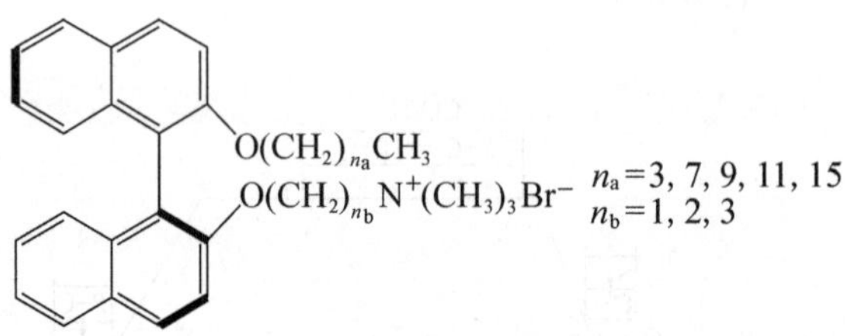

PTC* 手性相转移催化剂

应用上述手性相转移催化剂，选择苯乙酮、对甲氧基苯乙酮、对溴（α-溴甲基）苯乙酮等三个潜手性酮作为模型，进行手性相转移催化还原：

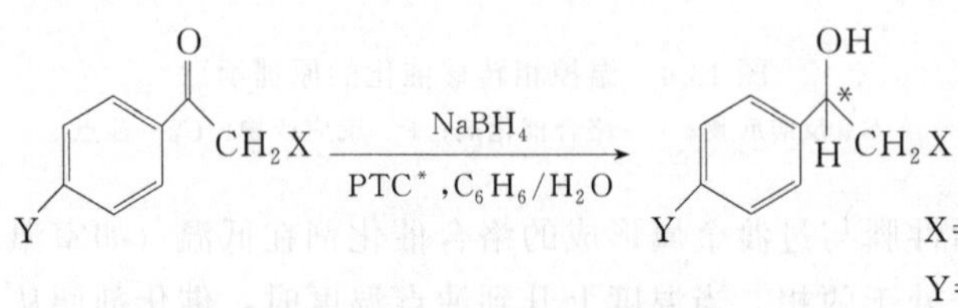

结果表明，手性 1,1′-联萘类季铵盐具有不对称相转移能力，采用 $NaBH_4$ 对苯乙酮类化合物还原，其化学还原产率较高，其中（R—）手性季铵盐（$n_a=4$，$n_b=2$）对于对溴（α-溴代甲苯）苯乙酮催化还原的效果非常好，立体选择性（*ee* 值）达 21%。联萘酚的两个酚羟基连接的碳链越短其诱导效应越强，而且随着温度的降低，不对称催化还原的选择性增强，另外，手性相转移催化能力与底物的空间结构也存在着一定的关系。

Zhou 等报道了一类具有樟脑结构的手性相转移催化剂，该催化剂对于不对称相转移催化烃基化具有较高的催化活性[21]。

一些相转移催化剂在含氮杂环化合物合成中的应用，以及相转移催化法在糖苷化反应中的应用，可以参阅有关专论[22-23]。

张生勇教授和郭建权教授[24] 在有关不对称催化反应的专著中，对手性相转移催化剂及其催化反应作了精彩的论述，给出了一系列常见的手性相转移催化剂。这里先看一些含氮的手性相转移催化剂：

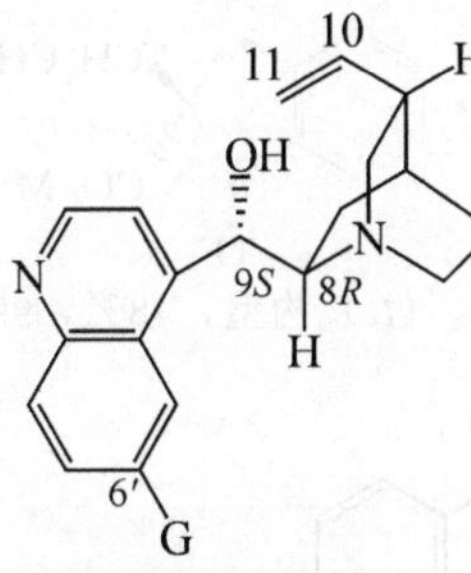

1 辛可宁 (G=H)
2 奎尼定 (G=OMe)

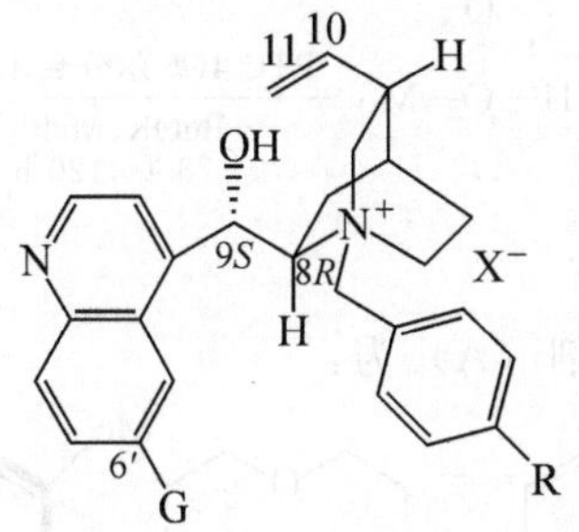

3

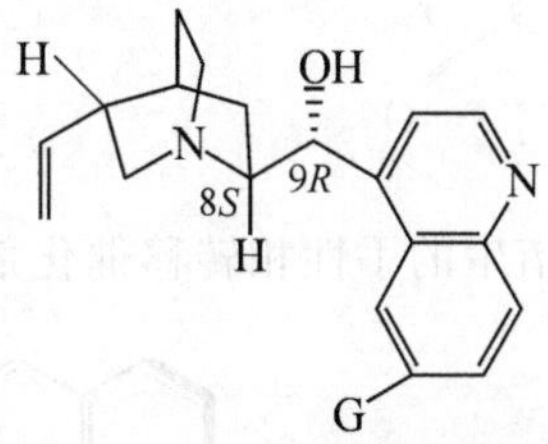

4 辛可尼定 (G=H)
5 奎宁 (G=OMe)

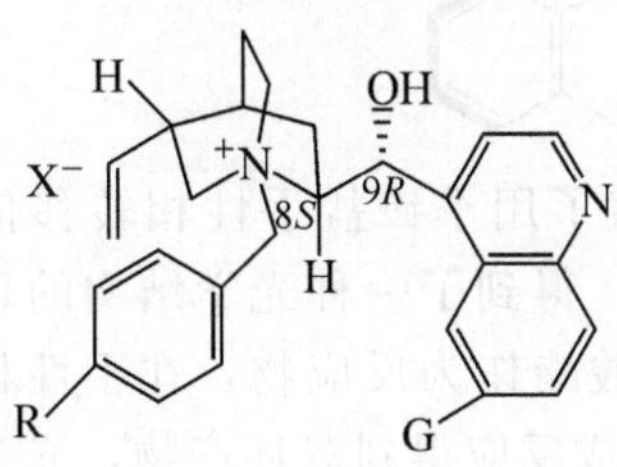

6

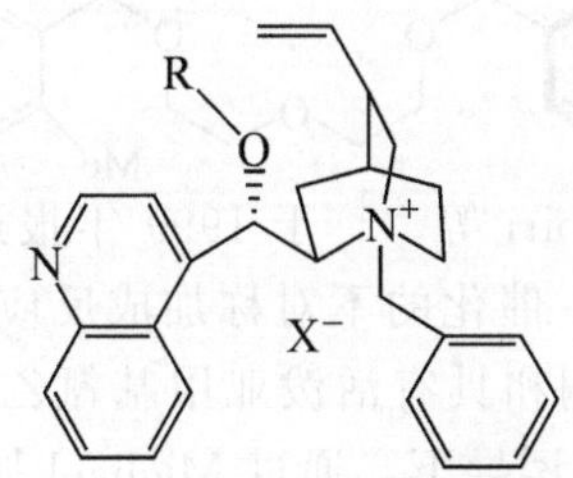

7 **a:** R=苄基 **b:** R=烯丙基

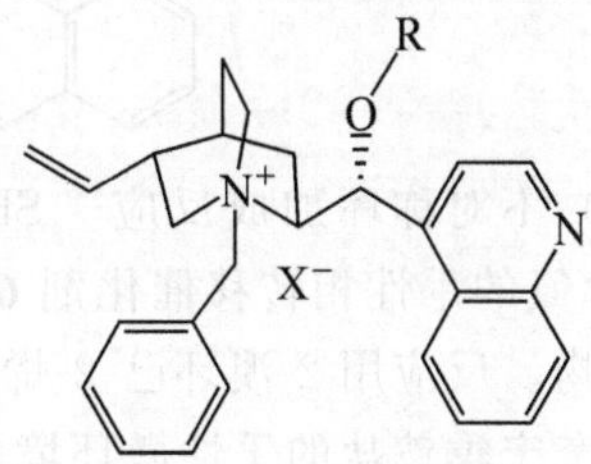

8 **a:** R=苄基 **b:** R=烯丙基

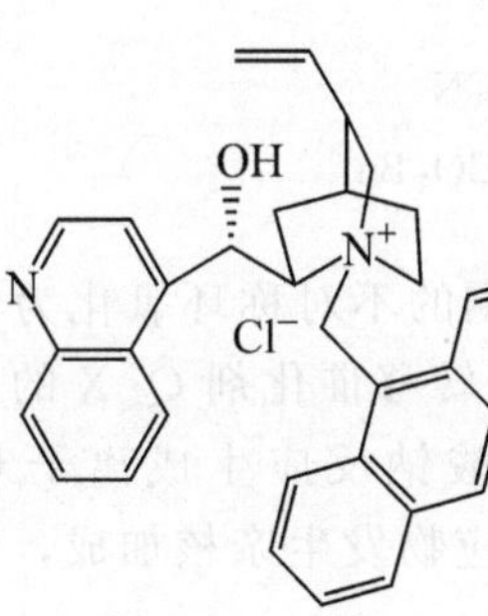

9

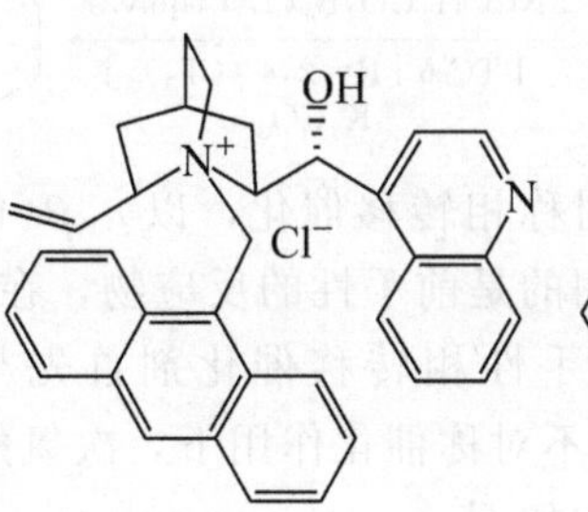

10

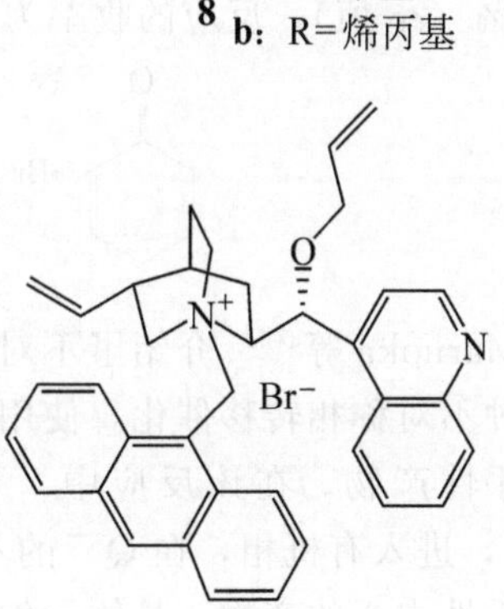

11

手性相转移催化作用下的手性合成，不同于一般的手性催化合成，其具有一定的特色。下面简要介绍几种典型的有机反应中手性相转移催化作用。

(1) 甲烷基化反应 Dolling 等[25] 在 1984 年就用金鸡纳碱衍生物（G=H，R=CF_3，X^-=Br^-）作为手性相转移催化剂（含氮的手性相转移催化剂 **3**），在甲苯和氢氧化钠水溶液的两相介质中，得到了 *ee* 值高达 92%的对映选择性产物（产率 95%）。

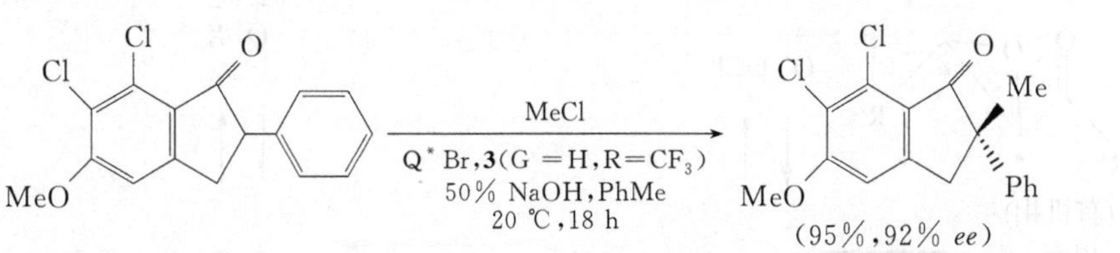

(95%, 92% *ee*)

(2) 手性 Michael 加成反应 苯并环 *β*-酮酸酯与甲基乙烯基酮在冠醚衍生的手性相转移催化剂（A）的催化作用下，发生不对称 Michael 加成反应，引入一个手性中心，在较低的温度下对映选择性很高，而在室温下反应，*ee* 值降至 67%[24,26]。

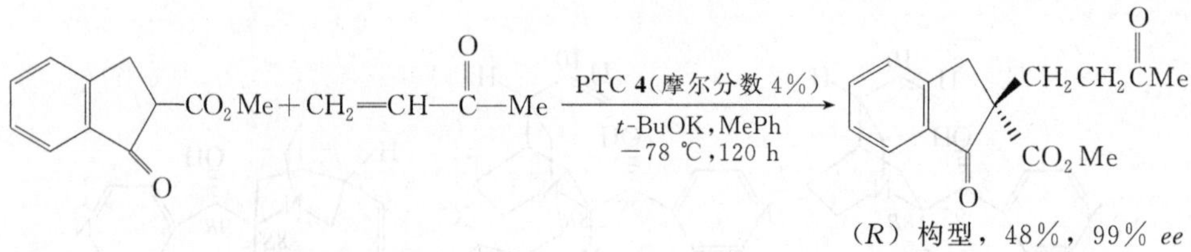

冠醚衍生的手性相转移催化剂（A）为：

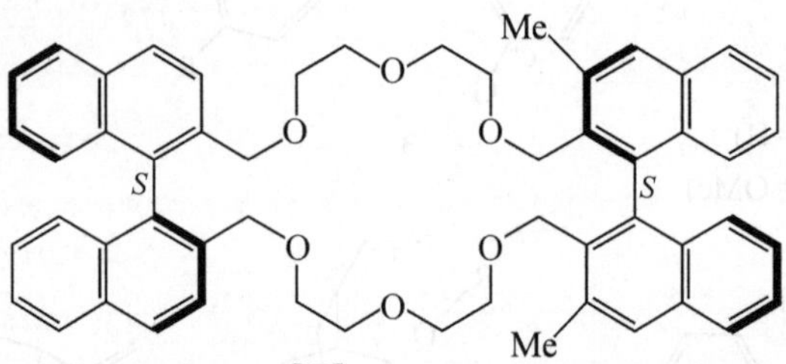

（3）不对称环加成反应　Shioiri 等[27] 于 1999 年报道了用季铵盐手性相转移催化剂（上述含氮的手性相转移催化剂 **6**）催化的不对称加成反应，得到了一种光学结构的环丙烷化衍生物。反应用 2-溴环己-2-烯酮和具有活泼亚甲基氰乙酸酯作为反应物，在手性相转移催化剂奎宁季铵盐的手性微环境的诱导下，通过 Michael 加成反应得到双环产物，光学产率达 83%（*ee* 值），反应的收率为 60%。

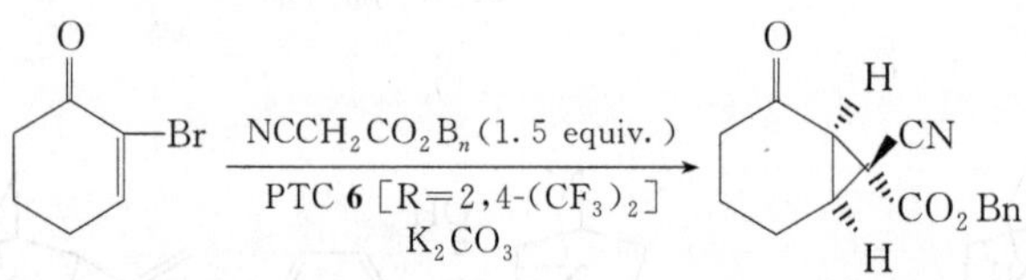

Maruoka 等[28] 介绍了不对称相转移催化，以 α,β-不饱和酮的不对称环氧化为例阐述了这种不对称相转移催化。使用的是前手性的反应物，在手性相转移催化剂 Q^*X 的催化下得到手性产物。在该反应中，手性相转移催化剂首先与次氯酸钠反应生成离子对 $Q^{*+}OCl^-$，进入有机相，在 Q^{*+} 的不对称催化作用下，次氯酸与反应物发生亲核加成，生成含两个手性中心的产物，具体示例如下：

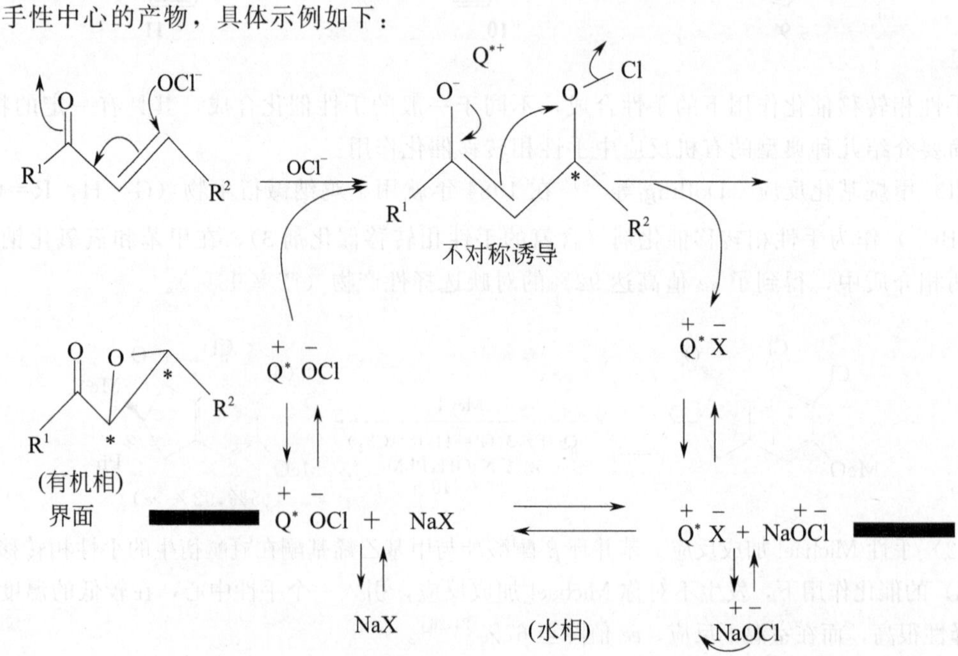

笔者认为，手性相转移催化作用下的不对称合成，具有光学产率高、副反应相对较少的特点，特别是手性相转移催化剂不涉及一些昂贵的过渡金属元素，有的手性相转移催化剂可以反复使用，作为手性合成的另一种催化剂，具有很重要的应用价值。

大多不对称相转移反应需要 Brønsted 碱参与，影响了该反应的适用性。烷氧基盐能活化具有高的 pK_a 值的反应物，但其较强的亲核性会导致一些副反应发生。Brønsted 碱的使用使得一些基团如酯基、酰氨基容易受到羟基负离子的进攻。$NaHCO_3$、Na_2CO_3 和磷酸盐等无机碱则碱性太弱。

有机碱如 LiHMDS、LDA、LiTMP，由于其强的碱性和弱的亲核性，一般使用较广，但由于其在有机溶剂中的溶解性太强，不适合使用于不对称相转移催化。Tan 等提出了一种 Brønsted 潜在碱（probase）（见下图）。通过硅酰胺和氟化物的反应得到弱亲核性的手性有机强碱。该潜在碱适用于对强碱敏感的不对称相转移反应（*J. Am. Chem. Soc.*，2016，138：9935）。

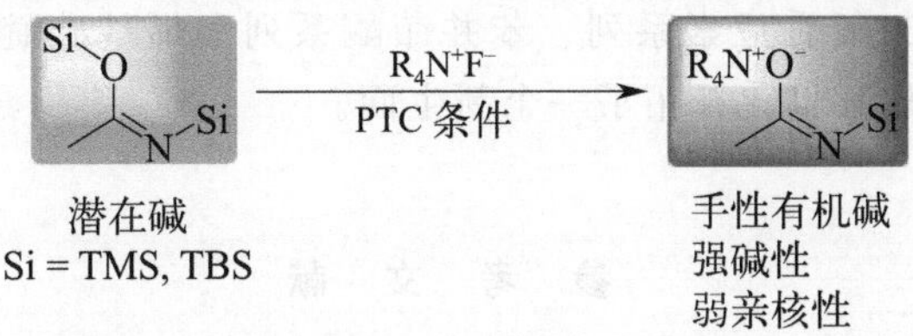

该反应不对称相转移催化剂的筛选：不对称相转移催化剂主要分为两大类，R 基为甲基，为第一类；R 基为芳基衍生物，为第二类，R 基为芳基时，取代基 X 可以是 H、Cl、Br、I。

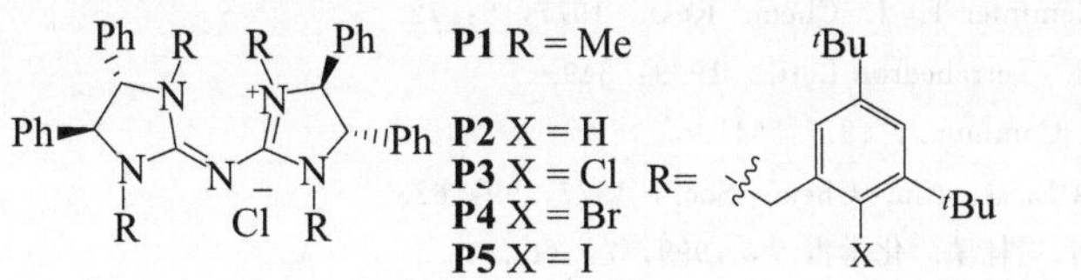

可能的反应机理如下，高价硅中间体 **C** 和 **D** 决定了反应的对映面的选择性。

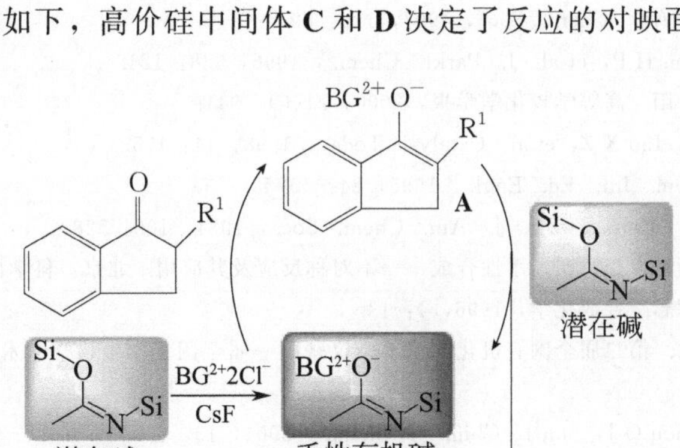

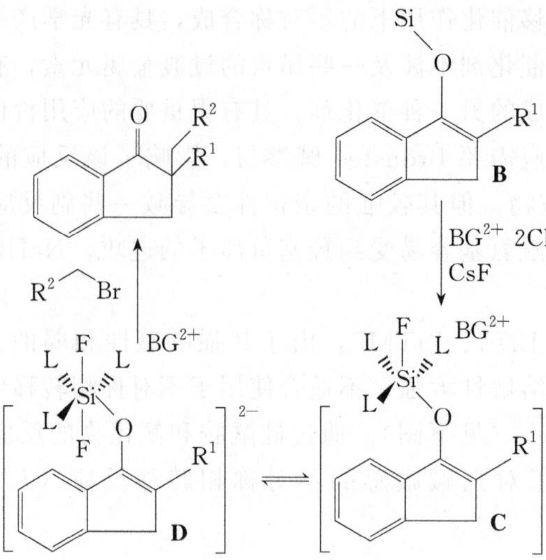

该反应可以应用于二氢香豆素系列、苯并茚酮系列和烯基硅醚系列的不对称烷基化反应，该方法为不对称相转移催化开拓了一个新生面。

参 考 文 献

[1] Starks C M，Napier D R. Brit. Pat. 1227144，1971；CA 72，115271，1970.

[2] Brown J M，Jenkins J A. J. Chem. Soc. Chem. Commun.，1976：458.

[3] Modin R，Schill G. Acta. Pharm. Suec.，1967,4:301.

[4] Mckillop A，Fiaud J C，Hug R P. Tetrahedron，1974，30：1379.

[5] Herriott A W，Picker D. J. Am. Chem. Soc.，1975，97：2345.

[6] Dehmlow E V，Remmler T. J. Chem. Res.，1977，5：72.

[7] Cristau H J，et al. Tetrahedron Lett.，1979：349.

[8] Tundo P. Chem. Commun.，1977：641.

[9] Regen S L，Dulak L. J. Am. Chem. Soc.，1977，99：623.

[10] 张新迎，范学森，渠桂荣. 化学世界，1999，7：344.

[11] Herrmann W A，Kohlpainter C W. Angew. Chem. Int. Ed. Engl.，1993，32：1524.

[12] Chem J，Alper H. J. Am. Chem. Soc.，1997，119：893.

[13] Jin Z L，Yan Y Y，Zon H P，et al. J. Parkt. Chem.，1996，338：124.

[14] 金子林，梅建庭，蒋景阳. 高等学校化学学报，2000，21(6)：941.

[15] Zheng X L，Jiang J Y，Liu X Z，et al. Catalysis Today，1998，44：175.

[16] Cornils B. Angew. Chem. Int. Ed. Engl.，1995，34：1575.

[17] Tanik C，Yamagata J，Akutagawa S. J. Am. Chem. Soc.，1984，106：528.

[18] 林国强，陈耀全，陈新滋，李月明. 手性合成——不对称反应及其应用. 北京：科学出版社，2000：3.

[19] 宓爱巧，楼荣良，蒋耀忠. 合成化学，1996，4：13.

[20] 钟增培，朱良，周志洪. 第二届全国有机化学学术会议暨第一届全国化学生物学学术会议论文集. 北京：中国化学会，2001，11：805.

[21] Zhang J，Wu X Y，Zhou Q J，Sun J. Chin. J. Chem.，2001，19：630.

[22] 惠新平，张林梅，张自义. 有机化学，1999，5：458.

[23] 李润涛，王永富，朱茜，蔡孟深. 化学通报，1999，3：8.

[24] 张生勇，郭建权. 不对称催化反应——原理及在有机合成中的应用. 北京：科学出版社，2002：423～443.

[25] Dolling U H，Davis P，Grabowski E J. J. Am. Chem. Soc.，1984，106：446.

[26] Cram D J，Sogah G D Y. J. Chem. Soc.，Chem. Commun.，1981：625.

[27] Arai S, Nakayama K, Ishida T, et al. Tetrahedron Lett., 1999, 40: 4215.
[28] Maruoka K, Ooi T. Angew. Chem. Int. Ed., 2007, 46: 4222.

13.5 有机反应中的极性转换作用

有机化合物的极性转换（polarity inversion）是有机合成中一种较新的方法。极性转换的本质是有机化合物中反应中心碳原子电性发生转换，即亲电性或亲核性发生暂时转换的过程，使合成路线与经典方法相比，有了全新的途径。因此，极性转换作用也是有机反应中一个理论问题。

13.5.1 极性转换的概念

国内有关文献曾论述过极性转换的一些内容[1-2]，国外20世纪60年代中期就提出极性转换的作用[3]。有机合成反应一般可分为离子反应、游离基反应、协同反应和氧化还原反应等。其中大部分有机化学反应按机理可以划属为离子反应类型，也有人将有机离子反应叫作极性反应，因为这往往是带正电荷的碳原子和带负电荷的碳原子之间的相互作用。有机合成的一个关键问题是要形成碳-碳键，大多数碳-碳键的形成是通过醛酮酯类相互缩合和借助Grignard试剂或通过Ullmann反应等方式形成的[4]。

羰基是一个很好的亲电基团，可以接受Grignard试剂中带负电的烃基的进攻。但是在某些条件下，这个亲电的羰基可以转换为亲核的羰基。最初在醇类溶剂中，采用氰化钾作催化剂而进行的安息香缩合（benzoin condensation），实际上就是经历了一个亲电的羰基被转换为亲核的羰基的过程。早年Lapworth就提出如下反应历程[5]：

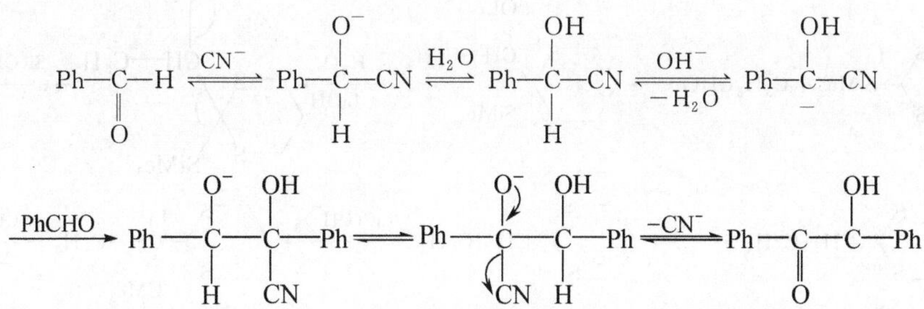

可以看出，在反应过程中，亲电的羰基化合物PhCHO曾被转换为亲核的羰基变体：

$$\mathrm{Ph\ddot{C}CN(OH)}$$

通常醛类是不能与卤代烷中的碳原子作用的，因为醛类中的反应中心羰基是亲电基团，而卤代烷中的α-碳原子因受卤素原子的诱导效应而略带正电性。但是，经过极性转换作用，亲电性的羰基则可以变为亲核性的羰基变体：

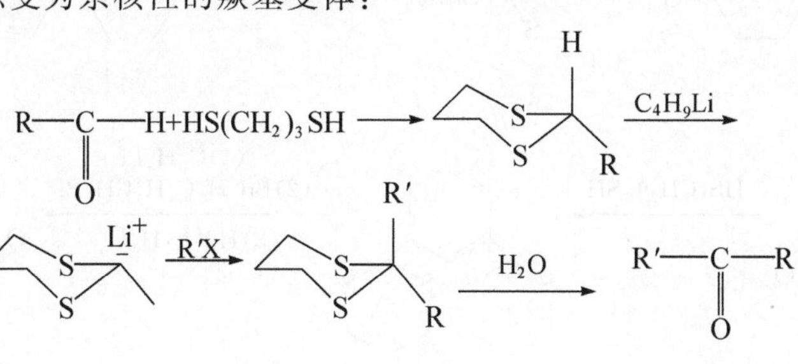

1,3-二噻烷作为二硫醇，实质上起到了保护醛基的作用，它先与醛生成硫缩醛，硫缩醛上的氢原子被丁基锂作用除去，从而使醛基的中心碳原子由开始带正电荷到极性转换后带负电荷，这样亲电的醛基变成了亲核的醛基，则可以与卤代烷发生反应了。反应后，水解脱去1,3-二噻烷，即可使极性转换反应完成。

13.5.2 极性转换在有机反应中的应用

早在1912年，Grignard因发现格氏试剂而获得了诺贝尔化学奖（见附录）。如用溴甲烷得到溴化甲基镁，反应前后碳原子就经历了一个极性转换过程。

极性转换在有机合成中的应用越来越广泛，已有不少极性转换试剂作为商品供应市场，一些新的极性转换试剂不断涌现。常见的具有重要实用价值的1,3-二噻烷试剂，它容易与羰基化合物形成硫缩醛，再与丁基锂作用后生成1,3-二噻烷基锂，其在0 ℃以下是稳定的，并具有较高的活性，与各种亲电试剂反应后，1,3-二噻烷也容易水解除去。近年来，随着金属有机化学的发展及无氧无水技术的应用，一些新的极性转换反应在有机合成中也得到了广泛应用。

13.5.2.1 1,3-二噻烷用于某些酮的合成

1,3-二噻烷基锂与氯化三甲硅烷反应后，再经丁基锂除去氢原子，可得一负离子产物[6]：

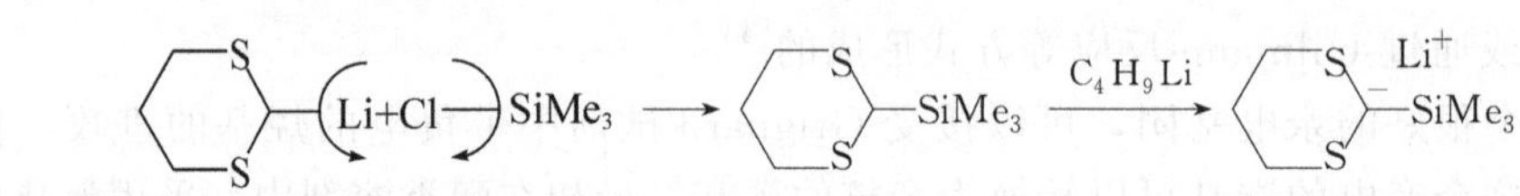

这个负离子产物可以和醛、酮发生相应的反应。

与苯甲醛反应：

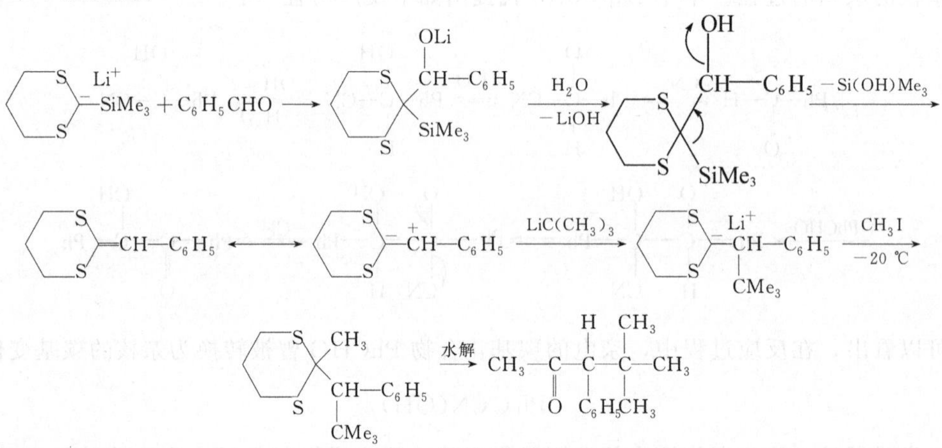

与环己酮反应：

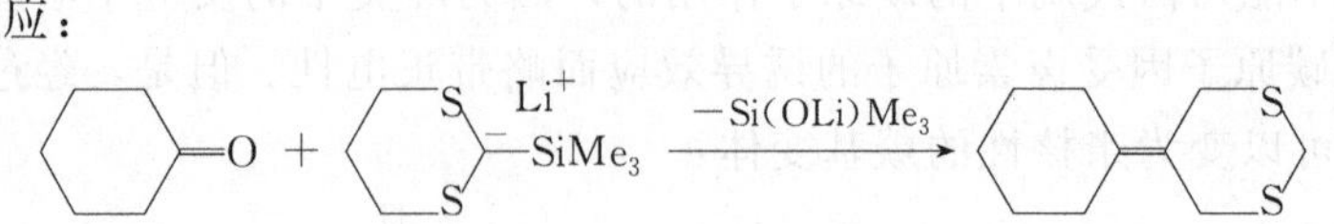

环酮的合成：

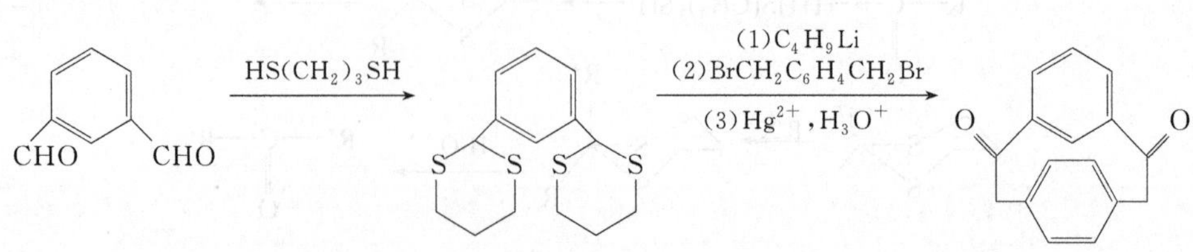

不对称化合物的合成：

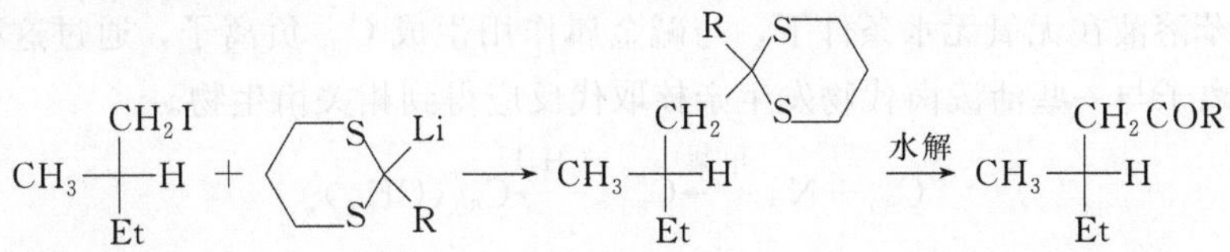

昆虫激素的合成：

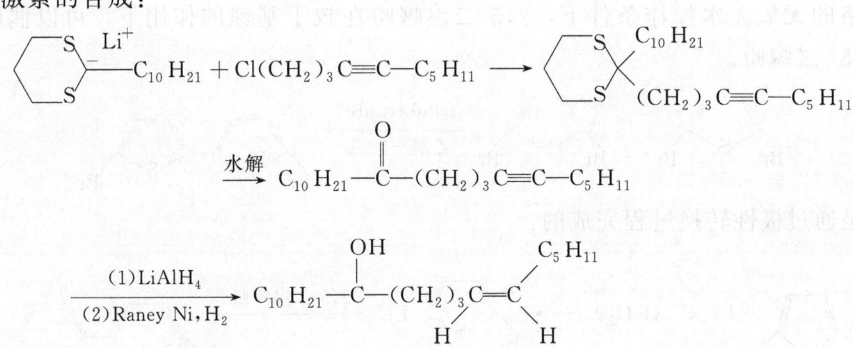

13.5.2.2　1,3-二噻烷烃的极性转换作用

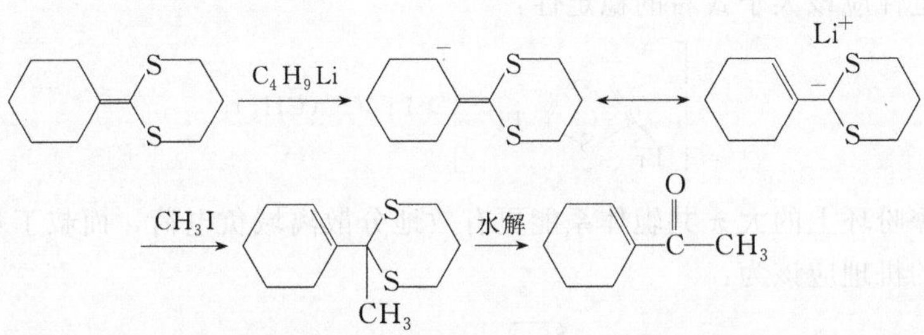

13.5.2.3　1,3-二噻烷烃的还原反应

Pettit 等[7] 认为，1,3-二噻烷烃经 Raney Ni 处理，C—S 键被氢解，按 Wolfrom-Karabinos 反应分解成亚甲基衍生物，这是代替 Clemmenson 反应或 Wolff-Kischner 反应还原羰基化合物的一种新方法，可示意如下：

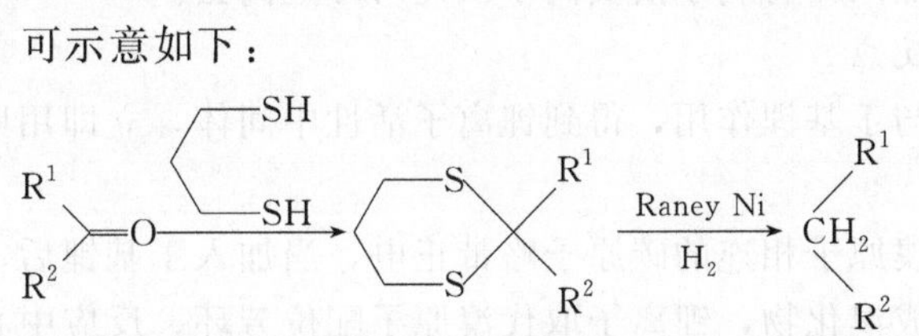

Cram 等[8] 采用这种独特的方法合成了对苯环烷：

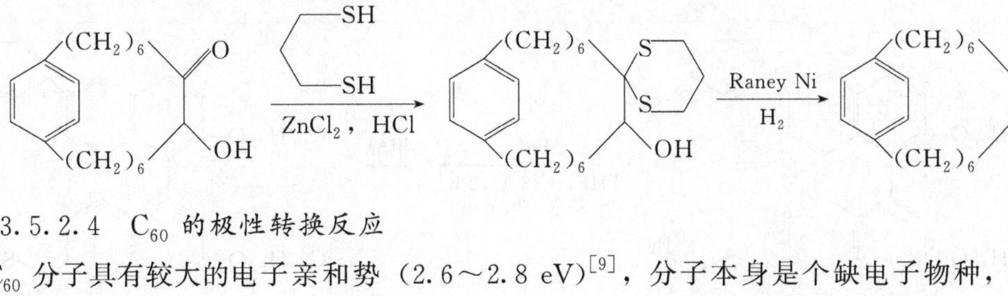

13.5.2.4　C_{60} 的极性转换反应

C_{60} 分子具有较大的电子亲和势（2.6～2.8 eV）[9]，分子本身是个缺电子物种，不能与 CH_3I 直接发生反应，容易与三甲基硅基乙炔锂发生离子型反应，再经三氟乙酸处理得到氢化

衍生物[10]。

C_{60} 的甲苯溶液在无氧无水条件下，与碱金属作用生成 C_{60} 负离子，通过这种极性转换的方式，C_{60} 负离子与一些活泼卤代物发生亲核取代反应得到相关衍生物。

$$C_{60} + Na \xrightarrow{\text{甲苯}} C_{60}^{n-} \xrightarrow{CH_3I} C_{60}(CH_3)_n$$

13.5.2.5　二溴噻吩的极性转换

在严格的无氧无水操作条件下，2,5-二溴噻吩在叔丁基锂的作用下，可以偶联生成 2,2′-二溴-5,5′-二噻吩。

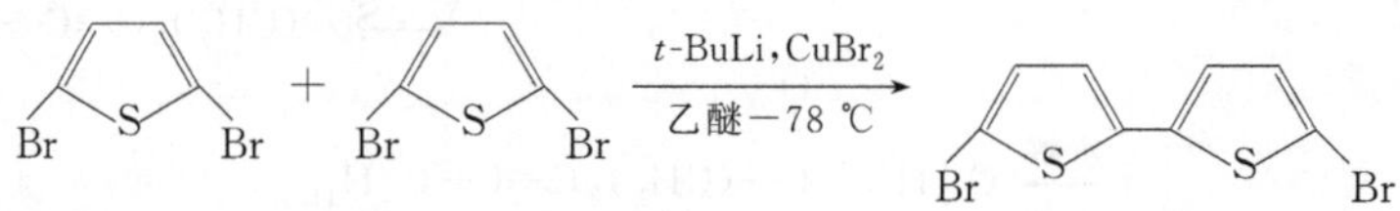

这也是通过极性转换过程完成的：

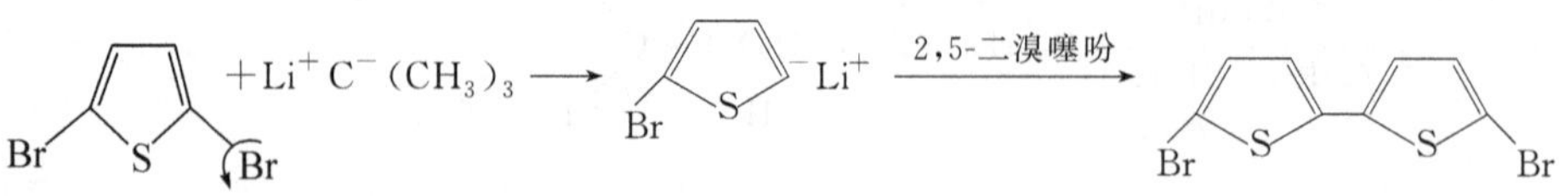

式左的稳定性应该大于式右的稳定性：

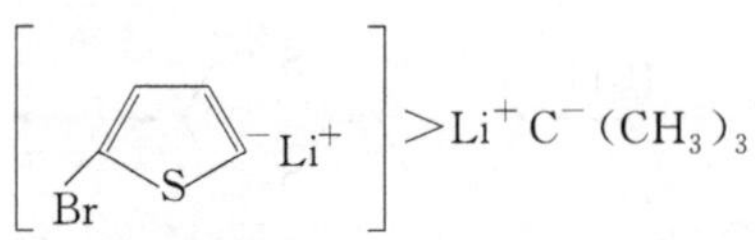

这是由于噻吩环上的大 π 共轭体系能更有效地分散离域负电荷，而叔丁基则无此效应。

偶合反应的机理应该为：

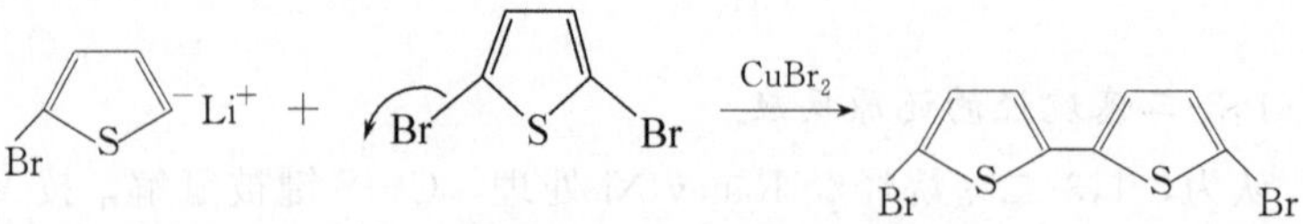

催化剂溴化铜的加入，有利于溴负离子从噻吩环上离去。

13.5.2.6　脱卤反应

一些有机卤化物与丁基锂作用，得到锂离子活性中间体，立即用甲醇猝灭，可高产率得到脱卤产物。

在反应物中，与溴原子相连的碳原子略带正电，当加入丁基锂后，溴原子异裂（离去溴正离子）与叔丁基形成溴化物，锂离子取代溴原子配位芳环，反应中心的碳原子通过极性转换由荷正电变为荷负电，再与甲醇作用捕获氢原子得到脱卤产物。

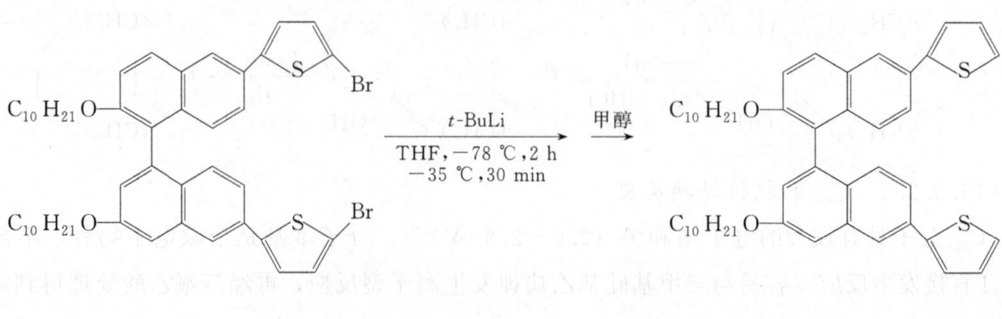

13.5.2.7 卤素互换

有机碘化物的活性比有机溴强，通过极性转换方法，能高产率地将有机溴化物转变为有机碘化物。

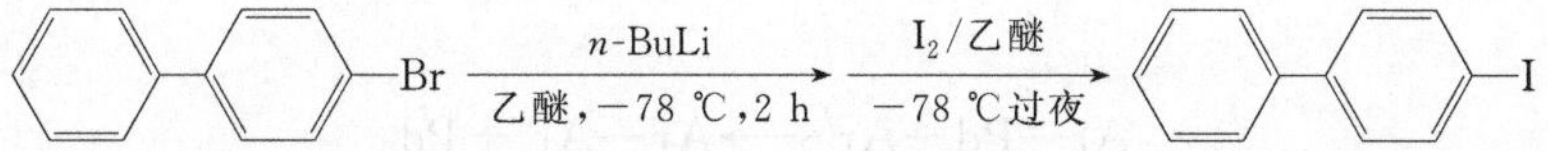

1-溴连苯在丁基锂的作用下，Br 原子异裂（离去 Br^+）与叔丁基结合，锂离子与联苯负离子形成活性中间体，在低温下与碘分子作用（I_2 异裂），一个碘原子（荷正电）与联苯结合形成产物 1-碘联苯，一个碘原子（荷负电）与锂离子结合形成碘化锂。

13.5.2.8 Suzuki 反应

利用有机硼试剂和有机卤化物通过催化量的金属钯配合物进行的偶联反应，是直接把共轭基团键连起来的一种新的好方法，这个反应叫 Suzuki 反应[11-12]。

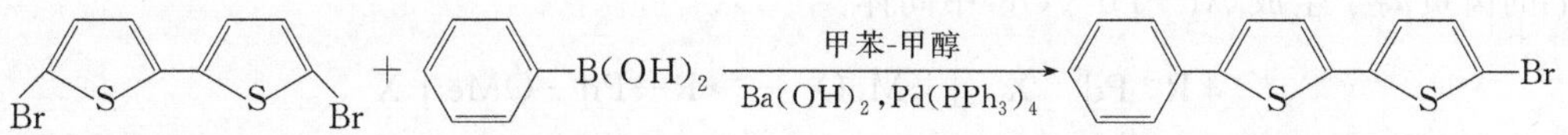

这个通过有机硼试剂和钯催化的偶合反应（Suzuki 反应），其可能是通过氧化加成、硼试剂参与和还原消除这几步完成的。

氧化加成是零价的钯被加到有机卤化物中间，有机卤化物中的碳原子通过极性转换由原来荷正电变为荷负电，钯原子被氧化。

$$Ar—X \longrightarrow [Ar^+ X^-]$$

$$Pd(PPh_3)_4 \longrightarrow [Pd + PPh_3]$$

$$[Ar^+ X^-] + Pd \longrightarrow [Ar^- Pd^{2+} X^-]$$

接着硼参与过程的发生，实际上是硼试剂中的 C—B 键异裂，碳原子荷负电，形成的亲核基团与钯正离子结合，而游离出来的卤离子（X^-）与硼正离子配位。

$$[Ar^- Pd^{2+} X^-] + Ar'B(OH)_2 \longrightarrow Ar—Pd—Ar' + X—B(OH)_2$$

Science 文章报道（*Science*，2016，352：329），在这一步没有直接给出 Ar—B 键异裂，而是给出了一个活性中间体，认为如下活性中间体存在：

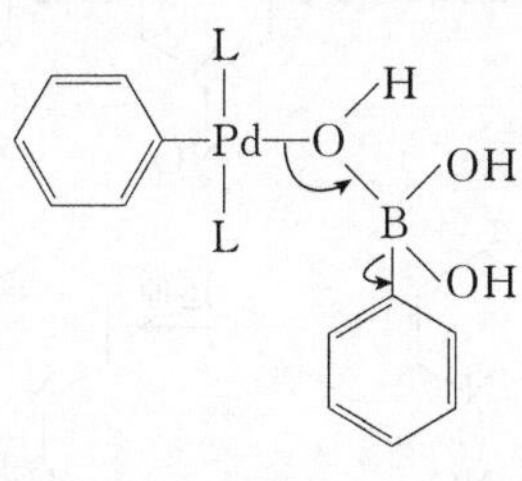

上述 Science 文章认为，B 原子 sp^2 杂化后有一个空的 p 轨道，OH^- 可以进入这个空的 p 轨道，然后与金属 Pd 试剂结合，得到上述活性中间体。

$$Ar'—B(OH)_2 \xrightarrow{OH^-} Ar'—\overset{-}{B}H(OH)_3$$

不直接一步进行 Ar—B 键的异裂，发生 Ar^- 置换 X^-'得到以前普遍认为的 Ar-Pd-Ar′，而是通过活性中间体步骤。这个机理既合理，又深入细致。

最后是还原消除过程，钯有机物分解，形成新的 C—C 键，金属钯游离出来，完成了催化过程。

$$\text{Ar—Pd—Ar}' \longrightarrow \text{Ar—Ar}' + \text{Pd}$$

氧化加成的过程是速率决定步骤，反应中，有机卤化物的活性按卤原子如下次序递减[13]：

$$\text{I} > \text{Br} \gg \text{Cl}$$

有趣的是，Suzuki 反应采用 $Ba(OH)_2$ 会收到很好的效果，而碳酸钾往往引起副产物增加。Suzuki 反应采用的溶剂常常是甲醇和甲苯的混合溶剂，甲醇溶剂对反应尤为重要，这是由于在反应过程中的氧化加成阶段，甲醇产生的烷氧基负离子 MeO^- 能够置换出配位在钯上的卤负离子生成 Ar—Pd—OR 中间体[14-15]。

$$[\text{R}^- \text{Pd}^{2+} \text{X}^-] + \text{MeO}^- \longrightarrow \text{R—Pd—OMe} + \text{X}^-$$

$$\text{R—Pd—OMe} + \text{Ar—B(OH)}_2 \longrightarrow \text{R—Pd—Ar} + \text{MeO—B(OH)}_2$$

$$\text{R—Pd—Ar} \longrightarrow \text{R—Ar} + \text{Pd}$$

R—Pd—OMe 被认为是一个重要的中间体，曾被分离得到过[16-17]。

应该说明，采用 Negishi 反应，也可以得到与 Suzuki 反应类似的偶联产物。

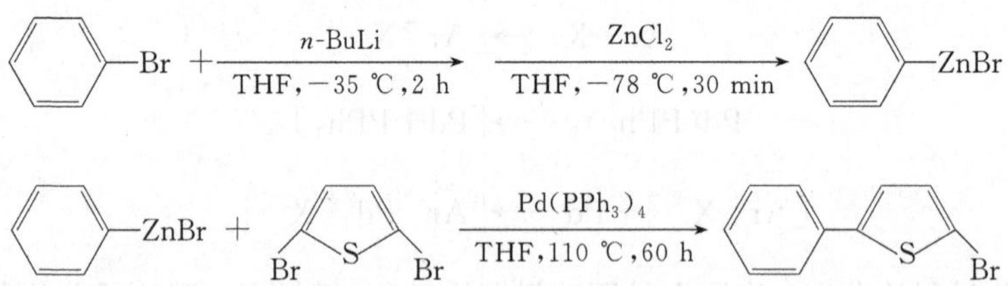

由于 Negishi 反应繁复，与 Suzuki 反应相比，产率远没有 Suzuki 反应高[18]。

13.5.2.9　氮原子上的极性转换

一些仲胺化合物很容易通过极性转换作用生成产物，而且选择性好，如用哌啶合成毒芹碱[19]：

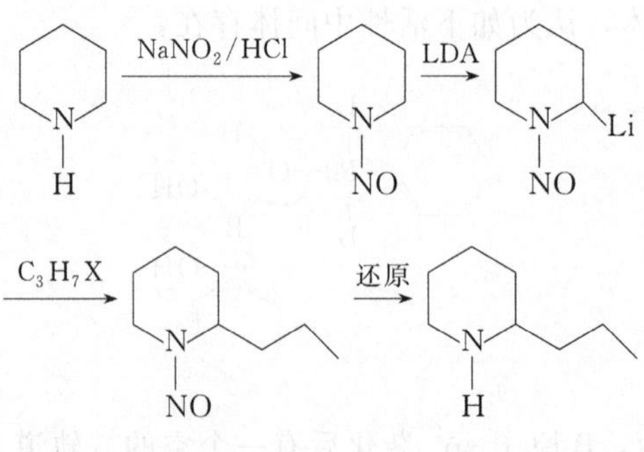

反应前哌啶仲胺上的氮原子带负电荷，反应中生成的 *N*-亚硝基哌啶使氮原子通过极性转换而带正电荷。这才使 *N*-亚硝基邻位活化，很容易通过 LDA 引入正丙基。极性转换方法在有机合成中应用很多，涉及的新试剂、新反应十分巧妙。

有机电合成经过一段时间的发展，已有了很多优点。从有机反应的角度来看，有机电合成反应经过一个极性转换的过程。如在零价镍或零价钯的催化下，二氧化碳与溴化烃作用，可以形成碳-碳键：

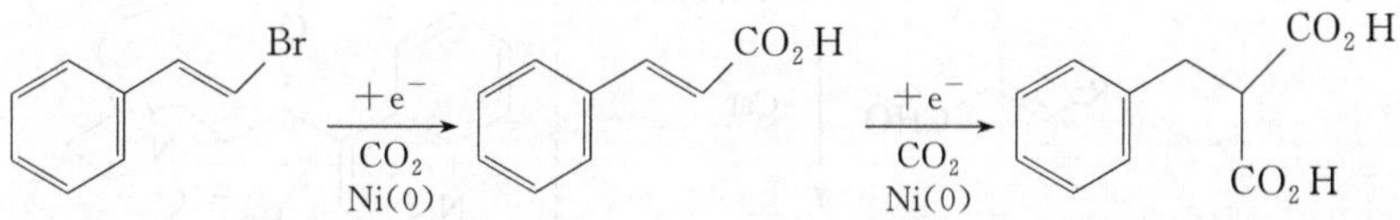

在这个反应中，首先发生电化学还原，原来与溴原子相连的碳原子由略带正电变为荷负电，从而与二氧化碳发生亲核反应形成碳-碳键，接着，与羧基相连的烯碳原子经电化学还原后由略带正电变为荷负电，再与二氧化碳发生亲核反应，产生出第二个羧基。

类似的反应，被巧妙地应用到手性合成上来。以樟脑磺内酰胺作为手性助剂，侧链上与溴原子相连的碳原子经电化学还原后由略带正电变为荷负电，再与二氧化碳反应生成羧基，羧基然后与重氮甲烷作用，得到樟脑磺内酰胺衍生的羧酸酯。

重要的是，具有天然手性源的樟脑磺内酰胺作为手性助剂以后，非对映异构体的比率达到了 98∶2。

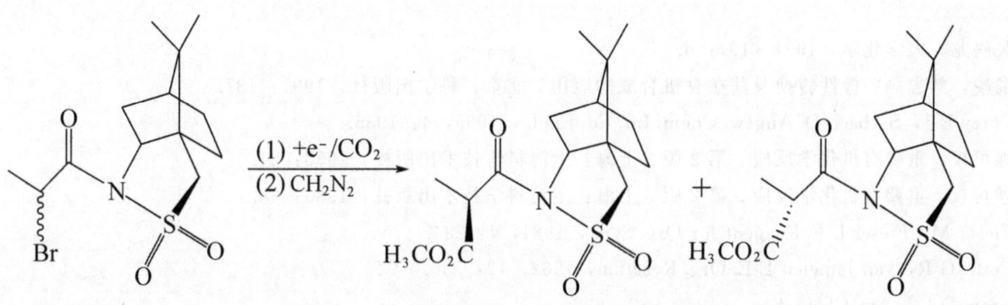

该反应的产率为 80%，从反应机理上看是一个极性转换的例子；从手性合成上看，是一个光学产率很高的手性诱导的手段。

Deng 等利用亚胺的极性转换反应，在亚胺的催化不对称反应中取得了重要进展（*Nature*，2015，523：445）。

可以看出，羰基碳原子原本荷正电，利于亲核进攻，这里经过 Deng 等的巧妙处理以后，原来的羰基碳原子荷负电了。

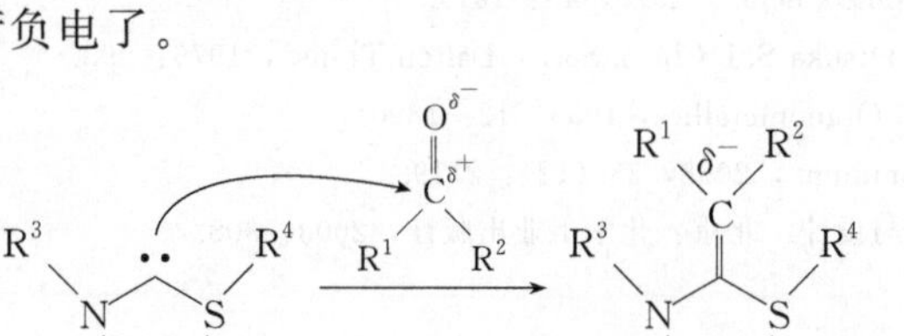

卡宾　　　　　　　　　　　羰基 C 极性反转

碱可以使氮杂烯丙基脱质子，实现了亚胺碳原子的极性转换，亚胺碳原子和 α,β-不饱和醛发生 β-亲核加成反应。在奎宁手性催化剂的立体控制下，以 96% 的 *ee* 值实现了高效不对称反应。

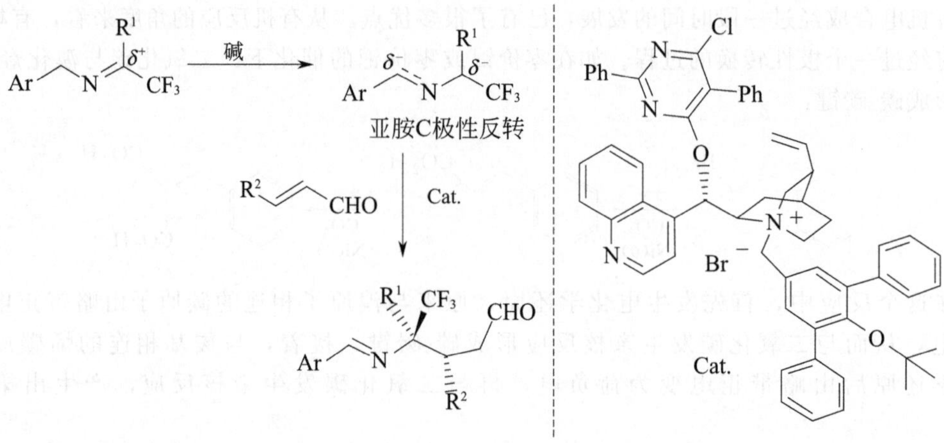

Nature, 2015, DOI: 10.1038/nature 14617

该反应催化剂用量少（摩尔分数为0.01%），对亚胺类反应物适用性好，操作简便，具有很好的价值。

参 考 文 献

[1] 吴鸣龙．大学化学，1991 (10)：6.

[2] 俞凌，刘志昌．极性转换及其在有机合成的应用．北京：科学出版社，1991：137.

[3] Corey E J，Seebach D. Angew. Chem. Int. Ed. Engl.，1965，4：1035.

[4] 顾可权．重要有机化学反应．第2版．上海：上海科学技术出版社，1983：24.

[5] 顾可权．重要有机化学反应．第2版．上海：上海科学技术出版社，1983：98.

[6] Fieser M，Fieser L F. Reagent for Org. Syn.，1984，4：284.

[7] Pettit G R，van Jamelen E E. Org. Reaction，1962，12：356.

[8] Cram D J. J. Am. Chem. Soc.，1960，82：6386.

[9] Kroto H W，Allaf A W，Balm S P. Chem. Rev.，1991，91 (6)：1213.

[10] Komatsu K，Murata Y，Takimoto N，et al. J. Org. Chem.，1994，59：6106.

[11] Suzuki A. Pure&Appl. Chem.，1994，66：213.

[12] Wolfe J P,Siger R A,Yang B H,et al. J. Am. Chem. Soc.,1999,121:9550.

[13] Aliprantis A O,Canary J W. J. Am. Chem. Soc.,1994,116:6985.

[14] Anderson C B,Burreson B J,Michalowski T. J. Org. Chem.,1976,41:1990.

[15] Zask A，Helquist P. J. Org. Chem.，1978，43：1619.

[16] Yoshida T，Okano T，Otsuka S. J. Chem. Soc.，Dalton Trans.，1976：993.

[17] Grushin V V，Alper H. Orgnometallics，1993，12：1890.

[18] Wang N X. Synth. Commun.，2003，33 (12)：2119.

[19] 张招贵．精细有机合成与设计．北京：化学工业出版社，2003：308.

13.6 可控有机反应

有机化学创造新物质的方法就是有机合成，合成一般要靠多步骤的有机反应来完成。由于副反应和其他种种因素，有机反应的产物常常很混杂，有些产物的后处理比较繁复。

有机反应能不能控制？通过什么手段来控制反应？这里加以简介。

实际上，人们很早就已经对有机反应的控制进行研究了，可控反应首先表现在强的选择性上。如利用芳环上的给电子基团作为邻、对位定位基来引入第二个基团，可以得到一系列邻对位基团的产物。笔者于 1993 年曾研究过 2,6-二氨基吡啶与苦基氯的缩合反应，苦基氯过量则得到橙黄色的二缩合产物，严格控制 2,6-二氨基吡啶与苦基氯的投料比为 1∶1（摩尔比），则得到红色的一缩合产物[1]。C_{60} 与某些活性中间体衍生物的加成反应往往得到多加成产物，用 γ-环糊精与 C_{60} 形成配合物以后，C_{60} 的一部分球面被保护起来，而一部分球面仍然裸露，这样，通过可控反应可以得到单加成产物。人们在有机合成中大量采用的保护基，就是实现可控反应的典型例证；通过分子筛空穴的作用，也可以实现某些可控反应。

可控反应对减少合成步骤、提高产物收率等具有重要意义，是具有原子经济性的新合成手段，是有机合成的一个重要策略。可控反应就是控制反应按照人们要求的方向进行。

13.6.1 底物控制

控制反应首先需要底物要有一定的选择性，如不同官能团的选择性，相同官能团在不同化学环境中的选择性；另外，区域选择性是一个很重要的内容，如分子中的活泼氢具有很强的选择性，可以控制反应仅仅发生在活泼氢所在的部位[2]。

在底物控制中具有重要意义的是立体选择性，目前有机化学家在这方面投入了很大的精力。如通过应用各种手性辅助剂和各种手性催化剂，进攻试剂能够在特定的立体微环境中选择某个对映面，来控制不对称反应，得到具有立体专一的光学纯的目标产物。

13.6.2 试剂控制

我们知道，有机化学是一门实验科学，这也为各种新试剂和新方法的发现提供了广阔的舞台。一些合适的试剂，往往可以控制反应得到不同的产物。化学试剂对反应的控制是很灵活的，有些反应机理也不是非常清楚。

13.6.2.1 羰基还原

Luche[3] 发现，还原剂 $NaBH_4$ 加上 $CeCl_3 \cdot 6H_2O$ 可以选择性地还原 α,β-不饱和的共轭的醛、酮，而与不共轭的醛不反应。

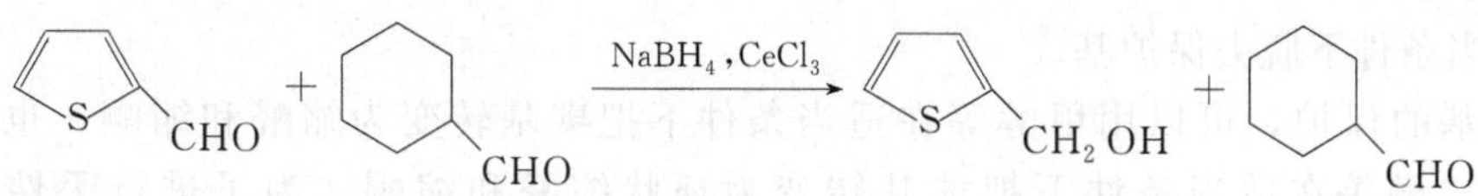

硼氢化钠是一种通过负氢 H^- 进攻的亲核性还原剂，在有两个羰基存在的情况下，它可以有控制地使正电性较大的非共轭的羰基碳原子发生反应。

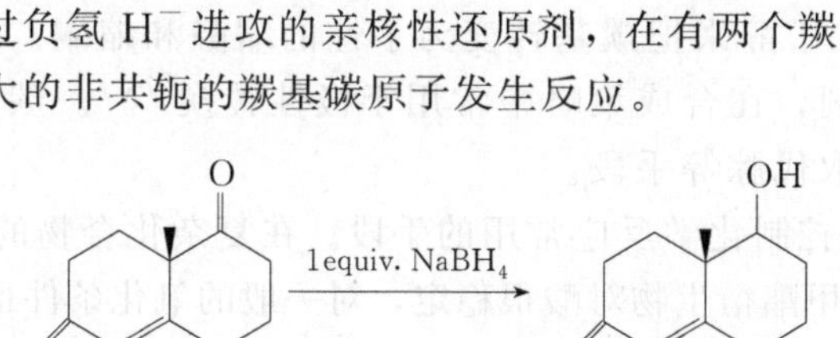

而还原剂 B_2H_6 是亲电性试剂，它可以有控制地与共轭的不饱和羰基发生反应[4]。

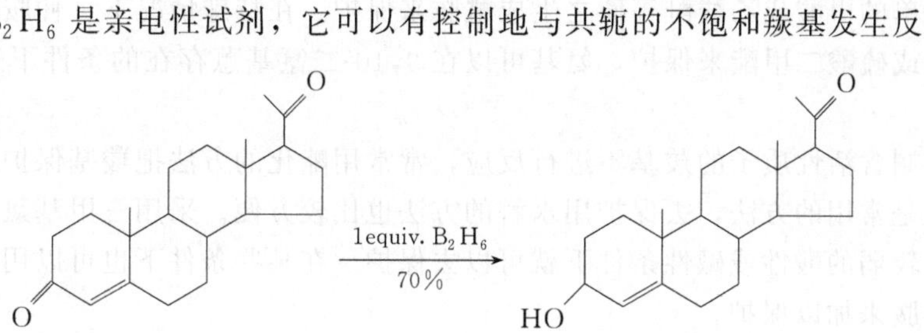

13.6.2.2 开环反应

采用 $Ti(O^iPr)_4$ 和三甲基叠氮硅烷 $TMSN_3$ 为试剂[5]，叠氮基在 C-3 位的进攻选择性可达 100∶1。

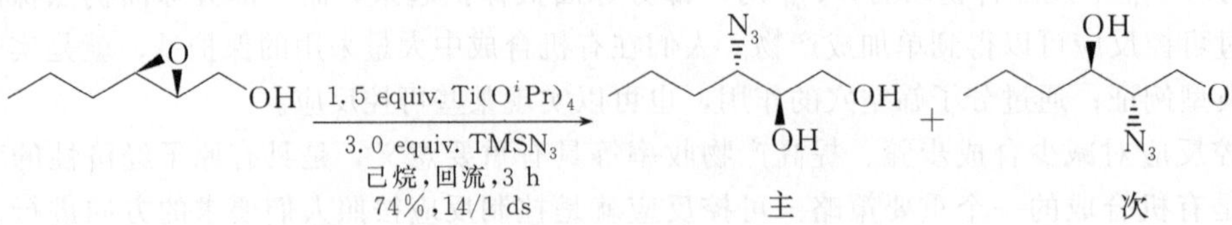

Miyashita 等[6] 采用硼酸三甲酯为 Lewis 酸，以叠氮化钠作为亲核试剂，可以得到 C-2 位叠氮基选择的产物。

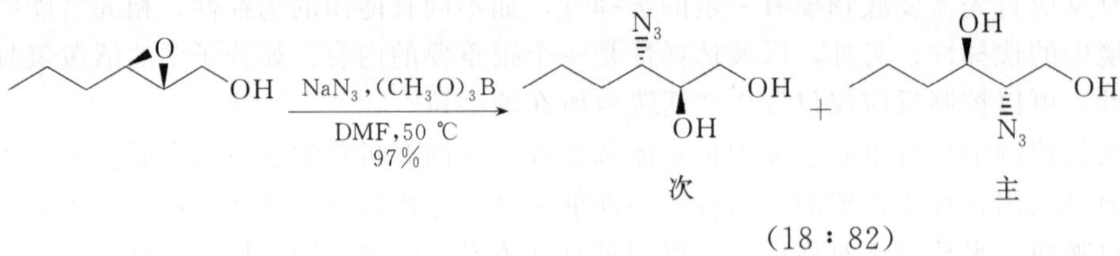

13.6.3 保护基控制

当一个分子中同时存在几个官能团，人们要控制反应只发生在某一个官能团上，那么其他官能团必须被保护起来，保护基团在有机合成中的应用已经很久了。好的保护基首先要能选择性地与被保护官能团反应，保护后要有一定的稳定性而最后又易于脱去。

为了控制分子中的羟基不发生反应，经常把羟基用硫酸二甲酯、碘甲烷、重氮甲烷等在相关条件下制备成甲基醚衍生物；或者用乙基乙烯基醚制备成取代的乙基醚；或者用对甲氧基溴化苄把羟基衍生成苄基醚；还可以用三甲基氯化硅把羟基衍生成三甲基硅醚，因为三甲基硅基容易离去。也可以用相关酸（如甲酸）或酰氯等把羟基衍生成酯。然后，再用合适的试剂在适当条件下脱去保护基。

如羰基的保护，可以用甲醇等在适当条件下把羰基转变为缩醛和缩酮，也可以用乙二醇或丙二醇等在适当条件下把羰基转变为环状缩醛和缩酮，为了进行手性诱导，也可以用（R,R）-2,3-二丁醇来把羰基转变为手性的缩醛和缩酮。使用乙二硫醇或丙二硫醇作为羰基的保护试剂，在合成策略中常用于极性转换[7-8]。羰基的保护有时也用 1,1-二甲基肼将其转变为取代腙等手段。

对氨基的保护，是控制化学反应常用的手段。在复杂化合物的合成中常用 9-芴甲氧基酰氯来保护氨基。9-芴甲酯衍生物对酸很稳定，对一般的氢化条件也较稳定，特别是 9-芴甲氧基羰基（Fmoc）不是通过水解来去保护，一般在温和条件下用胺碱如哌啶等就可以脱去。也可以用简单的甲酸或乙酸酐等使之生成酰胺来保护。在特殊情况下，仲胺氨基常用甲基化试剂碘甲烷或硫酸二甲酯来保护，氨基可以在 9,10-二氰基蒽存在的条件下通过光化学反应脱去[9]。

为了控制含活性质子的羧基不进行反应，常常用酯化的方法把羧基保护起来，加入各种适当的醇类是常用的方法，去保护用水解的方法也比较方便。采用三甲基氯化硅使之形成硅酯，硅酯在较弱的酸性或碱性条件下就可以去保护。在某些条件下也可以用相应的胺类把羧基转变为酰胺来加以保护。

为了很好地控制反应，对分子中某个官能团的保护非常重要。这里仅对一些问题作了介绍，详细可以参阅有关专著[10]。

13.6.4 动力学控制

对同时有几个平行反应的控制，有时候可以采用动力学的方法，及时处理反应产物，反应速度快的反应的产物就可以得到。

Jacobsen 等[11] 报道了一种立体控制的水解动力学拆分（hydrolytic kinetic resolution，HKR）的新方法，这是用手性催化剂 Salen 对末端环氧化物进行催化水解拆分，仅用微量水作试剂，得到光学纯度高达 98%（*ee* 值）的末端环氧化合物和相应的 1,2-二醇。这个水解反应不能进行得太久，不及时处理，所有的末端环氧化物都可以被水解为二醇。在一定时间内，(*R*,*R*)-Salen 配合物高选择性地同（*S*)-构型的环氧化物反应，从而生成（*S*)-1,2-二醇，剩下高光学纯度的（*R*)-构型的环氧化物，而末端环氧化合物和二醇衍生物二者之间的熔点等物理性质如此不同，很容易通过结晶将其加以分离。

2015 年我们研究组报道了三组分反应合成噁唑啉的动力学拆分（*Molecules*，2015，20：17208）。将胺、环氧化合物和乙醛酸乙酯进行一锅反应（one pot reaction），得到五元噁唑环类化合物。

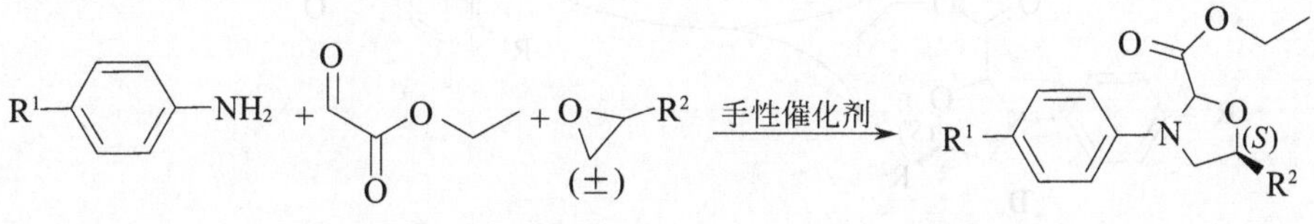

我们发现手性动力学拆分反应的最佳条件为联萘酚 **1c** 和钛酸四异丙酯比例为 2∶1，溶剂为甲苯，然后加入三氟乙酸作为辅助催化剂。

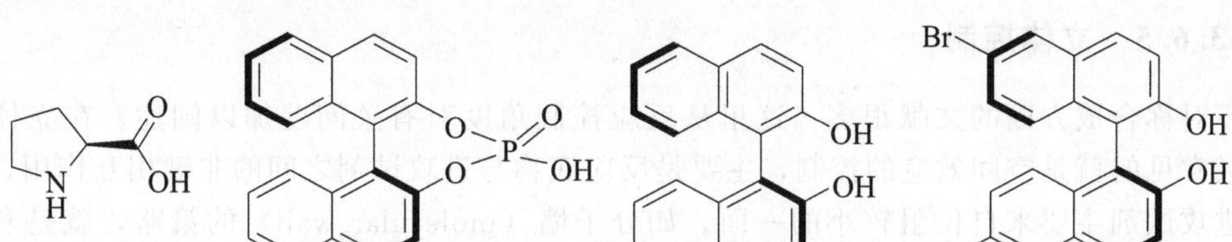

1a **1b** **1c** **1d**

为了进一步研究这个反应，我们测定了这个化合物的绝对构型。首先我们购买了（*R*)-环氧苯乙烯和消旋的环氧苯乙烯。通过应用 HPLC 手性柱分析，确定了（*R*)-构型的环氧苯乙烯的 HPLC 保留时间，通过比较消旋的环氧苯乙烯的两个异构体（*R*)-环氧苯乙烯和（*S*)-环氧苯乙烯的保留时间，可以知道动力学拆分实际反应中，（*S*)-构型的环氧苯乙烯被消耗掉，而（*R*)-构型的环氧苯乙烯在反应过程中依然保留。因此，产物中来自于环氧部分的手性中心没有变化，产物中来自环氧化合物的手性中心的绝对构型为（*S*)-构型。

基于上述研究，我们提出了可能的反应机理。首先，联萘酚和钛酸四异丙酯在 2∶1 的比例下形成了一个配体 **A**。当消旋的环氧化合物 **B** 加入到体系中去时，在三氟乙酸的影响下，配体 **A** 仅仅和消旋的环氧化合物中（*S*)-构型的异构体形成了一个过渡态 **C**。这个过渡态 **C** 立即和反应过程中乙醛酸乙酯和苯胺所形成的亚胺发生反应，形成了五元噁唑类化合物。在形成五元噁唑化合物的同时，释放出一分子的配体 **A** 继续催化下一分子的底物。机理如下：

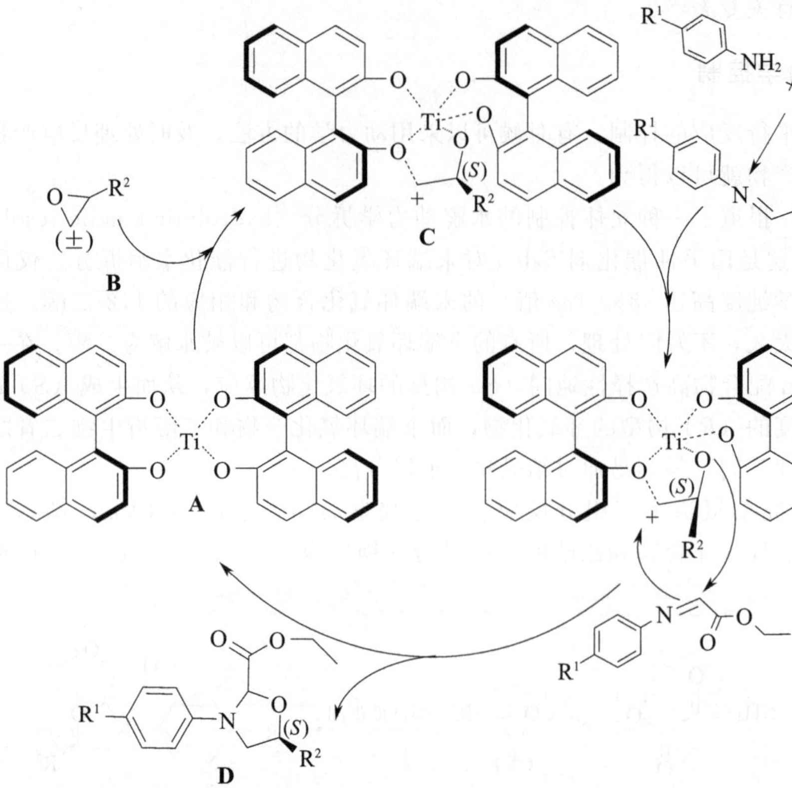

消旋的环氧化合物的两个异构体（*R*）-环氧化合物和（*S*）-环氧化合物，在三组分动力学拆分反应中，只有（*S*）-构型的环氧化合物控制性地发生了反应。

13.6.5 立体控制

不对称合成方面的文献很多，这里从反应控制角度对有关问题加以阐述。在立体控制中，最常见的就是空间效应的控制，主要是反应底物与进攻试剂之间的非键相互作用，结果使得进攻试剂主要来自位阻较小的一面。如分子墙（molecular wall）的策略，就是利用在反应中心某个面上大的取代基（如萘环、三苯甲基等）的空间位阻来实现立体控制。

立体电子效应对不对称反应的控制非常重要，哪个立体面上的电正性较强，那么这个面上就容易接受亲核试剂的进攻，哪个立体面上的电子密度较大，哪个面上就优先发生亲电试剂的进攻。不对称合成中的大量过渡金属配合物的使用，主要是通过与反应中心的相关原子形成相应的络合过渡态，这些过渡态在空间反应中心造成了不同反应面上的电荷密度的差异，使得进攻试剂有了明显的选择性，从而反应得到立体控制。

还有杂原子的导向效应，底物分子中某个立体面上如果有氮原子或氧原子，由于氮原子和氧原子上孤对电子的给予作用，那么某些进攻试剂就被吸引到这个面上来，从而达到立体控制的效果。

13.6.5.1 天然手性源控制

手性源合成是以天然手性物质为原料，把所需要的手性中心从天然产物中巧妙地引入到目标产物的分子骨架中来。如糖类、有机酸［如（+）-酒石酸、（+）-乳酸、（−）-苹果酸和（+）-抗坏血酸等］、氨基酸、萜类化合物和生物碱等是最常用的天然手性源。这种方法是利用天然产物的手性源在合成反应中控制产物的立体构型。

13.6.5.2　手性试剂控制

手性试剂的手性合成是用化学试剂控制产物的立体构型的方法，目标化合物的手性中心是由在反应中加入的具有光学活性的手性试剂来实现的。这些手性试剂是用人工合成或拆分等方法得到的，手性试剂目前越来越多，并且越来越廉价。

13.6.5.3　手性辅助剂控制

通过手性辅助剂的手性合成，也叫手性辅助剂控制方法，在控制目标产物的立体构型的可控反应中应用得很多，许多易于制备且能循环使用的手性辅助剂得到了巧妙的应用。很多手性辅助剂是由 α-氨基酸、α-羟基酸等天然产物衍生出来的。

① 如手性辅助剂噁唑烷酮侧链上羰基 α-位发生烷基化反应时，立体控制地得到一个(*R*)-构型的新的手心中心。然后，辅助剂脱去，立体控制地得到一个手性酸分子。

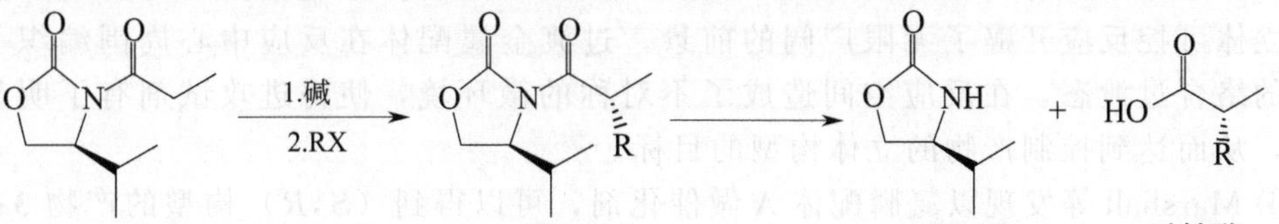

> 95% *de*　　辅助剂　　手性酸

R：C_2H_5

② 下面的例子是通过手性辅助剂在烯键立体控制地实现环丙烷化的反应[12]：

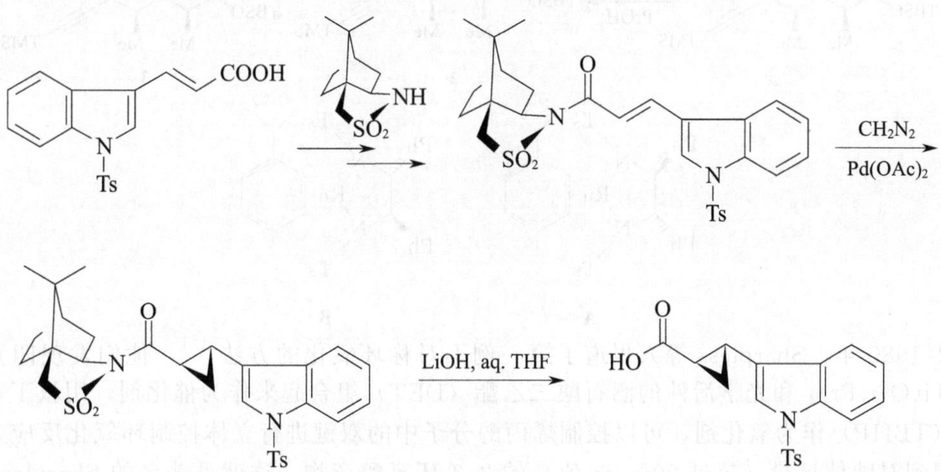

③ 为了给如下产物分子的羧基 α-位立体控制地引入一个甲基，以樟脑磺内酰胺为手性辅助剂，产物的 *ee* 值高达 99%以上[13]。

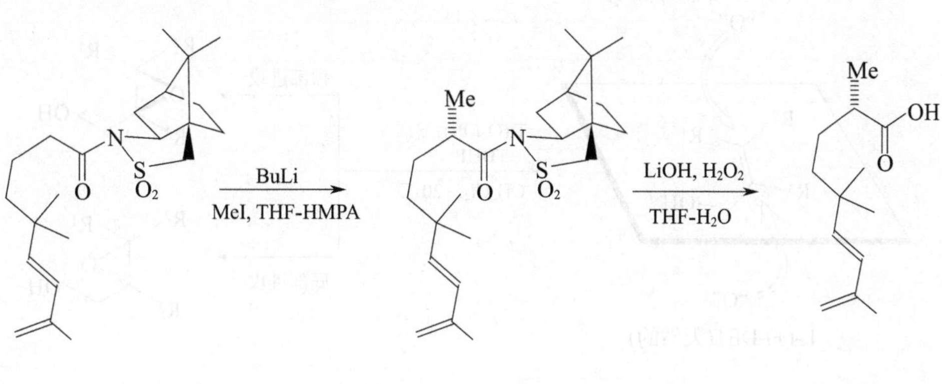

能够作为手性辅助剂的手性化合物很多，常用的有天然产物衍生的噁唑烷酮、天然产物衍生的樟脑磺内酰胺和一些脯氨基衍生物，结构如下：

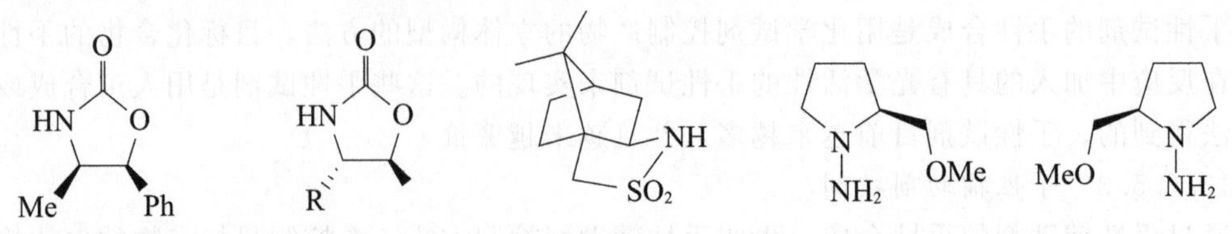

手性辅助剂在控制反应、得到立体专一的光学活性产物中具有很重要的作用。

13.6.5.4 手性催化剂控制

催化控制不对称反应的方法，近年来得到了长足的发展。因为使用少量的手性催化剂就可以得到大量的立体控制产物，是几种手性合成方法中唯一非化学计量的立体控制方法。近年来，各种新型高效的手性配体层出不穷，许多过渡金属配合物，为研究催化立体可控反应开辟了无限广阔的前景。过渡金属配体在反应中心周围编织了一个复杂的络合过渡态，在反应空间造成了不对称的微环境，使得进攻试剂有了明显的选择性，从而达到控制产物的立体构型的目标。

① Marshall 等发现以氮膦配体 **A** 做催化剂，可以得到（S,R）构型的产物 **3**；而以 **A** 的对映体 **B** 作催化剂，则主要得到（S,S）构型的产物 **2**[14]。

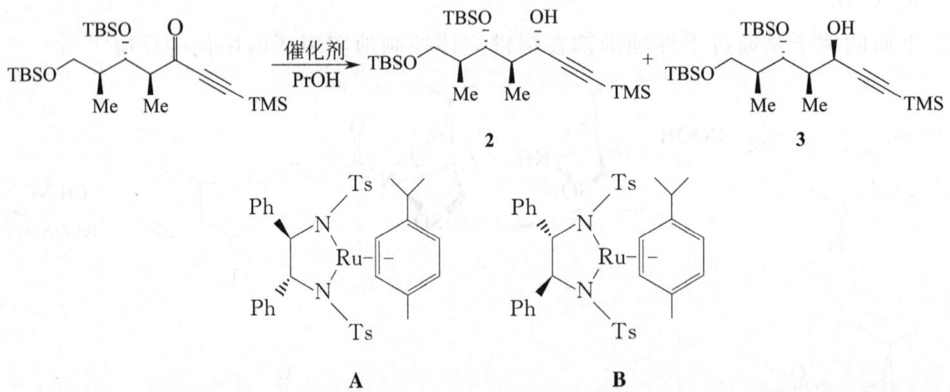

② 1980 年，Sharpless 等人报道了第一例不对称环氧化的方法[15]，他们发现四异丙氧基钛 Ti(O-*i*-Pr)$_4$ 和光学活性的酒石酸二乙酯（DET）组合起来作为催化剂，用叔丁基过氧化氢（TBHP）作为氧化剂，可以控制烯丙醇分子中的双键进行立体控制环氧化反应，高产率地得到对映体过量（超过 90% *ee* 值）的 2,3-环氧醇产物，这就是著名的 Sharpless 不对称环氧化反应（AE 反应）：

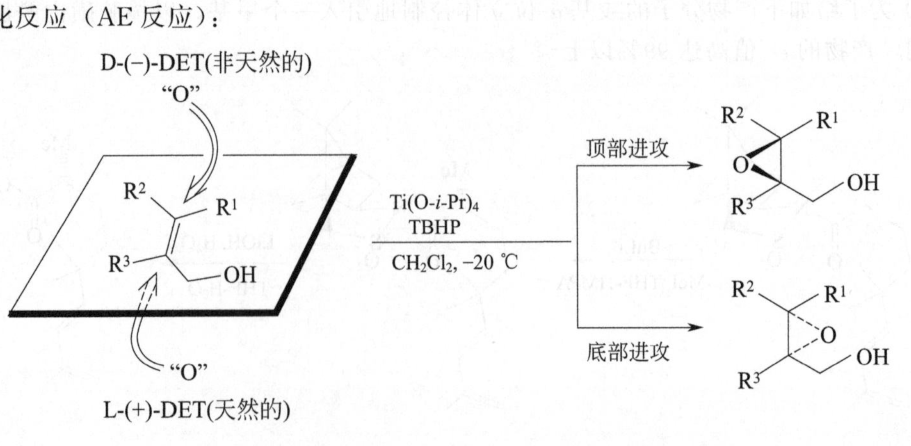

反应的第一步是配体四异丙氧基钛 $Ti(O\text{-}i\text{-}Pr)_4$ 和酒石酸二乙酯（DET）的快速交换，交换后得到的配合物继续同烯丙醇和叔丁基过氧化氢（TBHP）发生交换，起催化作用的活性中间体很难测得，但如下钛的二聚体的结构已得到了确认。

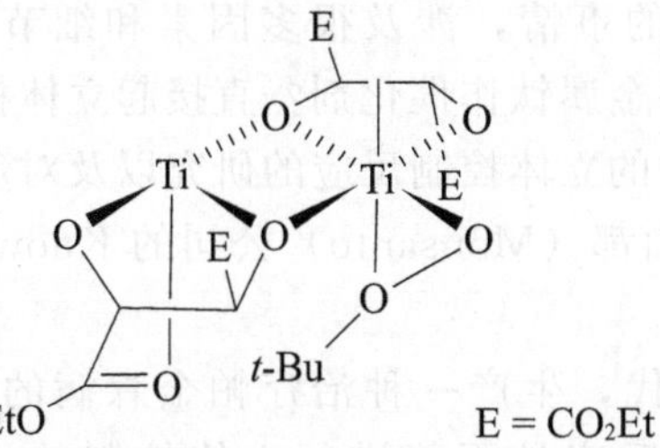

可以看出，叔丁基过氧化物和烯丙醇占据一个钛原子的坐标轴位置，这就限定了烯键环氧化的立体方向性，从而达到对反应的立体控制。

这个反应属于高度试剂控制反应。手性源酒石酸二乙酯（DET）对这个反应的控制非常好，非天然的 D-(－)-酒石酸二乙酯（DET），能够控制烯丙醇从其分子平面上方进行环氧化，而天然的 L-(＋)-酒石酸二乙酯（DET），则控制烯丙醇从其分子平面下方进行环氧化。这样就可以对前手性的烯丙醇立体控制进行预测，至今尚未发现例外。

唯有烯丙醇型化合物是这个反应合适的底物，可见羟基对反应控制有作用，当其他孤立烯键存在时，只有烯丙醇烯键上发生可控的环氧化。

如果烯丙醇连有羟基的碳原子有手性，那么两种对映异构体的环氧化反应速度完全不同，因而可以用于其动力学拆分。

这个很典型的控制型反应，甚至涉及一些很细微的反应条件。如果给这个反应体系中加入催化量的分子筛，催化剂四异丙氧基钛 $Ti(O\text{-}i\text{-}Pr)_4$ 的量仅需要 5%～10%（摩尔分数）；不加入分子筛，四异丙氧基钛 $Ti(O\text{-}i\text{-}Pr)_4$ 则需要化学计量的量。分子筛一般选用 0.3～0.5 nm 的孔径，且需要在 200 ℃活化 2～3 h。

如果环氧化产物活性太大，或者由于羟基的存在导致溶解性太强而使分离困难，一个好办法就是通过酯化把羟基转化为酯基。烯丙醇分子中含有一般的官能团对其环氧化的立体控制没有影响，但如果烯丙醇分子中有酰氨基团、羧酸基团、硫醇基团、磷原子会对反应的立体控制产生影响，这是因为这些含有孤对电子的基团会扰动不对称微环境。

为了获得高收率和高的 *ee* 值，注意具体操作细节很重要。通常要把四异丙氧基钛 $Ti(O\text{-}i\text{-}Pr)_4$ 和光学活性的酒石酸二乙酯（DET）搅拌好以后，然后在－20 ℃加入叔丁基过氧化氢（TBHP），所得到的混合物需要老化 20～30 min，再加入反应物烯丙醇。溶剂用二氯甲烷，不能含醇类杂质。因为醇类溶剂会给出质子，从而扰动不对称微环境。手性源试剂除酒石酸二乙酯（DET）外，还可以选用 4,4′-二甲氧基三苯基甲烷和酒石酸二异丙基酯。

催化剂除了通常使用四异丙氧基钛 $Ti(O\text{-}i\text{-}Pr)_4$ 以外，还可以用四叔丁基钛 $Ti(O\text{-}t\text{-}Bu)_4$，特别对因容易开环的环氧化产物。

酒石酸二乙酯（DET）或者酒石酸二异丙酯（DIPT）手性诱导，四异丙氧基钛 $Ti(O\text{-}i\text{-}Pr)_4$ 催化，叔丁基过氧化氢对烯丙醇的可控环氧化反应，是一个重要发现并取得了很好的结果。开始时，Sharpless 和他的合作者发现，除了钛以外，还有 24 种金属可以催化叔丁基过氧化氢对烯丙醇的环氧化，但是这 24 种金属催化剂不能实现立体控制，因为手性源酒石酸二乙酯（DET）或者酒石酸二异丙酯（DIPT）被加入反应体系以后，这些金属催化剂就被手性源酒石酸酯强烈抑制，直至失去催化活性。其他的金属催化剂都被酒石酸酯抑制而失活，而唯独金属钛催化剂 Ti(O-i-Pr)$_4$ 的催化活性能被手性源酒石酸酯加速。Sharpless 不对称环氧化反应说明有机反应极强的实验性，说明对反应的控制是一件很复杂的事情，涉及很多因素和细节[16]。

为什么其他金属不能代替金属钛作催化剂？直接起立体控制催化作用的活性中间体到底是一个什么结构？对这个典型的立体控制反应的研究以及对反应机理的探讨还在深入。

③ 值得一提的是美国孟山都（Monsanto）公司的 Knowles，他是第一个从事产业化研究的诺贝尔奖获得者。

还在 20 世纪 60～70 年代，生产一种治疗帕金森病的药物 L-DOPA(L-多巴)，由于对潜手性烯胺中间体的氢化反应是不能进行立体控制的，所以得到的消旋氢化产物要进行手性拆分，这个生产过程叫 Hoffman-LaRoche 过程。

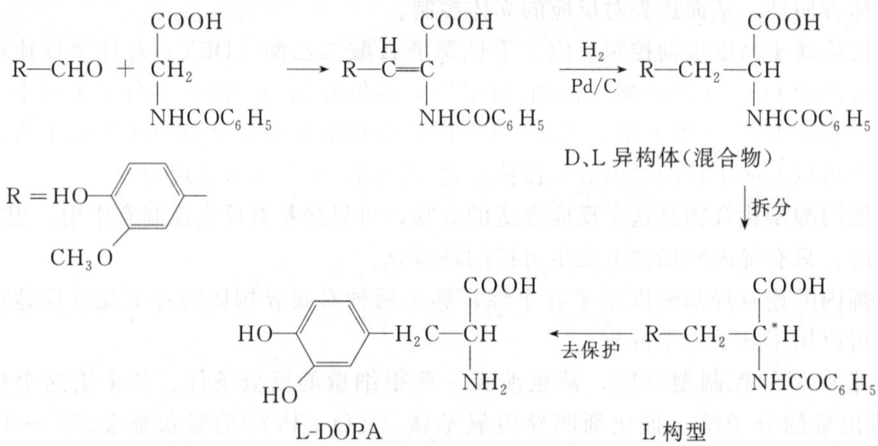

可以看出，上述氢化反应不能立体控制。

到 20 世纪 60～70 年代中期，Knowles 设想对上述氢化反应进行立体控制，开始他尝试了一些具有手性烷基侧链的膦化物，氢化并不能进行立体控制，Knowles 意识到：必须将手性中心置于磷原子上[17]。Knowles 制备了甲基环己基邻甲氧基膦配体（CAMP），可以对氢化反应进行立体控制，达到 88% 的 *ee* 值。甲基环己基邻甲氧苯基膦配体（CAMP）的结构如下：

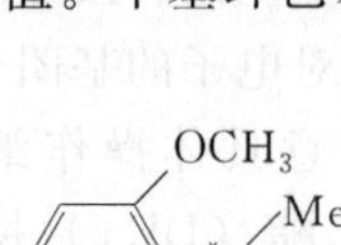

Knowles 本人也没有想到，就是这样一个结构简单的化合物，使氢化反应得到立体控制，L-DOPA（L-多巴）实现了大规模工业化生产。人们第一次认识到，借助天然手性分子得到的手性催化剂，可以取得自然界酶那样神奇的催化效果。

Knowles 所在的美国孟山都（Monsanto）公司经过不断尝试，采用与铑配位的手性邻甲氧基膦配体（CAMP），采用均相氢化的工业化过程，实现了 L-DOPA(L-多巴) 的氢化可控的工业化生产。

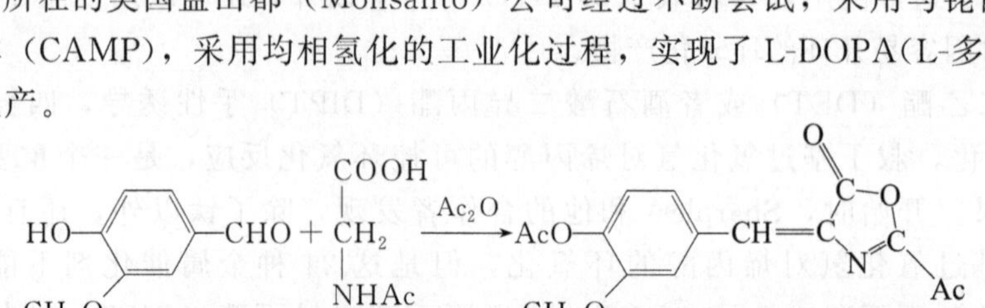

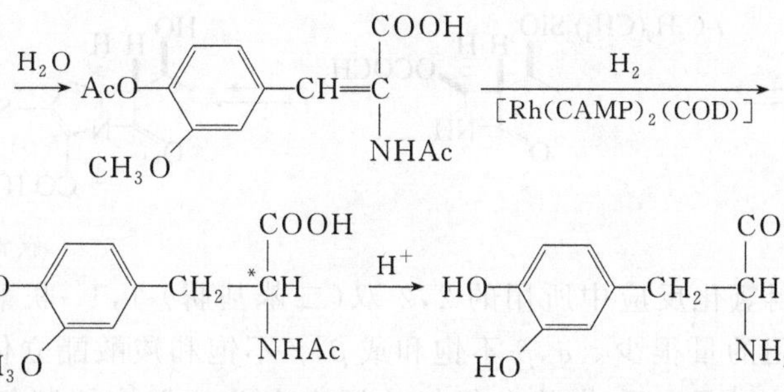

L 异构体

上述可控氢化反应中所用的手性邻甲氧基苯基膦配体（CAMP），仅仅为潜手性烯胺中间体的二万分之一（摩尔分数）！因此，即使是很贵的催化剂不考虑回收也不会造成太大的成本投入。

不对称氢化大规模生产 L-DOPA（L-多巴），是手性催化剂立体控制反应在工业生产上应用最成功的范例之一。

后来，Knowles 又合成了一些其他很有价值的双膦配体等。

1980 年，日本名古屋大学的 Noyori 教授课题组报道了用 2,2-双（二苯基膦）-1,1′-联萘的铑配合物来催化氢化立体控制的 α-酰氨基丙烯酸或丙烯酸酯，得到高立体对映体过量的氨基酸衍生物[18]。但是反应速率较慢，反应条件也要仔细优化，且 2,2-双（二苯基膦）-1,1′-联萘的铑配合物立体控制氢化只限于合成氨基酸。几年后用 2,2-双（二苯基膦）-1,1′-联萘的钌配合物，再加入乙二酸酯，发现对相关官能团邻近的烯键和酮基有很好的立体控制氢化还原作用。这就是著名的 Noyori 不对称氢化[19]，反应如下：

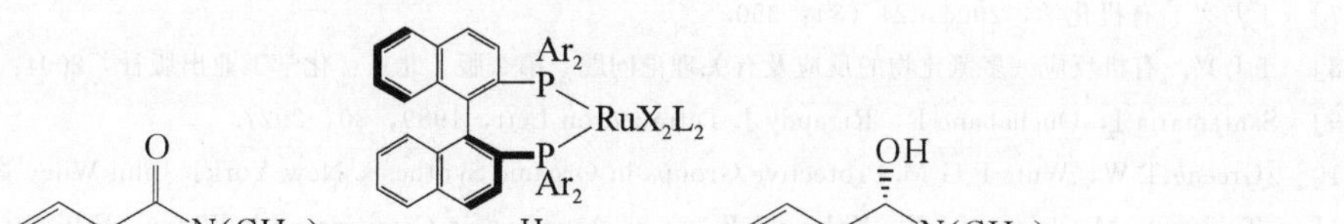

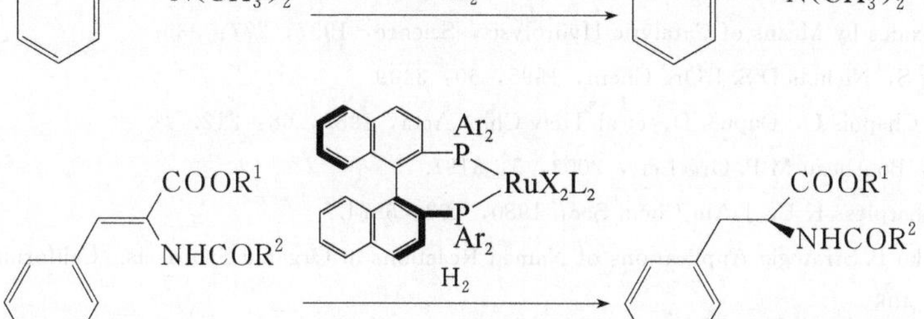

Noyori 不对称氢化的一个重要应用，就是在碳青霉烯抗生素的合成中，进行有效的立体控制氢化反应。

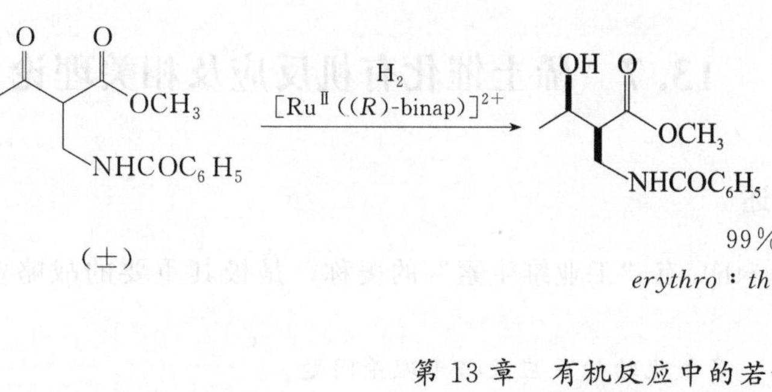

（±）

99% *ee*

erythro：*threo*＝94：6

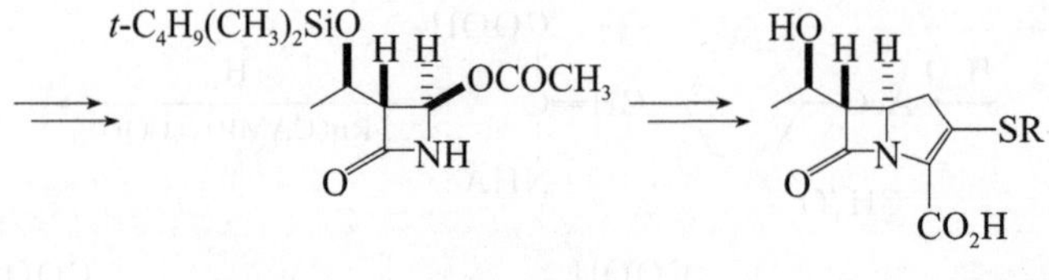

碳青霉烯

Noyori立体控制氢化反应中所用的2,2-双(二苯基膦)-1,1′-联萘的钌配合物容易制备，且在反应中使用的量很少。α,β-不饱和或β,γ-不饱和羧酸酯立体控制氢化用乙醇作溶剂，产物的对映体过量与取代基和氢气的压力有关，立体控制氢化烯丙醇和类烯丙醇的*ee*值较高；底物中原来存在的手性中心和邻近官能团的酮基对立体控制较为敏感；β-位有一个手性羟基的1,3-二酮的双氢化后给出一个1,3-反式二醇，对映体过量为100%；实验还发现β-酮酯是最容易被立体控制氢化的底物。

可控有机反应研究，是一个很有价值的课题[20]。

参 考 文 献

[1] 王乃兴．化学通报，1993，5：32.

[2] 吴毓林，姚祝军，胡泰山．现代有机合成化学——选择性有机合成反应和复杂有机分子合成设计．北京：科学出版社，2006.

[3] Luche J L. J Am Chem Soc，1978，100：2226.

[4] Stefanovic M，Lajsic S. Tetrahedron Lett，1967，1777.

[5] Caron M，Carlier P R，Sharpless K B. J Org Chem，1988，53：5185.

[6] Sasaki M，Tanino K，Hirai A，et al. Org Lett，2003，5：1789.

[7] 王乃兴．有机化学，2004，24 (3)：350.

[8] 王乃兴. 有机反应—多氮化物的反应及有关理论问题．第2版．北京：化学工业出版社，2004：391.

[9] Santamaria J，Ouchabane R，Rigaudy J. Tetrahedron Lett，1989，30：2927.

[10] Greene T W，Wuts P G M. Protective Groups in Organic Synthesis. New York：John Wiley & Sons，Inc.，1998.

[11] Tokunaga M，Larrow J F，Kakiuchi F，et al. Asymmetric Catalysis with Water：Efficient Kinetic Resolution of Terminal Epoxides by Means of Catalytic Hydrolysis，Science，1997，277：936.

[12] Vangveravong S，Nichols D S. J Org Chem，1995，60：3409.

[13] Oppolzer W，Chapuis C，Dupuis D，et al. Helv Chim Acta，1985，68：212.

[14] Marshall J A，Bourbeau M P. Org Lett，2003，5：3197.

[15] Katsuki T，Sharpless K B，J Am Chem Soc，1980，102：5974.

[16] Kürti L，Czakó B. Strategic Applications of Named Reactions in Organic Synthesis. California：Elsevier Academic Press，2005：408.

[17] Knowles W S. Acc Chem Res，1983，16：106.

[18] Miyashita A，Yasuda A，Takaya H，et al. J Am Chem Soc，1980，102：7932.

[19] Noyori R，Ohta M，Hsiao Y，et al. J Am Chem Soc，1986，108：7117.

[20] 王乃兴. 科技导报，2007，1：52.

13.7 稀土催化有机反应及相关理论

13.7.1 概述

稀土 (rare-earth) 有“工业维生素”的美称，是极其重要的战略资源。稀土元素是指元素周期表中原子序数为57～71的15种镧系元素，以及与镧系元素化学性质相似的钪（Sc）和钇（Y）共17种元素。目前在有机化学新反应方法学研究中，稀土有机配合物催化剂的大力开发，产生了意想不到的效果。多年来，稀土金属有机配合物的研究取得了极大的进展。配体从环戊二烯、五甲基环戊二烯和茚，现在发展到各种非茂稀土有机配合物，从双酚、β-二亚胺、发展到多氮的胍、脒等。多氮含磷的非茂配体不仅拓展了稀土金属有机配合物的种类，还极大地推动了稀土金属有机配合物在有机合成新方法中的应用。

新型稀土有机含氮多齿配合物的合成研究近年来取得了长足的进展，先后发表了一系列高质量的研究论文[1-6]。通过多齿配体的设计与调控，增强与稀土离子的适配性，化学家合成了许多具有结构新颖的稀土有机配合物；这些多氮化合物利用氮原子上的孤对电子的给电子特征，与稀土金属离子能够建立起稳定的配位化学键[7-10]。随着研究工作的不断深入，这些配合物在新型稀土催化剂方面展示出广阔的应用前景。

含氮化合物胍、脒和氨基吡啶稀土金属有机配合物的研究近年来有不少的报道，多个氮原子不仅在电子给体方面具有极大的优势，而且这些多氮化合物因其独特的立体结构，可望在有机催化等方面具有更好的功效[11-22]。

13.7.2 稀土有机配合物的成键性

在研究稀土有机配合物的成键性方面，紧密结合理论化学研究，利用量化计算等手段，来揭示稀土有机配合物的成键规律，探索对稀土有机配合物稳定性调控的关键因素，是一个很有学术意义的研究课题。

稀土有机配合物的成键性是一个关键的科学问题。稀土金属离子4f轨道不参与成键，呈现出高配位数，且具有稳定价态（+3价），有利于底物的络合和活化。然而，较高氧化态的稀土金属离子属于硬酸，与有机膦和烯烃等的作用较弱，一般难以形成稳定的配合物[23]。针对稀土金属与有机配体难以形成配合物或配合物不稳定的问题，人们对含稀土金属-主族元素（C、N、P）单键配合物进行探索与研究，尝试揭示其结构特征和反应活性的关系[24]。

尽管取得了长足的进展，稀土配合物的双键研究仍面临艰巨的挑战。其本质问题是轨道能级匹配性差，这是因为稀土金属离子的d轨道与有机配体p轨道的能级差异性比较大。

鉴于此，具有较高HOMO能级的卡宾类有机配体开始被重视。例如首例钪-氮双键配合物（图13-5）[25]揭示了其独特成键方式[26]，是迈向稀土金属双键配合物的重要一步。随后，稀土金属-碳双键配合物（表13-8）相继取得进展[27]。但是，卡宾配体仍然无法从根本上解决其轨道能级匹配的问题，导致其配合物极不稳定，特别是其能级调控受限。鉴于卡宾的本质属于三线态双自由基，可调的双自由基共轭体系成为具有重大应用前景的稀土金属配体：① 高HOMO能级，且可调控；② 提供有效的未配对电子。这为稀土有机双键配合物的

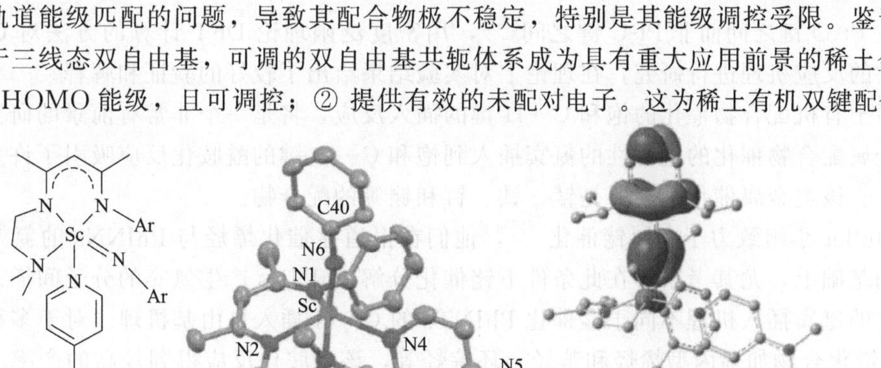

图 13-5

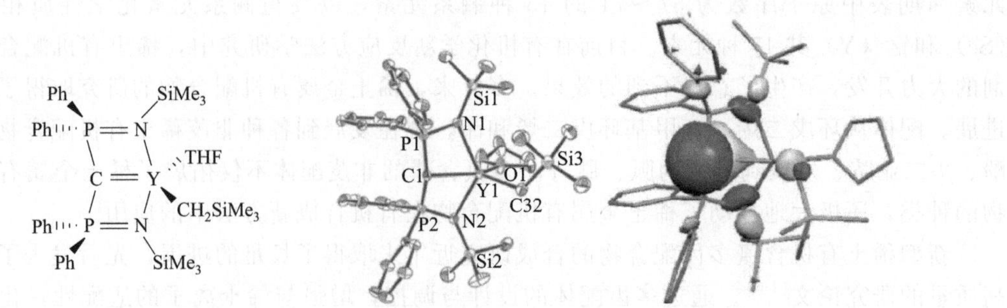

图 13-5　部分稀土金属-主族元素双键的配合物分子式、单晶结构和 HOMO 能级

表 13-8　已报道的稀土双键配合物键长

化学键	键长/Å	化学键	键长/Å
Sc ═N[5]	2.271(5)	Ce ═C[8]	2.411(5)
Y ═C[7]	2.406(3)	Sm ═C[10]	2.507(5)

形成及稳定提供了可能，并可进一步探索成键规律及稳定性调控方法。

研究稀土有机配合物的新型氧化还原反应已经有了一些进展，虽然大部分稀土元素在其配合物中通常为正三价氧化态，但也有不少稀土离子可表现出价态互变行为，如Yb(Ⅱ)/Yb(Ⅲ)，Eu(Ⅱ)/Eu(Ⅲ)，Ce(Ⅲ)/Ce(Ⅳ)等。稀土离子的这一特性已被应用于价态互变异构稀土配合物的设计合成，在这类稀土金属有机配合物中配体与稀土离子之间可发生外界环境刺激响应的可逆电荷转移，从而可望用作分子开关和传感材料[28]。价态互变异构稀土配合物也可作为还原剂应用于有机反应中，例如萘酚稀土异金属配合物$[Li_3(THF)_4][(BINOLate)_3Ce(THF)]\cdot THF$可与三苯基氯甲烷发生氧化还原反应，Ce(Ⅲ)被氧化为Ce(Ⅳ)[29]。

13.7.3　稀土有机配合物催化的几种典型反应

13.7.3.1　稀土有机配合物催化的插入反应

首先，我们来看关于稀土有机配合物催化的插入反应，Sharp课题组的工作有一定的启示。Sharp课题组曾报道其用CO、异乙腈、烯烃、炔烃等不饱和小分子进攻Pt(COD)$(C_7H_{10}O)$、$Pt(PEt_3)_2(C_7H_{10}O)$这两种金属配合物，发现CO等不饱和小分子插入的位置都是在Pt-O键之间而非Pt-C键之间[30]，用密度泛函理论DFT计算的方法对CO与含Pt化合物的反应机理进行研究，在理论上对实验结果给出了较好的验证和解释。

稀土有机配合物催化的饱和C—H键的插入反应，将是一个非常有前景的研究领域。目前，金属配合物催化的竞争性的氮宾插入到饱和C—H键的酰胺化反应吸引了许多研究小组的关注。该类金属催化剂主要是锰、铁、钌和铑等的配合物。

Mûller小组致力于金属铑催化[31]，他们在报道铑催化烯烃与PhINNs的氮杂环丙烷化反应的基础上，尤其考察了在此条件下铑催化分解PhINNs产生氮宾的分子间插入反应。这种直接的氮宾插入机理不同于锰催化PhINTs的C—H插入自由基机理。对于多种类型饱和C—H键化合物如烯丙型烯烃和苄烃、环烷烃等，该酰胺化反应得到较高的产率。一些插入反应具有较好的区域选择性和立体选择性。该反应最重要的意义在于体现出从理论研究到实际应用的转化，从小分子有机物到天然产物的应用转变。上述插入反应可以应用到稀土配合物的插入反应研究中来。新型稀土有机配合物作为插入反应的新催化剂，将是一个全新的转变。

卡宾（carbene）和伯胺或仲胺的 N—H 插入反应是构筑 C—N 键的重要方法之一，具有广泛的应用价值。α-重氮羰基化合物是 N—H 插入反应中最常见的卡宾前体，在一些过渡金属催化下 α-重氮羰基化合物发生分解释放出一分子的 N_2，而自身转化为与金属配位的金属卡宾（metal-carbenoid）。卡宾与金属配位后活性适当降低从而可提高 N—H 插入反应的选择性，这是一个重要特征。α-重氮羰基化合物还具有制备简便、常温下稳定等优点。在上世纪 70 年代 Belgian 等报道了 $Rh_2(OAc)_4$ 催化重氮乙酸乙酯与苯胺的 N—H 插入反应[32]，反应中 1 mol 的底物仅需 0.16 mol 的 $Rh_2(OAc)_4$ 为催化剂，N—H 插入反应的收率为 70%。近年来，化学家发展了其他一些过渡金属配合物用于催化该类反应。王乃兴描述了氮宾（nitrene）的插入反应等（王乃兴．有机反应——多氮化物的反应及若干理论问题．第 4 版．北京：化学工业出版社，2017），利用新型稀土配合物代替价格昂贵的过渡金属 Rh 配合物催化剂，有望发展更为高效的新型插入反应。

关于新型稀土配合物的插入反应，目前研究较多。例如基于 Ln-C 和 Ln-N（Ln 为镧系元素）σ 键的离子特性，这些键较活泼易于断裂，这为在配体底物中插入含不饱和键的分子创造了机会。这类插入反应可发生于稀土金属有机配合物分子内用于合成新型配合物，如二甲基硅酮插入单茂稀土桥二甲基吡啶配合物中的 Ln-N 键生成单插入产物[33]；碳化二亚胺插入单茂烯酮双胺基配合物中的 Ln-N 键，生成双插入产物[34]；甲基丙烯酸甲酯插入基于 NNP 配体的稀土阳离子的 Ln-P 键生成单插入产物[35]。更为重要的是稀土金属有机配合物的这类插入反应被广泛应用于催化含不饱和键单体的聚合合成高分子[36]。

13.7.3.2 稀土有机配合物催化的新型复分解反应

研究稀土有机配合物的新型复分解反应，是一个非常重要的研究领域。金属卡宾参与的烯烃的复分解反应是一个独特的碳骨架重排反应，是有机合成中合成新的碳碳键的重要手段。烯烃的复分解反应主要分为相关的三个方面：

① 开环聚合反应；

② 关环复分解反应；

③ 交叉复分解反应。

关环复分解反应即分子内的烯烃复分解反应，含有两个碳碳不饱和键（一般为末端烯烃）的链状分子在金属卡宾的参与下发生复分解，伴随失去一分子烯烃得到不饱和环体系。Schrock 和 Grubbs 金属卡宾催化剂出现后，关环复分解反应引起了有机合成界的极大兴趣，特别是美国加州理工大学 Grubbs 小组的工作（2005 年诺贝尔化学奖获得者），使关环复分解反应在近年来迅速发展成为合成不同大小、含有各种官能团的不饱和碳环和杂环化合物的重要方法，在有机合成以及许多天然产物的全合成中得到了广泛的应用[37]。金属卡宾是这类复分解反应催化的关键，稀土有机配合物的研究为此类催化剂开拓了一个新生面，利用新型稀土配合物，有望开发出最新的第三代 Grubbs 催化剂。

13.7.3.3 稀土有机配合物用于 σ 键复分解反应

σ 键复分解反应是一个协同过程，σ 键复分解反应在 d 族金属复合物中比较常见，例如 16 电子化合物 $[ZrHMe(Cp)_2]$ 不能和 H_2 反应给出一个三价氢化物，因为它的所有电子都已经用于配位成键，在这里，一种四元环转化的过渡态被提了出来。一个协同的化学键形成过程导致了甲基消除，甲烷离去，锆的氢化物得以生成。例如：

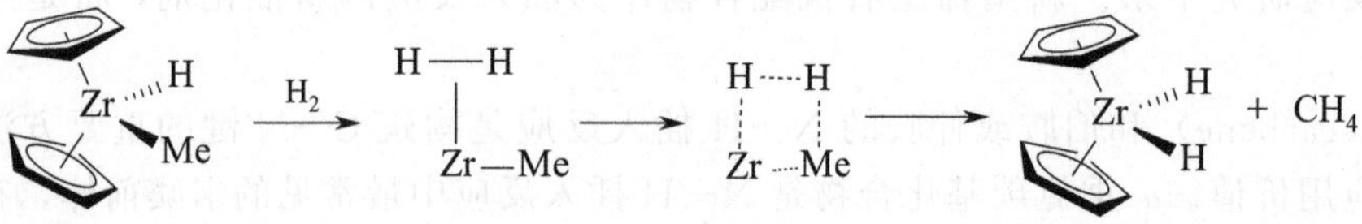

如果用稀土金属代替锆，开发稀土金属的σ键复分解反应，会在新型稀土催化剂方面取得新的发现。开展碳-杂原子键（例如杂原子 S）的催化复分解反应首先面临的挑战是如何实现该化学键的活化断裂、形成与配体交换的过程，如何能够实现芳基的可逆转化。以前报道的过渡金属催化剂参与的 C(sp^2)—S 键断裂反应，Pd 或 Ni 催化剂与适当的富电子配体结合，可以提高金属中心的电荷密度，从而使 C(sp^2)—S 键对催化剂氧化加成后的配体交换过程得以顺利进行。

Ln-C 和 Ln-N 中的σ键很活泼，在稀土金属有机配合物中较容易形成和断裂，因此含 Ln-C 或 Ln-N σ键的稀土配合物易发生σ键复分解反应。这类稀土配合物在有机合成中有着非常重要的作用，被广泛应用于 C—H 键活化。由σ键复分解反应诱导的 C—H 键活化不仅可在稀土金属有机配合物分子内生成新型配合物[38]，而且稀土金属有机配合物也可以通过σ键复分解反应催化底物的 C—H 键活化，如最近 Mashima 等人利用钇金属有机配合物实现了对 2-取代吡啶的间位氨烷基化，得到了高对映选择性的手性氨烷基化产物[39]。

催化实现芳基硫醚发生 C(sp^2)—S 键断裂，随后也可以与硫醇、苯胺等发生交叉偶联的反应，高效绿色合成一些药物中间体。

合成稀土催化剂，采用苯甲硫醚与环己基硫醇为反应底物，对σ键复分解反应具有研究价值。

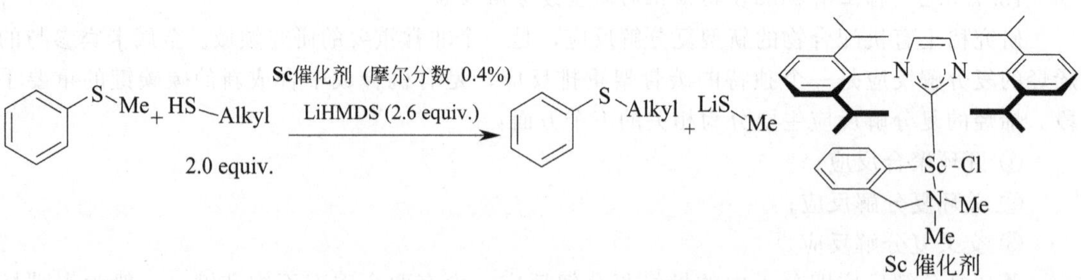

高收率的 C(sp^2)—S 键复分解反应，能够解决芳基硫酚作为亲电试剂参与一系列偶联反应时存在的问题。迄今为止，许多 C(sp^2)—X 键的复分解反应尚无报道。除了 C(sp^2)—N 键的转酰胺化有一些报道以外，其他碳-杂原子键的交叉复分解反应亟待化学家去开拓。新型稀土配合物催化剂具有广阔前景。

13.7.4 稀土有机配合物的高效催化作用

13.7.4.1 稀土有机配合物催化氮气的活化

研究稀土有机配合物对氮气的活化，高效直接利用氮气，使其真正成为最廉价的氮源，一直是人类的梦想，也是化学家最重要的使命之一。温和条件下氮气的活化与转化（固氮）研究在 1970～1990 年曾经是国际上备受关注的研究领域。但是由于该领域极具挑战性，研究进展比较缓慢。然而，实现温和条件下氮气的活化与转化是人类需要解决的重大科学问题之一，将氮气直接转化为含氮有机化合物是氮气的直接应用之一，大量报道的金属促进的以氮气为原料直接生成含氮有机化合物的转化方法，产物主要包括胺类、酰胺类、酰亚胺类、腈类、二氮烯类、连氮类、碳二亚胺类、异氰酸酯类及杂环类有机化合物。金属配合物作为活化及转化氮气的催化剂一直是这一研究领域的关键，也是未来长期研究的重点方向。大多报道的方法是先使氮气与金属形成配合物，再将配合物与有机部分结合，最后经过水解等处理步骤而得到终产物。北京大学席振峰在氮气的活化方面做了一些探索[40]。稀土有机配合物为氮气的活化开辟了新生面。未来氮气活化与转化研究领域的发展趋势将主要集中在配体的合理设计方面，将结构新颖的配体与适当的稀土离子合理搭配，高效的“协同效应”很可能是未来发现高效催化剂体系的关键突破口。由于配体结构的微小变化，往往导致配位金属中心周围电子云密度及空间位阻的变化，这些变化可以进一步影响其活化氮气的效果，从而有望实现高效转化氮气的终极目标。随着固氮酶结构的日益明晰，以其催化活性中心为指导原则，稀土金属配合物对氮气的活化，将会使氮气活化与转化的研究发展到一个更崭新的阶段，一些原创性的成果有可能从这里取得突破。

氮气是最丰富廉价的氮源，由于氮气的化学惰性，氮气的官能化极具挑战。工业上，氮气通过高能耗的 Haber-Bosch 工艺，在高温、高压条件下转化为氨。发展温和条件下绕过氨、直接以氮气为氮源合成含氮有机物的方法至关重要。

2024 年，Hou 等人利用金属氢桥连接氮气的配合物与异腈的反应，实现了氮气裂解及与不饱和有机底物的多重偶联反应。反应中多个关键中间体被成功分离和表征。Hou 等人还实现了氮气与不同异腈的交叉偶联反应，该研究为以氮气为氮源来构筑复杂含氮有机化合物提供了借鉴（*J. Am. Chem. Soc.*，2024，146：10984）。

13.7.4.2 稀土有机配合物的催化氢化探索

1980 年，日本名古屋大学的 Noyori 教授报道了用 2,2-双(二苯基膦)-1,1′-联萘的铑配合物来催化氢化立体控制的 α-酰氨基丙烯酸或丙烯酸酯，得到高立体对映体过量的氨基酸衍生物[41]。但是反应速率较慢，反应条件也要仔细优化，且 2,2-双(二苯基膦)-1,1′-联萘的铑配合物立体控制氢化只限于合成氨基酸。几年后用 2,2-双(二苯基膦)-1,1′-联萘的钌配合物，再加入乙二酸酯，发现对相关官能团邻近的烯键和酮基有很好的立体控制氢化还原作用。这就是著名的 Noyori 不对称氢化[42]。从某种意义上，这种手性氢化方法，就是对氢气进行立体控制条件下的活化、加成。探索用稀土金属配合物代替铑配合物作为不对称氢化的新型催化剂，必定会开拓出一些崭新的有机反应。

二价 Sm 配合物（C_5Me_5）$_2$Sm 与 P_4 蒸气发生氧化还原反应生成$[\{(\eta_5\text{-}C_5Me_5)_2Sm\}_4P_8]$，Sm(Ⅱ) 被氧化为 Sm(Ⅲ)[43]；混合配体稀土配合物 $(C_5Me_5)_2(C_5Me_4H)Y$ 可光化学还原 N_2，在这一氧化还原反应中 N_2 得到两个电子被还原为 $(N{=}N)^{2-}$，$(C_5Me_4H)^-$ 被氧化为 $(C_5Me_4H)_2$[44]。尽管稀土金属有机化学得到了很大发展，但对其反应性的研究还需要开拓性的工作。

值得注意的是，最近研究人员在稀土金属有机配合物作为有机反应新型催化剂方面，开展了一系列深入细致且卓有成效的研究工作。稀土金属有机配合物还能进行催化氢化、氢胺化和膦氢化等重要有机反应。

13.7.4.3 稀土有机配合物催化的不常见的有机反应

稀土有机配合物催化剂能够催化不常见的非常巧妙的反应，能够直接把二氧化碳和炔类化合物制备成为重要的药物中间体炔酸化合物[45]。

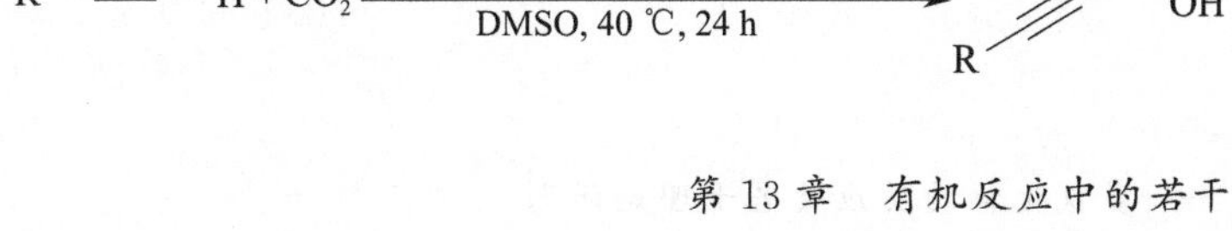

稀土催化剂能够催化一般常规条件下根本不会发生的一些反应。稀土催化剂能够催化两个反应物直接偶联起来，生成重要的药物中间体（JACS，2011，133：18086）。

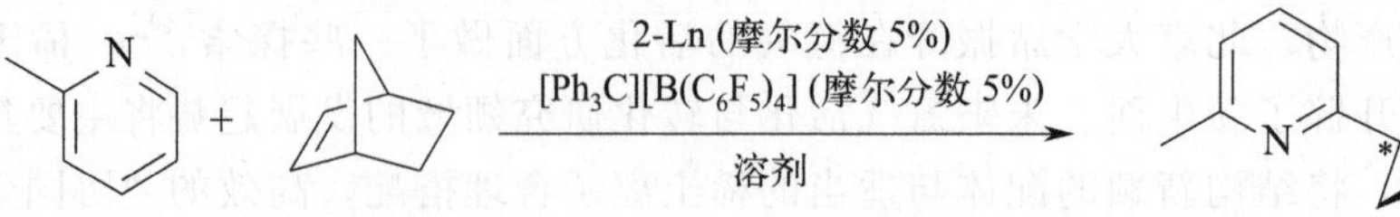

为了发展具有重要应用前景的药物中间体和聚合物的稀土配合物催化剂，化学家把相关的稀土离子制备成各种各样复杂的配合物，如 Sc、Y、La、Lu 稀土配合物催化剂[46]：

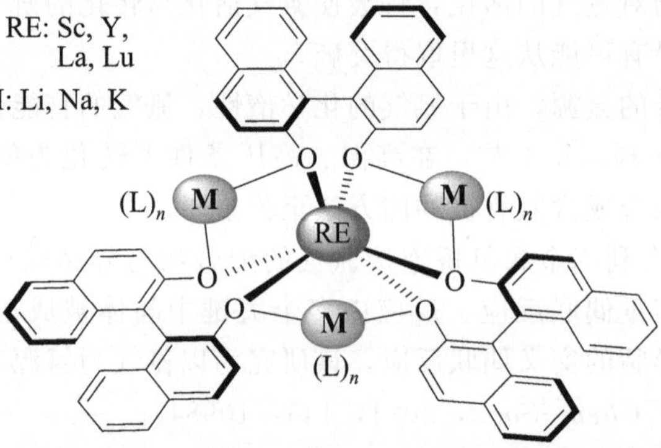

近年来，稀土有机配合物取得了很大的进展，许多稀土有机配合物被合成了出来，这些稀土有机配合物具有丰富多彩的结构特征和反应特性，在药物合成和高分子合成中得到了新的应用。

13.7.5 稀土有机配合物催化的新反应

13.7.5.1 稀土催化的环化与开环反应

环化是一种构建环状或者并环化合物很有力的方法，可在一锅反应中构建多个化学键。在最近的几年中，稀土金属三氟甲烷磺酸盐催化的环化反应有很大的发展。最常用的策略是醛和胺原位生成亚胺，之后与第三种底物进行氮杂 Diels-Alder 环化反应得到最终的环化产物。

2010 年，Yadav 课题组报道了使用 $Sm(OTf)_3$ 催化的醛、胺和环烯醇醚的三组分环化反应，得到了四氢呋喃并四氢喹啉化合物[47]。该反应涉及一个氮杂 Diels-Alder 反应，并且有着很高的 *endo* 选择性。

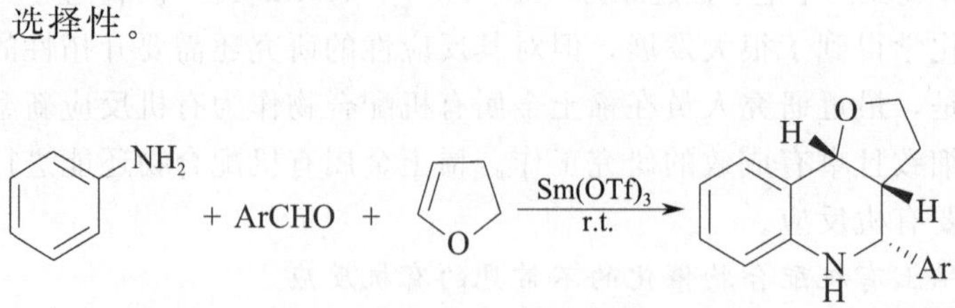

2010 年，Nagarajan 课题组报道了 CuI/$La(OTf)_3$ 共同催化的玫瑰树碱及其衍生物的合成[48]。通过反应机理的研究，该反应首先胺和醛原位生成亚胺，之后与炔烃发生氮杂 Diels-Alder 反应，最后芳构化得到目标产物。该反应也使用了 Lewis 酸促进剂离子液体 $[Bmim][BF_4]$。

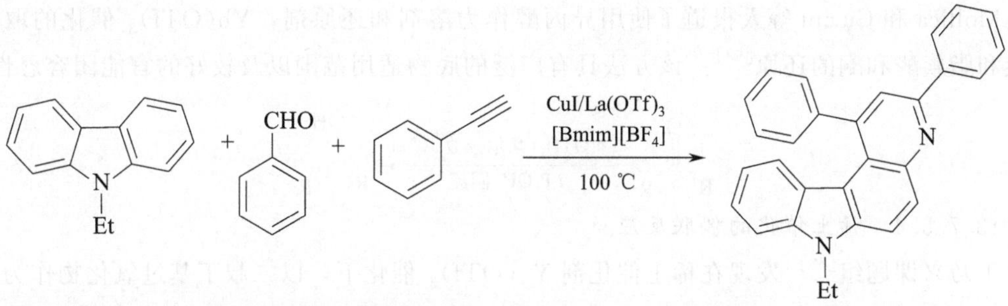

13.7.5.2　稀土催化的重排反应

重排反应是一种分子的骨架发生重排生成结构异构体的化学反应，是有机反应中重要的一类。当反应底物中含有氧时，稀土三氟甲烷磺酸盐可以高效地催化这类反应发生。

Alaniz 课题组报道了 $Dy(OTf)_3$ 催化呋喃甲醇通过 Piancatelli 重排成 4-羟基环戊烯酮的方法[49]。该方法可以由芳基和烷基取代的呋喃甲醇得到单一反式的非对映异构体。

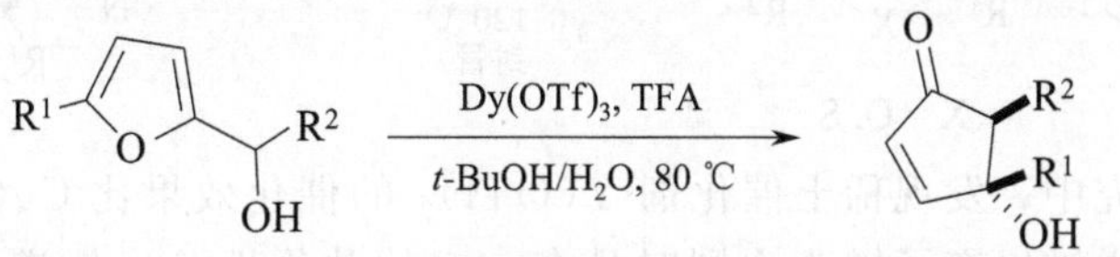

该课题组随后报道了一种 $Dy(OTf)_3$ 催化的分子内氮杂-Piancatelli 重排，在一锅反应中构建了带有氮原子和螺环系统的完全取代的季碳中心[50]。该方法操作简单，通过重排，仅有反式非对映异构体氮杂螺环化合物生成，与 4π 电子环化一致。该反应在乙腈中进行，无需无水无氧条件。

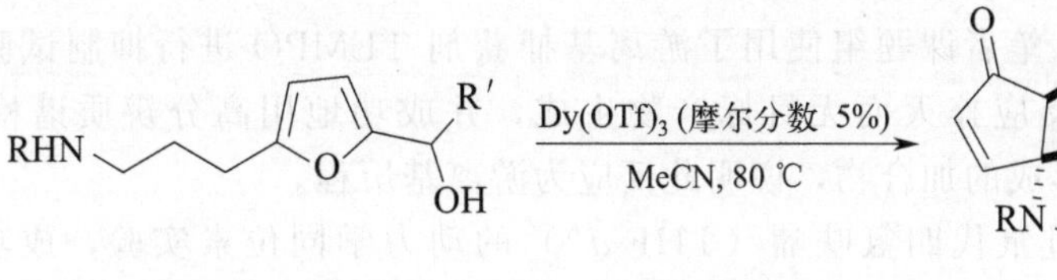

13.7.5.3　稀土催化的氧化还原反应

Khurana 课题组报道了利用过氧化氢-尿素加合物作为氧化剂，在 $La(OTf)_3$ 催化下将二级羟基氧化成酮的方法[51]，该方法也是在[Bmim][BF_4]离子液体中反应。该方法可以将 1,2-二醇、α-羟基酮和其他芳族和脂族仲醇成功氧化成相应的酮，收率较高且反应时间短。

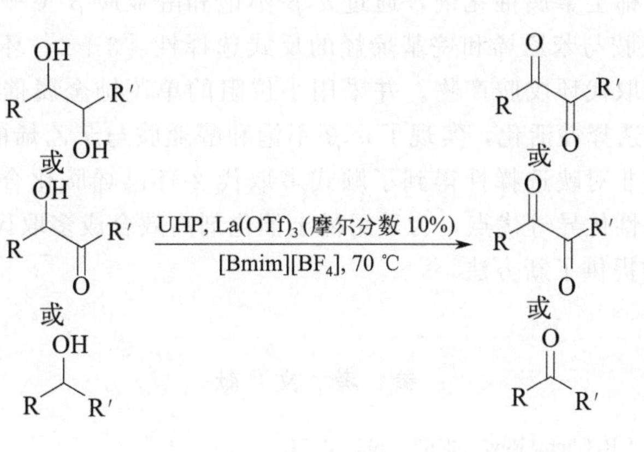

Mollica 和 Curini 等人报道了使用异丙醇作为溶剂和还原剂，$Yb(OTf)_3$ 催化的取代的芳族和脂族醛和酮的还原[52]。该方法具有广泛的底物适用范围以及较好的官能团容忍性。

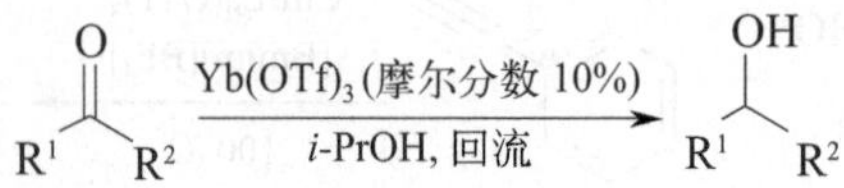

13.7.5.4　稀土催化的偶联反应

王乃兴课题组[53] 发现在稀土催化剂 $Y(OTf)_3$ 催化下，以二叔丁基过氧化物作为自由基引发剂，氮杂芳烃与醚类化合物能够直接发生偶联反应。该反应也属于 $C(sp^3)$—H 键的官能团化的交叉脱氢偶联反应（cross-dehydrogenative-coupling，CDC），具有原子经济性好、选择性强等优势。

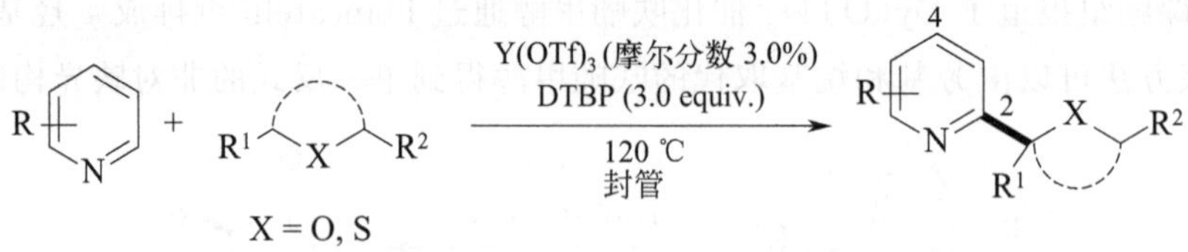

在这个反应研究中，发现稀土催化剂 $Y(OTf)_3$ 的催化效果比 $Cu(OAc)_2$ 等催化剂好。稀土化合物中的化学键以离子键为主同时具有一定的共价性，4f 轨道由于极强的屏蔽作用而不参与成键。稀土钇离子属于硬 Lewis 酸，对含 N 原子或者氧原子的化合物具有很强的配位能力。氮杂芳烃和醚被钇离子配位形成活化过渡态，使反应容易进行。该反应底物适用范围广，氮杂芳烃与醚还有硫醚均能得到 $C(sp^3)$—H 键的官能团化产物。除链醚以外，环醚也可以有效地发生 $C(sp^3)$—H 键的官能团化反应。所得的 31 个反应产物都进行了核磁共振氢谱、碳谱及高分辨质谱的表征。

机理研究方面，笔者课题组使用了游离基捕获剂 TEMPO 进行抑制试验，结果发现捕获剂的加入会使该反应猝灭而无目标产物生成，并成功地用高分辨质谱检测到了捕获剂 TEMPO 与游离基形成的加合物，说明此反应为游离基历程。

王乃兴组还通过氘代四氢呋喃（THF-d^8）的动力学同位素实验，成功地验证了 α-C(sp^3)—H 键的断裂是该反应的速率决定步骤。

2024 年，Hou 等利用单茂稀土金属配合物为催化剂，实现了 α,β-不饱和醛亚胺烯丙位 C—H 键的选择性活化，通过稀土金属-配体协同调控催化剂与烯烃的配位模式，发展了 α,β-不饱和醛亚胺与烯烃的反式选择性［3+2］环化反应和顺式选择性［4+2］环化反应[54]。采用大位阻的单茂钪稀土金属催化剂，通过 α,β-不饱和醛亚胺 β'-C—H 键选择性活化，实现了 α,β-不饱和醛亚胺与苯乙烯和烷基烯烃的反式选择性［3+2］环化反应，以较高的立体选择性得到反式多取代环戊胺产物。并采用小位阻的单茂钸金属催化剂，通过 α,β-不饱和醛亚胺 γ-C—H 键选择性活化，实现了 α,β-不饱和醛亚胺与苯乙烯的顺式选择性［4+2］环化反应，以较高的非对映选择性得到了顺式多取代 2-环己烯胺化合物。该反应具有底物范围广、非对映选择性优异等优点，为采用稀土催化剂高效合成多取代环戊胺化合物和多取代 2-环己烯胺化合物提供了新方法。

参 考 文 献

［1］ Lappert M F，Severn J R. Chem. Rev.，2002，102：3031.

[2] Mindiola D J. Angew. Chem. Int. Ed. , 2009, 48: 6198.
[3] Shen X, Zhang Y, Xue M, et al. Dalton Trans. , 2012, 41: 3668.
[4] Liu P, Zhang Y, Yao Y, et al. Organometallics, 2012, 31: 1017.
[5] Liu P, Zhang Y, Shen Q. Organometallics, 2013, 32: 1295.
[6] Neculai D, Roesky H W, Neculai A M, et al. Organometallics, 2003, 22: 2279.
[7] Xu X, Xu X Y, Chen Y F, et al. Organometallics, 2008, 27: 758.
[8] (a) Lu E L, Chu J X, Borzov M V, et al. Chem. Commun. , 2011, 47: 743; (b) Chu J X, Lu E L, Liu Z X, et al. Angew. Chem. Int. Ed. , 2011, 50: 7677; (c) Lu E L, Zhou Q H, Li Y X, et al. Chem. Commun. , 2012, 48: 3403; (d) Chu J X, Kefalidis C E, Maron L, et al. J. Am. Chem. Soc. , 2013, 135: 8165.
[9] Lv Y D, Kefalidis C E, Zhou J L, et al. J. Am. Chem. Soc. , 2013, 135: 14784.
[10] (a) Lu E L, Chen Y F, Zhou J L, et al. Organometallics, 2012, 31: 4574; (b) Zhou J L, Chu J X, Zhang Y Y, et al. Angew. Chem. Int. Ed. , 2013, 52: 4243.
[11] Zhao Y, Yap G P A, Richeson D S. Organometallics, 1998, 17: 4387.
[12] Trifonov A A. Coord. Chem. Rev. , 2010, 254: 1327.
[13] (a) Chen J, Yao Y, Li Y, et al. J. Organomet. Chem. , 2004, 289: 1019; (b) Zhou L, Yao Y, Zhang Y, et al. Eur. J. Inorg. Chem. , 2004, 2167.
[14] Lu Z, Yap G P A, Richeson D S. Organometallics, 2001, 20: 706.
[15] Yao Y, Luo Y, Chen J, et al. J. Organomet. Chem. , 2003, 679: 229.
[16] Trifonov A A, Fedorova E A, Fukin G K, et al. Eur. J. Inorg. Chem. , 2004, 4396.
[17] Trifonov A A, Lyubov D M, Fedorova E A, et al. Eur. J. Inorg. Chem. , 2006, 747.
[18] Zhang J, Cai R, Weng L, et al. Organometallics, 2004, 23: 3303.
[19] Pi C, Zhu Z, Weng L, et al. Chem. Commun. , 2007, 2190.
[20] Zhang J, Ma L, Han Y, et al. Dalton Trans. , 2009, 3298.
[21] Lyubov D M, Bubnov A M, Fukin G K, et al. Eur. J. Inorg. Chem. , 2008, 2090.
[22] Skvortsov G G, Yakovenko M V, Castrv P M, et al. Eur. J. Inorg. Chem. , 2007, 3260.
[23] (a) Edelmann F T. Coord. Chem. Rev. , 2016, 318: 29-130; (b) Edelmann F T. Coord. Chem. Rev. , 2017, 338: 27.
[24] (a) Schumann H, Meese-Marktscheffel J A, Esser L. Chem Rev, 1995, 95: 865; (b) Molander G A, Romero J A. Chem Rev, 2002, 102: 2161; (c) Amin, Smruti B, Marks T. Angew. Chem. Int. Ed, 2008, 47: 2006.
[25] Lu E, Li Y, Chen Y. Chem. Commun. , 2010, 46: 4469.
[26] Chu J, Han X, Kefalidis C E, et al. J. Am. Chem. Soc. , 2014, 136: 10894.
[27] Gregson M, Lu E, Tuna F, et al. Chem. Sci. , 2016, 7: 3286-3297.
[28] Tezgerevska T, Alley K G, Boskovic C. Coord. Chem. Rev. , 2015, 268: 23.
[29] Robinson J R, Gordon Z, Booth C H, et al. J. Am. Chem. Soc. , 2013, 135: 19016.
[30] Wu J, Sharp P R. Organometallics, 2008, 27 (18): 4810.
[31] Mûller P, Fruit C. Chem. Rev. , 2003 , 103 (8): 2905.
[32] Paulissen R, Hayez E, Hubert A J. Tetrahedron Lett. , 1974, 15 (7): 607.
[33] Zhou X G, Huang Z E, Cai R F, et al. Organometallics, 1999, 18: 4128.
[34] Zhang J, Cai R F, Weng L H, et al. Organometallics, 2004, 23: 3303-3308.
[35] Xu P F, Yao Y M, Xu X. Chem. Eur. J. , 2017, 23: 1263.
[36] (a) Chen J Z, Gao Y S, Wang B H, et al. Angew. Chem. Int. Ed. , 2017, 56: 15964; (b) Liu B, Li S H, Wang M Y, et al. Angew. Chem. Int. Ed. , 2017, 56: 4560.
[37] Zhu J, Zhang X J, Zou Y. J. Chin. Org. Chem. , 2004, 24: 127.
[38] Knight L K, Piers W E, McDonald R. Organometallics, 2006, 25: 3289.
[39] Kundu A, Inoue M, Nagae H, et al. J. Am. Chem. Soc. , 2018, 140: 7332.
[40] Li J, Yin J, Yu C, et al. Acta Chim. Sinica, 2017, 75: 733.
[41] Miyashita A, Yasuda A, Takaya H, et al. J. Am. Chem. Soc. , 1980, 102: 7932.
[42] Noyori R, Ohta M, Hsiao Y, et al. J. Am Chem. Soc. , 1986, 108: 7117.
[43] Konchenko S N, Pushkarevsky N A, Gamer M T, et al. J. Am. Chem. Soc. , 2009, 131: 5740-5741.
[44] Fieser M E, Bates J E, Ziler J W, et al. J. Am. Chem. Soc. , 2013, 135: 3804.

[45] Cheng H, Zhao B, Yao Y, et al. Green Chem., 2015, 17: 1675.
[46] Robinson J R, Gu J, Carroll P J, et al. J. Am. Chem. Soc., 2015, 137: 7135.
[47] Narsaiah A V, Reddy A R, Reddy B V S, et al. Synthetic Commun., 2010, 40: 1750.
[48] Gaddam V, Ramesh S, Nagarajan R. Tetrahedron, 2010, 66: 4218.
[49] Fisher D, Palmer L I, Cook J E, et al. Tetrahedron, 2014, 70: 4105.
[50] Palmer L I, de Alaniz J R. Angew. Chem., Int. Ed., 2011, 50: 7167.
[51] Saluja P, Magoo D, Khurana J M. Synthetic Commun., 2014, 44: 800.
[52] Mollica A, Genovese S, Pinnen F, et al. Tetrahedron Lett., 2012, 53: 890.
[53] Wu Y H, Wang N X, Zhang Z, et al. Org. Lett., 2019, 21: 7450.
[54] Cong X, Hao N, Mishra A, et al. J. Am. Chem. Soc., 2024, DOI: 10.1021/jacs.4c02144.

13.8 环加成反应的择向效应

1950 年，Diels 和 Alder 因发现 Diels-Alder 反应而获得诺贝尔化学奖；1981 年，福井谦一和霍夫曼因提出前线轨道理论而获得诺贝尔化学奖（见附录）。

周环反应（pericyclic reaction）通常指反应物经由协同反应而生成环状物，这些反应的特点是反应熵减少、反应活化能较低，因而反应通常是可逆的。另外，反应通常具有立体特定性。在理论上，一般以前线分子轨道（frontier molecular orbitals）和轨道对称性（orbital symmetry）的理论加以说明。

一般$(4n+2)\pi$ 电子的环化加成反应，称为 Diels-Alder 反应。4 个原子的部分，通常是双烯类（dienes），而 2 个原子的部分是亲双烯类（dienophiles）。通常双烯类为富电子试剂，而亲双烯类则是缺电子试剂。这样，双烯类以最高占有分子轨道 HOMO（highest occupied molecular orbital）与烯类的最低不占有分子轨道 LUMO（lowest unoccupied molecular orbital）结合，这样一方面符合轨道对称性原理（对称允许），另一方面由此决定加成产物的立体结构[1]。

丁二烯与丙烯醛的环加成反应，是丁二烯的 HOMO 轨道的电子流入丙烯醛的 LUMO 轨道。

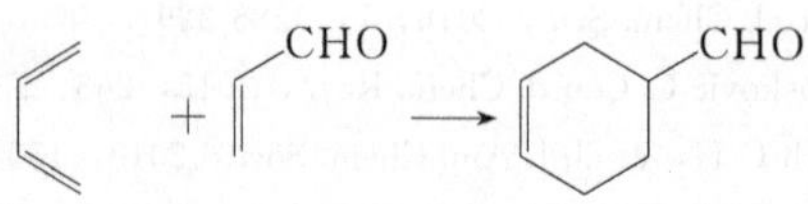

这个反应的产物只有一种，不涉及择向问题，而 2,4-戊二烯酸和丙烯醛的 Diels-Alder 反应的产物则不止一种，还有 2-甲氧基-1,3-丁二烯与丙烯醛的环化加成产物也不止一种。

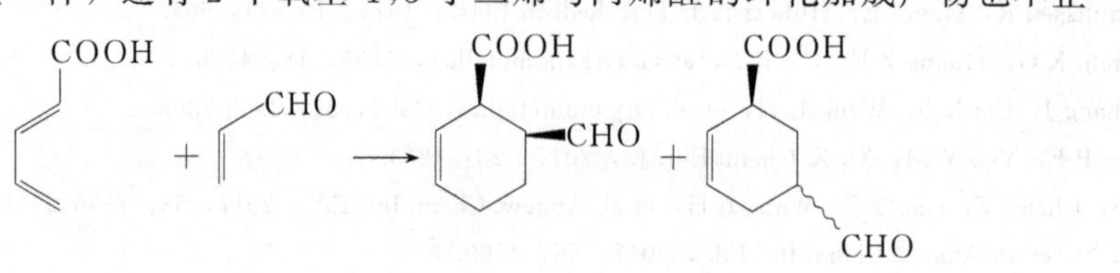

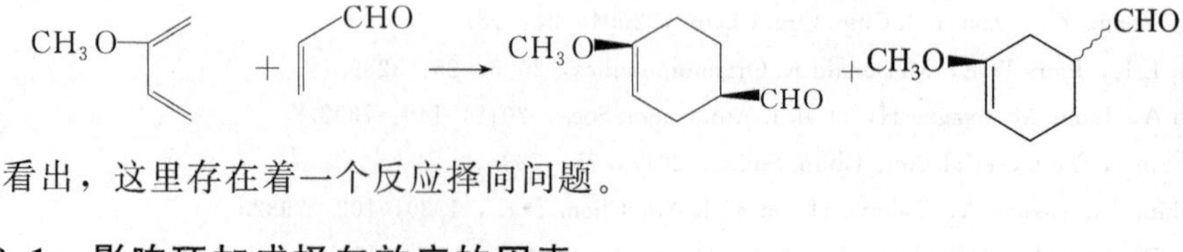

可以看出，这里存在着一个反应择向问题。

13.8.1 影响环加成择向效应的因素

有两种因素决定着环加成反应的方位选择性，一是前线轨道的能量即作用物 HOMO 和

LUMO 轨道之间的能量差，如 1-甲氧基丁二烯和丙烯醛的反应，主要是二烯的 HOMO 和亲二烯的 LUMO 之间的作用，这样，轨道能量差为 8.5 eV；二是用丙烯醛的 HOMO 和 1-甲氧基丁二烯的 LUMO 相互作用，则轨道能量差为 13.4 eV，故能量允许的是前者而不是后者。

除此之外，影响环加成选择性的另一个极为重要的因素是原子轨道系数。为了直观形象地表达繁复的数学论证，一般用图形中的圆圈大小粗略地表示其系数的大小，圆圈代表垂直于纸平面的 p 轨道，有阴影和无阴影的圆圈代表相反的位相符号，根据 Woodward-Hoffmann 和福井谦一的轨道对称和守恒理论，以大亲大、小亲小作为最优选择。原子轨道系数的大小从某种意义上讲是该原子上电子概率密度分布的多少，根据电子云最大重叠原理，轨道系数之间大与大、小与小相互作用符合成键原则。

Houk[2] 曾用一个图表总结了取代亲二烯和二烯前线轨道的能量和前线轨道系数的变化情况；Ian Fleming[3] 应用前线轨道理论，采用图示的方式对连有取代基的二烯和亲二烯的周环反应的择向问题作了深入浅出的理论说明，概括提炼了前人这方面的理论成就，选用大量的例证来阐明 Diels-Alder 反应的方位选择性。但是，他没有对这些理论和例证进行进一步规律化的探讨，以致使其显得零乱和不易掌握。作者认为，这里存在着一个择向规则，即“1-4；2-1”规则。在这方面，过去人们都没有加以总结和概括。“1-4；2-1”规则简便易用，使问题一目了然。

13.8.2 “1-4;2-1”规则及其应用

13.8.2.1 前线轨道能量的变化规律

根据 Ian Fleming 的论述[3]，三种取代基对亲二烯、1-取代和 2-取代二烯前线轨道能量的影响，除能量变化的大小不同外，总趋势是完全一致的。这种趋势与 Houk 的实验成果相符。HOMO 能量由 PES 测得；LUMO 能量由电子亲和势、电荷转移光谱、极谱还原电位和 $\pi\rightarrow\pi^*$ 吸收估算。前线轨道能量变化见表 13-9。

表 13-9 前线轨道能量变化

C——额外共轭作用	升高 HOMO 的能量 降低 LUMO 的能量
Z——吸电子基团	降低 HOMO 的能量 降低 LUMO 的能量
$\ddot{X}$——斥电子基团	升高 HOMO 的能量 升高 LUMO 的能量

这就是说取代亲二烯、两种取代（1-取代和 2-取代）二烯前线轨道能量变化规律，在由 HOMO 到 LUMO 能量递增的纵轴上，可以用“C-缩；Z-降；$\ddot{X}$-升”来概括。

13.8.2.2 前线轨道系数的变化规律

（1）取代亲二烯 取代基对于前线轨道系数的极化效应，对于亲二烯来讲，不论是 C-取代（共轭取代）还是 Z-取代（吸电子基取代），也不论是 HOMO 还是 LUMO，均是 2-位系数增大，$\ddot{X}$-取代（斥电子基取代）的亲二烯的 HOMO 也是 2-位系数增大，唯一例外的是 $\ddot{X}$-取代（斥电子基取代）的亲二烯的 LUMO 是 1-位系数增大，即直接与 $\ddot{X}$ 相连的那个碳原子上的轨道系数增大。但是，这个 $\ddot{X}$-取代的亲二烯的 LUMO 轨道由于能量太高，在电环化反应中极少用到。因为在绝大多数 Diels-Alder 反应中，亲二烯带有吸电子基，使其 LUMO 能量降低，便于二烯 HOMO 电子的流入[4]，反之反应能垒太高。

（2）取代二烯 对于 1-取代二烯而言，不论是 C-取代（共轭取代）还是 Z-取代（吸电子基取代），都是 1-位取代，4-位轨道系数增大（HOMO 和 LUMO 均增大），$\ddot{X}$（斥电子基）的 1-位取代，二烯的 HOMO 也是 4-位轨道系数增大，例外的是 $\ddot{X}$-1-位取代二烯的 LU-

MO 轨道是在 1-位上系数增大。但由于能量太高，这个 1-位 $\ddot{X}$ 取代的 LUMO 轨道不常用。对于 2-取代二烯，不论 C-取代还是 Z-取代，都是 2-位取代，1-位轨道系数增大（HOMO 和 LUMO 均增大）。2-位上 $\ddot{X}$ 取代的二烯，HOMO 轨道上也是 1-位系数增大，例外的是 2-位 $\ddot{X}$ 取代的二烯，4-位上 LUMO 轨道系数增大，由于其能量高，2-位 $\ddot{X}$ 取代的 LUMO 轨道也不常用。在大多数环加成反应中，二烯总是采用 HOMO 轨道。

13.8.2.3 “1-4；2-1”规则

综上所述，亲二烯由于 $\ddot{X}$ 取代的 LUMO 轨道很少参与反应，而不论哪一类取代基的作用，都使 2-位轨道系数增大，例外情况极少。而 1-取代或者 2-取代二烯前线轨道，则通常采用 HOMO 轨道，往往作为环化过程中的电子给予体，而其 LUMO 轨道则常常不参与反应，这样可以得出“1-4；2-1”规则。这个规则，在不考虑亲二烯的情况下（因为它们都是 1-位取代，2-位轨道系数增大），只需要掌握取代二烯烃的前线轨道系数的变化，即二烯前线轨道系数普遍为：1-位取代，4-位增大；2-位取代，1-位增大。不论何种取代基，这种“1-4；2-1”的规则不变。然后再按照大亲大、小亲小及对称守恒原理，就可以解决环加成反应的择向问题。显然这里主要考虑了前线轨道系数这个主导因素，而前线轨道的能量暂不考虑。因为在一般周环反应中，择向作用主要取决于轨道系数的符号和大小[5]。

13.8.3 “1-4;2-1”规则运用举例

如果仅仅从实验结果考虑，1-取代二烯烃和 Z-取代（吸电子基取代）烯烃的电环化反应主要给出邻位加成产物，2-取代二烯烃和 Z-取代烯烃主要给出对位加成产物，例如[6]：

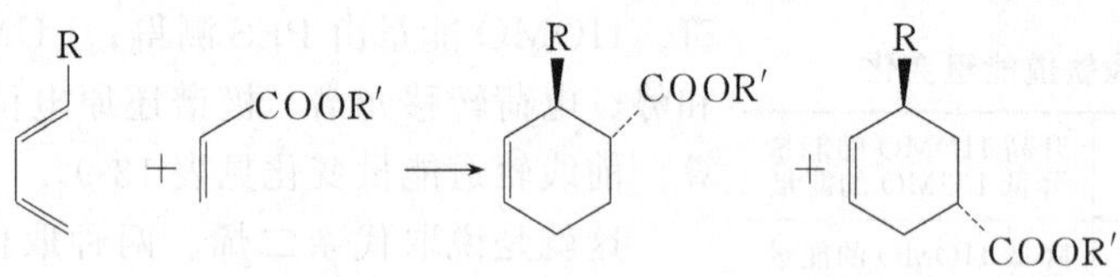

o-　　m-

R	R′	T/℃	o∶m
$N(C_2H_5)_3$	C_2H_5	20	只生成 o-
CH_3	CH_3	20	18∶1
C_6H_5	CH_3	150	39∶1
COOH	H	70～75	只生成 o-

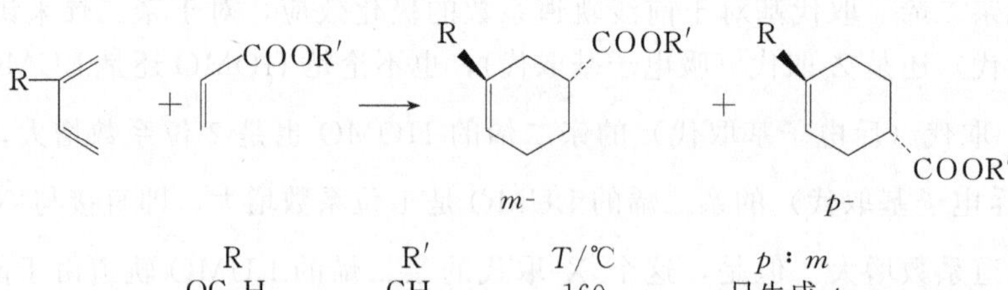

m-　　p-

R	R′	T/℃	p∶m
OC_2H_5	CH_3	160	只生成 p-
CH_3	CH_3	20	5.4∶1
C_6H_5	CH_3	150	4.5∶1

然而，这只是实验结果的概括，这里没有解释环加成反应的择向问题。因为所有取代亲二烯，都是 2-位轨道系数增大，根据“1-4；2-1”规则，1-取代二烯，它的轨道系数在 4-位增大（简称 1-4 规则），因而

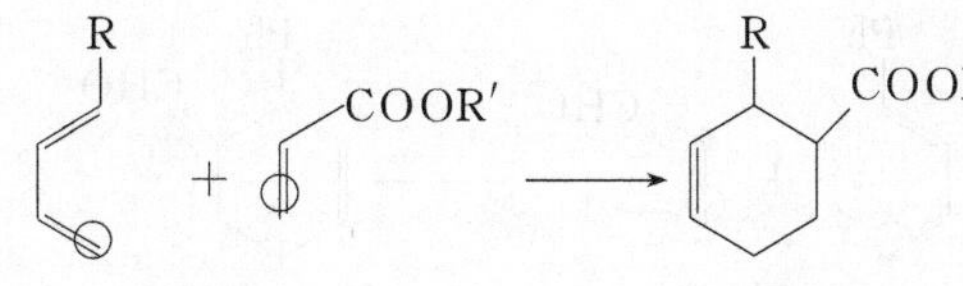

(1-4 规则)　　　　　　主要产物

对 2-取代二烯，它的原子轨道系数总是在 1-位增大（简称 2-1 规则），故

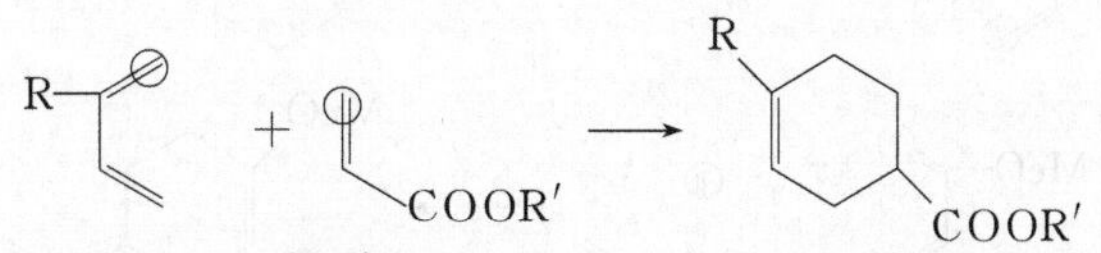

(2-1 规则)　　　　　　主要产物

不难看出，“1-4；2-1”规则简单明了地把握了上述实验结果。

下面举 10 个例证，这些实验结果都是前人得出的[7]，这里用笔者总结的“1-4；2-1”规则来预见主要产物，与实验结果完全一致。

在图中，亲二烯结构式中的圆圈意为都是在被取代的另一端（即 2-位）轨道系数激增，二烯烃结构式中的圆圈意为 1-位取代，4-位系数增大，及 2-位取代，1-位系数增大，即“1-4；2-1”规则。

① 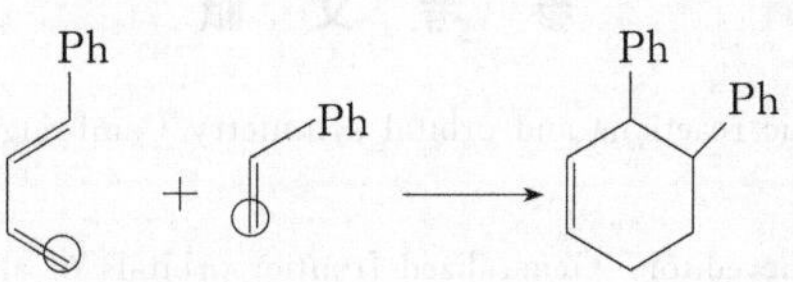 (1-4 规则)

② 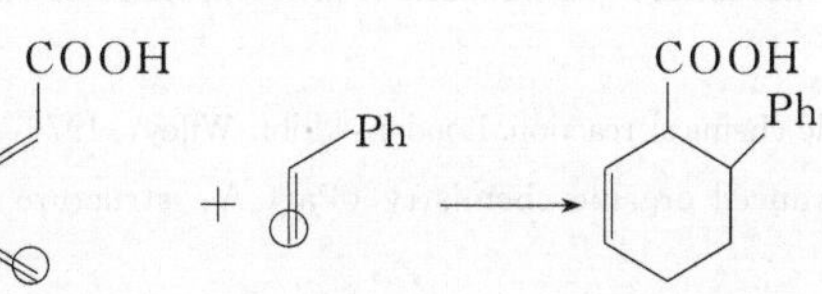 (1-4 规则)

③ 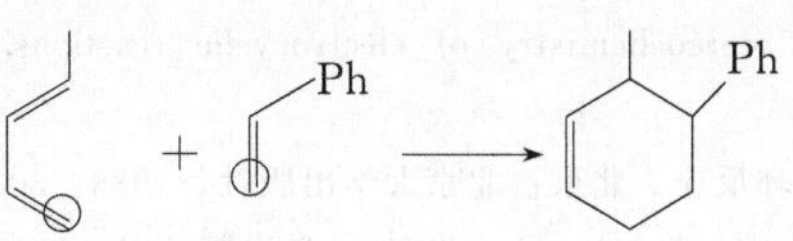 (1-4 规则)

④ 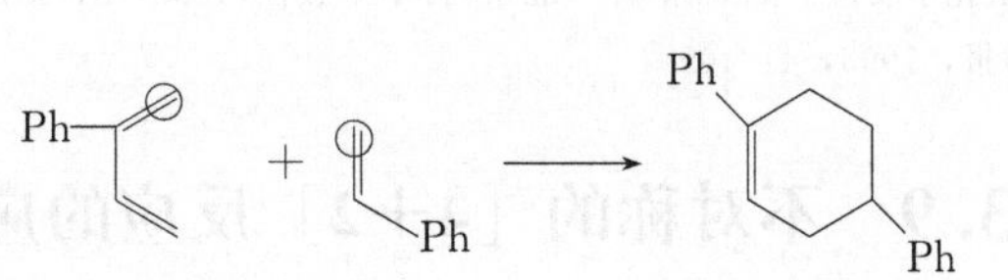 (2-1 规则)

⑤ 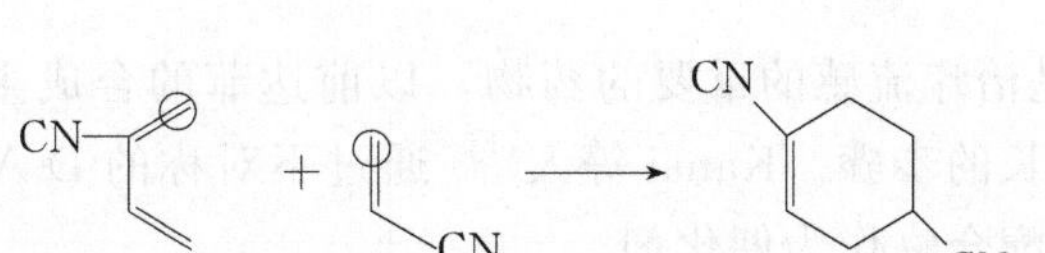 (2-1 规则)

⑥ 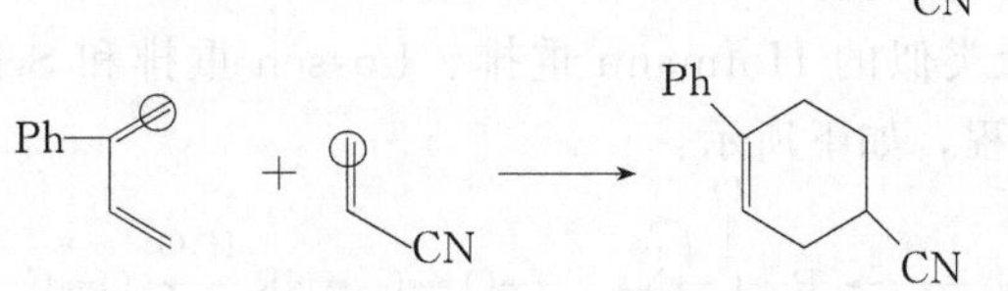 (2-1 规则)

⑦ 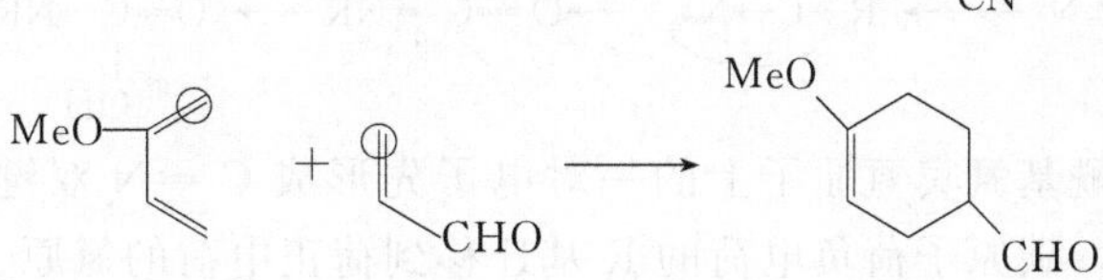 (2-1 规则)

⑧ 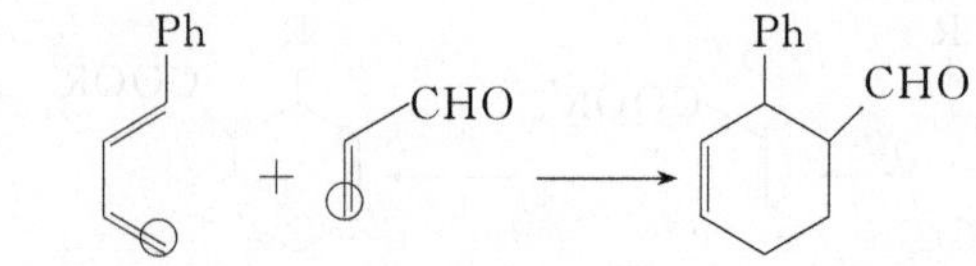 (1-4 规则)

⑨ 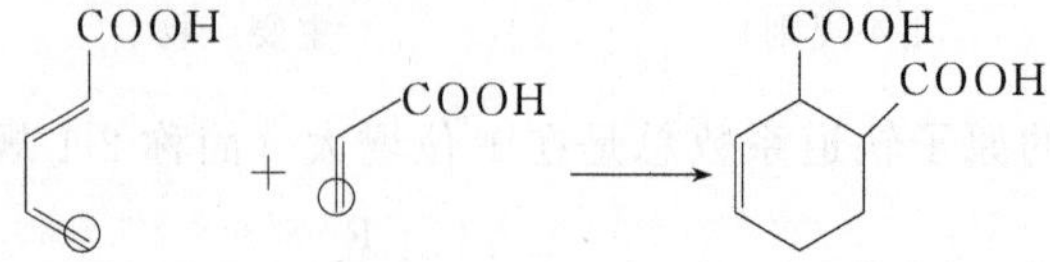 (1-4 规则)

⑩ 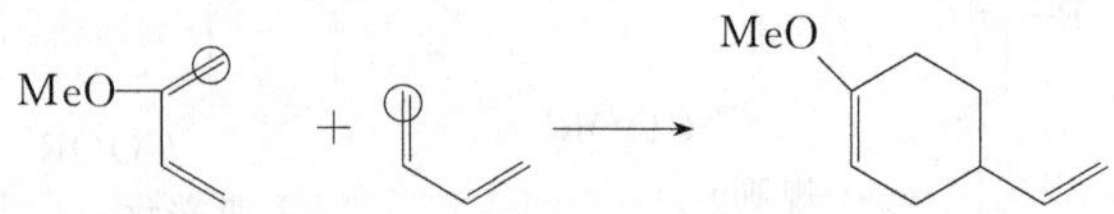 (2-1 规则)

需要说明的是，这里只列出了电环化主要产物，另一种异构产物因比例很少，没有列出[7]。可以看出，除亲二烯 2-位轨道系数恒大外，二烯总是 1-位取代，4-位系数增大，及 2-位取代，1-位系数增大，完全符合“1-4；2-1”规则，用“1-4；2-1”规则预测有择向作用的环加成反应与实验结果完全一致。可以看出，这个规则在解决实际问题时简便易用，一目了然[8]。

参 考 文 献

[1] Glichrist T L，Storr R C. Organic reactions and orbital symmetry. Cambridge：Cambridge University Press，1972：96-98.

[2] Houk K N. Communication to the editor：Generalized frontier orbitals of alkenes and dienes. J. Am. Chem. Soc.，1973，95 (12)：4092-4094.

[3] Ian F. Frontier orbitals and organic chemical reaction. London：John Wiley，1976：116-117.

[4] Francis A C，Richard J S. Advanced organic chemistry (Part A：structure and mechanism). New York：Plenum Press，1990：628-629.

[5] Woodward R B，Hoffmann R. Stereochemistry of electrocyclic reactions. J. Am. Chem. Soc.，1965，87 (2)：395-397.

[6] 胡宏纹．基础有机化学教学：周环反应．北京：北京大学出版社，1983：303-305.

[7] 弗莱明 I. 前线轨道与有机化学反应．陈如栋，译．北京：科学出版社，1988：181-183.

[8] 王乃兴．北京理工大学学报，1993，4：469.

13.9 不对称的［4+2］反应的应用

达菲（Tamiflu）是治疗流感的重要的药物，以前达菲的合成主要是以左旋的莽草酸为原料，反应需要经过很长的步骤。Kanai 等人[1] 通过不对称的 D-A 反应合成了达菲，该反应使用了金属钡的手性配合物作为催化剂。

Curtius 重排，以及类似的 Hofmann 重排、Lossen 重排和 Schmidt 重排，本质上都经历了一个酰氮宾重排历程，如下所示：

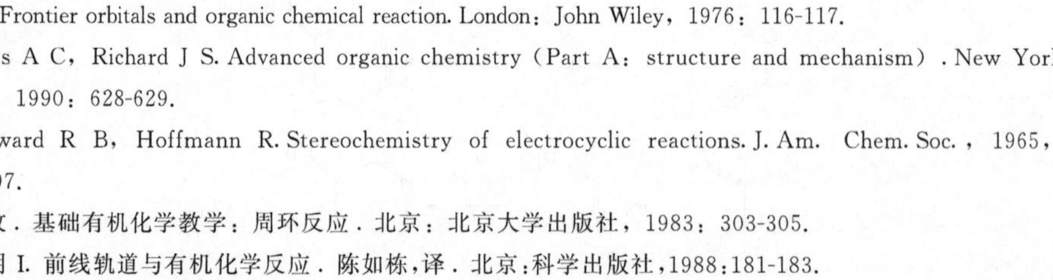

关键重排步骤是酰基氮宾氮原子上的一对电子先形成 C ═N 双键，氮原子成为一个瞬态氮正离子，紧接着，碳原子荷负电荷的 R 基迁移到荷正电荷的氮原子上，完成重排过程。

Kanai 和 Shibasaki 等人[2] 报道了一种以商业化原料为起始原料，以不对称的 D-A 反应和 Curtius 重排为关键步骤来合成达菲的方法。其具体过程如下：

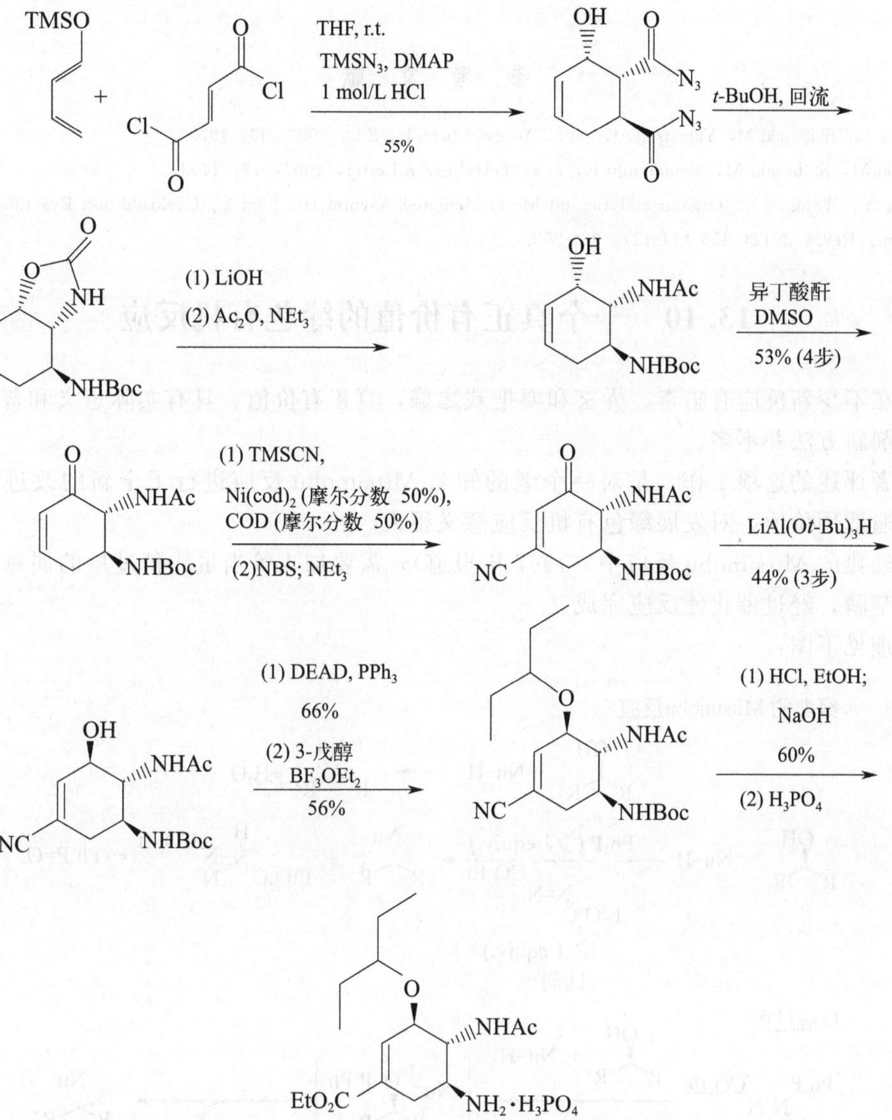

在该合成过程中，不对称的 D-A 反应构筑了达菲的不饱和六元环结构，接下来的 Curtsies 重排反应等都是该合成过程的关键步骤。

笔者用较大篇幅评述了手性催化不对称［3＋2］环加成反应，并应用前线分子轨道理论对某些反应作了充分的说明[3]，有兴趣的读者可以参阅。

中科院上海有机所周佳海教授与美国加州大学洛杉矶分校 Houk 教授合作，表征了自然界中催化 Diels-Alder 反应的酶及其催化氧杂 Diels-Alder 反应的同源蛋白，解析了这两类酶及其复合物的高分辨率晶体结构，并基于结构信息和量化计算，通过定点突变来实现周环选择性的逆转，阐明了两类酶如何利用几乎相同的活性位点，实现自然界周环选择性的精准控制。他们的相关成果发表在了 *Nature* 上。研究人员从真菌天然产物生物合成途径中鉴定出 6 个具有很高序列相似度的 *O*-甲基转移酶蛋白 PdxI、AdxI、ModxI、EpiI、UpiI、HpiI。体外酶学发现并验证了，PdxI、AdxI、ModxI 催化 Diels-Alder 反应，而 EpiI、UpiI、HpiI

催化氧杂 Diels-Alder 反应。研究成果加深了人们对周环反应酶催化机制的理解，为探索 Diels-Alder 反应和杂 Diels-Alder 反应的新型酶催化提供了启示。

参考文献

[1] Kanai M，Shibasaki M，Yamatsugu K，et al. Angew. Chem. Int. Ed.，2009，48：1070.

[2] Kanai M，Shibasaki M，Yamatsugu K，et al. Tetrahedron Letter，2007，48：1403.

[3] Xing Y，Wang N X. Organocatalytic and Metal-Mediated Asymmetric［3＋2］Cycloaddition Reactions. Coordin. Chem. Rev.，2012，256（11-12）：938-952.

13.10 一个真正有价值的绿色有机反应

现在不少新反应有猎奇、弄玄和耍把戏之嫌，真正有价值、具有实际意义和普遍适用性的新试剂新方法并不多。

笔者评述的这项工作，是对一个老的知名 Mitsunobu 反应进行了全新的改进，但是结果有普遍适用价值，对发展绿色有机反应意义很大。

在经典的 Mitsunobu 反应中（1967 年报道），需要加入等当量或稍过量的偶氮二甲酸酯与三苯基膦，经过催化使反应完成。

机理见下图：

经典的Mitsunobu反应

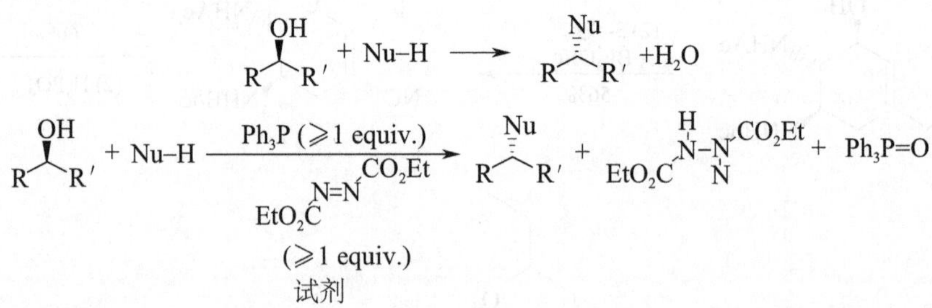

反应过程

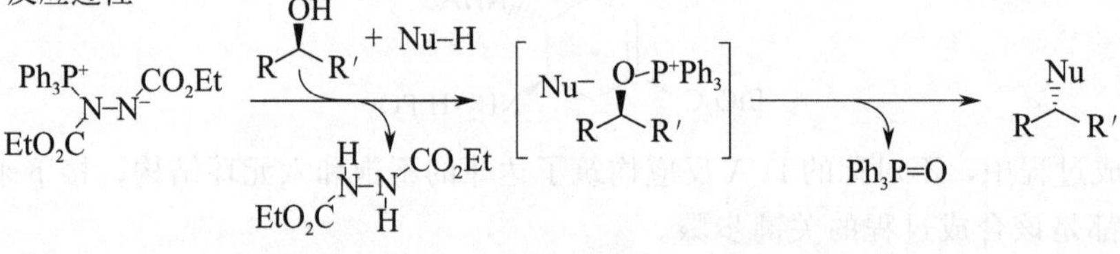

尽管 Mitsunobu 反应并不符合原子经济性原则，但 Mitsunobu 反应在醇的立体专一性翻转方面具有优势，在反应中手性结构的醇表现出构象反转。Mitsunobu 反应得到了广泛应用。

但是，从目前环境压力来看，1967 年报道 Mitsunobu 反应环境代价太大了，用等物质的量的三苯基膦和偶氮二甲酸酯参与反应，极大地污染了环境，同时产生的副产物肼衍生物等具有较大毒性。

对这个反应进行彻底的改进，替代原有的催化剂三苯基膦和偶氮二甲酸酯非常必要和迫切。尽管先后有人做了一些改进工作，但是都成效不大。

2019 年，Beddoe 和 Denton 等发展了一种有价值的新有机催化剂：氧化膦化合物 **1**（见下图），这个研究成果发表在了 *Science* 上（*Science*，2019，365：910-914）。新的催化反应采用了一种非常规转化的催化剂 **1**，反应过程中催化剂中的 P 价态没有发生改变。催化剂完全参与了醇的亲核取代反应，最有价值的地方是整个反应产生的副产物只有水分子[1]。

这个成果的详细过程如下：

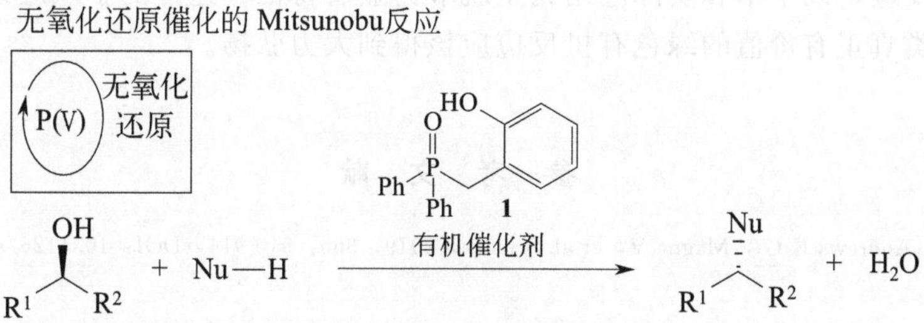

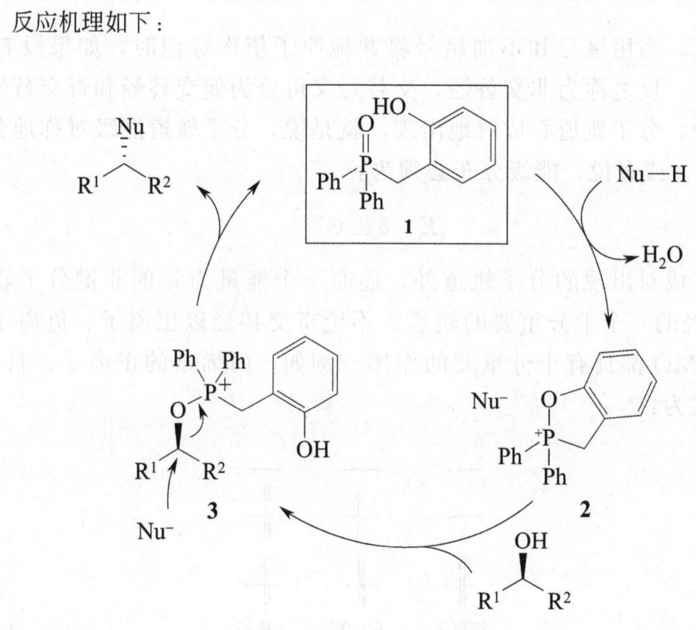

这个用新催化剂完全改进的 Mitsunobu 反应，能高效地通过醇的亲核取代反应实现 C—O 键、C—N 键以及 C—S 键的构建，还能用于醚的制备，在反应中手性醇分子的构象发生很好的反转。

笔者对这个真正有价值的绿色有机反应在本书总结主要有以下几点：

① 副产物仅仅是水。水是非常环保的副产物，这样的方向正是化学家梦寐以求的。

② 产物是立体手性反转的。这一点保持了 1967 年报道的 Mitsunobu 反应的优势。

③ 产物分离纯化容易。不需要过柱子，收率高。

④ 催化剂可以通过过柱子回收。催化剂能够克量级合成，2～3 步反应就可以规模量合成这种新催化剂。

⑤ 对机理的研究非常透彻。一是用^{18}O标记的醇作反应物，发现回收的催化剂则有 74%被^{18}O标记，而 Nu 为正常^{16}O（没有用^{18}O标记），结果产物中都是^{16}O产物；二是为了证实机理，合成了中间体 **2** 和 **3** 并且做了很好的表征，说明了环状中间体的特殊结构对于催化过程的重要性；三是最后说明脱水形成中间体膦盐是速率决定步骤（中间体 **2** 的生成），

并且这个中间体的形成依赖于几何空间上有利的酚羟基官能团。

这个真正有价值的绿色有机反应简直就是梦之反应。该反应的关键是发现了方便实用易于合成的新催化剂从而替代了旧催化剂，这是近年来不多见的一个真正好的反应！

为了创新而创新，远远地躲开一切的改进生怕没有创新，大量发展一些仅仅能够发表大文章的所谓新反应，以学术和实际应用完全脱节为显著特征，这样的学风应该摒弃，而本书详细评述的这类真正有价值的绿色有机反应应该得到大力弘扬。

参 考 文 献

[1] Beddoe R H, Andrews K G , Magné V, et al. Science, 2019, 365: 910-914, DOI: 10.1126/science. aax3353.

13.11 微扰分子轨道法的应用

一个共轭体系，当用星号和不加星号将共轭原子依次标记时，如果没有同标记原子相连，就称为交替烃，反之称为非交替烃。交替烃又可分为偶交替烃和奇交替烃。

在偶交替烃中，分子轨道必成对地出现。就是说，分子轨道能级对称地分布在原子轨道能量 $E=\alpha$ 的上下。或者说，能级分布必须为：

$$E=\alpha \pm \in^{[1]} \tag{13-5}$$

奇交替烃除了成对出现的分子轨道外，还有一个能量为 α 的非键分子轨道（NBMO），NBMO 是奇交替烃的一个十分重要的轨道。不论奇交替烃以正离子、负离子、自由基何种形式出现，其 NBMO 都具有十分重要的作用。例如，丙烯基的正离子、自由基和负离子，其电子填充的方式为：

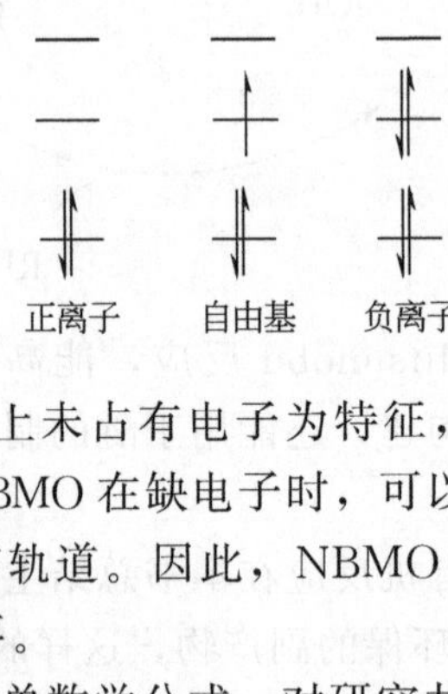

正离子　自由基　负离子

可见，在正离子中以 NBMO 上未占有电子为特征，在自由基中 NBMO 上占有一个电子，而负离子则占有两个电子。NBMO 在缺电子时，可以看成是最低未占有轨道；当 NBMO 在富余电子时，可以看成最高占有轨道。因此，NBMO 始终是一个接受电子或给出电子的前线轨道，在化学反应中十分重要。

采用 PMO 法推导出的一些简单数学公式，对研究共轭烃的结构与性能、解决有机化学有关问题，具有很大的实用价值。

13.11.1 共轭烃的芳香性

苯可以看做是一个戊二烯自由基及一个亚甲基键合而成，两者均是奇交替烃，利用奇交替烃的 NBMO 特性，首先求得两个奇交替烃的系数和能量，然后再把两个碎片以不同的方式结合起来形成新的分子，这时的能量变化为[1]：

$$\Delta E=2\sum CorCos\beta \tag{13-6}$$

式中，Cor 和 Cos 为非键轨道系数。

为求苯的芳香能，假定两个过程，第一个过程生成己三烯，第二个过程生成苯环。

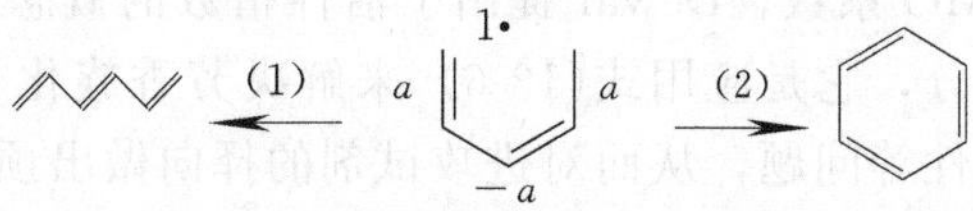

过程（1）　　$\Delta E_1=2\beta(1\cdot a)=2a\beta$

过程（2）　　$\Delta E_2=2\beta(1\cdot a+1\cdot a)=4a\beta$

比较两个过程的能量，苯较己三烯能量高 $2a\beta$，可以认为这一差值就是苯的芳香能，根据归一化原理得：

$$(a)^2+(a)^2+(-a^2)=1 \qquad a=\frac{1}{\sqrt{3}}$$

则　　$2a\beta=(2/\sqrt{3})\beta$

两个烯丙基自由基也可以结合成己三烯和苯。

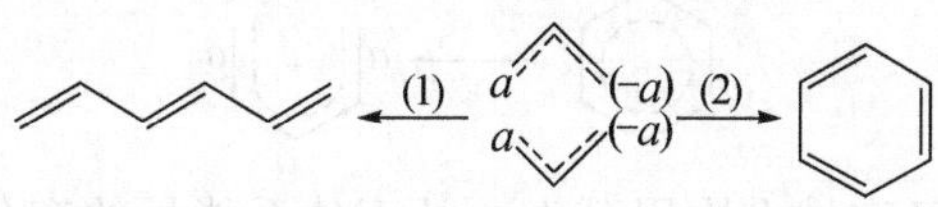

过程（1）　　$\Delta E_1=2\beta(aa)=2a^2\beta$

过程（2）　　$\Delta E_2=2\beta[aa+(-a)(-a)]=4a^2\beta$

由归一化得 $a=\frac{1}{\sqrt{2}}$，故 $\Delta E_1=2\left(\frac{1}{\sqrt{2}}\right)^2\beta=\beta$，$\Delta E_2=4\left(\frac{1}{\sqrt{2}}\right)^2\beta=2\beta$，因而，苯因具芳香性而稳定。

需要指出的是，这是两个奇交替烃碎片之间的键合，其前线轨道即 NBMO 的系数为 a 和（$-a$），根据对称性匹配原则，正正、负负同位相之间相结合，而戊二烯自由基与亚甲基相键合，亚甲基自由基的 NBMO 系数为 1，另外，它们的键积分 β 值也不相同。

对于另一类偶交替烃，例如环丁二烯及戊搭烯分子的稳定化能为 $2a\beta$，成环后反而不稳定，因为它们不具有芳香性。

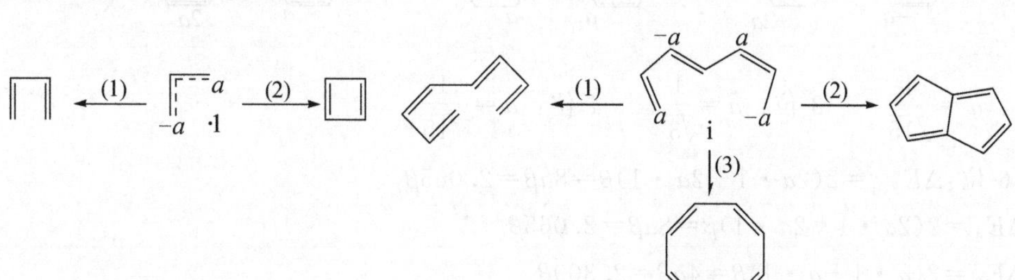

$\Delta E_1=2a\beta$　　$\Delta E_2=0$　　$\Delta E_1=2a\beta$　　$\Delta E_2=0$　　$\Delta E_3=0$

上述几例说明，只有 $4n+2$ 个碳原子构成的环状共轭体系才具有较大的稳定能，或者说具有芳香性。由式(13-6) 看出，当链状共轭体系闭环形成环状体系时，能量的变化决定于除去一个碳原子后所得到的奇交替烃链状共轭体系 NBMO 系数在两端碳原子上的正负号，若环系为 $4n+2$ 个原子时，链系两端 NBMO 系数同号使能量降低，而环系为 $4n$ 原子时，则两端异号能量升高，这就是 PMO 法对 $4n+2$ 芳系的理论说明。

13.11.2 化学反应的 Dewar 活性指数

根据奇交替烃的 NBMO 系数，Dewar 提出了活性指数的概念，也可称为定域能，其本质是反应活化能的能量部分，它是应用式(13-6) 来解决芳香族化合物取代反应的活化能和分子有关部分的相对稳定性等问题，从而对进攻试剂的择向做出预见。

苯的取代反应，可以看做其经过了一个芳鎓（arenonium）结构的 σ 配合物的过程。

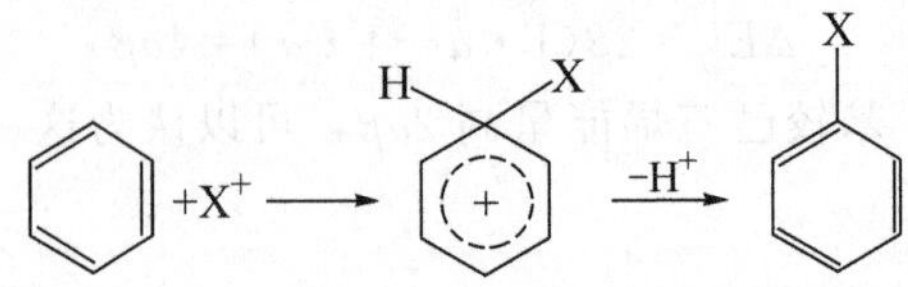

芳鎓（arenonium）离子是奇交替烃正离子，其 π 能量和不带电荷的中性奇交替烃相同，所以其能量变化 ΔE_π 可认为苯的一个 π 电子被定域在发生取代的那个碳原子上变为定域的 σ 电子的定域化能，可以认为它就是戊二烯基正离子这个奇交替烃和次甲基的键合。

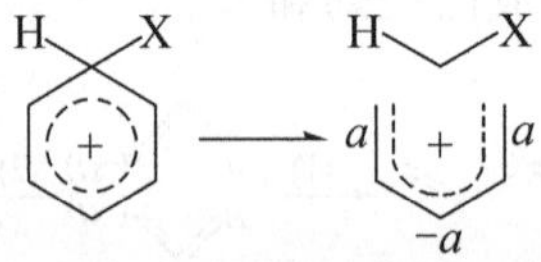

由于认为一个 π 电子已定域在次甲基上，从而体系能量的变化也叫定域能。σ 配合物是速率决定步骤中的活化络合中间体，它决定反应的活化能，这样处理正好使其变为一个奇交替烃，而奇交替烃的 NBMO 就是决定反应的前线轨道。因此，由戊二烯正离子两端键合的原子 r 及 s 的 NBMO 系数之和 *Cor* 加 *Cos*，即可求得过程的活化能，或叫做定域能。由于不同芳香烃或者同一芳香烃的不同部位在变为相应的芳鎓离子时，π 能量变化 ΔE_π 各不相同，因而 Dewar 用 ΔE_π 来判定反应活性，故叫 Dewar 活性指数，显然 ΔE_π 越大，反应速率越小。

下面来讨论联苯在各部位上发生亲电子取代反应的活化能，以便判断哪个位置容易反应。

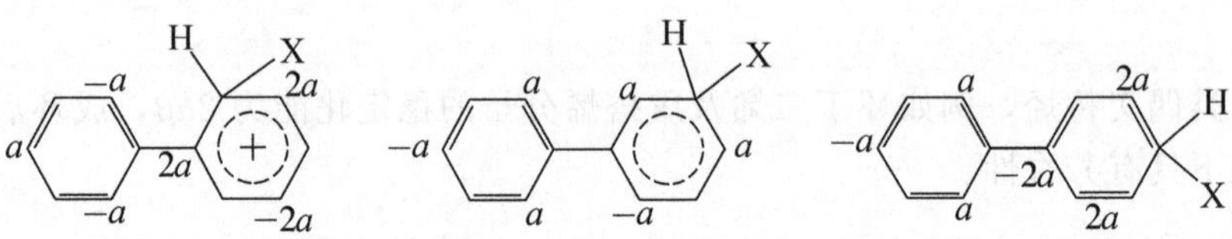

2,6-位：$a=\dfrac{1}{\sqrt{15}}$　　3-位：$a=\dfrac{1}{\sqrt{3}}$　　4-位：$a=\dfrac{1}{\sqrt{15}}$

2-位、6-位：$\Delta E_{2,6}=2(2a\cdot1+2a\cdot1)\beta=8a\beta=2.065\beta$

4-位：$\Delta E_4=2(2a\cdot1+2a\cdot1)\beta=8a\beta=2.065\beta$

3-位：$\Delta E_3=2(a\cdot1+a\cdot1)\beta=4a\beta=2.309\beta$

可以看出，2-、4-、6-位易发生亲电取代反应。

又如偶苯，在发生亲电取代反应时，是在 α-位还是在 β-位？

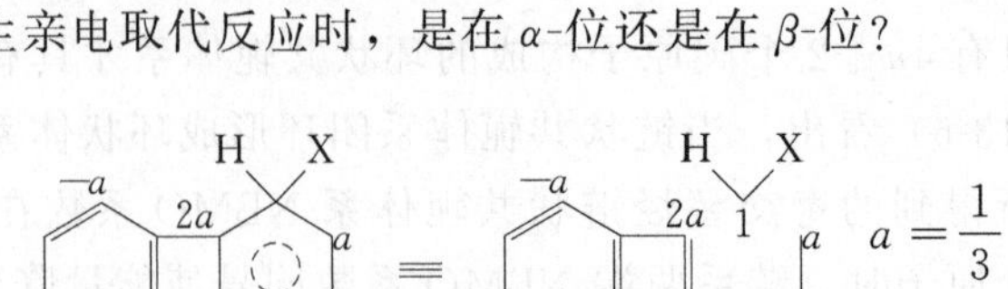

$\Delta E_{\alpha}=2(2a \cdot 1+a \cdot 1)\beta=6a\beta=2\beta$

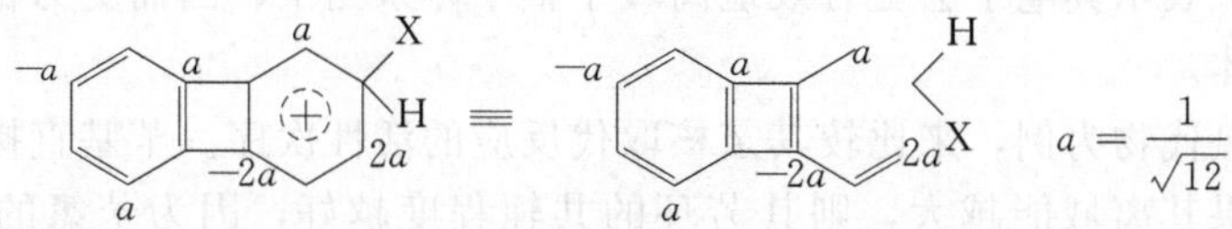

$\Delta E_{\beta}=2(a \cdot 1+2a \cdot 1)\beta=6a\beta=1.73\beta$

可以看出，偶苯的亲电取代反应 α-位的活化能大于 β-位，故 β-位优先进攻。

如下芳香烃，它有三个可供选择的亲电取代反应位置，哪个位置易于反应呢？

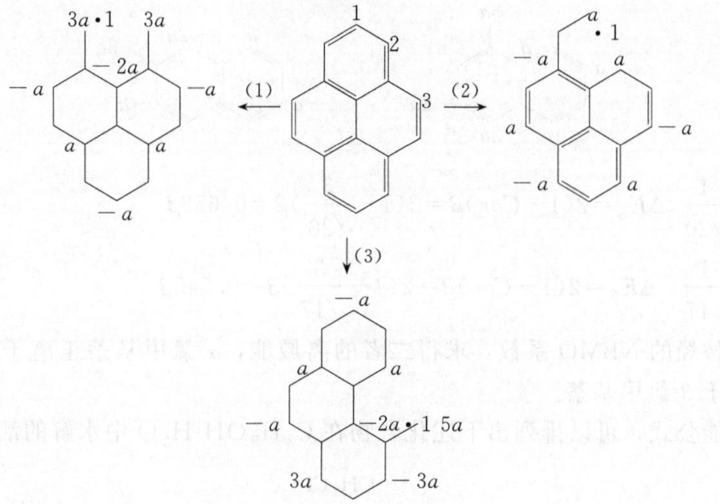

$a_1=\dfrac{1}{\sqrt{27}} \quad a_2=\dfrac{1}{\sqrt{7}} \quad a_3=\dfrac{1}{\sqrt{51}}$

$\Delta E_1=2(3a \cdot 1+3a \cdot 1)\beta=12a\beta=\dfrac{12}{\sqrt{27}}\beta=2.3\beta$

$\Delta E_2=2(a \cdot 1+a \cdot 1)\beta=4a\beta=\dfrac{4}{\sqrt{7}}\beta=1.5\beta$

$\Delta E_3=2(5a \cdot 1+a \cdot 1)\beta=12a\beta=\dfrac{12}{\sqrt{51}}\beta=1.68\beta$

计算表明，2-位易于反应，因为 2-位活化能最低。

以上处理非键分子轨道 NBMO 系数 *Cor* 与 *Cos* 时，应使交替烃中标出其系数的碳原子所对应的中心位置上碳原子，它们的系数之和为零，即中心碳系数为零。这里轨道系数值 a 的处理法是依归一化原理，可以简化理解为环状共轭体系，除去一个反应中心碳原子后，非键轨道系数的平方和为 1。

13.11.3 离域能对亲核反应的作用

离域能公式[2] 如下：

$$\Delta E_{RT}=2(1-Cor)\beta \tag{13-7}$$

式中，*Cor* 为奇交替烃 NBMO 中连接取代基的碳原子的 NBMO 系数。借助公式

(13-7)，可以计算正离子、自由基和负离子的相对稳定性。离域能越大，对于同一瞬变体(即中间过渡态)，表示其电子会更有效地离域于整个体系当中，因而更为稳定并更容易生成这个中间过渡变体。

下面以苄基氯代物为例，来比较其亲核取代反应的活性次序。苄基直接与氯原子相连的那个碳原子，如果其离域能越大，则其芳环的共轭程度越好，因为苄氯的取代反应一般为S_N1反应，生成的中间体苄基正离子，离域能越大越稳定，因而易于生成，因此，只要求出离域能的大小，即可判断其反应的活性大小。

首先比较α-氯甲基萘和β-氯甲基萘的亲核取代活性大小。

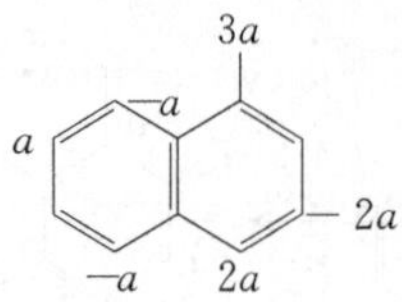

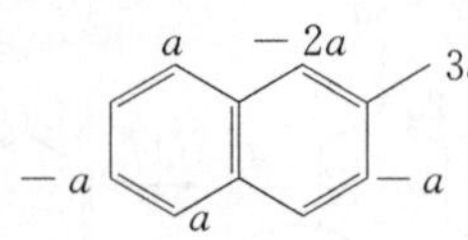

α-位：$a=\dfrac{1}{\sqrt{20}}, \Delta E_{\alpha}=2(1-Cor)\beta=2(1-\dfrac{3}{\sqrt{20}})\beta=0.658\beta$

β-位：$a=\dfrac{1}{\sqrt{17}}, \Delta E_{\beta}=2(1-Cor)\beta=2(1-\dfrac{3}{\sqrt{17}})\beta=0.545\beta$

利用奇交替烃的 NBMO 系数，求得二者的离域能，α-氯甲基萘正离子的离域能大，故其反应活性高于β-氯甲基萘。

利用离域能公式，可以排列出下述化合物在C_2H_5OH-H_2O中水解的活性次序。

(a) 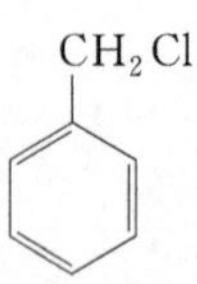

(b) 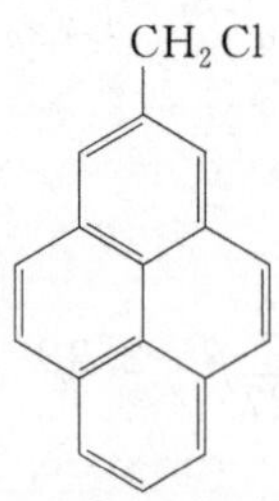

(c) 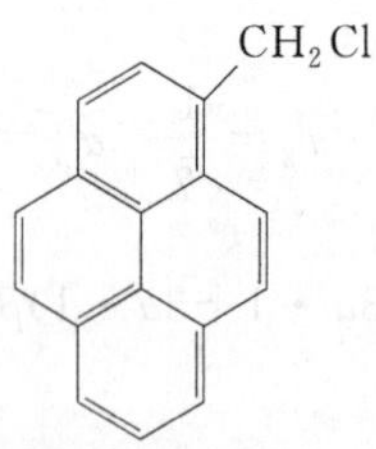

(d) 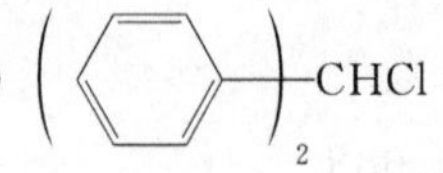

(e) 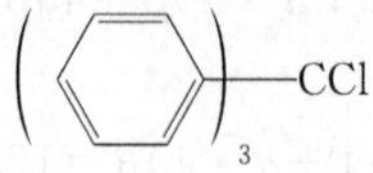

同理，通过求离域能即可比较。

(a) $a=\dfrac{1}{\sqrt{7}}$　　$\Delta E_a=2\beta\left(1-\dfrac{2}{\sqrt{7}}\right)=0.48\beta$

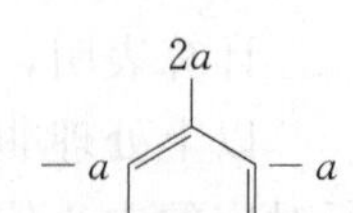

(b) $a=\dfrac{1}{\sqrt{63}}$　　$\Delta E_b=2\beta\left(1-\dfrac{6}{\sqrt{63}}\right)=0.488\beta$

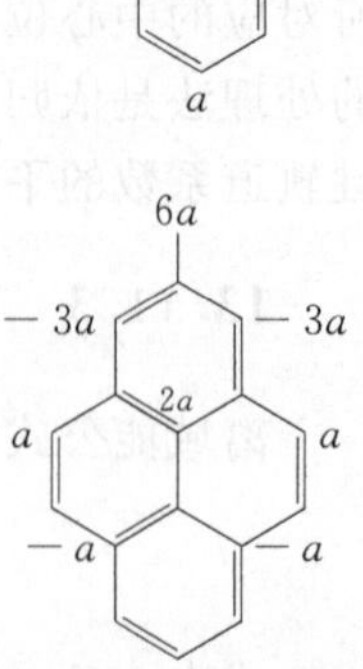

(c) $a=\frac{1}{\sqrt{11}}$ $\Delta E_c=2\beta\left(1-\frac{2}{\sqrt{11}}\right)=0.79\beta$

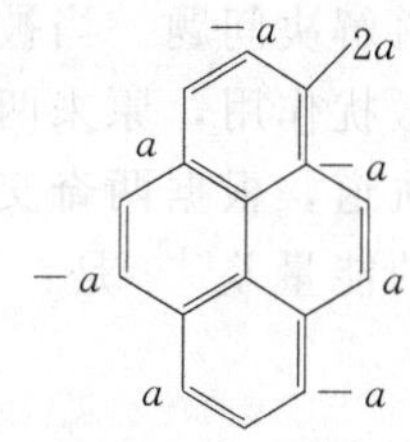

(d) $a=\frac{1}{\sqrt{10}}$ $\Delta E_d=2\beta\left(1-\frac{2}{\sqrt{10}}\right)=0.73\beta$

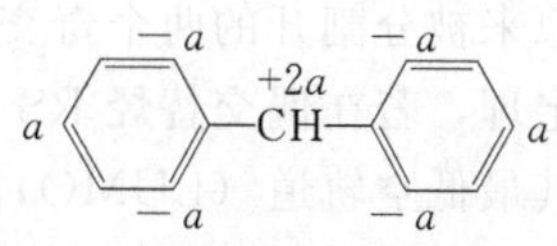

(e) $a=\frac{1}{\sqrt{13}}$ $\Delta E_e=2\beta\left(1-\frac{2}{\sqrt{13}}\right)=0.89\beta$

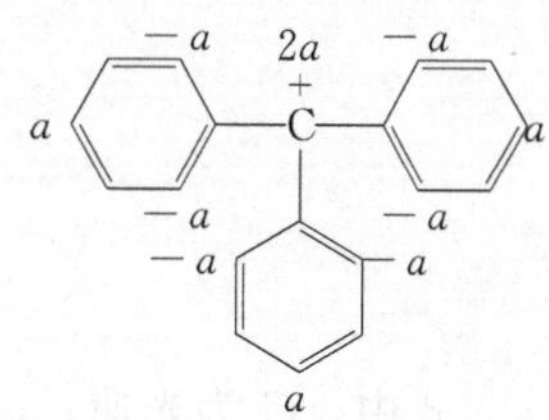

由于离域能越大，反应活性越高，故反应活性顺序如下：
(e)＞(c)＞(d)＞(b)＞(a)

13.11.4 π电子密度对亲电取代反应的作用

奇交替烃自由基每个碳原子 r 上的电荷密度[3] 为：

$$q_{r^\circ}=1 \tag{13-8}$$

奇交替烃正离子每个碳原子 r 上的电荷密度为：

$$q_{r^+}=(1+Cor^2) \tag{13-9}$$

奇交替烃负离子每个碳原子 r 上的电荷密度为：

$$q_{r^-}=(1+Cor^2) \tag{13-10}$$

利用这些公式，可以求算稠萘负离子中每个碳原子上的π电子密度，并预言亲电取代反应发生在哪个碳原子上。

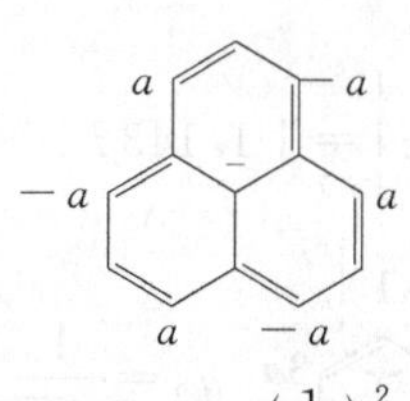

$a=\frac{1}{\sqrt{6}}$

利用式(13-10) $q_{r^-}=1+Cor^2=1+\left(\frac{1}{\sqrt{6}}\right)^2=1.167$，而非星标位置上π电荷密度$q_0=1+0=1$，因此可以预料，稠萘负离子发生亲电取代反应一般在π电荷密度较大的星标位置上（即标出非键系数 a 的位置）。

13.11.5 NBMO 系数激发能的贡献

偶交替烃不存在 NBMO，为了求算一个 RS 偶交替烃的激发能，可以把偶交替烃分割为两个奇交替烃 R 和 S，利用奇交替烃存在 NBMO 的性质，借助 NBMO 这个前线轨道解决问题。当被割开为 R、S 的两个奇交替烃再还原为原来的偶交替烃 RS 时，由于微扰作用，原来两个奇交替烃各自的 NBMO 便对称地分裂为一个成键轨道和一个反键轨道，根据两奇交替烃结合时总能量变化的一级微扰近似，成键轨道和反键轨道之间的能量差[1] 是：

$$\Delta E=|2\sum_{r,s} CorCos\beta| \tag{13-11}$$

原来被分割开的两个奇交替烃的两个孤电子，在结合成 RS 时进入成键轨道，按交替烃成对定理，若在偶交替烃 RS 中这个成键轨道是它的最高占有轨道（HOMO），则反键轨道便是其最低空轨道（LUMO），这对轨道之间的能量差就是偶交替烃 RS 中一个电子从 HOMO 跃迁到 LUMO 的跃迁能，它可以给出最大吸收波长 λ_{max}[1]。

$$\Delta E=h\nu=|2\sum_{r,s} CorCos\beta| \tag{13-12}$$

$$则\ \lambda_{max}=\frac{C}{\nu}=\frac{hC}{|2\sum\limits_{r,s} CorCos\beta|} \tag{13-13}$$

式中，C 为光速；ν 为跃迁频率；h 为普朗克常数。取绝对值是由于 NBMO 系数 Cor、Cos 间的符号相对值可以不同，而激发能必须为正值。

在实际运用中，把 β 值用苯的 λ_{max} 等于 208nm 来拟合，代入 h（普朗克常数）和 C（光速）值，整理得稠环偶交替烃分子的吸收波长公式：

$$\lambda_{max}=\frac{210}{|\sum CorCos|} \tag{13-14}$$

下面讨论蒽分子的激发能和如何分割偶交替烃为奇交替烃。

一个偶交替烃，可以按照各种不同的方式分割成两个奇交替烃，由于分割方式不同，算出来的 ΔE 和 λ_{max} 也不相同。根据能量最低原理，微扰理论认为求出来的 ΔE 越小越好，因而，激发能为最低时的分割方式就是最佳分割方式。

(1) 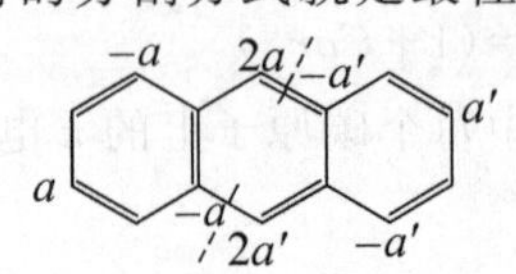 $a_1=a_1'=\frac{1}{\sqrt{7}}$

$$\Delta E_1=\left|2\left[\left(\frac{2}{\sqrt{7}}\right)\left(-\frac{1}{\sqrt{7}}\right)+\left(-\frac{1}{\sqrt{7}}\right)\left(\frac{2}{\sqrt{7}}\right)\right]\beta\right|=|1.143\beta|$$

(2) 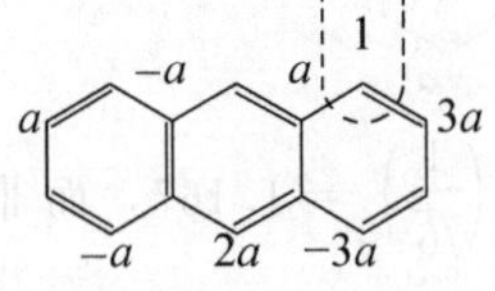 $a_2=\frac{1}{\sqrt{26}}$

$$\Delta E_2=\left|2\left[\frac{1}{\sqrt{26}}\cdot 1+\frac{3}{\sqrt{26}}\cdot 1\right]\beta\right|=|1.5689\beta|$$

(3) 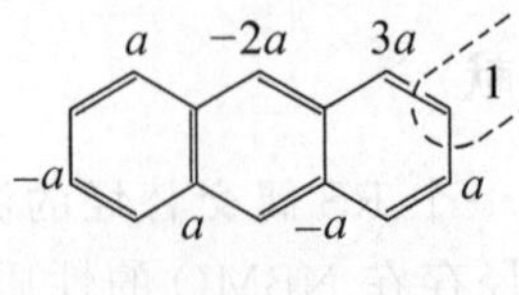 $a_3=\frac{1}{\sqrt{18}}$

$$\Delta E_3=\left|2\left[\frac{1}{\sqrt{18}}\cdot 1+\frac{3}{\sqrt{18}}\cdot 1\right]\beta\right|=|\ 1.8856\beta\ |$$

(4) 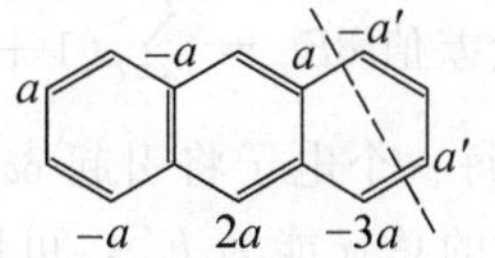

$a_4=\dfrac{1}{\sqrt{17}}$　$a_4'=\dfrac{1}{\sqrt{2}}$

$$\Delta E_4=\left|2\left[\left(\frac{1}{\sqrt{17}}\right)\left(-\frac{1}{\sqrt{2}}\right)+\left(-\frac{3}{\sqrt{17}}\right)\left(\frac{1}{\sqrt{2}}\right)\right]\beta\right|=|\ 1.3719\beta\ |$$

(5) 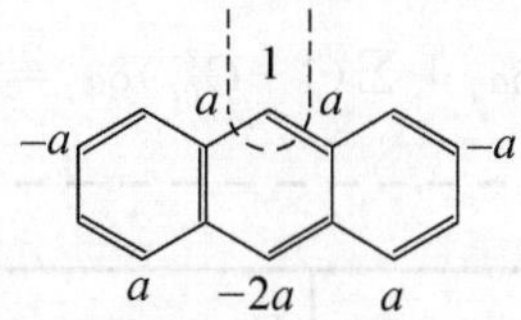

$a_5=\dfrac{1}{\sqrt{10}}$

$$\Delta E_5=\left|2\left[\left(\frac{1}{\sqrt{10}}\cdot 1+\frac{1}{\sqrt{10}}\cdot 1\right)\right]\beta\right|=|\ 1.2649\beta\ |$$

可以看出，(1) 的能量最低，故 (1) 为最佳分割方法。这样，蒽的 $\lambda_{\max}=\dfrac{210}{|\sum CorCos|}=\dfrac{210}{\left|\left(\dfrac{2}{\sqrt{7}}\right)\left(-\dfrac{1}{\sqrt{7}}\right)+\left(-\dfrac{1}{\sqrt{7}}\right)\left(\dfrac{2}{\sqrt{7}}\right)\right|}=368\ \text{nm}$，实验值做出的紫外最大吸收波长 $\lambda_{\max}$ 为 375 nm，可见理论值与实测值符合得非常好。

13.11.6 杂原子取代奇交替烃总 π 能对性能的关系

由于总 π 能的微扰变，受电荷密度与库仑积分的微扰变参数的影响，因而，杂原子取代的奇交替烃所引起的总 π 能的微扰变量，对于正离子和负离子可分别表示如下[2]：

正离子　$\delta E_\pi=(1-C_{0i}^2)\delta\alpha_i$　(13-15)

负离子　$\delta E_\pi=(1+C_{0i}^2)\delta\alpha_i$　(13-16)

式中，C_{0i} 为非键分子轨道系数。

运用上述公式，可以预言杂原子取代交替烃的反应活性。在α-甲基吡啶中，甲基上氢原子的酸性较甲苯中氢原子的酸性为强，结果是α-甲基吡啶更容易离解为负离子：

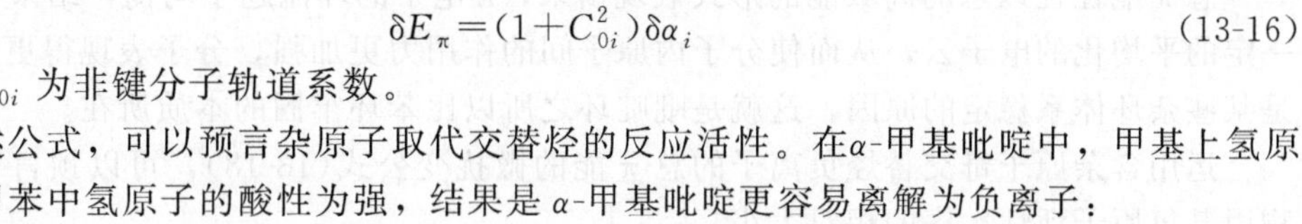

$K_1>K_2$

这说明，甲基负离子与吡啶环相连时，具有更大的总 π 能降。

由于

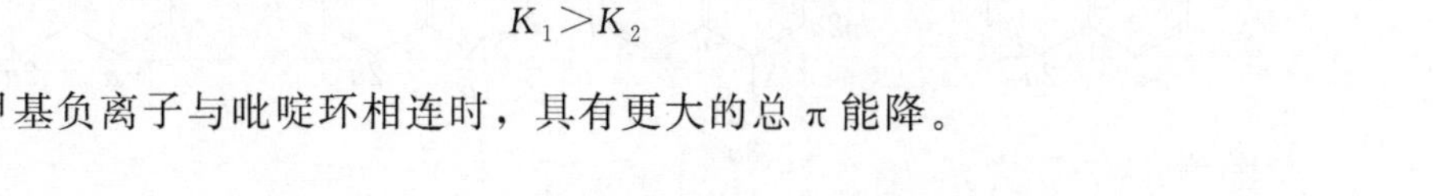

$K_3>K_4$

或者说，吡啶负离子与亚甲基结合较苯负离子与亚甲基结合具有更大的总 π 能降。

假设以苯负离子作为偶交替烃的例子，其与亚甲基结合后，总 π 能为 E_π，若以多个氮原子作为杂原子去取代苯负离子中碳原子的位置，同样让其与亚甲基结合，根据式(13-16)，其与非杂原子取代的偶交替烃能量差值 $\delta E_\pi=\sum_i(1+C_{0i}^2)\delta\alpha_i$ 。这里由于每个氮杂原子取代碳原子后将多出一个电子，而每一个电子将引起 $\delta\alpha_i$ 的库仑积分的变化，于是总能量降低为 $\sum\delta\alpha_i$。若杂原子取代交替烃的总 π 能为 E'_π，可以导出因杂原子取代而引起的总 π 电子能量的改变值 ΔE。

$$E'_\pi=E_\pi-\sum\delta\alpha_i+\sum(1+C_{0i}^2)\delta\alpha_i \tag{13-17}$$

$$\Delta E=E'_\pi-E_\pi=-\sum\delta\alpha_i+\sum(1+C_{0i}^2)\delta\alpha_i=\sum C_{0i}^2\delta\alpha_i \tag{13-18}$$

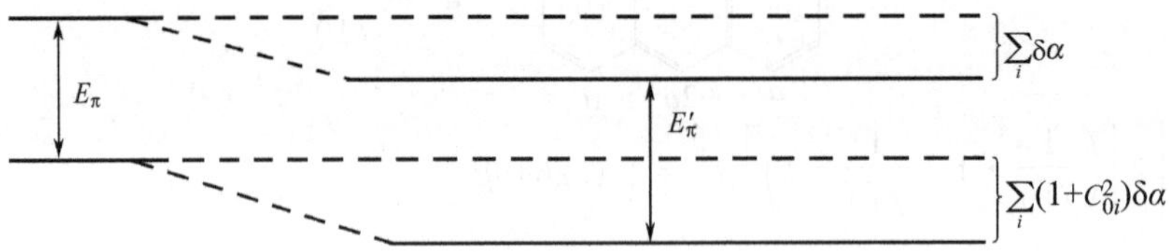

$\sum_i\delta\alpha_i$ 的物理意义为杂原子(如氮原子)比碳原子多出的电荷而引起的库仑积分的改变量，因为库仑积分的本质是核对电子的吸引能，氮原子电负性大于碳原子，因而使这种作用力更大，从而使能量降低 $\sum_i\delta\alpha_i$ ，式中的加和是全部杂原子比碳原子多出的电子的加和。

$\sum_i(1+C_{0i}^2)\delta\alpha_i$ 的物理意义是杂原子交替烃体系的总 π 能量因杂原子微扰而引起的改变量。由于氮等杂原子贡献的 π 电子较取代前碳原子的 π 电子密度大，因而使含杂原子奇交替烃的总 π 能量高。

从定量的角度来看，含杂原子奇交替烃负离子比非杂原子奇交替烃负离子高出的总 π 能为：

$$\Delta E=\sum C_{0i}^2\delta\alpha_i$$

总 π 能往往以总的离域能的形式表现出来，π 电子的环流趋于均衡，结果使分子获得了一定的平均化的电子云，从而使分子内原子间的作用力更加强，分子表现得更加稳定，这就是某些杂环体系稳定的原因，这就是吡啶环之所以比苯环牢固的本质所在。

运用含杂原子奇交替烃负离子的总 π 能的微扰变公式(13-18)，可以预言下列四个化合物甲基氢原子活性次序的相对大小。

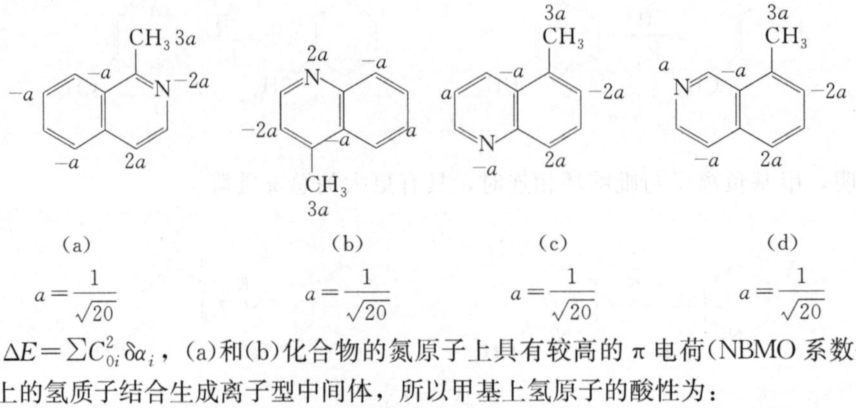

(a) $a=\frac{1}{\sqrt{20}}$　(b) $a=\frac{1}{\sqrt{20}}$　(c) $a=\frac{1}{\sqrt{20}}$　(d) $a=\frac{1}{\sqrt{20}}$

根据 $\Delta E=\sum C_{0i}^2\delta\alpha_i$，(a)和(b)化合物的氮原子上具有较高的 π 电荷(NBMO 系数值大)，易于与甲基上的氢质子结合生成离子型中间体，所以甲基上氢原子的酸性为：

$$(a)\approx(b)>(c)\approx(d)$$

根据式(13-15)，对于奇交替烃正离子，如下所示：

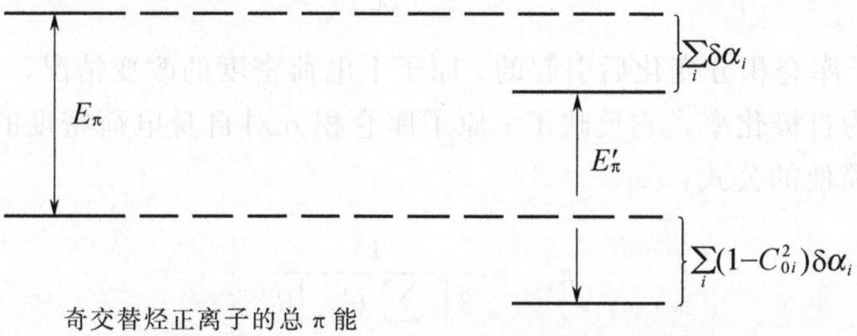

奇交替烃正离子的总π能

（非杂原子取代）　　含杂原子交替烃正离子的总π能

同样，$\sum\delta\alpha_i$ 代表杂原子多出的电子而引起的库仑积分的改变量，$\sum_i (1-C_{0i}^2)\delta\alpha_i$ 为杂原子微扰而引起的体系总π能的改变量，应当指出，杂原子的引入对体系中每个原子都会产生不同的微扰作用。

同理：

$$E'_\pi = E_\pi - \sum\delta\alpha_i + \sum(1-C_{0i}^2)\delta\alpha_i$$

$$\Delta E = E'_\pi - E_\pi = -\sum C_{0i}^2\delta\alpha_i \tag{13-19}$$

可以看出，正离子和杂原子的引入导致离域能的减小，正离子稳定性减小，因而其生成较困难。例如吡啶的硝化反应：

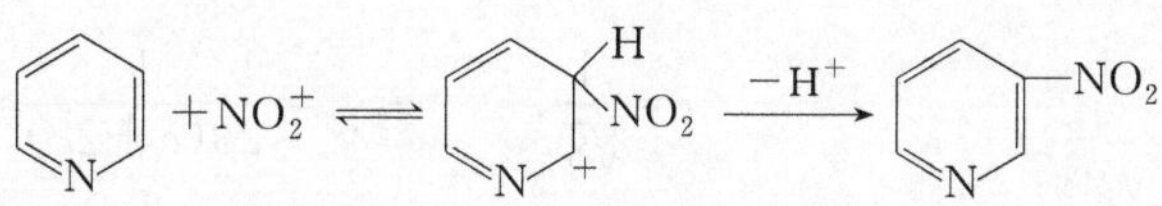

该反应较苯困难得多。

又如 2-甲烯丙基氯很容易发生 S_N1 取代反应：

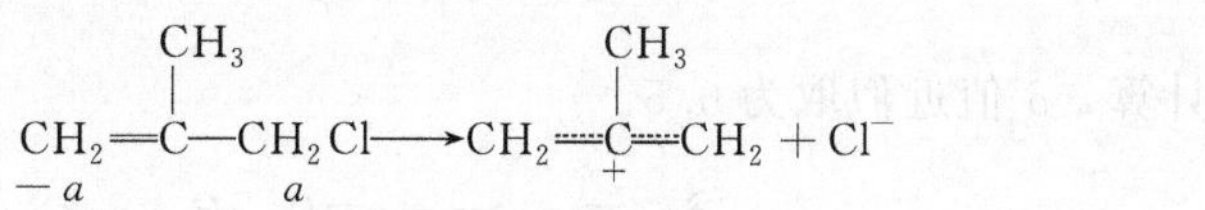

如果把与双键相连的亚甲基换为杂原子氧原子，结构如下：

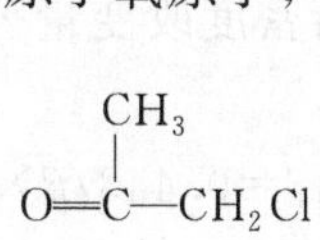

则这个氯代丙酮较难发生取代反应。

13.11.7 杂原子取代奇交替烃的电荷分布

一个氮原子取代一个碳原子，由于氮原子库仑积分与C原子不同，必将引起各个原子上的电荷密度的改变。令N原子的量为1，设N原子引入后各原子电荷密度改变量为 δq_i，则分子内摄动理论的电荷密度的改变量公式则简化为[1]：

$$\delta q_i = \pi_{1,i}\ \delta\alpha_i \tag{13-20}$$

如果体系为喹啉这样的偶交替烃，可看做分子由一个N原子和一个奇交替烃R相互摄动生成。为了计算电荷密度和键序等参量，Coulson Longuet-Higgins 定义了原子极化率 $\pi_{i,j}$[3]：

$$\pi_{i,j}=\frac{\partial q_i}{\partial \alpha_j} \tag{13-21}$$

它表示 j 原子库仑积分变化后引起的 i 原子上电荷密度的改变情况，称为互极化率。当 $i=j$ 时，$\pi_{i,j}$ 称为自极化率，它反映了 i 原子库仑积分对自身电荷密度的影响。PMO 法给出了求 $\pi_{i,j}$ 的最简便的公式：

$$\pi_{i,j}=\frac{1}{2\left|\sum\limits_{r(\to i)} C_{0r}\right|\beta} \tag{13-22}$$

式中，i 为杂原子取代的位置；r 为与 i 相邻的原子。

因而，苯和萘（不同位置）的 $\pi_{i,j}$ 值为：

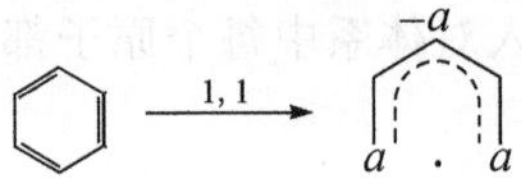

$a=\frac{1}{\sqrt{3}}$，　$\pi_{1,1}=\frac{1}{2\beta(a+a)}=\frac{0.443}{\beta}$

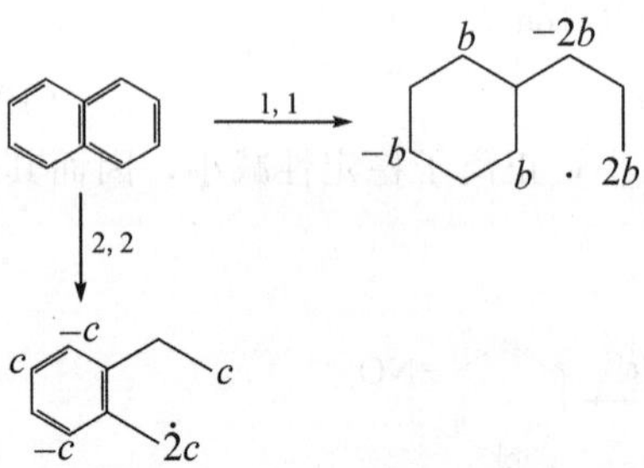

$b=\frac{1}{\sqrt{11}}$，　$\pi_{1,1}=\frac{1}{2\beta(2b+b)}=\frac{0.553}{\beta}$

$c=\frac{1}{\sqrt{8}}$，　$\pi_{2,2}=\frac{1}{2\beta(c+2c)}=\frac{0.471}{\beta}$

当苯分子中一个 C 原子被 N 原子取代变为吡啶后，求出的苯的自极化率 $\pi_{1,i}=0.443/\beta$，因为 N 原子的库仑积分与 C 原子不同：

$$\alpha_N=\alpha_C+\delta\beta \tag{13-23}$$

根据量化计算，δ 值近似取为 0.5

则
$$\delta\alpha_i=\alpha_N-\alpha_C=0.5\beta \tag{13-24}$$

根据 N 原子引入后，各原子的电荷密度改变量公式(13-20)，则氮原子上的电荷密度的增值为：

$$\delta q_N=\pi_{1,1}\delta\alpha_i=0.443/\beta\times0.5\beta=0.22$$

根据量化计算，互极化率：

邻位　$\pi_{1,2}=\pi_{1,6}=-0.157/\beta$；间位　$\pi_{1,3}=\pi_{1,5}=0.0098/\beta$

对位　$\pi_{1,4}=-0.0102/\beta$

则邻位 C 原子上的电荷密度减小值为：

$\delta q_2=\delta q_6=-0.157/\beta\times0.5\beta=-0.079$

间位 C 原子的电荷密度改变增量为：

$\delta q_3=\delta q_5=0.0098/\beta\times0.5\beta=0.0049$

对位 C 原子上的电荷密度减小值为：

$\delta q_4=-0.102/\beta\times0.5\beta=-0.050$

考虑到 N 原子未取代的苯环各位置上电荷密度是均一的，各位置 $q=1$，因为电荷密度的改变量

$$\delta q_i = q_i - 1 \tag{13-25}$$

则电荷密度 $q_i = \delta q_i + 1$

故吡啶分子中各位置 π 电荷密度 q_i 为：

N 原子上　$q_1 = 1 + 0.22 = 1.22$

邻位上　$q_2 = q_6 = 1 - 0.079 = 0.921$

间位上　$q_3 = q_5 = 1 + 0.0049 = 1.0049$

对位上　$q_4 = 1 - 0.05 = 0.95$

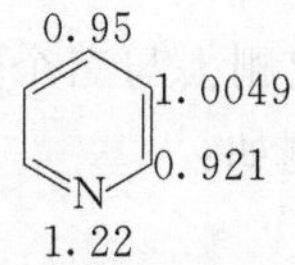

与苯环比较（苯环各位置 $q_i = 1$），吡啶分子中碳原子各个位置上的净电荷 Q_i 值（为了与 π 电子带负电定义一致，负号表示电荷富集）为：

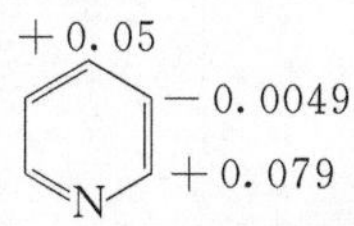

13.11.8　共振结构的计数

共振论作为价键法的图解式语言，在其长期的定性实践中，人们发现，共振结构中能够写出的合理的克库勒式越多，分子往往越稳定。但如何去写参与共振的结构数目，一个非常简便的方法是通过非键分子轨道的非归一化系数来计算共振结构的数目。

对于奇交替烃，首先求出非键分子轨道（NBMO）的非归一化最简系数，然后求其系数绝对值之和，就是该奇交替烃的共振结构计数 SC(structure count)。

下面看亚甲基自由基苯、α-亚甲基自由基萘、β-亚甲基自由基萘的共振结构计数 SC：

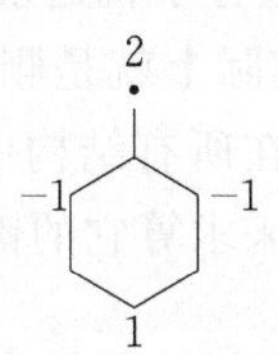

SC＝5

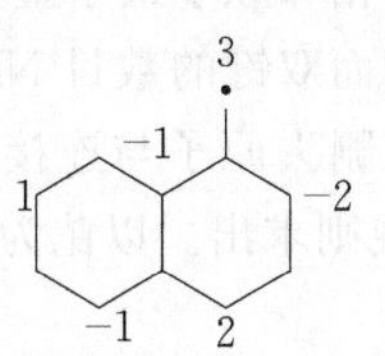

SC＝10

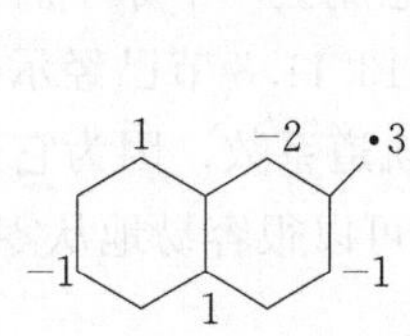

SC＝9

对于偶交替烃，只要从偶数体系中去掉一个原子轨道，就得到一个奇交替烃。例如，可以从苯并[α]蒽的分子式中任意消去一个碳原子，得到一个奇交替烃，按零和规则，以可能是最小的整数标记所有的系数，则被去掉的原子周围的 NBMO 系数的绝对值，就是其共振结构数。

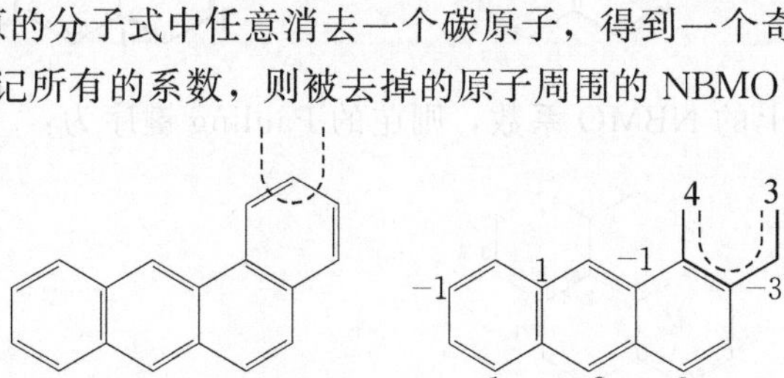

SC＝4＋3＝7

即苯并[α]蒽将有 7 种共振结构，通过手绘检查，发现亦只能给出 7 种不同的结构。

对于非交替烃，如果删去有关原子，正好得到交替烃，就可以运用上述零和规则计数，如薁和苯薁的计数。

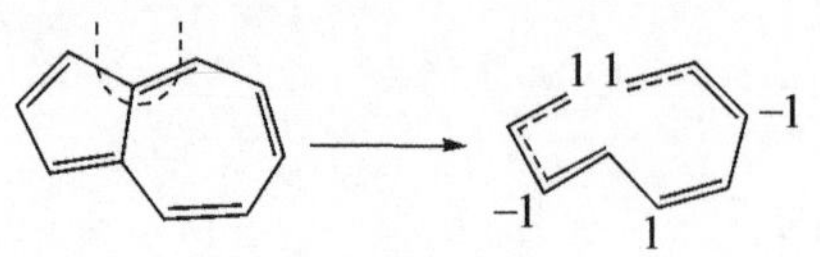

SC=1+1=2

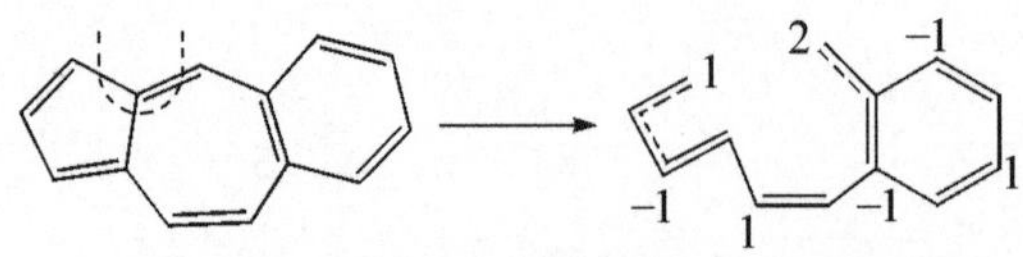

SC=1+2=3

对于 $4n$ 系环的共轭烃计数，通常应删去与三个边相连接的顶点原子。用同样的处理方法，由系数绝对值的和得到 SC 计数。例如：

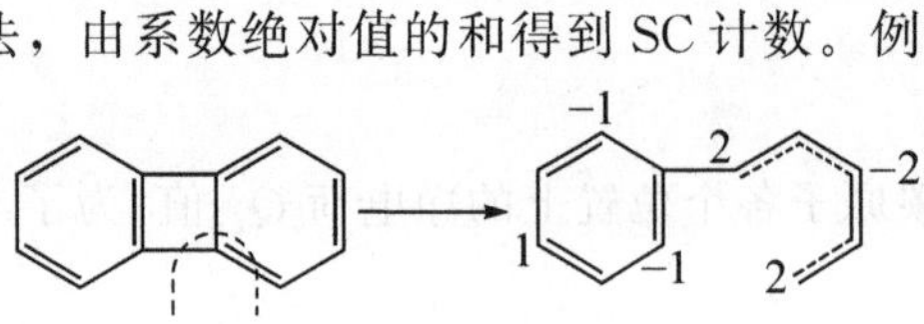

$SC=\sum|a|=1+2+2=5$

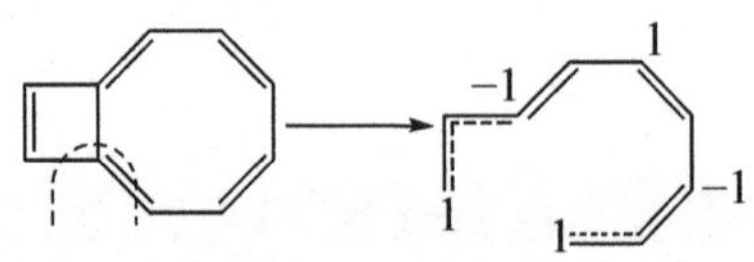

$SC=\sum|a|=1+1+1=3$

13.11.9 非键轨道系数对键参数的作用

利用交替烃的非键分子轨道系数能够算出某些芳烃的共振结构数目，进一步利用共振结构数目，能够求得一些烃分子的某些键参数。

键序越大，键的电荷密度越大，因而键长越短。从价键理论和共振论出发，Pauling 提出了 Pauling 键序的概念。Pauling 键序是所有共振结构中，双键数目 ND 与共振结构数目 SC 的比值。

$$Prs=ND/SC \tag{13-26}$$

若在芳烃上任意删去一个原子后，其相邻原子最小整数非键分子轨道系数绝对值的和，就是共振结构数 SC，13.11.8 节已经示例。而双键的数目 ND，实际上就是删去的原子所相邻的原子上的非键分子轨道系数，因为它代表删去原子与连接键间在所有结构中出现双键的频数。这样，ND 和 SC 皆可以很容易地从零和规则求出。以芘为例，来求算它的键序和键长。

$SC=\sum|a|=2+3+1=6$

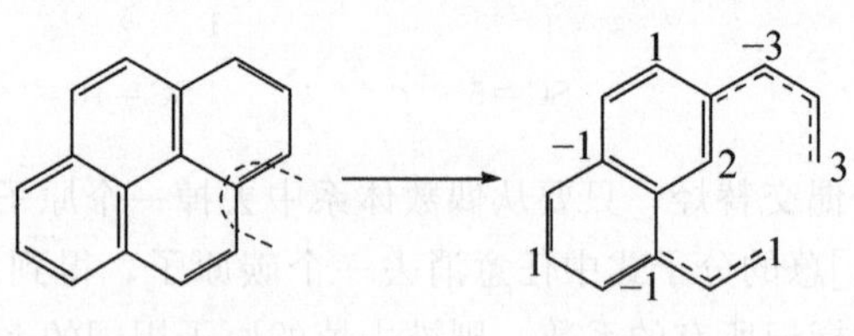

根据 ND 为删去原子相邻原子上的 NBMO 系数，则芘的 Pauling 键序为：

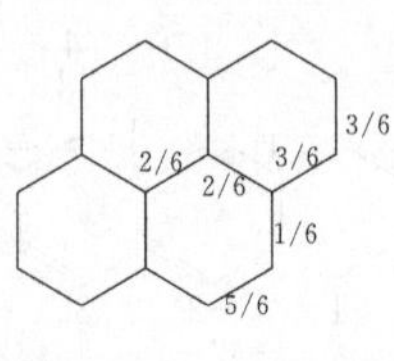

根据 Pauling 键序 Prs 与键长 drs 的公式：

$$drs = 1.464 - 0.125Prs \tag{13-27}$$

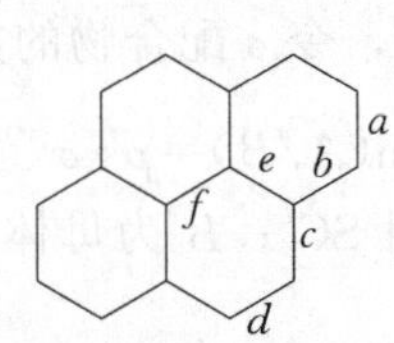

可以求得苝的有关键长参数（见表13-10）。

表13-10　苝的有关键长参数

键	键　序	键长实验值	键长计算值	误　差
a	0.500	1.395	1.401	0.006
b	0.500	1.406	1.401	−0.005
c	0.167	1.438	1.443	0.005
d	0.833	1.367	1.360	−0.007
e	0.333	1.425	1.422	−0.003
f	0.333	1.430	1.422	−0.008

可见与实测键长值非常接近，其符合情况很好。

13.11.10　共振结构数对反应性能的定量探讨

亲电取代反应是通过 σ 配合物来完成的。

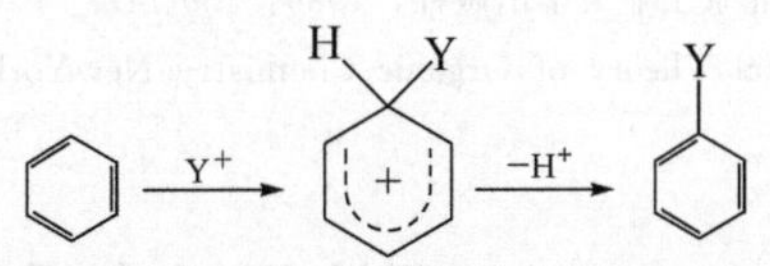

芳烃删去一个原子以后，其相邻原子最小整数 NBMO 系数的绝对值的和，就是共振数 SC。而其中所有系数绝对值的和，就是其过渡 σ 配合物的共振结构数。例如：

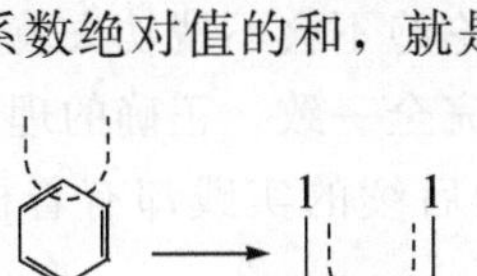

$SC = 1 + 1 = 2$

σ 配合物 $SC' = \sum |a| = 1 + 1 + 1 = 3$

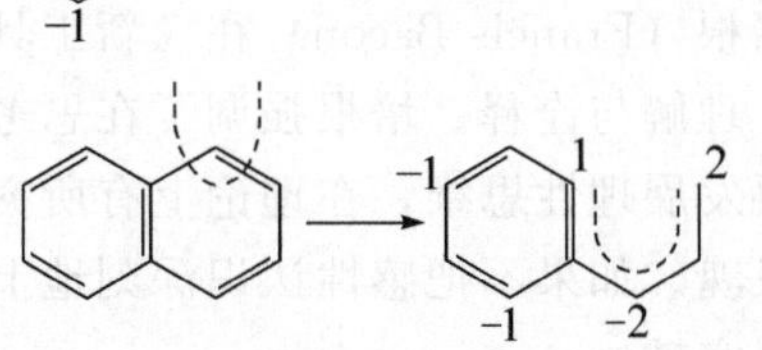

$SC = 2 + 1 = 3$

σ 配合物 $SC' = \sum |a| = 1 + 1 + 1 + 2 + 2 = 7$（α-位）

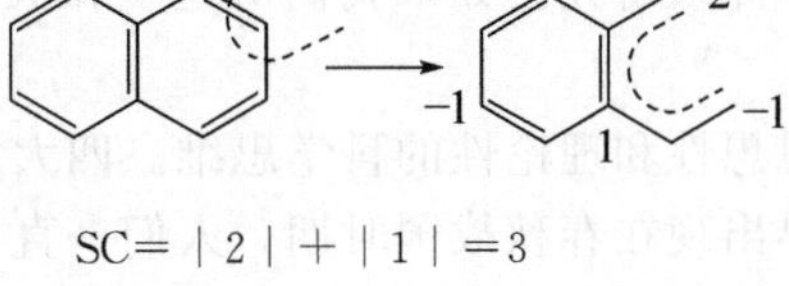

$SC = |2| + |1| = 3$

σ 配合物 $SC' = \sum |a| = 1 + 1 + 1 + 1 + 2 = 6$（β-位）

绘出的各种σ配合物共振结构数目与计算的数目十分吻合（这里从略）。

令母体芳烃的共振结构数 SC 为 B，令σ配合物的共振结构数 SC′为 A，发现：

$$\ln(A/B)=\rho^{+}\sigma^{+} \tag{13-28}$$

式中，A 为σ配合物共振结构数目 SC′；B 为母体芳烃的共振结构数目 SC；σ^{+} 为亲电取代基常数；ρ^{+} 为反应常数。

此式的形式与 Hammett 方程在形式上有相似之处，在本质上都试图说明结构与反应活性之间的定量关系。曾以 15 个苯系多环芳烃 26 个位置上的 σ^{+} 常数与 ln（A/B）进行回归分析，发现作为反应常数的相关系数 ρ^{+} 为 0.977，表现出很好的线型相关性。因此式(13-28)是判别亲电取代反应活性的一个有待讨论的规则。

本节系统地探讨了微扰分子轨道法在有机化学反应中的一些应用，介绍了奇交替烃 NBMO 作为前线轨道的理论意义，概括了微扰分子轨道法(PMO 法)的主要内容，重点突出了其理论的应用性。对共轭烃的芳香性等方面的内容作了说明，并列举了具体例证。

原子核外电子轨道理论精辟地阐明了氧化-还原反应中的电子得失和离子有机反应中的电子对转移，精辟地阐明了化合物构成的原子组合及数目。原子核外层电子（价电子）理论是分子形成的基础理论。

参 考 文 献

［1］ 赖城明．量子有机化学导论．北京：高等教育出版社，1987：218-235.

［2］ 戴乾圜．理论有机化学．北京：北京工业大学出版社，1989：139-142.

［3］ Michael J S. The Molecuar Orbital Theory of Organic Chemistry. NewYork：Mchraw-Hill book company，1969：199-202.

13.12 理论揭示本质

理论思维是科学发展的关键。一个伟大的科学理论绝不会不费功夫就能产生出来。感性认识有待上升到理性认识，理性认识应该与实验事实完全一致，正确的理论把握了事物的本质。实践第一的观点是基本的观点，然而理论对新的后续的实践却有着极其重要的指导作用。理论之树长青！

英国哲学家弗朗西斯·培根（Francis Bacon）在《新工具》开篇指出，科学研究旨在对观察到的自然现象进行思考、理解与诠释。培根强调了在思考和理解基础上的诠释，成功的诠释就是要提出学说，就是要发展理性思维，在理论上有所突破。

理论是科学研究中活的灵魂。如果不把感性认识深刻地上升到理论层面，只注重做一些表面文章，怎么能够真正取得突破？

古人讲：温故而知新。如果提到祖先的四大发明，我们不乏赞美之词，我们不是要用现代的认识水平来苛求古人，问题是后人也没有从感性认识向理性认识方面迈出关键的一步，都是西方后来从理论方面做了深入研究。如果我们对这些伟大的发明能够向理论方面思索，就会事半而功倍。

我们确实非常需要具有思想性和理论性的科学思维。四大发明是我们的祖先对人类的重要贡献，就指南针来说，最早出现在春秋战国时期，人们一直只注重了它的应用性，假如后来的人能够进行深入细致的理论研究，可能我们会在磁学和电磁学方面捷足先登。指南针的应用远远早于西方对磁学和电磁学理论的研究。再如火药，最早的有文字记载的火药配方是唐代初期著名医学家孙思邈著《诸家神品丹方》卷五，其中“丹经内伏硫磺法”一节记载了配制火药的方法，将硫磺、硝石的粉末放在锅内，然后加入燃烧的皂角子，就会产生火焰。后来经过多次改进，有了一硝、二磺、三木炭的配方。虽然我们很早就在应用方面取得了突破，却直到近代都没有深入思索理论问题，如思考为什么火药发生作用后“硝”变成氮气，“炭”生成二氧化碳（或一氧化碳）气体，释放出巨大体积的气体骤然做膨胀功，产生巨大的推力等问题。

还有大家熟知的三国故事“曹冲称象”，讲的是曹操的第七子曹冲五六岁时，知识和判断能力就可以比得上成人。当时孙权送来一头巨大的象，曹操想要知道这象的重量，向他的下属询问这件事，都不能想出称象的办法。曹冲说：把象安放到大船上，在水没过船的地方刻上记号，把大象牵出大船，再把石头装上船，一直装到水痕迹的记号处，然后称一批批石头的重量，加起来就知道大象有多重了。这个故事实际上暗含了阿基米德定理的感性认识，即：物体所受到的浮力等于物体排开液体所受到的重力。但是从三国曹冲称象到近代过去了多少朝代，也鲜有人把这个实践往理论的高度提升过。欧基米德事先并不知道曹冲称象，但是他创立了欧基米德定理；我们需要反思一下为什么没有率先提出这个欧基米德定理。

笔者在这里列举的这些古代的发现，一旦被提升到了理论层面，就会产生质的飞跃。

现在有一个流行的说法：化学仅是一门实验科学。这具有极大的主观性、片面性和表面性，这种认识过于浮浅。化学应该是一门以数学和物理为基础的、实验与理论紧密结合的研究分子的学科。自从化学这门学科建立以来，各种精彩的理论研究成果，使人们对物质世界有了更深入和更精确的认识。下面列举一些简单而典型的现代化学中的精辟理论例证，来说明理论的重要性。杂化轨道和成键理论圆满地说明了石墨（sp^2 杂化）、金刚石（sp^3 杂化）、富勒烯（$sp^{2.28}$ 杂化）的结构与性质的关系。还有休克尔芳香族理论，休克尔认为，芳香族必须满足三个条件：一是共轭分子结构里头要有 $4n+2$ 个 π 电子，二是共轭分子体系必须是共平面的，三是共轭分子结构必须是闭环的。这些理论说明了芳香族分子稳定的本质。还有前线轨道理论，前线轨道理论很好地说明了一些有机化合物的紫外光谱特性等，例如丁二烯用前线轨道理论处理，其 4 个 π 电子中的两个电子进入成键的最高占有分子轨道（HOMO），这两个电子在紫外光激发下从成键的最高占有分子轨道向反键的能量较高的最低不占有分子轨道（LUMO）跃迁，然后处于反键的较高能态（LUMO）的电子，再回到能态较低的成键的最高占有分子轨道（HOMO），这个从成键的 HOMO 轨道到反键的 LUMO 轨道的跃迁需要吸收波长为 217nm 的紫外光的能量。理论精辟地阐明了光谱行为。前线轨道理论还成功地说明了一些有机反应的问题。例如有机配合物的配位场理论就非常精辟，在说明 $K_3[Fe(CN)_6]$和 $K_4[Fe(CN)_6]$这些简单的无机化合物时，提出 Fe 原子的 d 轨道发生能级分裂，一般认为 Fe 原子的 5 个简并的 d 轨道分裂成为两组能量不等的轨道。进一步提出再形成配合物时，d 轨道发生杂化，$K_4[Fe(CN)_6]$以 d^2sp^3 杂化，Fe(Ⅱ) 杂化轨道中无单电子，本身不产生磁性，所以很多二价铁配合物呈现出抗磁性。$K_3[Fe(CN)_6]$也采用 d^2sp^3 进行杂化，Fe(Ⅲ)的 d^2sp^3 杂化轨道中尚有 1 个单电子，本身会产生磁性。这个理论成功地说明了 $K_3[Fe(CN)_6]$的顺磁性等。Fe 原子杂化后的 6 个空轨道（d^2sp^3）在能量上平均化，能够均等地与 6 个可以提供配位键的配体成键，而且在 Fe 原子的前、后、左、右、上、下这 6 个方向上成键，成键以后形成了一个$[Fe(CN)_6]^{3-}$——一个结构对称的八面体场结构。而在手性催化剂配合物中，配体是不对称的，八面体场已经成为不对称场，严重畸变，正是因为这种不对称场，营造了不对称的微环境，造成有机反应中进攻试剂的选择性，才使得这种手性催化剂能够催化立体选择性合成[1]。如果我们不是熟视无睹而是仔细来思考，这些理论达到了出神入化的绝妙的境界。提出这些理论的化学家，他们具有极为坚实宽广的学识和高超的思维能力以及想象能力。这些理论与物质特性完美地一致。

物理化学为化学科学奠定了一系列精辟的理论，物理化学与有机化学的结合，诞生了物理有机化学学科，物理有机化学与有机合成化学这两大学科，成为有机化学的两个翅膀。笔者在攻读博士期间，在物理有机化学方面下了不少功夫，当时物理有机化学教材和老师较多，而现在，作为有机理论科学的物理有机化学已经缩减了许多。

物理有机化学对化学研究具有很高的价值。有机反应中提出的反应机理，深刻精致的应该能够为广大化学家接受[2-4]，有的反应机理应该得到实验的充分证实[5]，机理往往能够揭示反应本质。例如著名的Heck反应，人们对其机理描述较多，但一些机理描述过于简单，一些机理的描述很难让有机化学家接受。Heck反应机理最为贴切和可以被普遍接受的实际上是Heck首先建议的反应机理[6]。Heck不仅开创了著名的Heck反应，而且他提出的反应机理也非常之透彻和精到，可见他的理论功底之深。还有Suzuki反应[7]和Negishi反应[8]的理论，为有机化学开拓了新生面，是真正的原始创新，能够被后人反复应用，能够为化学家提供新方法和新思维[9]。

化学革命晚于科学革命，一个原因就在于“四元素说”“燃素说”等歪曲事实的理论没有被及时抛弃，新的元素理论和科学的燃烧理论在当时没有及时地建立起来。真正能够反映客观事物本来面目的正确的科学理论，是科学发展的关键。

一个个精辟的科学理论就是绝对真理长河里的相对真理。

科学的根本在于思维，感性认识通过产生飞跃上升到理性认识，而理性认识还必须与实验事实完全一致，必须经过实践的检验。一个精辟的化学理论往往由实验到理论，再由理论到实验，反复多次，不断完善，才达到绝妙的境界。理论已经完全超越了表面现象，已经深刻地揭示了事物的本来面目，已经把握了事物的本质，深入到了根本精髓。所以说理论之树长青！

我们强调理论，并不排斥应用科学的重要性。实用性能够充分体现科学创新的实际价值，表现出科学创新改变世界的力量；但我们不能忽视科学理论的价值。理论对科学本身的发展极其重要。应用的作用往往表现为量变的形式，理论却会使科学产生质变，如牛顿定律、法拉第定律、爱因斯坦的相对论等，科学发展中的一些经典理论问题靠顶级大师取得了突破。要提倡独立思考，深度分析，创新思维。

要在科学研究中追求真理，极大地提高对客观世界的认知水平。就认识过程而言，开始是感性认识，往往从感觉和印象开始。感性认识往往带有主观性、片面性和表面性，是不完全的、不深刻的，有时感性认识会歪曲客观世界的本来面目，例如盲人摸象的感性认识就是这样。笔者认为：感性认识必须经过多次积累，不断克服其主观性、片面性和表面性，必须通过从量变到质变，产生质的飞跃。让足够的感性认识通过质的飞跃，上升到理性认识的理论。正确的理论能够揭示客观事物的本质并深入到精髓，正确的理论没有片面性，因而接近真理。我们需要从感性认识这个认识的初级阶段着手，重视深入细致广泛系统的调查研究，对化学科学而言，就是要深入细致地做好实验。

批判性思维是获得正确理论的关键，真理往往是在质疑与修正中产生的，其认知过程充满新与旧在观念上的冲突，往往遵循“推断—验证—修正”的飞跃。我们对微观世界的认识如此，对人类社会的认知过程更复杂，评价他人也有困于既有的范式牢笼，缺乏崇尚实际而拘于自我甚至迷信。要从自然界和人类社会获得真理性的认知和理论，我们需要让思维冲破牢笼，反驳和批判思维必不可少。我们需要能够揭示事物本质的正确的理论。

参 考 文 献

[1] Xing Y L, Wang N X. Organocatalytic and metal-mediated asymmetric [3+2] cycloaddition reactions [J]. Coordination Chemistry Reviews, 2012, 256 (11-12): 938-952.

[2] Wu Y H, Wang N X, Zhang T, et al. Iodine-mediated synthesis of methylthio-substituted catechols from cyclohexanones [J]. Advanced Synthesis & Catalysis, 2019, 361 (12): 3008-3013.

[3] Yan Z, Wang N X, Gao X W, et al. A copper (Ⅱ) acetate mediated oxidative-coupling of styrenes and ethers through an unactivated C (sp^3) -H bond functionalization [J]. Advanced Synthesis & Catalysis, 2019, 361 (5): 1007-1011.

[4] Lan X W, Wang N X, Zhang W, et al. Copper/manganese co-catalyzed oxidative coupling of vinylarenes with ketones [J]. Organic Letters, 2015, 17 (18): 4460-4463.

[5] Lan X W, Wang N X, Bai C B, et al. Unactivated C (sp^3) -H bond functionalization of alkyl nitriles with vinylarenes and mechanistic studies [J]. Organic Letters, 2016, 18 (23): 5986-5989.

[6] Jutand A. In The Mizoroki-Heck Reaction [M]. United Kingdom: Wiley, 1999: 1-5.

[7] Suzuki A. Cross-coupling reactions of organoboranes: An easy way to construct C-C bonds (Nobel lecture) [J]. Angewandte Chemie International Edition, 2011, 50, 6722-6737.

[8] Negishi E. Magical power of transition metals: past, present, and future (Nobel lecture) [J]. Angewandte Chemie International Edition, 2011, 50 (30): 6738-6764.

[9] Wang N X. Palladium-catalyzed cross-coupling reactions-Introduction of nobel prize in chemistry in 2010 [J]. Chinese Journal of Organic Chemistry, 2011, 31 (8): 1319-1323.

附录

一、历届诺贝尔化学奖得主

1901 年

J. H. 范特·霍夫（荷兰人，1852. 8. 30～1911. 3. 1）

发现溶液中化学动力学法则和渗透压规律

Jacobus Henricus van' t Hoff（Netherlands，1852. 8. 30～1911. 3. 1）

Discovery of the laws of chemical dynamics and of the osmotic pressure in solutions

1902 年

E. H. 费歇尔（德国人，1852. 10. 9～1919. 7. 15）

糖类以及嘌呤基团的合成研究

Emil H. Fischer（Germany，1852. 10. 9～1919. 7. 15）

Synthetic studies in the area of sugar and purine groups

1903 年

S. A. 阿伦尼乌斯（瑞典人，1859. 2. 19～1927. 10. 2）

提出电解质溶液理论

Svante A. Arrhenius（Sweden，1859. 2. 19～1927. 10. 2）

Theory of electrolytic of dissociation

1904 年

W. 拉姆赛（英国人，1852. 10. 2～1916. 7. 23）

发现空气中的惰性气体

William Ramsay（United Kingdom，1852. 10. 2～1916. 7. 23）

Discovery of the indifferent gaseous elements in air（noble gases）

1905 年

A. 冯·贝尔（德国人，1835. 10. 31～1917. 8. 20）

从事有机染料以及氢化芳香族化合物的研究

Adolf von Baeyer（Germany，1835. 10. 31～1917. 8. 20）

Organic dyes and hydroaromatic compounds

1906 年

H. 莫瓦桑（法国人，1852. 9. 28～1907. 2. 20）

从事氟元素的研究

Henri Moissan（France，1852. 9. 28～1907. 2. 20）

Investigation and isolation of the element fluorine

1907 年

E . 毕希纳（德国人，1860. 5. 20～1917. 8. 13）

对酵素和酶以及生物化学的研究

Eduard Buchner（Germany，1860. 5. 20～1917. 8. 13）

Biochemical studies，discovery of fermentation without cells

1908 年

E. 卢瑟福（英国人，1871. 8. 30～1937. 10. 19）

首先提出放射性元素的蜕变理论

Ernest Rutherford（United Kingdom，1871. 8. 30～1937. 10. 19）

Decay of the elements，chemistry of radioactive substances

1909 年

W. 奥斯特瓦尔德（德国人，1853. 9. 2～1932. 4. 4）

从事催化作用、化学平衡以及反应速率的研究

Wilhelm Ostwald（Germany，1853. 9. 2～1932. 4. 4）

Catalysis，chemical equilibria and reaction rates

1910 年

O. 瓦拉赫（德国人，1847. 3. 27～1931. 2. 26）

脂环族化合物的奠基人

Otto Wallach（Germany，1847. 3. 27～1931. 2. 26）

Alicyclic compounds

1911 年

M. 居里（法国人，波兰人，1867. 11. 7～1934. 7. 4）

发现镭和钋

Marie Curie（France，Poland，1867. 11. 7～1934. 7. 4）

Discovery of radium and polonium

1912 年

V. 格林尼亚（法国人，1871. 5. 16～1935. 12. 13）

发明了格林尼亚试剂 ——有机镁试剂

Victor Grignard（France，1871. 5. 16～1935. 12. 13）

Grignard's reagent

P. 萨巴蒂（法国人，1854.11.5～1941.8.14）
使用细金属粉末作催化剂来氢化有机化合物
Paul Sabatier（France，1854.11.5～1941.8.14）
Hydrogenation of organic compounds in the presence of finely divided metals

1913 年
A. 维尔纳（瑞士人，1866.12.12～1919.11.15）
从事分子内原子化合价的研究
Alfred Werner（Switzerland，1866.12.12～1919.11.15）
Bonding relations of atoms in molecules（Inorganic chemistry）

1914 年
T. W. 理查兹（美国人，1868.1.31～1928.4.2）
致力于原子量的研究，精确地测定了许多元素的原子量
Theodore W. Richards（USA，1868.1.31～1928.4.2）
Determination of the atomic weights

1915 年
R. 威尔斯泰特（德国人，1872.8.13～1942.8.3）
从事植物色素（叶绿素）的研究
Richard Willstätter（Germany，1872.8.13～1942.8.3）
Investigation of Plant Pigments，especially chlorophyll

1916～1917 年　未颁奖

1918 年
F. 哈伯（德国人，1968.12.9～1934.1.29）
发明固氮法（合成氨）
Fritz Haber（Germany，1968.12.9～1934.1.29）
Synthesis of ammonia from its elements

1919 年　未颁奖

1920 年
W. H. 能斯特（德国人，1864.6.25～1941.11.18）
从事热力学等方面的研究
Walther H. Nernst（Germany，1864.6.25～1941.11.18）
Studies on thermodynamics

1921 年
F. 索迪（英国人，1877.9.2～1956.9.22）

从事放射性物质的研究，首次命名“同位素”

Frederick Soddy（United Kingdom，1877. 9. 2～1956. 9. 22）

Chemistry of radioactive substances，occurrence and nature of the isotopes

1922 年

F. W. 阿斯顿（英国人，1877. 9. 1～1945. 11. 20）

发现非放射性元素中的同位素并开发了质谱仪

Francis W. Aston（United Kingdom，1877. 9. 1～1945. 11. 20）

Discovery of a large number of isotopes，mass spectrograph

1923 年

F. 普雷格尔（奥地利人，1869. 9. 3～1930. 12. 13）

创立了有机化合物的微量分析法

Fritz Pregl（Austria，1869. 9. 3～1930. 12. 13）

Microanalysis of organic compounds

1924 年　未颁奖

1925 年

R. A. 席格蒙迪（德国人，奥地利人，1865. 4. 1～1929. 9. 29）

从事胶体溶液的研究并确立了胶体化学

Richard A. Zsigmondy（Germany，Austria，1865. 4. 1～1929. 9. 29）

Colloid chemistry（Ultramicroscope）

1926 年

T. 斯韦德贝里（瑞典人，1884. 8. 30～1971. 2. 26）

从事胶体化学中分散体系的研究

Theodor Svedberg（Sweden，1884. 8. 30～1971. 2. 26）

Disperse systems（ultracentrifuge）

1927 年

H. O. 维兰德（德国人，1877. 6. 4～1957. 8. 5）

研究确定了胆酸及多种同类物质的化学结构

Heinrich O. Wieland（Germany，1877. 6. 4～1957. 8. 5）

Constitution of the bile acids and related substances

1928 年

A. 温道斯（德国人，1876. 12. 25～1959. 6. 9）

研究甾醇及其与维生素的关系

Adolf Windaus（Germany，1876. 12. 25～1959. 6. 9）

Study of sterols and their relation with vitamins（vitamin D）

1929 年

冯·奥伊勒·凯尔平（瑞典人，德国人，1873. 2. 15～1964. 11. 6）

A. 哈登（英国人，1861. 10. 12～1940. 6. 17）

阐明了糖发酵过程和酶的作用

Hans von Euler-Chelpin（Sweden，Germany，1873. 2. 15～1964. 11. 6）

Arthur Harden（United Kingdom，1861. 10. 12～1940. 6. 17）

Studies on fermentation of sugars and enzymes

1930 年

H. 费舍尔（德国人，1881. 7. 27～1945. 3. 31）

研究血红素和叶绿素，合成氯化血红素

Hans Fischer（Germany，1881. 7. 27～1945. 3. 31）

Studies on blood and plant pigments，synthesis of hemin

1931 年

F. 贝吉乌斯（德国人，1884. 10. 11～1949. 3. 30）

C. 博施（德国人，1874. 8. 27～1940. 4. 26）

发明和开发了高压化学过程的方法

Friedrich Bergius（Germany，1884. 10. 11～1949. 3. 30）

Carl Bosch（Germany，1874. 8. 27～1940. 4. 26）

Development of chemical high-pressure processes

1932 年

I. 朗缪尔（美国人，1881. 1. 31～1957. 8. 16）

创立了表面化学

Irving Langmuir（USA，1881. 1. 31～1957. 8. 16）

Surface chemistry

1933 年　未颁奖

1934 年

H. C. 尤里（美国人，1893. 4. 29～1981. 1. 6）

发现重氢

Harold C. Urey（USA，1893. 4. 29～1981. 1. 6）

Discovery of heavy hydrogen

1935 年

F. J. 居里（法国人，1900. 3. 19～1958. 8. 14）

I. J. 居里（法国人，1897. 9. 12～1956. 3. 17）

发明了人工放射性元素

Frédéric Joliot-Carie（France，1900. 3. 19～1958. 8. 14）

Irène Joliot-Curie（France，1897.9.12～1956.3.17）
Synthesis of new radioactive elements（artificial radioactivity）

1936 年
P.J.W. 德拜（德国人，荷兰人，1884.3.24～1966.11.2）
提出分子磁偶极矩概念并且应用 X 射线衍射研究分子结构
Peter J. W. Debye（Germany，Netherlands，1884.3.24～1966.11.2）
Studies on dipole moments and the diffraction of X-rays and electron beams by gases

1937 年
W.N. 霍沃斯（英国人，1883.3.19～1950.3.19）
从事碳水化合物和维生素 C 的结构研究
Walter N. Haworth（United Kingdom，1883.3.19～1950.3.19）
Studies on carbohydrates and vitamin C
P. 卡雷（瑞士人，1889.4.21～1971.6.18）
从事类胡萝卜、核黄素以及维生素 A、维生素 B_2 的研究
Paul Karrer（Switzerland，1889.4.21～1971.6.18）
Studies on carotenoids，flavins and vitamins A and B_2

1938 年
R. 库恩（德国人，1900.12.3～1967.7.31）
从事类胡萝卜素以及维生素类的研究
Richard Kuhn（Germany，1900.12.3～1967.7.31）
Studies on carotenoids and vitamins

1939 年
A.F.J. 布泰南特（德国人，1903.3.24～1995.1.18）
从事性激素的研究
Adolf F.J. Butenandt（Germany，1903.3.24～1995.1.18）
Studies on sexual hormones
L. 鲁齐卡（瑞士人，1887.9.13～1976.9.26）
从事萜、聚甲烯结构方面的研究
Leopold Ruzicka（Switzerland，1887.9.13～1976.9.26）
Studies on polymethylenes and higher terpenes

1940～1942 年　未颁奖

1943 年
G. 海韦希（匈牙利人，1885.8.1～1966.7.5）
利用放射性同位素示踪技术研究化学和物理变化过程
George de Hevesy（Hungary，1885.8.1～1966.7.5）

Application of isotopes as indicators in the investigation of chemical processes

1944 年

O. 哈恩（德国人，1879.3.8～1968.7.28）

发现重核裂变反应

Otto Hahn（Germany，1879.3.8～1968.7.28）

Discovery of the nuclear fission of atoms

1945 年

A. I. 魏尔塔南（芬兰人，1895.1.15～1973.11.11）

研究农业化学和营养化学，发明了饲料贮藏保鲜法

Artturi I. Virtanen（Finland，1895.1.15～1973.11.11）

Discoveries in the area of agricultural and food chemistry，method of preservation of fodder

1946 年

J. H. 诺思罗普（美国人，1891.7.5～1987.5.27）

W. M. 斯坦利（美国人，1904.8.16～1971.6.15）

分离提纯酶和病毒蛋白质

John H. Northrop（USA，1891.7.5～1987.5.27）

Wended M. Stanley（USA，1904.8.16～1971.6.15）

Preparation of enzymes and virus proteins in a pure form

J. B. 萨姆纳（美国人，1887.11.19～1955.8.12）

首次分离提纯了酶

James B. Sumner（USA，1887.11.19～1955.8.12）

Crystallizability of enzymes

1947 年

R. 鲁宾逊（英国人，1886.9.13～1975.2.8）

从事生物碱的研究

Robert Robinson（United Kingdom，1886.9.13～1975.2.8）

Studies on alkaloids

1948 年

A. W. K. 蒂塞留斯（瑞典人，1902.8.10～1971.10.29）

发现电泳技术和吸附色谱法，发现血清蛋白

Arne W. K. Tiselius（Sweden，1902.8.10～1971.10.29）

Analysis by means of electrophoresis and adsorption，discoveries about serum proteins

1949 年

W. F. 吉奥克（美国人，1895.5.12～1982.3.28）

对化学热力学研究的贡献，物质超低温状态下的物理性质的研究（绝热去磁）

William F. Giauque（USA，1895. 5. 12～1982. 3. 28）
Contributions to chemical thermodynamics，properties at extremely low temperatures

1950 年
K. 阿尔德（德国人，1902. 7. 10～1958. 6. 20）
O. P. H. 狄尔斯（德国人，1876. 1. 23～1954. 3. 7）
发现狄尔斯－阿尔德反应及其应用
Kurt Alder（Germany，1902. 7. 10～1958. 6. 20）
Otto P. H. Diels（Germany，1876. 1. 23～1954. 3. 7）
Development of the diene synthesis

1951 年
E. M. 麦克米伦（美国人，1907. 9. 18[1]）
G. T. 西博格（美国人，1912. 4. 19）
发现超铀元素
Edwin M. McMillan（USA，1907. 9. 18）
Glenn Th. Seaborg（USA，1912. 4. 19）
Discoveries in the chemistry of the transuranium elements

1952 年
A. J. P. 马丁（英国人，1910. 3. 1）
R. L. M. 辛格（英国人，1914. 10. 28～1994. 8. 18）
研究并应用了分配色谱法
Archer J. P. Martin（United Kingdom，1910. 3. 1）
Richard L. M. Synge（United Kingdom，1914. 10. 28～1994. 8. 18）
Invention of distribution chromatography

1953 年
H. 施陶丁格（德国人，1881. 3. 23～1965. 9. 8）
高分子化合物的研究
Hermann Staudinger（Germany，1881. 3. 23～1965. 9. 8）
Discoveries in the area of macromolecular chemistry

1954 年
L. C. 鲍林（美国人，1901. 2. 28～1994. 8. 19）
阐明化学键的本质，解释了复杂的分子结构
Linus Carl Pauling（USA 1901. 2. 28～1994. 8. 19）
Studies on the nature of the chemical bond（molecular structure of proteins）

---

[1] 为出生日期，余同。

1955 年

V. 维格诺德（美国人，1901. 5. 18～1978. 12. 11）

合成了多肽含硫激素（特别是后叶催产素和增压素）

Vincent du Vigneaud（USA，1901. 5. 18～1978. 12. 11）

Synthesis of a polypeptide hormone

1956 年

C. N. 欣谢尔伍德（英国人，1897. 6. 19～1967. 10. 9）

N. N. 谢苗诺夫（苏联人，1896. 4. 15～1986. 9. 25）

对化学反应机理的研究（特别是气相反应的化学动力学理论）

Cyril N. Hinshelwood（United kingdom，1897. 6. 19～1967. 10. 9）

Nikolai N Semjonow（Soviet Union，1896. 4. 15～1986. 9. 25）

Mechanism of chemical reactions

1957 年

A. R. 托德（英国人，1907. 7. 2）

从事核酸以及辅酶的研究

Alexander R. Todd（United Kingdom，1907. 7. 2）

Studies on nucleotides and nucleotide co-enzymes

1958 年

F. 桑格（英国人，1918. 8. 13）

从事蛋白质结构特别是胰岛素结构的研究

Frederick Sanger（United Kingdom，1918. 8. 13）

Structure of proteins，especially of insulin

1959 年

J. 海洛夫斯基（捷克人，1890. 12. 20～1967. 3. 27）

提出极谱学理论并发现“极谱法”

Jaroslav Heyrovsk（Czechoslovakia，1890. 12. 20～1967. 3. 27）

Discovery and development of the polarography

1960 年

W. F. 利比（美国人，1908. 12. 17～1980. 9. 8）

发明了“放射性碳素年代测定法”

Willard F. Libby（USA，1908. 12. 17～1980. 9. 8）

Application of carbon-14 for age determinations（radiocarbon dating）

1961 年

M. 卡尔文（美国人，1911. 4. 7）

揭示了植物光合作用机理

Melvin Calvin（USA，1911. 4. 7）
Studies on the assimilation of carbonic acid by plants（photosynthesis）

1962 年
J. C. 肯德鲁（英国人，1917. 3. 24）
M. F. 佩鲁（英国人，奥地利人，1914. 5. 19）
对蛋白结构研究的贡献（测定了球蛋白的精细结构）
John Cowdery Kendrew（United Kingdom，1917. 3. 24）
Max Ferdinand Perutz（United Kingdom，Austria，1914. 5. 19）
Studies on the structures of globular proteins

1963 年
G. 纳塔（意大利人，1903. 2. 26～1979. 5. 2）
K. 齐格勒（德国人，1898. 11. 26～1973. 8. 11）
发现了利用新型催化剂进行高分子聚合的方法（发现了著名的齐格勒-纳塔催化剂）
Giulio Natta（Italy，1903. 2. 26～1979. 5. 2）
Karl Ziegler（Germany 1898. 11. 26～1973. 8. 11）
Chemistry and technology of polymers

1964 年
D. C. 霍奇金（英国人，1910. 5. 12）
使用 X 射线衍射技术测定复杂晶体和大分子的空间结构
Dorothy Crowfoot-Hodgkin（United Kingdom，1910. 5. 12）
Structure determination of biologically important substances by means X-ray

1965 年
R. B. 伍德沃德（美国人，1917. 4. 10～1979. 7. 8）
对有机合成法的杰出贡献（特别是天然产物）
Robert Burns Woodward（USA，1917. 4. 10～1979. 7. 8）
Outstanding achievements on the synthesis of natural products

1966 年
R. S. 马利肯（美国人，1896. 6. 7～1986. 10. 31）
用量子力学创立了化学结构分子轨道理论，阐明了分子的共价键本质和电子结构
Robert S. Mulliken（USA，1896. 6. 7～1986. 10. 31）
Studies on chemical bonds and the electron structure of molecules by means of the molecular orbital method

1967 年
M. 艾根（德国人，1927. 5. 9）
G. 波特（英国人，1920. 12. 6）

R. G. W. 诺里斯（英国人，1897. 11. 9～1978. 6. 7）
发明了测定快速化学反应的技术
Manfred Eigen（Germany，1927. 5. 9）
George Porter（United Kingdom，1920. 12. 6）
Ronald G. W. Norrish（United Kingdom，1897. 11. 9～1978. 6. 7）
Studies on extremely fast chemical reactions

1968 年
L. 翁萨格（美国人，挪威人，1903. 11. 27～1976. 10. 5）
从事不可逆过程热力学的基础研究
Lars Onsager（USA，Norway，1903. 11. 27～1976. 10. 5）
Studies on the thermodynamics of irreversible processes

1969 年
O. 哈塞尔（挪威人，1897. 5. 17～1981. 5. 13）
D. H. R. 巴顿（英国人，1918. 9. 8）
为发展立体化学理论作出贡献
Odd Hassel（Norway，1897. 5. 17～1981. 5. 13）
Derek H. Richard Barton（United Kingdom，1918. 9. 8）
Development of the concept of conformation

1970 年
L. F. 莱洛伊尔（阿根廷人，1906. 9. 6）
发现糖核苷酸及其在糖合成过程中的作用
Luis F. Leloir（Argentina，1906. 9. 6）
Discovery of sugar nucleotides and their role in the biosynthesis of carbohydrates

1971 年
G. 赫兹伯格（加拿大人，1904. 12. 25）
从事自由基的电子结构和几何构形的研究
Gerhard Herzberg（Canada，1904. 12. 25）
Electron stucture and geometry of molecules，particularly free radicals（molecular spectroscopy）

1972 年
C. B. 安芬森（美国人，1916. 3. 26）
对核糖核酸酶的研究
Christian B. Anfinsen（USA，1916. 3. 26）
Studies on ribonuclease
S. 摩尔斯（美国人，1913. 9. 4～1982. 8. 23）
W. H. 斯汀（美国人，1911. 6. 25～1980. 2. 2）
对核糖核酸酶的活性中心的研究

Stanford Moors（USA，1913. 9. 4～1982. 8. 23）
William H. Stein（USA，1911. 6. 25～1980. 2. 2）
Studies on the active centre of the ribonuclease molecule

1973 年
E. O. 菲舍尔（德国人，1918. 11. 10）
G. 威尔金森（英国人，1921. 7. 14）
具有多层结构的有机金属化合物的研究
Ernst Otto Fischer（Germany，1918. 11. 10）
Geoffrey Wilkinson（United Kingdom，1921. 7. 14）
Chemistry of the metal-organic sandwich compounds

1974 年
P. J. 弗洛里（美国人，1910. 6. 19～1985. 9. 9）
高分子物理化学的理论和实验
Paul J. Flory（USA，1910. 6. 19～1985. 9. 9）
Physical chemistry of macromolecules

1975 年
J. W. 康福思（英国人，1917. 9. 7）
酶催化反应的立体化学研究
John W. Cornforth（United Kingdom，1917. 9. 7）
Studies on the stereochemistry of enzyme-catalyzed reactions
V. 普雷洛格（瑞士人，前南斯拉夫人，1906. 7. 23）
有机分子以及有机反应的立体化学研究
Vladimir Prelog（Switzerland，Yugoslavia，1906. 7. 23）
Studies on the stereochemistry of organic molecules and reactions

1976 年
W. N. 利普斯科姆（美国人，1919. 12. 9）
对硼烷的结构研究
William N. Lipscomb（USA，1919. 12. 9）
Studies on the structure of boranes

1977 年
I. 普里戈金（比利时人，1917. 1. 25）
主要研究非平衡（不可逆过程）热力学，提出了“耗散结构”理论
Ilya Prigogine（Belgium，1917. 1. 25）
Contributions to the thermodynamics of irreversible processes，particularly to the theory of dissipative structures

1978 年

P. D. 米切尔（英国人，1920. 9. 29）

从事生物膜上的能量转换研究，创建了化学渗透理论

Peter D. Mitchell（United Kingdom，1920. 9. 29）

Studies of biological energy transfer，development of the chemiosmotic theory

1979 年

G. 维蒂希（德国人，1897. 6. 16～1987. 8. 26）

H. C. 布朗（美国人，1912. 5. 22）

发展了有机硼和有机磷化合物（提出了著名的 Wittig 反应）

Georg Wittig（Germany，1897. 6. 16～1987. 8. 26）

Herbert C. Brown（USA，1912. 5. 22）

Development of organic boron and phosphorus compounds（as important reagents in organic synthesis）

1980 年

P. 伯格（美国人，1926. 6. 30）

从事核酸的生物化学研究

Paul Berg（USA，1926. 6. 30）

Studies on the biochemistry of nucleic acids，particularly hybrid DNA（technology of gene surgery）

W. 吉尔伯特（美国人，1932. 3. 21）

F. 桑格（英国人，1918. 8. 13）

确定了核酸的碱基排列顺序

Walter Gilbert（USA，1932. 3. 21）

Frederick Sanger（United Kingdom，1918. 8. 13）

Determination of base sequences in nucleic acids

1981 年

福井谦一（日本人，1918. 10. 4）

R. 霍夫曼（美国人，1937. 7. 18）

化学反应理论研究（前线轨道理论）

Kenichi Fukui（Japan，1918. 10. 4）

Roald Hoffmann（USA，1937. 7. 18）

Theories on the progress of chemical reactions（frontier orbital theory）

1982 年

A. 克卢格（英国人，1926. 8. 11）

发展了结晶学的电子衍射法，对核酸蛋白质复合体的结构研究作出贡献

Aaron King（United Kingdom，1926. 8. 11）

Development of crystallographic electron microscopy methods for the elucidation of biologically important nuclei acid-protein complexes

1983 年

H. 陶布（加拿大人，1915. 11. 30）

阐明了电子转移的化学反应机理（金属配位化合物）

Henry Taube（Canada，1915. 11. 30）

Reaction mechanisms of electron transfer，especially in metal complexes

1984 年

R. B. 梅里菲尔德（美国人，1921. 7. 15）

肽和蛋白的合成方法学（固相载体）

Robert Bruce Merrifield（USA，1921. 7. 15）

Method for the preparation of peptides and proteins on a solid matrix

1985 年

H. A. 豪普特曼（美国人，1917. 2. 14）

J. 卡尔（美国人，1918. 6. 18）

发展了应用 X 射线衍射确定物质晶体结构的直接计算法

Herbert A. Hauptman（USA，1917. 2. 14）

Jerome Karle（USA，1918. 6. 18）

Development of direct methods for the determination of crystal structures

1986 年

J. C. 波利亚尼（加拿大人，1929. 1. 23）

D. R. 赫希巴奇（美国人，1932. 6. 18）

李远哲（中国台湾省人，1936. 11. 29）

研究化学反应体系在位能面运动过程的动力学

John C. Polanyi（Canada，1929. 1. 23）

Dudley R. Herschbach（USA，1932. 6. 18）

Yuan Tseh Lee（China，USA，1936. 11. 29）

Dynamics of chemical elementary processes

1987 年

D. J. 克拉姆（美国人，1919. 11. 24）

C. J. 佩德森（美国人，1904. 10. 3～1989. 10. 26）

J. M. 莱恩（法国人，1939. 9. 30）

发展了高选择性特殊结构相互作用的分子（冠醚化合物）

Donald J. Cram（USA，1919. 11. 24）

Charles J. Pedersen（USA，1904. 10. 3～1989. 10. 26）

Jean Marie Lehn（France，1939. 9. 30）

Development of molecules with structurally specific interactions of high selectivity

1988 年

J. 戴森霍弗（德国人，1943. 9. 30）

R. 胡伯尔（德国人，1937. 2. 20）

H. 米歇尔（德国人，1948. 7. 18）

揭示了光合作用反应中心的三维结构

Johann Deisenhofer（Germany，1943. 9. 30）

Robert Huber（Germany，1937. 2. 20）

Hartmut Michel（Germany，1948. 7. 18）

Determination of the three-dimensional structure of a photosynthetic reaction centre

1989 年

S. 奥尔特曼（加拿大人，1939. 5. 8）

T. R. 切赫（美国人，1947. 12. 8）

发现 RNA 自身具有酶的催化功能

Sidney Altman（Canada，1939. 5. 8）

Thomas Robert Cech（USA，1947. 12. 8）

Discovery of the catalytic properties of ribonucleic acid（RNA）

1990 年

E. J. 科里（美国人，1928. 7. 12）

创建了复杂天然产物合成的新方法（逆合成分析）

Elias James Corey（USA，1928. 7. 12）

Development of novel methods for the synthesis of complex natural compounds（retrosynthetlc analysis）

1991 年

R. R. 恩斯特（瑞士人，1933. 8. 14）

发明了傅里叶变换核磁共振谱和二维核磁共振技术（高分辨 NMR）

Richard Robert Ernst（Switzerland，1933. 8. 14）

Development of high resolution nuclear magnetic resonance spectroscopy（NMR）

1992 年

R. A. 马库斯（美国人，1923）

对化学反应中的电子转移理论作出了贡献

Rudolph A. Marcus（USA，1923）

Theory of electron transfer

1993 年

K. B. 穆利斯（美国人，1944）

发明“聚合酶链式反应”法

M. 史密斯（加拿大人，1932）

开创“寡聚核苷酸基定点诱变”法
Kary Banks Mullis（USA，1944）
Invention of the polymerase chain reaction（PCR）
Michael Smith（Canada，1932）
Development of site specific mutagenesis

1994 年
G. A. 欧拉（美国人，1927. 5. 22）
对烃类研究特别是碳正离子理论作出了杰出贡献
George A. Olah（USA，1927. 5. 22）
Contribution to carbocation chemistry

1995 年
P. 克鲁岑（荷兰人，1933）
M. 莫利纳（墨西哥人，1943）
F. S. 罗兰（美国人，1927）
阐述了对臭氧层产生影响的化学机理，证明了人造化学物质对臭氧层构成的破坏作用
Paul Crutzen（Netherlands，1933）
Mario Molina（Mexico，1943）
Frank Sherwood Rowland（USA，1927）
In atmospheric chemistry，particularly concerning the formation and decomposition of ozone

1996 年
R. F. 柯尔（美国人，1933. 8. 23）
H. W. 克罗托因（英国人，1933）
R. E. 斯莫利（美国人，1943. 6. 6）
发现了碳元素的新形式——富勒烯球（也称巴基球）C_{60}
Robert F. Curl，Jr.（USA，1933. 8. 23）
Harold W. Kroto（United Kingdom，1933）
Richard E. Smalley（USA，1943. 6. 6）
Discovery of fullerenes

1997 年
P. D. 博耶（美国人，1918）
J. E. 沃克尔（英国人，1941）
酶的机理的阐述（特别是三磷酸腺苷合成酶）
Paul D. Boyer（USA，1918）
John E. Walker（United Kingdom，1941）
Elucidation of the enzymatic mechanism underlying the synthesis of adenosine triphosphate （ATP）
J. C. 斯科（丹麦人，1918）

发现人体细胞内的离子传输酶（Na^+，K^+-ATP-三磷酸腺苷酶）
Jens C. Skou（Denmark，1918）
Discovery of an ion-transporting enzyme，Na^+，K^+-ATPase

1998 年
W. 科恩（美籍奥地利人，1923）
提出密度泛函理论
Walter Kohn（Austria，1923）
Density-functional theory
J. 波普（英国人，1925. 10. 31）
发展了量子化学计算方法
John Pople（United Kingdom，1925. 10. 31）
Development of computational methods in quantum chemistry

1999 年
艾哈迈德·泽维尔（美籍埃及人，1946. 2. 26）
将飞秒（10^{-15} s）光谱学应用于化学反应的过渡态研究
Ahmed Zewail（USA，1946. 2. 26）
Studies of the transition states of chemical reactions using femtosecond spectroscopy

2000 年
A. 黑格（美国人，1936. 1. 22）
A. G. 麦克迪尔米德（美国人，1927. 4. 14）
白川秀树（日本人，1936. 8）
发展了导电高分子
Alan Heeger（USA，1936. 1. 22）
Alan G. MacDiarmid（USA，1927. 4. 14）
Hideki Shirakawa（Japan，1936. 8）
Discovery and development of conductive polymers

2001 年
威廉·诺尔斯（美国人，1917. 6）
野依良治（日本人，1938. 9. 3）
手性催化氢化反应
William S. Knowles（USA，1917. 6）
Ryoli Noyori（Japan，1938. 9. 3）
Chirally catalysed hydrogenation reactions
巴里·夏普莱斯（美国人，1941. 4. 28）
在“手性催化氧化反应”领域取得成就
K. Barry Sharpless（USA，1941. 4. 28）
Chirally catalysed oxidation reactions

2002 年
约翰·芬恩（美国人，1917）
田中耕一（日本人，1959. 8. 3）
软电离解吸质谱方法对生物大分子的分析
John B. Fenn（USA，1917）
Koichi Tanaka（Japan ，1959. 8. 3）
Development of soft desorption ionisation methods for mass spectrometric analyses of biological macromolecules
库尔特·维特里希（瑞士人，1938. 10. 4）
发展用核磁共振谱测定溶液中生物大分子的三维结构
Kurt Wüthrich（Switzerland，1938. 10. 4）
Development of nuclear magnetic resonance spectroscopy for determining the three-dimensional structure of biological macromolecules in solution

2003 年
彼得·阿格雷（美国人，1949）
发现细胞膜水通道
Peter Agre（USA，1949）
Discovery of water channels
罗德里克·麦金农（美国人，1956）
细胞膜离子通道结构和机理研究
Roderick Mackinnon（USA，1956）
Structural and mechanistic studies of ion channels

2004 年
阿龙·切哈诺沃（以色列人，1947. 10. 1）
阿夫拉姆·赫什科（以色列人，1937）
欧文·罗斯（美国人，1926）
发现了泛素调节的蛋白质降解
Aaron Ciechanover（Israel，1947. 10. 1）
Avram Hershko（Israel，1937）
Irwin Rose（USA，1926）
Discovery of ubiquitin-mediated protein degradation

2005 年
伊夫·肖万（法国人，1930）
罗伯特·格拉布（美国人，1942. 12. 27）
理查德·施罗克（美国人，1945. 1. 4）
发展了有机合成中的复分解方法
Yves Chauvin（France，1930）
Robert H. Grubbs（USA，1942. 12. 27）

Richard R. Schrock（USA，1945. 1. 4）
Development of the metathesis method in organic synthesis

2006 年
罗杰·科恩伯格（美国人，1947）
在真核细胞转录的分子基础研究领域上作出的贡献
Roger D. Kornberg（USA，1947）
Studies of the molecular basis of eukaryotic transcription

2007 年
格哈德·埃特尔（德国人，1936. 10. 10）
对固体表面化学过程的研究
Gerhard Ertl（Germany，1936. 10. 10）
Studies of chemical processes on solid surfaces

2008 年
马丁·沙尔菲（美国人，1947）
钱永健（美籍华人，1952）
下村修（日本人，1928）
发现并发展了绿色荧光蛋白
Martin Chalfie（USA，1947）
Roger Y. Tsien（USA，1952）
Osamu Shimomura（Japan，1928）
Discovery and development of the green fluorescent protein

2009 年
万卡特拉曼·莱马克里斯南（英国人，1952）
托马斯·施泰茨（美国人，1940）
阿达·尤纳斯（以色列人，1939）
对核糖体的结构和功能的研究
Venkatraman Ramakrishnan（United Kingdom，1952）
Thomas A. Steitz（USA，1940）
Ada E. Yonath（Israel，1939）
Studies of the structure and function of the ribosome

2010 年
理查德·赫克（美国人，1931）
根岸英一（日本人，1935）
铃木章（日本人，1930）
发展钯催化的交叉偶联反应
Richard F. Heck（USA，1931）

Ei-ichi Negishi（Japan，1935）
Akira Suzuki（Japan，1930）
Development of palladium-catalyzed cross coupling

2011 年
达尼埃尔·谢赫特曼（以色列人，1941）
发现准晶体
Daniel Shechtman（Israel，1941）
Discovery of quasicrystals

2012 年
罗伯特·J. 莱夫科维茨（美国人，1943）
布莱恩·K. 科比尔卡（美国人，1955）
对 G 蛋白偶联受体的研究
Robert J. Lefkowitz（USA，1943）
Brian K. Kobilka（USA，1955）
Studies of G-protein-coupled receptors

2013 年
马丁·卡普拉斯（美国和奥地利籍人，1930）
迈克尔·莱维特（美国、英国和以色列籍人，1947）
亚利耶·瓦谢尔（美国和以色列籍人，1940）
发展了复杂化学系统的多尺度模型
Martin Karplus（USA，Austrian，1930）
Michael Levitt（USA，British，Israeli，1947）
Arieh Warshel（USA，Israeli，1940）
Development of multiscale models for complex chemical systems

2014 年
埃里克·贝齐格（美国人，1960）
斯特凡·黑尔（德国人，1962，12，23）
威廉·莫纳（美国人，1953）
发展了超分辨率荧光显微镜
Eric Betzig（USA，1960）
Stefan W. Hell（German. 1962，12 23）
William E. Moerner（USA，1953）
Development of super-resolved fluorescence microscopy

2015 年
托马斯·林达尔（瑞典人，1938. 1. 28）
保罗·莫德里奇（美国人，1946）

阿齐兹·桑贾尔（美国人，土耳其人，1946）
在DNA修复领域的研究成果
Tomas Robert Lindahl，(Sweden，1938.1.28)
Paul Modrich（USA，1946）
Aziz Sancar（Turkey；USA，1946）
for mechanistic studies of DNA repair

2016年
让·彼埃尔·索瓦（法国人，1944）
詹姆斯·弗雷泽·司徒塔特（英国人，美国人，1942）
伯纳德·费林加（荷兰人，1951）
设计和合成分子机器
Jean-Pierre Sauvage（France，1944）
J. Fraser Stoddart（USA，UK，1942）
Bernard L. Feringa（Netherlands，1951）
for the design and synthesis of molecular machines

2017年
J. 杜波切特（瑞士人，1942）
J. 弗兰克（德国人，1940）
R. 汉德森（苏格兰人，1945）
发展用于高分辨率鉴定溶液中生物分子结构的冷冻电镜
Jacques Dubochet（Switzerland，1942）
Joachim Frank（Germany，1940）
Richard Henderson（UK，1945）
for developing cryo-electron microscopy for the high-resolution structure determination of biomolecules in solution

2018年
弗朗西斯·阿诺德（美国人，1956.7.25）
乔治·史密斯（美国人，1941.3.1）
格雷戈里·保罗·温特（英国人，1951.4.14）
在酶的定向进化以及多肽与抗体的噬菌体展示技术领域作出杰出贡献
Frances H. Arnold（USA，1956.7.25）
George P. Smith（USA，1941.3.1）
Sir Gregory P. Winter（United Kingdom，1951.4.14）
for the directed evolution of enzymes and the phage display of peptides and antibodies

2019年
约翰·B. 古迪纳夫（美国人，1922.7.25）
M. 斯坦利·威廷汉（英国人，美国人 1941）

吉野彰（日本人，1948.1.30）
在锂离子电池的发展方面作出的贡献
John B. Goodenough（USA，1922.7.25）
M. Stanley Whittingham（UK，USA，1941）
Akira Yoshino（Japan，1948.1.30）
for the development of lithium-ion batteries
$LiCoO_2 + C \Longrightarrow Li_{1-x}CoO_2 + Li_xC$（反应式为本书作者所加）

2020 年
埃玛纽埃勒·沙尔庞捷（法国人，1968）
珍妮弗·道德纳（美国人，1964）
开发了一种基因组编辑方法
Emmanuelle Charpentier（France，1968）
Jennifer A. Doudna（USA，1964）
for the development of a method for genome editing

2021 年
本杰明·李斯特（德国人，1968）
大卫 W.C. 麦克米伦因（英国人，美国人，1968）
在发展不对称有机催化方面的贡献
Benjamin List（Germany，1968）
David W.C. MacMillan（UK，USA，1968）
for the development of asymmetric organocatalysis

2022 年
卡罗琳·贝尔托齐（美国人，1966）
莫滕·梅尔达尔（丹麦人，1954）
卡尔·巴里·沙普利斯（美国人，1941）
发展点击化学和生物正交化学
Carolyn R. Bertozzi（USA. 1966）
Morten Meldal（Denmark，1954）
K. Barry Sharpless（USA，1941）
for the development of click chemistry and biorthogonal chemistry

2023 年
蒙吉·巴文迪（美国人，1961）
路易斯·布鲁斯（美国人，1943）
阿列克谢·叶基莫夫（美国人，1945）
发现和合成量子点
Moungi G. Bawendi（USA. 1961）
Louis E. Brus（USA，1943）

Alexei I. Ekimov（USA，1945）
for the discovery and synthesis of quantum dots

2024 年
大卫·贝克（美国人，1962）
戴密斯·哈萨比斯（英国人，1976）
约翰·M. 詹伯（美国人，1985）
计算蛋白质设计和蛋白质结构预测
David Baker（USA，1962）
Demis Hassabis（United Kingdom 1976）
John M. Jumper（USA，1985）
for computational protein design and protein structure prediction

2025 年
北川进（日本人，1951. 7. 4）
理查德·罗布森（英国人，1937. 6. 4）
奥马尔·M. 亚吉（美籍约旦人，1965. 2. 9）
在金属有机框架化合物开发领域的贡献
Susumu Kitagawa（Japan，1951. 7. 4）
Richard Robson（United Kingdom，1937. 6. 4）
Omar M. Yaghi（Jordan，1965. 2. 9）
for the development of metal-organic frameworks

（注：附录中 1996 年以前的内容是笔者在国外图书馆收集的，1969 年以前资料均给出诺奖获得者生卒年月日。笔者希望该附录对年轻学者的查阅和进一步钻研有所帮助。）

二、作者研究经历

作者简介

王乃兴，陕西岐山人，有机化学家，中国科学院理化研究所研究员、博士生导师，兼任国内几所大学的兼职教授。主要从事手性化合物和复杂分子的合成及合成方法学研究。曾于1996年赴美国从事博士后研究工作，1998年在Rice大学获得了Robert A. Welch博士后奖学金和相关身份。2000年从美国Rice大学回国入选中国科学院“百人计划”；2013年因发展多手性新型辅酶NAD(P)H模型分子和多手性药物Nebivolol合成、特性研究及技术转让，荣获北京市人民政府科学技术奖；2022年被选为欧洲罗马尼亚技术科学院院士。2003年主持完成一项国家“863”项目，2011年在*Nature*发表了重要评论文章。《科技日报》在2016年6月27日第七版聚焦栏目，以“王乃兴：潜心合成化学，矢志利国利民”为题，报道了王乃兴的一些贡献。截至目前，已在国外有机化学核心刊物*Org. lett.*、*Adv. Synth. Catal.*、*J. Org. Chem.*、*Nature*以及*Nature*旗下的刊物和国内的*Sci. China Chem.*等科技刊物上发表论文180余篇，单篇他引最高420多次，获授权发明专利10项。2002年起担任美国化学会（ACS）核心刊物审稿人。培养优秀博士生（博士后）多名，出版多部专著且经多次版本升级迭代。近10多年来，发展了苯乙烯衍生物与多种溶剂类分子的系列反应，一步合成了γ-酮腈等系列双官能团化产物，被国外教授称为Wang反应。

（1）王乃兴主持完成了国家项目“VNS合成方法研究”，合成的目标化合物TATB满足了国家重要的需求。王乃兴完全突破了以前合成TATB采用均三氯苯的氨基取代的传统方法，因为均三氯苯极毒，对环境污染很大。采用了VNS的新方法直接进行了氨基化，创立的方法和条件收率高、操作简便特别是环境友好。为国家需求和绿色转换做出了贡献（ZL 200710118123.5）。

（2）突破了以前用贵金属配合物手性催化剂构建立体中心的传统的、难以工业化的缺陷，用天然手性源甘露醇的新方法合成了含四个手性中心的高效抗高血压药物奈必洛尔（nebivolol），策略上巧妙利用甘露醇得到手性合成子（*R*）-丙酮缩甘油醛，缩合环化后得到（*S*，*R*）和（*R*，*R*）两种构型的中间体，经键合得到绝对构型的（*S*,*R*,*R*,*R*）-立体专一目标物产物（前期部分基础见*Synthesis*，**2007**，*8*：1154）。研究成果于2015年成功转让给了北京一家生物医药公司，实现了产业化（获北京市人民政府科学技术奖）。

（3）突破了以往该领域研究中仅用NAD(P)H模型分子进行有机还原的局限性，开拓了利用脱氢酶催化NAD(P)H模型分子高效还原稳定不饱和键的新方法。他合成了多种多手性辅酶 NAD(P)H 模型分子，发现五氟苯氧基是一个很好的导向基团，成果发表在 *Adv. Synth. Catal.*，**2009**，*351*：3045 和 *Sci. Rep.*，**2015**，*5*：17458 上。2007 年和 2017 年被两次邀请发表 NAD(P)H 方面的综述文章：*Synlett*，**2007**，*18*：2785；*Synlett*，**2017**，*28*：402。2008 年由科学出版社的科学出版基金资助出版了专著《生物有机光化学》，大篇幅深入描述了辅酶 NAD(P)H 在生物光化学中的科学问题。对辅酶 NAD(P)H 模型分子的研究获 2013 年北京市人民政府科学技术奖。

(4) 突破了苯乙烯不可能与溶剂类分子乙醇、丙酮、乙腈、乙醚、硫醚等反应的旧概念，实现了苯乙烯与醇、酮、腈、醚类等双官能团化反应，利用新型游离基反应实现了这个新发现。这个 Wang 反应是通过自由基接力机制介导的，关键中间体中的单电子能够被邻位苯环大 π 体系所稳定，容易积聚到有效反应浓度。这一系列贡献在有机化学刊物 *Org. Lett.* 等发表了多篇文章。相关文章（*Eur. J. Org. Chem.*，**2017**，*5*：843）被他人引用次数高达 420 次。

2019 年德国《合成有机化学》（*Synthesis*，**2019**，*51*：4542）把上述成果总结成为一个 Wang 反应；2021 年王乃兴应邀在 *Synlett*（*Synlett*，**2021**，*32*：23）上发表了综述文章，系统地把相关苯乙烯衍生物的双官能反应总结为一个广义的反应通式：

1) X = OH, COR[1], CN, OR[2], SR[3]
Y = H
Wang: (1) *Sci. Rep.*, **2015**, *5*: 15250; (2) *Org. Lett.*, **2015**, *17*: 4460; (3) *Org. Lett.*, **2016**, *18*: 5986; (4) *Adv. Synth. Catal.*, **2019**, *361*: 1007; (5) *Eur. J. Org. Chem.*, **2017**, 5821; (6) *Synthesis*, **2019**, *51*: 4531; (7) *Org. Biomol. Chem.*, **2022**, *20*: 5845

2) X = OR[2], $\leftarrow O(CH_2)_2O \rightarrow_2$, NR[4]COR[5]
Y = COOH
Wang: (1) *Sci. Rep.*, **2014**, *4*: 7446; (2) *Synlett*, **2014**, *25*: 1621; (3) *Sci. China Chem.*, **2017**, *61*: 180; (4) *Synlett*, **2015**, *26*: 2088; (5) *J. Org. Chem.*, **2018**, *83*: 7559

王乃兴发表化学论文 180 多篇，包括：*Eur. J. Org. Chem.*，**2017**，*5*：843（被他人引用 420 次）；*Org. Lett.*，**2008**，*10*：1179（他引 92 次）；*Org. Lett.*，**2008**，*10*：1875（他引 86 次）；*Org. Lett.*，**2015**，*17*：4460（他引 73 次）；*Org. Lett.*，**2016**，*18*：5986（他引 53 次）；*Coordin. Chem. Rev.*，**2012**，*256*：938（他引 72 次）；等等。

王乃兴研究员目前已出版专著四部：《有机反应——多氮化物的反应及有关理论问题》（第六版）（化学工业出版社，2025）；《核磁共振谱学——在有机化学中的应用》（第四版）（化学工业出版社，2021 年）；《天然产物全合成——策略、切断和剖析》（第二版）（科学出版社，第一版由中科院出版基金资助出版，2014）；《生物有机光化学》（科学出版社，2008 年，中科院出版基金资助出版，中国科学院研究生教学丛书）。

英文专著有：

1. Wang，Nai-Xing，Zhang Tong，Xing Yalan. Chapter 2：Decarboxylative Oxidative Coupling Reaction（p89-138）. Sandes，O. M. Edited，*The Essential Guide to Lewis Acids*，New York：Nova Science publishers，Inc. 2019. ISBN：978-1-53615-236-4.

2. Wang，Nai-Xing，Xing Yalan. Chapter 5：Progress in the Synthesis of Chiral Nitrogen Heterocycles Mainly by Asymmetric［3＋2］Cycloadditions. Ana Maria M. M. Faisca Phillips Edited，Synthetic Approaches to Nonaromatic Nitrogen Heterocycles. *Wiley*，

2020. ISBN：9781119708704（DOI：10.1002/9781119708841）.

导读并部分翻译的专著有：

1. M. Harmata，王乃兴中文导读并部分翻译，《有机合成中的策略和技巧》，科学出版社，2010（ELSEVIER 2008 年出版）.

2. T. D. W. Claridgy，王乃兴中文导读并部分翻译，《有机化学中的高分辨 NMR 技术》（第二版），科学出版社，2010（原 ELSEVIER 2009 年出版）.

3. J. H. Simpson，王乃兴中文导读并部分翻译，《有机结构鉴定——应用二维核磁谱》，科学出版社，2011（原 ELSEVIER 2009 年出版）.

《科技日报》在 2016 年 6 月 27 日第七版的聚焦栏目中，以“王乃兴：潜心合成化学，矢志利国利民”为题报道了王乃兴研究员的主要贡献。

作者代表性论文

1. Nai-Xing Wang*，Would View：China’s Chemists Should Avoid the Vanity Fair. *Nature* **2011**，*476*，253.
2. Lei-Yang Zhang，Nai-Xing Wang,* Dumitra Lucan,* Julia Nastasi，Yalan Xing* Recent Advances of C-S Coupling Reaction of (Hetero) Arenes by C-H Functionalization. *Chem. Rec.* **2024**，e202400177.
3. Lei-Yang Zhang，Nai-Xing Wang*，Dumitra Lucan，William Cheung，Yalan Xing*. Recent Advances in Aerobic Oxidative of C-H Bond by Molecular Oxygen Focus on Heterocycles. *Chem. Eur. J.* **2023**，e202301700.
4. Lei-Yang Zhang，Nai-Xing Wang,* Zhan Yan，Wu，Y.-H.；Xue-Wang Gao，Ke Feng，Dumitra Lucan,* Yalan Xing,* Efficient Aerobic Oxidative Coupling of Methyl Heteroarenes with Indoles. *Chem. Eur. J.* **2023**，e202202240.
5. Lei-Yang Zhang, Nai-Xing Wang*，Yue-Hua Wu，Zhan Yan，Xue-Wang Gao，Ke Feng，Bao-Cai Xu* Yalan Xing,* Pei-Jia Wang，Yao Zhang，and Le-Le Gao. Copper-Catalyzed Aldehyde Exchanged Amidation. *Org. Lett.* **2022**，*24*，658.
6. Yue-Hua Wu，Lei-Yang Zhang，Nai-Xing Wang,* Yalan Xing.* Recent Advances In The Rare-Earth Metal Triflates-Catalyzed Organic Reactions. *Catal. Rev.* **2022**，*64*，679-715. IF 20.217（被引用 39 次）
7. Yue-Hua Wu，Nai-Xing Wang,* Tong Zhang，Lei-Yang Zhang，Xue-Wang Gao，Bao-Cai Xu,* Yalan Xing,* Jian-Yi Chi. Rare-earth $Y(OTf)_3$ Catalyzed Coupling Reaction Of Ethers with Azaarenes. *Org. Lett.* **2019**，*21*，7450.（被引用 30 次）
8. Yue-Hua Wu，Nai-Xing Wang,* Tong Zhang，Zhan Yan，Bao-Cai Xu，Joan Inoa，Yalan Xing.* Iodine-Mediated Synthesis of Methylthio-Substituted Catechols from Cyclohexanones. *Adv. Synth. Catal.* **2019**，*361*，3008.（被引用 28 次）
9. Zhan Yan，Nai-Xing Wang,* Xue-Wang Gao，Jian-Li Li,* Yue-Hua Wu，Tong Zhang，Shi-Lu Chen,* Yalan Xing*. A Copper（Ⅱ）Acetate Mediated Oxidative-Coupling of Styrenes and Ethers Through an Unactivated $C(sp^3)$-H Bond Functionalization. *Adv. Synth. Catal.* **2019**，*361*，1007.（被引用 19 次）

10. Xing-Wang Lan, Nai-Xing Wang,* Cui-Bing Bai, Cui-Lan Lan, Tong Zhang, Shi-Lu Chen,* and Yalan Xing*. Unactivated C(sp^3)-H Bond Functionalization of Alkyl Nitriles with Vinylarenes and Mechanistic Studies. *Org. Lett.* **2016**, *18*, 5986.（被引用 63 次）
11. Xing-Wang Lan, Nai-Xing Wang,* Wei Zhang, Jia-Long Wen, Cui-Bing Bai, Yalan Xing,* and Yi-He Li. Copper/Manganese Co-catalyzed Oxidative Coupling of Vinylarenes with Ketones. *Org. Lett.* **2015**, *17*, 4460.（被引用 86 次）
12. Shi Tang, Peng Peng, Shao-Feng Pi, Yun Liang, Nai-Xing Wang,* and Jin-Heng Li.* Sequential Intermolecular Aminopalladation/ortho-Arene C-H Activation Reactions of *N*-Phenylpropiolamides with Phthalimide. *Org. Lett.* **2008**, *10*, 1179.（被引用 92 次）
13. Shi Tang, Peng Peng, Zhi-Qiang Wang, Bo-Xiao Tang, Chen-Liang Deng, Jin-Heng Li,* Ping Zhong, and Nai-Xing Wang.* Synthesis of（2-Oxoindolin-3-ylidene）methyl Acetates involving a C-H Functionalization Process. *Org. Lett.* **2008**, *10*, 1875.（被引用 89 次）
14. Yalan Xing, Nai-Xing Wang.* Organocatalytic and Metal-Mediated Asymmetric [3+2] Cycloaddition Reactions. *Coordin. Chem. Rev.* **2012**, *256*, 938.（被引用 80 次）
15. Nai-Xing Wang.* Jia Zhao. A Novel NADH Model: Design, Synthesis, and its Chiral Reduction and Fluorescent Emission. *Adv. Synth. Catal.* **2009**, *351*, 3045.（被引用 19 次）
16. Tong Zhang, Nai-Xing Wang,* Yalan Xing,* Advances in Decarboxylative Oxidative Coupling Reaction. *J. Org. Chem.* **2018**, *83*, 7559.（被引用 63 次）
17. Yu-Qiang Zhou, Nai-Xing Wang,* Shu-Bao Zhou, Zhong Huang, and Linghua Cao. [4+3] Cycloaddition of Aromatic α,β-Unsaturated Aldehydes and Ketones with Epoxides: One-Step Approach to Synthesize Seven-Membered Oxacycles Catalyzed by Lewis Acid. *J. Org. Chem.* **2011**, *76*, 669.（被引用 29 次）
18. Zhang, Jun-Ping; Wang, Nai-Xing*; et al. Hydrogenation of [60] Fullerene with Lithium in Aliphatic Amines. *Carbon* **2004**, *42*, 675. IF 9.594（被引用 40 次）
19. Wang, Nai-Xing*, Tang, Xin-Liang. An Efficient Chiral Synthesis of (*R*)-*N*-[3-Acetyl-4-(2-Hydroxy-3-Isopropylamino- Propoxy) Phenyl] - Butanamide with High Enantioselectivity. *Sci. China Chem.* **2009**, *52*, 1216.
20. Tong Zhang, Xing-Wang Lan, Yu-Qiang Zhou, Nai-Xing Wang*, Yue-Hua Wu, Yalan Xing, Jia-Long Wen. C(sp^3)-H bond functionalization of non-cyclic ethers by decarboxylative oxidative coupling with α,β-unsaturated carboxylic acids. *Sci. China Chem.* **2018**, *61*, 180.
21. Tang, S.; Li, S.; Zhou D.; Zeng H.; Wang Nai-Xing. Stereoselective C(sp^3)-C(sp^2) Negishi coupling of（2-amido-1-phenyl-propyl）zinc compounds through the steric control of β-amido group. *Sci. China Chem.* **2013**, *56*, 1293.（被引用 16 次）
22. Wang, Nai-Xing; Li, Jisheng; Zhu, Daoben. Reaction of p-Nitro Benzyl Azide with C_{60}. *Sci. Bull.* **1994**, *39*, 2036.
23. Wang, Nai-Xing; Li, Jisheng. Synthesis and Characterization of Nitrophenyl C_{60} Derivatives. *Sci. Bull.* **1995**, *40*, 2035.
24. Zhang, W.; Wang, Y. J.; Bai, C. B. Wen, J. L. Wang, Nai-Xing*; One-Pot Synthe-

sis of Aliphatic Nitro Compounds by Michael/retro-Claisen Fragmentation Domino Reaction. *Chin. J. Chem.* **2015**，*33*，401.

作者研究成果（手性技术与绿色转化方面）

一、手性化学技术

1. 多手性抗高血压药物（*S*，*R*，*R*，*R*）-奈必洛尔（nebivolol）合成研究

王乃兴研究员采用天然手性源的新合成方法等，合成了含四个手性中心的生物医学活性分子 β-受体阻滞剂奈必洛尔，该项目已经于 2015 年实现了技术转让。

王乃兴采用了两条合成路线完成了奈必洛尔的合成。

第一条路线：由天然手性源甘露醇得到的手性合成子 *R*-丙酮缩甘油醛的合成策略。

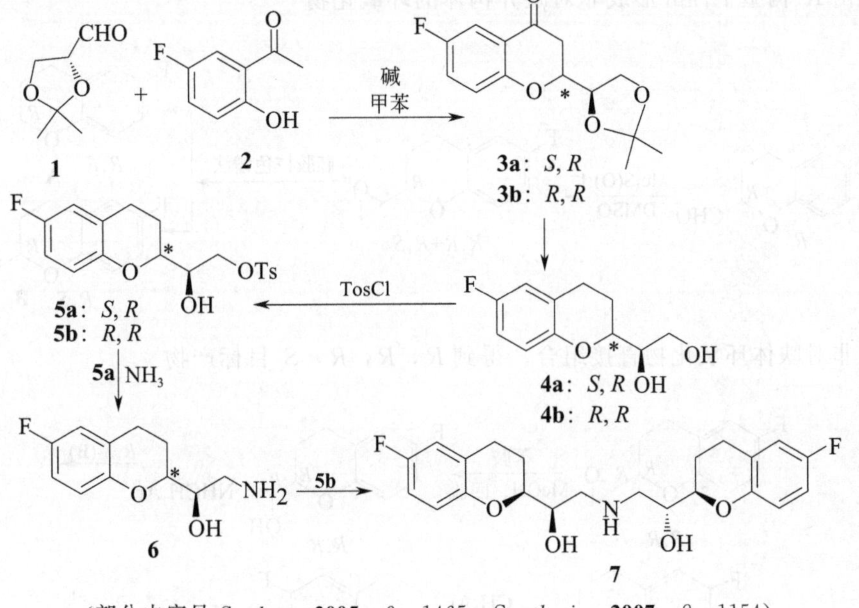

（部分内容见 *Synlett*，**2005**，*9*：1465；*Synthesis*，**2007**，*8*：1154）

如果采用全部 *S*-构型的天然手性源甘露醇，按照上述方法，则会得到绝对构型的（*R*，*S*，*S*，*S*）-奈必洛尔。

第二条路线：色满酸拆分以及环氧化合物合成策略合成奈必洛尔的路线（见中国发明专利：ZL200410009492.7；ZL200410009493.1）。

（1）首先得到手性单酸

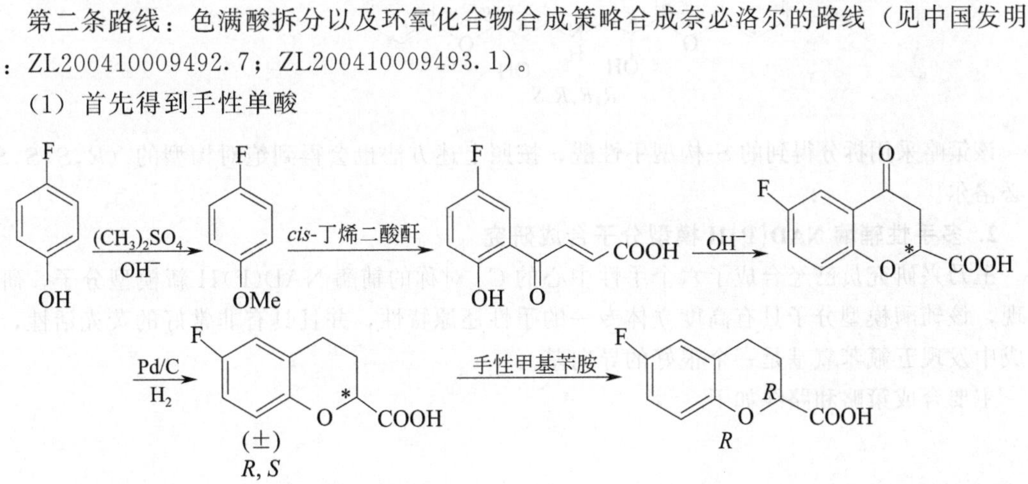

（2）由手性单酸得到手性醛

方法 i：手性单酸直接还原为手性醛

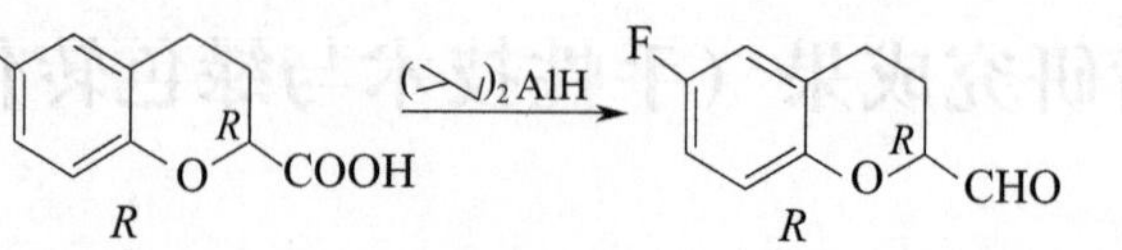

方法 ii：手性单酸先还原再 Swern 氧化为手性醛

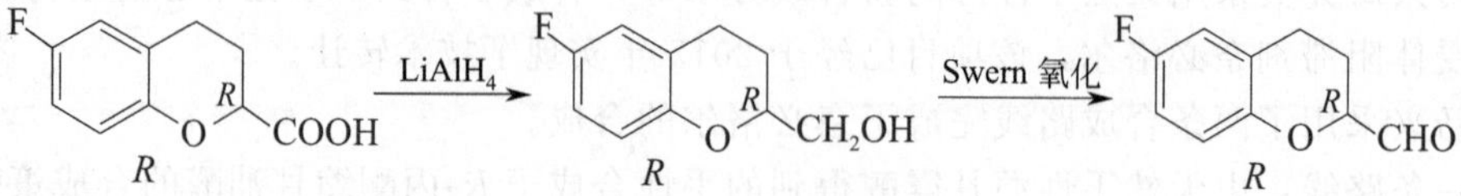

（3）由 R-构型手性醛形成非对映异构体的环氧化物

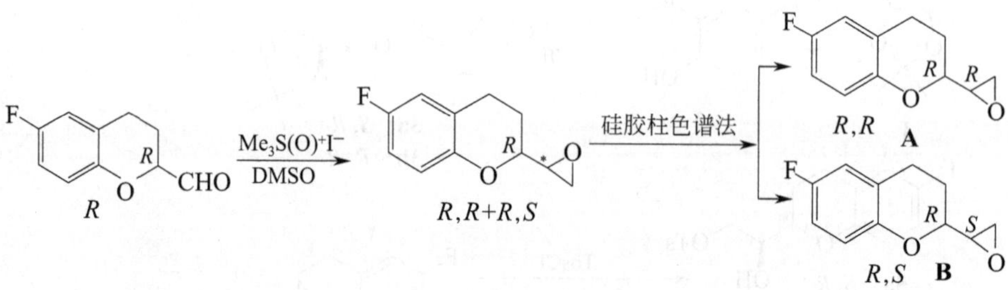

（4）非对映体环氧化物直接组合，得到 R，R，R，S-目标产物

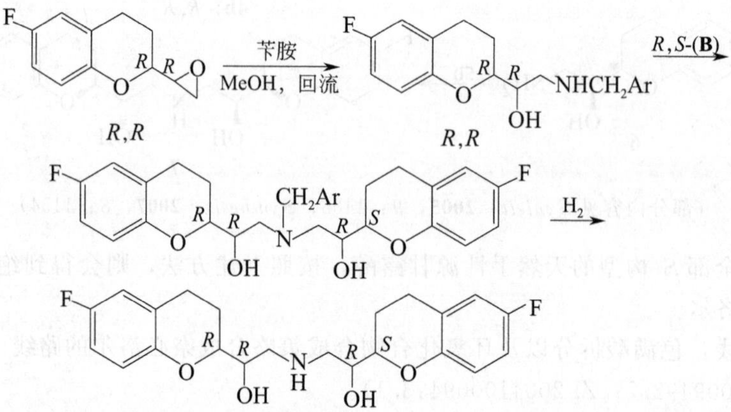

该策略采用拆分得到的 S-构型手性醛，按照上述方法也会得到绝对构型的 (R,S,S,S)-奈必洛尔。

2. 多手性辅酶 NAD(P)H 模型分子合成研究

王乃兴研究员已经合成了六个手性中心的 C_3 对称的辅酶 NAD(P)H 新模型分子，研究发现，该辅酶模型分子具有高度立体专一的手性还原特性，并且具有非常好的荧光活性，在合成中发现五氟苯氧基是一个很好的导向基。

主要合成策略和路线如下：

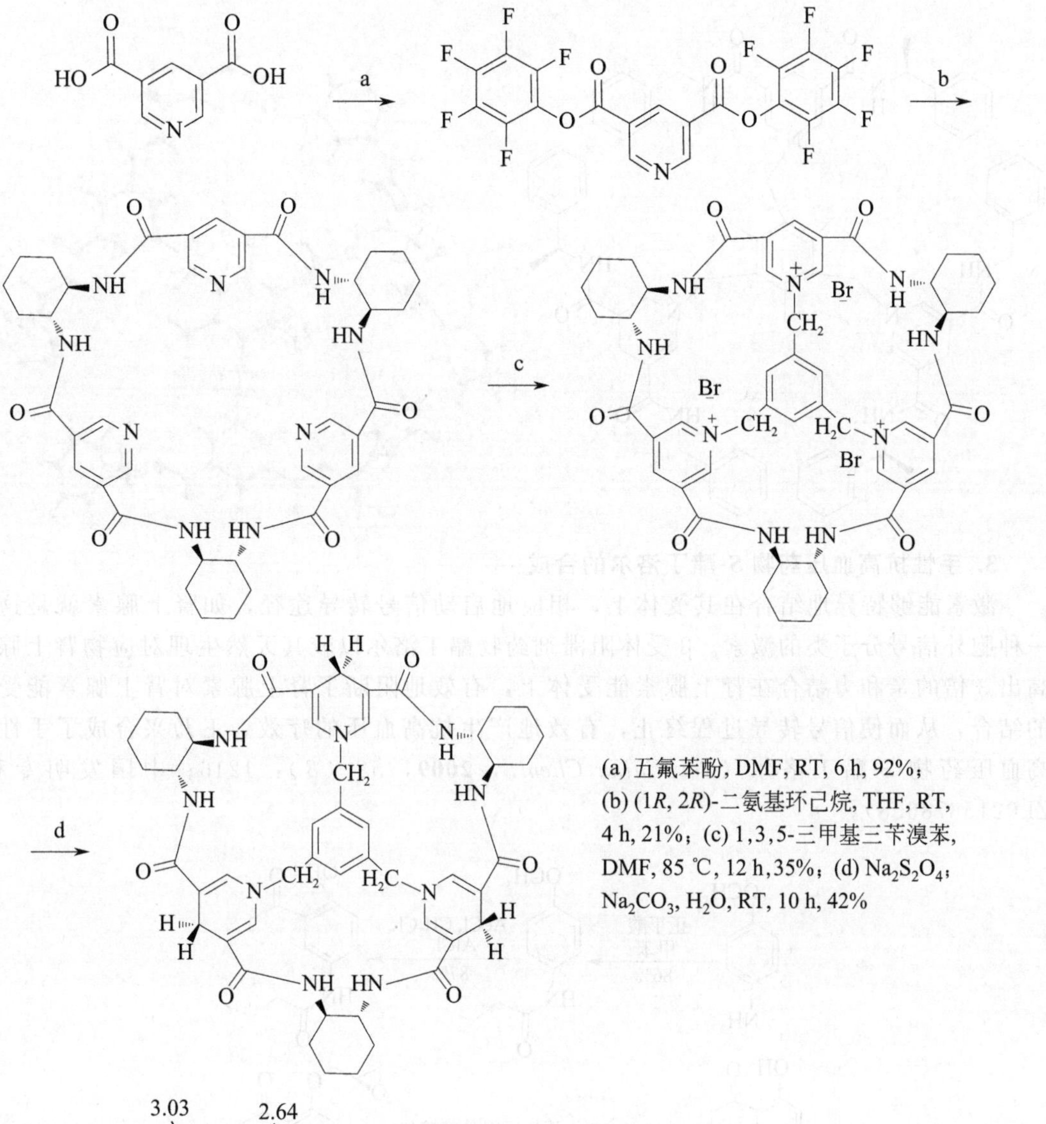

(a) 五氟苯酚, DMF, RT, 6 h, 92%；(b) (1*R*, 2*R*)-二氨基环己烷, THF, RT, 4 h, 21%；(c) 1,3,5-三甲基三苄溴苯, DMF, 85 ℃, 12 h, 35%；(d) $Na_2S_2O_4$；Na_2CO_3, H_2O, RT, 10 h, 42%

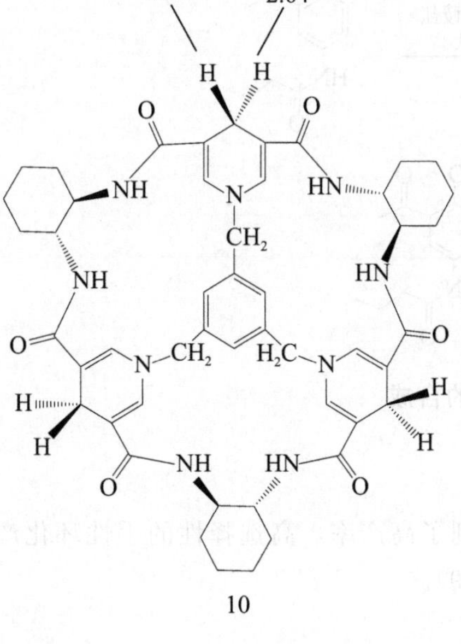

10

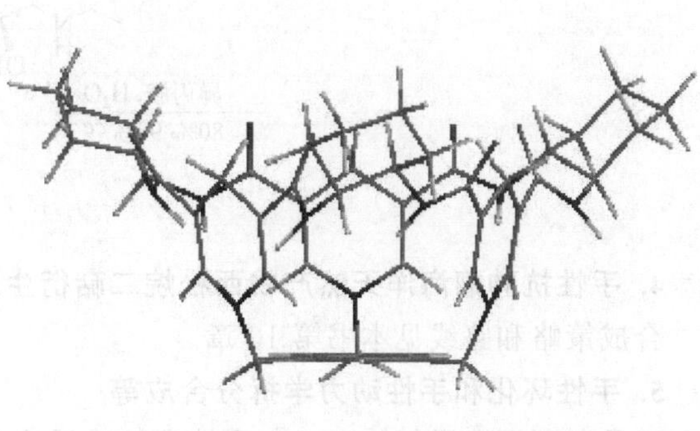

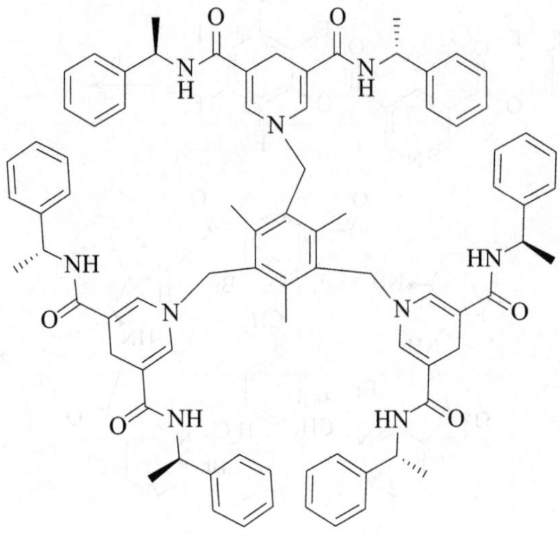

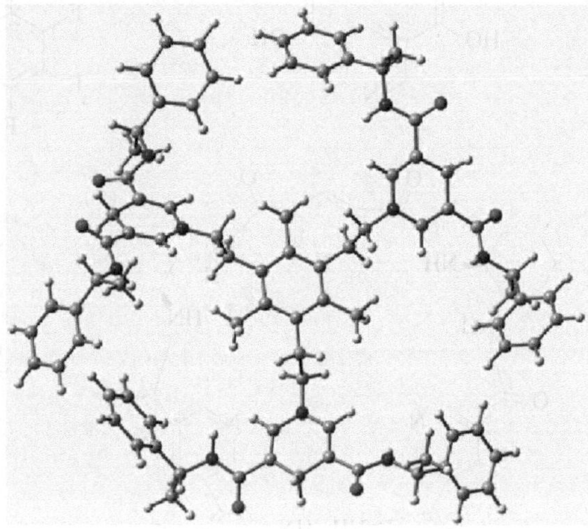

3. 手性抗高血压药物 *S*-醋丁洛尔的合成

激素能够特异地结合在其受体上，相应地启动信号转导途径，如肾上腺素就是这样一种胞外信号分子类的激素。β-受体阻滞剂药物醋丁洛尔以较其天然生理对应物肾上腺素高出 3 倍的亲和力结合在肾上腺素能受体上，有效地阻断了肾上腺素对肾上腺素能受体的结合，从而使信号转导过程终止，有效地产生抗高血压的疗效。王乃兴合成了手性抗高血压药物 *S*-醋丁洛尔（*Sci. China Chem.*，**2009**，*52*（*8*）：1216；中国发明专利：ZL02158786.8）。

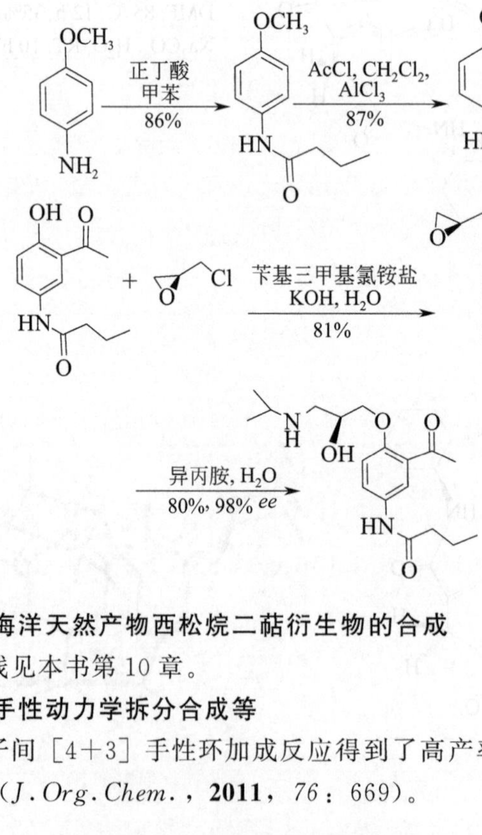

4. 手性抗肿瘤海洋天然产物西松烷二萜衍生物的合成

合成策略和路线见本书第 10 章。

5. 手性环化和手性动力学拆分合成等

王乃兴利用分子间［4+3］手性环加成反应得到了高产率、高选择性的手性环化产物，并提出了反应机理（*J. Org. Chem.*，**2011**，*76*：669）。

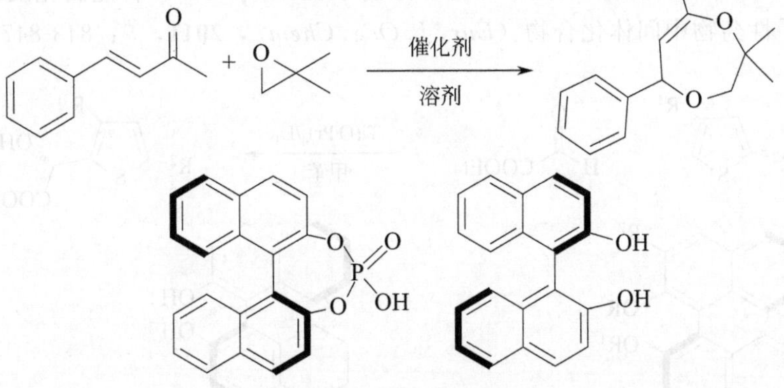

手性催化剂

王乃兴通过手性催化剂立体控制手性环化反应，合成了手性药物中间体黄酮类化合物，这是发展四个手性中心的生物医学活性分子β-受体阻滞剂奈必洛尔新法合成的另外一个策略［*Chirality*，**2011**，*23*（7）：504-506］。王乃兴关于手性黄酮和手性色满化合物合成的评述发表了以下文章：*Curr. Org. Chem.*，**2013**，*17*（14）：1555；*Progress in Chem.*，**2008**，*20*（4）：518。

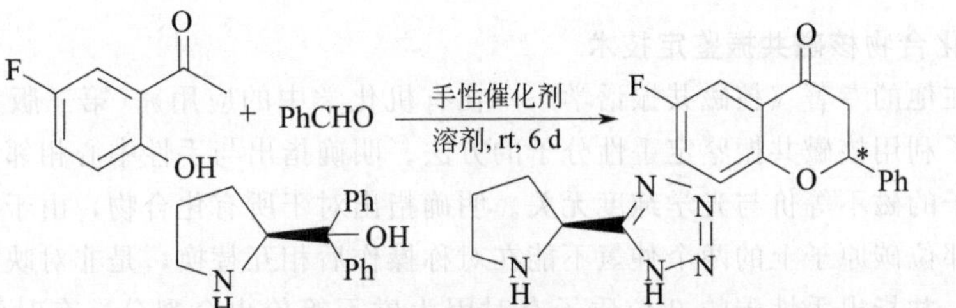

手性催化剂

王乃兴把胺、环氧化合物和乙醛酸乙酯进行了立体控制的一锅反应，得到了手性五元噁唑环类化合物，在手性催化剂作用下，通过烯胺中间体的不对称［3＋2］环加成反应，*S*-构型的环氧化合物选择性地参与反应，得到动力学拆分的手性环化反应产物（73% *ee*）（*Molecules*，**2015**，*20*：17208）。王乃兴对手性环加成反应进行了评述，发表了如下论文：*Coordin. Chem. Rev.*，**2012**，*256*（*11-12*）：938-952。

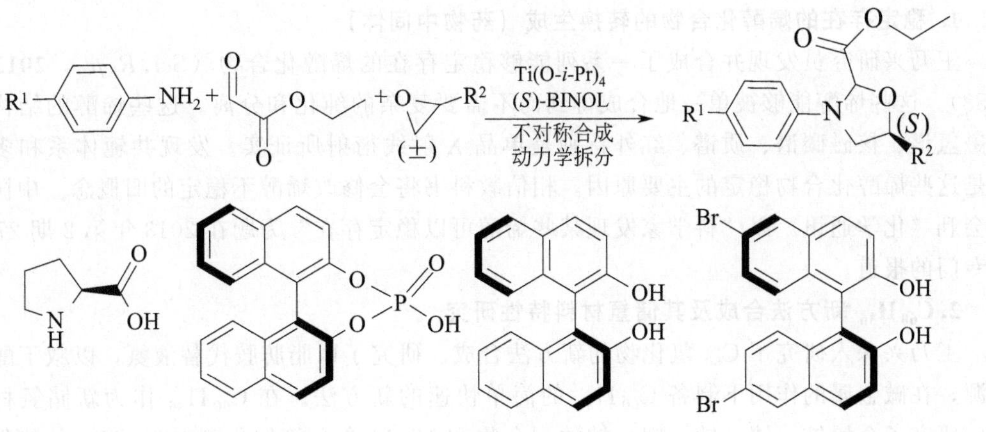

手性催化剂

王乃兴采用手性催化剂，研究了噻吩环上的手性 $C(sp^2)$—H 官能团化反应，以 90%的 *ee* 值得到了手性药物中间体化合物（*Eur. J. Org. Chem.*，**2011**，*5*：843-847）。

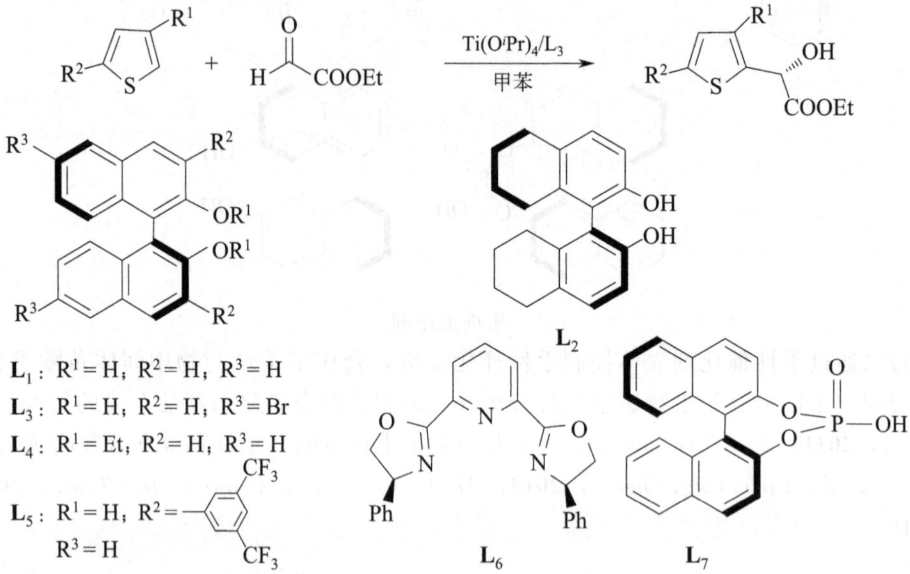

L_1：$R^1=H$；$R^2=H$；$R^3=H$

L_3：$R^1=H$；$R^2=H$；$R^3=Br$

L_4：$R^1=Et$；$R^2=H$；$R^3=H$

L_5：$R^1=H$；$R^2=$ 3,5-$(CF_3)_2C_6H_3$；$R^3=H$

L_2　L_6　L_7

6. 手性化合物核磁共振鉴定技术

王乃兴在他的专著《核磁共振谱学——在有机化学中的应用》（第三版）中，用一大节的篇幅论述了利用核磁共振鉴定手性分子的方法。明确指出与手性中心相邻的—CH_2—基团上的两个质子的磁不等价与光学纯度无关。明确指出对于所有化合物，由于叔碳手性中心的影响，使得邻位碳原子上的两个仲氢不能在对称操作后相互替换，是非对映体质子，其化学位移不等价。并指出手性碳的 β-位质子有时因为磁不等价也会裂分，有时没有裂分的一个原因是芳环等共轭体系产生的电子环流使其磁不等价性削弱；另外一个原因是由于分子中较长烃链的位阻效应使其磁不等价性削弱。

王乃兴探索了手性起源的问题，认为人类可以模仿不对称力场并最终能将其成功应用于手性合成化学（科学中国人，**2005**，*11*：53）。王乃兴在《有机反应——多氮化物的反应及有关理论问题》（第五版）中对手性起源又提出了新理论。

二、绿色转换

1. 稳定存在的烯醇化合物的转换生成（药物中间体）

王乃兴研究员发现并合成了一系列能够稳定存在的烯醇化合物（*Sci. Rep.*，**2013**，*3*：1058）。这些烯醇能够被单一地合成得到而不需要复杂的纯化和分离。这些烯醇的结构通过核磁氢谱、核磁碳谱、质谱、红外特别是单晶 X 射线衍射所证实。发现共轭体系和多重氢键是这些烯醇化合物稳定的主要原因。相信教科书将会修改烯醇不稳定的旧概念。中国化学会会刊《化学通讯》以“科学家发现某些烯醇可以稳定存在”为题在 2013 年第 2 期 27 页作了专门的报道。

2. $C_{60}H_{36}$ 新方法合成及其储氢材料特性研究

王乃兴深入研究了 C_{60} 氢化物的新方法合成。研究了以脂肪胺代替液氨，以叔丁醇为质子源，在碱金属的作用下制备 $C_{60}H_{36}$ 的简单快速的新方法。在 $C_{60}H_{36}$ 作为新储氢材料方面，研究了金属铱、铑、钛、钯、铂的配合物和 Ni-Al 合金等催化剂对 $C_{60}H_{36}$ 的热催化分解放氢。通过特殊反应器，气相色谱定量测得 $C_{60}H_{36}$ 的分解率分别为33%和 22%（*Carbon*，**2004**，*42*：667；*J. Phys. Chem. A.*，**2006**，*110*：6276）。

3. 复杂含能苯并氧化呋咱类化合物合成

王乃兴在德国 *Wiley* 旗下的国际刊物（*Propell.*，*Explo.*，*Pyrote.*）发表了多篇研究论文：*Propell. Explo. Pyrote.*，**1992**，*17*：265；**1993**，*18*（*2*）：111；**1994**，*19*：255；**1994**，*19*：300；**1994**，*19*：145；**1996**，*21*（*5*）：233；**1996**，*21*（*6*）：317；**2001**，*26*：109。

4. 发现能将一级芳香醇选择性绿色转换为醛类的新试剂 $Na_2S_2O_4$-TBHP（Wang 试剂）

王乃兴发现了一种新的能够将一级醇选择性氧化为醛类化合物的新试剂（$Na_2S_2O_4$/TBHP），经研究发现，多取代的伯芳醇和一些杂环伯醇都可以通过 $Na_2S_2O_4$-TBHP 试剂进行选择性氧化反应，以中等或较高的产率生成醛。2016 年，王乃兴研究组报道了这一新试剂 $Na_2S_2O_4$-TBHP 后，《中国科学报》于 2016 年 4 月 14 日报道了这项工作。2023 年 $Na_2S_2O_4$-TBHP 试剂也被国际杂志称为 Wang 试剂（*J. Eng. Sci. Inno.*，**2023**，*8*：269-276）。2024 年，*Synth. Commun.*（**2024**，*54*：1785）详细介绍了 Wang 试剂。

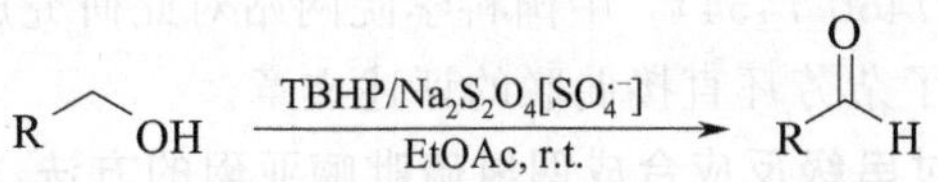

研究成果发表在 *Sci. Rep* 上，中国科学院网站专门作了报道。《化学通讯》在 2016 年第 2 期 62 页也对这项成果作了专门的报道。

5. 发展了甲硫基化试剂 DMSO-I_2

DMSO-I_2 是甲硫基化和羟基化反应新试剂。王乃兴组在没有任何金属催化剂的情况下，使工业化学品环己酮在 DMSO-I_2 试剂的作用下，通过碘化、氧化、甲硫基化、芳构化，一石三鸟，一步引入三个官能团，在甲硫基化的同时得到邻二羟基。DMSO 在该反应中充当甲硫基源、氧化剂和反应溶剂。该反应条件温和，产率高。

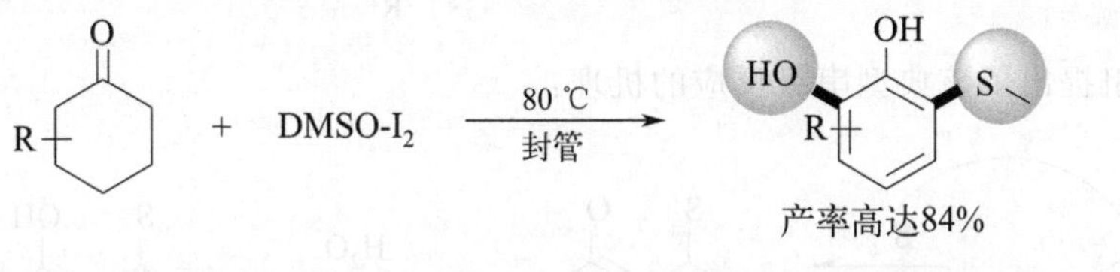

环己酮上的给电子取代基和吸电子取代基都能以中等和较高的产率获得甲硫基取代的邻苯二酚化合物。该反应条件温和并且收率较高，反应产物可以作为药物中间体。研究成果发表在有机化学核心刊物 *Adv. Synth. Catal* 上，中国科学院网站进行了报道。

6. 进一步发展了杂芳烃甲硫基化试剂 DMSO-TsCl

DMSO-TsCl 试剂是一种杂芳烃甲硫基化试剂。王乃兴组进一步发展的 DMSO-TsCl 试剂，不仅以高产率获得了甲硫基吲哚，而且吡咯、呋喃和噻吩等五元杂芳烃也以中等至较高的产率和优异的区域选择性获得了所需的产物。在 40 多种甲硫基化产物中，收率高达 96%。

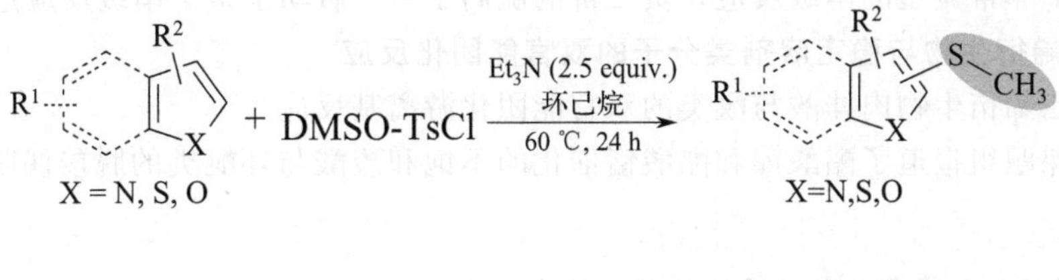

DMSO-TsCl 试剂为合成有用的杂芳族硫化物和其他硫醚化合物提供了一种非常实用的方法。

7. 发现稀土催化的氮杂芳烃与醚类的直接偶联反应

王乃兴发现在稀土催化剂 $Y(OTf)_3$ 催化下，以二叔丁基过氧化物作为自由基引发剂，氮杂芳烃与醚类化合物能够直接发生偶联反应，该反应具有原子经济性好、选择性强等优势。

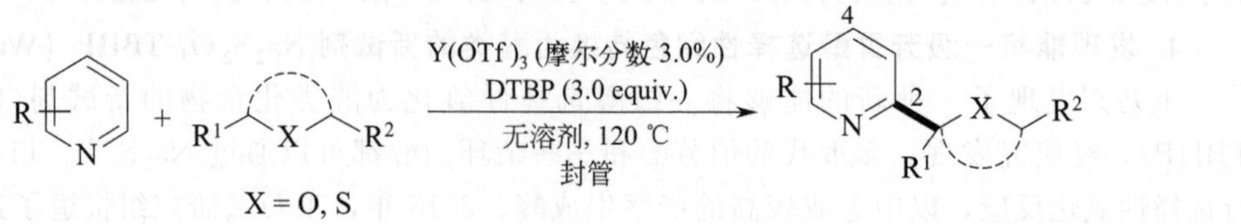

稀土化合物中的化学键以离子键为主同时具有一定的共价性，4f 轨道由于极强的屏蔽作用而不参与成键。稀土钇离子属于硬 Lewis 酸，对含 N 原子或者氧原子的化合物具有很强的配位能力。除链醚以外，环醚也可以有效地发生 C(sp^3)—H 键的官能团化反应（*Org. Lett.*, **2019**, *21*: 7450-7454）。中国科学院网站对此研究成果进行了报道。2025 年，王乃兴在国际刊物上发表了杂芳环直接偶联的评述文章。

8. 发展了用 Na_2S 通过串级反应合成四氢硫吡喃亚砜的方法

王乃兴组在无催化条件下用 α,β-不饱和羰基酮与硫化钠进行高效缩合反应制备四氢吡喃，获得了多种四氢噻喃衍生物，并以较高的产率氧化成相应的亚砜。操作简便，产率较高。反应过程如下：

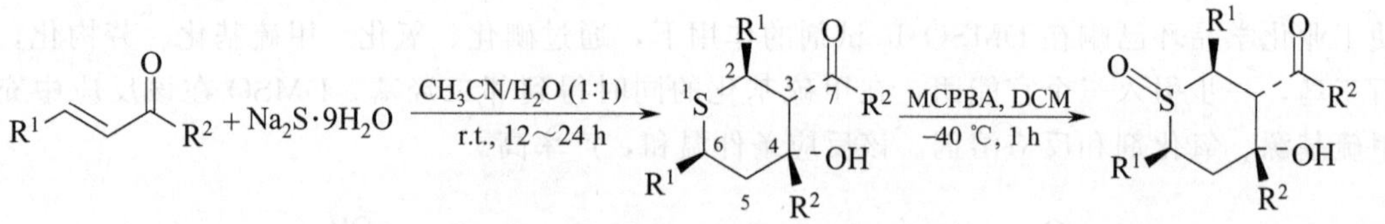

王乃兴组提出了该典型串级反应的机理：

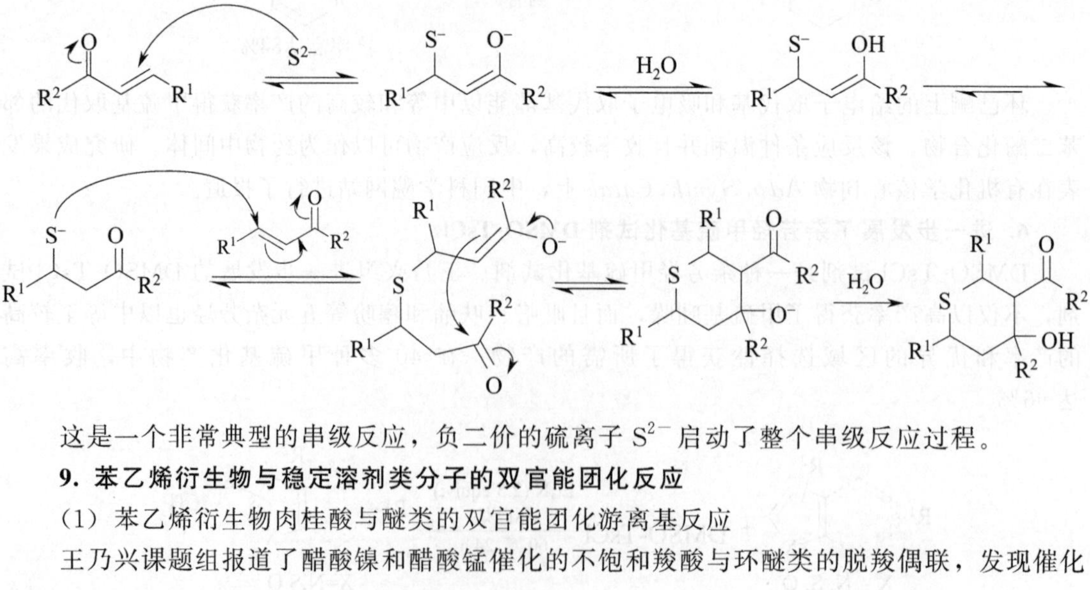

这是一个非常典型的串级反应，负二价的硫离子 S^{2-} 启动了整个串级反应过程。

9. 苯乙烯衍生物与稳定溶剂类分子的双官能团化反应

（1）苯乙烯衍生物肉桂酸与醚类的双官能团化游离基反应

王乃兴课题组报道了醋酸镍和醋酸锰催化的不饱和羧酸与环醚类的脱羧偶联，发现催化剂对该反应具有极好的选择性（*Sci. Rep.*，**2014**，*4*：7446）。《化学通讯》在 2015 年第 1 期 26 页以“化学家发现新反应中的催化选择性”为题作了专门的报道。中国科学院网站也对此作了报道。

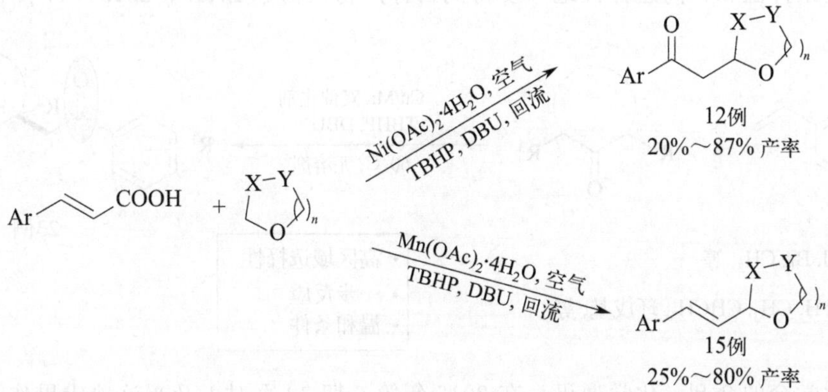

王乃兴研究组在 2014 年报道了苯乙烯衍生物与酰胺的双官能团化反应。在该反应中，位于氮原子 α-位的甲基在 TBHP 诱导下生成烷基自由基，反应最终生成一系列 β-羰基酰胺类化合物（*Synlett*，**2014**，*25*：1621）。

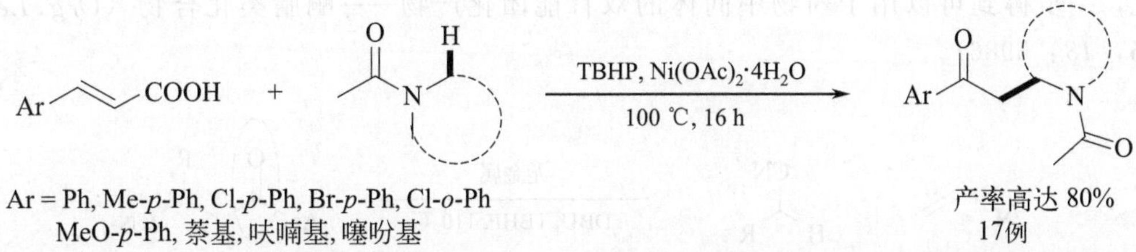

王乃兴后来发现许多开链醚类，在 Co(Ⅱ) 催化下也都能很好地发生这种游离基历程的脱羧偶联反应［*Science China Chem.*，**2018**，*61*（2）：180］。

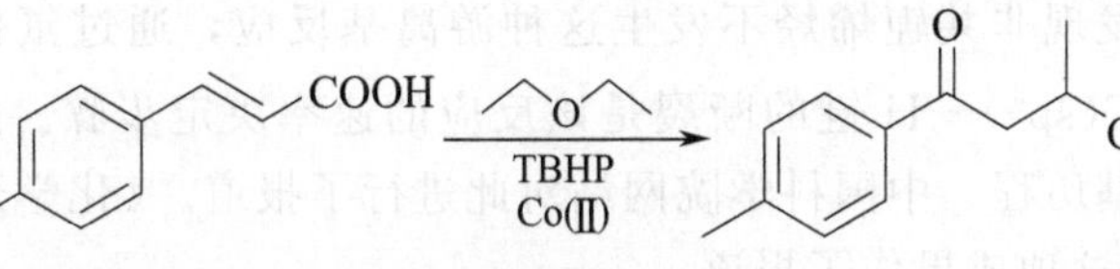

（2）苯乙烯（衍生物）的一步双官能团化反应

① 苯乙烯（衍生物）与脂肪族醇一步双官能团化反应

发现了苯乙烯与脂肪族醇的催化偶联新反应。在氯化锰和叔丁基过氧化氢的新催化体系下，脂肪醇的 α-C(sp^3)—H 键活化，经一步反应得到双官能团 β-羟基羰基复杂产物（*Sci. Rep.*，**2015**，*4*：15250）。

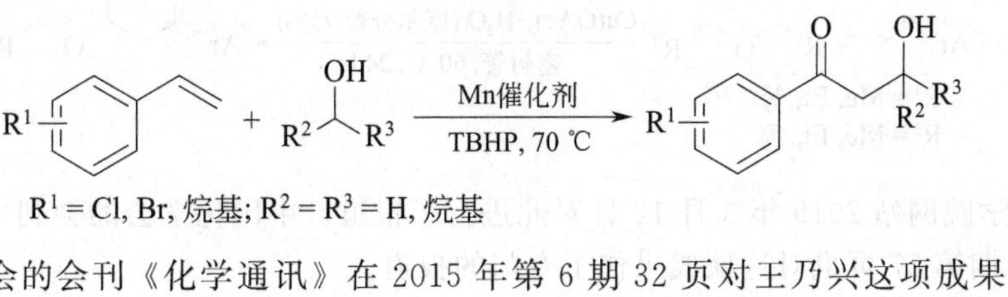

中国化学会的会刊《化学通讯》在 2015 年第 6 期 32 页对王乃兴这项成果作了专门的

报道。

② 苯乙烯（衍生物）与脂肪族酮的双官能团化反应

王乃兴发现一种由三氟甲磺酸铜和氯化锰共催化的苯乙烯与酮类的高选择性氧化偶联反应。该反应条件温和，高选择性地一步得到目标产物（*Org. Lett.*，**2015**，*17*：4460）。

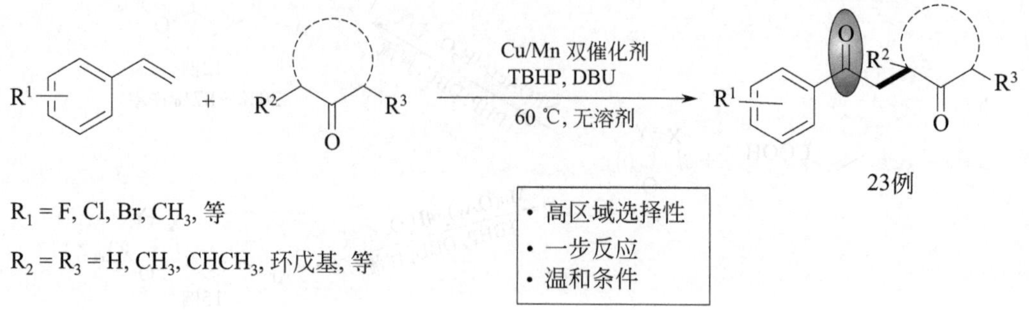

中国化学会的会刊《化学通讯》在 2015 年第 6 期 32 页对王乃兴这项成果作了专门的报道。中国科学院网站也作了报道。

③ 苯乙烯（衍生物）与脂肪腈的双官能团化反应和反应机理证实

王乃兴发现在无任何金属催化剂的条件下，苯乙烯经与脂肪腈的 α-C(sp^3)—H 键官能团化，一步得到可以用于药物中间体的双官能团化产物——酮腈类化合物（*Org. Lett.*，**2016**，*18*：5986）。

在机理研究方面，使用游离基捕获剂和自由基形成了一种稳定的加合物，高分辨质谱检测到加合物的存在。发现非共轭烯烃不发生这种游离基反应，通过氘代乙腈（CD_3CN）的动力学实验验证了 α-C(sp^3)—H 键的断裂是该反应的速率决定步骤。通过计算化学进一步揭示了该反应的游离基历程。中国科学院网站对此进行了报道。《化学通讯》在 2017 年第 1 期第 42 页也对王乃兴这项成果作了报道。

④ 苯乙烯与开链醚一步合成双官能团化产物

2019 年，王乃兴该课题组报道，苯乙烯与开链的醚类高值转化构筑双官能团化产物（*Adv. Synth. Cata.*，**2019**，*361*：1007）。

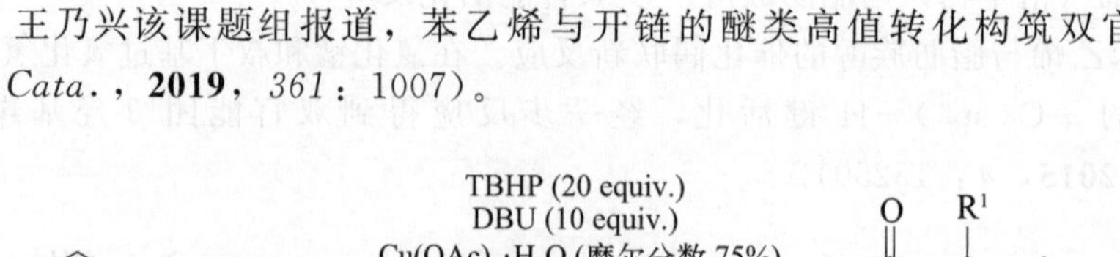

中国科学院网站 2019 年 3 月 12 日对此进行了报道。中国化学会的会刊《化学通讯》在 2019 年第 2 期第 57 页也对这项成果作了专门的报道。

⑤ 苯乙烯与硫醚的双官能团化反应

王乃兴组采用硫醚与苯乙烯反应，在无金属条件下成功地获得了中等收率的产物。这是苯乙烯与硫醚在一锅反应中转化为双官能团化产物的突破，其特点是操作简单，底物范围广，试剂易得。特别是在研究过程中，对相关理论问题进行了总结性的深入系统的阐述。

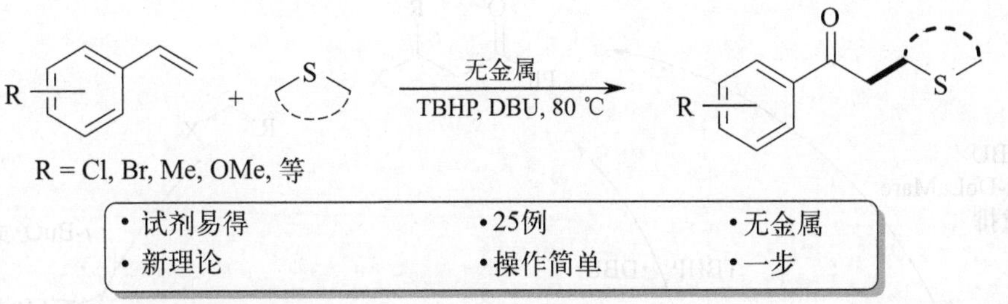

硫醚分子中的硫原子对其邻位 C—H 键的活化作用小，反应性低，通过采用叔丁基过氧化氢过量的方法，取得了 65%的收率，并采用了无金属催化方法，对环硫醚和链硫醚都做了仔细研究。(*Org. Biomol. Chem.*，**2022**，*20*：5845)。

王乃兴研究员在苯乙烯（衍生物）与稳定溶剂类分子的双官能团化反应方面取得了一系列进展，发展了苯乙烯（衍生物）与醇、酮、腈、醚类等溶剂类分子的双官能团化反应，在有机化学核心刊物 *Org. Lett.* 等发表了多篇文章。德国《合成有机化学》(*Synthesis*，**2019**，*51*：4542）评述了这项工作，把上述成果总结为 Wang 反应。

2021 年，王乃兴应邀在 *Synlett*（*Synlett*，**2021**，*32*：23）上发表了综述文章，系统地把相关苯乙烯衍生物的双官能反应全面总结为一个通式：

1) X = OH, COR[1], CN, OR[2], SR[3]
Y = H
Wang: (1) *Sci. Rep.*, **2015**, *5*: 15250; (2) *Org. Lett.*, **2015**, *17*: 4460; (3) *Org. Lett.*, **2016**, *18*: 5986; (4) *Adv. Synth. Catal.*, **2019**, *361*: 1007; (5) *Eur. J. Org. Chem.*, **2017**, 5821; (6) *Synthesis*, **2019**, *51*: 4531; (7) *Org. Biomol. Chem.*, **2022**, *20*: 5845

2) X = OR[2], $\left(O(CH_2)_2O\right)_n$, NR[4]COR[5]
Y = COOH
Wang: (1) *Sci. Rep.*, **2014**, *4*: 7446; (2) *Synlett*, **2014**, *25*: 1621; (3) *Sci. China Chem.*, **2017**, *61*: 180; (4) *Synlett*, **2015**, *26*: 2088; (5) *J. Org. Chem.*, **2018**, *83*: 7559

Wang 反应是通过游离基接力历程实现的。Wang 反应通过一步反应过程能够完成苯乙烯及其衍生物的高价值转化，对药物及其中间体合成具有重要意义。

Wang 反应机理通式图如下：

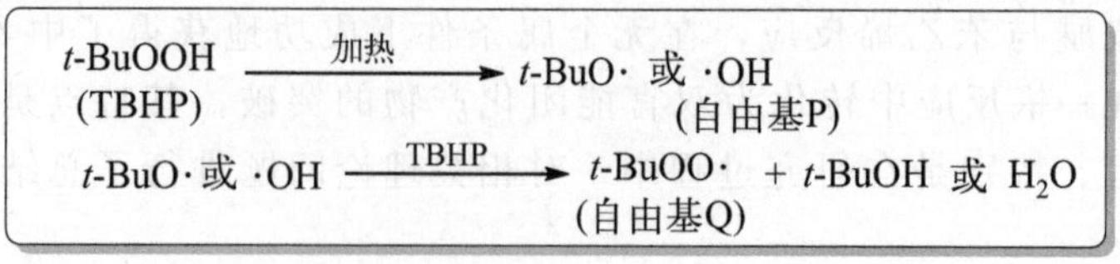

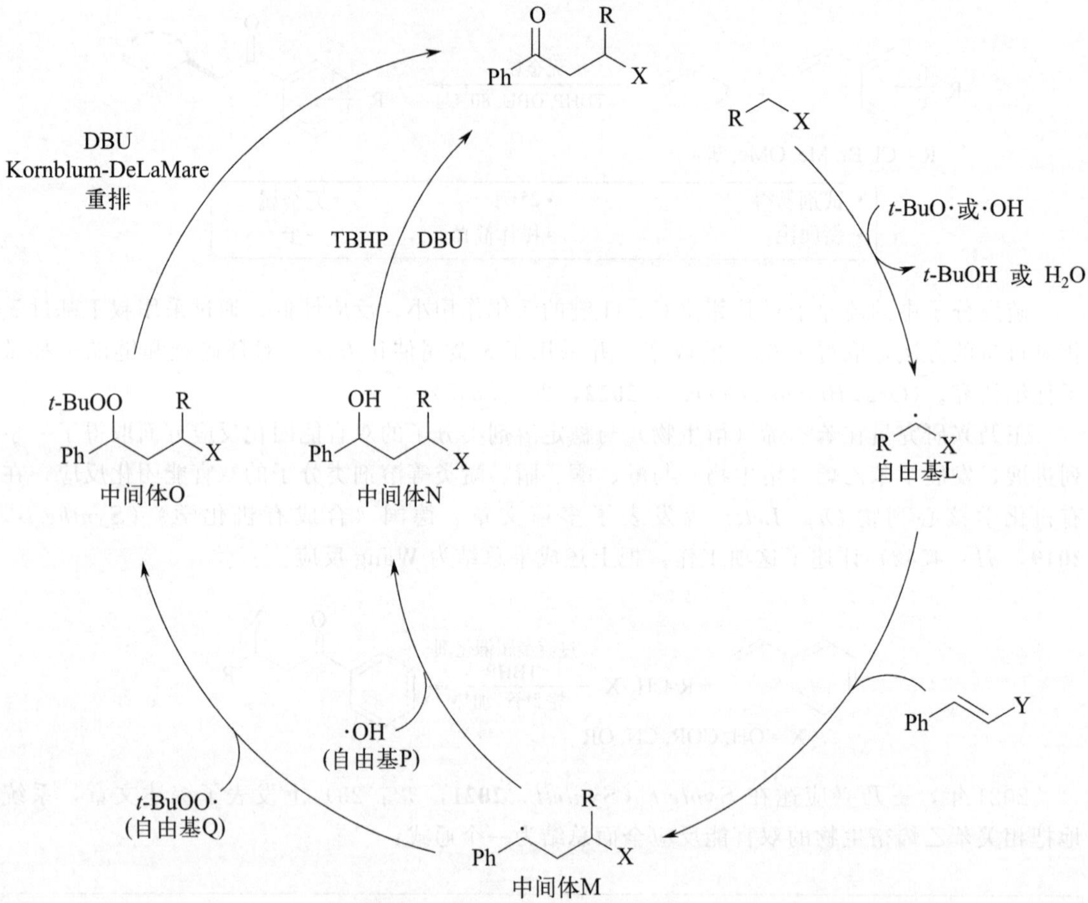

Y = H

X = OH, COR^1, CN, OR^2, SR^3,

Y = COOH

X = OR^2, $\left(O(CH_2)_2O\right)_2$, NR^4COR^5

另外，王乃兴组在含硫新试剂方面共发展了四种含硫新试剂，其中 DMSO-I_2（*Adv. Synth. Catal.*，**2019**，*361*：3008）和 DMSO-TsCl（*Eur. J. Org. Chem.*，**2021**：1446)，是非常好的硫甲基化试剂，Na_2S-CH_3CN 试剂是生成四氢硫代吡喃的串级反应试剂（*Curr. Org. Synth.*，**2016**，*13*：651）。特别是含硫试剂 $Na_2S_2O_4$-TBHP（*Sci. Rep.*，**2016**，*6*：20163），能够把芳香醇选择性氧化为醛。《中国科学报》也于 2016 年 4 月报道了这个发现，2023 年该试剂被国际刊物 JECI 称为王乃兴试剂（**2023**，*8*：269），2024 年 *Synth. Comm.* 详细论述了王试剂（**2024**，*54*：1785）。

2004 年获中国化学会优秀论文奖；2013 年获北京市人民政府科学技术奖，2024 年荣获四季度 *Wiley* 中国高贡献作者奖。

后记

本书第六版就要付印了，深感欣慰；想到自己走过的路，不免感慨！1974 年高中毕业以后，作为回乡知青，去宝鸡冯家山水库工地修水利的往事仍难忘怀。笔者曾经写过这样几句话：我们这一辈，赶上了激情燃烧的年岁！上小学割草堆肥拣麦穗，高中毕业回农村，内练胆外脱皮。山顶任风吹，浪尖弄潮水！汗滴和泪水，酿成烈酒斟满杯！背山背海不知累，柳暗花明多少回！有年轻人曾问自己：你修水利的那个时候有怨气吧？回答是登山则情满于山，观海则意溢于海。恰恰相反，自己毫无怨言却是豪情万丈。当时的旧日记本中有这样的话：冯家山高擎起英雄鲜花，千河水传颂着时代佳话。白日里大坝前人潮喧哗，入夜来灯火辉煌放光华！修水利造福万代人定胜天，关中西部出平湖要变江南！那个年代的热气和精神确实是值得学习的。

笔者在上高中时，有幸遇见一位非常出类拔萃的高中化学老师张秦川，张秦川老师经常在课堂上做实验，记得他把点燃的镁条插入盛有 CO_2 的广口瓶中，火花四绽，CO_2 被还原为细小的碳粒，还有铝热剂的实验、银镜反应的实验等等，使同学们看得如醉如痴，然后他详细讲出化学知识。当年笔者的旧日记本中有这样的描述：在高中幸遇化学权威张老师，张秦川老师多才博学，上化学课同学们欢呼雀跃，张老师精通化学有高招，边讲授边实验精彩奇妙。张老师教化学多含哲学，深入浅出能教人开窍。张老师有文采施教於乐，板书好气氛活实验利落，讲课声音洪亮抑扬顿挫："叶绿素能把二氧化碳变淀粉，电石气能够合成塑料膜。"同学们爱上化学课得益多！由此可见，一位出色的中学化学老师对一个人的影响有多大！

记得 1995 年，笔者在中国科学院化学研究所完成了博士后研究工作，留所工作并晋升副研究员，过了几个月，又收到国外邀请去做博士后研究的信函，当时的情况与现在截然不同，人才有断层，单位缺人手，出国深造面临许多困难，经过反复考虑，笔者还是放弃了个人许多，不顾困难毅然选择了走出去。当年在旧日记本中描述了当时的想法：我起点低起步晚进步慢，小打小闹步伐缓。课题缺原创怎显身手，视野小概念旧志难酬。世界大师、国外高手，自古落后要挨揍，弄潮就当竞上游。成败就在伯仲间，稍纵即失不丢手。日月走时光流，可以为民立极，可以一无所有。天道酬勤深研究，学成回国去奋斗。当时奋斗的意志非常坚强，现在想来自己当时这种志向值得肯定。

司马迁在《报任安书》中曾说：文王拘而演《周易》；仲尼厄而作《春秋》；屈原放逐，乃赋《离骚》；左丘失明，厥有《国语》；孙子膑脚，《兵法》修列。这些话至今让人们津津乐道。记得 2007～2012 年，笔者受命去当时的中国科学院研究生院兼职讲授"有机反应"、"有机化合物光谱解析"和"天然产物全合成"等课程，为此付出了很多时间，有时候周六也去讲课，确实非常辛苦。现在看来，自己能够在担任多个研究课题的情况下，出版四部著作，确实得益于当年给研究生授课。有学生戏称来上大课的老师就是大师，我对学生说王老师顶多就是一个学者。当时讲授核磁共振谱学课程，在大教室有 180 多人，我兼职授课，从 2007 年直到 2012 年，长达六年真不易啊！不究其中味，苦乐有天知，人民自会有评说。

著书立说是一项呕心沥血的艰辛事业，乐在其中。本书可作为有机化学、材料化学、药物化学、精细化工和生物工程等专业的本科生、研究生、教师及科研人员的学习参考书。特别对化学专业的研究生，确会极大缩短他们从一名本科生到研究人员之间的距离。本书许多论题曾是诺贝尔化学奖涉及过的研究内容，具有较高的学术水准。

人的一生，应该活一辈子学一辈子，荀子《劝学篇》应该熟读。2015 年，屠呦呦荣获诺贝尔医学奖，这是中国科学史上的一个里程碑。屠呦呦是一位老老实实、认认真真做事的人。笔者劝年轻人不要着眼于外在的东西，成就绝不是光环和待遇，成就需要不断地去积累和创造，人类的智慧只能从不断实践中来，只能从刻苦学习中来。

国家破除“五唯”，不唯论文不唯“帽子”等，应该高度重视分析问题和解决问题的能力和素质，志当存高远，有志者事竟成，年轻人应该树立要作出有价值的贡献之志。

现在一些学者在发表文章时过分追求所谓旗舰刊物，回想在 1992 年到 1998 年期间，一些旗舰刊物发表了大量的当时刚发现的碳材料方面的文章，深受青睐，现在回头看这些文章不过如此。笔者在写综述时感觉，一些旗舰刊物有的文章有点玄念，而且有时经常撤稿，觉得并不能以刊物来论水平。有记者曾问笔者：“王老师从未参选过国内院士，却对诺奖有所关注，我们何时诺奖会多?”我说：“我们现在大力破除帽子等，相信会为时不远。”

本书在附录中列出了历届诺贝尔化学奖得主，用心良苦，就是寄希望于年轻人！

非淡泊无以明志，非宁静无以致远。非学无以长才，非志无以成才。学而不思则罔，思而不学则殆。俯而读，仰而思。

学而时习之，不亦乐乎！

2024 年 5 月 8 日　于中国科学院理化技术研究所

包头稀土研发中心简介

包头稀土研发中心是一所由内蒙古自治区批复建设的新型研发机构。自2015年5月12日正式挂牌成立以来，稀土中心在各级政府和科技部门的大力支持下，积极拓展科技创新与地方经济紧密结合的新方式，以促进科技成果转化、服务地方产业发展为主要目标，推进各项工作快速稳步展开；突破传统科研体制的束缚，努力实现科学研究与产业需求的精准衔接，有效推动了稀土产业向高质量发展。

在人才建设方面，引进培育了一批专家团队。包头稀土中心与中国科学院23个科研院所40余个研发团队建立紧密合作关系，组建了两个院士工作站和6个领军型创新团队，累计引进专家学者50余人，培养本地稀土人才30余名。在技术服务方面，联合企业共建了一批研发机构。稀土中心通过多种技术支撑渠道，联合企业共建研发中心10个，并以此为依托解决关键问题50余项，服务本地企业80余家，为企业培养技术骨干队伍29支。在产业服务方面，孵化了一批崭新企业。在产品研发方面，包头稀土中心自主开发了一系列新材料、新产品，申请专利83项，授权55项。以专利作价入股折算金额累计超过3000万元，有效地帮助企业完善了现有产品线，实现产业链向下游延伸。

包头稀土中心将以稀土科技资源优势为核心，以基地建设为依托，以优秀创新人才和团队为纽带，整合和优化稀土科技资源配置，创新运营和管理模式，通过五年规划建设，将稀土中心科技平台优势与包头稀土资源优势、工业基础优势强强联合，引领带动稀土科技及产业水平整体提升。

稀土是神奇的！稀土在化学和有机化学方面具有无限广阔的前景！

